2. AUFLAGE

Praxiswissen E-Commerce

Tobias Kollewe und Michael Keukert

O'REILLY®

Tobias Kollewe und Michael Keukert

Lektorat: Alexandra Follenius, Volker Bombien & Inken Kiupel
Korrektorat: Sibylle Feldmann
Herstellung: Susanne Bröckelmann
Umschlaggestaltung: Michael Oréal, www.oreal.de, unter Verwendung eines Fotos von Eric Isselée/iStock by Getty Images
Satz: III-Satz, www.drei-satz.de
Druck und Bindung: Druckerei C.H. Beck, www.becksche.de

Bibliografische Information Der Deutschen Nationalbibliothek
Die Deutsche Nationalbibliothek verzeichnet diese Publikation in der Deutschen Nationalbibliografie; detaillierte bibliografische Daten sind im Internet über *http://dnb.d-nb.de* abrufbar.

ISBN:
Print 978-3-96009-022-9
PDF 978-3-96010-054-6
ePub 978-3-96010-055-3
mobi 978-3-96010-056-0

2., aktualisierte Auflage 2016

Wieblinger Weg 17
69123 Heidelberg

5 4 3 2 1 0

Inhalt

Teil III: Werbung, Marketing und Erfolgsmessung

Vorwort zur 2. Auflage

Das Internet unterliegt einem stetigen Wandel. Das heutige Internet hat nichts mehr mit dem Internet Mitte der 90er-Jahre des letzten Jahrhunderts zu tun und hat auch nur wenig Ähnlichkeit mit dem Internet der ersten Dekade dieses Jahrtausends. War das Internet in seinen Anfängen den Techies und Nerds vorbehalten, wandelte es sich im Laufe der Zeit zu einem Informations- und Unterhaltungsmedium. In den vergangenen Jahren hat sich das World Wide Web nicht nur etabliert, sondern ist zu einem natürlichen und alltäglichen Bestandteil unseres Lebens geworden. Und dabei spielt der Onlinehandel eine wichtige, ernst zu nehmende Rolle. Wer heute immer noch der Meinung ist, der klassische Einzelhandel könnte überleben, indem er den Onlinehandel ignoriert, der sollte einfach mal einen Blick in deutsche Innenstädte werfen. Der Anteil des Onlinehandels am gesamten Handel wächst stetig; und dabei ist es letztlich doch so, dass nicht der Gesamtumsatz des Handels in dem Maße wächst wie der Onlinehandel. Nein, der Onlinehandel jagt dem klassischen Handel schlicht und einfach die Kunden ab. Und dieser Vorgang wird sich in den kommenden Jahren noch stärker zuspitzen als seit Erscheinen der ersten Auflage unseres Buchs im Oktober 2014.

Schon kurz nach Drucklegung der ersten Auflage war absehbar, dass einzelne Entwicklungen und der schnelle Generationswechsel im digitalen Handel eine neue, überarbeitete Auflage notwendig machen werden. So haben sich Anbieter von Onlineshopsoftware weiterentwickelt (oder eben nicht), Endkunden haben andere Anforderungen an Zahlungsmöglichkeiten in Onlineshops, und das Onlinemarketing stellt Shopbetreiber vor neue Herausforderungen. Sprach man vor rund zwei Jahren noch von Amazon als möglichem Bestandteil einer Onlineshopstrategie, so lautet unsere Empfehlung heute: »An Amazon führt kein Weg vorbei!«.

In der nun vorliegenden zweiten, überarbeiteten und erweiterten Auflage haben wir versucht, den Änderungen im Onlinehandel Rechnung zu tragen. Wieder finden Sie in diesem Buch zahlreiche Fallbeispiele aus unserer täglichen Arbeit mit vielen Onlineshops. Und wieder haben wir all unsere Erfahrung, die wir in Projekten mit unseren Kunden sammeln konnten, in dieses Buch einfließen lassen.

Unser Buch ist nach wie vor sehr praxisnah. Es eignet sich für jeden, der den Einstieg in den Onlinehandel wagen möchte, als Inspiration und als Nachschlagewerk. Wir sparen dabei nicht mit ernst gemeinten Ratschlägen und Warnungen, und wir sehen dieses Buch als Mutmacher für Ihr Projekt.

Es eignet sich auch für diejenigen, die ihren Onlineshop weiterentwickeln möchten oder die Arbeit im eigenen Haus oder bei der E-Commerce-Agentur auf den Prüfstand stellen wollen.

Es eignet sich für Laien, die einen Einstieg in ein vermeintlich (?) trockenes Thema suchen. Lassen Sie's sich gesagt sein: So schlimm wird es nicht. Es eignet sich für Programmierer, die sich für Onlinemarketing für Onlineshops interessieren, für Unternehmer und Marketingleiter, die einen Blick hinter die Kulissen werfen möchten oder eine Entscheidungshilfe bei einzelnen Fragestellungen benötigen. Und es eignet sich für jeden, der in irgendeiner Form mit Onlineshops und E-Commerce in Berührung kommt – als Nachschlagewerk oder als Bettlektüre.

Wir freuen uns, wenn Sie von uns lernen. Und wir freuen uns auf den kritischen Diskurs mit Ihnen. Unsere deutliche Aufforderung: Treten Sie mit uns in Kontakt!

Doch nun viel Spaß bei der Lektüre!

Tobias Kollewe und Michael Keukert
Augsburg/Aachen, im Juli 2016

Einführung

Sie wollen einen Onlineshop eröffnen und suchen nach dem richtigen Einstieg? Sie haben bereits einen Onlineshop und es läuft nicht so richtig? Sie sind bereits im E-Commerce aktiv und möchten bei der zweiten Generation des Onlineshops noch mehr richtig machen?

Unser Buch *Praxiswissen E-Commerce – Das Handbuch für den erfolgreichen Onlineshop* ist ein Grundlagenwerk für alle, die sich als Händler und Shopbetreiber mit dem Thema Onlineshop beschäftigen.

Sie finden in diesem Buch wenig Technisches über Shopsysteme oder zum Webdesign, dafür aber viele Grundlagen aus der Onlineshoppraxis für die tägliche Anwendung. Beginnend bei der Frage, ob sich ein Einstieg in den E-Commerce überhaupt lohnt, bis hin zur Überlegung, ob Sie nicht nur in einem, sondern gleich in mehreren Onlineshops gleichzeitig verkaufen sollten.

Dieses Buch besteht aus drei Teilen:

Pre-Sales: Shop-Planung und Konzeption

Der erste Teil widmet sich allen Themen, die vor dem Start des Onlineshops wichtig sind. Hier geht um Zielgruppen und Businesspläne, um laufende, variable und fixe Kosten, die beim Betrieb eines Onlineshops entstehen, um die Auswahl von Software, Tipps für die Agenturauswahl, Domainnamen und den Zeitplan, den Sie für ein Onlineshopprojekt kalkulieren müssen.

Rund um den Kaufprozess

Verkaufen, verkaufen, verkaufen! Im zweiten Teil des Buchs dreht sich alles um den Kaufvorgang. Wir befassen uns mit den Inhalten des Shopsystems, mit optimaler und rechtlich einwandfreier Produktpräsentation und mit dem Checkout-Prozess im Onlineshop.

Die Logistik spielt dabei ebenso eine Rolle wie Zahlungsarten und Zahlungsausfall und die rechtlichen Aspekte des Onlinehandels in Deutschland und bei einer anstehenden Internationalisierung des Onlineshops.

Werbung, Marketing und Erfolgsmessung

Und weil »nach dem Kauf« auch immer »vor dem Kauf« ist, beschäftigen wir uns im dritten Teil sehr ausführlich mit den Themen des Marketings.

Es geht um Kundenservice und Offlinewerbung (Paketbeileger, Mailings, Anzeigenwerbung), um Onlinemarketing mit Suchmaschinen, Google AdWords, E-Mail-Marketing und Social Media bis hin zu Shopcontrolling und dem Verkauf auf anderen Plattformen.

Dieses Buch ist Handbuch, Konzeptionsgrundlage und Inspiration für die Praxis. Viele Ideen und Vorschläge können Sie direkt umsetzen.

Teilweise gehen unsere Vorschläge mit Änderungen am Shopsystem einher. Für diese Änderungen ist oft ein Eingriff in die Programmierung des Shops notwendig, der wegen seiner Komplexität wahrscheinlich von Ihrer E-Commerce-Agentur umgesetzt werden muss. Daher empfehlen wir im in Kapitel 5, *Auswahl des Shopsystems*, auf Seite 69 auch eines der bekannten Open-Source-Shopsysteme, da Sie nur bei diesen überhaupt die Möglichkeit haben, entsprechende Anpassungen vorzunehmen. Bei gehosteten Shopsystemen, also Onlineshops, die Sie bei Anbietern wie zum Beispiel shopify oder 1&1 anmieten können, sind oft schon kleinste Änderungen am Shop-Frontend überhaupt nicht möglich. Sofern Sie bereits einen Onlineshop im Einsatz haben, sollten Sie zusammen mit Ihrer Agentur überlegen, welche Vorschläge mit Ihrem aktuellen System umsetzbar sind.

Onlinehandel in Europa: Zahlen und Fakten

Rund 513.000.000.000 Euro Umsatz wurden nach unterschiedlichen Studie von *Ecommerce Europe* (*www.ecommerce-europe.eu*), einem Zusammenschluss europäischer E-Commerce-Verbände, im Jahr 2014 in Europa über den Onlinehandel erzielt. Je nach erhebendem Institut schwanken die Zahlen, aber ein eindeutiger Trend lässt sich sowohl für die vergangenen Jahre belegen als auch für die kommenden Jahre prognostizieren: Es geht immer noch steil bergauf.

Im Schnitt fielen auf jeden Onlinekunden rund 1.500 Euro, jeder dritte Europäer hat im Laufe des Jahres 2014 mindestens einen Einkauf in einem Onlineshop getätigt.

Der Löwenanteil fällt in dieser Statistik den Briten zu. Im Vereinigten Königreich ist der Onlinehandel mit Abstand am populärsten. Insgesamt etwas über 157 Milliarden Euro gaben die 43 Millionen Kunden zwischen Aberdeen und Plymouth aus. Ganze 16 % davon verbuchte Amazon.co.uk für sich, an zweiter Stelle rangierte die britische Supermarktkette Tesco mit 9 %. Mit 59 Milliarden Euro rangiert Deutschland an zweiter Stelle. Österreich belegt mit knapp 7,5 Milliarden Umsatz Platz 4.

Aus dieser imposanten Zahl von Onlinekäufen resultierten 3,7 Milliarden Pakete, die europaweit verschickt wurden. Die Zahl der Onlineshops verortet Ecommerce Europe bei gut 645.000 und erwähnt nebenbei, dass der gesamte E-Commerce-Bereich bislang über 2 Millionen neue Jobs europaweit geschaffen hat.

Im weltweiten Vergleich belegt die Region Europa mit diesen Daten Platz 2, noch vor Nordamerika mit 437 Milliarden Euro, aber nach dem asiatisch-pazifischen Raum, der auf stolze 696 Milliarden Euro kommt (wovon allein 486 Milliarden auf China entfallen).

Die Zahlen umfassen dabei sowohl den Erwerb von Waren als auch den von Dienstleistungen über das Internet, wie zum Beispiel Kino- oder Bustickets oder Gebühren für den E-Mail-Anbieter. Der Anteil der reinen Warenbestellungen liegt bei 54 %. Für Deutschland ergibt sich damit ein Warenumsatz von rund von 34 Milliarden Euro. Europaweit legt der Umsatz im Jahr 2014 nochmals um 12–16 % (Prognose) zu, Osteuropa wird seinen Internetumsatz nahezu verdoppeln.

Trotz dieser imposanten Zahlen macht der Onlinehandel in Europa lediglich 2,2 % des europäischen Bruttoinlandprodukts aus. Beachtlich, welches Potenzial hier immer noch schlummert.

Der Anteil grenzüberschreitender Einkäufe aus dem europäischen Ausland bei deutschen Onlineshops steigt kontinuierlich. Betrug der Anteil 2011 noch 7 %, so lag er 2013 bereits bei 13 %. Den größten Anteil daran haben Exporte nach Frankreich und in die Niederlande mit 423 Millionen beziehungsweise 175 Millionen Euro im Jahr 2013.

Die Gunst der 70 Millionen Deutschen, die über einen Internetanschluss verfügen, genießt insbesondere Amazon, das nach einer Erhebung des *EHI Retail Instituts* (*www.ehi.org*) im Jahr 2012 knapp 5 Milliarden Euro Umsatz in Deutschland erzielte. Auf Platz 2 rangierte 2012 der Onlineshop von Otto, der es auf 1,7 Milliarden Euro Umsatz brachte. Der Bekleidungshändler Zalando landete mit 411 Millionen Euro auf Platz 4, Tchibo auf Platz 7 und das Modelabel Esprit mit immerhin 327 Millionen Euro auf Platz 10.

Drei Jahre später sehen die Zahlen anders aus: Amazon hat allein in Deutschland im Jahr 2015 Waren im Wert von 10,6 Milliarden Euro umgesetzt und damit erstmals die 10-Milliarden-Schwelle überschritten. Innerhalb von drei Jahren hat Amazon den Umsatz verdoppelt. Bedenkt man nun, dass der Onlinehandel seine Marktanteile Jahr für Jahr ausbaut, dann kann man ahnen, welche Zukunft der stationäre Einzelhandel haben und welche Rolle der Onlinehandel spielen wird.

Erschlagen von all diesen Zahlen? Schauen Sie sich um. Wie viele Freunde und Bekannte bestellen zumindest bei Amazon oder Zalando? Onlineshopping ist ein Wachstumsmarkt, und ein Ende ist nicht abzusehen.

Neben den großen Warenkaufhäusern wie Amazon.de oder Otto.de ist inzwischen auch die Zeit der kleinen Anbieter und Nischenshops gekommen, die sich auf kleine Sortimente verschiedener Hersteller oder explizit auf das Produktsortiment eines einzelnen Herstellers spezialisiert haben. Zwar will der Einstieg in den E-Commerce wohlüberlegt sein. Bei valider Planung und Vorbereitung, wozu wir Ihnen in diesem

Buch wichtige Hilfestellungen geben, ergeben sich für die kommenden Jahre dennoch beeindruckende Chancen.

Über die Autoren

Tobias Kollewe und Michael Keukert sind beide im E-Commerce zu Hause. Zusammen verfügen Sie über mehr als 30 Jahre Erfahrung mit Onlineshops und Onlinemarketing und arbeiten als Vorstandsvorsitzender und als Vorstand für den Bereich Onlinemarketing der Aachener E-Commerce- und Onlinemarketing-Agentur AIXhibit AG (*www.aixhibit.de*). Der Fokus ihrer Arbeit liegt auf Beratung und Projektmanagement beim Neuaufbau und Re-Engineering von E-Commerce-Systemen und Onlineshop-Audits (Schwachstellenanalyse).

Tobias Kollewe gründete 1998 den auf E-Commerce und Onlinemarketing spezialisierten Dienstleister AIXhibit AG. Er berät strategisch und pragmatisch zur Vermarktung von Produkten und Dienstleistungen via Internet. Mehr zu Tobias Kollewe (Veröffentlichungen, Bücher, Artikel) und Kontaktmöglichkeiten finden Sie auf seiner Internetseite *www.kollewe.com* (*tobias@kollewe.com*).

Michael Keukert ist Vorstandsmitglied bei der AIXhibit AG und verantwortet dort den Bereich Onlinemarketing. Mit über 15 Jahren Erfahrung in den Bereichen Newsletter- und Suchmaschinenmarketing gehört er zu den absoluten Spezialisten auf seinem Gebiet. Michael Keukert gibt regelmäßig Seminare zum Thema Newslettermarketing und Google AdWords/Analytics. Kontaktieren Sie Michael Keukert gern unter *michael.keukert@aixhibit.de*.

Das Blog zum Buch

Die Idee zur ersten Auflage dieses Buchs ist beim Schreiben von Artikeln unter anderem in unserem Onlinemagazin *www.ecommerce.jetzt* entstanden. Auf *www.ecommerce.jetzt* beschäftigen wir uns mit den praktischen Seiten des Onlinehandels. In Best-Practice-Beispielen zeigen wir, was wir für unsere Kunden umsetzen oder was wir in anderen Shops gefunden haben. Und so schnelllebig wie der Onlinehandel ist, haben unsere eigenen Blogartikel uns in den vergangenen knapp eineinhalb Jahren vor Augen geführt, wie wichtig eine zweite, überarbeitete Auflage dieses Buchs ist. In dieser Auflage finden Sie die neusten Informationen zum Thema Onlineshop, die uns aktuell wichtig erscheinen. Im Blog setzen wir die verschiedenen Themen aus dem Buch weiterhin fort. Und wir laden Sie herzlich zum Diskutieren und Teilen gern ein.

Danke!

Ein Buch zu schreiben, ist gar nicht so schwierig. Man muss ja nur alle Fakten, die man im Kopf hat, zu Papier bringen. Deswegen hat selbst die zweite Auflage auch nur ein knappes Jahr gedauert. Umgerechnet gerade mal vier Seiten pro Stunde sind dabei herausgekommen – natürlich ohne Korrekturen & Co.

Deswegen richtet sich unser Dankeschön an alle mit zwei Beinen oder vier Pfoten, die in den vergangenen Monaten weniger von uns hatten, weil wir die vielen Stunden lieber hinter dem Notebook verbracht haben als mit euch: Entschuldigung!

Und: Wir möchten uns auch bei unseren Kunden bedanken, die durch ihre Aufträge und ihr Vertrauen in den letzten 18 Jahren durchaus ihren Anteil an diesem Buch haben.

Zu guter Letzt: Nicht weniger Dank geht an unsere Kollegen bei der AIXhibit AG für die vielen Anregungen und Ideen sowie Rechtsanwältin Lea Leuchter von DHK Rechtsanwälte und Steuerberater (*www.dhk-law.de*), die den Rechtsteil zu dieser Auflage beigesteuert hat.

Und an Pawel Strzyzewski, Christoph Schmitz-Schunken, Olga Walter, Cornel Simons, Hubert Mirgartz, Rudolf Weyergans, Jörg Albrecht, Dr. Jens Rothenstein und Dr. Roman Zenner für die Interviews und Statements.

Bevor wir es vergessen: Tante Google, MailChimp und die Familien bei JTL-Software, pixi*, OXID, Shopware, Magento & Co. – vielen Dank für eure Software.

Noch ein besonderes Dankeschön an Philips, Hersteller unserer treuen und dauerhaften Begleiterin Senseo, und an Apple für die netten Schreibgeräte. Was hätten wir nur ohne euch gemacht?

TEIL I

Pre-Sales: Shop-Planung und Konzeption

»Wer hohe Türme bauen will, muss lange am Fundament verweilen.«

– Anton Bruckner

Onlineshops werden nicht im Plug-and-Play-Verfahren erfolgreich. »Anschließen, Produkte einpflegen, Geld verdienen« funktioniert nur in den seltensten Fällen. Einem umsatzstarken Onlineshop liegt immer eine detaillierte Planung zugrunde. In diesem Teil des Buchs klären wir, welche Grundsteine Sie legen müssen, um mit Ihrem E-Commerce-Projekt erfolgreich zu werden.

In diesem Kapitel:

- Was ist eigentlich ein Onlineshop?
- Onlineshop und Multichannel
- An Amazon Marketplace führt kein Weg vorbei!

KAPITEL 1

Einleitung

Was ist eigentlich ein Onlineshop?

Der Onlineshop ist quasi der Nachfolger des Otto-Katalogs im Internet. Als Vertriebsweg ist er der Bestellung aus dem Katalog allein wegen seiner rechtlichen Stellung als Fernabsatzhandel näher als dem Kauf im Einzelhandel – auch wenn sich viele Beispiele in diesem Buch am Verkauf im Ladenlokal orientieren. Betrachtet man prominente Beispiele wie Otto oder Quelle, lässt sich leicht nachvollziehen, dass der Onlinehandel den Katalog vielleicht sogar komplett ersetzt hat.

Onlineshops teilen sich in ihren vielfältigen Varianten immer in zwei wesentliche Einzelbereiche auf: Produktpräsentation und Kaufvorgang. Verglichen mit dem Handel, entspricht die Produktpräsentation dem Schaufenster und dem Ladenlokal auf der Seite des Onlinehandels beziehungsweise dem Katalog auf Seiten des Versandhändlers. Hier präsentiert der Händler alle Waren, preist die Vorzüge an, ermöglicht den Vergleich unterschiedlicher Produkte oder benennt Alternativen. Der Checkout-Prozess, also der Kaufvorgang ab dem Warenkorb, entspricht dabei dem Gang zur Kasse im Supermarkt oder dem Ausfüllen des Bestellscheins im Katalog.

Im übertragenen Sinne legen Sie alle Artikel aus dem virtuellen Warenkorb auf das Transportband der Kasse, geben Ihre Lieferadresse an (soweit der Supermarkt über einen Lieferservice verfügt), wählen das Zahlungsmittel aus (»Zahlen Sie mit Karte?«), überprüfen den Gesamtbetrag am Display der Supermarktkasse (letzte Seite) und schließen den Kauf ab. Zu guter Letzt wünscht Ihnen der Kassierer noch einen schönen Tag (»Vielen Dank für Ihren Einkauf!«).

Ähnlich verläuft der Vorgang im Versandhandel per Katalog. Dort werden Sie als Kunde – im Gegensatz zum Einkauf im Geschäft – dem Onlinehandel auch rechtlich gleichgestellt. Widerrufsrecht und Retourenabwicklung erfolgen über diese beiden Kanäle sehr ähnlich.

Neben dem eigentlichen Kaufvorgang – und das macht den deutlichen Unterschied zum lokalen Shopping und auch zum Katalogkauf aus – gibt es vor und nach dem Einkauf im Onlineshop eine Reihe von Möglichkeiten, Kunden in den eigenen Shop zu locken und zu weiteren Käufen zu verleiten. Genauso schnell können Sie Kunden allerdings auch an einen anderen Shop verlieren. Denn der ist in der Regel nur wenige Mausklicks von Ihrem Shop entfernt.

Basis der Möglichkeiten, Kunden in den eigenen Shop zu locken, sind oft anonym oder nicht anonym erhobene Daten. Ihre potenziellen Kunden hinterlassen bei jeder Bewegung im Internet – bewusst oder unbewusst – unglaublich viele digitale Spuren, die Sie als Onlineshopbetreiber nutzen können. Allein im Internet, sagen Schätzungen, verdoppelt sich die Anzahl der erhoben Daten alle zwei Jahre. Diese Daten können auch Sie nutzen: Sei es für die Werbung in Suchmaschinen oder sozialen Netzen wie Facebook, bei der Auswertung von Suchbegriffen in Ihrem eigenen Onlineshop oder wenn Sie Kunden per E-Mail anschreiben, die bereits mehrere Wochen oder Monate nicht mehr bei Ihnen eingekauft haben. Die Königsdisziplin der automatisierten Datenverwertung ist das Customer Relationship Management, kurz CRM. Hierbei werden auf Basis der im eigenen Shop erhobenen Daten automatisch Werbekampagnen für die Bestandskunden durchgeführt. Onlineshops sind de facto virtuelle Versandhandelskataloge, die sich zur Absatzförderung die von ihren eigenen Kunden erhobenen Daten zunutze machen.

Neu ist das natürlich nicht. Auch Quelle und Otto haben die Daten Ihrer neuen und bestehenden Kunden ausgewertet. Wer einmal Umstandsmode gekauft hatte, wurde nachfolgend mit Werbung für Babyhygiene und Spielzeug bedacht. Was damals aber nur den großen Versandhändlern vorbehalten war, steht heute nahezu jedem Shopbetreiber als Werkzeug zur Verfügung. Man muss es nur zu nutzen wissen.

Onlineshops als Verkaufsplattform bieten Ihnen als Anbieter zumindest theoretisch die Möglichkeit, zu jeder beliebigen Tageszeit an jedem beliebigen Ort der Welt (Internetzugang vorausgesetzt) Waren abzusetzen. Und weil im Unterschied zum lokalen Einzelhandel der Verkauf der Ware nicht unmittelbar mit dem Tausch gegen Geld einhergeht, sondern sich der Austausch zunächst nur virtuell vollzieht, können Sie nahezu beliebig viele Verkäufe gleichzeitig abschließen – ohne Wartezeiten an der Kasse.

Onlineshops sind also – ganz unabhängig von ihrer technischen Plattform – zunächst einmal nichts anderes als ein virtueller Versandhandelskatalog mit einem riesengroßen Marktpotenzial. Wie Sie dieses Marktpotenzial ausnutzen können, wie Sie (von anderen oder von Ihnen selbst) erhobene Daten nutzen können und wie Sie Onlinehandel in der Praxis umsetzen können: Davon handelt dieses Buch.

Onlineshop und Multichannel

Onlineshop oder E-Commerce? Und was ist eigentlich dieses Multichannel? Muss ich auf Amazon verkaufen und wenn ja, wie?

Dieses Buch heißt »Praxiswissen E-Commerce« und nicht »Praxiswissen Onlineshop«. Nicht umsonst, denn wer bei E-Commerce nur an Onlineshop denkt, der denkt zu kurz. Zwar ist und bleibt der eigene Onlineshop das Herzstück einer erfolgreichen E-Commerce-Strategie, aber er ist nur einer von vielen Bausteinen, die das Gesamtkonzept umfasst. Im Laufe dieses Buchs werden wir Ihnen zeigen, warum der Onlineshop eigentlich nur einem Schaufenster gleichkommt.

Neben dem einen Schaufenster wird es noch viele andere Kanäle geben, über die Sie Ihre Waren zum Verkauf anbieten können. Der populärste ist – denken Sie an die obigen Zahlen – natürlich Amazon. Die enormen Umsatzsteigerungen der vergangenen Jahre hat Amazon auch den vielen Onlinehändlern zu verdanken, die ihre Waren selbstständig auf Amazon zum Verkauf anbieten. Für alle Beteiligten ist der Verkauf über Amazon Marketplace ein erfolgreiches Geschäft. Amazon erhält in der Regel 15 % Provision pro verkauftem Artikel. Je nachdem, um welche Artikel es sich handelt, bewegt sich die Provision zwischen 7 % und sagenhaften 45 %. Im groben Schnitt müssen Händler jedoch 15 % Verkaufsnebenkosten einkalkulieren. Eine Übersicht über die Verkaufsprovisionen finden Sie unter *https://services.amazon.de/programme/online-verkaufen/preisgestaltung.html*.

Trotz der hohen Kosten rentiert sich das Modell auch für die Verkäufer. Denn diese sparen sich die immensen Akquisekosten, die für die Werbung von Kunden anfallen. Wie hoch diese sein können, zeigen wir Ihnen in verschiedenen Kapiteln und Fallbeispielen in diesem Buch. Verkäufer auf Amazon machen sich den Umstand zunutze, dass Amazon heute viel mehr ist als ein Onlineshop oder eine Verkaufsplattform. Aktuelle Zahlen belegen den Trend, dass Amazon mehr und mehr zur Produktsuchmaschine avanciert und dabei Google ein wichtiges Suchsegment streitig macht. Bisher suchte Otto-Normal-Onlinekäufer Produkte häufig bei Google und wurde dank guter Suchergebnisse und entsprechender AdWords-Werbung zu Amazon geleitet. Lernfähig wie Otto ist, spart er sich diesen Schritt inzwischen häufig und sucht gleich bei Amazon. Und wird dort auch dank zahlreicher Anbieter fündig.

Neben Amazon gibt es dazu noch eine Reihe weiterer Anbieter und Plattformen, die Sie sich zum Verkauf Ihrer Waren zunutze machen können. Prinzipiell funktionieren diese alle wie Amazon. Selbst eBay erwirtschaftet einen Großteil seiner Umsätze heute nicht mehr über das klassische Auktionsgeschäft, sondern über Festpreisangebote der Händler.

Amazon, Rakuten und eBay gehören insofern zu den Ausnahmen, als dass es dort fast keine Beschränkungen bei den angebotenen Waren und bei der Aufnahme von weiteren Angeboten gibt. Bei Zalando, plus.de oder Moebel.de gelten von Natur aus andere Voraussetzungen. Nichtsdestotrotz sollten gerade Hersteller diese Anbieter nicht gänzlich von ihrer E-Commerce-Projektliste streichen, denn der Multiplikatorenfaktor bestehender Plattformen ist nicht zu unterschätzen. Für den »normalen« Onlinehändler gilt jedoch grundsätzlich: An Amazon Marketplace führt kein Weg vorbei!

An Amazon Marketplace führt kein Weg vorbei!

»Bei Amazon möchte ich aber nicht verkaufen«, sagte ein (dann doch nicht) Neukunde in einem der ersten Gespräche. Ich habe ihm viel Erfolg mit seinem Onlineshop gewünscht – auch wenn wir persönlich an diesen Erfolg nicht mehr glauben. Zumindest nicht ohne Amazon.

Amazon hat sich in den vergangenen Jahren eine Marktmacht erobert, die nicht für schlechte Arbeitsbedingungen oder unfaire Händlerkonditionen steht, sondern für eine neue Generation des Konsumverhaltens. Amazon ist vergleichbar mit Google und Facebook. Alle drei haben sich in den vergangenen Jahren immer mehr in das Konsumentenleben gedrängt. Kein Grund zur Panik – wir haben das schließlich so gewollt. Aber Amazon bewusst zu ignorieren, wird für Onlinehändler in den kommenden Jahren ernsthafte Konsequenzen haben: Insolvenzen.

Bei Amazon beginnt das Onlineshopping

Google galt viele Jahre als die erste Anlaufstelle bei der Suche nach Informationen, Dienstleistungen und Waren. Für die Informationen, vielleicht auch für die Dienstleistungen gilt das heute immer noch. Nicht mehr aber für Waren. Google spricht inzwischen mehr oder minder offen von der Konkurrenz Amazon. Denn viele Konsumenten suchen Produkte nicht mehr zuerst bei der Suchmaschine, sondern beim größten Kaufhaus der Welt.

Die Älteren werden sich noch erinnern. In der Fußgängerzone gab es viele Einzelhändler. Und es gab Kaufhof. Wo sind die Leute am Samstag hingegangen, um den Einkauf zu erledigen? Zum Kaufhof. Denn dort war die Auswahl am größten. So ähnlich ist das heute bei Amazon. Die Auswahl ist erschlagend groß.

Ein ähnliches Konzept verfolgte Google auch mal. Seinerzeit gab es Froogle, heute Google Products. Hierbei verschmelzen Produkt-Feeds aus Onlineshops nahezu nahtlos mit Google AdWords und den Suchergebnissen. Und die Produkte werden in den Google-Suchergebnissen zukünftig noch prominenter als jetzt schon dargestellt werden. Denn Google muss alles tun, um Amazon nicht davonziehen zu lassen. Momentan sieht Google nur noch Amazons Rücklichter.

Amazon als Suchmaschine

Aktuell starten zwischen 30 und 50 % der Käufer ihren Weg durch die virtuelle Fußgängerzone bereits bei Amazon. Die Anzahl der produktbezogenen Anfragen, die Google beantwortet, hat sich in den vergangenen Jahren deutlich reduziert. Und warum ist das so? Nicht, weil Google geschlafen hat, sondern weil Amazon eines unserer Grundbedürfnisse bedient: die Bequemlichkeit. Warum soll ich mich als Konsument via Google durch unzählige Onlineshops wühlen, Konten anlegen, Zahlungsdaten eingeben und nicht wissen, wann die Ware wirklich kommt? Warum sollte ich das tun, wenn ich weiß, dass ich das gesuchte Produkt mit hoher Wahrscheinlichkeit bei Amazon finde? Dort, wo ich Liefer- und Zahlungsbedingungen kenne, meine Daten hinterlegt sind und ich mir selbst im Fall eines Streits mit einem angeschlossenen Händler der Hilfe des Amazon-Kundenservices sicher sein kann.

Und wenn nahezu die Hälfte aller Produktanfragen bei Amazon landen, wo wird der wehrte Konsument dann wohl einkaufen? Natürlich nimmt auch Amazon am Google Display-Netzwerk teil. Shopbetreiber haben also die Möglichkeit, mehr oder minder gezielt bei Amazon Werbung zu schalten. Aber warum sollte der potenzielle Kunde sich wieder wegleiten lassen, wenn er das Produkt bereits dort gefunden hat?

Die Konkurrenz ist bereits bei Amazon

»Aber Ihre Konkurrenten verkaufen doch auch alle via Amazon«, war unser Einwand. Die könne man ja sowieso nicht mehr einholen, mit ihren vielen guten Bewertungen. Sinngemäß war das des Kunden Antwort. Und zeugte von einem vollkommenen Unverständnis der Amazon-Funktionsweise.

Amazon bietet mit seinem Punktesystem ein absolut faires Werkzeug für alle Händler. Mittels Qualitätsfaktoren, Kennzahlenmonitor für Preise, Verkaufscoach und Kundenzufriedenheit (und vielen, vielen anderen Kennziffern) können Händler beobachten und darauf reagieren, wie ihre Kunden und ihre Wettbewerber agieren. Amazon schlägt sogar Produkte zum Verkauf vor, die gesucht, aber nicht vom Marktplatzhändler angeboten werden (Verkaufschancen).

Mit all diesen Tools haben Shopbetreiber selbst mittelbar Einfluss auf die eigenen Verkaufszahlen. Denn alle Daten fließen in irgendeiner Form in den Wert ein, der die Positionierung der Angebote inner- oder außerhalb der Buybox (Einkaufswagenfeld) steuert. Klar ist: Wer die Buybox besetzt, macht den Umsatz. Denn der Konsument ist oft zu faul, um auf andere Angebote zu achten.

Die Bequemlichkeit liegt aber nicht nur beim Konsumenten, sondern oft auch beim Shopbetreiber. Denn fur wirklich erfolgreiches Business muss man sich mit der Materie auseinander setzen. Und das bedeutet, dass man die oben genannten Kennziffern auch durchackern und mittels kaufmännischen Basiswissens die korrekten Schlüsse aus den zur Verfügung stehenden Zahlen ziehen muss.

Ja, die Konkurrenz ist bereits bei Amazon. Aus sehr gutem Grund. Vergleichen Sie das einmal mit Autohäusern. Es hat schon seinen Grund, warum es immer mehr Automeilen in den Städten gibt. Autohäuser, die sich wie an einer Perlenschnur aufgezogen, an einer Straße entlang aneinanderreihen. Warum sollte Renault sein neues Autohaus direkt neben das erfolgreiche Citroen-Autohaus stellen? Genau: Um etwas vom Kuchen abzubekommen. Und je mehr Autohäuser unterschiedlicher Marken sich an dieser einen Straße finden, desto größer wird der Kuchen (an dieser Straße). Wenn Onlinehändler nichts vom Kuchen abbekommen wollen, dann sollten sie auf die eigene Amazon-Präsenz verzichten. Keine Frage!

Aber Amazon Marketplace kostet doch Geld

Ja, Amazon kostet Geld – und wie. Rund 15 % Verkaufsprovision nimmt Amazon von seinen Händlern. Zuzüglich monatlicher Grundgebühr. Und warum tun sie das? Nicht nur, weil sie es können. Sondern auch, weil Amazon seine Produkte und die Produkte seiner Händler auch außerhalb von Amazon bewirbt. Zum Beispiel bei Google. Und Amazon ist einer der größten Google-Kunden.

Noch mehr: Amazon stellt eine hoch performante und nahezu immer verfügbare Verkaufsplattform zur Verfügung. Die funktioniert rund um die Uhr, ohne dass sich Händler darum kümmern müssen. Und jeder Onlinehändler, der bereits einmal einen oder mehrere dedizierte Webserver betrieben hat, weiß ein Lied davon zu singen, wie aufwendig und kostenintensiv der Betrieb einer funktionierenden Verkaufsplattform ist.

Und noch mehr: Amazon tut alles dafür, den Absatz auf der eigenen Plattform zu fördern. Und das kommt allen Marketplace-Händlern zugute. Und das geht zu Lasten der Stand-alone-Onlineshops. Deren Marktanteil wird in den kommenden Jahren immer weiter sinken. Bis sie nahezu bedeutungslos sind.

Das alles kostet Geld. Und dieses Geld holt sich Amazon bei seinen Marketplace-Händlern wieder. Warum auch nicht. Würde Amazon die Produkte selbst verkaufen, dann wäre die Marge sicherlich höher. Die 15 %, die Händler abführen müssen, sind dabei auch nicht viel mehr oder weniger als die Summe, die sie für Marketing und Werbung für den eigenen Shop ausgeben müssten. 15 % – so schlecht ist diese Investition gar nicht.

Amazon schlägt mobile!

Viel diskutiert wurde und den vergangenen Jahren das Thema »mobile«. Ob sich der finanzielle Einsatz tatsächlich lohnt, wenn ein Onlineshop nicht bereits für den Abruf auf Smartphones optimiert ist, werden wir im Laufe des Buchs noch klären. Denken Sie aber mal über einen anderen Ansatz nach: Was lohnt sich eher? Den eigenen Onlineshop auf mobil zu trimmen und damit den Bestandskunden ein schöneres Einkaufserlebnis zu ermöglichen, wenn sie auf der Toilette, in der Badewanne oder in der U-Bahn sitzen? Oder die Infrastruktur und die eigenen Vertriebswege zu überdenken und in einigen Prozessen an Amazon anzupassen. Die Kosten dürften innerhalb der ersten 18 Monate nahezu gleich hoch sein. Aber was bringt langfristig mehr Umsatz. Mobile oder Amazon?

Amazon bedeutet Arbeit

Der Verkauf bei Amazon bedeutet Arbeit. Viel Arbeit. Viel zusätzliche Arbeit zum eigentlichen Onlineshop. So hoch die Chancen sind, so hoch sind letztlich auch die Risiken. Ein hart erarbeiteter Status quo kann bei Amazon schneller wieder verloren gehen, als man auf die Umstände reagieren kann. Da reichen schon ein paar wenige

Kundenbeschwerden, um langfristig aus der Buybox zu fliegen. Und damit fliegt auch der Umsatz: nämlich weg.

Zu lange Lieferzeit: schlechte Bewertung. Langwierige Rückerstattung: schlechte Bewertung. Versehentlich falsch gepackt: schlechte Bewertung. Zu lange nicht auf eine E-Mail geantwortet: Punktabzug. Zu viele schlechte Bewertungen: noch mehr Punktabzug. Um Amazons Qualitätssystem gerecht zu werden, muss man sich diesem gnadenlos unterordnen. Aber das ist nicht anders, als es das früher im Einzelhandel auch war. Hat der Händler schlecht beraten, zu wenige Produkte vorrätig gehabt oder zu hohe Preise, dann sind ihm auch in der Fußgängerzone die Kunden weggelaufen.

Natürlich spielen heute auch andere Begriffe eine Rolle. Retouren- oder Abbruchquote zum Beispiel. Es hilft aber nicht, nur zu wissen, worum es sich handelt. Man muss die Kennziffern auch im Kontext richtig interpretieren können und wissen, wie man reagieren kann/soll/muss.

Amazon Marketplace als beste Chance begreifen

Amazon bietet bei all seinen Vorteilen für Shopbetreiber nur wenige wirkliche Nachteile. Und oft ist dabei nicht mal Amazon das Problem, sondern das Produkt. Wenn sich Matratzen, Anhängerkupplungen und Waschmaschinen bei Amazon verkaufen lassen, dann sicherlich auch ihr Produkt. Autos und Häuser vielleicht nicht. Aber was mit Fräsmaschinen klappt ...

Amazon dient dabei beileibe nicht als reiner Absatzkanal. Durch geschicktes After-Sales-Marketing (im Rahmen der Amazon-Verkäuferbedingungen), kann man Amazon-Kunden nach dem Erstkauf auch in den eigenen Shop umleiten. Sei es durch Newslettermarketing oder dauerhafte Rabattversprechen. Hier gilt dann das Gleiche wie oben: Der Händler muss wissen, was er will, und wissen, was er tun kann. Er muss die Klaviatur des Onlinehandels und -marketings perfekt beherrschen!

Amazon hat sich in den letzten Jahren nicht nur als Feind des Einzelhandels gemausert, sondern auch als Feind einiger Onlinehändler. Anstatt die Risiken zu sehen, sollten beide die Chancen begreifen, die Amazon bietet. Denn der Wandel im Konsumverhalten wird sich nicht aufhalten, schon gar nicht umkehren lassen. Da hilft nur eines: Mitmachen und ein möglichst großes Stück vom Kuchen abschneiden!

In diesem Kapitel:

- Ideenfindung und Brainstorming
- Das Ziel definieren
- Elevator Pitch
- Niemand klaut Ihre Idee!
- Zielgruppendefinition

KAPITEL 2

Am Anfang steht die Idee

Die Tatsache, dass Sie dieses Buch in Händen halten, lässt vermuten, dass Sie bereits eine mehr oder minder vage Vorstellung davon haben, was Sie in einem Onlineshop verkaufen wollen. Eine Idee, eine Vorstellung formt sich in Ihrem Kopf, und Sie versuchen, sie zu konkretisieren.

Vielleicht haben Sie aber auch schon sehr klare Vorstellungen davon, was Ihr Geschäftsmodell sein soll. Möglicherweise stellen Sie bereits Ihre eigenen Produkte her und möchten sie online an den Kunden bringen.

Oder Sie gehören zu der Gruppe, die Onlineshops ein spannendes Konzept finden und gern selbst Onlinehandel betreiben würden, aber noch keinerlei Vorstellung haben, welche Produkte Sie anbieten möchten.

In jedem dieser drei Fälle gibt es aber bereits eines: die Idee, online zu verkaufen und sich mit einem eigenen Angebot im Netz zu präsentieren. Nun denn, es ist Zeit, konkret zu werden!

Ideenfindung und Brainstorming

Die Vorstellung, die Zalando-Gründer Marc, Oliver und Alexander Samwer hätten bei einem gemeinsamen Abendessen auf einmal den sprichwörtliche Heureka-Moment gehabt und beschlossen, ihr Glück im Verkauf von Schuhen zu suchen, fällt schwer.

Viel eher kann man sich die drei bei zahlreichen Strategiemeetings vorstellen, in denen Ideen gesucht und verworfen wurden, wie man mit einer weiteren Internetfirma Geld verdienen könnte. Ein Geistesblitz kann jeden ereilen, aber leider ist er vom Zufall abhängig. Die planvolle Ideenfindung ist hingegen eine Kreativtechnik, die man jederzeit und konstruktiv einsetzen kann.

Die bekannteste Methode zur Ideenfindung ist das Brainstorming, eine Technik, die bereits 1939 formuliert wurde und nach wie vor zu den erfolgreichsten Methoden ihrer Art gehört. Brainstorming funktioniert besonders gut in einer Gruppe von circa fünf Personen. Diese Teilnehmer müssen keine Experten für E-Business sein, sondern eher Personen, denen Sie vertrauen und bei denen Sie kreative Ideen vermuten. Das Brainstorming können Sie prinzipiell auch alleine durchführen, es ist dann aber weniger effektiv, da keine Impulse von außen kommen.

Zur Durchführung des Brainstormings brauchen Sie eine große Tafel (beispielsweise ein Whiteboard) oder einen großen Bogen Papier sowie einige Stifte. Das Brainstorming findet in zwei Phasen statt. Die erste dient der Ideenfindung. Informieren Sie die Teilnehmer zunächst über die Rahmenbedingungen: Ideen für einen Onlineshop beziehungsweise Verfeinerungen von Ideen. Gibt es schon eine etwas konkretere Vorstellung, beispielsweise »Schuhe verkaufen«, dann sollte das in die Rahmenbedingungen aufgenommen werden.

Nun werden die Teilnehmer aufgefordert, Ideen zu entwickeln und mit anderen Ideen zu kombinieren. Mit dem Startpunkt »Schuhe verkaufen« können dann Ideen kommen wie »gelbe Schuhe verkaufen«, »Ballettschuhe verkaufen«, »Damenschuhe verkaufen«, »High Heels verkaufen«.

Ermuntert man die Teilnehmer, ihren Ideen freien Lauf zu lassen, können Ideen entstehen wie »nur Retro-Schuhe«, »nur gelbe Kleidung, egal ob Schuhe oder anderes«, »Schuhe mit Signierung« oder sogar »Paare mit ungleichen Schuhgrößen«. Selbst »alles außer Schuhe« wäre eine Möglichkeit in dieser Phase.

Ein vorher ernannter Protokollant – vermutlich Sie selbst – schreibt alle diese Ideen mit. Wichtig ist, dass in dieser Phase keine Idee von vornherein verworfen wird. Die erste Phase dient der Ideenfindung – eine Bewertung oder gar Kritik wird nicht vorgenommen!

In der zweiten Phase werden die Ergebnisse nun sortiert, zusammengefasst und bewertet. Wichtig ist die Zusammenfassung. Alle Ideen mit Schuhen einer bestimmten Farbe landen dann zum Beispiel in einer Gruppe, wobei die Idee »nur rosa Schuhe« und »Girlie-Mode« ebenfalls zusammengefasst werden können. Diese Gruppen von Ideen können nun durchaus kritisch betrachtet werden. Sehen Sie Bedenken zu Machbarkeit oder Wirtschaftlichkeit in dieser Phase noch nicht als absolute Hinderungsgründe an – dies erfordert weitere Recherchen.

Am Ende des Prozesses steht dann – hoffentlich – eine konkretere Vorstellung, welche Produkte und Waren Sie in Ihrem Shop verkaufen werden. Scheuen Sie sich nicht, diesen Prozess nach einiger Zeit zu wiederholen, falls die erste Runde keine Ergebnisse gebracht hat.

Das Ziel definieren

Ein realistisches Ziel ist wichtig für die weitere Planung. In Kapitel 3, *Businessplan*, auf Seite 17 zum Thema Businessplan geben wir Ihnen detaillierte Hilfsmittel zur finanziellen und zeitlichen Planung. Vorher sollten Sie sich aber bereits Gedanken dazu machen, was Sie mit Ihrem Shop erreichen wollen.

Ist der Onlineshop eine Liebhaberei im Rahmen eines Hobbys, bei dem lediglich die Kosten gedeckt werden sollen? Möchten Sie sich mit dem Onlinevertrieb selbstständig machen, vielleicht sogar Ihren bisherigen Job aufgeben? Oder ist der Shop eine Erweiterung Ihres bisherigen Unternehmens, und wenn ja, welchen Anteil am Umsatz soll er mittelfristig beisteuern?

Fassen Sie Ihr Ziel in konkrete Worte: Mein Shop soll nach einem Jahr 2.000 Euro pro Monat an Gewinn erzielen. Oder: Mein Shop soll nach einem Jahr durchschnittlich 100 Bestellungen am Tag haben. Oder – etwas weniger konkret: Mein Shop soll in seinem Marktsegment nach unabhängigen Analysen der umsatzstärkste sein.

Ob dieses Ziel realisierbar ist, spielt zum jetzigen Zeitpunkt noch eine untergeordnete Rolle. Dieses Ziel dient primär dazu, bei Ihnen selbst und allen am Projekt Beteiligten einen gemeinsamen Rahmen zu schaffen und ein gemeinsames Ziel zu definieren. Dabei ist es hilfreich, wenn die Ziele realistisch sind. Im Zweifel sollten Sie lieber etwas tieferstapeln. Das definierte Ziel hilft, die Aktivitäten zu kanalisieren.

Elevator Pitch

Stellen Sie sich vor, Sie rufen in einem großen Bürogebäude den Aufzug. Die Tür geht auf, und unvermittelt stehen Sie Bill Gates, dem Gründer von Microsoft, gegenüber. Sie wissen, dass Bill Gates' Einfluss Ihnen unglaublich viele Türen öffnen könnte, Sie wissen aber auch, dass der Aufzug vermutlich innerhalb der nächsten 30 Sekunden erneut hält und Bill Gates aus Ihrem Leben wieder verschwindet. Was sagen Sie diesem einflussreichen Mann in den nächsten 30 Sekunden?

Die Idee des Elevator Pitches, also des Verkaufsgesprächs im Aufzug, ist es, in einer sehr kurzen Zeit ein Anliegen in einer Art und Weise vorzutragen, dass das Gegenüber neugierig genug geworden ist, um Ihnen weitere Zeit für ein Gespräch einzuräumen. Der Elevator Pitch ist der Türöffner. Er muss interessant und überzeugend sein, er muss Neugierde wecken und fesselnd sein.

Die Idee und Philosophie Ihres Onlineshops in einen maximal 30-sekündigen Elevator Pitch zu fassen, ist eine sehr gute Übung für Sie.

In Ihrem Kopf schwirren Hunderte von Teilaspekten zum geplanten Onlineshop herum. Dauernd kommen neue Ideen, neue Anforderungen, neue Aspekte hinzu. Bei all diesen vielen Details ist es schwierig, das große Ganze im Blick zu behalten. Genau hier hilft der Elevator Pitch. Er zwingt Sie dazu, die Kernidee Ihres Shops, die Seele Ihres Geschäftsmodells in kurze prägnante Worte zu fassen und sie überzeugend und neugierig machend zu verpacken.

Im Laufe des Onlineshop-Projekts werden Sie das eigene Konzept immer wieder – vielleicht nicht gerade Bill Gates – verschiedenen Adressaten vorstellen: bei Ihrer Agentur, Lieferanten, Kunden und auch Wettbewerbern. Die (geübte) prägnante Zusammenfassung wird Ihnen häufig hilfreich sein!

Beim Aufbau Ihrer 30-Sekunden-Präsentation sollten Sie das AIDA-Modell beachten. Die Abkürzung steht für die englischen Worte Attention (Aufmerksamkeit), Interest (Interesse), Desire (Verlangen) und Action (Handlung). Beginnen Sie Ihren Pitch also damit, Aufmerksamkeit zu erregen. Dies gelingt meist gut durch eine rhetorische Frage im Stile von »Sie kennen doch sicher ...«. Ein anderes stilistisches Mittel wäre das Postulieren eines überraschenden Fakts.

Haben Sie die Aufmerksamkeit erregt, gilt es, das Interesse zu wecken. Dies muss natürlich unmittelbar an die erste Stufe anknüpfen. Versuchen Sie, Bilder und Metaphern zu verwenden, um einen emotionalen Effekt zu erzielen. Nutzen Sie dabei kurze, übersichtliche Sätze und vermeiden Sie Fachjargon, den ihr Gegenüber unter Umständen nicht kennt. Fassen Sie das Thema eng und verzetteln Sie sich nicht.

In der Desire-/Verlangen-Phase präsentieren Sie die Lösung für die ersten beiden Abschnitte, nämlich Ihren Shop, Ihre Produkte und sich selbst. Die Action-/Handlung-Phase wiederum endet mit der Aufforderung, sich den Shop doch einmal anzuschauen beziehungsweise weiter in Kontakt zu bleiben.

Ein Beispiel: *Wussten Sie schon, dass fast 30 % aller Menschen unterschiedliche Schuhgrößen an beiden Füßen haben? Diese Personen haben echte Probleme, passende Schuhe zu finden. Wenn nur ein Schuh passt, ist das ungesund und tut weh. Schuhhersteller ignorieren das Problem. Mein Name ist Michael Keukert, und in meinem Shop www.fehltritt.de kombiniere ich die Schuhpaare so, dass jeder Kunde die passenden Schuhe bekommt. Wäre das nicht auch etwas für Sie?*

Üben Sie Ihren Elevator Pitch, bis er Ihnen flüssig von den Lippen kommt. Erzählen Sie Freunden und Verwandten von Ihrer Idee und nutzen Sie den Elevator Pitch. Gelegenheiten gibt es genug. Vielleicht kommen Sie im Zugabteil oder im Flugzeug mit jemandem ins Gespräch. Statt auf die Frage »Und was machen Sie so?« irgendetwas zu stottern, hilft der Elevator Pitch, den Einstieg in eine Unterhaltung zu finden.

Niemand klaut Ihre Idee!

In unseren Schulungen oder während Beratungen erleben wir immer wieder, dass Teilnehmer oder Interessenten sehr zurückhaltend sind, was ihre Idee für den Einstieg in den Onlinehandel angeht.

Mitunter werden wir sogar gebeten, Geheimhaltungserklärungen (NDA – Non Disclosure Agreement) zu unterschreiben, bevor ein konkretes Gespräch stattfindet. In einer mehrwöchigen Schulungsveranstaltung hat ein Teilnehmer bis zum allerletzten Abend seine Idee geheim gehalten, bevor er endlich damit rausrückte.

Die Angst, dass jemand anderes die mühsam gefundene Idee stiehlt, ist mitunter groß. Diese Angst ist aber oft unbegründet. Ihre Idee gibt es nämlich schon. Jemand anderes hat sie bereits verwirklicht. Sie sind nicht der Erste, vielleicht noch nicht einmal der Zweite, der diese Idee hatte. So ging es auch dem Teilnehmer aus der Schulung: Seine Idee gab es bereits mehrfach – er wusste es nur nicht.

Und selbst wenn dem nicht so sein sollte: Sie haben Monate an Ihrer Idee und Ihrem Geschäftsmodell gefeilt. Sie haben Überlegungen und Konzeptionsarbeit geleistet, die Arbeiten sind möglicherweise schon weit fortgeschritten. Jemand, der zufälligerweise von Ihrer Idee hört, müsste bei null anfangen. Selbst mit Ihrem Elevator Pitch als Vorlage würde es ihm schwerfallen, Sie zu überholen.

Nachdem Apple im Januar 2007 das iPhone vorgestellt hatte und damit den Markt der Mobiltelefone über Nacht revolutionierte, dauerte es 18 Monate, bevor der erste Mitbewerber mit einem ähnlichen Konzept nachzog. Und man kann mit Sicherheit davon ausgehen, dass es am Abend der Vorstellung bei allen Mobilfunkherstellern nächtliche Krisensitzungen gab und sich neue Abteilungen gebildet haben, deren Aufgabe allein darin bestand, das bestehende Konzept des Wettbewerbers möglichst schnell zu adaptieren.

Niemand wird Ihre Idee stehlen. Deswegen sollten Sie über Ihre Idee sprechen. So viel wie möglich. Mit so vielen verschiedenen Leuten wie möglich. Denn nur so erhalten Sie wichtiges Feedback, neue Anregungen und hilfreiche Hinweise.

Zielgruppendefinition

Welche Kundengruppe wollen Sie mit Ihrem Shop eigentlich ansprechen? Nein, die Antwort »alle« können wir leider nicht gelten lassen! Noch einmal bitte: Welche Kundengruppe wollen Sie ansprechen?

Die richtige Antwort auf diese Frage zu geben, ist gar nicht mal so einfach. Sie ist aber aus mehrerlei Hinsicht wichtig.

Es ist wichtig, die Zielgruppe Ihres Onlineshops genau zu definieren, denn dies beeinflusst zahlreiche Entscheidungen im weiteren Verlauf eines Projekts. Ein einfaches Beispiel: Besteht Ihre Zielgruppe aus Menschen, die älter als 50 Jahre sind, den sogenannten Silver Surfern, beeinflusst dies zum Beispiel die Schriftgröße und Farbgebung in Ihrem Onlineshop, mit allen Facetten von der Navigation über die Texte auf den Produktdetailseiten bis hin zum »Jetzt kaufen«-Button.

Die Zielgruppe zieht sich wie ein roter Faden durch das gesamte Shop-Projekt. Von A wie Anzeigentext bis Z wie Zahlungsarten – kaum ein Bereich, der nicht von Überlegungen über die Zielgruppe berührt wird.

Eine der wichtigsten Unterscheidungen gibt es bei der Überlegung, ob Sie im Privatkundenbereich (B2C – Business to Consumer) tätig sind oder ob Sie Ihre Waren primär (oder ausschließlich) Geschäftskunden (B2B – Business to Business) anbieten.

Privatkunden

Privatkunden sind eine inhomogene Zielgruppe, die sich vor allem demografisch aufgliedert: jung oder alt, Mann oder Frau, Kaufkraft, Interessen, Vorlieben. Diese Merkmale wirken sich auf unterschiedliche Bereiche des Shops aus. Die Gestaltung muss zur jeweiligen Gruppe passen, aber auch die Zahlungsarten sind verschieden. Wo junge, technikaffine Kunden beispielsweise über einen PayPal-Account verfügen, dürfte bei Senioren eher Kauf auf Rechnung oder Lastschrift Anklang finden.

Identifizieren Sie hier Ihre Kundengruppe möglichst genau. Für junge, modebewusste Frauen muss ein Shop anders gestaltet sein als für Extremsportler beiderlei Geschlechts. Heimarbeiter, Freiberufler und Hausmänner/-frauen werden keine Probleme haben, Pakete per DPD direkt nach Hause zugestellt zu bekommen. Berufstätige Singles sind aber vielleicht auf die Packstationen oder Paketkästen von DHL angewiesen.

Im Bereich des Marketings kann man bei Privatkunden oftmals gut mit dem Werkzeug der Dringlichkeit arbeiten. Aktionen mit kurzer Laufzeit und geringe Lagerbestände können das Kaufverhalten zu Ihren Gunsten beeinflussen.

Um die Zielgruppe zu definieren, bietet es sich an, das im Abschnitt »Ideenfindung und Brainstorming« auf Seite 11 vorgestellte Brainstorming anzuwenden. Entwickeln Sie Ideen, wer zu Ihrer Zielgruppe gehören könnte. Kombinieren und sortieren Sie hinterher die Ergebnisse des Brainstormings, bis Sie ein bis zwei Zielgruppen definiert haben. Überlegen Sie sich dann, wie diese Zielgruppe »tickt« und welche Besonderheiten Sie dafür berücksichtigen müssen.

Gewerbliche Kunden

Im Bereich der B2B-Kunden ist die Zielgruppendefinition ungleich einfacher, denn sie wird durch den Geschäftsbereich definiert. Wenn Sie Dämmmaterial für den Hausbau anbieten, sind Ihre gewerblichen Kunden wahrscheinlich Handwerksbetriebe.

Die Wahl der Zahlungs- und Versandarten wird dadurch etwas vereinfacht: Ware wird zu Bürozeiten angeliefert, und Kauf auf Rechnung ist der Normalfall. Dafür sind im gewerblichen Bereich aber andere Dinge wichtig, die bei Privatkunden weniger relevant sind. Hierzu zählen lange Zahlungsfristen oder Rabatte auf Verpackungseinheiten und Palettenware.

Für gewerbliche Kunden werden Sie andere allgemeine Geschäftsbedingungen erstellen, das Widerrufsrecht findet hier grundsätzlich keine Anwendung (da es nur für Verbraucher gilt), dafür gelten andere Voraussetzungen bei der Preisanzeichnung. Gewerbliche Kunden kalkulieren mit Nettobeträgen, Verbraucher mit Bruttowerten.

Je besser Sie bei der Konzeption des Onlineshops Ihre Zielgruppe definiert haben, desto leichter wird es Ihnen fallen, bei der Auswahl von Marketingmaßnahmen oder Optionen im Onlineshop entsprechende Entscheidungen zu fällen.

In diesem Kapitel:

- Einmalige Kosten
- Laufende und variable Kosten
- Umsatzplanung
- Setzen Sie sich eine Deadline
- Fachidioten und Business-Kasper
- Jetzt geht's lo-hos!

KAPITEL 3

Businessplan

Die Werbung für Onlineshopsysteme verspricht oft, dass man einfach und umgehend loslegen kann. Für den erfolgreichen Einstieg in E-Commerce ist aber nicht nur ein gutes und funktionierendes Onlineshopsystem erforderlich.

Nicht weniger wichtig ist ein tragfähiges Konzept, das die Grundlage für den Erfolg Ihres Internetauftritts bildet. Beim Verkauf im Web müssen Sie zwar nicht zwangsläufig ein Ladenlokal in exponierter Lage anmieten. Für den Anfang könnten Sie das Geschäft auch aus dem Homeoffice heraus führen. Aber auch hier entstehen zwangsläufig Kosten, die Sie über die Einnahmen im Onlineshop decken müssen.

Lassen Sie uns daher zunächst einen Blick auf die Zahlen werfen und die unterschiedlichen Ausgaben zusammenstellen, die auf Sie zukommen können.

Einmalige Kosten

Unabhängig davon, ob Sie sich mit einem Onlineshop an die Existenzgründung wagen oder mit dem Onlineshop ein bestehendes Geschäftsmodell um den Handel im Internet ergänzen, werden Sie investieren müssen. Die Investition umfasst dabei aber nicht nur den Einkauf von Waren für den Verkauf, sondern eine Reihe von Ausgaben, die Sie vor dem Start tätigen und in die Rentabilitätsberechnung und realistische Planung mit einbeziehen müssen. Neben der Shopsoftware und den Ausgaben für Webdesign und Programmierung gehören dazu ebenso Rechts- und Beratungskosten oder die Büro- und Geschäftsausstattung (BGA).

Shopsoftware

Erfolgreiche und individuelle Onlineshops müssen, ebenso wie Internetseiten, programmiert werden. Die auf dem Markt erhältlichen Shop-Pakete der gängigen Hosting-Anbieter, wie zum Beispiel 1&1, STRATO und Co., bieten keinerlei individuelle Anpassungsmöglichkeiten und kommen daher für Ihr E-Commerce-Projekt nicht infrage. Gleiches gilt (aus Kostengründen) natürlich für die Entwicklung eines eigenen Shopsystems, wie es zum Beispiel die Otto Group getan hat, weil die eigenen Anforderungen von keinem der verfügbaren Systeme abgedeckt werden konnten (*http://www.computerwoche.de/a/otto-baut-neue-Shop-Software-ganz-agil-selbst,254 1840*).

Wir betrachten daher die drei Open-Source-Shopsysteme OXID eSales, Magento und Shopware (Abbildung 3-1), die unter den neu entwickelten Onlineshops in Deutschland den größten Marktanteil vorweisen können.

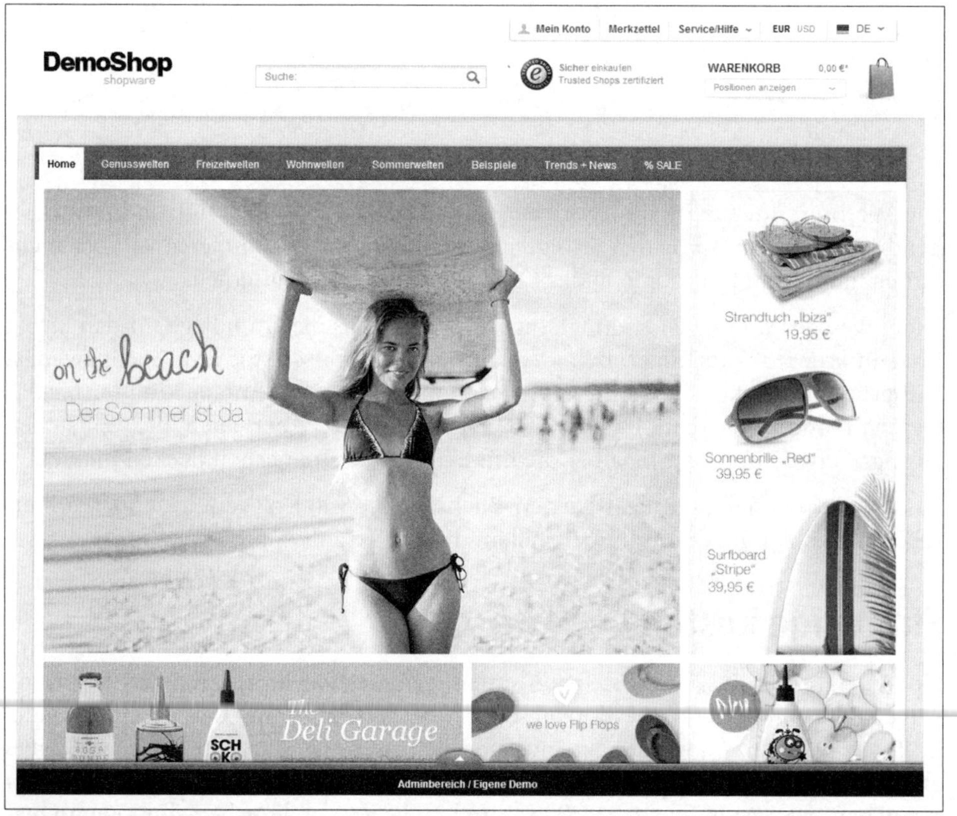

Abbildung 3-1: Demo-Installation Shopware

Kostenfreie Shopsoftware

Alle drei genannten Systeme sind sowohl in einer Open-Source-Variante (siehe Kasten »Open Source Software« auf der nächsten Seite) als auch in kostenpflichtigen Versionen erhältlich.

Auch wenn die Nutzung der Open-Source-Variante kostenfrei ist, so ist für die spätere Anpassung des Shopsystems an Ihre Vorstellungen in der Regel das Engagement von Frontend-Developern und Webdesignern vonnöten. Insbesondere wenn die Shops später nicht mit dem Standarddesign (Template), das mit der Software ausgeliefert wird, laufen sollen. Mehr dazu in Kapitel 4, *Webdesign- und E-Commerce-Agentur*, auf Seite 51.

Für die Anpassung von Open-Source-Shopsystemen müssen Sie rund 70–100 Euro netto pro Arbeitsstunde kalkulieren. Je nach Aufwand können so für einen Shop leicht mehrere Tausend Euro Nachentwicklungskosten entstehen. Darüber hinaus erhalten Sie vom Hersteller keinen kostenlosen Support und keine Garantie oder Gewährleistung für die Software.

Open-Source-Software

Unter Open-Source-Software versteht man Software, deren Quelltext für jedermann öffentlich zugänglich ist und die kostenfrei genutzt werden kann. Das bedeutet, der Quelltext kann beliebig angepasst und erweitert werden, Sie können also Design und Funktion des Shops Ihren Wünschen entsprechend gestalten. Durch eine Vielzahl von Programmierern, die gemeinsam an der Weiterentwicklung der offenen Software arbeiten, entstehen fortlaufend Erweiterungen (sogenannten Module), die die ursprüngliche Software im Funktionsumfang erweitern.

Wie erhalten Sie die Shopsoftware?

Der Programmcode wird von der Webseite des Herstellers heruntergeladen und auf einem Webserver installiert. Die reine Installation ist oft auch für Einsteiger mit einem Grundverständnis für Internettechnik möglich – soweit Ihnen zum Beispiel die Begriffe FTP, MySQL oder »755« etwas sagen. Weitere Informationen zu den einzelnen Shopsystemen haben wir im Abschnitt »Open-Source-Onlineshops« auf Seite 73 zusammengestellt.

Downloads:

http://wiki.shopware.de/Downloads_cat_448.html

http://www.magentocommerce.com/download

http://www.oxid-esales.com/de/community/oxid-eshop-herunterladen.html

Kostenpflichtige Software

Neben den freien – oft Community-Edition genannten – Versionen gibt es bei allen drei genannten Anbietern jeweils eine nahezu funktionsgleiche kostenpflichtige Version. Die Preise bewegen sich hierbei einmalig im drei- bis vierstelligen Rahmen. Im Preis enthalten ist im Gegensatz zur kostenfreien Version beispielsweise ein Support-Stundenkontingent oder die Installation der Software auf dem Webserver oder als Software-as-a-Service.

Für Shopsysteme mit sehr hohem Besucheraufkommen, Malls (also mehrere unterschiedliche Shops unter einer technischen Installation), Shops, die auf mehreren Serversystemen verteilt arbeiten, um eine größtmögliche Ausfallsicherheit zu gewährleisten, und für individuell vom Hersteller der Software anpassbare Systeme bieten die drei Großen der Branche die sogenannten Enterprise-Versionen an.

Die Enterprise-Versionen zeichnen sich durch größtmögliche Flexibilität des Systems und Premiumsupport seitens des Herstellers aus, was sich letztlich auch im Preis niederschlägt. Hier muss mit einmaligen Investitionskosten von rund 10.000 bis 15.000 Euro gerechnet werden. Jährliche Lizenz- und Wartungskosten, teilweise im gleichen Rahmen, kommen nochmals dazu.

Kosten für Shopdesign und Anpassungen

Wenn der Shop erst einmal installiert ist, könnte eigentlich der Verkauf direkt beginnen.

In der Regel wird dem Shop an dieser Stelle aber noch das individuelle Gesicht fehlen. Weder Shoplogo noch das grundsätzliche Design entsprechen dem (soweit vorhandenen) geplanten Layout und Corporate Design.

Da hier also noch umfangreiche Änderungen am Aussehen und an der Funktionalität des Shops erforderlich sind, die normalerweise nicht von Laien umgesetzt werden können, ist auch hier mit einem nicht unerheblichen Aufwand für Design und Programmierung zu rechnen.

Wie immer im Internet sind der »Neffe des Schwagers«, der zwar unerfahren, aber höchst motiviert zu Werke schreiten würde, genauso anzutreffen, wie spezialisierte E-Commerce-Agenturen, die mit jahrelanger und mitunter branchenspezifischer Erfahrung aufwarten können. Beide, Neffe wie Agentur, haben ihren Preis. Im Normalfall spiegelt sich der vermeintlich günstige Preis des Neffen auch in der deutlich niedrigeren, im schlimmsten Fall nicht vorhandenen Conversion-Rate, also dem Verhältnis von Besuchern zu Käufern, wider: Sie investieren wenig in die Entwicklung des Onlineshops, verkaufen aber auch keine Produkte.

E-Commerce-Agenturen sollten neben dem rein theoretischen Umsetzungswissen auch Erfahrungen aus Usability, Suchmaschinenoptimierung und Verkaufspsychologie in Design und Programmierung einfließen lassen.

Diese Erfahrung hat selbstverständlich auch ihren Preis. Strategische Beratung, Layout und Design, Programmierung und Anpassung an Funktionalitäten (individuelle Programmierung, Einbindung von Modulen, zum Beispiel für Zahlungsdienstleister oder Logistik) können schon vor dem Start des Onlineshops mit einem niedrigen bis mittleren fünfstelligen Betrag zu Buche schlagen.

Die beiden folgenden Abbildungen zeigen zwei Onlineshops für Kaffee. Im ersten Beispiel (Abbildung 3-2) wurde das Standardlayout einer Open-Source-Shopsoftware belassen, es wurden lediglich einige Farbänderungen vorgenommen.

Das zweite Beispiel zeigt das gleiche Shopsystem (Abbildung 3-3). Das Layout wurde jedoch von professionellen Kommunikationsdesignern entworfen und von Programmierern umgesetzt. Auf den ersten Blick: Wo würden Sie lieber einkaufen?

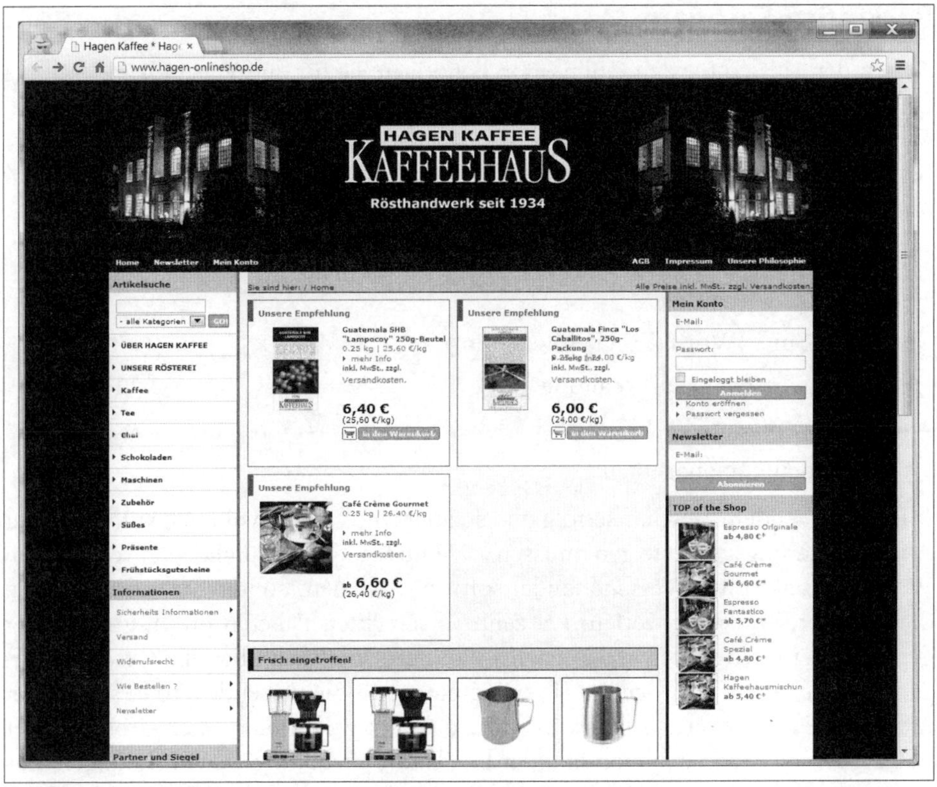

Abbildung 3-2: Onlineshop (OXID), nur mit Farbanpassungen (www.hagen-online-shop.de)

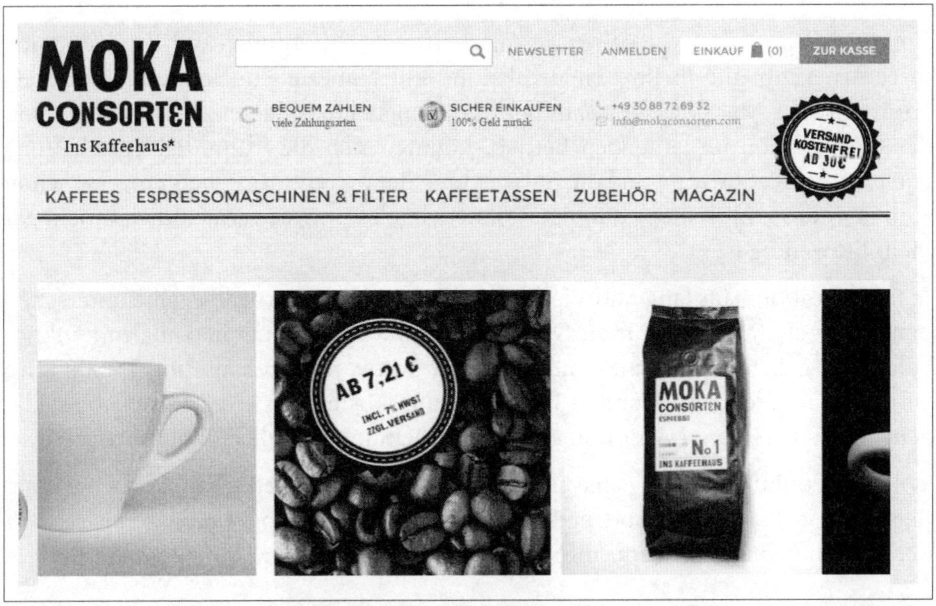

Abbildung 3-3: Onlineshop (OXID) mit individuellem Design (www.mokaconsorten.com)

Backoffice-Software

Neben den Kosten für den Onlineshop benötigen Sie für den Versandhandelsalltag eine Reihe weiterer Softwareprodukte, die, sofern Sie nicht eine Open-Source-Variante nutzen, natürlich auch mit Anschaffungskosten verbunden sind. Wenn Sie bereits über einen eingerichteten Geschäftsbetrieb verfügen, fallen einige der nachfolgenden Posten weg.

- Buchhaltungssoftware
- Bankingsoftware
- Office-Suite (Word, Excel, PowerPoint)
- Warenwirtschaft/Lagerhaltung
- Versandsoftware
- Dokumentenmanagement

Mit zunehmendem Geschäftserfolg und steigendem Versandvolumen wird auch der Automatisierungsgrad steigen müssen. Wenn Sie die anfängliche Investition in Warenwirtschaft und Versandhandelssoftware scheuen, sollten Sie einen Blick in die (geplante) Zukunft werfen: Bei zehn verschickten Paketen pro Tag und einer geringen Retourenquote wird es leicht sein, den Überblick über alle Geschäftsvorgänge zu behalten. Aber stellen Sie sich einmal vor, Sie versenden 100 Pakete oder mehr pro Tag. Sie werden sich wünschen, dass Software Ihnen einen Großteil Ihrer Arbeit, wie das Schreiben von Standardmails, die Erstellung von Rechnungen, das Prüfen von Zahlungseingängen, Lagerbeständen, Inventur, Überweisung von Erstattungsbeträgen etc., abnehmen wird.

Von Beginn an sollten Sie daher die Anschaffung einer Software zur Unterstützung Ihrer Arbeitsabläufe in Ihre Finanzplanung mit einbeziehen. Betrachtet man den erforderlichen Manpower-Einsatz bei einer Umstellung des eigenen Systems und der Organisation im laufenden Betrieb, könnten sich die frühzeitige Anschaffung entsprechender Software und die Entwicklung der organisatorischen Prozesse schon zum Start des Onlineshops durchaus lohnen, auch wenn sie vermeintlich (noch) gar nicht notwendig ist.

Je nach Funktionsumfang und Vielfalt der Einbindung externer Systeme unterscheiden sich auch die Kosten für die Software. Wenn wir von einer maximalen Funktionalität ausgehen, kann eine entsprechende Software durchaus mit 15.000 Euro einmalig und mehreren Hundert Euro Wartungskosten pro Monat zu Buche schlagen. Sie werden diese Investition aber wahrscheinlich schnell zu schätzen wissen.

Welchen Funktionsumfang eine entsprechende Software bieten kann, haben wir am Beispiel von JTL-WaWi und pixi* (Abbildung 3-4) in Kapitel 6, *Warenwirtschaft und Versandhandelssoftware*, auf Seite 85 näher beschrieben.

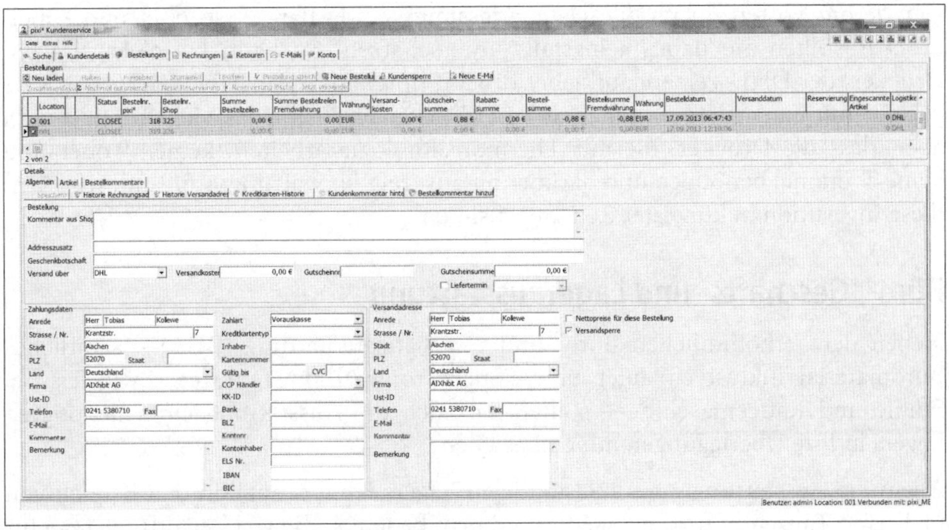

Abbildung 3-4: Versandhandelssoftware pixi* (www.pixi.eu)

Tipp Eine gute Software kann mit Ihren Anforderungen mitwachsen. Lassen Sie sich hierbei vom Softwarehersteller und Ihrer Agentur ausführlich beraten, welche Software Sie zu Beginn des E-Commerce-Projekts in jedem Fall einsetzen sollten und welche Sie später bei Bedarf dazu kaufen können.

Hardware

Neben dem ein oder anderen Computer, den Sie für die Wartung und Pflege Ihres Onlineshops benötigen, für Buchhaltungsarbeiten und Kundenservice oder telefonische Bestellannahme, werden Sie weiteres Equipment anschaffen müssen (wollen), das Sie bei der täglichen Arbeit unterstützt.

Dazu gehören beispielsweise:

- Drucker für Rechnungsdruck
- Drucker für Kommissionierungslisten/Picklisten im Lager
- Drucker für Versandlabels
- Drucker für Lagerbeschriftung
- Mobiles Datenerfassungsgerät für das Ein-, Aus- und Umlagern
- Barcodescanner

Natürlich sind die genannten Posten immer abhängig davon, in welchem Umfang Sie den Handel betreiben und welche Produkte Sie versenden. Aber auch hier gilt: Je mehr Pakete Sie versenden, desto eher werden Sie automatisierte Lösungen zur Unterstützung Ihrer täglichen Arbeit heranziehen wollen.

Gerade die Kosten für mobile Datenerfassungsgeräte, Barcodescanner und Labeldrucker sollten Sie dabei keinesfalls unterschätzen. So kann beispielsweise ein Drucker, der DHL-Versandaufkleber druckt, durchaus 300–400 Euro kosten. Verglichen mit einem herkömmlichen Laserdrucker erscheint das viel. Bedenkt man aber, dass die Drucker, die mit Thermotechnologie arbeiten, keinen Toner und keine Trommel benötigen und darüber hinaus (relativ) wartungsarm sind, wird sich diese Investition in kürzester Zeit amortisieren.

Büro-, Geschäfts- und Lagerausstattung

Neben der herkömmlichen Büro- und Geschäftsausstattung (BGA) – sämtliches Büromaterial inklusive Papier und Toner/Trommel für Drucker sowie Tische, Stühle und Kaffeemaschine – sollten Sie auch die Ausstattung eines benötigten Lagers in Ihre Überlegungen mit einbeziehen.

Allein die Ausstattung eines vollständigen Lagers kann schnell in den Bereich von mehreren Tausend Euro gelangen, wenn man bedenkt, wie viel Regalfläche man für einzelne Artikel benötigt.

Der Versandhändler meinFILATI (*www.meinfilati.de*) verkauft Handstrickgarne der Marke LANA GROSSA. Allein für die Herbst-/Wintersaison 2014/2015 wurden über 3.000 verschiedene Artikel auf 2.000 Lagerplätzen eingelagert. Entsprechend groß muss hier die Investition in Regale und Lagerausstattung sein, um eine schnelle Lagerdrehung zu ermöglichen (Abbildung 3-5 und Abbildung 3-6).

Abbildung 3-5: Die nummerierten Lagerplätze werden vom Warehouse-Management-System verwaltet.

Abbildung 3-6: Packtische sind für jeden notwendigen Handgriff beim Versand optimiert.

Checkliste Büro- und Geschäftsausstattung:

- ☐ Schreibtische, Bürostühle, Regale (500–1.000 Euro)
- ☐ Bürodrucker (100 Euro)
- ☐ PC (500 Euro pro PC)
- ☐ Büromaterial (200 Euro)
- ☐ Telefon (50 Euro)
- ☐ Ausstattung für die Kaffeeküche ohne Elektrogeräte (200 Euro)

Checkliste Lagereinrichtung:

- ☐ Packtische (50 Euro pro Tisch)
- ☐ Regale für Versandmaterial (ab 50 Euro)
- ☐ Sackkarre (50 Euro)
- ☐ Hubwagen (ab 200 Euro)
- ☐ Lagerregale (50–200 Euro pro Regal)

Rechts- und Beratungskosten

Mit Aufkommen des E-Commerce ist die Versandhandelsbranche deutlich transparenter geworden. Zwar gab es Gesetze und Verordnungen schon vorher, die Vergleichbarkeit ist aber deutlich einfacher geworden. Musste man früher noch lange nach entsprechenden Dokumenten fahnden, wenn man seinen Konkurrenten Wettbewerbsverstöße nachweisen wollte, so ist dies seit Google & Co. deutlich einfacher geworden.

Dabei muss es aber nicht einmal die Konkurrenz sein, die Onlineshopbetreiber auf (vermeintliche) Rechtsverstöße aufmerksam macht. Oft sind es auch Verbraucherschutzorganisationen, die auf die exakte Anwendung von Verordnungen und Gesetzen pochen.

Um hier von Anfang an auf der sicheren (gesetzeskonformen) Seite zu stehen, sollten Sie unbedingt (!) der Versuchung widerstehen, geforderte Texte aus dem Internet zu kopieren. Abgesehen davon, dass auch allgemeine Geschäftsbedingungen und Datenschutzerklärungen durchaus dem Urheberrecht unterliegen können, sind nicht alle kopierten Passagen zwingend auf Ihr Konzept anwendbar.

Auch die im Internet angebotenen Mustertexte sind mit Vorsicht zu genießen. Lassen Sie Ihre Dokumente und auch den fertigen Onlineshop (Stichwort Preisangabenverordnung PAngV oder Textilkennzeichnungsverordnung) von einem Fachanwalt auf Richtigkeit prüfen und regelmäßig überarbeiten, soweit dies erforderlich ist.

Sofern Ihr Anwalt über einschlägige Erfahrung verfügt, sollte er Ihnen ein Pauschalangebot machen können. Es sollte sich im Rahmen von circa 500–1.500 Euro für Erstberatung und Erstellung der wichtigsten Dokumente bewegen.

Weiterführende Informationen zu erforderlichen Angaben und Rechtstipps geben wir in Kapitel 14, *Rechtliche Aspekte*, auf Seite 329.

Kosten bei (Existenz-)Gründung

Wenn Sie sich mit einem Onlineshop selbstständig machen oder für den Onlineshop eine eigene Firma gründen möchten, zum Beispiel zwecks Risikominimierung, sollten Sie die Gründungskosten in Ihre Überlegungen mit einbeziehen.

Je nach Rechtsform können die Gründungskosten zwischen 20 Euro (Einzelfirma, GbR) und 1.000 bis 3.500 Euro (GmbH oder AG) liegen. Darin enthalten sind beispielsweise Behördengebühren, Veröffentlichungs- und Eintragungsgebühren der Amtsgerichte und öffentlichen Verzeichnisse sowie Notarkosten.

Fazit

Natürlich können Sie, zum Beispiel bei bestehendem Geschäftsbetrieb, einfach mit dem Onlineshop loslegen. In Ihre Gesamtplanung sollten Sie aber die einmaligen Kosten unbedingt mit einberechnen und auf die geplante Menge der zu verschickenden Artikel für die kommenden ein, zwei und drei Jahre exemplarisch umrechnen. Nur so können Sie in Ihrer Umsatzplanung feststellen, ob sich Ihr Onlineshop wirklich lohnt. Erfahrungsgemäß werden bei dieser Planung die nicht unerheblichen Kosten für Software und Lager bei den Überlegungen außen vor gelassen.

Darüber hinaus sollten Sie im Laufe der Zeit Rückstellungen für Posten bilden, die hier den einmaligen Ausgaben zugerechnet sind. Zwar haben Sie mit dem Kauf der ersten Computer und der Büro- und Lagerausstattung zunächst einmal die größten Posten aufgebracht, aber auch diese Ausgaben werden sich im Laufe der Jahre wiederholen, wenn Sie einen neuen Rechner oder weitere Schreibtische und Regale zur Erweiterung des Geschäfts benötigen. So kann es im Laufe der Zeit auch notwendig werden, einen Onlineshop komplett neu aufzubauen, weil die aktuell genutzte Software der E-Commerce-Realität nicht mehr standhalten kann oder sich technische Anforderungen wesentlich ändern.

Vielleicht muss irgendwann ein Lager komplett neu eingerichtet werden, weil Sie expandieren möchten. Auch die Änderung einer Gesellschaftsform oder der Wechsel einer E-Commerce-Agentur kann sich als extremer Kostenfaktor entpuppen.

Und auch bei umfangreicher anfänglicher Rechtsberatung fahren Sie gut, wenn Sie ein bisschen Geld für Anwalts- und Gerichtsgebühren zur Seite legen.

Laufende und variable Kosten

Laufende und variable Kosten umfassen alle Kosten, die im laufenden Betrieb des Onlineshops anfallen können.

Die laufenden Kosten umfassen dabei sowohl die festen Ausgaben, die weitestgehend unabhängig vom Erfolg oder Misserfolg des Onlineshops anfallen, wie zum Beispiel Versicherung und Miete für Ihr Lager. Die variablen Kosten umfassen alle Ausgaben, die unmittelbar davon abhängen, wie viele Artikel Sie verschicken. Dazu zählen beispielsweise die Kosten für Porto und Verpackung oder Gebühren für Zahlungsdienstleister.

Vereinzelt können Kostenverursacher sowohl feste als auch variable Bestandteile enthalten oder sich im Laufe der Zeit von laufenden Kosten in variable Kosten ändern. So sind zum Beispiel die Kosten für Löhne und Gehälter zunächst laufende Kosten, da Ihr Stammpersonal unabhängig davon, wie viele Pakete Sie verschicken, immer mit an Bord ist.

Mit dem zunehmenden Erfolg des Onlinehandels können sich die Personalkosten zugleich in variable Kosten ändern, wenn Sie durch saisonale Effekte wie das Weihnachtsgeschäft deutlich mehr Personal benötigen, weil Sie in Doppelschichten und an Wochenenden die eingegangenen Bestellungen verpacken und versenden.

Weiterentwicklung des Onlineshops

Mit der Fertigstellung des Onlineshops können Sie nicht davon ausgehen, dass damit alle Kosten gedeckt sind. Onlineshops unterliegen wegen sich ständig änderndem

Benutzerverhalten und neuen Technologien einem schnellen Generationszyklus, an den sich der Shopbetreiber anpassen muss. Spielte zum Beispiel die Darstellung des Onlineshops auf Smartphones oder Tablet-PCs vor wenigen Jahren noch überhaupt keine Rolle, liegt der Anteil der Nutzer, je nach Branche und Zielgruppe, inzwischen bei über 40 %.

Gleiches gilt beispielsweise auch für neue Zahlungsarten oder Techniken. PayPal war vor wenigen Jahren noch ein Zahlungsmittel, das bevorzugt von einer jungen, technikaffinen Generation genutzt wurde. Heute ist PayPal das mit am weitesten verbreitete Zahlungsmittel in Onlineshops.

Die Eingabe einer Paketstationnummer bei der Angabe der Lieferadresse war bis zur flächendeckenden Einführung durch DHL nicht relevant, heute ist das Feld quasi zum Standard geworden.

Diese drei Beispiele zeigen, wie häufig Shopsysteme an sich änderndes Nutzerverhalten und Techniken angepasst werden müssen. Diese Anpassungen erfordern meist die Arbeit von Webdesignern und entwicklern und stellen damit in Laufe der Zeit einen nicht unerheblichen Kostenfaktor dar.

Aus diesem Grund empfiehlt es sich übrigens auch, eine langfristige Partnerschaft mit einer erfahrenen und verlässlichen E-Commerce-Agentur einzugehen und nicht auf einen einzelnen Freelancer zu setzen, der sich ein Jahr nach dem Shopstart beruflich umorientiert oder aus anderen Gründen nicht mehr zur Verfügung steht.

Webhosting, Server und Infrastruktur

Jeder Onlineshop benötigt einen Webserver. Ob es sich dabei um einen (oder gar mehrere) dedizierte Server handelt, der ausschließlich Ihren Onlineshop im Internet technisch zur Verfügung stellt, oder ein performantes Webhosting-Paket, bei dem Sie sich einen Webserver mit mehreren anderen Internetpräsentationen oder Onlineshops teilen, hängt letztlich von der Komplexität des Shops und dem erwarteten Traffic (Datenverkehr und Besucherstrom) ab.

In der Regel sollte ein Webhosting-Paket, das für den Einsatz eines Shopsystems konzipiert wurde, ausreichen (Abbildung 3-7). Gerade für die Open-Source-Systeme Magento und OXID eSales gibt es Unternehmen, die sich auf diese Angebote spezialisiert haben.

Tabelle 3-1: Kosten Webhosting/dedizierte Server

Hosting-Typ	Kosten pro Monat	Beispielanbieter
Shared Hosting	ca. 30 €	*www.domainfactory.eu*
Dedizierter Server	ca. 100 €	*www.internetx.de*
Managed Hosting	Preis auf Projektbasis/Anfrage	*www.syseleven.de*

Neben den monatlichen Kosten für Webhosting und Server kommen eventuell noch weitere Kosten für SSL-Zertifikate, Webserversoftware- und Serverupdates hinzu.

Abbildung 3-7: Website des Webhosters domainfactory (www.domainfactory.eu)

Tipp

Ein *SSL-Zertifikat* verschlüsselt die Datenübertragung zwischen Sender (Webserver = Onlineshop) und dem Empfänger (Browser des Kunden). SSL-verschlüsselte Datenverbindungen sind nur mit erheblichem technischem Aufwand von außen einsehbar. Heute haben SSL-verschlüsselte Datenverbindungen neben der höheren Sicherheit der Datenübertragung auch eine marketingtechnische Relevanz und werden im Allgemeinen als Standard betrachtet.

Verschlüsselte Internetverbindungen erkennt man unter anderem an dem vorangestellten https:// in der Internetadresse.

Bei allen Webhosting-Paketen oder Webservern sollte SSL-Verschlüsselung Standard sein oder zumindest als Option angeboten werden.

Google kündigte kürzlich an, dass SSL-verschlüsselte Internetverbindungen im Suchmaschinenranking stärker berücksichtigt werden als unverschlüsselte. Zudem sollten unverschlüsselte Verbindungen in Googles Browser Chrome als potenziell gefährlich gekennzeichnet werden. Auch aus diesen Aspekten sollten Sie unbedingt auf die Verschlüsselung Ihres Webhosting-Pakets bzw. Webservers achten!

> **Praxistipp Webhoster**
>
> Bei der Auswahl eines geeigneten Webhosters sind Sie natürlich frei. Sprechen Sie mit dem von Ihnen bevorzugten Webhoster Ihr Projekt durch und lassen Sie sich ein entsprechendes Webhosting-Paket oder einen passenden Server empfehlen. Eine Marktübersicht finden Sie unter anderem unter *www.webhostlist.de.*
>
> Aus unserer Agenturerfahrung können wir für den Einstieg das Paket »Managed Hosting Premium« des Münchener Webhosters domainfactory (*www.domainfactory.eu*) empfehlen. Der monatliche Grundpreis von 19,95 Euro (Stand: Februar 2016) und ein schneller und gut erreichbarer, kostenloser Telefon- und Mailsupport sowie die gute Performance der Webserver geben hier den Ausschlag. Positiv: Viele Softwarekomponenten können per 1-Click-Installation auf dem Webserver ohne Programmierkenntnisse installiert werden.

Versand- und Verpackungskosten

Ob Sie anfallende Versand- und Verpackungskosten auf Ihre Kunden umlegen, ist weniger eine Frage der Kalkulation, sondern der Verkaufspsychologie. Dieses Thema werden wir später noch ausführlich aufgreifen. In jedem Fall werden Versandkosten anfallen und anteilig pro Verkaufsvorgang in Ihre Umsatzplanung eingehen müssen.

Versandkosten

Abhängig von der Akzeptanz bei Ihrer Zielgruppe und dem zu verschickenden Artikel fallen unterschiedliche Gebühren an, die sich durch Rahmenverträge mit den Logistikdienstleistern deutlich senken lassen.

Die Tabelle 3-2 zeigt, dass es je nach Artikel, Laufzeit und Wert deutliche Gebührenunterschiede gibt. In jedem Fall sollten Sie gut überlegen, welche die für Sie sinnvollste Versandart ist und welcher Logistikdienstleister Ihnen das beste Angebot machen kann. Nicht vergessen: Das günstigste Angebot muss nicht zwangsläufig auch das beste Angebot sein.

Tabelle 3-2: Versandkosten national via DHL, Stand: April 2016

Produkt	Produktpreis
Normalfrankierung Paket	6,99 €
Onlinefrankierung Paket	4,99 €
Rahmenvertrag Paket DHL inkl. Abholung	3,05–3,90 €
Massenversender	< 3,00 €
Rücksendung Paket (nicht zustellbar)	4,00 €
Rücksendung Paket (Retourenlabel)	4,00 €

Tabelle 3-2: Versandkosten national via DHL, Stand: April 2016 *(Fortsetzung)*

Produkt	Produktpreis
Rücksendung Paket (unfrankiert)	15,90 €
Warensendung (bis 500 g)	1,90 €
Maxibrief	2,60 €
Päckchen	4,00 €

Verpackungskosten

Die Verpackungskosten sind als Kostenfaktor nicht zu unterschätzen. Die folgende Tabelle 3-3 zeigt, mit welchen Kosten Sie rechnen müssen, wenn Sie ein Paket verschicken.

Tabelle 3-3: Verpackungskosten, exemplarisch

Produkt	Produktpreis
Karton 40 x 30 x 20 cm zweiwellig, braun	ca. 0,60 €
Seidenpapier pro Blatt	ca. 0,01 €
Klebeband	ca. 0,06 €
Einleger Retourenschein (reine Druckkosten)	ca. 0,03 €
Versandlabel pro Stück	bis zu 0,15 €
Gesamtkosten pro Paket	bis zu ca. 0,85 €

Gebühren für Payment und Multichannel

Im Online-Business lauert eine Reihe von Gebühren, die Sie ebenfalls in Ihre Planung mit einbeziehen sollten. Mitunter macht es den Eindruck, als ob jeder, der in irgendeiner Form mit Ihrem Onlineshop in Berührung kommt, an Ihrem Erfolg partizipieren möchte. Letztlich kann man es auch so sehen: Ohne Ihre Technologiepartner, die mit Ihrem Shop in Berührung kommen, haben Sie keine Chance, erfolgreich zu werden.

So fallen zum Beispiel für die Nutzung von Kreditkarten als Zahlungsmittel im Onlineshop für die Bereitstellung der Zahlungsart durch den Payment-Service-Provider monatliche Gebühren und Gebühren pro Transaktion an. Für Sicherheitsvorkehrungen gegen Missbrauch (zum Beispiel 3D-Secure) werden zusätzliche Grundgebühren erhoben. Der Akquirer verlangt auch noch eine Gebühr abhängig vom Umsatz (»Disagio«).

Einzelgebühren können, je nach Technologie und Anbieter, durchaus bis zu 3,5 % des Bruttoumsatzes betragen. Payment-Gebühren für High-Risk-Produkte (zum Beispiel Pornographie oder virtuelle Güter wie Software oder E-Books) liegen noch weit darüber, da die Anbieter hier mit deutlich höheren Zahlungsausfällen und Rückbuchungen rechnen müssen.

Weitere Informationen zu den einzelnen Gebühren finden Sie später im Abschnitt »Zahlungen annehmen« auf Seite 303.

Die folgende Beispielrechnung zeigt, wie sich Payment-Gebühren auf Ihren Verkaufspreis beziehungsweise auf den Auszahlungsbetrag auswirken können.

Tabelle 3-4: Beispielrechnung Payment-Gebühren pro Verkauf

Artikelverkaufspreis (inkl. MwSt.)	**35,00 €**
Bereitstellung Payment-Gateway, anteilig*	0,10 €
Bereitstellung 3D-Secure, anteilig*	0,06 €
Transaktionsentgelt Payment-Gateway	0,14 €
Server-API, anteilig*	0,03 €
Disagio (Beispiel: 2,90 %)	1,02 €
Infoscore-Bonitätsprüfung, einfache Prüfung	0,45 €
Auszahlungsbetrag	**33,25 €**

** Anteilige monatliche Gebühr auf Basis von 300 fiktiven Verkäufen über Zahlungsgateway pro Monat*

In den vergangenen Jahren haben sich neue Payment-Anbieter etabliert, auf die wir in Kapitel 11, *Design des Checkout-Prozesses*, auf Seite 202 noch weiter eingehen werden. Aus Sicht der Onlinehändler sind diese inzwischen weitaus attraktiver als die bis dato bekannten Payment-Service-Provider. PayPal-Plus, Payments by Amazon oder ApplePay bieten ebenso Abrechnung per Kreditkarte, Lastschrift oder auch Kauf auf Rechnung mit garantierter Auszahlung an den Händler an. Für den Endkunden sind diese Zahlungsdienstleister insofern bequem, als dass viele Kunden bereits über ein Kundenkonto z. B. bei Amazon verfügen und ohne weitere Prüfung oder Dateneingabe die bei Amazon hinterlegten Zahlungsdaten auch bei anderen Shops nutzen können. Für den Händler ergibt sich ein absoluter Kostenvorteil, da Payment-Service-Provider und Akquirer wegfallen und damit auch deren Gebührenforderung. Das Disagio bei den »neuen« Anbietern liegt in der Regel um 1,9 %.

Tabelle 3-5: Beispielrechnung Payment-Gebühren bei Bezahlung über Amazon Payments

Artikelverkaufspreis (inkl. MwSt.)	**35,00 €**
Disagio (Beispiel: 1,90 %)	0,65 €
Auszahlungsbetrag	**34,35 €**

Auf den ersten Blick scheint der Unterschied pro Verkauf nicht allzu groß zu sein. Getreu dem Motto »auch Kleinvieh macht Mist« summiert sich der kleine Unterschied bei 300 Bestellungen schon auf 195,00 Euro pro Monat bzw. 2.340 Euro pro Jahr.

Auch die Gebühren für Verkaufsplattformen sind nicht unerheblich. So verlangt Amazon aktuell (Stand: Februar 2016) eine monatliche Gebühr pro Händlerkonto (39 Euro) plus einen prozentualen Anteil am Verkaufswert jedes verkauften Artikels (derzeit 7–15 %). Beim Verkauf von Artikeln aus den Bereichen Bücher, Musik, DVD und VHS verlangt Amazon zusätzlich eine Abschlussgebühr von 1,01 Euro.

Tabelle 3-6: Beispielrechnung Amazon-Verkaufsgebühren

Artikelverkaufspreis (inkl. MwSt.)	**35,00 €**
Provision Amazon (15 %)	5,25 €
Monatliche Gebühr*	0,13 €
Auszahlungsbetrag	**29,62 €**

** Anteilige monatliche Gebühr auf Basis von 300 fiktiven Verkäufen via Amazon pro Monat*

Onlineshops lassen sich, ähnlich wie an Amazon, auch an eBay als Verkaufsplattform anbinden. Artikel werden dann nicht als Auktion, sondern als Festpreisangebot auf eBay eingestellt. Aktuell werden keine Gebühren für die Nutzung der Schnittstelle fällig. Verkaufsgebühren berechnen sich nach der Art des Angebots, der Kategorie, der Listingoptionen etc.

Tabelle 3-7: Beispielrechnung eBay-Verkaufsprovision

Posten	Betrag
Artikelverkaufspreis (inkl. MwSt.)	**35,00 €**
Angebotsgebühr	0,05 €
Verkaufsprovision	3,85 €
Auszahlungsbetrag	**31,10 €**

Auf den ersten Blick scheinen die Gebühren für Verkaufsplattformen extrem hoch zu sein. Bedenken Sie dabei aber bitte, dass keinerlei weitere Werbungskosten entstehen. Viele Endkunden nutzen neben Google ganz bewusst Amazon und eBay als Produktsuchmaschine, um gezielt nach Angeboten zu suchen. Auf der einen Seite steht der vermeintlich günstige Preis im Vordergrund (eBay), auf der anderen Seite entwickelt sich Amazon immer mehr zum Allround-Marktplatz, auf dem nahezu alle Produkte zu finden sind. Der Vorteil dieser beiden Plattformen liegt darin, dass Sie für den einzelnen Verkaufsvorgang zum Beispiel keine Kosten für Werbung bei Google AdWords oder in Banner-Netzwerken einberechnen müssen.

Bewertungsportale

Bewertungsportale – zur Funktionsweise später mehr – gehören unbedingt zur Werbestrategie eines jeden Onlineshops. Der Einfluss, den Bewertungen auf die Kaufentscheidung haben, ist vollkommen unbestritten, und so werden Sie nicht umhinkommen, neben den Einzelproduktbewertungen in Ihrem Onlineshop auch externe Bewertungen Ihres Shops, Ihres Kundenservices und der Liefergeschwindigkeit einzubinden.

»Mit der Einbindung des Trusted Shops Gütesiegels in einem Online-Shop steigt die Conversion-Rate um durchschnittlich 23,1 %, belegt eine ECC-Umfrage aus dem Jahr 2012 mit 749 Teilnehmern.« (http://www.trustedshops.de/Shop-Betreiber/index.html)

Monatliche Gebühren Trusted Shops vs. Veristore

Die gängigen Portale, deren Bewertungen als Sterne letztlich auch in die Darstellung bei Google einfließen können, machen dies natürlich nicht aus Nächstenliebe, sondern sie verlangen dafür Geld. Platzhirsch in Deutschland ist unbestritten die Trusted Shops GmbH, die nach eigenen Angaben fast 25.000 Shops zertifiziert (Stand: Februar 2016) und mit dem Bewertungsmodul ausgestattet hat.

Naturgemäß verlangt auch in diesem Segment der Marktführer die höchsten Gebühren. Trusted Shops bietet mit einem zusätzlichen Rechtspaket zwar das umfangreichste Angebot, das aber zu vergleichsweise hohen Kosten. Die für Marketing und Kundenbindung wesentlichen Funktionen wie Bewertungen, Google-Integration und Bewertungsanfragen kosten im Paket ab 116,00 Euro zzgl. MwSt. pro Monat, jährlich steigend mit steigendem Shopumsatz.

Alternativ und mit nahezu gleichem Funktionsumfang kommt Veristore (*www.veri store.de*, siehe Abbildung 3-8) daher. Die Kosten belaufen sich hier für kleine Onlineshops auf 19 Euro oder 39 Euro pro Monat unabhängig vom eigenen Umsatz.

Tabelle 3-8: Monatliche Kosten Trusted Shops GmbH

Posten	Betrag
Grundgebühr	10 €
1 Onlineshop	39 €
Google-Integration (optional)	19 €
Produktbewertungen (optional)	19 €
Marketing/SEO (optional)	19 €
Review Collector 1.000 Bestellungen (optional)	29 €

Nicht jede Leistung, die Trusted Shops erbringen möchte, ist dabei für Shopbetreiber wirklich sinnvoll. Diese Einzelleistungen werden im Abschnitt »Trusted Shops« auf Seite 573 ausführlich erläutert.

Abbildung 3-8 : Veristore-Bewertungsprofil des Onlineshops www.awn.de

Trusted-Shops-Mitgliedsbeitrag (Grundgebühr)

Die oben genannte Grundgebühr ist vom erzielten Shopumsatz abhängig, der durch Trusted Shops nicht nachgeprüft wird, aber »*wahrheitsgemäß anzugeben*« ist, gegebenenfalls kann er auf Basis der beantragten Trusted-Shops-Garantien hochgerechnet werden.

Die Höhe der Grundgebühr bemisst sich dabei am Umsatz aller Onlineshops, die bei Trusted Shops angemeldet sind.

Tabelle 3-9: Mitgliedsbeitrag Trusted Shops GmbH

Shopumsatz pro Jahr	Mitgliedsbeitrag pro Monat
20.000 €	10 €
50.000 €	40 €
100.000 €	60 €
200.000 €	80 €
300.000 €	100 €
500.000 €	120 €

Tabelle 3-9: Mitgliedsbeitrag Trusted Shops GmbH *(Fortsetzung)*

Shopumsatz pro Jahr	Mitgliedsbeitrag pro Monat
750.000 €	140 €
1.000.000 €	190 €
1.500.000 €	240 €
3.000.000 €	300 €
5.000.000 €	360 €
> 5.000.000 €	auf Anfrage

Wartung der Shopsoftware

Wie man anhand der Anzahl der Softwareupdates von Betriebssystemen oder Software auf Smartphones erahnen kann, kann Software nicht absolut sicher programmiert werden. Und solange das Entdecken und Ausnutzen von Sicherheitslücken Nerd-Sport ist, muss jede Software, also auch (Open Source) Shop- und Office-Software regelmäßigen Softwareupdates unterzogen werden.

Quelloffene Software ist dabei besonders anfällig, da bedingt durch die große Entwicklungscommunity keine gleichbleibende Codequalität sichergestellt werden kann. In der Regel – soweit die Software nicht in irgendeiner Form zertifiziert wurde – fehlt es gänzlich an einer Qualitätskontrolle für Erweiterungsmodule externer Anbieter. Zumindest jedoch für die Kernsoftware, also den eigentlichen Onlineshop, bieten die Hersteller in regelmäßigen Abständen Updates und Patches an.

Grundsätzlich ist an dieser Stelle zwischen funktionellen Updates und Sicherheitsupdates und -patches zu unterscheiden.

Funktionelle Updates enthalten Erweiterungen, Ergänzungen oder Korrekturen von Funktionen des Shopsystems. Wird ein Shopsystem zum Beispiel zunächst im US-amerikanischen Raum entwickelt, in dem die Zahlungsart Lastschrift nicht bekannt ist, stehen während des Kaufprozesses keine Eingabefelder für die Bankverbindung zur Verfügung, mittels derer die Bankdaten an den Shopbetreiber oder das Payment-Gateway übermittelt werden können. Ein funktionelles Update erweitert die Eingabemasken um die benötigten Felder im Shop-Frontend und die Funktionen zur Datenverarbeitung im Softwarekern.

Sicherheitsupdates und -patches hingegen schließen bekannte Sicherheitslücken oder korrigieren Funktionen, die in der Software zu nicht erwartetem oder Fehlverhalten führen.

Sicherheitsupdates und -patches sollten weitestgehend immer installiert werden. In der Regel werden sie vom Softwarehersteller per Mailingliste angekündigt, oder der Shopbetreiber wird nach dem Login im Administrationsbereich des Onlineshops auf ein verfügbares Update hingewiesen (Abbildung 3-9). Funktionelle Updates sollten hingegen nur bei für den Shopbetreiber relevanten Funktionen eingesetzt werden, wenn das Auslassen eines Updates keinen Einfluss auf die zukünftige Updatefähigkeit der Gesamtsoftware hat.

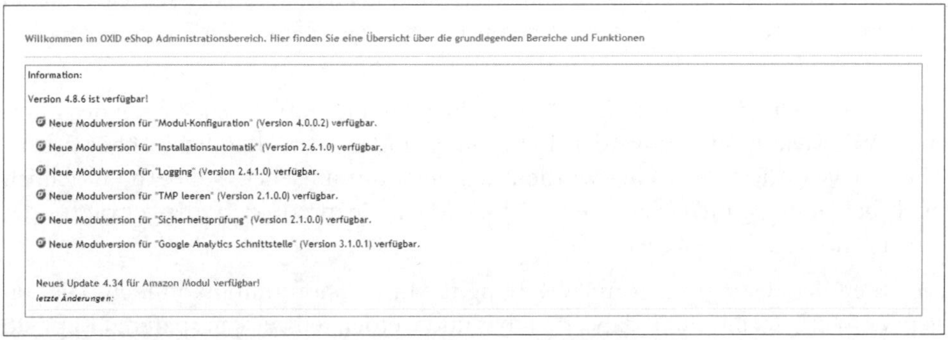

Abbildung 3-9: Hinweise auf aktuelle Softwareupdates im Onlineshop (Admin-Backend)

Die Kosten für die Updates hängen von der Komplexität des jeweiligen Updates ab. Während in den Kauf- und Mietversionen der Shopsysteme die Updates in der Regel kostenfrei sein, weil sie über Wartungsverträge und/oder Lizenzgebühren abgedeckt sind, müssen für die Updates bei der Open-Source-Variante Programmierer am Shopsystem arbeiten. Updates werden meist im Stundentakt berechnet und schlagen mit ein oder zwei Arbeitsstunden, unter Umständen aber auch deutlich mehr, zu Buche. Das Softwareupdate selbst (der Programmteil) ist in der Regel kostenfrei.

Werbung

»Wenn Sie einen Dollar in Ihr Unternehmen stecken wollen, so müssen Sie einen weiteren bereithalten, um das bekannt zu machen.« (Henry Ford).

Zalando, einer der größten deutschen Onlinehändler, der über den Verkauf von Schuhen bekannt und erfolgreich geworden ist, wendete 2015 rund 12% seiner Umsatzerlöse für Marketing und fast 25% für Fulfillment auf. Ein Großteil der Umsatzerlöse fließt damit in den Vertrieb (*www.neuhandeln.de/quartalsbilanz zalando pumpt 76 mio-euro-in-marketing*).

Zalando erreichte damit nicht nur eine unglaubliche Marktdurchdringung und machte die Marke deutschlandweit bekannt (*»Schrei' vor Glück …«*), sondern erzielte auch einen enormen Umsatz und Marktanteil.

Sie werden keinen zweistelligen Millionenbetrag in die Bekanntmachung Ihres Onlineshops investieren können. Nichtsdestotrotz sollten Sie einen nicht unerheblichen Teil Ihres Budgets für die Bewerbung des Onlineshops einplanen. Je nach Branche können dies 5–25 % des Jahresumsatzes sein.

Stellen Sie sich den einsamsten Ort vor, den Sie jemals besucht haben. Stellen Sie sich vor, Sie würden an diesem Ort ein Restaurant eröffnen. Mit wie vielen Gästen würden Sie im ersten Jahr Ihres Bestehens rechnen? Wie viel Laufkundschaft würde zufällig an Ihrem Restaurant vorbeikommen? Und wie viel Prozent der Laufkundschaft würde durch die Tür treten und einen Blick in das Innere des liebevoll eingerichteten Lokals werfen? Wie viele von den Besuchern, die sich innen umgesehen haben, würden sich nun wirklich hinsetzen und etwas bestellen? Wie viele davon nur einen kleinen Snack, anstatt des von Ihnen angebotenen Tagesmenüs mit vier Gängen?

Und nun stellen Sie sich vor, Sie eröffnen einen Onlineshop in den Weiten des Internets. Wie viele Besucher werden Ihren Shop finden – zufällig, weil unbeworben? Und wie viele dieser Besucher würden sich nicht nur umsehen, sondern tatsächlich auch bei Ihnen kaufen. Sei es ein kleines Mitnahmeprodukt (Quengelware) oder einen ganzen Einkaufswagen voll?

Sie sehen: Sie werden nicht um Werbung für Ihren Shop umhinkommen. Die folgenden Werbeformen sind dabei denkbar und werden teilweise in späteren Kapiteln noch ausführlich beleuchtet:

- Suchmaschinenwerbung mit Google AdWords und Bing
- E-Mail- und Newslettermarketing
- Checkout-Marketing
- Affiliate-Netzwerke und Bannertausch
- Paketbeileger im eigenen und in fremden Shops
- Mailings
- Werbung in Zeitschriften
- Preisvergleichsportale
- Social Media
- Facebook Remarketing
- Social Ads

Mieten für Lager und Büro

Mietkosten für Lager und Büroflächen sind relativ einfach zu berechnen. Je nach Lage und Verfügbarkeit können die Kosten zwischen 2,50 und 8,00 Euro pro m^2 Lagerfläche beziehungsweise 6,00 bis 12,00 Euro pro m_2 Bürofläche schwanken. Die fälligen Nebenkosten können dabei als zusätzlicher Faktor nochmals 50–100 % der Nettokaltmiete ausmachen und sollten ebenfalls bedacht werden. In den Nebenkosten sind häufig Versicherungen, Wartung, Heizung etc. enthalten. Der Strom für den täglichen Betrieb muss gesondert bezahlt werden.

Berechnung der benötigten Fläche

Im Verwaltungsbereich (Büro) rechnet man pro Mitarbeiter und Arbeitsplatz mit einem Platzbedarf von ca. 12–16 m_2. Darin sind Sozialräume wie Toiletten und Aufenthaltsraum genauso eingeschlossen wie Flure und eventuell benötigte Konferenzräume.

Der Platzbedarf des Lagers berechnet sich im Gegensatz zum Verwaltungsbereich nicht nach der Anzahl der Mitarbeiter, sondern am Flächenbedarf der zu lagernden Waren und Artikel zuzüglich benötigter Wege- und Verkehrsflächen.

Als Faustregel können Sie davon ausgehen, dass Sie pro m^2 echter Nettolagerfläche noch einmal 1,5–2,0 m^2 Verkehrsfläche benötigen, sofern die Waren manuell im Lager bewegt werden können. Bei Nutzung eines Gabelstaplers vergrößert sich diese Fläche entsprechend

Beispiel: In Ihrem Lager stehen 12 Reihen mit Regalen. Jede Reihe enthält 8 Regale mit einer Grundfläche von 150 x 60 cm. Bei der Berechnung der Lagerfläche spielt es keine Rolle, wie hoch Ihre Regale sind bzw. wie viele Regalböden diese enthalten, soweit wir nicht von einem Hochregallager und Produkten mit Übermaßen ausgehen.

Berechnung Lagerfläche netto:

150 x 60 cm x 8 Regale x 12 Reihen = 86,40 m^2

Berechnung Verkehrsfläche:

86,4 m^2 Lagerfläche netto x Faktor 1,5 = 129,60 m^2

86,4 m^2 Lagerfläche netto x Faktor 2,0 = 172,80 m^2

Bedarf Gesamtfläche:

Lagerfläche netto + Verkehrsfläche = Gesamtfläche

86,40 m^2 + 129,60 m^2 = 216,00 m^2

86,40 m^2 + 172,80 m^2 = 259,20 m^2

Die große Verkehrsfläche mag überraschen. Bedenken Sie aber bitte, dass Sie alle Artikel im Lager bewegen können müssen und dass genug Verkehrs- und Wegeflächen für alle Mitarbeiter, die gleichzeitig im Lager arbeiten, vorhanden sein müssen. Gänge zwischen Regalen müssen breit genug sein, damit Waren bequem aus den Regalen genommen und dazwischen transportiert werden können. Darüber hinaus benötigen Sie Bereiche, in denen Waren versandfertig gemacht und verpackt werden können. Paletten oder Rollwagen, die an Versanddienstleister übergeben werden, müssen ebenso zwischengelagert werden können wie eingehende Lieferungen und Retouren, außerdem benötigen Container für gebrauchtes und Regale für neues Verpackungsmaterial Platz.

Sonstige Kosten

Neben den oben genannten Kosten gibt es eine Reihe weiterer Kostenarten, die nicht zwangsläufig mit dem Onlineshop zusammenhängen. Sie fallen in jedem laufenden Geschäftsbetrieb an, unabhängig davon, ob Sie ein lokales Geschäft betreiben oder den Versand über das Internet. In Ihrer Umsatz- und Rentabilitätsrechnung sollten sie jedoch unbedingt mit eingeplant werden, da sie im Laufe der Zeit und mit steigendem Erfolg des Onlineshops stark ansteigen können.

Zu diesen Kosten zählen zum Beispiel:

- Lohn- und Lohnnebenkosten
- Buchhaltungskosten
- Steuern
- Telefon- und Internetkosten
- Versicherungen
- Kfz-Kosten
- Reparaturen und Wartung

Insbesondere die Lohn- und Lohnnebenkosten für Mitarbeiter im saisonalen Versandgeschäft, zum Beispiel vor Weihnachten oder vor Beginn der Reisesaison, sind erhebliche Kostenfaktoren.

Buchhaltungskosten

Buchhaltungskosten können sich mit steigendem Erfolg ebenfalls deutlich bemerkbar machen, da die Buchhaltung einen direkten Einfluss auf die Arbeitsabläufe hat.

Für jeden Kauf in Ihrem Onlineshop ist ein Beleg erforderlich, der buchhalterisch erfasst werden muss. Je nach Unternehmensform ist dabei keine Buchung über Summen- und Saldenlisten beziehungsweise die Gewinn- und Verlustrechnung möglich, sondern die Einzelbelegbuchung ist erforderlich. Hier empfiehlt es sich, von Anfang an in Absprache mit Ihrem Steuerberater eine automatisierte Lösung, zum Beispiel mit Anbindung der Warenwirtschaft-/Buchhaltungssoftware an DATEV, einzusetzen.

Umsatzplanung

Ausschlaggebend dafür, ob Ihr Onlineshop erfolgreich sein wird oder nicht, ist natürlich auch der wirtschaftliche Erfolg. Erst wenn Sie unterm Strich genug Geld verdienen, um den Wareneinkauf zu bestreiten und sich darüber hinaus Ihre Einstiegsinvestition amortisiert hat, alle anfallenden laufenden Kosten und Ihr Gehalt bestritten werden können und Sie zusätzlich eine Rücklage für die Zukunft des Shops und nötig werdende Sonderinvestitionen bilden können, können Sie wirklich von einem erfolgreichen Onlineshop sprechen.

Die Frage ist daher, wie viel Umsatz Sie mit dem Onlineshop erzielen müssen, um diese Ziele zu erreichen. Eine realistische Umsatzplanung ist daher grundlegend wichtig. Als Shopbetreiber legen Sie die Anzahl der Arbeitstage zugrunde, die Sie bezahlt arbeiten können. Von 365 Tagen im Jahr ziehen Sie Wochenenden, Feiertage, Ihre Urlaubs- und Krankheitstage ab. Von den verbleibenden rund 200 Kalendertagen arbeiten Sie erfahrungsgemäß rund die Hälfte der Tage unbezahlt für Ihre eigene Buchhaltung, Vertrieb und Akquise, Einkauf und das gesamte Drumherum, das mit der Selbstständigkeit anfällt. Die verbliebenen 100 Tage pro Jahr können Sie in Ihre realistische Umsatzplanung einfließen lassen.

Sie wissen zwar nun, für wie viele Tage selbstständiger Arbeit Sie sich bezahlen lassen könnten, aber Sie wissen immer noch nicht, wie viele Produkte Sie tatsächlich absetzen und in Ihrem Onlineshop verkaufen können.

Kaufmännische Vorsicht im Onlineshop

An dieser Stelle müssten wir eigentlich einen ausführlichen Exkurs in die Absatzplanung machen. Zu den Planungsinstrumenten und Kennzahlen der Absatzplanung gehören unter anderem die Werbung, die Vertriebsorganisation, die Produktgestaltung, die Reaktion des Kunden auf die Preispolitik und nicht zuletzt eine fundierte Schätzung der Verkaufszahlen. Da die Absatzplanung aufgrund ihrer großen Fehlinterpretationsmöglichkeiten auch in der Realwirtschaft sehr selten angewandt wird, versuchen wir hier einen viel einfacheren und pragmatischeren Ansatz, der sich aus einem Minimalziel und einem Sicherheitsaufschlag für den Fall außerordentlicher Investitionen oder Sonderausgaben zusammensetzt.

Unabhängig davon, welchen Wert wir zur Umsatzplanung heranziehen oder welche wirtschaftswissenschaftlichen Kennzahlen wir betrachten, sollten Sie abgewandelt immer den *Grundsatz der kaufmännischen Vorsicht* beachten.

Der Grundsatz der kaufmännischen Vorsicht entstammt eigentlich dem Bereich des Rechnungswesens und dient dreierlei Zielen:

- Erhaltung des Kapitals
- Schutz der Gläubiger (zum Beispiel Lieferanten)
- Schutz der Gesellschaft (des Unternehmens)

Vereinfacht gesagt, sind nach diesem Grundsatz alle Risiken in die Überlegungen und Bewertungen mit einzubeziehen, die für die Bilanzierung wichtig sind, unabhängig davon, ob Sie dem Bilanzierenden bereits bekannt sind oder nicht.

Noch einfacher: Lieber vorsichtig und zurückhaltend rechnen als überschwänglich und zu optimistisch.

Übertragen auf Ihren Onlineshop und die bevorstehende Umsatzplanung bedeutet das: Schätzen Sie Ihre Umsätze lieber sehr, sehr vorsichtig ein. Viele Onlineshopbetreiber gehen davon aus, dass sie von Beginn an täglich zig oder gar Hunderte Verkaufsvorgänge in ihre Kalkulation mit einbeziehen können. Diese Annahme ist absolut naiv! Unser Zeitstrahl und der Abschnitt »Von der Kunst der Geduld« auf Seite 116 verdeutlichen, wann Sie unter normalen Bedingungen mit derartigen Umsätzen planen können.

Überlegen (schätzen, orakeln) Sie nicht, wie viele Bestellungen mit durchschnittlichem Warenkorbwert Sie voraussichtlich bis zum Ende des aktuellen und des Folgejahrs haben werden, sondern berechnen Sie genau, wie viele Produkte Sie bis zum Ende des kommenden Kalenderjahrs verkaufen *müssen*, um alle fixen und variablen Kosten zu decken! Sofern Sie noch nicht über Verkaufszahlen im Onlineshop verfügen, legen Sie als Berechnungsgrundlage den Deckungsbeitrag pro Artikel, den Sie verkaufen, zugrunde. Wenn Sie bereits einen Onlineshop betreiben und verlässliche Zahlen vorliegen haben, können Sie vorab auch den Deckungsbeitrag pro durchschnittlichem Warenkorb für die Berechnung heranziehen.

Deckungsbeitragsrechnung

Die Deckungsbeitragsrechnung entstammt der Kosten- und Leistungsrechnung und ermittelt als Kennzahl die Differenz zwischen den erzielten Umsätzen und den variablen Kosten. Variable Kosten werden in der Kosten- und Leistungsrechnung zur Berechnung der sogenannten Stückkosten herangezogen, die sich wiederum in variable und fixe Stückkosten unterteilen. Der Deckungsbeitrag wird demnach zur Deckung der Fixkosten herangezogen.

Beispiel:

	Produkt A	Produkt B	Summe
Umsatz	42.400 €	12.900 €	55.300 €
Variable Kosten	6.400 €	900 €	7.300 €
Deckungsbeitrag	36.000 €	12.000 €	48.000 €
Fixe Kosten			34.498 €
Betriebsergebnis			13.502 €

Beispielrechnung Umsatzplanung

Die folgende Beispielrechnung für einen Onlineshop zeigt, wie so eine Rechnung aussehen könnte. Bei einem fiktiven Deckungsbeitrag von 6,86 Euro pro im Onlineshop verkauften Produkt müssten pro Jahr etwas mehr als 5.000 Verkaufsvorgänge ausgelöst werden, um die Fixkosten von 34.498 Euro pro Jahr zu decken, die für den Betrieb des Onlineshops anfallen.

Tabelle 3-10: Beispielrechnung Umsatzplanung

Posten	Pro Jahr
Miete Lager/Büro	10.800 €
Abschreibungen BGA	250 €
Webhosting	348 €
Wartung Onlineshop	2.400 €
Lizenzgebühren Warenwirtschaft/CRM	4.560 €
Trusted Shops	1.056 €
Grundgebühren Payment-Gateway	828 €
Löhne und Gehälter	14.256 €
Werbung	
Summe Fixkosten	**34.498 €**
Durchschnittlicher Deckungsbeitrag pro verkauftem Produkt oder durchschnittlichem Warenkorbwert	6,86 €
Fixkosten / 6,86 € = 5.028,86 verkaufte Produkte p. a.	

Bei dieser Tabelle haben wir bewusst auf die Angabe von Werbekosten verzichtet. Sie sind – das werden Sie in den folgenden Kapiteln feststellen – zu individuell, um sie in einer Musterrechnung aufzuführen oder einen »Pi-mal-Daumen-Wert« anzugeben.

Die Kosten für Werbung bei Google AdWords schwanken beispielsweise je nach Branche und Konkurrenz zwischen 0,05 Euro und bis zu 3,50 Euro (oder höher) pro Klick. Auf ein Jahr hochgerechnet ergibt sich eine derartige Schwankungsbreite, dass Sie diesen Betrag individuell in Ihre Berechnung mit einbeziehen sollten.

Darüber hinaus müssen Sie die fiktive Beispielrechnung natürlich um weitere Posten ergänzen, die für die Kostenrechnung erforderlich sind. Dazu können zum Beispiel Versicherungen, Kfz-Kosten, Beiträge zu Industrie- und Handelskammern, Lizenzgebühren oder Ähnliches zählen. Je ehrlicher Sie bei der Planung sind, desto eher werden Sie feststellen, ob sich der Onlineshop für Sie tatsächlich lohnt.

Auf Nummer sicher gehen

Das obige Rechenbeispiel zeigt, mit welchen Umsatzzahlen Sie für das kommende Jahr rechnen müssten, um die Fixkosten zu decken. Zur Erinnerung: Die variablen Kosten (Versandkosten, Verpackungsmaterial etc.) sind bereits über den Deckungsbeitrag gedeckt.

Wenn Sie das Prinzip der kaufmännischen Vorsicht nun auf diese Rechnung übertragen, gehen Sie von der errechneten Zahl als Minimalziel aus. Planen Sie einen Sicherheitsaufschlag von rund 30 % ein, um etwaige Sonderrisiken und -faktoren mit einzubeziehen. Dann sind Sie auch gut gewappnet, wenn Sie Sonderinvestitionen tätigen müssen, sich die Preispolitik ändert oder Sie die Werbeausgaben erhöhen möchten.

Tabelle 3-11: Minimalumsatz/Umsatz mit Sicherheitsaufschlag

Produkte	Anzahl verkaufter Artikel
Rechnerisch ermittelte verkaufte Produkte	5.028
Maximal verkaufte Produkte (30 % Sicherheitsaufschlag)	6.536

Wie viele Verkaufsvorgänge pro Tag benötigen Sie wirklich?

Sie werden schon jetzt eine Ahnung haben, ob Sie tatsächlich so viele Produkte verkaufen werden. In unserem Beispiel, wir bleiben bei der Berechnung mit Sicherheitsaufschlag, ergeben sich folgende »Muss-Verkäufe«:

Tabelle 3-12: »Muss-Verkäufe« pro Jahr, Monat, Woche und Tag

Intervall	Anzahl Verkäufe
Verkäufe pro Jahr	6.536
Verkäufe pro Monat	544

Tabelle 3-12: »Muss-Verkäufe« pro Jahr, Monat, Woche und Tag *(Fortsetzung)*

Intervall	Anzahl Verkäufe
Verkäufe pro Woche	125
Verkäufe pro Tag	18

Sind Sie sich sicher, dass Sie tatsächlich bis zu 18 Besucher pro Tag von einem Kauf in Ihrem Onlineshop überzeugen können? Ausgehend von einer durchschnittlichen Conversion-Rate von 3 % müssten Sie rund 600 Besucher pro Tag in Ihren Shop locken, um diese Zahl zu erreichen.

Tipp

Die Conversion-Rate (deutsch: Konversionsrate) bezeichnet als Messgröße im E-Commerce- und Onlinemarketing die Anzahl der Personen, die durch eine ausgeführte Aktion einen neuen Status erhalten haben.

Einfachstes Beispiel im Onlineshop ist die Anzahl der Personen, die durch den ausgeführten Kauf von Shopbesuchern zu Käufern geworden sind.

Konversionsrate = Anzahl der Käufer x 100 / Anzahl der Shopbesucher

Verstehen Sie uns nicht falsch: Wir möchten an dieser Stelle keine Schwarzmalerei betreiben und Sie schon gar nicht von Ihrem Onlineshopvorhaben abhalten.

Wir möchten aber vermeiden, dass Sie unter (kaufmännisch) gänzlich falschen Vorbedingungen an Ihren Onlineshop herangehen: voller Enthusiasmus, aber mit unrealistischen Annahmen.

Im Laufe der Zeit werden Sie merken, ob sich Ihre anfänglichen Annahmen bewahrheiten oder ob Sie Ihre Zahlen korrigieren müssen, im schlimmsten Fall nach unten.

Sie sehen aber auch, wie sich der Umsatz im Onlineshop (theoretisch) vervielfachen lässt. Würden Sie bei den oben angenommenen 600 Besuchern pro Tag im Onlineshop die Conversion-Rate nur um einen Prozentpunkt erhöhen, würde Ihr Umsatz um 25 % steigen.

Setzen Sie sich eine Deadline

»Das wird schon noch«, ist eine der häufigsten Falschaussagen, die wir in 16 Jahren E-Commerce-Beratung gehört haben. In manchen Fällen mag das zutreffen, in der Regel aber nicht. Wenn sich auch nach drei, sechs oder neun Monaten keine wesentliche Besserung einstellt, die Ihnen zumindest tendenziell die Aussicht verschafft, die in der Umsatzplanung errechneten Zahlen zu erreichen, ist es sinnvoller, aufzuhören!

Ja, hören Sie auf!

Es ist sinnvoll, sich schon zu Beginn des Projekts eine Deadline zu setzen, an der Sie ein Umsatzziel erreicht haben möchten. Das Umsatzziel kann dabei eine bestimmte

Anzahl Bestellungen sein, der tatsächliche Umsatz im Shop oder der Gewinn für das Unternehmen. In jedem Fall sollten Sie dabei zwei Dinge beherzigen:

1. Realistisches Ziel setzen
2. Deadline nicht verschieben

Wo soll die Deadline liegen?

Ihr Shop benötigt eine gewisse Zeit, um anzulaufen. Ihre internen Abläufe müssen eingeschliffen sein, die Werbemaßnahmen müssen anlaufen, Suchmaschinen müssen Ihren Onlineshop indizieren. Und vor allem: Sie müssen Interessenten finden und aus Interessenten Kunden machen. Das wird nicht von heute auf morgen funktionieren.

Eine gute Faustregel, die sich im Agenturalltag bewährt hat: 18 Monate nach dem Shopstart sollte sich alles im grünen Bereich befinden oder zumindest sollte sich deutlich eine absehbare Verbesserung der Umsatzzahlen abzeichnen.

Wie bei jeder Faustregel gilt: Passen Sie die Faustregel an Ihre eigenen Bedürfnisse und Umgebungsvariablen an! Wenn Sie beispielsweise Artikel verkaufen möchten, die von Ihrer Art her Saisonartikel sind und sich ausschließlich im Frühjahr und Sommer verkaufen lassen, sollte Ihre Deadline natürlich am Ende der Saison liegen, wenn die Hauptumsatzzeit unmittelbar vorbei ist. Und wenn Ihr Onlineshop Ethanolkamine für lauschige Abende im Herbst und Winter verkauft, ist die Saison Ende Dezember vielleicht noch gar nicht beendet.

Wann auch immer Sie Ihre persönliche Deadline ziehen: Die Hauptsache ist, dass Sie überhaupt eine Deadline ziehen!

Realistisches Ziel setzen

Es hat keinen Sinn, sich schon zu Beginn des Projekts selbst zu belügen und ein Ziel zu setzen, nur um ein Ziel zu haben. Sie werden im extremsten Fall vom Gewinn, den Ihr Onlineshop abwirft, leben wollen oder müssen. Dementsprechend sollten Sie auch einplanen, dass Sie vom Gewinn Ihren Lebensunterhalt bestreiten können. Ohne Wenn und Aber! Natürlich sollten Sie Ihr Ziel auch nicht so hoch ansetzen, dass Sie es nicht erreichen können. Auch hier ist der gute Mittelweg der richtige!

Deadline nicht verschieben

Eine Deadline ist eine Deadline ist eine Deadline und wird auf keinen Fall verschoben!

Glauben Sie wirklich, dass sich nach der einmal gesetzten Deadline wirklich noch alles ändert? Sie haben über mehrere Monate gerackert und gearbeitet und trotzdem Ihre einmal gesetzten Ziele nicht erreicht, und plötzlich soll doch alles besser werden?

Wenn Sie bei der Formulierung Ihrer Ziele keine Fehler gemacht haben, sollten Sie jetzt so ehrlich sein und einen Schlussstrich ziehen!

Wägen Sie noch einmal genau ab, ob Sie wirklich alles bedacht oder einen wesentlichen Punkt vergessen haben. Wenn sich jetzt nichts mehr findet, was wirklich (!) ausschlaggebend dafür sein kann, dass sich Ihre Ziele doch noch erreichen lassen, dann ist jetzt der richtige Zeitpunkt, nicht weiterzumachen!

Fachidioten und Business-Kasper

In den vergangenen 18 Jahren, in denen wir uns mit den Themen E-Commerce und Onlinehandel beschäftigt haben, haben wir schon viele Onlineshops und Geschäftsmodelle kommen sehen. Viele davon haben wir aber leider auch wieder gehen sehen. Aus den unterschiedlichsten Gründen.

Mal scheiterten die Geschäftsvorhaben allein am falschen Zeitpunkt. Wie der Aachener Einzelhändler Ars Bibendi. Ars Bibendi wollte schon 1998 alles über das Internet verkaufen, was es zum kunstvollen Trinken benötigt hätte. Exklusive Whiskeys und Gins, Cocktailshaker und Stößel, Bücher und Zubehör. Damals war die Zeit aber noch nicht so richtig reif für den Onlinehandel. Übrig geblieben ist die (sensationelle) Domain cocktailshop.de und wahrscheinlich ein Haufen Schulden beim Unternehmer.

Andere Male scheiterten die Geschäftsvorhaben an der gesamten Branche. Softwareshop.cc setzte zum Beispiel schon im Jahr 2000 auf elektronische Softwaredistribution. Die gesamte Branche war aber damals noch nicht so weit und gängelte den Händler mit AdWords-Verboten, Preisdiktaten und Liefersperren. Wenige Jahre später war die Softwarelieferung via Internet gang und gäbe – so viel Luft hatte der Händler aber nicht. Er gab sein Geschäftsmodell zwischendrin auf.

Viel schlimmer ist es jedoch, wenn Geschäftsmodelle und Onlineshops an den Gründern selbst scheitern. Und auch das ist mir oft genug begegnet: Wenn fachliches Know-how das betriebswirtschaftliche Verständnis weit überflügelt.

Scheitern ist Programm

Es ist im Onlinegeschäft nicht anders als im Offlinebusiness. Erfolgreich werden Geschäfte und Geschäftsmodelle immer dann, wenn Fachidioten auf Businesstypen treffen. Wenn sich Altenpfleger selbstständig machen, weil sie nicht mehr angestellt arbeiten möchten, dann kümmern sie sich um Alte und pflegen. Sie pflegen, damit sie genug Geld verdienen, um ihren Lebensunterhalt zu bestreiten. Der eigentliche Job nimmt aber so viel Zeit in Anspruch, dass wenig Zeit bleibt für Akquise, Qualitätsmanagement, Personalbeschaffung, Werbung und Marketing. Der tägliche Job frisst mit der Zeit den ganzen Drive auf, der der eigentliche Anstoß für den Schritt in die Selbstständigkeit war.

Das Beispiel mit dem Altenpfleger gilt natürlich auch für Schuster, Gastronomen oder Trainer. Wenn ich keine Zeit habe, um mich um die Nebengeräusche der Selbstständigkeit zu kümmern, dann fehlt das Potenzial für Wachstum, Karriere oder Expansion. Und damit auch für hohe Gewinne, für Erfolg, für mehr Geld UND mehr Freizeit.

Bricht nun einer der wenigen Kunden weg, auf denen das Geschäftsmodell beruht, oder ändern sich durch äußere Einflüsse (Gesetzgebung, Wettbewerber etc.) die Rahmenbedingungen, dann ist es schnell vorbei mit dem eigenen Business. Das Tagesgeschäft lässt keine Zeit für eine adäquate Reaktion auf die neuen Umstände. Zurück bleibt dann vielleicht ein KFW-Darlehen, das zurückgezahlt werden will, oder nicht unerhebliche Schulden bei Lieferanten.

Im Onlinebusiness ist das nicht anders. Es geht dort alles nur noch ein bisschen schneller. Die absolute Markttransparenz ist dabei Fluch und Segen zugleich. So schnell man Kunden gewinnen kann, so schnell wird man sie auch wieder verlieren. Weil der Wettbewerber eben doch nur einen Mausklick weit entfernt ist. Und weg ist er, der Gründungszuschuss. Schade drum.

Existenzgründung ohne Plan

Viele Shopbetreiber kommen zu ihrem Business wie die Jungfrau zum Kinde. Das Vorurteil der gelangweilten Unternehmergattin ist dabei nur eines von vielen, aber eher Fakt als Vorurteil. Während die eigenen Kinder in holländische Markenklamotten gesteckt werden wächst die Idee, einen eigenen Shop zu gründen. Das Kapital ist da, der Wille auch. Allein, es fehlt am Know-how. Nicht im Bereich der Produkte. Sondern im Businessbereich. Nur weil ich weiß, wie ich mein Kind anziehe, weiß ich noch lange nicht, wie Marketing und Vertrieb im Internet eigentlich funktionieren.

Nur weil ich weiß, wie ich stricke oder häkle – befähigt das zum Schritt in die Selbstständigkeit? Nun, Unterstützung seitens Wirtschaftsförderungsgesellschaften gibt es für die eigene Existenzgründung zuhauf. Gründungscoachings an Volkshochschulen oder durch halbseidene Gründungsberater natürlich ebenso. Und Existenzgründungskredite bekommen Gründungswillige häufig schneller nachgeworfen, als sie sie ablehnen können. Aber reicht das, um einen nachhaltig erfolgreichen Onlineshop zu gründen, der sich länger am Markt behaupten kann, als die ersten zwei oder drei Jahre? Länger, als das Ersparte reicht?

Existenzgründung braucht Know-how auf mehreren Schultern

Nein, das wird in der Regel nicht funktionieren. Denn es fehlt an Zeit und Know-how in den Bereichen Finanzen, Verwaltung, Marketing und Planung. Deswegen halte ich es für absolut notwendig, dass Gründer sich – egal ob on- oder offline – immer einen Partner mit ins Boot holen sollten, der sein Handwerk versteht. Im Idealfall versteht er nichts vom eigentlichen Produkt oder von der Strickerei (um beim Beispiel zu bleiben). Aber er versteht etwas von den für erfolgreiches Business wesentlichen Disziplinen.

Die Partner in der Phase der Existenzgründung sollten sich nicht gegenseitig in ihren Aufgabenbereich hineinreden, sondern sich ergänzen. Wichtig hierfür ist die klare Abgrenzung von Zuständigkeiten und Aufgabengebieten. Das meint natürlich nicht, dass die Partner nur nebeneinander arbeiten sollen, sich gegenseitig ignorierend. Natürlich nicht! Das heißt aber, dass zum Beispiel die Entscheidung über das WAS im Einkauf der Fachidiot treffen sollte, die Entscheidung über das WIE VIEL hingegen derjenige, der die Finanzen im Kopf hat, die Lagerkapazität oder die Konkurrenzsituation.

Die vielen Einzeldisziplinen des E-Commerce mit einem einzelnen paar Schultern zu stemmen: Wir halten es für unmöglich.

Werfen wir einen Blick auf andere Branchen und in andere Sphären: Der Vorstand des Herstellers von Medizin- und Hygieneprodukten PAUL HARTMANN AG besteht aus insgesamt vier Personen. Managementspezialisten, Logistiker und Produktionsplaner. Einkäufer, Verkäufer, Vertriebler. Ein einziger (soweit das den Lebensläufen entnommen werden konnte) ist Medizin- oder Textiltechniker, Spezialist für OP-Besteck oder Inkontinenz. Und warum funktioniert das Unternehmen trotzdem? Weil die Vorstände Leute um sich scharen, die die Produkte entwickeln und produzieren, die verkauft werden müssen. Kein Nutzer von Pflastern, Thermometern oder Windeln käme auf die Idee, das Unternehmen leiten zu wollen. Dafür gibt es Spezialisten, genauso wie für den richtigen Maschenanschlag beim Stricken. Schuster, bleib bei deinen Leisten! Sprichwort. Faust. Auge.

Fachidioten und Business-Kasper sind gefragt

Alle erfolgreichen Onlineshops, die wir in den letzten Jahren beraten und begleitet haben (wichtig: »erfolgreiche«) hatten eines gemeinsam: Die »Last« des Unternehmer- und Shopbetreiberalltags verteilte sich immer auf mindestens zwei Personen. Entweder haben sich mehrere Gründer oder Geschäftspartner zusammengefunden, oder es wurden externe Berater und Agenturen beauftragt, die sich um Vertrieb, Multichannel-Marketing oder Logistik gekümmert haben. Im Gegensatz zu den (oben genannten) gescheiterten, existieren alle diese Shops immer noch. Auch, wenn sie bereits 1998 oder 2000 gestartet sind. Denn sie hatten die Chance, auf geänderte Markt- und Rahmenbedingungen zu reagieren. Der eine Gründer/Partner kümmerte sich um die eigentlichen Produkte, der andere um das Drumherum.

Es ist auch ein bisschen wie im Privatleben: Nur den Wenigsten gelingt es, ein Haus tatsächlich allein zu bauen. Die meisten wenden sich an Maurer, Maler und Dachdecker. Die anderen sind entweder die absoluten Überflieger. Oder sie ziehen nach wenigen Jahren wieder aus. Wenn das Dach leckt und der Putz bröckelt. Oder wenn der eigene Onlineshop dann doch pleite gegangen ist.

Jetzt geht's lo-hos!

Wenn wir es zum jetzigen Zeitpunkt – trotz aller Bemühungen – immer noch nicht geschafft haben, Sie von Ihrem Vorhaben, einen Onlineshop zu eröffnen, abzubringen, werden wir Ihnen in den folgenden Kapiteln erklären, wie E-Commerce wirklich funktioniert. Mit allem Drum und Dran und jeder Menge Insights. Viel Spaß!

In diesem Kapitel:

- Wo finde ich den richtigen Partner?
- Checkliste Agenturauswahl
- Was kostet eine Agentur?
- Agentur-Pitch
- Projektmanagement im E-Commerce

KAPITEL 4
Webdesign- und E-Commerce-Agentur

Der Aufbau eines professionellen Onlineshops ist vergleichbar mit dem Bau eines Hauses. Natürlich können Sie selbst Hand anlegen und mit ein wenig Erfahrung die Wände selbst mauern. Mit der Zeit werden Sie sich auch in Themen wie Dachdecken und Fensterbau einarbeiten. Aber es ist leicht nachvollziehbar, dass das Haus am Ende vielleicht doch nicht den Ansprüchen seiner Bewohner genügt, das Dach nicht richtig dicht ist und der Bau nicht allen gesetzlichen Vorgaben und Normen entspricht, weil viele Dinge nur semi-professionell umgesetzt worden sind.

So ähnlich verhält es sich mit Ihrem Onlineshop. Es gibt Themen, bei denen Ihre Mitarbeit unverzichtbar ist: Kein Dienstleister wird sich mit Ihrem Produkt so genau auskennen wie Sie selbst. Immer dort, wo es um Inhalte (Content) und Details zu Ihren Produkten geht, steht Ihr Fachwissen außer Frage.

Es gibt jedoch eine Menge Themen, bei denen Sie zumindest den Rat von Experten einholen sollten – sei es das Setup der Shopsoftware, die Anbindung externer Dienstleister und Module an den Onlineshop oder Fragen rund um Logistik, Payment und Marketing.

Wie bei jedem Spezialgebiet bietet es sich an, auf einen Spezialisten zurückzugreifen. Und E-Commerce ist definitiv ein Spezialgebiet, denn nicht weniger als der wirtschaftliche Erfolg Ihres Projekts hängt von Ihrem Onlineshop und allen in diesem Zusammenhang getroffenen Entscheidungen ab.

Eine externe Agentur kann Ihre Ideen als kritische Ratgeberin beleuchten und im Idealfall auf eine Vielzahl erfolgreicher Projekte zurückblicken. Es schadet im Übrigen auch nicht, wenn Ihr Berater mit einem Projekt schon einmal gescheitert ist. Die Fehler, die gemacht worden sind, werden sich sicherlich nicht wiederholen.

Fragen Sie Ihre potenzielle Agentur, wie viele Onlineshops sie bereits umgesetzt hat, wie viele davon immer noch online sind und wie viel Umsatz diese Shops tatsächlich machen.

Onlineshops »machen« kann heute nahezu jeder, der schon einmal eine kleine Internetseite aufgesetzt (nicht programmiert!) hat. Hierfür ist lediglich ein Account bei einem der SaaS-Anbieter aus dem Kapitel 5, *Auswahl des Shopsystems*, auf Seite 69 notwendig.

Je umfangreicher die Funktionalitäten in Ihrem Onlineshop jedoch sind und je mehr externe Module und Dienstleister Sie zum Beispiel für Payment, Logistik oder Marketing einbinden möchten, desto eher werden Sie auf einen externen Dienstleister und Berater zurückgreifen, der seinerseits viele Spezialisten aus den Bereichen E-Commerce, Onlinemarketing und Contentmarketing unter einem Dach vereint.

Die Kunst des E-Commerce besteht nicht in der Installation des Onlineshops, sondern in der Implementierung bestehender und komplexer Geschäftsprozesse. Denn nach Möglichkeit sollen nicht Sie sich an den Onlineshop anpassen, sondern der Onlineshop soll sich soweit möglich und wirklich sinnvoll an Sie anpassen, auch wenn in vielen Teilbereichen Ihre eigene Anpassungsfähigkeit gefragt sein wird. Die Kosten, die ein externer Berater oder eine Agentur zu Beginn des Projekts verursacht, werden Sie in der Regel durch mehr Kunden und Umsatz schnell wieder reinholen.

Wo finde ich den richtigen Partner?

Wo finden Sie nun den Partner, der über die notwendige Erfahrung verfügt? Machen Sie sich mit der untenstehenden Checkliste auf die Suche. Schauen Sie sich dabei nicht nur in der näheren Umgebung um. Die Qualität eines Dienstleisters ist nicht an einen Radius um Ihren Firmensitz gebunden.

Vielmehr sollten Sie sich auf die Suche nach dem einen Dienstleister machen, der Sie fachlich und persönlich überzeugt – egal, wo er seinen Sitz hat.

Suche in Suchmaschinen und in der Fachpresse

Naheliegend ist die Suche via Google & Co. Aber wie bei jedem Produkt, das Sie online kaufen wollen, ist es schwierig, hier die Spreu vom Weizen zu trennen.

Wie in Kapitel 18, *Google AdWords und Google Products*, auf Seite 491 beschrieben, ist es grundsätzlich sehr einfach, Werbung für ein Produkt oder eine Dienstleistung bei Google zu schalten. Eine Werbeanzeige sagt aber noch nichts über die Qualität des dahinterstehenden Beraters aus. Sie sollten die Erfahrungen der Agentur genau unter die Lupe nehmen.

Gleiches gilt für die einschlägige Fachpresse wie zum Beispiel »Internet World Business« (*www.internetworld.de*, siehe Abbildung 4-1) oder »t3n« (*www.t3n.de*). In den Dienstleisterverzeichnissen der Magazine finden Sie eine Vielzahl von Agenturen, die Sie mittels Schlagwörtern oder Umkreissuche (siehe Screenshot) auswählen und eingrenzen können. Die Eintragung in die Verzeichnisse steht dabei allen Firmen offen, teilweise müssen für die Listung monatliche Gebühren bezahlt werden.

Ein Blick in die Referenzliste auf der Internetseite der jeweiligen Agentur lässt eine erste Einschätzung zu. Lassen Sie sich aber nicht zu sehr von Awards und Hochglanzprospekten blenden.

Abbildung 4-1: Dienstleisterverzeichnis, www.internetworld.de

Suche nach zertifizierten Agenturen

Neben der Suche via Suchmaschine ist die Suche nach einem zertifizierten Partner der drei im folgenden Kapitel genannten Open-Source-Shopsysteme sinnvoll, wobei es zunächst keine Rolle spielen sollte, mit welchem Shopsystem der Dienstleister arbeitet. Viel wichtiger als der Name oder das Image der Software ist die Realisierbarkeit Ihres Vorhabens. Die Frage, was mit dem jeweiligen Shopsystem machbar ist, kann Ihnen eine gute Agentur ehrlich beantworten. Zertifizierte Agenturen verfügen über entsprechendes Know-how im Umgang mit der Software und haben in der Regel schon einige E-Commerce-Projekte umgesetzt.

Über die Internetseite des Softwareanbieters haben Sie die Möglichkeit einer Umkreissuche beziehungsweise der Suche nach Land und Ort oder Postleitzahl. Abbildung 4-2 zeigt das Partnerprofil unserer Agentur »AIXhibit« auf der Internetseite von OXID eSales.

Die Partnerverzeichnisse von JTL, OXID eSales, Shopware und Magento finden Sie auf den folgenden Seiten:

- *https://www.jtl-software.de/Servicepartner*
- *https://www.oxid-esales.com/de/partner/solution-partner/partner-finden.html*
- *http://partners.magento.com/partner_locator/search.aspx*
- *https://de.shopware.com/partner/partner-finden/*

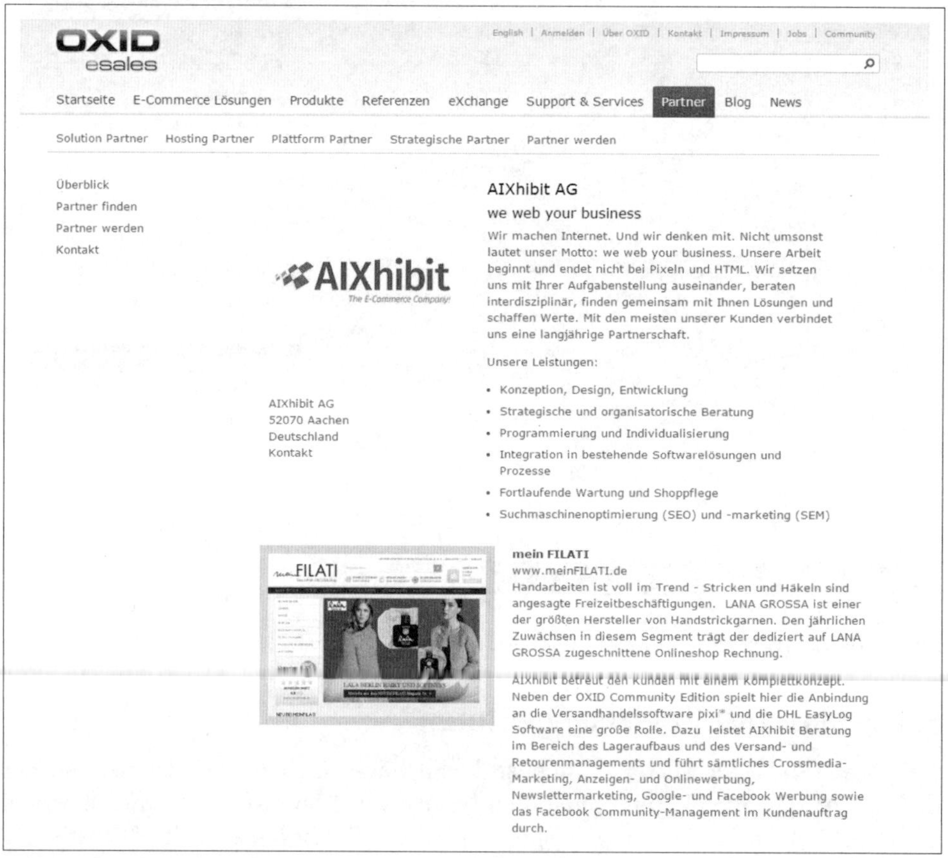

Abbildung 4-2: OXID Partner-Locator

Suche im Impressum bestehender Onlineshops

Es gibt Onlineshops, die Ihnen gut gefallen? Werfen Sie einen Blick in das Impressum der Shops. Oft sind die umsetzenden Agenturen dort namentlich genannt und verlinkt.

Wenn nicht, spricht auch nichts dagegen, einfach bei dem jeweiligen Shop anzufragen, wer für die Umsetzung verantwortlich war. Ein zufriedener Shopbetreiber wird seine Agenturerfahrungen gern mit Ihnen teilen. Ein unzufriedener auch.

Suche auf E-Commerce-Kongressen und -Tagungen

Kongresse und Tagungen, die sich mit den Themen E-Commerce und Onlinemarketing beschäftigen, sind ein guter Anlaufpunkt für die Suche nach einem Dienstleister.

Die Agenturen präsentieren sich hier mit eigenen Messeständen oder halten eigene Vorträge im Rahmen des Vortragsprogramms. Gerade die Messestände bieten eine gute Möglichkeit, den »Nasenfaktor« (siehe folgende Checkliste zur Agenturauswahl) zu testen und sich einen ersten und unverbindlichen Eindruck zu verschaffen.

Auf den Kongressen, wie zum Beispiel dem »e-marketingday rheinland« *(www.e-marketingday.de)* oder auf den seit einigen Jahren aufkommenden Barcamps haben Sie oft die Möglichkeit, mehrere Dienstleister auf einen Schlag kennenzulernen.

Barcamp

Ein Barcamp ist die offene Version einer Konferenz. Bei Barcamps stehen Veranstaltungsort und -zeit, meist auch ein bestimmtes Oberthema wie zum Beispiel Onlinemarketing oder E-Commerce fest.

Das Veranstaltungsprogramm, bestehend aus Vorträgen und Workshops, generiert sich aus den Reihen der Barcamp-Teilnehmer und wird zu Beginn der Veranstaltung spontan festgelegt. Interessierte stellen ihr Vortragsthema dem Publikum vor und per Handzeichen wird abgestimmt, ob Interesse am Thema besteht.

Auf den Webseiten der einzelnen Barcamps werden die Sessionvorschläge mitunter schon vorab aufgelistet, sodass Sie sich einen ersten Eindruck verschaffen können, ob sich ein Besuch tatsächlich lohnt.

Seinen Ursprung hat das Barcamp übrigens in der von Tim O'Reilly initiierten Veranstaltungsreihe »Foocamp«, in dessen Verlag dieses Buch erschienen ist.

Mehr zu Barcamps unter:
http://de.wikipedia.org/wiki/Barcamp (Hintergrund)
http://www.barcamp-liste.de (Übersicht)

Checkliste Agenturauswahl

Wenn Sie eine oder mehrere Agenturen in die engere Wahl gezogen haben, setzen Sie sich mit der Agentur an einen Tisch und skizzieren Sie Ihr Vorhaben.

Die folgenden Kriterien können Ihnen dabei helfen, zu entscheiden, ob Sie mit dem Dienstleister langfristig zusammenarbeiten wollen.

- Nasenfaktor
- Größe der Agentur
- Kompetenzen
- Softwarespezialisierung
- Typischer Projektverlauf
- Fester Ansprechpartner
- Referenzprojekte
- Referenzkunden
- Erfahrung mit eigenen Shops
- Prognostizierter Zeitplan
- Vertragslaufzeit

Tipp

Besuchen Sie die Agenturen vor Ort. Es ist zwar naheliegend, die Agenturen zum Kennenlernen ins eigene Büro einzuladen. Es spricht aber auch nichts dagegen, den Dienstleister vor Ort zu besuchen.

Ganz im Gegenteil: Bei Ihrem Besuch können Sie sich direkt einen Überblick über die Agentur verschaffen und sich ein Bild von ihrer Professionalität machen.

Fragen Sie zum Abschluss des Gesprächs ruhig, ob Sie eine Agenturführung bekommen. Wer nichts zu verbergen hat, wird Sie gern durch die eigenen Räume führen.

Nasenfaktor

Der Dienstleister, für den Sie sich entscheiden, wird Sie im besten Fall in den kommenden Jahren begleiten und mit Ihnen bei der Weiterentwicklung des Shops und Anpassungen an Trends und Techniken unterstützen. Im schlimmsten Fall auch!

Ähnlich wie in jeder Partnerschaft, die auf einen längeren Zeitraum ausgelegt ist, kommt es darauf an, dass der Nasenfaktor stimmt. Sie müssen mit Ihren Beratern und Technikern nicht gleich Tisch und Bett teilen, aber zumindest mehrere Jahre auskommen. Wenn man dies berücksichtigt, sollte klar sein, dass nicht nur die technische und grafische, sondern auch die soziale Kompetenz Ihres Gegenübers stimmen muss und er Ihnen sympathisch ist.

Größe der Agentur

One-Man-Show oder kleine Agentur gegen E-Commerce-Agentur? Die Größe der Agentur spielt eine wichtige Rolle. Natürlich sind Einzelkämpfer, Freelancer und kleine Agenturen bis zu fünf Mann/Frau von Haus aus günstiger als große Agenturen.

Kleine Agenturen und Selbstständige haben in der Regel deutlich geringere Kosten, müssen keine großen, schicken Büros mieten und als Freiberufler oft auch keine Sozialversicherungsabgaben bezahlen. Die Stundensätze dürften damit deutlich niedriger ausfallen als in großen Agenturen.

Der Preis sollte hier aber nicht das ausschlaggebende Argument sein. Zum einen sind Sie auf eine Vielzahl an Kompetenzen angewiesen, die ein Einzelner oder ein kleines Team oft nicht leisten kann.

Zum anderen stehen Sie schnell vor einem riesigen Problem, wenn der Freelancer oder die kleine Agentur sich anderen Großprojekten widmet, durch Krankheit ausfällt oder den Betrieb einstellt. Der Wechsel einer Agentur in einem laufenden Projekt ist immer mit erheblichem Aufwand und damit auch mit erheblichen Kosten verbunden.

Tipp

Wenn Sie sich doch für eine kleine Agentur entscheiden, achten Sie unbedingt auf die Rechtsform.

Für Werbeleistungen müssen Sie als Auftraggeber Abgaben an die Künstlersozialkasse leisten, wenn sie von freiberuflichen oder selbstständigen Webdesignern erbracht werden. Im Jahr 2016 beträgt die Abgabe 5,2 % der Auftragssumme. Im Falle einer Betriebsprüfung (bei Ihnen oder der Agentur) kann diese Abgabe auch für mehrere Jahre rückwirkend eingefordert werden.

Die Abgabe an die Künstlersozialkasse entfällt nur dann, wenn Sie eine Unternehmergesellschaft (UG haftungsbeschränkt), KG, GmbH, Ltd. oder AG beauftragen.

Kompetenzen

Mit der Größe der Agentur geht meist auch die Abdeckung der erforderlichen Kompetenzen einher. Sie sollten die Leistungen, die die Agentur im Projektverlauf erbringen soll, schon im Vorgespräch abklopfen.

Viele kleinere Agenturen und Freelancer verfügen über ein gutes Netzwerk an Spezialisten. Wenn einer dieser Spezialisten aber ausfällt oder sich mit Ihrer Agentur zerstreitet, stehen Sie vor der gleichen Problematik wie oben beschrieben.

Softwarespezialisierung

Fragen Sie, mit welcher Open-Source-Software die Agentur Ihren Onlineshop realisieren würde und konfrontieren Sie sie testweise mit einer Alternative. Wenn Ihnen also zum Beispiel Shopware als Mittel der Wahl angeboten wird, fragen Sie gezielt nach Magento oder OXID eShop. Sie können so leicht herausfinden, ob sich die E-Commerce-Agentur auf ein oder mehrere Produkte spezialisiert hat.

Es ist aufgrund der Optionsvielfalt und der individuellen Eigenheiten der Software nur in sehr großen Agenturen möglich, alle erdenklichen Programme mit der gleichen Fachkompetenz zu entwickeln.

Von den Softwareherstellern zertifizierte Agenturen und Integratoren müssen ihre Mitarbeiter häufig von den Herstellern schulen lassen, um die Zertifizierungssiegel zu erhalten. Dies spricht für die Erfahrung der Programmierer mit dem jeweiligen Programm.

Die Spezialisierung auf ein oder maximal zwei Open-Source-Produkte sollten Sie daher dem Argument »Wir können das mit jedem Programm machen« oder dem Kauf einer kleineren Shopsoftware beziehungsweise einer Agentureigenentwicklung vorziehen. Tipps zur Auswahl des richtigen Shopsystems finden Sie in Kapitel 5, *Auswahl des Shopsystems*, auf Seite 69.

Typischer Projektverlauf

Jedes Unternehmen arbeitet anders. Die Projektabläufe sind in Agenturen oft vorgegeben. Lassen Sie sich einen typischen Projektverlauf skizzieren und fragen Sie, wie häufig Sie sich mit Projektleiter und Entwicklern zusammensetzen müssen.

Die Erstellung eines Lasten- oder Pflichtenhefts (Anforderungskatalog für Funktionen im Onlineshop) oder die Festlegung von festen Projektabschnitten (sogenannte Milestones) können ein Indikator für die Professionalität der Agentur sein.

Fester Ansprechpartner

Je größer Ihre Wunschagentur ist, desto wichtiger ist es, einen festen Ansprechpartner zu haben, der das Projekt innerhalb der Agentur koordiniert.

Er muss Ihre Wünsche und Anforderungen mit den jeweiligen Fachleuten besprechen und sich um die Abwicklung kümmern. Zudem muss er Ihnen auf alle Fragen zum Projektstand jederzeit eine genaue Auskunft geben können.

Ein fester Ansprechpartner verbessert die Kommunikation und kann die Umsetzung eines Projekts stark beschleunigen, da er dafür Sorge trägt, dass alle Projektbeteiligten sich immer auf dem gleichen Wissensstand befinden.

Referenzprojekte

Lassen Sie sich Referenzprojekte nicht nur zeigen, sondern ausführlich erläutern. Jeder Onlineshop verfügt über Besonderheiten und spezielle Funktionen, die auf den ersten Blick nicht zu erkennen sind.

Ein Screenshot eines Onlineshops lässt auch keine Rückschlüsse auf die Marketingleistungen oder das Customer-Lifecycle-Management (siehe hierzu Kapitel 15, *Die Kundenbeziehung*, auf Seite 401) zu, das von der Agentur initiiert worden ist.

Die sogenannten »Case Studies«, die ausführlichen Beschreibungen eines Projekts, können einen ersten Einblick in den Gesamtumfang geben. Lassen Sie sich ausgewählte Projekte also ausführlich erläutern.

Referenzkunden

Jede größere Agentur sollte Ihnen ein oder zwei Referenzkunden nennen können, mit denen Sie sich zumindest telefonisch kurzschließen können. Referenzkunden können den Projektverlauf aus einer anderen Perspektive wiedergeben.

Fragen Sie gezielt nach Problemen bei der Umsetzung des Onlineshops und wie sie von der Agentur gelöst worden sind.

Natürlich werden Unternehmen, die als Referenzkunden zur Verfügung stehen, in der Regel eher Positives über ihre Agentur zu berichten wissen. Sie können aber sicher sein, dass Ihnen ein ehrlicher Referenzkunde auch von Problemen bei der Umsetzung, die in jedem (!) Projekt entstehen, erzählen wird.

Erfahrung mit eigenen Shops

Ein wichtiges, wenn auch nicht sehr oft anzutreffendes Indiz, dass Sie mit einer erfahrenen Agentur sprechen, ist der Betrieb eines eigenen Onlineshops.

Agenturen, die sich nicht nur in fremdem Auftrag um Onlineshops kümmern, sondern insbesondere die wirtschaftliche Bedeutung eines eigenen Onlineshops einschätzen können, sind eher in der Lage, gerade das große Feld des Onlinemarketings zielführend zu bearbeiten. Sie können besser beurteilen, welche Werbemaßnahmen und -kampagnen sich lohnen, und können durch den eigenen wirtschaftlichen Hintergrund den Erfolg besser beurteilen.

Die Erfahrungen, die die Agentur selbst gesammelt hat, können sich unmittelbar auf Ihren eigenen Geldbeutel auswirken.

Prognostizierter Zeitplan

In Kapitel 8, *Zeitplan und Tests*, auf Seite 113 werden wir auf die Dauer eines Onlineshop-Projekts noch genauer eingehen. Vorweg: Sie werden das Projekt Onlineshop nicht übers Knie brechen können. Und Sie sollten es auch nicht! Auch dann nicht, wenn Ende September das Weihnachtsgeschäft oder im März die Urlaubssaison wieder vollkommen überraschend kurz vor der Tür steht.

Die Erfahrung zeigt, dass ein zu knapper Zeitplan oder ein halbfertiger Onlineshop, der live geht und beworben wird, dem Gesamtprojekt nicht zuträglich ist.

Eine erfahrene und gute Agentur wird nicht mit den Händen im Schoß auf Sie und Ihren Auftrag gewartet haben, sondern muss einen neuen Auftrag in einen bestehenden Projektplan einsortieren. Ihr Projekt wird also wahrscheinlich nicht sofort beginnen können. Ausgehend vom Projektstart und dem veranschlagten Projektumfang müssen Sie mit mehreren Monaten für die Umsetzung rechnen.

Schlägt Ihnen Ihre Agentur vor, umgehend mit den Arbeiten zu beginnen, kann dies natürlich ein großer Zufall sein. Es spricht jedoch auch nichts dagegen, Ihr Gegenüber ganz offen zu fragen, ob die Agentur nicht ausgelastet ist, und sich die Gründe hierfür darlegen zu lassen.

Vertragslaufzeit

Zumindest auf dem Papier möchten Sie als Auftraggeber eine möglichst große Flexibilität bewahren, die Agentur möchte Sie möglichst lange an sich binden.

Lange Vertragslaufzeiten sind dafür ein mögliches Mittel. Erfahrene E-Commerce-Agenturen werden Sie jedoch zumindest zu Beginn der Kundenbeziehung nicht mit Knebelverträgen binden, sondern – ganz platt ausgedrückt – mit ihrer Leistung. Bietet Ihnen die Agentur einen Vertrag mit sehr kurzer Mindestlaufzeit an, kann dies ein Hinweis auf die Erfahrung und das Selbstbewusstsein der Agentur sein.

Bedenken Sie, dass Sie mit Ihrer Agentur voraussichtlich sehr lange zusammenarbeiten werden. Es ist daher wichtiger, Zeit und Muße in die Auswahl der richtigen Agentur zu investieren, als über die Vertragslaufzeit zu feilschen. Wenn Ihnen der Gedanke, sich lange an die Agentur zu binden, Bauchschmerzen bereitet, ist es vielleicht nicht die richtige Agentur!

Tipp

Wenn Sie sich für eine Agentur entschieden haben, vereinbaren Sie schon bei Projektbeginn einen festen Besprechungstermin (»Jour fixe«).

Treffen Sie sich mindestens einmal pro Monat mit Ihrem Agenturansprechpartner und besprechen Sie alle relevanten Themen aus den vergangenen 30 Tagen sowie alle anstehenden Themen in der kurz- und mittelfristigen Projektplanung.

Bei Bedarf können auch Spezialisten aus einzelnen Fachgebieten, wie zum Beispiel Onlinemarketing oder Web-/Printdesign, zu den Besprechungen hinzugezogen werden.

Regelmäßige im Voraus geplante Besprechungen verbessern die Kommunikation zwischen allen Projektbeteiligten und helfen dabei, die Entwicklung des Onlineshops von Beginn an zu beschleunigen.

(Dieser Vorschlag sollte eigentlich von Ihrer Agentur kommen).

Was kostet eine Agentur?

Natürlich spielen die Kosten und die Konditionen (Festpreis oder Budget, Ratenzahlung oder Gesamtsumme bei Go-live) bei der Auswahl einer Agentur eine entscheidende Rolle; sie sind aber stark vom Leistungsumfang abhängig, den der Dienstleister erbringen soll.

Natürlich können Sie beim Erstgespräch schon eine Summe aus Ihrem Gesprächspartner herauskitzeln. Diese Angabe dürfte aber genauso unseriös sein wie die Preisverhandlung mit einem Architekten, der noch nichts über Größe, Bauweise und Ausstattung Ihres Traumhauses weiß.

Keine Frage: Natürlich können Sie sich nicht blind in die Auftragsvergabe stürzen, ohne zu wissen, welche Kosten auf Sie zukommen werden. Spätestens vor der Auftragsvergabe müssen Sie ziemlich genau wissen, mit welchen Kosten Sie für einzelne Projektphasen oder erbrachte Leistungen rechnen müssen.

Für die ersten Gespräche mit einer Agentur empfehlen wir jedoch eine andere Herangehensweise: die Planung mit einem festen Budget.

Je nach Umfang der Aufgabenstellung müssen Sie für ein typisches Onlineshop-Projekt, das Sie in die Hände einer professionellen E-Commerce-Agentur legen, mit einem geringen bis mittleren fünfstelligen Betrag zuzüglich Mehrwertsteuer rechnen; Kosten zwischen 15.000 und 50.000 Euro sind keine Seltenheit; bei aufwendigeren Aufgabenstellungen kann der Betrag auch leicht 100.000 Euro überschreiten.

Da die Menge Geld, die Sie ausgeben können beziehungsweise wollen, wahrscheinlich nicht unbegrenzt ist, sollten Sie die zur Verfügung stehende Summe klar benennen. Eine erfahrene Agentur kann Ihnen bei feststehenden Stundensätzen schnell sagen, ob eine Umsetzung Ihrer Wünsche realisierbar ist und wie weit Sie mit Ihrem Budget kommen werden.

Die Sorge, dass die Agentur das von Ihnen genannte Budget gegen Sie verwendet, ist unbegründet. So wie Sie die Aufwendungen für Ihren Onlineshop planen, wird auch die Agentur den Einsatz Ihrer Mitarbeiter planen. Wenn Sie versuchen, den Stundensatz zu drücken oder eine bestimmte Leistung zu einem niedrigen Preis zu erhalten, müssen Sie davon ausgehen, dass vielleicht nicht die Topspezialisten mit Ihrer Aufgabe betraut werden, sondern Azubis oder Praktikanten.

Denken Sie daran, dass Sie langfristig mit Ihrem Dienstleister zusammenarbeiten werden. Je realistischer er auch in finanzieller Hinsicht planen kann, desto mehr Aufmerksamkeit und Zeit wird er Ihrem Onlineshop widmen können.

Bei einem von vornherein klar definierten Budget, das Sie in die Entwicklung des Onlineshops, Beratung und Marketingdienstleistung investieren möchten, werden Sie zu Beginn des Projekts auch einen entsprechenden Leistungskatalog, oft Lasten- oder Pflichtenheft genannt, definieren, der im Projektverlauf abgearbeitet wird. Für die Projektbeteiligten gibt es so kaum Überraschungen hinsichtlich der zur erbringenden Leistungen auf der einen und den Kosten auf der anderen Seite.

Die Erfahrung zeigt, dass sich die Anforderungen und zu erbringenden Leistungen im Verlauf eines Onlineshop-Projekts oft ändern. Daher ist davon abzuraten, auf ein Festpreisangebot zu bestehen. Die zusätzlich zu erbringenden Leistungen werden dann entweder sowieso zusätzlich berechnet oder, schlimmer, Sie geraten mit der Agentur über Inklusivleistungen in Streit.

Verhandeln mit der Wunschagentur

Preisverhandlungen liegen offensichtlich in des Menschen Natur. Der Kunde fordert ein Angebot an, der Verkäufer oder Dienstleister ruft einen Preis auf, und in der Regel folgt dann die Frage, »ob man an dem Preis noch etwas machen könne«.

Nun, »machen« kann man an dem Preis sicherlich etwas. Aber warum sollte die Agentur oder der Programmierer auf einen Teil seines Lohns verzichten, Ihnen aber die komplette Leistung zur Verfügung stellen? Es gibt eigentlich nur zwei Möglichkeiten: Entweder hat der Verkäufer von vornherein einen Rabatt einkalkuliert, den er Ihnen freiwillig nachlässt. Ähnlich wie beim Autokauf. In vielen Gesprächen unter vier Augen hat uns das aber bisher noch kein einziger Agenturchef bestätigt. Zweite Möglichkeit: Sie erhalten den Wunschrabatt. Gleichzeitig wird aber auch an der Leistung eingespart. Entweder fallen Funktionen weg, oder der Azubi macht die Arbeit. Tun Sie sich selbst den Gefallen und verhandeln Sie den Angebotspreis nicht. Eine seriöse Agentur wird Ihnen immer den besten Preis für beide Seiten anbieten!

Agentur-Pitch

Unter einem Agentur-Pitch versteht man einen Wettbewerb mehrerer Agenturen um einen Kunden. Der Ursprung der Pitches liegt bei klassischen Werbeagenturen. In den vergangenen Jahren werden sie immer häufiger auch im Webdesign- und E-Commerce-Bereich gefordert.

In einem klassischen Pitch erstellt der Auftraggeber in einem Briefing eine Anforderungsliste, die von den Agenturen ausgekleidet und als vollständiges Konzept präsentiert werden muss. Für den Pitch wird dabei in der Regel kein Honorar bezahlt. Stattdessen erhält der Pitch-Gewinner den Werbeetat für die kommenden ein bis zwei Jahre.

Im Digitalbereich werden solche Anforderungen oft auch schon für Kleinstprojekte gestellt. Agenturen sollen – ohne Bezahlung und oft auch ohne Briefing – Ideen für einen Onlineshop und mehrere Designentwürfe präsentieren, die dem Auftraggeber unentgeltlich zur Verfügung gestellt werden. Aus den vorgelegten Konzepten aller beteiligten Agenturen sucht sich der Auftraggeber seinen Favoriten aus und lässt ihn das bevorzugte Konzept dann umsetzen. Wir haben es auch schon erlebt, dass ein Auftraggeber einen Mix aus allen eingereichten Konzepten von einer nicht am Pitch beteiligten Agentur hat erstellen lassen.

Vergleichen Sie es mit einem Architekten: Würden Sie als Architekt einem Interessenten detaillierte Entwürfe und auf ihn zugeschnittene Wohnkonzepte unentgeltlich zur Verfügung stellen? Von dieser Vorgehensweise können wir nur abraten. Überlegen Sie, wie viel Zeit und Know-how eine Agentur in ein Konzept investiert, ohne zu wissen, ob sie den Auftrag letztlich überhaupt erhält. Im Segment der kleineren Agenturen ist eher damit zu rechnen, dass ein bereits bestehendes Konzept aus der Schublade gezogen und mit einem neuen Anstrich versehen wird. Den Anstrich übernimmt aber vielleicht nicht der Profi, sondern eher der Azubi, weil seine Arbeitsstunde deutlich kostengünstiger ist.

Sollten Sie dennoch mehrere Agenturen mit der Entwicklung eines Probekonzepts beauftragen wollen, sollten Sie in jedem Fall ein angemessenes Honorar für diese Aufgabe bezahlen.

Sollten Sie mit dem Gedanken spielen, wirklich kein Honorar für die Teilnahme am Pitch ausschütten zu wollen, dann schauen Sie sich doch einmal kurz das folgende YouTube-Video an. Vielleicht können Sie diese 2,33 Minuten doch noch umstimmen:

http://aix.li/pitch-video

Projektmanagement im E-Commerce

Projektmanagement ist an sich schon ein heißes Thema. Egal, ob es dabei um Hausbau, die Einführung einer neuen Software oder die Entwicklung eines neuen Automodells geht. Nicht viel anders ist das bei E-Commerce-Projekten, unabhängig davon, ob es sich um den ersten Onlineshop handelt, dessen Weiterentwicklung oder den ersten Schritt ins Multichannel-Business. Aus vielen Projekten in den vergangenen 18 Jahren haben wir ein paar Tipps zusammengestellt, die den Ablauf der Projekte beschleunigen, zwischenmenschliche Reibereien vermindern (oder gar verhindern) und einen erfolgreichen Start des Projekts gewährleistet.

Auswahl der Projektbeteiligten und Zuständigkeiten

Es fängt schon mit der Auswahl der Projektbeteiligten an. E-Commerce und Onlinehandel lassen sich selten genau einordnen. Oft ist das Aufgabengebiet in mittelständischen Unternehmen gänzlich neu, und die Einordnung ist nicht ohne Weiteres klar. Auf der einen Seite gibt es eine Reihe von inhaltlichen Überschneidungen. Irgendwie gehört das Thema »online« ja nun zur EDV-Abteilung. Aber ist der Kollege, der sonst für den reibungslosen Betrieb von Netzwerk und Druckern sorgt, wirklich das richtige Teammitglied für den Verkauf von Artikeln auf Amazon? »Onlineshop« lässt sich aber eigentlich auch in der Marketingabteilung ansiedeln. Schließlich müssen Banner und Grafiken erstellt werden. Und Webdesign gibt es ja auch. Aber ist dem wirklich so? Gibt es am Onlineshop so viel zu designen? Und hat sich der Kollege aus der Abteilung »Katalogerstellung« tatsächlich schon mal intensiv mit Themen wie Suchmaschinenmarketing für Onlineshops, Google Products-API und Conversion-Tracking auseinandergesetzt? Natürlich möchte die Buchhalterin auch mitsprechen. Sie hat ja den direkten Draht zu den Kunden am Telefon und muss die Rechnungen schreiben. Aber wird sie das für die Bestellungen im Onlineshop auch tun?

Neben einem externen E-Commerce-Dienstleister gehören natürlich auch die eigenen Mitarbeiter mit ins Boot. Sie verfügen über das Know-how zu internen Prozessen und zu den Produkten, die verkauft werden. Spricht also eigentlich dafür, möglichst alle an einen Tisch zu holen. Dumm nur, dass mit steigendem Headcount auch die Entscheidungsfindung länger dauert und die Anzahl und Dauer nutzloser

Besprechungen explodiert. Und ob die Kollegen sich im Vertrieb im digitalen Umfeld auskennen, steht auf einem anderen Blatt. Regelmäßige Einkäufe bei Amazon oder die ehrenamtliche Arbeit als Webmaster des Kaninchenzüchtervereins sind beileibe kein Befähigungsnachweis!

Für die Auswahl der Projektbeteiligten aufseiten des Auftraggebers gibt es für mich klare Regelungen. Im Idealfall wird innerhalb des Unternehmens ein Mitarbeiter abgestellt, der sich zumindest während eines Drittels seiner Arbeitszeit ausschließlich um das Projekt »E-Commerce« kümmern kann. Und zwar nicht »on top«, sondern er muss hierfür von anderen Aufgaben befreit werden. Das räumt die organisatorische Freiheit ein und verschafft dem Themenkomplex gleichzeitig den nötigen Stellenwert. Der Mitarbeiter konzentriert das Wissen des Unternehmens und die Anforderungen in der Firma, informiert in alle Richtungen und kümmert sich um den Know-how-Transfer in Richtung Dienstleister.

Der Kollege »Onlineshop« muss von der Führungsetage zudem mit so viel Entscheidungsbefugnis ausgestattet werden, dass er im festgelegten Rahmen (Budget, Organisation, Personal) diese Entscheidungen auch tatsächlich treffen kann, ohne den Chef für jeden Kugelschreiber ins Boot holen zu müssen. Tatsächlich impliziert die Abstellung eines Mitarbeiters, dass die Chefetage eben nicht direkt ins Projekt einbezogen wird. Aus einem ganz einfachen Grund: Natürlich erfordert es eine gehörige Portion Vertrauen in Mitarbeiter und Dienstleister, einen wichtigen Baustein der weiteren Unternehmensentwicklung nicht unmittelbar mitzugestalten. Aber sein wir ehrlich. Die Entscheidung, ob der Button rot oder grün ist, sollte der Dienstleister treffen und nicht der Geschäftsführer! Darüber hinaus hat dieser qua Positionsbenennung anderes zu tun. Er muss die Geschäfte führen.

Für den Bau einer neuen Produktionshalle holt man einen Generalunternehmer ins Unternehmen. Genauso für Bilanzierung und Jahresabschlüsse. Und auch die Werbemittel produziert man nicht in Heimarbeit. Erfolgreiche E-Commerce-Projekte benötigen häufig einen externen Dienstleister, der als Generalunternehmer alle notwendigen Projektabschnitte steuert und die Projektbeteiligten koordiniert und führt. Dabei kann es sich um Agenturmitarbeiter, Freelancer oder auch die Mitarbeiter des Auftraggebers handeln.

Sind Sie unsicher? Stellen Sie sich eine einfache Fragen: Wie groß ist Ihre eigene Erfahrung im E-Commerce-Bereich?

Zeitplan und Milestones definieren

Einleitend gesagt: Nein, bis zum Weihnachtsgeschäft wird der neue Onlineshop nicht mehr fertig! Diese Aussage ist nahezu allgemeingültig. Unabhängig vom aktuellen Datum.

Egal wie das definierte Ziel (Ergebnis, nicht Datum) aussieht, es dauert sowieso länger. Strategie und Konzeption, Pre-Sales-Marketing, Entwicklung, Design und Programmierung, Implementierung von Drittsystemen und von bestehenden Prozessen,

Mitarbeiterschulung, Testing und Debugging und und und. E-Commerce-Projekte sind dermaßen umfangreich, dass die Einhaltung von Zeitplänen (unbeteiligter) Manager in der Regel von vornherein zum Scheitern verurteilt ist. Auch hier gilt: Zeitpläne sollten diejenigen aufstellen, die über die entsprechende Erfahrung verfügen, und nicht von denjenigen aufgestellt werden, die das schönste Büro haben. Und von diesen Zeitplänen sollte man dann als Auftraggeber auch ausgehen und nicht auf Beschleunigung drängen. Realistisch betrachtet gehen mindestens vier bis sechs Monate ins Land, bis mit ersten Ergebnissen zu rechnen ist. Je umfangreicher das Projekt ist, desto länger wird es dauern.

Um innerhalb des Zeitplans für etwas mehr Transparenz zu sorgen, empfiehlt es sich, entsprechende Milestones zu definieren. Milestones können dabei komplexe Themen oder einzelne Features zu einem fixen Termin umfassen, egal, ob zum festgelegten Termin das Zwischenziel erreicht wurde. Zumindest kann zum jeweiligen Datum ein Reporting für alle Beteiligten und die Verantwortlichen (also auch für die Managementebene) sowie ein interner Austausch stattfinden. Soweit Verzögerungen absehbar sind, kann darüber im Milestonemeeting entsprechend informiert werden. Und alle Beteiligten einigen sich auf neue Ziele/Zeitpläne. Je nachdem, welche Entwicklungs- und PM-Technik eingesetzt wird, bietet sich hier natürlich die Option, nicht den Zeitplan zu verschieben, sondern Funktionen zu opfern. Die Entscheidung muss der Auftraggeber treffen. Über die Erfahrung verfügt der E-Commerce-Dienstleister.

Ziele definieren und nicht erweitern

Anforderungsänderungen im laufenden Projekt sind wie Sargnägel für den Onlineshop. Der Auftraggeber sollte sich vorab (zusammen mit allen Projektbeteiligten) gut überlegen, welche Ziele zu welchem Zeitpunkt umgesetzt sein sollten. Dazu gehört natürlich der Go-Live-Termin. Aber wie sieht es mit der Anbindung von Logistik und Payment aus. Was ist mit den Marketingkampagnen (online, offine) und der Implementierung von Drittsystemen? Wann soll Google AdWords starten und wann der Verkauf bei Amazon? Klare und realistische Festlegungen sind hier sehr hilfreich.

Verzichten Sie – soweit irgend möglich – darauf, die Anforderungen oder Ziele während des Projekts anzupassen. Und ich meine damit nicht nur die oben genannten Ziele. Das betrifft auch so vermeintlich kleine Änderungen wie die Farbe des »jetzt kaufen«-Buttons oder die Größe der Bilder auf der Produktdetailseite. Webentwickler und Frontend-Developer können ein Lied davon singen, wie aufwendig diese »ist doch nur die Schriftart«-Änderungen sind und wie groß deren Einfluss auf das gesamte Projekt tatsächlich ist.

Soweit Änderungen erforderlich sind, besprechen Sie diese mit Ihrem Projektleiter (Dienstleister) und starten frühzeitig ein neues Projekt »Erweiterungen«, das erst nach dem ursprünglich definierten Projekt startet. Schließlich ist vor dem Shop auch nach dem Shop.

Budget definieren und einhalten

Wie teuer darf der Onlineshop werden? Wie viel ist Ihnen einer der wichtigsten Absatzmärkte der kommenden Dekaden wert? Es ist nicht ganz so schlimm, wie bei der Hamburger Elbphilharmonie oder beim BER. Aber die Vorgehensweise ist – aus gutem Grund – ähnlich. E-Commerce-Dienstleister arbeiten, wie die meisten anderen Dienstleister auch, mit Stundensätzen. Denn sie müssen ihre Mitarbeiter (Projektleiter, UX-Interface-Designer, Programmierer, Marketing- und Social-Media-Fachkräfte etc.) bezahlen. Auf Basis ihrer Erfahrungen können sie gut kalkulieren, wie hoch der eigene Aufwand sein wird. Was aber nicht kalkulierbar ist, ist die Zeit, die der Dienstleister zusammen mit den Auftraggebern in Besprechungen sitzt, wie häufig die Anforderungen (im Gegensatz zu obigem Rat) doch geändert werden und wie aufwendig sich die Zusammenarbeit mit anderen Dienstleistern gestaltet. Von einem Festpreisangebot ist daher eher abzuraten.

Gehen Sie als Auftraggeber den umgekehrten Weg: Legen Sie zusammen mit Ihrem Dienstleister ein maximales Budget fest. Dieses Budget sollte bei fest definierten Zielen auf keinen Fall überschritten werden. Der Dienstleister wird gleichzeitig (quasi im Rahmen eines Werkvertrags) auf ein festes Endziel festgenagelt. Dies kann zum Beispiel der Go-live des Onlineshops mit den Funktionen X und Y zu einem festen Datum sein. Um ein wenig Spielraum zu schaffen, definieren Sie gemeinsam Funktionalitäten des Onlineshops, die, sofern das Budgetziel in Gefahr ist, weggelassen werden können. Wichtig ist, dass Sie die Ziele und die optional wegfallenden Funktionalitäten gemeinsam mit dem Dienstleister festlegen. Die Entscheidung, ob ein Feature dann zugunsten des Ziels wegfällt, obliegt allein dem Projektleiter – ohne Wenn und Aber!

Zugegeben, es gehört eine Menge Vertrauen dazu. Aber betrachten Sie es so: Wenn Sie mit einem externen Dienstleister zusammenarbeiten, dann werden Sie das langfristig tun. Dann ist gegenseitiges Vertrauen sowieso unabdingbar. Warum also nicht von Anfang an?

Auf die Experten hören

Sie setzen sich in den Zug und vertrauen sich dem Lokführer an. Sie bestellen den Dachdecker und lassen ihn seine Arbeit machen. Sie beauftragen einen Webdesigner und reden ihm in die Arbeit rein. Weil rosa halt doch die schönere Farbe ist und der Neffe gesagt hat, dass man heute mit Bitcoin bezahlt. Kennen Sie »How a Web Design Goes Straight to Hell«? Bevor Sie sich in die Arbeit des Experten einmischen, werfen Sie doch mal einen Blick auf diesen Cartoon von Oatmeal (*http://theoatmeal.com/comics/design_hell*). Und dann überlegen Sie sich, ob Sie sich wirklich einmischen möchten!

Natürlich liegt die letzte Entscheidung immer beim Auftraggeber. Natürlich muss er am Ende das bekommen, was er beauftragt hat. Natürlich zählt seine Meinung. Aber als Auftraggeber sollten Sie Empfehlungen nicht infrage stellen, weil Ihnen etwas besser gefällt. Letztlich geht es nämlich nicht ums Gefallen, sondern um Konversionsraten, Umsatz und Deckungsbeitrag. Und da liegt es nahe, dass der Architekt sich besser mit dem Hausbau auskennt als der Spielzeugverkäufer.

Nicht in Panik geraten

Es ist absehbar, dass die erste Latte gerissen wird. Dafür sind Softwareprojekte zu fehleranfällig. Vielleicht fällt auch das zweite datumsmäßig definierte Ziel. Spätestens dann liegt es in der Natur des Menschen (Managers), dass er nicht nur nervös, sondern auch laut wird und anfängt zu drängeln. Die Erfahrung lehrt: Das macht‘s nicht besser. Schon weit vor dem ersten Ziel (und damit weit vor dem Manager) wird nämlich der Projektleiter nervös und dann auch die anderen Beteiligten. Und wenn eines in einem E-Commerce-Projekt gefährlich ist, dann sind es nervöse Entwickler. Denn die produzieren Fehler. Und Fehler verzögern das Projekt noch weiter.

Wenn Sie als Auftraggeber nervös werden oder die Panik droht, dann sprechen Sie das ruhig und sachlich mit dem Projektmanager durch. Er kann Ihnen erklären, wo die Probleme liegen. Er kann Ihnen mit der entsprechenden Erfahrung auch sagen, wie groß die Verzögerung tatsächlich ist. Und auch für ihn und seine Arbeit ist es eher hilfreich, wenn Sie ihn in dieser kritischen Projektphase unterstützen und begleiten, statt den Druck zu erhöhen. Das gemeinsame Projektziel sollten schließlich alle Beteiligten nicht aus den Augen verlieren.

Rekapitulieren und Ergebnisse begutachten

Irgendwann ist das Projekt gestemmt. Der Shop ist online, der Verkauf auf Amazon läuft. Jetzt ist es an der Zeit, sich hinzusetzen und die Zusammenarbeit kritisch zu begutachten. Es geht – egal wie das Projekt gelaufen ist – dabei nicht um gegenseitige Schuldzuweisungen, sondern darum, die Weichen für künftige Projekte zu stellen. Nutzen Sie die Chance und lernen Sie voneinander. Reden Sie über Zeitplanung, Milestones, Funktionalitäten und die Einhaltung von Budget und Featurevorgaben (Lastenhefte sind in größeren Projekten übrigens sehr hilfreich!)

Projektmanagement ist keine Chefsache – das Projekt hingegen schon

Grundsätzlich gilt: Machen Sie das Thema »E-Commerce« zur Chefsache. Im schlimmsten Fall ändern Sie mit der Durchführung eines entsprechenden Projekts Ihre Vertriebswege und Unternehmensziele. Deswegen sollten Sie sich als Auftraggeber soweit nötig in das Projekt involvieren lassen. Das heißt jedoch nicht, dass Sie alle Entscheidungen selbst treffen sollen. Vertrauen Sie der Einheit aus eigenen Mitarbeitern und externen Dienstleistern. Noch besser: Betrachten Sie Ihre Agentur als Abteilung und überlassen Sie den internen und externen Fachleuten Projektmanagement und Projektplanung. Die wissen schon, was sie tun!

Fazit

Wählen Sie Ihre Agentur anhand der obigen Checkliste mit dem Fokus auf die folgenden Punkte aus:

- Erfahrung und Größe der Agentur
- Referenzprojekte und Kunden
- Nasenfaktor

Auf diese Weise können Sie nahezu sicher sein, dass Sie einen Dienstleister finden, mit dem Sie auch nach dem Go-live des Onlineshops langfristig zusammenarbeiten können und wollen.

In diesem Kapitel:

- Kostenlose Shops, Kauf- und Mietshops
- Open-Source-Onlineshops
- Ausnahme: JTL-Shop 4
- Und welches Shopsystem nehme ich nun?

KAPITEL 5

Auswahl des Shopsystems

Shopsysteme gibt es wie Sand am Meer. Die Spannweite reicht dabei vom kostenlosen »SUPR Shop«, Kauf- und Mietshops, wie den »1&1- eShop« als teilweise anpassbare Lösungen von der Stange, über individuell anpassbare Shopsysteme, teilweise auf Open-Source-Basis (JTL, Magento, OXID eShop, Shopware und andere) bis hin zu komplexen E-Commerce-Frameworks oder Fullservice-E-Commerce-Lösungen mit einem siebenstelligen Investitionsvolumen.

Dass die letztgenannte Variante allein wegen der initialen Kosten für Ihr E-Commerce-Projekt nicht infrage kommt, ist unbestritten. Die beiden anderen Lösungen (Miet-/Kaufshops beziehungsweise Open-Source-Systeme) nehmen wir hier dagegen etwas genauer unter die Lupe.

Davon ausgehend, dass Sie für die Entwicklung eines umfangreichen und langfristigen Onlineshop-Projekts die Unterstützung einer E-Commerce-Agentur in Anspruch nehmen, wird wahrscheinlich auch die Nutzung einer Mietlösung für Sie nicht infrage kommen.

Das Fazit vorweggenommen: Kostenlose und Mietshopsysteme sind für komplexe Vorhaben zu unflexibel und zu wenig für Ihre Anforderungen individualisierbar. Die Gründe, die dafür oder dagegen sprechen, und eine kleine Übersicht über die verfügbaren Systeme möchten wir Ihnen hier jedoch nicht vorenthalten.

Kostenlose Shops, Kauf- und Mietshops

Die Auswahl an Anbietern von Shopsystemen ist nahezu unbegrenzt und wechselt täglich. Genauso vielfältig wie die Auswahl ist auch die Liste der Pro- und Contra-Argumente, die für oder gegen einen E-Commerce-Einstieg mit einer gemieteten oder gekauften Softwarelösung sprechen.

Ähnlich wie bei der Diskussion über Automarken stellt sich aber nicht die Frage, ob Sie damit Ihre Produkte im Internet verkaufen können (oder mit dem Auto von A nach B kommen), sondern ob die Lösung Ihre aktuellen Erfordernisse erfüllen kann und ob die Software in der Lage ist, mit Ihnen zu wachsen.

Mietlösungen wie der deutsche Shopify-Nachbau SUPR (Abbildung 5-1), der als SaaS-Lösung (Software-as-a-Service) daherkommt, bieten einen guten Einstieg.

Abbildung 5-1: Screenshot www.supr.com

Die Shopsoftware wird dabei auf bestehenden Webservern vom Anbieter gehostet, das heißt, im Internet zugänglich gemacht und auch technisch verwaltet und weiterentwickelt. Als Shopbetreiber eröffnen Sie mit wenigen Mausklicks einen eigenen Onlineshop und können alle Funktionen nutzen. Das Shoplayout passen Sie online mittels der bereitgestellten Grafikvorlagen (Templates) an.

Letztlich müssen Sie nur noch die Eckdaten wie Versandkosten oder Zahlungsarten festlegen und die Produktdaten eintragen, um loslegen zu können.

Kaufsoftware, zum Beispiel JTL-Shop 3 (*www.jtl-software.de*), wird als Softwarepaket zur Verfügung gestellt oder auf Datenträger an Sie ausgeliefert. Die Installation der Software auf einem Webserver, der den fertigen Onlineshop im Internet bereitstellt, muss durch Sie oder Ihre Agentur erfolgen.

Übersicht kostenlose Shops, Miet- und Kaufshops

Die Liste der verfügbaren Shopanbieter ist nahezu unbegrenzt. Einige der am weitesten verbreiteten Lösungen auf dem deutschen Markt finden Sie – alphabetisch sortiert – in der folgenden Liste. Die Liste erhebt keinen Anspruch auf Vollständigkeit und enthält auch keinerlei Wertung.

Auf Basis der unten genannten Kriterien sollten Sie sich einen Überblick über die Funktionalitäten und Preise der einzelnen Systeme verschaffen. Eine Auswahlhilfe bietet immer auch die Onlinefachpresse (zum Beispiel *www.t3n.de*, *www.exciting*

commerce.de oder *www.ecommerce-vision.de*), in der regelmäßig die unterschiedlichen Anbieter vorgestellt und getestet werden.

- 1&1 Onlineshop (*www.1und1.de*)
- Epages (*www.epages.com*)
- Gambio (*www.gambio.de*)
- Jimdoo (*de.jimdo.com*)
- JTL-Shop 4 (*www.jtl-software.de*)
- SEOShop (*www.seoShop-Software.de*)
- Shopfactory (*www.shopfactory.com/de*)
- Smartstore (*www.smartstore.com*)
- STRATO Shop (*www.strato.de/webshop*)
- SUPR (*www.supr.com*)
- Wix (*www.wix.com*)

Vorteile von Kauf- und Mietshops

Die Vorteile einer gekauften oder gemieteten Lösung liegen eigentlich auf der Hand: Sie erhalten ein fertiges Shopsystem, das Sie in der Regel umgehend einsetzen können. Gerade die Mietshops sind bereits auf Webservern vorinstalliert. Sie wählen das richtige Shopmodell aus, das sich oft an der Anzahl der Artikel im Onlineshop und einzelnen Features bemisst, geben Ihre Geschäfts- und Kontaktdaten ein, wählen eine Internetadresse (Domain) aus, unter der der Shop im Internet zu erreichen ist, und können loslegen.

Während des laufenden Shopbetriebs kümmert sich der Softwareanbieter bei den meisten Angeboten um die Wartung des Webservers und um die Weiterentwicklung des Shopsystems. Einige Anbieter verfügen über offene Schnittstellen zur eigenen Shopsoftware, die es anderen Softwareentwicklern ermöglicht, eigene Erweiterungen für das Shopsystem anzubieten. In den Featurelisten einiger Systeme wird auch vom »rechtssicheren Onlineshop« gesprochen, der für den Onlinehandel auf dem deutschen Markt vorbereitet ist (sein soll).

Auf den ersten Blick klingt das sehr logisch und einfach umzusetzen. Der Einstieg in den Onlinehandel ist sehr schnell realisiert, und Sie können direkt loslegen und erste Erfahrungen sammeln. Spätestens nach der Lektüre dieses Buchs, in dem wir die vielfältigen Möglichkeiten des Onlinehandels in Kombination mit dem Onlinemarketing aufzeigen, werden Sie aber feststellen, dass Sie mit einer Kauf- oder Mietlösung sehr schnell (zu schnell) an Ihre Grenzen stoßen.

Grenzen von Kauf- und Mietshops

Die Vorteile der Mietshoplösungen können auch problemlos als Nachteile ausgelegt werden. Es ist lediglich eine Frage des Betrachtungswinkels.

Zwar warten die meisten Shopsysteme mit einer Reihe von Funktionalitäten auf. Sie sind als Nutzer des Shops aber auch genau an diese Funktionen gebunden. Ist im Mietshop zum Beispiel die Nutzung von PayPal und Kreditkartenzahlung als Zahlungsarten möglich, aber keine Sofortüberweisung/Giropay oder der Kauf auf Rechnung, so müssen Sie zunächst einmal davon ausgehen, dass dies in Zukunft auch nicht möglich sein wird oder die Nutzbarkeit zumindest nicht in absehbarer Zeit vom Anbieter umgesetzt wird.

Gleiches gilt natürlich auch für individuelle Anpassungen am Layout, die über die Änderung von Farben oder den Austausch des Logos hinausgehen, die Anbindung von Warenwirtschaftssystemen und Versandhandelssoftware oder der gleichzeitige Verkauf auf anderen Marktplätzen wie Amazon oder eBay.

Und auch die »Rechtssicherheit« des Onlineshops darf infrage gestellt werden. Im Paket ist natürlich nicht die Erstellung von allgemeinen Geschäftsbedingungen oder individuellen Widerrufsbelehrungen enthalten. Ein Blick auf mit *SUPR.com* erstellte Onlineshops offenbart schon auf der Einstiegsseite der Shops einen möglichen Verstoß gegen die Preisangabenverordnung.

Bei sich ändernden Gesetzeslagen oder bei generellen Problemen mit der Software sind Sie bei Nutzung einer Miet-/Kauflösung immer auf die Arbeit und den guten Willen des Softwareanbieters angewiesen. Ist er nicht bereit, eine Lösung umzusetzen, weil sie ihm nicht wirtschaftlich erscheint oder weil er seine zeitlichen Prioritäten bei der Abarbeitung der Wünsche aller Nutzer des Shopsystems anders gesetzt hat, müssen Sie zwangsläufig warten oder sich – im schlimmsten Fall – nach einem anderen Anbieter umsehen.

Vergessen Sie nicht: Trotz der Nutzung einer Miet- oder Kaufsoftware müssen letztlich allein Sie als Betreiber des Onlineshops für alle relevanten Funktionen und die Einhaltung der gesetzlichen Vorgaben geradestehen und können gegebenenfalls auch dafür haftbar gemacht werden. Eine schnelle Anpassungsfähigkeit Ihres Shopsystems hinsichtlich Design und Funktionalitäten ist daher nicht nur zur Verbesserung der Umsätze oder der Conversion-Rates sinnvoll, sondern manchmal auch aus rechtlicher Sicht kurzfristig notwendig.

Zu guter Letzt: Es besteht immer die Gefahr, dass ein Anbieter aufgibt und den Betrieb seiner Lösung einstellt. Sie müssen in diesem Fall sehr schnell und flexibel eine andere Lösung suchen und Ihren kompletten Onlineshop auf ein anderes System migrieren, um einen temporären Ausfall Ihrer Internetpräsenz zu vermeiden.

Wenn Sie die Nutzung einer Miet-/Kauflösung dennoch in Erwägung ziehen, sollten Sie in jedem Fall überprüfen, ob das Shopsystem alle von Ihnen gewünschten Optionen und Möglichkeiten in den folgenden Kategorien erfüllt:

- Zahlungsarten
- Versanddienstleister
- Anbindung von Warenwirtschaft oder Versandhandelssoftware
- Anbindung an die Buchhaltung

- Anbindung an externe Marktplätze
- Import/Export von Bestelldaten
- Freie Integration von externen Marketingtools
- Freie Integration von Controllingdiensten
- Möglichkeit zur Zertifizierung (beispielsweise Trusted Shops)
- Funktionen zur Suchmaschinenoptimierung
- Social-Media-Integration
- Individualisierbarkeit des Designs, die über die Farbanpassungen der Layoutvorlagen hinausgehen
- Individualisierbarkeit von Produktdetailseiten
- Erstellung einer individuellen Navigation
- Erweiterung der Suchfunktion
- Rabatte und Gutscheinaktionen
- Varianten und Attribute von Artikeln
- Steuerliche Vorgaben (0 %/7 %/19 % Mehrwertsteuer), Export
- Shop-Internationalisierung

Pro oder contra Miet-/Kaufshops?

Allein die Möglichkeit, umgehend mit dem Start des Onlineshops (mit wortwörtlich »wenigen Klicks«) loslegen zu können, spricht für Anbieter wie SEOshops, SUPR oder STRATO. Gegen diese Lösungen spricht vor allem die mangelnde Flexibilität der Software bei der Umsetzung Ihrer geplanten E-Commerce-Strategie.

Den meisten Miet-/Kaufshops wird es schwerfallen, mit dem Erfolg Ihres Onlineshops und den gestiegenen Anforderungen mitzuwachsen (mangelnde Skalierbarkeit). Möchten Sie Funktionalitäten in Ihren Shop integrieren, die von Haus aus nicht in der Software vorgesehen sind, werden Sie den Anbieter der Software nur schwerlich davon überzeugen können, diese Funktionalitäten zu integrieren. Und letztlich sind Sie immer dem Risiko ausgesetzt, vom (wirtschaftlichen) Erfolg des Softwareanbieters abhängig zu sein. Scheitert sein Businesskonzept, müssen Sie sich auf die Suche nach einem neuen Anbieter machen. Die Tendenz geht daher eindeutig in Richtung »contra« bei Kauf- und Mietshoplösungen, mit einer Ausnahme: JTL-Shop 4.

Stattdessen empfehlen wir die Entwicklung Ihres Onlineshops auf Basis einer der (Open-Source-)Lösungen, die wir Ihnen im folgenden Abschnitt vorstellen.

Open-Source-Onlineshops

Unter Open-Source-Software versteht man quelloffene Software. Im Vergleich zu proprietärer Software, zu der zum Beispiel Windows-Betriebssysteme oder das

Office-Paket aus dem Hause Microsoft gehören, ist der Quellcode der Software für jeden einseh- und auch veränderbar.

Die Software ist frei erhältlich und wird oft von einer unabhängigen Entwicklergemeinde weiterentwickelt. Hintergrund des Engagements ist häufig die Begeisterung für ein gutes neues System, der Wunsch, sich selbst aktiv an seiner Entwicklung zu beteiligen, oder die Entwicklung erforderlicher Module und Funktionen für den eigenen Auftraggeber (den Onlineshopbetreiber).

Neben bekannten Vertretern von Open-Source-Software, wie den Betriebssystemen Linux und Android oder dem Webbrowser Firefox, haben sich auch im Bereich der Onlineshops mehrere Open-Source-Projekte etabliert, die einen guten Einstieg in den E-Commerce ermöglichen. Zu den Systemen mit der weitesten Verbreitung gehören:

- Magento
- OXID eShop
- Shopware
- PrestaShop
- osCommerce
- Zen Cart
- OpenCart
- TomatoCart

Die Marktanteile der Shopsysteme lassen sich nicht genau erfassen, da die Software von jedermann kostenlos heruntergeladen und installiert werden kann. So ist es insbesondere auch nicht möglich, zu erfassen, wie viele Shops tatsächlich aktiv betrieben werden und wie viele ungenutzt in den Weiten des Internets herumlungern.

Die ersten drei Systeme der Auflistung dürften auf jeweils mehrere Zehntausend aktive Installationen/Onlineshops kommen und damit den größten Marktanteil (zumindest in der deutschen E-Commerce-Landschaft) für sich verbuchen. In diesem Kapitel gehen wir deshalb auf die Systeme Magento, OXID eShop und Shopware genauer ein. Die Open-Source-Shopsysteme zeichnen sich insbesondere durch ihre große Funktionsvielfalt aus. Was von Haus aus nicht im Shopsystem als Funktion vorhanden ist, wird meist binnen kürzester Zeit durch die Entwicklergemeinde programmiert und teilweise als kostenlose, teils auch kostenpflichtige Ergänzung zum Shopsystem angeboten.

Übersicht Open-Source-Shopsysteme

Bei Magento, OXID eShop und Shopware handelt es sich um drei Systeme, die von Haus aus eigentlich alle Grundanforderungen erfüllen, die Sie für die Umsetzung Ihres E-Commerce-Projekts benötigen. Dem erfahrenen (oder zertifizierten) Entwickler bieten sie durch die Offenheit des Quellcodes viele Möglichkeiten, eigene Anpassungen vorzunehmen, die speziell in Ihrem Onlineshop erforderlich sind.

Magento

Magento (*www.magento.com*), erstmals im Jahr 2008 als Open-Source-Lösung veröffentlicht, gehört laut »W3 techs« (*http://aix.li/PECw3techs*) nicht nur zu den Shopsystemen mit der weitesten Verbreitung, sondern ist sogar auf 1 % aller Internetseiten weltweit im Einsatz.

Die Magento Inc. gehörte seit 2011 zum eBay-Konzern und beschäftigte nach eigenen Angaben 375 Mitarbeiter. Mit der Trennung von eBay kam Ende 2015 relativ zeitnah die lang ersehnte Version Magento 2 auf den Markt.

Seinen Ursprung hat das System in den USA, was ihm den Einstieg in den deutschen Markt zunächst erschwerte, da einzelne Funktionen (zum Beispiel im Bereich der Zahlungsarten) gar nicht auf den deutschen Markt ausgelegt waren. Heute gibt es eine Reihe von Erweiterungen und Language-Packs, die exakt auf den deutschen Onlinemarkt abgestimmt wurden.

Zu den bekannten Referenzen auf dem deutschen Markt, die mit Magento umgesetzt wurden, zählen beispielsweise die folgenden Onlineshops:

- Polo Motorrad (*www.polo-motorrad.de*)
- Kaufhaus der Sinne Ludwig Beck (*www.ludwigbeck.de*, siehe Abbildung 5-2)

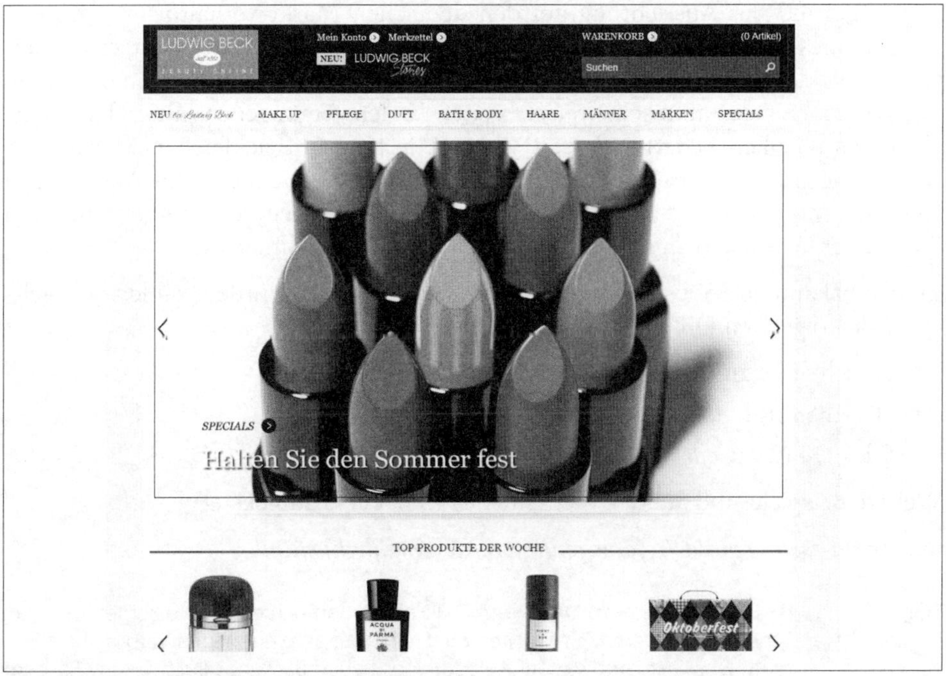

Abbildung 5-2: Beispielshop Magento, www.ludwigbeck.de

Weitere Beispiele sind auf der Webseite des Herstellers aufgelistet:

www.magentocommerce.com/customer-success-stories

Roman Zenner (*www.shoptechblog.de*), Shopsystem-Experte und O'Reilly-Autor schreibt zu Magento:

Tipp

Dr. Roman Zenner zu Magento: »Magento läuft und läuft. Die Community ist so groß, die Freundschaften so intensiv und die Projekte so lukrativ, dass sich niemand ernsthaft nach Alternativen umsieht oder umsehen muss. Nachdem das Unternehmen seit einigen Tagen wieder komplett selbstständig ist, scheint die Geschäftsführung geradezu betrunken von sich selbst und den Perspektiven der Lösung.

Mit Magento 2, das nach langer Verzögerung tatsächlich Realität wurde, verpasst sich Magento eine Frischzellenkur, hält jedoch an vielen überholten Architekturentscheidungen fest. Aber wie so vieles im Magento-Universum wird auch das erfolgreich weggelächelt.«

OXID eShop

Die Freiburger OXID eSales AG gab ihren Quellcode ebenfalls 2008 das erste Mal für die Entwicklergemeinde als Open-Source-Software frei und öffnete sich damit dem Markt. Als in Deutschland entwickeltes System wurde von Beginn an konsequent auf die Bedürfnisse des deutschen E-Commerce-Markts hingearbeitet.

Im Vergleich zu Magento sind Verbreitung und Entwicklergemeinde des OXID-Systems aufgrund der Ausrichtung auf den deutschen Markt verhältnismäßig klein. Wegen eines anderen (einfacheren) Programmieransatzes und der deutschsprachigen Entwicklergemeinde hat das System aber schnell seine Fans gefunden und ist im deutschsprachigen Raum sehr weitverbreitet. In den vergangenen Jahren hat OXID allerdings reichlich Federn gelassen. Zahlreiche freie Entwickler haben sich nach Alternativen umgesehen. Nicht zuletzt, weil OXID in Aussicht gestellte Änderungen lange Zeit nicht geliefert hat. Die kleiner werdende Gemeinde der Agenturen und Entwickler könnte ein Signal für die Zukunft des Unternehmens sein.

Zu den bekannten Shops, die mit OXID eShop umgesetzt wurden, zählen beispielsweise die folgenden Onlineshops:

- Porsche Design (*www.porsche-design.com*)
- SCHIESSER (*www.schiesser.de*)
- Edeka24 (*www.edeka24.de*, siehe Abbildung 5-3)

Weitere Beispiele sind auf der Webseite des Herstellers aufgelistet:

www.oxid-esales.com/de/referenzen/referenzen/highlights.html

Tipp

Dr. Roman Zenner zu OXID: »Um OXID muss man sich ernsthafte Sorgen machen. Schon seit längerer Zeit arbeiten die Freiburger an einer neuen Version Ihres Systems. Eine Zeit lang war der Aufbau eines neuen Backends auf Symfony-Basis im Gespräch, aktuell scheint man sich auf einen API-basierten Ansatz zu konzentrieren. Das Unternehmen profitiert noch von einem weitläufigen, professionellen Partnernetzwerk, vielen verschiedenen Standard-Integrationen und einem großen Stamm renommierter Kunden, pumpt aber derzeit nichts Eigenes in sein

Ökosystem. Auch bezüglich der eigenen Positionierung befindet man sich in einem Dilemma: Von »unten« drückt Shopware, das zunehmend für Shopumsatzgrößen im zweistelligen Millionenbereich berücksichtigt wird, »oben« sitzen Lösungen wie hybris, die die wirklich großen Budgets verbuchen können.«

Abbildung 5-3: Beispielshop OXID eShop: www.edeka24.de (Juli 2014)

Shopware

Im Jahr 2010 wurde die Open-Source-Version der Shopsoftware Shopware zum ersten Mal vorgestellt. Wie auch OXID eShop wurde Shopware für den deutschen Markt entwickelt und hatte daher einen einfachen Einstieg in den E-Commerce-Markt im deutschsprachigen Raum. Gerade in den letzten Jahren wurde viel für die externe Entwicklungscommunity unternommen, sodass Shopware heute über eine Vielzahl registrierter Partneragenturen und viele externe Modulentwickler verfügt.

Im Allgemeinen wird Shopware als das etwas modernere Open-Source-Shopsystem (vor OXID eShop und Magento) angesehen. In den ersten Jahren war dies in erster Linie dem besseren Marketing zu verdanken. Inzwischen darf Shopware durchaus die technische Marktführerschaft in diesem Segment mit für sich beanspruchen.

Bekannte Shops, die mit Shopware umgesetzt wurden:

- Stabilo (*www.stabilo.com*)
- Blaupunkt (*www.blaupunkt-store.de*)
- Zeit Shop (*shop.zeit.de*, siehe Abbildung 5-4)

Weitere Beispiele sind auf der Webseite des Herstellers aufgelistet: *https://de.shopware.com/customers*

Abbildung 5-4: Beispielshop Shopware: shop.zeit.de (Februar 2016)

Tipp

Dr. Roman Zenner zu Shopware: »Shopware scheint derzeit den besten Run zu haben: Das Unternehmen setzt seine aktuelle Version mit dem Trend- und Wachstumsthema »Content Commerce« gekonnt in Szene, ist in ein neues, eigenes Firmengebäude gezogen und stellt in der KMU-Zielgruppe hierzulande das Maß der Dinge dar. Solange sich die Schöppinger nicht mit ihrer Enterprise-Strategie verzetteln, sind sie für mich auch die einzigen der drei Kandidaten, denen ich in Zukunft ein tragfähiges SaaS-Konzept zutrauen würde.«

Vorteile von Open-Source-Shopsystemen

Flexibilität, Erweiterbarkeit, Zukunftsfähigkeit. Durch den offenen Quellcode und die damit einhergehende Möglichkeit (als versierter Programmierer) jederzeit Änderungen am Onlineshop vornehmen zu können, kommt man in ernst zu nehmenden E-Commerce-Projekten eigentlich nicht an Open-Source-Lösungen vorbei.

Zahlreiche kleine und (sehr) große Onlineshops setzen Magento, OXID eShop, Shopware und andere quelloffene Systeme ein, weil die Starrheit geschlossener Lösungen schlicht und einfach keine Alternative für ein E-Commerce-Projektdarstellt, das alle Möglichkeiten und auch alle Erfordernisse für einen erfolgreichen Onlineshop ausspielen soll.

Unterstützung wichtiger Funktionen

Wie bei der Auswahl des richtigen Autos kommt es auch bei der Wahl des Onlineshopsystems auf die Menge und Verfügbarkeit relevanter Funktionen an. Zusammenfassend kann man sagen, dass keines der hier genannten Shopsysteme eine relevante Funktion, die für die meistens Onlineshops gebraucht wird, vermissen lässt. Ganz im Gegenteil: Häufig bieten die Systeme Funktionen an, die über den eigentlichen Bedarf an Funktionen, die ein Onlineshop mit sich bringen muss, weit hinausgehen.

So ist es zum Beispiel nicht nötig oder gar sinnvoll, das Marketinginstrument Newsletter über die Shopsoftware abzuwickeln. Die Shopsysteme verfügen aber meist schon über entsprechende Funktionalitäten, die Sie nutzen könnten. Stattdessen stehen hierfür aber viel hilfreichere Tools von spezialisierten Anbietern zur Verfügung, die Sie nutzen sollten (vgl. Kapitel 19, *E-Mail-Marketing*, auf Seite 527).

Steht eine gewünschte Funktionalität einmal nicht von Haus aus zur Verfügung, lohnt sich ein Blick auf die Erweiterungsmodule externer Anbieter.

Erweiterungsmodule

Gerade die stetig wachsenden Entwicklercommunitys der Open-Source-Systeme sichert eine starke funktionelle Erweiterung der Software. Sowohl freie Entwickler als auch Anbieter externer Software und Dienstleistungen erweitern das zur Verfügung stehende Angebot stark, da es im Gegensatz zu Kauf-/Mietsoftware jedem Benutzer oder Programmierer freisteht, eigene Erweiterungen für die Open-Source-Software zu programmieren und auf dem Markt anzubieten.

Sollten Sie also einmal eine Funktionalität in der Liste der offiziellen Shopfunktionen vermissen, die Sie unbedingt benötigen, hilft häufig ein Blick in die Erweiterungsliste.

Die drei Platzhirsche auf dem deutschen Markt bieten extra entsprechende »Marktplätze« an, auf denen kostenfreie und kostenpflichtige Erweiterungsmodule anderer Anbieter inseriert werden können.

Sie finden sie unter:

- Magento Connect *www.magentocommerce.com/magento-connect*
- Shopware Community Store *store.shopware.de*
- OXID eXchange *exchange.oxid-esales.com*

Die Erweiterungen gliedern sich zum Beispiel in die folgenden Kategorien (Beispiel-Abbildung 5-5 aus dem Shopware Community Store) und unterscheiden sich unter anderem darin, ob sie kostenlos oder kostenpflichtig sind beziehungsweise ob sie vom Anbieter des Shopsystems zertifiziert wurden.

Zertifizierte Module sind vom Hersteller unter anderem auf die Codequalität und Funktionalität (tut das Modul auch wirklich das, was es vorgibt?) geprüft und sind dadurch quasi mit einem Gütesiegel versehen.

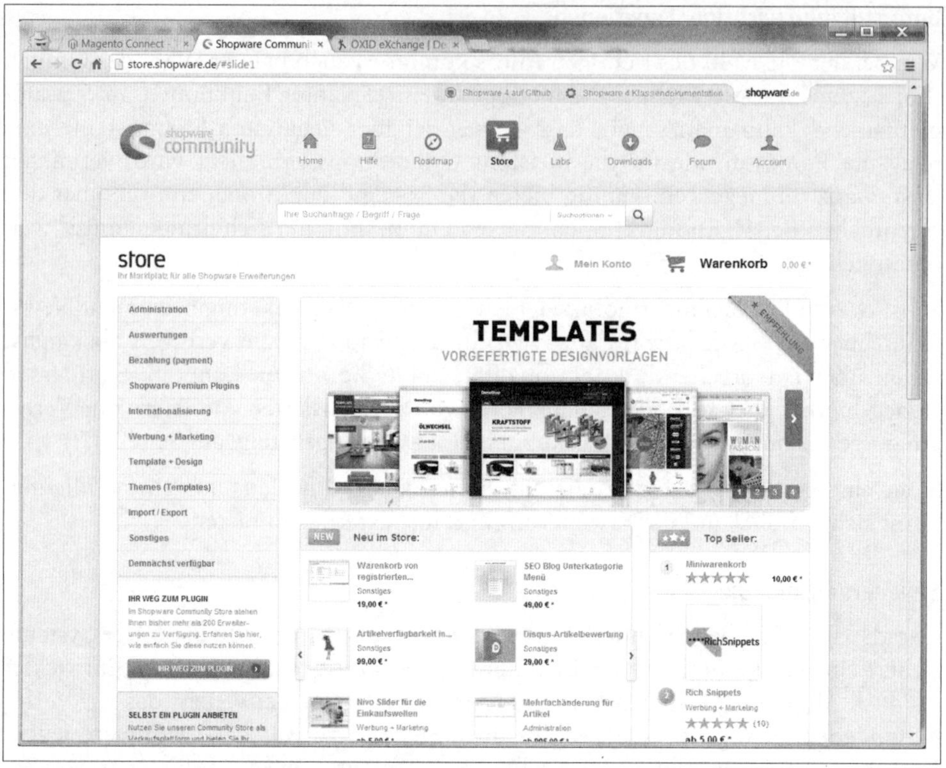

Abbildung 5-5: Shopware Community Store (*http://store.shopware.de*)

Erweiterungen gibt es zum Beispiel in den folgenden Kategorien:

- Templates
- Administration des Shopsystems
- Auswertungen
- Bezahlung
- Internationalisierung des Onlineshops
- Werbung und Marketing
- Import und Export von Daten aus dem Shopsystem
- Sonstiges

Zukunftsfähigkeit

Hinter unseren drei Anbietern Magento, OXID eShop und Shopware steht jeweils eine Firma mit einem wirtschaftlichen Zweck. Es ist also nicht zwangsläufig davon auszugehen, dass die Unterstützung für die jeweilige Open-Source-Software kurz- oder mittelfristig eingestellt wird.

Ganz im Gegenteil: Die Verbreitung der eigenen Open-Source-Lösung stellt für die Anbieter – obwohl sie kostenlos erhältlich ist – ein wichtiges Standbein für den eigenen wirtschaftlichen Erfolg dar. Denn gerade erfolgreiche Shops aus dem Open-Source-Bereich können das Interesse für die großen (und kostenpflichtigen) Enterprise-Versionen wecken.

Enterprise-Versionen der Onlineshopsysteme bieten von Haus aus noch weitere Möglichkeiten, wie zum Beispiel Multiserver-Installationen oder Shoppingmall-Funktionen (vergleichbar mit Einkaufszentren finden sich in Shoppingmalls mehrere verschiedene Onlineshops unter einem einzigen technischen Dach). Sie richten sich jedoch eher an sehr große Onlineshop-Projekte, die auf diese Funktionen wirklich angewiesen sind. Im Gegensatz zur Open-Source-Variante sind die Enterprise-Versionen kostenpflichtig. Meist wird zur Software selbst auch noch ein Stundenkontingent für Installation und Support im laufenden Betrieb angeboten.

Die große Entwicklergemeinde der drei Open-Source-Varianten, die durch zahlreiche Stammtische, Usergroups und Community-Days organisiert wird, trägt mit ihren externen Modulen darüber hinaus dazu bei, dass auch die kostenpflichtigen Systeme ständig weiterentwickelt werden. Von diversen Autoren sind zu den einzelnen Systemen Fachbücher erschienen, die sich allein mit der technischen Weiterentwicklung der Shopsysteme beschäftigen (unter anderem von Roman Zenner im O'Reilly Verlag) und ebenfalls ihren Teil zur Weiterentwicklung beitragen.

Im Vergleich zu Mietshops sind Sie als Shopbetreiber übrigens nicht unbedingt vom Fortbestand des Softwareanbieters anhängig. Da Sie die Software herunterladen und auf einem eigenen Server installieren, könnte der Anbieter seinen Betrieb auch gänzlich einstellen: Sie wären hiervon zunächst nicht betroffen, da der Shop auf Ihrem eigenen Webserver autark weiterarbeiten könnte.

Gleiches gilt natürlich auch für Ihre E-Commerce-Agentur: Sind Sie auf der Suche nach einem neuen Projektpartner, durfte es nicht schwierig sein, unter den vielen (zertifizierten) Agenturen neue Berater zu finden.

Nachteile von Open-Source-Software

Obwohl die Open-Source-Onlineshops (mit Ausnahme der Enterprise-Varianten) kostenlos sind, ist der Aufbau eines Onlineshops mit Magento, OXID eShop und Shopware mit einem nicht zu unterschätzenden Programmieraufwand verbunden.

Im Gegensatz zu den Miet-/Kauflösungen können Sie eben nicht einfach loslegen und den Onlineshop mittels einiger weniger Klicks konfigurieren. Neben dem reinen Aussehen des Shops, dem Layout, müssen etliche Optionen angepasst und eingestellt werden. Die Vielfalt der Funktionen und Möglichkeiten, die die Shopsysteme bieten, geht auch mit einer Vielzahl an Einstellungen einher, die gemacht werden *müssen*.

Beispiel Versandkosten: Während Sie in Mietshops mitunter nur eine einzige Versandkostenregel definieren können (siehe Abbildung 5-6), ist die Anzahl der Versandkostenregeln in Open-Source-Systemen de facto unbegrenzt. Was sie aber auch sein muss. Denn je nach Zielgruppen wollen Sie zum Beispiel Versandkosten für den einfachen und den Expressversand, für Lieferungen ins In- und Ausland, für End- und Geschäftskunden etc. definieren.

Abbildung 5-6: Versandkostenkonfiguration *www.supr.com*

Die Programmierung (Anpassung, Konfiguration, Layoutänderungen) und mitunter auch die Optionseinstellungen sind zudem so kompliziert, dass Sie nicht mit einfachen HTML- und PHP-Kenntnissen auskommen werden. Nicht umsonst bieten die Softwarehersteller entsprechende Schulungen an, mit denen Agenturen und Dienstleister ihre Programmierer für die einzelnen Shopsysteme zertifizieren lassen können.

Der gesamte Aufwand für Programmierung, Anpassungen und Konfigurationen (für alle möglichen Optionen) ist nicht zu unterschätzen und geht dementsprechend auch mit einigen Kosten einher.

Pro oder contra Open-Source-Shops?

Pro!

Für ein erfolgreiches Onlineshop-Projekt werden Sie nicht an einem Open-Source-System (oder später an einer kostenpflichtigen Enterprise-Version) vorbeikommen. Onlineshops sind so individuell wie die Kunden, die darin einkaufen sollen. Und sie (die Shops) müssen sich mit der Zeit an immer neue Trends und Vorgaben anpassen können. Mit Miet-/Kaufshops ist das in der Regel nicht möglich!

Ausnahme: JTL-Shop 4

Heimlich, still und leise hat sich im Jahr 2015 ein weiterer Anbieter in die Riege der Topsoftwareanbieter vorgearbeitet. Mit der neuen Softwareversion JTL-Shop 4 kommt ein rundum erneuerter Softwarekern mit einem von Haus aus responsiven Template daher (Abbildung 5-7).

Abbildung 5-7: Beispielshop JTL-Shop 4: *www.click-licht.de* (Februar 2016)

Im Gegensatz zu OXID, Shopware und Magento unterliegt JTL-Shop 4 zwar nicht der Open-Source-Lizenzvereinbarung. Nichtsdestotrotz ist die Software nahezu in allen Bereichen optimal anpassbar. Seit Anfang 2016 gibt es JTL-Shop 4 zudem auch als kostenfreie Version für bis zu 500 Artikel. Die kostenpflichte Version kostet ab 499 Euro zzgl. 249 Euro Lizenzgebühr pro Jahr. Weitere Informationen zum Lizenzmodell finden sich unter *www.jtl-software.de/JTL-Shop4-Onlineshop-kaufen.*

JTL-Software, ansässig in Hückelhoven und Hürth bei Köln, verfolgt im Gegensatz zu den anderen drei einen ganzheitlichen Ansatz, der seinen Ursprung in der Unternehmenshistorie findet. Ursprünglich entwickelte JTL mit eazyAuction Software für die Steuerung von eBay-Auktionen. Die dazugehörige Warenwirtschaft JTL-WaWi ist heute noch Kern und wichtigster Bestandteil der Softwarereihe. Mit der Shopsoftware verfolgt JTL konsequent den Multichannel-Ansatz, der Konnektoren zu den wichtigsten Handelsplattformen wie eBay und Amazon und Shopsystemen (auch zu OXID, Shopware und Magento) einschließt. Dazu kommen mit JTL-WMS (Warehouse-Management) und den Services Repricer und Search sowie ein umfangreiches Hosting-Angebot.

JTL bietet aktuell das aus unserer Sicht umfangreichste Angebot für Shopbetreiber. Dazu kommen der von Benutzern momentan immer noch hoch gelobte Support und die immer größer werdende Community der freien Entwickler.

Und welches Shopsystem nehme ich nun?

Das entscheidende und wichtigste Argument für oder gegen ein bestimmtes Open-Source-Shopsystem sind die Meinung und die Erfahrungswerte Ihrer E-Commerce-Agentur!

Machen Sie nicht den Fehler und kommen Sie mit einer vorgefestigten Meinung zu Ihrem E-Commerce-Partner. Manche Kunden möchten zum Beispiel unbedingt einen Magento-Shop haben. Bei der Frage nach dem Warum wird dann häufig auf die Meinung eines Freunds oder Kollegen verwiesen, der (oft mit gefährlichem Halbwissen ausgestattet), »beraten« hat.

Wenn Sie sich selbst nicht auf Basis sattelfester Argumente für ein System entschieden haben, sollten Sie die Entscheidung vielleicht der Agentur überlassen, mit der Sie am liebsten zusammenarbeiten möchten (vergleiche Kapitel 4, *Webdesign- und E-Commerce-Agentur*, auf Seite 51). Betrachten Sie es so: Wenn Sie sich für eine Agentur entscheiden, werden Sie langfristig mit ihr zusammenarbeiten. Sie werden sich in vielen Dingen auf die Erfahrung und Kompetenz Ihres Dienstleisters verlassen. Warum nicht auch bei der Auswahl des Shopsystems?

Alle genannten Shopsysteme verfügen über ein Partner- und Zertifizierungsprogramm. Die Partner werden hierbei – je nach Partnerlevel – ausführlich vom Anbieter geschult oder müssen entsprechende Kenntnisse nachweisen. Wenn Sie sich also für einen zertifizierten Partner eines Shopsystems entscheiden, wird er Sie auch entsprechend beraten und in den nächsten Jahren begleiten können. Er kennt die Stärken und Schwächen »seines« Systems und kann Ihnen wahrscheinlich schon im Erstgespräch sagen, ob alle Funktionen aus Ihrer Wunsch- und Anforderungsliste tatsächlich erfüllt werden.

Im Vordergrund Ihres zukünftigen Onlineshops steht – im Gegensatz zu einer vielleicht emotionsbedingten Entscheidung beim Autokauf – die Meinung (sprich: Kaufbereitschaft) Ihrer Endkunden, also des Käufers im Shop, und nicht Ihre eigene. Und hier sollten in jedem Fall die Funktionalität und die Umsetzbarkeit von Anforderungen im Vordergrund stehen und nicht, als vielleicht einziges Entscheidungskriterium, die Farbgebung im Demoshop oder die Meinung eines Kollegen oder Bekannten. Verlassen Sie sich auf die Expertise Ihrer Agentur!

Tipp Im kommenden Kapitel beschäftigen wir uns mit dem Thema Warenwirtschaft und Versandhandelssoftware. Die JTL-WaWi hat sich hier im vergangenen Jahr schon mit der Softwareversion 1.0 einen Spitzenplatz in der E-Commerce-Landschaft gesichert, weil sie die wichtigsten Komponenten aus Warenwirtschaft, Product Information Management (PIM), Shopsoftware (JTL-Shop 4) und die Anbindung an Amazon & Co. vereint. Dazu kommen weitere Services wie Hosting, guter Support auf Basis von bezahlbaren Service-Level-Agreements und eine wachsende Anzahl von Servicepartnern. Damit hat JTL den oben genannten Anbietern einiges voraus. Wenn Sie hier eine konkrete Empfehlung lesen möchten, dann sollten Sie einen Blick auf *www.jtl-software.de* werfen.

In diesem Kapitel:

- Zwei Softwareprodukte als Beispiel
- Praxisbeispiel: Bestellbearbeitung mit einer Versandhandelssoftware
- Praxisbeispiel: Softwaregestützter Versand
- Fazit
- Experten-Interview mit Pawel Strzyzewski

KAPITEL 6

Warenwirtschaft und Versandhandelssoftware

Mit steigendem Geschäftserfolg, spätestens jedoch mit der Anbindung Ihres Shops an Verkaufsplattformen wie eBay, Amazon oder Rakuten, wird Ihr Onlineshop zu einem reinen Verkaufskanal »degradiert«.

Im Multichannel-Betrieb, also beim Verkauf Ihrer Produkte über verschiedene Plattformen, ist der Shop nicht mehr das Herzstück Ihres E-Commerce-Projekts. Er ist dann nur noch ein Schaufenster, in dem Ihre Kunden sich über Produkte informieren und diese einkaufen können; genauso wie auf allen anderen Plattformen, über die Sie Ihre Produkte vertreiben.

Was ist ein Warenwirtschaftssystem?

Ein Warenwirtschaftssystem bietet Funktionalitäten für die Bereiche Einkauf, Lagerhaltung und Verkauf.

Im Verkauf erstellt es die notwendigen Versandbelege und Rechnungen, verwaltet die Kundenstammdaten und Bestelldaten und übergibt die Belege an die Buchhaltung.

Im Lager überwacht es die Produktbewegungen nach Lagerentnahme oder Einlagerung, reserviert Artikel nach der Bestellung und übergibt Lagerbestände an den Einkauf.

Im Bereich Einkauf erstellt das Warenwirtschaftssystem Bestellvorschläge, hilft bei der Überprüfung der eingehenden Waren im Lager (Abgleich mit der Bestellung) und unterstützt bei der Inventur.

E-Commerce-spezifische Funktionalitäten, wie zum Beispiel die Abwicklung von Retouren, die Überprüfung von Zahlungseingängen oder der automatisierte Versand von E-Mails an Endkunden, gehören in der Regel nicht zum Funktionsumfang. Diese Funktionalitäten grenzen das Warenwirtschaftssystem zur Versandhandelssoftware ab.

Herzstück des E-Commerce-Projekts ist dann eine Warenwirtschaft oder eine komplexe Versandhandelssoftware, die durch einen hohen Automatisierungsgrad die Abläufe von der Bestellung des Endkunden im Shop bis hin zur Rückzahlung des Kaufbetrags nach Abwicklung einer Rücksendung (Retoure) enorm beschleunigen kann.

Zu den möglichen Funktionalitäten von Warenwirtschaft und Versandhandelssoftware (siehe Kasten) können gehören:

- Lieferantenverwaltung (Kreditoren)
- Kundenverwaltung (Debitoren)
- Kundenservice
- Belegerstellung (Bestellungen, Rechnungen, Gutschrift, Lieferscheine)
- Auftragsabwicklung
- Finanzfunktionen (Mahnwesen, Berichterstellung, Buchhaltung)
- Lagerverwaltung und Kommissionierung
- Retourenabwicklung
- Zentrale Produktverwaltung

Es gilt folgende Faustregel: Je größer der Funktionsumfang der Software, desto größer ist auch der Automatisierungsgrad. Mit steigendem Automatisierungsgrad sinkt der Aufwand bei der Bearbeitung von Bestellungen und damit auch der Personalbedarf, der in der Regel den größten Kostenfaktor im E-Commerce darstellt.

Softwareanbieter pixi* verspricht durch den Einsatz seiner Software zum Beispiel Personaleinsparungen von bis zu 30 % – unsere Erfahrung zeigt, dass das Einsparpotenzial bei Einsatz einer Versandhandelslösung im Vergleich zu einer reinen Warenwirtschaft *deutlich* höher liegt.

In der Praxis können Sie bei der Nutzung einer kompletten Versandhandelssoftware mit einer einzigen Vollzeitkraft pro Tag durchaus mehrere Hundert Bestellungen abarbeiten, inklusive der kompletten Bestellabwicklung, Zahlungseingangsprüfung, Kommissionierung der Bestellung im Lager, Verpackung und Versand der Bestellung. Die Übersicht in der Tabelle 6-1 zeigt, welche Vorgänge im Vergleich zu einer einfachen Onlineshopinstallation von der Warenwirtschaft oder Versandhandelssoftware automatisch übernommen werden können.

Eine vollständige Versandhandelssoftware spielt ihre Stärken insbesondere in den Bereichen aus, die mit dem eigentlichen Kaufvorgang im Onlineshop nicht in erster Linie etwas zu tun haben, und nimmt Ihnen damit viel Arbeit ab. Jeder Vorgang, der sich automatisieren lässt, beschleunigt die Versandabwicklung. Nur so ist es auch bei einem höheren Versandvolumen möglich, den Überblick über alle Vorgänge zu behalten, fehlerfrei zu versenden und eine Lieferung innerhalb kürzester Zeit zu ermöglichen.

Tabelle 6-1: Manuelle oder automatische Bearbeitung von Vorgängen mit und ohne Versandhandelssoftware

Vorgang	Ohne Versandhandels-Software/WaWi	Mit Versandhandels-Software/WaWi
Bestelleingang mit E-Mail bestätigen	✓	✓
Zahlungseingang automatisch prüfen	(✓)	✓
Zahlungseingang mit E-Mail bestätigen		✓
Bestellung zur Kommissionierung freigeben		✓
Pickliste erstellen	(✓)	✓
Artikel aus dem Lagerbestand nehmen und Lagerbestand im Onlineshop angleichen		✓
Rechnung erstellen	✓	✓
Lieferschein erstellen	✓	✓
Versandetikett erstellen	(✓)	✓
Retoureneingang per E-Mail bestätigen		✓
Artikel dem Lagerbestand hinzufügen und Lagerbestand im Onlineshop angleichen		✓
Retourengutschrift erstellen		✓
Retourenbetrag erstatten		✓
Retourenbestätigung und Gutschriftbeleg per E-Mail versenden		✓

Zwei Softwareprodukte als Beispiel

Aktuell tummeln sich über 50 Anbieter auf dem Markt der Warenwirtschaftssysteme und Versandhandelssoftware. Nicht alle haben ihren Ursprung im Versandhandel, oft wurden E-Commerce-Funktionen erst nachträglich hinzugefügt.

Der Funktionsumfang der erhältlichen Produkte ist dabei enorm unterschiedlich und vielfältig. Entsprechend Ihrer individuellen Anforderungen und Ihres Vertriebsmodells sollten Sie sich von Ihrer Agentur beraten lassen, welche Funktionalitäten in Ihrem Anwendungsfall wirklich benötigt werden und welche Software mit Ihrem Onlineshopsystem tatsächlich harmoniert. Hilfreich ist es natürlich, wenn Ihre Agentur bereits mit dem einen oder anderen System selbst Erfahrung gesammelt oder sich sogar auf eine Software spezialisiert hat.

Beispielhaft stellen wir hier zwei Softwareprodukte vor, die in den letzten Jahren in vielen kleinen und großen Onlineshops zum Einsatz gekommen sind:

- JTL-WaWi und JTL-WMS *(www.jtl-software.de)*
- pixi* *(www.pixi.eu)*

Beide Produkte haben Ihren Ursprung im E-Commerce und setzen nicht, wie viele andere Softwareprodukte, auf bestehende Warenwirtschaftssysteme auf, die eigentlich für den Offlinehandel entwickelt worden sind. Die vorgestellten Produkte umfassen dabei originäre E-Commerce-Funktionalitäten wie zum Beispiel den Multichannel-Vertrieb.

JTL-WaWi und JTL-WMS

Der Ursprung der Warenwirtschaft der Hückelhovener Softwareschmiede JTL-Software liegt in der Entwicklung einer direkten eBay-Schnittstelle mit Namen EazyAuction, die heute noch ein Kernstück der Warenwirtschaft bildet. In den letzten Jahren hat sich der Fokus noch weiter auf den Onlinehandel verschoben. Mit JTL-Shop 4 bietet der Hersteller eine eigene Shopsoftware an (siehe Kapitel 5, *Auswahl des Shopsystems*, auf Seite 69), die mit der Warenwirtschaft verknüpft werden kann.

JTL-WaWi (Abbildung 6-1) richtet sich an kleine und mittelgroße Onlinehändler mit einem Versandvolumen von bis zu einigen Hundert Bestellungen am Tag. Zusammen mit dem Lagerverwaltungsmodul JTL-WMS, das die Funktionalitäten für die Lagerhaltung, Kommissionierung und den Versand am Packtisch zur Verfügung stellt, deckt die Software rund die Hälfte aller Funktionalitäten ab, die für den vollautomatisierten Onlinehandel benötigt werden. Durch Zusatzmodule externer Entwickler lässt sich das System um Funktionen ergänzen, die von Haus aus nicht Teil des Programms sind. Dazu gehört zum Beispiel eine Anbindung an DATEV oder eine lagerseitige Retourenabwicklung.

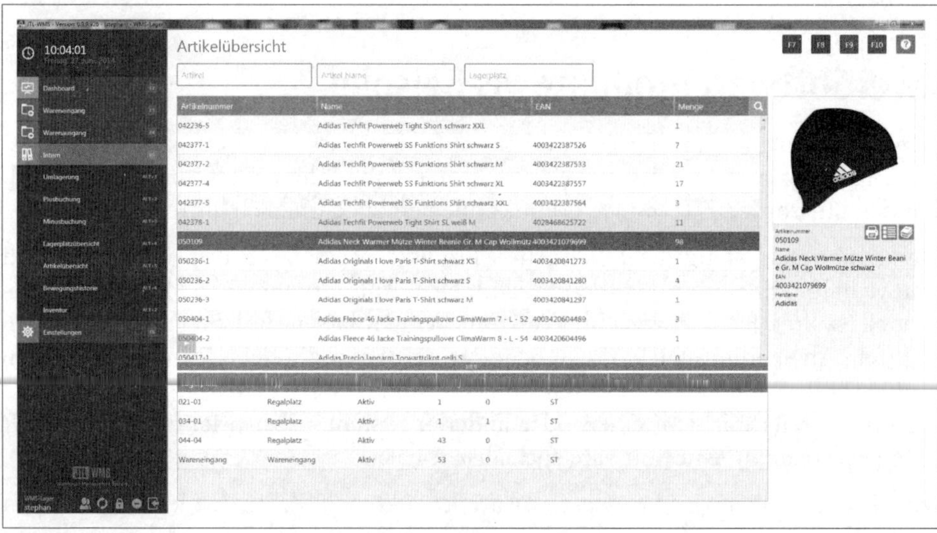

Abbildung 6-1: Artikelübersicht in JTL-WaWi, *www.jtl-software.de*

Die direkte Anbindung der JTL-Software an die Verkaufsplattformen eBay und Amazon zählt zu den großen Stärken. Nach Aussage des Herstellers wickelt JTL-EazyAuction über 5 % aller eBay-Verkäufe (etwa jede 20. Bestellung) in Deutschland ab. Und auch die Verknüpfung mit allen gängigen Versanddienstleistern mit Ausdruck von Versandlabels und Einlieferungslisten ist gewährleistet. Als Warenwirtschaftssystem fehlen JTL-WaWi jedoch einige Funktionen, die das System abrunden und zu einer vollständigen Versandhandelslösung werden lassen. So fehlt zum Beispiel der komplette Bereich der Finanzbuchhaltung. Weder ist die automatische Zuordnung eingehender Zahlungen zu Bestellungen oder die automatische Erstattung von Rückzahlungen nach Retouren möglich, noch ist die direkte Übergabe in Buchhaltungssysteme oder zum Steuerberater enthalten. Beides ist für die nahe Zukunft aber geplant.

Den fehlenden Funktionen gegenüber steht der günstige Preis. Die Warenwirtschaft selbst ist kostenfrei, das Modul JTL-WMS wird basierend auf der Anzahl der gleichzeitig angemeldeten Benutzer ab 100 Euro pro Monat und ab zwei Benutzern kostenpflichtig angeboten. Als Einzelplatzlizenz ist auch dieses Modul kostenfrei.

Im Vergleich zu pixi* ist die JTL-Software ein echtes Schnäppchen in der Anschaffung, wenn man außer Acht lässt, dass die Integration der Software in die bestehende Shopumgebung oder die Erstinstallation und Inbetriebnahme selbst vorgenommen werden müssen. Hier bietet der Hersteller nur eingeschränkte, kostenfrei Unterstützung. Für Geld bekommen Sie alles! Benötigte Hardware, wie zum Beispiel Labeldrucker oder mobile Datenerfassungsgeräte (MDE) für die Lagerhaltung und Kommissionierung der eingegangenen Bestellungen, muss natürlich auch noch extra angeschafft werden.

JTL-Software entwickelt das System nach eigener Aussage beständig weiter. So folgen fortlaufend weitere Funktionalitäten. Die Schnittstellen zu den Shopsystemen Magento, OXID und Shopware sind Ende 2015 auf den Markt gekommen und helfen insbesondere bei allen Multichannel-Aktivitäten.

JTL-WaWi als PIM

Im Gegensatz zu der nachfolgend beschriebenen Software aus dem Hause pixi* bietet die JTL-WaWi einen eigentlich unschlagbaren Vorteil: die Integration des Product Information Managements, kurz PIM. Artikeldaten werden hierbei zentral in der Warenwirtschaft verwaltet, separat für jeden Verkaufskanal und automatisch an die einzelnen angeschlossenen Kanäle ausgeliefert. Artikel müssen also nicht im Onlineshop, auf Amazon und auf eBay einzeln gepflegt werden. Änderungen am Artikelstamm erfolgen ausschließlich in der Warenwirtschaft. Für jeden Kanal können hierbei unterschiedliche Beschreibungen, Bilder, Sprachen und natürlich auch Preise festgelegt werden. Das verringert den Aufwand bei der Artikelpflege immens. Zusätzlich werden Karteileichen und Dubletten weitestgehend verhindert.

Da WaWi, WMS, Konnektoren und das Shopsystem alle aus dem gleichen Haus stammen, funktionieren die Schnittstellen zwischen den einzelnen Produkten zudem reibungslos. Änderungen an der Warenwirtschaft bringen zum Beispiel auch direkt benötigte Änderungen am Shopsystem als Update mit sich. Bei Systemen, die aus unterschiedlichen Häusern stammen, kommt es immer wieder vor, dass Schnittstellenprobleme zum Komplettausfall eines Onlineshops führen.

Das folgende Praxisbeispiel zeigt Warenwirtschaft und Warehouse-Management am Beispiel von pixi*. Die Prozeduren und Verläufe sind aber grundsätzlich auch auf die Software von JTL übertragbar.

pixi*

pixi* richtet sich als komplexe Versandhandelssoftware an »Online Pure Player«, also an Händler, die ausschließlich online unterwegs sind, sowie an Händler und Markenhersteller. Trotzdem ist in der Software des Münchener Herstellers pixi* Software GmbH auch ein PoS-Kassensystem (PoS: Point of Sale) für den Einzelhandel oder Lagerverkauf und eine Verwaltung mehrerer Lager (auch an unterschiedlichen Standorten) enthalten. Die Software eignet sich also durchaus für die Nutzung im Online- und Offlinehandel, seine Stärken spielt das System aber ganz klar im E-Commerce aus (Abbildung 6-2).

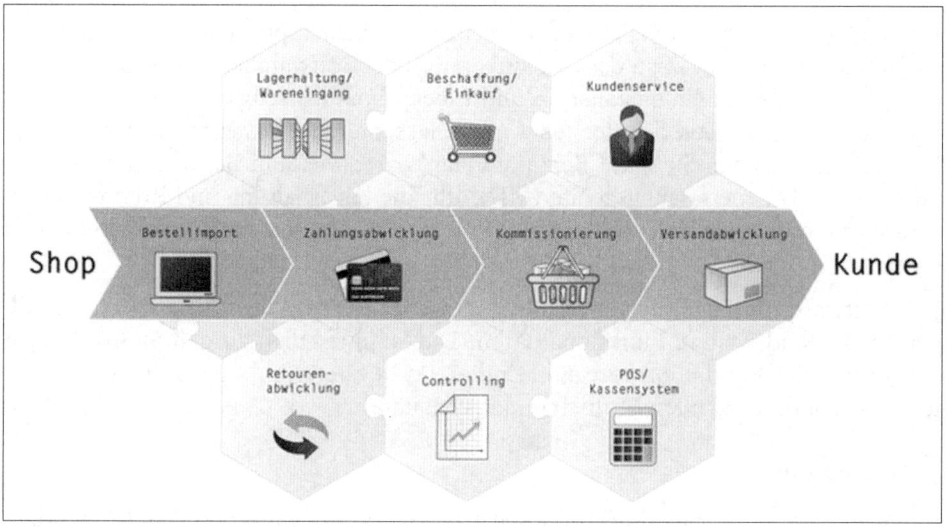

Abbildung 6-2: pixi*-Prozessübersicht

Im nachfolgenden Praxisbeispiel zeigen wir unter anderem den Retouren-Wizard, der eine sehr schnelle Bearbeitung von Rücksendungen ermöglicht, und das Modul Kundenservice, mit dem vollautomatisiert die komplette Kommunikation mit den Shopkunden abgewickelt wird.

Im Gegensatz zu JTL WaWi werden die Produktdaten nicht in pixi* gepflegt, sondern auf den jeweiligen Verkaufsplattformen. Im schlimmsten Fall müssen neue Produkte im Onlineshop, bei Amazon und eBay einzeln eingepflegt werden, während die Aufgabe der Verteilung der Produktdaten JTL-WaWi für Sie übernimmt und dafür Sorge trägt, dass die Produktbeschreibungen auf allen Plattformen immer gleich lauten.

Ist dies jedoch nicht gewollt, weil Sie zum Beispiel in zwei Shopinstallationen bewusst unterschiedliche Produktbeschreibungen pflegen möchten (oder müssen), können Sie dies mit JTL-WaWi/-WMS und mit pixi* (oder einer anderen Versandhandelssoftware) realisieren.

Bei größeren Projekten kann sich der Einsatz sogenannter Middleware, wie zum Beispiel Brickfox, Tradebyte oder auch Afterbuy rentieren. Die Middleware steht als Software zwischen der pixi*-Versandhandelssoftware und den Vertriebskanälen (Onlineshop, Amazon etc.). Als zentrale Anwendung steuert sie die Informationsverteilung auf den jeweiligen Plattformen und verwaltet zum Beispiel Artikeldaten, Produktbeschreibungen und -bilder sowie die unterschiedlichen Verkaufspreise. Die oben beschriebene Schnittstellenproblematik kann hierbei zum Tragen kommen. Zudem ist bei einer weiteren Software eines weiteren Anbieters auch mit weiteren Kosten für Anschaffung, Betrieb und Mitarbeiterschulung auszugehen.

Auch hier ist bei der Auswahl der richtigen Software wieder die Erfahrung Ihrer Agentur gefragt: Welche Funktionen sind für Ihr Geschäftsmodell wichtig und welche davon können mit welcher Software abgedeckt werden?

Wie auch JTL-WaWi und JTL-WMS lässt sich pixi* durch eine Reihe Module und Erweiterungen externer Entwickler, hier pixi* Apps genannt, ergänzen.

Erwähnenswert ist die kleine App Versandsiegel. pixi* analysiert täglich die Versanddaten des Shops und ermittelt die durchschnittliche Versanddauer. Sie kann dann als zusätzliches Siegel (siehe Kapitel 20, *Bewertungen*, auf Seite 567) in den Onlineshop integriert werden. Da die Versandgeschwindigkeit einen deutlichen Einfluss auf die Kaufentscheidung hat, kann sich die Einbindung dieses Siegels positiv auf den Umsatz auswirken.

Preislich richtet sich die Software definitiv nicht an Einsteiger, sondern ganz klar an professionelle Shopbetreiber, die vor einer entsprechenden Investition nicht zurückschrecken und hoch hinaus wollen. Eine durchschnittliche pixi*-Installation mit zwei parallel arbeitenden Benutzern kann inklusive Hardware mit Anschaffungskosten von 15.000 bis 20.000 Euro zu Buche schlagen. Die monatlichen Kosten belaufen sich – auch hier ist der Preis abhängig von der Benutzeranzahl – auf einen niedrigen bis mittleren dreistelligen Betrag.

Wichtig zu wissen: In den Kosten sind Installation, Schulung und komplette Inbetriebnahme durch Techniker bei Ihnen vor Ort bereits enthalten.

Während der Implementierungsphase erhalten Sie je nach Aufwand zwei bis drei Tage Besuch von einem pixi*-Spezialisten, der die vollständige Inbetriebnahme inklusive Schulung für Sie und Ihre Mitarbeiter übernimmt. Nach der sehr kurzen Implementierungsphase können Sie im Grunde direkt und ohne weitere Vorkenntnisse produktiv mit der Versandhandelssoftware arbeiten.

Praxisbeispiel: Bestellbearbeitung mit einer Versandhandelssoftware

Im folgenden Beispiel zeigen wir den Ablauf einer Bestellung, die mit einer Versandhandelssoftware bearbeitet wird. Die einzelnen Schritte sind mit den Screenshots aus pixi* illustriert. Die Funktionsweise anderer Softwareprodukte ist ähnlich.

Eingehende Bestellung

Die Daten aller eingehenden Bestellungen aus allen angeschlossenen Onlineshops und von allen Verkaufsplattformen (zum Beispiel Amazon oder Rakuten) werden im Kundenservice zusammengefasst und können dort eingesehen und gegebenenfalls korrigiert werden.

Sind alle Waren auf Lager und ist die Zahlung des Kunden durch den Zahlungsdienstleister geklärt, wird der Auftrag automatisch und ohne manuelles Eingreifen für den Versand freigegeben. Im Idealfall kommt man als Shopbetreiber also erst bei der Kommissionierung der Ware mit der Bestellung in Berührung.

Kunden werden im Modul Kundenservice anhand ihrer Stammdaten identifiziert. Als eindeutiges Kennzeichen wird die E-Mail-Adresse oder die Bestellnummer aus dem Shop genutzt. Bestellt ein Kunde in verschiedenen Shops unter der gleichen E-Mail-Adresse, wird er im Kundencenter nur einmal angelegt.

Abbildung 6-3 zeigt die Detailansicht unserer Musterbestellung. Hier werden alle Daten, die der Kunde bei dieser oder vorherigen Bestellungen eingegeben hat, aufgeführt.

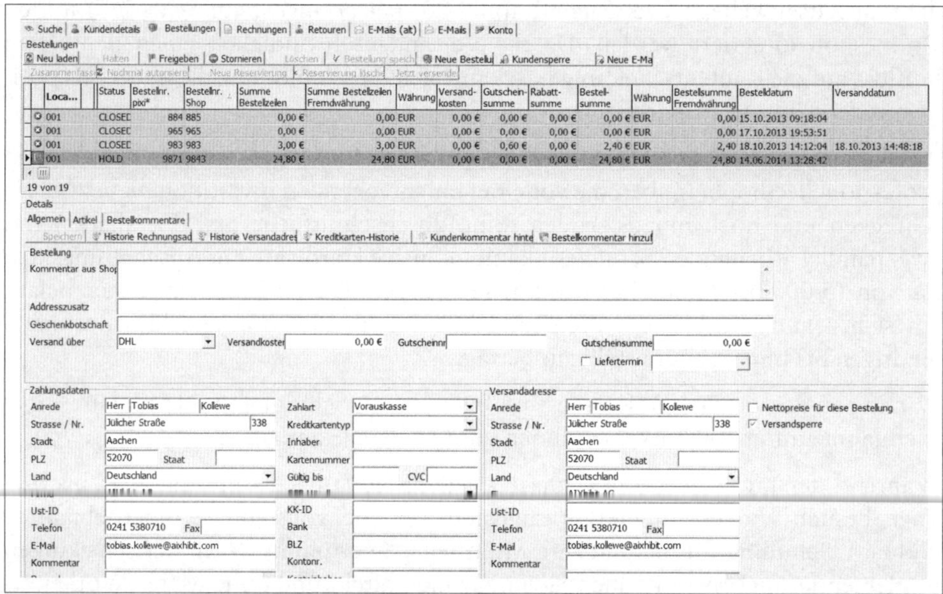

Abbildung 6-3: Überprüfung der eingehenden Bestellung

Mittels der Kaufhistorie kann eingesehen werden, welche Produkte der Kunde bisher gekauft oder zurückgeschickt hat. So lassen sich zum Beispiel Dauer-Retournierer oder Kunden mit offenen Rechnungen schnell identifizieren und bei Bedarf auch sperren. Automatische Versandsperren kommen zum Beispiel zum Tragen, wenn Kunden einen Hinweis in das Kommentarfeld bei der Bestellung eingegeben haben.

Bestellungen werden im Fall einer manuellen oder automatischen Kundensperre erst dann für den Versand freigegeben, wenn ein Mitarbeiter im Kundenservice die

Bestellung manuell geprüft hat. In der Kundenservicemaske können Bestellungen nachträglich geändert und angepasst werden, wenn der Kunde sich nach der Bestellung nochmals meldet und seine Bestellung inhaltlich ändern, ergänzen oder stornieren möchte.

Über alle auf die Bestellung bezogenen Aktionen erhält er dann eine entsprechende Bestätigungsmail, die auf Basis von individuellen E-Mail-Vorlagen – zum Beispiel für abhängig vom Logistikdienstleister oder der eingestellten Sprache – automatisch oder manuell vom Kundenservicemitarbeiter aus dem System verschickt werden können.

Finanzstatus des Kunden

Innerhalb des Kundenservices lässt sich der Finanzstatus des Kunden bezogen auf seine Einkäufe in Ihrem Shop überprüfen (Abbildung 6-4). Wichtig: Damit ist keine Bonitätsprüfung des Kunden durch Scoring-Verfahren oder SCHUFA-Auskunft gemeint.

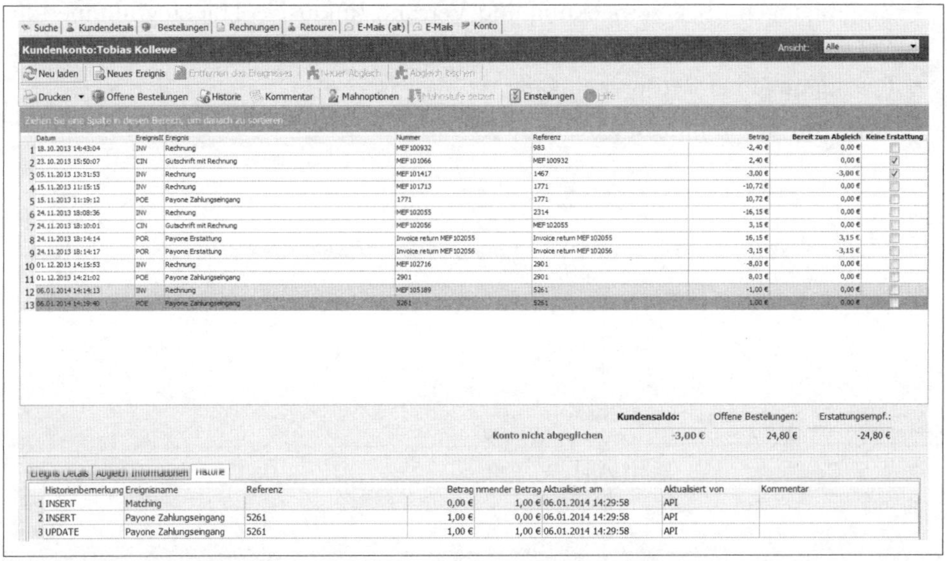

Abbildung 6-4: Finanzstatus des Kunden

Der interne Status des Kunden ist dann wichtig, wenn der Kunde wegen einer offenen Rechnung für weitere Bestellungen gesperrt wird oder wenn er nach einer manuellen Gutschrift eine Erstattung erhalten soll.

Grundsätzlich werden systemseitig alle Zahlungen automatisch verbucht und abgewickelt. Eingehende Zahlungen über die im Onlineshop angeschlossenen Zahlungssysteme werden automatisch der richtigen Bestellung zugeordnet, Gutschriften werden automatisch auf das bekannte Zahlungssystem erstattet.

Soweit das Kundenkonto nicht ausgeglichen ist, zum Beispiel, weil der Kunde zu viel überwiesen oder eine Gutschrift erhalten hat, empfiehlt die Software eine Erstattung oder weist deutlich auf das nicht ausgeglichene Kundenkonto hin, sodass er für weitere Lieferungen gesperrt werden kann.

Alle Buchungen werden im Bereich Kundenservice revisionssicher dokumentiert.

E-Mail-Center

Im E-Mail-Center werden alle automatisch und manuell über pixi* verschickten E-Mails gespeichert (Abbildung 6-5). Zu den automatischen E-Mails gehören zum Beispiel:

- Bestätigung über den Bestelleingang (wenn sie nicht vom Onlineshop verschickt werden)
- Bestätigung über den Zahlungseingang
- Zahlungserinnerungen bei Vorkasseüberweisungen
- Stornierungsbestätigung (manuelle oder automatische Stornierungen)
- Bestätigungen über Verpackung und Versand (inklusive Trackingnummer des Versanddienstleisters)
- Bestätigung über Retoureneingang
- Gutschriftbestätigung nach Retourenbearbeitung

Abbildung 6-5: E-Mail-Center

Alle bereits versandten E-Mails können hier nachgelesen oder gegebenenfalls auch neu verschickt werden. Bei Bedarf kann der Mitarbeiter im Kundenservice auch manuell E-Mails erstellen und verschicken. Sie werden ebenfalls im System gespeichert und können zum Beispiel auch von seinen Kollegen eingesehen werden.

Retourenbearbeitung

Eingehende Retouren können nach der Prüfung im Wareneingang ebenfalls im Modul Kundenservice bearbeitet werden (Abbildung 6-6). Die Retourengründe werden dabei in der Software erfasst, sodass auch eine softwareseitige Auswertung der Retourengründe ermöglicht wird. Zur Erfassung der Gründe für die Rücksendung können sie vom Kunden auf dem Retourenschein (siehe den Abschnitt »Retourenmanagement« auf Seite 271) angegeben werden.

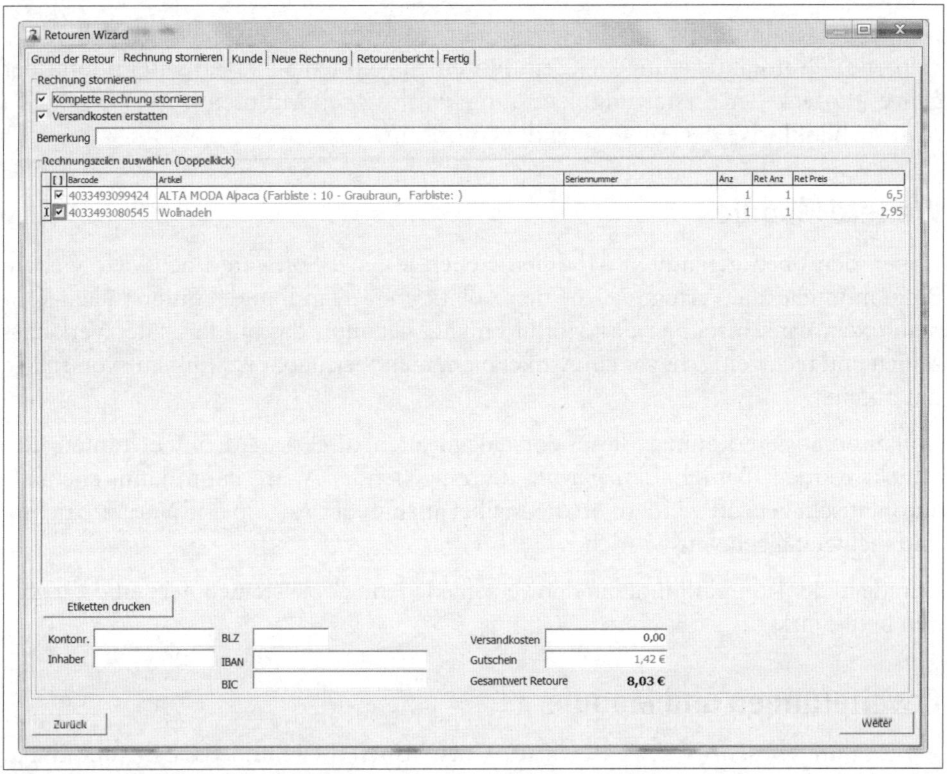

Abbildung 6-6: Retourenerstattung

Wichtig ist, dass nicht nur die gesamte Bestellung erstattet werden kann, sondern auch Teilbeträge. Vom Erstattungsbetrag wird ein eventuell gewährter Rabatt genauso abgezogen wie zum Beispiel Versandkosten, die nicht erstattet werden sollen. Der Mitarbeiter im Kundenservice kann die Erstattungshöhe selbst eintragen, um etwa einen Kulanzrabatt zu gewähren oder von der Software berechnen zu lassen.

Soweit sich die Daten des Kunden geändert haben (Zahlungs- oder Adressdaten), können sie gleichzeitig angepasst werden und werden dann bei kommenden Bestellungen automatisch wieder berücksichtigt. Soweit erforderlich, kann neben der Gutschrift ein manueller Retourenbericht erstellt werden, der gegebenenfalls im Lager für die Wiedereinlagerung der Artikel verwendet wird.

Nach der Einlagerung der retournierten Produkte wird der geänderte Lagerbestand natürlich innerhalb weniger Minuten im Onlineshop und in den angeschlossenen Verkaufsplattformen aktualisiert, sodass die zurückgenommenen Artikel wieder zum Verkauf zur Verfügung stehen.

Nach Abschluss der Retourenabwicklung wird der zu erstattende Betrag an den Kunden überwiesen (oder zum Beispiel auf dem PayPal-Konto des Kunden gutgeschrieben). Zusätzlich erhält der Kunde eine E-Mail mit der Bestätigung über die erfolgte Bearbeitung seiner Rücksendung zugeschickt.

Gerade in Onlineshops mit hohen Retourenquoten, wie etwa im Modebereich, erspart die Automatisierung viel Zeit. Für einen geübten Sachbearbeiter nimmt der ganze Prozess der Erstattung kaum mehr als zwei Minuten pro Vorgang in Anspruch inklusive der Anweisung der Gutschrift.

Weitere Module

Neben den oben genannten Modulen stehen je nach Software noch viele weitere Programmteile zur Verfügung, die den Ablauf im Versandhandel unterstützen können. Exemplarisch sei hier das Modul Einkauf genannt, das auf Basis der Verkaufszahlen und rechtzeitig, bevor ein Artikel nicht mehr verfügbar ist, Einkaufsvorschläge unterbreitet.

Vollautomatisiert können diese Vorschläge auch direkt an den Lieferanten verschickt werden. Bei der Einlagerung der eingehenden Ware kann dann, ebenfalls automatisch, geprüft werden, ob die Artikel auch in der Anzahl und Variante richtig und rechtzeitig geliefert wurden.

Gerade in der Kompatibilität zu den verschiedenen Shopsystemen liegt eine der großen pixi*-Stärken.

Erweiterungen und Module

- Zahlungswesen (SEPA-Lastschrift, Gutschrift, HBCI- und PayPal-Anbindung, Mahnwesen)
- Einkauf, Disposition und Wareneingang
- Lager- und Inventurmodul
- Versandmodul mit Live-Shopping-Funktionen
- PoS-Kassenmodul
- Fulfillmentmodul
- API-Schnittstellenmodul (SOAP- und REST-API) mit SDK-Entwicklungstool
- Apps Marketplace mit Modulen u. a. für diverse externe Anbieter und Dienstleister

Praxisbeispiel: Softwaregestützter Versand

Ihre große Stärke (neben dem Kundenservice) spielen Versandhandelssoftware-Produkte im Versand aus. Der komplette Vorgang wird von der Software geleitet, sodass es fast unmöglich ist, hier Fehler zu machen.

Der Versandvorgang umfasst die folgenden Arbeitsschritte, die in diesem Kapitel einzeln beschrieben werden:

- Erstellung von Picklisten
- Kommissionierung (Zusammenstellung) der Artikel für eingegangene Bestellungen
- Verteilung der Artikel auf Versandboxen
- Erstellung von Rechnung und Lieferschein
- Packen der Ware
- Erstellung des Versandetiketts

Ein typisches Lager teilt sich in drei Bereiche auf:

- Warenlager
- Pickzone
- Packplatz/-straße

Warenlager

Das Warenlager umfasst die gesamte Lager- und Verkehrsfläche. Hier werden alle Produkte gelagert, die im Onlineshop verkauft werden.

Die Mitarbeiter im Lager sind hier unterwegs, um die Artikel der eingegangenen Bestellungen mittels der Picklisten zu kommissionieren. Je nach Ausstattung erfolgt das Einsammeln der Artikel mit einem Kommissionierwagen (es funktioniert auch ein Einkaufswagen, den Sie im nächsten Supermarkt für 1 Euro ausleihen können) oder einem Hubwagen/Gabelstapler; in der großen Variante (Hochregallager) fährt auch ein Aufzug durch die Regale.

Die Lagerplätze sind dabei eindeutig gekennzeichnet (Abbildung 6-7). Jeder Gang wird zum Beispiel mit einem Buchstaben (A bis Z), jedes Regal in jedem Gang mit einer Ziffer (1 ganz vorn, x ganz hinten), jedes Fach im Regal wieder mit Buchstaben (A ganz oben, Z ganz unten) gekennzeichnet. So ergibt sich für jeden Lagerplatz eine eindeutige Bezeichnung. Der Lagerplatz »F-7-C« kennzeichnet zum Beispiel den siebten Gang (»F«), dort das siebte Regal (»7«) und das dritte Fach von oben (»C«), siehe Abbildung 6-8.

Optional führt ein LED-System die Mitarbeiter durch das Lager: Lagerplätze mit zu entnehmenden Waren blinken, weitere LEDs an den Regalen zeigen an, welche Regale und Regalreihen übersprungen werden können, um die Laufwege weiter zu optimieren und Zeit zu sparen.

Abbildung 6-7: Lager eines Onlineshops mit Regalbeschriftung

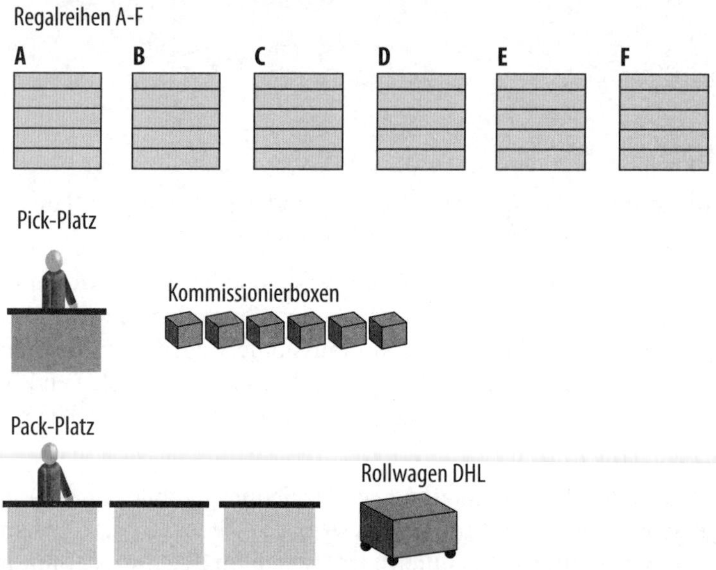

Abbildung 6-8: Schematische Darstellung des Lageraufbaus

Pickzone

In der Pickzone werden die eingesammelten Artikel auf Versandboxen verteilt. Jede (deutlich nummerierte) Versandbox steht dabei für eine Bestellung, die am Packplatz beziehungsweise in der Packstraße versandfertig gemacht wird (siehe Abbildung 6-9).

Abbildung 6-9: Nummerierte Versandboxen in der Pickzone

Zusätzlich steht an der Pickzone ein PC mit einem Barcodescanner und einem Drucker, mit deren Hilfe die kommissionierten Artikel auf die Versandboxen verteilt werden.

In unserem Beispiel gehen wir davon aus, dass einzelne Artikel nicht größer als ein Schuhkarton sind. Größere oder sehr kleine Artikel werden natürlich anders gelagert und zusammengestellt. Hier ist bei der Lagereinrichtung und im Versandvorgang entsprechend anders vorzugehen.

Packplatz/Packstraße

Am Packplatz stehen alle Packmaterialien und Zugaben (Retourenschein, Gutscheine, Gummibärchen etc.), die für den Versand der Bestellungen benötigt werden. Hardwaretechnisch werden am Packplatz ein PC mit Barcodescanner und ein Drucker für zusätzliche Versanddokumente (zum Beispiel Zoll- und Ausfuhrerklärungen) sowie ein spezieller Labeldrucker für den Druck der Versandetiketten benötigt. In kleineren Shops werden die Pakete manuell verschlossen, in größeren Onlineshops erfolgt selbst das Schließen der Pakete automatisch.

Das Foto zeigt eine Packstraße mit mehreren Packplätzen und einer Gesamtlänge von rund 70 Metern. Am Anfang der Packstraße werden alle Artikel und Zugaben in die Kartons gelegt. In der Abbildung 6-10 sieht man die unterschiedlich großen

Kartons, die entsprechend der Menge der zu verschickenden Artikeln ausgewählt werden.

Die offenen Kartons werden auf dem Laufband automatisch weiter bis zum Ende befördert, an dem ein LKW auf die Verladung wartet. Auf dem zurückgelegten Weg werden die Kartons von Maschinen automatisch verschlossen, verklebt und mit Umreifungsband zusätzlich gesichert.

Abbildung 6-10: Professionelle Packstraße mit mehreren Versandplätzen

Picklisten und Kommissionierung

Picklisten fassen alle Artikel aus den eingegangenen Bestellungen zusammen. Sie unterstützen den Picker (englisch: to pick = aufnehmen, aus dem Regal nehmen) dabei, die bestellten Artikel aus dem Lager zu holen.

Die Pickliste in Abbildung 6-11 fasst 13 verschiedene Artikel aus 9 Bestellungen zusammen. Für den Picker ist es dabei egal, ob der Artikel aus Zeile 4 (Lagerplatz: F-7-C, Anzahl: 6) für eine einzelne Bestellung eingesammelt oder auf mehrere Bestellungen verteilt wird. Er muss sich über diesen Vorgang keinerlei Gedanken machen.

Pickliste Nr. **2872** Erstelldatum 14.06.2014 16:36:04 Läuft aus 15.06.2014 16:36:04

PIC2872

Erstellt von: admin 1 of 1

Lagerplatz		Mng.	ItemNrInt	Artikelname
A-2-C	*	**6**	-36	4033493149303 SECONDO (Farbliste: 61 - Hellgrau)
C-4-B	*	1	1800051	4033493139502 FELTRO (Farbliste: 51 - Grege)
E-2-B	*	1	0670115	4033493111164 COOL WOOL melange (Farbliste: 115 - Taupe)
F-7-C	*	**6**	-16	4033493136877 ARIA (Farbliste: 16 - Blassgrün)
H-4-D	*	**2**	-14	4033493135597 DACAPO (Farbliste: 14 - Smaragd)
H-1-E	*	**2**	6190010	4033493152464 ARGENTINA (Farbliste: 10 - Blau/Petrol/Silber)
J-3-A	*	**4**	8040011	4033493110259 LACE Lux (Farbliste: 11 - Hellgrau meliert)
I-5-A	*	**8**	-2	4033493075817 SECONDO (Farbliste: 9 - Taupe)
J-7-C	*	**6**	-16	4033493118231 SECONDO (Farbliste: 40 - Anthrazit)
K-7-A	*	**2**	-22	4033493149792 DACAPO (Farbliste: 23 - Zitrusgelb)
L-2-C	*	1	1800004	4033493073318 FELTRO (Farbliste: 4 - Dunkelgrau meliert)
KOPF C-D	*	1		4191635106000 Filati Infanti 8
KOPF I-J	*	1		4033493156554 Filati Magazin 47

Abbildung 6-11: Pickliste

Die in Spalte 1 angegebenen Lagerplätze sind für die Laufwege optimiert. Der Picker kann in der auf der Pickliste vorgegebenen Reihenfolge durch das Lager gehen und kommt dabei an keinem Regal mehr als einmal vorbei. In der Praxis wird die Pickliste auf einem an einem Einkaufswagen befestigten Klemmbrett durch das Lager geschoben. Picklisten können nach individuellen Profilen zusammengestellt werden. Je nach Anwendungsfall können sie beispielsweise nur Expressbestellungen oder entsprechend der individuellen Leistung des Pickers 5 oder 30 Bestellungen auf einmal umfassen.

Der Picker muss am entsprechenden Lagerplatz lediglich die richtige Menge des einzelnen Artikels in seinen Einkaufswagen legen. Nimmt er eine falsche Menge oder ein falsches Produkt aus dem Regal, wird ihn die Software bei der Verteilung der Artikel auf die Versandboxen darauf hinweisen.

Anstatt die Pickliste zu nutzen, kann die Kommissionierung der Ware auch mit einem mobilen Datenerfassungsgerät (MDE, siehe Abbildung 6-12) erfolgen. Auf dem Display wird der entsprechende Lagerplatz angezeigt, an dem der Picker den Artikel einsammeln muss. Hochwertige Datenerfassungsgeräte verfügen über ein Farbdisplay, auf dem ein Bild des zu pickenden Artikels dargestellt wird. Hierdurch kann die Fehlerquote beim Picken weiter gesenkt werden, da der Lagerarbeiter den Artikel im Regal mit der benötigten Variante (zum Beispiel der Farbe) direkt vergleichen kann.

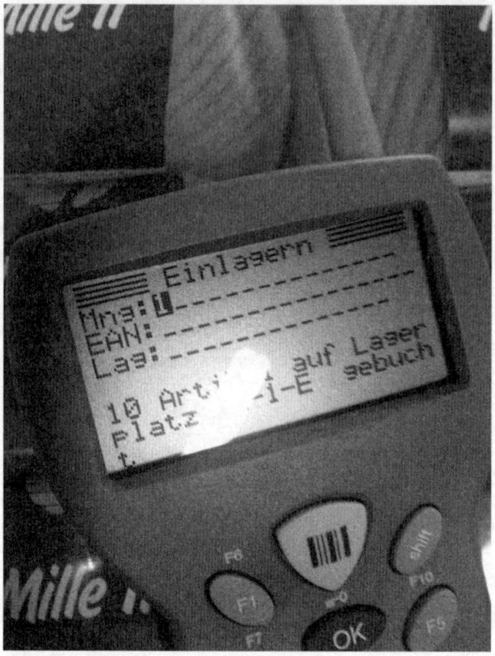

Abbildung 6-12: Mobiles Datenerfassungsgerät

Wenn alle Artikel auf der Pickliste eingesammelt wurden, geht der Picker zum Versandplatz und verteilt die Artikel durch einen Scan des EAN-Barcodes auf die Versandboxen. Damit ist es praktisch ausgeschlossen, Artikel falschen Bestellungen zuzuordnen oder zu viele oder zu wenige Artikel eines Auftrags zu versenden.

Verteilung auf Versandboxen

In der Pickzone nimmt der Picker jeden Artikel wieder aus seinem Einkaufswagen und scannt mit dem Barcodescanner den EAN-Code des Artikels. Auf dem Computerbildschirm wird dann angezeigt, in welche Versandbox er den Artikel legen muss, den er gerade in der Hand hält (siehe Abbildung 6-13). Zur Kontrolle ist auch noch einmal aufgeführt, um welchen Artikel es sich handelt.

Müssen mehrere gleiche Artikel auf mehrere Versandboxen verteilt werden, weil sie für unterschiedliche Bestellungen gleichzeitig kommissioniert wurden, so wird die jeweils benötigte Anzahl für die entsprechende Versandbox angezeigt.

Scannt der Picker einen falschen Artikel, weil er im Regal danebengegriffen hat, wird eine entsprechende Fehlermeldung ausgegeben.

Sobald alle Artikel, die zu einer Bestellung gehören, eingescannt und in die Versandbox gelegt worden sind, werden über den Drucker die zugehörige Rechnung und gegebenenfalls ein Lieferschein ausgedruckt, die mit in die Versandbox gelegt werden. Für den Picker ist die Bestellung an dieser Stelle abgeschlossen.

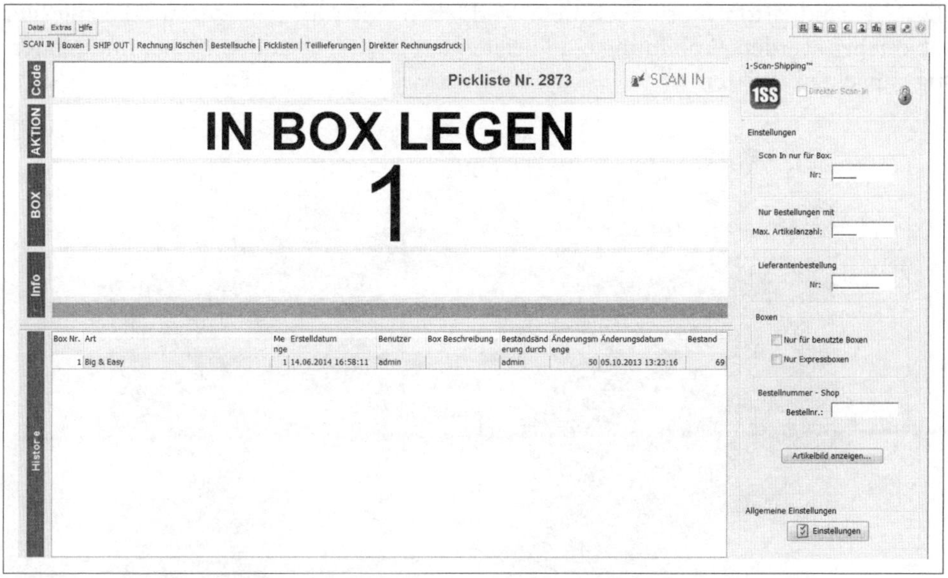

Abbildung 6-13: Anzeige der richtigen Versandbox

Packen und Verschicken

Nachdem der Picker die Versandboxen mit Artikeln und Rechnung/Lieferschein fertiggestellt hat, nimmt der Packer die komplette Versandbox aus dem Regal und verpackt die darin befindliche Ware zusammen mit den gewünschten Zugaben und dem Retourenschein in einen passenden Karton.

Die Versandhandelssoftware kann zum Beispiel am Monitor auch anzeigen, wenn je nach Versandplattform andere Zugaben verpackt werden sollen. Hat der Käufer zum Beispiel über Amazon bestellt, erscheint auf dem Monitor ein Hinweis, dass ein Gutschein für den direkten Einkauf im Shop beigelegt werden soll.

Mit dem am Packplatz vorhandenen Barcodescanner scannt er die Rechnungsnummer auf der Rechnung. Die Versandhandelssoftware erstellt nun das für den Versand benötigte Versandetikett. Je nach Bestellvorgang werden automatisch die richtigen Etiketten für unterschiedliche Versanddienstleister oder Portoklassen (Standardversand, Expressversand, Luftfracht etc.) ausgedruckt. Erfolgt der Versand in ein außereuropäisches Land, erstellt die Software automatisch auch die benötigten Ausfuhrdokumente und Zollerklärungen.

Wie der Picker muss sich auch der Mitarbeiter am Packplatz nicht weitergehend mit dem Inhalt der Boxen oder mit der Erstellung der richtigen Dokumente befassen. Er muss lediglich darauf achten, dass er jede Versandbox einzeln bearbeitet, um das Vermischen mehrerer Bestellungen zu vermeiden. Davon abgesehen, kann er de facto keinen Fehler machen, da er nur entsprechend der Vorgaben der Versandhandelssoftware arbeitet, selbst aber keine (Fehl-)Entscheidungen treffen muss/kann.

Der Versandkarton muss nach dem Verkleben noch an den Versanddienstleister übergeben werden. Abbildung 6-14 zeigt einen DHL-Versandcontainer mit den fertig gepackten Paketen.

Abbildung 6-14: Versandcontainer fertig zur Abholung

Fazit

Der Einsatz einer Warenwirtschaft oder einer komplexen Versandhandelssoftware kann die Arbeitsabläufe in Ihrem Onlineshop deutlich vereinfachen, den Versand beschleunigen und Fehler minimieren. Je erfolgreicher Ihr Onlineshop wird oder werden soll, desto eher ist der Einsatz einer entsprechenden Lösung zu empfehlen. Je mehr Bestellungen Sie pro Tag bearbeiten müssen, desto eher droht die Gefahr, dass Sie ohne Softwareunterstützung den Überblick im laufenden Betrieb verlieren.

Ihre persönliche Arbeitskraft sollten Sie lieber auf den Einkauf oder die Produktion der Produkte, die Pflege des Warenbestands im Onlineshop und den Kundenservice konzentrieren. Stupide Aufgaben wie das Kommissionieren und Verpacken von Sendungen können Sie problemlos an Mitarbeiter und Teilzeitkräfte übertragen. Die Software wird Fehler im Versandprozess weitestgehend verhindern.

Bei der Auswahl der richtigen Software sollten Sie sich unbedingt beraten lassen! Die Software muss auf der einen Seite an Ihre internen Abläufe angepasst oder in diese Abläufe integriert werden können. Und sie muss natürlich auch alle Anforderungen erfüllen, die in Ihrem E-Commerce-Projekt nicht nur aktuell, sondern auch in Zukunft notwendig sind und werden. Die Beratung sowohl durch Ihre Agentur als auch durch den Softwarehersteller ist dabei unabdingbar, um eine Fehlinvestition zu vermeiden.

Lassen Sie sich in einer Praxisvorführung bei einem bestehenden Onlinehändler die Stärken der jeweiligen Software zeigen. Die Softwarehersteller bieten sie zusammen mit Shopbetreibern meist bundesweit an.

Experten-Interview mit Pawel Strzyzewski

Pawel Strzyzewski ist Spezialist für Warenwirtschaft bei der AIXhibit AG (*www.aixhibit.de*). Er war an der Integration zahlreicher Warenwirtschaftssysteme auf der Seite des E-Commerce-Dienstleisters beteiligt.

Versandhandelssoftware, Warehouse Managementsoftware und Warenwirtschaft unterstützt alle Abläufe im täglichen Shopbetrieb. Wie ändert sich typischerweise der Alltag der Shopbetreiber mit Einführung der Software?

Erheblich! Durch die Automatisierung werden im Grunde alle bisherigen Prozesse komplett über den Haufen geworfen. Dabei wird der Onlineshopbetrieb von Grund auf neu aufgebaut. Die Umstellung ist für viele unserer Kunden, die bisher keine Warenwirtschaft im Einsatz hatten oder alle Lagervorgänge manuell ausgeführt haben, natürlich extrem. Aber nach einer kurzen Einarbeitungszeit, in der Regel sind es wenige Tage, wünschen sich viele Shopbetreiber, sie wären diesen Schritt eher gegangen.

Warum?

Ganz einfach: Die Bearbeitungszeit für jede einzelne Bestellung sinkt dramatisch. Und »dramatisch« ist keine Übertreibung. Viele unserer Kunden können ein-, zweihundert Bestellungen pro Tag als One-Man-Show abwickeln, weil ihnen die Software viele Schritte abnimmt. Zahlungseingänge werden automatisch den richtigen Bestellungen zugebucht und diese freigegeben. Packlisten und der digitale Pickvorgang machen es möglich, zehn, zwanzig, dreißig Bestellungen auf einmal zu kommissionieren. Und das natürlich fehlerfrei und ohne, dass der Mitarbeiter besonders aufmerksam beim Pickvorgang sein muss. Nimmt er das falsche Produkt aus dem Regal, meldet sich die Software. Da die Software auch die optimalen Laufwege im Lager vorgibt, ist der gesamte Vorgang auch enorm schnell durchlaufen.

Wie sieht die technische Unterstützung im Bestellablauf aus?

Unabhängig vom Verkaufskanal stellt die Warenwirtschaft alle notwendigen Belege zeitnah zusammen. Zu den Belegen zählen dabei nicht nur die Rechnungen oder Lieferscheine, sondern natürlich auch die E-Mails, die an den Endkunden verschickt werden. Das umfasst dann zum Beispiel auch die Informationen, wann die Bestellung das Lager verlassen hat, inkl. Trackingnummer und Link zu DHL oder die Bewertungsaufforderung bei Veristore.

Vorteile haben Endkunde und Händler aber nicht nur beim Kaufvorgang, sondern auch bei der Retourenbearbeitung. Artikel können nach der Sichtprüfung direkt wieder dem Lager zugeführt werden. Belege für Gutschriften oder Teilgutschriften können sofort erstellt werden und die Beträge werden teils automatisch wieder auf dem gleichen Zahlungsweg erstattet, den der Kunde schon bei seiner Bestellung gewählt hat.

Insgesamt ergibt sich für den Händler ein deutlicher Geschwindigkeitsvorteil bei der Bearbeitung von Bestellungen. Was vor der Einführung einer Versandhandelssoftware noch zwei bis drei Tage in Anspruch genommen hat, lässt sich nun innerhalb weniger Stunden oder sogar Minuten bewerkstelligen. Zur Freude des Endkunden, der die schnelle Lieferzeit im Idealfall mit weiteren Bestellungen im gleichen Onlineshop honorieren wird. Bei vielen der von uns betreuten Händler ist Next-Day-Delivery die Regel und kein Damoklesschwert!

In diesem Kapitel:
- Rechtliche Prüfung
- Domainrecherche/Top-Level-Domains
- Verfügbarkeit prüfen und Domain registrieren
- Namen in sozialen Netzwerken
- Recherche mit namecheck.com
- Auslandsdomains
- Domainnamen blockieren

KAPITEL 7

(Domain-)Namenswahl

Amazon.de, fahrrad.de, zalando.de, jeans-shopping24.de, zooplus.de, lego-shop.de – bei all diesen Internetadressen ist sofort klar, welche Produkte im Onlineshop erhältlich sind. Entweder weil die genutzten Begriffe als Marke deutschland- oder sogar weltweit bekannt sind oder weil die generischen Begriffe (»fahrrad«, »zoo«) einen direkten Rückschluss auf die Produkte zulassen, die in diesen Onlineshops gekauft werden können.

Im Gegensatz dazu werden Sie bei den folgenden Domainnamen nicht unbedingt sofort erkennen können, welcher Branche der Onlineshop zuzuordnen ist:

- boc24.de (Fahrräder)
- ichbinklein.de (Kinderkleidung)
- navabi.de (Kleidung)
- reichelt.de (Elektronik)

Soweit Sie nicht über eine bekannte Marke oder ein sehr großes Marketingbudget verfügen, um einen unbekannten Kunstbegriff (wie zum Beispiel »navabi«) bekannt zu machen, sollten Sie überlegen, ob Sie nicht einen Namen wählen, der den Schlüsselbegriff Ihrer Produkte (zum Beispiel »jeans«) enthält.

Die (Domain-)Namenswahl Ihres Onlineshops ist dabei sowohl für Neukunden, für Bestandskunden als auch für Suchmaschinen wichtig (vergleiche hierzu Kapitel 18, *Google AdWords und Google Products*, auf Seite 491). Ein guter Domainname sollte möglichst viele der folgenden Kriterien erfüllen:

- Einmaligkeit
- Geringe Verwechslungsgefahr
- Leicht zu merken
- Leicht zu schreiben
- Schlüsselbegriffe sind enthalten

Sie sollten genug Zeit investieren, um einen wirklich guten Namen zu finden. Überlegen Sie dabei, dass der Domainname mündlich, also zum Beispiel am Telefon, weitergegeben wird und deswegen leicht zu merken sein sollte. Sobald der Begriff buchstabiert werden muss, ist er eigentlich zu kompliziert.

Er sollte kurz genug sein, damit er auf Visitenkarten oder in den schmalen Spalten eines Zeitungsberichts nicht umbrochen werden muss.

Er sollte unverwechselbar, eindeutig und einprägsam sein, damit Ihre Kunden immer wieder zu Ihnen zurückfinden, auch wenn ihnen der genaue Domainname entfallen ist und sie über Google & Co. danach suchen müssen.

Denken Sie daran, dass ein nachträglicher Wechsel des Domainnamens und ein damit einhergehendes Rebranding des Onlineshops nur mit einem erheblichen (!) Aufwand möglich ist. Kunden müssten sich auf eine neue Domain für den Aufruf des Onlineshops und die Mailkommunikation einstellen. Das mühsam aufgebaute Domainranking in Suchmaschinen ginge unter Umständen verloren. Die mit einem Wechsel verbundenen Anpassungen in allen Bereichen des Onlinemarketings kommen fast einer Neukonzeptionierung aller Maßnahmen gleich.

Es gibt eine Reihe großer Shops, die mit einem ganz einfachen Mittel nahezu perfekte Domainnamen und Marken geschaffen haben:

- Zooplus.de
- Gartenxxl.de
- Brille24.de
- Myparfum.de

Alle oben genannten Domains enthalten den wichtigen Schlüsselbegriff und einen einfach zu merkenden Zusatz wie »my«, »24« oder »xxl«.

Haben Sie einen tollen Begriff gefunden, sollten Sie überprüfen, ob der Name als Domain unterhalb verschiedener Top-Level und in den wichtigsten sozialen Netzwerken noch verfügbar ist und ob Sie damit keine Rechte anderer verletzen.

Rechtliche Prüfung

Um zu prüfen, ob Ihre Wunschnamen die Rechte anderer Unternehmen verletzen, genügt es nicht, den Wunschnamen in die Adresszeile des Browsers einzugeben oder bei Google zu recherchieren. Diese Suche kann zwar erste Anhaltspunkte geben, doch wenn ein Name bei Google nicht auftaucht, heißt das noch lange nicht, dass er genutzt werden kann.

Im Abschnitt »Markenrecht« auf Seite 346 gehen wir auf das Thema Markenrecherche und den Schutz des eigenen Namens weiter ein.

Domainrecherche/Top-Level-Domains

Domainnamen setzen sich aus drei Elementen zusammen, die durch einen Punkt voneinander abgetrennt werden:

Beispiel: *www.mokaconsorten.de*

Subdomain: www
: Der erste Teil des Domainnamens, die sogenannte Subdomain, bezeichnet den Internetdienst, für den der Domainname genutzt wird. Für den Onlineshop oder Ihre Internetseite wird oft das Kürzel WWW (World Wide Web) verwendet. Denkbar sind hier aber auch andere Benennungen, die zu einem anderen Ziel führen als das Kürzel WWW. So führt zum Beispiel die Subdomain *shop.mokaconsorten.com* direkt in den Onlineshop, während unter *www.mokaconsorten.com* ein Kaffee-Literatur-Magazin des gleichen Anbieters zu finden ist. Sub-Level-Domains müssen – im Gegensatz zu der Kombination Domain + Top-Level-Domain – nicht bei einer Registrierungsstelle oder einem Provider registriert werden, sondern können, sofern man die eigentliche Domain registriert hat, selbst vergeben werden.

Domain: mokaconsorten
: Der mittlere Teil, die Domain, ist der eigentliche Name. Er kennzeichnet Ihren Onlineshop und enthält zum Beispiel Schlüsselbegriffe oder Markenangaben. Der Domainname muss dabei unterschiedlichen Regeln folgen, die abhängig von der jeweiligen Top-Level-Domain sind. Dies betrifft zum Beispiel die Länge oder die Verwendung von Umlauten und Schriftzeichen.

  Für .de-Domains gilt zum Beispiel, dass der Domainname mit einer Ziffer oder einem Buchstaben beginnen muss. Er darf nur die Buchstaben A bis Z, Umlaute oder Sonderzeichen und den Bindestrich enthalten. Der Bindestrich ist ebenfalls nicht am Ende erlaubt. Die Maximallänge für .de-Domains beträgt 63 Zeichen (+ ».de«).

Top-Level-Domain: .de
: Der letzte Teil, die Top-Level-Domain, ist die Länderkennzeichnung oder eine generische Abkürzung. Bis vor wenigen Jahren waren nur die Länderendungen .de, .at, .nl, .us und einige weitere Begriffe wie .com, .net, .info, .eu verfügbar.

Der zunehmend enger werdende Namensraum hat dazu geführt, dass es seit 2013 immer mehr Top-Level-Domains gibt. Sie haben mitunter einen thematischen (.reise, .shop, .travel) oder einen lokalen Bezug (.berlin, .ruhr, .nyc).

Verfügbarkeit prüfen und Domain registrieren

Sie sollten die Verfügbarkeit Ihres Wunschnamens zunächst mit den gängigen Endungen .de und .com prüfen. Ist eine dieser beiden Top-Level-Domains bereits belegt, sollten Sie sich nach einer Alternative umsehen, da diese zu den wichtigsten

Domainendungen auf dem deutschen Markt zählen. Shops, deren Domain auf .de enden, werden von Onlineshopkunden direkt als »deutscher Anbieter« erkannt.

Zusätzlich sollten Sie auch die Top-Level-Domains der Länder prüfen, in denen Sie zu einem späteren Zeitpunkt aktiv werden möchten. Dies kann zum Beispiel alle europäischen Länder umfassen. Weitere Informationen zur Expansion Ihres Onlineshops ins Ausland finden Sie im Abschnitt »Shop-Internationalisierung« auf Seite 671.

Bei den großen Domainprovidern können Sie selbst eine Recherche durchführen und erhalten einen guten Überblick, welche Top-Level-Domains es gibt und ob Ihre Wunschdomain noch frei ist.

- *www.internetx.de* (Abbildung 7-1 zeigt die Domainrecherche)
- *www.united-domains.de*
- *www.domain.de*

Abbildung 7-1: Domainrecherche bei *www.internetx.de*

Bei den genannten Domainprovidern (und vielen anderen) können Sie die Domain auch direkt registrieren. Wir empfehlen jedoch, dies zunächst mit Ihrer Agentur zu besprechen und eine Markenrecherche durchführen zu lassen, um fehlerhafte oder unnötige Domainregistrierungen zu vermeiden.

Die Registrierung einiger Top-Level-Domains kann an bestimmte Bedingungen gebunden sein, die erfüllt werden müssen. So ist für die Registrierung mancher Domains ein lokaler Sitz im Ausgabeland der Domain oder der Nachweis einer Handelsbeziehung in diesem Land erforderlich.

Achten Sie unbedingt darauf, dass die bei der Registrierung angegebenen Daten bei den jeweiligen Registrierungsstellen, also zum Beispiel bei DENIC für .de-Domains (*www.denic.de*), korrekt sind und auf Ihren (Firmen-)Namen lauten, da Sie als Domaininhaber alle Rechte an der Domain halten und auch der Ansprechpartner in rechtlichen Fragen sein sollten.

Namen in sozialen Netzwerken

Neben dem eigentlichen Domainnamen ist es oft genauso wichtig, die sozialen Netzwerke auf die Verfügbarkeit des Wunschnamens zu prüfen.

Twitter, Facebook & Co. können für Ihre Marketingstrategie (siehe Teil III, *Werbung, Marketing und Erfolgsmessung*, ab Seite 399) eine wichtige Rolle spielen. Daher sollte Ihr Wunschname auch dort noch frei sein:

- *twitter.com/AIXhibit*
- *Facebook.com/AIXhibit*
- *plus.google.com/+AIXhibitDE*
- *youtube.com/AIXhibit*

Recherche mit namecheck.com

Sie können bei den sozialen Netzwerken ähnlich wie bei der Suche nach freien Domainnamen auch bei Onlinediensten prüfen, ob der Name schon belegt ist.

Eine gute Anlaufstelle für einen schnellen Vorabcheck ist *www.namecheck.com* (Abbildung 7-2). Die englischsprachige Webseite bietet einen schnellen Überblick über die wichtigsten Top-Level-Domains, sozialen Netzwerke und Markendatenbanken.

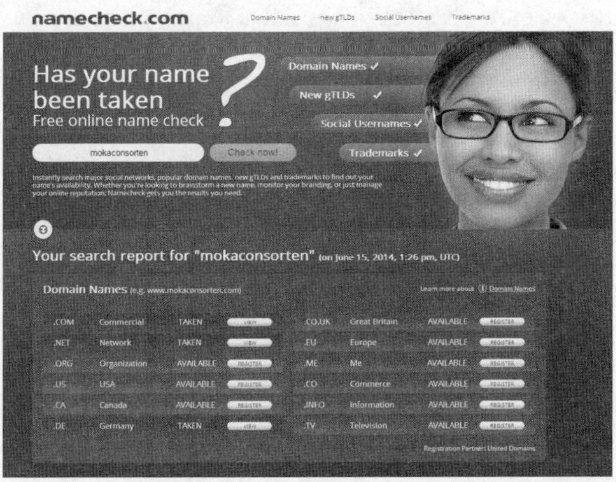

Abbildung 7-2: Namensrecherche bei namecheck.com, *www.namecheck.com*

Auslandsdomains

Im Hinblick auf die große Zukunft Ihres Onlineshops sollten Sie frühzeitig auch über die Registrierung Ihres Wunschnamens im Ausland nachdenken. Früher oder später wird der Zeitpunkt kommen, an dem Sie überlegen, warum Sie nicht auch in Österreich, in den Niederlanden oder in den USA verkaufen. Um vor Ort eine entsprechende Marktpräsenz aufzubauen, sollten Sie sich auch die Domainnamen des jeweiligen Ziellands sichern. Nichts ist schlimmer, als auf dem Weg zur internationalen Expansion festzustellen, dass sich jemand, im schlimmsten Fall sogar die Konkurrenz, den eigenen Domainnamen gesichert hat und diesen nun blockiert oder in digitale Geiselhaft nimmt.

Wir raten unseren Kunden daher bei größeren Projekten, die Domains aller Staaten der EU, sowie die .eu-Domain selbst zusätzlich zu registrieren. Ist langfristig auch eine Expansion in andere Regionen der Welt geplant, gilt diese Empfehlung natürlich auch hierfür.

Domainnamen blockieren

Neben den tatsächlich genutzten Domainnamen kann es strategisch klug sein, auch Domains mit anderen Schreibweisen, etwa mit Bindestrichen und häufig vorkommenden Tippfehlern zu registrieren. Dabei ist es gar nicht unbedingt wichtig, dass diese Domains ebenfalls zu Ihrem Onlineshop führen. Viel wichtiger ist es, diese Domains für die Benutzung durch Wettbewerber zu blockieren.

Nichts ist ärgerlicher, als einige Zeit nach dem erfolgreichen Start des Onlineshops feststellen zu müssen, dass ein Wettbewerber unter einem bis auf wenige Zeichen gleichen Domainnamen oder unter einer anderen Top-Level-Domain die gleichen Produkte verkauft.

Nach dem Motto »secure all slots« kann ein Domainportfolio aus verschiedenen Top-Level-Domains und Schreibvarianten durchaus fünfzig oder mehr Domains umfassen, die bei Aufruf alle auf die Hauptdomain des Onlineshops weitergeleitet werden.

Für den Wollhändler Filati Retail GmbH, der einen seiner Onlineshops unter der Marke »meinFILATI« führt, haben wir neben den Hauptdomains unterhalb der verschiedenen Top-Level-Domains über 40 verschiedene Domains in folgenden Schreibweisen und Varianten registriert, um eine Nutzung durch die Konkurrenz zu verhindern: myfilati, my-filati, deinfilati, dein-filati, mein-filati etc.

In diesem Kapitel:

- Rückwärtige Zeitplanung
- Zeit für Produktpflege und Tests
- Von der Kunst der Geduld
- Testen Sie Ihren Onlineshop

KAPITEL 8
Zeitplan und Tests

Wie lange dauert es eigentlich, bis der Onlineshop endlich fertig ist und live gehen kann?

Die Frage lässt sich nicht so einfach beantworten, da die Antwort sehr stark davon abhängt, wie umfangreich das Shop-Projekt ist, wie viele externe Dienstleister oder Firmen in die Entwicklung involviert sind und wie schnell einzelne Teilprojekte, zum Beispiel das Design von Werbemitteln oder Installation und Programmierung des Shops, umgesetzt werden können.

Sie sollten sich – auch wenn die Zeit drängt und Sie es eigentlich überhaupt nicht erwarten können, bis der Shop endlich im Internet zu finden ist – unbedingt ein realistisches Ziel setzen. Überstürzen Sie nichts und drängen Sie insbesondere nicht darauf, einen nur zum Teil fertigen Onlineshop live zu bringen. Der Zeitstrahl in der Abbildung 8-1 zeigt, welche Phasen bis zur Fertigstellung des Shops durchlaufen werden müssen und wie sie zusammenhängen.

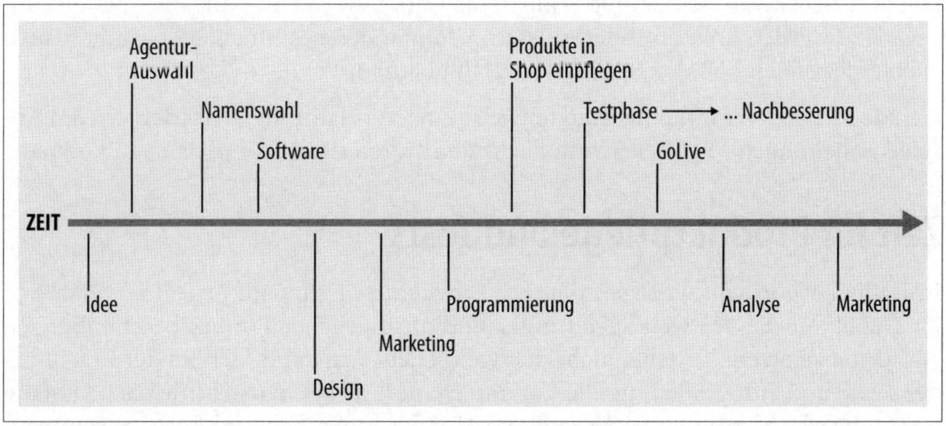

Abbildung 8-1: Zeitstrahl

Von der Idee über Marketing, Design und Programmierung bis zum Einpflegen der Produkte in den Onlineshop und die Testphase können bis zum Starttermin durchaus vier bis sechs Monate vergehen. Planen Sie diese Zeitspanne unbedingt ein, wenn Ihr Onlineshop zu einem bestimmten Ereignis wie dem Weihnachtsgeschäft oder der Sommersaison online gehen soll, und beginnen Sie rechtzeitig mit der Umsetzung. Erfahrungsgemäß ist eine kürzere Zeitspanne zwischen dem Start und dem Go-live kaum – wenn überhaupt nur mit einem sehr großen Team – machbar.

Klären Sie mit Ihrer Agentur und mit allen Beteiligten, ob das zeitliche Ziel überhaupt realistisch ist und eingehalten werden kann. Gegebenenfalls sollten Sie diese Vereinbarungen einfach gemeinsam schriftlich festhalten.

Bei einem kritischen Zeitplan können Sie zusammen mit einer erfahrenen Agentur im Rahmen des Pflichten-/Lastenhefts (mehr dazu in Kapitel 4, *Webdesign- und E-Commerce-Agentur*, auf Seite 51) Teilziele festlegen. So können Sie sicherstellen, dass die wesentlichen Funktionalitäten wie der eigentliche Shop, das Payment, die Logistik und Marketingaktivitäten zum geplanten Termin fertiggestellt sind.

Nicht ganz so zeitkritische Komponenten wie gedruckte Gutscheine oder das Shopblog (vergleiche Abschnitt »Blog zum Onlineshop« auf Seite 459) können dann kurzfristig nach dem Go-live implementiert werden.

Rückwärtige Zeitplanung

Bei der rückwärtigen Zeitplanung gehen Sie von einem festen Termin für die Liveschaltung des Onlineshops aus. Zusammen mit Ihrer Agentur legen Sie einzelne Zwischenziele (Milestones) für die Entwicklung des Onlineshops bis dahin fest. Dabei schauen Sie vom geplanten Go-live-Termin aus rückwärts und kalkulieren möglichst realistisch, wie viel Zeit Sie jeweils für die einzelnen Etappen brauchen. Wenn die Zwischenziele realistisch formuliert sind, können Sie Ihre Marketingaktivitäten gezielt daran orientieren.

Durch die rückwärtige Planung können Sie festlegen, welche Aufgaben parallel angegangen werden können (oder müssen). Zum anderen können Sie natürlich auch leichter feststellen, ob der gesetzte Zeitplan überhaupt realistisch ist.

Gerade im Bereich Marketing sind teilweise lange Vorlaufzeiten erforderlich, um Anzeigenschaltungen oder Beileger in Fachzeitschriften sinnvoll einsetzen zu können.

Zeit für Produktpflege und Tests

In Kapitel 10, *Produktpräsentation: Die Produktdetailseite*, auf Seite 157 gehen wir im Detail auf die Notwendigkeit guter und ausführlicher Produktbeschreibungen ein. Unterschätzen Sie dabei nicht den (zeitlichen) Aufwand, der bei der Erstellung der Texte und Fotografien für alle Varianten eines Artikels entsteht. Je nach Umfang des Onlineshops können leicht mehrere Hundert oder Tausend Fotos zusammenkommen, die gemacht und gegebenenfalls digital nachbearbeitet werden müssen.

Auch für den Test des Shops vor dem Go-live sollten Sie ausreichend Zeit einplanen. Es ist nicht damit getan, einmal den kompletten Bestellvorgang auszuführen.

Denken Sie daran, dass Ihre Agentur beziehungsweise die Programmierer nach Golive und Abnahme davon ausgehen, dass alle Funktionen in Ordnung sind und für nachträgliche Fehlerbehebungen unter Umständen weitere Kosten anfallen können. Nehmen Sie sich die Zeit und testen Sie den Shop ausgiebig (mehr dazu im Abschnitt »Testen Sie Ihren Onlineshop« auf Seite 116).

Marketing vor dem Go-live

Mit den festgelegten Zwischenzielen können Sie über die sozialen Netzwerke und Newsletteranmeldungen in Kombination mit Google AdWords und Facebook-Marketing den noch nicht bestehenden Onlineshop gezielt bewerben. Auf diese Weise können Sie schon vor dem Start eine eigene Ziel- und Interessentengruppe aufbauen. Kombinieren Sie die Werbeaktionen mit einem Einkaufsgutschein zum Start des Shops, um den Umsatz anzukurbeln.

Abbildung 8-2 zeigt einen Beispielnewsletter, der zum Start eines neuen Onlineshops schon mehrere Monate vor dem Go-live an einen über Facebook aufgebauten Verteiler verschickt wird. Auf Basis eines festen Redaktionsplans (siehe Teil III, *Werbung, Marketing und Erfolgsmessung*, ab Seite 399) können Sie die Themen der regelmäßig erscheinenden Newsletter oder Facebook-Postings vorab festlegen.

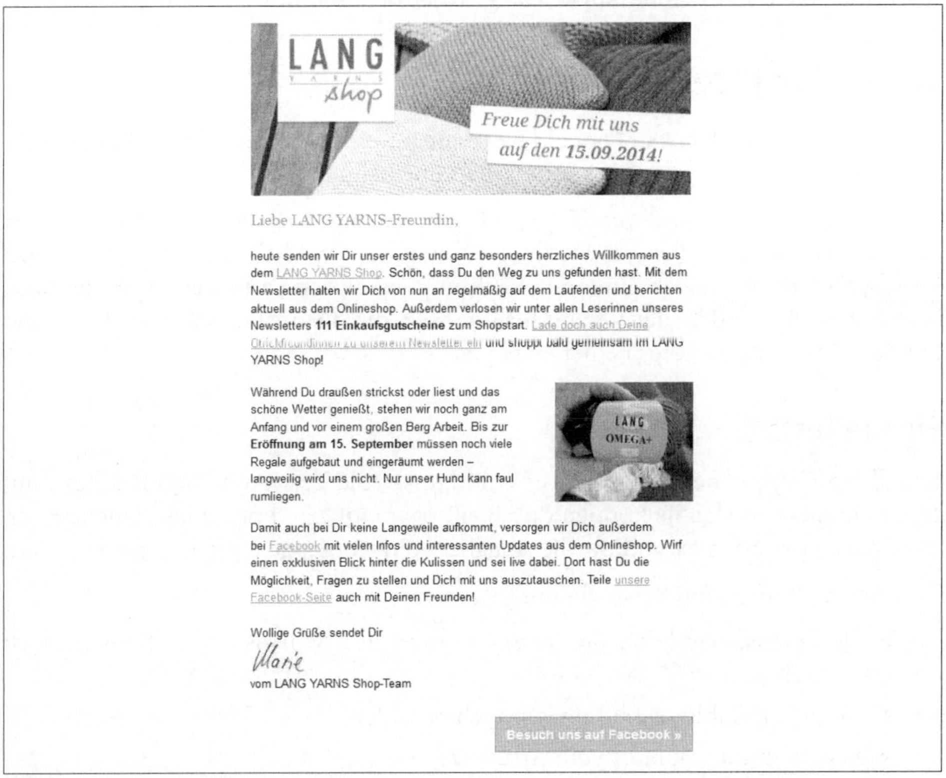

Abbildung 8-2: Newsletter vor dem Start des Onlineshops

Von der Kunst der Geduld

Die Entwicklung eines professionellen Onlineshops nimmt in all ihren Facetten sehr viel Zeit in Anspruch. Und auch die Umsetzung von Anpassungen oder Änderungen nach dem Go-live wird dauern. Mitunter werden einzelne Teilprojekte länger dauern, als Ihnen lieb ist. Manchmal liegt das an der Zahl der Beteiligten, manchmal auch an der Sache.

So können zum Beispiel vom Zeitpunkt der Beantragung der Kreditkartenzahlung bis zur tatsächlichen Freischaltung in Ihrem Onlineshop bis zu 16 Wochen vergehen. Erst muss alles beim Payment-Service-Provider vertraglich vereinbart werden, die Anträge müssen vom Akquirer genehmigt und dorthin zurückgeleitet, und schließlich muss die Zahlungsart im Onlineshop implementiert und getestet werden.

Ähnlich viel Zeit müssen Sie auch für Programmierung und Design des Shopsystems oder für die Implementierung eines Warenwirtschaftssystems veranschlagen. Und nicht zuletzt werden die Marketingaktionen, die Sie auf den unterschiedlichen Kanälen starten werden, nicht sofort Früchte tragen. Für den langfristigen Erfolg Ihres Onlineshops benötigen Sie von Beginn an eine gute Idee, eine Strategie, eine perfekte Umsetzung und jede Menge Geduld.

Betrachten Sie Ihren Onlineshop als langfristiges E-Commerce-Projekt!

Testen Sie Ihren Onlineshop

Der Shop ist fertig? Denkste! Sobald Sie glauben, dass Sie alles erledigt haben, sollten Sie Ihren Shop einmal richtig unter die Lupe nehmen.

Mittels eigener Tests und den Tests, die Ihre E-Commerce-Agentur durchgeführt hat, können Sie feststellen, ob Sie Ihren Onlineshop wirklich schon auf den Markt loslassen können. Je nach Umfang und Komplexität der Tests werden in der Softwareentwicklung 30 % der veranschlagten Zeit für die anschließenden Tests und die Korrektur aufgedeckter Fehler eingeplant.

Eigene Tests

Erstellen Sie ausreichend viele Testfälle und lassen Sie Verwandte und Bekannte auf Ihren Onlineshop los. Sie können durch ein paar einfache Fragen feststellen, ob an alles gedacht worden ist und ob alle Angaben und Vorgänge logisch aufgebaut sind.

Testfragen können zum Beispiel sein:

- Finde heraus, wie hoch die Versandkosten des Artikels X per Express nach Österreich sind.
- Mit welchen Zahlungsmitteln kann ich bezahlen?
- Welche Varianten gibt es vom Artikel Y?
- etc.

Lassen Sie von allen Ungereimtheiten und bei allen noch so belanglos erscheinenden Auffälligkeiten einen Screenshot erstellen. Es ist dabei wichtig zu wissen, wie der Tester auf die fehlerhafte Seite gekommen ist und was er dort angeklickt oder ausgefüllt hat. Ihre Probanden sollten alles in kurzen Stichworten festhalten. Für die Erstellung der Screenshots können Sie unter Windows das mitgelieferte Tool namens Snipping Tool verwenden.

Achten Sie insbesondere darauf, dass der komplette Checkout-Prozess und die Verarbeitung der Zahlungen einwandfrei funktionieren.

Sie können dies auch selbst testen, indem Sie einen günstigen Testartikel im Onlineshop anlegen und bestellen. Günstig sollte der Testartikel sein, damit Sie Ihr eigenes Konto nicht mit zu großen Beträgen belasten müssen. Ist der Testartikel als »Testartikel« im Shop angelegt, können Sie die Testeinkäufe später besser von den echten Einkäufen unterscheiden.

Funktioniert die Zahlung mittels PayPal? Was passiert, wenn Sie als Benutzer die Eingabe der Kreditkartendaten abbrechen? Wie verhält sich der Shop, wenn Sie nach dem Kaufabschluss mit der Zurück-Schaltfläche des Browsers zwei Schritte zurückgehen? Können Sie sich den Shop auch in alten Browsern ansehen und dort eine komplette Bestellung ausführen? Klappt der Bestellvorgang auf verschiedenen Tablet-PCs und auf dem Smartphone?

Versuchen Sie ganz bewusst, Ihren Shop kaputtzumachen! Nur so werden Sie spätere Kaufabbrüche wegen Fehlfunktionen im Shop vermeiden. Gehen Sie dabei von den ungewöhnlichsten Konstellationen aus, die Ihnen einfallen. Sie ahnen nicht, auf welche Ideen Ihre späteren Kunden bei der Benutzung des Shops kommen werden.

Tipp In allen Shops, die wir für Kunden erstellen oder auditieren, gibt es Testartikel, die nur über die Suchfunktion und bei Eingabe einer bestimmten Zeichenkette aufrufbar sind. Die Testartikel umfassen alle im Shop möglichen Optionen (Attribute und Varianten, Minipreise, sehr hohe Preise, Rabattierungen). Damit testen wir fortlaufend auch nach dem Go-live nahezu jede Änderung am Shopsystem und die Funktionsfähigkeit.

Praxisbeispiel: alpenwelt-versand.com

Fehler im Checkout des eigenen Onlineshops zu finden, ist eine Herausforderung sondergleichen. Und das meinen wir gar nicht so ironisch, wie sich dieser Satz vielleicht liest. Wer als Shopbetreiber schon einmal den Anruf eines verzweifelten Kunden bekommen hat, der im Shop einfach nicht weiterkommt, hat sicherlich auch schon mal das Erlebnis gehabt, dass der Fehler (vermeintlich) nicht reproduzierbar ist. Oft wird das dann auf Browserversionen, kaputte Sessions oder Kabelfehler geschoben. De facto ist der Fehler aber da. Um ihn jedoch beheben zu können, muss er auch reproduzierbar sein.

Fatal sind Fehler im Onlineshop immer dann, wenn sie im Checkout-Prozess auftreten und kaufwillige Shopkunden den Kaufvorgang abbrechen, weil sie nicht weiterkommen.

Das folgende Beispiel eines Einkaufs bei *www.alpenwelt-versand.com* zeigt einen typischen Fehler, der beim Testen der Shopsoftware bestimmt aufgefallen wäre, wenn ein vernünftiges Testszenario zugrunde gelegen hätte.

Das Problem im aktuellen Beispiel: Der Kunde kann seine Liefer- und Rechnungsadresse nicht ändern.

Abbildung 8-3 zeigt ein typisches Szenario. Als Kunde im Onlineshop alpenwelt-versand.com (oder jedes anderen Onlineshops) gibt man seine Daten (Anschrift, Zahlungsart etc.) ein und befindet sich auf der letzten Seite des Kaufprozesses (»bitte prüfen«). Häufig werden in diesem Schritt vom Kunden tatsächlich noch Fehler in den gemachten Angaben gefunden, die er korrigieren möchte. Das können Änderungen am Produkt oder auch Fehler bei den Adressangaben sein, die der Kunden selbst gemacht hat, oder Daten, die von der Autofill-Funktion des Browsers falsch übertragen wurden.

Möchte der Kunde seine Daten nun ändern, dann hat er drei Möglichkeiten:

- Klick auf den Link »Schritt zurück«
- Klick auf den Link »Ihre Angaben« oder »Lieferung/Zahlung«
- Klick auf die Zurück-Schaltfläche des Browsers

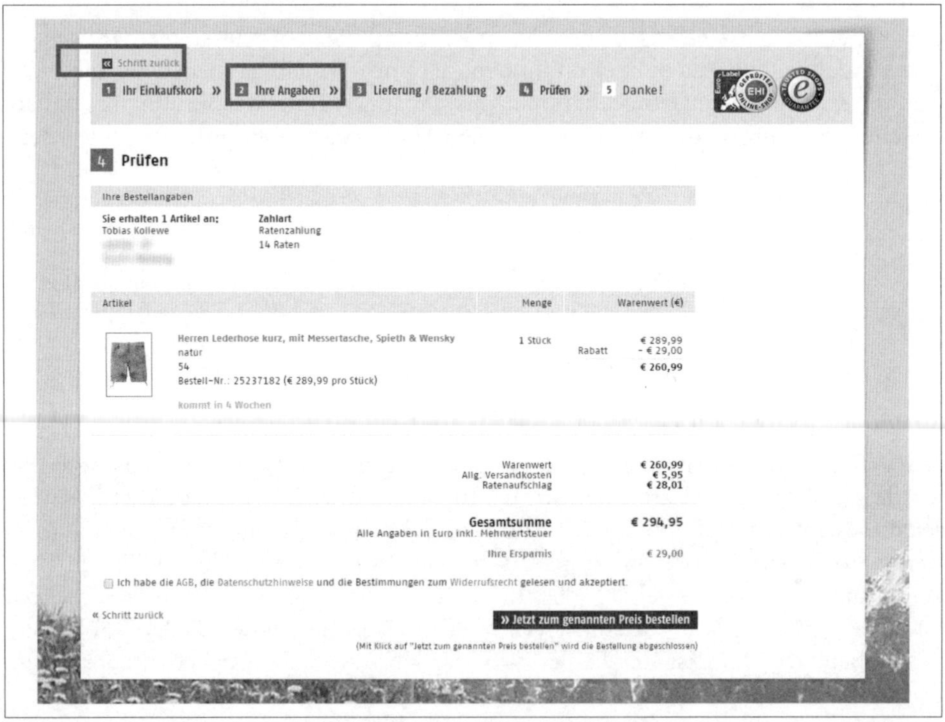

Abbildung 8-3: Wenn der Kunde seine Angaben ändern möchte, kann er auf verschiedenen Wegen zu den vorherigen Masken wechseln.

In unserem realen Beispiel soll die Lieferanschrift angepasst werden. Rechnungs- und Lieferanschrift unterscheiden sich, und der Kunde hat die Eingabemaske zur separaten Lieferanschrift übersehen.

Er hat nun aus der Maske »4 Prüfen« auf den Link »2 Ihre Angaben« geklickt und landete auf der Seite »3 Lieferung/Zahlung«. Das muss grundsätzlich nicht verkehrt sein, jedoch fehlt an dieser Stelle die Möglichkeit, die Adressangaben zu ändern (siehe Abbildung 8-4).

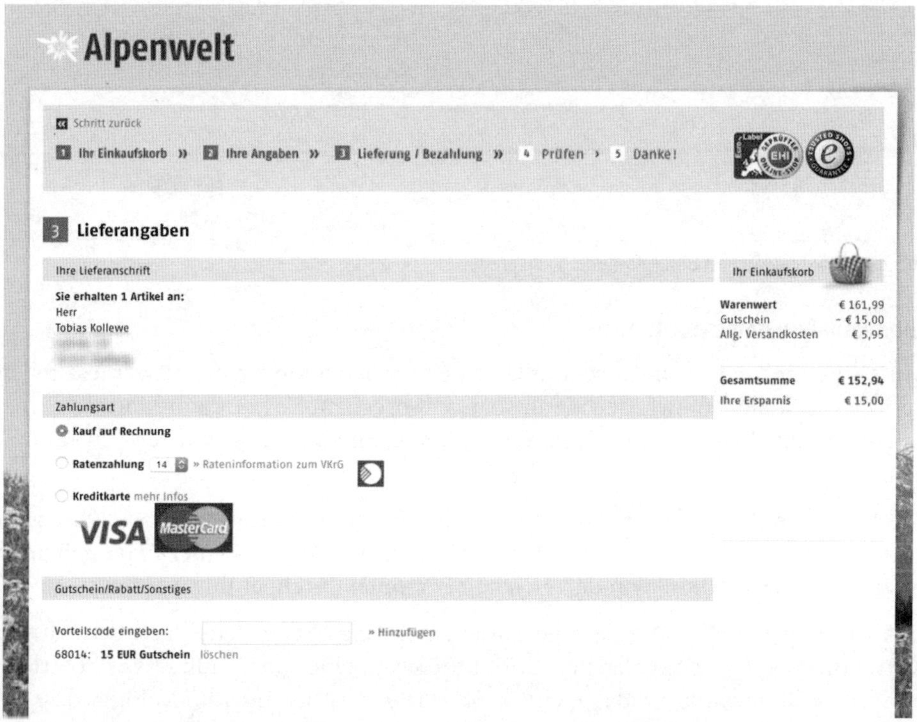

Abbildung 8-4: Fehlerhafte Klickwege können nur durch ausführliche Tests gefunden werden.

Wenn man nun an dieser Stelle auf »2 Ihre Angaben« klickt, landet man trotz Reload der Seite auf der gleichen Maske – wieder ohne Änderungsmöglichkeit. Alternativ klickt man auf den Text »Schritt zurück«. Statt auf der erwarteten Seite 2 des Checkouts landet man jedoch wieder im Warenkorb, also auf der Einstiegsseite in den Kaufprozess (Abbildung 8-5).

Von hier aus haben wir den Checkout-Prozess nochmal komplett unter die Lupe genommen. Es war tatsächlich nicht möglich, die Adressdaten zu ändern. Auch nicht über die Zurück-Schaltfläche des Browsers – dem natürlichen Feind jedes Kaufprozesses. Otto Normalkunde wird das natürlich nicht machen. Spätestens beim zweiten vergeblichen Klick wird er den Kaufprozess frustriert abbrechen und sich einen anderen Shop suchen.

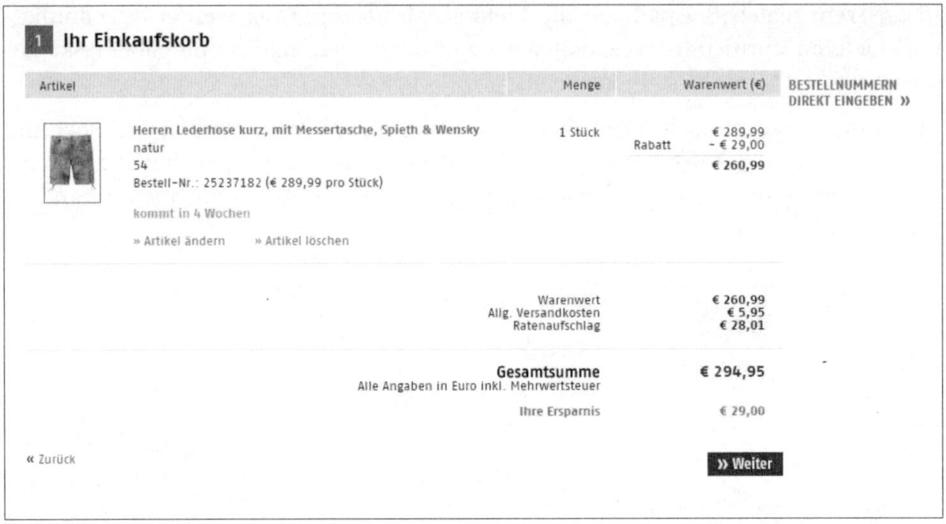

Abbildung 8-5: Zurück auf der Einstiegsseite des Kaufprozesses

Funnelanalyse und externe Tests

Mittels Funnelanalyse im Checkout lässt sich für den Shopbetreiber zwar feststellen, an welcher Stelle Kunden den Kaufprozess abbrechen. Er hat damit aber nur einen Anhaltspunkt. Er kennt die Ausstiegsseite, aber nicht den Grund für den Kaufabbruch.

Die Problematik: Wenn Fehler schon bei der Programmierung und bei Tests nicht auffallen, dann fallen sie in der Regel auch nicht im Rahmen einer tiefer gehenden Analyse auf, wenn diese von den gleichen Personen durchgeführt werden.

Das ist vergleichbar mit einem geschriebenen Text. Spätestens nach dem dritten Korrekturlesen fällt dem gleichen Korrektor kein Fehler mehr auf; er wird betriebsblind. Bei Onlineshop ist das nicht anders. Daher ist es unbedingt nötig, dass der Kaufprozess von Externen auf Herz und Nieren geprüft wird. Und dazu gehört nicht nur der Wille zum Testen, sondern auch jede Menge Erfahrung und Testszenarien, die jede mögliche Verhaltensweise des späteren Benutzers auch abdecken.

Checkliste Checkout-Test

- ☐ Testen Sie alle möglichen Anwendungsfälle; egal wie sinnfrei Sie Ihnen erscheinen.
- ☐ Testen Sie alle Klickwege im Checkout, alle Optionen, alle Varianten.
- ☐ Brechen Sie insbesondere die Zahlungsvorgänge ab.
- ☐ Springen Sie vor, zurück, irgendwohin, zurück, vor und nochmal zurück.
- ☐ Wiederholen Sie die Tests, bis der Browser brennt!
- ☐ Lassen Sie nicht betriebsblinde Personen (Experten) testen.
- ☐ Testen Sie nach jeder (!) Änderung im Onlineshop. Alles.

Schattenshop als Testsystem

Auch beim bestehenden Shop sollten Sie nicht auf Tests verzichten. Im Laufe der Zeit wird es immer wieder kleine und größere Änderungen am Onlineshop geben, um neue Funktionen einzuspielen oder Sicherheitsupdates am Shopsystem zu installieren. Selbst kleinste Änderungen können, wenn der Programmierer nicht aufpasst, zu einem unbemerkten Ausfall des ganzen Shops führen.

Es hat sich daher bewährt, einen zweiten Onlineshop, der nur über eine nicht öffentliche Adresse und kennwortgeschützt im Internet aufzurufen ist, als Testsystem einzurichten. In diesem Schattenshop sind alle Artikel und Einstellungen exakt gleich wie im produktiven Shop eingestellt. Sollen nun Änderungen am Shop vorgenommen werden, werden sie zuerst im Schattenshop eingespielt und dort ausgiebig getestet. Erst wenn diese Tests erfolgreich verlaufen sind, werden sie in das Produktivsystem übertragen und – natürlich – hier auch nochmals ausführlich überprüft.

Der Aufwand für die Nutzung eines Schatten-Shops ist nicht zu unterschätzen. Allein die Tests müssen ja je einmal auf beiden Systemen vorgenommen werden. Letztlich ist der Aufwand aber gerechtfertigt, da ein nicht sofort entdeckter Ausfall wesentlicher Funktionen im produktiven Onlineshop deutlich schwerer wiegt.

TEIL II

Rund um den Kaufprozess

Der eigentliche Kaufprozess ist das Herzstück des Onlineshops. Durch Werbung in Online- und Offlinemedien locken Sie den potenziellen Kunden in Ihren Onlineshop. Nun liegt es an der richtigen Aufbereitung der Informationen, an der Preisgestaltung, an der Produktdarstellung und nicht zuletzt am gesamten Checkout-Prozess – vom Warenkorb über Adressangaben, Auswahl der Zahlungsarten und der letzten Bestätigungsseite –, ob der Interessent zum Kunden wird.

Vergleichen Sie es mit dem Kauferlebnis im Einzelhandel: Der Kunde betritt das Geschäft, sucht und findet das gewünschte Produkt (oder eine Alternative), geht zur Kasse, bezahlt und verlässt das Ladenlokal.

Bei jedem Schritt, sowohl im Einzelhandel als auch im Onlineshop, hat der Interessent die Möglichkeit, das Produkt wieder ins Regal zu legen bzw. die Webseite zu verlassen und sich gegen den Kauf zu entscheiden.

Im Vergleich zum Einzelhandel ist die Kaufabbruchquote im E-Commerce deutlich höher. Nur 3 % der Besucher von Onlineshops kaufen im Schnitt auch dort. Die restlichen 97 % werden abgelenkt, sind mit der Darstellung, den gelieferten Informationen oder den angebotenen Versand- und Zahlungsoptionen nicht zufrieden und machen sich trotz der vorhandenen Kaufbereitschaft auf die Suche nach einem Alternativanbieter, der meist nur wenige Klicks entfernt ist.

Die Aufgabe des Shopbetreibers besteht darin, möglichst viele Interessenten innerhalb kürzester Zeit durch den Checkout-Prozess zu lotsen und zu Käufern zu machen.

Teil II widmet sich daher dem Shopdesign, der Produktdarstellung und dem Checkout-Prozess.

In diesem Kapitel:

- Desktop, Tablet und Mobile
- Klare Strukturierung
- Basis-Shoplayout
- Navigation
- Startseite
- Kategorieseite

KAPITEL 9

Shopdesign und -struktur

Dem Design des Shops kommt eine entscheidende Rolle beim Erfolg Ihres E-Commerce-Projekts zu. Der Onlineshop soll nicht nur schön aussehen – wobei die subjektive Schönheit von Onlineshops natürlich im Auge des Betrachters liegt –, er muss vor allem funktionell sein und dem vom Käufer gelernten Verhalten entsprechen, z. B. durch die Positionierung von Logo, Warenkorb und Buybox.

Das Design Ihres Onlineshops muss dem Shopbesucher die Orientierung ermöglichen, Vertrauen in Sie, Ihre Produkte und Ihre Verlässlichkeit als Verkäufer schaffen und den sprichwörtlichen ersten Eindruck vermitteln.

Die subjektive Schönheit des Webdesigns ist an dieser Stelle nicht gemeint. Ganz objektiv lässt sich messen, dass bestimmte Elemente, Anordnungen oder Farben die Conversion-Rate, also die Anzahl der abgeschlossenen Kaufvorgänge im Verhältnis zur Anzahl der Besucher im Onlineshop, deutlich beeinflussen können. Der allgemeine Leitspruch »form follows function« (erst die Funktionalität, dann das Design) ist gerade im E-Commerce mit Zahlen belegbar.

Zusammen mit Ihrer Agentur sollten Sie ein Layout entwickeln, das den allgemeinen Regeln der Shopgestaltung und der Usability folgt und vor allem einen professionellen Eindruck hinterlässt. Natürlich soll das Design auch Ihnen persönlich gefallen. Wichtiger als Ihr eigener Geschmack ist aber der Eindruck, den der Shop bei Ihren Shopbesuchern hinterlässt, denn aus den Besuchern sollen Käufer und aus Käufern sollen Stammkunden werden.

Auch das Design von Onlineshops unterliegt Moden und Trends. Große Bilder erhielten beispielsweise erst mit schnelleren Internetanschlüssen und größerer Bandbreite im mobilen Bereich Einzug. Noch vor wenigen Jahren waren kleine Bildgrößen (hinsichtlich Abmessungen, Detailreichtum und Dateigröße) oberstes Credo, weil der Benutzer nicht zu lange auf den Aufbau der Internetseite warten wollte und sollte. Heute sind große Bilder mit höchster Zoomstufe en vogue. Wie in Stein gemeißelt war die Aufteilung Produktbild – Produktinformationen – Buybox.

Bis einige große Onlineshops die Konversionsrate und die Lupe nahmen und fortan das Produktbild in den sprichwörtlichen Mittelpunkt der Produktdetailseite rückten. Wie lange diese Trends Bestand haben, ist nicht absehbar. Aber es schadet nicht, immer mal wieder einen Blick auf die Branchenriesen zu werfen.

Desktop, Tablet und Mobile

In diesem Kapitel widmen wir uns dem gesamten Kaufprozess im Onlineshop. Unsere Beispiele beziehen sich alle auf die Desktop- und Tabletversion. Die mobile Version, also für die Ansicht auf Smartphones, nehmen wir explizit aus. Diese folgt ganz anderen Regeln von Technik, Design und Usability. Diese Regeln bewegen sich bedingt durch den geringen Platz auf iPhone & Co. in so engen Grenzen, dass Sie hier meist sowieso keine Anpassungsmöglichkeiten haben. Die Umsetzung der Inhalte des Onlineshops vom Desktop auf kleinen Smartphone-Bildschirm übernimmt die Shopsoftware.

Abbildung 9-1: Produktdetailseite auf *www.click-licht.de* in der Smartphoneversion

Abbildung 9-1 und Abbildung 9-2 zeigen die gleiche Produktdetailseite aus dem Onlineshop *www.click-licht.de*, einmal in der Desktopversion, einmal auf dem Smartphone. Die Informationen werden bedingt durch den engen Viewport nicht mehr nebeneinander, sondern untereinander angeordnet. Die Navigation wird hinter dem sogenannten Sandwich (die drei waagerechten Striche rechts oben) konsolidiert, einzelne Informationen, wie z. B. die weiteren Produktempfehlungen verschwinden ganz. Die Anordnung der einzelnen Elemente wird durch die Programmierung der Shopsoftware, in diesem Fall JTL-Shop 4, vorgegeben.

Tipp Viewport bezeichnet den Sichtbereich, der auf unterschiedlichen Endgeräten, Bildschirmen und Auflösungen zur Verfügung steht. Der Viewport ändert sich gerade bei mobilen Geräten, abhängig von der Geräteklasse und auch der Geräteausrichtung (Porträt- oder Landscapeansicht).

Abbildung 9-2: Produktdetailseite auf *www.click-licht.de* in der Desktopversion

Endgeräte im Onlinemarketing

Es ist nicht ungewöhnlich, dass Kunden im Rahmen eines Einkaufs den Onlineshop auf verschiedenen Endgeräten betrachten. Funktionen wie »HandOff« von Apple sind dabei eine technisch unterstützte Variante. So können Webseiten, die Sie auf dem iPhone öffnen, nahtlos auch auf dem iPad oder Mac geöffnet werden, ohne, dass Sie die Adresse im Browser neu eingeben müssen. Diese technische Umsetzung ist dabei nur die logische Schlussfolgerung aus einem sich stetig ändernden Nutzerverhalten.

In der Anfang 2016 erschienenen Studie »Newslettermarketing für Onlineshops« (*www.kollewe.com/newslettermarketing-fuer-onlineshops-studie*, ISBN 978-3-98172 6909) haben wir herausgefunden, dass je nach Zielgruppe bis zu 50 % aller verschickten Newsletter und Transaktionsmails zuerst auf dem Smartphone geöffnet und gelesen werden. Eine signifikante Gruppe wechselt zwar für nähere Informationen dann zum Tablet oder Desktop-PC. Nicht zu unterschätzen ist aber die Anzahl derer, die direkt aus dem Newsletter heraus zum Onlineshop wechseln und dort dann unter Umständen auch einkaufen.

Unbestritten wächst der Umsatzanteil auf den kleinen Bildschirmen kontinuierlich an. Für neue Onlineshops sollte eine für Smartphones optimierte Darstellung daher Pflicht sein. Aber es gibt natürlich auch eine Reihe von bestehenden Onlineshops, die bisher über kein responsives Template verfügen.

Mobile Commerce – lohnt sich die Investition?

Nochmal: Für neue Onlineshops stellt sich die Frage überhaupt nicht. Neu entwickelte Onlineshops sollten auf jeden Fall über eine mobile Version verfügen, die sich automatisch optimal an das Endgerät anpasst. Was ist aber mit den Onlineshops, die bereits bestehen? Lohnt sich die Investition in ein mobiles Template?

Um diese Frage beantworten zu können, müsste man zunächst die jeweiligen Statistiken auseinandernehmen, die den Studien und Artikeln, die mobile Commerce und responsives Design für Onlineshops als »must have« deklarieren. Sicherlich steigen die Umsätze im mobilen Segment rasant, wenn man die Zahlen des kompletten Onlinemarkts zugrunde legt. Aber sind die Zahlen immer noch genauso beeindruckend, wenn man allein die Umsätze aus den Bereichen MP3, Apps, E-Books und Co. herausrechnet?

Desktop, Tablet, Smartphone

Die Frage nach der Geräteklasse müsste in den Umfragen und Statistiken öfter und deutlicher herausgestellt werden. Wie hoch ist der Umsatzanteil auf Smartphones, insbesondere wenn man dort den Umsatz digitaler Güter (siehe oben) und den Umsatz, der über native Apps (also nicht über den eigentlichen Onlineshop) generiert wird, herausrechnet? Beide Fragen bleiben oft unbeantwortet. Genauso wie die Frage, was so ein responsives Design für Onlineshops eigentlich kostet.

Eine kurze Stichprobe zeigt, dass die deutschen Top-Ten-Onlineshops natürlich über Shopversionen verfügen, die auch auf iPhone & Konsorten optimal laufen. Außerhalb der Spitzengruppe sieht es aber schon löchriger aus; viele Shops in der zweiten und dritten Reihe zeigen den großen Shop auch auf dem kleinsten Display an. Und bei Shops, die im Bereich 0,5–10 Millionen Euro Jahresumsatz liegen, ist responsives Design immer noch die absolute Ausnahme.

Responsives Design ist kompliziert

Soweit responsives Design nachgerüstet werden soll und nicht mit der Shopsoftware von Haus aus mitgeliefert wird, ist es nicht ganz so trivial umzusetzen. Die Gründe hierfür liegen auf der Hand: Komplexe E-Commerce-Systeme auf Desktop-PCs umzusetzen, ist technisch gesehen relativ einfach. Selbst auf den breitesten Displays werden Shops oft zentriert in der gleichen Breite angezeigt. Diese (maximale) Breite entspricht dabei oft der Displaybreite, die auch bei Tablets in der horizontalen Ansicht genutzt wird. Und mit wenig bis hin zu einem überschaubaren Aufwand kann das gleiche Designraster des Shops auch für die Hochkantdarstellung auf der iPad-Geräteklasse genutzt werden. Rücksicht nehmen müssen Designer und Entwickler dann oft »nur« noch hinsichtlich der Bedienung, die sich bei Desktop und Tablet unterscheiden. So funktionierten auf dem einen Gerät beispielsweise keine Wischgesten, auf dem anderen dagegen kein OnMouseOver (z. B. beim Ausklappen von Menüs).

Die Umsetzung des Shops für Smartphones ist dagegen ungleich komplizierter. Die Darstellung des ganzen Shops muss in ein 1-Spalten-Layout umgewandelt werden. Bildgrößen müssen (auch wegen der Ladezeit im 3G-Netz) angepasst werden. Das Verhältnis von Schrift zu Bildern muss sich ändern, genauso wie die Größe von Navigationselementen (Stichwort: dicke Finger). Auf den Produktdetailseiten funktioniert der Zoomeffekt bei Bildern nicht, und die Anordnung der Buybox muss grundlegend geändert werden, ebenso die komplette Darstellung der Frontpage des Onlineshops. Die Anzeigenreihenfolge muss gerade hier auf ein sequenzielles Raster umgestellt werden, da der Shopbesucher nicht mehr alles »above the fold« auf einmal erfassen kann.

Damit nicht genug: Der komplette (komplexe) Checkout-Prozess von der Anmeldung über die Auswahl der Rechnungs- und Lieferadresse, die Angabe der Zahlungsart bis hin zur rechtlich korrekten Darstellung der AGB und Widerrufsbelehrung, muss an Smartphones angepasst werden. Und das letztlich sogar an jedes auf dem Markt verfügbare Gerät.

Was kostet ein responsiver Onlineshop?

Und weil das alles so kompliziert ist, tun sich auch die Anbieter von Shopsoftware schwer, laufende M-Commerce-Systeme auf den Markt zu bringen. Das betrifft sowohl die gängigen Open-Source-Systeme, wie OXID, Magento und Shopware, als auch die Software-as-a-Service-Anbieter, wie z. B. SUPR. Zwar gibt es gerade im Open-Source-Bereich zahlreiche Plug-in-Anbieter, die Funktionen für responsives Design und entsprechende Templates vorhalten. Die Kosten für die rein funktionelle Umsetzung können je nach Plug-in bei 500 Euro beginnen. Damit liegen sie sogar noch im erträglichen Rahmen. Darin enthalten ist aber nicht die designerische Individualisierung oder gar die Übertragung eines bestehenden Shoplayouts.

Und schon gar nicht enthalten ist die Umsetzung individueller Anpassungen, die bereits am bestehenden Shopsystem vorgenommen worden sind. Beispiel Checkout-

Prozess: Haben Sie in Ihrem Shop Anpassungen vorgenommen, die vom Standardtemplate des Shopsystems abweichen? Vielleicht sehen diese Anpassungen im responsiven System nun seltsam aus. Vielleicht machen sie den Einkauf auf dem Smartphone aber auch einfach unmöglich, weil diese (nachträglich gemachte) Änderung so weit vom ursprünglichen System abweicht, dass das responsive Template damit überhaupt nicht umgehen kann.

Zu den Kosten für den Kauf des Moduls kommen also noch Anpassungskosten für Technik und Design. Eine Faustregel besagt, dass die Entwicklungskosten für eine fehlerfreie (!) Umsetzung eines bestehenden Open-Source-Shopsystems genauso hoch liegen wie die Kosten für die Entwicklung des Shops selbst. Damit nicht genug. Bei zukünftigen Shopupdates, der Entwicklung neuer Funktionen und auch bei der Produktpflege muss zukünftig immer an zwei Shopversionen gedacht werden.

Das sollten Shopbetreiber vorab bedenken

Und damit stellt sich gerade bei Onlineshops der kleineren und mittleren Umsatzklasse die Frage, ob bzw. ab wann sich die nachträgliche Investition in ein responsives Shopsystem tatsächlich lohnt. Shopbetreiber, die mit dem Gedanken spielen, ihren Shop fit für Smartphones zu machen, sollten sich die folgenden Fragen stellen:

- Steht der finanzielle, organisatorische und personelle Aufwand für M-Commerce in einem sinnvollen Verhältnis zum Mehrumsatz?
- Lässt sich allein mit dem responsiven Shop so viel Mehrumsatz erzielen, dass sich die Investition innerhalb von ein oder zwei Jahren amortisiert?
- Fallen nach der Umsetzung der Technik und des Design auch bei der Weiterentwicklung des Shops Kosten an? Wie hoch sind diese?
- Wie hoch ist eigentlich der Anteil der Besucher mit mobilen Endgeräten und würden diese auch via Smartphone in meinem Shop kaufen?
- Eignen sich meine Produkte überhaupt dazu, mobil gekauft zu werden?

Allein die letzte Frage ist ein wesentlicher Aspekt. Nicht jedes Produkt wird tatsächlich online gekauft. Je teurer oder je beratungsintensiver ein Produkt ist, desto eher wird es am Desktop-PC gekauft. Kaum vorstellbar, dass hochpreisige Uhren via iPhone Absatz finden. Hundefutter oder Unterhosen schon viel eher. Nicht für jeden Shop ist eine mobile Version tatsächlich wichtig. Auskunft darüber geben statistische Auswertungen. Dank Google Analytics kann man sehr schnell herausfinden, wie viel Prozent der Kunden den eigenen Onlineshop mittels iPhone & Co. besuchen.

Eine aktuelle Studie zeigt gut das Missverhältnis zwischen reiner Information und Kaufvorgang auf dem Smartphone. Zusammengefasst: Zwei Drittel der Zeit informieren sich die Kunden auf dem Smartphone, geben dort aber nur knapp zehn Prozent ihres Gelds aus. Der größte Teil wird auf dem Desktop-PC geshoppt. Rückschluss: Nicht jeder Artikel ist Smartphone-Shop-geeignet!

Die Säue »responsive Onlineshops« und »M-Commerce« werden noch lange durch die Dörfer getrieben werden. Shopbetreiber sollten sich trotz vieler Empfehlungen, wie sie zuletzt z. B. auch im Shopbetreiberblog ausgesprochen wurden, jedoch eher kritisch mit der Materie auseinandersetzen. Denn letztlich verdient zunächst einmal der Programmierer und Designer des Shops an der Umsetzung. Ob der Onlineshop mittels responsiven Layouts dann auch irgendwann (wirklich) mehr verdient, müsste sich beweisen. Ein kritischer (externer) Blick auf Zahlen und Marktchancen sollte in jedem Fall an erster Stelle stehen.

Klare Strukturierung

Zur Disziplin der Informationsarchitektur gehören der Aufbau des Onlineshops und die Struktur und Anordnung der Navigationselemente. Wir unterscheiden hierbei zwischen dem Kopfbereich (Header), dem Produktdarstellungsbereich (Body) und dem Fußbereich (Footer). Inhaltlich sind die drei Bereiche gefüllt mit der Hauptnavigation und (mindestens) einer Metanavigation sowie allen verfügbaren Produktinformationen (Abbildung 9-3).

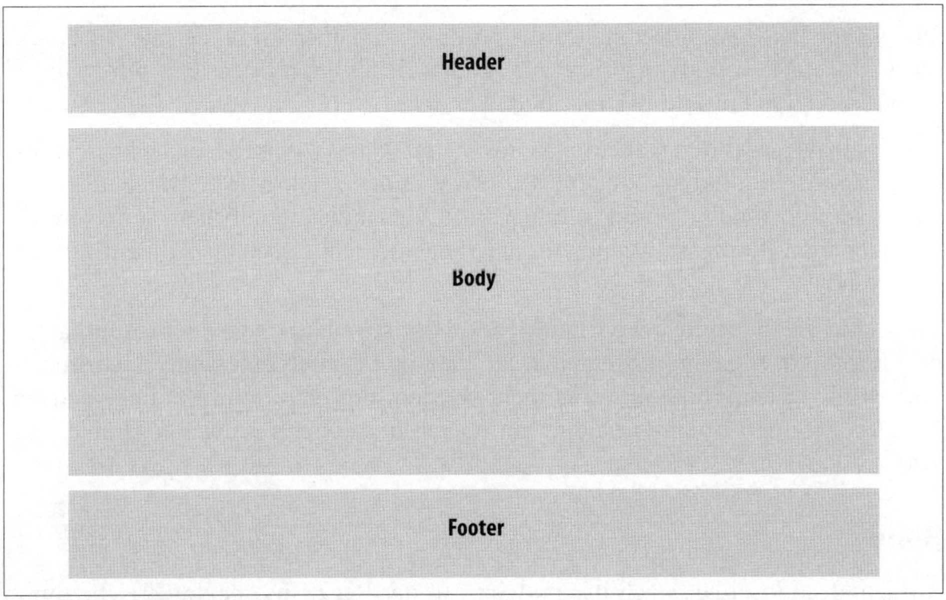

Abbildung 9-3: Header, Body, Footer

Header

Der Header des Onlineshops (Abbildung 9-4) beinhaltet die Hauptnavigation, die Metanavigation, Metainformationen aus dem Servicebereich (schnelle Lieferung, Qualitätssiegel, Versandkostenfreiheit), Logo, Warenkorb, eine direkte Kontaktmöglichkeit und die Suchfunktion.

Abbildung 9-4: Header-Bereich www.mvg-ahk.de

Gerade die deutlich erkennbare Angabe einer Telefonnummer kann hilfreich sein und als Trust-Element den Verkaufsprozess unterstützen. Mehr dazu finden Sie im Abschnitt »Telefonische Bestellannahme« auf Seite 234.

Während des Checkout-Prozesses, also ab dem nächsten Schritt nach der Warenkorbansicht, werden wesentliche Teile des Headers und Footers ausgeblendet, um den Käufer nicht vom eigentlichen Kaufvorgang abzulenken. Weitere Informationen hierzu finden Sie im hinteren Bereich dieses Kapitels.

Navigation und Metanavigation

Die (Haupt-)Navigation beinhaltet alle produktbezogenen Links. Es kann sich dabei um Links auf Produktkategorien, auf Produktdetailseiten oder auch um Links zu weiterführenden Produktinformationen handeln.

Als Metanavigation bezeichnet man eine weitere Navigationsebene, die keine direkten Links zu Produkten, sondern zu Informationen aus dem Servicebereich des Onlineshops beinhaltet. Links führen z. B. zu Versandkostentabellen, zum Newsletter oder zum Impressum und zu den allgemeinen Geschäftsbedingungen des Onlineshops.

Meist sind die Elemente der Metanavigation optisch deutlich von der Hauptnavigation (Produktnavigation) abgegrenzt. Sie kann z. B. durch eine andere Schriftfarbe und -größe in den Hintergrund gerückt werden, um nicht vom Kauf abzulenken. Metanavigationen befinden sich oft am oberen und unteren Ende der Onlineshopseite.

Body

An den Header schließt sich der Body an. In der Regel sind beide Bereiche durch eine farblich deutlich abgesetzte Navigation voneinander getrennt. Der Body umfasst den kompletten Bereich der Produktdarstellung und den eigentlichen Kaufvorgang.

Footer

Der Footer wird mit weiteren Elementen der Metanavigation für den Kundenservice, für Social-Media-Elemente und auch für die Suchmaschinenoptimierung genutzt. Meist anders als in der Hauptnavigation benannte Links führen dabei zu den gleichen Zielen im Produktkatalog. Der Footer ist, wie auch der Header (manchmal farblich, siehe Abbildung 9-5) deutlich vom Bereich der Produktdarstellung abgesetzt.

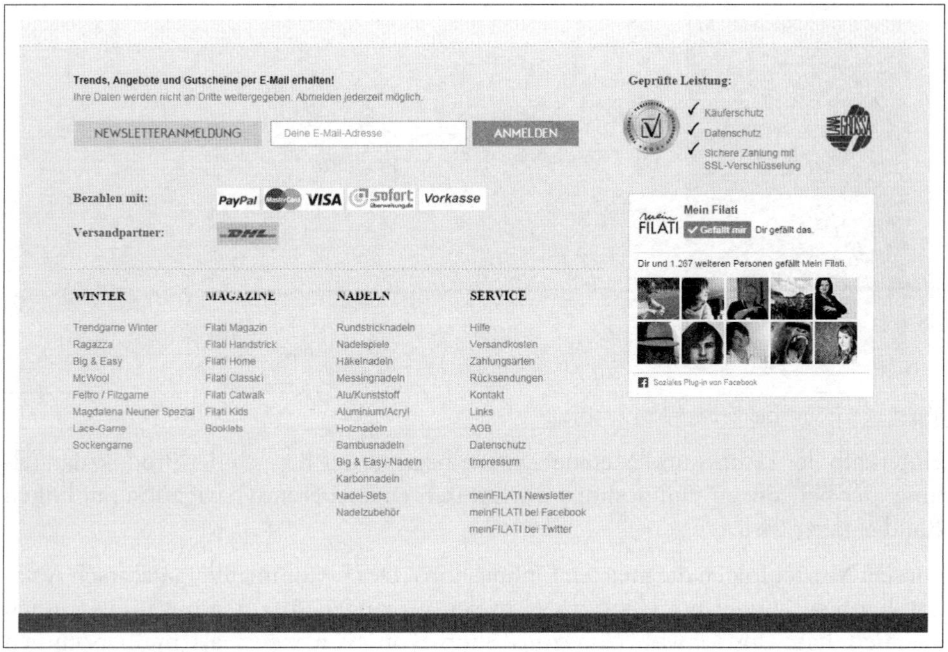

Abbildung 9-5: Footer www.meinfilati.de

Basis-Shoplayout

Kunden haben im Laufe der Jahre gelernt, wie Onlineshops zu bedienen und wo (voraussichtlich) alle wichtigen Elemente auf der Internetseite zu finden sind. Shopbesucher bewegen sich und klicken in Onlineshops ebenso intuitiv, wie Sie beim Autofahren das Kupplungspedal treten, um zu schalten.

Alle wesentlichen Elemente befinden sich – wenn man den erlernten Bewegungsmustern der Käufer folgt – immer am gleichen Platz (Abbildung 9-6). Links oben oder mittig befindet sich das Shoplogo, ein Klick hierauf führt zur Startseite zurück. Rechts oben befinden sich die Darstellung und der Link zum Warenkorb in den unterschiedlichsten Formen, z. B. in Form einer Einkaufswagengrafik oder als Abbildung eines Pakets mit Logoaufdruck.

Die Produktdarstellung ist durch die Hauptnavigation vom Kopfbereich (Header) des Onlineshops abgetrennt. In der Regel klappen bei Mausberührung die Menüs der Navigation nach unten auf, entweder auf die Breite des Navigationspunkts beschränkt oder als Mega-Drop-down über die gesamte Shopbreite.

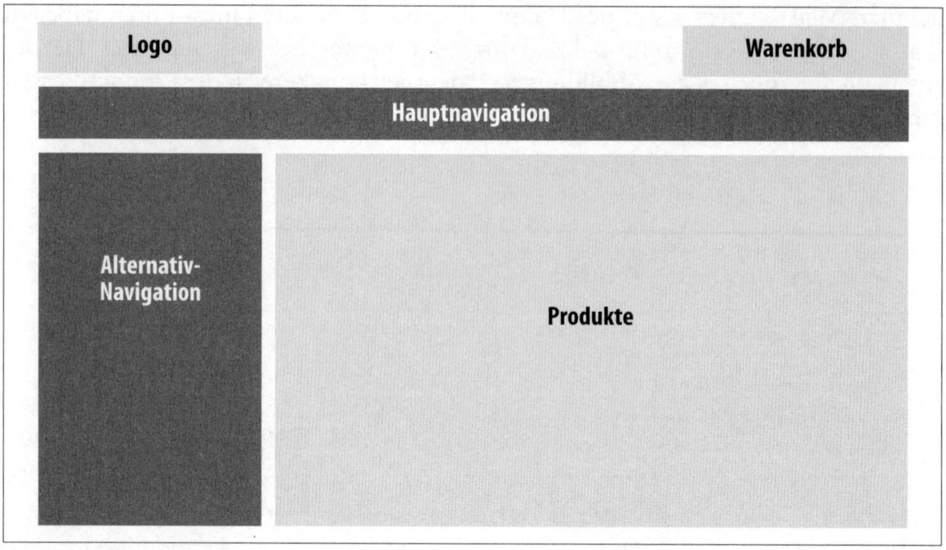

Abbildung 9-6: Schematische Darstellung Shoplayout

Unterhalb der Haupt- und Metanavigation beginnt der Bereich der Produktdarstellung, der bei einigen Onlineshops noch durch eine Alternativnavigation am linken Rand ergänzt wird.

Diesem Muster folgen die meisten Onlineshops. Der E-Commerce-Platzhirsch Amazon hat hier Standards gesetzt, die er in den vergangenen Jahren nur unwesentlich geändert hat. Und obwohl Amazons Shoplayout von vielen als unübersichtlich empfunden wird, bewegen sich Käufer im Shop intuitiv (Abbildung 9-7).

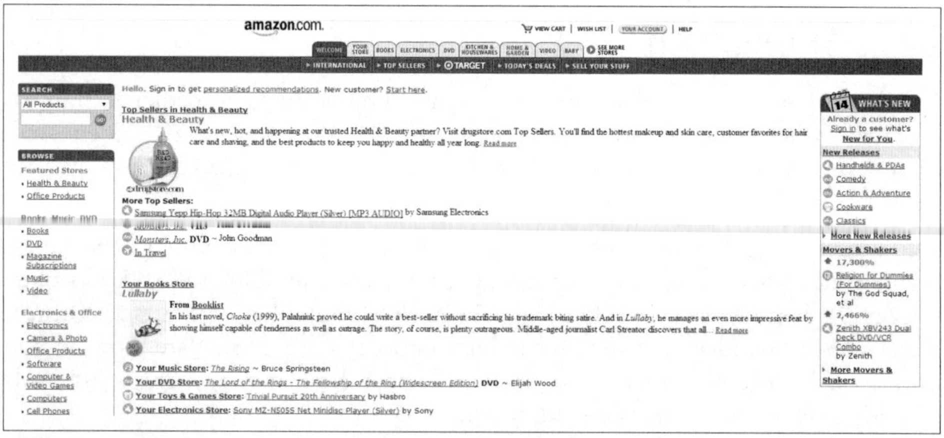

Abbildung 9-7: Screenshot Amazon.com von 2002, Quelle: waybackmachine.org

Individualität im Design lässt sich so zwar nur bedingt erzeugen, aber zur Erinnerung: Erstes Ziel des Onlineshops sollte der Umsatz sein. Werfen Sie kein funktionierendes Bedienkonzept über Bord, nur damit sich Ihr Onlineshop vom Wettbewerber deutlicher (grafisch) unterscheidet!

Wenn Sie sich aus den folgenden Screenshots der Startseiten unterschiedlicher Onlineshops jeweils das Logo und die Bilder wegdenken, lässt sich dieses Prinzip sehr einfach nachvollziehen. Etablierte Onlineshops folgen immer dieser Grobstruktur. Die folgenden Beispielshops lassen sich mitunter nur am jeweiligen Shoplogo unterscheiden und wären funktionell untereinander nahezu beliebig austauschbar (Abbildung 9-8 bis Abbildung 9-11).

Abbildung 9-8: Screenshot www.soliver.de

Abbildung 9-9: Screenshot www.esprit.de

Abbildung 9-10: Screenshot www.misterspex.de

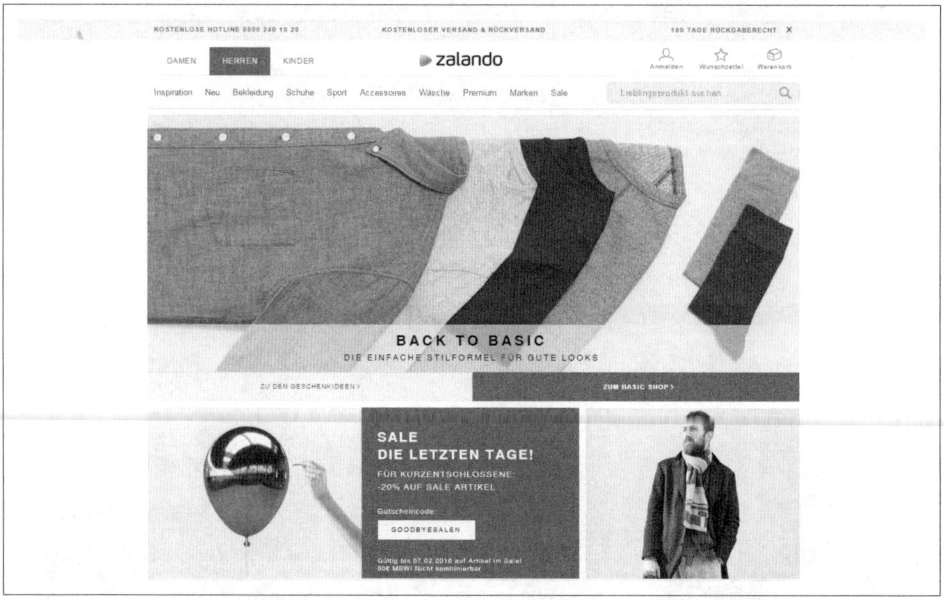

Abbildung 9-11: Screenshot www.zalando.de

Weicht man von diesem Prinzip ab, kann dies leicht dazu führen, dass Kunden sich nicht mehr auf Anhieb im Onlineshop zurechtfinden. Abbildung 9-12 zeigt einen Screenshot von *www.storq.com*. Allein durch die fehlenden Informationen zu kaufbaren Produkten und das Warenkorbelement wird die Webseite nicht als Onlineshop wahrgenommen.

Dadurch, dass die einzelnen Elemente wie das Produktfoto auf der Startseite und der weiße Hintergrund nahtlos ineinander übergehen, ist eine klare Trennung zwischen Produktinformation, Navigation und den wesentlichen Elementen der Metanavigation, soweit überhaupt vorhanden, nicht mehr möglich. Das dunkle Produktfoto, das das Produkt wenn überhaupt nur erahnen lässt, trägt zusätzlich dazu bei, dass der Shopbesucher nicht intuitiv klicken kann.

Abbildung 9-12: Screenshot www.storq.com

Navigation

Die Navigation im Onlineshop bietet dem Shopbesucher die erste Möglichkeit, sich in Ihrem Onlineshop zu orientieren und sich einen Überblick über Ihr Produktsortiment zu verschaffen.

Je breiter Ihr Produktsortiment gefächert ist, desto größer wird die Herausforderung, die Inhalte für den Kunden aufzubereiten. Natürlich können Sie die Produktsuche technisch und vom Design her in die Shopnavigation integrieren, um sie dem Kunden als Hilfestellung bei der Suche nach Produkten an die Hand zu geben. Genauso wichtig wie die Suchfunktion ist aber die inhaltlich korrekte Wiedergabe Ihrer Produktpalette in der Navigation.

Versuchen Sie auf jeden Fall, sich in die Lage und Sichtweise Ihrer Kunden zu versetzen. Die Gefahr besteht, dass Sie die Navigation in Ihrem Onlineshop, z. B. entsprechend der Aufreihung in Ihrem Lager, nachbilden oder zu sehr aus dem Blickwinkel des Produktmanagers agieren. Wie würde Ihr Kunde suchen?

Anstatt einer strikt linearen Aneinanderreihung von Warengruppen empfehlen wir mehrdimensionale Navigationen, die sich am jeweiligen Nutzungszweck oder an den speziellen Anforderungen des Kunden orientieren. Bauen Sie Ihre Navigation nicht einfach wie ein Regal auf, sondern bieten Sie dem Kunden die Möglichkeit, auch nach Anwendungszweck, Zielgruppe oder Größe zu navigieren.

Beispiel Herrenmode

Nehmen wir an, Sie betreiben einen Onlineshop für Herrenmode und haben aktuell ausschließlich Hosen im Angebot.

Natürlich ist es naheliegend, die Navigation einfach anhand der Warengruppen aufzubauen. Alle Hosen werden dabei unabhängig davon, welcher Unterkategorie eine Hose zuzuordnen ist, in die Kategorie »Hosen« einsortiert.

- HOSEN

Soweit Ihr Sortiment nur wenige Hosen umfasst, werden Sie keine Probleme mit der Übersichtlichkeit in der Navigation bekommen.

Sobald Sie Ihr Hosensortiment aber ausweiten, müssen Sie unter Umständen Unterkategorien einfügen und diese über die Navigationselemente abbilden.

- HOSEN
  - Anzughosen
  - Jeans
  - Baumwoll- & Stoffhosen
  - Cargohosen
  - Chinohosen
  - Cordhosen
  - Komforthosen
  - Lederhosen
  - Leinenhosen
  - Trachtenhosen
  - Kurze Hosen/Shorts
  - Badehosen
  - Trekkinghosen

Je nach Sichtweise des Kunden können die Kategorien dabei mehr oder minder umfangreich ausfallen. Sie werden einzelne Artikel aus unserem Beispiel wahrscheinlich auch mehreren Kategorien zuordnen wollen, da es ja beispielsweise auch Shorts gibt, die als Badehosen genutzt werden, Lederhosen durchaus den Trachtenhosen zuzuordnen sind und die Stoffhosen auch die Anzughosen umfassen können.

Da die Navigation so aufbereitet werden muss, dass sich die Shopbesucher möglichst schnell und problemlos zurechtfinden, wäre zu überlegen, ob die Kategorisierung nicht nach der Warengruppe, sondern beispielsweise nach dem Anwendungszweck erfolgt. Hierbei gehen wir ebenso davon aus, dass einzelne Artikel mehreren Kategorien zugeordnet sind. Anstatt den Kunden auf die Suche über die Warengruppe zu schicken, holen wir ihn bei seinem Anwendungszweck ab. Die bisherige Navigation wird dabei einer weiteren Navigationsebene untergeordnet.

- LEGERE OUTFITS
  - Jeans
  - Chinohosen
  - Cordhosen
  - Komforthosen
  - BUSINESS
  - Anzughosen
- FREIZEIT
  - Jeans
  - Cargohosen
  - Trachtenhosen
  - Lederhosen
  - Shorts
  - Badehosen
- OUTDOOR
  - Cargohosen
  - Trekkinghosen

Zusätzlich zur Kategorisierung nach Gebrauch können Sie die Navigation beispielsweis um eine Kategorisierung nach Größen ergänzen. In diese Kategorie fügen Sie alle Artikel ein, die Sie in Übergrößenvarianten führen. Zur besseren Orientierung können Sie hier natürlich auch weitere Unterkategorien nutzen:

- LEGERE OUTFITS
  - Jeans
  - Chinohosen
  - Cordhosen
  - Komforthosen
  - BUSINESS
  - Anzughosen
- FREIZEIT
  - Jeans
  - Cargohosen
  - Trachtenhosen
  - Lederhosen
  - Shorts
  - Badehosen
- OUTDOOR
  - Cargohosen
  - Trekkinghosen
- GROSSE GRÖSSEN
  - Freizeithosen
  - Anzughosen
  - Jeans
- KLEINE GRÖSSEN
  - Freizeithosen
  - Anzughosen
  - Jeans

Mit der Zeit werden Sie gegebenenfalls Ihr Produktsortiment erweitern und neben den Hosen auch Schuhe, Hemden und Accessoires anbieten. Die Erweiterung Ihrer Navigation ist problemlos möglich. Sie können die einzelnen Produkte ebenfalls in eine oder mehrere Kategorien, je nach Anwendungszweck, einsortieren. Die Navigation könnte in unserem Beispiel dann so aussehen:

- LEGERE OUTFITS
  - Hosen
    - Jeans
    - Chinohosen
    - Cordhosen
    - Komforthosen
  - Hemden
  - Pullover
  - Schuhe
    - Sneaker
    - Slipper
    - Schnürschuhe

- BUSINESS
  - Anzughosen
  - Anzughemden
  - Businessschuhe
- FREIZEIT
  - Hosen
    - Jeans
    - Cargohosen
    - Trachten- und Lederhosen
    - Shorts
    - Badehosen
  - Hemden
  - Shirts
    - T-Shirts
    - Poloshirts
  - Pullover
  - Schuhe
    - Sneaker
    - Slipper
    - Schnürschuhe
- OUTDOOR
  - Outdoorhosen
    - Cargohosen
    - Trekkinghosen
  - Outdoorjacken
    - Fleecejacken
    - Regenjacken
  - Schuhe
    - Trekkingschuhe
    - Wanderschuhe
    - Bergstiefel
    - Wasserdichte Schuhe
- GROSSE GRÖSSEN
  - Freizeithosen
  - Anzughosen
  - Jeans
- KLEINE GRÖSSEN
  - Freizeithosen
  - Anzughosen
  - Jeans

Mit dem wachsenden Sortiment wird die Navigation immer umfangreicher. Ihre Aufgabe als Shopbetreiber besteht darin, die Navigation so aufzubauen, dass der Kunde sich zurechtfindet und sich in Ihrem Shop sofort orientieren kann. Versuchen Sie, sich an dem Bedarf Ihres Kunden zu orientieren. Lassen Sie sich dabei von Ihrer Konkurrenz inspirieren und schauen Sie sich die guten Konzepte ab!

Beispiel Anhängerkupplungen

Im Shop für Anhängerkupplungen und Heckfahrradträger (*www.mvg-ahk.de*) wurde die Navigation klassisch anhand des Produktsortiments aufgebaut (Abbildung 9-13).

Über den Hauptnavigationspunkt »Anhängerkupplung« wird zunächst der Fahrzeughersteller ausgewählt. Auf der folgenden Kategorieseite können dann das Modell und nachfolgend das Baujahr des eigenen Fahrzeugs ausgewählt werden. Als Ergebnis wird die passende Anhängerkupplung zum ausgewählten Fahrzeug angezeigt.

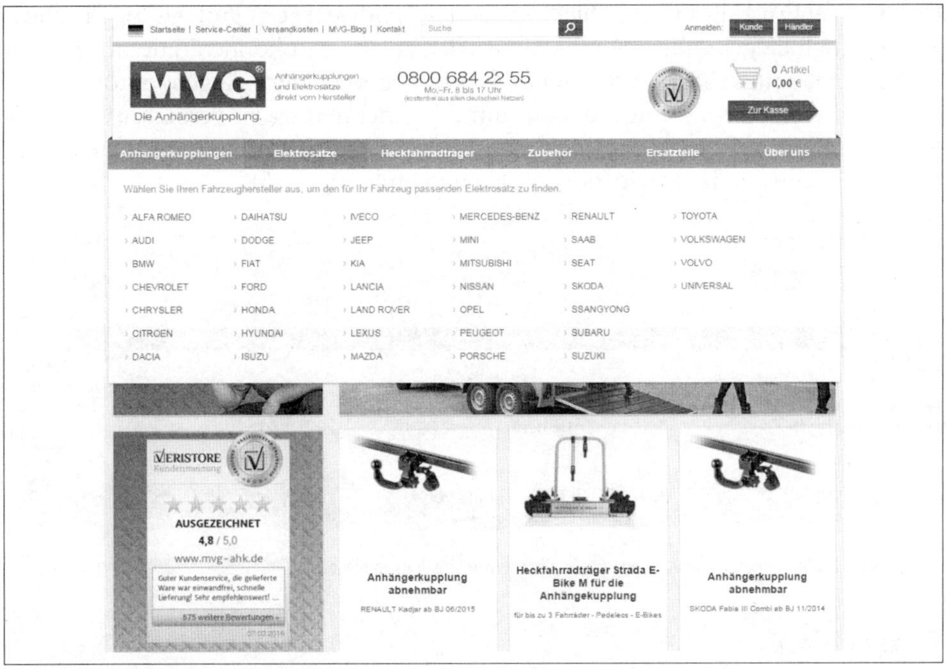

Abbildung 9-13: Navigation mit klassischem Klickweg, www.mvg-ahk.de (Februar 2016)

Neben der klassischen Navigation wurde auf allen wichtigen Seiten des Onlineshops auch der »Fahrzeug-Finder« integriert (Abbildung 9-14). Benutzer können hier in drei Pull-down-Menüs oder alternativ über die Registerkarte »HSN/TSN« mittels der Herstellernummern aus dem Fahrzeugschein ihr Auto auswählen. Im Gegensatz zur klassischen Navigation werden nach der Auswahl jedoch nicht nur die Anhängerkupplungen, sondern auch passende Elektrosätze oder Produktsets angezeigt.

Die zwei unterschiedlichen Navigationswege sind auf Basis der Nutzeranforderungen entwickelt worden und werden nahezu gleich oft genutzt.

Abbildung 9-14: Alternative Navigation, www.mvg-ahk.de

Das Beispiel Ernsting's Family (*www.ernstings-family.de*) zeigt gut, wie Sie die Navigation durch eingebundene Grafiken visuell unterstützen können. Hierbei werden je nach Hauptkategorie Vorschaubilder, Kategoriebilder, Angebotsstörer oder bekannte Markenlogos eingebunden, um die Orientierung zu verbessern. Werfen Sie einen Blick auf die Webseite von Ernsting's Family, um die unterschiedlichen Kategoriemenüs in der Navigation zu sehen (Abbildung 9-15).

Abbildung 9-15: Navigation mit eingebundenen Grafiken, www.ernstings-family.de

Startseite

Startseiten von Onlineshops sollten grundsätzlich immer den bekannten Regeln des Shopaufbaus folgen. Von der schematischen Aufteilung (siehe oben) sollten Sie dabei nicht abweichen.

Welche Elemente Sie auf der Startseite Ihres Onlineshops nutzen, hängt, wie auch schon beim Aufbau der Navigation, stark von Ihrem Produktsortiment ab. In jedem Fall muss die Startseite dem wiederkehrenden Kunden und auch dem Erstbesucher die Orientierung über Ihr Produktsortiment ermöglichen. Gerade wegen der Fülle an Informationen, die Sie auf der Startseite unterbringen können (nicht müssen!), sollten Sie die Übersichtlichkeit im Auge behalten Zu viel Information kann den Besucher genauso vom Kauf abhalten wie zu wenig.

Neben Produktfotos und den Elementen, die einen Onlineshop wie einen Onlineshop aussehen lassen, widmen wir uns im folgenden Abschnitt auch den Produktboxen, die Sie auf verschiedenen Seiten des Shops nutzen können – natürlich auch auf der Startseite.

Überlegen Sie zusammen mit Ihrer Agentur, welche Informationen auf der Startseite wichtig sind und wie die Elemente übersichtlich aufbereitet werden können.

Wohin der Kunde schaut

Forschung mittels Eyetracking zeigt die Elemente eines Onlineshops, die sich der Shopbesucher am Bildschirm zuerst oder besonders intensiv ansieht. Je roter (wärmer) ein Punkt auf dem Screenshot eingefärbt ist, desto länger und intensiver wird der Bereich vom Shopbesucher betrachtet. Diese Karten werden Heatmaps oder Aufmerksamkeitskarten genannt.

Die Erstellung von Heatmaps ist sehr aufwendig und teuer, da hierfür sowohl das richtige Equipment als auch entsprechende Probanden zur Verfügung stehen müssen. Alternativ können Heatmaps auf der Basis von Algorithmen berechnet werden. Die Heatmap aus dem folgenden Beispiel wurden von *www.scoreweb.de* erstellt.

Abbildungen 9-16 bis 9-18 zeigen gut, dass die Bereiche rund um Shoplogo, Warenkorb und Siegel sowie der Produktbereich mit den vorhandenen Störern deutlich intensiver beobachtet und damit viel besser wahrgenommen werden als die anderen Bereiche.

Die elementaren Regeln des Shopaufbaus sollten daher immer beachtet werden, nur in Ausnahmefällen sollte davon abgewichen werden.

Zwar folgen die Designelemente in Onlineshops grundsätzlich immer den gleichen Regeln, es ist aber wichtig, die einzelnen Elemente des Onlineshops schon während der Entwicklung und nach wichtigen Designänderungen regelmäßig zu überprüfen. Dienste, die die Maps auf Basis von Algorithmen erreichen, sind dabei eine praktikable Alternative zu den teuren manuell erstellten Varianten.

Abbildung 9-16: Ausgangs-Screenshot www.mokaconsorten.com

Abbildung 9-17: Heatmap www.mokaconsorten.com

Abbildung 9-18: Opacity Map www.mokaconsorten.com

Fotos auf der Startseite, Teaser

Fotos spielen nicht nur auf der Produktdetailseite, auf die wir später in diesem Kapitel detailliert eingehen, eine wesentliche Rolle. Gute Fotos auf der Startseite können dem Shopbesucher auf den ersten Blick zeigen, ob er in diesem Onlineshop das von ihm gewünschte Produkt findet.

Wichtig ist dabei, unbedingt professionelle Fotos zu nutzen. Fotos, die Sie mit Ihrem Smartphone oder der Digitalkamera machen, reichen – zumindest ohne professionelle Nachbearbeitung – in der Regel nicht aus. Wenn Sie schlecht ausgeleuchtete oder unscharfe Fotos verwenden, suggerieren Sie dem potenziellen Käufer einen falschen Eindruck. Unbewusst zieht er Rückschlüsse auf Ihre Servicequalität oder die Qualität Ihrer Produkte.

Die Abbildungen 9-19 und 9-20 zeigen Onlineshops, die das gleiche Produkt verkaufen. Allein schon die Fotos auf der Startseite, aber auch die Farbwelt und die grundsätzliche Shopaufteilung vermitteln dem Käufer einen gänzlich unterschiedlichen Eindruck hinsichtlich Professionalität und Service.

Im zweiten Beispiel (*www.meinfilati.de*) werden die großen Startseitenbilder, die sogenannten Teaser, durchgewechselt. Nach einem vorgegebenen Rhythmus wird jeweils ein neues Bild angezeigt, das auf einen anderen Artikel, eine andere Kategorie oder auf ein spezielles Sonderangebot hinweist.

Abbildung 9-19: Screenshot www.angelasmasche.de

Abbildung 9-20: Screenshot www.meinfilati.de

Durch die rollierenden Teaserbilder wird für Abwechslung gesorgt. Zusätzlich kann man den Shopbesucher bei seinem Einstieg über die Startseite unmittelbar auf neue Produkte und Aktionen im Shop hinweisen.

Produktbox

Neben der Startseite werden Sie Produktboxen auch auf vielen anderen Seiten Ihres Onlineshops einsetzen.

Die Boxen (Abbildung 9-21) enthalten dabei die wesentlichen Informationen, durch die sich der Besucher einen kurzen Überblick über ein Produkt verschaffen kann. Die Boxen werden häufig auf den folgenden Seitentypen als wiederkehrendes Element eingesetzt:

- Startseite
- Kategorieseite
- Produktdetailseite
- Suchergebnisseite

Auf der Startseite bietet es sich z. B. an, auf Produkte hinzuweisen, die neu in den Onlineshop eingepflegt wurden oder die Sie zu einem vergünstigten Preis anbieten.

Bei den verschiedenen Einsatzzwecken sollten Sie bedenken, welche Informationen für den Besucher tatsächlich wichtig sein können. Je weniger Klicks der Kunde machen muss, desto geringer ist die Wahrscheinlichkeit, dass er seinen Kauf abbricht. Wenn Sie also beispielsweise die Produktverfügbarkeit auf der Produktdetailseite verstecken und der Kunde mehrfach hin und her klicken muss, um ein Produkt zu finden, das in seiner gewünschten Variante (Größe oder Farbe) lieferbar ist, wird er unter Umständen frustriert zum Mitbewerber surfen.

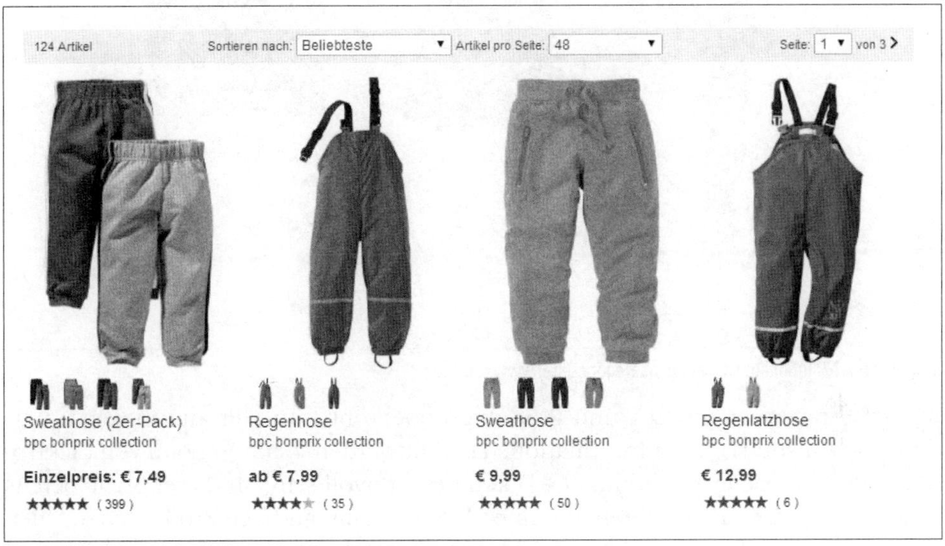

Abbildung 9-21: Produktboxen auf Kategorieseite, www.bonprix.de

Produktboxen können z. B. die folgenden Elemente enthalten:

- Produktbild
- Produktname
- Preisinformation
- Verfügbarkeitsanzeige
- Produktbewertungen
- Produktvarianten
- Banderole zur Kennzeichnung von Angeboten oder neuen Artikeln

Das Beispiel aus der Abbildung 9-22 von *www.esprit.de* zeigt, wie man wichtige Informationen mit einer Detailansicht schon in den Produktboxen verknüpfen kann.

Fährt der Benutzer mit der Maus über eine Produktabbildung (in diesem Beispiel der Blazer in der Mitte) wird das danebenliegende Produkt mit einer vergrößerten Detailansicht und den verfügbaren Größen überlagert. Unterhalb der Produktabbildung findet der Kunde Informationen über die Produktzusammensetzung, den Preis und die verfügbaren Farben. Schon vor einem Klick auf die Produktdetailseite kann sich der Interessent ein umfassendes Bild über die relevanten Informationen machen.

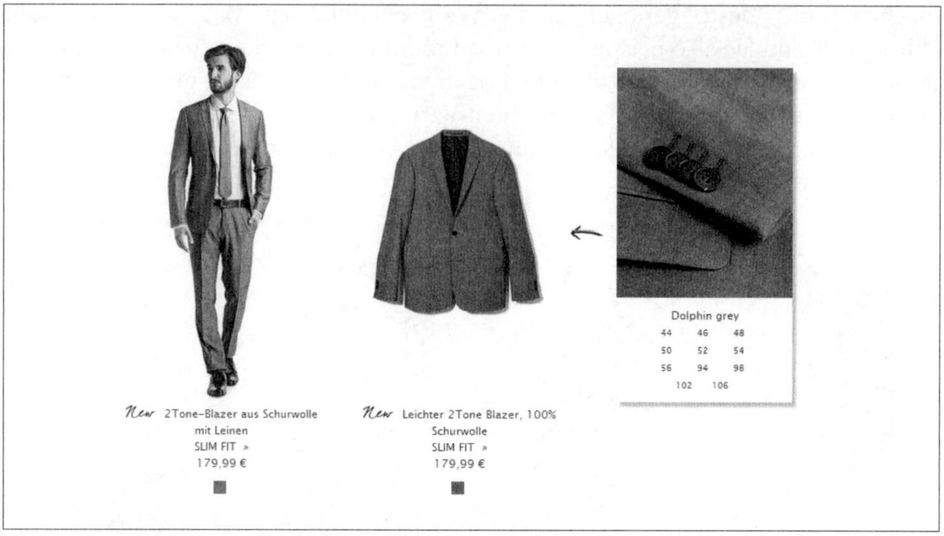

Abbildung 9-22: Produktboxen auf der Kategorieseite, www.esprit.de

Je nach Anwendungszweck und Produktgruppe können die Produktboxen unterschiedlich ausführlich mit Informationen befüllt werden. Beim Verkauf von Elektronikprodukten (siehe Abbildung 9-23) kann es sinnvoll sein, an dieser Stelle bereits technische Details aufzuführen, die einen Vergleich mit anderen Produkten der gleichen Kategorie oder aus dem Suchergebnis vereinfachen.

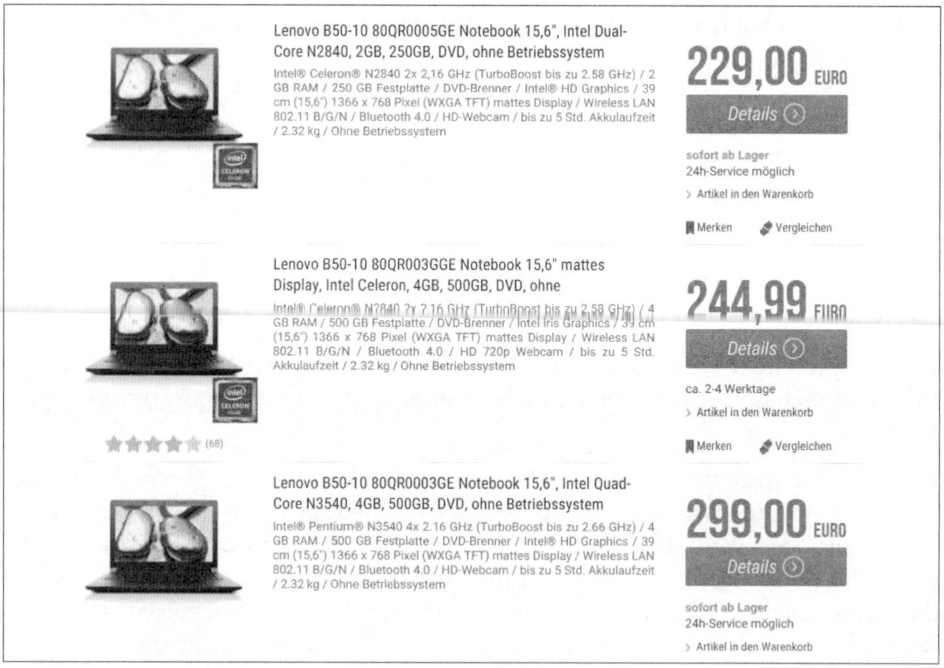

Abbildung 9-23: Produktboxen www.notebooksbilliger.de (Mai 2014)

Tipp Überlegen Sie, welche Informationen für Sie wichtig wären, wenn Sie als Kunde Ihr eigenes Produkt suchen würden. Nehmen Sie die relevanten Informationen, die für den Shopbesucher wichtig sind und die eine Vergleichbarkeit der einzelnen Produkte möglich machen, in die Produktboxen mit auf.

Ein Onlineshop muss wie ein Onlineshop aussehen

Schnelle Klickgewohnheiten beim Surfen, kurze Aufmerksamkeitsspannen und die vielfältige Konkurrenz verlangen es von Onlineshops, schon auf den ersten Blick den richtigen Eindruck zu hinterlassen. Der durchschnittliche Onlineshopkunde verlässt eine Internetseite schnell wieder, wenn er nicht das findet (oder unterbewusst wahrnimmt), was er sucht.

Ihr Onlineshop muss sich daher unmittelbar als Onlineshop zu erkennen geben. Hierzu gehören unter anderem

- Preisangaben (Zahlen)
- Symbol für den Warenkorb
- Produktfotos

Gerade diese drei Elemente lassen den Besucher sofort wissen, dass er sich über die angebotenen Produkte hier nicht nur informieren, sondern sie auch kaufen kann.

Abbildung 9-24 zeigt die Startseite eines Onlineshops für Anhängerkupplungen und Heckfahrradträger aus dem Jahr 2011. Die wesentlichen Elemente, die dazu beitragen, dass die Seite auch als Shop wahrgenommen wird, wurden weggelassen. Zudem ist auf den ersten Blick für den Laien nicht erkennbar, dass es sich bei dem Produkt um eine Anhängerkupplung handelt, da sie nicht in seinem »natürlichen Lebensraum«, also montiert an einem Auto, gezeigt wird.

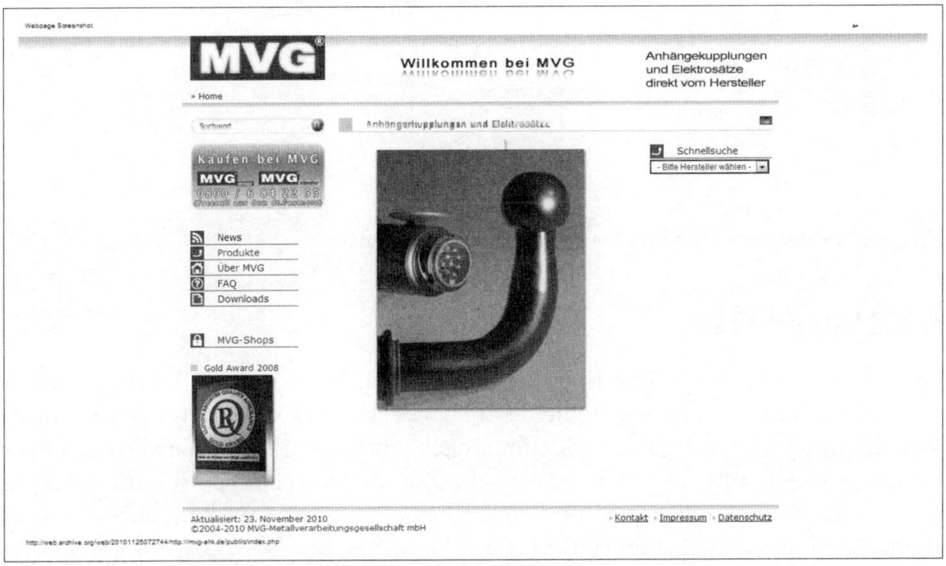

Abbildung 9-24: Startseite ohne Erkennungsmerkmale eines Onlineshops

Durch die grundlegende Erneuerung des Shoplayouts konnte die Absprungquote schon auf der ersten Seite des Shops dramatisch gesenkt werden (Abbildung 9-25). Im Rahmen des Redesigns wurden neben den oben genannten Elementen auch das inzwischen weitverbreitete und bekannte Qualitätssiegel Trusted Shops in den Header sowie das Trusted-Shops-Bewertungswidget im Contentbereich eingebunden. Dies unterstreicht zusätzlich den Charakter der Seite als Onlineshop. Weitere Informationen zu Trusted Shops finden Sie im Abschnitt »Trusted Shops« auf Seite 573.

Abbildung 9-25: Startseite www.mvg-ahk.de nach dem Redesign (Februar 2016)

Kategorieseite

Die Kategorieseite des Onlineshops bietet einen Überblick über alle Produkte, die in der ausgewählten Kategorie enthalten sind. Dabei kann es sich um Kategorien nach Warengruppen (Hosen, Jacken, Schuhe), nach Unterkategorien (Jeanshosen, kurze Hosen, Anzughosen) oder um thematische Zusammenstellungen (Outdoorbekleidung) handeln. Die Kategorien und Unterkategorien legen Sie über die Navigation (siehe Abschnitt »Navigation« auf Seite 137) fest.

Wie der gesamte Shop oder die Produktdetailseite muss auch eine Kategorieseite unmittelbar einen Überblick über die angebotenen Produkte ermöglichen. Visuell lässt sich das durch ein thematisch passendes Header-Bild, ähnlich dem Teaser auf der Startseite, und eine Kategorieüberschrift realisieren. Das folgende Beispiel zeigt die Kategorieseite für Elektrogrills (*www.weber-shop.com*). Abbildung 9-26 zeigt als Header-Grafik einen Elektrogrill, die deutliche Überschrift »Elektrogrill« weist den Besucher eindeutig auf den Inhalt der Seite hin. Zusätzlich nutzt der Shopbetreiber den Platz unterhalb der Überschrift mit einer Werbebotschaft für die Kategorie der Grills (hier: »Auch echte Profis schmecken keinen Unterschied«).

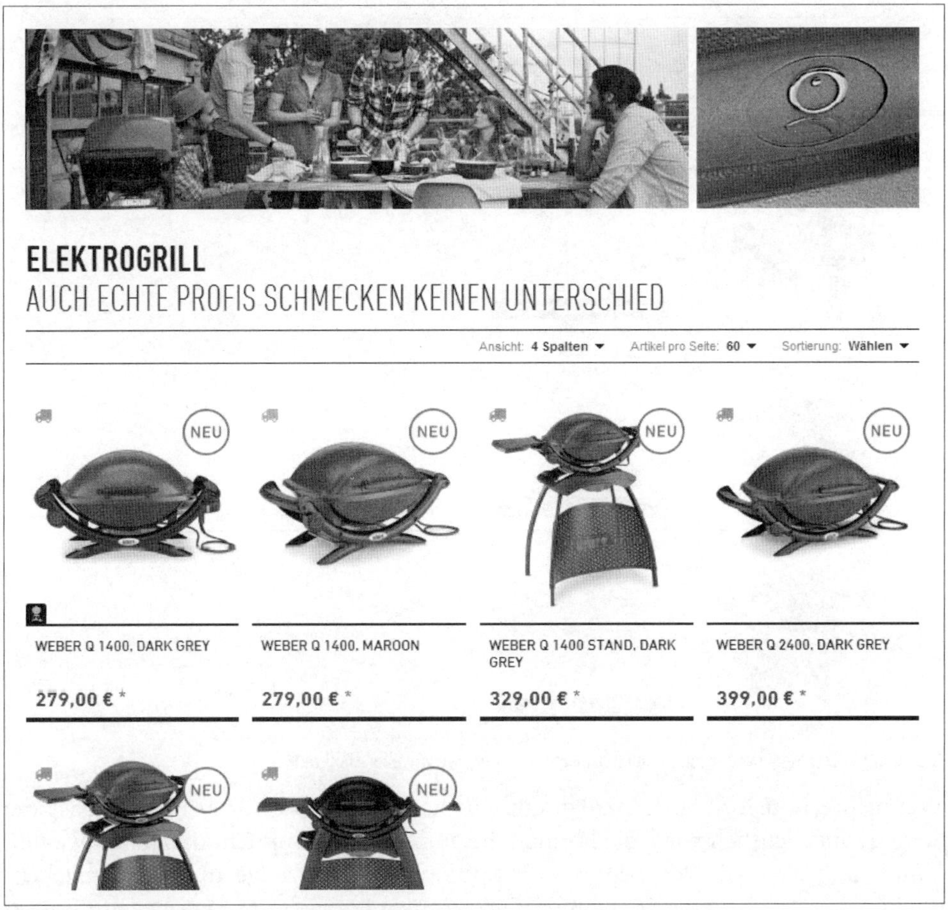

Abbildung 9-26: Kategorieseite, www.weber-shop.com

Unterhalb des Header-Bilds beginnt die Auflistung der einzelnen Produkte. Die Auflistung kann dabei in Listenform (ein Produkt pro Zeile) oder in Form einer Matrix (mehrere Produkte pro Zeile) erfolgen. In vielen Shopsystemen hat der Benutzer die Möglichkeit, zwischen den beiden Formen zu wechseln. Die Listenform kann dabei deutlich mehr Informationen enthalten als die Matrixansicht, die ihrerseits einen besseren Überblick über den gesamten Inhalt der Kategorie bietet. Abbildung 9-27 zeigt die Produktboxen in Listenform. Neben den Abbildungen hätte man weitere technische Informationen oder Produktbeschreibungen hinzufügen können, die dem Benutzer den Vergleich der einzelnen Produkte erleichtert.

Die Anzeige der Produkte erfolgt dabei über die im gleichnamigen Abschnitt »Produktbox« auf Seite 146 beschriebenen Produktboxen. In dem Elektrogrill-Beispiel enthalten die Produktboxen neben Abbildung und Produktbezeichnung auch den Produktpreis, die Produktfarbe als Bestandteil der Bezeichnung, Informationen über die Lieferbarkeit, einen Hinweis auf die Aktualität der Produkte im Onlineshop (»Neu«) und einen Hinweis auf eine »exklusive« Produktlinie (als kleines Icon am ersten Produkt).

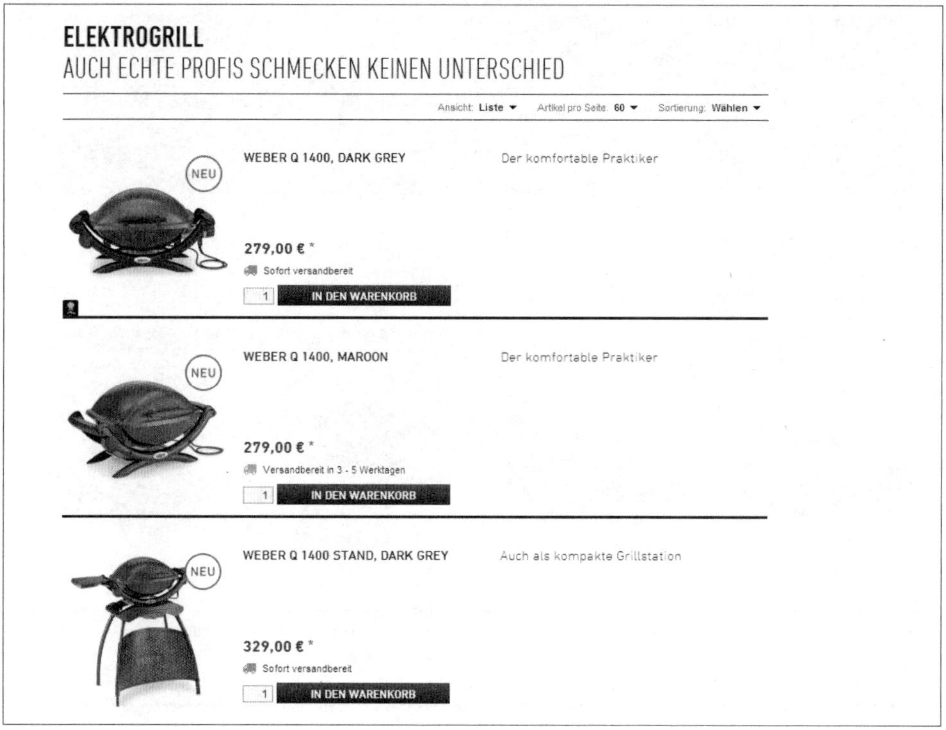

Abbildung 9-27. Kategorieseite mit Produktboxen in Listenform, www.weber-shop.com

Wenn Ihre Kategorie viele Artikel enthält, kann dies leicht dazu führen, dass die Seite unübersichtlich wird. Sie können die einzelnen Produkte nun z. B. auf weitere Unterkategorien aufteilen oder dem Shopbesucher Werkzeuge an die Hand geben, die ihm die Orientierung erleichtern. Dies können entweder Funktionen zur Sortierung oder zur Filterung der angezeigten Artikel sein.

Sortierung

Die Sortierung der Produkte auf einer Kategorieseite kann nach den unterschiedlichsten Kriterien erfolgen, die Sie vom jeweiligen Produkt abhängig machen sollten. Sortierkriterien können sein:

- Produktname (alphabetische Sortierung)
- Produkttypennummer (z. B. BMW 520, 525, 535)
- Produktpreis
- Produktgröße (z. B. Größe von Bilderrahmen)
- Leistungsfähigkeit (z. B. kWh bei Staubsaugern)
- Beliebtheit der Produkte
- Produktbewertungen
- Relevanz

Die Beliebtheit der Produkte kann natürlich der tatsächlichen Beliebtheit entsprechen, etwa gemessen an der Anzahl der Aufrufe der Produktdetailseite oder den Verkaufszahlen, oder sie wird vom Shopbetreiber vorgegeben. So können Sie Produkte, die Sie in den Fokus der Shopbesucher rücken wollen, gezielt an den Anfang der sortierten Auflistung stellen (Abbildung 9-28).

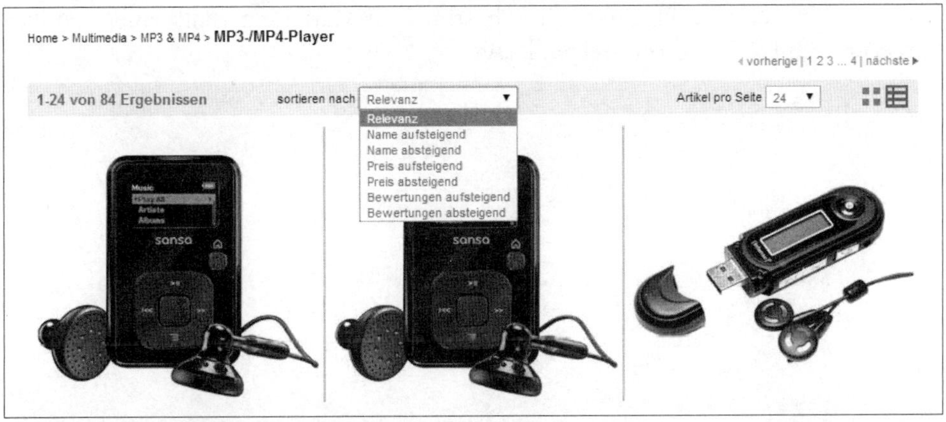

Abbildung 9-28: Produktsortierung, www.conrad.de

Tipp Versehen Sie ein Produkt, dessen Verkauf Sie fördern wollen, mit dem deutlichen Hinweis »beliebtes Produkt«. Ähnlich wie im Empfehlungsmarketing gilt auch hier der Anreiz »Wenn andere das Produkt so toll finden, dann kaufe ich das auch«.

Für alle Kategorieseiten empfiehlt es sich, eine Standardsortierreihenfolge festzulegen, die beim Aufruf der Kategorie berücksichtigt wird. So vermeiden Sie es, den Shopbesucher zu verwirren, wenn unterschiedliche Produktkategorien bei Aufruf der Seite nach unterschiedlichen Kriterien sortiert sind.

Filterung

Filter auf der Kategorieseite helfen dem Shopbesucher, sich besser zu orientieren und die Produktauswahl nach seinen eigenen Kriterien einzuschränken. Produkte, die den Filterkriterien nicht entsprechen, werden auf der Seite ausgeblendet.

Als Filterkriterien können dabei alle Produktattribute dienen, die den angezeigten Produkten im Shopsystem zugeordnet sind. Versetzen Sie sich auch hier wieder in die Lage Ihres Kunden: Nach welchen Kriterien erfolgt die Produktauswahl? Was unterscheidet Ihre Produkte voneinander?

Mögliche Kriterien für Filter auf Kategorieseiten können sein:

- Produktpreis (oder Preisspanne)
- Hersteller/Marke
- Produktfarbe
- Leistung (z. B. kWh)
- Größe (z. B. Bildschirmdiagonalen oder Kleidergrößen)
- Benutzerbewertungen (nach Sternen)
- Zubehör

Filterkriterien können vom Benutzer in der Regel auch miteinander kombiniert werden. Er kann sich z. B. Produkte einer bestimmten Marke innerhalb einer von ihm vorgegebenen Preisspanne anzeigen lassen.

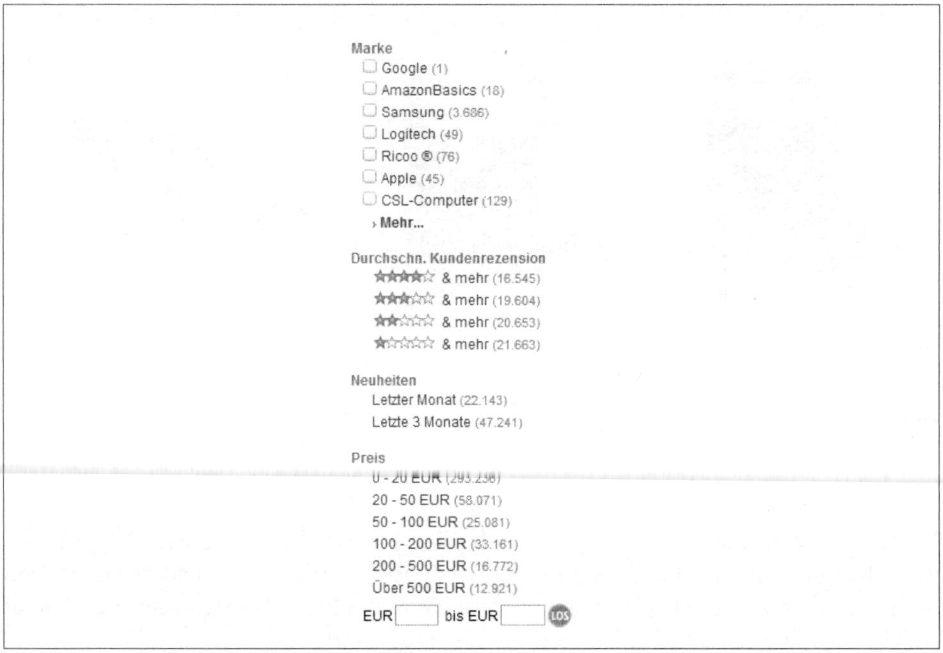

Abbildung 9-29: Filter für Produkte, www.amazon.de

Sie sollten bei der Nutzung von Filtern auf jeden Fall darauf achten, dass alle Produkte in Ihrem Onlineshop auch über entsprechende Attribute verfügen. Wenn Sie z. B. nach Farbe filtern, bei einigen Produkten aber keine Farbe hinterlegt ist, werden diese Produkte bei einer Filterung durch den Shopbesucher überhaupt nicht angezeigt. Gleiches gilt auch für Bewertungen: Produkte ohne Bewertungen durch

Benutzer würden durch das Filterraster fallen. Testen Sie daher unbedingt alle Filter durch und prüfen Sie, ob auch jedes Produkt entsprechend seinen Eigenschaften angezeigt wird.

Wichtig: Sehen Sie eine einfache Möglichkeit vor, einzelne oder alle Filterkriterien deaktivieren zu können.

Abbildung 9-29 zeigt eine Filterfunktion, die Amazon für Fernseher verwendet. Hinter den jeweiligen Attributen ist zusätzlich die Anzahl der Produkte angegeben, die diesem Filterkriterium entsprechen. Amazon verdeutlicht hiermit die Größe der Auswahl im eigenen Shop.

Blätterfunktion

Viele Shopsysteme bieten die Möglichkeit, für Auflistungen mit Produktboxen eine maximale Anzahl von Artikeln festzulegen, die auf einer Seite angezeigt werden. Enthält die Kategorie mehr Artikel als dort festgelegt, werden die Produkte auf einer oder mehreren weiteren Seiten angezeigt, durch die der Shopbenutzer blättern kann/muss.

Die Blätterfunktion ist ein Relikt aus vergangenen Jahren. Mit der heute verfügbaren Bandbreite (auch mobil) und den größeren Bildschirmen können eigentlich alle Produkte einer Kategorie auf einer einzelnen Seite angezeigt werden.

Auch die sich ändernden Nutzungsgewohnheiten, z. B. Wischgesten auf Tablets und Smartphones, machen aus einer Blätterfunktion eher ein Benutzungshindernis, weil die Icons für die Blätterfunktion oft so klein sind, dass sie auf einem Tablet überhaupt nicht benutzt werden können.

Wenn Sie aus Ihrer Sicht zu viele Artikel innerhalb einer Kategorie haben, sollten Sie eher über eine Änderung der Kategorisierung nachdenken als über eine Blätterfunktion.

Wenn Sie Bandbreite, also die Menge der beim Laden der Seite übertragenen Daten, einsparen möchten, würde sich als Alternative das sogenannte Infinite Scrolling anbieten. Hierbei werden beim Aufruf der Seite nur die Bilder und Daten geladen, die auf der aktuellen Bildschirmseite angezeigt werden. Scrollt oder wischt der Benutzer die Seite weiter nach oben, werden innerhalb kürzester Zeit die Produktdaten und Abbildungen für eine weitere Bildschirmseite geladen. Wie dies funktioniert, können Sie sich beispielsweise auf den Kategorieseiten von *www.jeans-shopping24.de* ansehen.

In diesem Kapitel:

- Produktfotos und -videos
- Produkttitel und -beschreibung
- Buybox
- Preisangabe
- Lieferbarkeit und Lieferfrist
- Lagerbestand
- Produktbewertungen mit Sternen
- Kundenmeinungen in Textform
- Fragen zum Produkt
- Chat mit dem Kundenservice
- Social Links
- Cross-Selling
- Produktvergleiche
- Herstellerlogo
- Test- und Gütesiegel
- Bester Preis
- Versandkosten und Zahlungsarten
- Benefits
- Produkte in den Warenkorb legen
- Produktsuche

KAPITEL 10

Produktpräsentation: Die Produktdetailseite

Der häufigste Einstiegspunkt in Onlineshops ist nicht zwangsläufig die Startseite. Viel häufiger werden gerade die Besucher, die nicht zur Stammkundschaft eines Onlineshops zu zählen sind, über Suchmaschinen, Produktempfehlungen auf anderen Webseiten oder auf sozialen Plattformen, Affiliatelinks oder Deeplinks von anderen Internetseiten direkt auf die Produktdetailseiten geführt.

Damit fallen der Produktdetailseite gleich zwei Aufgaben zu. Einerseits muss sie den Shopbesucher, egal auf welchem Weg er in den Shop gekommen ist, ausführlich über das Produkt informieren und ihn dazu bewegen, es in den Warenkorb zu legen und zu kaufen. Andererseits muss sie es dem Besucher ermöglichen, alle Metadaten zum Kauf auf einen Blick zu erfassen, sodass er diese Seite nicht mehr verlassen muss, um Informationen zu finden. Hierzu gehören z. B. die Informationen zu Versandkosten, Lieferzeiten und gebiete, Informationen zum Shopbetreiber und den möglichen Zahlungsarten. Je mehr Informationen der Interessent auf dieser Seite bekommen kann, desto weniger wird er vom Produkt und vom eigentlichen Kaufvorgang abgelenkt.

Die schematische Darstellung in Abbildung 10-1 zeigt den Aufbau einer typischen Produktdetailseite. Der Produktbereich teilt sich dabei in vier wesentliche Elemente auf:

- Produktfotos
- Produktdetails
- Buybox
- Weiterführende Produktinformationen

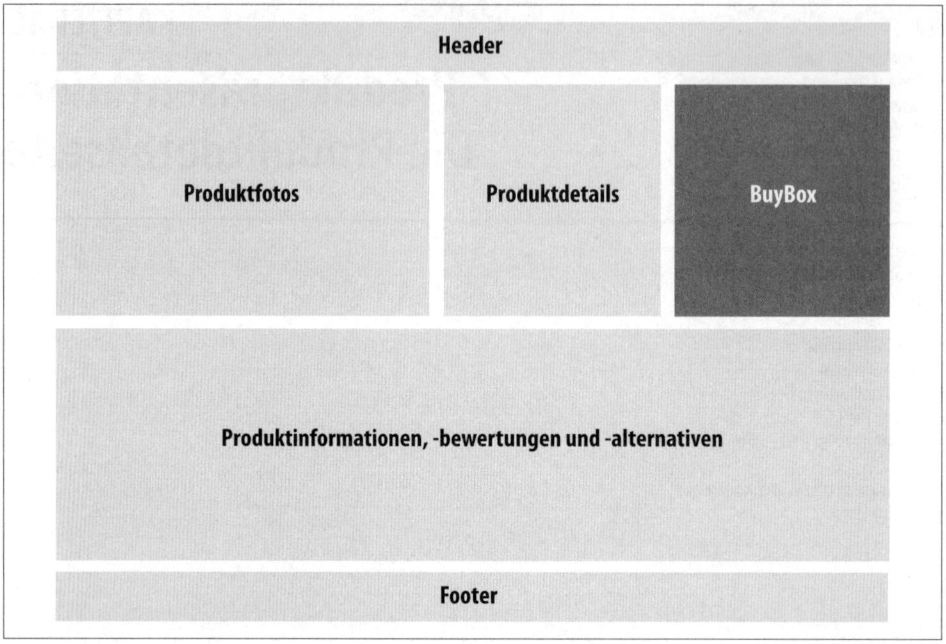

Abbildung 10-1: Schematische Darstellung Produktdetailseite

Die ehemals bewährte Anordnung wird seit Herbst 2013 peu à peu umgestellt. Als erster Shop tauschte Zalando die Reihenfolge der Produktfotos und Produktdetails gegeneinander aus, da laut Zalando die zentrierte Darstellung der Produktfotos zu höheren Konversionsraten führt. Durchgesetzt hat sich die neue Anordnung noch nicht. Wir konnten die höheren Konversionsraten bei A/B-Tests bisher nicht eindeutig belegen. Allerdings ist der Trend klar erkennbar, dass die Produktfotos auf den Produktdetailseiten einen immer größeren Platz einnehmen.

Tipp

Onlineshopsysteme werden meist mit allen verfügbaren Funktionen installiert. Die Produktdetailseite ist dann vollkommen überladen. Wir empfehlen, gerade auf der Produktdetailseite die Funktionalitäten auf das Wesentliche zu beschränken. Überlegen Sie sich, welche Funktionen für Ihre Kunden wirklich relevant sind, und deaktivieren Sie die überflüssigen.

Beispiel: Standardmäßig werden Onlineshops oft mit einer Wunschlistenfunktion installiert. Die Funktion soll – ähnlich dem Hochzeitstisch – eine Geschenkanregung für Freunde und Verwandte darstellen. Wirklich durchgesetzt hat sich die Wunschliste im E-Commerce-Alltag jedoch nicht. Stellen Sie sich die Frage, ob diese (und andere) Funktionalitäten nicht zugunsten einer übersichtlicheren Produktdarstellung wegfallen können.

Produktfotos

Im Gegensatz zum Ladenlokal hat der Kunde im Onlineshop keine Möglichkeit, das angebotene Produkt zu erfahren. Er kann es nicht fühlen, er kann es nicht riechen, er kann es nicht drehen und näher herangehen, um es in allen Details zu betrachten. Diesen Nachteil müssen Sie als Shopbetreiber aufwiegen. Daher sind erstklassige Produktfotos unablässig für den Erfolg Ihres Onlineshops.

Zu den Produktfotos gehört dabei nicht nur eine einzelne Abbildung des Produkts aus einer Perspektive. Neben der Gesamtansicht des Produkts (von vorn) empfehlen wir auch Fotos von allen Details und Seiten, soweit sie wesentlich für die Kaufentscheidung des Kunden sein können.

Neben den eigentlichen Fotos gehört dazu eine entsprechende Zoomfunktion, durch die Produktdetails genau erkennbar sind.

Abbildung 10-2 zeigt die Produktdetailseite von *www.deichmann.com* mit dem Zoom eines Produktfotos. Während der Zoombereich auf dem linken Bild mit der Maus markiert wird (weißer Bereich über dem Schuh), wird exakt dieser Bereich rechts stark vergrößert angezeigt. Das Zoombild nutzt dabei den Platz der Produktdetails und der Buybox und legt sich darüber.

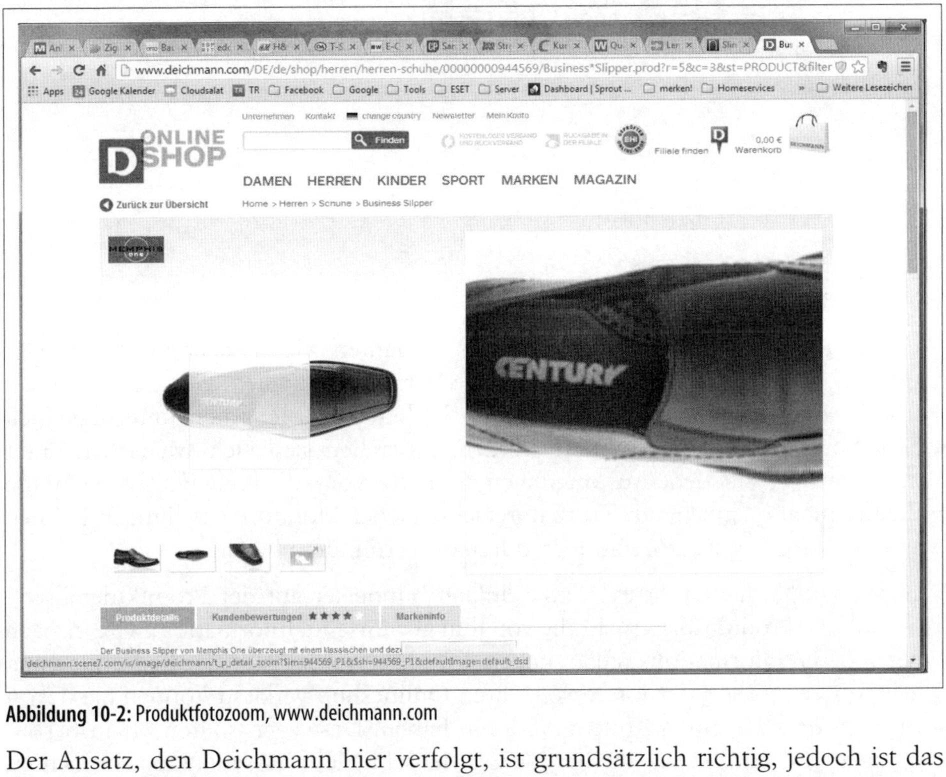

Abbildung 10-2: Produktfotozoom, www.deichmann.com

Der Ansatz, den Deichmann hier verfolgt, ist grundsätzlich richtig, jedoch ist das Zoomfoto bei den meisten Produkten im Deichmann-Shop unscharf. Ein genauer Blick auf die Produktdetails ist somit nur bedingt möglich. Zudem verzichtet Deichmann auch auf Fotos aus einer für Kunden wesentlichen Perspektive: Es gibt kein Foto von der Sohle des Schuhs. Es ist nicht erkennbar, aus welchem Material die

Sohle ist. Auch in den Produktdetails wird das Material nur mit der Abkürzung »TPR« angegeben.

Bei technischen Geräten – egal, ob Fernseher, Notebooks oder Smartphones – bietet es sich an, Fotos auch von der Seite und der Rückseite zu machen, auf denen alle Anschlüsse detailliert zu erkennen sind, wie in Abbildung 10-3 zu sehen. So kann der Interessent ohne Blick in die technischen Spezifikationen direkt erkennen, ob die von ihm genutzten Kabel, Stecker und Adapter unterstützt werden.

Abbildung 10-3: Produktdetails auf dem Foto, www.gravis.de

Bieten Sie Ihre Produkte in verschiedenen Varianten wie etwa Farbe, Form oder Größe an, sollten Sie sie mit einem Foto je Variante darstellen. Gerade im Bereich Farbe ist dies ausgesprochen wichtig, da Farben von Menschen unterschiedlich wahrgenommen und interpretiert werden. So stellen sich viele Menschen unter »Pink« ganz verschiedene Ausprägungen der Farbe vor – die reine Farbbezeichnung ist daher nicht ausreichend. Trotz unterschiedlicher Monitoreinstellungen können Variantenfotos Fehlinterpretationen durchaus vermindern helfen.

Für den Shopbesucher ist es relativ einfach: Findet er auf der Produktdetailseite bzw. auf den Produktfotos nicht die von ihm gewünschte Information, wird er nach einer anderen Informationsquelle suchen. Ihr Mitbewerber ist in der Regel nur einen Klick entfernt. Wenn der Interessent Ihren Onlineshop verlässt, können Sie davon ausgehen, dass Sie einen Kunden verloren haben. Deswegen sollten Sie insbesondere bei den Produktfotos, die der Nutzer viel schneller erfassen kann als Beschreibungen in Textform, auf eine große Vielfalt, Detailreichtum und sehr gute Qualität achten!

Im Idealfall verhindert ein gutes Produktfoto so manch unliebsame Retoure.

Praxistipp: Eigene Produktfotos

Sofern Sie die Produktfotos selbst machen möchten, achten Sie neben der richtigen Perspektiven und der Schärfe unbedingt auch auf eine gute Ausleuchtung. Fotografieren Sie die Produkte mit ausreichend Schärfe und Kontrast und vermeiden Sie Schattenwurf und Spiegelungen. Fotografieren Sie auch immer ohne direkten Blitz.

Nutzen Sie für die Fotos ein kleines Fotozelt und passende Scheinwerfer. Beides erhalten Sie (im Internet) für rund 150 Euro. Die Kamera positionieren Sie dauerhaft auf einem Stativ. Verändern Sie dabei möglichst selten die Position der Kamera, um alle Produkten aus den gleichen Winkeln, Entfernungen und Perspektiven zu fotografieren. Um die richtige Entfernung einzuhalten, können Sie die Position des Produkts im Fotozelt mit einem aufgeklebten Punkt markieren.

Die Produktfotos in der folgenden Abbildung wurden mit einem iPhone 5 und in einem Fotozelt gemacht und anschließend am Mac mit Pixelmator, einer Bildbearbeitungs-App für rund 25 Euro, nachbearbeitet. Es muss also nicht immer das Profifotostudio sein. Die meisten Bildbearbeitungsprogramme verfügen heutzutage über automatische Filter, die auch die Belichtung optimieren und unerwünschte Spiegelungen automatisch entfernen können.

Abbildung 10-4: Produktfotos kann man auch mit einem iPhone machen und nachbearbeiten (www.stadtboks-shop.de)

360°-Fotos

Rundumansichten von Produkten bieten dem Shopbesucher einen guten Blick auf das Produkt. Sie sind jedoch in der Produktion relativ teuer. Gute und detailreiche Produktfotos aus den wichtigsten Perspektiven erzielen oft den gleichen Effekt bei deutlich weniger Aufwand und geringeren Kosten.

Verwendung fremder Produktbilder

Die Versuchung ist groß, bei fehlenden Produktfotos auf das Internet als Quelle für gute Fotos zurückzugreifen. Bitte denken Sie daran, dass alle Fotos dem Urheberrecht unterliegen und eine Weiterverwendung in Ihrem Shop nur gestattet ist, wenn der Urheber oder Rechteinhaber (Fotograf oder Auftraggeber) dies ausdrücklich gestattet. Insbesondere sollten Sie darauf verzichten, Fotos aus den Shops Ihrer Wettbewerber zu kopieren. Die unberechtigte Nutzung fremder Fotos kann schnell zu einer kostenpflichtigen Abmahnung und gegebenenfalls zu einer Schadenersatzforderung führen. Allein für die Abmahnung müssen Sie mit Lizenz- und Rechtsanwaltsgebühren im vierstelligen Bereich rechnen.

Hersteller von Markenprodukten gehen vermehrt dazu über, ihren Händlern einen eigenen Bilderpool zur Verfügung zu stellen, den jeder Händler auch für seinen Onlineshop nutzen kann. Die Produktfotos sind meist sehr professionell und hochwertig. Fragen Sie, welche Produktfotos Sie für welchen Anwendungszweck (Onlineshop, Amazon, eBay u. a.) verwenden dürfen.

Produktvideos

Gerade in der Modebranche ist es wichtig, ein Produkt möglichst live zu erleben. Auf Fotos ist es beispielsweise nicht möglich, zu erkennen, wie ein Kleid fällt oder wie ein Mantel sich bewegt, wenn man damit läuft. Auch der Kaufprozess für erklärungsbedürftige Produkte oder Produkte, die vor Gebrauch durch den Käufer montiert werden müssen, lässt sich durch Produktvideos unterstützen.

Der britische (und international agierende) Modehändler ASOS (*www.asos.de*, siehe Abbildung 10-5) bindet auf der Produktdetailseite aufwendig produzierte Laufstegvideos einzelner Produkte ein. Durch die Bewegung des Models werden Kleider oder Anzüge in ihrem »natürlichen Umfeld« gezeigt und können die Kaufentscheidung positiv unterstützen und die Rücksendequote mitunter auch senken, da Käufer besser beurteilen können, wie das Kleidungsstück sitzt.

Natürlich stehen die Kosten für die Produktion eigener Videos gerade zu Beginn des Onlineshopprojekts in keinem sinnvollen Verhältnis zum Ertrag. Hier bietet es sich aber beispielsweise an, bestehende Produktvideos – soweit dies erlaubt ist – in den eigenen Shop einzubinden.

Der schwedische Spezialist für Autozubehör THULE zeigt in seinem YouTube-Channel (*https://www.youtube.com/ThuleBringYourLife*), wie einfach seine Produkte zu montieren und zu bedienen sind. Händler können diese Produktvideos im eigenen Onlineshop einblenden und den Kunden vom jeweiligen Produkt überzeugen und begeistern, ohne dass er den Onlineshop verlassen muss.

Abbildung 10-6 zeigt ein Produktvideo mit dem Einbettungscode. Diesen Code-Schnipsel fügen Sie an der gewünschten Stelle in der Produktbeschreibung des Artikels im Onlineshop ein. Bei Aufruf der Seite kann der Shopbesucher das Video direkt dort abspielen.

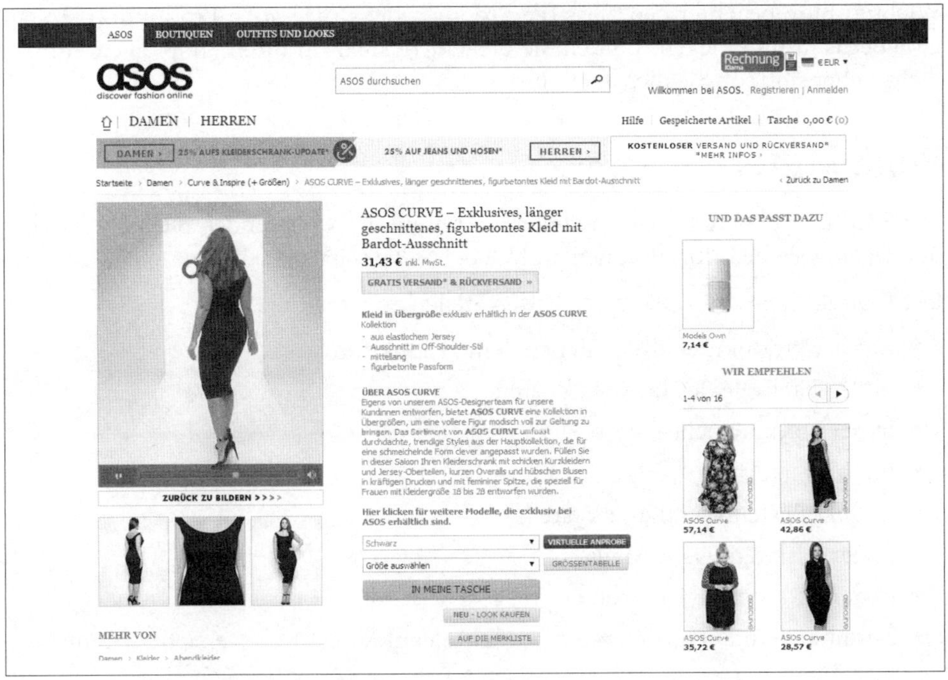

Abbildung 10-5: Produktvideos auf der Produktdetailseite, www.asos.de

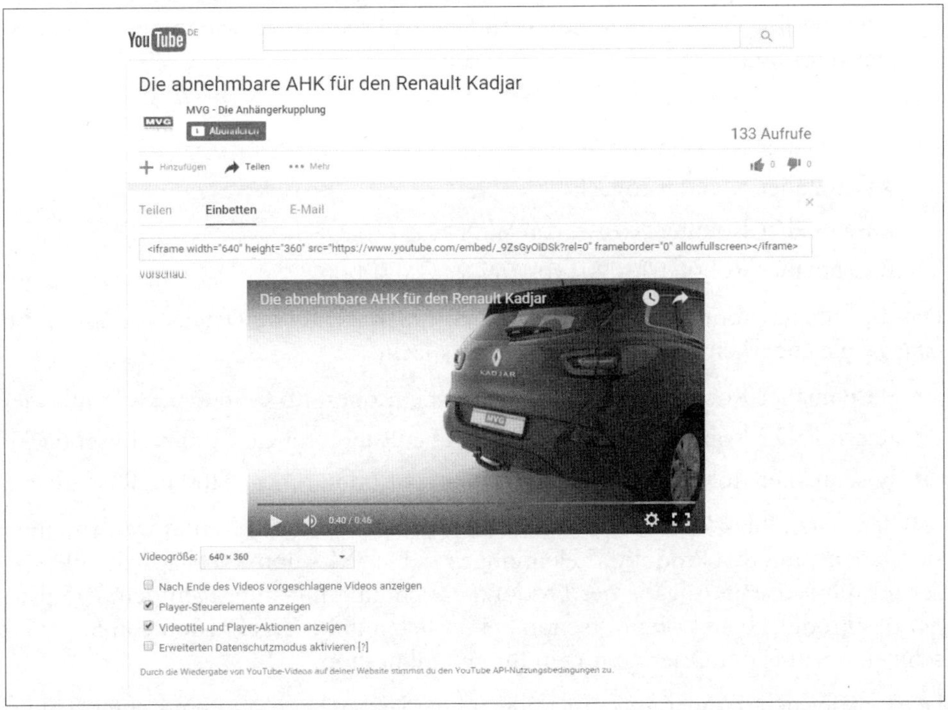

Abbildung 10-6: YouTube-Video mit Einbettungscode

Wichtig: Bitte beachten Sie, dass die Produktvideos (wie auch Produktfotos) dem Urheberrecht unterliegen. Binden Sie die Videos nicht in Ihren Shop ein, wenn Sie nicht sicher sind, ob Sie dies auch dürfen!

Produkttitel

Der Produkttitel wird an vielen Stellen im Onlineshop verwendet. Sie sollten daher überlegen, welche Informationen an welcher Stelle relevant sein können.

Der Produkttitel wird z. B. an folgenden Stellen angezeigt:

- Auf der Produktdetailseite neben dem Produktfoto
- In der Titelzeile des Browserfensters
- In der Produktsuche
- Im Warenkorb
- Auf der Bestellbestätigungsseite
- In der Bestätigungs-E-Mail
- In der URL der Produktseite
- Zusammen mit vergleichbaren Produkten auf Kategorie-Übersichtsseiten

Überlegen Sie, welche Informationen wichtig sind. Wenn Sie beispielsweise einen Rasenmäher-Roboter der Firma Wiper aus der Produktreihe EcoRobot mit der Typbezeichnung Joy XE verkaufen, könnten Sie den Produkttitel wie in den folgenden Beispielen formulieren:

- Rasenmäher-Roboter
- Rasenmäher-Roboter von Wiper
- Rasenmäher-Roboter Joy XE
- Rasenmäher-Roboter Joy XE von Wiper
- Rasenmäher-Roboter Joy XE von Wiper EcoRobot

Darüber hinaus können Sie den Titel auch um wesentliche Details ergänzen, die eine Vergleichbarkeit der Produkte möglich macht:

- Rasenmäher-Roboter Joy XE von Wiper EcoRobot, für ca. 600 m_2 Rasenfläche
- Rasenmäher-Roboter Joy XK von Wiper EcoRobot, für ca. 1200 m_2 Rasenfläche
- Rasenmäher-Roboter Joy XH von Wiper EcoRobot, für ca. 2200 m_2 Rasenfläche

Auf den ersten Blick kann so auch der Laie direkt das richtige Produkt wählen, ohne sich genauer mit den Produktbezeichnungen »XE«, »XK« und »XH« auseinandersetzen zu müssen. Die Angabe der Produktbezeichnung hilft hingegen dem Kunden, der das Produkt bereits kennt, schon beim Blick auf die Ergebnissen von Suchmaschinen oder bei der Orientierung in Ihrem Onlineshop.

Denken Sie auch daran, dass der Kunde auf der letzten Seite vor dem Kaufabschluss in Ihrem Onlineshop noch einmal eine Übersicht über die Produkte erhält. Auch hier sollte der Käufer direkt erfassen können, ob er das richtige Produkt kauft. Die wichtigen (!) Unterscheidungskritierien oder Produktangaben sollten hier nochmals aufgeführt werden. Der einfachste Weg führt dabei meist über den Produkttitel.

Produktbeschreibung und Detailinformationen

Die Produktbeschreibung erfüllt zwei Zwecke. Auf der einen Seite dient sie natürlich der Information des Kunden. Er kann sich über das Produkt informieren und technische Details nachlesen. Zudem kann die Produktbeschreibung – neben anderen Faktoren auf der Produktdetailseite – die Kaufentscheidung des Kunden positiv beeinflussen.

Auf der anderen Seite dient die Produktbeschreibung auch der Suchmaschinenoptimierung. Hierbei geht es aber weniger um die Beschreibung in schönen Worten, sondern um unverwechselbare Angaben wie z. B. EAN-Nummern (die Sie zusammen mit einem Barcode auf nahezu jedem Produkt finden), Produktnummern und -bezeichnungen, nach denen Kunden (oder Suchmaschinen) suchen können.

European Article Number (EAN)

Alle in Europa industriell hergestellten Waren verfügen über eine eindeutige Identifikationsnummer, die European Article Number, abgekürzt EAN. Sie wird durch die Organisation GS1 (Global Standards One) zentral vergeben, wobei die Hersteller jeweils Gebühren für die Zuteilung von EAN entrichten müssen.

In Form von Barcodes findet sich die EAN auf nahezu jedem Produkt und erlaubt so eine eindeutige Identifizierung sowohl des Produkts als auch des Herstellers. Zahlreiche E-Commerce-Systeme nutzen die EAN daher als Basis für die Produktidentifizierung.

Die Beantragung von EAN kann online über die Website von GS1 Germany (*www.gs1-germany.de*) erfolgen und steht grundsätzlich allen Herstellern von Waren offen.

Denken Sie daran, Suchbegriffe so im Produkttext unterzubringen, wie der Shopbesucher sie kennt. Beispiel Anhängerkupplung: Technisch korrekt heißt das Produkt »Anhängekupplung«, also ohne »r«. Im allgemeinen Sprachgebrauch wird jedoch »Anhängerkupplung« benutzt. Auch hier bietet die Google-Suche wieder eine gute Hilfestellung. Bei Eingabe von »Anhängekupplung« schlägt Google automatisch die Variante mit »r« vor. Sie sollten also überlegen, ob Sie – um bei unserem Beispiel zu bleiben – die technisch falsche Beschreibung in den Produkttext mit einfließen lassen. Unabhängig von der Suchmaschinenoptimierung wird natürlich auch der Besucher Ihrer Seite über den für ihn ungewohnten (aber technisch richtigen) Begriff stolpern.

Tipp

Der Google-Dienst Google Trends kann erste Hinweise für Ihre Produkttexte liefern. Sie können hier die Suchhäufigkeit bestimmter Begriffe im Vergleich zu anderen Suchbegriffen und im zeitlichen Verlauf abfragen.

Dazu erhalten Sie Hinweise zu verwandten Suchanfragen, regionalem Interesse und sogar Schlagzeilen aus der überregionalen Presse, die in Zusammenhang mit dem Suchbegriff stehen könnten. Abbildung 10-7 zeigt die Google Trends zu den beiden Anhängerkupplungs-Anfragen.

http://google.de/trends

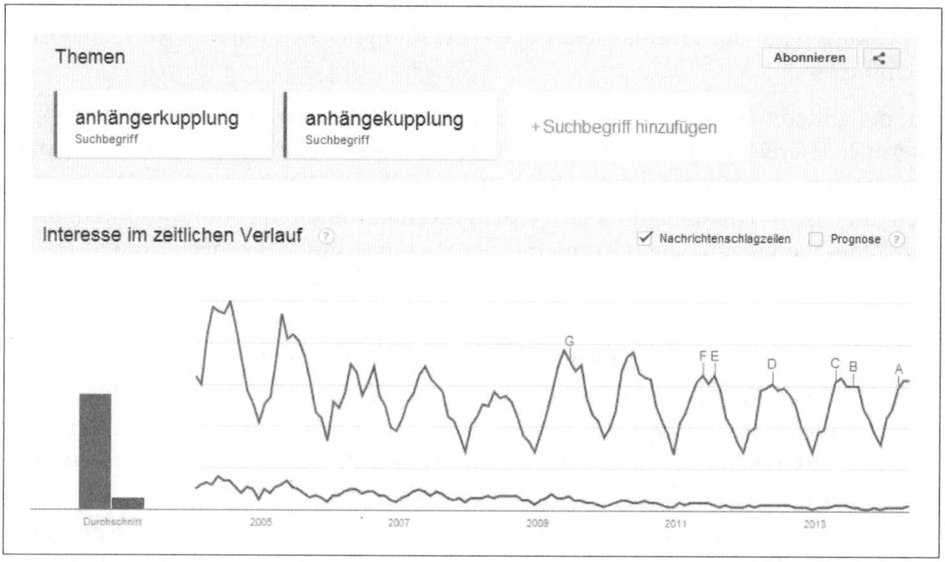

Abbildung 10-7: Google Trends

Neben der eigentlichen Produktbeschreibung gibt es eine Reihe von Details, die für den Besucher Ihres Onlineshops und damit natürlich auch für Suchmaschinen interessant sind. Jede Information, die der Benutzer auf Ihrer Produktdetailseite erhält, muss er nicht auf einer anderen Seite suchen. Und jede Information zum Produkt, die ein möglicher Käufer bei Google oder Bing sucht, kann ihn auf Ihren Onlineshop führen. Und letztlich auch zum Kauf.

Zur Produktbeschreibung zählen z. B. auch die folgenden Informationen:

- Produktbeschreibung in Textform
- Auflistung der Produktvorteile
- Lieferumfang und Zubehör
- Modell- und Artikelnummer des Herstellers
- Artikelnummer im Onlineshop (wenn abweichend)
- EAN oder ISBN
- Name des Designers

- Positive Artikelattribute (»wetterfest«, »leicht aufzubauen«, »UV-beständig«, »aus nachhaltiger Produktion« etc.)
- Empfohlene Einsatzumgebung (»nicht draußen«, Temperaturbereich und Ähnliches)
- Abmessungen
- Gewicht
- Technische Details (benötigte Batterien, Länge des Anschlusskabels, Geräuschpegel etc.)
- Pflegehinweise
- Form der gelieferten Bedienungsanleitung (gedruckt oder digital)

Sie sehen: Die Produktbeschreibung kann sehr vielfältig sein und ist ein gesunder Mix aus technischen Details und Prosa. Wichtig ist, dass Sie die Produktinformationen sinnvoll und übersichtlich aufbereiten und darstellen. Neben der Lesbarkeit durch Suchmaschinen muss natürlich auch die Lesbarkeit für den Benutzer gegeben sein. Der folgende Screenshot von *www.gartenxxl.de* zeigt, wie die Produktbeschreibung zusammen mit technischen Details und weiteren Informationen auf einer Produktdetailseite aufbereitet werden können (Abbildung 10-8).

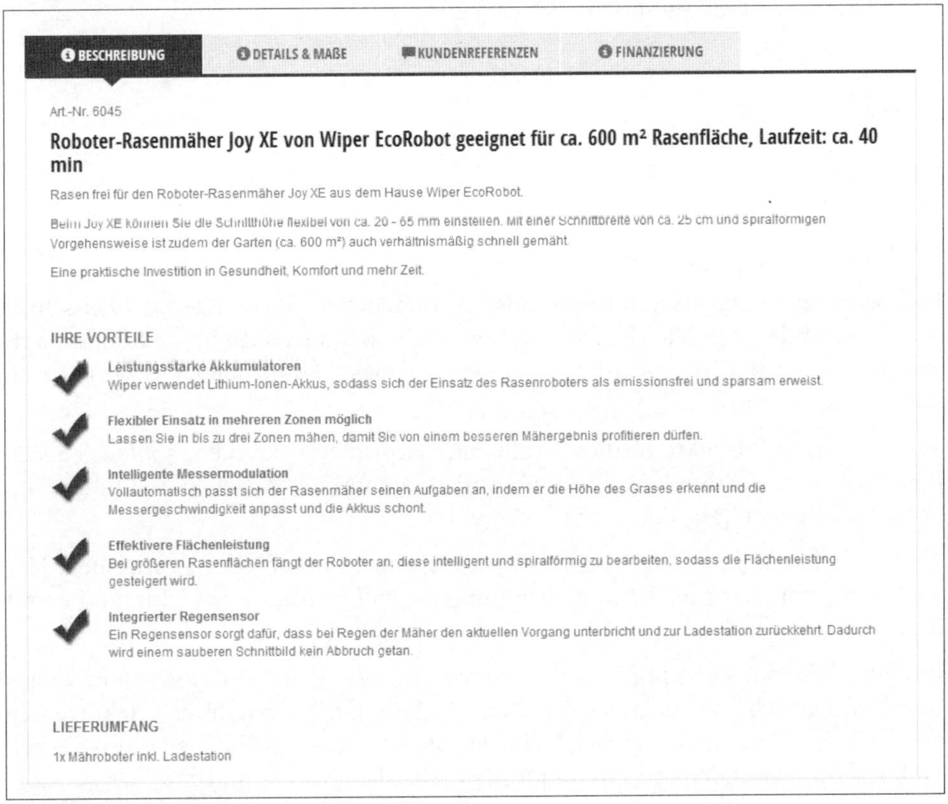

Abbildung 10-8: Produktdetails bei www.gartenmoebel.de

Neben dem werblichen Aspekt der Produktbeschreibung zählt (spätestens) seit dem Inkrafttreten der Verbraucherrechterichtlinie der Europäischen Union im Juni 2014 auch der rechtliche Aspekt.

Sie *müssen* den Kunden über alle wesentlichen Eigenschaften des Produkts informieren. Wesentlich ist die Angabe dann, wenn sie die Kaufentscheidung des Kunden beeinflussen kann. Dazu gehören z. B. Angaben zur tatsächlichen Verfügbarkeit der Ware, zu Lieferzeiten und -wegen, Zusammensetzung und Beschaffenheit, Art und Ausführung des Produkts und letztlich auch ein Produktbild (soweit verfügbar).

Beim Verkauf digitaler Inhalte, also z. B. Software, ist zusätzlich über etwaige Systemvoraussetzungen und Kompatibilitäten zu informieren, wie sie auch auf einer Verkaufsbox anzugeben sind.

Für einzelne Produktgruppen gibt es eine Reihe von Pflichtangaben, die sich aus nationalen und internationalen Gesetzen und Richtlinien ergeben. Dazu gehören z. B. Artikel aus den folgenden Bereichen:

- Textilien
- Elektroartikel
- Elektroartikel mit Batterien
- Lebensmittel
- Alkohol
- Arzneimittel
- Heilmittel
- Filme und Computerspiele mit Altersbeschränkung
- Dauerschuldverhältnisse

Bei sogenannten Dauerschuldverhältnissen, zu denen auch das Abo von Zeitschriften, Socken oder Windeln gehören, ist zusätzlich über die Laufzeit, die Mindestlaufzeit sowie die Kündigungsbedingungen des Vertrags zu informieren, soweit er sich automatisch verlängert.

Wenn Sie Ihre Produkte in diese Auflistung einsortieren können, sollten Sie sich hinsichtlich der Produktkennzeichnungspflichten und der Angaben im Onlineshop anwaltlich beraten lassen.

Natürlich dürfen Sie bei der Angabe von Details nicht unter- oder übertreiben. Jedwede fehlerhafte Angabe kann im schlimmsten Fall wettbewerbswidrig und damit durch Wettbewerber abmahnfähig sein.

Produkttexte und beschreibungen unterliegen wie auch Produktfotos und videos dem Urheberrecht. Verzichten Sie unbedingt darauf, die Texte Ihrer Konkurrenten zu kopieren. Versichern Sie sich beim Hersteller, ob Sie seine Texte im eigenen Onlineshop verwenden dürfen. Im Idealfall schreiben Sie eigene Texte.

Varianten

Der Darstellung von Artikelvarianten, also Unterschiede beispielsweise in Größe, Form und Farbe, kommt eine besondere Rolle zu. Die Praxis zeigt, dass sich Kunden bei der Variantenauswahl gern allein von den Produktfotos leiten lassen.

Es ist daher wichtig, dem Kunden die Variantenauswahl auf unterschiedlichen Wegen zu ermöglichen. Das folgende Beispiel zeigt das gleiche Produkt in zwei unterschiedlichen Onlineshops.

In Abbildung 10-9 sieht der Kunde das Produkt in einer Variante und kann die anderen Farbvarianten nur über die Farbbezeichnungen im Pull-down-Menü ❶ und in der Auflistung ❷ erkennen. Bilder anderer Produktvarianten (Farben) sind nicht vorhanden. Als unterstützendes Element kann er mit Klick auf den Link »Farbkarte« ❸ eine Übersicht mit Ausschnitten in einem neuen Fenster öffnen. Welche Variante des Produkts er in den Warenkorb legen möchte, kann er nur über das Menü ❶ wählen.

Abbildung 10-9: Variantenauswahl, www.filati.cc (Mai 2014)

In Abbildung 10-10 wird das gleiche Produkt angeboten. Der Kunde kann hier über ein Pull-down-Menü in der Buybox ❶, über eine Auflistung der Farbnummern ❷, über ein Produktfoto pro Farbe ❸ und über eine weitere Farbliste ❹ erkennen, welche Farben angeboten werden.

Die Auswahl der Farbe, die er in den Warenkorb legen möchte, erfolgt dabei über die Buybox ❶, die Farbnummern ❷ oder die Variantenfotos ❸.

Sobald er eine Auswahl getroffen hat, wird das Variantenfoto als Hauptfoto ❺ angezeigt und kann mit einer Mausberührung zusätzlich vergrößert werden.

Abbildung 10-10: Variantenauswahl, www.meinfilati.de

Zur weiteren optischen Unterstützung sind die nicht mehr erhältlichen Varianten bei den Variantenfotos durch den Zusatz »ausverkauft« markiert. In der Farbauswahl ❷ ist die Zahl durchgestrichen, im Pull-down-Menü ❶ ist die Variante ausgegraut und nicht wählbar.

Der Kunde wird hier auf vielen Wegen bei der Auswahl der richtigen Variante durch optische und technische Hilfsmittel unterstützt.

Buybox

Die Buybox ist der erste Schritt zum Kauf Ihres Produkts und eines der zentralen Elemente der Produktdetailseite (Abbildung 10-11). Durch die optische Abgrenzung vom Rest der Seite, meist über eine andere Farbgebung oder Trenner realisiert, trägt sie zum Ersteindruck der Seite bei und sollte die wichtigsten Elemente für die Kaufentscheidung beinhalten:

- Variantenauswahl (Farbe, Größe, Modell etc.)
- Verfügbarkeit, Lieferintervalle, Lieferzeitpunkt
- Menge
- Preis (Gesamtpreis + Versandkosten)
- Call-to-Action (z. B.: »In den Warenkorb legen«)

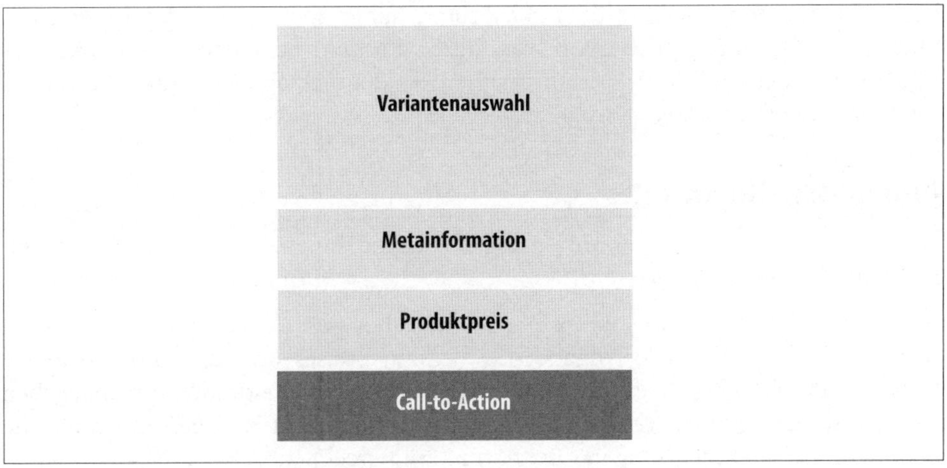

Abbildung 10-11: Schematische Darstellung der Buybox

Gerade der Buybox wird in der Verkaufspsychologie eine große Rolle zugesprochen. Sie werden in Onlineshops die unterschiedlichsten Varianten finden. Teilweise finden Sie sogar innerhalb eines Onlineshops mehrere verschiedene Umsetzungsformen. Die oben genannten Elemente sind jedoch in allen Varianten enthalten.

Abbildung 10-12 zeigt drei unterschiedliche Buyboxen, die Amazon gleichzeitig für verschiedene Produktgruppen verwendet. Wie alle großen Onlinehändler versucht Amazon durch ständige Verbesserungen und Auswertungen die Konversionsrate in Onlineshops zu optimieren. Eine Anpassung der Buybox gehört dazu.

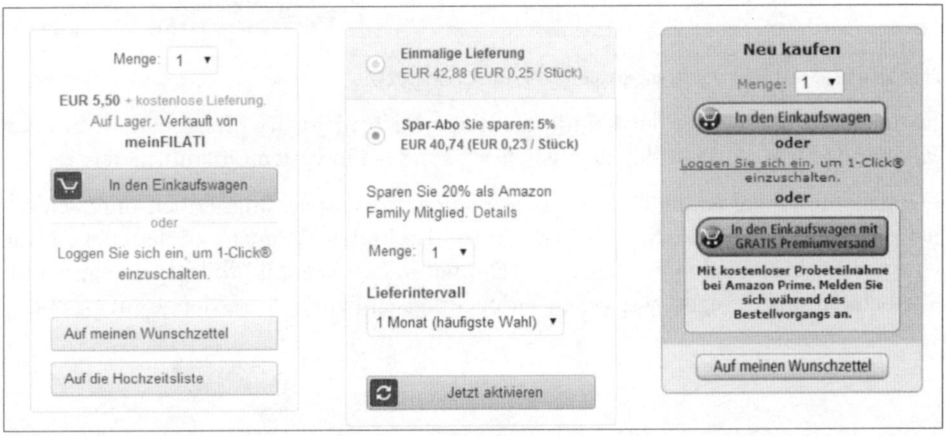

Abbildung 10-12: Buyboxen von Amazon.de

Auffällig ist, dass sich das Call-to-Action-Element, also der Button, über den man das Produkt in den Warenkorb legt, farblich und typografisch deutlich vom Design der restlichen Seite abhebt und beim Betrachten sofort ins Auge fällt. Allein die Änderung der Schriftart und größe oder der Farbe des Buttons können dabei einen enormen Einfluss auf die Konversionsrate haben.

Leider lässt sich hier keine pauschale Aussage treffen. Ob ein orangefarbener Button besser funktioniert als ein grüner oder roter, hängt z. B. vom Gesamtdesign des Onlineshops genauso ab wie vom verkauften Produkt oder dem Geschmack des Käufers. In jedem Fall sollte sich dieses Element deutlich abheben, um dem Käufer direkt ins Auge zu springen.

Angepasste Buyboxen

Bei manchen Produkten ist es notwendig, die Buyboxen programmiertechnisch weiter an die Produkte anzupassen.

Abbildung 10-13 zeigt die Buybox eines Onlineshops für den Verkauf von Laminat (*www.floorshop24.de*). Die Angabe des Verkaufspreises und die Verkaufsmenge werden im Onlineshop – allein der Usability wegen – in Quadratmetern angegeben werden, da der Kunde, wenn er ein Zimmer mit Laminat auslegen möchten, die benötigte Menge Bodenbelag in Quadratmetern berechnet.

Abbildung 10-13: Auf Quadratmeter angepasste Buybox, www.floorshop24.de

In der Buybox erwartet der Kunde demnach auch nicht die Mengenauswahl nach Paketen (so wie der Händler sie ausliefert), sondern in vollen Quadratmetern.

Herstellerabhängig ist die Quadratmetermenge pro Verpackungseinheit unterschiedlich. Im Hintergrund des Shopsystems muss also in dem Moment, in dem der Kunde eine bestimmte Anzahl Quadratmeter Laminat in den Warenkorb legt, eine individuelle Berechnung erfolgen, wie vielen Verpackungseinheiten diese Menge entspricht.

Preisangabe

Die Preisangabe muss – nicht nur in der Buybox, sondern an allen Stellen im Onlineshop – den rechtlichen Grundsätzen, unter anderem der Preisangabenverordnung (PAngV), entsprechen. Der Gesamtpreis muss für den Endverbraucher mit allen Preisbestandteilen benannt sein. Dies ist der Preis des Produkts inklusive Mehrwertsteuer und Versandkosten. In der Buybox sind die tatsächlichen Versandkosten in der Regel noch nicht genau bezifferbar, da nicht klar ist, in welches Land oder mit welchen Versandoptionen (Express oder Standardversand) verschickt werden soll. Daher ist bei allen Preisangaben der mit einem Link auf eine Versandkostenübersicht versehene Text »inkl. MwSt., zzgl. Versandkosten« in der allgemeinen Rechtsprechung geduldet. Soweit Sie grundsätzlich keine Versandkosten berechnen, können Sie auf den Hinweis natürlich verzichten. Noch besser: Weisen Sie auch bei der Preisangabe nochmals auf die Versandkostenfreiheit hin.

Weitere Preisbestandteile, also z. B. Zölle und Einfuhrabgaben, müssen ebenfalls benannt werden. Bei Abgaben, die vom Zielland abhängig sind, sollte dies spätestens bei Auswahl der Versandadresse erfolgen. Besser ist es jedoch, schon auf der allgemeinen Informationsseite zu den Versandkosten darauf hinzuweisen und die Angabe bei der Adressauswahl zusätzlich zu wiederholen.

Beim Verkauf von Abonnements müssen Sie die Gesamtkosten pro Abrechnungseinheit (also z. B. pro Jahr) und zusätzlich die Kosten der monatlich zu zahlenden Beträge (soweit dies zutrifft) gesondert ausweisen.

Soweit Sie Waren verkaufen, die sich in Maßeinheiten bemessen lassen, müssen Sie neben dem eigentlichen Verkaufspreis zusätzlich den Grundpreis pro Maßeinheit angeben. Hierzu zählen Preisangaben nach Gewicht, Volumen, Fläche oder Länge. Verkaufen Sie in Ihrem Onlineshop z. B. Mineralwasser, so müssen Sie neben dem Verkaufspreis pro Flasche auch den Verkaufspreis pro 1 Liter Mineralwasser angeben. Die Grundpreisangabe für Waschmittel kann dagegen in einer üblichen Anwendung, also einer Waschmaschinenladung, erfolgen.

Die Preisangabenverordnung, PAngV (*www.gesetze-im-internet.de/pangv/*), enthält eine Reihe von Vorschriften, die Sie beachten müssen. In jedem Fall gilt sie für alle Nennungen in Ihrem Onlineshop-Projekt, d. h. sowohl auf der Produktdetail- oder Übersichtsseite im Onlineshop selbst als auch auf Angebotsflyern oder in Newslettern. Um sicherzugehen, sollten Sie die Umsetzung der Anforderung laut deutscher Preisangabenverordnung und Verbraucherrechterichtlinie der Europäischen Union von einem Anwalt überprüfen lassen.

Natürlich gibt es auch für durchgestrichene Preise im Onlineshop (und in allen Werbemitteln) eine Regelung. Hier muss für den Käufer klar sein, mit welchem ehemals gültigen Preis der Kaufpreis verglichen wird. Dies kann z. B. die ehemalige unverbindliche Preisempfehlung des Herstellers (UVP) oder der eigene ehemalige Verkaufspreis sein. Dieser Hinweis darf in keinem Fall fehlen. Auf den Vergleich mit Fantasiepreisen sollten Sie verzichten.

Lieferbarkeit und Lieferfrist

Ob und wann ein Produkt lieferbar ist, ist in erster Linie natürlich für den Käufer interessant. Der akute Kaufimpuls kann jäh unterbrochen werden, wenn das Produkt nicht rechtzeitig geliefert werden kann. Wenn Ihr Kunde für das kommende Wochenende eine Grillparty plant und noch einen neuen Gartengrill kaufen möchte, ist es für den Kauf ausschlaggebend, welche Lieferzeit im Onlineshop angegeben ist. Es kann in einigen Produktgruppen für den Erfolg Ihres Onlineshops also grundlegend wichtig sein, schnell liefern zu können.

Um enttäuschte Verbraucher und Retouren wegen verspäteter Lieferung zu vermeiden, sollten Sie immer konkrete Angaben zu den tatsächlichen Lieferzeiten machen. Das Ampelsystem hat sich dabei sehr bewährt. Grün zeigt an, dass der Artikel auf Lager ist und direkt geliefert werden kann. Eine gelbe Ampel zeigt, dass sich der Artikel z. B. im Zulauf befindet und bald wieder vorrätig ist. Eine rote Ampel zeigt an, dass der Artikel erst nachbestellt werden muss oder erst nach der Bestellung durch den Endkunden produziert wird. Wie Sie das Ampelsystem gestalten, bleibt Ihnen überlassen. Bedenken Sie jedoch, dass der Endkunde bei einer grünen Ampel eigentlich auch eine direkte Lieferung erwartet und bei einer roten Ampel davon ausgeht, dass das Produkt nicht geliefert werden kann.

Neben der Visualisierung der Lieferzeit über ein Ampelsystem gibt es auch für diesen Bereich genaue Vorgaben, wie die Lieferzeit als Text angegeben werden muss.

Es gibt inzwischen reihenweise Gerichtsentscheidungen, weil (offensichtlich) falsche Angaben wettbewerbswidrig sind und somit von Wettbewerbern abgemahnt werden können und vielfach auch abgemahnt werden.

Vorweg: Die Angabe der Lieferzeit an sich ist zwingend vorgeschrieben und kann in keinem Fall weggelassen werden. Die Angabe, wann die Ware versandbereit ist, ist nicht ausreichend, da der Endverbraucher daraus nicht schließen kann, wann die Ware tatsächlich bei ihm eintrifft.

Der Endverbraucher muss sich das Eintreffen der Ware selbst berechnen können. Daher müssen Sie eine Fristangabe auch gleichzeitig an ein Ereignis zu Beginn der Frist knüpfen, also z. B. an den Eingang der Bestellung im Onlineshop oder an die Gutschrift der Vorkasseüberweisung auf dem Konto des Händlers.

Sie müssen konkret benennen, wie lange es dauert, bis der Käufer seine Ware nach den zu erwartenden Lieferzeiten in Empfang nehmen kann. Dies gilt für Beginn, Dauer und Ende der Lieferfrist. Die Lieferzeit selbst darf nicht zu ungenau sein. Zusätze wie »ca.«, »in der Regel« oder »voraussichtlich« sind nicht zulässig.

Soweit Sie nicht nur innerhalb Deutschlands liefern, müssen Sie den Kunden natürlich auch über alle möglichen Lieferzeiten in andere Länder informieren. Dies auf der Produktdetailseite zu tun, ist nicht praktikabel. Daher empfehlen wir, diese Angaben – ähnlich wie die Angaben zu den Versandkosten – auf eine eigene Informationsseite auszulagern und die Lieferzeitangabe auf der Produktdetailseite mit

Anmerkungssternchen zu versehen. Die Lieferzeitangabe könnte dann z. B. wie folgt lauten: »Lieferzeit 3–5 Tage*«. Der Anmerkungstext am unteren Ende der Produktbeschreibung oder des Onlineshops kann dann lauten: »* Die Lieferzeitangabe gilt für Lieferungen nach Deutschland. Lieferzeiten in weitere Länder siehe hier.« Dieser Text könnte mit der allgemeinen Informationsseite zur Lieferzeitberechnung verlinkt werden.

Wenn Sie auf Ihrer Produktdetailseite mehr Platz haben und Informationen zur Lieferzeit in einen Tab der Produktbeschreibung/informationen (siehe oben) einfügen können, bietet es sich an, diesen Text gleichzeitig für die Suchmaschinenoptimierung zu verwenden und mit dem Artikelnamen zu kombinieren. Beispiel: »Die Lieferzeit für den Joy XE von Wiper EcoRobot beträgt 3–5 Tage«.

Lagerbestand

Für den Kunden als Jäger und Sammler ist es immer interessanter, begehrte und in geringer Menge verfügbare Produkte zu ergattern, als Produkte aus einer unbegrenzten Menge einzukaufen. Bei geringer Verfügbarkeit, also einem augenscheinlich geringen Lagerbestand im Onlineshop ohne Nachkaufgarantie, kann dies dazu führen, dass sich Kunden allein durch die absehbare Nicht-Verfügbarkeit zu Spontankäufen verführen lassen. Amazon lässt diese Information nicht nur in die Produktdetailseite einfließen, sondern macht diese Angaben bereits auf Übersichtsseiten und bei der Produktsuche (Abbildung 10-14).

Abbildung 10-14: Angabe Lagerbestand bei Amazon

In Kombination mit der Handlungsaufforderung »Jetzt bestellen« kann diese Angabe den Kauf unterstützen. Generell sollten Sie Lagerbestände aber nur dann angeben, wenn nicht alle Artikel im Shop in einer nur geringen Stückzahl vorhanden sind. Sonst können Sie leicht den gegenteiligen Effekt erzielen. Kunden könnten Ihren Onlineshop dann als kleinen Laden mit geringen Lagerbeständen wahrnehmen.

Wie in vielen Bereich ist auch hier der richtige Mix wichtig. Geben Sie die exakte Lagermenge z. B. nur bei sehr knappen Lagerbeständen an. Alternativ können Sie auch alle Lagerbestände in Echtzeit anzeigen und sich durch die reelle Lagergröße von der Konkurrenz distanzieren. Das Gefühl oder das Wissen, beim Markführer mit dem größten Lagerbestand einzukaufen, kann sich ebenso positiv auf die Kaufentscheidung auswirken.

Künstliche Verknappung

Künstliche Verknappung lässt sich sowohl durch den Lagerbestand als auch durch eine zeitliche Limitierung erreichen. Egal ob Discounter oder Shoppingclubs: Viele Händler spielen mit dem Käufer, indem sie ein Angebot nur zeitlich begrenzt verfügbar machen. Dies kann sowohl für den Preis als auch für das angebotene Produkt selbst gelten. Soweit Ihr Artikel nur für einen bestimmten Zeitraum im Onlineshop zu finden ist, sollten Sie dies Ihren Kunden auch deutlich mitteilen.

Praxisbeispiel: Künstliche Verknappung bei Poster-XXL

posterXXL zeigte in den Vorweihnachtswochen ganz gut, wie man durch künstliche Verknappung den Umsatz im Onlineshop ankurbeln kann. Auch wenn die Werbeaussagen leicht durchschaubar sind.

Der im Shop aufgebaute Konversionsdruck (siehe Abbildung 10-15) wird natürlich durch den »letzten Versand mit pünktlicher Lieferung vor Weihnachten« (deutlich) verstärkt. Die künstliche Verknappung funktioniert aber auch außerhalb der Weihnachtssaison.

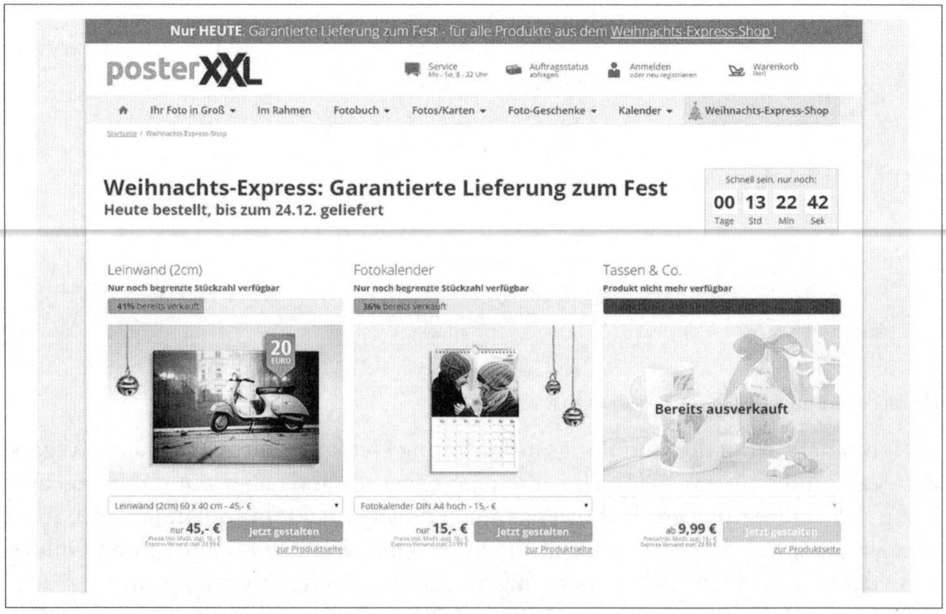

Abbildung 10-15: Künstliche Verknappung im Vorweihnachtsgeschäft bei www.posterxxl.de

Man kennt es (vielleicht) aus Verkaufsshows im Fernsehen (z. B. bei QVC): Während man der Produktvorführung lauscht, wird am Bildschirmrand in Echtzeit angezeigt, wie häufig der Artikel bereits verkauft wurde oder alternativ wie wenige Exemplare des Artikels nur noch vorhanden sind.

Die Wirkung auf den Käufer ist oft die gleiche: Was alle kaufen, kann nicht schlecht sein. Und: Wenn ich jetzt nicht kaufe, verpasse ich ein echtes Schnäppchen. Oft wird in diesem Zusammenhang durch den Kunden sogar auf einen Preisvergleich verzichtet. Es ist für den Shopbetreiber also nicht zwingend notwendig, ein Verknappungsangebot auch gleichzeitig mit einer Preisreduktion einhergehen zu lassen. Im Gegenteil: Es ist sogar denkbar, den Produktpreis in diesem Zusammenhang zu erhöhen. Klar ist aber auch, dass die Kombination aus zeitlichem Druck, aus der geringer werdenden verfügbaren Menge und einem wirklich günstigen Angebot die höchsten Konversionsraten erzielen dürfte.

posterXXL ging in seinem Weihnachts-Express-Onlineshop sogar so weit, dass den beiden (noch) verfügbaren Angeboten acht »bereits ausverkaufte« Artikel gegenüberstanden. Der Verfügbarkeitsstatus wird dabei mit den bekannten Ampelfarben angezeigt, um die Verknappung auch optisch zu unterstreichen. Ob die bereits ausverkauften Artikel am Stichtag überhaupt verfügbar waren, ließ sich leider nicht herausfinden. Vermutlich nicht, wenn man die tatsächliche Produktionszeit von Fototassen und Fotobüchern (Beispiel: rund 10 Tage bei anderen Anbietern) zugrunde legt.

Die Aussage »nur heute« am oberen Bildschirmrand und der rückwärts laufende Zeitzähler (»schnell sein, nur noch 0 Tage, x Stunden, x Minuten, x Sekunden) suggerieren dem Shopbesucher eindringlich, umgehend zu kaufen. Wer am nächsten Tag die gleiche Seite aufgerufen hat, fand die gleichen Werbeaussagen und die gleiche Handlungsaufforderung.

Shopbetreiber können ähnliche Angebote z. B. wie folgt umsetzen:

- Einzelne Artikel nur an einem bestimmten Tag pro Monat (zum Sonderpreis) anbieten; z. B. immer am ersten Sonntag im Monat
- Bestimmte Angebote ausschließlich über den Newsletter verfügbar machen (und dadurch mehr Newsletterabonnenten gewinnen)
- Den klassischen Winter-/Sommer-Schlussverkauf im Onlineshop wieder aufleben lassen

Wichtig bei der Umsetzung sind:

- Eine deutliche Handlungsaufforderung (»jetzt bestellen«)
- Eine Aussage über die geringer werdende, verfügbare Menge
- eine Aussage über die »nur noch« verbleibende Zeit bis zum Ablauf des Angebots

Künstliche Verknappung kann auch ein Fall für die Gerichte werden. Im August 2015 wurde Zalando von der Wettbewerbszentrale (*www.wettbewerbszentrale.de*) –

selbst ernannte Speerspitze unmündiger Verbraucher – abgemahnt. Recherchen des NDR hatten ergeben, dass die Angabe »nur noch drei verfügbar« nicht immer stimmt. In Testeinkäufen sind zehn Produkte bestellt worden; also sieben mehr, als laut Webseite verfügbar waren.

In der Praxis eines Shopbetreibers gibt es jedoch handfeste Gründe, die für geringere Mengenangaben sprechen, als Artikel tatsächlich verfügbar sind. Verkauft ein Händler z. B. auf mehreren Plattformen gleichzeitig, so ist es tatsächlich sinnvoll, allen Plattformen geringere Lagerbestände zu melden, um einen gänzlichen Abverkauf zu vermeiden, der früher oder später zu Minusbeständen führen kann. Gängige Multichannel-Softwareprodukte bieten diese Option der Meldung verringerter Lagerbestände an, weil der aktuelle Stand der Technik es erforderlich macht. Denn »Echtzeit« ist technisch bedingt schlicht und einfach unmöglich! Insofern ist Zalandos Argumentation sogar nachvollziehbar (Abbildung 10-15).

Abbildung 10-16: Angabe zum Lagerbestand in der Buybox auf www.zalando.de

Darüber hinaus gibt es natürlich noch weitere Gründe, die für falsche Lagerbestände verantwortlich sein können:

- Produktbestände in Vorlagern, die erst bei Unterschreiten einer Mindestmenge im Hauptlager übertragen werden
- Eingehende Retouren
- Umlagerung aus anderen Lagern (physisch)
- Umbuchung von Lagerbeständen aus anderen Lagern (theoretisch)

Zu guter Letzt bleibt natürlich das Argument der künstlichen Verknappung als Marketinginstrument. Es gibt sie schon seit jeher, und es wird sie immer geben. »Limitierte Auflage« ist dabei die offensichtlichste Variante. Der Produzent könnte mehr anbieten, er macht es aber nicht. Weil er den Preis so künstlich hochhalten und den totalen Abverkauf sicherstellen kann.

Dem Verbraucher bieten sich gerade im Internet vielfältige Wege, sich über andere Einkaufsmöglichkeiten zu informieren. Ist das Produkt in einem Shop tatsächlich nur noch dreimal vorhanden, dann muss er dort ja nicht zwangsläufig kaufen. Die unglaubliche Transparenz im E-Commerce macht es möglich.

Und welche Konsequenzen hat die Abmahnung nun für andere Shopbetreiber? Keine!

Eine Abmahnung ist zunächst einmal ein juristischer Einzelfall, der nur den Abmahnenden (in unserem Beispiel die Wettbewerbszentrale) und den Abgemahnten (Zalando) betrifft. Shopbetreiber, die künstliche Verknappung als Marketinginstrument nutzen, sollten sich aber im Klaren darüber sein, dass sie eine Erklärung in der Hinterhand haben sollten, warum mehr bei ihnen gekauft werden kann, als auf der Webseite angegeben wird, wenn die Wettbewerbszentrale (oder irgendein anderer »Verbraucherschützer«) auf die diese Testidee kommen sollte.

Produktbewertungen mit Sternen

Empfehlungsmarketing gehört mit zu den erfolgreichsten Marketingformen. Mit Einführung von Produktbewertungen im E-Commerce haben Händler das Empfehlungsmarketing nahezu gänzlich den eigenen Kunden überlassen und machen sie so zu Marketingmitarbeitern. Dies gilt sowohl für die Bewertung eines ganzen Onlineshops oder Kaufvorgangs mit Gütesiegeln wie Trusted Shops als auch für die Bewertung einzelner Produkte.

Der Einfluss von Produktbewertungen auf das Kaufverhalten ist enorm. Machen Sie den Selbsttest: Würden Sie bei Amazon ein Produkt kaufen, das nur mit drei Sternen bewertet ist?

Ganz unabhängig von den Gründen für gute oder schlechte Bewertungen folgen Kunden gern den Empfehlungen Unbekannter und lassen sie mit einem hohen Stellenwert in die eigene Kaufentscheidung mit einfließen.

Dies können Sie sich als Shopbetreiber natürlich zunutze machen. Gute Stern-Bewertungen sollten Sie unbedingt neben Produkttitel und Produktbild einblenden, da sie vom Besucher unmittelbar wahrgenommen werden und die Kaufentscheidung positiv beeinflussen.

Soweit die Besucher Ihres Onlineshops eher als bewertungsfaul einzustufen sind, steht es Ihnen natürlich frei, diese Bewertungen selbst vorzunehmen. Achten Sie jedoch darauf, dass sich nicht nur 5-Sterne-Topprodukte in Ihrem Onlineshop finden. Gleiches gilt natürlich ebenso für Kundenmeinungen.

Tipp Soweit Sie diesen Vorschlag in die Tat umsetzen, sollte Ihnen bewusst sein, dass die Fälschung von Bewertungen (auch im eigenen Onlineshop) wettbewerbswidrig sein kann.

Kundenmeinungen in Textform

Kundenmeinungen und -bewertungen in Textform sind nicht nur ein notwendiges Übel. Zunächst müssen Sie natürlich davon ausgehen, dass Kunden eher dazu neigen, ihre schlechten Erfahrungen zu teilen als die guten. Sei es, weil sie andere Käufer vor schlechten Produkten warnen wollen oder weil sie sich über etwas geärgert haben, das schiefgelaufen ist. Negative Bewertungen erhalten Sie auch, ohne dazu gesondert aufzufordern.

Sie können positive Bewertungen aber ganz einfach forcieren, indem Sie Ihre Kunden um eine ehrliche Meinung bitten. Dies können Sie z. B. über eine automatisierte Mail einige Tage oder Wochen nach der Bestellung tun. Bitten Sie Ihren Kunden freundlich, seine Erfahrungen mit dem Produkt zu teilen. Im Textilbereich können Sie z. B. neben einer reinen Textabfrage gleichzeitig eine Frage nach Passform und Länge setzen.

Mustertext Bewertungsanfrage-Mail

Sehr geehrter Max Mustermann,

vielen Dank für Ihren Einkauf in unserem Onlineshop vom 11.03.2016.

Mittlerweile ist einige Zeit vergangen – wir hoffen, Sie sind nach wie vor mit unserem Produkt zufrieden! Sollten irgendwelche Probleme aufgetreten sein, antworten Sie bitte auf diese Mail oder rufen Sie unsere Hotline unter (0123) 12345678 an.

Kaufen im Internet ist nach wie vor Vertrauenssache. Wir freuen uns, dass Sie uns dieses Vertrauen ausgesprochen haben. Lassen Sie auch andere von Ihren Erfahrungen mit uns wissen. Über die Bewertungsplattform www.veristore.de können Sie uns in den Kategorien Lieferung, Ware und Kundenservice bewerten.

Eine ehrliche Bewertung hilft uns, eventuelle Schwachstellen zu identifizieren und unsere Servicequalität weiter zu verbessern.

Falls Sie es noch nicht getan haben, würden wir uns daher sehr über eine Bewertung Ihres Einkaufs freuen. Ein Klick auf den Button führt Sie direkt zur Bewertungsmöglichkeit.

Bestellzusammenfassung:

Bestelldatum: 11.03.2016

Bestellnummer: 0854236

Artikel: AIX-Testartikel

JETZT BEWERTEN

Vielen Dank

Ihr Arthur Valentin

Leiter Kundenservice

Wenn Sie diese Informationen wiederum auf der Produktdetailseite teilen, erhalten Sie auf der einen Seite mehr Produktbewertungen, die Ihre Conversion-Rate steigern können, andererseits können zukünftige Kunden die Erfahrungswerte in die eigene Größenauswahl einfließen lassen. Bestenfalls sinkt sogar Ihre Retourenquote, weil es weniger Fehlbestellungen wegen größer oder kleiner ausfallender Kleidungsstücke gibt. Ein Beispiel hierzu zeigt die Abbildung 10-17 von *www.bonprix.de*.

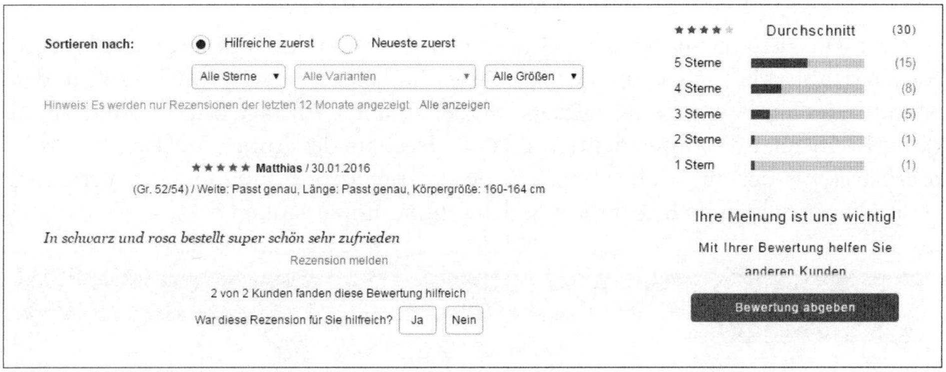

Abbildung 10-17: Produktbewertung mit Hinweis zur Passform, www.bonprix.de

Sie können dafür sorgen, dass sich Ihre Kunden noch stärker für Ihr Anliegen engagieren: Bieten Sie Besuchern der Internetseite an, die Produktrezensionen zu bewerten. Hilfreiche Rezensionen können Sie dann an den Anfang der Kundenbewertungen sortieren, weniger hilfreiche ans Ende. Amazon blendet beispielsweise häufig die jeweils beste und die schlechteste Produktbewertung ein.

Es ist ein offenes Geheimnis, dass auch die großen Onlineshops Kunden- und Produktbewertungen manipulieren. Sie sollten jedoch im Hinterkopf behalten, dass gefälschte Produktbewertungen in Ihrem Onlineshop einen Verstoß gegen das Wettbewerbsrecht darstellen.

Fragen zum Produkt

Gerade bei technischen Produkten oder bei Produkten, die vom Kunden zusammengebaut oder montiert werden müssen, sollten Sie dem Kunden schon auf der Produktdetailseite die Möglichkeit bieten, Fragen zum Produkt zu stellen. Natürlich kann der Kunde sich über die Kontaktseite oder das Impressum Ihre Telefonnummer suchen. Es ist aber viel charmanter, über eine Schaltfläche ein Kontaktformular zur Verfügung zu stellen, das eine direkte Rückfrage zu dem angezeigten Produkt ermöglicht.

In das Formular trägt der Kunde seine Mailadresse und seine Frage ein. Die Anfrage wird nach Absenden durch den Kunden per Mail an den Shopbetreiber und – zusammen mit einem Deeplink zum Produkt – in Kopie auch an den Shopbesucher geschickt. Je schneller Sie nun die Anfrage des Kunden beantworten, desto schneller wird er auch bereit sein, das Produkt bei Ihnen zu kaufen.

Chat mit dem Kundenservice

Noch schneller als bei der Anfrage per Mailformular erhält der Kunde eine Antwort auf seine Frage, wenn Sie ihm einen Chat mit einem Mitarbeiter Ihres Kundenservices auf der Produktdetailseite zur Verfügung stellen.

Für die Umsetzung wird ein Chatmodul in die Produktdetailseite eingebunden. Sobald der Shopbesucher einen Chat eröffnet und eine Frage stellt, wird sie auf dem Monitor des Shopbetreibers angezeigt, und er kann die Anfrage beantworten. Abbildung 10-18 zeigt die Implementierung des Livechats des Anbieters Userlike (*www.userlike.com*), der für viele Shopsysteme entsprechende Plug-ins zur Verfügung stellt, die eine einfache Integration in den Onlineshop erlauben.

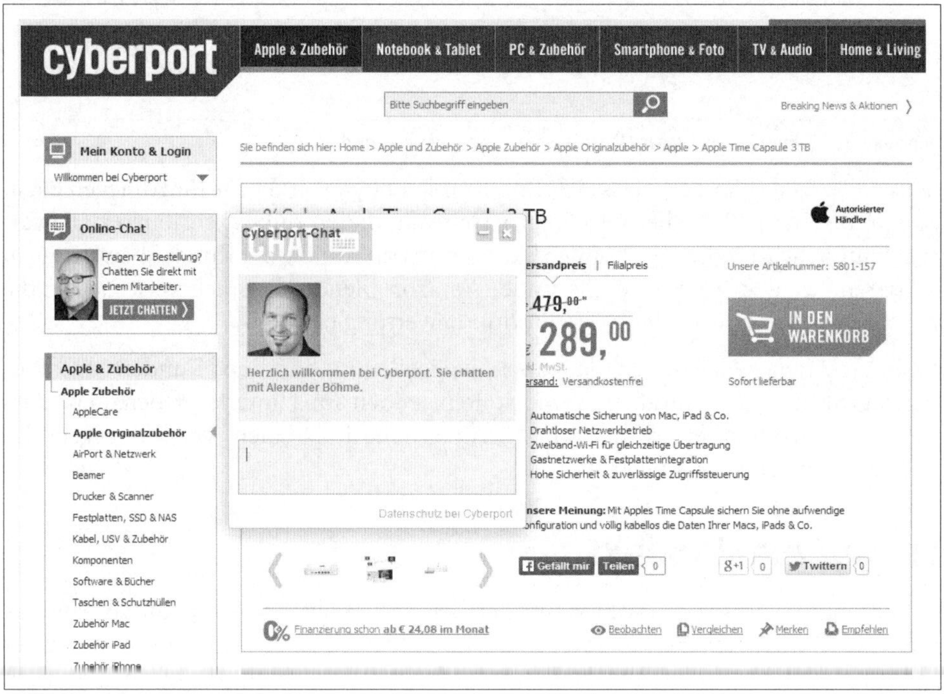

Abbildung 10-18: Livechat, www.cyberport.de

Der Mehrwert für den Kunden ist mit einem nicht unerheblichen Aufwand aufseiten des Shopbetreibers verbunden. Zumindest während der auf der Webseite angekündigten Verfügbarkeitszeiten muss genügend Personal zur Verfügung stehen, um den Chat ausreichend bedienen zu können. Je nach Zielgruppe des Onlineshops sollte sich die Verfügbarkeit an den gängigen Ladenöffnungszeiten orientieren; in Stoßzeiten wie vor Weihnachten, sollte er auch am Wochenende und in den späten Abendstunden erreichbar sein.

Für Menschen, die – aus welchen Gründen auch immer – nicht gern telefonieren, bauen Sie durch das Angebot des Chats Nutzungsschwellen ab und bieten die Möglichkeit, einen direkten, aber distanzierten Kontakt zu Ihrem Kundenservice aufzubauen.

Die Chatinhalte und die dort gestellten Fragen lassen zudem Rückschlüsse auf fehlende Informationen auf den Produktdetailseiten zu. Sammeln Sie diese Anregungen und bauen Sie das Informationsangebot in Ihrem Onlineshop sukzessive weiter aus.

Social Links

Soziale Netzwerke sind auch aus dem E-Commerce nicht mehr wegzudenken: auf der einen Seite als Marketinginstrument mit Auftritten auf unterschiedlichsten Social-Media-Kanälen wie Google+, Facebook oder Twitter, auf der anderen Seite als Instrument des Empfehlungsmarketings.

Wie schon bei Produkt- und Kundenbewertungen erläutert, spielt das Empfehlungsmarketing eine große Rolle. Dabei ist keine Empfehlung einfacher auszusprechen und wird beim Empfänger glaubwürdiger wahrgenommen als Empfehlungen der eigenen Freunde bei Facebook und Co. Klickt jemand auf den Like-Button auf der Produktdetailseite, wird diese Empfehlung z. B. auf der Facebook-Seite aller seiner Freunde angezeigt.

»Max Mustermann gefällt Rasenmäher-Roboter Joy XE von Wiper EcoRobot, für 600 m_2 Rasenfläche«. Diese Meldung ist mit einem Link zum Posting bzw. mit einem Link zu Ihrem Onlineshop verknüpft.

Die jeweiligen Plattformen bieten verschiedene Arten von Social-Media-Plug-ins an. Diese Code-Schnipsel lassen sich mit wenig Programmieraufwand in den Onlineshop integrieren und stellen verschiedene Funktionen, wie z. B. das Teilen, Liken oder Kommentieren von Artikeln, zur Verfügung. Dabei wird (mindestens) das Logo der jeweiligen Plattform eingeblendet. Ein einfacher Klick auf das Logo öffnet ein Fenster mit weiteren Funktionen oder empfiehlt den Link direkt in den sozialen Netzen.

Datenschutzrechtlich sind diese Plug-ins jedoch umstritten, da sie automatisch eine Verbindung zwischen Onlineshop und Social-Media-Plattform aufbauen und die URL des Onlineshops mit dem auf der Plattform eingeloggten Benutzer verbinden können.

Zu den Empfehlungen über soziale Medien rechnen wir auch die Empfehlung via E-Mail (Abbildung 10-19). Ein Klick auf die Schaltfläche oder das Mailsymbol führt auf ein meist schon mit einem Text vorausgefülltes Mailformular, in das der Benutzer nur noch seine Absenderdaten und die Daten des Empfängers eintragen muss. Ein Klick auf »Absenden« verschickt eine Mail im Namen des Empfehlenden. Diese Funktion wird oft nicht nur für das Verschicken von Empfehlungen an andere, sondern auch als Gedächtnisstütze für den Shopbesucher selbst verwendet. Auf diese Funktionalität sollten Sie daher nicht verzichten.

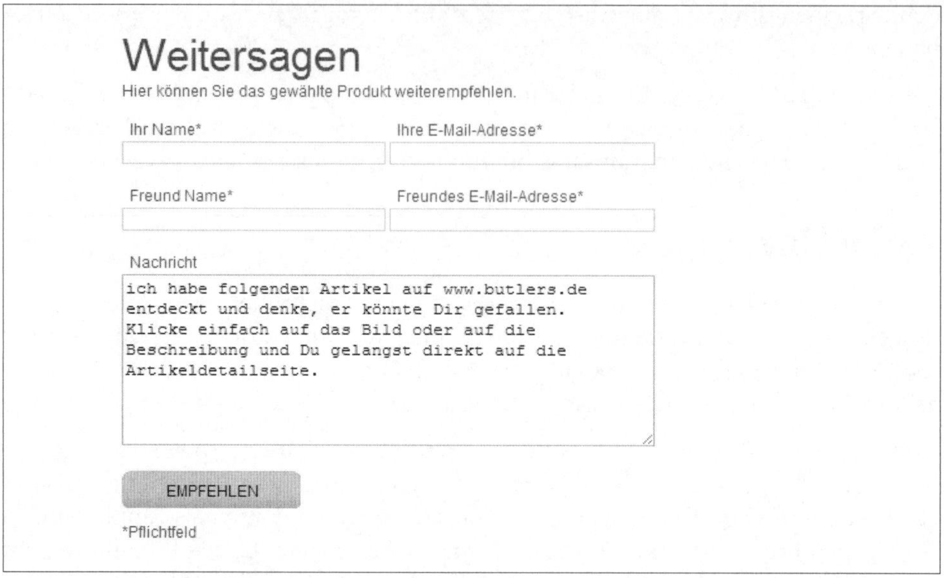

Abbildung 10-19: Artikelempfehlung per E-Mail, www.butlers.de

Tipp

Eigentlich ist die Tell-a-friend-Empfehlungsfunktion wie hier beschrieben unzulässig. Schon im September 2013 hat der Bundesgerichtshof entschieden, dass solche E-Mails, soweit sie werbliche Elemente enthalten, als unverlangt zugesendete Werbung anzusehen sind (*http://medien-internet-und-recht.de/volltext.php?mir_dok_id=2508*). Zwangsläufig enthalten E-Mails, die der Empfehlungsfunktion eines Onlineshops entstammen, immer werbliche Elemente; und sei es nur der Link zum Onlineshop.

Umso interessanter ist der Umstand, dass dieses Urteil zwar umfangreich diskutiert wurde, die Empfehlungsfunktion aber immer noch nicht aus dem Internet verschwunden ist. Haften die Onlineshops, die diese Funktion nach wie vor einsetzen, im Fall der Fälle selbst für den Verstoß, so stellt sich die Situation bei Amazon anders dar. Handelt es sich um das Produkt eines Marketplace-Händlers, so ist es zumindest nicht ausgeschlossen, dass er statt Amazon vor den Kadi gezerrt wird. Da sich die Funktion nicht abschalten lässt, sollten Händler zumindest vorbereitet sein.

Unter uns: Wir sprechen von einzelnen E-Mails, deren Missbrauchspotenzial eher überschaubar ist. Die seit dem Urteil bisher ausgebliebene Abmahnungswelle ist ein schönes Beispiel dafür, dass sich die Lebensrealität im E-Commerce auch schon mal über höchstrichterliche Urteile hinwegsetzen kann. Hoffen wir, dass das so bleibt!

Andere Produkte auf der Detailseite (Cross-Selling)

Neben dem eigentlich zu verkaufenden Produkt auf der Produktdetailseite können dort weitere Produkte abgebildet werden. Dies können ergänzende Produkte oder ersetzende Produkte sein. Dem Kunden weitere zu seinem Produkt passende Artikel anzubieten, wird Cross-Selling genannt.

Ergänzende Produkte

Unter die ergänzenden Produkte fällt meist Zubehör, das dem Shopbesucher zusätzlich zum eigentlichen Produkt verkauft werden soll. Vergleichen Sie dies mit dem Besuch im Fachgeschäft. Wenn der Kunde ein Kanu kaufen möchte, liegt es nahe, ihm gleichzeitig ein Paddel, eine Spritzdecke und eine Rettungsweste anzubieten. Über diesen Mitnahmeeffekt lassen sich auch im E-Commerce deutlich höhere Warenkorbwerte generieren.

Welche Artikel der Shopbesucher angezeigt bekommt, können Sie in der Shopsoftware selbst festlegen. Dies kann z. B. auf Basis von Einzelartikeln oder von ganzen Artikelgruppen erfolgen.

Amazon stellt die ergänzenden Produkte nicht in Form von zwei Einzelprodukten vor, sondern als Produkt-Bundle (Abbildung 10-20). Unter der Überschrift »Wird oft zusammen gekauft« werden Bilder vom Hauptartikel und einem oder mehreren weiteren Artikeln nebeneinander dargestellt und können mit einem einzigen Klick auf ein Call-to-Action-Element außerhalb der Buybox gemeinsam in den Warenkorb gelegt werden.

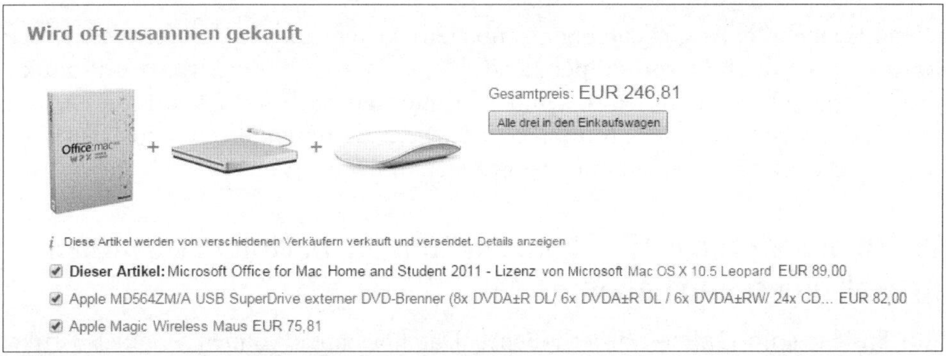

Abbildung 10-20: »Wird oft zusammen gekauft«, www.amazon.de

Alternative Produkte

Zusätzlich können dem Kunden Alternativprodukte angezeigt werden. Dabei kann es sich um Produkte desselben Herstellers in anderen Variationen oder um ein gleiches Produkt eines anderen Herstellers handeln. Durch diese Funktion fangen Sie den unentschlossenen Interessenten ein und können vielleicht seinen Absprung aus dem Onlineshop verhindern.

Kunden, die dieses Produkt gekauft haben ...

»Kunden, die dieses Produkt gekauft haben, haben auch diese Produkte gekauft«. Auch hierbei handelt es sich um eine anonyme Form des Empfehlungsmarketings (Abbildung 10-21). Die angezeigten Produkte können durch den Shopbetreiber festgelegt werden und entsprechen damit weniger einer echten Empfehlung, sondern eher dem Süßigkeitenregal an der Supermarktkasse. Alternativ werden die angezeigten Produkte tatsächlich automatisch durch die Shopsoftware mit dem angezeigten Hauptprodukt verknüpft.

Abbildung 10-21: »Kunden, die diesen Artikel gekauft haben, kauften auch«-Funktion bei Amazon

Artikel dieser Serie

Wenn Sie mehrere Artikel einer Serie anbieten – denken Sie an das Beispiel mit den Rasenmäher-Robotern von Wiper EcoRobot –, können Sie die weitere Produkte dieser Serie mit Bild und den wesentlichen Informationen wie Preis, Produktname und Verfügbarkeit in einer Produktbox anzeigen. Sie unterstützen damit den Kunden, der die Produkte miteinander vergleichen möchte.

Welchen anderen Artikel kauften Kunden, nachdem sie diesen Artikel angesehen haben

Auf Basis des im Onlineshop erhobenen Datenbestands können Sie auch Artikel anzeigen, die Kunden gekauft haben, nachdem sie den aktuell angezeigten Artikel angesehen haben. Auch hier kann der Kunde der Empfehlung anderer Kunden folgen.

Hier bietet es sich z. B. an, die Auflistung auf teurere Artikel oder Artikel mit einer höheren Marge künstlich zu beschränken. Sieht der Kunde beispielsweise einen 40-Zoll-Fernseher an, bekommt er in dieser Rubrik Fernseher des gleichen Herstellers und Typs, jedoch mit einer größeren Bildschirmdiagonale angezeigt. Der Gedanke »Wenn andere einen größeren Fernseher kaufen, mache ich das jetzt auch« ist dabei durchaus nachvollziehbar.

Zuletzt angesehene Artikel

Aus dem Browserverlauf des Shopbesuchers, der auch vom Shopsystem während des Shopbesuchs ermittelt werden kann, lässt sich eine Liste der zuletzt besuchten Produkte generieren (Abbildung 10-22). Diese Funktion ist insbesondere dann für den Kunden nützlich, wenn er unentschlossen mehrere Produkte im Shop miteinander vergleicht und auf schnellem Weg wieder zurück zu einem vorher angesehenen Produkt kommen möchte. Gerade in Onlineshops mit hoher Customer-Return-Rate ist dieses Feature interessant, da Kunden keine Merkliste mehr manuell pflegen müssen, sondern einfach einen Blick in ihren Shopverlauf (ähnlich dem Browserverlauf) werfen müssen.

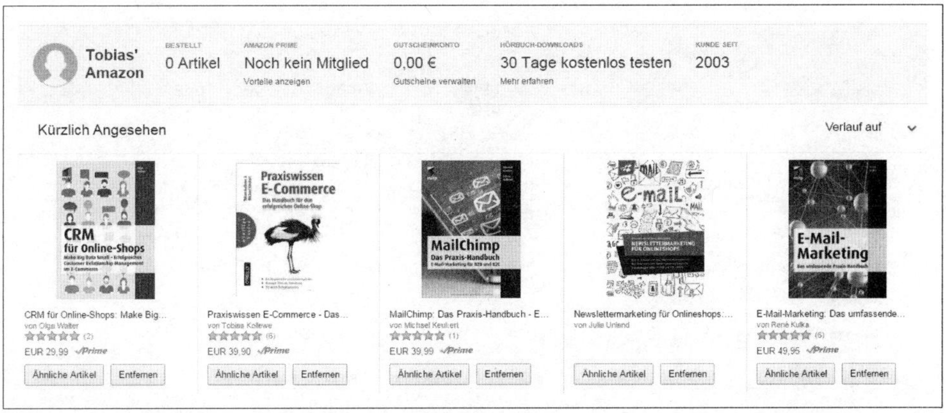

Abbildung 10-22: Die Liste der zuletzt angesehenen Produkte bei Amazon ist vergleichbar mit dem Browserverlauf.

Produktvergleiche

Wenn Sie einen Artikel in mehreren Varianten anbieten, kann es wichtig sein, alle Varianten auf den jeweiligen Produktdetailseiten vergleichbar zu machen. Hierfür eignen sich am besten Tabellen mit den wichtigsten Unterscheidungsmerkmalen.

Verzichten Sie in der Vergleichstabelle aber bitte auf die Attribute, die bei allen Varianten gleich sind. Diese Auflistung ist für den Betrachter überflüssig und macht die Tabelle nur unübersichtlich. Der Benutzer muss auf den ersten Blick erfassen können, worin sich die Produkte unterscheiden. Dies können die wesentlichen Attribute sein; mit Sicherheit ist es der Produktpreis.

Aus verkaufspsychologischer Sicht ist es zudem interessant, einzelne Produkte in der Tabelle optisch zu gewichten. Heben Sie das Topprodukt leicht hervor, um es deutlicher von den anderen Produkten abzugrenzen.

Die Produktvergleichstabelle sollten Sie auf allen Produktdetailseiten einbinden, die in der Tabelle aufgeführt sind. Jede Produktspalte sollte zudem ein Call-to-Action-Element (»Jetzt kaufen!« oder Ähnliches) enthalten, das Sie genauso wie den Produktpreis bei längeren Tabellen wiederholen können. Sie sparen dem Besucher unnötige Klicks und führen ihn schneller zum Kaufabschluss.

Bei der Farbangabe bietet es sich an, die Farben nicht nur zu nennen, sondern in kleinen Farbflächen abzubilden. Die Farbauswahl kann so vom Betrachter viel schneller erfasst werden.

Die schematische (und fiktive) Darstellung in Abbildung 10-23 gibt einen direkten Überblick über die Varianten der Gartenliege Amigo. Auf den ersten Blick ist erkennbar, wo die Unterschiede in den Produkten liegen und dass der höhere Preis für die Variante Amigo XXL wegen des enthaltenen Zubehörs gerechtfertigt ist.

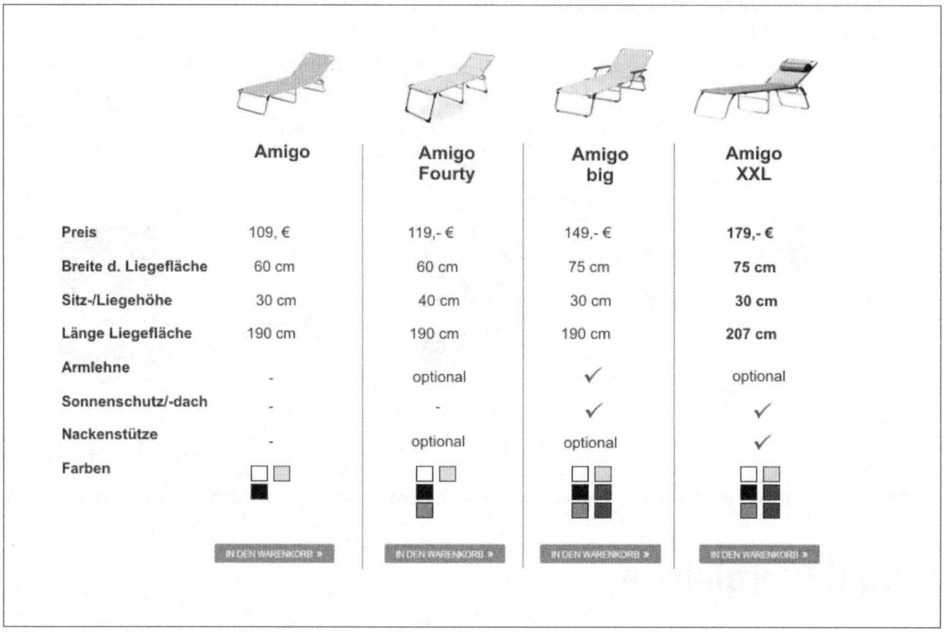

	Amigo	Amigo Fourty	Amigo big	Amigo XXL
Preis	109, €	119,- €	149,- €	**179,- €**
Breite d. Liegefläche	60 cm	60 cm	75 cm	**75 cm**
Sitz-/Liegehöhe	30 cm	40 cm	30 cm	**30 cm**
Länge Liegefläche	190 cm	190 cm	190 cm	**207 cm**
Armlehne	-	optional	✓	optional
Sonnenschutz/-dach	-	-	✓	✓
Nackenstütze	-	optional	optional	✓
Farben				
	IN DEN WARENKORB »	IN DEN WARENKORB »	IN DEN WARENKORB »	IN DEN WARENKORB »

Abbildung 10-23: Produktvergleichstabelle (fiktiv)

Herstellerlogo

Gerade bei Markenprodukten ist die Einbindung des Herstellerlogos unabdingbar. Herstellerlogos haben einen hohen Wiedererkennungswert und bieten dem Kunden eine schnelle Orientierung. Platzieren Sie das Logo in unmittelbarer Nähe zum Produktfoto und zum Produktnamen, um eine Verbindung zwischen diesen Elementen herzustellen.

In Abbildung 10-24 kann man gut erkennen, wie man, ohne den Text zu lesen, auf den ersten Blick den Hersteller des Produkts erfassen kann.

Das Herstellerlogo sollte im Wert jedoch nicht das eigentliche Produktfoto überlagern. Platzieren Sie es daher nicht im Mittelpunkt der Produktdetailseite, sondern lieber dezent im Hintergrund.

Im Idealfall verlinken Sie das Logo mit einer Übersichtsseite mit allen Produkten dieses Herstellers in Ihrem Shop. Kunden, die verstärkt Wert auf Markenprodukte legen, können Sie so das breite Spektrum Ihres Angebots vorstellen.

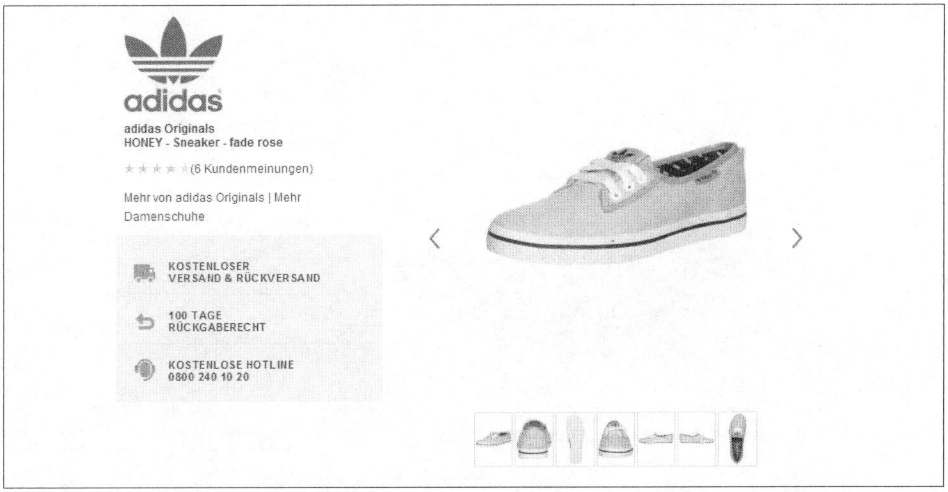

Abbildung 10-24: Herstellerlogo auf der Produktdetailseite, www.zalando.de

Test- und Gütesiegel

Wenn die von Ihnen angebotenen Produkte mit Test- oder Gütesiegeln ausgezeichnet wurden, sollten Sie diese Siegel unbedingt auch auf der Produktdetailseite darstellen.

Achten Sie hierbei bitte auf die Richtlinien, die für die Werbung mit dem jeweiligen Siegel gelten. Darüber hinaus sollten Sie die Siegel ausschließlich bei Produkten einbinden, die auch tatsächlich ausgezeichnet wurden. Wurde nur eine bestimmte Variante ausgezeichnet und Sie verwenden das Logo fur den Stammartikel, kann ebenso ein Wettbewerbsverstoß vorliegen, als wenn Sie mit einem veralteten Produkttest werben.

Wie in vielen Bereichen des E-Commerce gelten auch hier vielfältige Regelungen, die Ihnen ein auf Wettbewerbsrecht spezialisierter Rechtsanwalt erläutern kann.

Bester Preis

Das Internet macht den Preisvergleich für Produkte sehr einfach. Da ein niedriger Preis eines der wichtigsten Verkaufsargumente ist, bietet es sich an, soweit es die eigene Kalkulation zulässt, Kunden eine »Bester Preis«-Funktion anzubieten. Sofern Ihr Kunde das gewünschte Produkt in einem anderen Onlineshop zu einem günstigeren Gesamtpreis, also inkl. Versandkosten und aller weiteren Preisbestandteile, gefunden hat, kann er Ihnen dies mitteilen und Sie um ein günstigeres Angebot bitten.

Ein Klick auf das eingeblendete »Best-Preis-Garantie«-Siegel aus Abbildung 10-25 öffnet ein Fenster, in dem der Interessent seine Kontaktdaten, die Webadresse des anderen Angebots und den dortigen Preis einträgt.

Abbildung 10-25: Preisgarantie, www.gartenmoebel.de

Da die Preise im Internet transparent sind, haben Sie so unter Umständen die Gelegenheit, einen Kunden zum Kauf in Ihrem Shop zu bewegen, der allein wegen des Preises bei Ihrer Konkurrenz bestellen würde. Bedenken Sie, dass der Kunde einen wichtigen Grund haben muss, der ihn davon abhält, in dem anderen Shop einzukaufen, wenn er bei Ihnen eine Preisanfrage startet. Diese Chance sollten Sie sich nicht entgehen lassen!

Auch für Kunden, die keine Preisvergleiche anstellen, hat dieses Siegel eine Aussage: »Sie können die Suche nach einem günstigeren Preis einstellen – wir haben das beste Angebot!«

Tipp

Wenn Sie tatsächlich einmal mit einem günstigeren Preis konfrontiert werden, müssen Sie nicht zwangsläufig den Produktpreis im Onlineshop nach unten korrigieren. Stellen Sie dem Kunden lieber einen Gutschein aus, der Ihren Artikelpreis mindestens um die Differenz zum Konkurrenzpreis senkt, besser noch ihn unterbietet.

Auf diese Weise machen Sie den Interessenten zum Kunden und geben ihm gleichzeitig das Gefühl, ein besonderer Kunde zu sein, da offensichtlich nur ihm dieses Angebot gemacht wird. Mit etwas Glück investiert der Kunde den Rabatt in Mitnahmeartikel (Quengelware), die den Wert des Rabatts übersteigen.

Versandkosten und Zahlungsarten

Viele Besucher Ihres Onlineshops werden nicht über die Startseite, sondern über eine Kategorieseite oder die Produktdetailseite in den Shop gelangen. Dies passiert beispielsweise über Deeplinks, Empfehlung per Mail oder soziale Netze und natürlich auch über das Suchmaschinenmarketing.

Wenn der Kunde sich spontan für ein Produkt entscheidet, muss er noch in Erfahrung bringen, wie hoch die Versandkosten sind und wie er bezahlen kann. Da Sie den Kunden von der Produktdetailseite aus möglichst schnell durch den Bestellvorgang schleusen wollen, sollten Sie vermeiden, dass er die gewünschten und für die Kaufentscheidung wichtigen Informationen erst suchen muss und – schlimmstenfalls – die Produktdetailseite wieder verlässt.

Daher sollten Sie alle für den Käufer wichtigen Informationen auch unabhängig von Ihrer Informationspflicht gemäß der europäischen Verbraucherrechterichtlinie (siehe Kapitel 14, *Rechtliche Aspekte*, auf Seite 329) zur Verfügung stellen.

Sie können diese Informationen auf einem zusätzlichen Reiter bei den Produktdetails unterbringen. In jedem Fall sollten Sie dies aber (nochmals) im Footer des Onlineshops wiederholen. Gerade für die Zahlungsarten bietet sich hierbei die Nutzung der Logos der Zahlungsarten an, da sie schneller durch den Shopbesucher erfasst werden als Hinweise in Textform.

Benefits

Es schadet nicht, auf der Produktdetailseite in kurzen Stichpunkten zu wiederholen, welche Vorteile der Kunde hat, wenn er in Ihrem Onlineshop bestellt. Diese Vorteile müssen sich dabei keineswegs von der Konkurrenz unterscheiden. Vielmehr geht es darum, den Kunden positiv bei seiner anstehenden Kaufentscheidung zu unterstützen. Daher dürfen die Vorteile (aus Ihrer Sicht) so selbstverständlich wie das gesetzlich vorgeschriebene 14-tägige Widerrufsrecht oder eine kostenfreie Hotline sein (Abbildung 10-26)

Abbildung 10-26: Benefits auf der Produktdetailseite, www.fahrrad.de

Produkte in den Warenkorb legen

Legt ein Shopbesucher einen Artikel in den Warenkorb, wird er entweder direkt auf die Seite »Warenkorb« im Onlineshop weitergeleitet, oder der Onlineshop bestätigt das Hineinlegen mittels Visualisierung. Dies kann eine Animation des Warenkorbsymbols im Header-Bereich sein oder – wie auf unserer Abbildung 10-27 – ein Warenkorblayer, der die Wahl zwischen »Einkauf fortsetzen« oder »zur Kasse gehen« lässt. Der Layer schiebt sich dabei über die eigentliche, nun abgedunkelte Produktdetailseite.

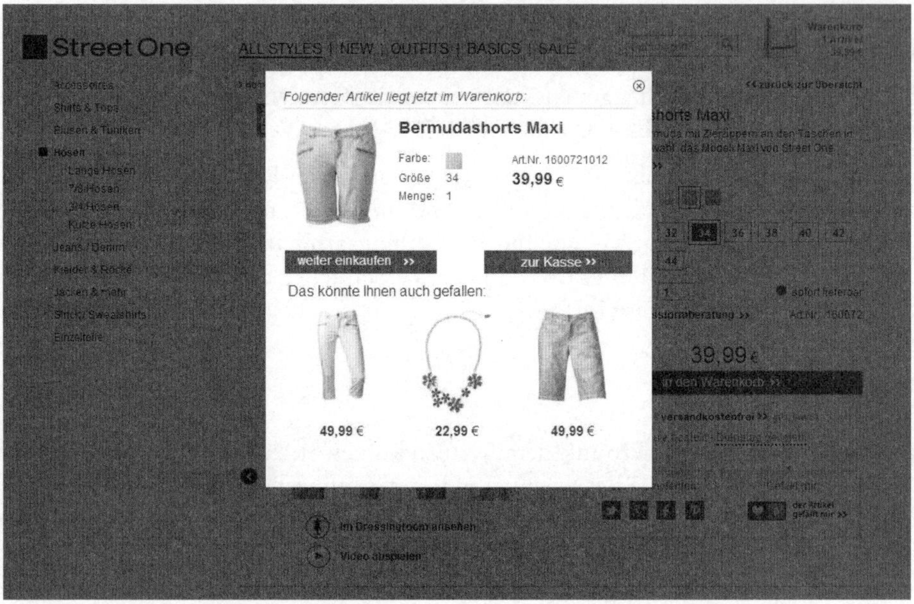

Abbildung 10-27: Warenkorblayer, www.street-one.de

Die direkte Weiterleitung auf die Warenkorbseite verhindert, dass der Besucher von der Produktdetailseite aus seinen Einkauf fortsetzt und weitere Produkte in den Warenkorb legt. Vergleichen Sie es mit dem Einkauf im Supermarkt: Unmittelbar, nachdem Sie ein Produkt aus dem Regal in den Einkaufswagen gelegt haben, kommt ein Angestellter und begleitet Sie zur Kasse und von dort aus zum Ausgang. Sie haben weder die Möglichkeit, weitere Produkte, die Sie vielleicht kaufen wollten, anzusehen, noch können Sie sich am Regal an der Kasse spontan zur Mitnahme einer Packung Kaugummi entschließen.

Wenn der Besucher Ihres Onlineshops auf der Produktdetailseite bleiben kann, nachdem er ein Produkt in den Warenkorb gelegt hat, können Sie ihm z. B. via Cross-Selling weitere passende Produkte anbieten. Unser Beispiel zeigt, wie die Empfehlung zum Kauf weiterer, ergänzender Artikel auch im Warenkorblayer genutzt werden kann (Abbildung 10-27).

Verkaufen Sie Artikel, die wegen ihres Preises oder ihrer Beschaffenheit typischerweise nicht durch andere Produkte ergänzt werden können, bietet es sich an, den Kunden direkt auf die Warenkorbübersicht zu leiten und damit den ersten Schritt in den Checkout-Prozess zu forcieren.

Quengelware

»Mama, kann ich haben?«, fragt das Kind und hält hoffnungsvoll einen Artikel aus dem Regal direkt neben der Kasse hoch. Wer hat diese Szene noch nie beobachtet? So erzieherisch verheerend es ist, manch ein Elternteil wird schwach und der Schokoriegel landet im Wagen.

Nicht zu Unrecht werden die Produkte, die meist in speziellen (kleinen) Verpackungsgrößen an den Kassen stehen, im Sprachgebrauch »Quengelware« genannt. Eine andere Bezeichnung ist »Mitnahmeartikel«, da sie am Ende des Einkaufs meist ohne größere Überlegung spontan mitgenommen werden. Dementsprechend begehrt sind diese Plätze im Regal, und die Supermärkte lassen sich das von den Herstellern der Produkte auch entsprechend bezahlen (Stichwort: Regalflächenoptimierung).

Man kann von dieser Taktik halten, was man möchte, aber der Erfolg ist unbestritten. Und diese Taktik funktioniert auch im Onlineshop. Vielleicht sogar etwas besser als im Supermarkt, da sie eigene, thematisch passende Ware anbieten.

Das Angebot für die Quengelware wird im Checkout-Prozess unmittelbar vor den abschließenden »Jetzt kaufen« Schritt eingebaut. Dies kann über einen Pop-up oder einen Hinweis unter der Warenkorbaufzählung geschehen. Mitunter sieht man auch, dass Quengelware direkt in den Warenkorb gelegt wird. Diese Praxis ist kritisch zu sehen, insbesondere wenn die Artikelanzahl nicht auf 0 gesetzt ist. Kunden könnten die unverlangte Befüllung des Warenkorbs im schlimmsten Fall als Fehler ansehen und sie aus dem Kaufprozess insgesamt aussteigen lassen. Die Gefahr, dass ein Kunde an dieser kritischen Stelle so verloren geht, ist groß.

Quengelware funkioniert dann gut, wenn es Artikel sind, die der Kunde impulsiv kauft. Gleichzeitig sollen die Produkte auch nicht vom eigentlichen Kaufvorgang ablenken. Es dürfen daher keine erklärungsbedürftigen Produkte sein. Auch verbieten sich besonders teure Produkte, über deren Anschaffung man erst noch nachdenken muss.

Beispiel: Ein Shop verkauft Anhängerkupplungen fur PKW, die bevorzugt fur Urlaubsreisen benutzt werden. Gute Produkte für Quengelware wären:

- Warnwesten
- Ersatzlampensets (in zahlreichen Ländern vorgeschrieben)
- Verbandskästen

Als Quengelware nicht geeignet wären:

- Fahrradträger (zu teuer)
- Dachgepäckträger (wegen Fahrzeugauswahl zu kompliziert)

Ein psychologischer Aspekt von Quengelware und der Platzierung im Checkout ist, dass an dieser Stelle kaum jemand einen Preisvergleich macht und so auch Artikel impulsiv mitnimmt, die er nach eingehender Recherche billiger beziehen könnte. Bestellt man 1.000 Warnwesten direkt beim Hersteller in China, dann liegt der Einkaufspreis bei 0,25 Euro pro Stück. Auf dem freien Markt zahlt man um die 2,50 Euro pro Weste – mit Versandkosten um die 5 Euro. Wenn Sie diese Weste als Quengelware im Zweierpack für 5,99 Euro anbieten, wird sie sehr häufig gekauft werden, ohne dass die Käufer großartig den Preis recherchieren. Die 1.000 Westen aus China kosten Sie 250 Euro. Demgegenüber stehen 2.995 Euro Umsatz, die Sie über den Verkauf als Quengelware realisieren können.

Fazit

Die Produktdetailseite bietet als Informationsseite und Einstieg in den Kaufvorgang viele Möglichkeiten. Nicht alle hier vorgestellten Features und Ideen sollten gleichzeitig umgesetzt werden.

Nicht weniger wichtig als die Funktionalität dieser Seite sind die klare Struktur und die Übersichtlichkeit aller Informationen. Nur wenn der Kunde sich auf den ersten Blick zurechtfindet und alle gewünschten Informationen erhält, die er bewusst oder unbewusst sucht, wird er den Kaufvorgang starten und nicht zu Ihrer Konkurrenz wechseln.

Die »Big Player« des E-Commerce optimieren ihre Produktdetailseiten fortlaufend und ermitteln z. B. mittels A/B-Tests, welche Buttonfarben zu mehr Verkäufen führen und welche Anordnung den Klickweg optimiert und die Kaufabbruchrate senkt.

Wahrscheinlich wird Ihnen in der Startphase Ihres Onlineshops für derartige Tests die Datenbasis, d. h. die Menge der Klicks, Käufe und Kaufabbrüche, fehlen. Sie können sich aber immer wieder von den besten Shops inspirieren lassen. Verfolgen Sie die Fachpresse oder die Publikationen, die Sie in unseren Linktipps finden.

Zusammen mit Ihrer Agentur können Sie die Vor- und Nachteile der Features abwägen und prüfen, ob sich die Ideen auf Ihre Produktpalette und Ihren Onlineshop anwenden lassen.

Produktsuche

Die Produktsuche unterstützt den Kunden bei der Orientierung in Ihrem Onlineshop. Soweit Sie den Besucher nicht über die Shopnavigation oder über eine externe Quelle zur Produktdetailseite gebracht haben, die der Kunde sucht, wird er die Suchfunktion in Ihrem Shop nutzen. Die Aufgabe besteht nun darin, den Kunden auf dem kürzesten Weg zur Produktdetailseite zu führen, auf der er den Kaufvorgang starten kann.

Was wird gesucht?

Um dem Kunden das gewünschte Ergebnis präsentieren zu können, sollten Sie zunächst überlegen, wonach der Kunde suchen könnte. Denkbare Suchen sind z. B.:

- Artikelname
- Herstellername
- Artikelnummer
- Artikelvariante
- EAN-Code
- Eigenschaften und Attribute der Artikel
- Prüf- und Ökosiegel

Darüber hinaus müssen Sie überlegen, welche Felder des Produktdatensatzes in Ihrem Onlineshop standardmäßig durchsucht werden. Wird beispielsweise nur der Artikelname durchsucht, führt die Suche nach der Artikelnummer oder einer bestimmten Eigenschaft natürlich zu keinem relevanten Suchergebnis. Stattdessen wird der Kunde »0 Suchergebnisse« angezeigt bekommen und schlimmstenfalls die Suche bei Google oder in einem anderen Onlineshop fortsetzen.

Die bekannten Shopsysteme verfügen in der Regel über ein eigenes Datenbankfeld für Suchbegriffe, die Sie jedem einzelnen Artikel zuordnen können. An dieser Stelle können Sie Eigenschaften und Begriffe eintragen, die in Ihrer Produktbeschreibung oder in den durchsuchbaren Feldern nicht vorkommen, um sicherzugehen, dass dieser Artikel auch angezeigt wird, wenn der entsprechende Begriff in die Suche eingegeben wird.

Fehlertoleranz

In der Standardfunktionalität der Shopsysteme ist keine Fehlertoleranz bei der Suchfunktion implementiert. Auf jeden Fall sollten Sie auch die Suche nach Schreibfehlern abdecken.

Dies können Sie beispielsweise erreichen, indem Sie die falsche Schreibweise in die Liste der suchbaren Begriffe aufnehmen. Überlegen Sie, wie Ihr dümmster anzunehmender Kunde den Namen Ihres Artikels schreiben würde, egal, für wie unwahrscheinlich Sie selbst diese Schreibweise halten.

Neben der Grundfunktionalität der Suche im Shopsystem können Sie auch Module von Anbietern einsetzen, die auf die Suche in Onlineshops spezialisiert sind. Wie das funktioniert, zeigen wir im Abschnitt »Externe Anbieter von Suchfunktionen« auf Seite 198.

Auto-Fill

Die Auto-Fill-Funktion wurde spätestens durch Google bekannt. Während der Suchende Buchstaben in das Suchfeld eintippt, baut sich direkt unterhalb des Eingabefelds dynamisch eine Liste mit Begriffen oder Artikelnamen auf, die sich mit jedem eingetippten Buchstaben verändern kann.

Die Auflistung generiert sich dabei z. B. aus den Artikelnamen in Ihrem Onlineshop. Der Shopbesucher kann, sofern ihm das gewünschte Produkt nun in der Auflistung auffällt, diesen Artikel direkt mit der Maus anklicken und die Suche damit abkürzen. Nach dem Klick wird er direkt auf die Produktdetailseite geleitet.

Unterstützt wird die Auflistung im Idealfall durch eine kleine Abbildung links vom Produktnamen. Kommt der Suchbegriff in mehreren unterschiedlichen Artikeln vor, kann der Suchende schon anhand des Produktbilds eingrenzen, welches das richtige ist.

Ist das von ihm gesuchte Produkt nicht in der Vorschlagsliste enthalten, klickt er auf den mit »Suche« oder ähnlich benannten Button und wird auf die Suchergebnisseite geführt.

Abbildung 10-28 zeigt eine ausführliche Vorschlagsliste. Auf Basis des Suchbegriffs »weber« werden nicht nur relevante Artikelgruppen, sondern auch Hersteller und Produktkategorien, jeweils mit passendem Bild, angezeigt, soweit sie dem Suchbegriff entsprechen. Je mehr Buchstaben des Suchbegriffs in das Suchfeld eingetippt werden, desto kürzer wird die Liste der angezeigten Produkte. Die Aktualisierung der Liste erfolgt dabei automatisch im Hintergrund.

Abbildung 10-28: Vorschlagsliste, www.grillfuerst.de

Suchergebnisseite

Sofern der Shopbesucher keine Auswahl über die vorhandene Auswahlliste der Auto-Fill-Funktion getroffen hat, landet er auf der Suchergebnisseite. Diese Seite liefert dem Kunden entweder das gesuchte Produkt oder lässt ihn in eine Sackgasse laufen, weil ihm keine oder die falschen Produkte angezeigt werden (siehe Abbildung 10-29). In letzterem Fall können Sie davon ausgehen, dass der Kunde den Kauf in Ihrem Shop abbricht.

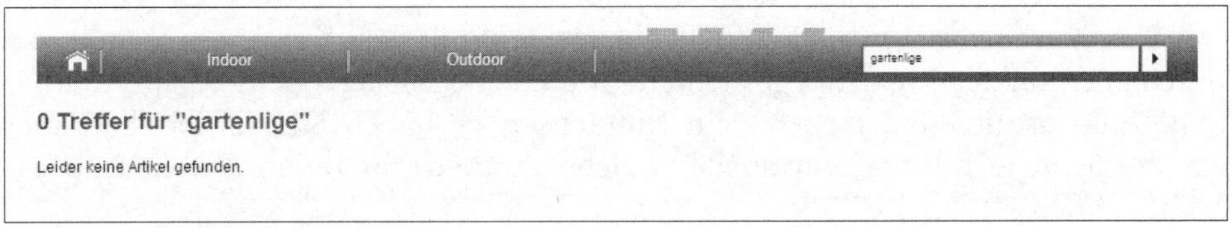

Abbildung 10-29: Schlechte Suchergebnisseite

Sie sollten also, wenn Sie Ihrem Kunden nicht das gewünschte Produkt anzeigen können, Alternativen in Form anderer Produkte oder Kundenservice anbieten.

In Abbildung 10-30 wird das gesuchte Produkt zwar auch nicht gefunden, der Kunde hat aber die Möglichkeit, auf mehreren Wegen weiter im Shop zu agieren. Neben einem zusätzlichen Navigationselement im linken Bereich findet er mehrere Produktboxen im Abschnitt »Häufig gesucht«.

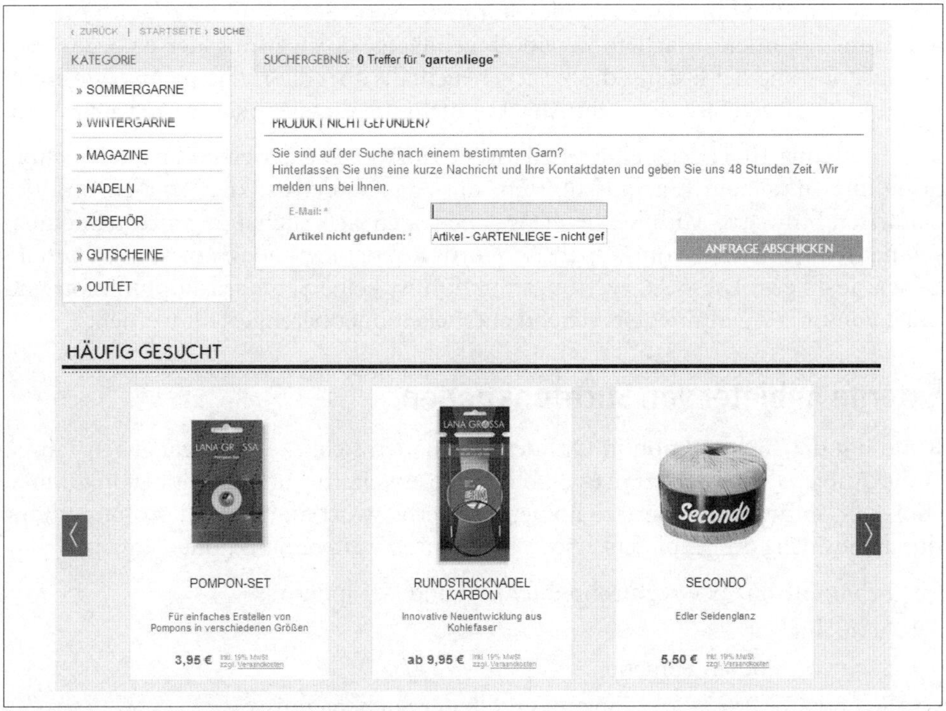

Abbildung 10-30: Suchergebnisseite mit Auswahlmöglichkeiten

Die Artikel in diesem Abschnitt können tatsächlich häufig gesucht werden und einer automatischen Auswertung des Datenbestands entstammen oder von Ihnen im Shopsystem manuell zusammengestellt werden.

Häufig von Endkunden genutzt wird die direkte Kontaktaufnahme. Ein sehr kurzes Kontaktformular mit nur zwei Feldern, eines davon schon ausgefüllt mit dem vom Shopbesucher eingegebenen Suchbegriff, bietet die Möglichkeit, eine Suchanfrage direkt an den Shopbetreiber zu schicken. Der Suchende muss in dieses Feld nur noch seine E-Mail-Adresse eintragen und das Formular absenden.

Der Shopbetreiber hat nun die Möglichkeit, direkt mit dem Kunden in Kontakt zu treten und ihm den Link zum gesuchten Produkt zu schicken oder ihm ein Alternativprodukt anzubieten. Neben dem Kundenservice haben Sie als Shopbetreiber eine zusätzliche Informationsquelle, welche Produkte in Ihrem Onlineshop gesucht werden.

Auswertung der Suchbegriffe

Statistische Auswertungstools wie Google Analytics oder econda zeigen Ihnen auf den ersten Blick, welche Produkte in Ihrem Onlineshop beliebt sind und welche Seiten häufig besucht werden. Kein Standardstatistiktool bietet aber eine Auswertung dazu, welche Produkte in Ihrem Onlineshop nicht gefunden werden.

Die Auswertung der Suchfunktion in Ihrem Onlineshop bietet Ihnen wertvolle Hinweise, welche Produkte Sie verkaufen könnten, wenn Sie sie in Ihr Produktportfolio aufnehmen würden. Machen Sie eine regelmäßige Auswertung der eingegebenen Suchbegriffe und der EMails, die Sie gegebenenfalls über die Suchergebnisseite erhalten, und überlegen Sie, ob Sie Ihr Angebot nicht um diese Artikel erweitern können.

Die Abbildung 10-31 zeigt eine tabellarische Auswertung der eingegebenen Suchbegriffe, die zu keinem Ergebnis führten, mit Angabe der exakten Uhrzeit und des genutzten Browsers. Mithilfe dieser Angabe lassen sich Suchanfragen von Suchmaschinen, beispielsweise vom Google AdWords Robot (*www.google.com/adsbot.html)*, gezielt ausfiltern. Diese Auswertungsfunktion ist keine Standardshopfunktion und muss von Ihrer Agentur entsprechend entwickelt oder bereitgestellt werden.

Externe Anbieter von Suchfunktionen

Rund um die Suchfunktion in Onlineshops haben sich in den vergangenen Jahren einige Anbieter externer Services etabliert, die erweiterte Suchfunktionen in Onlineshops als Software-as-a-Service anbieten. Hierbei wird die Suche des Onlineshops durch die Suche des Anbieters ersetzt bzw. durch weitere Funktionen ergänzt:

- Fehlertoleranz bei Rechtschreibfehlern und Vertippern
- Lernfähigkeit
- Suche in anderen Sprachen
- Steuerbares Produktranking innerhalb der Suchergebnisse
- Analyse der Suchbegriffe

Mozilla/5.0 (Linux; U; Android 4.0.3; de-de; HTC_SensationXE_Beats Build/IML	[redacted]	12.06.2014 15:43	[redacted]	dovino
Mozilla/5.0 (Linux; U; Android 4.2.2; de-de; GT-P5110 Build/JDQ39) AppleWeb	[redacted]	12.06.2014 16:55	[redacted]	babygarne peddy
AdsBot-Google (+http://www.google.com/adsbot.html)	[redacted]	12.06.2014 16:57	[redacted]	bicolore
Mozilla/5.0 (Macintosh; Intel Mac OS X 10_9_1) AppleWebKit/537.73.11 (KHTML	[redacted]	12.06.2014 17:33	[redacted]	evanto
Mozilla/5.0 (Macintosh; Intel Mac OS X 10_9_1) AppleWebKit/537.73.11 (KHTML	[redacted]	12.06.2014 17:33	[redacted]	evato
Mozilla/5.0 (Windows NT 6.1; WOW64; rv:29.0) Gecko/20100101 Firefox/29.0	[redacted]	12.06.2014 18:56	[redacted]	inside
Mozilla/5.0 (Windows NT 6.1; WOW64; rv:29.0) Gecko/20100101 Firefox/29.0	[redacted]	12.06.2014 18:56	[redacted]	inside
Mozilla/5.0 (Windows NT 6.1; WOW64; rv:30.0) Gecko/20100101 Firefox/30.0	[redacted]	12.06.2014 19:18	[redacted]	setanova
Mozilla/5.0 (Macintosh; Intel Mac OS X 10_9_1) AppleWebKit/537.73.11 (KHTML	[redacted]	12.06.2014 19:26	[redacted]	casual
Mozilla/5.0 (iPad; CPU OS 7_1_1 like Mac OS X) AppleWebKit/537.51.1 (KHTML	[redacted]	12.06.2014 19:35	[redacted]	Nuvola
Mozilla/5.0 (Windows NT 5.1; rv:29.0) Gecko/20100101 Firefox/29.0	[redacted]	12.06.2014 20:42	[redacted]	evito
Mozilla/5.0 (Windows NT 6.2; WOW64; rv:29.0) Gecko/20100101 Firefox/29.0	[redacted]	12.06.2014 20:59	[redacted]	safari stil
Mozilla/5.0 (Windows NT 6.2; WOW64; rv:29.0) Gecko/20100101 Firefox/29.0	[redacted]	12.06.2014 21:04	[redacted]	knöpfe
Mozilla/5.0 (Windows NT 6.2; WOW64; rv:29.0) Gecko/20100101 Firefox/29.0	[redacted]	12.06.2014 21:05	[redacted]	knopf
Mozilla/5.0 (Windows NT 6.2; WOW64; rv:29.0) Gecko/20100101 Firefox/29.0	[redacted]	12.06.2014 21:05	[redacted]	knöpfe
Mozilla/5.0 (Windows NT 6.3; WOW64; rv:29.0) Gecko/20100101 Firefox/29.0	[redacted]	12.06.2014 21:11	[redacted]	lampone
Mozilla/5.0 (iPad; CPU OS 7_1_1 like Mac OS X) AppleWebKit/537.51.2 (KHTML	[redacted]	12.06.2014 21:26	[redacted]	giava
Mozilla/5.0 (Windows NT 6.1; WOW64; rv:30.0) Gecko/20100101 Firefox/30.0	[redacted]	13.06.2014 00:11	[redacted]	FELPA
Mozilla/5.0 (Windows NT 6.3; WOW64; rv:29.0) Gecko/20100101 Firefox/29.0	[redacted]	13.06.2014 09:01	[redacted]	trachten
Mozilla/5.0 (Windows NT 6.1; WOW64; rv:29.0) Gecko/20100101 Firefox/29.0	[redacted]	13.06.2014 09:06	[redacted]	florida
Mozilla/5.0 (compatible; MSIE 10.0; Windows NT 6.1; WOW64; Trident/6.0)	[redacted]	13.06.2014 09:34	[redacted]	strickmodelle
Mozilla/4.0 (compatible; MSIE 8.0; Windows NT 6.1; Trident/4.0; SLCC2; .NET C	[redacted]	13.06.2014 11:36	[redacted]	
Mozilla/5.0 (Windows NT 6.1; WOW64; rv:29.0) Gecko/20100101 Firefox/29.0	[redacted]	13.06.2014 11:43	[redacted]	grumpelwortz
Mozilla/5.0 (Windows NT 6.1; WOW64; rv:29.0) Gecko/20100101 Firefox/29.0	[redacted]	13.06.2014 11:49	[redacted]	mgfdy
Mozilla/5.0 (iPhone; CPU iPhone OS 7_1_1 like Mac OS X) AppleWebKit/537.51	[redacted]	13.06.2014 12:03	[redacted]	Inside
Mozilla/5.0 (Macintosh; Intel Mac OS X 10.9; rv:29.0) Gecko/20100101 Firefox/29.0	[redacted]	13.06.2014 13:44	[redacted]	samea
Mozilla/5.0 (Windows NT 6.2; WOW64) AppleWebKit/537.36 (KHTML, like Gec	[redacted]	13.06.2014 13:54	[redacted]	
Mozilla/5.0 (Windows NT 6.1; WOW64; rv:30.0) Gecko/20100101 Firefox/30.0	[redacted]	13.06.2014 14:34	[redacted]	Garnnadeln
Mozilla/5.0 (Windows NT 5.1; rv:29.0) Gecko/20100101 Firefox/29.0	[redacted]	13.06.2014 16:47	[redacted]	casual
Mozilla/5.0 (Windows NT 6.3; WOW64; Trident/7.0; rv:11.0) like Gecko	[redacted]	13.06.2014 16:54	[redacted]	Inside

Abbildung 10-31: Tabellarische Auswertung von Suchanfragen

Einen Teil der Funktionen können Sie, wie im Abschnitt »Fehlertoleranz« auf Seite 195 beschrieben, selbst bzw. mithilfe Ihrer Agentur über Module für Ihren Onlineshop realisieren. Dies ist jedoch mit einem fortlaufenden Aufwand bei der Produktpflege und Auswertung der Suchbegriffe verbunden.

FACT-Finder (*www.fact-finder.de*), einer der führenden Anbieter externer Suchfunktionen von Onlineshops, spricht von bis zu 33 % Mehrumsatz durch den Einsatz erweiterter Suchfunktionalitäten.

Es ist nicht von der Hand zu weisen, dass es zu Kaufabbrüchen kommt, wenn der Kunde über die Suche nicht die Produkte findet, die er ansehen möchte. Dem Mehr an Konversionen und Weniger an Pflegeaufwand stehen die Kosten für die Integration der Softwaremodule der externen Anbieter und die laufenden Kosten im Betrieb – meist Grundgebühr plus eine von der Anzahl der Suchabfragen abhängige Gebühr – gegenüber.

Lassen Sie sich von Ihrer E-Commerce-Agentur beraten, welches externe Modul in Ihren Onlineshop integriert werden kann, welche Vorteile dies mit sich bringt und mit welchen (laufenden) Kosten das Modul des externen Anbieters verbunden ist.

In diesem Kapitel:

KAPITEL 11

Checkout-Prozess

Geschafft! Der Kunde hat ein oder mehrere Produkte in den Warenkorb gelegt und kann das Produkt jetzt kaufen. Die Warenkorbansicht ist der erste Schritt in den Checkout-Prozess, der mit dem eigentlichen Kauf auf der »Thank-You-Page« (»Vielen Dank für Ihren Einkauf!«) abschließt. In den folgenden Schritten registriert sich der Kunde mit einem persönlichen Konto oder meldet sich im Shop mit Benutzernamen und Kennwort an, um seine Daten aufzurufen. Er entscheidet über Zahlungsarten und Versandwege und schließt – im Idealfall – seinen Kauf ab.

Gerade für Kunden, die zum ersten Mal in Ihrem Onlineshop einkaufen, bieten sich hier zahlreiche Möglichkeiten, um den Kauf abzubrechen. Für den Shopbetreiber bietet der Checkout-Prozess dagegen erhebliches Optimierungspotenzial, um die Besucher vom Kaufabbruch abzuhalten.

Mittels gängiger Analysetools, wie z. B. Google Analytics oder econda Web Analytics lassen sich die Besucherströme und insbesondere die Ausstiegsseiten im Checkout-Prozess sehr gut visualisieren. Google hat mögliche Gründe für Kaufabbrüche in einem (englischsprachigen) Video ein wenig überspitzt, aber anschaulich zusammengefasst: *aix.li/checkout-video*. Die wichtigsten Regeln, die Sie bei der Optimierung des Checkout-Prozesses beachten sollten, stellen wir in diesem Abschnitt vor.

Conversion-Funnel

Die Warenkorbansicht ist der erste Schritt in den Checkout-Prozess, der mit dem Kauf abschließt. An dieser Stelle beginnt der Albtraum jedes Shopbetreibers: der Conversion-Funnel. Der Konversionstrichter bezeichnet die Reihenfolge der Webseiten, die der Shopbesucher durchlaufen muss, bevor er das Produkt tatsächlich gekauft hat (Abbildung 11-1). Der Trichter beginnt mit der Warenkorbseite und endet mit der Dankeseite, auf der der Kauf abgeschlossen ist und das dem Käufer bestätigt wird.

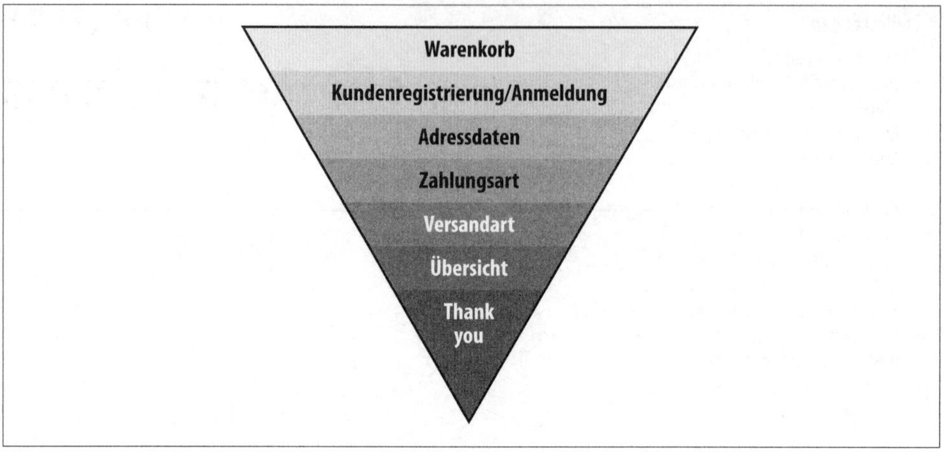

Abbildung 11-1: Der Weg vom Warenkorb zum Verkauf

Mit jeder einzelnen Seite steigt dabei die Zahl der Kaufabbrüche und sinkt die Anzahl der Kunden, die zum nächsten Schritt gehen. Keine Sorge, das ist ganz normal. Manche Kunden möchten den Onlineshop einfach ausprobieren, nicht jeder Kunde besucht Ihren Shop mit einer konkreten Kaufabsicht, manche fühlen sich durch Design oder Optionen gestört – Ihre Aufgabe besteht darin, Besucher durch Optimierung vom Kaufabbruch abzuhalten.

Um den Verlauf zu optimieren und die Anzahl der Kaufabbrüche zu senken, gelten ähnliche Regeln wie bei der Optimierung des gesamten Onlineshops:

- Übersichtlichkeit schaffen
- Vertrauen aufbauen
- Zweifel minimieren
- Aufwand senken

Design des Checkout-Prozesses

Ein erster Weg, um Übersichtlichkeit zu schaffen, ist das Ausblenden der für den Checkout unwesentlichen Elemente des Onlineshops. Mit Beginn des Kaufvorgangs nach der Warenkorbansicht gilt es, den Besucher möglichst wenig vom eigentlichen Kaufvorgang abzulenken und durch den Kaufvorgang zu begleiten.

Die Abbildungen 11-2 und 11-3 zeigen gut, wie viele Elemente des Onlineshops im Beispiel *www.conrad.de* wegfallen. Nachdem der Kunde aus dem Warenkorb heraus »Zur Kasse gehen« angeklickt hat, reduziert sich die Ansicht auf das Wesentliche. Unter anderem verschwindet die komplette Shopnavigation. Der Shopbesucher hat so zumindest auf den ersten Blick keine Möglichkeit mehr, zum Shop zurückzukehren oder einzelne Positionen im Warenkorb zu verändern. Die hier vorgenommene Bevormundung des Kunden durch die Wegnahme von Klickmöglichkeiten dient allein der Optimierung und Steigerung von Konversionsraten. Amazon agiert noch wesentlich aggressiver und verzichtet fast ganz auf Informationen und andere Elemente, die vom Kaufvorgang ablenken könnten.

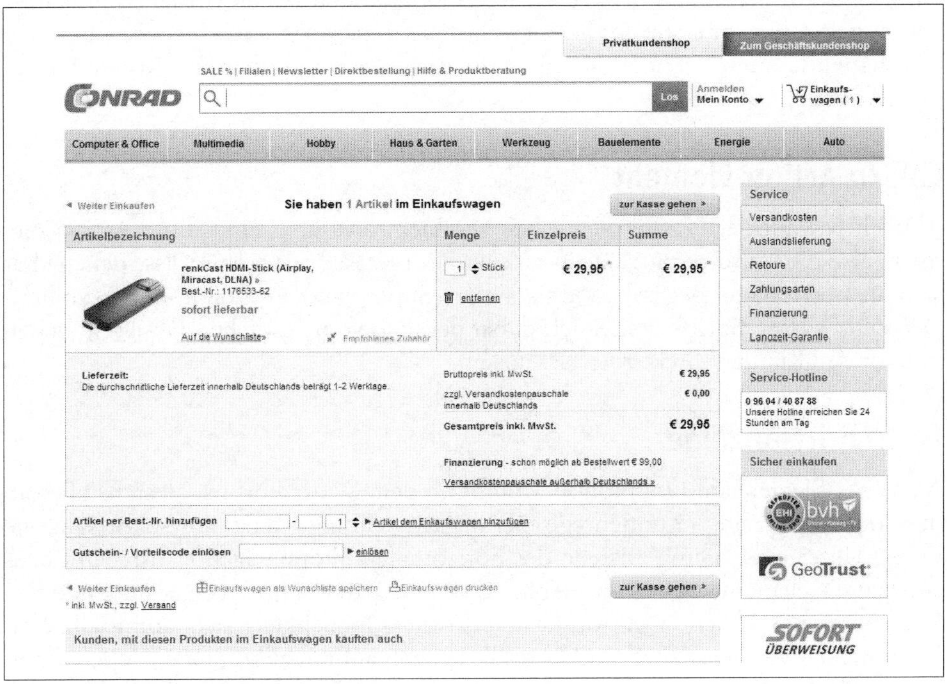

Abbildung 11-2: Warenkorbansicht, www.conrad.de

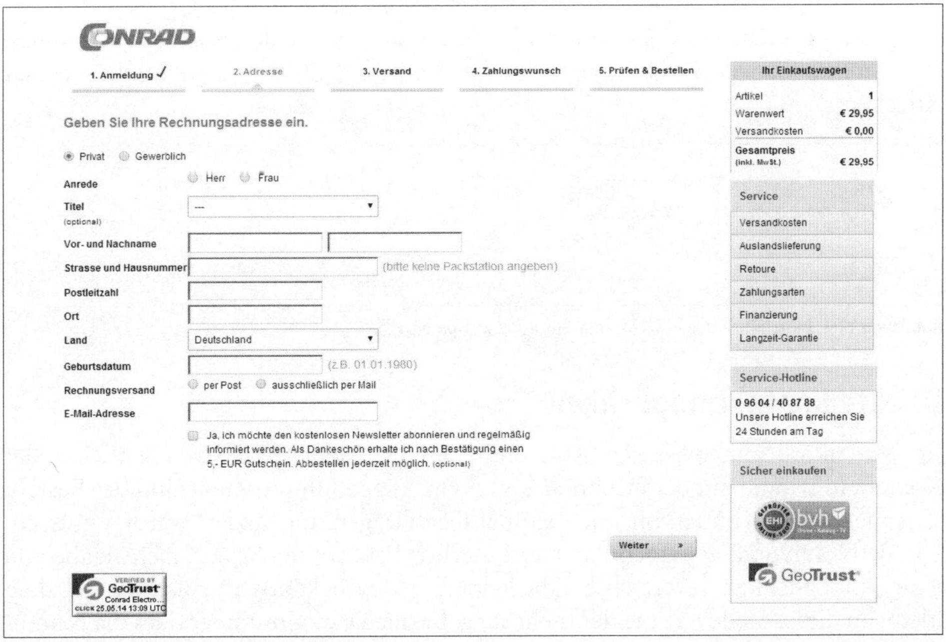

Abbildung 11-3: Adresseingabe, www.conrad.de

Warenkorbansicht

Der Warenkorb zeigt alle Artikel, die der Shopkunde in seinen virtuellen Einkaufswagen gelegt hat. In erster Linie soll sich der Kunde noch einmal einen Überblick verschaffen können. Für den Shopbetreiber ist es wichtig, dass der Kunde hier in den Kaufvorgang einsteigt.

Call-to-Action-Element

Ähnlich wie auf der Produktdetailseite geschieht dies über ein Call-to-Action-Element, also die Aufforderung, etwas zu tun. »Zur Kasse« oder »Zur Kasse gehen« hat sich als übertragene Begrifflichkeit aus dem Supermarkt in Onlineshops etabliert. Der »Zur Kasse«-Button sollte sich dabei deutlich vom restlichen Design abheben und für den Kunden direkt zu erfassen sein.

Fortschrittsanzeige

Als neues Element im Onlineshop kommt ab dem Warenkorb, spätestens aber ab der folgenden Seite »Kundenregistrierung/Anmeldung« eine Fortschrittsanzeige hinzu. Unter oder häufig anstelle der horizontalen Shopnavigation tritt ein neues Navigationselement, das in der Abfolge die weiteren Schritte bis zum Ende des Kaufvorgangs skizziert. Der Kunde hat so die Möglichkeit, sich unmittelbar zu informieren, wie viele Seiten und Formulare noch auf ihn zukommen. Zudem kann er einfach per Klick einen oder mehrere Schritte im Bestellvorgang zurücknavigieren, um seine Eingaben zu kontrollieren oder zu korrigieren.

Ein grünes Häkchen, in Abbildung 11-4 hinter dem Warenkorb, gibt dem Kunden eine direkte visuelle Bestätigung über die Vollständigkeit und Richtigkeit seiner Angaben .

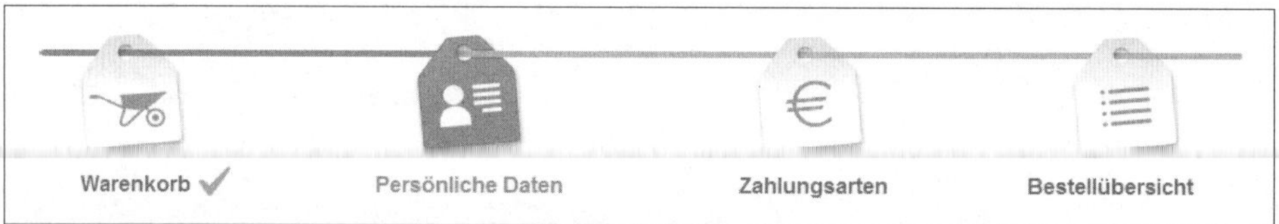

Abbildung 11-4: Fortschrittsanzeige im Checkout-Prozess, www.gartenxxl.de

Direkte Kontaktmöglichkeit

Im Warenkorb sollten Sie dem Kunden nochmals gesondert alle Möglichkeiten der Kontaktaufnahme mit dem Kundenservice vor Augen führen. Zu Beginn des Bestellvorgangs haben Kunden oft noch einmal Detailfragen, die geklärt werden müssen. Um den Kaufvorgang jedoch nicht zu unterbrechen, sollten Sie auf die Angabe von Kontaktmöglichkeiten verzichten, die keine direkte Rückantwort zulassen. Letztlich bleibt an dieser Stelle nur die deutliche Angabe der Telefonnummer oder die Einbindung des Livechats.

Trust-Elemente und Kundeninformation

Um die Zweifel des potenziellen Käufers zu minimieren, sollten Sie im Warenkorb alle Punkte herausstreichen, die aus der Sicht des Kunden für den Einkauf in Ihrem Onlineshop sprechen. Dies können sein:

- Qualitätssiegel
- Sicherheitshinweis (SSL-Verschlüsselung)
- Gewährleistung und Garantie
- Kurze Lieferzeit
- Versandkostenfreiheit (soweit gegeben)

Tipp Neben der Auflistung der Vorteile als Text oder in Form von Grafiken können Sie auch längere Texte auf anderen Informationsseiten verlinken. Achten Sie jedoch unbedingt darauf, dass dies in einem neuen Fenster möglichst ohne Navigationselemente und Browserschaltflächen geschieht. Sie sollten auf jeden Fall verhindern, dass der Shopbesucher den Kaufvorgang abbricht, indem er die aktuelle Bildschirmseite verlässt!

An dieser Stelle sollten Sie den Kunden nochmals darüber informieren, mit welchen Zahlungsmitteln er bezahlen kann und welche Versanddienstleister bzw. Versandoptionen ihm zur Verfügung stehen. Blenden Sie die Symbole Ihrer Zahlungsarten und Ihrer Logistikpartner daher am Fuß der Seite ein.

Produktauflistung

Im Allgemeinen wird der Postenauflistung im Warenkorb zu wenig Aufmerksamkeit vonseiten der Shopbetreiber geschenkt. Der Umfang der Standardangaben, die Ihr Shopsystem hier anzeigt, ist für das Informationsbedürfnis des Kunden in der Regel deutlich zu gering. Hier sollten die folgenden Informationen zu jedem Artikel im Warenkorb hinterlegt werden:

- Artikelname
- Hersteller und/oder Marke
- Artikelvariante (Farbe, Größe etc.)
- Artikelnummer
- Artikelbild der ausgewählten Variante (insbesondere in der richtigen Farbe!)
- Lieferbarkeit
- Einzelpreis des Artikels
- Anzahl der Artikel im Warenkorb
- Gesamtpreis der Artikelzeile

Die unterschiedlichen Artikel im Warenkorb sollten zusätzlich durch einen deutlichen Trenner (Strich oder Farbwechsel) voneinander abgegrenzt sein. Dies erleichtert gerade bei umfangreichen Warenkörben die Übersicht.

Gutschein einlösen

Der Warenkorb ist auch der Ort, an dem Kunden vorhandene Gutscheine einlösen können. Entweder ist hier ein entsprechendes Eingabefeld bereits vorhanden, oder es wird durch einen Klick auf einen Button oder Text eingeblendet.

Nach Eingabe des Gutscheincodes wird der Gutschein eingelöst und der Gutschriftbetrag als fester Wert oder prozentual vom Warenkorbwert abgezogen.

Tipp

Prüfen Sie vor dem Go-live Ihres Shops nicht nur, ob Gutscheine eingelöst werden können und ob die Berechnung korrekt erfolgt. Sie sollten auch prüfen, was passiert, wenn der Gutschein nicht eingelöst werden kann, weil der Gutschein bereits einmal benutzt wurde oder weil der Gutscheincode falsch ist.

Bei falschen Gutscheincodes sollten Sie den Nutzer durch eine eindeutige Fehlermeldung auf den möglichen Fehler hinweisen und eine direkte Hilfestellung, im Idealfall per Telefon, anbieten!

Wenn der Kunde sicher ist, alles richtig gemacht zu haben, die Einlösung des Gutscheins aber nicht funktioniert, müssen Sie nicht nur mit einem Kaufabbruch rechnen, sondern auch mit einem sehr frustrierten Kunden, der nicht noch einmal bei Ihnen einkaufen wird.

Voraussichtlicher Liefertermin

Durch zuverlässigere Lieferdienste und einen höheren Automatisierungsgrad ist es heute durchaus möglich, eine Prognose für den voraussichtlichen Liefertermin abzugeben.

Durch die Angabe dieses Termins schon im Warenkorb können Sie bestehende Zweifel beim Einkauf in Ihrem Shop weiter ausräumen und mit Zuverlässigkeit punkten. Sie sollten aber sicherstellen können, dass die angegebenen Termine bei Ihnen organisatorisch wirklich machbar sind.

Preisauszeichnung

Sowohl auf den Produktdetailseiten als auch auf den Seiten des Checkouts sollten Sie auf die richtige Form der Preisauszeichnung entsprechend der Preisangabenverordnung achten.

Preise sind immer als Gesamtpreis anzugeben, wobei dem Kunden klar sein muss, dass alle Preisbestandteile, also auch die Mehrwertsteuer, enthalten sind. Ein deutlicher Hinweis hierauf und ein Ausweis der enthaltenen Mehrwertsteuer als Betrag sollten daher auf der Warenkorbseite nicht fehlen.

Achten Sie insbesondere auf die Angabe der richtigen Mehrwertsteuersätze. Sobald Sie Waren mit dem normalen und dem verminderten Mehrwertsteuersatz gleichzeitig anbieten, müssen die Mehrwertsteuersätze auch getrennt voneinander angegeben werden, und es muss gleichzeitig klar erkennbar sein, welche Produkte welchem Mehrwertsteuersatz unterliegen.

Sofern Sie im Warenkorb Streichpreise anzeigen, sollten Sie unbedingt den Hinweis auf den Bezugspreis, also z. B. »*Durchgestrichene Preise beziehen sich auf unseren ehemaligen Verkaufspreis*« einfügen.

Versandkosten

Mit Blick auf die Pflichtangaben sollten Sie auch im Warenkorb die Versandkosten angeben. Soweit Sie dies noch nicht können, weil Ihre Versandkosten vom Zielland oder der Versandart (z. B. Standard oder Expressversand) abhängig sind, sollten Sie zumindest die Kosten für den Standardversand innerhalb Deutschlands angeben und auf abweichende Versandkosten hinweisen.

Dies kann durch einen mit der Versandkosteninformation verlinkten Hinweis oder Sternchen-Text (*) in der Form »*Standardversandkosten innerhalb Deutschlands. Die tatsächlich anfallenden Versandkosten werden im Laufe des Bestellvorgangs berechnet*« erfolgen.

Quengelware im Warenkorb

Der Bereich unterhalb des Warenkorbs bietet sich – vergleichbar mit dem Regal an der Supermarktkasse – dafür an, Produkte im Rahmen des Cross-Sellings zu präsentieren. Wie auf der Produktdetailseite ist es möglich, ähnliche Produkte oder von Ihnen festgelegte Sonderangebote einzublenden (Abbildung 11-5).

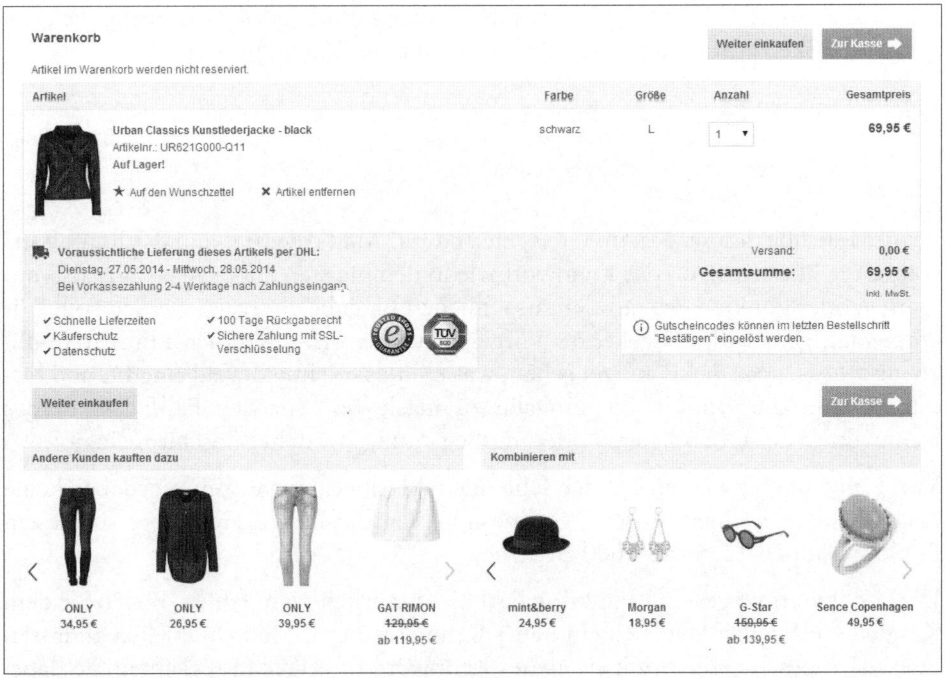

Abbildung 11-5: Warenkorbansicht mit Quengelware, www.zalando.de

Um den Kaufvorgang nicht zu unterbrechen, sollten Sie hier jedoch ausschließlich günstige und nicht erklärungsbedürftige Mitnahmeartikel anbieten, die durch Klick auf das Call-to-Action-Element direkt dem Warenkorb hinzugefügt werden. Verzichten Sie darauf, den Kunden zurück auf die Produktdetailseite zu navigieren.

Registrierung/Anmeldung

Nach der Warenkorbansicht folgt oft die Benutzerregistrierung und/oder Anmeldung für Benutzer mit bestehendem Kundenkonto. Shopbetreiber sollten darauf achten, dass Kunden auch einen Kauf als Gast, also ohne anzulegendes Kundenkonto, tätigen können (Abbildung 11-6). In Zeiten umfassender Diskussionen über den Datenschutz möchten Kunden immer häufiger kein Kundenkonto anlegen, im Glauben, dass damit keinerlei Daten im Onlineshop gespeichert werden. Natürlich müssen Shopbetreiber alle für die Erfüllung des Geschäfts notwendigen Daten nicht nur erheben, sondern auch im Rahmen der gesetzlichen Vorgaben langfristig – teilweise sogar zehn Jahre – speichern. Es geht für den Kunden im Onlineshop lediglich um den psychologischen Effekt, der sich in der Angabe eines Kennworts manifestiert.

Verkaufen Sie Produkte, bei denen absehbar kein erneuter Kauf in Ihrem Shop erfolgen wird – oder zumindest nicht in einem Zeitraum, in dem man davon ausgehen kann, dass der Kunde seine Zugangsdaten vergessen haben wird –, sollten Sie überlegen, ob Sie den Schritt der Benutzerregistrierung nicht sogar komplett deaktivieren. Jeder zusätzliche Schritt im Bestellvorgang und jedes zusätzliche Feld in Eingabemasken erhöht die Wahrscheinlichkeit eines Kaufabbruchs.

Tipp Die Deaktivierung des Zwischenschritts ist in den meisten Shopsystemen nur durch einen Eingriff in die Programmierung möglich. Sprechen Sie den erforderlichen Aufwand mit Ihrer Agentur ab.

Bei der Eingabe des Benutzernamens, meist der E-Mail-Adresse, und des Kennworts sollten Sie überlegen, ob das Kennwort wie in den meisten Shops maskiert, also mit Sternen oder Punkten, anstatt der tatsächlichen Eingabe angezeigt werden soll. Wir empfehlen genau die umgekehrte Vorgehensweise, die wesentlich nutzerfreundlicher ist: Lassen Sie den Benutzer sehen, was er in das Kennwortfeld eingibt, und bieten Sie ihm die Option, die Eingabe zu maskieren, für den Fall, dass er das Kennwort in der Öffentlichkeit oder mit Begleitung vor dem Bildschirm eingibt.

Vor Kundenbeschwerden zu der fehlenden Maskierung müssen Sie dabei keine Angst haben. In einem unserer Onlineshops lag die Beschwerdequote zu diesem Punkt im Jahr 2015 bei 120.000 zu 2.

Die »Kennwort vergessen«-Funktion darf hier natürlich nicht fehlen. Bieten Sie dem Kunden die Möglichkeit, sich ein neues Kennwort per E-Mail zuschicken zu lassen oder via zugeschicktem Link ein neues Kennwort zu vergeben. Beachten Sie dabei bitte die folgenden beiden Regeln:

1. Das neue Kennwort oder der Link zur Vergabe eines neuen Kennworts sollte sofort verschickt werden. Wenn Sie den Benutzer zu lange warten lassen, wird er den Kaufvorgang höchstwahrscheinlich nicht fortsetzen.
2. Wenn Ihr Kunde ein neues Kennwort vergeben hat, sollte er nach der Neuvergabe direkt eingeloggt auf die Seite der Adressangabe weitergeleitet werden. Viele Onlineshops führen den Kunden nach der Neuvergabe zur Startseite des Shops oder zur Warenkorbübersicht. Diese Seiten hat der Kunde bereits besucht und sich für einen Kauf in Ihrem Onlineshop entschieden. Es ist daher nicht nachvollziehbar, warum er nicht auf der Seite landet, die er ursprünglich aufrufen wollte.

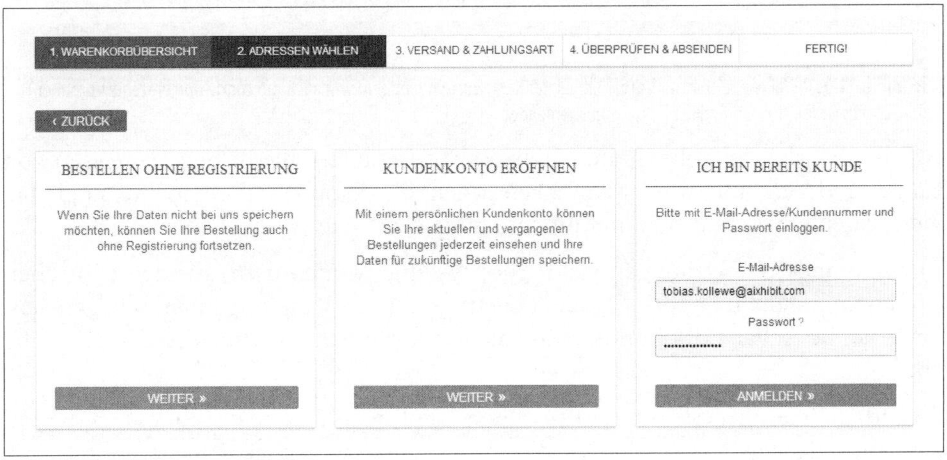

Abbildung 11-6: Anmeldung/Benutzerregistrierung

Adressangabe

Unabhängig davon, ob der Kunde bereits vorhandene Daten aus einem bestehenden Kundenkonto lädt, ein neues Kundenkonto anlegt oder als Gast bestellt, landet er beim nächsten Schritt bei der Adresseingabe. Die Seiten unterscheiden sich dabei nur durch die Angabe eines Kennworts für das Kundenkonto. Bei Gastkonten wird es nicht abgefragt.

Wenn Ihr Kunde an dieser Stelle ein Kennwort vergeben muss, hindern Sie ihn bitte nicht daran, ein Kennwort seiner Wahl anzugeben. Natürlich ist ein Kennwort umso sicherer, je komplizierter es aufgebaut ist. Viele Surfer benutzen aber gerade einmal drei verschiedene Kennwörter für alle Internetseiten. Lassen Sie Ihren Kunden kein Frustpotenzial aufbauen, indem Sie ihm Mindestlänge, zu verwendende Zeichen oder – noch schlimmer – eine Maximallänge für das Kennwort vorgeben (Abbildung 11-7). Wie bei der vorherigen Checkout-Seite gilt die Empfehlung, das Eingabefeld nicht zu maskieren, sondern die Maskierung nur als mögliche Option anzubieten.

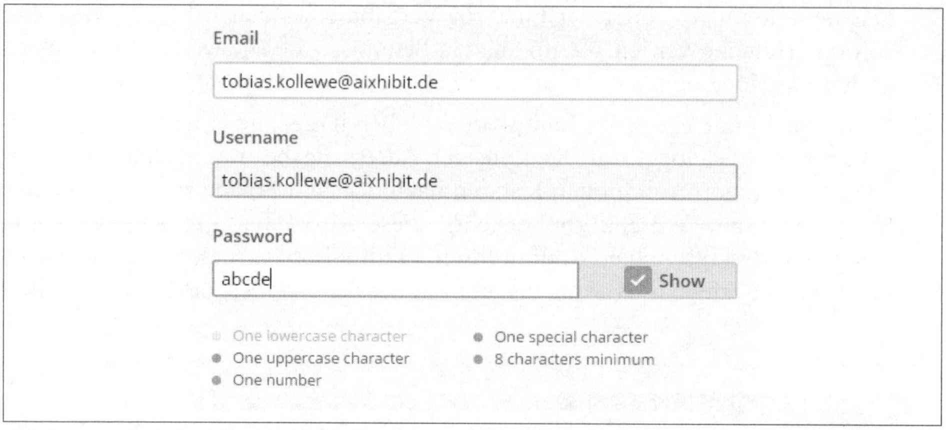

Abbildung 11-7: Perfektes Beispiel für Vorgaben bei der Kennworteingabe (www.mailchimp.com). Sind einzelne Vorgaben erfüllt, dann werden sie während der Eingabe ausgeblendet.

Bei der Angabe der Adressdaten stehen sich die unterschiedlichen Interessen von Käufer und Verkäufer wieder einmal entgegen. Der Shopbetreiber möchte möglichst viele Daten erheben, der Käufer möchte möglichst wenige Angaben machen.

In den Standardeinstellungen vieler Shopsysteme werden dabei für den deutschen Markt vollkommen unnötige Felder abgefragt. Für die Lieferung innerhalb Deutschlands ist die Angabe des Bundeslands nicht erforderlich. Warum also diese Angabe abfragen?

Eigentlich benötigen Sie für die Bestellung von Privatkunden ausschließlich die folgenden Angaben:

- Vor- und Nachname
- Straße
- Hausnummer (soweit vorhanden)
- Postleitzahl
- Ort
- Land
- E-Mail-Adresse (für die Bestellbestätigung)

Die Angabe der folgenden Felder ist nicht zwingend erforderlich, kann aber für die Abwicklung oder für den Kundenservice hilfreich sein:

- Anrede, Titel
- Telefonnummer
- Firma (für die Lieferung an den Arbeitsplatz)

Versetzen Sie sich in die Lage Ihrer Kunden. Möchten oder könnten Sie als Privatkunde die folgenden Angaben machen bzw. sind sie für die Lieferung tatsächlich erforderlich?

- Geburtsdatum
- Faxnummer
- Umsatzsteueridentifikationsnummer
- Bundesland

Pflichtfelder

Machen Sie Felder nur dann zu Pflichtfeldern, wenn Sie die Angaben unbedingt benötigen. Wenn Sie Daten erheben möchten, die für die Lieferung nicht zwingend erforderlich sind, also z. B. die Telefonnummer, erklären Sie kurz, warum Sie um die Angabe der Daten bitten. Ein kurzer Hinweis in der Form »*für eventuelle Rückfragen zur Bestellung*« oder »*zur Abstimmung eines Liefertermins*« kann die Ausfüllquote des Telefonnummernfelds deutlich erhöhen.

Überprüfen Sie zudem, ob die Pflichtfelder inhaltlich zusammenpassen. In Abbildung 11-8 wird bei der Angabe einer Firmenadresse die Umsatzsteueridentifikationsnummer abgefragt, obwohl ein Versand offensichtlich (wegen der fehlenden Länderauswahl) nur innerhalb Deutschlands möglich ist. Für den Handel innerhalb Deutschlands hat die Umsatzsteueridentifikationsnummer jedoch keinerlei Relevanz.

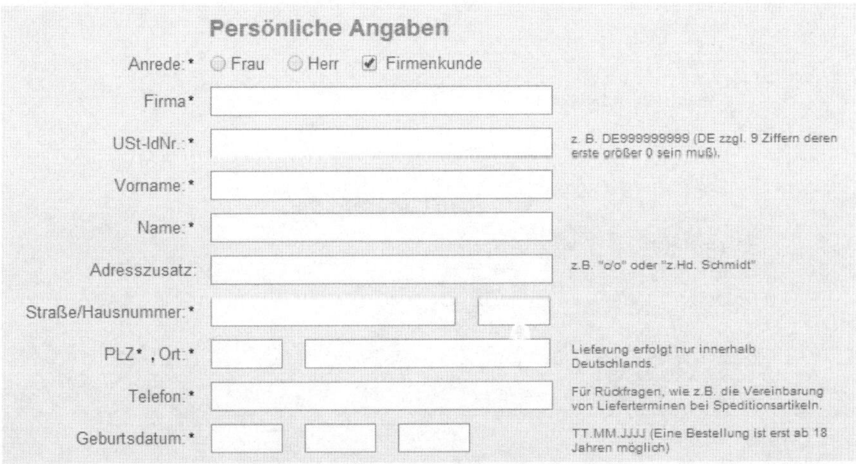

Abbildung 11-8: Adresseingabe mit unpassenden Feldern, www.gartenxxl.de

Zusätzlich wird hier das Geburtsdatum abgefragt mit dem Hinweis, dass eine Bestellung erst ab 18 Jahren möglich sei. Für die Lieferung an Firmen dürfte dies jedoch in aller Regel unwichtig sein. Im Gegenteil: Wenige Kunden, die im Auftrag Ihres Arbeitsgebers bestellen, werden ihr tatsächliches Geburtsdatum angeben wollen. Der Shopbetreiber erhält somit eher falsche Angaben.

Anrede

Wenn Ihr Publikum größtenteils weiblich ist, bietet es sich an, im Feld Anrede »Frau« zur Standardauswahl zu machen. Sie kommen Ihren Kundinnen damit insofern entgegen, als dass Sie der Mehrzahl aller Shopbesucherinnen einen Klick ersparen.

Hausnummer

Überlegen Sie, ob Sie die Angabe der Hausnummer zu einem Pflichtfeld machen. Nicht alle Häuser, gerade in kleinen Straßen oder auf Dörfern, verfügen über eine Hausnummer.

Land

Beschränken Sie die Angabe im Pull-down-Menü »Land« auf die Angabe der Länder, in die Sie auch tatsächlich versenden (Abbildung 11-9). So vermeiden Sie Probleme bei Auslandskunden, die trotz Ihrer Beschränkungen des Liefergebiets nicht belieferbare Länder auswählen.

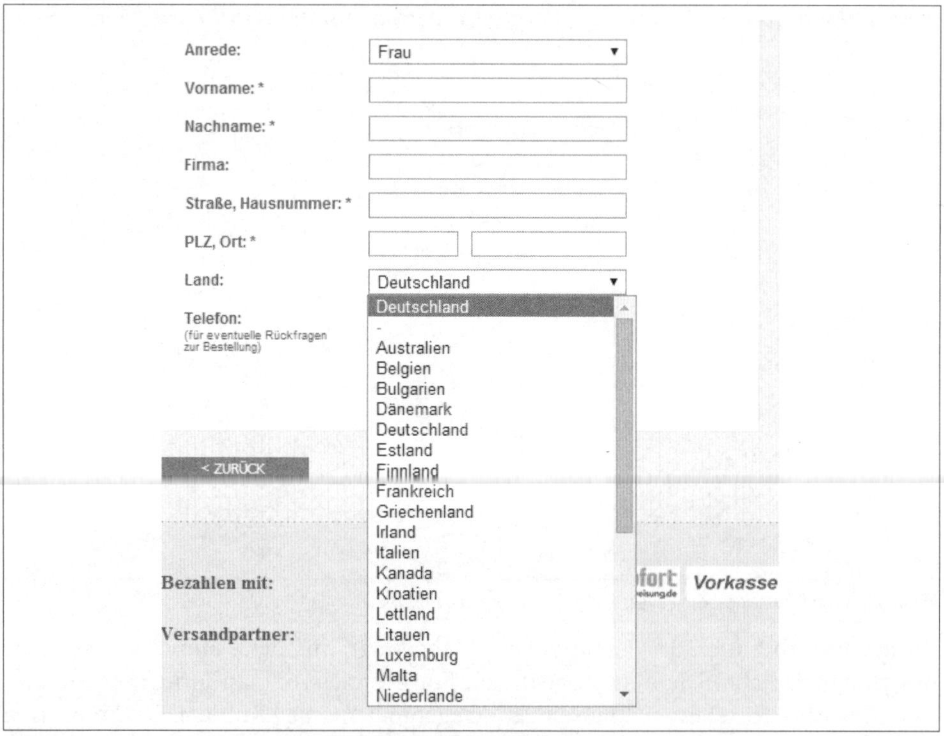

Abbildung 11-9: Adresseingabe mit optimierter Länderauswahl, www.meinfilati.de

Wenn Sie in viele oder gar in alle Länder der Welt verschicken, können Sie Ihren Stammkunden, die zunächst vielleicht aus Deutschland stammen, die Auswahl ihres

Lands vereinfachen, indem Sie die am häufigsten genutzten Länder im alphabetisch sortierten Auswahlmenü zusätzlich nochmals an den Beginn der Liste setzen.

Wenn Sie nur innerhalb Deutschlands versenden, sollten Sie das Auswahlmenü durch eine feststehende Angabe ersetzen.

Felder für andere Liefergebiete

Für den Versand innerhalb Deutschlands werden Sie die Angabe des Bundeslands nicht benötigen. Überlegen Sie jedoch, welche Angaben Sie für den Versand in andere Länder von Ihren Kunden abfragen müssen.

Hier kann die Angabe eines Bundeslands oder der Umsatzsteueridentifikationsnummer (bei Firmenkunden und Versand innerhalb der EU) durchaus von Interesse oder zwingend erforderlich sein. Dies gilt auch für die inhaltliche Prüfung der Felder.

Felder für Packstationsadressen

Wenn Ihr Kunde eine Adresse in den inzwischen weit verbreiteten Packstationen angeben möchte, können Sie ihm hierzu gesonderte Felder zur Verfügung stellen. (Dies sollten Sie natürlich nur dann tun, wenn Sie auch mit DHL versenden. Andere Paketdienste können Packstationen nicht beliefern!) Anstatt weitere Felder einzublenden, können Sie mit entsprechender Benutzerführung und Hilfestellung auch die vorhandenen Felder nutzen. Abbildung 11-10 zeigt die Ausfüllhilfe für die Belieferung an eine Packstation bei *www.meinfilati.de*.

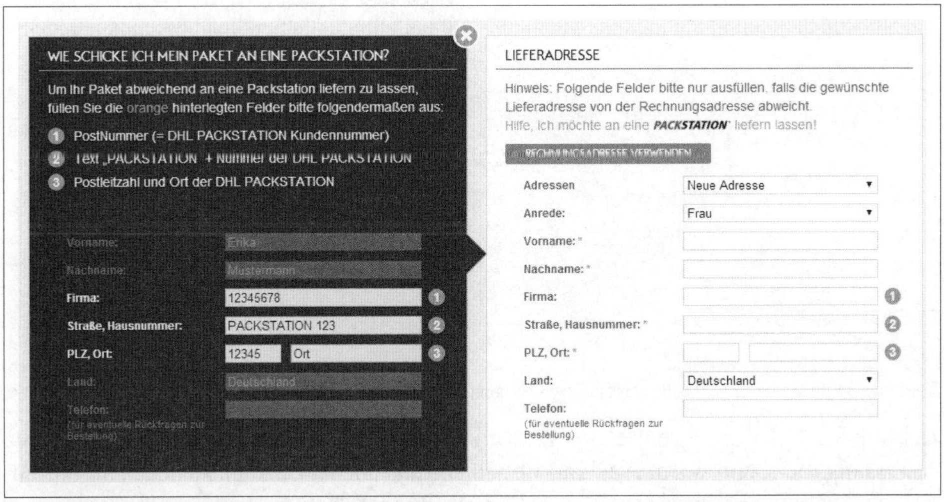

Abbildung 11-10: Ausfüllhilfe Packstationsadresse, www.meinfilati.de

Über der Angabe der Rechnungsadresse wird ein nicht zu übersehender Layer eingeblendet, der dem Benutzer mittels Hilfetext und visueller Hilfsmittel wie farbige

Markierung und Pfeil zeigt, welche Angaben der Packstationsadresse er in welches Feld eintragen muss. Mit Einführung dieser Benutzerhilfe wurde die Quote der fehlerhaften Angaben bei Packstationsadressen von über 60 % auf unter 2 % gesenkt.

Automatische Überprüfung der Feldinhalte

Spätestens mit Absenden der Seite durch Klick auf den mit »Weiter« oder ähnlich beschrifteten Button durchlaufen die Eingaben im Hintergrund zunächst einige Plausibilitätsprüfungen. Unter anderem wird geprüft, ob alle Pflichtfelder ausgefüllt worden sind und ob die Vorgaben für die einzelnen Felder erfüllt wurden.

Besser ist es, wenn die Benutzer schon während der Eingabe ein Feedback über die Richtigkeit der Angaben erhalten. Das in Abbildung 11-11 leer gelassene Feld »PLZ« wird rot markiert und hinterlegt, während alle richtigen Angaben mit grünem Hintergrund bestätigt werden. Zur Unterstützung bei der Eingabe kann der Benutzer sich durch Berührung der eingekreisten Fragezeichen mit dem Mauszeiger Tipps für das Ausfüllen des Felds holen.

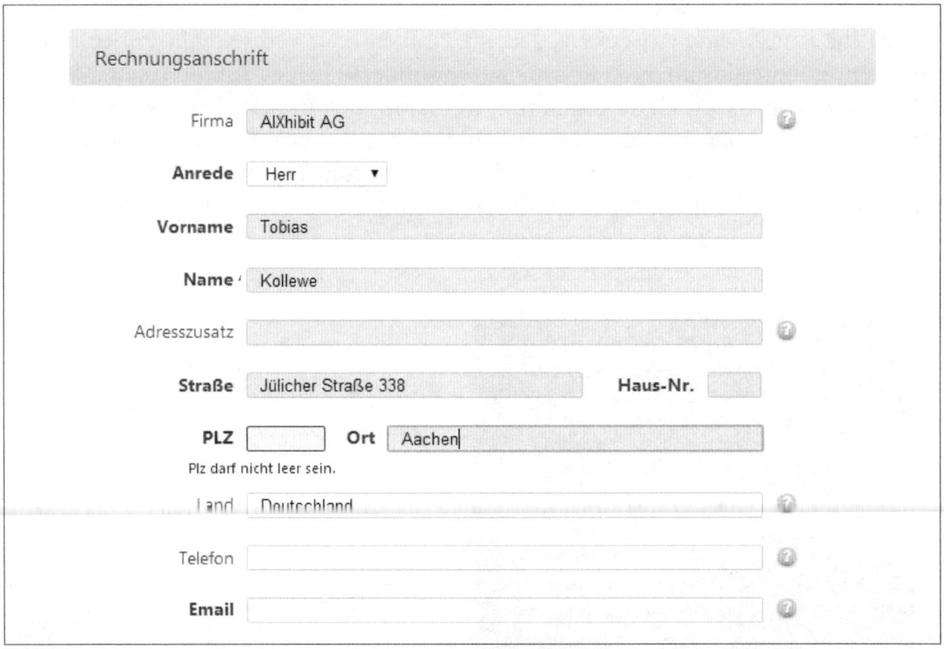

Abbildung 11-11: Prüfung der Angaben bei Eingabe, www.eset-onlineshop.de

Achten Sie bei der Vergabe der Ausfüllbedingungen unbedingt darauf, dass Sie Adressangaben, wie sie im Ausland üblich sind, nicht als falsch abweisen. So enthalten niederländische Postleitzahlen z. B. auch Buchstaben.

Abbildung 11-12 zeigt gut, wie man Daten nicht abfragen sollte. Weder die Telefaxnummer noch das Geburtsdatum oder der Stadtteil sind für die Lieferung benötigte Daten. Die Hilfestellung (*»UstID nur für Deutschland und EU!«*) ist weder sachlich korrekt noch für den Kunden nachvollziehbar. Dem Kunden wird so wenig Service geboten, dass nicht einmal die Länderangabe »Germany« übersetzt wurde. Zudem scheinen die Plausibilitätsprüfungen willkürlich zusammengestellt worden zu sein.

Denken Sie daran: Je weniger Felder Sie abfragen und je weniger Sie Ihre Kunden bei der Eingabe drangsalieren, desto weniger Kaufabbrüche werden Sie verzeichnen.

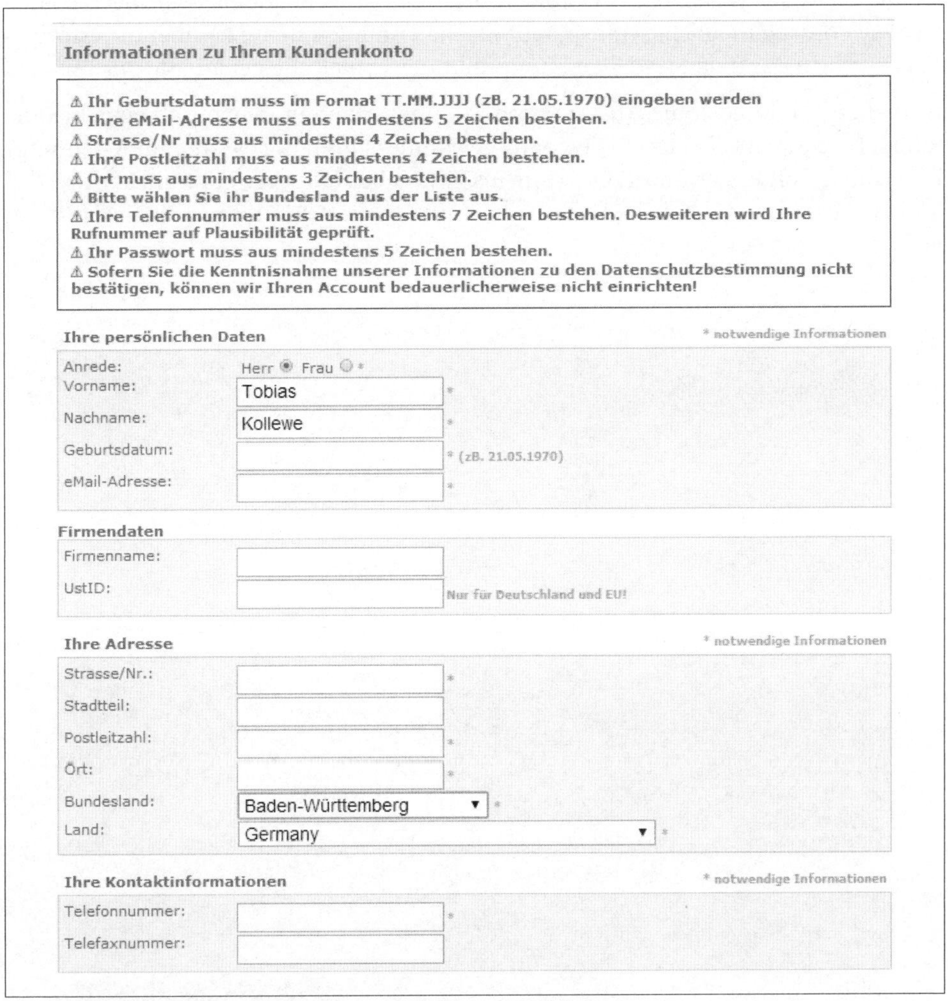

Abbildung 11-12: Negativbeispiel Adresseingabe, www.wollstudio.com (Mai 2014)

Auswahl der Zahlungsart

Das Design der Seite zur Auswahl der Zahlungsarten hängt stark von der Anzahl der angebotenen Möglichkeiten ab. Je mehr Zahlungsarten Sie anbieten, desto wichtiger ist es, sie übersichtlich zu präsentieren. Hilfreich ist es dabei, wenn Sie die Eingabemasken nicht alle gleichzeitig einblenden, sondern auf die Auswahl des Kunden beschränken. So wird er nicht gleich bei Aufruf der Seite von zu vielen Feldern überfordert, die er für seine gewählte Zahlungsart gar nicht benötigt.

Je nach Zahlungsart und Shopsystem ist es möglich, dass der Shopbesucher schon während oder erst nach dem Bestellvorgang auf externe Seiten von Zahlungsdienstleistern umgeleitet wird, also z. B. auf die 3D-Secure-Überprüfung der Kreditkartenanbieter oder zu seinem PayPal-Konto. Mit entsprechenden Erklärungen sollten Sie den Vorgang möglichst transparent machen und den Benutzer über die erforderlichen Schritte und den jeweiligen Zeitpunkt der Umleitung genau informieren.

Abbildung 11-13 zeigt die Auswahl der Zahlungsarten mit dynamisch eingeblendeten Hilfetexten und Feldern. Die vorausgewählte Zahlungsart »Kauf auf Rechnung« ist blaugrau unterlegt und fällt sofort ins Auge. Bei Mauszeigerberührung werden andere Auswahlmöglichkeiten ebenfalls farblich unterlegt und mit einem Hilfetext erklärt.

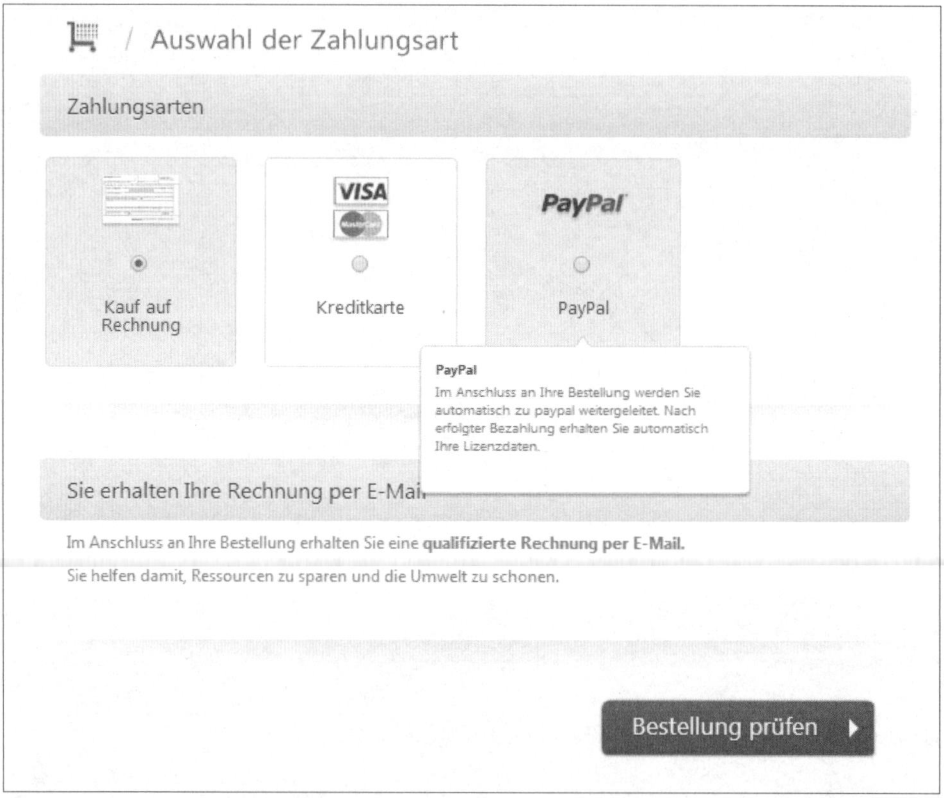

Abbildung 11-13: Auswahl der Zahlungsarten, www.eset-onlineshop.de

Wenn zu einer der Zahlungsarten aus Ihrer Sicht einmal nichts zu sagen ist, können Sie den vorhandenen Platz nutzen, um Bedenken aufseiten des Shopbesuchers abzuschwächen. Ein Hinweis »*Sicherheit durch SSL-verschlüsselte Datenübertragung*« ist nie fehl am Platz.

Benötigte Felder werden erst dann eingeblendet, wenn sie auch tatsächlich ausgewählt werden (Abbildung 11-14). Wie bei der Adresseingabe werden die benötigen Felder auch hier schon während der Eingabe auf Plausibilität (Pflichtfelder, Länge der Felder, zurückliegendes Datum) überprüft. Der Benutzer erhält vor dem Verlassen der Seite ein visuelles Feedback zu seinen Eingaben.

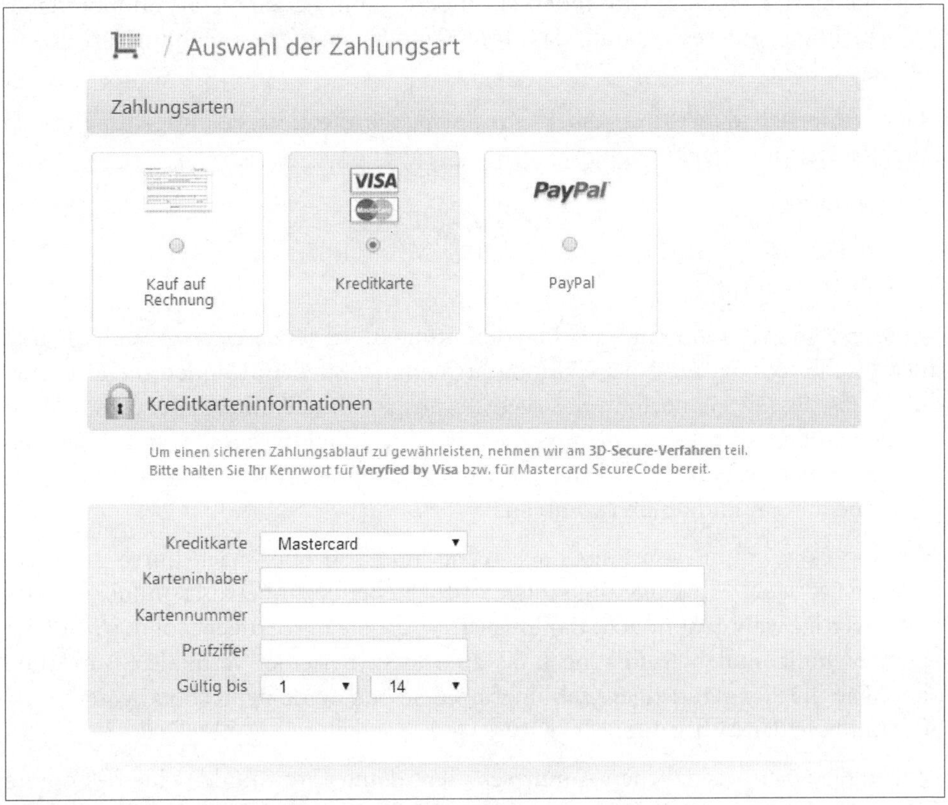

Abbildung 11-14: Eingeblendete Eingabefelder, www.eset-onlineshop.de

Psychologischer Effekt von Anordnung, Vorauswahl und Rabatten

Allgemeine Lesegewohnheiten und Erfahrungswerte machen es leicht, Kunden in eine gewünschte Richtung zu leiten. So wie dies auf Produktdetailseiten z. B. mit Produktempfehlungen *(»Andere Kunden kauften auch…«)* oder mit Produktbewertungen durch die Vergabe von Sternsymbolen möglich ist, funktioniert es auch bei der Auswahl der Zahlungsarten.

Für Sie als Shopbetreiber gibt es mehrere wichtige Faktoren bei der Auswahl der Zahlungsart, die der Käufer aus Ihrer Sicht bevorzugen sollte:

- Risiko des Zahlungsausfalls
- Kosten der Zahlungsart
- Manueller Aufwand bei der Zahlungsabwicklung

Ist eine Zahlungsart mit weniger Kosten oder weniger manuellem Aufwand bei der Abwicklung der Zahlung verbunden als andere, dann haben Sie als Shopbetreiber ein berechtigtes Interesse daran, dass Ihre Kunden genau diese Zahlungsart bevorzugt auswählen.

Machen Sie sich dabei drei Aspekte zunutze, die die Entscheidung des Kunden durchaus beeinflussen können:

- Vorauswahl
- Reihenfolge
- Rabatt (Skonto)

Vorausgewählte Zahlungsarten helfen dem Kunden bei seiner eigenen Wahl. Durch die optische Aktivierung einer Zahlungsart nehmen Sie dem Kunden die Entscheidung quasi ab. Die Hemmschwelle, diese vorausgewählte Zahlungsart zu ändern, ist deutlich größer, als bei einer nicht vorausgewählten Zahlungsart eine freie Entscheidung zu treffen. Wenn Sie also eine bestimmte Zahlungsart bevorzugen, wählen Sie genau die für den Endkunden vorab aus.

Wir sind es gewohnt, von links nach rechts und von oben nach unten zu lesen. Dementsprechend wird das links oder oben Stehende unbewusst immer als das Höherwertige wahrgenommen. Zahlungsarten, die Sie bevorzugen, sollten Sie daher bei einer horizontalen Auflistung links anordnen, bei einer vertikalen Auflistung oben. Die für Sie ungünstigen Zahlungsarten stehen dementsprechend ganz rechts oder unten in der Auflistung.

Wollen Sie einen zusätzlichen Anreiz schaffen, damit Ihre Kunden eine bestimmte Zahlungsart wählen, können Sie sie zusätzlich mit einem Rabatt versehen.

Ursprünglich wird Skonto als Rabatt für die kurzfristige Bezahlung einer Rechnung innerhalb weniger Tage verwendet, in Ihrem Onlineshop können Sie aber z. B. Skonto für die Bezahlung beim Kauf auf Rechnung anbieten. Sofern Sie den Kauf auf Rechnung nicht über einen Factoring-Dienstleister anbieten, ist diese Zahlungsart für Sie – im Gegensatz zu PayPal oder Kreditkarte – mit keinen weiteren Transaktionskosten verbunden. So könnten Sie Ihren Kunden einen für Sie kostenneutralen Rabatt in Höhe von 2 bis 3 % anbieten und den Kauf auf Rechnung damit forcieren.

Hier liegt natürlich die Überlegung nahe, anstatt einen Rabatt für den Kauf auf Rechnung anzubieten, die Transaktionskosten anderer Zahlungsarten auf den Kunden umzulegen und quasi eine Art Strafgebühr für die Benutzung zu erheben. Sie könnten beispielsweise einen Aufschlag in Höhe von 1,5 % des Warenwerts für die Bezahlung per Kreditkarte oder eine feste Gebühr von 1,50 Euro für die Benutzung von PayPal erheben. Hiervon können wir nur dringend abraten. Ihr Kunde kalkuliert ab dem Moment, in dem er einen Artikel in den Warenkorb legt, mit dem bekannten Produktpreis. Allenfalls die anfallenden Versandkosten können aus seiner Sichtweise den Gesamtpreis noch erhöhen. Jede weitere Verteuerung seiner Bestellung und jeder zusätzliche Aufschlag für Zahlungsarten, Transportversicherungen oder Ähnliches, was im Laufe des Checkout-Prozesses dazukommt, erhöht die Wahrscheinlichkeit eines Kaufabbruchs deutlich!

Die obige Beispielabbildung zeigt, wie durch Vorauswahl (mit graublauer Hinterlegung als visuelle Unterstützung) und Reihenfolge der Anordnung Zahlungsarten in den Fokus gerückt werden können. In der Praxis hatte die Änderung der Reihenfolge und der Vorauswahl von »Kauf auf Rechnung« eine Änderung der vom Kunden getroffenen Auswahl von knapp 30 % zur Folge.

Praxisbeispiel: Buchpreisbindung bei Rabatten beachten

Die Buchpreisbindung ist ein gutes Beispiel dafür, wie schnell man im laufenden Onlineshopbetrieb Gefahr läuft, gegen Wettbewerbsrecht zu verstoßen. Ein aktuelles Beispiel, das wir in einem Onlineshop (siehe Bild) gefunden haben, zeigt die Problematik: shopweite Rabatte führen zu einer Unterschreitung des vom Verlag vorgegebenen, verbindlichen Verkaufspreises.

Das Buchpreisbindungsgesetz regelt den Verkaufspreis für alle in Deutschland verlegten Bücher (und Musiknoten, Landkarten u. a.). Der Verkaufspreis wird dabei vom jeweiligen Verlag festgelegt und darf vom Handel (Letztverkäufer) weder unterschritten noch überschritten werden. Ausnahmen bilden hier eigentlich nur gebrauchte Bücher oder Bücher, deren Buchpreisbindung vom Verlag selbst aufgehoben wurde (z. B. für Restauflagen).

Wettbewerbsrecht und Schadenersatz

Verstößt ein Händler nun gegen die Buchpreisbindung, so droht ihm von zwei Seiten Ungemach. Auf der einen Seite sind da natürlich die Wettbewerber, die einen Verstoß gegen Wettbewerbsrecht wittern. Der Händler verschafft sich einen Vorteil, weil er ein Buch unterhalb des erlaubten Verkaufspreises anbietet.

Auf der anderen Seite hat natürlich auch der Verlag einen Anspruch auf Unterlassung und ggfs. auch Schadenersatz, schreibt der Börsenverein des Deutschen Buchhandels.

Rabatte und die Buchpreisbindung

Gerade in Onlineshops, die Bücher als begleitende Artikel zu ihrem Hauptprodukt führen, ist ein Verstoß gegen den Verlagspreis schnell passiert. Den meisten Händlern dürfte die gesetzliche Vorgabe dort nicht bewusst sein. Und auch in der Vorweihnachtszeit, an den Verkaufstagen wie Black Friday oder Cybermonday und im Rahmen eines Schlussverkaufs geschieht oft Folgendes: Man gewährt einen pauschalen Rabatt auf das gesamte Sortiment (z. B. 10 % auf alles), stellt den Rabatt im Shop ein; und schon ist es passiert.

Und was für allgemeine Rabatte gilt, gilt natürlich auch für Gutscheine. Sofern Sie z. B. in Ihrem Shop einen Rabatt für eine Newsletteranmeldung verschenken, sollten Sie unbedingt darauf achten, dass dieser nicht für Artikel gilt, die der Buchpreisbindung unterliegen. Dabei spielt es keine Rolle, ob der Rabatt einen prozentualen oder einen Eurowert hat. Sofern er auch für Bücher & Co. eingesetzt werden kann, würde er den vom Verlag festgelegten Verkaufspreis unerlaubt unterschreiten (Abbildung 11-15).

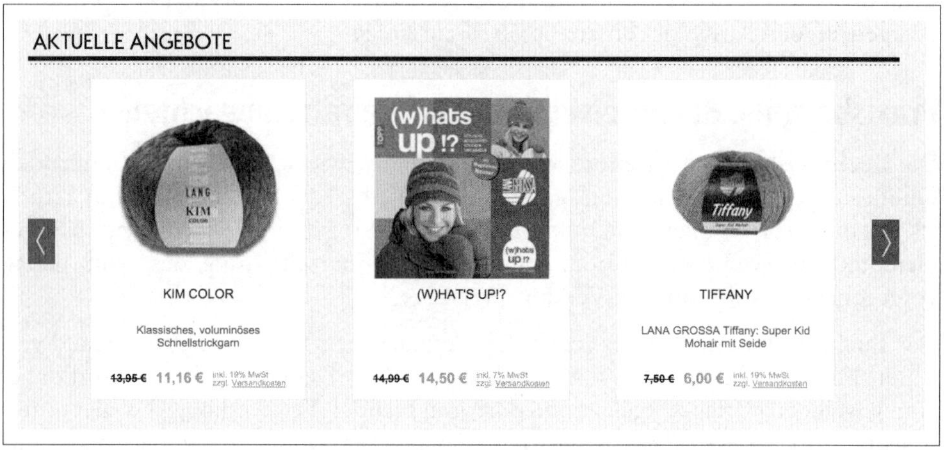

Abbildung 11-15: Achtung bei Rabatten und Gutscheinen: Diese dürfen nicht für Produkte gelten, die der Buchpreisbindung unterliegen.

Checkliste für Shopbetreiber

- ☐ Prüfen Sie, welche Artikel in Ihrem Shop der Buchpreisbindung unterliegen.
- ☐ Nehmen Sie diese Artikel von der Rabattierung aus. Alternativ können Sie diese Artikel auch einer Warengruppe »keinrabatt« zuordnen und die ganze Warengruppe von der Rabattierung ausnehmen.
- ☐ Weisen Sie bei der Ausgabe von Gutscheinen und Rabatten ausdrücklich darauf hin, wenn bestimmte Artikel oder Artikelgruppen von der Rabattierung ausgenommen sind.
- ☐ Wenn Sie Ihr Lager räumen möchten, können Sie Mängelexemplare auch unter dem offiziellen Verkaufspreis anbieten; ggfs. ist das auch im Rahmen eines Schlussverkaufs möglich. Weisen Sie hierauf aber unbedingt im Shop, Newsletter, Prospekt etc. ausdrücklich hin!

Auswahl der Versandart

Für die Auswahl der Versandart gelten grundsätzlich die gleichen Regeln wie für die Auswahl der Zahlungsart. Auch hier hilft die Reihenfolge der Auswahlmöglichkeiten oder die Vorauswahl, die Präferenzen des Shopkunden zu beeinflussen.

Abbildung 11-16 zeigt, wie die Angabe von Versandart »TNT (Nachnahme)« und Zahlungsart kombiniert wurde. Wählt der Kunde diese Option, werden gleichzeitig die weiteren Zahlungsarten deaktiviert, um keine ungültige Auswahlkombination zuzulassen. Durch Hinweise zum voraussichtlichen Lieferzeitpunkt wird der Kunde bei seiner Auswahl unterstützt: Er kann relativ genau ermessen, wie lange es dauert, bis die bestellte Ware bei ihm eintrifft.

Abbildung 11-16: Versandart auswählen, www.mvg-ahk.de

Übersichtsseite

Die Übersichtsseite zeigt die Zusammenfassung der Angaben und Optionen, die der Shopbesucher innerhalb des Checkout-Prozesses gemacht hat.

Die Angaben sollten hierbei wieder übersichtlich angeordnet werden, um dem Kunden die Erfassung aller Daten auf einen Blick zu ermöglichen.

Für die gewählte Zahlungsart und Versandoption bietet es sich an, die Darstellung durch das Anbieterlogo zu unterstützen. Stimmen Rechnungs- und Lieferadresse des Kunden überein, sollte sie nicht zweimal unter der jeweiligen Überschrift angezeigt werden. Eine zusammenfassende Auflistung unter der Überschrift »Rechnungs- und Lieferadresse« verschlankt die Übersicht deutlich.

Die Darstellung der Artikel im Warenkorb muss alle Angaben inkl. Attribute und Varianten umfassen, die auch in der Warenkorbansicht enthalten sind, damit sich der Käufer einen letzten bestätigenden Überblick über die Artikel verschaffen kann. Auch hier hilft wieder der Vergleich mit dem Kauf im Supermarkt, um das Verhalten der Kunden im Checkout-Prozess zu verstehen. Wenn Sie Ihre Artikel auf das Transportband an der Supermarktkasse gelegt haben, werden Sie nochmals einen prüfenden Blick auf alle Artikel werfen, um sich zu bestätigen, dass Sie nichts vergessen haben und dass Sie auch wirklich alle Artikel kaufen möchten.

Bei allen Bestelloptionen und bei den Positionen im Warenkorb sollte der Kunde die Möglichkeit haben, sie nach Prüfung nochmals ändern zu können. Änderungen in den einzelnen Bereichen sollten jedoch ausschließlich mit einem Rückschritt (z. B. in den Warenkorb) und nicht direkt auf der Übersichtsseite möglich sein, da die letzte Seite ja eine nicht veränderbare Zusammenfassung anzeigt.

Insbesondere für die Artikel im Warenkorb gilt: Je mehr Informationen Sie dem Kunden an dieser Stelle zur Verfügung stellen, desto seltener wird er diese letzte Seite nochmals verlassen, um Einzelheiten auf der Produktdetailseite nachzulesen. Und desto schneller wird er den Kaufvorgang abschließen.

Natürlich gibt es auch zu den wesentlichen Angaben auf der letzten Übersichtsseite, bevor Ihr Kunde den Kaufvertrag mit Ihnen abschließt, spätestens seit dem 1. August 2012 gesetzliche Vorgaben. Zu den Pflichtangaben gehören:

- Alle wesentlichen Merkmale der Waren oder Dienstleistungen
- Mindestlaufzeit (bei Verträgen)
- Gesamtpreis
- Zusätzliche Kosten, z. B. Versand oder Zahlartkosten und Hinweise auf eventuell anfallende Steuern und Abgaben

Auch hier gelten wieder die Regelungen der Preisangabenverordnung (PAngV). Achten Sie insbesondere auf den richtigen Mehrwertsteuerausweis, wenn Sie Produkte verkaufen, die dem normalen und dem verminderten Mehrwertsteuersatz unterliegen! Es ist zwar kein Mehrwertsteuerausweis pro Einzelposten im Warenkorb erforderlich, aber der Gesamtmehrwertsteueranteil pro Steuerklasse muss ausgewiesen und eine Zuordnung zu den Artikeln im Warenkorb möglich sein.

Als zusätzlichen Service können Sie die wichtigsten Fakten der Produktdetailseite beispielsweise in einem gesonderten Layer bei Mausberührung des Artikelbilds einblenden oder die Produktdetailseite in einem neuen Fenster – möglichst ohne Browsernavigation – anzeigen.

Auf der Übersichtsseite können Sie Ihren Kunden in einem Textfeld eine Mitteilung an Sie machen lassen. Die Praxis zeigt, dass dieses Feld oft dafür genutzt wird, Wünsche und Forderungen hinsichtlich der Artikel, der Lieferung oder der Zahlung, die im Onlineshop nicht ausgewählt werden können, zu äußern oder gar zur Bedingung der Bestellung zu machen.

Hinweise wie »*Abbuchung bitte erst in 4 Wochen*« oder »*Liefern Sie den Artikel bitte in Gelb*« werden in der Praxis schnell übersehen oder sind nicht realisierbar und führen dann zu enttäuschten Kunden, die im schlimmsten Fall auch noch eine schlechte Bewertung abgeben. Wir empfehlen daher, dieses Feld nicht zu nutzen und auszublenden.

Neben den bereits gewählten Optionen müssen Sie zusätzlich Angaben zum Widerrufsrecht und zu den – soweit überhaupt vorhandenen – allgemeinen Geschäftsbedingungen Ihres Unternehmens oder Ihres Onlineshops machen. Inhaltlich gehen wir auf die rechtlichen Aspekte noch in Kapitel 14, *Rechtliche Aspekte*, auf Seite 329 ein.

Entgegen landläufiger Meinung ist es nicht notwendig, die Einbeziehung der Allgemeinen Geschäftsbedingungen oder die Kenntnisnahme des Widerrufsrechts mittels einer Checkbox vom Käufer bestätigen zu lassen, sofern die Texte dem Kunden vor dem Abschluss des Kaufvertrags in geeigneter Form, also als verlinkte Seite oder als Volltextversion auf der Übersichtsseite, zur Verfügung gestellt werden.

Der »Jetzt kaufen«-Button

Mit Einführung der sogenannten Buttonlösung im August 2012 bekam der »Jetzt kaufen«-Button seine eigene gesetzliche Regelung. Zwischen den Pflichtinformationen zu den Artikeln und dem Button sind demnach keine weiteren Angaben, auch keine grafischen Trennelemente oder die Informationen zu allgemeinen Geschäftsbedingungen, erlaubt. Der Button darf zudem nur einmal – als Abschluss unter der Artikel- und Preisauflistung – eingeblendet werden, vergleichbar mit der Unterschrift unter einem Vertrag.

Auch die Beschriftung des Buttons ist relativ klar vorgeben. Für den Käufer muss der Abschluss eines Kaufvertrags mit dem Klick auf den Button eindeutig sein. Es darf kein Zweifel bestehen, dass ein für den Kunden kostenpflichtiger Vertrag zustande kommt.

Durfte der Button bis Ende Juli 2012 noch mit »Bestellen« oder »Bestellung absenden« beschriftet sein, so sind Sie als Onlineshopbetreiber heute nur noch mit den folgenden Texten auf der sicheren Seite:

- »Zahlungspflichtig bestellen«
- »Kostenpflichtig bestellen«
- »Zahlungspflichtigen Vertrag abschließen«
- »Kauf abschließen«
- »Jetzt kaufen«

Wir empfehlen, die Reihenfolge auf der Übersichtsseite wie in Abbildung 11-17 einzuhalten.

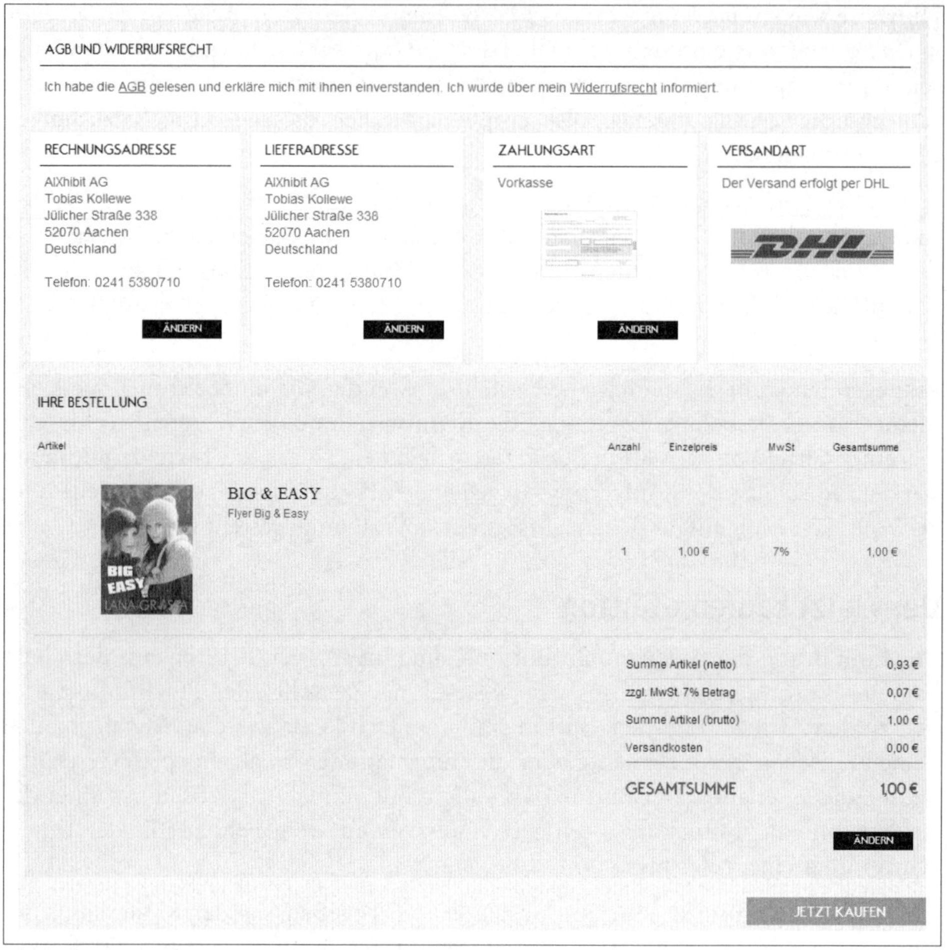

Abbildung 11-17: Übersichtsseite Beispiel

Danke-Seite/Kaufabschluss

Der Kunde hat auf den »Jetzt kaufen«-Button geklickt und ist mit Ihnen einen kostenpflichtigen Vertrag eingegangen. Nun ist es an der Zeit, sich für das entgegengebrachte Vertrauen zu bedanken.

Nach der Pflicht des Onlineshoppings beginnt nun die Kür. Anstatt den Kunden in dieser Sackgasse optionslos stehen zu lassen, können Sie die gute Stimmung des Kunden für weitere Kundenbindungsmaßnahmen, für Empfehlungsmarketing oder die Anmeldung zu Ihrem Newsletter nutzen. Die vielfältigen Möglichkeiten, die sich Ihnen nun bieten, haben wir im Abschnitt »Checkout-Marketing« auf Seite 480 für Sie zusammengefasst.

Multistep- oder One-Page-Checkout

Im Allgemeinen gilt die Regel: Je aufwendiger der Checkout-Prozess, je mehr Seiten er umfasst, je mehr Felder ausgefüllt werden müssen, desto weniger wird gekauft. Von dieser Annahme ausgehend hat sich der sogenannte One-Page-Checkout entwickelt, bei dem die einzelnen Angaben nicht mehr auf mehrere Seiten zwischen Warenkorb und Danke-Seite verteilt sind. Entgegen der herkömmlichen Vorgehensweise werden alle Angaben auf einer Seite zusammengefasst.

Herkömmlicher Multistep-Checkout:

- Warenkorb
- Registrierung/Anmeldung
- Adressdaten
- Zahlungsarten
- Versandoptionen
- Übersicht
- Danke-Seite

Vereinfachter One-Page-Checkout:

- (Warenkorb)
- Adressdaten, Zahlungs- und Versandoptionen
- Übersicht
- Danke-Seite

Bei Einzelprodukten bietet es sich unter Umständen sogar an, alle Angaben inklusive des Warenkorbs auf einer Seite zusammenzufassen.

Die Verschlankung des Checkout-Prozesses verspricht, zumindest in der Theorie, mehr Kaufabschlüsse, da von weniger Kaufabbrüchen auszugehen ist. In der Praxis sollten Sie die Entscheidung zwischen Multistep- und One-Page-Checkout aber von Ihren Produkten und von der Menge der zu erhebenden Daten abhängig machen.

Je mehr Daten Sie erheben müssen (oder wollen), desto eher sollten Sie sie allein der Übersichtlichkeit halber auf mehrere Seiten verteilen, aber in der Aufteilung optimieren. Zum Beispiel könnte es sich anbieten, die Optionsauswahl für Versand und Zahlung auf einer Seite zusammenzufassen, wenn es insgesamt wenige Auswahlmöglichkeiten gibt.

Abbildung 11-18 zeigt einen One-Page-Checkout, bei dem alle erforderlichen Daten auf einer einzelnen Seite zusammen abgefragt werden. Da es sich um nur ein Produkt handelt, das gekauft werden kann, erübrigt sich auch die Warenkorbseite.

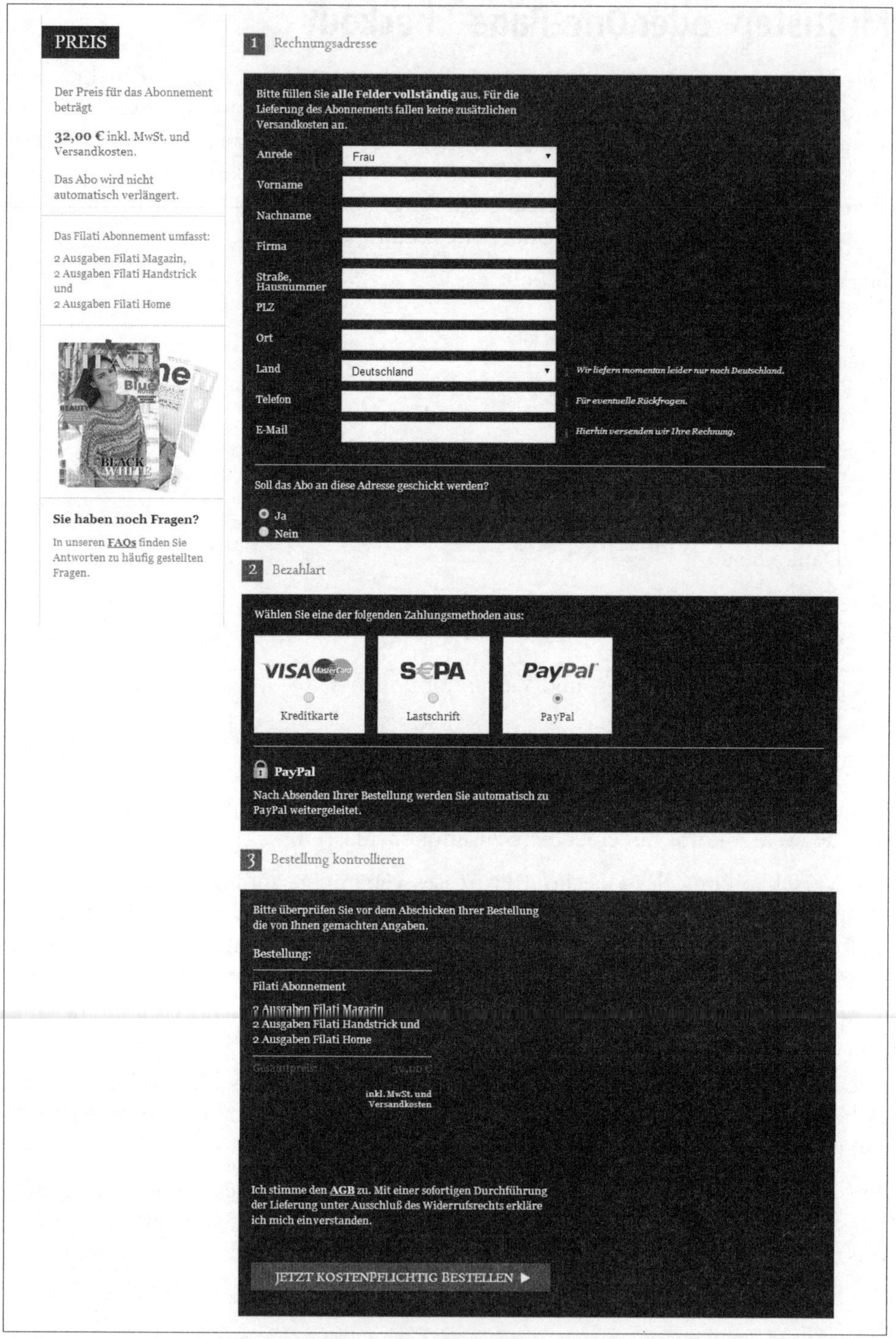

Abbildung 11-18: One-Page-Checkout, www.filati-abo.de (April 2014)

Schnellerer Checkout mittels PayPal-Express

Der Zahlungsdienstleister PayPal bietet mit seinem Angebot PayPal-Express die Möglichkeit, Kundendaten, die bei PayPal hinterlegt sind, automatisch in den Onlineshop zu übernehmen. Mittels eines PayPal-Moduls wird dabei vor dem eigentlichen Checkout-Prozess eine weitere Schaltfläche eingefügt, die den Kunden umleitet. Dies kann z. B. im Warenkorb oder bereits auf dem Layer erfolgen (Abbildung 11-19), der bestätigt, dass das gewünschte Produkt in den Warenkorb gelegt wurde.

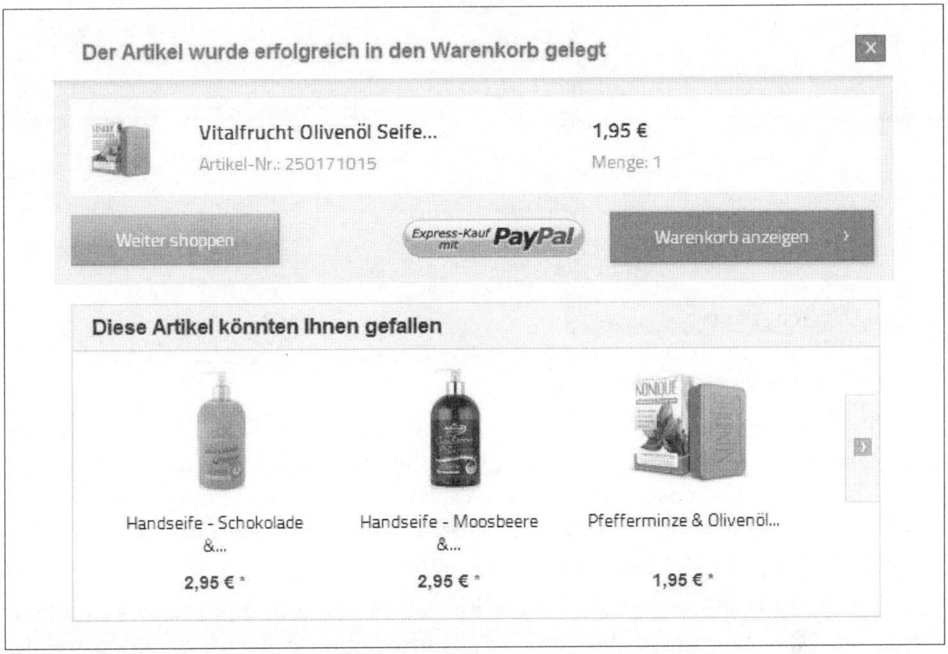

Abbildung 11-19: PayPal-Express-Button, www.freivonso.de (Mai 2014)

Statt zur Registrierung oder Anmeldung im Onlineshop wird der Kunde direkt zu PayPal weitergeleitet. Auch hier kann er seinen aktuellen Warenkorb noch einmal einsehen. Er meldet sich nun mit seinen bei PayPal hinterlegten Zugangsdaten an (Abbildung 11-20), bestätigt dort den Kauf und die bei PayPal hinterlegten Adress- und Zahlungsdaten und wird wieder zurück zum Onlineshop geleitet.

Ziel der Weiterleitung ist die Übersichtsseite im Checkout-Prozess, also die letzte Seite vor dem eigentlichen Kauf. Der Onlineshop übernimmt automatisch die Kundendaten (Versand- und Rechnungsadresse) und legt PayPal als Zahlungsart fest. Der Kunde muss den Kauf nur noch durch einen Klick auf den »Jetzt kaufen«-Button bestätigen. Der Shopbesucher spart sich durch die Umleitung über PayPal die Eingabe der Daten. Der Kaufprozess wird damit entscheidend verkürzt, jedoch auf die Zahlungsart PayPal beschränkt.

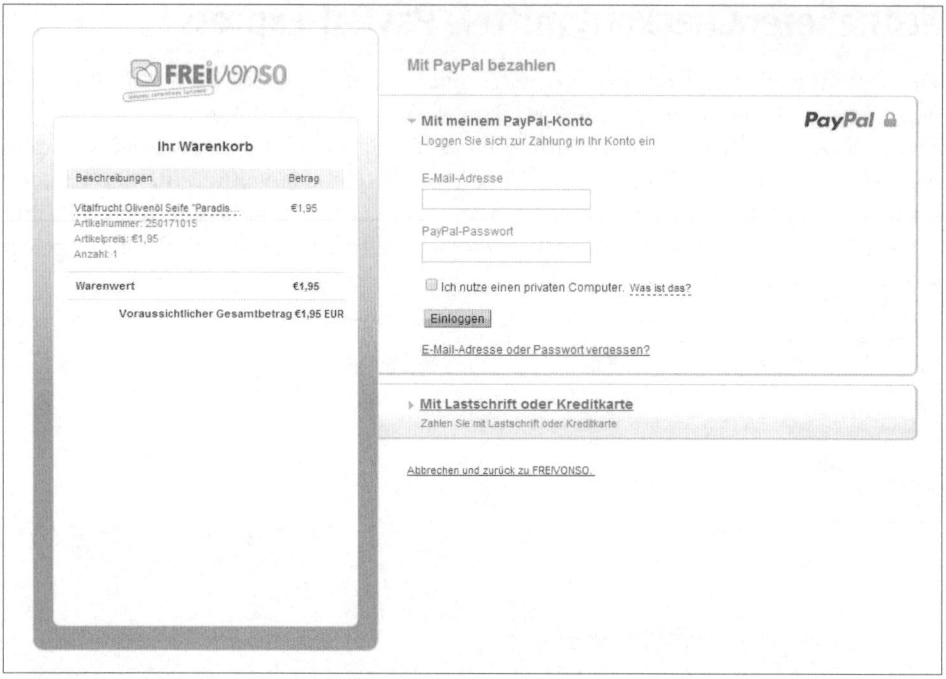

Abbildung 11-20: Anmeldung bei PayPal (Mai 2014)

PayPal geht in seinen eigenen Marketingvideos von bis zu 30 % Mehrumsatz aus, unter anderem wegen schnellerer Kaufentscheidungen und vermehrter Impulskäufe. Bedenken Sie, dass PayPal dieses Verfahren nicht aus reiner Freundlichkeit eingeführt hat. Auch für den Zahlungsanbieter steht der Mehrumsatz durch Verdrängung anderer Zahlungsarten im Vordergrund.

Auf den ersten Blick ist PayPal-Express für den privaten Endkunden als durchaus positiv zu bewerten, wenn die bei PayPal hinterlegten Adressdaten inklusive der E-Mail-Adresse immer auf dem aktuellen Stand sind. Der Kunde hat jedoch keinen Einfluss darauf, ob für ihn im Onlineshop ein Kundenkonto angelegt wird, und er erhält während des Checkout-Prozesses keinen Einblick in alternative Zahlungs- und Versandarten.

Amazon und Apple stellen mit »Amazon Payments« beziehungsweise »Apple Pay« ähnliche Services zur Verfügung, die die Datenübernahme aus den jeweiligen Kundenaccounts ermöglichen. Apple bietet dabei das überzeugendere Konzept für das mobile Bezahlen. Ob sich eines der beiden Systeme mittelfristig in Onlineshops anderer Anbieter etablieren kann, wird die Zukunft zeigen.

Kaufabwicklung mit Amazon Payments

»Bezahlen mit Amazon«, wie Amazon Payments auch genannt wird, hat sich in den vergangenen drei Jahren nach Start noch immer nicht wirklich in deutschen Onlineshops durchgesetzt. Zu Unrecht, wie wir meinen! Insbesondere in Nischenshops, die nicht zwangsläufig über das Potenzial für Stammkunden verfügen, ist es eine echte Alternative.

Benutzerkonto anlegen, Kennwort vergeben, Rechnungs- und Lieferanschrift angeben, Zahlungsdaten eintragen und letztlich auch noch den Kauf bestätigen. Der Checkout-Prozess in Onlineshops ist oft langatmig und aufwendig. Und jeder Shop verlangt andere Informationen und die Preisgabe von Daten. Beim »Bezahlen mit Amazon« ist das natürlich nicht anders, jedoch wird der Kaufprozess deutlich verkürzt (Abbildung 11-21). Und damit sinkt in der Regel auch die Zahl der Kaufabbrüche dramatisch. »Bezahlen mit Amazon« funktioniert dabei grundsätzlich ähnlich wie das oben beschriebene PayPal Express.

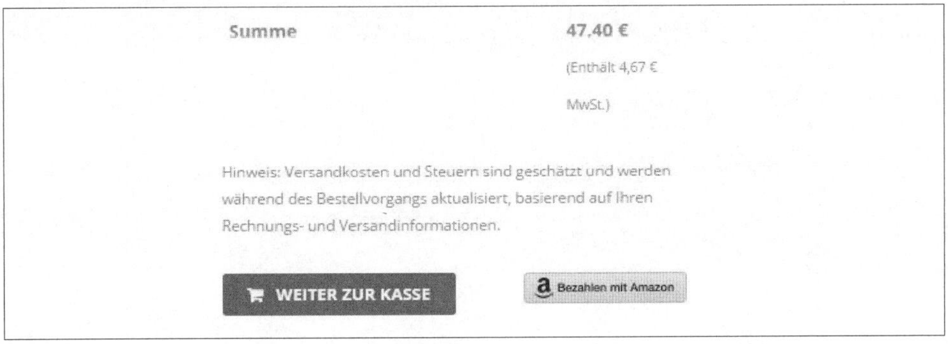

Abbildung 11-21: Im Checkout-Prozess erhält der Kunde die Möglichkeit, den herkömmlichen Kaufabschluss zu wählen oder mittels Amazon Payments zu bezahlen.

Soweit der Kunde über ein Konto bei Amazon verfügt, kann er die dort hinterlegten Adress- und Zahlungsdaten problemlos in den Onlineshop übernehmen und erspart sich die Ausfüllerei nahezu komplett. Dabei werden nicht nur die gespeicherten Adressdaten übernommen, sondern natürlich auch die Zahlungsarten. Je nachdem, ob der Kunde normalerweise bei Amazon per Kreditkarte oder Lastschrift bezahlt, kann er im Onlineshop die Zahlungsart übernehmen. Die Zahlungsabwicklung erfolgt dann zwischen Endkunde und Amazon. Der Händler bekommt seine Zahlungsgutschrift abzüglich der Amazon-Provision nachträglich ausbezahlt.

Ist »Bezahlen mit Amazon« im Onlineshop implementiert, erscheint in der Warenkorbansicht neben dem Button »Weiter zur Kasse« der »Bezahlen mit Amazon«-Button. Wählt man diesen aus, beginnt für den Käufer die »Abkürzung« via Amazon.

In einem Pop-up-Fenster wird die Amazon-Payments-Schnittstelle geöffnet. An dieser Stelle meldet der Kunde sich mit seinen Amazon-Zugangsdaten an. Die von Amazon.de bekannten Logos und Schaltflächen helfen visuell bei der Identifikation der Seite. Der Kunde findet sich so umgehend zurecht (Abbildung 11-22).

Sind die Zugangsdaten richtig eingegeben, werden im Onlineshop die bestehenden Eingabemasken für die Rechnungs- und Lieferadresse sowie die Zahlungsmethoden durch vorgegebene Masken von Amazon Payments ersetzt. Dem Kunden stehen dabei die bei Amazon.de hinterlegten Adressen und Zahlungsmethoden zur Verfügung, die mittels einfachen Mausklicks ausgewählt werden können (Abbildung 11-23). Alternativ können natürlich auch neue Daten hinterlegt werden.

Abbildung 11-22: Die Anmeldung bei Amazon erfolgt über ein Pop-up-Fenster.

Abbildung 11-23: Die bei Amazon hinterlegten Adressdaten werden vom Endkunden ausgewählt und in den Onlineshop übernommen. Zusätzlich kann der Endkunde zwischen den bei Amazon hinterlegten Zahlungsarten, z. B. Lastschrift oder Kreditkarte, wählen.

Übernimmt der Kunde diese Daten, wird er direkt auf die letzte Seite des Bestellvorgangs (Checkout) geführt, auf der er die Daten nur noch bestätigen und den Kauf abschließen muss.

Er erspart sich auf der einen Seite die erneute Eingabe aller Daten. Vertrauensbildend mag auch die Tatsache sein, dass der Onlineshop nicht mit den sensiblen Zahlungsdaten des Shopkunden in Berührung kommt. Diese werden ausschließlich von Amazon verarbeitet. Und zu Amazon hat der Nutzer ggf. höheres Vertrauen als zu einem ihm unbekannten Onlineshop. Zu guter Letzt: Die Bestellschritte sind deutlich konsolidiert. Der Checkout-Prozess nähert sich einem One-Page-Checkout an. Und macht das Anlegen eines Benutzeraccounts überflüssig. Und beides ist bekanntlich gut geeignet, um Bestellabbrüche zu vermeiden.

Bestelleingang per Mail bestätigen

Nach dem erfolgten Kauf erhält der Kunde vom Shopsystem eine automatisch generierte Mail, die die Eckdaten seiner Bestellung noch einmal zusammenfasst.

Kunden neigen dazu, davon auszugehen, dass eine Bestellung nicht funktioniert hat, wenn sie keine Eingangsbestätigung erhalten. Viele bestellen dann ein zweites Mal in Ihrem oder gar in einem anderen Onlineshop. Daher kommt der Eingangsbestätigung und der korrekten Zustellung dieser Mail eine hohe Bedeutung zu.

Grundsätzlich enthält diese Mail die gleichen Inhalte wie die Zusammenfassung auf der letzten Übersichtsseite am Ende des Bestellvorgangs.

Hier hat der Kunde nochmals die Möglichkeit, seine Bestellung zu überprüfen und sich gegebenenfalls bei gewünschten Änderungen mit dem Shopbetreiber in Verbindung zu setzen, bevor die Bestellung ausgeliefert wird. In der Praxis zeigt sich, dass gut aufbereitete und detaillierte Eingangsbestätigungen die Retourenquote senken können.

Zu den wichtigen Inhalten gehören:

- Auflistung aller Produkte mit allen wesentlichen Angaben (Farbe, Größe, Preis etc.)
- Produktfoto
- Liefer- und Rechnungsadresse
- Zahlungsart
- Widerrufsbelehrung
- Allgemeine Geschäftsbedingungen
- Anbieterkennzeichnung

In der Mail sollten Sie die rechtlichen Texte zum Widerruf der Bestellung (inklusive Link zum Widerrufsformular), allgemeine Geschäftsbedingungen und vor allem die Anbieterkennzeichnung (siehe Abschnitt »Impressum« auf Seite 333) nicht vergessen, da auch diese Mail die Pflichtangaben beinhalten muss.

Tipp

Auch wenn der Gedanke naheliegt: Verzichten Sie in dieser Mail auf das Wort »Bestellbestätigung« und auf Formulierungen, die darauf schließen lassen, dass mit dieser Mail der Auftrag durch den Onlineshop (rechtlich) bereits angenommen wurde.

Haben Sie Produkte nicht mehr auf Lager oder haben Sie versehentlich einen viel zu niedrigen Verkaufspreis im Onlineshop hinterlegt, könnte Ihr Kunde im schlimmsten Fall auf die Durchführung der Bestellung zu den von Ihnen »bestätigten« Konditionen bestehen.

Besser ist es daher, lediglich den Eingang der Bestellung zu bestätigen. Dies kann z. B. mit der folgenden Formulierung geschehen:

»Vielen Dank! Wir haben Ihre Bestellung erhalten!«

Wann der Kaufvertrag zwischen Ihnen und dem Kunden zustande kommt, sollten Sie in den allgemeinen Geschäftsbedingungen klar formulieren (vergleiche Experten-Interview mit Rechtsanwalt Christoph Schmitz-Schunken im Abschnitt »Social Media und Recht« auf Seite 639).

Angabe der Bankverbindung bei Vorkasseüberweisung

Die Angabe der Zahlungsart in der Mail zur Bestätigung des Eingangs der Bestellung ist insbesondere für die Zahlungsart »Vorkasseüberweisung« wichtig, da der Kunde hier die Angabe Ihrer Bankdaten bekommt, um den Rechnungsbetrag überweisen zu können.

Achten Sie bei der Angabe Ihrer Bankverbindung darauf, dass der Kunde alle notwendigen Daten direkt erfassen und durch Kopieren (Tastenkombination Strg+C) und Einfügen (Strg+V) direkt in sein Onlinebankingprogramm übertragen kann. So vermeiden Sie Fehler bei der Übertragung der Daten. Gleichzeitig können Sie sicherstellen, dass bei der Überweisung der Verwendungszweck richtig angegeben wird.

Bei der Angabe von IBAN und BIC sollten Sie auf Leerzeichen verzichten, da sie das Einfügen im Bankingprogramm oft verhindern (Abbildung 11-24).

Zu den notwendigen Daten gehören:

- Empfänger
- IBAN
- BIC
- Rechnungsbetrag
- Verwendungszweck (z. B. Bestellnummer)

Zahlungsart:

Vorkasse

Überweisungsdaten für Ihre Vorkasseüberweisung:

Rechnungsbetrag:	24,80 €
Verwendungszweck:	9843
Konto-Nr.:	11
Bankleitzahl:	39040013, Commerzbank
IBAN:	DE9139040013011
BIC:	COBADEFF390

Abbildung 11-24: Angabe der Überweisungsdaten

Nicht zustellbare E-Mail

Ist die Mail nicht an den Kunden zustellbar, z. B. weil er eine falsche E-Mail-Adresse angegeben hat oder weil sein Postfach wegen Überfüllung keine weiteren Mails mehr annehmen kann, sollten Sie versuchen, sich auf anderem Weg mit ihm in Verbindung zu setzen.

Wenn eine Mail an Ihren Kunden nicht zustellbar ist, erhalten Sie eine Nicht-Zustellbarkeits-Benachrichtigung von Ihrem E-Mail-Provider per Mail zurückgeschickt (Abbildung 11-20). Aus der Fehlermeldung lässt sich schließen, woran die Zustellung gescheitert ist. (Weitere Informationen zu den Fehlermeldungen finden Sie auch im Abschnitt »Bounce-Rate« auf Seite 559.)

```
                  Ihr Arcor Maildienst Postfix
--------------------------------------------------------------

This is the Postfix program at host mail-in-10-z2.arcor-online.net.

I'm sorry to have to inform you that your message could not
be delivered to one or more recipients. It's attached below.

For further assistance, please see (german language only):
http://www.arcor.de/hilfe/

                    The Postfix program

<              @mail-in-10-z2.arcor-online.net> (expanded from
    <              @arcor.de>): permission denied. Command output: zzz
    maildrop: maildir over quota.
```

Abbildung 11-25: Nicht zustellbare Mail

Bei falschen E-Mail-Adressen lässt sich aus der falschen Angabe oft die richtige E-Mail-Adresse herleiten. Beliebte Fehler sind z. B. »mustermann@-online.de« (richtig:

mustermann@t-online.de) oder »www.mustermann@gmx.de« (richtig: mustermann @gmx.de). Sie sollten die Mail dann noch einmal an die korrigierte Adresse senden.

Bei unklaren Fehlermeldungen oder überfüllten Postfächern können Sie sich – soweit der Kunde die Telefonnummer angegeben hat – telefonisch mit dem Besteller in Verbindung setzen und die richtige EMail-Adresse abfragen.

Wichtig ist die Zustellung der Mail vor allem dann, wenn der Kunde die Vorkasseüberweisung als Zahlungsart gewählt hat und Sie ihm in der Eingangsbestätigung Ihre Kontodaten mitteilen, ohne die der Kauf nicht zustande kommt.

Telefonische Bestellannahme

Telefonische Bestellannahme – ist das wirklich wichtig? Eindeutig: Ja!

Viele Kunden, gerade aus der älteren Generation, die nicht mit dem Internet aufgewachsen sind, sind unsichere Onlinekunden und möchten sich vor dem Kauf in einem unbekannten Onlineshop der Seriosität des Shopbetreibers versichern.

Ein Anruf bietet natürlich nur eine scheinbare Sicherheit. Trotzdem spielt die telefonische Erreichbarkeit im Onlineshop eine immense Rolle.

Daher sollten Sie, wie im Abschnitt »Header« auf Seite 131 beschrieben, eine Telefonnummer nicht nur auf den Seiten »Kontakt« und »Impressum« angeben, sondern deutlich sichtbar im Header Ihres Onlineshops.

Neben der Beantwortung von Fragen vor dem Kauf können Sie den unsicheren Kunden auch am Telefon durch den Kaufvorgang in Ihrem Onlineshop begleiten und ihm Hilfestellung beim Ausfüllen der Formulare geben.

Im schlimmsten Fall fragen Sie die benötigten Daten von Ihrem Kunden am Telefon ab und übernehmen das komplette Ausfüllen der Formulare im Checkout-Prozess. So können Sie relativ sichergehen, dass der Bestellvorgang nicht vor dem Kaufabschluss abgebrochen wird.

Tipp

Wenn Sie für Ihren Kunden am Telefon die Formulardaten eintragen und den Kaufvorgang im Onlineshop abschließen, sollten Sie unbedingt darauf verzichten, Bank- oder Kreditkartendaten abzufragen. Bieten Sie Ihrem Kunden mit Hinweis auf die Seriosität und die Sicherheit seiner Daten bei der telefonischen Bestellannahme lieber den Kauf auf Rechnung oder, wenn dies nicht möglich ist, die Vorkasseüberweisung an.

Vor Abschluss der Bestellung sollten Sie Ihren Kunden zusätzlich auf das bestehende Widerrufsrecht hinweisen und ihm eine umgehende und kulante Rückabwicklung anbieten, wenn er mit dem gekauften Produkt nicht zufrieden sein sollte. Das schafft zusätzliches Vertrauen in Sie und Ihren Onlineshop!

In diesem Kapitel:

- Versanddienstleister
- Versandkosten
- Retourenmanagement
- Dropshipping

KAPITEL 12
Logistik

Erfahrungsgemäß ist das Shopdesign in der Wahrnehmung von zukünftigen Shopbetreibern einer der wichtigsten Aspekte. Das ist verständlich, denn dies ist ja der einzige Teil Ihres Onlinebusiness, den der Kunde zu Gesicht bekommt. Für einen reibungslosen Betrieb ist das Shop-Frontend aber nur ein Teil unter vielen.

Mindestens genauso wichtig sind die Abläufe im Hintergrund, die dafür sorgen, dass die Zahlungen zuverlässig beim Händler und die bestellten Produkte sicher beim Käufer ankommen.

Wie wichtig eine schnelle Warenlieferung für Kunden ist, zeigt eine Studie der Unternehmensberatung McKinsey. In einer repräsentativen Umfrage wurden Onlinekäufer nach der Attraktivität von »Same Day Delivery« – also Zustellung von Waren noch am gleichen Tag – gefragt. Dabei zeigte sich, dass mehr als 70 % der Befragten bis zu 4,50 Euro extra zahlen würden, wenn die Bestellung noch am gleichen Tag zugestellt würde.

Die Lieferung am gleichen Tag wird sich in den kommenden Jahren für das Gros der Shopbetreiber höchstens in den großen Ballungszentren wie Berlin, Hamburg, Ruhrgebiet oder München realisieren lassen. Die zügige Lieferung innerhalb von zwei Werktagen ist bei vernünftiger Prozessplanung hingegen schon Alltag.

Die komplette Warenlogistik ist für den Onlinehändler ein wettbewerbsentscheidender Bereich. Kunden achten zunehmend auf die Versandgeschwindigkeit und die Versandkosten und machen nicht selten davon ihre Kaufentscheidung abhängig. Umgekehrt stellt die Abwicklung von Retouren für den Händler eine logistische Herausforderung dar, die zwar durch die letzte Gesetzesänderung in 2014 etwas leichter geworden ist, in der Planung des Shops aber unbedingt berücksichtigt werden muss.

Dieser Abschnitt widmet sich dem komplexen Thema Logistik: Von der Auswahl des Versanddienstleisters bis zur Rückabwicklung eingehender Retouren.

Versanddienstleister

Wenn Sie nicht gerade immaterielle Güter wie Software oder Musikdownloads verkaufen, muss die bestellte Ware auch den Weg zum Kunden finden. Es sind durchaus Szenarien denkbar, in denen Sie die Waren selbst ausliefern oder die Kunden sie abholen, dies sind jedoch absolute Nischenfälle. In der Praxis werden Sie nahezu immer einen Versanddienstleister oder Logistiker in Anspruch nehmen.

Auch hier gibt es zahlreiche Dinge zu beachten und im Vorfeld zu überlegen. Gerade wenn Versanddaten elektronisch zum Versanddienstleister übermittelt werden sollen, ist ein nicht unerheblicher Aufwand mitsamt finanziellem Investment nötig. Hier sollte man sicher sein, dass der Versanddienstleister nicht nach wenigen Monaten gewechselt werden muss.

Kriterien zur Versandart

Es gibt zahlreiche Versandarten, angefangen vom klassischen Brief, der durchaus noch seine Daseinsberechtigung im Onlineshop hat, über Warensendung, Päckchen, Paket bis hin zum Versand über eine Spedition.

War bis vor noch nicht allzu langer Zeit die Zustellung von Briefen und Paketen hoheitliches Monopol der Deutschen Bundespost, so wurde zunächst der Markt der Warenbeförderung und seit einiger Zeit – mit Einschränkungen – auch der Markt für Briefzustellungen liberalisiert, sodass sich nunmehr eine ganze Reihe Anbieter in diesen Bereichen betätigt.

Transport per Spedition nimmt nach wie vor eine Sonderstellung ein. Bei jedem Beförderungsauftrag an eine Spedition handelt es sich um eine individuell vereinbarte Leistung, die je nach Ziel, Lieferzeitpunkt und möglicherweise sogar Wochentag unterschiedlich berechnet wird. Dennoch führt gerade bei größeren Waren oft kein Weg an einer Spedition vorbei. Haben Sie häufiger große Lieferungen, ist unter Umständen das Abschließen eines Rahmenvertrags eine gute Lösung.

Neben den Kosten unterscheiden sich die diversen Versandarten in der Liefergeschwindigkeit und der Sicherheit der Zustellung.

Lieferung ins Ausland

Im Zuge europäischer Harmonisierungen im E-Commerce gewinnt auch der Versand in das – nicht nur europäische – Ausland für Onlinehändler immer mehr an Relevanz. Hier stehen die deutlich höheren Versandkosten zunächst im Vordergrund. Zahlt man für ein Päckchen innerhalb Deutschlands je nach Anbieter um die 4,50 Euro, dann kostet das gleiche Päckchen nach Italien beim günstigsten Anbieter bereits 15 Euro.

Nicht außer Acht lassen sollte man aber auch die Zustelldauer. Im Beispiel oben liefern viele Anbieter ein Päckchen von Berlin nach Mailand in Italien innerhalb des nächsten Tags ab. Die Laufzeiten können aber auch mitunter bis zu einer Woche betragen. Eine direkte Korrelation zwischen Preis und Liefergeschwindigkeit gibt es hier nicht.

Als weiterer Punkt sollte die Handhabung von Retouren im Auslandsversand betrachtet werden. Für den Onlinehändler bequeme und gut kalkulierbare Retourenangebote gibt es nur im Heimatland. Für den Versand aus dem Ausland ist meist ein erneuter, vollständiger Transportpreis zu zahlen.

Liefergeschwindigkeit

Die Zustelldauer einer Lieferung wird für Kunden zunehmend zu einem Entscheidungskriterium bei der Auswahl des Onlineshops. Ist die Ware im Shop auf Lager, entscheidet oft die Liefergeschwindigkeit darüber, welcher Shop den Zuschlag bekommt.

Bei vergleichbaren Preisen ist man mit einer Lieferzeitangabe »2–3 Tage« deutlich wettbewerbsfähiger als ohne Angabe. Das geht so weit, dass die Angabe einer schnelleren Lieferung beim Kunden mitunter sogar einen geringfügig höheren Preis rechtfertigt.

Eine prompte Lieferung hat auch einen psychologischen Faktor. Der Kunde freut sich, was sich gern in guten Bewertungen (siehe Kapitel 20, *Bewertungen*, auf Seite 567) und Empfehlungen im Bekanntenkreis niederschlägt.

Als Faustregel gilt: Je höher die Versandkosten, desto schneller die Lieferung. Dies trifft in besonderem Maße auf die von der Deutschen Post AG angebotene Warensendung zu, die zwar ausgesprochen günstig ist, aber auch eine sehr lange Zustellzeit hat.

Für Shopbetreiber ist die Zustellgeschwindigkeit daher ein entscheidendes Kriterium. In aller Regel lohnen sich die Mehrkosten für den schnelleren Versand. So kostet eine Warensendung bei der Deutschen Post zwar nur 0,90 Euro – der vergleichbare Großbrief kostet mit 1,45 Euro lediglich 0,55 Euro mehr –, dafür ist die Zustellung am nächsten oder übernächsten Tag deutlich schneller als die Warensendung, die durchaus eine Woche unterwegs sein kann.

Same Day Delivery

Was haben Leipzig, Nürnberg und Bonn miteinander gemeinsam? Es handelt sich um drei von derzeit 14 Städten (Stand: Frühjahr 2016), in denen Amazon über sein »Evening Express«-Angebot bestimmte Artikel noch am Tag der Bestellung liefert. Die Zustellung erfolgt dabei zwischen 18:00 und 21:00 Uhr und wird teils über DHL, teils über Citylogistiker abgewickelt (Abbildung 12-1).

Same Day Delivery klappt natürlich nur dann, wenn die Ware schon in der Nähe des Kunden gelagert ist. Derzeit betreibt Amazon neun eigene Logistikzentren, die bekanntesten davon in Bad Hersfeld (mit zwei Zentren) und Leipzig. Eine Übersicht finden Sie unter *http://www.amazon-logistikblog.de/standorte/*. Von diesen Zentren aus können sich einige der Same Day Delivery-Bereiche bedienen lassen, jedoch noch lange nicht alle. Daher nutzt man hier Zweitläger bei Logistikern und Lieferdiensten.

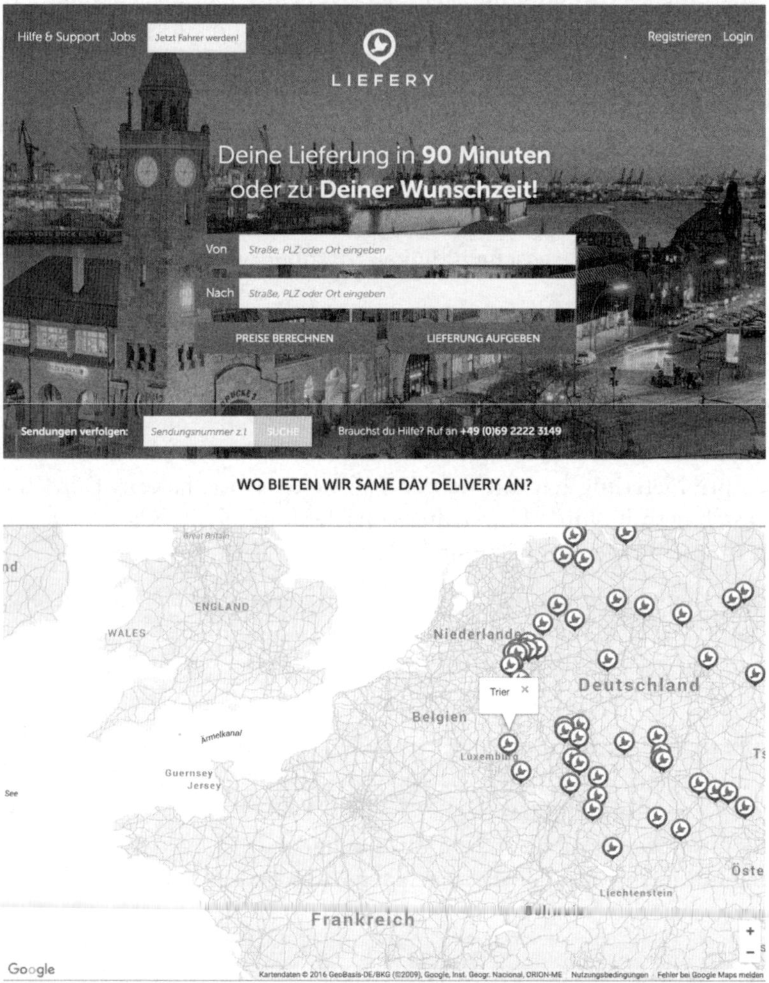

Abbildung 12-1: Lieferung innerhalb von 90 Minuten in zahlreichen deutschen Städten

Die Lieferung am gleichen Tag – zudem zu arbeitnehmerfreundlichen Zeiten – ist natürlich ein immenser Wettbewerbsvorteil. Laut einer Studie von Zalando (*www.zalando.de*) sinkt die Zeitspanne bis zu einer Folgebestellung um beeindruckende 41 %, wenn die vorherige Bestellung eine Lieferung am gleichen Tag war. Bei Amazon kommen nur Amazon-Prime-Kunden (Jahresbeitrag 49 Euro) mit einem Bestellwert über 20 Euro in den Genuss der kostenlosen Evening-Express-Lieferung. Wer kein Prime-Kunde ist, muss 9,99 Euro Aufpreis zahlen – je nach Situation und Dringlichkeit der Lieferung ist das aber nicht wirklich ein Hinderungsgrund.

Derzeit ist der Warenbestand bei Amazon, der für Same Day Delivery verfügbar ist, noch überschaubar. Schon jetzt ist klar, dass Amazon sowohl das Sortiment als auch die Zahl der Regionen, in denen die Lieferung am gleichen Tag angeboten wird, ausbauen wird. Für Onlinehändler schafft das einen weiteren Druck, ihre Waren auch selbst bei Amazon einzulagern, um die Logistik mitnutzen zu können.

Sicherlich werden auch Versanddienstleister wie DHL oder DPD über kurz oder lang ähnliche Angebote im Programm haben. Die notwendige Lagerlogistik müssen diese aber erst aufbauen oder über externe Partner realisieren. Amazon geht den umgekehrten Weg und wird in Deutschland in Zukunft auch als Paketzusteller aktiv werden. Entsprechende Pläne wurden Ende 2015 bekannt. Ähnliche Pläne hat Zalando, die derzeit in Berlin, Düsseldorf, Essen und Köln bereits Same Day Delivery anbieten. Auch hier will man sich Drittanbietern gegenüber öffnen und mit »Fulfillment by Zalando« eine Möglichkeit bieten, Anbietern im Tetxil- und Modebereich die eigene Logistik zu nutzen.

Für Onlinehändler wird es kaum eine Möglichkeit geben, aus eigener Kraft Same Day Delivery anbieten zu können. Lediglich wer bereits ein Filialnetz mit entsprechenden Lagern besitzt, könnte mithilfe der in letzter Zeit zahlreich entstehenden Citylogistikern ein ähnliches Angebot bieten. Hier sticht der Dienst Liefery (*www.liefery.de*) aus Frankfurt heraus, den auch Zalando für seine Same Day Delivery nutzt. Liefery verspricht die Lieferung von Waren innerhalb von 90 Minuten nach Bestellung in zahlreichen deutschen Städten. Der Dienstleister holt die Waren in Ladenlokalen und Lagern ab – und genau da beißt sich die Katze schon wieder in den Schwanz, denn die Ware muss in relativer geografischer Nähe zum Kunden sein.

Wer keine dezentrale Lagerstruktur hat, muss daher noch einige Zeit warten, bis weitere Dienstleister in diese Nische springen oder wohl oder übel auf Amazon als Lager- und Transportlogistiker ausweichen.

Sicherheit der Zustellung

Ja, Lieferungen gehen auch mal verloren. Lastwagen werden in Unfälle verwickelt, und es gibt auch eine gewisse Zahl von Diebstählen – sowohl auf dem Versandweg als auch nach der Zustellung, wenn die Sendung beispielsweise im Hausflur steht. Im Jahr 2010 wurden über 3.000 Fälle von verschwundenen Lieferungen bei der Polizei zur Anzeige gebracht (Quelle: *www.aix.li/verschwundene-pakete*), die Dunkelziffer dürfte erheblich höher liegen. Ein weiterer Unsicherheitsfaktor sind unehrliche Empfänger, die behaupten, eine Sendung nie erhalten zu haben (siehe mehr dazu weiter unten).

Grundsätzlich sind zwei Zustellarten zu unterscheiden: Bei Briefen, Warensendungen und Päckchen wird weder der Transportweg – also wann die Sendung wo welche Stationen durchlaufen hat – noch die erfolgreiche Zustellung dokumentiert. Beim Versand als Paket kann man hingegen jederzeit online den aktuellen Aufenthaltsort einer Sendung nachverfolgen (Abbildung 12-2). Zudem muss für die Annahme einer Paketsendung eine Unterschrift geleistet werden. Das Gleiche gilt für die Zustellung per Spedition, bei der der Spediteur jederzeit die Position des Zustellfahrzeugs kennt und bei dem die Ware ebenfalls nur gegen Unterschrift ausgehändigt wird.

Abbildung 12-2: DHL-Sendungstracking

Ein weiterer Vorteil: Diese Art der Sendung beinhaltet eine Transportversicherung, die im Falle von Beschädigungen oder Verlust einspringt.

Weder die Nachverfolgung der Sendung (Tracking) noch die Unterschrift bei Empfang schützen komplett vor Verlust durch Diebstahl. In unserer täglichen Praxis ist es mehr als einmal passiert, dass Sendungen im Tracking plötzlich nicht nachvollziehbar stoppten und trotz Recherche nicht mehr auffindbar waren. Auch wurden Sendungen mitunter gegen Unterschrift von Personen angenommen, die niemand kannte und wo im Nachhinein niemand nachvollziehen konnte, wer das gewesen sein sollte.

Unehrliche Empfänger

Tatsächlich helfen ein nachverfolgbarer Versand und eine Empfangsquittung gegen die größte Ursache verschwundener Sendungen: unehrliche Empfänger.

Die Anzahl der als »nie angekommen« reklamierten Sendungen ist bei den Versandarten Brief, Warensendung und Päckchen überproportional hoch. Für einige unserer Mitmenschen scheint es zu verlockend zu sein, schlicht zu behaupten, die Ware sei nie angekommen, um dann entweder eine zweite Belieferung zu erhalten oder den Kaufpreis zurückzuverlangen. Dem kann man mit den teureren Versandarten recht erfolgreich einen Riegel vorschieben.

Umgang mit unehrlichen Kunden

Ein Onlineshopbetreiber berichtet, dass regelmäßig einzelne Teile einer Bestellung als fehlend reklamiert werden. Da er eine Versandhandelssoftware einsetzt, die durch den vorgegeben Arbeitsablauf Packfehler nahezu verhindert und das packende Personal definitiv als Verlustquelle ausscheidet, bat er uns um Rat, wie mit dieser Situation umzugehen sei.

Die Analyse der Arbeitsabläufe, die Sichtung der Versanddokumente mit Picklisten und Packprotokollen und ein Abgleich der Lagerbestände ergaben keinen Anhaltspunkt, dass die Pakete tatsächlich falsch gepackt wurden. Die naheliegende Erklärung war daher ein bewusster Betrugsversuch seitens der Besteller.

Wir empfahlen dem Shopbetreiber, sich bei den Bestellern für den vermeintlichen Fehler beim Verpacken zu entschuldigen und ihnen den reklamierten Artikel kostenfrei nachzuliefern.

Der negative Effekt, den eine Weigerung und die – letztendlich nicht beweisbare – Anschuldigung des Betrugs nach sich ziehen könnte, wäre zu risikoreich. Schon einige wenige negative Bewertungen im Stile von »Erst schlampen sie beim Packen, dann werfen sie mir noch Betrug vor«, reichen, um die Reputation eines Händlers nachhaltig zu beschädigen.

Kosten-Nutzen-Risikoabwägung

Die tatsächlich anfallenden Kosten des Versands sind ein erheblicher Faktor in der Wirtschaftlichkeitsberechnung eines Shops. Gerade bei sehr günstigen Waren muss daher das Risiko des Verlusts gegen die Kosten des Versands abgewogen werden. Die gute Nachricht ist: Die meisten Menschen sind ehrlich – wenn man sie nicht zu starken Versuchungen aussetzt.

Beispiel Zeitschriftenversand

Einer unserer Kunden versendet Zeitschriften mit einem Warenwert von um die 4 Euro. Diese als versicherte, nachverfolgbare Paketsendung zu verschicken, wäre nicht ökonomisch, zumal aus Marketinggründen der Versand ohne Kosten für den Besteller bleiben soll. Der Shopbetreiber hat sich daher für den Versand als Briefsendung entschieden und zieht die 1,45 Euro pro Versand von seiner Marge ab. Der Anteil an verschwundenen Zeitschriften hält sich in vertretbar geringem Rahmen. Die Ersatzlieferungen, die er so leisten muss, werden durch die Einsparungen bei den Versandkosten und das Mehrgeschäft durch das Angebot des kostenlosen Versands mehr als kompensiert.

Je wertvoller die Ware ist, je teurer Ersatz und Neulieferung sind, desto eher sollten Sie auf Versandverfahren zurückgreifen, die zusätzliche Sicherheit und eine Transportversicherung enthalten. So passen Goldmünzen zwar in einen DIN-A5-Umschlag und könnten als Warensendung auf den Weg gebracht werden – die Wahrscheinlichkeit, dass der Kunde den Empfang aber anschließend verleugnet oder die Sendung durch unehrliches Zustellpersonal abgegriffen wird, ist leider sehr hoch.

Ist eine Lieferung tatsächlich einmal verschwunden, haftet bei einem Verkauf an Privatkunden zunächst einmal der Betreiber des Onlineshops. Der Kaufvertrag ist erst erfüllt, wenn der B2C-Kunde die Ware in Händen hält. Pikanterweise gilt dies auch, wenn der Paketbote die Lieferung beim Nachbarn abgegeben oder einfach im Hausflur abgestellt hat. In jedem dieser Fälle sind Sie als Versender verpflichtet, dem Käufer den Kaufpreis zu erstatten. Eine Verpflichtung zur (kostenlosen) Neulieferung besteht hingegen nicht. Der Shopbetreiber kann den Verlust bei versicherten Paketen wiederum beim Transportdienstleister geltend machen.

Anders gelagert ist die Situation im B2B-Bereich, also wenn der Käufer selbst Gewerbetreibender ist. In diesem Fall trägt – soweit in Ihren allgemeinen Geschäftsbedingungen nichts Gegenteiliges vereinbart ist – der Käufer das Risiko des Versands; der Verkäufer hat seine Verpflichtung mit der Übergabe an den Versanddienstleister erfüllt. Diese Übergabe muss aber entsprechend dokumentiert sein. Auch hier kann der Verlust eines Pakets wieder beim Versanddienstleister geltend gemacht werden – nur dieses Mal vom Käufer.

DHL ist bei der Verfolgung von Rücksendungen inzwischen sehr zuverlässig. Durch den hohen Automatisierungsgrad im Logistikbereich ist sehr schnell festzustellen, wo ein Paket verloren gegangen ist.

Nach der Verlustanzeige, für die Sie in der Regel den Rechnungsbeleg und den Einlieferungsnachweis vorlegen müssen, erfolgt die Erstattung des Betrags meist innerhalb von ein bis zwei Wochen.

Lieferung an eine Packstation

Seit einigen Jahren gehören die gelben Packstationen von DHL zum Bild unserer Innenstädte. Sie stehen gern neben Tankstellen oder auf Supermarktparkplätzen – also an zentralen, leicht zu erreichenden Orten mit Parkmöglichkeit (Abbildung 12-3). Gerade für Berufstätige, die tagsüber keine Sendungen entgegennehmen und sich die Lieferung nicht an den Arbeitsplatz bringen lassen können oder wollen, sind die rund um die Uhr verfügbaren Packstationen eine erhebliche Erleichterung. Im Oktober 2012 gab es 2.500 Packstationen in Deutschland, und die Deutsche Post AG verkündet stolz, dass 90 % aller Bundesbürger eine Packstation in nur zehn Minuten Fußentfernung verfügbar haben.

Das Prinzip ist ganz einfach: Statt der eigenen Adresse gibt man als Lieferadresse die nächstgelegene Packstation ein. Dazu bekommt man von der DHL eine Kundennummer, die man ebenfalls bei der Angabe der Lieferadresse hinterlegt. Der Paketbote legt dann die Sendung in eines der Fächer der Packstation. Sobald der Empfänger Zeit hat – und sei es mitten in der Nacht –, kann er das Paket an der Packstation abholen. Die Identifizierung erfolgt über einen Zugangscode, der direkt aufs Handy des Empfängers per SMS übermittelt wird, sobald das Paket in der Packstation hinterlegt wird.

Abbildung 12-3: DHL-Packstation vor einem Supermarkt

Das Abliefern an eine Packstation ist nur beim Versand über DHL möglich – andere Versanddienstleister sind von dieser Möglichkeit ausgeschlossen. Da Packstationslieferungen aber gerade bei berufstätigen Privatkunden und Singlehaushalten ausgesprochen beliebt sind, sollte man sich sehr überlegen, ob man auf diese Möglichkeit verzichten will.

Während die Mitbewerber von DHL ihr Glück mit einem Paketkastenkonzept versuchen (siehe Kasten), prescht Amazon hier wieder vor und möchte eigene Packstationen – »Amazon Locker« genannt – in deutschen Städten errichten (Abbildung 12-4).

Abbildung 12-4: Den Packstationen von DHL nicht unähnlich finden sich Amazon Locker in vielen Supermärkten in den USA und Großbritannien.

Paketkästen

Nach zweijährigem Test in Bonn und Ingolstadt sind die DHL-Paketkästen seit Mai 2014 bundesweit verfügbar. Dabei handelt es sich um eine Art Minipackstation, die parallel zum Briefkasten vor dem eigenen Haus aufgestellt wird.

Die Kästen sind deutlich größer als ein Briefkasten und können je nach Ausfertigung mehrere Pakete aufnehmen. Der DHL-Zusteller und der Paketkastenbesitzer verfügen über einen speziellen Zugangsschlüssel, mit dem der Kasten geöffnet werden kann.

Ab einmalig 99 Euro (Kauf) oder ab monatlich 1,99 Euro (Miete) kann jeder Interessent einen Paketkasten erwerben. DHL hat vor allem Besitzer von Ein- oder Zweifamilienhäusern in Blick, schließt aber auch Mehrfamilienhäuser nicht aus. Man verspricht sich gerade im ländlichen Raum davon einen deutlichen Komfortgewinn für die Kunden.

In seltener Einigkeit haben DPD, Hermes, GLS und UPS angekündigt, zum Jahresende 2014 einen ähnlichen Service anzubieten, da DHL sein System exklusiv nutzen möchte. Erst im September 2015 hörte man wieder von dem Projekt, das mittlerweile unter dem Namen »Parcellock« (*www.parcellock.de*) firmiert. Der Start ist mittlerweile für September 2016 geplant.

Gleichzeitig gibt es Bestrebungen, eine anbieterübergreifende DIN für Paketkästen zu entwickeln. Entsprechende Ergebnisse einer Arbeitsgruppe des Instituts für Normung werden für Ende 2016 erwartet. Eine solche Norm wäre jedoch nicht verbindlich und Dienstleister können nach wie vor ihr eigenes Konzept anbieten.

In den USA sind Amazon-Locker-Stationen schon weit verbreitet. Amazon sucht dabei die Kooperation mit Supermärkten. So gab es 2015 bereits 186 Amazon Locker in den Filialen von 7-Eleven. In Großbritannien kooperiert Amazon neben Supermärkten auch mit öffentlichen Büchereien, um die Packstationen dort aufzustellen. Im Februar 2016 wurde bekannt, dass Amazon per Stellenausschreibung »Transportation Manager« für den Aufbau eines Amazon-Locker-Netzwerks für die Standorte München, Paris und Luxemburg sucht. Wir rechnen Mitte 2017 mit den ersten Amazon-Locker-Stationen in Deutschland. Für Onlinehändler ein weiterer Grund, zumindest einen Teil ihrer Produkte der Amazon-Logistik anzuvertrauen

Wochenendzustellung

Arbeitstage werden immer länger, und nicht alle Arbeitgeber erlauben die Lieferung privater Pakete an den Arbeitsplatz. Wenn dann auch noch die nächste Packstation weit weg oder das Paket zu groß für den Transport auf dem Fahrrad oder in der U-Bahn ist, dann bleibt für viele Berufstätige nur die Wochenendzustellung als Alternative.

War die Samstagszustellung bei der Erstausgabe dieses Buchs primär noch eine Domäne von DHL, so bieten heute nahezu alle Versanddienstleister die Zustellung am Samstag an. Seit 2015 liefert DPD bereits in 80 % des Bundesgebiets an Samstagen – die restlichen 20 % sollen zügig folgen. Zusätzlich bieten auch GLS und UPS die Zustellung an Samstagen an.

Ein großer Unterschied liegt in der Art der Beauftragung. Bei DPD, GLS und UPS muss man die Samstagszustellung extra beauftragen (und bezahlen) – bei DHL ist es schlicht ein weiterer Tag, an dem die Sendungen ausgeliefert werden. Sie haben demnach auch keinen Einfluss darauf, an welchem Wochentag das Paket zugestellt wird. Hermes bietet keine offizielle Samstagszustellung an – in der Praxis liefern die Zusteller, meist Subunternehmer, die Sendungen aber oft auch an Samstagen aus.

In den Nachwehen des Poststreiks von 2015 hat DHL zeitweise auf die Zustellung an Sonntagen zurückgegriffen. Gewerkschaften und Politik haben sich scharf gegen diese Maßnahme gewendet. Derzeit kann man daher Sonntagszustellung nur über Kurierdienste beauftragen. Im Hinblick auf die Entwicklungen im Logistik- und Versandbereich dürfte es aber nur noch eine Frage der Zeit sein, bis einer der etablierten Versanddienstleister oder ein disruptiver Newcomer wie Amazon die Zustellung an Sonntagen als normale Option anbietet.

Umweltaspekte

Derzeit legt der Paketversand jährlich um rund 7 % zu. Bereits Ende 2012 hat DHL die Grenze von sieben Millionen Sendungen pro Tag überschritten – wobei natürlich das Weihnachtsgeschäft eine Rolle spielt. Schon jetzt sind die Fahrzeuge von DHL, DPD, Hermes, UPS & Co. permanent im Straßenbild präsent. Das Heer der Fahrzeuge im innerstädtischen Stop-and-go-Verkehr benötigt erhebliche Mengen Treibstoff und stößt entsprechende Schadstoffmengen aus.

DHL hat die bisher am weitesten beachtete Kampagne zum Klimaschutz gestartet. Ziel ist, die CO_2-Bilanz bis 2020 um 30 % zu verbessern. Unter dem Label »GoGreen« können Paketsendungen klimaneutral versandt werden. Was für Privatkunden kostenlos ist, muss von Geschäftskunden – also auch von Onlineshopbetreibern – mit einigen Cent pro Sendung zusätzlich bezahlt werden. Leider stoßen die Lieferfahrzeuge dadurch nicht weniger Schadstoffe aus – DHL investiert die Mehreinnahmen in zertifizierte Klimaschutzprojekte. Je nach Kundenstamm wird der Versand mit GoGreen-Label aber als positives Engagement wahrgenommen.

Konkurrent DPD hat mit »TotalZero« ein ähnliches Programm im Einsatz, bewirbt es aber nicht so offensiv wie DHL, sodass es in der Wahrnehmung der Kunden nahezu nicht ankommt. Auch das »carbon neutral shipment« von UPS und das »WE DO!«-Programm von Hermes sind kaum bekannt.

Möchte man als Onlineshopbetreiber vom positiven Image eines der Programme profitieren, bietet sich derzeit nur DHL mit GoGreen an.

Einen interessanten Aspekt bilden die in letzter Zeit verstärkt auftretenden Citylogistiker, die Lieferdienste auf ein eng gefasstes geografisches Gebiet konzentrieren, dort aber primär mit Lastenfahrrädern liefern. Mehrere Lieferungen in die gleiche Stadt können dann gesammelt zum Lager des Citylogistikers gebracht werden und von dort umweltschonend per Fahrradkuriert transportiert werden. Noch fehlt es den Citylogistikern an bundesweiter Vernetzung und Schnittstellen zu Shops – diese Entwicklung dürfte aber 2017 spannend werden.

Versteckte Kosten

Bei den Versanddienstleistern ist es zwar noch nicht ganz so schlimm wie im Mobilfunk, die Preisgestaltung der einzelnen Dienste kann einem aber schon die Haare zu Berge stehen lassen. Lassen Sie sich nicht von den Tarifen für Privatkunden täuschen – sie sind in aller Regel übersichtlich und bis zu einem gewissen Grad vergleichbar.

Die Tarife für Geschäftskunden unterscheiden sich deutlich und sind durchaus verhandelbar – was die Sache nicht einfacher macht. Die verschiedenen Anbieter lassen sich bei diesen Tarifen nicht gern in die Karten schauen. Vergleichsportale sucht man vergeblich. Für Shopbetreiber und große Versender sind günstige Tarife ein Wettbewerbsvorteil, sodass sie sich ungern in die Karten schauen lassen. Als Empfehlung können wir Ihnen lediglich mit auf den Weg geben, möglichst hartnäckig zu verhandeln.

Vorsicht muss man bei versteckten Kosten walten lassen. So erhebt unter anderem GLS einen Inselzuschlag von 13,95 Euro (Stand: März 2016), der beim Versand auf Nord- und Ostseeinseln zusätzlich zu den Paketkosten anfällt.

Ein anderes Beispiel ist der Treibstoffzuschlag, den diverse Versanddienstleister erheben. So kalkuliert DPD im März 2016 mit 7,95 % Aufschlag für Geschäftskundensendungen. Diese Kosten werden einem Onlineshopbetreiber auf den monatlichen Rechnungen separat ausgewiesen und nicht etwa als Anteil je Sendung.

Prüfen Sie deshalb bei Verhandlungen mit einem Versanddienstleister genau das Kleingedruckte und berechnen Sie die versteckten Kosten in die Versandkostenplanung mit ein.

Übermittlung der Versanddaten an den Logistiker

Jede Lieferung benötigt Versandunterlagen. Jeder der großen Dienstleister stellt dafür Paketaufkleber zur Verfügung, in die Absender und Empfänger eingetragen werden. Beim Einliefern der Sendung erhalten Sie einen Durchschlag des Aufklebers als Beleg für Ihre Buchführung. Wenn Sie nur eine Handvoll Pakete am Tag versenden, ist diese Art der Sendungsauszeichnung gerade noch vertretbar, wobei schon bei wenigen Sendungen das Risiko der Verwechslung entsteht, wenn z. B. der Stapel mit den vorbereiteten Paketscheinen verrutscht. Passt man nicht auf, ist schnell ein Paket mit einem falschen Aufkleber versehen.

Spätestens ab 20–30 Paketen am Tag ist diese Arbeit kaum noch ökonomisch und sicher zu leisten. Manche Anbieter stellen Webdienste oder Programme für den Computer zur Verfügung, die Paketscheine ausdrucken können. Abgesehen davon, dass hier Verwechslungsgefahr droht, wenn man die Paketscheine »auf Vorrat« druckt, stößt auch diese Vorgehensweise schnell an ihre logistischen Grenzen.

Um die Abläufe beim Versand im Hinblick auf zukünftiges Wachstum von vornherein optimal zu gestalten, sollte eine Software zur automatischen Übermittlung der Sendungsdaten an den Versanddienstleister eingesetzt werden.

Bei unseren Kunden haben wir sehr gute Erfahrungen mit der Software Easylog von DHL gemacht. Easylog beherrscht zwei verschiedene Anwendungsmodi. Im interaktiven Modus werden alle Empfängerangaben vom Benutzer in eine Eingabemaske eingetragen. Im Pollingmodus empfängt Easylog diese Daten automatisch von einer Versandhandelssoftware oder Warenwirtschaft, wie in der Abbildung 12-5 zu sehen. Hierbei wird Easylog im Hintergrund ausgeführt und überwacht die Schnittstelle zur Versandhandelssoftware. Werden neue Daten von dort übermittelt, werden diese automatisch von Easylog übernommen und ein Versandetikett gedruckt. Im Gegensatz zum interaktiven Modus ist keinerlei Eingabe durch den Benutzer erforderlich.

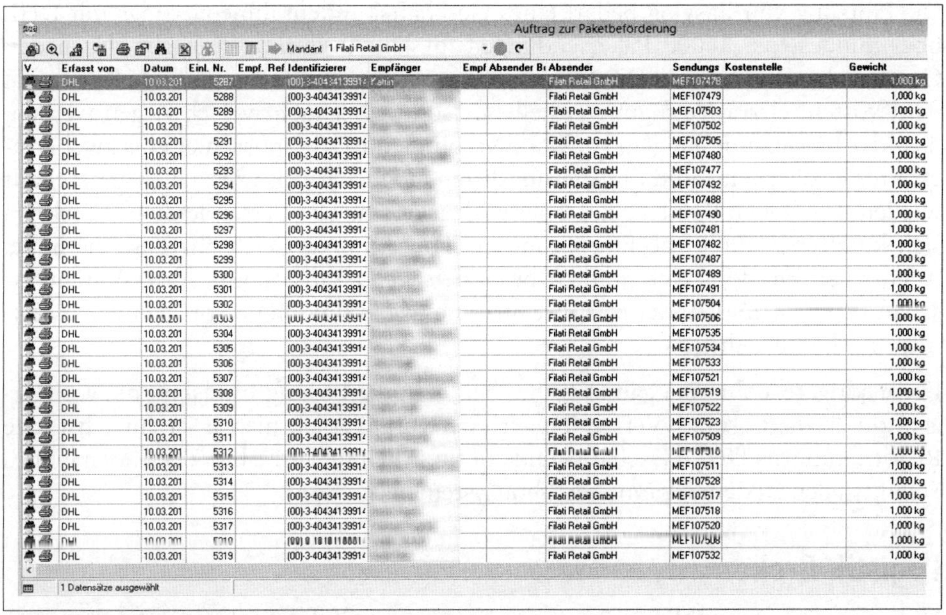

Abbildung 12-5: EasyLog-Paketscheindruck

So sind Übermittlungsfehler ausgeschlossen, denn die Adresse wird exakt wie vom Kunden eingegeben ins System übernommen. In beiden Fällen wird unmittelbar im Anschluss ein Paketschein von einem angeschlossenen Drucker ausgegeben. Die selbstklebenden Laser- oder Thermoetiketten kann man kostenfrei über das DHL-Geschäftskundenportal beziehen.

Gerade im automatischen Pollingbetrieb spielt das System seine Stärken aus. Beim Einsatz einer entsprechenden Versandhandelssoftware wird unmittelbar im Anschluss an das Packen einer Lieferung das Versandetikett vom angeschlossenen Drucker ausgegeben. Mit dem Verschließen des Pakets wird das Etikett aufgeklebt – Verwechslungen sind nicht mehr möglich.

Nachdem alle Pakete gepackt und alle Etiketten gedruckt sind, löst man über Easylog den sogenannten Tagesabschluss aus. Hierbei werden alle Sendungen samt Empfängeradressen elektronisch an DHL übermittelt. Im Gegenzug übermittelt DHL die individuellen Paketscheinnummern an Easylog, die im Anschluss entweder manuell oder wiederum über eine Versandhandelssoftware an die Kunden übermittelt werden, die dann online die Sendung verfolgen können. Zuletzt druckt Easylog eine Sendungsübersicht aus, die der DHL-Abholer abzeichnet, wenn die Pakete abgeholt werden.

Easylog wird von einem durch DHL beauftragten Techniker von TSystems vor Ort installiert. Dieser Techniker erteilt auch eine Einweisung ins System. Die individuell mit DHL ausgehandelten Versandtarife werden ebenfalls vom T-Systems-Techniker in Easylog hinterlegt.

Die Nutzung von Easylog bedarf eines Geschäftskundenrahmenvertrags mit DHL über mindestens 20.000 Paketsendungen im Jahr und einer Freigabe durch den Geschäftskundenvertrieb. Die Nutzung ist kostenfrei, auch das Verbrauchsmaterial wird kostenfrei zur Verfügung gestellt. Es sollte aber nicht verschwiegen werden, dass der Einsatz mit einigem Aufwand verbunden ist. So müssen ein bis zwei Drucker für Paketscheine und Einlieferungslisten möglicherweise zusätzlich angeschafft werden. Die hohen Kosten eines Thermodruckers für die Versandetiketten rechnen sich kurzfristig durch die Einsparung an Toner im Vergleich zur Lasermethode. Auch spielt Easylog seine Stärken besonders beim Einsatz mit einer Warenwirtschaft oder Versandhandelssoftware aus, die wiederum ein entsprechendes Investment nach sich zieht.

Für niedrigere Volumina gab es früher bei DHL die Lösung Intraship, die vor Kurzem durch die Lösung »Versenden« ersetzt wurde. Auch hierfür ist zunächst eine Registrierung als DHL-Geschäftskunde nötig. Auch für Intraship/Versenden gibt es Schnittstellen zu den bekannteren Shopsystemen.

Logistik-Broker

Die geschickte Auswahl des Versanddienstleisters und das Aushandeln der Konditionen ist für den Erfolg des Onlineshops ein wesentlicher Faktor. Gerade für kleine Shops mit noch niedrigem Versandvolumen können Versandkosten – insbesondere beim Auslandsversand – schnell die Marge kosten. Abhilfe bieten hier sogenannte Logistik-Broker wie z. B. Packlink (*www.packlink.de*, Abbildung 12-6).

Wie von anderen Vergleichsportalen bekannt, schlägt Packlink nach Eingabe der Eckdaten zur Sendung eine ganze Reihe von Versanddienstleistern vor und sortiert diese nach Preis oder Liefergeschwindigkeit.

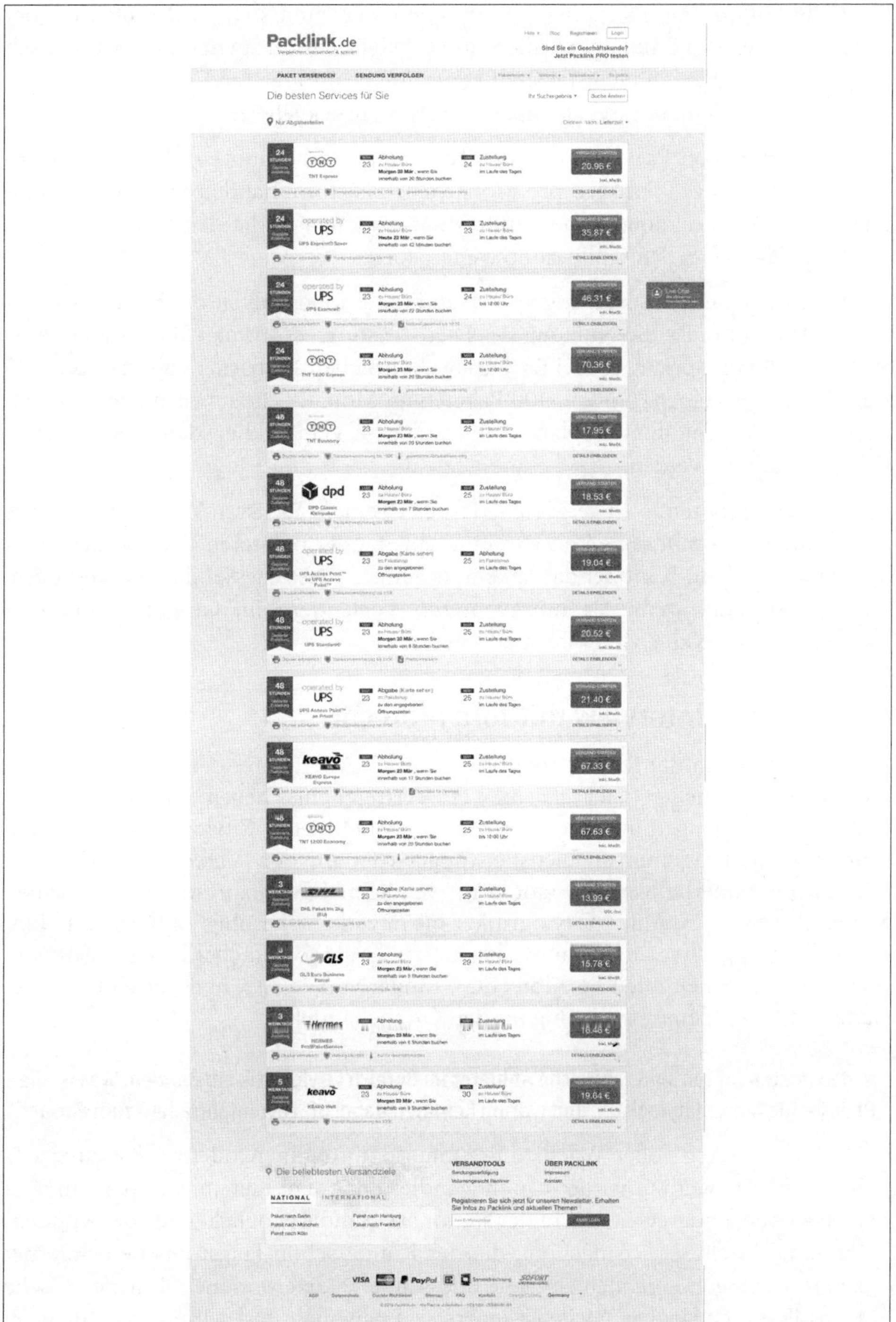

Abbildung 12-6: Vergleichsportale wie Packlink.de ermitteln den günstigsten Anbieter für eine Sendung.

Für Onlineshops bietet Packlink eine Programmierschnittstelle (API), über die der Shop die Daten des Empfängers übermittelt. Die Plattform sucht dann automatisch den günstigsten Versanddienstleister heraus und beauftragt den Versand – der Shop erhält dann die Daten des Versanddienstleisters zurückgeliefert.

Die Zielgruppe von Packlink sind derzeit Onlinehändler mit einem Versandvolumen von bis zu 1.000 Paketen pro Monat. Die Plattform handelt mit den Versanddienstleistern Sonderkonditionen und Volumentarife aus, die sie dann – abzüglich einer Provision – an den Onlineshop weitergeben.

Der Onlineshop erhält so günstigere Versandkonditionen, als sie der Betreiber selbst aushandeln könnte – die Nutzung der Dienstleistung ist für den Shop zudem kostenfrei. Packlink spricht von einer durchschnittlichen Ersparnis von knapp 8.500 Euro im Jahr bei einer Zahl von 400 Paketen im Monat. Das ist beachtlich, man hat aber nur noch wenig Einfluss darauf, mit welchem Versanddienstleister die eigenen Pakete versendet werden.

Shopbetreiber sollten nicht vergessen, dass es ab einem gewissen Volumen durchaus interessant sein kann, seine Preise frei mit einem oder mehreren Versanddienstleistern zu verhandeln. Je größer das Paketaufkommen, desto besser die Verhandlungsposition. Gerade, wenn Sie mit mehreren Versendern im Gespräch sind und möglicherweise Exklusivität bieten können.

Citylogistik – Interview mit Jörg Albrecht

Jeder kennt DHL oder DPD – aber wer kennt CLAC? Hinter der Abkürzung steht die Citylogistik Aachen (*www.clac.at*) – ein Vertreter eines neuen, jungen Geschäftsfelds. Hervorgegangen aus der Fahrradkurierszene bieten Citylogistiker heute ein umfangreiches Programm an Dienstleistungen rund um den Waren- und Dokumententransport innerhalb einer Stadt. Mit wendigen Lastenfahrrädern und kleinen Kurierfahrzeugen kommen Citylogistiker bis in verkehrsberuhigte Innenstädte hinein und sind so schneller und umweltschonender als so mancher Lieferwagen oder LKW. Wir sprechen mit Jörg Albrecht, Gründer von CLAC, über die Zukunft der Citylogistik und deren Bedeutung für den Onlinehandel.

In den letzten Jahren sind zahlreiche Anbieter im Bereich Citylogistik entstanden. Was ist die Philosophie hinter Citylogistik, und warum kommen dabei oft Lastenfahrrädern zum Einsatz?

Nach den Jahren voller Wachstumseuphorie im Onlinehandel wächst einerseits harter Wettbewerb unter den Onlinehändlern mit dem Ziel immer noch kürzerer Lieferzeiten, andererseits sucht der stationäre Handel Möglichkeiten der Kundenbindung durch Serviceangebote, die der Kunde schon längst aus dem Internet kennt. Dazu gehören auch einfache und schnelle Lieferoptionen. Innerstädtische Logistik auf der letzten Meile ist teuer, weil personal- und zeitintensiv. In engen Innenstadtbereichen mit eingeschränkten Einfahrts- und Haltemöglichkeiten ist die Zustellung mit herkömmlichen Lieferfahrzeugen oft zeitintensiver als die Zustellung mit kleineren Transportfahrzeugen.

Citylogistik umfasst die Bündelung unterschiedlicher Strategien zur Optimierung von Lieferwegen in Ballungsräumen. Kürzere Wege, weniger Leerfahrten, weniger Emissionen und geringere Platzverbräuche wären einige Beispiele für Optimierungsoptionen. Aus meiner Sicht gehört aber auch Partizipation zum Denkhorizont moderner Citylogistik. Bei der Entwicklung von großen, effektiven und kostengünstigen Logistikstrukturen sollten wir nicht kleine, lokale Händler und Dienstleister übergehen, sondern mit den zur Verfügung stehenden Mitteln befähigen, am Marktgeschehen teilzunehmen.

Lastenfahrräder kombinieren die Geschwindigkeit und Agilität von normalen Fahrrädern mit einer Ladekapazität von 100 kg oder mehr. Sie können und dürfen oftmals dort fahren, wo Autoverkehr untersagt ist, und blockieren auch den restlichen Verkehr nicht beim Halten. Es gibt Statistiken, die besagen, dass über 50 % der innerstädtischen Lieferungen per (Lasten-)Fahrrad erledigt werden könnten. Aus meiner persönlichen Erfahrung der letzten Jahre halte ich diese Statistik für realistisch.

Citylogistik für den Einzelhandel entlastet den Verkehr in den Städten und ist ein zusätzlicher Service. Aber funktioniert das auch für den Onlinehandel?

Diese Aussage ist nicht unbedingt korrekt. Zunächst einmal ist Citylogistik selbst »Verkehr in den Städten«. Es kommt auf die Umsetzung an, ob der Verkehr dadurch ent- oder zusätzlich belastet wird. Leider betreiben derzeit noch viele Unternehmen eigene Lieferstrukturen, die nicht koordiniert sind. Entsprechend ineffizient ist das gesamte System. Ich bin jedoch zuversichtlich, dass wir hier in den nächsten Jahren in Europa große Fortschritte machen werden. Dazu ist es jedoch erforderlich, dass der Handel mitzieht.

Citylogistik-Angebote und Onlinehandel lassen sich wunderbar miteinander vereinbaren. Viele deutsche Großstädte zeigen hier schon Initiativen, wie es funktionieren kann. Bis es flächendeckend und auch wirtschaftlich nachhaltig interessant ist, wird es vielleicht noch dauern. Aber eben das Durchhaltevermögen, das die heutigen Größen im Onlinehandel in der Vergangenheit gezeigt haben, ist auch im stationären Handel erforderlich, um zeitgemäß am Markt aufgestellt zu sein.

Zeichnet sich ein Zusammenschluss oder eine landesweite Kooperation bei Citylogistikern ab, sodass sie eine Alternative zu DHL & Co. werden?

Leider bisher meines Wissens noch nicht, zumindest wenn man Transportvermittlungsdienstleister wie Tiramizoo oder Liefery als Vermittler und nicht als Zusammenschluss begreift. Den Marktvorsprung von DHL & Co. dürfen wir aber auch nicht unterschätzen. Das sind extrem große und gut funktionierende Systeme, die die Menschen kennen und denen man Transportdienstleistungen anvertraut. Es muss aber nicht notwendigerweise eine Alternative werden. Wenn wir es schaffen würden, unterschiedliche Anbieter mit unterschiedlichen Stärken in der Lieferkette optimal zu kombinieren, wäre dies eine Win-Win-Situation für alle Beteiligten.

Mit CLAC versuchen wir, eine offene Softwareplattform für Citylogistiker zur Verfügung zu stellen, die sowohl für den Auftraggeber als zentrale Anlaufstelle attraktiv ist als auch für die Logistiker als bequeme Lösung für die Abwicklung der täglichen Aufgaben. Auch wenn wir aus eigener Erfahrung wissen, dass diese Lösung zuverlässig funktioniert, so ist der Weg zum selbstgesteckten Ziel noch weit. Umso wichtiger ist es, dass sich lokale Logistikdienstleister zu einem attraktiven System zusammenschließen, um nicht künftig neben den immer besser aufgestellten Branchengrößen unterzugehen.

Wo wir gerade von klassischen Logistikern sprechen – gibt es dort Pläne in das Citylogistik-Geschäft einzusteigen?

Für die »klassischen Logistiker« ist Citylogistik oftmals gleichzusetzen mit der teuren »letzten Meile« zum Lieferort. Die Effizienz an dieser Stelle zu steigern und damit die Kosten zu senken, ist seit Jahren das Ziel von DHL, UPS & Co. Neben dem Einsatz von E-Lieferwagen wird auch hier mit Lastenfahrrädern experimentiert. Hier werden wir insbesondere in Ballungsräumen vermutlich in den nächsten Jahren deutliche Veränderungen auf den Straßen sehen.

Wo siehst Du die Citylogistik in zehn Jahren?

Die Zehn-Jahres-Perspektive richtet sich aus meiner Sicht in Deutschland insbesondere nach politischen und juristischen Entscheidungen. Langfristig halte ich autonome Zustellsysteme für technisch möglich und für wirtschaftlich erstrebenswert. Terrestrische Liefersysteme erscheinen mir in der näheren Zukunft jedoch wahrscheinlicher in Innenstädten als Lieferdrohnen. Neben der Erlaubnis von autonomen Lieferfahrzeugen könnte jedoch auch die Einschränkung der heutigen Lösung eine drastische Veränderung im Stadtverkehr bedeuten, denn aktuell werden städtische Paketlieferungen vor allem durch eins gedeckt: der Duldung andauernder Verkehrsübertretungen. Eine StVO-konforme Lieferung mit einem Lieferwagen ist oftmals gar nicht oder zumindest nicht verkehrsfreundlich möglich.

Wichtige Impulse erwarte ich auch von Amazon. Jüngst wurden Lieferzeiten von zwei Stunden angekündigt. Solche Lieferzeiten erreicht man nur mit innerstädtischen oder zumindest stadtnahen Lagern und kurzen Wegen zum Kunden. Diese kurzen Wege könnten dann auch von kleineren Fahrzeugen erledigt werden – selbstverständlich auch von Lastenfahrrädern.

Jörg Albrecht M. A. ist Kommunikationswissenschaftler und Betriebspädagoge. Er ist Inhaber der Agentur ALBRECHT MEDIEN und Initiator von CLAC, einer offenen Citylogistik-Plattform. CLAC betreibt in Aachen exemplarisch einen eigenen

Kurierdienst mit 100 % (Lasten-)Radanteil und beweist seit 2012, dass stadt- und menschenverträglicher Lieferverkehr einfacher ist, als oftmals geglaubt wird.

Die wichtigsten Versanddienstleister im Überblick

Ende 2013 teilen sich fünf große Anbieter den Markt für Versanddienstleistungen an Privatkunden untereinander auf. Einige weitere Anbieter beliefern ausschließlich Geschäftskunden. In dieser Übersicht sind Speditionen nicht erfasst.

DHL

Im Jahr 2002 hat die Deutsche Post AG den amerikanischen Paket-Expressdienst DHL Worldwide Express und die bereits 1999 übernommene deutsche Spedition Danzas zusammengelegt und fortan als Tochtergesellschaft DHL International GmbH mit der Marke DHL Express – kurz DHL – das operative Paketgeschäft übernehmen lassen. Mit Niederlassungen in über 220 Ländern gilt DHL heute als einer der umsatzstärksten Transportkonzerne weltweit.

DHL bietet den weltweiten Versand von Päckchen (unversichert, ohne Sendungsverfolgung) und Paketen (versichert, mit Sendungsverfolgung) an. Die Versandformen Brief und Warensendung werden vom Mutterkonzern Deutsche Post AG angeboten.

Als Betreiber eines Onlineshops gilt man als Geschäftskunde, wenn man mindestens 50 Pakete pro Jahr versendet. Ab 300 Paketen im Jahr kann man erweiterte Dienstleistungen teils kostenlos, teils kostenpflichtig in Anspruch nehmen. Ab dieser Grenze können die Versandentgelte individuell verhandelt werden.

Paketsendungen können in Postfilialen und Briefzentren abgegeben werden. Gegen Aufpreis können Abholungen beauftragt werden. Ab einem bestimmten Volumen bietet DHL auch Regelabholungen ohne Aufpreis an. Versandinformationen können elektronisch an DHL übermittelt werden.

In Deutschland bietet DHL als derzeit einziger Anbieter die Lieferung an Packstationen und Paketkästen an. Nicht zustellbare Sendungen können in zahlreichen Postfilialen abgeholt werden. DHL bietet Samstagszustellung an – diese kann aber nicht gesondert beauftragt werden, kostet dafür aber auch nicht extra.

DPD

Im Jahr 2001 übernahm die DPD Dynamic Parcel Distribution GmbH & Co. KG, ein seit 1976 existierendes gemeinsames Tochterunternehmen einiger deutscher Speditionen, 83 % der französischen GeoPost, einem Tochterunternehmen der ehemals staatlichen französischen La Poste. Dadurch kann DPD nunmehr in über 40 Länder weltweit versenden.

Pakete können in über 6.000 Paketshops deutschlandweit aufgegeben werden. Diese Paketshops werden als Franchise-Unternehmen geführt und befinden sich meist in Schreibwarenläden, Kiosken oder Buchhandlungen. Der Paketshopbetreiber handelt auf eigene Rechnung und rechnet monatlich mit DPD ab.

Ebenso wie die Paketshops sind die überregionalen DPD-Depots im Franchise-Verfahren vergeben. Geschäftskunden und Großkunden können daher mit dem nächstgelegenen Depot eigene Preise und Konditionen aushandeln, die ab 500 Paketen im Jahr gültig sind.

Gegen Aufpreis stellt DPD auch am Samstag zu. Die Website von DPD erlaubt das Umleiten von Paketen an andere Adressen durch den Empfänger. Mitunter nehmen auch die DPD-Paketshops Sendungen für die Haushalte der näheren Umgebung an.

FedEx

Im Jahr 1971 wurde die Federal Express in den USA gegründet und war eines der ersten Unternehmen, das eigene Flugzeuge für seine Lieferungen benutzte – bis heute ein wichtiges Instrument für das Unternehmen. Im Jahr 2000 erfolgte die Umbenennung in FedEx Corporation, was bis heute der Name des Unternehmens ist. Im Oktober 2010 verlegte FedEx sein europäisches Umschlagzentrum vom Flughafen Frankfurt/Main an den Flughafen Köln/Bonn. Die 2015 angekündigte Übernahme von TNT Express soll – nachdem die Wettbewerbsbehörden zustimmen – bis Mitte 2016 abgeschlossen sein.

FedEx ist besonders beim Versand von Expresssendungen, Sperrgut und im internationalen Versand eine interessante Alternative, hierzulande aber bei kaum einem Onlineshop im Einsatz.

GLS

Bereits 2002 kaufte die britische Royal Mail die 1989 von deutschen Speditionen gegründete German Parcel. Die europäischen Aktivitäten werden von der General Logistics Systems B.V. von Amsterdam aus koordiniert.

International hat GLS-Niederlassungen in 36 Ländern und gilt nach DHL und UPS als drittgrößter Paketversender Deutschlands. In Deutschland können Privatkunden in gut 5.000 Paketshops Sendungen aufgeben. Die Paketshops befinden sich meist in Schreibwarenläden, Mobiltelefongeschäften oder Kiosken. GLS bietet in Deutschland in vielen Regionen die Samstagszustellung an.

Geschäftskunden ab 500 Paketen im Jahr haben die Wahl zwischen verschiedenen Lösungen für die elektronische Versanddatenübermittlung.

Hermes

Der Hermes-Versand wurde bereits 1972 gegründet und ist bis heute unter den Namen Hermes Logistik Gruppe eine 100%ige Tochter der Otto Group, der auch der gleichnamige Versand angehört. Die Hermes Transport Logistics GmbH koordiniert mit über 59 Niederlassungen und mehr als 500 Kooperationsdepots den Paketversand in Deutschland. Die Sendungen werden selbstständigen Subunternehmern übergeben, die die Auslieferung übernehmen.

In Deutschland gibt es über 14.000 Hermes-Paketshops, die sich meist in Schreibwarenläden, Tankstellen oder Kiosken befinden.

Hermes bietet Geschäftskundenservices ab 300 Paketen im Jahr inklusive Abholung an, wobei pro Abholung mindestens 4 Pakete bereitliegen müssen, sonst wird ein Aufschlag fällig. Abholung von Sendungen ist auch am Samstag möglich, wenn bis 21 Uhr des Vortags beauftragt wird. Darüber hinaus bietet Hermes mit der es:shop-Lösung eine Integration in bestehende Onlineshoplösungen an. Hermes strebt die Tiefpreisposition im Paketmarkt an.

In Deutschland bietet Hermes die Samstagszustellung an. Hermes-Subunternehmer liefern oft bis in die Abendstunden aus und machen wiederholte Zustellversuche, da sie nach erfolgreichen Auslieferungen bezahlt werden.

UPS

1976 eröffnete die 1907 in den USA gegründete und 1919 in United Parcel Service umbenannte Firma ihre Niederlassung in Deutschland. Als zweitgrößter Pakettransporteur weltweit standen lange Zeit primär Geschäftskunden im Fokus, seit einiger Zeit kümmert sich UPS auch zunehmend um Privatkunden.

Ab 10 Paketen pro Tag können Geschäftskunden die Software UPS Worldship nutzen, die den Druck der Versandetiketten und die elektronische Verarbeitung der Versanddaten automatisiert.

UPS möchte in den nächsten Jahren insgesamt 4.500 Paketshops in Deutschland errichten. Zum Zeitpunkt der Drucklegung (Frühjahr 2016) gab es davon – je nach Quelle – derzeit nur zwischen 600 und 2.000. Sie befinden sich bevorzugt an Tankstellen, in Mobilfunkgeschäften und in Kiosken. Zusätzlich können Pakete in den konzerneigenen Franchise-Filialen des Büroservicedienstleisters Mail Boxes Etc. aufgegeben werden.

Praxisbeispiel: Zielgruppengerechte Auswahl

Die Wahl des Versanddienstleisters muss zur Zielgruppe Ihres Onlineshops passen. Wählt man aus Kosten- oder Imagegründen einen Dienstleister, der den Anliefergewohnheiten der Zielgruppe nicht entspricht, gibt es ganz schnell massive Probleme.

Der belgische Anbieter von Fotoprodukten foto.com hat in Deutschland Fotoabzüge, Fotobücher und Leinwanddrucke immer per DHL geliefert. Für die Produktion, die teilweise in Belgien und teilweise in der Tschechischen Republik stattfand, war das eine vermeintlich ungünstige Lösung, da die Versandkosten hoch waren.

So entschloss man sich, ein weltweites Versandabkommen mit UPS abzuschließen und künftig alle Sendungen darüber abzuwickeln. Einerseits ermöglichte dies eine

Vereinheitlichung der Versandkosten, andererseits versuchte man den Wechsel auch als Imagegewinn zu verkaufen.

Von den Kunden in Deutschland wurde diese Änderung jedoch durchgängig negativ aufgenommen, da sie zahlreiche Nachteile brachte:

- Höhere Versandkosten als bei Mitbewerbern
- Längere Versandlaufzeiten
- Keine Zustellungen an Samstagen mehr, da diese bei UPS nur über Aufpreis zu bekommen wären
- Keine Zustellung in Packstationen mehr
- Lieferung ging nach drei erfolglosen Zustellversuchen an den Absender zurück, statt nach dem ersten Versuch in einer Filiale zur Abholung zu liegen

Es dauerte nicht lange, bis sich die Kunden über die von foto.com genutzte Bewertungsplattform Veristore (*www.veristore.de*) lautstark beschwerten. Dies hatte ein Absinken der Bestellungen in Deutschland insgesamt zur Folge. Foto.com hat in der Zwischenzeit die Anbindung an die Bewertungsplattform entfernt – die Versandkosten lassen aber vermuten, dass nach wie vor UPS als Versanddienstleister verwendet wird.

Unsere Empfehlung

Das Beispiel im vorherigen Abschnitt zeigt, dass die Wahl des Anbieters von der Erwartungshaltung der Zielgruppe Ihres Shops bestimmt werden sollte. In 18 Jahren E-Commerce-Praxis zeigte sich aber immer wieder, dass im B2C-Bereich, also der Lieferung an Verbraucher und Endkunden, kein Weg an DHL vorbeiführt.

Neben wettbewerbsfähigen Preisen ist vor allem die Samstagszustellung und das Packstationennetzwerk ein Alleinstellungsmerkmal, gegen das die Mitbewerber nur schwer ankommen. Nimmt man noch die günstigen Retourenpreise und die exzellente Softwareunterstützung hinzu, dann ist die Entscheidung eigentlich schon erfolgt.

Bei reinen B2B-Onlineshops ist die Lage nicht ganz so klar. Zwar ist auch hier DHL ein interessanter Versandpartner. Die Endkundenvorteile sind hier aber nicht von Belang und können eher ins Gegenteil umschlagen, wenn nach einmaliger Zustellung erst mühsam eine zweite Zustellung beauftragt werden muss, damit kein Mitarbeiter des Firmenkunden ins nächste DHL-Paketzentrum fahren muss, um die Sendung abzuholen.

Eine eindeutige Empfehlung fällt hier schwer. Einige unserer Kunden sind mit GLS und DPD sehr zufrieden – wir selbst haben aber als Empfänger von Sendungen über DPD eher schlechte Erfahrungen gemacht. Wichtig ist hier, dass Sie Probleme mit den jeweiligen Kundenbetreuern offen ansprechen und sich auch vor nicht scheuen, einen zweiten Dienstleister hinzuzunehmen.

Versandkosten

Ob sich ein Onlinekäufer für Ihren Shop oder doch lieber den des Mitbewerbers entscheidet, hängt von zahlreichen Faktoren ab. Neben dem Warenangebot, der Lieferzeit und dem generellen Vertrauensfaktor in den Shop ist natürlich der Produktpreis ein wichtiges Kriterium. Die Versandkosten, quasi der kleine Bruder des Produktpreises, erlangen dabei zunehmend eine zentrale Rolle.

Mit Ihrem Onlineshop treten Sie in ein Wettbewerbsverhältnis zu anderen Anbietern im stationären Handel und im Onlinehandel. In aller Regel wird Ihr Produkt vergleichbar mit Waren eines anderen Anbieters sein. Selbst wenn der Kunde sich schon für Ihr Produkt entschieden hat, können ungünstige Versandkosten diese Entscheidung wieder kippen lassen.

Für den Onlineshop gibt es drei mögliche Strategien für Versandkosten:

- Generelle Versandkostenfreiheit
- Versandkostenfrei ab x Euro Warenwert
- Immer Versandkosten

Tipp Wenn möglich, setzen Sie die Versandkosten auf 0 Euro.

Versandkostenpsychologie

Um es direkt vorwegzunehmen: Die idealen Versandkosten betragen 0 Euro. Es ist nicht nur der Schnäppchenjäger in uns, der von der Aussage »frei Haus« angezogen wird. Jeder Kunde, der auch nur eine Sekunde nachdenkt, wird sich im Klaren darüber sein, dass es einen kostenlosen Versand nicht geben kann. Die Leistung, dass eine Sendung von Aachen nach Zwickau transportiert wird, dabei durch zahllose Hände geht, von ausgeklügelten Maschinen sortiert, elektronisch nachverfolgt und unzählige Kilometer auf der Straße oder gar in der Luft befördert wird, muss bezahlt werden. Wenn dem Kunden keine Versandkosten berechnet werden, müssen die tatsächlichen Kosten des Transports aus anderer Quelle bezahlt werden. Als Kunde muss ich annehmen, dass die Versandkosten in den Produktpreis eingerechnet werden.

Woher kommt also die Fixierung auf 0 Euro Versandkosten? Wieso schneiden versandkostenfreie Angebote meist besser ab als Angebote mit Versandkosten – selbst wenn der Preis geringfügig höher ist?

Die Wirkung des Schnäppchenfaktors hat sicher einen gewichtigen Anteil daran. Gerade mit dem Wissen um faktisch existierende Kosten des Transports fühlt man sich clever, wenn man den Shop und den Anbieter gefunden hat, der keine Versandkosten berechnet. In unseren Köpfen ist vielfach noch der Nachhall der »Ich bin doch nicht blöd«-Werbekampagne zu hören. Versandkosten? Zahl' ich nicht!

Das ist aber nur ein Teil der Wahrheit. Wir können davon ausgehen, dass nahezu jeder Kunde eines Onlineshops selbst bereits einmal ein Paket, Päckchen oder zumindest einen größeren Brief versandt hat. Somit ist jedem die Bandbreite an Versandarten und die damit verbundene Problematik bewusst. Sende ich das jetzt als Päckchen? Oder doch lieber als Paket? Versichere ich es zusätzlich? Kommt es im wattierten Umschlag an? Die gleichen Überlegungen, die Sie als Shopbetreiber im Großen haben, hat jeder private Paketversender im Kleinen. Erheben Sie in Ihrem Shop Versandkosten – stellen Sie gar verschiedene Versandarten mit verschiedenen Kosten zur Auswahl –, dann konfrontieren Sie Ihren Kunden wieder mit genau der gleichen Problematik!

Der Verzicht auf die Berechnung von Versandkosten wird psychologisch als Akt der Großzügigkeit interpretiert. Sie »erlassen« dem Kunden eine Verpflichtung, nehmen diese »Schuld« freiwillig auf sich und »erlösen« den Kunden von Komplexität und Verantwortung. Sie als Händler schultern im psychologischen Sinne die Verantwortung. Der Kunde kann sich in aller Ruhe auf die Produktauswahl konzentrieren und hat mit den gesamten Komplexitäten der Logistik nichts zu tun. Letztlich ist genau das auch der Grund, warum ein Kunde online einkauft.

Versandkosten im Wettbewerb

So attraktiv Versandkostenfreiheit für den Kunden ist, so problematisch ist es für den Händler, besonders wenn er sich in einem Marktsegment mit geringen Margen und/oder starken Mitbewerbern tummelt. In unserer Agenturpraxis beobachten wir bei nahezu jedem Neukunden die Tendenz, die Versandkosten nach Möglichkeit zu 100 % dem Besteller aufzuerlegen. Auch der Wunsch, aus den Versandkosten noch zusätzliche Marge zu gewinnen, kommt häufig vor.

Dieser Wunsch ist durchaus verständlich. Wer einen Onlineshop neu aufbaut, sieht sich mit einer riesigen Menge Kosten konfrontiert (siehe Kapitel 6, *Warenwirtschaft und Versandhandelssoftware*, auf Seite 85), ohne eine Garantie, dass sie auch wieder hereinkommt. Jeden Kostenfaktor, den man kompensieren kann, macht die Rechnung etwas günstiger. Letztendlich läuft es beim Punkt der Versandkosten meist auf einen Kompromiss hinaus, der insbesondere die Mitbewerbersituation berücksichtigen muss.

Die Tabelle 12-1 zeigt einen exemplarischen Marktüberblick. Neben Ihrem Onlineshop gibt es drei Mitbewerber. Sie haben sich entschieden, die tatsächlich anfallenden Versandkosten komplett auf den Kunden umzulegen. Mit 203,60 Euro ist ihr Angebot daher das teuerste im Vergleich. Mitbewerber 1 hat sich für die komplette Übernahme der Versandkosten aus der eigenen Marge entschieden.

Mitbewerber 2 geht noch einen Schritt weiter, indem er den Verkaufspreis auf einen psychologischen 9er-Preis setzt. Da Mitbewerber 2 seinen Onlineshop schon lange betreibt, hat er bessere Konditionen mit dem Versanddienstleister ausgehandelt und kann deswegen deutlich günstiger verschicken. Daher ist sein Angebot unterm Strich das billigste für den Käufer.

Tabelle 12-1: Wettbewerbsübersicht bei Versandkosten (Beispiel)

Shop	Einkaufspreis	Verkaufspreis	Versand	Kunde zahlt	Gesamt	Gewinn
Ihr Shop	192,00 w	200,00 €	3,60 €	3,60 €	203,60 €	8,00 €
Mitbewerber 1	192,00 €	200,00 €	3,60 €	0,00 €	200,00 €	4,40 €
Mitbewerber 2	192,00 €	199,00 €	2,40 €	0,00 €	199,00 €	4,60 €
Mitbewerber 3	189,00 €	199,00 €	3,60 €	2,00 €	201,00 €	8,40 €

Mitbewerber 3 hat ein anderes Instrument genutzt und seine Einkaufspreise besser verhandelt. Deswegen legt er nur einen Teil der Versandkosten auf den Kunden um. Im Endeffekt ist das Produkt aber das zweitteuerste nach Ihrem Shop.

Für den Endkunden ergibt sich eine Preisspanne von 4,60 Euro zwischen dem teuersten und dem billigsten Angebot. Was letztlich die Kaufentscheidung auslöst, hängt von vielen verschiedenen Aspekten ab. Die Erfahrung zeigt, dass Mitbewerber 2 vermutlich die meisten Bestellungen für diesen Artikel bekommen wird. Dies lässt sich aber nicht nur auf den günstigsten Gesamtpreis zurückführen. Die Versandkostenfreiheit spielt hierbei ebenfalls eine nicht zu unterschätzende Rolle.

Mischkalkulation

Interessant wird das Ganze, wenn wir verschiedene Produktgruppen im Shop betrachten. So haben Sie z. B. Artikel mit guten Margen und Artikel mit geringen Margen im Shop. Die Tabelle 12-2 zeigt eine solche Übersicht, die zusätzlich dadurch verkompliziert wird, dass durch Größe und Gewicht der Artikel verschiedene Versandkosten anfallen.

Tabelle 12-2: Artikelmargen und Versandkosten

Verkaufspreis	Marge	Gewinn	Versandkosten
50,00 €	30 %	15,00 €	2,40 €
200,00 €	4 %	8,00 €	3,60 €
380,00 €	12 %	45,60 €	7,90 €

Nun ist es häufig so, dass nicht nur ein Artikel, sondern mehrere Artikel in einer Bestellung gekauft werden. Die tatsächlich anfallenden Versandkosten steigen dabei nicht linear, sondern in Stufen, je nachdem, wie schwer/voluminös die Gesamtsendung wird. Eine beliebte Gewichtsklasse bei Paketen geht beispielsweise bis 3 kg. Versendet man in dieser Klasse zwei Pfund Kaffee statt einem, halbieren sich effektiv die anteiligen Versandkosten pro Produkt. Dies erlaubt in gewissen Grenzen die Beeinflussung des Kunden hin zu größeren Warenkörben mit dem Lockmittel günstigerer Versandkosten.

Ein Beispiel: Unser Kunde Moka Consorten verkauft hochwertigen Genießerkaffee. Die 500-g-Packung kostet rund 13 Euro (je nach Sorte), die typische Warenkorbgröße liegt bei zwei Päckchen. Um den Warenkorbwert zu steigern, wurde die Schwelle für kostenlosen Versand auf 30 Euro gesetzt und entsprechend beworben (siehe Abbildung 12-7). Da es sich um ein Verbrauchsprodukt handelt, hat dies dazu geführt, dass inzwischen typischerweise drei Packungen im Warenkorb landen. Gern wird auch ein Zubehörartikel wie Kaffeefilter genommen, oder die Kunden probieren die 250-g-Packung einer anderen Kaffeesorte aus. Insgesamt hat die Zahl der Bestellungen mit über 30 Euro Warenkorbwert deutlich zugenommen.

Abbildung 12-7: Label »Versandkostenfrei ab 30 ?« im Shopheader, www.mokaconsorten.com (März 2016)

Eine andere Gestaltungsmöglichkeit ist, die Versandkosten für den Kunden sichtbar zu subventionieren. Das klassische DHL-Paket kostet einen Privatkunden derzeit 4,99 Euro. Dem Kunden die Versandkosten pauschal für 2,95 Euro anzubieten, wird psychologisch als großzügiger Vorteil angesehen. Je nachdem, wie Sie die Preise mit DHL verhandeln (siehe Abschnitt »Versanddienstleister« auf Seite 236), beläuft sich der Betrag, den Sie zuschießen, auf weniger als 1,50 Euro pro Sendung.

Tipp Durch die Technik des Cross-Sellings (siehe Abschnitt »Andere Produkte auf der Detailseite (Cross-Selling)« auf Seite 184) wird der Kunde animiert, zusätzliche, zum ausgewählten Artikel passende Produkte zu kaufen. So kann auch eine zweite Auswahl von margenstarken Mitnahmeprodukten als digitales Äquivalent der Quengelware im Supermarkt unmittelbar vor dem Kaufabschluss platziert werden. Durch geschickte Auswahl dieser Produkte kann die Marge des Gesamtwarenkorbs einer Bestellung mitunter deutlich gehoben werden.

Premiumversand als Abomodell

Bereits seit einiger Zeit verfolgen manche Onlineshops einen interessanten Ansatz in Bezug auf die Versandkosten. Gegen Zahlung einer meist geringen Jahresgebühr erhält der Kunde bei sämtlichen Bestellungen die Versandkosten erlassen oder erhält Expressversand statt Standardversand. Prominentestes Beispiel ist – wie so oft – das Angebot Amazon Prime, das neben der Lieferung am nächsten Tag inzwischen auch das Streaming von Filmen und das Ausleihen von Büchern für den Kindle-Reader beinhaltet.

Abbildung 12-8 zeigt das entsprechende Angebot des Onlineshops *www.asos.de*. Unter dem Label ASOS Premier räumt der Versender bei Zahlung einer Jahresgebühr von 20 Euro auf sämtliche Sendungen die Expressoption statt des langsameren Standardversands ein.

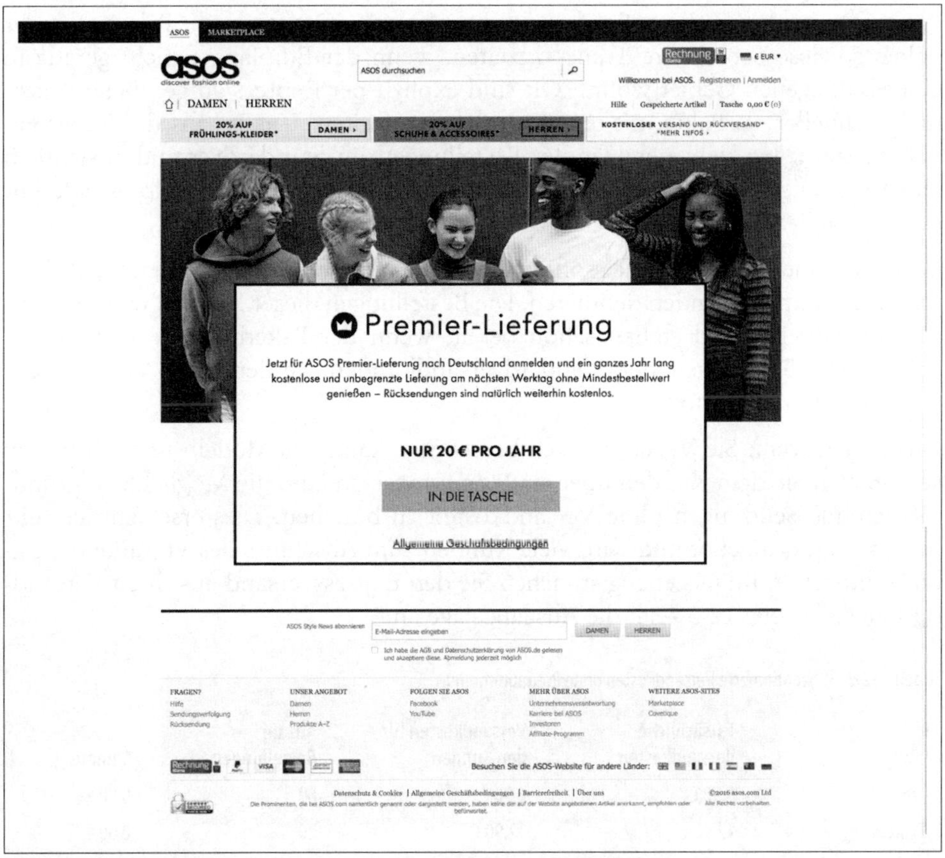

Abbildung 12-8: Immer Expressversand für nur 20 Euro im Jahr bei www.asos.de

Für den Endkunden bleiben die Kosten überschaubar. Die Investition von 20 Euro wie bei ASOS oder 49 Euro wie bei Amazon Prime werden im Kopf des Kunden psychologisch rationalisiert. Man rechnet die Ersparnis hoch, die man schon nach wenigen Käufen erzielt, und freut sich des guten Schnäppchens, das man gemacht hat. Wurde das Versandkostenabo aber erst einmal getätigt, fühlt sich der Kunde oft unter Zugzwang, es zu nutzen. Daraus resultiert eine Zunahme der Bestellungen und somit mehr Umsatz für den Shopbetreiber.

Für den Shopbetreiber ist das Modell besonders attraktiv, wenn der Versand generell schon kostenfrei angeboten wird. Durch das Offerieren eines Vorteils – beispielsweise dem besonders schnellen Versand – kann man Käufer wiederum motivieren, nun doch einmal etwas für den Versand zu bezahlen. Jeder Euro, der über dieses Modell wieder hereinkommt, hilft, die subventionierten Versandkosten quer zu finanzieren. Wenn nur 300 Kunden im Jahr einen Premiumversand zu 19 Euro abonnieren, sind das schon 5.700 Euro, die gegen die tatsächlich anfallenden Versandkosten verrechnet werden können.

Dabei müssen Sie nicht zwingend bei Ihrem Versanddienstleister einen teuren Expressversand für diese Sendungen beauftragen. Die meisten Paketversender haben sowieso sehr kurze Transportzeiten, wenn der Empfänger nicht gerade in einem entlegenen Gebiet wohnt. Oft sind explizit per Express aufgegebene Pakete nicht schneller als Pakte mit regulären Paketlaufzeiten. Uns ist aus der Praxis ein Fall bekannt, bei dem der Händler Bestellungen im Standardversand absichtlich einen Tag lang liegen lässt, nur damit sie nicht genauso schnell wie Expresslieferungen zugestellt werden.

Wenn Sie eine Versandhandelssoftware benutzen, können Sie z. B. spezielle Picklisten für die Expresskunden definieren. Die Bestellungen dieser Kunden werden dann zuerst bearbeitet und stehen schon bereit, wenn der Paketbote die Lieferungen abholt. Die Sendungen der Standardversandkunden werden dann erst mit der nächsten Fuhre abgeholt.

Doch auch wenn Sie Versandkosten berechnen, kann das Modell für Sie attraktiv sein. Bieten Sie dem Kunden über ein Premiumversandabo die Möglichkeit, grundsätzlich alle Sendungen ohne Versandkosten zu beziehen. Dies erscheint als sehr hochwertiges Angebot und wird viele Kunden zum Abschluss des Versandkostenabos motivieren. Im Gegenzug streichen Sie den Expressversand aus Ihren Versandoptionen. Tabelle 12-3 zeigt die Ausgangslage an.

Tabelle 12-3: Subventionierte Versandkosten ohne Premiummodell

	Tatsächliche Versandkosten	Versandkosten für den Kunden	Anzahl Bestellungen	Summe
Standard	6,90 €	6,90 €	80	0,00 €
Express	12,90 €	12,90 €	20	0,00 €
Versandkosten				**0,00 €**

Bietet man nun ein Premiummodell an, das den Expressversand ersetzt, sieht das Modell ganz anders aus, wie die Tabelle 12-4 zeigt. Hier gehen wir davon aus, dass

20 Kunden auf das Premiummodell umsteigen und darüber insgesamt 50 Bestellungen abwickeln.

Tabelle 12-4: Versandkostenmodell mit Expressversand-Flatrate

	Tatsächliche Versandkosten	Versandkosten für den Kunden	Anzahl Bestellungen	Summe
Standard	6,90 €	6,90 €	50	0,00 €
Premium	6,90 €	0,00 €	50	-345,00 €
Einnahmen Premium			20 * 29 €	580,00 €
Endsumme				**235,00 €**

Durch das Ersetzen einer teuren Versandart durch den – für den Kunden psychologisch gleichwertigen – Premiumversand, werden so sogar zusätzliche Einnahmen erzeugt.

Das Vorhandensein einer solch attraktiven Versandlösung motiviert die Kunden, zusätzliche Bestellungen zu tätigen. Auch ist die Kundenbindung höher, denn hat man einmal ein Versandkostenabo abgeschlossen, wechselt man nicht mehr so schnell zu einem anderen Shop.

Versandkostentabelle

Lassen Sie Ihre Kunden nicht nachdenken! Überall in Ihrem Onlineshop – auch bei der Angabe der Versandkosten – sollten Sie für Ihre Kunden alles so einfach wie möglich halten.

Wann immer ein Kunde nachdenken oder gar rechnen muss, kommt es zu Störungen im Kaufprozess und im schlimmsten Fall zu Kaufabbrüchen. Die Frage »Was kostet mich der Versand nach …« ist eine der drängendsten Fragen des Kunden, nachdem er sich für ein bestimmtes Produkt entschieden hat. Machen Sie es dem Kunden einfach, die Antwort darauf zu finden!

Wenn Sie generell versandkostenfrei versenden, gehört diese Information groß und unübersehbar auf die Startseite des Shops und auf alle Produktseiten. Dies gilt ebenso für eine bestimmte Schwelle, ab der der Versand kostenlos ist.Je komplizierter Ihre Versandkosten sind, desto schwieriger wird es für den Kunden, herauszufinden, was ihn der Versand kostet.

In Tabelle 12-9 ist die Versandkostentabelle eines Anbieters von Kfz-Zubehör zu sehen. Es handelt sich um die Tabelle *nach* einer ersten Optimierung, bei der viele einzelne Preise schon zusammengefasst wurden.

Versandkosten

Versandkosten Deutschland — Alle Preise inkl. ges. MwSt.

Versandart	bis 0,5kg	bis 10kg	bis 35kg	bis 56kg	bis 85kg	bis 120kg	bis 200kg	ab 200.01kg
Briefsendung	4,50€	**	**	**	**	**	**	**
GLS	**	6,60€	9,40€	18,80€	28,20€	37,60€	47,00€	frei
TNT Express	**	10,50€	14,90€	29,80€	44,70€	59,60€	74,50€	frei
TNT Nachnahme	**	19,00€	21,00€	42,00€	63,00€	84,00€	105,00€	frei

** kein Versand möglich! — Alle Preise inkl. ges. MwSt.

Versandkosten International — Alle Preise inkl. ges. MwSt.

Land	Briefsendung bis 0,5kg	bis 10kg	bis 35kg	bis 56kg	bis 85kg	bis 120kg	bis 160kg
BeNeLux, Dänemark	6,50€	9,90€	17,80€	35,60€	53,40€	71,20€	89,00€
Estland, Lettland, Litauen	6,50€	44,70€	51,80€	103,60€	155,40€	207,20€	259,00€
Schweden, Finnland	6,50€	36,70€	44,90€	89,80€	134,70€	179,60€	224,50€
Grossbritannien (ohne Nordirland)	6,50€	26,80€	33,50€	67,00€	100,50€	134,00€	167,50€
Irland	6,50€	42,20€	48,80€	97,60€	146,40€	195,20€	244,00€
Frankreich, Italien, Slowenien	6,50€	24,40€	30,90€	61,80€	92,70€	123,60€	154,50€
Österreich	6,50€	13,80€	19,80€	39,60€	59,40€	79,20€	99,00€
Polen	6,50€	28,20€	31,20€	62,40€	93,60€	124,80€	156,00€
Spanien, Portugal	6,50€	58,60€	66,29€	132,58€	198,87€	265,16€	331,45€
Slowakei, Tschechien, Ungarn, Rumänien	6,50€	37,40€	48,40€	96,80€	145,20€	193,60€	242,00€
Griechenland	6,50€	81,21€	129,81€	259,62€	389,43€	519,24€	649,05€

Alle Preise inkl. ges. MwSt.

Abbildung 12-9: Versandkostentabelle www.mvg-ahk.de (Juli 2014)

Um die voraussichtlichen Versandkosten zu ermitteln, muss der Kunde zunächst das Gewicht des von ihm gewünschten Produkts herausfinden und sich dann noch zwischen drei möglichen Versandarten (in Deutschland) entscheiden. Zusätzlich wird das Vertrauen durch den Preis von 4,50 Euro für die Briefsendung erschüttert – die Kunden wissen, dass eine Briefsendung maximal 2,40 Euro kostet, und werden misstrauisch, ob die Versandkosten nicht generell zu hoch sind.

Ein weiteres Problem dieser ausufernden Tabelle wird erst auf den zweiten Blick ersichtlich. Alle diese Preise müssen gepflegt und kontrolliert werden. Jeder einzelne dieser Preise muss im Shopsystem hinterlegt sein, teilweise durch mehrere Regeln definiert. Fehler passieren dabei leicht, Formeln und Werte müssen mehrfach kontrolliert werden, um sicherzustellen, dass alles korrekt ist.

Auch hier zahlt sich Einfachheit wieder aus. Eine Staffelung wie in der Tabelle 12-5, die mit drei Bereichen auskommt, ist sowohl für den Kunden übersichtlich als auch deutlich einfacher im Shop zu pflegen. Neben den vereinfachten Gewichtsklassen wurde auch der Preis für die Briefsendung näher an die tatsächlichen Portokosten gerückt. Die Differenz von 0,60 Euro zum Porto eines Maxibriefs wird kaum ein Kunde bemängeln

Tabelle 12-5: Vereinfachte Versandkostentabelle

Versandgewicht	Versandkosten
Briefsendung	3 €
bis 100 kg	40 €
über 100 kg	versandkostenfrei

In ähnlicher Art und Weise sollten in diesem Beispiel auch die europäischen Versandkosten in zwei, maximal drei Zonen eingeteilt werden und sich ebenfalls an maximal drei Gewichtsklassen orientieren. Auch dann sind es immer noch stolze zwölf Regeln, die insgesamt gepflegt und in der Shopsoftware hinterlegt und getestet werden müssen!

Mit unserem Kunden meinFILATI (*www.meinfilati.de*) haben wir zur Markteinführung eine besonders einfache Versandkostentabelle erarbeitet (Abbildung 12-10). Basierend auf den Erfahrungen des durchschnittlichen Warenkorbs im stationären Handel fiel die Entscheidung, grundsätzlich versandkostenfrei innerhalb Deutschlands zu liefern und die tatsächlich anfallenden Transportkosten aus der Marge der Artikel zu finanzieren. Diese Maßnahme sollte den Newcomer meinFILATI schnell an die Spitze der Wollhändler in Deutschland führen.

VERSAND UND VERSANDKOSTEN

DHL

Wir liefern alle Artikel direkt ab Lager. Alle Artikel sind sofort versandfertig und Sie erhalten Ihr Paket schon 1-3 Tage nach Ihrer Bestellung. Wir liefern dabei per DHL, u. a. auch an Packstationen.

Deutschland

Die Lieferung innerhalb Deutschlands ist immer **versandkostenfrei**: 0,00 €

EU + Schweiz

In die folgenden EU-Länder und die Schweiz liefern wir gegen eine Versandpauschale von 7,90 €. Ab 100,- € Warenwert ist auch hier die Bestellung versandkostenfrei.

Belgien, Bulgarien, Dänemark, Estland, Finnland, Frankreich, Griechenland, Irland, Italien, Kroatien, Lettland, Litauen, Luxemburg, Malta, Niederlande, Österreich, Polen, Portugal, Rumänien, Schweden, Schweiz, Slowakei, Slowenien, Spanien, Tschechische Republik, Ungarn, Vereinigtes Königreich, Zypern

USA, Kanada und Australien

Die Kosten für die unserer LANA GROSSA-Garne Lieferung nach Kanada, Australien und in die USA betragen 38,- €. Die Lieferung erfolgt mehrwertsteuerfrei.

Abbildung 12-10: Versandkosten in drei verschiedenen Versandzonen

Der Anteil der Sendungen, bei denen diese Mischkalkulation ins Negative umschlägt, ist vergleichsweise gering. Der reelle Verlust, der bei diesen Sendungen gemacht wird, wird durch den Effekt der Kundenbindung und Kundenzufriedenheit wieder wettgemacht. Durch die Möglichkeit, Angebotsflyer (siehe Abschnitt »Paketbeileger« auf Seite 422) beizulegen, können diese im Endeffekt geringen Kosten quasi als Werbeausgaben gesehen werden.

In das europäische Ausland liefert meinFILATI pauschal für 7,90 Euro, ab 100 Euro Warenwert sogar ganz ohne Berechnung von Versandkosten. Für diese Länder sind die tatsächlich anfallenden Transportkosten zu hoch, als dass sie der Shopbetreiber komplett subventionieren wollte. Hier wurde zum Zwecke der Vereinfachung wieder eine Mischkalkulation angewendet und nicht die komplexe Preisstruktur des Versanddienstleisters weitergegeben.

Zusammen mit dem Versand nach Nordamerika und Australien sind so im Shopsystem lediglich vier Versandkostenregeln zu hinterlegen und zu testen – ein nicht zu unterschätzender Vorteil!

Im Laufe des Jahres 2015 hat meinFILATI einige Experimente an den Versandkosten vorgenommen. Zunächst wurde der versandkostenfreie Versand ganz abgeschafft, dann wenig später auf 3 Euro bei einem Mindestbestellwert von 10 Euro angehoben. Der Kundenvorteil der generell versandkostenfreien Bestellung wurde so negiert. Aus Marketingsicht war dieser Vorgang nicht empfehlenswert, und es gab auch zahlreiche negative Kommentare von Kundinnen. Lediglich bedingt durch die Tatsache, dass meinFILATI zu diesem Zeitpunkt im Marktsegment eine beherrschende Stellung einnahm, konnte sich die Shopbetreiberin mit ihrem Wunsch nach kostendeckendem Versand ohne maßgebliche negative Effekte durchsetzen.

Berechnung zum kostenfreien Versand

Bereits 2006 ermittelte die Wharton University of Pennsylvania Erstaunliches zum Thema Versandkosten. In einem Beispielszenario wurden den Probanden wahlweise die Versandkosten erlassen oder ein prozentualer Nachlass auf den Einkaufswert eingeräumt. Die Versandkosten beliefen sich dabei auf 6,99 US$, der prozentuale Nachlass hätte fast 10 US$ ausgemacht. Dennoch entschied sich der überwiegende Teil der Befragten für den kostenfreien Versand.

Nach wie vor ist das Werben mit dem Wegfall von Versandkosten ein sehr attraktives Marketinginstrument (siehe oben). Ein kompletter Wegfall kommt aber nur für Händler mit entsprechenden Margen infrage. Eine Alternative zur generellen Versandkostenbefreiung ist das Erlassen der Versandkosten ab einem bestimmten Mindestbestellwert.

Neben dem psychologischen Effekt kann ein geschicktes Auswählen des Mindestbestellwerts sogar zu einer Steigerung des Umsatzes führen, wenn Kunden noch ein oder zwei Artikel zusätzlich einkaufen, um die Schwelle zum kostenfreien Versand zu erreichen. Dass dies tatsächlich weitverbreitet ist, zeigt eine Studie von comScore vom Juni 2013, nach der 75 % aller befragten Onlinekäufer schon einmal so verfahren sind.

Sie selbst kennen das vielleicht von einem Einkauf bei Amazon. Es ist für Käufer sehr verlockend, noch schnell einen zusätzlichen Artikel, der im Alltag immer gebraucht wird, in den Warenkorb zu legen, um die 20-Euro-Versandkostenschwelle zu überschreiten.

Das Ermitteln der Versandkostenschwelle ist jedoch schwierig. Setzen Sie den Wert zu niedrig an, wird ihn der Großteil der Kunden von vornherein erreichen. Sie erzielen also keinen zusätzlichen Nutzen durch diese Maßnahme.

Setzen Sie ihn zu hoch an, fällt für viele Kunden der Anreiz weg. Wenn Sie die versandkostenfreie Lieferung ab 30 Euro anbieten, die durchschnittliche Warenkorbgröße aber bei 10 Euro liegt, werden nur die wenigsten noch weitere Produkte hinzufügen, um diese Schwelle zu erreichen. Der ideale Wert ist daher in der Nähe der durchschnittlichen Warenkorbgröße zu suchen. Nah genug dran, um aus psychologischer Sicht erreichbar und erstrebenswert zu sein, weit genug weg, dass ein oder zwei zusätzliche Produkte die Lücke füllen.

Zur Ermittlung des Idealwerts müssen Sie zunächst über eine gewisse Zeit die durchschnittlichen Warenkorbgrößen ermitteln. Als ideal haben sich zwölf Monate erwiesen, da in diesem Zeitraum auch saisonale Schwankungen ausbalanciert sind. Wenn Sie einen kürzeren Zeitraum für die Erfassung wählen möchten, schließen Sie unbedingt das Weihnachtsgeschäft ab dem Black Friday (siehe Kasten) mit ein. Lassen Sie Ihre Shopsoftware, Versandhandelssoftware oder Warenwirtschaft alle Bestellungen in dieser Zeit in eine Tabelle für Microsoft Excel oder die Cloud-Lösung Google Docs (*http://docs.google.com*) exportieren.

In einem ersten Schritt können Sie nun den Mittelwert über alle Bestellungen bilden. Das liefert einen ersten Ansatzpunkt, berücksichtig aber nicht die Unterschiede zwischen kleinen und großen Bestellungen. Sinnvoller ist es, mehrere typische Warenkorbgrößen zu definieren. Diese Musterwarenkörbe orientieren sich an Ihrem Produktprogramm. Wenn Sie Schreibwaren verkaufen, bewegen sich die Warenkorbgrößen möglicherweise zwischen 5 und 30 Euro – Musterwarenkörbe in 5-Euro-Abständen würden diese Artikel gut erfassen. Verkaufen Sie teure Weine, dann liegen die Warenkörbe eher zwischen 20 und 200 Euro – hier kann man über Abstände von 20 Euro nachdenken.

In Tabelle 12-6 sieht man ein Beispiel für die Zuordnung der tatsächlichen Bestellungen in die Musterwarenkörbe. Die Zuordnung erfolgt immer in den Musterwarenkorb, dessen Wert erreicht ist. Es wird also nicht kaufmännisch gerundet, sondern in jedem Fall abgerundet. Das Beispiel zeigt, dass die meisten Bestellungen im Musterwarenkorb für 5 Euro gelandet sind.

Tabelle 12-6: Warenkorbgröße und Musterwarenkörbe

Echter Warenkorb	Passt zu Musterwarenkorb
7,50 €	5 €
11,25 €	10 €

Tabelle 12-6: Warenkorbgröße und Musterwarenkörbe *(Fortsetzung)*

Echter Warenkorb	Passt zu Musterwarenkorb
5,20 €	5 €
17,30 €	15 €
8,87 €	5 €

Den kostenfreien Versand ab 5 Euro anzubieten, würde in diesem Fall also nicht sinnvoll sein. Von den fünf Bestellungen im Beispiel sind jedoch zwei recht nahe am 10-Euro-Musterwarenkorb. Legt man die Schwelle für versandkostenfreie Lieferung auf 10 Euro, dann ist die Wahrscheinlichkeit groß, dass mindestens in zwei Fällen zusätzliche Artikel eingekauft werden, um die Schwelle zu erreichen.

Nehmen Sie sich etwas Zeit, um mit den Daten zu experimentieren. Probieren Sie verschiedene Staffelungen von Musterwarenkörben aus, um ein Gespür dafür zu bekommen, welche Staffelung sinnvoll ist. Erst nachdem Sie einen kompletten Einblick bekommen haben, sollten Sie die Erkenntnisse ausprobieren.

Falls Sie bislang noch keine versandkostenfreie Lieferung angeboten haben, können Sie die ermittelten Daten im Rahmen einer Sonderaktion ausprobieren. Kündigen Sie den kostenfreien Versand zunächst als Promotion für einen Monat an. Beobachten Sie in der Zeit genau, wie sich das Angebot auf die Warenkorbgröße und die Gesamtmenge der Bestellungen im Vergleich zum gleichen Zeitraum des Vorjahrs auswirkt. Ist es erfolgreich, können Sie die »Aktion« weiterlaufen lassen. Enttäuschen die Ergebnisse, dann können Sie unter Wahrung der Glaubwürdigkeit die Aktion wie geplant beenden.

Black Friday

Der Black Friday (der Schwarze Freitag) hat seinen Ursprung in den USA und bezeichnet den Freitag nach Thanksgiving. Er fällt immer auf den vierten Freitag im November und leitet die Weihnachtssaison im (amerikanischen) Einzel- und Onlinehandel ein.

Traditionell nehmen viele Amerikaner am Freitag nach dem gesetzlichen Feiertag Thanksgiving frei und beginnen ihre Weihnachtseinkäufe. Amerikanische Händler forcieren den Start in die Kaufsaison mit enormen Rabatten und Werbedreingaben. Ladenlokale öffnen Ihre Türen bereits in den sehr frühen Morgenstunden. Der Black Friday ist der umsatzstärkste Tag im nordamerikanischen Einzel- und Onlinehandel.

Wie viele amerikanische Traditionen wird auch versucht, den Black Friday auf dem europäischen Markt zu etablieren. Unabhängig vom Erfolg bietet der Zeitraum von Ende November bis kurz vor Weihnachten jedoch einen guten zeitlichen Rahmen zur Definition des Weihnachtsgeschäfts.

Ebenfalls problemlos ist es, wenn der bisherige Mindestbestellwert höher war als der neu ermittelte Wert. Auch hier empfiehlt sich zunächst das Hilfsmittel der Sonderaktion, um im Zweifelsfall ein natürliches Ende des Experiments zu haben.

Schwierig wird es lediglich, wenn der neu ermittelte Wert über dem bisherigen Limit für versandkostenfreie Bestellungen liegt. Während Neukunden davon nicht betroffen sind, kann es bei Bestandskunden durchaus zu Irritationen führen. Eine Möglichkeit ist hier eine transparente und ehrliche Darlegung der Beweggründe für die Versandkostenänderung, z. B. im eigenen Blog. Kunden, die sich dennoch beschweren, können im Bedarfsfall mit einem Gutschein milde gestimmt werden.

Praxisbeispiel: Versandkostenbefreiung als Marketingaktion

Der FC Bayern München (Anmerkung des Autors: Deutschlands tollster Fußballverein) hatte den FC Porto in einem internationalen Fußballspiel, ganz im Stil des WM-Halbfinals Deutschland gegen Brasilien, mit 6:1 nach Hause geschickt. Für Onlineshopbetreiber nicht weniger interessant als das eigentliche Ergebnis ist die Aktion, die sich das Merchandising-Team aus München ausgedacht hatte. Passend um Ausscheiden der Portugiesen aus der Champions League gab es am Tag nach dem Spiel die Aktion »PORTOfrei« im Onlineshop des Rekordmeisters (*http://shop.fcbayern.de*).

Obwohl die Aktion zeitlich stark begrenzt war (14.00–23.59 Uhr), machte sie schnell auch in den einschlägigen Gutscheinportalen (z. B. bei mydealz) die Runde. Optimalerweise wurde die Aktion auf allen Kanälen des FC Bayern beworben. Auf der Facebook-Seite erzielte der Beitrag aktuell mehr als 14.000 Likes und wurde immerhin auch 848 Mal geteilt. Die über das Onlinemarketing und die sozialen Netze erzielte Reichweite dürfte für viele zusätzliche Spontankäufe gesorgt haben (Abbildung 12-11).

Abbildung 12-11: PORTOfreie Lieferung im Fanshop des FC Bayern nach dessen Sieg über den FC Porto.

Natürlich sind die Reichweitenzahlen absolute Ausnahmen einer Marke mit überdurchschnittlichem Bekanntheitsgrad – auch im Bereich des E-Commerce. Dennoch zeigt das Beispiel gut, wie man mit wenigen Mitteln schnelle Erfolge im Onlinemarketing erzielen kann.

Praxisbeispiel: Versandkosten als Conversion-Killer

Im Front-Runner-Shop, einem Ausrüster für Offroad-Equipment, gibt es ein ziemlich gutes Besteckset. Aufmerksam geworden bin ich hierauf über einen Artikel im Offroad-Magazin Matsch&Piste. Der Hersteller Front Runner hat dem Magazin das mit knapp 70 Euro Verkaufspreis nicht ganz günstige Besteckset für den Test kostenlos zur Verfügung gestellt. Der Deal dürfte aufgegangen sein: Nicht wenige Interessenten sind vom Test und vom Produkt überzeugt, wechseln zum Onlineshop und möchten das Set kaufen.

Der Shop ist schön, der Bestellvorgang ist übersichtlich. Eigentlich stünde der Conversion, dem Kauf, nun nichts mehr im Wege. Wenn da nicht die Kosten für den Versand wären. FrontRunner hat seinen Hauptsitz in Südafrika. In Deutschland existiert nur eine rechtliche Vertretung. Der Versand innerhalb Europas erfolgt offensichtlich aus Belgien. Und dementsprechend sind auch die Versandkosten kalkuliert. Satte 15,74 Euro fallen für den Versand per UPS an (Abbildung 12-12).

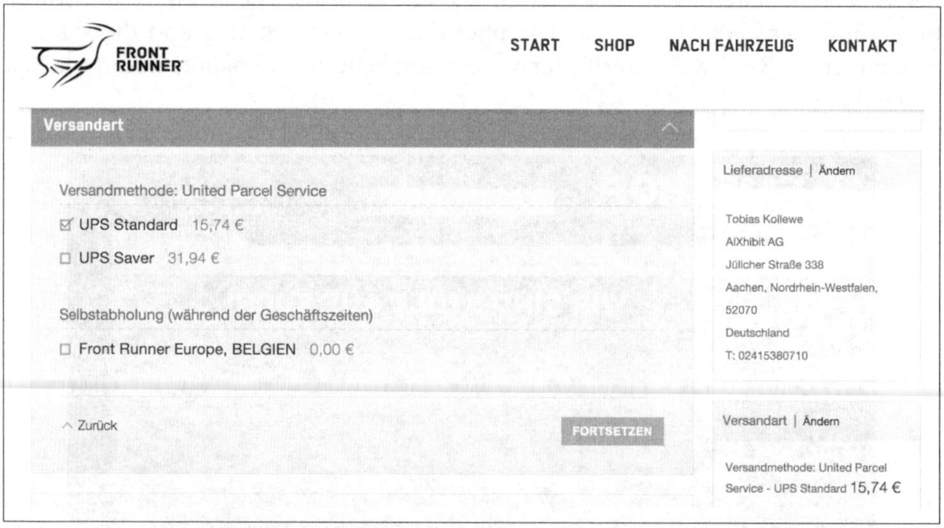

Abbildung 12-12: Hohe Versandkosten sind ein guter Grund für einen Kaufabbruch.

Konversionshemmende Versandkosten: drei Gründe:

1. Die Versandkosten sind viel zu hoch! Natürlich! Bei einem Warenwert von 67,84 Euro rund 23 % für den Versand zu verlangen, mag kalkulatorisch zwar richtig sein. Aus Sicht des Käufers aber ist das vollkommen unangebracht! Ganz zu schweigen davon, dass 15,74 Euro einfach keine schöne Zahl ist. Zwar

weist der Onlineshop auf die höheren Versandkosten für den Grenzübertritt hin (»Front Runner Outfitters verschickt alle Waren aus dem europäischen Front-Runner-Zentrallager in Belgien. Durch den Grenzübertritt erhöhen sich die Versandkosten marginal.«). Im Vergleich zu den Kosten für einen großen, sperrigen und schweren Dachträger (32,94 Euro Versandkosten, = 4,5 %) würde ein durchschnittlicher Käufer dennoch nicht von 15,74 Euro Versandkosten für einen relativ kleinen Artikel ausgehen.

2. Die Versandkosten sind nicht transparent! Einen Link zu einer Versandkostenübersicht im Footer des Onlineshops gibt es nicht. Über die Artikelübersicht oder die Produktdetailseite erreicht man zwar einen erklärenden Text. Jedoch sind auch hier keine genauen Versandkosten angegeben. (Achtung: Der Onlineshop ist deutlich auf den deutschen Markt ausgerichtet. Die nicht vorhandene Angabe der Versandkosten könnte wettbewerbswidrig sein).
3. Der Versand erfolgt mit UPS. Ja, auch das ist inzwischen ein Konversionshemmer, zumindest im B2C-Bereich. DHL bietet immer noch für Endkunden unschlagbare Vorteile. Zwar bietet z. B. DPD seit Ende 2015 auch Samstagszustellung an. Was DPD, UPS & Co., also allen DHL-Konkurrenten, jedoch fehlt, sind Packstationen. Mit über 250.000 Paketboxen an 2.650 Packstationen deutschlandweit ist DHL der status quo im deutschen Onlinehandel. Shopbetreiber, die UPS als einzige Versandmöglichkeit anbieten, müssen allein deswegen mit einigen Kaufabbrüchen rechnen.

Checkliste für Shopbetreiber

Aus diesem Beispiel lassen sich mehrere klare Empfehlungen für Shopbetreiber ableiten:

- ☐ Versandkosten sind wichtig für die Kaufentscheidung. Die Versandkosten deutscher Onlineshops bewegen sich meist zwischen 4 und 6 Euro. Wie Sie Versandkosten richtig kalkulieren, lesen Sie im Artikel »Versandkosten kalkulieren« (*www.ecommerce.jetzt/versandkosten-kalkulation*).
- ☐ In jedem Fall sollten Sie eine Lieferung via DHL anbieten. Natürlich gibt es Gründe, auch UPS, DPD oder Hermes zu engagieren. Gerade im Privatkundenbereich sollten Sie jedoch nicht auf DHL verzichten.
- ☐ Shop-Internationalisierung, also der Versand über die Landesgrenzen hinweg, ist für jeden Shopbetreiber interessant. Was in unserem Beispiel bei der Internationalisierung nach Deutschland schiefgegangen ist, das geht natürlich auch anders herum. Deswegen lohnt sich auch ein Blick auf den Abschnitt »Shop-Internationalisierung« auf Seite 671 am Ende unseres Buchs.

Retourenmanagement

»Schrei vor Glück oder schick's zurück!« So hat noch vor nicht allzu langer Zeit das E-Commerce-Schwergewicht Zalando Werbung in Print und Fernsehen geschaltet.

Mittlerweile wurde der Slogan fast schamhaft auf den ersten Teil reduziert. Genaue Zahlen sucht man leider vergeblich, Branchen-Insider munkeln von Rücksendequoten weit über 50 %. Das Handelsblatt attestierte Kunden mit Rücksendequoten von über 80 % sogar »Kauf-Bulimie« (*http://aix.li/1m4ZAnG*).

Retouren sind die ungeliebte Seite des Onlinehandels. Tatsächlich hat Deutschland schon sehr früh eine ausgesprochen verbraucher-freundliche Gesetzgebung zum Thema Widerruf und Rücksendung verabschiedet. Alle diese Regelungen betreffen jedoch nur den Handel mit Privatpersonen – im Business-to-Business Handel (B2B) mit Firmen gibt es keine solche Regelung.

Rechtliche Situation

Zum Juni 2014 wurden die rechtlichen Vorgaben zum Widerruf von Bestellungen im E-Commerce europaweit vereinheitlicht. Egal, in welches EU-Land Sie versenden (natürlich auch innerhalb Deutschlands), es gelten die gleichen Regelungen und Fristen für die Rücksendung und die Erstattung des Kaufpreises.

Artikelumtausch

Mitunter möchte ein Kunde gar nicht von seinem Widerrufsrecht Gebrauch machen, sondern lediglich einen Artikel umtauschen.

Dies ist für den Onlineshopbetreiber zwar grundsätzlich gut, denn der Kunde ist prinzipiell mit dem Shop und dem Warenangebot zufrieden. Gleichzeitig stellt der Umtausch aber einen arbeitsintensiven Sonderfall dar, der gerade bei margenschwachen Produkten unter Umständen unterm Strich einen Verlust darstellt, bezieht man die Arbeitszeit und den Aufwand in die Rechnung mit ein.

Ein bewährter Ansatz ist, den Umtauschwunsch als regulären Widerruf zu behandeln und dem Kunden den (anteiligen) Kaufpreis zu erstatten und ihn gleichzeitig zu bitten, den Ersatzartikel ganz regulär zu bestellen. Somit bürden Sie dem Kunden etwas mehr Aufwand auf, haben den Umtauschwunsch dafür aber mit den Standardwerkzeugen des Retourenhandlings abgedeckt.

Auf die Voraussetzungen für den erfolgreichen Widerruf durch den Kunden und was der Verkäufer beachten muss, um den Kunden richtig zu informieren, gehen wir im Abschnitt »Widerrufsrecht« auf Seite 344 ein.

Ablauf einer Retoure

Egal, ob der Kunde seine Bestellung ganz oder teilweise widerruft, die einzelnen Schritte der Retoure sind die gleichen. Zunächst muss der Kunde seinen Widerruf äußern. Dies kann er auf jedem Kommunikationsweg tun, oder er kann das seit Juni

2014 vorgeschriebene Widerrufsformular verwenden, das der Shopbetreiber zur Verfügung stellen muss (siehe Abschnitt »Widerrufsformular« auf Seite 345). Die unangekündigte Rücksendung des Pakets reicht hingegen nicht aus. Das müsste der Händler nicht akzeptieren – wobei es natürliche eine Frage des Kundenservices ist, diese Rücksendungen trotzdem anzunehmen.

Die weitere Vorgehensweise hängt davon ab, ob der Kunde die Rücksendekosten tragen muss oder ob der Shopbetreiber die Rücksendung kostenfrei anbietet.

Im ersten Fall wird der Kunde die Ware einfach zurückschicken. Soweit Sie als Händler die Rücksendekosten freiwillig übernehmen, können Sie dem Kunden den Retourenaufkleber oder den Link zum Retourenportal zusenden (siehe unten).

Nach Erhalt der Rücksendung sollte der Shopbetreiber die Ware prüfen (siehe Kasten) und, soweit alles in Ordnung ist, das Produkt wieder inventarisieren, damit es im Shop erneut bestellt werden kann.

Prüfung der Rücksendung

Neben der Vollständigkeit der Rücksendung müssen Sie natürlich auch die Unversehrtheit der zurückgeschickten Produkte prüfen. Für Sie steht der Wiederverkauf der Ware im Vordergrund. Leider können nicht alle vom Kunden zurückgeschickten Produkte wieder verkauft werden, wenn Kunden sie über das zugestandene Maß hinaus »geprüft« haben.

Als Faustregel gilt hier, dass der Kunde alles, was er auch in einem stationären Ladenlokal ausprobieren kann, mit den online bestellten Waren machen darf. Dazu gehört definitiv das Auspacken und in Augenschein nehmen. Kleidung darf anprobiert, Elektrogeräte dürfen in Betrieb genommen werden. Der Kunde ist aber gehalten, sorgsam mit der Ware umzugehen.

Wurde die Ware nicht nur probiert, sondern z. B. beschädigt, muss der Kunde hierfür Wertersatz leisten. Dazu heißt es im Gesetz (BGB, § 357 Abs. 7):

»Der Verbraucher hat Wertersatz für einen Wertverlust der Ware zu leisten, wenn [...] der Wertverlust auf einen Umgang mit den Waren zurückzuführen ist, der zur Prüfung der Beschaffenheit, der Eigenschaften und der Funktionsweise der Waren nicht notwendig war.«

Über die Höhe des Wertersatzes gibt es (natürlich) keine Regelungen. Sie ist von Fall zu Fall festzulegen.

In der Praxis ist zu überlegen, ob sich der Streit mit dem Kunden über die Höhe des Wertersatzes (oder über den Wertersatz überhaupt) wirklich lohnt. Sie müssen davon ausgehen, dass der Kunde, den Sie einmal verärgert haben, nicht mehr bei Ihnen einkaufen wird.

Warum also nicht – auch wenn es schwerfällt – den »zerprüften« Artikel anstandslos zurücknehmen und als B-Ware weiterverkaufen. Entpuppt sich der Käufer später als Dauerrücksender, können Sie ihn immer noch sperren.

Gleichzeitig müssen Sie dem Kunden den (Teil-)Betrag sowie die Versandkosten für die Hinsendung erstatten. Achten Sie hierbei bitte auf die gesetzlichen Fristen. Der Kunde muss die Erstattung innerhalb von 14 Tagen nach Eingang der Rücksendung beim Verkäufer erhalten.

Tipp

Geht die Ware auf dem Rückweg zu Ihnen verloren, müssen Sie die Erstattung ebenfalls innerhalb von 14 Tagen vornehmen. Die Frist beginnt in diesem Fall ab dem Zeitpunkt, an dem der Kunde die Rücksendung nachweislich an einen Versanddienstleister übergeben hat.

Sendet der Kunde die Ware auf einem nicht versicherten Weg zurück, also z. B. als Päckchen, ist er nachweispflichtig, dass die Ware an Sie zurückgeschickt wurde. Da dies de facto nicht möglich ist, werden Sie in der Regel nichts erstatten müssen. Auch hier gilt die Empfehlung, zwischen Verlust des Warenwerts und dem verärgerten Kunden abzuwägen.

Retourenschein zur Vereinfachung

Zwar unterscheiden sich die Retourenraten je nach Produktgruppe teilweise erheblich, gänzlich ohne Retouren wird Ihr Onlineshop aber vermutlich nicht auskommen. Ihre Kunden haben ein gesetzliches Recht auf Widerruf und wissen dies auch – den Vorgang kompliziert zu gestalten, hilft daher nicht, Retouren zu vermeiden, sondern verhärtet nur die Fronten.

In der Praxis hat es sich bewährt, dem Kunden den Widerruf und die Retoure möglichst einfach zu machen. Das Werkzeug dafür ist der Retourenschein! Der Retourenschein ist kein rechtliches Dokument und sollte auch nicht mit einem Rückversandaufkleber (Retourenlabel) verwechselt werden. Vielmehr handelt es sich um eine Mischung aus Merkblatt und Formular, das dem Kunden und Ihnen den Ablauf der Retoure vereinfacht.

In Abbildung 12-13 sehen Sie den Retourenschein von *www.esska.de*. Hier werden weitere, für den Shopbetreiber wichtige Informationen zum Grund der Rücksendung abgefragt. Diese Angaben können helfen, systematischen Produktproblemen auf die Spur zu kommen.

»Perfekte« Retourenscheine sind jedoch keine vom Kunden auszufüllenden Formulare. Viel mehr enthalten diese bereits alle für die Bearbeitung der Rücksendung relevanten Informationen, wie z. B. alle Kundenstammdaten, die Artikelzeilen laut Lieferschein und Barcodes mit der Auftragsnummer zum Scannen und Wiedereinlagern. Der Kunde muss hier lediglich die Anzahl der zurückgeschickten Artikel eintragen und den Retourenschein in das Paket legen.

Je nach verwendeter Versandhandelssoftware können Retouren und Gutschriften so in einem Arbeitsschritt und der geringstmöglichen Fehleranfälligkeit abgearbeitet werden: Am Wareneingang werden der Rücksendeauftrag gescannt und die zurückgeschickten Artikel geprüft und eingelagert. Die Gutschrift wird automatisch über die Software veranlasst.

Rücksendeschein

ESSKA.de
Borstelmannsweg 175
D-20537 Hamburg
Tel. +49-(0)40-731 036-0
Fax+49-(0)40-731 036 50
info@esska.de

Sehr geehrte Kundin, sehr geehrter Kunde

vielen Dank für Ihren Auftrag. Wir haben uns viel Mühe gegeben, Ihre Wünsche zu erfüllen. Sollte dennoch eine Rücksendung erforderlich sein, füllen Sie bitte diesen Rücksendeschein aus und schicken ihn zusammen mit der Ware an uns zurück. Bitte beachten Sie, dass unser Lager gemäß unserer AGB's keine unfreien Sendungen annehmen darf. Bei Fragen steht Ihnen unser Retourenservice gerne zur Verfügung.

Absender (Stempel) — Bitte leserlich schreiben

Kunden Nr.

Auftrags- / Rechnungs-Nr.

Ich sende zurück:

Artikelbezeichnung	Artikel-Nummer	Menge	Grund / Ziffer
1.			1 2 3 4 5 6 7 8
2.			1 2 3 4 5 6 7 8
3.			1 2 3 4 5 6 7 8
4.			1 2 3 4 5 6 7 8
5.			1 2 3 4 5 6 7 8

Grund / Ziffer meiner Rücksendung:

1. passt nicht
2. nicht gefallen
3. falsch bestellt
4. falsch geliefert
5. Transportschaden
6. Artikel defekt (Garantieprüfung)
7. Reparartur (keine Garantie)
8. Lieferzeit überschritten

Fehlerbeschreibung:

Bitte umtauschen in:

Artikelbezeichnung	Artikel-Nummer	Menge	Einzelpreis
1.			
2.			
3.			
4.			
5.			

Bitte umtauschen in:

☐ Ich möchte kostenlosen und einwandfreien Ersatz
☐ Ich möchte eine Erstattung auf

Konto Inhaber:
IBAN:
BIC (SWIFT-Code):
Bank:

Bei Rückfragen zuständig: E-Mail: service@esska.de
Telefon 040-731036-99
Fax 040-731036-50

Datum, Unterschrift

(Ohne diese Angaben können wir nicht verrechnen.)

Wertgleicher Ersatz erfolgt als Umtausch, Guthaben werden ausgezahlt oder verrechnet.

Abbildung 12-13: Rücksendeschein als Paketbeileger

Auf der linken Innenseite findet der Kunde eine Schritt-für-Schritt-Anleitung, wie er im Falle des Widerrufs zu verfahren hat. Im meinFILATI-Shop wird um Kontaktaufnahme per E-Mail gebeten, und der Kunde wird darüber informiert, dass er per

E-Mail ein DHL-Retourenlabel erhält, mit dem er die Rücksendung kostenfrei in jeder DHL-Filiale abgeben kann. Die Formulierungen sind freundlich und konstruktiv gehalten – so wird die Kooperationsbereitschaft des Kunden gesteigert.

Auf der rechten Innenseite findet sich ein Formular, auf dem der Kunde die Produkte, die er retournieren möchte, aufzählt. Ebenfalls erhält er die Möglichkeit, einen Grund für die Retoure anzugeben. Eine gesetzliche Verpflichtung zur Angabe eines Retourengrunds besteht nicht.

Trotzdem empfiehlt es sich, den Kunden dazu zu befragen. Zum einen erhalten Sie so möglicherweise wichtiges Feedback zu Ihren Produkten. Gerade wenn Sie als Zwischenhändler auftreten, ist es für zukünftige Bestellungen bei Ihren Lieferanten wichtig zu wissen, welche Produkte vom Kunden aus welchen Gründen bevorzugt zurückgesendet werden. Zum anderen geben Sie unzufriedenen Kunden die Möglichkeit, ihrem Ärger Luft zu machen. Dies verhindert unter Umständen negative Äußerungen auf Bewertungsplattformen oder in sozialen Netzen.

Weiterhin findet sich nochmals ein Feld für Adressangaben und Rechnungsnummer – dies erleichtert Ihnen die Zuordnung der Retoure zur ursprünglichen Bestellung. Auf der Rückseite des Retourenscheins finden sich dann nochmals die Kontaktangaben zum Shop.

Die Erfahrung zeigt, dass die große Mehrheit der Kunden den vorgegebenen Abläufen auf dem Retourenschein folgt. Je klarer Sie vermitteln, wie Sie sich den Ablauf der Retoure wünschen, und je bequemer das für den Kunden ist, desto weniger Abweichler wird es in der Praxis geben.

Retourenversand und Retourenlabel

Retournierte Waren müssen zum Betreiber des Onlineshops zurückkommen. Da der Kunde die Rücksendekosten trägt, obliegt ihm auch die Wahl des Versanddienstleisters. Viele Händler bieten aber aus Kulanz oder aus Marketinggesichtspunkten die kostenlose Rücksendung an. Hier kann der Händler natürlich den Weg vorgeben, an den sich der Kunde halten muss, wenn er in den Genuss der kostenlosen Retoure kommen möchte.

Die meisten Versanddienstleister bieten den Retourenversand als zusätzliche Option an. Ein spezielles Retourenlabel dient der Versandfreimachung. Der Kunde klebt es auf die Rücksendung, die er in einer Filiale des Versanddienstleisters kostenlos abgibt, im Gegenzug erhält er eine Versandquittung. Der Versanddienstleister transportiert das Paket zu einer vorher festgelegten Adresse, in aller Regel ist dies die Postadresse Ihres Lagers. Die Kosten für den Retourenversand variieren je nach Versanddienstleister und Verhandlungsgeschick, als Faustregel sollten Sie mit 6 Euro rechnen.

Zuvor muss der Kunde das Label jedoch erhalten. Dazu gibt es drei Möglichkeiten:

Retourenlabel in jeder Sendung

Jedes Retourenlabel enthält üblicherweise einen individuellen Identifikationscode des Versanddienstleisters, Sie müssen aber nur die Label bezahlen, die tatsächlich zum Versand genutzt wurden. Es spricht also nichts dagegen, für jede Sendung, die Ihr Lager verlässt, ein Retourenlabel vom Versanddienstleister zu beziehen und der Sendung beizulegen. Dies ist für den Kunden natürlich die bequemste Möglichkeit – oft hat der Shopbetreiber aber die Befürchtung, dieses Maß an Bequemlichkeit würde die Retourenquote steigen lassen. Empirische Daten liegen dazu unseres Wissens nach jedoch nicht vor. Ab einem bestimmten Versandvolumen ist diese Lösung aber sehr praktisch – das Retourenlabel wird digital generiert und zusammen mit den Rechnungsdokumenten ausgedruckt und der Lieferung beigelegt. Eine eventuell erhöhte Retourenquote wird durch den Wegfall eines manuellen Schritts im Kundenservice ausgeglichen.

Retourenlabel per E-Mail

In diesem Fall muss der Kunde zunächst Kontakt mit Ihnen aufnehmen. Dies eröffnet einerseits die Chance, die Retoure im Gespräch bzw. Mailkontakt mit dem Kunden unter Umständen abzuwenden, erfordert aber andererseits Zeit im Kundenservice. Bleibt der Retourenwunsch bestehen, erstellt der Kundenbetreuer ein Retourenlabel und sendet es dem Kunden per E-Mail zu. Hierzu gibt es üblicherweise eine Funktion auf der Website des Versanddienstleisters, mit der ein Label erstellt werden kann. Der Kunde druckt das Retourenlabel aus und klebt es auf die Rücksendung.

Retourenlabel per Weblink

Stellt der Versanddienstleister ein Webportal für Retourenlabel bereit, kann der entsprechende Link dem Kunden wahlweise vom Kundenservicemitarbeiter übermittelt werden oder sogar direkt auf den Retourenschein aufgedruckt oder von der Website des Shops aus verlinkt sein. Dies unterscheidet sich von Option 1 dadurch, dass der Kunde selbst aktiv werden muss, indem er das Label ausdruckt.

In Abbildung 12-14 sieht man die Benutzeransicht des DHL-Retourenportals. Vom Shopbetreiber können verschiedene Retourenlager angelegt werden. So könnten Sie z. B. Retouren als kleine Pakete in ein anderes Retourenlager liefern lassen als Produkte, die per Spedition zurückgeschickt werden müssen. Je nach Anwendungsfall erhält der Kunde einen anderen Link, über den er das Retourenlabel erstellen kann. Er muss nur noch seine eigenen Absenderangaben eintragen. Auf die Empfängeranschrift, also Ihre Lieferadresse, hat der Kunde keinen Einfluss. Über die Portalfunktionen wird dann der Aufkleber generiert, den der Kunde nur noch ausdrucken und aufkleben muss.

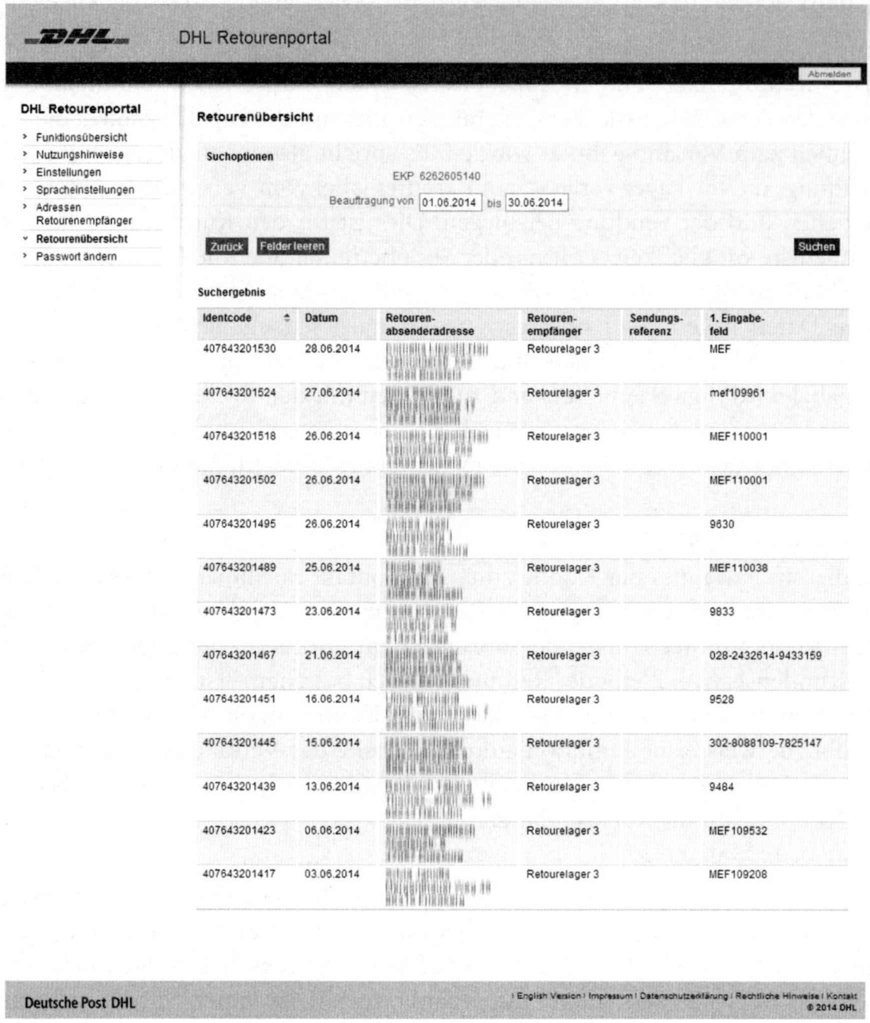

Abbildung 12-14: Im Retourenportal können sich Ihre Kunden das Rücksendelabel selbst ausdrucken. Die Empfängeradresse ist dabei vorgegeben.

Retourenempfang

Früher oder später erreicht die erste Retoure Ihr Versandlager. Sie haben nun drei Aufgaben: Retoure prüfen, Beträge erstatten und entscheiden, was mit der Ware weiter passiert.

Wie bereits oben ausgeführt, ist das Prüfen der Waren in Ihrem ureigensten Interesse. Unberechtigte Retouren sind leider an der Tagesordnung. Sei es, dass die Ware beschädigt ist, sei es, dass sie übermäßig genutzt wurde. Ohne die Ware zu prüfen, können Sie die Rechtmäßigkeit der Retoure nicht feststellen.

Was tun bei unberechtigten Retouren?

Ein ungeliebter Fall im Versandhandel: Die Ware wird zurückgesendet, ist aber beschädigt oder übermäßig benutzt oder gehört zu einer Produktgruppe, bei der die Bestellung gar nicht widerrufen werden kann (z. B. Individualanfertigungen). Gerade bei neuen Shopbetreibern ist immer wieder zu beobachten, dass sie diesen Fall persönlich nehmen und – je nach Naturell – auf Konfrontationskurs gehen oder auf stur schalten.

Nehmen Sie Retouren – insbesondere unberechtigte – keinesfalls persönlich! Betrachten Sie sie lieber rein wirtschaftlich. In dieser Gleichung spielen vier Variablen eine Rolle: der Wert des retournierten Produkts bzw. der Restwert nach der Retoure, die Bestellhistorie des Kunden und eine realistische Schätzung über das weitere Kaufverhalten, der potenzielle Schaden von schlechten Shopbewertungen oder anderen negativen Äußerungen und letztendlich die eigene Zeit und der eigene Aufwand, den ein Streit mit dem Kunden erfordern würde.

In vielen Fällen wissen die Kunden um die Fragwürdigkeit der Retoure. Akzeptieren Sie die Retoure und erstatten den Preis, haben Sie oftmals einen treuen Kunden gewonnen, der auch noch fleißig Werbung für den Shop macht.

Sollte die Ware jedoch nicht in wiederverkaufsfähigem Zustand sein (oder sie ist von der Art der Ware her nicht für den Wiederverkauf geeignet), hilft oft das – bevorzugt telefonische – Gespräch mit dem Kunden. Hier kann das Angebot einer kostenfreien Rücksendung der Ware an den Kunden ein Trostpflaster sein, das die Enttäuschung mindert.

Zumindest am Anfang führt eine harte Konfrontation nicht zum Ziel. Hüten Sie sich davor, selbst wenn es Ihnen noch so eindeutig erscheint, dem Kunden Betrugsabsicht zu unterstellen. Solche Aussagen finden sich schneller in sozialen Netzwerken oder Bewertungsforen wieder, als sie glauben – und Dementieren hilft dann nicht mehr. Im Zweifel also: Ärger und Stolz zurückstellen und die Reputation des Shops im Auge behalten.

Nachdem die Ware geprüft wurde, müssen Sie dem Kunden den (Teil)Betrag und die Versandkosten (bei vollständiger Rücksendung) zurückerstatten.

Eine Versandhandelssoftware (siehe Abbildung 12-15) unterstützt Sie dabei, indem sie die ursprüngliche Bestellung des Kunden auflistet und Sie per Mausklick die Positionen auswählen, die zurückgesandt wurden. Die Software errechnet automatisch den Retourenbetrag und kann ihn sogar über Datenaustausch mit der Bank automatisch erstatten.

Verwalten Sie die Retouren manuell, müssen Sie die Berechnungen selbst vornehmen und den Betrag per Onlinebanking an den Kunden überweisen.

Zum Schluss steht die Überlegung, was mit der zurückgesandten Ware passiert. Im Idealfall können Sie sie einfach wieder inventarisieren, sodass sie erneut bestellt werden kann. Dies ist insbesondere bei Produkten ohne Umverpackung oder in neutraler Verpackung problemlos möglich. Schwierig wird es bei Produkten in spezieller Verpackung, die entweder nicht zerstörungsfrei zu öffnen ist (z. B. vollflächig verschweißte Kunststoffverpackungen, sogenannte Blister) oder bei der die Verpackung sehr hochwertig ist (z. B. teure Unterhaltungselektronik). In Streitfällen haben die Gerichte bislang meist zugunsten des Privatkunden entschieden. Im Zweifelsfall sollten solche Produkte mit einem Preisabschlag in einer speziellen Rubrik im Shop angeboten werden. Hier wären z. B. Restposten, Sonderangebote oder Ausstellungsstücke als Rubrik denkbar. Haben Sie neben dem Onlineshop auch einen Ladenverkauf, können diese Produkte auch darüber veräußert werden.

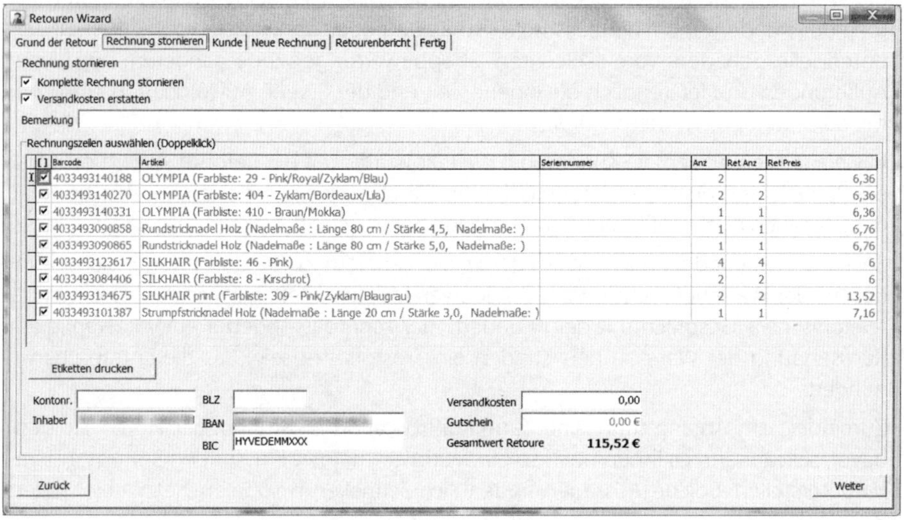

Abbildung 12-15: Retourenbearbeitung

Retourenhandling outsourcen

Um das ungeliebte Thema des Retourenmanagements herum haben sich zahlreiche Firmen angesiedelt, die Teilbereiche oder die gesamte Abwicklung als Dienstleistung anbieten. Neben einigen Versanddienstleistern sind hier vor allem Speditionen und Tochterfirmen von großen Versandhändlern zu finden, die in unterschiedlichen Ausbaustufen Retourenservices anbieten. Im einfachsten Fall ist dies die reine Retourenannahme und fachgerechte Lagerung. Als Shopbetreiber können Sie regelmäßig die eingegangenen Retouren abholen. Dies bietet sich insbesondere für große Waren wie Möbel an.

Darüber hinaus kann auch die Prüfung von Waren als Dienstleistung eingekauft werden. Die Mitarbeiter des Logistikers werden dann von Ihnen darin geschult, worauf sie achten müssen. Dies ist verständlicherweise nur bei großen Retourenvolumina wirtschaftlich.

Praxisbeispiel: Rücksendekostenregelung in der Widerrufsbelehrung

Eigentlich ein alter Hut: Rücksendekosten in der Widerrufsbelehrung. Mit der Änderung der Verbraucherrechterichtlinie im Sommer 2014 wurde vom Gesetzgeber Klarheit geschaffen, was die Übernahme der Rücksendekosten im Onlinehandel betrifft. Eigentlich eindeutig, wenn der Händler sorgfältig arbeitet und nicht alte Texte auf seiner Webseite vergisst. Unser aktuelles Beispiel von *www.werkzeugbilliger.com* zeigt, wie Händler nicht arbeiten sollten.

Eigentlich ist es ganz einfach: Laut Gesetz trägt der Endkunde die Kosten der Rücksendung. Keine 40-Euro-Klausel mehr, keine Unklarheit. Der Händler muss sich dabei nur an zwei Dinge halten:

- Er muss den Käufer vor dem Kauf darüber informieren, dass er (der Kunde) die Kosten der Rücksendung trägt.
- Er darf nicht (versehentlich) Gegenteiliges behaupten.

Der Werkzeug- und Industriebedarfhändler Jehlen (www.werkzeugbilliger.com), der hier nur als eines von vielen Musterbeispielen dient, schreibt in seinen allgemeinen Geschäftsbedingungen (Stand: 10.07.2015, 9:11 Uhr):

»Der Kunde trägt die unmittelbar Anfallenden Rücksendekosten der Waren.«

Soweit, so richtig. So eindeutig. Im aktuellen Fall beruft sich der Händler auf eben diesen Satz und die rechtliche Regelung der VRRL und weigert sich, die Kosten der Rücksendung zu tragen.

Des Händlers Problem: Die Widerrufsbelehrung auf seiner Webseite enthält die gegenteilige Aussage. In der Widerrufsbelehrung (Stand: 10.07.2015, 9:11 Uhr) steht der folgende Satz:

»Wir tragen die Kosten der Rücksendung der Waren.«

So unklar die Sachlage nun auf den ersten Blick scheint – für den Endverbraucher ist die Sachlage rechtlich betrachtet eindeutig: Da der Händler nicht korrekt (widersprüchlich) über die Kosten der Rücksendung informiert hat, muss er sie selbst tragen. Hier kann er letztlich nicht den Kunden für (seine) widersprüchlichen Aussagen verantwortlich machen. Der Kunde kann sich in jedem Fall auf die für ihn günstigere (kostenlose) Aussage des Händlers berufen.

Fehlerhafte Widerrufsbelehrung: Kundenservice – was zu tun ist

Für Shopbetreiber ist es immer wieder schwierig, den Spagat zwischen recht haben und Kundenservice hinzubekommen. Angesichts drohender schlechter Bewertungen bei Amazon, Veristore, Trusted Shops oder Facebook sollte der Händler sich gut überlegen, ob er sich auf eine öffentliche Diskussion einlässt.

Dazu stellt sich die Frage der Wirtschaftlichkeit einer Diskussion mit dem Käufer im Onlineshop: Die Rücksendung kostet den Händler (grob gesagt) rund 5 Euro Portokosten. Verheddert er sich jedoch in eine langwierige Diskussion per Mail oder am Telefon, dann steigen die Kosten durch den Personalaufwand sehr schnell deutlich an. Die Zeit könnte ein Händler deutlich besser nutzen: Produktpflege im Onlineshop, Pakete packen, andere Anfragen beantworten.

Und zu guter Letzt ist klar: Der verärgerte Kunde wird mit großer Wahrscheinlichkeit kein weiteres Mal im gleichen Onlineshop einkaufen. Würde der Kundenservice entgegenkommend reagieren, könnte er dem (verärgerten) Kunden z. B. einen Gutschein als kleine Wiedergutmachung für den Ärger beim Einkauf schenken. Klar, hier wird der Spagat besonders groß. Aber der Händler hat so gute Chancen, den eigentlich verlorenen Kunden (Rücksender) doch noch zu einem Käufer zu machen.

Dem Händler selbst droht aber noch viel größeres Ungemach. Mit den widersprüchlichen Aussagen handelt er wettbewerbswidrig. Ein Wettbewerber könnte die Situation ausnutzen und den Shopbetreiber kostenpflichtig abmahnen.

Checkliste für Shopbetreiber

- ☐ Prüfen Sie alle Texte auf Ihrer Webseite zum Thema Widerrufsrecht. Die Texte dürfen keine widersprüchlichen Aussagen enthalten.
- ☐ Google hilft beim Finden der Textstellen. Suchen Sie z. B. nach »site:werkzeugbilliger.com Rücksendung«, so zeigt Ihnen Google alle Seiten der Domain *werkzeugbilliger.com* an, die das Wort Rücksendung enthalten.
- ☐ Texte, die sich in automatisierten Mails verstecken (Eingangsbestätigung u. a.), müssen ebenfalls geprüft werden.
- ☐ Prüfen Sie auch die Textbausteine auf anderen Plattformen (amazon.de, eBay.de etc.).
- ☐ Instruieren Sie die Mitarbeiter im Kundenservice: Etwas mehr Gelassenheit und Entgegenkommen kann dem Business nicht mehr schaden als unnötiger Personalaufwand.

Dropshipping

Wareneinkauf, Lagerhaltung, Versandabwicklung – der Betrieb eines Onlineshops ist mit einigem logistischen Aufwand verbunden, vom unternehmerischen Risiko bei Einkauf und Lagerhaltung ganz zu schweigen. Wie schön wäre es doch, wenn man mit diesen mühsamen Tätigkeiten nichts zu tun hätte und doch mit einem Onlineshop Geld verdienen könnte! Dieser Wunsch kann in Erfüllung gehen – die Lösung heißt Dropshipping.

Bei dieser Variante des Onlinehandels treten Sie als Zwischenhändler auf. Ihr Onlineshop enthält wie gewohnt die Produkte, die Sie anbieten möchten, der Kunde kauft wie üblich bei Ihnen ein, und auch die Zahlungsabwicklung findet über Ihren Shop statt. Die Produkte selbst lagern aber nicht bei Ihnen, sondern bei einer zweiten Firma – meist dem Hersteller oder Importeur der Waren.

Sobald nun eine Kundenbestellung vorliegt, übermitteln Sie die Daten an Ihren Lieferanten. Dort wird das Produkt verpackt und an den Endkunden versandt – Ihnen aber unmittelbar oder auf einer Monatsrechnung in Rechnung gestellt.

Was verlockend klingt, muss allerdings wohlüberlegt sein, denn es beinhaltet einige Fallstricke. Zwar vermeiden Sie Einkaufs- und Lagerhaltungsrisiken, Sie geben aber auch ein beträchtliches Stück Autonomie ab.

Lieferant und Produkteinkauf

Durch das Dropshipping erhält Ihr Lieferant einen kompletten Einblick in Ihre Produktumsätze, denn er liefert ja jede Bestellung selbst aus. Strategisches Bestellen (und Lagern) von Produkten, um höhere Rabattstaffeln zu erhalten, ist nicht mehr möglich. Ihr Lieferant sieht genau, wie viele Produkte Sie verkaufen. Darüber hinaus sieht er auch, an wen Sie die Produkte verkaufen, da er ja den Versand für Sie erledigt. Verkauft Ihr Lieferant seinerseits ebenfalls an Endkunden, besteht die Gefahr, ihm Interessentenadressen frei Haus zu liefern. Letztendlich haben Sie auch kaum Kontrolle darüber, wie die Sendung aussieht, die Ihr Kunde erhält – insbesondere, was zusätzliche Beilagen und Werbungen angeht (siehe Abschnitt »Paketbeileger« auf Seite 422).

Bei sorgfältig getroffenen Absprachen und einem vertrauensvollen Verhältnis zum Lieferanten ist Dropshipping aber eine interessante Möglichkeit, den Onlineshop mit geringem Aufwand für Einkauf und Lagerhaltung zu betreiben. Insbesondere bei großen und sperrigen Waren ist es oftmals die einzige Möglichkeit, sinnvoll online zu handeln.

Dropshipping-Retouren

Das Widerrufsrecht ist auch im Bereich des Dropshippings ohne Einschränkungen gültig. Sie haben daher auch hier mit Retouren zu rechnen und müssen sich entscheiden, wie Sie damit umgehen möchten.

Naheliegend ist die Idee, den Lieferanten ebenfalls als Empfänger der Retouren zu nehmen. Dies setzt aufseiten des Lieferanten den Willen voraus, Retouren entgegenzunehmen. Der Lieferant hat mit Ihnen eine Geschäftspartnerschaft, für die das Widerrufsrecht nicht gilt. Auch wenn der Lieferant an Ihren Endkunde liefert – Vertragspartner sind ausschließlich Sie. Der Lieferant kann also problemlos jegliche Einbeziehung in den Retourenprozess ablehnen.

Doch selbst wenn der Lieferant zustimmt, als Empfänger der Retouren zu agieren (auch hier wieder bei sehr großen Waren durchaus sinnvoll), muss sichergestellt sein, dass der Retourenprozess vernünftig abläuft. Dazu gehört die prompte Information an Sie, dass eine Retoure eingetroffen ist. Ebenfalls gehört die Kontrolle der retournierten Ware dazu. Diese Möglichkeit geben Sie damit vollständig aus der Hand, müssen aber dennoch Ihren Endkunden die Retouren erstatten.

Meist ist es daher sinnvoll, die Rücksendung zu Ihnen liefern zu lassen. Je nach Größe der Produkte und Anzahl der Retouren müssen Sie in diesem Fall ein eigenes kleines Lager unterhalten. Im Gegenzug haben Sie aber die volle Kontrolle über die Retouren, was im Hinblick auf unberechtigte Retouren hilfreich ist. Sollten Produkte wegen Produktionsmängeln retourniert werden, können Sie unter Umständen Ihren Lieferanten in Haftung nehmen.

Achten Sie darauf, Ihr Retourenlager nicht zu voll werden zu lassen. Versuchen Sie vielmehr, die retournierten Produkte – sofern möglich – bald wieder zu veräußern.

Dropshipping im Multichannel

Kaum ein Shop kommt heute ohne Multichannel-Vertrieb, zumindest über Amazon oder eBay, aus. Auch hier ist Dropshipping grundsätzlich möglich, erfordert aber ganz andere Planung als der Versand aus dem eigenen Lager.

Dropshipping über den eigenen Shop erfordert schon das nahtlose Zusammenspiel zwischen dem Shopbetreiber, dem Hersteller/Importeur und dem Versanddienstleister. In der Multichannel-Variante kommt noch der Marktplatz selbst als aktive Partei hinzu. Im Falle von Amazon sähe eine Dropshipping-Bestellung vom Ablauf wie folgt aus:

- Kunde bestellt bei Amazon.
- Amazon informiert den Shopbetreiber über die Bestellung.
- Shopbetreiber bezieht die Kundendaten aus Amazon.
- Shopbetreiber bestellt die Ware beim Hersteller und übergibt die Kundenadresse.
- Hersteller versendet die Ware und bestätigt dem Shopbetreiber den Versand.
- Shopbetreiber bestätigt den Versand Amazon gegenüber.
- Amazon benachrichtigt den Kunden über den Versand.
- Shopbetreiber sendet Widerrufsbelehrung und sonstige Dokumente an den Kunden.

Neben den in den vorherigen Abschnitten genannten Einschränkungen kommt hier zusätzlich noch ein kritischer Timing-Aspekt hinzu. Amazon bürdet den Händlern nämlich sehr kurze Reaktionsfristen auf, in denen auf eine Bestellung reagiert werden und in der der Versand stattfinden muss. Werden die Fristen nicht eingehalten, dann sinkt die Reputation des Händlers, und es werden entsprechend weniger Verkäufe über die Plattform generiert.

Bei so einer langen Kette haben Sie das Timing aber nur sehr begrenzt im Griff. Sie sollten daher auf dem Marktplatz entsprechend längere Versandzeiten einstellen – was ebenfalls wieder ein Nachteil gegenüber Mitbewerbern ist.

Für einen Lieferanten und insbesondere für einen Hersteller ist die Hemmschwelle eines eigenen Shops eventuell groß, die Hemmschwelle, bei Amazon zu verkaufen, aber möglicherweise geringer. Sie zeigen Ihrem Lieferanten sozusagen auf dem Silbertablett, wie viel Potenzial für die Produkte auf Amazon ist. Es braucht schon ein besonderes Verhältnis zum Lieferanten, dass dieser das Geschäft nicht alleine macht.

In diesem Kapitel:

- Zahlungsarten
- Kauf auf Rechnung (Factoring)
- Ratenzahlung mittels Factoring
- Vorkasseüberweisung
- Kreditkarte
- Onlineüberweisung mit sofortueberweisung.de oder Giropay
- SEPA-Lastschrift
- PayPal
- Nachnahme
- Weitere Zahlungssysteme
- Zahlungen annehmen
- Zahlungsausfall

KAPITEL 13

Zahlungsabwicklung

Wie geben Sie am liebsten Ihr Geld im Internet aus? Wahrscheinlich gar nicht. So geht es den meisten, und so geht es auch Ihren Kunden. Geld ist gerade in Deutschland ein heikles Thema, und jedes Mal, wenn Ulrich Meyer auf Sat 1 eine neue »Akte« aufmacht und über schwarze Schafe im Internet »aufklärt«, werden Sie sich als Shopbetreiber wünschen, dass die Sendung sofort abgesetzt wird, weil sich wieder reihenweise Kunden über die angeblich nicht vorhandene Sicherheit ihrer Daten in Ihrem Onlineshop Gedanken machen.

Zugegeben: Das Thema »Zahlungsabwicklung« ist heikel. Nicht nur für Ihre Kunden, sondern auch für Sie als Shopbetreiber. Denn ob Kunden in Ihrem Onlineshop den Kauf abschließen, hängt in wesentlichen Teilen davon ab, ob sie die Zahlungsarten vorfinden, die sie gern nutzen würden oder einfach nur erwarten.

Und: Die Liquidität in Ihrem Onlineshop kann davon abhängen, welche Zahlungsart Sie anbieten. Denn wenn ein Kunde per Kreditkarte bei Ihnen bezahlt, heißt das noch lange nicht, dass Sie das Geld auch umgehend erhalten.

Generell unterliegt der E-Commerce einem schnellen Wandel. Das trifft auch auf die Zahlungsarten und deren Akzeptanz zu. Der Markt konsolidiert sich immer weiter, neue Services und Anbieter gibt es nahezu quartalsweise. Welche sich davon letztlich durchsetzen, hängt nicht zuletzt vom Verbraucher ab – und von dessen Bequemlichkeit. Die Änderungen in den vergangenen zwölf Monaten sind aber nicht nur für Verbraucher freundlich, sondern auch für Onlinehändler. Mit Apple Pay kommt Ende 2016 oder im Laufe des Jahres 2017 endlich auch das Apple-eigene Bezahlverfahren auf den deutschen Markt, das auf bestehenden Apple-Accounts aufsetzt. Google wird mit AndroidPay, das genauso funktioniert, nur eben auf bestehenden Google-Accounts aufsetzt, kurzfristig nachziehen. Mit PayPal PLUS (*www.*

paypal.de/paypal-plus) ist ein neues All-in-One-System verfügbar, das Händlern die Akzeptanz von Lastschrift, Kreditkartenzahlung und Kauf auf Rechnung unter dem Dach von PayPal anbietet, ohne dass gesonderte Verträge mit Payment-Service-Providern und Akquirern abgeschlossen werden müssen. Und auch das in der ersten Auflage unseres Buchs nur angeschnittene Amazon Payments ist auf dem Vormarsch und erfreut sich steigender Beliebtheit. All das passiert zur (finanziellen) Freude der Shopbetreiber: Die Margen steigen, weil die Payment-Gebühren auf breiter Front sinken.

Welche Zahlungsarten Sie in Ihrem Shop anbieten sollten und was zu tun ist, wenn das Geld nicht kommt, erläutern wir in diesem Kapitel.

Zahlungsarten

Die nachfolgenden Zahlungsarten gehören zu den Zahlungsarten mit der höchsten Akzeptanz und der größten Verbreitung in Deutschland.

Kauf auf Rechnung

Der Kauf auf Rechnung ist der ungekrönte Spitzenreiter im Onlinehandel. Er ist bei Privat- und Geschäftskunden gleichermaßen beliebt und birgt für die Kunden das geringste Risiko, da sie erst bezahlen, wenn die Ware eingetroffen ist und ggf. geprüft wurde. Insbesondere im Modebereich (Business-to-Customer, B2C) und im gesamten Business-to-Business-Bereich (B2B) ist er in Onlineshops de facto Standard und hat einen Anteil von bis zu 80 %.

Der Zahlungsvorgang ist relativ einfach. Nach Bestellung im Onlineshop wird dem Kunden gleichzeitig mit der Ware eine Rechnung per E-Mail, Post oder als Beileger zur Lieferung zugeschickt. Der Käufer hat nun eine vorgegebene Frist, meist 14–30 Tage, den Rechnungsbetrag auf das Konto des Händlers zu überweisen. Schickt der Kunde die Ware ganz oder teilweise zurück, überweist er nur den Teil der Rechnungssumme, der dem Wert der behaltenen Ware entspricht.

Was für den Endkunden bequem ist, geht mit einem hohen Zahlungsausfallrisiko für den Händler einher (siehe Abschnitt »Zahlungsausfall« auf Seite 317). Je nach Branche wird die Ware verspätet oder überhaupt nicht bezahlt, und der Händler muss den Kunden anmahnen oder sogar ein (gerichtliches) Mahnverfahren einleiten.

Neben dem Ausfallrisiko ist der Kauf auf Rechnung zudem auf beiden Seiten mit einem hohen Aufwand verbunden. Der Käufer muss nach dem Erhalt der Ware den Kaufpreis mittels Onlinebanking oder Überweisungsträger an den Onlineshopbetreiber überweisen. Der Händler hingegen muss bis zum Eingang des Kaufpreises auf dem Konto den Zahlungseingang überwachen und bei (drohendem) Zahlungsausfall Maßnahmen ergreifen, die ihm die Kaufpreiszahlung sichern. Tabelle 13-1 zeigt die Risiken im Vergleich zur Zahlungsart.

Tabelle 13-1: Schnell-Check Zahlungsart: Kauf auf Rechnung

Schnell-Check	
Risiko für den Händler	Hoch
Risiko für den Käufer	Sehr gering
Akzeptanz beim Käufer	Sehr hoch
Kosten pro Transaktion	Überweisungsgebühr der Hausbank
Manueller Aufwand für den Händler	Hoch
Manueller Aufwand für den Kunden	Hoch
Verbreitung	Hoch

Kauf auf Rechnung (Factoring)

Unter Factoring versteht man die Abtretung der eigenen Forderung an einen Dritten gegen Gebühr. In der Praxis wird dabei z. B. eine Forderung in Höhe von 100 Euro an einen Factoring-Dienstleister abgetreten. Als ursprünglicher Forderungsinhaber erhält man einen Teil der Forderung ausbezahlt.

Der Kauf auf Rechnung gehört zu den beliebtesten Zahlungsarten im Internet. Für den Onlineshopbetreiber ist diese Zahlungsart jedoch mit einem erheblichen Ausfallrisiko verbunden. Spezielle Factoring-Dienstleister für den E-Commerce-Bereich, wie z. B. BillSAFE oder Klarna übernehmen dieses Risiko für den Händler. Der Endkunde überweist den Rechnungsbetrag nicht mehr auf das Konto des Shopbetreibers, sondern auf das Konto des Factoring-Dienstleisters.

BillSAFE gehört inzwischen zu PayPal und wird als Teil des Angebots PayPal PLUS vertrieben. Wer als Händler bereits über ein PayPal-Geschäftskonto verfügt, kann unter der URL *www.paypal.de/paypal-plus* PayPal PLUS beantragen. Die interne PayPal-Prüfung dauert bis zu 21 Tage. Nach Freischaltung des PLUS-Angebots kann der Shopbetreiber direkt den Kauf auf Rechnung im Onlineshop anbieten, ohne weitere Verträge mit externen Dienstleistern abschließen zu müssen.

Um Zahlungen auf das Konto des Shopbetreibers zu verhindern, müssen für alle Kunden, die dieses Zahlungsmittel verwenden, die erstellten Rechnungen angepasst werden.

Angepasst werden müssen z. B.:

- Zahlungsziel (bis wann muss bezahlt werden)
- Verwendungszweck
- Bankverbindung (des Factoring-Unternehmens)

Darüber hinaus muss der Käufer in der Rechnung auch darüber informiert werden, an wen die Forderung des Onlineshops abgetreten wurde. Bei Nutzung des Dienstleisters BillSAFE lautet dieser Hinweis folgendermaßen:

```
Die MusterOnlineshop GmbH hat die Forderung gegen Sie im Rahmen eines laufenden
Factoringvertrags an die PayPal (Europe) S.à r.l. et Cie, S.C.A. abgetreten.
Zahlungen mit schuldbefreiender Wirkung können nur an die PayPal (Europe) S.à r.l.
et Cie, S.C.A. geleistet werden.
```

Wie beim Kauf auf Rechnung entsteht für den Käufer kein Risiko, da er die Ware erhält und den Rechnungsbetrag danach überweisen kann. Auch für den Onlineshopbetreiber ist das Risiko überschaubar, da er vom Factoring-Dienstleister eine Zahlungsgarantie erhält. Er trägt lediglich die Gebühren, die der Dienstleister in Rechnung stellt. Bei PayPal PLUS betragen die Gebühren ab dem 23. März 2016 je nach Umsatzvolumen zwischen 1,79 % und 2,49 % + 0,35 EUR pro BillSAFE-/PayPal-PLUS-Transaktion.

Durch die Anpassungen der Rechnungen ist die Integration in Shopsysteme nicht so einfach wie bei anderen Zahlungsarten. So kann sich z. B. die Kontonummer, die auf der Rechnung angegeben wird, bei jeder Bestellung ändern. Die jeweils aktuelle Kontonummer wird während des Bestellvorgangs zwischen dem Onlineshop und dem Payment-Service-Provider ausgetauscht. Auch wenn die meisten Payment-Service-Provider inzwischen Module für die Implementierung im Onlineshop anbieten, sollten Sie trotzdem mit Ihrer Agentur vorher klären, ob sie bereits Erfahrung bei der Implementierung von BillSAFE & Co. gesammelt hat.

Tipp Auch wenn BillSAFE inzwischen Teil des PayPal-Universums ist, tangiert es die PayPal-Konten der Endkunden nicht. Der Kauf auf Rechnung ist ein eigenständiges Whitelabel-Angebot.

Tabelle 13-2: Schnell-Check Zahlungsart: Kauf auf Rechnung (Factoring)

Schnell-Check	
Risiko für den Händler	Gering
Risiko für den Käufer	Gering
Akzeptanz beim Käufer	Hoch
Kosten pro Transaktion	Rund 2 % Provision zzgl. 0,35 Euro pro Transaktion
Manueller Aufwand für den Händler	Hoher Integrationsaufwand
Manueller Aufwand für den Kunden	Hoch
Verbreitung	Mittel, steigend

Ratenzahlung mittels Factoring

Interessant ist das Factoring insbesondere, wenn Sie Ratenzahlung anbieten möchten. Die meisten Factoring-Anbieter ermöglichen Onlineshopkunden die Bezahlung größerer Summen in Monatsraten. Gerade bei teuren Artikeln kann dieses Angebot kaufentscheidend sein und sollte in die Überlegungen mit einbezogen werden.

Tipp Ohne Factoring-Dienstleister ist vom Angebot der Ratenzahlung absolut abzuraten, da das Risiko des Zahlungsausfalls für Shopbetreiber viel zu hoch ist. Factoring-Dienstleister hingegen geben auch bei Ratenzahlung eine Garantie für die Auszahlung an den Händler.

Vorkasseüberweisung

Obwohl sie für Händler und Käufer mit Aufwand, für den Käufer zudem mit einem gewissen Risiko verbunden ist, gehört die Vorkasseüberweisung zu den meistgenutzten Zahlungsarten im deutschen Onlinehandel.

Nach der Bestellung im Onlineshop erhält der Käufer eine Zahlungsaufforderung per Überweisung. Meist ist sie bereits in der Bestellbestätigungs-E-Mail enthalten. Die E-Mail enthält den Kaufpreis, die Kontodaten des Shopbetreibers und den Verwendungszweck (meist die Bestellnummer), damit die Zahlung der Bestellung eindeutig zugeordnet werden kann.

Der Kunde überweist den kompletten Kaufbetrag auf das Konto des Händlers. Dieser wiederum überprüft regelmäßig den Zahlungseingang und versendet die Ware, sobald der Betrag auf seinem Konto gutgeschrieben wurde.

Wie auch beim Kauf auf Rechnung ist der manuelle Aufwand auf beiden Seiten relativ hoch. Zusätzlich entsteht für den Händler der Aufwand der Rücküberweisung bei teilweisem oder gänzlichem Retournieren der Ware.

Ein Ausfallrisiko ist für den Händler fast nicht vorhanden, da er die Ware erst nach Gutschrift auf seinem Konto an den Kunden verschickt. Es besteht lediglich das Risiko, dass der Kunde die Bestellung nicht bezahlt. Je nachdem, wie Sie Ihre allgemeinen Geschäftsbedingungen formulieren, ist der Kunde zwar bereits einen verbindlichen Kaufvertrag mit Ihnen eingegangen und somit auch zur Bezahlung der bestellten (und noch nicht gelieferten Ware) verpflichtet. In der Regel lohnt es jedoch den Aufwand nicht, die Nichtzahler unter den Vorkassebestellern zu verfolgen. Verkaufen Sie die Ware lieber an einen Kunden, der sie wirklich haben möchte.

Tipp Wenn Sie Vorkasseüberweisung anbieten, reservieren Sie die gekaufte Ware für Ihre Kunden für einen bestimmten Zeitraum und informieren Sie den Käufer darüber! Auf der einen Seite kann der Kunde so sichergehen, dass er die Ware auch wirklich erhält (und sie nicht zwischenzeitlich abverkauft wird). Auf der anderen Seite geht der Kunde damit quasi eine »moralische Verpflichtung« ein, die bestellte Ware auch wirklich zu bezahlen.

Sofern Ihr Shopsystem oder Ihre Versandhandelssoftware über diese Funktionalität verfügt, sollten Sie den Käufer im Abstand von mehreren Tagen informieren, wenn die Vorkasseüberweisung noch nicht bei Ihnen eingetroffen ist. Diese mehrfache Erinnerung erhöht den Zahlungsdruck auf den Kunden.

Natürlich sollten Sie den Kunden auch informieren, wenn die Bestellung aufgrund der ausbleibenden Zahlung von Ihnen storniert wurde. So können Sie die reservierte Ware wieder in den Verkauf geben und müssen keine Überweisung nach mehreren Wochen fürchten.

Für den Kunden hingegen besteht theoretisch das Risiko einen Ausfalls, wenn der Onlinehändler sein Lager nicht im Griff hat (Lagerfehlbestände), von Haus aus mit betrügerischer Absicht agiert, die Ware zwischen dem Zeitpunkt der Bestellung und dem Eingang der Überweisung auf seinem Konto bereits an andere Kunden verkauft hat oder zahlungsunfähig wird.

Tabelle 13-3: Schnell-Check Zahlungsart: Vorkasseüberweisung

Schnell-Check	
Risiko für den Händler	Gering
Risiko für den Käufer	Gering
Akzeptanz beim Käufer	Mittel
Kosten pro Transaktion	Überweisungsgebühr der Hausbank
Manueller Aufwand für den Händler	Hoch
Manueller Aufwand für den Kunden	Hoch
Verbreitung	Hoch

Kreditkarte

In rund der Hälfte aller Onlineshops in Deutschland wird der Kauf per Kreditkarte angeboten. Bei Käufern ist die Kreditkarte relativ beliebt, für die Händler ist sie jedoch verhältnismäßig teuer und mit einem erheblichen Integrationsaufwand verbunden.

Der Kunde gibt bei der Bestellung im Onlineshop (siehe Abbildung 13-1) seine Kreditkartendaten (Karteninhaber, Kartennummer, Ablaufdatum und den Sicherheitscode (CVC)) ein. Diese Daten werden an einen Payment-Service-Provider übermittelt, der in Echtzeit Plausibilitätsprüfungen und Sicherheitchecks vornimmt. Seit 2008 ist bei Mastercard und Visa das »3D-Secure-Verfahren« im Einsatz, das eine weitere Sicherheitsstufe darstellt und das Zahlungsausfallrisiko für den Onlinehändler deutlich senkt.

Nach der automatisierten Rückmeldung über die erfolgreiche Transaktion an den Onlineshop wird die Bestellung technisch abgeschlossen, und die bestellte Ware kann direkt verschickt werden.

Der manuelle Aufwand ist auf beiden Seiten – Händler und Käufer – eher gering, da sowohl die Zahlung als auch die spätere Erstattung bei Retouren durch die tiefe Integration in den Onlineshop weitestgehend automatisiert abläuft.

Tipp

Bei der Integration der Kreditkartenzahlung können Sie in der Regel zwischen der Belastung der Kreditkarte bei Bestellung oder einer späteren Belastung wählen.

Bei der späteren Belastung wird der Zahlungsbetrag zunächst auf dem Kreditkartenkonto reserviert (und steht nicht mehr für andere Zahlungen zur Verfügung). Die Belastung der Kreditkarte erfolgt dann z. B. erst beim tatsächlichen Versand der Ware.

Dies hat den Vorteil, dass Kreditkartenzahlungen nicht erstattet werden müssen, wenn der Händler z. B. nicht oder nur teilweise liefern kann oder der Käufer die Bestellung nachträglich storniert.

Abbildung 13-1: Eingabe der Kreditkartendaten im Bestellvorgang

Ein Ausfallrisiko für den Händler besteht dank der umfangreichen Sicherheitsprüfungen nur in sehr geringem Umfang. Hartnäckig hält sich das Gerücht, dass Kreditkartenzahlungen für Käufer mit einem Risiko verbunden sind. Bei Verlust einer Kreditkarte haftet der Inhaber grundsätzlich überhaupt nicht ab dem Zeitpunkt der Anzeige des Verlusts gegenüber seiner Bank. Selbst davor haftet er mit maximal 50 Euro (außer bei grober Fahrlässigkeit). Da alle Anbieter von Kreditkartenzahlungen inzwischen erhebliche technische Sicherheitsstandards vorweisen müssen, ist das Missbrauchsrisiko auch für den Karteninhaber gering. Die hohen Sicherheitsstandards spiegeln sich dabei in den Zahlungsgebühren für den Shopbetreiber wider.

Tabelle 13-4: Schnell-Check Zahlungsart: Kreditkartenzahlung

Schnell-Check	
Risiko für den Händler	Gering
Risiko für den Käufer	Gering
Akzeptanz beim Käufer	Mittel
Kosten pro Transaktion	0,10–0,25 Euro pro Transaktion + 3–5 % Provision. Je nach Branche des Onlineshops kann die Provision zwischen 1 % und 10 % schwanken.
Manueller Aufwand für den Händler	Gering
Manueller Aufwand für den Kunden	Gering
Verbreitung	Hoch

Sicherheit von Kreditkartenzahlungen

Bei den Prüfungen wird z. B. die Richtigkeit der Kreditkartennummer und des Sicherheitscodes überprüft. Zudem können die Übereinstimmung vom Ausstellungsland der Kreditkarte und dem Ort des Onlineshops überprüft werden. Vereinfacht: Bei der Vielzahl von Prüfkritierien wird pro zutreffendem Kriterium eine bestimmte Punktzahl addiert (Scoring). Überschreitet die Gesamtpunktzahl eine festgelegte Grenze, wird die Zahlung per Kreditkarte abgelehnt und der Käufer erhält eine Fehlermeldung.

Das von Mastercard und Visa genutzte 3D-Secure-Verfahren ist seit 2008 verfügbar. Hierbei wird während des Zahlungsvorgangs ein Kreditkartenkennwort abgefragt, das der Karteninhaber bei seiner Hausbank selbst vergeben oder von der Hausbank mitgeteilt bekommen hat (siehe Abbildung 13-2) Es ist nicht zu verwechseln mit der drei- oder vierstelligen Prüfziffer auf der Rückseite der Karte. Da das Kennwort nicht auf der Karte gespeichert wird, ist die Missbrauchswahrscheinlichkeit des Verfahrens sehr gering. Shopbetreibern wird deshalb der Zahlungseingang bei genutztem 3D-Secure-Verfahren garantiert.

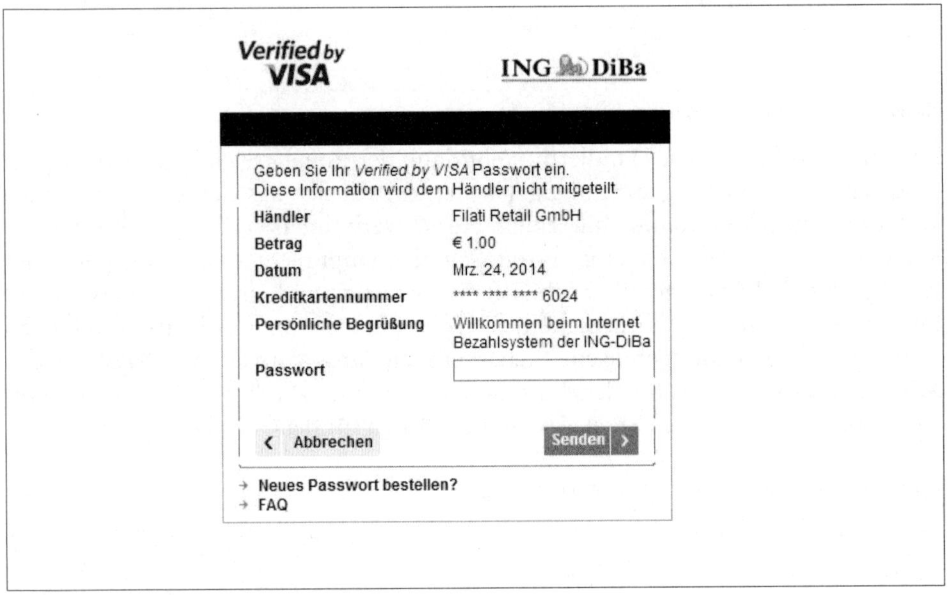

Abbildung 13-2: 3D-Secure-Sicherheitsabfrage beim Onlineshopping

Onlineüberweisung mit sofortueberweisung.de oder Giropay

Seit 2006 steht mit der Onlineüberweisung ein auf die Bedürfnisse des Onlinehandels zugeschnittenes Überweisungsverfahren zur Verfügung. Der nicht vorhandene Medienbruch, also der vollständig in den Kaufvorgang integrierte Zahlungsabschluss, ist die sinnvolle Weiterentwicklung der Vorkasseüberweisung. Auf der einen Seite bietet sie für den Käufer ein hohes Maß an Bequemlichkeit, auf der anderen Seite ist sie als Pseudo-Vorkassezahlung bei Händlern sehr beliebt.

Während des Bestellvorgangs gibt der Kunde seine Kontonummer und Bankleitzahl ein und wird dann auf die Seite der Bank bzw. des Zahlungsdienstleisterns weitergeleitet. Er sieht dort ein ausgefülltes Überweisungsformular, das er inhaltlich nicht mehr verändern kann. Die Zahlungsautorisierung erfolgt mittels PIN und TAN des Kontoinhabers (Abbildung 13-3). Die Überweisung wird bei entsprechendem Kontostand umgehend ausgeführt, und der Onlineshop erhält eine Bestätigung über die erfolgreiche Zahlung, sodass der Kaufvorgang abgeschlossen werden kann.

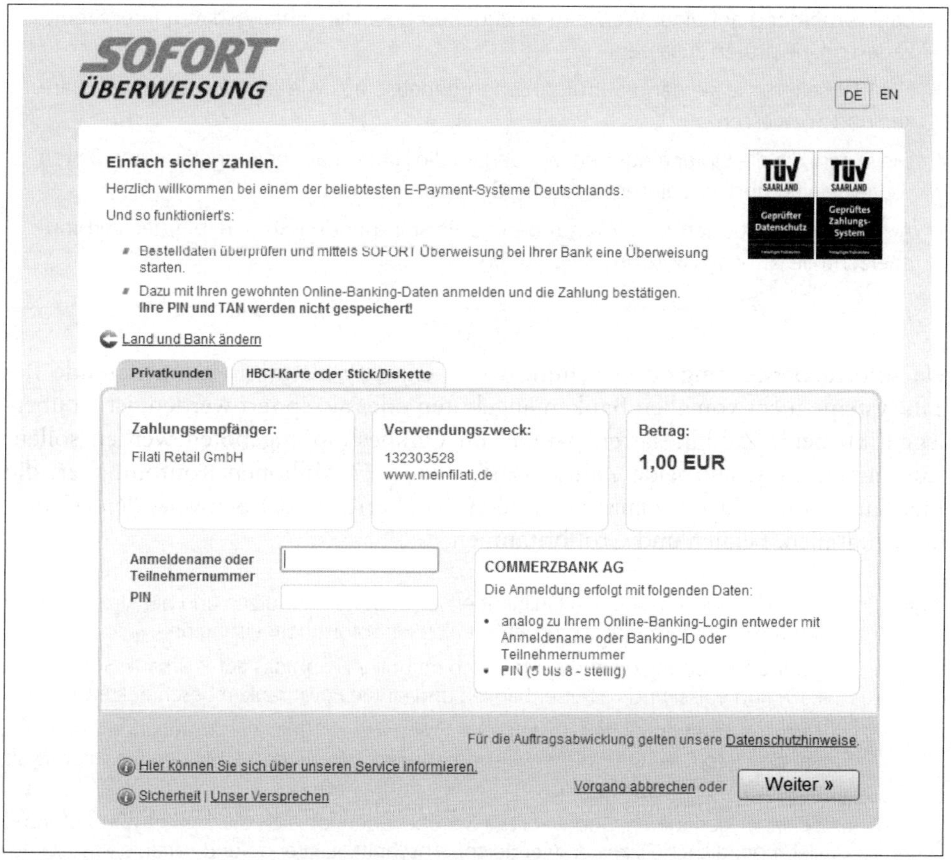

Abbildung 13-3: Eingabe von PIN und TAN bei sofortueberweisung.de

Im Vergleich zum Kauf auf Rechnung bzw. zur Vorkasseüberweisung ist der Aufwand für beide beteiligten Seiten überschaubar, da keine manuelle Überweisung ausgeführt und der Zahlungseingang nicht gesondert überwacht werden muss.

Das Risiko für den Händler ist gering, da die Überweisung direkt erfolgt – auch wenn sie in der Regel nicht vertraglich garantiert wird. Der Onlineshopper ist durch die Nutzung der seinem Konto zugehörigen PIN und TAN einem erhöhten Phishingrisiko ausgesetzt. Von ihm wird verlangt, die Echtheit der Zahlungsseiten zu überprüfen, was bei gut gemachten Phishingseiten mitunter gar nicht so einfach möglich ist. Im Hinblick auf den Kauf im Onlineshop entsteht für ihn das gleiche Risiko wie bei der Vorkasseüberweisung, da er mit der Zahlung unmittelbar in Vorleistung tritt und die erfolgte Buchung von ihm nicht rückgängig gemacht werden kann.

PHISHING

Unter Phishing (sprich: fisching) versteht man den Versuchs, mittels gefälschter Webseiten Zugangs- oder Kreditkartendaten auszuspähen.

Oft bekommen Phishingopfer E-Mails mit der Aufforderung, die PIN und TAN ihrer Bankverbindung auf einer Webseite einzugeben oder die Zahlungsdaten Ihrer Kreditkarten online prüfen zu lassen.

Die Webseiten, die sie dann aufrufen, sehen genauso aus wie die Webseiten von Banken und Sparkassen.

Die Daten, die die Opfer eingeben, werden an die Hintermänner der gefälschten Seiten weitergeleitet und von diesen verkauft oder selbst missbraucht.

Aktuelle Informationen und Warnungen zu Phishing finden Sie z. B. bei der Verbraucherzentrale NRW: *www.vz-nrw.de/phishing*.

Da sofortueberweisung.de beziehungsweise Giropay als zwei konkurrierende Bezahlsysteme nicht von allen Banken angeboten oder akzeptiert werden, ist zu überlegen, ob beide Zahlungsarten parallel im Onlineshop angeboten werden sollen. Zusammen erreichen beide Zahlungsarten rund 73 Millionen Kontoinhaber, die meisten davon in Deutschland, aber auch in Österreich, der Schweiz, den Niederlanden, Italien, Belgien und Großbritannien.

Tipp Wenn Sie zunächst nur ein Onlineüberweisungssystem nutzen und die Akzeptanz bei Ihren Kunden testen möchten, empfehlen wir sofortüberweisung.de.

sofortüberweisung.de erreicht deutlich mehr Nutzer als das auf Postbank, Sparkassen, PSD- und Volks- und Raiffeisenbanken und einige Privatbanken beschränkte Giropay.

Nach einer erfolgreichen Testphase – mindestens 10 % aller Bestellungen in Ihrem Shop sollten über Onlineüberweisung abgewickelt werden – können Sie Giropay als weiteres Modul hinzufügen.

Bei einer geringeren Quote sollten Sie überlegen, ob sich die Zahlungsart aufgrund der monatlichen Fixkosten (vergleiche Abschnitt »Laufende und variable Kosten« auf Seite 27) rentiert.

Tabelle 13-5: Schnell-Check Zahlungsart: Onlineüberweisung

Schnell-Check	
Risiko für den Händler	Gering
Risiko für den Käufer	Gering
Akzeptanz beim Käufer	Mittel
Kosten pro Transaktion	Rund 1 % Provision, Transaktionsgebühr 0,15–0,25 Euro
Manueller Aufwand für den Händler	Gering
Manueller Aufwand für den Kunden	Gering
Verbreitung	Mittel

SEPA-Lastschrift

Die SEPA-Lastschrift (Single Euro Payments Area), seit Anfang 2014 der Nachfolger der klassischen Lastschrift, vereinheitlicht das europäische Lastschriftverfahren. Bei Käufern ist es relativ beliebt, für den Händler ist es mit einem erheblichen Risiko verbunden, da erfolgte Zahlungen ohne Angabe von Gründen bis zu acht Wochen nach der Lastschrift zurückgebucht werden können.

Onlinehändler sollten sehr genau überlegen, ob Sie unbekannten Kunden diese Zahlungsart anbieten wollen. Es spricht jedoch wenig dagegen, das Verfahren bereits bekannten Kunden, also z. B. registrierten Händlern, anzubieten. Gerade im gewerblichen Bereich reduziert es auf beiden Seiten den Aufwand deutlich.

Während des Bestellvorgangs gibt der Kunde seine Bankverbindung in Form der IBAN und BIC (International Bank Account Number und Bank Identifier Code; ehemals Kontonummer und Bankleitzahl) an. Der Rechnungsbetrag wird – je nach Payment-Service-Provider-Vertrag – direkt bei Bestellung oder bei Versand vom Konto des Käufers eingezogen. Die spätere Belastung bei Versand hat – wie auch bei Kreditkarten- und PayPal-Zahlung – den Vorteil, dass nur der Betrag eingezogen wird, der auch in Rechnung gestellt wird. Teil- oder Vollstornierungen können so noch berücksichtigt werden. Bei der direkten Lastschrift muss ein Teilbetrag oder bei Vollstornierung der komplette Betrag erstattet werden.

Anhand von IBAN und BIC kann während des Bestellvorgangs zumindest die formelle Richtigkeit der eingegebenen Daten überprüft werden, da die dritte und vierte Stelle der IBAN eine Prüfziffer bilden und die BIC wiederum zur IBAN passen muss. Es wird aber nicht geprüft, ob die Kontodaten auch tatsächlich zum Besteller passen.

Warnung !

Allein die Google-Suche nach »Unsere Bankverbindung« bringt eine Vielzahl von offenen im Internet angegebenen Bankverbindungen zutage, die theoretisch für den Einkauf im Internet genutzt werden können.

Für den Händler besteht das Risiko, dass eine falsche Bankverbindung angegeben wird oder der Inhaber des Kontos die Abbuchung zurückbuchen lässt. Dies kann natürlich nicht nur der Kunde machen, dessen Bankverbindung missbraucht wurde. Dies kann auch der Kunde machen, der tatsächlich bestellt und die Ware erhalten hat.

Der Händler muss dann nicht nur die Kosten für die Rückbuchung (je nach Vertrag bis zu 15 Euro) tragen. Er hat zudem keinen Zugriff mehr auf die Ware und kein Geld.

Dem hohen Risiko für den Händler steht die Bequemlichkeit für den (ehrlichen) Onlineshopkunden gegenüber. Gerade bei langfristigen Geschäftsbeziehungen und im Business-to-Business-Bereich (B2B) erfährt die SEPA-Lastschrift eine hohe Akzeptanz. Sowohl für den Kunden als auch für den Onlineshopbetreiber ist der Aufwand der Zahlungsabwicklung relativ gering.

Tipp Die in Kapitel 5, *Auswahl des Shopsystems*, auf Seite 69 genannten Shopsysteme bieten die Möglichkeit, die Zahlungsarten nach Kundengruppen zuzuordnen. Wenn Sie nicht auf die SEPA-Lastschrift verzichten möchten, können Sie sie z. B. der Kundengruppe »registrierte Händler« oder Kunden mit mehr als drei Bestellungen zuordnen. Neukunden wird diese Zahlungsart dann nicht angeboten.

Tabelle 13-6: Schnell-Check Zahlungsart: SEPA-Lastschrift

Schnell-Check	
Risiko für den Händler	Sehr hoch
Risiko für den Käufer	Gering
Akzeptanz beim Käufer	Hoch
Kosten pro Transaktion	Buchungsgebühr der Bank, Transaktionsgebühr 0,15–0,25 Euro bei Lastschrift über PSP
Manueller Aufwand für den Händler	Gering
Manueller Aufwand für den Kunden	Gering
Verbreitung	Mittel

PayPal

PayPal hat in einigen Branchen den größten Marktanteil im Onlinehandel. Inzwischen wagt das 1998 gegründete Unternehmen auch den Schritt in den lokalen Einzelhandel und bietet wegen der hohen Verbreitung auch Zahlungen am Point of Sale an. Seit 2002 gehört PayPal zum eBay-Konzern wie auch der Factoring-Dienstleister BillSAFE. Daher verknüpft PayPal seit einigen Jahren seinen Bezahlservice auch mit dem Kauf auf Rechnung.

Um mit PayPal bezahlen zu können, benötigt man ein PayPal-Konto. Dieses ist wiederum mit einem herkömmlichen Bankkonto oder einer Kreditkarte verknüpft. Verfügt der Kunde beim Bestellvorgang über kein eigenes PayPal-Konto, kann es im gleichen Vorgang initial angelegt werden.

Als Onlineshopbetreiber benötigen Sie ein PayPal-Geschäftskonto, das mit Ihrem Bankkonto verknüpft ist. Zwischen PayPal-Konten können Gelder transferiert werden. Für jede Transaktion erhält PayPal eine Transaktionsgebühr.

Während des Bestellvorgangs im Onlineshop wird der Käufer auf die PayPal-Bezahlseite weitergeleitet und muss dort den Bezahlvorgang durch Eingabe seines PayPal-Benutzernamens (verifizierte E-Mail-Adresse) und seines PayPal-Kennworts bestätigen (Abbildung 13-4). Nach erfolgter Bezahlung wird er auf die Webseite des Onlineshops zurückgeleitet, wo der Kauf aufseiten des Händlers abgeschlossen wird.

Für den Benutzer stellt sich das PayPal-Konto wie ein Bankkonto dar. Entweder kann er das bei PayPal verfügbare Guthaben für den Kauf nutzen oder, sofern der Kaufbetrag das PayPal-Guthaben übersteigt, den Gegenwert von seinem Bankkonto oder seiner Kreditkarte abbuchen lassen.

Abbildung 13-4: PayPal-Bezahlseite während des Bestellvorgangs

Dem Händler wird der Rechnungsbetrag abzüglich der PayPal-Gebühren auf sein PayPal-Konto gutgeschrieben. Von dort aus kann er das Guthaben auf sein Konto überweisen.

Wie auch bei der Kreditkartenzahlung kann die Belastung des PayPal-Kontos mit dem Rechnungsbetrag zunächst vorgemerkt (autorisiert) werden. Das verfügbare Guthaben auf dem Konto wird dann bis zur tatsächlichen Belastung »gesperrt«. Der Händler kann den Betrag bei der Belastung (wegen Teil- oder Komplettstornierung) aber noch nach unten korrigieren.

Tipp

PayPal verfügt zwar in Luxemburg über eine Banklizenz, die Guthaben unterliegen aber nicht dem Einlagensicherungsfond und den Regeln, die für deutsche Banken gelten. Zudem ist PayPal für seine rigide Sicherheitspolitik bekannt und erlaubt sich, Konten bei Sicherheitsbedenken für den Zeitraum der Prüfung einzufrieren. Sie können Zahlungen dann zwar noch via PayPal erhalten, diese aber nicht auf Ihr Bankkonto ausbezahlen.

In unserem Agenturalltag sind schon häufiger Fälle vorgekommen, bei denen PayPal-Guthaben von Shopbetreibern über mehrere Tausend Euro mehrere Tage nicht verfügbar waren, weil PayPal Handelsregisterauszüge oder Telefonrechnungen zur Verifizierung der Geschäftsadresse nachgefordert hat und bis zur Vorlage und Prüfung der Unterlagen das Konto eingefroren wurde. Für PayPal ist dieses

Vorgehen durch die Vertragsbedingungen eindeutig geregelt und zulässig. Onlinehändler kann dies jedoch in arge Bedrängnis bringen.

Im Gegensatz zu anderen Zahlungssystemen werden die via PayPal vereinnahmten Entgelte standardmäßig nicht automatisch auf Ihr Bankkonto überwiesen (siehe Kasten). Überweisen Sie daher Guthaben, das sich auf Ihrem PayPal-Konto ansammelt, in regelmäßigen Abständen selbst auf Ihr Bankkonto. In der Praxis hat es sich bewährt, dies alle ein bis zwei Tage oder bei Guthaben über 500 Euro zu tun.

Für den Käufer ist die Bezahlung über PayPal sehr bequem. Sie ist schnell, er muss sich keine IBAN und BIC merken und kann zudem die Auszahlung des Betrags an den Händler im Rahmen eines PayPal-Konflikts widerrufen. Der Vorgang wird dann von PayPal geprüft und im für den Händler schlimmsten Fall trotz verschickter Ware wieder von dessen Konto zurückgebucht und dem Kundenkonto gutgeschrieben.

Unsere Erfahrung zeigt, dass dies in weniger als 1 % der Fälle tatsächlich passiert. Diese Zahlungskonflikte sind für Händler sehr ärgerlich und umständlich zu lösen, da ggf. mehrere Dokumente, wie z. B. Versandnachweise, bei PayPal eingereicht werden müssen und sich der Vorgang über mehrere Wochen hinziehen kann.

Aufgrund der hohen Akzeptanz beim Endkunden und der hohen Verbreitung in anderen Onlineshops zählt PayPal inzwischen zum Muss für jeden Onlineshopbetreiber.

Tabelle 13-7: Schnell-Check Zahlungsart: PayPal

Schnell-Check	
Risiko für den Händler	Mittel
Risiko für den Käufer	Gering
Akzeptanz beim Käufer	Hoch
Kosten pro Transaktion	1,5–1,9 % Provision, 0,35 Euro Transaktionsgebühr, rund 0,15 Euro bei Nutzung eines PSP (optional)
Manueller Aufwand für den Händler	Gering
Manueller Aufwand für den Kunden	Gering
Verbreitung	Sehr hoch

Tipp

Verwechseln Sie nicht PayPal und PayPal PLUS. Unter PayPal-Zahlung versteht man landläufig die Übertragung eines Geldbetrags von einem PayPal-Konto (Händler) auf ein anderes PayPal-Konto (Käufer). Für den Käufer stellt sich das PayPal-Konto wie ein Bankkonto dar, das er immer mal wieder durch eine Lastschrift von seinem Bankkonto auffüllen muss; entweder mit einem bestimmten Betrag oder über eine automatische Lastschrift in Höhe des Betrags, der nach einem Kauf auf seinem PayPal-Konto offen ist.

PayPal PLUS hingegen ist ein Angebot für Händler, unter dem mehrere Angebote zusammengefasst sind.

PayPal-Guthaben automatisch überweisen

PayPal-Geschäftskonten haben sich in den vergangenen Jahren zu einem festen Bestandteil eines jeden Onlineshops etabliert. In manchen Onlineshops werden über 80% aller Transaktionen über PayPal bezahlt. Entsprechend groß ist das Guthaben auf den PayPal-Konten mancher Händler. Und obwohl PayPal inzwischen über eine deutsche Banklizenz der BaFin (*www.bafin.de*) verfügt, trauen viele Händler dem Braten nicht. Geschichten über ohne Vorankündigung eingefrorene PayPal-Konten machen immer wieder die Runde.

Deswegen loggen sich viele Händler täglich in Ihr Konto ein und überweisen das verfügbare Guthaben auf das Girokonto ihrer Hausbank. Doch das muss nicht sein. PayPal bietet bei Geschäftskonten die Funktion der automatischen Überweisung an. Zugegeben, die Funktion ist ein wenig versteckt, aber es gibt sie.

Um sie zu finden, rufen Sie zunächst die Maske *Geld abbuchen* (siehe Abbildung) auf. Dort finden Sie ganz unten einen unscheinbaren Link zur automatischen Abbuchung von Guthaben.

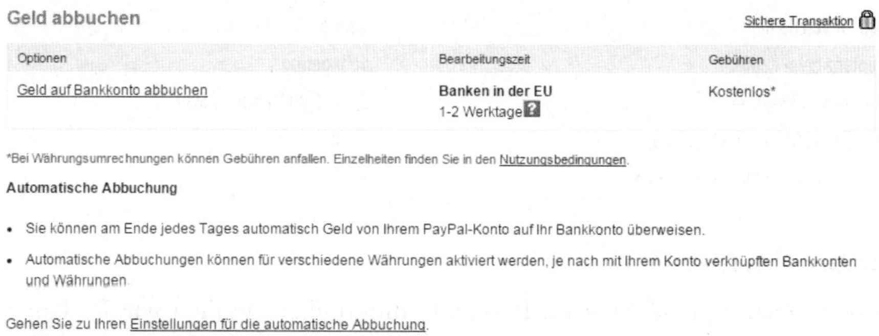

Abbildung 13-5: Einrichtung der automatischen Überweisung von Guthaben vom PayPal-Geschäftskonto auf ein Bankkonto (Stand Februar 2016)

Nachnahme

Nachnahme, in den Kindertagen des deutschen Onlinehandels eines der beliebtesten Zahlungsverfahren, verliert immer mehr an Bedeutung – hauptsächlich, weil es mit zusätzlichen Kosten verbunden ist, da der Zustelldienst als Inkassostelle auftritt und hierfür bezahlt werden will, und weil es die Anwesenheit des Käufers bei Zustellung des Pakets erforderlich macht.

Bei der Nutzung der Nachnahme als Zahlungsoption findet quasi ein direkter Austausch Ware gegen Geld statt, wobei Zustelldienstleister, also DHL, UPS & Co. und deren Paketzusteller, als Mittelsmann auftreten. DHL beispielsweise berechnet zusätzlich zum normalen Paketpreis einen Aufschlag von 4,90 Euro pro Nachnahmesendung. Dazu kommt noch ein Übermittlungsentgelt in Höhe von 2 Euro, das direkt vom Paketzusteller kassiert wird.

Für den Händler besteht bei der Nachnahmesendung kein Risiko, da das Paket nur zugestellt wird, wenn der Rechnungsbetrag auch an den Zusteller bezahlt wird. Der Käufer kann die Ware erst in Empfang nehmen, wenn er sie bezahlt hat. Für ihn entsteht somit ein ähnliches Risiko wie bei der Vorkasseüberweisung. Zumindest kann er sichergehen, im Austausch gegen die Bezahlung an den Zusteller ein Paket bekommen zu haben, auch wenn er den Inhalt nicht kennt.

Da Nachnahme für den Händler und den Besteller Nachteile mit sich bringt, ist der Anteil der Nachnahmesendungen in den letzten Jahren drastisch gesunken. Es ist damit zu rechnen, dass Nachnahme als Zahlungsart in den kommenden Jahren komplett verschwinden wird.

Tabelle 13-8: Schnell-Check Zahlungsart: Nachnahme

Schnell-Check	
Risiko für den Händler	Gering
Risiko für den Käufer	Gering
Akzeptanz beim Käufer	Sehr gering
Kosten pro Transaktion	2,00–6,90 Euro pro Paket
Manueller Aufwand für den Händler	Hoch
Manueller Aufwand für den Kunden	Hoch

Amazon Payments

Das noch relativ junge Amazon Payments funktioniert ähnlich wie PayPal, nutzt jedoch bereits bestehende Amazon-Kundenkonten. Onlineshopper melden sich während des Kaufvorgangs mittels ihrer Amazon-Zugangsdaten an und wählen aus den bei Amazon hinterlegten Zahlungsarten und der Rechnungs- und Lieferadresse.

Die Gebührenstruktur für Händler entspricht der Struktur bei PayPal. Amazon Payments wird von immer mehr Händlern angeboten und von Kunden auch entsprechend angenommen. Wie in vielen Bereichen setzt Amazon Payments auf die Bequemlichkeit der Endkunden. Die einmal bei Amazon hinterlegten Liefer- und Rechnungsadressen sowie die Zahlungsarten, die bei einem Kauf auf amazon.de genutzt werden, müssen in anderen Onlineshops nicht mehr neu eingegeben werden, sondern können einfach per Mausklick ausgewählt werden. Wie das shopseitig funktioniert, lesen Sie im Abschnitt »Kaufabwicklung mit Amazon Payments« auf Seite 228.

Amazon Payments dient dabei – ähnlich PayPal Express – nicht nur der Zahlungsabwicklung. Da die Rechnungs- und Lieferanschrift ebenfalls übernommen und an das Shopsystem übergeben werden können, entfällt für den Endkunden auch der Log-in-Vorgang im Onlineshop Abbildung 13-6). Und alles, was den Checkout-

Vorgang beschleunigt, kann auch die Kaufabbruchquote verringern, weil der Endkunde weniger Zeit hat, sich den Kauf doch noch einmal zu überlegen. Amazon selbst spricht z. B. davon, dass Kunden, die in Onlineshops mittels Amazon Payments ihren Kauf abwickeln, in einzelnen Onlineshops bis zu 15 % größere Warenkörbe kaufen als Kunden, die auf anderem Weg bezahlen.

Abbildung 13-6: Amazon Payments dient nicht nur der Zahlungsabwicklung, sondern verkürzt den Log-in-Vorgang in teilnehmenden Onlineshops.

Tabelle 13-9: Schnell-Check Zahlungsart: Amazon Payments

Schnell-Check	
Risiko für den Händler	Gering
Risiko für den Käufer	Gering
Akzeptanz beim Käufer	Hoch. Steigend.
Kosten pro Transaktion	1,9 % + 0,35 Euro pro Transaktion
Manueller Aufwand für den Händler	Gering
Manueller Aufwand für den Kunden	Sehr gering

Weitere Zahlungssysteme

Auf dem deutschen Markt existieren mehr als 30 unterschiedliche Zahlungssysteme. Die meisten davon führen sowohl hinsichtlich des Umsatzes als auch hinsichtlich der Akzeptanzstellen, also der Anzahl der Onlineshops, die diese Zahlungsart anbieten, ein Nischendasein.

Skrill beispielsweise (bis 2013 moneybookers) hat in den letzten Jahren deutlich Marktanteile verloren und findet sich fast nur noch bei Spezialangeboten wie Erotik oder Onlinecasinos.

Apple Pay

Im September 2014 stellte Apple seine lang erwartete Zahlungslösung vor, die das Zeug hat, insbesondere im Bereich des »mobile commerce« etablierte Zahlungsarten umzukrempeln.

Apple Pay verwaltet dabei die Kundendaten und die Zahlungsinformationen zentral. Der Kunde autorisiert die Zahlung per Fingerabdruck an seinem iPhone oder iPad. Der Onlinehändler bekommt lediglich die Bestätigung über die erfolgte Zahlung, zusammen mit den Bestelldaten, übermittelt.

Apples System zeichnet sich durch eine sehr große Einfachheit und – aus der Sicht des Kunden – sehr hohe Sicherheit aus. Die installierte Basis von weltweit über 500 Millionen iPhone-Geräten, auf denen die neue Zahlungsart kostenlos zur Verfügung steht, macht Apple Pay zu einer Alternative, die Onlinehändler im Auge behalten sollten.

Bis heute (Februar 2016) steht der Starttermin für Apple Pay in Deutschland immer noch nicht fest. Aktuell ist Apple Pay in den USA, Spanien, Großbritannien, China und Kanada verfügbar oder startet dort bald. Es ist aber damit zu rechnen, dass sich Apple Pay vom Start weg großer Akzeptanz bei den Nutzern erfreuen dürfte. Onlinehändler sollten die Entwicklungen beobachten.

ClickandBuy

ClickandBuy kündigte Anfang 2016 an, den eigenen Service zum 30.04.2016 einzustellen. Der Vollständigkeit halber führen wir den Anbieter hier aber noch auf, da er den Payment-Markt in den vergangenen Jahren mit geprägt hat. Mit der Einstellung von ClickandBuy schreitet die Konsolidierung des Payment-Markts weiter voran.

ClickandBuy hat sich einen Namen insbesondere mit der Abwicklung von Kleinstbeträgen gemacht. Dabei konnten – im Gegensatz zu anderen Anbietern, die je nach Vertrag Mindestumsatzgrößen von beispielsweise 1 Euro pro Transaktion voraussetzen – auch Beträge im Centbereich transferiert werden.

Für den Onlineshopper funktionierte ClickandBuy ähnlich wie das PayPal-System. Voraussetzung für die Nutzung war ein bestehendes ClickandBuy-Konto, das entweder mit einem Bankkonto oder einer Kreditkarte verknüpft war oder ein aufgeladenes Prepaid-Guthaben hatte. Während der Bestellung wurde der Käufer auf die ClickandBuy-Internetseite weitergeleitet und verifizierte seine Angaben mittels hinterlegter E-Mail-Adresse und seines Kennworts. Nach Bestätigung der Zahlung wurde er zurück zum Onlineshop geleitet, wo er den Bestellvorgang abschließen konnte. Je nach Onlineshopsegment wurden bei Zahlungen im Micropayment-

Bereich (bis 1 Euro) Gebühren von 11 % Provision zuzüglich 0,10 Euro Transaktionsgebühr fällig. Dennoch konnte sich die vermeintlich hohe Provisionsrate lohnen, wenn z. B. digitale Güter wie Zeitschriftenartikel oder Ähnliches verkauft wurden. Mit steigender Warenkorbgröße sank der Provisionssatz.

Paysafecard

Je nach Zielgruppe kann die Paysafecard (*www.paysafecard.com*) ein interessantes Zahlungsmittel darstellen. Hierbei handelt es sich um ein vollkommen anonymes Zahlungsmittel nach dem Prepaid-Prinzip. Karten mit verschiedenen Werten von 10 Euro bis 100 Euro können an Tankstellen und Kiosken gekauft werden. Wird mit Bargeld bezahlt, dann ist –wenn man von den Möglichkeiten der Videoüberwachung absieht – der Kauf anonym.

Auf der Karte findet sich hinter einem Rubbelfeld ein PIN-Code. Dieser Code kann in Shops, die Paysafecard akzeptieren, bei der Zahlung angegeben werden. Der Shop bucht nur den tatsächlichen Betrag ab – ein auf der Karte verbleibendes Restguthaben kann über erneute Nutzung der PIN abgerufen werden. Wenn Sie im Shop Paysafecard akzeptieren möchten, dann sollte in der Zahlungsabwicklung auch berücksichtigt werden, dass die Eingabe mehrerer Codes zum Erreichen des Zahlungsbetrags durchaus üblich ist.

Wenn man nun vermutet, dass ein solches Zahlungsmittel primär zwielichtigen bis kriminellen Machenschaften dient, so täuscht man sich. Die primäre Zielgruppe von Paysafecard sind Jugendliche, die digitale Güter wie Onlinespiele, Musik, Videos oder anderen digitalen Content erwerben. Die Heranwachsenden haben so die Möglichkeit, in Onlineshops einzukaufen, ohne ihre Eltern jedes Mal um Zahlungsinformationen zu bitten.

Wenn Ihr Shop Produkte anbietet, die auch für Jugendliche interessant sind, dann könnte die Paysafecard eine spannende Option für Sie sein.

Zahlungen annehmen

Welche Zahlungssysteme für Ihren Onlineshop die richtigen sind, ist keine leicht zu beantwortende Frage. Auf der einen Seite stehen für den Händler Entscheidungskriterien wie Kosten, Ausfallrisiko und Bequemlichkeit. Für den Endkunden zählen die Akzeptanz der Zahlungsart, Bequemlichkeit und die (vermutete) Sicherheit.

Insbesondere das Risiko des Zahlungsausfalls für den Händler und das (angenommene) Risiko des Lieferausfalls für den Endkunden stehen sich dabei diametral gegenüber. Was die Zahlungsmöglichkeiten in Onlineshops betrifft, herrscht auf beiden Seiten in der Regel ein gesundes Misstrauen.

Für den deutschen E-Commerce-Markt stehen viele verschiedene Zahlungsarten zur Verfügung (Abbildung 13-7). Wir zeigen in diesem Kapitel die Voraussetzungen für die Annahme von Zahlungen in Onlineshops.

Voraussetzungen für die Annahme von Zahlungen

Um Zahlungen in Ihrem Onlineshop akzeptieren zu können, müssen Sie – mit Ausnahme der Barzahlung bei Abholung – für jede Zahlungsart einen Vertrag mit dem jeweiligen Dienstleister abschließen. Überweisungen für Zahlung auf Rechnungen können Sie, das Geschäftskonto bei Ihrer Hausbank vorausgesetzt, natürlich ohne Sondervereinbarung mit der Bank akzeptieren, für die Lastschrift gilt dies jedoch schon nicht mehr. Für PayPal-Zahlungen müssen Sie genauso ein eigenes PayPal-Konto anlegen, wie Sie einen Akzeptanzvertrag für Kreditkarten mit einem sogenannten Akquirer abschließen müssen (dazu gleich mehr).

Je nach Zahlungsart und Onlineshopsystem müssen Sie darüber hinaus auch Verträge mit Payment-Service-Providern abschließen, die die Zahlungen in Ihrem Onlineshop abwickeln und entweder an Sie direkt oder zunächst an den Akquirer weiterleiten.

In den kommenden Jahren ist damit zu rechnen, dass sich die Konsolidierung am Payment-Markt weiter fortsetzen wird. Mit Anbietern und Angeboten wie Apple Pay, PayPal PLUS und Amazon Payments werden Payment-Service-Provider und Akquirer zukünftig nicht mehr gebraucht, da die ehemaligen Händler Amazon und Apple sowie PayPal selbst als Zahlungsdienstleister auftreten und alle Dienstleistungen wie Transaktionsverarbeitung, Risikobewertung und -prüfung sowie Zahlungsgarantien selbst anbieten, und das zu deutlich günstigeren Preisen.

Tipp Noch ist es zu früh, die Abschnitte Payment-Service-Provider und Akquirer aus dem Buch zu streichen, da es durchaus sinnvoll sein kann, eigene Akzeptanzverträge abzuschließen. In einer möglichen dritten Auflage werden wir die Abschnitte wahrscheinlich aber nicht mehr aufnehmen. Wetten?

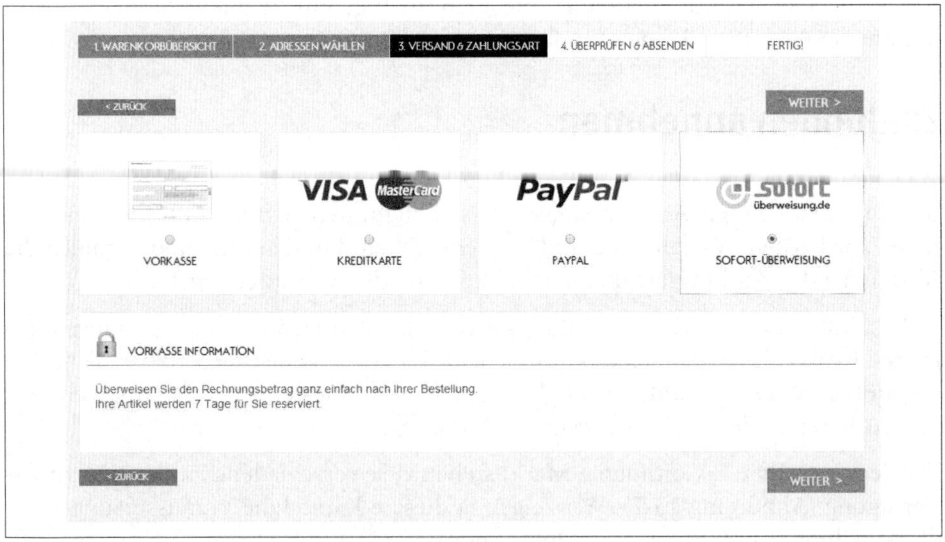

Abbildung 13-7: Auswahlmenü für Zahlungsarten im Onlineshop

Payment-Service-Provider (PSP)

Payment-Service-Provider, wie z. B. PAYONE, Ogone oder SIX Payment, vermitteln die Verträge mit Akquirern, übernehmen die Koordination der einzelnen Zahlungsarten, stellen Module für die einfache Integration in Onlineshopsysteme zur Verfügung und entwickeln zusammen mit den Zahlungsanbietern Lösungen für zukünftige Zahlungstrends. In der täglichen Praxis wickeln Sie die Zahlungen in Ihrem Onlineshop ab und leiten die vereinnahmten Entgelte an Sie weiter.

Umgang mit Kreditkarten- und Bankdaten

Alle Firmen, die im Abrechnungsprozess von Kreditkarten mit Kreditkartendaten in Kontakt kommen, unterliegen dem PCI-Standard (Payment Card Industrie). In diesem Standard ist unter anderem festgelegt, dass Händler, um Missbrauch zu vermeiden, selbst keine Kreditkartendaten speichern dürfen.

Wenn Sie dies – aus welchem Grund auch immer – jedoch tun möchten, müssen Sie sich als Händler selbst zertifizieren lassen. Hierbei müssen Sie für organisatorischen, personellen und technischen Aufwand mit mehreren Zehntausend Euro pro Jahr kalkulieren. Sie sollten also gute Gründe haben, wenn Sie den Abrechnungsprozess in die eigenen Hände nehmen wollen.

Auch aus Datenschutzgründen ist die Beauftragung eines Payment-Service-Providers, der die Kreditkartenzahlung in Ihrem Onlineshop PCI-konform abwickelt, empfehlenswert. Gleiches gilt für die Verarbeitung von Bankdaten für SEPA-Lastschriften.

Entsprechend §42a Bundesdatenschutzgesetz sind Sie als Shopbetreiber im Fall eines mutmaßlichen Datenlecks (Einbruch in Ihren Onlineshop oder ggf. auch in Ihre Büroräume) verpflichtet, sowohl die Aufsichtsbehörden als auch die Betroffenen über den möglichen Verlust der personenbezogenen Daten zu Bank- oder Kreditkartenkonten zu informieren. Dies kann z. B. »durch Anzeigen, die mindestens eine halbe Seite umfassen, in mindestens zwei bundesweit erscheinenden Tageszeitungen« geschehen. Neben dem finanziellen Aufwand, der erforderlich ist, um der Informationspflicht nachzukommen, dürfte auch der darauf folgende Imageverlust für den Onlineshop existenzbedrohend sein.

Dieses Risiko sollten Sie dem Payment-Service-Provider überlassen.

Weitere Informationen zur PCI-Zertifizierung finden Sie unter:
http://de.wikipedia.org/wiki/Payment_Card_Industry_Data_Security_Standard

Durch die Nutzung von Payment-Service-Providern können Onlineshopbetreiber z. B. auch die für Kreditkartenzahlung notwendige PCI-DSS-Zertifizierung (siehe Kasten) umgehen, die für die Verarbeitung von Kreditkartentransaktionen erforderlich und mit erheblichen technischen wie finanziellen Belastungen verbunden ist. Payment-Service-Provider gewährleisten außerdem den sicheren Umgang mit sensiblen Daten. Da der Shopbetreiber durch die Nutzung der Payment-Service-Provider-Shopmodule nicht mit Kreditkartendaten und Ähnlichem in Berührung kommt (die Daten werden nicht temporär auf dem Server, auf dem der Onlineshop gehostet wird, gespeichert), ist eine einzelne Zertifizierung nicht notwendig.

Neben der reinen Zahlungsabwicklung bieten Payment-Service-Provider weitere Dienstleistungen wie Bonitätsprüfungen, Betrugsprävention und wiederkehrende Zahlungen an (z. B. für Zeitschriftenabonnements).

Die entstehenden Kosten für die Nutzung der Payment-Services werden durch entschieden mehr Komfort und die Bereitstellung der PCI-konformen Zahlungs-APIs für den Händler aufgewogen.

Tipp

Unsere Erfahrung zeigt, dass das erste Angebot des Payment-Service-Providers als Vorschlag gewertet werden kann. Sowohl die Transaktionsgebühren als auch die monatlichen Grundgebühren sind in der Regel verhandelbar.

Je nachdem, wie lange Ihre E-Commerce-Agentur bereits mit einem bestimmten Payment-Service-Provider zusammenarbeitet, kann die Agentur deutlich bessere Konditionen für Sie aushandeln.

Wie bei allen Verträgen bietet sich auch bei den PSP-Verträgen nach einer gewissen Laufzeit und positiver Geschäftsentwicklung die Möglichkeit der Nachverhandlung über die zu Beginn des Onlineshops ausgehandelten Konditionen.

Kosten für den Payment-Service-Provider

Der Payment-Service-Provider berechnet, wie jeder indirekt an Ihrem Geschäftsmodell beteiligte Partner, Gebühren für seine Dienstleistung. In der Regel fallen monatliche Grundgebühren für die Bereitstellung der Services, API-Gebühren, Transaktionsgebühren und Disagio an.

Die Kosten für Payment-Service-Provider hängen von der Anzahl der genutzten Zahlungsarten und der Menge der Transaktionen pro Monat ab. Sie bewegen sich für kleine Onlineshops im Bereich von 30 bis 100 Euro pro Monat.

API

API (Application Programming Interface), übersetzt »Schnittstelle zur Anwendungsprogrammierung«, nennt man die Schnittstelle zur Kommunikation zwischen zwei voneinander unabhängigen Programmen.

So kommuniziert Ihr Onlineshop über eine API mit den Programmen des Payment-Service-Providers oder mit Google für die Nutzung Ihrer Onlineshopdaten im Werbeprogramm Google AdWords (siehe dazu Kapitel 18, *Google AdWords und Google Products*, auf Seite 491).

Je nach Anbieter können für die Bereitstellung der API Gebühren anfallen.

Akquirer

Wenn Sie Kreditkartenzahlung in Ihrem Onlineshop anbieten möchten, benötigen Sie einen Akzeptanzvertrag. Ihr Payment-Service-Provider wird Ihnen auf Basis Ihres Geschäftsmodells bei der Vermittlung behilflich sein.

Kreditkartenanbieter wie Visa und Mastercard schließen nämlich keine direkten Verträge mit Akzeptanzstellen (Händlern) ab, sondern überlassen die Prüfung auf Tragfähigkeit und Risiko des Geschäftsmodells den sogenannten Akquirern, die Akzeptanzverträge für die Kreditkartenindustrie vermitteln.

Auf dem deutschen Markt sind unter anderem folgende Akquirer aktiv:

- ConCardis
- Elavon
- B+S Card Service
- Wirecard
- SIX Payment Services

Entscheidungskriterien

Die Frage, welche Zahlungsarten Sie in Ihrem Onlineshop anbieten sollten, hängt von einer Reihe Kriterien ab. Sie müssen hierbei die Vor- und Nachteile, die Ihnen als Händler entstehen, sorgsam gegen die Vor- und Nachteile für den Käufer abwägen. In diesem Abschnitt beleuchten wir die einzelnen Aspekte.

Immer an die Zielgruppe denken

Achten Sie bei der Auswahl der richtigen Zahlungsart unbedingt darauf, die Wünsche Ihrer Zielgruppe, also Ihrer zukünftigen Kunden, im Auge zu behalten. Rund ein Viertel aller Onlinekäufer haben den Kauf im Onlineshop schon einmal wegen einer fehlenden Zahlungsart abgebrochen.

Tipp

Überlegen Sie sich, über welche Zahlungsmittel Ihre Zielgruppe verfügen könnte. Dabei spielen oft die folgenden Kriterien eine Rolle: Alter der Käufer, Business- oder Privatkunde, digitales oder analoges Produkt, verfügbares Einkommen der Zielgruppe.

Beispiel: Teenager verfügen in der Regel nicht über eine Kreditkarte. Richtet sich Ihr Shop ausschließlich an Jugendliche, können Sie wahrscheinlich auf Kreditkartenzahlung verzichten. Teure Gartenmöbel werden dagegen eher von einer kaufkräftigeren Kundschaft erworben. Hier bietet sich die Kreditkartenakzeptanz dagegen sehr an.

Risiko des Zahlungsausfalls

Beim Einkaufsbummel im lokalen Einzelhandel ist der Kauf und Verkauf von Ware unmittelbar an den Austausch von Artikeln und Gegenleistung (Geld) gebunden.

Für beide Seiten des Handels besteht de facto kein Risiko, dass Zahlung oder Lieferung ausfallen, da der Austausch Zug um Zug erfolgt. Der Händler überreicht die Ware, der Käufer überreicht im Gegenzug das Geld – sei es in bar oder mit einem anderen akzeptierten Zahlungsmittel.

Im Onlineshop liegt zwischen dem Austausch der Ware gegen Geld zunächst der Versand der gekauften Artikel. Sowohl der Käufer als auch der Händler möchten sichergehen, zunächst ihren Teil des Tauschgeschäfts zu behalten und den Teil des Gegenübers zu bekommen: Der Händler möchte die Ware erst dann verschicken, wenn er sicher über den Kaufpreis verfügen kann. Der Käufer möchte am liebsten erst dann den Kaufpreis entrichten, wenn er die Ware erhalten und ausgiebig geprüft hat.

Für denjenigen Handelspartner, der zuerst seinen Teil des Geschäfts erfüllt, besteht immer ein gewisses Ausfallrisiko. Fälle, in denen (gewerbliche) Händler im Internet nach Zahlungseingang keine Ware verschicken, kommen – soweit es sich nicht um Betrug oder Insolvenz handelt – eher selten vor. Viele Verbraucher haben von derartigen Fällen aber schon gehört oder gelesen. Deshalb wäre es ungeschickt, z. B. die Vorkasseüberweisung als alleinige Zahlungsmethode anzubieten.

Für den Verkäufer hingegen birgt der Kauf auf Rechnung tatsächlich ein erhebliches Risiko. Nicht selten werden Artikel nach dem Kauf weder bezahlt noch zurückgeschickt. Für manche Kunden scheint das ein wohl kalkuliertes Risiko zu sein, denn nicht bei jedem Artikel scheint es sich für Händler zu lohnen, die notwendigen Schritte einzuleiten. Je geringer der Warenwert, desto häufiger wird auf eine Nachverfolgung verzichtet.

Tabelle 13-10 zeigt, wie hoch das Risiko für Zahlungsausfälle bei den unterschiedlichen Zahlungsarten ist:

Tabelle 13-10: Risiko Zahlungsausfall

Zahlungsart	Ausfallrisiko
Vorkasse	–
Kauf auf Rechnung	Hoch
Kauf auf Rechnung (Factoring)	Gering
SEPA-Lastschrift	Hoch
Kreditkarte	Gering
Onlineüberweisung	Gering
PayPal	Gering
Amazon Payments	Gering

Vorsortierung im Onlineshop

Bevor Kundendaten während des Bestellvorgangs automatisiert an externe Dienstleister übermittelt werden, um das Ausfallrisiko zu minimieren, können Sie im

Onlineshop selbst Vorkehrungen treffen, um das Risiko zu verringern. Dabei gilt: Je teurer die Ware ist, mit desto weniger Risiko darf die Zahlungsart behaftet sein.

Während des Bestellvorgangs können Sie z. B. im Shopsystem überprüfen lassen, wie hoch der Warenkorbwert ist. Übersteigt er einen bestimmten Wert, werden die Zahlungsoptionen »Kauf auf Rechnung« und »Lastschrift« für Neukunden nicht angeboten, da sie mit einem höheren Ausfallrisiko verbunden sind.

Diese Funktionalität gehört nicht zu den Standardfunktionen in Shopsystemen. Bei Bedarf sollten Sie in Erwägung ziehen, eine entsprechende Funktion programmieren/integrieren zu lassen.

Tipp Die Erfahrung zeigt, dass sich die Zahlungsmoral von Kunden tendenziell sogar an der E-Mail-Adresse erkennen lässt. Kunden mit E-Mail-Adressen der Free-Mailer von @yahoo.com oder @mail.ru zahlen aus unserer Erfahrung eher nicht als Kunden mit einer @t-online-Adresse.

Durch die Vorsortierung nach E-Mail-Endungen können Sie bestimmte Kundengruppen schon während des Bestellvorgangs von risikoreichen Zahlungsarten fernhalten.

Manuelle Blacklist führen

Mitunter kann es sinnvoll sein, einzelne Kunden manuell von einzelnen Zahlungsarten oder ganz vom Kauf im Onlineshop auszuschließen. Soweit Sie keine Versandhandelssoftware nutzen, die diese Möglichkeit vorsieht, könnte dies auch durch ein externes Modul im Onlineshop realisiert werden.

Abbildung 13-8 zeigt beispielhaft eine sogenannte Blacklist, die Kunden anhand der E-Mail-Adresse identifiziert und von einzelnen Zahlungsarten ausschließt.

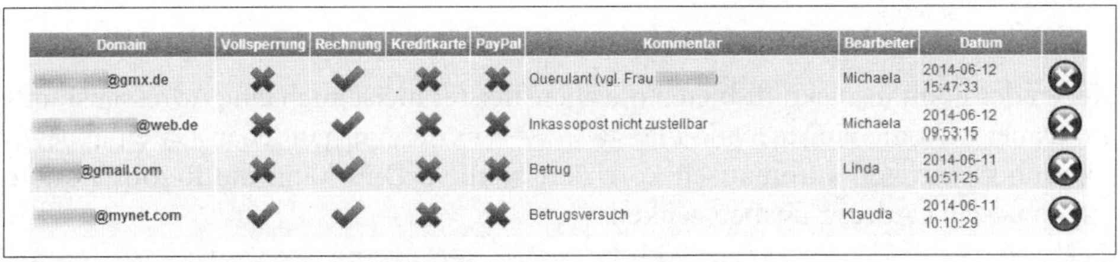

Domain	Vollsperrung	Rechnung	Kreditkarte	PayPal	Kommentar	Bearbeiter	Datum	
@gmx.de	✖	✔	✖	✖	Querulant (vgl. Frau)	Michaela	2014-06-12 15:47:33	⊗
@web.de	✖	✔	✖	✖	Inkassopost nicht zustellbar	Michaela	2014-06-12 09:53:15	⊗
@gmail.com	✖	✔	✖	✖	Betrug	Linda	2014-06-11 10:51:25	⊗
@mynet.com	✔	✔	✖	✖	Betrugsversuch	Klaudia	2014-06-11 10:10:29	⊗

Abbildung 13-8: Manuell gepflegte Kunden-Blacklist

Bonitäts- und Adressprüfung durch Dienstleister

Über externe Dienstleister, Auskunfteien und auch über Payment-Service-Provider können Sie während des Checkout-Prozesses Bonitätsprüfungen automatisiert vornehmen. Dabei werden die vom Kunden eingegebenen Daten während des Bestellvorgangs an den Dienstleister übermittelt.

Der Dienstleister kann auf Basis seiner eigenen Daten überprüfen, ob der Besteller bereits im Rahmen von Zahlungsausfällen auffällig geworden ist oder ob Informationen über ihn in öffentlichen Registern verfügbar sind. Dabei kann es sich sowohl um Insolvenzdaten als auch um außergerichtliche oder gerichtliche Inkassovorgänge handeln.

Darüber hinaus hat der Dienstleister die Möglichkeit, anhand weiterer Kriterien einen möglichen drohenden Zahlungsausfall zu bewerten (Scoring). Dies kann sich z. B. schon aus der Postleitzahl des Bestellers ergeben.

Nach erfolgter Bonitätsprüfung des Kunden wird an den Onlineshop eine Risikoeinschätzung zurückgemeldet – z. B. in Form eines Ampelsystems. Je nachdem, welche Entscheidungslogik nun im Onlineshop hinterlegt ist, wird dem Kunden die für den Händler risikoreiche Zahlungsart angeboten oder nicht.

Die Bonitätsprüfung während des Bestellvorgangs ist aus datenschutzrechtlicher Sicht nicht unumstritten, da für eine entsprechende Abfrage ein berechtigtes Interesse des Abfragenden, also des Händlers, bestehen muss. Fraglich ist, ob dieses »berechtigte Interesse« bereits bei einem Kaufvorgang mit einem Wert von z. B. 5 Euro besteht.

Darüber hinaus ist auch die automatische Bonitätsprüfung mit Kosten verbunden. Die Abfragen sind stark volumenabhängig und bewegen sich im Bereich von 0,50 bis 1 Euro zzgl. einer monatlichen Grundgebühr.

Bonitätsprüfungen die Teil des BillSAFE/PayPal-PLUS-Angebots sind, sind in den Transaktionskosten bereits enthalten.

Tipp Bonitätsprüfungen lassen sich auch vom Warenkorbwert abhängig machen. Lassen Sie Bestellungen über 500 Euro durch externe Dienstleister prüfen. Bei geringem Einkaufswert können Sie auf die Prüfung verzichten und damit die Abfragekosten sparen.

Neben der Bonitätsauskunft bieten die Dienstleister meist auch eine Adressauskunft an. Dabei wird die eingegebene Lieferadresse mit den vorhandenen Daten abgeglichen und kann ggf. automatisch korrigiert werden. Dies kann die Retourenquote wegen falscher Adressangaben senken.

Passt das Zahlungsmittel zur Zielgruppe und zum Produkt?

Jede Käufergruppe hat ihre bevorzugte Zahlungsart. In jungen Käuferschichten finden bequeme und schnelle Zahlungsarten eher Anklang als Zahlungsarten, die mit Aufwand, insbesondere in der »analogen Welt«, verbunden sind. Bieten Sie in Ihrem Onlineshop Produkte für Käufer an, die mit dem Medium Internet und Onlineshop aufgewachsen sind, so gehört PayPal beispielsweise als Standardzahlungsmittel in Ihr Anbieterportfolio. In eher konservativen Käufergruppen sollten Sie indes über ebenso konservative Zahlungsmittel wie Kauf auf Rechnung oder Nachnahme nachdenken. Generell gilt: Die junge Generation ist bei der Verwendung von Zahlungsarten deutlich risikobereiter als die Elterngeneration.

Zudem sollten Sie auch zwischen Privat- und Geschäftskunden unterscheiden. Noch immer verfügen Geschäftskunden eher selten über PayPal-Geschäftskonten. Sie sind es vielmehr gewohnt, auf Rechnung mit einem langen Zahlungsziel zu bezahlen. Kann Ihr Onlineshop mit Kauf auf Rechnung nicht aufwarten, kann dies zum Kaufabbruch führen, selbst wenn Sie den günstigsten Preis für das gewünschte Produkt anbieten. Umgekehrt verfügen junge Käuferschichten nicht zwangsläufig über eine Kreditkarte.

Gleiches gilt für den Zusammenhang zwischen Zahlungsmittel und angebotenem Produkt: Je teurer das Produkt, desto (gefühlt) hochwertiger die Zahlungsart. Kreditkartenzahlung und Kauf auf Rechnung sind dabei eher den höherwertigen Produkten zuzuordnen. PayPal und Lastschrift spielen bei niedrigpreisigen Produkten eine größere Rolle.

Laufende Kosten (Disagio und Zahlungsgebühren)

Zahlungsmittel, die über einen Drittanbieter abgewickelt werden, sind für den Onlineshopbetreiber immer mit Kosten verbunden. Lediglich beim Kauf auf Rechnung – sofern er nicht über einen Factoring-Anbieter abgewickelt wird – fallen keine zusätzlichen Gebühren für den Händler an (von den Buchungsgebühren der Hausbank einmal abgesehen). Die Kosten für die Zahlungsgebühren setzen sich dabei häufig aus einer Transaktionsgebühr (fester Betrag pro Zahlung) und einer vom Kaufpreis abhängigen Provision zusammen. Je nach Zahlungsart und Zahlungsausfallrisiko für den Drittanbieter unterscheiden sie sich mitunter um mehrere Prozentpunkte.

Darüber hinaus entstehen bei Payment-Service-Providern und einigen Zahlungsarten wie Kreditkarten oder sofortueberweisung.de und Giropay weitere monatliche Grundgebühren, die unabhängig von der Anzahl der Transaktionen anfallen.

Die jeweiligen Kosten haben wir für Sie im Abschnitt »Payment-Service-Provider (PSP)« auf Seite 305 weiter oben in diesem Kapitel und im Abschnitt »Zahlungsarten« auf Seite 286 aufgeschlüsselt.

Integrationskosten

Die in Kapitel 5, *Auswahl des Shopsystems*, auf Seite 69 besprochenen Lösungen verfügen von Haus aus über integrierte Module für verschiedene Zahlungsarten. Dazu zählen z. B. Kauf auf Rechnung, PayPal oder Amazon Payments. Insbesondere bei der Integration der Module von Drittanbietern, wie z. B. Kreditkartenzahlung oder Module zur Bonitätsprüfung, müssen sie aber programmtechnisch und wahrscheinlich auch im Design angepasst und in den Onlineshop eingebaut werden. Hierbei entstehen für Agentur und Programmierer weitere Kosten, die Sie in Ihrer Kalkulation berücksichtigen sollten.

Je nach Erfahrung der beteiligten Programmierer und den programmiertechnischen Voraussetzungen müssen Sie einen Aufwand von zwei bis zehn Stunden für die Integration der Zahlungsmodule einkalkulieren.

Betrugsrisiko und Prävention

Nicht jedes Zahlungsmittel bietet für Onlineshopbetreiber das gleiche Ausfallrisiko. Die Erfahrung zeigt, dass insbesondere das (SEPA)-Lastschriftverfahren gern benutzt wird, um in Onlineshops in betrügerischer Absicht einzukaufen. Der Betrug ist dabei denkbar einfach: Sie benötigen lediglich eine fremde Kontonummer/IBAN und Bankleitzahl/BIC. Verkaufen Sie digitale Güter, wie z. B. MP3 oder Softwarelizenzen, ist darüber hinaus nicht einmal eine gültige Lieferanschrift notwendig, da die Lieferung per E-Mail/Downloadlink erfolgt. Der Kontoinhaber der gestohlenen Bankdaten wird die Abbuchung bei Entdeckung durch seine Bank zurückgehen lassen; der Onlineshopbetreiber hat das Nachsehen.

Zwar lässt sich das Risiko durch Plausibilitätsprüfungen und Betrugsprävention verringern, z. B. durch die Kopplung von Zahlungsarten an bestimmte E-Mail-Dienstleister (keine Lastschrift oder Kreditkartenzahlung für Benutzer von E-Mail-Adressen, die auf @hotmail.com oder @mail.ru enden), ganz auszuschließen ist ein Ausfall der Zahlung jedoch nie.

Insbesondere bei der Kreditkartenzahlung spielt die automatisierte Betrugsprävention eine große Rolle, da durch die Kombination von Kreditkartennummer, Ausstellungsland, Sicherheitscode (CVC) und 3D-Secure-Verfahren mehrere Einzelprüfungen kombiniert werden können. Mehr zum Thema »Sicherheit von Kreditkartenzahlungen« finden Sie im Abschnitt »Kreditkarte« auf Seite 290.

Anzahl der Zahlungsarten im Onlineshop

Am einfachsten erscheint es, möglichst viele Zahlungsarten im Onlineshop anzubieten, frei nach dem Motto: Bei vielen Zahlungsarten wird für jeden Kunden etwas dabei sein. Studien zeigen, dass die meisten Kunden mit zu vielen Zahlungsarten überfordert sind und dies genauso zum Kaufabbruch führen kann wie zu wenige oder das Fehlen der vom Kunden erwarteten Zahlungsart.

Sie sollten aus den im Abschnitt »Zahlungsarten« auf Seite 286 beschriebenen Zahlungsarten drei bis vier auswählen, die für Sie und Ihre Zielgruppe relevant sind. Auf alle anderen sollten Sie der Übersichtlichkeit halber verzichten!

Abbildung 13-9 zeigt ein Beispiel, bei dem insgesamt 13 verschiedene Zahlungsarten angeboten werden, einige davon sind für den deutschen Markt uninteressant (American Express, JCB), andere werden sogar nur mit einem für den Kunden verbundenen Aufschlag (Lastschrift) angeboten. Durch die unübersichtliche Darstellung wird der Kunde eher vom Kauf abgehalten als zu einem schnellen Kaufabschluss animiert.

Wie hoch ist der Aufwand für die Erstattung bei Retouren?

Je nach Branche müssen Onlineshopbetreiber mit mehr oder minder hohen Rücksendequoten rechnen. Neben dem eigentlichen Aufwand des Retourenhandlings sollte auch der Aufwand für die ganze oder teilweise Erstattung von Zahlungen eingeplant werden. Der Aufwand hängt in erster Linie natürlich vom Automatisierungsgrad des gesamten Bestellablaufs ab. In der Regel gilt jedoch: Je bequemer die Zahlung für Käufer und Händler ist, desto bequemer ist auch die Erstattung von Zahlungen. Gerade die Erstattung von Vorkasseüberweisungen kann bei niedrigem Automatisierungsgrad für den Händler sehr umständlich sein, weil Beträge mittels HBCI- oder PIN/TAN-Banking zurück an den Besteller überwiesen werden müssen. Wenn Sie als Händler diesen höheren Aufwand vermeiden möchten, müssen Sie entweder einen höheren Automatisierungsgrad anstreben – z. B. durch die Nutzung einer Versandhandelssoftware, die mit Ihrem Onlineshop gekoppelt ist und die wichtigsten Aufgaben für Sie übernimmt – oder die aufwendigen Zahlungsarten aus der Liste der angebotenen Zahlungsarten streichen.

Abbildung 13-9: Zu viele Zahlungsarten führen zwangsläufig zu Kaufabbrüchen, www.foto.com.

Zusammenhang zwischen Zahlungsart und Liefergeschwindigkeit

Oft haben Käufer in Onlineshops den Wunsch, ihre Bestellung möglichst rasch zu erhalten. Auch hier kann die Zahlungsart eine entscheidende Rolle bei der Kaufentscheidung spielen. Dem Käufer ist klar, dass er bei Vorkassezahlung seine Ware meist erst eine Woche nach der eigentlichen Bestellung erhalten kann, wenn man die Laufzeit für Banküberweisung und den eigentlichen Versand zusammenrechnet.

Da der Trend immer mehr zum sogenannten Next-Day-Delivery, also der Lieferung am Werktag nach der Bestellung geht, sollten Sie in jedem Fall auch Zahlungsarten anbieten, die eine umgehende Auslieferung möglich machen.

Wann ist das Geld für den Händler verfügbar?

Häufig unbeachtet bleibt die Frage, wann das Geld bei den verschiedenen Zahlungsarten für den Händler überhaupt verfügbar ist. Nicht bei jeder Zahlungsart kann der Shopbetreiber das eingenommene Geld auch direkt wieder ausgeben, da Zahlungsdienstleister die Gelder oft nur zeitversetzt an den Händler ausschütten, um sich selbst gegen das Risiko eines Zahlungsausfalls zu schützen (oder sich auf günstigem Weg eine hohe Liquidität zu verschaffen).

Gerade am Anfang drohen Onlinehändler selbst in eine Liquiditätsfalle zu tappen, wenn sie Ware verschickt haben, das Geld hierfür aber trotz direkter Zahlung erst mit zeitlichem Verzug erhalten.

Die Tabelle 13-11 zeigt, wie lange es dauern kann, bis das Geld auf dem Konto des Händlers eingeht.

Tabelle 13-11: Zahlungseingang und Ausschüttung an den Händler

Zahlungsart	Zahlungseingang	Ausschüttung
Kauf auf Rechnung	Je nach Zahlungsziel 14–30 Tage	Direkt bei Eingang auf dem Konto
Kauf auf Rechnung (Factoring)	Je nach Zahlungsziel ca. 14 Tage	1–2 Wochen nach Eingang auf dem Konto des Factoring-Dienstleisters, also meist 3–4 Wochen nach der Teilzahlung
Vorkasseüberweisung	Vor dem Versand der Ware	Direkt bei Eingang auf dem Konto
SEPA-Lastschrift	Bei Kauf oder Versand	Ca. 3 Banktage später, bei erstmaliger Lastschrift nach 2 Wochen, 2–4 Wochen bei Lastschrift über einen Payment-Service-Provider
Kreditkarten	Bei Kauf oder Versand	2–4 Wochen nach dem Kauf
sofortueberweisung.de / Giropay	Bei Kauf	Ca. 1–2 Banktage später
Nachnahme	Bei Erhalt der Ware	Ca. 3 Tage bis 2 Wochen nach Auslieferung, je nach Zustelldienst
PayPal	Bei Kauf	Sofort auf dem PayPal-Konto, ca. 2–3 Banktage später auf dem Bankkonto
Amazon Payments	Bei Kauf	14 Tage nach der Transaktion + 1–2 Banktage

Zahlungsmittel für Auslandskunden

So wie die fast nur in Deutschland bekannte Nachnahme gibt es in vielen Ländern Zahlungsarten, die nur dort verfügbar sind. Das Onlinezahlungsverfahren iDeal (vergleichbar mit sofortueberweisung.de und Giropay) wird beispielsweise ausschließlich in den Niederlanden verwendet und hat dort die größte Verbreitung aller Zahlungsarten im Onlinehandel. Je nach Payment-Service-Provider (PSP) ist es auch möglich, diese Zahlungsarten als Onlineshopbetreiber mit Sitz in Deutschland anzubieten, wenn z. B. die Niederlande zu Ihrem Zielgebiet gehören.

Tipp Wie iDeal in den Niederlanden gibt es nahezu in jedem Land lokale Zahlungspräferenzen. Informieren Sie sich über den Zielmarkt und prüfen Sie vor Vertragsabschluss, ob Ihr Payment-Service-Provider diese Zahlungsart anbietet. Dies gilt auch für andere Kreditkarten neben Mastercard und Visa.

Für den Einstieg kann es aber auch reichen, im Ausland Kreditkartenzahlung und PayPal als Zahlungsart anzubieten. Beide Zahlungsmittel werden fast weltweit akzeptiert und sind teilweise noch weiter verbreitet als in Deutschland. Beide Zahlungsarten erlauben eine nahezu problemlose grenzüberschreitende Zahlungsabwicklung. Achtung: Mitunter werden in anderen Ländern andere Kreditkarten benutzt. American Express, Diners Club, Discover Card und JCB sind nur einige der in Deutschland unüblichen Kreditkarten, die in anderen Ländern weitverbreitet sein können.

Einmalige oder wiederkehrende Zahlungen

Die meisten Verkäufe im Internet werden als Einmalzahlungen abgewickelt. Insbesondere im Bereich der Abonnements (Zeitschriften, Socken, Kaffee etc.) kann es aber notwendig sein, wiederkehrende Zahlungen abwickeln zu können.

Bei wiederkehrenden Zahlungen wird der Bestellvorgang nur einmal im Onlineshop ausgelöst. Die Rechnungsstellung und Zahlung erfolgt jedoch in einem vorgegebenen Rhythmus, bei monatlicher automatischer Kaffeelieferung beispielsweise ebenfalls monatlich, entweder bis zur Kündigung des Abonnementvertrag oder bis zum Erreichen eines vorher vereinbarten Ablaufdatums.

Als Shopbetreiber können Sie wiederkehrende Zahlungen nur in bestimmten Fällen selbst manuell auslösen. Da Sie aber beispielsweise selbst nicht in Kontakt mit Kreditkartendaten kommen (bzw. kommen sollten!), ist eine Abolösung mit Kreditkarten nur möglich, wenn Sie diesen Service bei einem Payment-Service-Provider oder über PayPal nutzen.

Hierbei wird beim Kauf im Onlineshop neben den üblichen Daten zur Kreditkartenzahlung auch der monatliche Belastungsbetrag, der Belastungstag im Kalendermonat, der Rhythmus (monatlich, quartalsweise, halbjährlich etc.) und gegebenenfalls das Ablaufdatum des Abonnements an den Payment-Service-Provider übermittelt. Dieser belastet die Kreditkarte dann entsprechend der übermittelten Vorgaben.

Tipp Wickeln Sie Abozahlungen immer über einen Payment-Service-Provider ab. So können Sie sichergehen, dass die Zahlungen regelmäßig und pünktlich erfolgen – auch wenn Sie im Urlaub sind.

Wiederkehrende Zahlungen/Abonnementzahlungen sind bei Payment-Service-Providern in der Regel mit allen angebotenen Zahlungsarten, also auch mit PayPal oder Kauf auf Rechnung, möglich. PayPal bietet wiederkehrende Zahlungen auch als Direktlösung für Geschäftskonten an.

Durchschnittliche Transaktionshöhe

Nicht jede Zahlungsart ist für jeden Bestellbetrag geeignet. Kreditkartenzahlungen sind beispielsweise oft an einen Mindestumsatz pro Bestellung gekoppelt. Genauso können Kontolimitierungen für PayPal-Konten oder Kreditkarten den Kauf teurer Produkte verhindern. Klären Sie mit dem jeweiligen Zahlungsanbieter bzw. dem Payment-Service-Provider vor Vertragsabschluss, wie hoch der durchschnittliche Preis einer Bestellung sein wird und ob eine Zahlung in diesem Preissegment möglich ist.

Um das eigene Risiko zu begrenzen, führen Payment-Service-Provider mitunter Obergrenzen für Transaktionen (Summe der eingezogenen Gelder und/oder Anzahl der Transaktionen) ein. Diese Grenzen werden meist auf Basis einer Befragung zu Vertragsbeginn ermittelt. Der PSP befragt den Shopbetreiber nach den zu erwartenden Umsätzen und legt die Grenzen fest.

Auch wenn es beim Start des Onlineshops schwierig sein wird, konkrete Zahlen festzulegen, sollten Sie die Transaktionsmenge und Durchschnittsgröße der Transaktion nicht zu gering einschätzen. Im schlimmsten Fall erreichen Sie während des laufenden Shopbetriebs ein festgelegtes Limit, und die entsprechende Zahlungsart steht nicht mehr zur Verfügung.

Die erforderlichen Nachverhandlungen mit dem Payment-Service-Provider sind ärgerlich und lassen sich durch positive Schätzungen im Vorfeld vermeiden.

Prüfen Sie im Laufe der Zeit immer wieder, ob ein bestehendes Transaktionslimit angepasst werden muss.

Fazit

Die Auswahl des richtigen Zahlungsmittels hat Einfluss auf die Anzahl der Kaufabbrüche. Findet der Kunde das bevorzugte oder erwartete Zahlungsmittel nicht, besteht eine hohe Wahrscheinlichkeit, dass er seinen Einkauf nicht fortsetzt.

Dem Wunsch des Kunden gegenüber steht das Bedürfnis des Shopbetreibers, sein Geld möglichst schnell und sicher zu erhalten.

Hier muss ein ausgewogenes Mittelmaß gefunden werden, das die Wünsche beider Parteien berücksichtigt.

Zwar lässt sich die Fragen nach den richtigen Zahlungsarten für *Ihren* Onlineshop pauschal nicht beantworten, Sie sollten dennoch die folgenden Zahlungsarten in die nähere Auswahl nehmen:

- PayPal (Express)
- Kreditkarten
- Kauf auf Rechnung
- Amazon Payments
- Giropay/Sofortüberweisung

Mit diesen fünf Zahlungsarten erreichen Sie in der Regel die meisten Ihrer potenziellen Kunden und bieten mittels Express Checkout (PayPal Express und Amazon Payments) weitere Vereinfachungen für den Einkauf in Ihrem Onlineshop an.

Zahlungsausfall

Die in Studien erhobenen Zahlen zum Zahlungsausfall im E-Commerce schwanken. Abhängig von der Branche bewegen sie sich zwischen 1 und 5 % des Umsatzes. Mitunter leben Onlinehändler sogar mit Zahlungsausfällen von bis zu 10 % des Gesamtumsatzes.

Auch wenn die Zahl der Zahlungsausfälle im E-Commerce in den vergangenen Jahren durch automatisiertes Risikomanagement und Änderungen bei den in den Onlineshops angebotenen Zahlungsarten deutlich zurückgegangen ist, ist die Gesamtzahl der Ausfälle immer noch beträchtlich.

In diesem Abschnitt zeigen wir, was Sie bei (drohendem) Zahlungsausfall tun können.

Risikomanagement

Bevor es zu einem Zahlungsausfall kommt, können Onlineshopbetreiber eine Reihe von Maßnahmen ergreifen, die den Zahlungsausfall verhindern (können).

Wie Sie bereits im Abschnitt »Risiko des Zahlungsausfalls« auf Seite 307 erfahren haben, zählt hierzu z. B. die Auswahl der richtigen Zahlungsarten für den Onlineshop, die Bonitätsprüfung während des Bestellvorgangs oder ein Betragslimit für Neukunden. In jedem Fall lassen sich durch gezielte Maßnahmen vor und während des Bestellvorgangs die Weichen für eine geringe Ausfallquote stellen.

Den Zusammenhang zwischen Zahlungsarten und -ausfall sowie mögliche Präventionsmaßnahmen haben wir im Abschnitt »Zahlungen annehmen« auf Seite 303 aufgezeigt.

Was tun bei (drohendem) Zahlungsausfall

Drohender Zahlungsausfall ist nicht nur mit dem Verlust der Ware und dem Verlust der Einnahme verbunden, sondern auch mit jeder Menge Aufwand, der durch Zahlungserinnerungen, Mahnungen und das (außer-)gerichtliche Mahnverfahren entsteht. Sie können das Risiko des Zahlungsausfalls zwar minimieren, aber nicht gänzlich verhindern.

So vielfältig wie die Zahlungsarten im Onlineshop sind, so vielfältig können auch die Gründe für den Zahlungsausfall sein.

Beim Kauf auf Rechnung ist es wahrscheinlich, dass die Zahlung einfach nur vergessen wurde. Hier hilft oft schon eine freundliche Zahlungserinnerung per E-Mail. Im Idealfall sollte dies natürlich auch automatisiert erfolgen, um möglichst wenig personellen und finanziellen Aufwand zu verursachen.

Zahlungsausfall bei SEPA-Lastschriften passiert bei entweder ungedecktem Konto oder wegen Widerspruchs gegen die Lastschrift.

Die Rückbuchung einer Kreditkartenzahlung (Chargeback) erfolgt in der Regel auf Weisung des Karteninhabers. Er ist sich also der Zahlungsrückbuchung bewusst. Zudem verursacht eine Kreditkartenrückbuchung auf Händlerseite meist Kosten in Höhe von 10 bis 40 Euro.

Auch bei PayPal-Rückbuchungen liegt meist eine Aktion des Käufers vor. Oft haben Kunden dann bei PayPal einen »Zahlungskonflikt« eingeleitet. Der Käufer kann hierbei die Auszahlung des Kaufbetrags an den Händler blockieren und eine Prüfung durch PayPal beantragen. Oft reicht hierfür eine einfache Begründung.

Der Käufer befindet sich bei Zahlungsausfall (soweit dies in Ihren allgemeinen Geschäftsbedingungen nicht anders formuliert ist) allerspätestens mit Ihrer Mahnung in Zahlungsverzug und muss den entstandenen Schaden (Rücklast- und Chargeback-Gebühren, Verzugszinsen, Mahnkosten) ersetzen.

Schritte des Mahnverfahrens

Das Mahnverfahren gliedert sich in zwei Phasen. Die erste Phase, das außergerichtliche Mahnverfahren, beginnt schon mit Ihrer Zahlungserinnerung oder Mahnung, die Sie dem säumigen Schuldner schicken und ihn damit auffordern, seiner Zahlungsverpflichtung nachzukommen. In dieser Phase können Sie selbst tätig werden und den Zahlungsdruck auf Ihren Kunden stetig ausbauen. Mitunter empfiehlt es sich, ein auf E-Commerce spezialisiertes Inkasso-Unternehmen zur Durchsetzung Ihrer Forderungen zu beauftragen.

Sind alle außergerichtlichen Möglichkeiten erschöpft, gehen Sie in die zweite Phase über. Im gerichtlichen Mahnverfahren wird zunächst ein gerichtlicher Mahnbescheid beantragt, der im Idealfall mit der Zwangsvollstreckung des Rechnungsbetrags durch den Gerichtsvollzieher und der Auszahlung auf Ihr Konto endet.

In der Regel fallen hierbei Kosten an (Mahngebühren, Verzugszinsen, Inkassogebühren, Gerichtskosten, Gebühren), die vom Schuldner als sogenannter Verzugsschaden zu tragen sind.

Die einzelnen Schritte des Mahnverfahrens schildern wir in den folgenden Abschnitten.

Außergerichtliches Mahnverfahren

Das außergerichtliche Mahnverfahren ist im Vergleich zum gerichtlichen Mahnverfahren nicht so stark reglementiert. Es gibt keine Vorschrift, ob Sie Ihrem Schuldner vor der Mahnung eine (freundliche) Zahlungserinnerung schicken sollen oder ob Sie ein Inkassounternehmen beauftragen müssen.

Sofern Sie den säumigen Zahler angemahnt haben (ob dies erforderlich ist, erklären wir in diesem Abschnitt) und aus rechtlicher Sicht der Zahlungsverzug eingetreten ist, könnten Sie eigentlich direkt Klage erheben und alle nachfolgend skizzierten Schritte überspringen.

Im Normalfall umfasst das außergerichtliche Mahnverfahren die folgende Phase, wobei der Druck auf den Schuldner schrittweise erhöht wird:

1. Zahlungserinnerung
2. Erste Mahnung
3. Zweite (letzte) Mahnung
4. Inkassounternehmen

Zahlungserinnerung

Die Zahlungserinnerung ist die erste, freundliche Aufforderung, doch an die Überweisung des Rechnungsbetrags zu denken.

Da Sie die Kundebeziehung möglichst nicht beschädigen wollen und nicht wissen, ob die Zahlung schlichtweg vergessen wurde oder ob – schlimmstenfalls – auf Ihrer Seite die eingegangene Zahlung nicht zugeordnet werden konnte, sollten Sie (noch) freundliche Töne anschlagen.

Muster Zahlungserinnerung

Sehr geehrter Max Mustermann,

wir möchten uns noch einmal für Ihre Bestellung in unserem Onlineshop vom 12.05. 2016 bedanken.

Leider konnten wir noch keinen Zahlungseingang bei uns feststellen. Sicherlich haben Sie nur vergessen, den Betrag in Höhe von 29,95 Euro zu überweisen.

Wir möchten Sie daher freundlich bitten, dies bis zum 15.06.2016 nachzuholen und den Betrag auf unser Konto bei der Sparkasse Musterstadt (IBAN111111111111, BIC SPKMSTDXXX) zu überweisen.

Wenn Sie den Betrag bereits überwiesen haben, möchten wir Sie bitten, sich kurz mit uns in Verbindung zu setzen. Offensichtlich konnten wir dann die Zahlung nicht der offenen Rechnung zuordnen.

Mit freundlichen Grüßen nach Musterdorf

Ihr Mustershopteam

buchhaltung@mustershop.de

Tel. (0123) 4567890

(weitere Pflichtangaben nach HGB).

Anstatt oder zusätzlich zur Zahlungserinnerung hilft häufig auch ein freundliches Telefonat, in dem Sie den Kunden an die offene Rechnung erinnern.

Die Zahlungserinnerung ist im Gegensatz zur Mahnung ein freundlicher Service des Händlers. Die Mahnung ist hingegen gesetzlich verankert und dient nicht nur der Erinnerung an eine offene Rechnung.

Mahnung

Die Mahnung erfüllt zwei Zwecke. Auf der einen Seite soll Sie den Schuldner eindringlich an seine Zahlungsverpflichtung erinnern und ihm mögliche Konsequenzen aufzeigen. Auf der anderen Seite dient sie dazu, den Schuldner nach § 286 BGB (»Verzug des Schuldners«, *http://dejure.org/gesetze/BGB/286.html*) in Verzug zu setzen, soweit dies noch nicht anderweitig geschehen ist.

Muster Mahnung

Sehr geehrte Frau Mustermann,

leider konnten wir den Rechnungsbetrag zu Ihrer Bestellung Nr. 12345 vom 01.04.2016 nicht von Ihrem Konto abbuchen. Die Lastschrift wurde von Ihrer Bank wegen mangelnder Kontodeckung an uns zurückgegeben. Entsprechend unserer allgemeinen Geschäftsbedingungen sind die Rücklastschriftgebühren von Ihnen zu tragen. Sie befinden sich in Zahlungsverzug!

Bitte beachten Sie: Wir bitten Sie, den unten genannten fälligen Gesamtsaldo inkl. der Mahn- und Rücklastgebühren unter Angabe der Rechnungsnummer nun bis

spätestens 15.06.2016

eingehend auf unser Konto Nr. IBAN111111111111, BIC SPKMSTDXXX, zu überweisen.

Posten Betrag
Rechnungsbetrag 32,00 Euro
Rücklastgebühren (Bank, Payment-Service-Provider) 8,60 Euro
Mahngebühren 6,00 Euro
Gesamtsumme 46,60 Euro

Bei Rückfragen stehen wir Ihnen per E-Mail unter buchhaltung@mustershop.de gern zur Verfügung.

Mit freundlichen Grüßen nach Musterdorf

Ihr Mustershopteam

buchhaltung@mustershop.de

Tel. (0123) 4567890

(weitere Pflichtangaben nach HGB).

In unserem Musterbeispiel (siehe dazu den Kasten »Muster Mahnung«) fordern wir den Schuldner zur Zahlung auf, nachdem eine Lastschrift geplatzt ist.

Mitunter kann es sinnvoll sein, den Schuldner – soweit notwendig – in einer zweiten Mahnung auf die Konsequenzen der Nichtzahlung hinzuweisen:

Muster letzte Mahnung

Sehr geehrte Frau Mustermann,

leider haben Sie auch auf unsere Mahnung bisher nicht reagiert.
Wir setzen Ihnen hiermit eine letzte Frist zum Ausgleich unserer offenen Forderungen.
Wir erwarten den Eingang der unten genannten Gesamtsumme

spätestens am 05.07.2016

eingegangen auf unserem Konto Nr. IBAN11111111111, BIC SPKMSTDXXX.

Posten Betrag
Rechnungsbetrag 32,00 Euro
Rücklastgebühren (Bank, Payment-Service-Provider) 8,60 Euro
Mahngebühren 6,00 Euro
Gesamtsumme 46,60 Euro

Sollten Sie die genannte Frist wiederum fruchtlos verstreichen lassen, werden wir die Forderung zur weiteren Bearbeitung an einen Inkassodienstleister übergeben, wodurch Ihnen weitere Kosten entstehen werden. Dies umfasst auch die Kosten für die Beauftragung von Gerichtsvollziehern und den Erlass von Vollstreckungstiteln.

Sparen Sie sich diesen (finanziellen) Aufwand und überweisen Sie den Betrag innerhalb der von uns gesetzten letzten Frist!

Mit verbindlichem Gruß

Ihr Mustershopteam
buchhaltung@mustershop.de
Tel. (0123) 4567890

(weitere Pflichtangaben nach HGB).

Tipp Führen Sie in Ihrer Zahlungserinnerung und Mahnung alle Eckpunkte der eigentlichen Bestellung auf. Dies können Sie im Mahnschreiben selbst oder durch die Beifügung einer Rechnungskopie tun. In jedem Fall können Sie so unnötigen Rückfragen vorbeugen.

Setzen Sie dem Schuldner in der Mahnung eine angemessene Frist, die durch ein Datum bestimmt ist. Verwenden Sie also anstatt der Formulierung »innerhalb von zehn Tagen« lieber »bis spätestens zum TT.MM.JJJJ«. Als angemessene Frist für die erste Mahnung gelten rund zehn Tage. Eine zweite Mahnung kann eine Frist von fünf Tagen beinhalten.

Je deutlicher der Ton Ihrer Mahnung, desto eher riskieren Sie es, den Kunden als Kunden zu verlieren. Zudem sollten Sie bedenken, dass eine unfreundliche Mahnung auch in die Bewertung des Kunden in Bewertungsportalen einfließen kann. Das sollte Sie jedoch nicht von einer Mahnung abhalten. Schließlich möchten Sie ja das Geld für die verschickte Ware erhalten.

Sie können Ihre Mahnung gegen eine geringe Gebühr auch durch den örtlichen Gerichtsvollzieher zustellen lassen. Dies kann – je nach Klientel – durchaus seine Wirkung zeigen.

Senden Sie die Mahnung einfach an die Gerichtsvollzieher-Verteilerstelle des zuständigen Amtsgerichts und bitten Sie um Zustellung und Rücksendung des Zustellvermerks.

Verzugszinsen berechnen

Natürlich können Sie vom Schuldner auch Verzugszinsen verlangen. Diese berechnen sich – sofern dies in Ihren allgemeinen Geschäftsbedingungen nicht anders geregelt ist – nach den Vorgaben des Bürgerlichen Gesetzbuchs (§ 288, Verzugszinsen).

Für Geschäfte mit Verbrauchern sind dies fünf Prozentpunkte über dem sogenannten Basiszinssatz; für Geschäfte, an denen Endverbraucher nicht beteiligt sind, also zwischen Geschäftsleuten, neun Prozentpunkte über dem Basiszinssatz.

Der Basiszinssatz ist ein veränderlicher Zinssatz, der von der Bundesbank jeweils zum 1. Januar und zum 1. Juni jedes Jahres neu festgelegt wird. Die Höhe des Basiszinssatzes richtet sich nach dem Refinanzierungszinssatz der Europäischen Zentralbank.

Aktuell liegt der Basiszinssatz bei -0,83 % (Juni 2016). Somit wird der Verzugszinsberechnung bei Verbrauchern ein Zinssatz von 4,17 %, bei Geschäftsleuten 8,17 % (seit Januar 2015) zugrunde gelegt (Basiszinssatz + x Prozentpunkte).

Die anfallenden (und täglich steigenden) Verzugszinsen können z. B. unter der folgenden Adresse berechnet werden: *www.zinsen-berechnen.de/verzugszinsrechner.php.*

Hierbei werden die geänderten Zinssätze der vergangenen Zinsperioden automatisch berücksichtigt.

Neben den Verzugszinsen haben Sie seit einer Änderung des § 288 BGB im Juni 2014 zusätzlich Anspruch auf eine Zahlung von pauschal 40 Euro pro Verzugsfall.

Mahnerfordernis

Gesetzlich ist geregelt, wann eine Mahnung überhaupt notwendig ist. Lt. § 286, Abs. 3 BGB kommt der Schuldner spätestens in Verzug, *»wenn er nicht innerhalb* *von 30 Tagen nach Fälligkeit und Zugang einer Rechnung oder gleichwertigen Zahlungsaufstellung leistet; dies gilt gegenüber einem Schuldner, der Verbraucher ist, nur, wenn auf diese Folgen in der Rechnung oder Zahlungsaufstellung besonders hingewiesen worden ist. Wenn der Zeitpunkt des Zugangs der Rechnung oder Zahlungsaufstellung unsicher ist, kommt der Schuldner, der nicht Verbraucher ist, spätestens 30 Tage nach Fälligkeit und Empfang der Gegenleistung in Verzug«.*

Für Geschäfte mit Endverbrauchern heißt das, dass auf eine gesonderte Mahnung verzichtet werden kann, wenn auf den Eintritt des Zahlungsverzugs schon in der Rechnung hingewiesen wurde.

Wurde ein genauer Termin für die Zahlung vereinbart, kommt der Schuldner ebenfalls ohne weitere Mahnung in Verzug. Der Leistungszeitpunkt muss durch eine Datumsangabe auf der Rechnung vermerkt werden.

Für die Praxis empfehlen wir daher (gerade bei Kauf auf Rechnung), den Käufer mit der Rechnungsstellung zugleich über die Zahlungsbedingungen zu informieren. Ein Hinweis in den allgemeinen Geschäftsbedingungen ist zumindest bei Geschäften mit Endverbrauchern nicht ausreichend.

Beispiel:

Bitte überweisen Sie den Rechnungsbetrag ohne Abzug bis zum 15. Juni 2016 auf unser Konto.

Tipp

Auch wenn eine Mahnung eigentlich nicht erforderlich ist (wenn auf den eintretenden Zahlungsverzug in der Rechnung hingewiesen wurde), empfehlen wir, dennoch eine Mahnung zu senden.

Sie ersparen sich damit unnötige Diskussionen mit dem Schuldner, ob Sie eine Mahnung hätten schicken müssen oder nicht.

Inkasso

Inkassounternehmen übernehmen im Mahnwesen eine wichtige Aufgabe. Sie kennen die rechtlichen Grundlagen und verfügen über ausreichende technische und personelle Ressourcen sowie Erfahrung, um professionell zwischen Lieferant und Käufer vermitteln zu können, bevor das gerichtliche Mahnverfahren eröffnet wird.

Einige Inkassounternehmen wie INPAGO Inkasso (*www.inpago.de*) oder Mediafinanz (*www.mediafinanz.net*) haben sich auf die Belange von Onlineshopbetreibern fokussiert und bieten Ihre Dienstleistungen für Shopbetreiber kostenfrei an.

Die Kosten für den Inkassovorgang berechnen sich nach dem Rechtsanwaltsvergütungsgesetz und sind – da es sich um einen Verzugsschaden handelt – vom Schuldner, also von Ihrem Kunden, zu tragen. Beide Dienstleister berechnen keine Fall- oder Grundgebühren, erfordern keine Mitgliedschaft und stellen auch bei komplettem Zahlungsausfall dem Auftraggeber keine Gebühren in Rechnung. Kurz: Sie arbeiten erfolgsabhängig.

Der komplette Inkassovorgang wird über das internetbasierte Inkassosystem der Anbieter vollständig online abgewickelt. Nach der Registrierung können Sie über eine gesicherte Plattform die Daten des Kaufs (Rechnungsdaten, Forderungsgrund und Mahndaten) sowie die Adressdaten des Schuldners in ein Formular eintragen und das Inkassounternehmen mit den weiteren Schritten beauftragen (Abbildung 13-10).

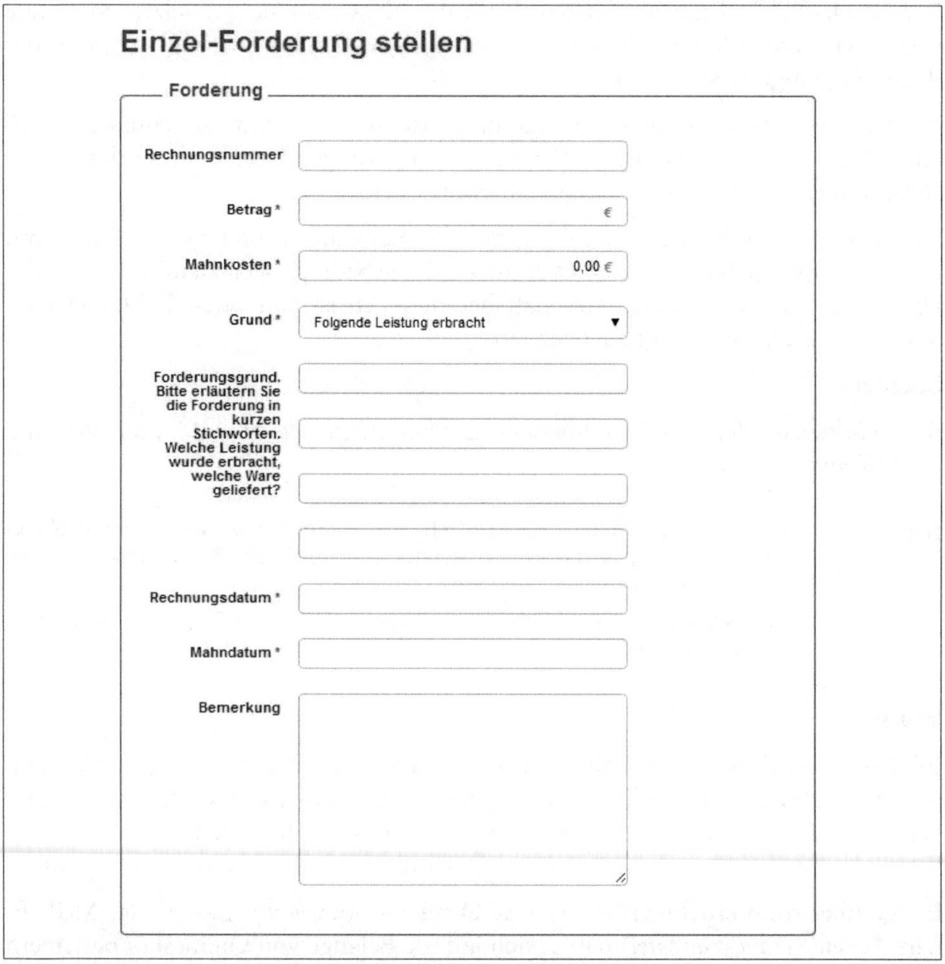

Abbildung 13-10: Eingabemaske Einzelforderung INPAGO Inkasso

Das Inkassounternehmen wird den Schuldner mit E-Mails, SMS, Briefen und Anrufen an die Gesamtforderung, die sich aus der Forderung des Shopbetreibers und der Forderung des Inkassounternehmens zusammensetzt, erinnern und ihn zur Zahlung auffordern. Je nach Forderungshöhe kann mit dem Schuldner auch eine Ratenzahlungsvereinbarung ausgehandelt werden.

Nach der erfolgten Zahlung überweist das Inkassounternehmen den kompletten Rechnungsbetrag und Ihre Mahngebühren auf Ihr Konto.

Mengeninkasso

Für Onlineshopbetreiber mit vielen offenen Forderungen ist das Mengeninkasso besonders interessant. Dabei werden mehrere Forderungen entweder über eine programmierte Schnittstelle (API) zwischen Onlineshop und Inkassounternehmen ausgetauscht, oder der Shopbetreiber kann eine sogenannte CSV-Datei auf die Inkassoplattform hochladen.

Bei Dateien im CSV-Format (Comma-separated values) handelt es sich um einfache Textdateien, die jeweils einen Datensatz pro Zeile enthalten. Jede Zeile ist in Felder (oft) unterschiedlicher Länge unterteilt, wobei jedes Feld durch ein eindeutiges Zeichen, z. B. ein Semikolon, eingegrenzt ist.

Beispiel:

```
Name;Vorname;Straße;Hausnummer;PLZ;Ort
Mustermann;Max;Musterstrasse;14;12345;Musterstadt
von Mustermann;Maximiliane;Musterallee;1;98765;Musternhausen
```

CSV-Dateien lassen sich z. B. ganz einfach mit Excel erstellen. Sie müssen die Datei lediglich als CSV-Datei abspeichern.

Wie in Abbildung 13-11 zu sehen ist, wird jeweils pro Spalte ein Wert angegeben. Die Spaltenreihenfolge ergibt sich aus den Vorgaben des Inkassodienstleisters.

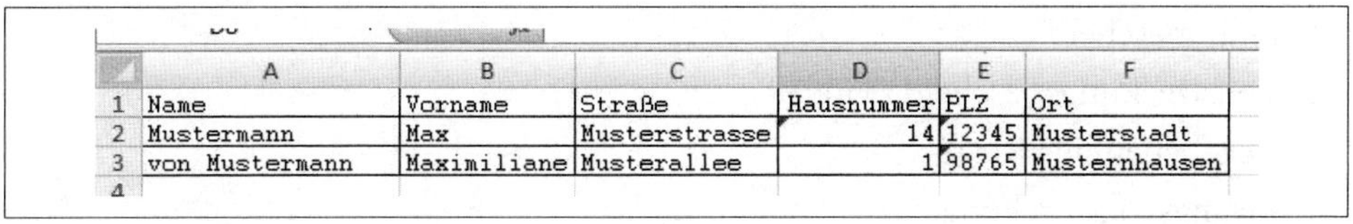

	A	B	C	D	E	F
1	Name	Vorname	Straße	Hausnummer	PLZ	Ort
2	Mustermann	Max	Musterstrasse	14	12345	Musterstadt
3	von Mustermann	Maximiliane	Musterallee	1	98765	Musternhausen
4						

Abbildung 13-11: CSV-Datei in Excel erstellen

Über den Excel-Dialog »Datei speichern → Excel Arbeitsmappe« können Sie den Dateityp »CSV (Trennzeichen-getrennt) (*.csv)« festlegen. Die Datei wird dann als reine Textdatei gespeichert, wobei die Spalten durch Semikolons unterteilt werden (Abbildung 13-12).

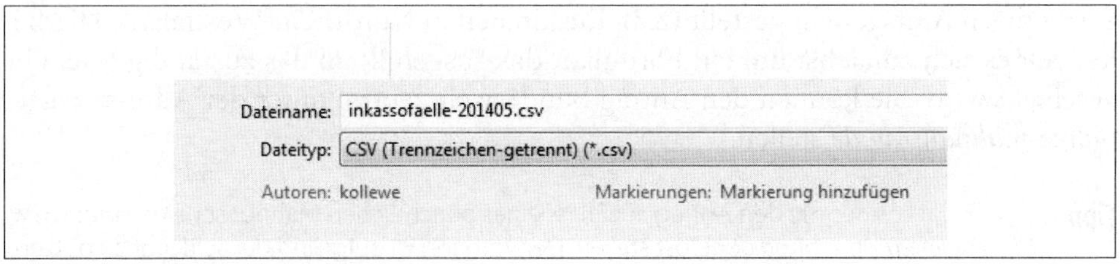

Abbildung 13-12: Excel-Datei als CSV-Datei speichern

Übergang ins gerichtliche Mahnverfahren

Inkassounternehmen bieten meist auch den einfachen Übergang zum gerichtlichen Mahnverfahren an, wenn die Forderungsbeitreibung erfolglos geblieben ist.

Hierbei beauftragen Sie das Inkassounternehmen, beim zuständigen Amtsgericht einen Mahnbescheid zu beantragen, der dem Schuldner vom Gericht zugestellt wird.

Sie können den Mahnbescheid alternativ auch selbst beantragen. Inkassounternehmen berechnen für den Antrag auf den Erlass eines gerichtlichen Mahnbescheids eine Gebühr, die von der Höhe der Grundforderung abhängig ist. Meist lohnt sich der Aufwand nicht, dies selbst zu tun, da das Verfahren auch nach vielen Jahren immer noch recht unübersichtlich ist.

Dem gerichtlichen Mahnbescheid folgt, sofern der Schuldner dem Mahnbescheid widerspricht, in der Regel die Klage. Das Inkassounternehmen wird Sie daher bei Beantragung des Mahnbescheids fragen, ob Sie im Falle eines Widerspruchs Klage gegen den Schuldner erheben möchten. Sofern Sie ernsthaftes Interesse an der Begleichung der Forderung haben, sollten Sie dies natürlich bejahen. Sie müssen sich jedoch bewusst sein, dass die Klage vor einem deutschen Gericht für Sie zunächst mit Kosten verbunden ist, da Sie mit den Gerichtskosten in Vorleistung treten müssen. Dies gilt ebenso für die Kosten der anwaltlichen Vertretung.

Gerichtliches Mahnverfahren

Das gerichtliche Mahnverfahren teilt sich in die folgenden Schritte:

1. Mahnbescheid
2. Vollstreckungsbescheid (Titel)
3. Gegebenenfalls Klage
4. Zwangsvollstreckung

Die folgenden Abschnitte zeigen den Weg vom Antrag auf Erlass eines gerichtlichen Mahnbescheids bis zur Zwangsvollstreckung.

Gerichtlicher Mahnbescheid

Der Antrag auf Erlass eines gerichtlichen Mahnbescheids wird beim für Mahnsachen zuständigen Amtsgericht gestellt (z. B. Euskirchen in Nordrhein-Westfalen). Hierbei handelt es sich zunächst um ein Formular, das ausgefüllt an das zuständige Gericht geschickt wird. Sie können den Antrag bundesweit zentral unter der Adresse *www.online-mahnantrag.de* stellen.

Tipp

Zwar können Sie den Antrag auf Erlass eines gerichtlichen Mahnbescheids unter *www.online-mahnantrag.de* selbst stellen. Der Vorgang ist aufgrund der schlecht zu nutzenden Eingabemasken und der notwendigen Angaben aber sehr aufwendig.

Fehlerhafte Angaben im Antrag werden vom Mahngericht moniert und müssen so lange korrigiert werden, bis alle Daten stimmig sind. Im schlimmsten Fall vergeht so wertvolle Zeit, die Sie vom Ziel der vollständigen Begleichung Ihrer Forderung entfernt.

Wir empfehlen daher, Ihre Forderungen zunächst über ein auf E-Commerce spezialisiertes Inkassounternehmen, z. B. *www.inpago*.de, bearbeiten und dort den Antrag auf Erlass eines Mahnbescheids stellen zu lassen.

Nachdem Sie den Antrag ausgefüllt haben, senden Sie die Unterlagen unterschrieben an das angegebene Mahngericht. Sofern alle Daten schlüssig und die Angaben vollständig sind, erhalten Sie vom Mahngericht eine Kostennote, die von Ihnen beglichen werden muss. Erst nach Bezahlung der Gerichtskosten wird der Vorgang weiterbearbeitet.

Sind im Antrag fehlerhafte Angaben enthalten, z. B. eine fehlerhafte Adresse oder eine unzureichende Angabe zum Forderungsgrund (Hauptforderung) mittels der Katalognummern aus dem Mahnverfahren, wird der Antrag vom Gericht moniert und an Sie zur Korrektur zurückgeschickt.

Nach Zustellung des Mahnbescheids an den Schuldner – dies erfolgt durch Postzustellungsurkunde des Mahngerichts – hat der Empfänger zwei Wochen Zeit, Widerspruch gegen den Mahnbescheid einzulegen. Er muss den Widerspruch nicht begründen.

Als Antragsteller erhalten Sie in diesem Fall die Widerspruchsnachricht vom Mahngericht und, soweit beantragt, die Kostennote für die Durchführung des streitigen Verfahrens. Sobald die Gerichtskosten bezahlt sind, kann das Gerichtsverfahren durchgeführt werden.

Wenn der Empfänger des Mahnbescheids keinen Widerspruch einlegt, müssen Sie als Gläubiger innerhalb von sechs Monaten nach Zustellung des Mahnbescheids den Vollstreckungsbescheid beantragen. Lassen Sie diese Frist verstreichen, verliert der Mahnbescheid seine Wirkung.

Vollstreckungsbescheid

Sofern der Schuldner gegen den Mahnbescheid keinen Widerspruch eingelegt hat, haben Sie sechs Monate Zeit, den Vollstreckungsbescheid zu beantragen.

Auch der Vollstreckungsbescheid wird mittels Formular beim zuständigen Mahngericht beantragt. Der Vollstreckungsbescheid wird nachfolgend erlassen und dem Gegner zugestellt. Als Gläubiger erhalten Sie den Vollstreckungsbescheid (den sogenannten Titel) und den Vermerk über die Zustellung an den Schuldner. Der Vollstreckungsbescheid ist die Grundlage für die Pfändung durch den Gerichtsvollzieher (Abbildung 13-13).

Tipp Ein Vollstreckungsbescheid ist 30 Jahre gültig. Sie müssen also nicht unbedingt sofort pfänden lassen. Selbst wenn der Schuldner momentan über kein Vermögen verfügt, kann es sich lohnen, einen Titel zu beantragen und die Pfändung erst in einigen Jahren vorzunehmen.

Nach Zustellung des Vollstreckungsbescheids hat der Empfänger wiederum zwei Wochen Zeit, Widerspruch einzulegen. Der Widerspruch führt zwar unmittelbar zur Durchführung des gerichtlichen Verfahrens (Klage), hat aber keinen Einfluss auf die Vollstreckbarkeit des Titels.

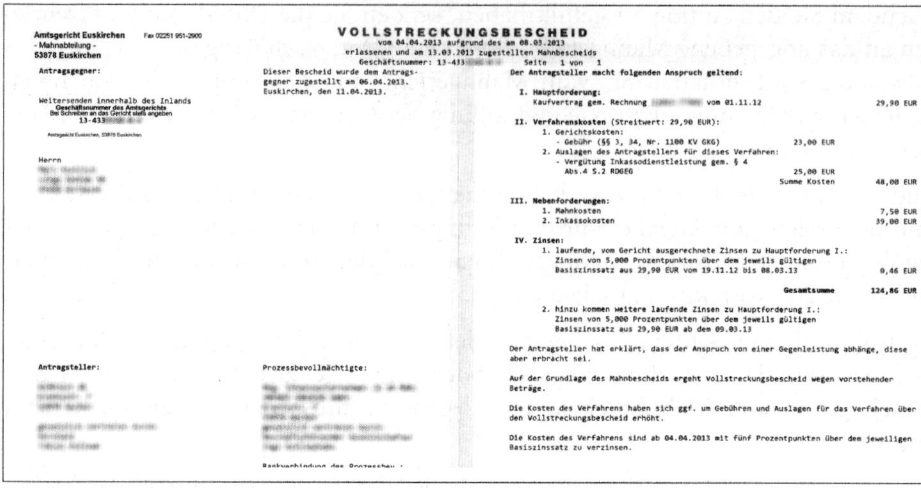

Amtsgericht Euskirchen Fax 02251 951-2900
- Mahnabteilung -
53878 Euskirchen

VOLLSTRECKUNGSBESCHEID
vom 04.04.2013 aufgrund des am 08.03.2013
erlassenen und am 13.03.2013 zugestellten Mahnbescheids
Geschäftsnummer: 13-433 Seite 1 von 1

Antragsgegner:

Weitersenden innerhalb des Inlands
Geschäftsnummer des Amtsgerichts
Bei Schreiben an das Gericht stets angeben
13-433

Amtsgericht Euskirchen, 53878 Euskirchen

Herrn

Dieser Bescheid wurde dem Antragsgegner zugestellt am 06.04.2013.
Euskirchen, den 11.04.2013.

Der Antragsteller macht folgenden Anspruch geltend:

I. Hauptforderung:
Kaufvertrag gem. Rechnung vom 01.11.12 — 29,90 EUR

II. Verfahrenskosten (Streitwert: 29,90 EUR):
1. Gerichtskosten:
- Gebühr (§§ 3, 34, Nr. 1100 KV GKG) — 23,00 EUR
2. Auslagen des Antragstellers für dieses Verfahren:
- Vergütung Inkassodienstleistung gem. § 4 Abs.4 S.2 RDGEG — 25,00 EUR
Summe Kosten — 48,00 EUR

III. Nebenforderungen:
1. Mahnkosten — 7,50 EUR
2. Inkassokosten — 39,00 EUR

IV. Zinsen:
1. laufende, vom Gericht ausgerechnete Zinsen zu Hauptforderung I.:
Zinsen von 5,000 Prozentpunkten über dem jeweils gültigen Basiszinssatz aus 29,90 EUR vom 19.11.12 bis 08.03.13 — 0,46 EUR

Gesamtsumme — 124,86 EUR

2. hinzu kommen weitere laufende Zinsen zu Hauptforderung I.:
Zinsen von 5,000 Prozentpunkten über dem jeweils gültigen Basiszinssatz aus 29,90 EUR ab dem 09.03.13

Der Antragsteller hat erklärt, dass der Anspruch von einer Gegenleistung abhänge, diese aber erbracht sei.

Auf der Grundlage des Mahnbescheids ergeht Vollstreckungsbescheid wegen vorstehender Beträge.

Die Kosten des Verfahrens haben sich ggf. um Gebühren und Auslagen für das Verfahren über den Vollstreckungsbescheid erhöht.

Die Kosten des Verfahrens sind ab 04.04.2013 mit fünf Prozentpunkten über dem jeweiligen Basiszinssatz zu verzinsen.

Antragsteller:

Prozessbevollmächtigte:

Bankverbindung des Prozessbev.:

Abbildung 13-13: Ausschnitt aus einem Vollstreckungsbescheid (im Original ca. DIN A3)

Zwangsvollstreckung

Die Zwangsvollstreckung auf Basis eines erlassenen Vollstreckungsbescheids (Titel) erfolgt durch den Gerichtsvollzieher.

Den Gerichtsvollzieher können Sie wiederum selbst beauftragen. Senden Sie Ihren Pfändungsauftrag zusammen mit dem Vollstreckungsbescheid (im Original) einfach an die Gerichtvollzieher-Verteilerstelle des zuständigen Amtsgerichts.

Tipp Der Gerichtsvollzieher tut tatsächlich nur das, wozu Sie ihn beauftragen. Eine Taschenpfändung wird z. B. nur dann vorgenommen, wenn Sie auch im Pfändungsauftrag angegeben ist.

Wir empfehlen daher, sich vor der Beauftragung des Gerichtsvollziehers beraten zu lassen. Dies kann durch einen Anwalt oder durch das örtliche Amtsgericht erfolgen.

Fazit

Zahlungsausfälle haben einen direkten Einfluss auf Ihre Liquidität und Ihre Laune. Es ist deutlich einfacher, dem Zahlungsausfall vorzugbeugen (wie im Abschnitt »Was tun bei (drohendem) Zahlungsausfall« auf Seite 317 beschrieben) als der nicht bezahlten Rechnung hinterherzulaufen.

Wenn es doch einmal so weit gekommen ist, empfehlen wir, die einzelnen Schritte des außergerichtlichen und gerichtlichen Mahnverfahrens konsequent durchzuziehen und den säumigen Schuldner nicht einfach davonkommen zu lassen.

In diesem Kapitel:

- Abmahnung
- Allgemeine Geschäftsbedingungen
- Impressum
- Datenschutzerklärung
- Informationspflichten seit Juni 2014
- Markenrecht
- Internationalisierung
- ElektroG2 – Interview mit Christoph Hesselmann

KAPITEL 14

Rechtliche Aspekte

Das Internet ist genauso wenig und genauso viel ein »rechtsfreier Raum« wie der Augsburger Marktplatz oder die Zugspitze. Im E-Commerce gelten die gleichen Rechte und Gesetze wie im realen Leben – mit Ausnahme der Gesetze natürlich, die sich auf einen der beiden Bereiche beschränken.

Was vor 20 Jahren wettbewerbswidrig war oder gegen Marken- oder Urheberrechte verstoßen hat, ist heute – wenn man eine inzwischen eventuell geänderte Gesetzeslage einmal außer Betracht lässt – immer noch wettbewerbswidrig oder verstößt gegen die Rechte anderer.

Das Internet hat es lediglich einfacher gemacht, Rechtsverstöße aufzudecken und zu verfolgen. Und der Gesetzgeber hat es lange Zeit versäumt, den sich ändernden Gegebenheiten entsprechende Bedeutung zuzumessen und Gesetze und Verordnungen an die neuen Anforderungen anzupassen. In Teilen ist dies bis heute immer noch nicht geschehen.

Neben den Vorgaben auf nationaler Ebene spielen in Zeiten wortwörtlich grenzenloser Shoppingmöglichkeiten internationale Regelungen, sei es nationales Recht in anderen EU-Staaten, EU-Recht oder Recht im EU-Ausland, eine nicht zu vernachlässigende Rolle. So einfach der weltweite Handel ist, so sehr müssen Shopbetreiber sich um die rechtlichen Belange des jeweiligen Lands kümmern, in das sie liefern wollen.

»Wo kein Kläger, da kein Richter« – das Internet hat dieses Sprichwort aktueller denn je gemacht. Der nächste Kläger ist aber oft nur einen Mausklick entfernt.

In diesem Kapitel widmen wir uns den rechtlichen Aspekten des E-Commerce, wobei ausdrücklich darauf hingewiesen sei, dass es sich hierbei um keinerlei rechtliche Beratung handelt. Allein wegen des breiten Spektrums und der Einzelfallkriterien können wir Themenbereiche nur oberflächlich behandeln.

Jedem Onlineshopbetreiber empfehlen wir die Inanspruchnahme einer rechtlichen Beratung zu allen nachfolgenden Themen.

Abmahnung

Die vor einigen Jahren aufgekommene Abmahnwelle ist bis heute nicht richtig abgeebbt.

Natürlich hat das rechtliche Mittel der Abmahnung seine Daseinsberechtigung. Es wurde geschaffen, um rechtliche Streitigkeiten zwischen zwei Parteien zu regeln, ohne zwingend eine Gerichtsverhandlung notwendig zu machen. Zunächst einmal ist eine Abmahnung nichts anderes als die Aufforderung an eine andere Partei, etwas zu unterlassen – sei es die Verbreitung urheberrechtlich geschützter Dokumente oder der Verstoß gegen das Wettbewerbsrecht.

Wenn Sie mit Ihrem Onlineshop oder mit Ihren Marketingaktivitäten also gegen Rechte anderer verstoßen, müssen Sie damit rechnen, von der Gegenpartei abgemahnt zu werden.

Sie erhalten dann in der Regel ein anwaltliches Schreiben – wobei die anwaltliche Beteiligung an der Abmahnung nicht zwingend erforderlich ist – verbunden mit der Aufforderung, den Verstoß umgehend zu beseitigen. Gegenstand der Aufforderung ist oft auch eine Unterlassungserklärung. Schriftlich sollen Sie bestätigen, dass Sie den begangenen Verstoß nicht wiederholen werden. Für den Fall einer Wiederholung verpflichten Sie sich zur Zahlung einer entsprechenden Strafe. Dazu erhalten Sie (natürlich) auch noch eine Rechnung des gegnerischen Anwalts, da Sie als Verursacher für den Schaden (also die Anwaltskosten) haften müssen.

Dieses Haftungsprinzip gibt es in vielen anderen Ländern übrigens nicht. In Österreich z. B. müssen Abmahnende die Kosten ihres Anwalts selbst tragen und können sie außergerichtlich nicht auf den Gegner abwälzen. Im Ergebnis ist die Anzahl der Abmahnungen wegen Bagatellen deutlich geringer als in Deutschland.

Da Abmahnungen nicht auf Rechtmäßigkeit oder Sinn und Unsinn geprüft werden, können Sie auch (kostenpflichtig) abgemahnt werden, obwohl überhaupt kein Rechtsverstoß vorliegt. Die Kosten Ihrer Zurwehrsetzung können Sie zwar vor Gericht vom Abmahnenden zurückfordern (und einklagen), müssen sie aber zunächst einmal selbst bezahlen.

Unsere Agentur wurde vor einigen Jahren von einer anderen Agentur abgemahnt, weil unsere Internetseite über kein Impressum verfügte; das behauptete zumindest die abmahnende Gegenpartei. Sie hatte jedoch lediglich einen Blick auf unsere Seite »Kontakt« geworfen. Die Seite »Impressum« hatte sie außer Acht gelassen.

Hätten wir auf diese unbegründete Abmahnung zum damaligen Zeitpunkt nicht reagiert, hätte der Gegner, ebenfalls ohne Bewertung durch ein Gericht, eine einstweilige Verfügung gegen uns erwirken können, die uns gerichtlich gezwungen hätte, einen Umstand zu beseitigen, der gar nicht vorhanden war.

Wir können Ihnen nur raten, umgehend anwaltliche Beratung in Anspruch zu nehmen, wenn Sie abgemahnt werden. Es handelt sich bei einer Abmahnung keineswegs nur um eine freundliche Aufforderung, sondern oft um den ersten Schritt in eine konkrete und kostspielige rechtliche Auseinandersetzung.

Tipp Als Onlineshopbetreiber müssen Sie die rechtliche Inanspruchnahme durch Wettbewerber in Betracht ziehen. Die dabei entstehenden Kosten werden Sie, sobald die Abmahnung einmal eingegangen ist, nur schwerlich abwenden können.

Wir empfehlen Ihnen daher, frühzeitig einen Betrag zurückzulegen, der diese Kosten deckt. Inklusive eigener Anwaltskosten können je nach Streitwert durchaus 2.000 Euro fällig werden.

Für bilanzierungspflichtige Unternehmen liegt die Überlegung nahe, für drohende Abmahnungen und Rechtsberatungskosten eine Rückstellung zu bilden. Rückstellungen, also die Berücksichtigung zukünftig entstehender Kosten, können immer dann gebildet werden, wenn mit einer konkreten Belastung in den kommenden Geschäftsjahren zu rechnen ist. Die bloße Möglichkeit einer Abmahnung ohne konkreten Anlass fällt in der Regel nicht darunter. Lassen Sie sich zu diesem Thema von Ihrem Steuerberater beraten!

Allgemeine Geschäftsbedingungen

Allgemeine Geschäftsbedingungen regeln, soweit sie erfolgreich in den Vertragsabschluss mit einbezogen werden, vertragliche Besonderheiten zwischen den Vertragsparteien.

Vorweg: Kein Unternehmen ist verpflichtet, allgemeine Geschäftsbedingungen zu haben. Grundsätzliche gelten immer die Regelungen des Gesetzgebers, in vielen Fällen werden dies das Bürgerliche Gesetzbuch (BGB) oder das Handelsgesetzbuch (HGB) sein. Allgemeine Geschäftsbedingungen dienen dazu, Abweichungen von den gesetzlichen Regelungen festzulegen oder Umstände zu regeln, die durch den Gesetzgeber bis dato noch nicht in Gesetzen oder Verordnungen geregelt wurden.

Folgende Aspekte können in den allgemeinen Geschäftsbedingungen Ihres Onlineshops geregelt werden:

- Vertragsschluss
- Liefergebiet
- Rückgabebedingungen (Achtung: Hiermit ist nicht das Widerrufsrecht gemeint!)
- Umgang mit Mängeln
- Gewährleistung
- Lieferung und Lieferfähigkeit
- Versandkosten
- Zahlungskonditionen
- Eigentumsvorbehalt

- Haftungsausschluss
- Datenschutz
- Urheberrecht

Diese und viele andere Themen können (nicht müssen) Sie mit Ihren allgemeinen Geschäftsbedingungen abdecken.

Jede Regelungen birgt jedoch auch wieder die Gefahr, dass sie, wenn falsch formuliert, gegen geltendes Recht verstößt und damit wettbewerbswidrig und abmahnfähig ist.

In jedem Fall sollten Sie hier anwaltliche Unterstützung in Anspruch nehmen. Machen Sie nicht den Fehler, die Geschäftsbedingungen von anderen Onlineshops zu kopieren. Auch sie können dem Urheberrecht unterliegen! Darüber hinaus ist natürlich nicht sichergestellt, dass die kopierten Geschäftsbedingungen Rechtssicherheit bieten und vor der befürchteten Abmahnung wegen enthaltener Fehler schützen.

Tipp

Schon häufig wurden Onlineshopbetreiber von Wettbewerbern abgemahnt, weil sie keine allgemeinen Geschäftsbedingungen in ihrem Onlineshop bereitgestellt hatten.

Wie im Abschnitt »Abmahnung« auf Seite 330 beschrieben, kommt hier wieder der Umstand zum Tragen, dass Abmahnungen in der Regel nicht auf ihre Sinnhaftigkeit geprüft werden – oft nicht einmal vom abmahnenden Anwalt.

Wenn Sie wirklich keine allgemeinen Geschäftsbedingungen nutzen, sollten Sie auf diesen Umstand in Ihrem Onlineshop deutlich hinweisen, um den falschen Abmahnungen vorzubeugen.

In der Praxis hat es sich bewährt, nicht auf die allgemeinen Geschäftsbedingungen zu verzichten. Der Gesetzgeber hat in den vergangenen Jahren umfassende Informationspflichten für den Fernabsatzhandel erlassen. Die Informationen, die Sie Ihren Kunden ohnehin zur Verfügung stellen müssen, lassen sich darin am besten zusammenfassen. Allgemeine Geschäftsbedingungen erfüllen also keinesfalls einen Selbstzweck, nur weil der Gesetzgeber durch die vielfältigen Informationspflichten eine De-facto-AGB-Verpflichtung eingeführt hat – sie regeln das Verhältnis zwischen Ihnen als Shopbetreiber und Ihren Kunden.

Muster-AGB

Im Internet werden oft sogenannte Muster-AGB angeboten. Sie sollen alle Feinheiten des Onlinehandels für alle Onlineshops gleichzeitig abdecken. Dass diese Muster-AGB keine Rechtssicherheit bieten können, versteht sich eigentlich von selbst, da sie auf die Besonderheiten Ihres Onlineshops ja nicht eingehen können. Allein die Frage, ob sich Ihr Angebot an Privatkunden, an Gewerbetreibende oder an beide Zielgruppen gleichzeitig richtet, ist für die Ausgestaltung der AGB wichtig und kann von Mustertexten nicht beantwortet werden.

Von Muster-AGB können wir daher nur abraten.

Impressum

Das Thema Impressum, eigentlich die »Anbieterkennzeichnung«, ist im Onlinehandel in Deutschland fast genauso alt wie der Onlinehandel selbst. Seinen Ursprung hat es in Druckerzeugnissen und der Verpflichtung zur Angabe von Verlag und Redaktion.

Im Bereich des Fernabsatzes, worunter der Onlinehandel fällt, sind die Angaben im Telemediengesetz, § 5, Allgemeine Informationspflichten, geregelt. Grob zusammengefasst umfasst die Anbieterkennzeichnung ähnliche Pflichtangaben wie die, die Sie laut Handelsgesetzbuch, GmbH-Gesetz, Aktien-Gesetz oder der für Ihren Berufsstand geltenden Gesetzgebung oder Verordnung beispielsweise auch auf Ihrem Briefpapier machen müssen.

Die zu machenden Angaben sind sehr klar und eindeutig geregelt. Zu den Angaben zählen:

- Vollständiger Name inkl. mindestens eines Vornamens
- (Ladungsfähige) Anschrift (kein Postfach)
- Rechtsform und Vertretungsberechtigte
- E-Mail-Adresse und Telefonnummer
- Angaben zur Aufsichtsbehörde (wenn zutreffend)
- Register und Registernummer (wenn zutreffend), also Handelsregister, Vereinsregister, Partnerschaftsregister oder Genossenschaftsregister
- Zuständige Kammer (wenn zutreffend)
- Berufsbezeichnung und Staat, in dem die Berufsbezeichnung verliehen worden ist (wenn zutreffend)
- Umsatzsteuer-Identifikationsnummer (wenn vorhanden; nicht zu verwechseln mit der Steuernummer!)
- Wirtschafts-Identifikationsnummer (wenn vorhanden)
- Information über die Liquidation (bei Kapitalgesellschaften, wenn zutreffend)

Explizit weist das Gesetz darauf hin, dass weitergehende Informationspflichten nach anderen Rechtsvorschriften davon unberührt bleiben und damit zusätzlich zu machen sind.

Dies kann z. B. die Angabe einer Berufshaftpflichtversicherung oder die Nennung des Aufsichtsratsvorsitzenden bei Aktiengesellschaften sein.

Fehlende Angaben im Impressum können nicht nur wettbewerbsrechtlich problematisch sein. Darüber hinaus stellen sie eine Ordnungswidrigkeit dar, die (zumindest in der Theorie) mit einem Bußgeld von bis zu 50.000 Euro geahndet werden kann.

Auch hier gilt wieder der Rat, die Angaben in Ihrem Impressum anwaltlich überprüfen zu lassen.

Was ist an einem unvollständigen Impressum eigentlich wettbewerbsrechtlich relevant?

Betrachtet man diese Frage nicht aus der Sicht von Juristen, sondern aus der von Onlineshopbetreibern oder Endverbrauchern: wahrscheinlich nichts. Es ist in der Praxis kaum vorstellbar, dass sich Onlineshopbesucher z. B. wegen der fehlenden Angabe der Umsatzsteuer-Identifikationsnummer im Impressum für oder gegen den Kauf in einem Onlineshop entscheiden. Den wenigsten Endverbrauchern dürfte die Existenz dieser Nummer und ihr Verwendungszweck überhaupt bekannt sein. In der juristischen Theorie geht man aber davon aus, dass sich derjenige, der die Angabe weglässt, hierdurch einen Wettbewerbsvorteil verschafft haben könnte.

Impressum-Generator

Gerade weil die Angaben, die in Ihr Impressum gehören, so eindeutig definiert sind, ist die Erstellung eines rechtlich korrekten Impressums nicht sonderlich kompliziert. Im Internet bieten viele Dienstleister und Rechtsanwälte sogenannte »Impressum-Generatoren« (siehe Abbildung 14-1) an.

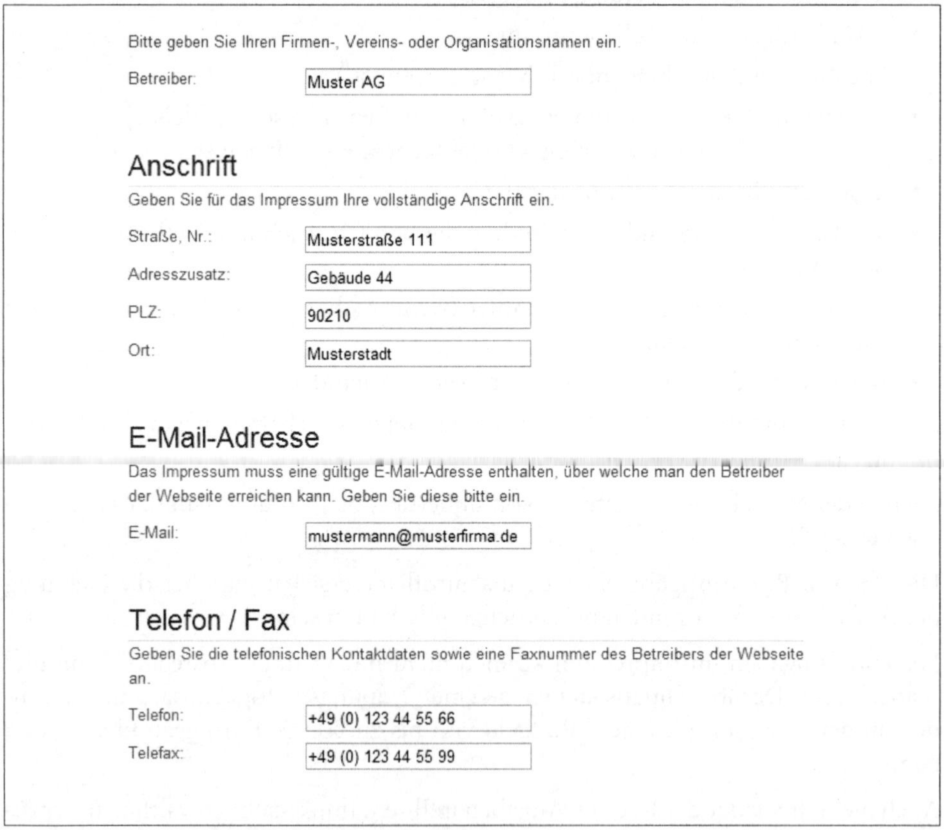
Bitte geben Sie Ihren Firmen-, Vereins- oder Organisationsnamen ein.

Betreiber: Muster AG

Anschrift

Geben Sie für das Impressum Ihre vollständige Anschrift ein.

Straße, Nr.: Musterstraße 111

Adresszusatz: Gebäude 44

PLZ: 90210

Ort: Musterstadt

E-Mail-Adresse

Das Impressum muss eine gültige E-Mail-Adresse enthalten, über welche man den Betreiber der Webseite erreichen kann. Geben Sie diese bitte ein.

E-Mail: mustermann@musterfirma.de

Telefon / Fax

Geben Sie die telefonischen Kontaktdaten sowie eine Faxnummer des Betreibers der Webseite an.

Telefon: +49 (0) 123 44 55 66

Telefax: +49 (0) 123 44 55 99

Abbildung 14-1: Impressum-Generator, www.e-recht24.de (Juni 2014)

Im Rahmen einer interaktiven Frage-Antwort-Sequenz werden dabei Informationen zu Ihrem Unternehmen abgefragt, die Sie in die Formulare auf der Internetseite eintragen können. Als Ergebnis erhalten Sie ein fertiges Impressum, das Sie nur noch in Ihre Internetseite und Ihren Onlineshop einfügen müssen.

Einen Impressus-Generator finden Sie z. B. auf der Internetseite der IT-Recht Kanzlei München oder bei e-recht24.de.

- *http://www.it-recht-kanzlei.de/Tools/Impressum/generator.php*
- *http://www.e-recht24.de/impressum-generator.html*

Wo Sie ein Impressum benötigen

Die Annahme, mit der Einbindung des Impressums in Ihrem Onlineshop wäre der Informationspflicht Genüge getan, ist natürlich falsch.

Als Onlinehändler müssen Sie auf allen von Ihnen genutzten Kanälen, auf denen Sie mit Ihren zukünftigen Kunden kommunizieren oder Ihre Angebote unterbreiten, die Pflichtinformationen vorhalten.

Ein Impressum benötigen Sie daher beispielsweise auch

- auf Landingpages für AdWords-Anzeigen
- in E-Mails und im Newsletter
- in sozialen Netzwerken wie Facebook, Twitter, Instagram, Xing etc.
- in Preissuchmaschinen
- auf anderen Verkaufsplattformen wie Amazon, eBay, Rakuten etc.
- auf Drucksachen

Auf allen Plattformen und Webseiten gelten dabei die folgenden Regeln zur Platzierung des Impressums:

- leicht erkennbar
- unmittelbar erreichbar
- ständig verfügbar

In der allgemeinen Praxis bietet es sich daher an, das Impressum tatsächlich mit dem Begriff »Impressum« zu verlinken und den Link auf jeder (!) Seite des eigenen Internetangebots am Ende der jeweiligen Seite klar erkennbar einzufügen.

Auf Social-Media-Plattformen haben Sie in der Regel keinen Einfluss auf die Seitengestaltung und damit auch nicht auf die Positionierung des Links zu Ihrem Impressum. Sofern der Anbieter, wie z. B. Facebook seit Anfang 2014, kein eigenes Feld für das Impressum anbietet, sollten Sie daher dafür Sorge tragen, dass ein entsprechender Link auf das Impressum Ihres Onlineshops oder Ihrer Internetseite leicht erreichbar im »Über uns«-Bereich oder im Nutzerprofil (siehe Abbildung 14-2) der Social-Media-Plattform dargestellt wird und von allen Seiten aus mit maximal zwei Klicks erreichbar ist.

Abbildung 14-2: Verlinkung zum Impressum bei Twitter (Juni 2014)

Datenschutzerklärung

In der Datenschutzerklärung muss der Besucher Ihres Onlineshops (nicht nur der Käufer) über die Erhebung und Nutzung der Daten informiert werden, die im Rahmen seines Besuchs Ihrer Internetseiten oder eines Kaufs in Ihrem Onlineshop erhoben werden.

Die Informationspflicht umfasst dabei nicht nur die Daten, die Sie selbst durch die Eingabe des Kunden in Formularfeldern erheben, sondern auch die Daten, die z. B. während des Besuchs im Onlineshop in Serverlogfiles oder in Cookies auf dem Computer des Shopbesuchers gespeichert werden – so z. B. auch die IP-Adresse des Internetanschlusses, über den der Shopbesucher mit dem Internet verbunden ist.

Zusätzlich sind davon alle Daten betroffen, die von Ihnen bzw. von Ihrem Onlineshop automatisch an andere Webdienste und Social-Media-Plattformen übermittelt werden.

Damit nicht genug: Im Rahmen der Bestellabwicklung übermitteln Sie die Daten auch an andere Dienstleister, die mittelbar oder unmittelbar am Verkauf beteiligt sind.

Überlegen Sie einmal, an wen Sie die Daten Ihrer Shopbesucher und Kunden übermitteln. Dazu können gehören:

- Auskunftei (für die automatisierte Bonitätsprüfung)
- Payment-Service-Provider
- Akquirer
- Kreditkartenunternehmen, PayPal und andere Zahlungsdienstleister
- Hausbank

- Logistikpartner
- Bewertungsplattformen wie Trusted Shops
- Social-Media-Plattformen wie Facebook, Twitter, Google+
- Statistiksoftwareanbieter wie Google Analytics oder econda
- Anbieter von eingebundender Newslettersoftware
- Anbieter von Onlinewerbung wie Google AdWords
- Anbieter von Affiliate-Netzwerken

Nicht zu allen Unternehmen, die an der Verarbeitung der Daten beteiligt sind, müssen Ihre Kunden informiert werden. Die Informationspflicht beschränkt sich in der Regel auf alle Unternehmen, die nicht im unmittelbaren Zusammenhang mit der Erfüllung des Kaufvertrags stehen. Hier ist eine Übermittlung der Daten an beteiligte Unternehmen ohne Zustimmung des Kunden möglich, da die Datenweitergabe zur Erfüllung des Kaufvertrags zwingend erforderlich ist. Der Paketdienst kann das Paket nur ausliefern, wenn er von Ihnen die vollständige Anschrift des Empfängers erhält.

Bei allen Verwendungszwecken, die nicht mit dem Kauf in Verbindung stehen, muss der Shopbesucher aber in der Datenschutzerklärung über die Übermittlung seiner Daten informiert werden.

Zudem steht dem Shopbesucher ein erweitertes Auskunftsrecht über Art, Umfang und Zweck der Erhebung, Verarbeitung oder Nutzung der personenbezogenen Daten zu. Ebenso muss er über ein bestehendes Widerspruchsrecht hinsichtlich der Nutzung und Verarbeitung seiner personenbezogenen Daten ausdrücklich informiert werden.

Datenschutzerklärungs-Generator

Auch zur Erstellung einer Datenschutzerklärung gibt es zahlreiche mehr oder minder interaktive Generatoren, z. B. unter *http://www.e-recht24.de/muster-datenschutzerklaerung.html*, die Sie zur Erstellung Ihrer Datenschutzerklärung nutzen können.

Bedenken Sie aber bitte, dass dabei nur allgemeingültige Umstände berücksichtigt werden. Überlegen Sie zusammen mit Ihrem Anwalt, auf welche Formen der Datenverarbeitung und -weitergabe, die speziell in Ihrem Onlineshop erfolgen, Sie Ihre Shopbesucher und Käufer hinweisen müssen.

Datenschutzanfragen beantworten

Gemäß Bundesdatenschutzgesetz haben Kunden und Besucher Ihrer Internetseite einen Anspruch darauf, zu erfahren, welche Daten über sie bei Ihnen gespeichert sind.

In der Datenschutzerklärung sollten Sie daher erklären, wie Benutzer die Daten bei Ihnen abfragen können. Fügen Sie dazu am einfachsten eine entsprechende (E-Mail-)Adresse in die Datenschutzerklärung ein, an die diese Anfragen gerichtet werden können. Die Anfrage muss für den Anfragenden kostenfrei sein. Sie dürfen weder Gebühren noch Porto für die Beantwortung verlangen (sofern Sie per Brief antworten möchten).

Sie sollten die Anfragen zügig und ehrlich beantworten. Es handelt sich bei der Beantwortung nicht (nur) um eine lästige Verpflichtung, sondern um eine gesetzliche Regelung. Die offene Beantwortung der Anfragen zum Datenschutz ist natürlich auch aus der Sicht des Kundenservices zu betrachten: Erhält der Kunde eine zügige und aus seiner Sicht vollständige Antwort, wird er Ihrem Unternehmen gegenüber eher positiv eingestellt sein, als wenn Sie die Antwort hinauszögern oder unzureichend beantworten.

Beispielantwort Datenschutzabfrage

Auskunft über gespeicherte Daten

Sehr geehrte(r) Herr/Frau Mustermann,

vielen Dank für Ihr Schreiben, das wir Ihnen gern beantworten.

Ihre Daten stammen aus Ihrem Einkauf in unserem Onlineshop am 04.08.2015.

Aktuell sind die folgenden personenbezogenen Daten bei uns gespeichert (Stand der Abfrage: 15.06.2016):

E-Mail-Adresse:	max@mustermann.de
Firma:	–
Vorname:	Max
Nachname:	Mustermann
Adresszusatz:	–
Straße:	Maximilianstraße
Hausnummer:	123
Postleitzahl:	12345
Ort:	Musterstadt
Telefon:	–

Ihre Daten werden für unsere eigene Werbung in einer Datenbank für Bestandskunden geführt. Ihre Adressdaten haben wir ab sofort für die weitere werbliche Nutzung gesperrt.

Soweit wir die Daten für die Erfüllung unserer gesetzlichen Pflichten vorhalten müssen, ist eine Löschung der Daten erst nach Ablauf der gesetzlichen Fristen vorgesehen.

Sollten Sie noch weitere Fragen haben, können Sie mich gern direkt kontaktieren.

Mit freundlichen Grüßen
Muster-Onlineshop

Martha Haslbeck (Datenschutzbeauftragte)

Wenn der Anfragende die Löschung seiner Daten bei Ihnen beantragt, hat er natürlich auch hierauf ein Recht, sofern Sie nicht verpflichtet sind, die Daten, die den Kauf im Onlineshop betreffen, selbst aufzubewahren. Nach der aktuellen Gesetzgebung sind Daten zwischen sechs und zehn Jahren aufzubewahren. Der Anfragende sollte über die eigene Verpflichtung zur Speicherung höflich informiert werden.

Wir empfehlen die Beantwortung von Anfragen über gespeicherte Daten per Briefpost. Der Antwortbrief hat einen etwas offizielleren Charakter als eine formlose E-Mail und unterstreicht Ihre Ernsthaftigkeit bei der Beantwortung der Anfrage. Zudem können Sie eine Kopie des Briefs aufbewahren, um im (unwahrscheinlichen) Fall der Nachfrage durch den zuständigen Landesdatenschutzbeauftragten, an den der Kunde den Vorgang möglicherweise ebenfalls weitergeleitet hat, die Beantwortung vorlegen zu können.

Ein Datenleck – und nun?

Von Datenpannen und Einbrüchen in Computersysteme bei Onlineshops ist immer wieder zu hören und zu lesen. Gestohlene Daten haben sich in den letzten Jahren zu einem Wirtschaftsgut entwickelt, das Sie wie Schuhe oder Bücher im Internet kaufen können. Je aktueller die Daten sind, desto wertvoller sind sie für den Verkäufer. »Wertvoll« meint: Für mehrere Tausend aktuelle Kreditkartendatensätze müssen Sie nicht mehr als 50 Euro bezahlen.

Da die Daten durch Sicherheitslücken in Onlineshops und einfach zu knackende Passwörter leicht zu bekommen sind, sind die Preise hierfür auch entsprechend niedrig. Meist bleibt der Datendiebstahl unbemerkt. Die Täter versuchen, ihre digitalen Spuren zu verwischen, um die Quelle nach einiger Zeit nochmals anzuzapfen. Die meisten Datenlecks werden inzwischen durch Onlineshopkunden enttarnt, die für jeden Einkauf in einem Onlineshop eine andere E-Mail-Adresse verwenden. Erhalten Sie auf dieser E-Mail-Adresse z. B. Spammails, kann davon ausgegangen werden, dass die Daten durch den Shopbetreiber zweckentfremdet oder weitergegeben wurden oder bei einem Einbruch in den Onlineshop abhandengekommen sind.

Wenn Daten aus Ihrem Onlineshop entwendet wurden, müssen Sie natürlich dafür Sorge tragen, dass die vorhandene Sicherheitslücke so schnell wie möglich geschlossen wird und der Vorgang sich nicht wiederholen kann.

Bitten Sie Ihren Provider, die aktuellen Logfiles zu sichern und soweit möglich auch eine Spiegelung der Serverfestplatten anzufertigen, die Sie den ermittelnden Behörden zur Beweissicherung aushändigen können.

Das Bundesdatenschutzgesetz sieht vor, dass Sie alle Nutzer, die vom Datendiebstahl betroffen sind, und die zuständigen Aufsichtsbehörden über den Datendiebstahl informieren müssen, wenn Daten betroffen sind, die

- einem Berufsgeheimnis unterliegen,
- sich auf Ordnungswidrigkeiten oder Straftaten beziehen,
- Bank- oder Kreditkartenkonten betreffen,

- als personenbezogene Daten folgende Merkmale aufweisen: rassische und ethnische Herkunft, politische Meinungen, religiöse oder philosophische Überzeugungen, Gewerkschaftszugehörigkeit, Gesundheit oder Sexualleben.

Die Betroffenen müssen einzeln informiert werden. Soweit dies einen zu großen Aufwand bedeuten würde, müssen Sie öffentlich *»in mindestens zwei bundesweit erscheinenden Tageszeitungen oder durch eine andere, in ihrer Wirksamkeit hinsichtlich der Information der Betroffenen gleich geeignete Maßnahme«* informieren (BDSG, § 42a Informationspflicht bei unrechtmäßiger Kenntniserlangung von Daten).

Abgesehen vom Aufwand ist ein Datenleck solchen Ausmaßes natürlich der PR-Gau schlechthin. Nur wenigen Unternehmen und Onlineshops dürfte es gelingen, aus den »bad news« »good news« zu machen.

Für Sie als Onlineshopbetreiber sind die oben genannten Regelungen wahrscheinlich nur dann relevant, wenn Sie Kontoverbindungen oder Kreditkartendaten in Ihrem Onlineshop oder in angeschlossenen Systemen speichern. Wie im Abschnitt »Zahlungen annehmen« auf Seite 303 beschrieben, empfiehlt es sich daher, Payment-Service-Provider in den Zahlungsprozess einzubinden, die für Sie das Handling und die Verarbeitung der Zahlungsdaten übernehmen. Sie kommen dabei zu keiner Zeit mit den sensiblen Daten in Verbindung und sind somit von der Informationspflicht zumindest per Gesetz nicht betroffen.

Tipp Datensparsamkeit: Daten können nur dann aus Onlineshops entwendet werden, wenn sie auch tatsächlich vorhanden sind.

Löschen Sie die Daten aus Ihrem Onlineshop, wenn Sie sie nicht mehr für die Erstellung von Rechnungen, E-Mails oder Lieferscheinen oder für statistische Zwecke benötigen und Sie die gesetzlichen Aufbewahrungspflichten für Belege und Kaufdaten anderweitig erfüllen können. Je weniger Daten Sie in System speichern, das dauerhaft mit dem Internet verbunden ist, desto besser schläft Ihr Datenschutzbeauftragter.

Brauche ich einen Datenschutzbeauftragten?

Ein Datenschutzbeauftragter muss ernannt werden, sobald in einem Unternehmen mehr als neun Mitarbeiter mit der automatisierten Verarbeitung von personenbezogenen Daten (Kundendaten, Personaldaten, Interessentendaten) beschäftigt sind oder auf die Daten Zugriff haben.

Sofern Sie in diese Kategorie fallen, sollten Sie den Datenschutzbeauftragten in der Datenschutzerklärung (siehe oben) namentlich benennen. Datenschutzbeauftragte können aus dem Unternehmen selbst kommen oder als externe Dienstleister beauftragt werden.

Informationspflichten seit Juni 2014

Am 13. Juni 2014 trat die Europäische Verbraucherrechterichtlinie, die den Fernabsatz europaweit neu und einheitlich regelt, in Kraft. Neben dem Widerrufsrecht sind in der Richtlinie auch Änderungen in den folgenden Bereichen neu gefasst bzw. beschlossen worden:

- Informationen zu den wesentlichen Eigenschaften der angebotenen Waren/ Dienstleistungen
- Impressum
- Preisangaben (Gesamtpreis inkl. Steuern und Abgaben)
- Zusätzliche Kosten für Versand- und Zahlungsmittelkosten
- Zahlungs- und Lieferbedingungen
- Belehrung über das Widerrufsrecht
- Gewährleistungsansprüche

Die neue Richtlinie bringt für Onlineshopbetreiber eine Reihe von Änderungen mit sich. Insbesondere die Informationspflichten zu den wesentlichen Produkteigenschaften erfordern eine genaue Beschreibung aller angebotenen Artikel und die Berücksichtigung von Deklarationspflichten. Eigentlich kann hier nur auf die tagesaktuelle Rechtsprechung verwiesen werden: Sie müssen sich jederzeit darüber informieren, welche Regelungen, Gesetze und Verordnung für Sie wichtig sind.

Informationspflichten zu den Produkteigenschaften

Die Verbraucherrechterichtlinie regelt die wesentlichen Angaben zu den Produkten in Ihrem Onlineshop. Wesentlich ist die Angabe dann, wenn sie die Kaufentscheidung des Kunden beeinflussen kann. Dazu gehören z. B. Angaben zur tatsächlichen Verfügbarkeit der Ware, zu Lieferzeiten und Lieferwegen, Zusammensetzung und Beschaffenheit, Art und Ausführung des Produkts und letztlich auch ein Produktbild (soweit verfügbar).

Beim Verkauf digitaler Inhalte, also z. B. von Software, Musik oder E-Books, müssen Sie zusätzlich über etwaige Systemvoraussetzungen und Kompatibilitäten informieren, und dies so, wie diese Daten auch auf einer Verkaufsbox anzugeben sind.

Impressum

Die Impressumspflicht war in Deutschland bereits geregelt. Auf europäischer Ebene hat sie sich nur unwesentlich geändert. Neben den Pflichtangaben nach § 5 TMG wird nun auch die Telefonnummer zur Pflichtangabe. Sie darf jedoch keine kostenpflichtige Mehrwertdienstnummer (0900, 0180 etc.) sein. Eine Faxnummer müssen Sie angeben, sofern tatsächlich eine existiert.

Handeln Sie als Shopbetreiber nicht im eigenen Namen, also z. B. als Reisebüro oder als Vermittler von Mobilfunkverträgen, dann müssen Sie den dritten Vertragspartner ebenfalls mit allen Pflichtangaben benennen.

Wichtig: Wenn Ihr Unternehmen nicht im Handelsregister eingetragen ist, z. B. bei Einzelunternehmern oder GbR, müssen Sie alle Unternehmer mit vollständigen Vor- und Zunamen nennen.

Gesamtpreis

Nach wie vor gilt, dass Sie den Gesamtpreis inklusive aller Bestandteile angeben müssen. Bei Geschäften mit Endverbrauchern darf der Hinweis nicht fehlen, dass der Gesamtpreis auch die Mehrwertsteuer enthält.

Verkaufen Sie in Ihrem Onlineshop Abonnements, dann müssen Sie die Gesamtkosten pro Abrechnungseinheit (also z. B. pro Jahr) und zusätzlich die Kosten der monatlich zu zahlenden Beträge (soweit dies zutrifft) gesondert ausweisen. Dies gilt natürlich nicht nur für Zeitschriften, sondern für alle Artikel, die Sie auf Basis eines einzelnen Bestellvorgangs innerhalb eines bestimmten Zeitraums mehrfach liefern (z. B. auch Socken- oder Kaffeeabos).

Bei sogenannten Dauerschuldverhältnissen, zu denen u. a. das Abonnement gehört, müssen Sie zusätzlich über die Laufzeit, die Mindestlaufzeit sowie die Kündigungsbedingungen des Vertrags informieren, wenn er sich automatisch verlängert.

Kosten für Versand und Zahlung

Wie bisher müssen Sie den Endkunden über die Versandkosten informieren. Sofern sie nicht konkret berechnet werden können – z. B. bevor das Gewicht der Gesamtlieferung oder das Zielland der Lieferung feststehen – reicht eine Übersichtsseite. Hier reicht der gängige Hinweis »inkl. MwSt. zzgl. Versandkosten« neben jeder Preisangabe aus, wobei das Wort »Versandkosten« mit der Übersichtsseite verlinkt sein muss.

Gleiches gilt für Zusatzkosten, die durch die Nutzung von bestimmten Zahlungsarten anfallen (z. B. Preisaufschläge für Kreditkartenzahlungen). Hier dürfen Sie allerdings keine prozentuale Angabe machen; der Wert muss in Euro angegeben werden. Zuschläge für Zahlungsarten sind mit Einführung der Europäischen Verbraucherrechterichtlinie nur dann zulässig, wenn mindestens eine gängige Zahlungsart ohne Mehrkosten angeboten wird.

Spätestens kurz vor Abschluss des Bestellvorgangs müssen die Angaben aber konkret angegeben werden. Wenn Sie Ihren Kunden nicht entsprechend dieser Richtlinie über die Kosten für Zahlung und Versand informieren, können Sie diese Kosten auch nicht vom Kunden einfordern. Er hat dann de facto einen Erstattungsanspruch.

Zahlungs- und Lieferbedingungen

Die Angabe der Lieferzeit entspricht mit Einführung der europäischen Richtlinie den bisherigen Vorgaben nach deutschem Recht. Sie ist zwingend vorgeschrieben, wobei wir den Wortlaut »Lieferzeit ca. x bis y Tage« empfehlen. Die Angabe, wann die Ware versandbereit ist, ist nicht ausreichend, da der Endverbraucher daraus nicht schließen kann, wann die Ware tatsächlich bei ihm eintrifft.

Eine Besonderheit ergibt sich bei Vorkassezahlung, da die Lieferzeit davon abhängig ist, wann der Kunde den Betrag überweist und wie viele Tage die Überweisung bei den Banken ein Anspruch nimmt. Rechtsanwalt Arndt Joachim Nagel (*www.it-recht-kanzlei.de*) rät zu folgender Formulierung:

»Die Lieferung erfolgt spätestens innerhalb von 5 Arbeitstagen (Montag bis Freitag, Feiertage ausgenommen) nach Erteilung des Zahlungsauftrags an das überweisende Kreditinstitut (bei Vorkasse) bzw. nach Vertragsschluss (bei Nachnahme oder Rechnungskauf).«

Zusätzlich zur Angabe der Lieferzeit muss der Onlineshopbetreiber auch über den Lieferweg, konkret über das mit der Lieferung beauftragte Unternehmen, informieren.

Über die angebotenen Zahlungsarten muss der Händler spätestens mit dem Beginn des Checkout-Prozesses informieren, ebenso über die jeweiligen Zahlungsbedingungen. Hierunter fällt wohl auch die Angabe, wann die Kreditkarte oder das PayPal-Konto des Kunden belastet wird: bereits bei Bestellung oder erst bei tatsächlicher Lieferung.

Quengelware

Untersagt ist die Vorauswahl von kostenpflichtigen Zusatzleistungen, der sogenannten Quengelware. Bieten Sie also zur verkauften Software einen Backup-Datenträger als kostenpflichtiges Zusatzprodukt an, so darf es nicht schon vorausgewählt sein (etwa durch eine aktivierte Checkbox) oder automatisch mit dem Hauptprodukt in den Warenkorb gelegt werden. Neben der Tatsache, dass dies aus wettbewerbsrechtlicher Sicht angreifbar wäre, dürfte der Verbraucher die Zusatzleistung behalten, da der Kaufvertrag wirksam bleibt, hinsichtlich der Kosten für das Zusatzprodukt bestünde jedoch ein Erstattungsanspruch gegen den Händler.

Gewährleistungsansprüche nach dem Gesetz

Entgegen der bisherigen Rechtsprechung muss der Shopbetreiber nun über die gesetzlichen Gewährleistungsansprüche (nicht zu verwechseln mit Garantien) informieren. Diese Information kann sowohl auf den Produktdetailseiten als auch (hier ausnahmsweise pauschal) in den allgemeinen Geschäftsbedingungen erfolgen. Die Musterformulierung könnte etwa so lauten: *»Bei allen angebotenen Waren bestehen die gesetzlichen Gewährleistungsansprüche.«*

Garantiebedingungen

Sofern der Onlineshopbetreiber eine Garantie für die angebotenen Produkte anbietet, muss er den Verbraucher vor Abschluss der Bestellung hierüber detailliert informieren. Die Angabe, dass eine Garantie besteht, genügt nicht. Vielmehr muss der Händler über die Art der Garantie, die Bedingungen und Fristen, eventuelle Garantieausschlüsse etc. informieren. Der Kunde muss schon vor dem Kauf ebenfalls informiert werden, wie er die Garantie geltend machen kann.

Widerrufsrecht

Zu guter Letzt kommen wir zu den Änderungen im Widerrufsrecht. Unterschieden wird zwischen Waren, Dienstleistungen und digitalen Inhalten.

In den vergangenen Jahren hat sich immer wieder gezeigt, dass gerade die Widerrufsbelehrung Gegenstand von Abmahnungen ist. Darüber hinaus ist die seit dem 13. Juni 2014 geltende Regelung aus unserer Sicht nicht abschließend. So ist z. B. nicht klar, welche Regelungen gelten, wenn Bestellungen sowohl Waren als auch digitale Inhalte umfassen. Nach dem aktuellen Stand würden beispielsweise Kaufgutscheine, die per Post verschickt werden, anders behandelt als Gutscheine, die per E-Mail verschickt werden.

Insofern können wir nur dringend raten, anwaltliche Beratung in Anspruch zu nehmen, die die tagesaktuelle Rechtsprechung berücksichtigt.

Die wichtigsten Änderungen, die über die Formulierung der Widerrufsbelehrung hinausgehen, haben wir nachfolgend zusammengefasst.

Rücksendekosten

Die bisher für alle Beteiligten verwirrende 40-Euro-Klausel gibt es nicht mehr. Stattdessen ist klar geregelt, dass der Käufer die Kosten für die Rücksendung an den Händler zu tragen hat. Natürlich muss der Händler den Kunden vor Vertragsabschluss hierüber in der Widerrufsbelehrung informieren. Dem Händler steht es natürlich frei, dem Kunden diese Kosten zu erstatten oder eine kostenfreie Rücksendung mittels Freimachung anzubieten. In der Praxis des deutschen Markts ist damit zu rechnen, dass die Rücksendung für die Kunden – zumindest bei den großen Onlineshops – aus Marketingzwecken kostenfrei bleiben wird.

Wenn der Händler die Rücksendekosten nicht übernimmt und die Rücksendekosten die gängigen zu erwartenden Kosten überschreiten, z. B. bei Sperrgut oder Rücksendung per Spedition, muss der Händler den Kunden vor Vertragsabschluss auch über die zu erwartenden Rücksendekosten informieren.

Bei erfolgtem Widerruf muss der Händler weiterhin die Kosten für die Hinsendung erstatten. Entgegen der bisherigen Regelung müssen dabei jedoch nur die Kosten für den günstigsten im Shop angebotenen Versandweg erstattet werden. Aufschläge für In-Time-Delivery oder Expresszuschläge müssen nicht erstattet werden.

Widerrufserklärung

Entgegen der bisherigen Praxis muss der Verbraucher den Widerruf eindeutig erklären. Es reicht nicht mehr aus, die Ware kommentarlos zurückzusenden oder die Annahme zu verweigern (wobei dies auch unter das Thema Annahmeverzug fallen würde). Es ist dem Verbraucher freigestellt, welchen Weg der Widerrufserklärung er wählt. Die durch den Shopbetreiber vorgegebenen Kommunikationswege sind weiterhin in der Widerrufsbelehrung anzugeben und dürfen nicht unverhältnismäßig eingeschränkt werden.

Widerrufsformular

Neu ist die Verpflichtung zur Bereitstellung eines Widerrufsformulars (siehe Abbildung 14-3). Das standardisierte Formular muss dem Verbraucher auf einem dauerhaften Datenträger zur Verfügung gestellt werden und in Teilen vom Unternehmen vorausgefüllt sein. Zwar ist die Nutzung des Formulars für den Endverbraucher keineswegs vorgeschrieben, der Händler muss es dem Verbraucher jedoch zwingend zur Verfügung stellen. Wir empfehlen daher, das Formular der Bestätigung über den Eingang der Bestellung beizufügen.

Vom Händler vorausgefüllt werden muss der Teil mit der eigenen Adresse bzw. den eigenen Kontaktdaten. Alle anderen Inhalte, also z. B. die Adresse des Endkunden oder die Artikelauflistung, müssen nicht vorausgefüllt sein.

Widerrufsformular

Wenn Sie den Vertrag widerrufen wollen, dann füllen Sie bitte dieses Formular aus und senden Sie es zurück.

An

Musterfirma AG
Musterallee 123
12345 Musterstadt

eMail: widerruf@musterfirma.de
Fax (0123) 45678-9

Hiermit widerrufe(n) ich/wir (*) den von mir/uns (*) abgeschlossenen Vertrag über den Kauf der folgenden Waren (*)/die Erbringung der folgenden Dienstleistung (*)

____

____

____

Bestellt am (*) __________ /erhalten am (*) __________

Name des/der Verbraucher(s)

____

Anschrift des/der Verbraucher(s)

____

Unterschrift des/der Verbraucher(s) (nur bei Mitteilung auf Papier)

____

Datum

____

(*) Unzutreffendes streichen

Abbildung 14-3: Muster Widerrufsformular, Stand: Mai 2014

Markenrecht

Ganz zu Beginn Ihres Onlineshopprojekts machen Sie sich Gedanken über den Namen des Onlineshops, über Logos und Slogans. Sie suchen sich einen Namen aus, der bisher noch nicht von einem Wettbewerber genutzt wird.

Ausführliche Informationen zum Thema Marken und Namenssuche aus Sicht des Marketings finden Sie in Kapitel 7, *(Domain-)Namenswahl*, auf Seite 107.

Wichtig ist hierbei, dass Sie auf der einen Seite keine bestehenden Rechte anderer Marktteilnehmer verletzten. Auf der anderen Seite möchten Sie natürlich sicherstellen, dass zukünftig niemand auf den gleichen Zug aufspringt und seinen Onlineshop genauso oder so ähnlich nennt, wie Sie Ihren.

Fremde Marken

Die Markenrecherche fremder Marken und die Markeneintragung Ihrer Wettbewerber spielen eine wesentliche Rolle bei den Überlegungen zur Namenswahl.

Geschützt werden bzw. geschützt sein können:

- Namen/Begriffe
- Bilder
- Kombinationen aus Begriffen und Bildern

Natürlich sind darüber hinaus viele weitere Formen des Schutzes, wie z. B. für Geschmacksmuster, Titel etc., möglich. Sie sind aber für den Bereich E-Commerce wenig relevant. Wir beschränken uns daher auf obige Auflistung.

In Deutschland genießen nicht nur in Deutschland eingetragene Marken Schutzrechte, sondern:

- Deutsche Marken
- Europäische Gemeinschaftsmarken
- Internationale Marken

Verletzen Sie mit Ihrem Onlineshop z. B. durch die Registrierung eines (auch ähnlichen) Domainnamens oder durch die Nutzung eines (auch ähnlichen) Logos bestehende Markenrechte, hat der Markeninhaber in der Regel einen Anspruch auf Unterlassung.

Im schlimmsten Fall heißt das für Sie, dass Sie nicht nur Ihrem Onlineshop einen neuen Namen geben müssen, sondern dass Sie auch Briefpapiere und Visitenkarten, Werbeanzeigen und Radio- oder TV-Spots ändern müssen – praktisch müssen alle Vorkommen der verletzten Marke umgehend geändert werden. Rechtsberatungskosten, gegebenenfalls sogar Schadenersatzforderungen kommen noch hinzu.

Es empfiehlt sich daher, neben der Namensrecherche (siehe Kapitel 7, *(Domain-)Namenswahl*, auf Seite 107) eine professionelle Markenrecherche durchführen zu lassen. Die Recherche umfasst neben den oben genannten Markengebieten auch ähnliche Marken (ähnliche Schreibweisen, ähnlicher Klang bei Aussprache etc.), da schon allein eine Verwechslungsgefahr mit bestehenden Marken kritisch ist.

Einen ersten Anhaltspunkt, ob der von Ihnen gewünschte Name fremde Rechte verletzen könnte, bietet die Recherche bei Google. Mit sinkender Trefferanzahl sinkt auch die Wahrscheinlichkeit einer Rechtsverletzung. Auch die Abfrage der Markendatenbanken beim Deutschen Patent- und Markenamt (siehe Abbildung 14-4, *https://register.dpma.de/DPMAregister/marke/einsteiger*) kann hilfreich sein.

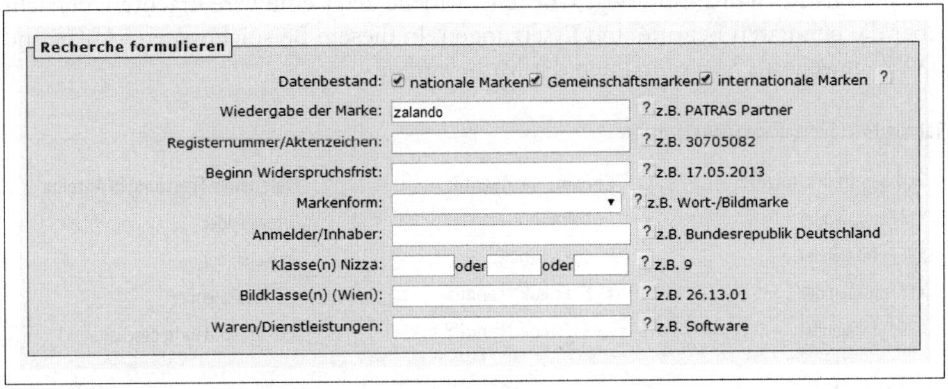

Abbildung 14-4: Markenrecherche Deutsches Patent- und Markenamt

Beachten Sie aber, dass Sie mit der Suche nach einem Begriff weder eine Ähnlichkeitsrecherche durchführen, noch dass Sie selbst eine rechtliche Bewertung der Kollisionsgefahr mit bestehenden Marken vornehmen können. Liefert Ihre Suche als Ergebnis eine fremde Markeneintragung, heißt das nicht zwingend, dass Sie den gleichen Begriff nicht für Ihren Onlineshop verwenden können, da der Markenschutz nur für die eingetragenen Markenklassen gilt.

So wäre es z. B. denkbar, dass Sie die Marke »ARAL« für den Verkauf von Unterwäsche nutzen könnten, wenn der eingetragene Schutz nur für den Verkauf von Mineralölen bestehen würde (Achtung: Das ist ein rein fiktives Beispiel!).

Praxisbeispiel: AdWords-Platzhhalter

Der belgische Anbieter foto.com bietet seine Produkte auch in Deutschland an. Da der Markt hierzulande – im Gegensatz zum belgischen Markt für Fotoprodukte – sehr umkämpft ist, wurde eine belgische Agentur beauftragt, Google AdWords-Werbung in Deutschland zu schalten. Dort entschied man sich, Markenbegriffe der Mitbewerber als Keywords für die AdWords-Werbeanzeigen zu hinterlegen.

Diese Keywords sind für Dritte nicht sichtbar, sondern entscheiden lediglich darüber, ob eine Werbeanzeige bei einem bestimmten Suchbegriff geschaltet wird oder eben nicht. Die Verwendung von Markenbegriffen der Mitbewerber als Keyword hat schon verschiedene Gerichte beschäftigt und wurde vom Bundesgerichtshof im Dezember 2012 abschließend als »grundsätzlich erlaubt« entschieden.

Die Anzeigen von foto.com erschienen in der Folge daher sowohl unter Suchbegriffen wie z. B. »Fotokalender bestellen« als auch unter dem Suchbegriff in Verbindung mit dem Markennamen eines Mitbewerbers »XYZ Fotokalender bestellen«. Soweit war die Verfahrensweise zunächst nicht zu beanstanden.

Was dann folgte, war ein grober, handwerklicher Fehler der beauftragten Agentur. Dort nutzte man nämlich, vermutlich um Zeit und Aufwand zu sparen, sogenannte Platzhalter in Google-AdWords-Anzeigentexten. Diese Platzhalter werden mit dem Text der Suchanfrage ausgefüllt, unter der Bedingung, dass diese Suchanfrage exakt so auch als Keyword hinterlegt war. Die Tabelle zeigt eine vereinfachte Übersicht über die benutzten Begriffe und Ersetzungen. In diesem Beispiel dienen »ABC« und »XYZ« jeweils als Markennamen der Mitbewerber.

Tabelle 14-1: Suchanfragen und Platzhalter

Suchbegriff des Nutzers	Keyword der Agentur	Platzhalter-Ersetzung in Anzeige
XYZ Fotokalender	`Fotokalender`	Fotokalender
ABC Fotokalender	`Fotokalender`	Fotokalender
XYZ Fotokalender	`XYZ Fotokalender`	XYZ Fotokalender
ABC Fotokalender	`XYZ Fotokalender`	Anzeige wird nicht geschaltet

Die Kombination aus – grundsätzlich erlaubten – Mitbewerber-Markenbegriffen und den Platzhalter-Ersetzungen im Anzeigentext sorgten dafür, dass plötzlich im sichtbaren Teil der Anzeige ein Markenbegriff eines Mitbewerbers auftauchte. Letztendlich warb foto.com also damit, die Produkte des Mitbewerbers liefern zu können, da sich eine Anzeige so las: »XYZ Fotokalender / jetzt online bestellen / 50 % Rabatt / www.foto.com«. Ungewollt, leider aber auch unbedacht, erzeugte die Agentur von foto.com damit einen eindeutigen Wettbewerbsverstoß. Die Reaktion der Konkurrenz ließ nicht lange auf sich warten, und foto.com wurde vor dem Landgericht Hamburg, das bekannt ist für seine Markeninhaber-freundliche Rechtsprechung, erfolgreich verklagt.

Für das vorliegende Szenario hätte es sehr wohl eine rechtlich als auch handwerklich korrekte Lösung gegeben. Wenn Sie mit Mitbewerber-Keywords arbeiten möchten, dann sollten Sie dies jedoch einen Spezialisten machen lassen, der nachweislich Kenntnisse in diesem Bereich hat. Hier hat foto.com leider nicht auf die Qualifikation geachtet und zudem seine Kontrollpflichten verletzt. Die Quittung wurde teuer.

Eigene Marken schützen

Haben Sie den Namen Ihres Onlineshops und Ihr Logo festgelegt und entworfen, sollten Sie überlegen, ob Sie sie nicht schützen möchten.

Der Schutz eines Namens entsteht mitunter schon durch die bloße Nutzung. Dies kann z. B. bei Ihrem Firmennamen so sein. Der Name einer im Handelsregister eingetragenen Firma bietet bereits im Bezirk der zuständigen Industrie- und Handelskammer einen gewissen Schutz. Andere Firmen können dort nicht mehr mit einem gleichen Namen gegründet werden. Für den weltweiten Onlinehandel ist dies natürlich nicht genug. Daher sollten Sie überlegen, ob Sie Ihren Namen markenrechtlich schützen lassen.

Die Eintragung einer Marke beim Deutschen Patent- und Markenamt können Sie grundsätzlich selbst vornehmen. Unter *https://direkt.dpma.de/marke/* finden Sie den Einstieg in die Markenregistrierung. Die Kosten für die Grundeintragung in drei Markenklassen (die Definition der Waren und Dienstleistungen, für die die Marke geschützt werden soll) für die ersten zehn Jahre betragen 290 Euro.

Die Gebühren werden auch dann fällig, wenn die Eintragung wegen absoluter Schutzhindernisse nicht vollzogen werden kann. So könnten Sie beispielsweise die Marke »Apfel« eintragen, wenn Sie den Schutz für den Bereich »Computer« oder »Software« beantragen würden (sofern er noch nicht von anderen Firmen geschützt wurde). Eine Eintragung für den Warenbereich »Obst« wäre jedoch nicht möglich, da »Apfel« lediglich eine Beschreibung für »Obst« darstellt.

Anstatt die Eintragung selbst vorzunehmen, empfehlen wir die Beauftragung von Markenrecherche und -eintragung bei einem spezialisierten Anwalt. Er kann Ihnen am ehesten sagen, ob eine Kollisionsgefahr besteht und ob eine Eintragung überhaupt möglich ist.

Internationalisierung

Grenzüberschreitender Handel ist mit Onlineshops nicht nur sehr einfach umzusetzen, er ist, wenn ein Kunde aus dem Ausland bestellt, mitunter gar nicht zu verhindern, da man nur mit einigem technischen Aufwand Barrieren errichten kann, die den Kauf aus dem Ausland im eigenen Onlineshop unmöglich machen.

Mit der Einführung der Europäischen Verbraucherrechterichtlinie im Juni 2014 wurde hinsichtlich der Informationspflichten aufseiten des Shopbetreibers und auch im Widerrufsrecht vieles vereinfacht, da im Allgemeinen immer das Recht des Lands gilt, in das geliefert wird.

Das betrifft nicht nur die Informationspflichten oder das Widerrufsrecht, sondern letztlich alle Rechtsgebiete, die auch für den Handel innerhalb Deutschlands zu beachten sind.

Natürlich gibt es einen deutlichen Unterschied zwischen der juristischen Theorie und der Praxis im täglichen Onlinehandel. Nur weil Sie Ihre AdWords-Werbung auf Österreich ausweiten, heißt das noch lange nicht, dass Sie gleich von einem Konkurrenten aus Österreich abgemahnt werden. Aber Sie müssen sich im Klaren darüber sein, dass diese Gefahr besteht! Je offensiver Sie auf einem Markt auftreten, desto eher werden Sie nicht nur von potenziellen Kunden, sondern auch von den Wettbewerbern vor Ort wahrgenommen.

Wenn Sie die Ausweitung des Onlinehandels in andere Länder ernsthaft in Erwägung ziehen und dort am Markt auftreten wollen, sollten Sie sich unbedingt mit den gesetzlichen Gegebenheiten vor Ort auseinandersetzen.

Fazit

Der rechtliche Aspekt des Onlinehandels nimmt einen großen Raum ein. Nicht zuletzt wegen vieler unterbeschäftigter Rechtsanwälte und nicht immer durchdachter gesetzlicher Regelungen schwappen immer wieder Abmahnwellen durch die E-Commerce-Landschaft.

Wenn Sie als Onlinehändler alles richtig machen wollen, bleibt Ihnen nichts anderes übrig, als sich umfassend in die jeweiligen Themen einzuarbeiten. Sie müssen eigentlich alle, wirklich alle Gesetze und Verordnungen kennen, die die Produkte betreffen, die Sie in Ihrem Onlineshop anbieten. Und Sie müssen in allen Themen fit sein, die den Onlinehandel an sich in Deutschland und in jedem Land betreffen, in das Sie theoretisch liefern können.

Oder Sie müssen eine derartige Marktmacht und Positionierung aufbauen, dass sich niemand mehr traut, rechtlich gegen Sie vorzugehen. Wenn Sie nach der Lektüre dieses Kapitels einen Blick auf Amazon.de werfen, werden Sie schnell feststellen, dass Amazon in irgendeiner Form gegen so ziemlich alle Verordnungen und Gesetze verstößt, die wir hier aufgeführt haben. Aber, wie schon in der Einleitung geschrieben, »Wo kein Kläger, da kein Richter«. Es ist quasi unvorstellbar, dass Händler gegen Amazon vorgehen werden. Dann schon eher gegen kleinere Händler, die Amazon.de als Verkaufsplattform nutzen.

Es gibt immer wieder Bereiche, die prädestiniert dafür sind, abgemahnt zu werden. Hierzu zählen sicherlich die Informationspflichten zu den Produkteigenschaften, die Anbieterkennzeichnung (Impressum), die Preisangabenverordnung (PAngV) und das Widerrufsrecht mit der Widerrufsbelehrung und dem neuen Widerrufsformular.

Immer wenn sich die Gesetzgebung ändert, geistert das Gespenst der Abmahnindustrie durch das Internet. Machen Sie sich und Ihren Onlineshop fit in den wesentlichen Punkten und lesen Sie sich nach und nach in die unterschiedlichen Themengebiete ein. Hilfreiche Links zu den Rechtsthemen im E-Commerce finden Sie im Anhang.

Und lassen Sie sich von einem spezialisierten Anwalt beraten. Wahrscheinlich kennen sich die meisten Anwälte mit den Grundzügen des Onlinehandels aus oder lesen sich bei Bedarf in die Materie ein. Die Erfahrung zeigt aber, dass Sie nur bei einem auf IT-Recht und Onlinehandel spezialisierten Anwalt wirklich gut aufgehoben sind, weil das Themenspektrum derart komplex ist, dass dies kaum als gleichberechtigtes Thema neben Miet- oder Arbeitsrecht zu bewältigen ist.

ElektroG2 – Interview mit Christoph Hesselmann

Das Elektrogesetz (ElektroG2) hat in seiner neuen Fassung, die Mitte 2015 in Kraft getreten ist, weitreichende Auswirkungen auf den Onlinehandel. Wir haben mit dem Experten Christoph Hesselmann gesprochen, wie aus seiner Sicht die Folgen für den Handel mit elektronischen Geräten via Internet aussehen.

Christoph Hesselmann ist Berater und Sachverständiger für die deutsche und europäische »Product Compliance« – der Konformität von Unternehmen und ihren Produkten mit Umwelt- und Sicherheitsregeln. Schon seit dem Jahr 2005 bietet er Lösungen zu den Anforderungen des deutschen Elektrogesetzes für betroffene Hersteller und Händler. Weitere Informationen sind im Netz unter *www.elektrogesetz.de* sowie *www.elektrog2.de* sowie bei Twitter unter *#ElektroG* und *#ElektroG2* zu finden.

Christoph, welche Onlineshops sind betroffen? Jeder, der ein Elektrogerät verkauft?

Christoph Hesselmann: Neue Anforderungen gelten vor allem für große Onlinehändler. Betroffen sind Onlineshops mit Sitz in Deutschland, deren Lager- und Versandflächen für Elektro- und Elektronikgeräte 400 qm übersteigt. Aber auch bestehende Regelungen aus dem bisherigen Elektrogesetz gelten weiterhin oder wurden sogar verschärft. Zukünftig werden übrigens auch Photovoltaik-Module und Leuchten mit Fassungen registrierungspflichtig.

Welche konkreten Verpflichtungen kommen mit dem ElektroG2 auf diese Onlineshops zu?

Christoph Hesselmann: Neu ist vor allem die Rücknahmepflicht für Altgeräte. Hier gibt es zwei Möglichkeiten:

1:1-Regel: Beim Kauf eines neuen Geräts muss ein Onlinehändler ein ähnliches Altgerät unentgeltlich vom privaten Endkunden zurücknehmen. Sofern die Neuware z. B. per Paketdienst nach Hause geliefert wird, muss das Altgerät auch dort oder zumindest in zumutbarer Entfernung vom Händler oder dessen Subunternehmer/Paketdienst abgeholt werden.

0:1-Regel: Kleine Altgeräte mit maximalen Abmessungen von 25 cm müssen von Onlinehändlern jederzeit in haushaltsüblicher Menge, auch ohne Neukauf, auf Veranlassung durch den Verbraucher zurückgenommen werden.

Der Gesetzgeber hat übrigens ausdrücklich verboten, in diesen Fällen auf bestehende Sammelstellen zu verweisen. Onlinehändler müssen also eine zusätzliche Rückgabemöglichkeit anbieten.

Wiederverkäufer, die von der neuen Rücknahmeregelung betroffen sind, haben weiterhin neue, umfangreiche Hinweispflichten: Sie müssen ihre Kunden im Onlineshop zu einer Vielzahl von Aspekten des Elektrogesetzes informieren, unter anderem zum Hintergrund, hinsichtlich der Auswirkungen auf Umwelt und Gesundheit sowie zum Schutz persönlicher Daten.

Du hast die bestehenden Regelungen aus dem bisherigen Elektrogesetz angesprochen. Wie sehen diese aus?

Christoph Hesselmann: Hier ist vor allem die sogenannte Vertreiberregel zu nennen. Dabei werden Händler selber zu Herstellern im Sinne des Elektrogesetzes, wenn sie Elektro- oder Elektronikgeräte verkaufen, die in Deutschland nicht ordnungsgemäß registriert sind. Dann drohen Abmahnungen und Bußgelder. Diese Situation kann übrigens auch eintreten, wenn eine vorhandene Registrierung unbemerkt entfällt oder ungültig wird.

Weiterhin wurde bereits im bestehenden ElektroG1 klargestellt, dass schon das reine Anbieten von Elektrogeräten im Onlineshop eine aktive Registrierung bei der »Gemeinsamen Stelle« voraussetzt. Dies wurde im neuen ElektroG2 nochmals bekräftigt.

Was steckt hinter der Registrierungspflicht bei der Gemeinsamen Stelle? Und wer muss sich dort eigentlich registrieren?

Christoph Hesselmann: Bevor ein Elektro- oder Elektronikgerät im Anwendungsbereich des Elektrogesetzes in Deutschland in Verkehr gebracht, also angeboten, verkauft, vermietet oder verschenkt, werden kann, muss es bei der sogenannten Gemeinsamen Stelle, Stiftung EAR (*www.stiftung-ear.de*), registriert werden. Dabei handelt es sich um eine Herstellerorganisation, die von der Elektro- und Elektronikbranche gegründet und vom Staat mit behördlichen Aufgaben beliehen wurde. Für jede Kombination, bestehend aus einer Marke und einer Geräteart, muss eine eigene Registrierung beantragt werden.

Diese Verpflichtung betrifft normalerweise nur Hersteller. Allerdings fallen unter diesen Begriff nach dem Gesetz auch Importeure und OEM-Produzenten. Händler können in Deutschland selber zu Herstellern, und damit registrierungspflichtig, werden, wenn sie Elektrogeräte zum Verkauf anbieten, die kein Dritter, wie beispielsweise der eigentliche Hersteller oder der Lieferant, registriert hat.

Und wer trägt die Kosten der Rücksendung von Waschmaschine & Co.?

Christoph Hesselmann: Das ElektroG2 ist hier leider unscharf formuliert. Die Rücknahme nach den beiden beschriebenen Regeln muss unentgeltlich erfolgen. Unklar bleibt, ob lediglich die Rücknahme und Entsorgung kostenfrei bleiben müssen oder auch der Rückversand. In der Praxis ist davon auszugehen, dass auch die Logistikaufwände vom Onlineshop getragen werden müssen, da ansonsten die Rücknahme durch überhöhte Versandgebühren erschwert oder gar verhindert werden könnte.

Was ändert sich beim Verkauf ins europäische Ausland?

Christoph Hesselmann: Bisher mussten sich sogenannte Distance Seller, also deutsche Händler, die beispielsweise über das Internet ihre Ware direkt an private Endverbraucher in anderen EU-Mitgliedsländern verkaufen, auch dann in

Deutschland als Hersteller registrieren, wenn sie hierzulande diese Verpflichtungen nicht hatten. Im neuen ElektroG2 wird nun endlich klargestellt: Nur derjenige, der Elektrogeräte erstmals in Deutschland »in Verkehr bringt«, muss dafür als Hersteller hierzulande die Verantwortung übernehmen.

Eine weitere Neuerung aus der zugrundeliegenden WEEE2-Richtlinie ist übrigens, dass im EU-Ausland grundsätzlich ein dort niedergelassener, gesetzlicher Bevollmächtigter benannt werden muss, d. h., ohne Weiteres können Onlinehändler dort gar nicht mehr selbst tätig werden.

Welche Probleme sind auf Basis der beschriebenen Änderungen zu erwarten?

Christoph Hesselmann: Für Onlineshops stellt sich zunächst die Frage, wie die Lager- und Versandfläche für Elektro- und Elektronikgeräte überhaupt ermittelt und vor allem kontrolliert werden kann. Unzweifelhaft werden Unternehmen wie Amazon oder Redcoon unter die neuen 400-qm-Regeln fallen. Andere Entscheidungen dürften deutlich weniger eindeutig sein. Auch die Einschränkung auf Flächen nur für Elektro- und Elektronikgeräte erschwert die Zuordnung – denn wie soll man einem Onlinehändler nachweisen, welchen Teil seines Lagers er nur für jene Produkte reserviert hat?

Die Rücknahmeverpflichtung wird für betroffene, große Versandhändler von Elektrogeräten sicherlich eine Herausforderung. Sie können dazu nicht einfach auf vorhandene Sammelstrukturen verweisen. Hier können unangenehm hohe Aufwände für Transport und Entsorgung entstehen. Als besonders problematisch dürften sich dabei übrigens solche Geräte erweisen, die spezielle Anforderungen an Lagerung und Versand stellen, wie z. B. Energiesparlampen oder Produkte mit eingebauten Lithium Batterien. Bei strenger Auslegung der 0:1-Regel könnten Verbraucher übrigens kleine Altgeräte jederzeit kostenfrei von einem beliebigen Onlineshop ihrer Wahl entsorgen lassen!

In den anderen 27 Ländern der EU sehen sich deutsche Versandhändler komplexen und unterschiedlichen Anforderungen gegenüber. Dazu gehört auch das Benennen eines Bevollmächtigten überall dort, wo keine eigene Niederlassung existiert. Die Aufwände und Kosten können erheblich sein!

Exkurs: Produkte rechtssicher vermarkten und bewerben

Lea Leuchter ist Rechtsanwältin in der Kanzlei Daniel, Hagelskamp & Kollegen (*www.dhk-law.de*) in Aachen. Sie berät und vertritt mittelständische Unternehmen und Einzelpersonen im Bereich des Gewerblichen Rechtsschutzes. Ihr Fokus liegt dabei insbesondere auf dem Marken- und Wettbewerbsrecht, im Bereich des IT-Rechts, bei Fragen der Softwarelizenzierung sowie der rechtlichen Gestaltung von Lizenzverträgen.

Wenn man sich das umfangreiche Kapitel zum Thema Recht anschaut, könnte man den Eindruck gewinnen, dass man lieber keinen Onlineshop aufmachen sollte. Muss ich mich wirklich mit jedem Thema so haarklein auseinandersetzen?

Ja und Nein. Die Anzahl an Vorschriften, die im Bereich des E-Commerce zu beachten sind, nimmt stetig zu. Dies ist insbesondere aufgrund der zahlreichen Verordnungen und Richtlinien, die in den letzten Jahren in diesem Bereich erlassen worden sind, nicht einfacher geworden.

Jedoch sollte man keine Angst vor dem »Vorschriften-Dschungel« haben. Es gibt auch – wie in jedem anderen Bereich – gewisse Basics, die zu beachten sind. Hierfür gibt der rechtliche Teil dieses Buchs eine Art Gebrauchsanweisung. Darüber hinaus kommt es dann wesentlich auch auf die konkret angebotenen Produkte bzw. Dienstleistungen an. Nicht für jedes Produkt sind alle Vorschriften einschlägig. Die Ausführungen sollen dabei helfen, ein Gefühl für rechtliche Probleme zu entwickeln.

Könnte ich mir die wesentlichen Dokumente nicht einfach bei Amazon oder anderen Onlineshops zusammenkopieren?

Das kann ich nicht empfehlen. Die konkrete rechtliche Ausgestaltung sollte nicht mit Mustertexten erfolgen. Beispielsweise AGB sind immer nur dann sinnvoll, wenn sie individuell auf den jeweiligen Fall angepasst sind. Nicht jede Regelung, die ein anderer Onlineshop in seinen AGB integriert hat, ist auch für den eigenen Shop geeignet. Darüber hinaus sollte man das Kopieren fremder Texte tunlichst vermeiden. Diese können urheberrechtlichen Schutz genießen. Gleiches gilt auch für Produktbeschreibungen. Sofern man diese einfach übernimmt, riskiert man ggf. eine Abmahnung.

Ist die Gefahr einer Abmahnung eher abstrakt oder wirklich konkret?

Natürlich gilt in diesem Bereich der Grundsatz »Wo kein Kläger, da kein Richter«. Jedoch werden rechtliche Verstöße immer häufiger abgemahnt. Dies geschieht nicht nur durch Wettbewerber, sondern insbesondere auch vermehrt durch Verbände. In den letzten Jahren beobachten wir, dass die Zahl der Abmahnungen enorm ansteigt. Dies liegt zum einen an der Geltung der Verbraucherrechterichtlinie seit dem 13.06.2014, die das Widerrufsrecht auf EU-Ebene reformiert hat. Leider finden sich aber bis heute etliche veraltete Widerrufsbelehrungen auf Webseiten. Zum anderen können aber auch unvollständige Produktbeschreibungen Anlass für eine Abmahnung sein.

Und wer informiert mich über zukünftige Änderungen? Wie bekomme ich mit, welche neuen Regelungen für meinen Shop gelten?

Unsere Mandanten informieren wir regelmäßig über rechtliche Änderungen. Dies gilt jedoch nicht nur für Gesetzesänderungen, sondern insbesondere auch für die aktuelle Rechtsprechung. Die gesamte Rechtsprechung kann und will ein Unternehmer im Zweifel gar nicht kennen. Daneben gibt es auch etliche Webseiten, die über wesentliche Gesetzesänderungen informieren.

Noch eine letzte Frage: Wie sieht es mit dem Verkauf in das benachbarte Ausland aus. Ist dank EU inzwischen alles gleich, oder muss ich immer noch Land für Land nach rechtlichen Fallstricken beurteilen?

Aufgrund der stetigen rechtlichen Vereinheitlichung in der EU werden die Unterschiede geringer. Jedoch gibt es innerhalb der EU noch deutliche rechtliche Unterschiede zwischen den nationalen Rechtsordnungen. Auch sind wir in Europa noch lange nicht so weit, dass wir von einem umfassenden »EU-Recht« sprechen könnten.

Daher ist für mittelständische Unternehmen in Grenzgebieten, wie beispielsweise in Aachen, immer auch die jeweilige Ausrichtung des Shops in den Blickpunkt zu nehmen. Meist wird ein Onlineshop auch auf das benachbarte Ausland ausgerichtet sein. Wann dies der Fall ist, habe ich weiter unten in diesem Kapitel kurz dargestellt.

In diesem Falle stellt sich auch immer die Frage, welche Rechtsordnung Anwendung findet. Dies ist unter Umständen nicht immer ganz einfach zu bestimmen. Will man diese Ungewissheit so weit wie möglich reduzieren, sind bei der Gestaltung des Onlineshops bereits einige Punkte zu beachten. Auch hierzu finden Sie einige Hinweise in diesem Kapitel. Selbstverständlich ist die Ausgestaltung immer am konkreten Beispiel zu beurteilen.

Wenn Produkte und/oder Dienstleistungen im Internet über einen Webshop angeboten werden, gibt es eine Vielzahl gesetzlicher Bestimmungen zu beachten. Rechtsanwältin Lea Leuchter nimmt die Aspekte auf den folgenden Seiten nochmals konkret aus der Sicht eines Rechtsexperten unter die Lupe.

Den Webshop rechtssicher auszugestalten ist häufig aufgrund der Vielzahl von Vorschriften und der ständig neuen Rechtsprechung gerade für juristische Laien eine große Herausforderung.

Die nachfolgenden Ausführungen geben Ihnen einen Überblick, welche Mindestanforderungen bei dem Angebot von Waren und Dienstleistungen im Internet zu beachten sind. Selbstverständlich ist die Aufzählung der Mindestanforderungen nicht abschließend und lediglich als allgemeiner Überblick zu verstehen. Letztlich hängt die rechtssichere Ausgestaltung auch immer von Ihrem individuellen Leistungsangebot ab. So sind bei dem Angebot von Medizinprodukten andere Regelungen zu beachten als beim Verkauf von klassischen Konsumgütern.

Zunächst einige Begriffsbestimmungen:

Fernabsatzgeschäft

Im Rahmen eines Fernabsatzgeschäfts und im elektronischen Geschäftsverkehr haben Sie eine Vielzahl von Informationspflichten zu erfüllen.

Unter einem Fernabsatzvertrag ist gem. § 312 c Abs. 1 BGB ein Vertrag zu verstehen, bei dem der Verbraucher und der Unternehmer für die Vertragsverhandlungen und den Vertragsschluss ausschließlich Fernkommunikationsmittel verwenden.

Ein Onlineshop, über den die gesamte Vertragsabwicklung stattfindet, ist ein klassisches Fernabsatzgeschäft, sofern sich Ihr Angebot auch an Verbraucher richtet und Sie als Unternehmer handeln.

Verbraucher

Verbraucher ist gemäß § 13 BGB jede natürliche Person, die ein Rechtsgeschäft zu dem Zwecke abschließt, das überwiegend weder ihrer gewerblichen noch ihrer selbstständigen beruflichen Tätigkeit zugerechnet werden kann. Juristische Personen wie etwa eine GmbH oder ein Verein können beispielsweise niemals Verbraucher sein.

Sofern eine natürliche Person zum privaten Gebrauch bei Ihnen bestellt, ist die Einordnung leicht. Jedoch kann bei der Bestellung über eine Firmenadresse die Einordnung bereits schwieriger sein.

Maßgebend ist die Zweckrichtung des jeweiligen Rechtsgeschäfts. Die Beurteilung der Verbrauchereigenschaft erfolgt insbesondere danach, ob derjenige das Geschäft zu dem Zwecke abschließt, das überwiegend weder seiner gewerblichen noch seiner selbstständigen beruflichen Tätigkeit zugeordnet werden kann.

Dies lässt sich beispielsweise anhand der bestellten Ware selbst, an der Angabe einer Firmenadresse sowie der Zahlung über ein Geschäftskonto beurteilen. Es gilt dabei der Grundsatz, dass im Zweifel derjenige, der sich auf die Verbrauchereigenschaft beruft, diese auch zu beweisen hat.

Unternehmer

Nach der gesetzlichen Definition gem. §14 BGB ist Unternehmer eine natürliche oder juristische Person oder eine rechtsfähige Personengesellschaft, die bei Abschluss eines Rechtsgeschäfts in Ausübung ihrer gewerblichen oder selbstständigen beruflichen Tätigkeit handelt.

Auch für die Bejahung der Unternehmereigenschaft kommt es maßgeblich auf die Zweckrichtung des Rechtsgeschäfts an. Wenn die Geschäftstätigkeit auf Dauer angelegt und eine gewisse Anzahl von Produkten in einem bestimmten Zeitraum vertrieben werden, wird regelmäßig die Unternehmereigenschaft anzunehmen sein. Es ist letztlich jedoch eine Gesamtbetrachtung des Einzelfalls maßgeblich zur Beurteilung. Wichtig ist, dass eine Gewinnerzielungsabsicht nicht erforderlich ist.

Tipp Diese Einordnung kann für Ihre Vertriebstätigkeit beispielsweise über Verkaufsplattformen wie eBay maßgeblich sein. Auch hier besteht eine umfassende Informationsverpflichtung, sobald Sie als Unternehmer im oben genannten Sinne Produkte vertreiben.

Weitere Kriterien zur Bestimmung der Unternehmereigenschaft sind z. B. die Produktpalette (gleichartige bzw. unterschiedliche Ware, Neu- und Gebrauchtware) und die Verwendung von AGB.

Tipp Das Anbieten einer bestimmten Anzahl von Produkten bei Verkaufsplattformen wie eBay kann eine Unternehmereigenschaft begründen. Die Rechtsprechung ist hier zwar uneinheitlich, jedoch bejahen einige Gerichte bereits ein gewerbsmäßiges Handeln bei ca. 129 Bewertungen innerhalb von 6 Monaten bei eBay (OLG Hamm, Urteil vom 21.08.2012, Az.: I-4 U 114/12).

Die allgemeinen Informationspflichten

Für Ihre Verkaufsaktivitäten im Rahmen eines Onlineshops sind allgemeine Informationspflichten zu erfüllen, die sich in Art. 246a § 1 EGBGB finden. Hiernach haben Sie dem Verbraucher folgende Informationen bereitzustellen:

1. die wesentlichen Eigenschaften der Waren oder Dienstleistungen in dem für das Kommunikationsmittel und für die Waren und Dienstleistungen angemessenen Umfang,
2. seine Identität, beispielsweise seinen Handelsnamen sowie die Anschrift des Ortes, an dem er niedergelassen ist, seine Telefonnummer und gegebenenfalls seine Telefaxnummer und E-Mail-Adresse sowie gegebenenfalls die Anschrift und die Identität des Unternehmers, in dessen Auftrag er handelt,
3. zusätzlich zu den Angaben gemäß Nummer 2 die Geschäftsanschrift des Unternehmers und gegebenenfalls die Anschrift des Unternehmers, in dessen Auftrag

er handelt, an die sich der Verbraucher mit jeder Beschwerde wenden kann, falls diese Anschrift von der Anschrift unter Nummer 2 abweicht,

4. den Gesamtpreis der Waren oder Dienstleistungen einschließlich aller Steuern und Abgaben, oder in den Fällen, in denen der Preis auf Grund der Beschaffenheit der Waren oder Dienstleistungen vernünftigerweise nicht im Voraus berechnet werden kann, die Art der Preisberechnung sowie gegebenenfalls alle zusätzlichen Fracht-, Liefer- oder Versandkosten und alle sonstigen Kosten, oder in den Fällen, in denen diese Kosten vernünftigerweise nicht im Voraus berechnet werden können, die Tatsache, dass solche zusätzlichen Kosten anfallen können,
5. im Falle eines unbefristeten Vertrags oder eines Abonnement-Vertrags den Gesamtpreis; dieser umfasst die pro Abrechnungszeitraum anfallenden Gesamtkosten und, wenn für einen solchen Vertrag Festbeträge in Rechnung gestellt werden, ebenfalls die monatlichen Gesamtkosten; wenn die Gesamtkosten vernünftigerweise nicht im Voraus berechnet werden können, ist die Art der Preisberechnung anzugeben,
6. die Kosten für den Einsatz des für den Vertragsabschluss genutzten Fernkommunikationsmittels, sofern dem Verbraucher Kosten berechnet werden, die über die Kosten für die bloße Nutzung des Fernkommunikationsmittels hinausgehen,
7. die Zahlungs-, Liefer- und Leistungsbedingungen, den Termin, bis zu dem der Unternehmer die Waren liefern oder die Dienstleistung erbringen muss, und gegebenenfalls das Verfahren des Unternehmers zum Umgang mit Beschwerden,
8. das Bestehen eines gesetzlichen Mängelhaftungsrechts für die Waren,
9. gegebenenfalls das Bestehen und die Bedingungen von Kundendienst, Kundendienstleistungen und Garantien,
10. gegebenenfalls bestehende einschlägige Verhaltenskodizes gemäß Artikel 2 Buchstabe f der Richtlinie 2005/29/EG des Europäischen Parlaments und des Rates vom 11. Mai 2005 über unlautere Geschäftspraktiken im binnenmarktinternen Geschäftsverkehr zwischen Unternehmen und Verbrauchern und zur Änderung der Richtlinie 84/450/EWG des Rates, der Richtlinien 97/7/EG, 98/27/EG und 2002/65/EG des Europäischen Parlaments und des Rates sowie der Verordnung (EG) Nr. 2006/2004 des Europäischen Parlaments und des Rates (ABl. L 149 vom 11.6.2005, S. 22) und wie Exemplare davon erhalten werden können,
11. gegebenenfalls die Laufzeit des Vertrags oder die Bedingungen der Kündigung unbefristeter Verträge oder sich automatisch verlängernder Verträge,
12. gegebenenfalls die Mindestdauer der Verpflichtungen, die der Verbraucher mit dem Vertrag eingeht,

13. gegebenenfalls die Tatsache, dass der Unternehmer vom Verbraucher die Stellung einer Kaution oder die Leistung anderer finanzieller Sicherheiten verlangen kann, sowie deren Bedingungen,
14. gegebenenfalls die Funktionsweise digitaler Inhalte, einschließlich anwendbarer technischer Schutzmaßnahmen für solche Inhalte,
15. gegebenenfalls, soweit wesentlich, Beschränkungen der Interoperabilität und der Kompatibilität digitaler Inhalte mit Hard- und Software, soweit diese Beschränkungen dem Unternehmer bekannt sind oder bekannt sein müssen, und
16. gegebenenfalls, dass der Verbraucher ein außergerichtliches Beschwerde- und Rechtsbehelfsverfahren, dem der Unternehmer unterworfen ist, nutzen kann, und dessen Zugangsvoraussetzungen.

Wesentliche Eigenschaften eines Produkts oder einer Dienstleistung

Im Rahmen der Beschreibung Ihrer Waren oder Dienstleistungen haben Sie die wesentlichen Merkmale der Produkte oder Dienstleistungen, die Sie anbieten mitzuteilen. Um beurteilen zu können, was im konkreten Fall zu den wesentlichen Eigenschaften eines Produkts zählt, ist insbesondere das verwendete Kommunikationsmittel und die Art der Ware entscheidend.

Sofern es sich um niedrigpreisige Alltagsgegenstände handelt, wird man annehmen können, dass Sie sich auf die Basics beschränken können, wohingegen bei höherwertigen Produkten wohl eine umfangreichere Mitteilungspflicht besteht. Jedoch ist auch das Produkt selbst maßgebend.

Bei dem Verkauf von Textilprodukten wird die Angabe von Material und Farbe stets erforderlich sein. Dies dürfte jedenfalls bei der Produktbeschreibung in einem Katalog als auch im Internet gelten, wohingegen bei telefonischen Vertragsschlüssen wohl eine weniger ausführliche Beschreibung notwendig sein dürfte.

Die Produktbeschreibung kann auch mithilfe von Produktbildern erfolgen. In diesem Zusammenhang sollten Sie darauf achten, dass die Bilder das Produkt auch richtig und vollständig wiedergeben. Andernfalls ist es durchaus möglich, dass Sie bei einer kürzeren Beschreibung unter Zuhilfenahme von Produktbildern gerade nicht die wesentlichen Eigenschaften des Produkts aufführen.

Darüber hinaus gibt es spezielle weitere Angaben, die beispielsweise für Elektrogeräte oder beim Verkauf von neuen PKW anzugeben sind, also nicht generell in jeder Produktbeschreibung enthalten sein muss.

Tipp Verwenden Sie keine fremden Produktbilder ohne eine zuvor eingeholte Nutzungsberechtigung. Gleiches gilt auch für kopierte fremde Produktbeschreibungen. Die unberechtigte Verwendung kann schnell zum Bumerang werden, und Sie können mit marken- oder/und urheberrechtlichen Ansprüchen konfrontiert werden.

Diese Informationsverpflichtung bildet auch gleichzeitig eine Schnittstelle zum Wettbewerbsrecht. Wichtig ist in diesem Zusammenhang insbesondere § 5 Abs. 1 S. 2 Nr. 1 UWG (n.F.). Hiernach ist eine geschäftliche Handlung irreführend, wenn sie unwahre Angaben enthält oder sonstige zur Täuschung geeignete Angaben über folgende Umstände enthält:

Die wesentlichen Merkmale der Ware oder Dienstleistung wie Verfügbarkeit, Art, Ausführung, Vorteile, Risiken, Zusammensetzung, Zubehör, Verfahren oder Zeitpunkt der Herstellung, Lieferung oder Erbringung, Zwecktauglichkeit, Verwendungsmöglichkeit, Menge, Beschaffenheit, Kundendienst und Beschwerdeverfahren, geografische oder betriebliche Herkunft, von der Verwendung zu erwartende Ergebnisse oder die Ergebnisse oder wesentlichen Bestandteile von Tests der Waren oder Dienstleistungen.

Identitätsangaben

Selbstverständlich müssen Sie in Ihrem Webshop auch Ihren Handelsnamen sowie Ihre Anschrift und Kontaktdaten mitteilen. Diese Voraussetzung erfüllen Sie, wenn Sie ein vollständiges Impressum in Ihrem Webshop dauerhaft zur Verfügung stellen. Wie ein solches erstellt wird, erfahren Sie im Abschnitt »Impressum« auf Seite 333.

Preisangaben

Wichtig ist auch, dass Sie darauf achten, den vollständigen Preis anzugeben. Dieser beinhaltet insbesondere sämtliche Steuern und Abgaben, die Sie für dieses Produkt abführen.

Sofern Lieferkosten erhoben werden, sind Sie verpflichtet, diese auch in diesem Zusammenhang anzugeben. Auch Lieferkosten gehören in die Berechnung des Gesamtpreises.

Achtung: Sofern Sie Produkte lediglich an Unternehmer verkaufen, besteht dem Grunde nach keine Verpflichtung zur Angabe der Umsatzsteuer. Jedoch sind Sie verpflichtet, Ihr Angebot so auszugestalten, dass unmissverständlich klar wird, dass es sich ausschließlich an Unternehmer bzw. Gewerbetreibende richtet. Zusätzlich haben Sie bei dem Verkauf sicherzustellen, dass auch tatsächlich ausschließlich Gewerbetreibende die Produkte erwerben können (beispielsweise durch entsprechende Nachweise). Die Verpflichtung zur Angabe der Bruttopreise bei dem Verkauf von Produkten (auch) an Verbraucher folgt außerdem aus der Preisangabenverordnung (PAngV).

Fernkommunikationskosten

Es besteht die Verpflichtung, den Kunden über ggf. entstehende kostenpflichtige Kommunikationskosten zu informieren. Dies ist beispielsweise bei Mehrwerttelefondiensten oder dem kostenpflichtigen Faxabruf der Fall.

Tipp Dies gilt lediglich für den Vertragsschluss selbst. Für Fragen des Verbrauchers zum Produkt nach dem Vertragsschluss dürfen Sie solche Kosten gem. § 312a Abs. 5 BGB nicht verlangen.

Zahlungs-, Liefer- und Leistungsbedingungen

Diese Verpflichtung soll dem Kunden Aufschluss darüber geben, wann er mit der Ware rechnen kann und in welcher Form zu welchem Zeitpunkt er zu zahlen hat. Im Rahmen der Zahlungsbedingungen sind die Zahlungsfrist und die Fälligkeit anzugeben. Dies beinhaltet selbstverständlich auch die Angabe zu den akzeptierten Zahlungsmitteln.

Tipp Die Angabe der akzeptierten Zahlungsmittel ist auch deshalb bedeutsam, da Sie in der Lage sein müssen, im Falle der Rückabwicklung des Kaufs diese auch über dasselbe Zahlungsmittel zu veranlassen. Dies bestimmt § 357 Abs. 3 BGB.

Sofern für das jeweilige Zahlungsmittel zusätzliche Gebühren entstehen, müssen Sie hierüber ebenfalls informieren. Wenn Sie auch an Verbraucher verkaufen, müssen Sie auch eine kostenfreie Zahlungsmethode angeben.

Tipp Sofern Sie kostenpflichtige Zahlungsmittel anbieten, ist unbedingt darauf zu achten, dass Sie den Käufer hierüber bereits vor Bestellung informieren. Dies können Sie beispielsweise in Ihren AGB oder auf einer anderen allgemeinen Informationsseite tun. Weiterhin dürfen Sie auch lediglich die für dieses Zahlungsmittel üblichen Gebühren verlangen, die Ihnen durch diese Zahlweise entstehen.

Wichtig ist, dass Sie Angaben zu Lieferfristen machen. Sofern Sie diese nicht nennen, ist die Ware sofort zu liefern. Dies wird in der Regel nicht möglich sein. Sie laufen daher Gefahr, abgemahnt zu werden. Soweit eine sofortige Lieferung nicht möglich ist, Sie diese jedoch mangels Angabe von Lieferfristen zugesagt haben, handeln Sie unlauter.

Sofern Sie Lieferfristen in Ihren allgemeinen Geschäftsbedingungen aufführen, beachten Sie, dass die Angabe, dass die Lieferfristen unverbindlich sind, unzulässig ist. Auch unzulässig ist die Angabe, dass die Lieferung nach Zahlungseingang erfolgt. Diese Klausel ist nicht hinreichend bestimmt.

Auch Angaben wie »Lieferung in der Regel« oder »Lieferung voraussichtlich« sind unzulässig. Nach den gesetzlichen Vorgaben ist der »Termin« anzugeben, bis zu dem der Unternehmer die Ware liefern muss. Nach der derzeitigen Rechtsprechung entsprechen die vorgenannten Angaben jedoch nicht den gesetzlichen Bestimmungen und sind daher unbedingt zu vermeiden.

Tipp Sofern Lieferbeschränkungen bestehen, müssen Sie diese bereits bei Einleitung des Bestellvorgangs nennen.

Wenn Sie auch in andere EU-Länder oder Drittländer liefern bzw. Ihr Webshop hierauf ausgerichtet ist, sind zwingend die jeweiligen Versandbedingungen und -kosten zu nennen.

> **Wann ist mein Shop auf weitere Länder ausgerichtet?**
>
> Die Frage, wann Ihr Webshop nicht nur auf Deutschland ausgerichtet ist, hängt vom Einzelfall ab. Die Rechtsprechung hat hier jedoch einige Indizien angeführt, die bei Vorliegen auf eine internationale Ausrichtung schließen lassen. Dies sind beispielsweise:
>
> - die Angabe der Landesvorwahl (+49)
> - die Angabe von Fremdsprachen bzw. die Fassung der Webseite in verschiedenen Sprachen
> - die Angabe von verschiedenen Währungen, in denen gezahlt werden kann
> - Versandkostenangaben für bestimmte Länder
>
> Die Ausrichtung auf bestimmte Länder hat für die juristische Praxis weitere Konsequenzen. So stellt sich im Falle einer gerichtlichen Inanspruchnahme die Frage nach dem jeweiligen Gerichtsstand und dem anwendbaren Recht.

Unzulässig sind sogenannte Lockvogel-Angebote, d. h. Angebote, bei denen gar nicht klar ist, ob diese überhaupt geliefert werden können. Ein solches Lockvogel-Angebot ist immer dann anzunehmen, wenn ein Produkt bereits unter Angabe eines bestimmten Preises angeboten wird, jedoch der Verkäufer gar nicht in der Lage ist, die erwartete Nachfrage in einem bestimmten Zeitraum auch zu erbringen. In diesem Falle ist hierauf unbedingt hinzuweisen.

Achtung: Die Angabe »Fremdbelieferung« oder »Lieferung auf Nachfrage« erfüllt die vorgenannten Voraussetzungen nicht.

Bestehen des gesetzlichen Mängelhaftungsrecht für Waren

Sie müssen die Kunden auch über die bestehenden Mängelhaftungsrechte informieren. Diese Informationspflicht gilt ausschließlich für Waren und nicht für Dienstleistungen.

Hierbei genügt regelmäßig der Hinweis auf die gesetzlich bestehenden Gewährleistungsrechte.

Tipp

Verwechseln Sie die Mängelhaftungsrechte nicht mit einer zusätzlich gewährten Garantie. Die Garantieangabe ersetzt nicht die Angabe, dass dem Kunden im Falle der Mangelhaftigkeit der Ware seine gesetzlichen Mängelhaftungsrechte zustehen.

Kundendienst und Garantien

Sofern weitere Leistungen gewährt werden, ist der Kunde auch hierüber zu unterrichten. Unter diese Informationspflicht fallen insbesondere Wartungs-, Reparatur-,

Instandhaltungs-, Instandsetzungsleistungen. Aber auch Serviceleistungen sind hierunter zu fassen.

Tipp Sofern der Kundendienst nicht in der Sprache des Angebots zur Verfügung steht, haben Sie hierauf ebenfalls hinzuweisen.

Im Falle der Gewährung einer Garantie haben Sie den Kunden zusätzlich über die Garantiebedingungen umfassend aufzuklären. Dabei sind jedenfalls die wesentlichen Bedingungen für die Inanspruchnahme der Garantie als auch der Umfang der Garantie zu nennen.

Sofern Sie nicht Hersteller sind, der Hersteller jedoch eine Garantie gewährt, dürfte es ausreichend sein, mit einem Link auf die Garantiebedingungen des Herstellers zu verweisen.

Vertragslaufzeit und Kündigungsbedingungen

Im Rahmen des Abschlusses von Verträgen, die eine bestimmte Laufzeit haben, sind Sie verpflichtet, über die Laufzeit und die Kündigungsbedingungen zu informieren. Sofern es sich um einen befristeten Vertrag handelt, der automatisch nach einer gewissen Laufzeit endet, müssen Sie auch hierüber informieren.

Sofern der Vertrag jedoch eine unbefristete Laufzeit hat, müssen Sie den Kunden ebenfalls über die Bedingungen und Möglichkeiten einer Kündigung, insbesondere Kündigungsfrist und ggf. Kündigungsgründe, hinweisen.

Beschränkungen der Interoperabilität und Kompatibilität digitaler Inhalte

Diese Angabe ist insbesondere dann für Sie von Bedeutung, wenn Sie digitale Inhalte, beispielsweise Hörbücher, zum Download anbieten. Mehr hierzu lesen Sie im Abschnitt »Weitere Informationspflichten« auf Seite 371.

Die besonderen Informationspflichten im Falle des Bestehens eines Widerrufsrechts

Gesetzliche Informationspflichten

Sofern dem Verbraucher ein Widerrufsrecht nach § 312g Abs. 1 BGB zusteht, sind Sie verpflichtet, weiter Informationen bereitzustellen. Diese sind insbesondere:

Widerrufsbelehrung

Sie müssen den Verbraucher über die Widerrufsbedingungen und -fristen informieren. Bedingungen meint dabei, dass Sie dem Verbraucher die notwendigen Voraussetzungen für die Inanspruchnahme des Widerrufsrechts zur Verfügung stellen.

Belehrung über das Widerrufsrecht

Hierzu gehört die Belehrung des Verbrauchers über sein Recht im Rahmen eines Fernabsatzgeschäfts, seine Vertragserklärung ohne Angabe von Gründen innerhalb der Widerrufsfrist, durch einfache aber eindeutige Erklärung widerrufen zu können. Anzugeben ist dabei auch, dass es einer Begründung für einen Widerruf nicht bedarf.

Die Belehrung über das Verfahren für die Ausübung des Widerrufsrechts zielt auf die Informationsverpflichtungen des § 355 Abs. 1 S. 2-5 BGB ab. Hiernach muss aus der Belehrung für den Verbraucher klar werden, dass er den Widerruf innerhalb der Widerrufsfrist ausdrücklich erklären muss und die rechtzeitige Absendung zur Erfüllung der Widerrufsvoraussetzungen genügt.

Weiterhin müssen Sie dem Verbraucher seit dem 13.06.2014 eine Muster-Widerrufsbelehrung zur Verfügung zu stellen, die von Ihnen – entsprechend Ihres Waren- und Dienstleistungsangebots – konkretisiert und ausgestaltet werden muss.

Tipp Das Widerrufsformular enthält bereits die vorgenannten Belehrungspflichten.

Wichtig ist, dass Sie das Muster lediglich mit den jeweiligen Gestaltungshinweisen und -vorlagen versehen, jedoch nicht abändern bzw. umformulieren. Das bestehende Muster ist zwar in einigen Fällen wenig praktikabel, hierzu später, jedoch besteht eine Privilegierung, wenn Sie das Muster nutzen. Dies bedeutet, dass Sie die gesetzlich vorgegebenen Informationspflichten mit der Nutzung dieses Musters erfüllen. Das heißt insbesondere, dass Ihnen durch die Verwendung im Vertrauen auf die Richtigkeit des Musters keinerlei Nachteile entstehen dürfen. Dies ist im speziellen für den Lauf der Widerrufsfrist entscheidend.

Fristen

Auch haben Sie über die Fristen, insbesondere die Widerruffrist zu informieren. Damit sind auch der Fristbeginn und die Dauer der Widerrufsfrist gemeint.

Die Widerrufsfrist beträgt 14 Tage und beginnt mit Vertragsschluss bzw. bei dem Versand von Waren mit dem Erhalt der Lieferung. Der Verbraucher hat sodann 14 Tage Zeit den Widerruf zu erklären und die Ware an Sie zurückzuschicken. Es reicht dabei aus, dass der Verbraucher die Ware innerhalb der Frist versendet.

Sobald der Verbraucher den Widerruf erklärt hat, haben Sie ebenfalls 14 Tage Zeit, den gezahlten Betrag zurückzuerstatten. Jedoch haben Sie das Recht, den Betrag solange zurückzuhalten, bis die Ware bei Ihnen eingetroffen ist. Sofern keine oder eine fehlerhafte Widerrufsbelehrung erfolgt ist, verlängert sich die Widerrufsfrist maximal auf 12 Monate und 14 Tage.

Zeitpunkt der Widerrufsbelehrung

Auch hier gilt, dass Sie über das Widerrufsrecht auf Ihrer Webseite zu informieren haben. Darüber hinaus müssen Sie dem Verbraucher die Widerrufsbelehrung auch auf einem dauerhaften Datenträger zur Verfügung stellen.

Belehrung über die Kostentragung durch den Verbraucher für die Rücksendung im Widerrufsfall

Seit dem 13.06.2014 trägt grundsätzlich der Verbraucher die Kosten der Rücksendung im Falle des Widerrufs. Dies gilt sowohl bei der Rücksendung auf dem normalen Postweg als auch im Falle der Rücksendung über den Speditionsweg. Hierüber haben Sie den Verbraucher jedoch ausdrücklich zu informieren. Sofern Sie dies nicht tun, tragen Sie die Kosten der Rücksendung.

Tipp Auch diese Informationsverpflichtung ist im Muster vorgesehen.

Muster für eine Widerrufsbelehrung

Das nachfolgende Muster sollte von Ihnen zwingend ohne Veränderungen verwendet werden. Unbedingt notwendig ist allerdings, dass Sie die Widerrufsbelehrung entsprechend Ihrem jeweiligen Produkt anpassen und nicht »unbearbeitet« übernehmen. Dies würde keinesfalls eine ordnungsgemäße Belehrung über das bestehende Widerrufsrecht darstellen.

Widerrufsbelehrung

Widerrufsrecht

Sie haben das Recht, binnen vierzehn Tagen ohne Angabe von Gründen diesen Vertrag zu widerrufen. Die Widerrufsfrist beträgt vierzehn Tage ab dem Tag ❶. Um Ihr Widerrufsrecht auszuüben, müssen Sie uns ❷ mittels einer eindeutigen Erklärung (z. B. ein mit der Post versandter Brief, Telefax oder E-Mail) über Ihren Entschluss, diesen Vertrag zu widerrufen, informieren. Sie können dafür das beigefügte Muster-Widerrufsformular verwenden, das jedoch nicht vorgeschrieben ist. ❸ Zur Wahrung der Widerrufsfrist reicht es aus, dass Sie die Mitteilung über die Ausübung des Widerrufsrechts vor Ablauf der Widerrufsfrist absenden.

Folgen des Widerrufs

Wenn Sie diesen Vertrag widerrufen, haben wir Ihnen alle Zahlungen, die wir von Ihnen erhalten haben, einschließlich der Lieferkosten (mit Ausnahme der zusätzlichen Kosten, die sich daraus ergeben, dass Sie eine andere Art der Lieferung als die von uns angebotene, günstigste Standardlieferung gewählt haben), unverzüglich und spätestens binnen vierzehn Tagen ab dem Tag zurückzuzahlen, an dem die Mitteilung über Ihren Widerruf dieses Vertrags bei uns eingegangen ist. Für diese Rückzahlung verwenden wir dasselbe Zahlungsmittel, das Sie bei der ursprünglichen Transaktion eingesetzt haben, es sei denn, mit Ihnen wurde ausdrücklich etwas anderes vereinbart; in keinem Fall werden Ihnen wegen dieser Rückzahlung Entgelte berechnet. ❹

❺

❻

Gestaltungshinweise:

❶ Fügen Sie einen der folgenden in Anführungszeichen gesetzten Textbausteine ein:

- im Falle eines Dienstleistungsvertrags oder eines Vertrags über die Lieferung von Wasser, Gas oder Strom, wenn sie nicht in einem begrenzten Volumen oder in einer bestimmten Menge zum Verkauf angeboten werden, von Fernwärme oder von digitalen Inhalten, die nicht auf einem körperlichen Datenträger geliefert werden: »des Vertragsabschlusses.«;
- im Falle eines Kaufvertrags: », an dem Sie oder ein von Ihnen benannter Dritter, der nicht der Beförderer ist, die Waren in Besitz genommen haben bzw. hat.«;
- im Falle eines Vertrags über mehrere Waren, die der Verbraucher im Rahmen einer einheitlichen Bestellung bestellt hat und die getrennt geliefert werden: », an dem Sie oder ein von Ihnen benannter Dritter, der nicht der Beförderer ist, die letzte Ware in Besitzgenommen haben bzw. hat.«;
- im Falle eines Vertrags über die Lieferung einer Ware in mehreren Teilsendungen oder Stücken: », an dem Sie oder ein von Ihnen benannter Dritter, der nicht der Beförderer ist, die letzte Teilsendung oder das letzte Stück in Besitz genommen haben bzw. hat.«;
- im Falle eines Vertrags zur regelmäßigen Lieferung von Waren über einen festgelegten Zeitraum hinweg: », an dem Sie oder ein von Ihnen benannter Dritter, der nicht der Beförderer ist, die erste Ware in Besitz genommen haben bzw. hat.«

❷ Fügen Sie Ihren Namen, Ihre Anschrift und, soweit verfügbar, Ihre Telefonnummer, Telefaxnummer und E-Mail-Adresse ein.

❸ Wenn Sie dem Verbraucher die Wahl einraumen, die Information über seinen Widerruf des Vertrags auf Ihrer Webseite elektronisch auszufüllen und zu übermitteln, fügen Sie Folgendes ein: »Sie können das Muster-Widerrufsformular oder eine andere eindeutige Erklärung auch auf unserer Webseite [Internetadresse einfügen] elektronisch ausfüllen und übermitteln. Machen Sie von dieser Möglichkeit Gebrauch, so werden wir Ihnen unverzüglich (z. B. per E-Mail) eine Bestätigung über den Eingang eines solchen Widerrufs übermitteln.«

❹ Im Falle von Kaufverträgen, in denen Sie nicht angeboten haben, im Fall des Widerrufs die Waren selbst abzuholen, fügen Sie Folgendes ein: »Wir können die Rückzahlung verweigern, bis wir die Waren wieder zurückerhalten haben oder bis Sie den Nachweis erbracht haben, dass Sie die Waren zurückgesandt haben, je nachdem, welches der frühere Zeitpunkt ist.«

❺ Wenn der Verbraucher Waren im Zusammenhang mit dem Vertrag erhalten hat:

- Fügen Sie ein: »Wir holen die Waren ab.« oder »Sie haben die Waren unverzüglich und in jedem Fall spätestens binnen vierzehn Tagen ab dem Tag, an dem Sie uns über den Widerruf dieses Vertrags unterrichten, an uns oder an [hier sind gegebenenfalls der Name und die Anschrift der von Ihnen zur Entgegennahme der Waren ermächtigten Person einzufügen] zurückzusenden oder zu übergeben. Die Frist ist gewahrt, wenn Sie die Waren vor Ablauf der Frist von vierzehn Tagen absenden.«

- Fügen Sie ein: »Wir tragen die Kosten der Rücksendung der Waren.«; »Sie tragen die unmittelbaren Kosten der Rücksendung der Waren.«; Wenn Sie bei einem Fernabsatzvertrag nicht anbieten, die Kosten der Rücksendung der Waren zu tragen und die Waren aufgrund ihrer Beschaffenheit nicht normal mit der Post zurückgesandt werden können: »Sie tragen die unmittelbaren Kosten der Rücksendung der Waren in Höhe von ... EUR [Betrag einfügen].«, oder wenn die Kosten vernünftigerweise nicht im Voraus berechnet werden können: »Sie tragen die unmittelbaren Kosten der Rücksendung der Waren. Die Kosten werden auf höchstens etwa ... EUR [Betrag einfügen] geschätzt.« oder wenn die Waren bei einem außerhalb von Geschäftsräumen geschlossenen Vertrag aufgrund ihrer Beschaffenheit nicht normal mit der Post zurückgesandt werden können und zum Zeitpunkt des Vertragsschlusses zur Wohnung des Verbrauchers geliefert worden sind: »Wir holen die Waren auf unsere Kosten ab.«
- Und fügen Sie ein: »Sie müssen für einen etwaigen Wertverlust der Waren nur aufkommen, wenn dieser Wertverlust auf einen zur Prüfung der Beschaffenheit, Eigenschaften und Funktionsweise der Waren nicht notwendigen Umgang mit ihnen zurückzuführen ist.«

❻ Im Falle eines Vertrags zur Erbringung von Dienstleistungen oder der Lieferung von Wasser, Gas oder Strom, wenn sie nicht in einem begrenzten Volumen oder in einer bestimmten Menge zum Verkauf angeboten werden, oder von Fernwärme fügen Sie Folgendes ein: »Haben Sie verlangt, dass die Dienstleistungen oder Lieferung von Wasser/Gas/Strom/Fernwärme [Unzutreffendes streichen] während der Widerrufsfrist beginnen soll, so haben Sie uns einen angemessenen Betrag zu zahlen, der dem Anteil der bis zu dem Zeitpunkt, zu dem Sie uns von der Ausübung des Widerrufsrechts hinsichtlich dieses Vertragsunterrichten, bereits erbrachten Dienstleistungen im Vergleich zum Gesamtumfang der im Vertrag vorgesehenen Dienstleistungen entspricht.«

Tipp Beschränken Sie das Widerrufsrecht ausdrücklich auf Verbraucher. Sofern Sie dies nicht tun, räumen Sie – auf freiwilliger Basis – auch Unternehmern das Recht ein, den jeweiligen Vertrag zu widerrufen. Diese Beschränkung ist dem Muster der Widerrufsbelehrung voranzustellen.

Probleme bei der Umsetzung in der Praxis

Die konkrete Ausgestaltung des Musters kann sich jedoch im Einzelfall schwierig gestalten. Die Widerrufsfrist beginnt beim Abschluss eines Kaufvertrags mit der Inbesitznahme der Waren.

Sofern Sie jedoch Teillieferungen versenden und dies bei Abschluss des Kaufvertrags und damit der Belehrung über das Widerrufsrecht meist noch nicht bekannt ist, stellt sich die Frage, wie die Widerrufsbelehrung zu gestalten ist. Bei Teillieferungen müssten Sie theoretisch für jede Teillieferung den Verbraucher über sein Widerrufsrecht belehren. Dies hat jedoch bei Vertragsschluss zu geschehen. In diesem Falle der ungeplanten Teillieferung besteht daher die Gefahr, dass die zuvor erfolgte Widerrufsbelehrung gerade nicht den gesetzlichen Vorgaben entspricht, da dieser Fall nicht vorgesehen ist.

Ein weiteres Beispiel bilden die Rücksendekosten, wenn sogenannte nicht-paketversandfähige Ware zurückgenommen werden soll und der Verbraucher die Kosten der Rücksendung trägt. Es handelt sich dabei um Waren, die beispielsweise aufgrund der Maße nicht per Post, sondern vielmehr mit einer Spedition versendet werden müssen. Hier ist nach dem Textbaustein ein Betrag für die Rücksendung oder, wenn die Kosten im Voraus nicht genau beziffert werden können, ein zu schätzender Betrag anzugeben. Sie können sich jedoch vorstellen, dass dies im Allgemeinen nur schwer möglich sein wird, da die Ware von Fall zu Fall unterschiedlich groß sein kann und damit auch im Vorhinein nicht für sämtliche Fälle zu bestimmende Versandkosten anfallen werden.

Muster-Widerrufsformular

Seit dem 13.06.2014 ist dem Verbraucher zusätzlich ein Muster-Widerrufsformular zur Verfügung zu stellen. Hiermit soll dem Verbraucher die Möglichkeit gegeben werden, den jeweiligen Vertrag mit dem vorgegebenen Musterformular zu widerrufen. Zwingend vorgesehen ist dies jedoch nicht. Der Verbraucher kann den Vertrag Ihnen gegenüber beispielsweise auch telefonisch widerrufen. Ebenfalls nicht erforderlich ist, dass der Verbraucher das Wort »Widerruf« benutzt. Es ist ausreichend, dass aus der Erklärung des Verbrauchers hervorgeht, dass er den Vertrag widerrufen will. Diese Erklärung muss lediglich eindeutig sein.

Hintergrund ist (auch), dass es seit dem 13.06.2014 nicht mehr ausreicht, dass der Verbraucher die Waren einfach zurückschickt. Er hat vielmehr den Widerruf Ihnen gegenüber ausdrücklich zu erklären. Das Muster-Widerrufsformular ist dabei auf Ihrer Webseite für den Verbraucher bereitzustellen. Weiterhin müssen Sie auch dieses Muster-Widerrufsformular dem Verbraucher auf einem dauerhaften Datenträger zur Verfügung stellen, d. h., beispielweise mit dem Versand einer Bestätigungs-E-Mail oder bei der Übersendung des bestellten Produkts in Papierform.

Tipp Das Muster-Widerrufsformular sollte bestenfalls unter der Widerrufsbelehrung aufgenommen werden.

Muster-Widerrufsformular

(Wenn Sie den Vertrag widerrufen wollen, dann füllen Sie bitte dieses Formular aus und senden es zurück.)

- An [hier ist der Name, die Anschrift und gegebenenfalls die Faxnummer und E-Mail-
- Adresse des Unternehmers durch den Unternehmer einzufügen]:
- Hiermit widerrufe(n) ich/wir (*) den von mir/uns (*) abgeschlossenen Vertrag über den Kauf
- der folgenden Waren (*)/ die Erbringung der folgenden Dienstleistung (*)
- Bestellt am (*)/erhalten am (*)
- Name des/der Verbraucher(s)
- Anschrift des/der Verbraucher(s)
- Unterschrift des/der Verbraucher(s) (nur bei Mitteilung auf Papier)
- Datum

(*) Unzutreffendes streichen.

Zusätzlich können Sie dem Verbraucher auch die Möglichkeit einräumen, den Widerruf online auf Ihrer Webseite durchzuführen. Verpflichtet sind Sie hierzu jedoch nicht.

Zeitpunkt der Belehrung

Gemäß Artikel 246 b § 4 Abs. 1 EGBGB muss das Muster-Widerrufsformular dem Verbraucher vor Abgabe von dessen Vertragserklärung (somit vor Aufgabe der Bestellung) zur Verfügung gestellt werden.

Weiterhin müssen Sie den Verbraucher vor Aufgabe der Bestellung vollumfänglich über sein Widerrufsrecht belehren. Hinzu kommt die Übermittlung sämtlicher Informationen hierzu auf einem dauerhaften Datenträger.

Tipp Hier empfehlen wir die Aufnahme in die Bestellbestätigung per E-Mail oder postalisch.

Spätestens auf der Bestellseite ist der Verbraucher zu informieren. Ausreichend ist hier, wenn der Verbraucher die Widerrufsbelehrung über einen Link abrufen kann. Dabei muss die Verlinkung jedoch ausdrücklich gekennzeichnet sein, beispielsweise mit »Widerrufsrecht«.

Sie können sich die Kenntnisnahme auch mit der sogenannten Opt-in-Lösung bestätigen lassen. Der Verbraucher hat dann vor Absendung der Bestellung per

Häkchen zu bestätigen, dass er die Widerrufsbelehrung gelesen bzw. zur Kenntnis genommen hat. Erforderlich ist dies jedoch nicht.

Weitere Informationspflichten

Sofern dem Verbraucher kein Widerrufsrecht zusteht bzw. ein Widerrufsrecht besteht, dieses jedoch vorzeitig erlöschen kann, haben Sie hierüber auch zu informieren. Das bestimmt § Art. 246a § 1 Abs. 3 EGBGB. Hierin heißt es:

Der Unternehmer hat den Verbraucher auch zu informieren, wenn

1. dem Verbraucher nach § 312g Absatz 2 Satz 1 Nummer 1, 2, 5 und 7 bis 13 des Bürgerlichen Gesetzbuchs ein Widerrufsrecht nicht zusteht, dass der Verbraucher seine Willenserklärung nicht widerrufen kann, oder
2. das Widerrufsrecht des Verbrauchers nach § 312g Absatz 2 Satz 1 Nummer 3, 4 und 6 sowie § 356 Absatz 4 und 5 des Bürgerlichen Gesetzbuchs vorzeitig erlöschen kann, über die Umstände, unter denen der Verbraucher ein zunächst bestehendes Widerrufsrecht verliert.

Belehrung über das Nichtbestehen eines Widerrufsrechts

Das Gesetz sieht ein Widerrufsrecht im Fernabsatzgeschäft nicht für sämtliche Waren bzw. Dienstleistungen vor.

Ein Widerrufsrecht besteht grundsätzlich nicht bei folgenden Verträgen:

1. Verträge zur Lieferung von Waren, die nicht vorgefertigt sind und für deren Herstellung eine individuelle Auswahl oder Bestimmung durch den Verbraucher maßgeblich ist oder die eindeutig auf die persönlichen Bedürfnisse des Verbrauchers zugeschnitten sind,
2. Verträge zur Lieferung von Waren, die schnell verderben können oder deren Verfallsdatum schnell überschritten würde,
3. Verträge zur Lieferung versiegelter Waren, die aus Gründen des Gesundheitsschutzes oder der Hygiene nicht zur Rückgabe geeignet sind, wenn ihre Versiegelung nach der Lieferung entfernt wurde,
4. Verträge zur Lieferung von Waren, wenn diese nach der Lieferung aufgrund ihrer Beschaffenheit untrennbar mit anderen Gütern vermischt wurden,
5. Verträge zur Lieferung alkoholischer Getränke, deren Preis bei Vertragsschluss vereinbart wurde, die aber frühestens 30 Tage nach Vertragsschluss geliefert werden können und deren aktueller Wert von Schwankungen auf dem Markt abhängt, auf die der Unternehmer keinen Einfluss hat,
6. Verträge zur Lieferung von Ton- oder Videoaufnahmen oder Computersoftware in einer versiegelten Packung, wenn die Versiegelung nach der Lieferung entfernt wurde,
7. Verträge zur Lieferung von Zeitungen, Zeitschriften oder Illustrierten mit Ausnahme von Abonnement-Verträgen,

8. Verträge zur Lieferung von Waren oder zur Erbringung von Dienstleistungen, einschließlich Finanzdienstleistungen, deren Preis von Schwankungen auf dem Finanzmarkt abhängt, auf die der Unternehmer keinen Einfluss hat und die innerhalb der Widerrufsfrist auftreten können, insbesondere Dienstleistungen im Zusammenhang mit Aktien, mit Anteilen an offenen Investmentvermögen im Sinne von § 1 Absatz 4 des Kapitalanlagegesetzbuchs und mit anderen handelbaren Wertpapieren, Devisen, Derivaten oder Geldmarktinstrumenten,
9. vorbehaltlich des Satzes 2 Verträge zur Erbringung von Dienstleistungen in den Bereichen Beherbergung zu anderen Zwecken als zu Wohnzwecken, Beförderung von Waren, Kraftfahrzeugvermietung, Lieferung von Speisen und Getränken sowie zur Erbringung weiterer Dienstleistungen im Zusammenhang mit Freizeitbetätigungen, wenn der Vertrag für die Erbringung einen spezifischen Termin oder Zeitraum vorsieht,
10. Verträge, die im Rahmen einer Vermarktungsform geschlossen werden, bei der der Unternehmer Verbrauchern, die persönlich anwesend sind oder denen diese Möglichkeit gewährt wird, Waren oder Dienstleistungen anbietet, und zwar in einem vom Versteigerer durchgeführten, auf konkurrierenden Geboten basierenden transparenten Verfahren, bei dem der Bieter, der den Zuschlag erhalten hat, zum Erwerb der Waren oder Dienstleistungen verpflichtet ist (öffentlich zugängliche Versteigerung),
11. Verträge, bei denen der Verbraucher den Unternehmer ausdrücklich aufgefordert hat, ihn aufzusuchen, um dringende Reparatur- oder Instandhaltungsarbeiten vorzunehmen; dies gilt nicht hinsichtlich weiterer bei dem Besuch erbrachter Dienstleistungen, die der Verbraucher nicht ausdrücklich verlangt hat, oder hinsichtlich solcher bei dem Besuch gelieferter Waren, die bei der Instandhaltung oder Reparatur nicht unbedingt als Ersatzteile benötigt werden,
12. Verträge zur Erbringung von Wett- und Lotteriedienstleistungen, es sei denn, dass der Verbraucher seine Vertragserklärung telefonisch abgegeben hat oder der Vertrag außerhalb von Geschäftsräumen geschlossen wurde, und
13. notariell beurkundete Verträge; dies gilt für Fernabsatzverträge über Finanzdienstleistungen nur, wenn der Notar bestätigt, dass die Rechte des Verbrauchers aus § 312d Absatz 2 gewahrt sind.

Selbstverständlich steht es Ihnen frei, dem Verbraucher auch in den vorgenannten Fällen ein Widerrufsrecht einzuräumen.

Belehrung über das Erlöschen des Widerrufsrechts

Insbesondere im Bereich des Vertriebs von digitalen Produkten besteht seit dem 13. 06.2014 eine Besonderheit im Rahmen des Widerrufsrechts. Aufgrund der praktischen Relevanz sollen daher nachfolgend einige vertiefende Ausführungen und Hinweise für diesen Bereich erfolgen.

Widerrufsrecht bei digitalen Produkten

Durch die Novellierung des Verbraucherwiderrufsrecht besteht für den Verbraucher seit dem 13.06.2014 auch ein Widerrufsrecht beim Abschluss von Fernabsatzverträgen über digitale Inhalte wie Downloads von Apps, E-Books und Musik. Durch die ersatzlose Streichung der bisherigen bestehenden Ausnahme für Waren, die aufgrund ihrer Beschaffenheit nicht für eine Rücksendung geeignet sind, sowie die Einführung des § 356 Abs. 5 BGB n.F. steht dem Verbraucher ab dem 13.06.2014 grundsätzlich ein Widerrufsrecht bei digitalen Inhalten in unkörperlicher Form zu.

Dies birgt jedoch die Gefahr, dass Onlineshopbetreiber zu kostenlosen Verleihshops werden, wenn die Verbraucher nach der Nutzung der digitalen Inhalte von ihrem Widerrufsrecht Gebrauch machen.

Dies hat auch der Gesetzgeber erkannt und die Möglichkeit des Erlöschens des Widerrufsrechts im Bereich von Downloads von digitalen Inhalten in unkörperlicher Form in § 356 Abs. 5 BGB n.F. unter bestimmten Voraussetzungen normiert.

Digitale Inhalte in unkörperlicher Form

Nach der Gesetzesbegründung werden unter digitale Inhalte in unkörperlicher Form zukünftig insbesondere Apps, Software, E-Books sowie Musik und Filme zu fassen sein. In diesem Zusammenhang kommt es nicht darauf an, ob die digitalen Inhalte heruntergeladen und gespeichert werden oder es sich um ein Streaming von Daten handelt. Ausschlaggebend ist lediglich, dass die Daten nicht auf einem physischen Datenträger verkauft werden.

Das Erlöschen des Widerrufsrechts nach § 356 Abs. 5 BGB n.F.

Nach § 356 Abs. 5 BGB n.F. erlischt das Widerrufsrecht bei einem Vertrag über die Lieferung von nicht auf einem körperlichen Datenträger befindlichen digitalen Inhalten dann, wenn der Unternehmer mit der Ausführung des Vertrags begonnen hat, nachdem der Verbraucher

1. ausdrücklich zugestimmt hat, dass der Unternehmer mit der Ausführung des Vertrags vor Ablauf der Widerrufsfrist beginnt, und
2. seine Kenntnis davon bestätigt hat, dass er durch seine Zustimmung mit Beginn der Ausführung des Vertrags sein Widerrufsrecht verliert.

Der Anbieter unkörperlicher digitaler Inhalte hat damit die Möglichkeit, das Widerrufsrecht zum Erlöschen zu bringen.

Hierzu ist erforderlich, dass der Käufer bereits vor Ausführung des Vertrags, d. h. vor Beginn des Downloads/Streaming, ausdrücklich zustimmt, dass der Verkäufer noch während der Widerrufsfrist mit der Ausführung des Vertrags beginnt. Darüber hinaus hat der Verkäufer den Verbraucher darüber zu informieren, dass das Fernabsatzwiderrufsrecht bei Zustimmung zur Ausführung des Vertrags noch während der Widerrufsfrist erlischt.

Beides sollte sich der Verkäufer durch den Käufer jeweils ausdrücklich bestätigen lassen. Dies ist beispielsweise durch das Setzen eines Häkchens – ähnlich wie bei der Bestätigung der Kenntnisnahme der AGB – möglich.

Darüber hinaus ist dem Verkäufer dringend zu empfehlen auf der Abschrift oder in der Bestätigung des Vertrags, die nach § 312f Abs. 1 Nr. 2 BGB n.F. erforderlich ist, darüber hinaus festzuhalten, dass der Verbraucher der Vertragsausführung noch innerhalb der Widerrufsfrist zugestimmt und der Verkäufer ihn über das Erlöschen seines Widerrufsrechts in diesem Falle informiert hat (§ 312f Abs. 3 BGB n.F.). Zwar sieht der Gesetzeswortlaut keine explizite Dokumentationspflicht hierzu vor (»gegebenenfalls festzuhalten«), jedoch ist bereits aus Gründen der Beweisführung eine Dokumentation nach diesseitiger Ansicht unabdingbar. Andernfalls wird dem beweispflichtigen Unternehmer der Nachweis für das Erlöschen des Widerrufsrechts kaum gelingen.

Informationspflichten

Hinzu kommen noch die in § 312d Abs. 1 S. 1 BGB n.F. normierten Informationspflichten des Verkäufers gegenüber Verbrauchern bei Fernabsatzverträgen:

»Bei außerhalb von Geschäftsräumen geschlossenen Verträgen und bei Fernabsatzverträgen ist der Unternehmer verpflichtet, den Verbraucher nach Maßgabe des Artikels 246a des Einführungsgesetzes zum Bürgerlichen Gesetzbuche zu informieren.«

Im Bereich der digitalen Inhalte in unkörperlicher Form sind insbesondere die Informationspflichten nach Art 246a § 1 Abs. 1 S. 1 Nr. 14 und 15 EGBGB zu beachten.

Danach ist der Verbraucher über die Funktionsweise digitaler Inhalte, einschließlich technischer Schutzmaßnahmen für solche Inhalte (Nr. 14) sowie gegebenenfalls – soweit wesentlich – über Beschränkungen der Interoperabilität und der Kompatibilität digitaler Inhalte mit Hard- und Software hinzuweisen (Nr. 15), soweit dies dem Unternehmer bekannt ist oder bekannt sein müsste. Es handelt sich hierbei um eine Art »Gebrauchsanweisung«, die dem Verbraucher beim Kauf von digitalen Inhalten in unkörperlicher Form zur Verfügung gestellt werden muss.

Zeitpunkt und Form der Informationspflicht

Die Informationen zu den Versandkosten als auch die Angabe des Preises inkl. Mehrwertsteuer sind dem Verbraucher bereits vor Beginn des Bestellvorgangs zu geben. Die weiteren Informationen nach dem Fernabsatzrecht muss der Verbraucher jedenfalls vor Abgabe seiner Erklärung zum Vertragsschluss erhalten. Dies bedeutet für Sie, dass Sie spätestens auf der Bestellseite die notwendigen Informationen bereithalten müssen.

Weiterhin sind dem Verbraucher die Informationen auch noch einmal auf einem dauerhaften Datenträger zur Verfügung zu stellen. Dem Verbraucher muss es möglich sein, die Informationen für einen angemessen langen Zeitraum unverändert abrufen zu können, bzw. die Informationen müssen ihm zur Verfügung stehen. Diese Voraussetzung ist beispielsweise bei dem Versand in Papierform oder aber per E-Mail erfüllt.

Tipp Eine Bereitstellung eines Links zum Abruf der Informationen genügt den Anforderungen regelmäßig nicht, da diese Informationen veränderbar sind.

Besondere Informationsverpflichtungen im elektronischen Geschäftsverkehr

Nach Art. 246c EGBGB haben Sie dem Kunden die nachfolgenden Informationen zur Verfügung zu stellen. Hierbei ist unbedingt darauf zu achten, dass über diese Informationen rechtzeitig vor Bestellabgabe des Kunden unterrichtet wird. Rechtzeitig heißt, dass Sie dem Kunden spätestens auf der Bestellübersicht die notwendigen Informationen bereitstellen. Dabei handelt es sich um Informationen

1. über die einzelnen technischen Schritte, die zu einem Vertragsschluss führen,
2. darüber, ob der Vertragstext nach dem Vertragsschluss von dem Unternehmer gespeichert wird und ob er dem Kunden zugänglich ist,
3. darüber, wie er mit den gemäß § 312 i Abs. 1 S. 1 Nr. 1 BGB zur Verfügung gestellten technischen Mitteln Eingabefehler vor Abgabe der Vertragserklärung erkennen und berichtigen kann,
4. über die für den Vertragsschluss zur Verfügung stehenden Sprachen und
5. über sämtliche einschlägige Verhaltenskodizes, denen sich der Unternehmer unterwirft, sowie über die Möglichkeit eines elektronischen Zugangs zu diesen Regelwerken.

Zu den einzelnen Informationsverpflichtungen:

Technische Schritte, die zu einem Vertragsschluss führen

Der Kunde ist darüber zu informieren, wie der Vertrag geschlossen wird. Hierfür ist es erforderlich, dass Sie den Kunden über die einzelnen technischen Schritte informieren.

Dabei ist wichtig, dass Sie zunächst bestimmen müssen, ob es sich bei Ihrem Waren- und/oder Dienstleistungsangebot bereits um ein Angebot im rechtlichen Sinne oder vielmehr um ein unverbindliches Angebot handelt, worauf der Kunde seinerseits ein Angebot abgeben kann.

Die Einordnung Ihres Angebots ist dabei entscheidend. Sofern Ihre Waren-/Dienstleistungspräsentation bereits ein bindendes Angebot darstellt, kommt der Vertrag mit dem Kunden bereits durch die Bestellung des Kunden zustande. Die Bestellung wäre in diesem Falle die Annahme des Angebots. Probleme kann diese Art der Waren-/Dienstleistungspräsentation dann bereiten, wenn die angebotenen Produkte jeweils lediglich in einer bestimmten Stückzahl bei Ihnen vorhanden sind, die Bestellungen der Kunden die Stückzahl jedoch überschreitet. Darüber hinaus kann das Problem auftauchen, dass Sie sich in der vorgenannten Konstellation schlichtweg die Möglichkeit nehmen, den Vertragspartner selbst auszusuchen.

Sofern Sie sich vorbehalten möchten, den Vertrag erst mit Annahme des Angebots des Kunden zu schließen, müssen Sie ebenfalls informieren, ob die Bestellung bereits mit der Eingangsbestätigung angenommen wird.

Tipp Bei eBay stellt die Warenpräsentation bereits das Angebot dar. Hier haben Sie keine Wahlmöglichkeit. Dies gilt selbstverständlich nicht für die Konstellation, bei der der Kunde einen Preisvorschlag machen kann. Sofern der Kunde jedoch die »Sofort-Kaufen-Funktion« nutzt, nimmt er Ihr Angebot bereits an.

Speicherung des Vertragstexts

Weiterhin haben Sie den Kunden über die Speicherung und die Zugänglichkeit des Vertragstexts zu informieren. Sie sind nicht verpflichtet den Vertragstext zu speichern, müssen hierüber jedoch informieren. Sofern Sie den Vertragstext speichern, diesen jedoch dem Kunden nicht in irgendeiner Weise zugänglich machen, sind Sie gleichfalls verpflichtet, dem Kunden dies mitzuteilen. Eine Verpflichtung, dem Kunden den Vertragstext zugänglich zu machen, besteht ebenfalls nicht.

Eingabefehler

Der Kunde ist über die Möglichkeit der Korrektur von Eingabefehlern während der Bestellung zu unterrichten. Dabei haben Sie den Kunden über die technischen Möglichkeiten zur Korrektur zu informieren.

Ein Beispiel hierfür wäre folgende Formulierung:

»Der Nutzer kann seine Eingaben vor Abgabe der Bestellung mithilfe der üblichen Tastaturfunktionen (Korrektur der angegebenen Anzahl) korrigieren. Nach Anklicken des Buttons »Weiter zur Bestellzusammenfassung« erhält der Nutzer eine individuelle Zusammenfassung seiner Bestellung. Vor Abgabe der Bestellung kann der Nutzer seine Bestellung mithilfe der üblichen Tastatur- und Mausfunktionen (Zurück-Button des Browsers) auf der vorherigen Bestellseite in den entsprechenden Eingabefeldern korrigieren. Nach Anklicken des Buttons »Zahlungspflichtig bestellen« ist eine Korrektur nicht mehr möglich.«

Sprache für den Vertragsschluss

Ein Beispiel für die Erfüllung der Informationspflicht ist folgende Formulierung, sofern die Sprache für den Vertragsschluss Deutsch ist:

»Die Vertragssprache ist Deutsch.«

Tipp Sofern Sie weitere Vertragssprachen in Ihrem Onlineshop anbieten, ist sicherzustellen, dass sämtliche Texte, die für den Vertragsschluss maßgebend sind, auch in dieser Sprache zur Verfügung stehen. Insbesondere Ihre AGB wären demnach auch in der weiteren Vertragssprache bereitzustellen.

Verhaltenskodizes und deren Zugänglichkeit
Hierbei handelt es sich um bestimmte Qualitätskriterien, die Sie erfüllen. Hierüber und über die Möglichkeit des Abrufs müssen Sie den Kunden informieren.

Bestätigungs-E-Mail

Nach der Bestellung des Kunden haben Sie dem Kunden unverzüglich die Bestellung zu bestätigen. Dies muss gem. § 312i Abs. 1 Nr. 3 BGB auf elektronischem Wege geschehen, sodass die Versendung einer Bestätigungs-E-Mail empfehlenswert ist. Wichtig ist, dass Sie in der Bestätigungs-E-Mail darauf hinweisen, dass es sich lediglich um eine Bestätigungsnachricht und nicht um die Annahme des Angebots handelt, sofern Sie diese Variante in Ihren Geschäftsbedingungen vorgesehen haben. Selbstverständlich können Sie aber auch die Vertragsannahme innerhalb der Bestätigungsnachricht erklären.

Besondere Bestimmungen für das Angebot bestimmter Produkte

Es gibt zahlreiche weitere Bestimmungen, die sich außerhalb des UWG finden, jedoch lediglich bei bestimmten Angeboten relevant werden. Einige dieser Bestimmungen und Bereiche, die im Onlinehandel relevant sind, sollen im Folgenden erläutert bzw. beleuchtet werden. Eine abschließende Darstellung ist aufgrund des enormen Umfangs an Vorschriften, die jedoch teilweise lediglich für einzelne Produktkategorien gelten, nicht möglich.

Bücherwerbung

Für den Vertrieb von Büchern ist bei neuen Büchern das Buchpreisbindungsgesetz zu beachten.

Sofern Sie gewerbs- oder geschäftsmäßig Bücher an Letztabnehmer anbieten, sind die festgesetzten Preise zwingend einzuhalten. Geschäftsmäßig handeln Sie bereits dann, wenn Sie – ohne Gewinnerzielungsabsicht – wiederholt Bücher anbieten. Dies ist immer bereits dann anzunehmen, wenn Sie eine gewisse Anzahl an Büchern in einem bestimmten Zeitraum über Ihren Webshop vertreiben. Welche Anzahl erreicht sein muss, um eine Geschäftsmäßigkeit anzunehmen, wird von den erstinstanzlichen Gerichten unterschiedlich beurteilt.

Meist dürfte jedoch das Angebot von mehr als 40 gleichartigen Produkten innerhalb eines Monats ausreichend sein, um eine Geschäftsmäßigkeit zu bejahen.

Tipp Dies gilt auch für Ihre Vertriebsaktivitäten bei eBay oder ähnlichen Verkaufsplattformen entsprechend.

Wichtig ist, dass der volle Buchpreis vom Letztabnehmer auch tatsächlich gezahlt wird. Einige Webshopbetreiber versuchen regelmäßig, über Rabattgutscheine oder sonstige Gewinnspiele die Preisbindung zu umgehen. Dies ist jedoch in der Regel unzulässig und stellt einen Verstoß gegen das Buchpreisbindungsgesetz dar.

Tipp Sofern Sie Rabattaktionen anbieten, ist auf dem jeweiligen Gutschein bzw. auf Ihrer Webseite unbedingt klarzustellen, dass solche Gutscheine nicht im Rahmen des Kaufs von Büchern, die dem Buchpreisbindungsgesetz unterliegen, einzulösen sind.

Arzneimittel- und Tabakwerbung

Die gesetzlichen Regelungen zur Werbung für Arzneimittel und Tabakerzeugnisse unterliegen gewissen Beschränkungen. Sofern Sie für solche Produkte werben bzw. diese anbieten, sind die gesetzlichen Bestimmungen zwingend einzuhalten.

Preisangabenverordnung

In Ihrem Webshop sind die gesetzlichen Bestimmungen und Vorgaben der Preisangabenverordnung (PAngV) zwingend einzuhalten. Der Grundsatz der PAngV kann dabei dergestalt zusammengefasst werden, dass sämtliche Preise, mit denen man im Internet wirbt, vollständig sein müssen. Sie müssen daher sämtliche Entgelte vor dem Kauf von Produkten vollständig nennen.

Wenn ein Produkt auch an Verbraucher angeboten wird, ist zwingend die Umsatzsteuer anzugeben. Es ist Ihnen also nicht gestattet, lediglich Nettopreise anzugeben.

Auch über die Lieferkosten haben Sie den Kunden aufzuklären. Verpackungskosten sind neben dem Produktpreis ebenfalls gesondert anzugeben. Dabei ist zu beachten, dass diese Angaben nicht zwingend auf derselben Unterseite wie das Produktangebot aufzuführen sind.

Weiterhin müssen Sie beispielsweise bei Meterware, die Sie verkaufen, beachten, dass zusätzlich auch der Grundpreis angegeben wird. § 2 Abs. 3 S. 1 PAngV bestimmt hierzu:

»Die Mengeneinheit für den Grundpreis ist jeweils 1 Kilogramm, 1 Liter, 1 Kubikmeter, 1 Meter oder 1 Quadratmeter der Ware. Bei Waren, deren Nenngewicht oder Nennvolumen üblicherweise 250 Gramm oder Milliliter nicht übersteigt, dürfen als Mengeneinheit für den Grundpreis 100 Gramm oder Milliliter verwendet werden.«

Zeitliche Befristung von Gutscheinen

Auch bei der Ausstellung von Gutscheinen gibt es zahlreiche Irrtümer über Befristung und Gültigkeit von Gutscheinen.

Ein Gutschein ist grundsätzlich drei Jahre gültig. Dies entspricht der zivilrechtlichen allgemeinen Verjährungsfrist von Ansprüchen. Die Verjährung beginnt mit dem Schluss des Jahrs, in dem der Anspruch entstanden ist. Auf den Gutschein übertragen bedeutet dies, dass die Frist am Ende des Jahrs der Ausstellung des Gutscheins beginnt.

Beispiel: Sofern Sie einen Gutschein am 03.05.2015 ausgestellt haben, beginnt die Verjährungsfrist am 31.12.2015. Der Gutschein ist damit bis zum 31.12.2018 gültig.

Von dieser allgemeinen Regel können selbstverständlich Ausnahmen gemacht werden. Dabei ist jedoch wieder auf den konkreten Einzelfall abzustellen. Manche Gutscheine können auch lediglich ein oder zwei Jahre gültig sein, wenn und soweit eine kurze Befristung gerechtfertigt ist. Dies ist beispielsweise dann möglich, wenn die dem Gutschein zugrundeliegende Dienstleistung im nächsten Jahr aufgrund von steigenden Lohn- und sonstigen Kosten, nicht mehr für denselben Betrag angeboten werden kann. Wichtig ist jedoch, dass in diesem Falle die Möglichkeit der Auszahlung des Betrags für drei Jahre bestehen muss.

Tipp Sofern Sie jedoch einen Gutschein über einen bestimmten Betrag ausstellen, ist eine Befristung nach diesseitiger Ansicht nicht zulässig.

Die Auszahlung eines Gutscheins ist grundsätzlich nicht möglich. Ein Gutschein ist nur gegen eine Ware oder Dienstleistung eintauschbar.

Versendung von Werbe-E-Mails

Die Werbung via E-Mail erfreut sich zunehmender Beliebtheit. Der Versand von Newslettern dürfte in den letzten Jahren zum Standard einer Vielzahl von Gewerbetreibenden geworden sein. Jedoch unterliegt auch der Versand von Newslettern und Werbung im Allgemeinen gewissen gesetzlichen Vorgaben. Im UWG gibt es hierzu mittlerweile explizit eine Vorschrift, die regelt, wann der Versand von Werbung via E-Mail zulässig ist.

Zunächst gilt, dass jede Werbung eine »unzumutbare Belästigung« darstellt, wenn der Empfänger nicht ausdrücklich eingewilligt hat.

Tipp Eine solche Einwilligung können Sie bei der Gestaltung Ihre Webseite in Form einer sogenannten Opt-in-Lösung berücksichtigen (Häkchen-Lösung). Bei der Versendung von Newslettern bedarf es eines sogenannten Double-Opt-in, d .h., es ist nach der Einholung der Einwilligung des Empfängers noch eine Bestätigungs-E-Mail zu versenden. In dieser hat der Empfänger seine Anmeldung noch einmal zu bestätigen.

Achtung: Die Bestätigungs-E-Mail muss dabei frei von jeglichen Werbeinhalten sein. Dies gilt nach der neuerlichen Rechtsprechung für sämtliche Kundenanfragen, auf die Sie – sei es auch nur in Form einer automatischen Eingangsnachricht – antworten.

Auch Feedbackanfragen und Anfragen zur Kundenzufriedenheit sind nach dem zuvor Ausgeführten unzulässig, sofern keine Einwilligung vorliegt.

Zwar kann eine Einwilligung im Rahmen der Versendung von Werbung auch konkludent erfolgen, jedoch ist hier absolute Vorsicht geboten. In den wenigstens Fällen sind die Voraussetzungen für eine konkludente Einwilligung gegeben. Sie als Webseitenbetreiber sind in solchen Fällen in der Pflicht, dies darzulegen und nötigenfalls auch zu beweisen.

Tipp Insbesondere kann von einer konkludenten Einwilligung nicht ausgegangen werden, wenn der Empfänger einer Werbenachricht seine E-Mail-Adresse auf seiner eigenen Webseite angibt.

Für den Versand eines Newsletters empfiehlt sich, folgende Muster-Einwilligungserklärung zu nutzen:

Muster-Einwilligungserklärung

»Ich möchte künftig den kostenlosen Newsletter per E-Mail erhalten. Bitte senden Sie mir diesen an folgende E-Mail-Adresse zu [...]

Den Newsletter kann ich jederzeit z. B. durch eine E-Mail an [IHRE E-MAIL-ADRESSE] wieder abbestellen.

Nach Ihrer Anmeldung senden wir Ihnen eine Nachricht an die von Ihnen angegebene E-Mail-Adresse. Dies bestätigen Sie bitte, damit wir Sie in unseren Verteiler aufnehmen können. Falls Sie die Bestätigungsmail nicht beantworten sollten, wird Ihre Newsletteranmeldung automatisch wieder gelöscht.«

Sofern Sie weitere Werbenachrichten versenden wollen, müssen Sie sich auch hierfür eine ausdrückliche Einwilligung des jeweiligen Empfängers einholen. Diese kann wie folgt ausgestaltet werden:

»Mit der Zusendung von Informationen über Ihre Produkte und Dienstleistungen bin ich einverstanden. Diese Einwilligung kann ich jederzeit schriftlich, beispielsweise per E-Mail [IHRE E-MAIL-ADRESSE] mit Wirkung für die Zukunft widerrufen.«

Spam-Nachrichten sind unzulässig. Wenn Sie beispielsweise eine E-Mail versenden, jedoch den werblichen Charakter verschleiern, in dem Sie beispielsweise in der Betreffzeile nicht auf die Werbung hinweisen, so stellt dies eine unzulässige Handlung dar. Dies hat der Gesetzgeber nunmehr auch gesetzlich normiert und vorgesehen, dass das sogenannte E-Mail-Spamming eine Ordnungswidrigkeit darstellt. Danach kann das Spamming mit einem Bußgeld von bis zu 50.000 Euro belegt werden.

Verwendung fremder Produktbilder

Vorsicht ist geboten, wenn Sie Produkte anbieten und dabei Ihr Angebot mit fremden Bildern versehen. Produktbilder genießen urheberrechtlichen Schutz. Sofern Sie also fremde Bilder verwenden, müssen Sie sich vorher ein entsprechendes Nutzungsrecht einräumen lassen. Dabei sollten Sie darauf achten, dass das Nutzungsrecht die spezielle Nutzung, die sie vorgesehen haben, umfasst. Im Zweifel müssen Sie beweisen, dass Ihnen das konkrete Recht zur Nutzung eingeräumt worden ist.

Meist wird Ihnen der Rechteinhaber die Produktbilder nicht kostenlos zur Verfügung stellen. Sie müssen – je nach Formatgröße und Dauer der Nutzung – eine Lizenzgebühr zahlen.

Sofern Sie daher nicht auf die Bebilderung verzichten, jedoch keine Vereinbarung über die Nutzung von Produktbildern schließen wollen, müssen Sie auf eigene Bilder zurückgreifen. Andernfalls setzen Sie sich der Gefahr einer Urheberrechtsverletzung aus, die sowohl Unterlassungs- als auch insbesondere Schadensersatzansprüche nach sich ziehen kann.

ODR-Verordnung

Seit dem 09.01.2016 ist die Verordnung Nr. 524/2013 (ODR-Verordnung) über die Onlinebeilegung verbraucherrechtlicher Streitigkeiten in Kraft. Ziel der Verordnung ist die Einrichtung einer sogenannten OS-Plattform (Online-Streitbeilegungs-Plattform). Verbrauchern soll nach dem Willen des Verordnungsgebers so die Möglichkeit gegeben werden, eine einfache, effiziente, schnelle und kostengünstige außergerichtliche Lösung für Streitigkeiten, die sich aus Onlinerechtsgeschäften ergeben, zu erhalten.

Für wen gilt die Informationspflicht?

In der Europäischen Union niedergelassene Onlinehändler, die Onlinekaufverträge oder Onlinedienstleistungsverträge (auch) mit Verbrauchern abschließen, sind verpflichtet, die Information über die OS-Plattform ab dem 09.01.2016 zur Verfügung zu stellen.

Diese Informationspflicht folgt aus Art. 14 Abs. 1 S. 1 der Verordnung Nr. 524/2013:

»In der Union niedergelassene Unternehmer, die Onlinekaufverträge oder Onlinedienstleistungsverträge eingehen, und in der Union niedergelassene Onlinemarktplätze stellen auf ihren Websites einen Link zur OS-Plattform ein.«

Reine B2B-Onlinehändler sind jedoch nicht von der Verordnung und damit auch nicht von der Informationspflicht betroffen.

Sofern Sie als Unternehmer also Waren oder Dienstleistungen online zum Verkauf anbieten und der Verbraucher diese auch online bestellen kann, sind Sie verpflichtet, die Informationspflicht ab dem 09.01.2016 zu erfüllen. Ob diese Verpflichtung auch für Händler gilt, die Waren und Dienstleistungen auf sogenannten Onlinemarktplätze, wie beispielsweise eBay oder Amazon, anbieten, ist derzeit noch nicht geklärt. In diesem Punkt ist die Verordnung nicht eindeutig. Wir empfehlen jedoch auch hier die Aufnahme des Links, sofern dies möglich ist. Wo die Aufnahme des Links nicht möglich ist, wie beispielsweise bei Amazon, empfiehlt sich jedoch die Einfügung des Textlinks.

Wie ist die Informationspflicht zu erfüllen?

Als Onlinehändler müssen Sie einen Link zur OS-Plattform der EU-Kommission auf Ihrer Webseite einstellen. Dieser Link muss nach Art. 14 Abs. 1 S. 2 der Verordnung für den Verbraucher leicht zugänglich sein. Ein genauer Standort auf der Webseite ist damit nicht vorgegeben. Sichergestellt werden muss jedoch, dass der Verbraucher den Link ohne große Mühe erreichen kann. Wir empfehlen daher die Aufnahme des Links in Ihr Impressum.

Auch eine Aufnahme in Ihre AGB ist möglich, jedoch müssen Sie in diesem Falle unbedingt sicherstellen, dass diese in Ihrem Shop dauerhaft abrufbar sind. Auf Onlinemarktplätzen kann der Link entweder gut erkennbar in der jeweiligen Produktbeschreibung oder in den rechtlichen Informationen des Verkäufers aufgenommen werden.

Welcher Link ist auf die Webseite aufzunehmen?

Der folgende Link ist ab dem 09.01.2016 auf Ihrer Webseite für den Verbraucher leicht zugänglich einzustellen:

http://ec.europa.eu/consumers/odr/

Zwar ist die OS-Plattform nach Informationen der EU-Kommission erst seit dem 15. 02.2016 erreichbar, jedoch mussten Sie als Onlinehändler die Informationspflicht bereits ab dem 09.01.2016 erfüllen, andernfalls liefen Sie Gefahr, wettbewerbsrechtlich in Anspruch genommen zu werden.

Ob ein Verstoß gegen diese Informationspflicht tatsächlich einen Wettbewerbsverstoß darstellt, solange die Plattform noch gar nicht existiert, darf jedoch stark bezweifelt werden.

Impressum

Impressumspflicht

Als Webshopbetreiber sind Sie verpflichtet, ein Impressum dauerhaft verfügbar auf Ihrer Seite bereitzuhalten.

Ein Impressum benötigen Sie immer dann, wenn Sie im Web geschäftsmäßig handeln. Es wird also bei jeder klassischen Webseite, einem geschäftlichen YouTube-Kanal oder einer Geschäftsseite bei Facebook ein Impressum erforderlich sein.

Wichtig ist, dass die von Ihnen gemachten Angaben richtig und zudem vollständig sind.

Tipp Im Internet gibt es zahlreiche Impressumsgeneratoren. Diese ersetzen letztlich natürlich nicht die abschließende Überprüfung auf Vollständigkeit, geben jedoch einen guten Überblick über die notwendigen Angaben, die ein Impressum enthalten muss.

Es gibt einige Pflichtangaben, die in jedem Impressum anzugeben sind. In Deutschland sind diese in § 5 Telemediengesetz (TMG) normiert.

Wichtig ist, dass die Pflichtangaben nicht nur auf Ihrer eigenen Webseite gemacht werden, sondern außerdem auch auf Webseiten wie Facebook etc. enthalten sein müssen. Das von Facebook bereitgestellte Impressum ersetzt nicht Ihr eigenes Impressum.

Tipp Ausreichend ist es auch, wenn Sie auf Ihrer Webseite ein Impressum erstellen und im Rahmen von Webauftritten in Social-Media-Kanälen mit einer Verlinkung auf Ihr Impressum verweisen.

Inhalt des Impressums

Name, Anschrift und Rechtsform, Vertretungsberechtigter

Im Impressum müssen Sie Ihren vollständigen Namen, d. h. bei natürlichen Personen Vor- und Zuname und bei juristischen Personen, Personengesellschaften oder Vereinen die korrekte Rechtsform angeben. Sofern Sie eingetragener Kaufmann sind, müssen Sie dies ebenfalls im Impressum entsprechend kenntlich machen.

Im Anschluss hieran ist noch die ladungsfähige Anschrift anzugeben. Die Nennung eines Postfachs ist nicht ausreichend.

Erforderlich ist auch die Angabe des/der Vertretungsberechtigten. Hat Ihre Gesellschaft mehrere Vertretungsberechtigte, so sind alle anzugeben.

Kontaktaufnahmemöglichkeiten

An dieser Stelle sind zumindest eine E-Mail-Adresse und eine weitere Kontaktaufnahmemöglichkeit anbieten. Durch die Umsetzung der Verbraucherrechtrichtlinie zum 13.06.2014 ist darüber hinaus im Fernabsatzhandel auch zwingend eine Telefonnummer anzugeben. Empfehlenswert ist es daher, die Telefonnummer im Impressum anzugeben. Zusätzlich können Sie auch eine Faxnummer nennen, sofern diese Art der Kommunikation möglich ist.

Tipp Nennen Sie lediglich Kontaktmöglichkeiten, die auch tatsächlich eine schnelle und unmittelbare Kommunikation ermöglichen.

Registerangaben

Die häufigste Angabe, die an dieser Stelle erforderlich sein dürfte, ist die Nennung der Handelsregisternummer und des Registergerichts. Dies gilt für Sie dann, wenn Sie mit Ihrem Unternehmen im Handelsregister eingetragen sind.

Aufsichtsbehörde/berufsrechtliche Angaben und Berufshaftpflichtversicherung

Für bestimmte Berufsgruppen sind weitere Angaben zu machen. Beispielsweise Ärzte, Apotheker, Steuerberater, Architekten und Rechtsanwälte sind gesetzlich verpflichtet, Angaben zur Kammerzugehörigkeit, der gesetzlichen Berufsbezeichnung sowie dem Staat, in dem diese verliehen worden ist, und die jeweiligen berufsrechtlichen Regelungen und die Abrufmöglichkeit dieser Regelungen zu machen.

Darüber hinaus sind auch – sofern eine Berufshaftpflichtversicherung abgeschlossen worden ist – Angaben hierzu zu machen. Diese Angaben umfassen die Nennung der Berufshaftpflichtversicherung mit Anschrift der Versicherung sowie die Angabe des räumlichen Geltungsbereichs der abgeschlossenen Versicherung.

Angaben zum Grund- und Stammkapital

Wenn Sie Angaben zu Ihrem Kapital auf Ihrer Webseite machen, müssen Sie dies im Impressum ebenfalls ausführen. Erforderlich sind dann die Nennung des Grundkapitals und die Summe der ggf. noch ausstehenden Einlagen.

Umsatzsteuer-Identifikationsnummer

Sofern Sie eine Umsatzsteuer-Identifikationsnummer haben, ist diese ebenfalls zwingend im Impressum anzugeben. Eine Angabe der Steuernummer und des Finanzamts ist nicht erforderlich.

Angaben zur inhaltlich verantwortlichen Person im Sinne des Presserechts

Wenn Sie Ihre Webseite journalistisch-redaktionell ausgestaltet haben, ist auch eine Person, die verantwortlich im Sinne des Presserechts ist, anzugeben.

Notwendig wird diese Angabe dann, wenn Ihre Webseite über das bloße Waren- und Dienstleistungsangebot Medienangebote, die zur Meinungsbildung in der Öffentlichkeit beitragen wollen, enthalten. Dies sind beispielsweise Artikel oder Kommentare, die auf Ihrer Seite veröffentlicht werden.

Tipp Sofern Sie unsicher sind, ob Ihre Webseite journalistisch-redaktionelle Beiträge enthält, ist die Angabe einer inhaltlich verantwortlichen Person im Sinne des Presserechts empfehlenswert.

Aufzunehmen sind Name und Anschrift der verantwortlichen Person im Sinne des Presserechts.

Bereitstellung des Impressums

Das Impressum muss nach den gesetzlichen Vorgaben leicht erkennbar und unmittelbar erreichbar sein. Zudem müssen Sie das Impressum ständig verfügbar halten.

Tipp Platzieren Sie Ihr Impressum so, dass es bereits auf der Start- bzw. Hauptseite abrufbar ist. Bewährt hat sich die Platzierung auf der Webseite im unteren Drittel.

Ein Impressum für eine GmbH könnte wie folgt aussehen:

Muster-Impressum

Musterfirma Gesellschaft mit beschränkter Haftung

Musterstraße 1

12345 Musterstadt

Vertretungsberechtigter Geschäftsführer: Max Mustermann

Telefon: 01234-56789

Telefax: 01234-56777

E-Mail: info@musterfirma.de

Registergericht: Amtsgericht Musterstad

Registernummer: HRB 1234

Stammkapital: 25.000,00 Euro

Umsatzsteuer-Identifikationsnummer gem. § 27a UStG: DE 123456789

Inhaltlich Verantwortlicher im Sinne des Pressrechts gem. § 55 Abs. 2 RStV (V.i.S.d.P.):

Max Mustermann

Musterstraße 1

12345 Musterstadt

Datenschutzerklärung

Die Erstellung einer vollständigen Datenschutzerklärung wird häufig in der Praxis vernachlässigt. Jedoch ist auch die ordnungsgemäße Datenschutzerklärung zwingend.

Eine Datenschutzerklärung ist immer dann erforderlich, wenn Sie bestimmte Daten von Webseitenbesuchern speichern. Dabei ist zu beachten, dass eine Datenschutzerklärung nicht erst beim Abschluss eines Geschäfts relevant ist, sondern bereits bei dem Besuch Ihrer Seite erforderlich werden kann. Insbesondere dann, wenn Sie beispielsweise Cookies verwenden, müssen Sie den Seitenbesucher hierüber aufklären.

Wenn Ihr Unternehmen in Deutschland sitzt, so ist das deutsche Datenschutzrecht zwingend zu beachten. Für sämtliche Unternehmenssitze innerhalb der EU ist das Datenschutzrecht des jeweiligen Lands einzuhalten. Sofern Ihr Unternehmenssitz außerhalb der EU sitzt, eine Datenverarbeitung jedoch in Deutschland stattfindet, ist auch hier das deutsche Datenschutzrecht maßgeblich.

Was sind personenbezogene Daten?

Das Datenschutzrecht gilt für personenbezogene Daten. Dies sind beispielsweise die folgenden Angaben:

- Name
- Anschrift
- Geburtsdatum
- Geschlecht
- ggf. E-Mail-Adresse
- Telefonnummer

Sofern sich aus Daten ein Bezug zu einer individualisierbaren Person herstellen lässt, handelt es sich dem Grunde nach um personenbezogene Daten.

Ob dies gleichermaßen auch für IP-Adressen gilt, ist bisher noch nicht abschließend geklärt. Insbesondere mit Blick auf die Einführung der neuen IPv6-Technik wird diese Frage wieder relevant. Bei der IPv6-Technik handelt es sich um eine Änderung der Internetprotokolladresse, die bei der Einwahl ins Internet benötigt wird. Bisher bestehen die IP-Adressen aus 32 Ziffern (IPv4). Zukünftig sollen die IP-Adressen jedoch 128 Ziffern lang sein. Derzeit werden unter der IPv4-Technik dynamische Adressen vergeben. Dies ist insbesondere der Tatsache geschuldet, dass die Anzahl an vorhandenen IP-Adressen für die weltweit genutzten internetfähigen Geräte nicht mehr ausreichend ist. Bei der Einwahl erhalten Sie grundsätzlich jedes Mal eine andere IP-Adresse. Dies wäre jedoch bei der Einführung der IPv6-Technik nicht mehr erforderlich, sodass auch keine Notwendigkeit mehr besteht, dynamische IP-Adressen zu vergeben. Sofern zukünftig also lediglich statische IP-Adressen vergeben werden sollten, so dürfte nach diesseitiger Ansicht einiges dafürsprechen, auch die IP-Adresse den personenbezogenen Daten zuzuordnen.

Grundsatz der Erhebung von Daten

Grundsätzlich gilt, dass Daten, die dem Datenschutz unterfallen, nur dann erhoben werden dürfen, wenn der jeweilige Dateninhaber eingewilligt oder wenn es gesetzlich erlaubt ist.

Die Einwilligung muss ausdrücklich erfolgen. Auf Ihrer Webseite lässt sich die Einwilligungserklärung am einfachsten durch die Opt-in-Lösung umsetzen. Der Nutzer hat dabei durch das Setzen eines Häkchens die Möglichkeit, einzuwilligen. In diesem Zusammenhang muss dem Dateninhaber auch zur Kenntnis gebracht werden, welche Daten der Einwilligung unterliegen.

Tipp Ein Verweis auf die Datenschutzerklärung genügt den Anforderungen nicht.

Weiterhin müssen Sie die Einwilligung des Dateninhabers protokollieren. Es muss dem Inhaber der Daten ebenfalls möglich sein, den Inhalt jederzeit abzurufen.

Tipp Hierfür eignet sich die Aufnahme in die Datenschutzerklärung. Allerdings müssen Sie an dieser Stelle klarstellen, dass es sich lediglich um die Wiederholung der Einwilligungserklärung, die ein Dateninhaber ggf. bereits erteilt hat, handelt.

Sofern der Dateninhaber in die Verwendung eingewilligt hat, muss es ihm möglich sein, seine Einwilligung jederzeit zu widerrufen. Der Widerruf ist dabei in jeglicher Form möglich.

Darüber hinaus muss die Einwilligung für den Dateninhaber freiwillig sein.

Verwendung von Cookies

Bei Cookies handelt es sich um kleine Textdateien, die lokal auf dem Endgerät des Seitenbesuchers gespeichert werden und so eine Wiedererkennung beim erneuten Besuch der Webseite ermöglichen. Bereits zu Beginn des Nutzungsvorgangs haben Sie den Besucher Ihrer Webseite über die Nutzung von Cookies zu informieren, ob Sie also Cookies verwenden, die eine Identifizierung des Nutzers ermöglichen und die Erhebung personenbezogener Daten vorbereiten. Sofern Sie Cookie verwenden, ist der Nutzer ebenfalls darüber zu informieren, wie er die Cookies blockieren kann, sofern er dies nicht wünscht.

Auf EU-Ebene bestimmt die sogenannte Cookie-Richtlinie (Richtlinie 2009/136/EG), dass die Mitgliedstaaten sicherzustellen haben, dass die Speicherung von oder der Zugriff auf Informationen, die im Gerät des Nutzers gespeichert werden (Cookies), nur dann zulässig ist, wenn der Nutzer

»auf der Grundlage von klaren und umfassenden Informationen, die er [...] unter anderem über die Zwecke der Verarbeitung erhält, seine Einwilligung gegeben hat.«

Die Cookie-Richtlinie wurde ausdrücklich noch nicht ins Deutsche Recht umgesetzt. Richtlinien sind – anders als Verordnung – in das jeweilige nationale Recht umzusetzen und gelten grundsätzlich nicht unmittelbar. Einige Stimmen vertreten hier die Auffassung, dass das Telemediengesetz bereits den Regelungsgehalt der Cookie-Richtlinie umfasst. Ob die Bestimmungen der Cookie-Richtlinie tatsächlich bereits abschließend im Telemediengesetz enthalten sind, darf aufgrund der Tatsache, dass § 13 TMG lediglich personenbezogene Daten erfasst, die Cookie-Richtlinie die Daten jedoch nicht hierauf beschränkt, bezweifelt werden.

Tipp Sofern Sie Tracking-Cookies, Werbe-Cookies oder Analyse-Cookies nutzen, sollten Sie hierüber in jedem Falle in der oben genannten Form informieren und eine Einwilligung einholen.

Inhalt der Datenschutzerklärung

Sie haben in Ihrer Datenschutzerklärung über »Art, Umfang und Zwecke« der Datenerhebung und -verwendung zu informieren. So kann der Nutzer frei entscheiden, ob er den von Ihnen angebotenen Service nutzen möchte.

Eine Muster-Datenschutzerklärung finden Sie im Folgenden. Wichtig ist, dass dieses Muster auf den konkreten Fall angepasst werden muss, so insbesondere bei der Verwendung von Cookies. Das nachfolgende Muster stellt lediglich ein sogenanntes Basismuster dar.

Tipp Die Datenschutzerklärung ist bei der Verwendung von Webanalysediensten wie beispielsweise Google Analytics entsprechend zu erweitern.

Links und Framing

Ein Hyperlink bzw. ein Link ist nichts anderes als ein elektronischer Verweis auf eine andere Internetseite bzw. ein anderes Dokument. Mit der Einfügung von sogenannten Deep-Links können Sie auf andere Inhalte verweisen. Die Verlinkung zu einer anderen Internetseite ist grundsätzlich erlaubt und ohne Einverständnis des Seitenbetreibers zulässig.

Haftung für Inhalte von fremden Internetseiten

Eine Haftung für fremde Inhalte einer Internetseite wird durch das Setzen eines Links grundsätzlich nicht ausgelöst. Erforderlich für die Haftung dieses Inhalts ist, dass Sie sich diesen Inhalt auch zu eigen machen bzw. als Störer verantwortlich sind.

Wann Sie sich einen Inhalt zu eigen machen, bestimmt sich immer anhand der konkreten Ausgestaltung Ihrer Seite. Allgemein kann man davon ausgehen, dass dieses Kriterium immer dann erfüllt ist, wenn der Eindruck erweckt wird, der Inhalt, auf den Sie verweisen, stammt von Ihnen oder Sie befürworten bzw. unterstützen diesen Inhalt.

Muster-Datenschutzerklärung

Die [IHR NAME] erhebt, verwendet und speichert Ihre personenbezogenen Daten ausschließlich im Rahmen der Bestimmungen des Bundesdatenschutzgesetzes der Bundesrepublik Deutschland. Nachfolgend werden Sie über Art, Umfang und Zweck der Datenerhebung und Verwendung unterrichtet. Sie können diese Datenschutzerklärung jederzeit auf unserer Webseite www.IHRNAME.de/datenschutz abrufen.

Verantwortliche Stelle und Kontakt
Verantwortliche Stelle im Sinne des Datenschutzgesetzes (BDSG) ist die Muster GmbH
Musterstraße 1
12345 Musterstadt
www.IHRNAME.de

Sofern Sie Fragen oder Hinweise zum Datenschutz haben, können Sie gern mit uns Kontakt aufnehmen. Hierfür steht Ihnen auch die folgende E-Mail-Adresse zur Verfügung: [IHRE E-MAIL-ADRESSE]

Erhebung und Verarbeitung von Daten

Jeder Zugriff auf unsere Internetseite und der Abruf einer auf dieser Website hinterlegten Datei werden protokolliert. Die Speicherung dient internen, systembezogenen und statistischen Zwecken.

Protokolliert werden: Name der abgerufenen Datei, Datum und Uhrzeit des Abrufs, übertragene Datenmenge, Meldung über erfolgreichen Abruf, Webbrowser und anfragende Domain. Zusätzlich werden die IP-Adressen der anfragenden Rechner protokolliert. Weitergehende personenbezogene Daten werden nur erfasst, wenn der Nutzer der Website und/ oder Kunde Angaben freiwillig, etwa im Rahmen einer Anfrage oder Registrierung oder zum Abschluss eines Vertrags oder über die Einstellungen seines Browsers tätigt.

Nutzung und Weitergabe personenbezogener Daten

Soweit der Nutzer dieser Webseite personenbezogene Daten zur Verfügung gestellt hat, verwenden wir diese nur zur Beantwortung von Anfragen des Nutzers der Website, zur Abwicklung mit dem Nutzer der Website geschlossener Verträge und für die technische Administration. Personenbezogene Daten werden von uns an Dritte nur weitergegeben oder sonst übermittelt, wenn dies zum Zwecke der Vertragsabwicklung oder zu Abrechnungszwecken erforderlich ist oder der Nutzer der Website zuvor eingewilligt hat. Der Nutzer der Website hat das Recht, eine erteilte Einwilligung mit Wirkung für die Zukunft jederzeit zu widerrufen.

Die Löschung der gespeicherten personenbezogenen Daten erfolgt, wenn der Nutzer der Website die Einwilligung zur Speicherung widerruft, wenn die Kenntnis zur Erfüllung des mit der Speicherung verfolgten Zwecks nicht mehr erforderlich ist oder wenn die Speicherung aus sonstigen gesetzlichen Gründen unzulässig ist. Daten für Abrechnungszwecke und buchhalterische Zwecke werden von einem Löschungsverlangen nicht berührt.

Auskunftsrecht

Auf schriftliche Anfrage informieren wir den Nutzer der Website über die zu seiner Person gespeicherten Daten. Die Anfrage ist an unsere im Impressum der Webseite angegebene Adresse zu richten.

Weiterhin haben Sie das Recht auf Berichtigung unrichtiger Daten, Sperrung und Löschung. Zu diesem Zwecke wenden Sie sich bitte an die im Impressum angegebene Adresse.

Vorsicht ist außerdem auch bei der Einbindung fremder Videos (sogenanntes Framing) – beispielsweise bei der Einbindung eines Videos von der Plattform YouTube – geboten. Zwar ist die Möglichkeit der Produktbewerbung auch über Produktvideos möglich und teilweise sinnvoll. Inzwischen ist aber entschieden, dass das Framing grundsätzlich dann zulässig und damit keinen urheberrechtlichen Verstoß darstellt, wenn der Rechteinhaber seine Zustimmung zur öffentlichen Wiedergabe erteilt hat.

Tipp Dies ist den eingestellten Videos bei YouTube jedoch leider nicht auf die Stirn geschrieben, sodass bei der Einbettung fremder Videos weiterhin Vorsicht geboten ist.

Marken richtig einsetzen

Marken kennzeichnen Produkte und Dienstleistungen eines Unternehmens. Sie können für die Qualität eines Unternehmens bzw. eines bestimmten Produkts stehen. Der Wert einer Marke ist dabei nicht zu unterschätzen.

Was ist eine Marke?

Die Marke eines Unternehmens stellt dessen (Kenn-)Zeichen dar, wodurch das Unternehmen an Identität und Wiedererkennungswert gewinnt. Eine besonders markante Marke, wie z. B. der angebissene Apfel bei Apple, kann sich dermaßen auf dem Markt durchsetzen, dass diese Marke sogar einen Vermögenswert des Unternehmens darstellt. Bei diesen herausragenden Marken findet häufig eine gewisse Verselbstständigung des Zeichens aus der ursprünglichen Beziehung zu bestimmten Waren und/oder Dienstleistungen statt.

Letztendlich ist unter Marke das ausschließliche Recht zu verstehen, eine Ware oder Dienstleistung zur individualisierenden Unterscheidung von Waren oder Dienstleistungen anderer betrieblicher Herkunft mit einem bestimmten Zeichen zu versehen.

Verwendung von fremden Marken

Der jeweilige Markeninhaber hat ein sogenanntes Ausschließlichkeitsrecht. Das bedeutet, dass ein Markeninhaber über die Markenrechte frei bestimmen kann und eine Nutzung untersagen kann, wenn keine Nutzungserlaubnis erteilt worden ist.

Wenn Sie beispielsweise Ersatzteile oder auch Produkte von anderen Herstellern anbieten, so stellt sich immer wieder die Frage, ob und inwieweit eine fremde Marke im geschäftlichen Verkehr verwendet werden darf. Grundsätzlich gilt, dass Sie bei dem Vertrieb fremder Markenprodukte – sofern diese mit Erlaubnis des Markeninhabers auf den Markt gekommen sind – selbstverständlich auch die Marke nennen dürfen. Sofern Sie Dienstleistungen rund um die Marke anbieten, dürfen Sie auch grundsätzlich die Marke nennen. Beachten Sie, dass Sie lediglich die Marke nennen und nicht als eigene Marke verwenden dürfen. Keinesfalls dürfen Sie die bestehende Marke verändern.

Vorsicht geboten ist auch bei der Verwendung fremder Markenlogos. Hier ist die Hürde der zulässigen Nutzung höher als bei der bloßen Nennung der Marke.

Die eigene Marke eintragen lassen

Sofern Sie eine eigene Marke anmelden wollen, stellt sich zunächst die Frage, welche Zeichen oder Logos überhaupt als Marke angemeldet und damit schutzfähig sein können.

Was ist eine schutzfähige Marke?

Schutzfähig sind Zeichen, die geeignet sind, Waren oder Dienstleistungen eines Unternehmens von denjenigen anderer Unternehmen zu unterscheiden.

Tipp Ausgeschlossen von der Eintragung sind daher Zeichen, welche die beanspruchte Waren oder Dienstleistungen lediglich beschreiben wie z. B. eine Wortmarke »Äpfel« für die Ware »Obst« oder »Busreisen« für die Dienstleistung »Transport von Personen«.

Wörter, Buchstaben, Zahlen, (dreidimensionale) Abbildungen, Farben und sogar akustische Signale können als Marke geschützt werden.

Wortmarken sind Marken, die aus Wörtern, Buchstaben, Zahlen oder sonstigen Schriftzeichen bestehen, die sich mit der vom Deutschen Patent- und Markenamt (DPMA) verwendeten üblichen Druckschrift darstellen lassen. Allerdings sind auch Einzelbuchstaben grundsatzlich ebenfalls dem Schutz als Wortmarke zugänglich. Bei grafisch gestalteten Buchstabenmarken, die über eine werbeübliche Gesamtgestaltung hinausgehen, wird die Eintragungsfähigkeit bereits durch die bildliche Gestaltung erreicht. Bildmarken sind Bilder, Bildelemente oder Abbildungen (ohne Wortbestandteile). Dreidimensionale Marken sind gegenständliche Marken, die aus einer dreidimensionalen Gestaltung bestehen. Hörmarken sind akustische, hörbare Marken, also Töne, Tonfolgen, Melodien oder sonstige Klänge und Geräusche. Weniger bekannt sind Kennfadenmarken. Farbige Streifen oder Fäden, die auf bestimmten Produkten aufgebracht sind, werden so bezeichnet. Auch zusammengesetzte Marken aus mehreren Zeichen und Kombinationen, sogenannte Wort-/Bildmarken, können geschützt werden.

Hinweis: Es ist jedoch zu beachten, dass rein beschreibende Marken, d. h. Marken, die keine reinen Wortmarken sind, grundsätzlich nicht unterscheidungskräftig sind und damit nicht schutzfähig.

Anmeldung oder Erlangung von Verkehrsgeltung

Der Schutz einer Marke kann sowohl nach vorheriger Anmeldung durch Eintragung in das Register des DPMA als auch durch Verkehrsgeltung infolge intensiver Benutzung eines Zeichens im Geschäftsverkehr oder durch notorische Bekanntheit entstehen.

Ein Zeichen hat aber erst dann Verkehrsgeltung erlangt, wenn ein nicht unerheblicher Teil der angesprochenen Verkehrskreise für bestimmte Waren oder Dienstleistungen einem bestimmten Unternehmen als Herkunftshinweis zuordnet wird. Es ist Sache des Nutzers, durch entsprechende Beweismittel darzulegen, dass er das Zeichen ausreichend »als Marke« benutzt hat, z. B. durch Verbraucher- oder sonstige Umfragen. In der deutschen Rechtsprechung ist anerkannt, dass eine Eintragung wegen nachgewiesener Verkehrsdurchsetzung voraussetzt, dass die Marke im gesamten Bundesgebiet durchgesetzt ist; Durchsetzung in Teilen des Bundesgebiets reicht nicht aus.

Tipp Wegen der rechtlichen Unsicherheit, ab wann Markenschutz kraft Verkehrsdurchsetzung besteht, ist eine Anmeldung und Eintragung bei den entsprechenden Ämtern zu empfehlen.

Anmeldung und Eintragung beim Deutschen Patent- und Markenamt (DPMA)

Mit der Eintragung der Marke erwirbt der Inhaber das alleinige Recht, die Marke für die geschützten Waren und/oder Dienstleistungen zu benutzen, und insbesondere auch das alleinige Recht, über die Marke zu verfügen. Der Markeninhaber ist damit auch berechtigt, Dritten Nutzungsrechte einzuräumen.

Eine nationale Markenanmeldung beim DPMA bietet Schutz für die Bundesrepublik Deutschland. Soll auch europaweit Schutz gewährt werden, so ist ein entsprechender Antrag bei dem Harmonisierungsamt für den Binnenmarkt (HABM) mit Sitz in Alicante, das für die Eintragung und Verwaltung von Gemeinschaftsmarken und -geschmacksmustern im Geltungsbereich Europäische Union zuständig ist, zu stellen. Ein Antrag auf internationale Registrierung ist über das DPMA an die Weltorganisation für Geistiges Eigentum (WIPO) in Genf zu stellen.

Formalia

Der Antrag auf Anmeldung einer (Gemeinschafts-)Marke bzw. auf internationale Registrierung erfolgt unter genauen Angaben zum Anmelder, der Wiedergabe der Marke und dem Verzeichnis der Waren und Dienstleistungen, die mit der angemeldeten Marke gekennzeichnet werden sollen.

Tipp Eine einmal getätigte Anmeldung kann im Nachhinein nicht verändert werden. Daher ist die sorgfältige Auswahl der Waren- und Dienstleistungsklassen von großer Bedeutung.

Kosten

Die Anmeldung einer deutschen Marke kostet ab 290 Euro (elektronisch) bzw. ab 300 Euro bei Einreichung in Papierform. Sofern die Waren- und Dienstleistungsklassen drei Klassen überschreiten, erhöht sich der Gesamtbetrag je weiterer Klasse um 100 Euro. Die eingetragene Marke hat Schutz für zehn Jahre, ohne dass in dieser Zeit weitere Gebühren anfallen.

Für die Onlineanmeldung einer Gemeinschaftsmarke betragen die Kosten ab 900 Euro (1.050 Euro für die Anmeldung in Papierform) für bis zu drei Waren- und Dienstleistungsklassen. Auch hier beträgt die Schutzdauer zunächst zehn Jahre.

Voraussetzungen

Zunächst sind gewisse Mindestanforderungen zu beachten, danach muss die Anmeldung enthalten:

1. Angaben zu der Identität des Anmelders,
2. die Wiedergabe der Marke und
3. ein Verzeichnis der Waren und Dienstleistungen, für die die Eintragung beantragt wird.

Sind diese Mindestanforderungen einer Anmeldung nicht erfüllt, setzt das DPMA eine Frist zur Korrektur. Werden die festgestellten Mängel innerhalb dieser Frist nicht beseitigt, so gilt die Anmeldung als zurückgenommen. Werden die Mängel fristgerecht beseitigt, erkennt das Amt den Tag, an dem die Mängel beseitigt sind, als Anmeldetag an.

Das DPMA überprüft die Markenanmeldung auf absolute Schutzhindernisse. Absolute Schutzhindernisse sind z. B. fehlende Unterscheidungskraft (z. B. »Casino Bremen« für den Betrieb eines Spielkasinos), für die allgemeine Benutzung freizuhaltende beschreibende Angaben (z. B. »YOGHURTGUMS« für Zuckerwaren), ersichtliche Irreführungsgefahr, in der Marke enthaltenes Hoheitszeichen und Verstoß gegen die guten Sitten oder die öffentliche Ordnung (z. B. bösgläubige Anmeldung, um Dritte im Wettbewerb zu behindern), vgl. § 8 Abs. 2 MarkenG. Es geht bei den absoluten Schutzhindernissen also um den Schutz von Interessen der Allgemeinheit, die im Einzelfall einer Schutzgewährung entgegenstehen können.

Tipp Einer Eintragung steht es jedoch nicht entgegen, wenn ein Schutzhindernis lediglich für eine andere als die beanspruchte Waren- und/oder Dienstleistungsklasse bestehen würde. Umfasst ein Oberbegriff sowohl Waren, für die ein Schutz wegen des beschreibenden Charakters nicht in Betracht kommt, als auch Waren, für die eine Eintragung möglich wäre, so sollten Sie selbst den Oberbegriff durch eine teilweise Zurücknahme der Anmeldung auf den schutzfähigen Teil beschränken.

Das DPMA überprüft jedoch nicht, ob die Marke in identischer oder ähnlicher Form bereits existiert (relative Schutzhindernisse). Es sollte daher bereits im Vorfeld einer Markenanmeldung recherchiert werden, ob die gewünschte

Marke Rechte Dritter verletzt. Hierzu können Sie auf die Datenbank beim DPMA zurückgreifen, die nicht nur nationale deutsche Marken ausweist, sondern auch Gemeinschaftsmarken (EM) und International registrierte Marken (IR) mit Schutzwirkung Deutschland (nicht Europa). Für eine nahezu vollständige Recherche sollte jedoch auch auf die Datenbank des HABM, »eSearch plus«, sowie der WIPO, »ROMARIN«, zurückgegriffen werden.

Tipp Wenn Sie Markeninhaber sind, sollte Sie die Marke auch überwachen lassen. Regelmäßige Markenrecherchen helfen Ihnen dabei, so sind Sie über neu eingetragene Marken informiert und können schneller beurteilen, ob z. B. eine Verwechslungsgefahr mit Ihrer eigenen Marke besteht.

Waren- und Dienstleistungsklassen

Bei der Markenanmeldung müssen Sie bestimmte Waren und Dienstleistungen auswählen. Nur für diese Bereiche genießt Ihre Marke Schutz. Alle Waren und Dienstleistungen sind aufgrund der Nizza-Klassifikation (NCL) in insgesamt 45 Klassen aufgeteilt.

Wichtig für die Eintragungsfähigkeit einer Marke ist, dass diese nicht rein beschreibend ist. Die Beurteilung, ob dies zu bejahen ist, hängt im Wesentlichen von den Waren- und Dienstleistungsklassen ab, für die Sie für die angemeldete Marke Schutz begehren.

So ist es möglich, die Marke »Apple« für die Nizza-Warenklasse Nr. 9 eintragen zu lassen (Computer), aber nicht für die Klasse Nr. 31 (Obst). Gleiches gilt für die Wortmarke »Teekanne«: Für die Nizza-Warenklasse Nr. 30 (Tee) kann Schutz gewährt werden, allerdings nicht für die Warenklasse Nr. 21 (Haushaltsgeräte).

Schutzumfang

Mit der Eintragung beim DPMA hat die Marke für die jeweils eingetragenen Waren- und Dienstleistungen bundesweiten Schutz. Markeninhaber können Ihr Recht kraft Eintragung gegenüber jüngeren, verwechselbar ähnlichen Zeichen im gesamten Bundesgebiet durchsetzen (Prioritätsprinzip).

Die Eintragung als Gemeinschaftsmarke bei dem HABM gewährt europaweiten Schutz in den 28 EU-Staaten.

Verlängerung

Eine Marke ist unbegrenzt verlängerbar. Wird die Verlängerungsgebühr nach jeweils zehn Jahren nicht mehr gezahlt, wird die Marke automatisch gelöscht. Für eine vollständige Verlängerung des Schutzes genügt daher die fristgerechte Zahlung der Verlängerungsgebühr. Dies gilt sowohl für die Eintragung bei dem DPMA, beim HABM als auch bei der WIPO.

Die Verlängerungsgebühr beim DPMA beträgt 750 Euro (inkl. drei Waren-/Dienstleistungsklassen) zzgl. 260 Euro für jede weitere Waren-/Dienstleistungsklasse.

Beim HABM beträgt die Verlängerungsgebühr auf postalischem Weg 1.500 Euro und auf dem elektronischen Weg 1.350 Euro (inkl. drei Waren-/Dienstleistungsklassen) zzgl. 400 Euro für jede weitere Waren-/Dienstleistungsklasse.

Die Verlängerungsgebühr bei der WIPO beträgt 653 CHF zzgl. 100, CHF für jedes Land, das benannt wurde.

Tipp Bitte beachten Sie, dass ein sogenannter Benutzungszwang besteht. Sofern Sie eine Marke eine gewisse Zeit nicht nutzen, besteht die Gefahr, dass ein Dritter die Löschung Ihrer Marke beantragen kann.

Wichtig ist, dass Sie die Marke für die eingetragenen Waren- und Dienstleistungsklassen nutzen müssen. Als Benutzung gilt auch die Benutzung in einer von der Eintragung abweichenden Form, soweit die Abweichung den kennzeichnenden Charakter der Marke nicht verändert. Der Verkehr muss daher die Verwendung des Zeichens zumindest auch als Hinweis auf die betriebliche Herkunft der Ware oder Dienstleistung ansehen. Der kennzeichnende Charakter muss also beibehalten werden.

Domains im Markenrecht

Eine Domain ist ein zusammenhängender Teilbereich des hierarchischen Domain-Name-System (DNS).

Im Domainvergabeverfahren ist es ein im Internet weltweit einmaliger und eindeutiger und unter gewissen Regeln frei wählbarer Name unterhalb einer Top-Level-Domain. Die exakten Regeln für den deutschen Geltungsbereich für die Namensvergabe legt die Vergabestelle DENIC fest. An diese wird eine Vergütung gezahlt, und im Gegenzug wird ein relatives vertragliches Nutzungsrecht mit unbestimmter Nutzungsdauer aber mit Kündigungsmöglichkeiten eingeräumt. Die Domain ist dem Inhaber ausschließlich zugewiesen und hat Eigentumscharakter, obwohl sie kein absolutes Recht darstellt.

Eine Domain kann beliebig in durch Punkte getrennte Subdomains unterteilt werden. Mit jedem so gebildeten voll qualifizierten Domainnamen kann ein beliebiges physisches oder virtuelles Objekt weltweit eindeutig adressiert werden.

Die Domain ist hierarchisch in die Top-Level-Domain, Second-Level-Domain, Third-Level-Domain etc. aufgeteilt. Die Top-Level-Domain besteht grundsätzlich aus generischen Bezeichnungen wie z. B. ».com«, ».net«, ».org« oder ».de«. An diesen Bezeichnungen bestehen keinerlei Namens- und Markenrechte. Die Second-Level-Domain befindet sich links von der Top-Level-Domain und ist der eigentliche Domainname. Derselbe Domainname kann unter eine Top-Level-Domain auch nur einmal vergeben werden.

Der komplette Domainname »www.beispiel.de« ergibt sich aus »www« (Third-Level-Domain), ».beispiel« (Second-Level-Domain) und ».de« (Top-Level-Domain).

Es folgen sodann die Third-Level-Domain bzw. weitere Subdomains. Diese werden dann angelegt, um auf bestimmte Abteilungen und Bereiche innerhalb einer Firma oder Organisation weiterzuleiten.

In dem kompletten Domainnamen »www.ware.beispiel.de« sind die Top- und Second-Level-Domain gleichgeblieben. Nun ist jedoch ».ware« die Third- und »www« die Forth-Level-Domain.

Einige Dienstleister bieten Third-Level-Subdomains mit Weiterleitung zu einem längeren URL an. Dies hat für die Anbieter den Vorteil, dass sie diese anders als bei Second-Level-Domains selbst einrichten können und dadurch nur minimale Kosten entstehen.

Tipp So kann aus »www.ware.beispiel.de« auch die die Domain »www.beispiel.de/ware« gemacht werden, welche den Interessenten zu derselben Seite weiterleitet.

Da jede Domain nur einmal vergeben wird, kann sie als Unternehmenskennzeichen, Benutzungsmarke oder Name fungieren. Allerdings muss gerade die Second-Level-Domain dem Erfordernis der Unterscheidungskraft entsprechen. Des Weiteren ist es nur möglich, die Domain als Marke zu benutzen, wenn sie Verkehrsgeltung erlangt hat. Eine Registrierung ist nicht möglich.

Aus der Funktion als Unternehmenskennzeichen, Benutzungsmarke oder Namen können auch markenrechtliche Ansprüche geltend gemacht werden. Diese setzen voraus, dass die Domain im geschäftlichen Verkehr genutzt wird (s. o.). Umgekehrt kann aber auch gegen die Domain vorgegangen werden, wenn sie entsprechend rechtsverletzend eingesetzt wird.

Rechtsfolgen eines Verstoßes

Im Falle der fehlenden oder unzureichenden Umsetzung und Einhaltung der gesetzlichen Vorschriften, insbesondere auch bei der unberechtigten Nutzung fremder Produktbilder und/oder Marken, besteht die Gefahr, dass ein Rechteinhaber, ein Wettbewerber oder beispielsweise ein Verbraucherschutzverband dagegen vorgeht. Dies geschieht regelmäßig in Form einer sogenannten Abmahnung. Häufige Abmahngründe sind:

- die Verwendung unzulässiger Klauseln in AGB,
- das Fehlen oder die Angabe lediglich unzureichender Angaben im Impressum,
- die nicht ordnungsgemäße Belehrung über ein bestehendes Widerrufsrecht,
- ein urheberrechtlicher Verstoß oder
- ein Verstoß gegen das Wettbewerbsrecht.

Eine Abmahnung dient der außergerichtlichen Durchsetzung von Unterlassungsansprüchen des jeweiligen Berechtigten. Mit dem jeweiligen Verstoß wird insbesondere ein Unterlassungsanspruch begründet.

Zur Vermeidung eines Rechtsstreits kann man außergerichtlich eine sogenannte strafbewehrte Unterlassungs-und Verpflichtungserklärung abgeben. Hierbei verpflichtet man sich, eine bestimmte Handlung zukünftig nicht mehr vorzunehmen, und sofern man dieser Verpflichtung nicht nachkommen sollte, zur Zahlung einer Vertragsstrafe.

Achtung: Mit der Abgabe einer strafbewehrten Unterlassungs- und Verpflichtungserklärung wird ein Vertrag geschlossen, sofern die Erklärung von der Gegenseite angenommen wird. Dieser Vertrag besteht unter Umständen Ihr ganzes Berufsleben lang, sofern nicht Gründe für eine außerordentliche Kündigung – beispielsweise weil sich die Rechtslage geändert hat – bestehen.

Meist wird mit der Abmahnung eine vorformulierte Erklärung versendet. Hier ist jedoch Vorsicht geboten. Die Erklärung ohne weitere Prüfung einfach zu unterschreiben und zu versenden, ist nicht empfehlenswert. Häufig wird in der Erklärung bereits eine feste Vertragsstrafe vorgesehen sein. Weiterhin ist unbedingt zu überprüfen, ob die Unterlassungsverpflichtung auch tatsächlich eng genug gefasst worden ist.

Sie sind nicht verpflichtet, die vorformulierte Unterlassungserklärung zu unterzeichnen. Alternativ und empfehlenswert ist die Abgabe einer eigenen Unterlassungserklärung, sofern die übersendete Erklärung zu weit gefasst worden ist. Darüber hinaus sollte – sofern eine außergerichtliche Erklärung abgegeben wird – darauf geachtet werden, dass eine Vertragsstrafe nach dem sogenannten Hamburger Brauch vereinbart wird. Hiernach versprechen Sie die Zahlung einer angemessenen Vertragsstrafe im Falle der schuldhaften Zuwiderhandlung. Diese bietet den Vorteil, dass die Höhe der Vertragsstrafe im Streitfall vom zuständigen Gericht auf ihre Angemessenheit hin überprüft werden kann.

Weiterhin sind im Falle der berechtigten Abmahnung die Kosten der Abmahnung zu zahlen. Die Höhe der Kosten bestimmt sich nach dem jeweiligen Gegenstandswert. Dieser Gegenstandswert ist immer anhand des konkreten Verstoßes zu bestimmen, bzw. im Falle einer gerichtlichen Inanspruchnahme wird dieser vom Gericht nach freiem Ermessen bestimmt.

Grundsätzlich betragen die Kosten einer Abmahnung jedoch meist einige Hundert Euro. Im Falle einer Abmahnung durch einen Verband sind die Kosten gedeckelt auf knapp 200 Euro.

Sie sollten in jedem Falle die geltend gemachten Ansprüche juristisch überprüfen lassen. Sofern Sie auf eine Abmahnung nicht innerhalb der gesetzten Frist reagieren, besteht für den Abmahner die Möglichkeit, seine Ansprüche gerichtlich durchzusetzen. Diese kann er sowohl in einem einstweiligen Verfügungsverfahren als auch in einem gerichtlichen Hauptsacheverfahren verfolgen.

Weitere Ansprüche, die im Falle einer berechtigten Abmahnung bestehen und geltend gemacht werden können, sind Auskunfts-, Vernichtungs-, und Schadensersatzansprüche.

TEIL III

Werbung, Marketing und Erfolgsmessung

Der Shop ist fertig – und nun? Ihr neuer Onlineshop hat den Go-live überstanden und kann nun verkaufen. Ähnlich wie ein Ladenlokal im Außenbezirk einer Großstadt, das gerade seine Pforten geöffnet hat, ist ein bestehender Onlineshop noch kein Garant für den großen Reichtum. Was Ihnen zu Ihrem Onlineshop fehlt, sind die Kunden.

Ohne Werbung in der regionalen Presse, in Anzeigenblättern oder per Flugblatt, das Sie in den Briefkästen der Nachbarschaft verteilen, werden Sie keine Kunden für Ihren Laden finden. Genauso ist das mit dem Onlineshop.

Nach und nach werden sich durch die organischen Suchergebnisse – also die unbezahlten, »natürlichen« Rankings bei Google & Co. – Besucher in Ihren Onlineshop verirren. Diese Besucher werden aber kaum ausreichen, um Ihre Investition auch nur annähernd wieder einzuspielen.

Mit dem Go-live des Onlineshops beginnt ein nicht unwesentlicher Teil Ihrer Arbeit als Onlineshopbetreiber. Sie werden den Onlineshop fortlaufend optimieren, neue Funktionen erweitern, das Produktprogramm und die Produktbeschreibungen ausbauen.

Neben der Arbeit am Onlineshop, die in wenigen Jahren voraussichtlich im Relaunch des jetzigen Shops enden wird, werden Sie den Service in Ihrem Onlineshop verbessern, um Einmalkäufer zu echten, wiederkehrenden Kunden zu machen, und jede Menge Marketingaktionen starten.

In Teil III dieses Buchs haben wir Ihnen viele Ideen und Vorschläge zusammengestellt, die den Besucherzustrom in Ihren Onlineshop und damit auch den erzielten Umsatz deutlich und langfristig steigern werden.

In diesem Kapitel:

- Customer-Lifecycle
- Customer Journey
- See, think and do
- Kunden
- Kundenservice im Onlineshop

KAPITEL 15

Die Kundenbeziehung

Die Begegnung mit dem Unbekannten im Nebel – oftmals in Kinofilmen als schicksalshafte Zusammenkunft aufgegriffen. Dabei macht es einen großen Unterschied, ob es ein Liebesfilm oder ein Horrorfilm ist. Viele Shopbetreiber stehen aber dauerhaft im Nebel und wissen gar nicht, mit wem sie es bei ihren Kunden zu tun haben. Für den Erfolg des Onlineshops ist es wichtig, den Nebel zu lichten und aus der Begegnung eine Romanze und kein Gemetzel werden zu lassen.

Customer-Lifecycle

Der Lebenszyklus einer Kundenbeziehung besteht in der Regel aus den drei Phasen:

- Marketing
- Vertrieb
- Kundenservice

Mit dem Verkauf im Onlineshop und dem anschließenden Kundenservice beginnt der Kreislauf im Idealfall von vorn. In jeder dieser Phasen greifen verschiedene Maßnahmen, um Kunden zu gewinnen, zum Kauf zu bringen und dann als Kunden zu halten (Abbildung 15-1).

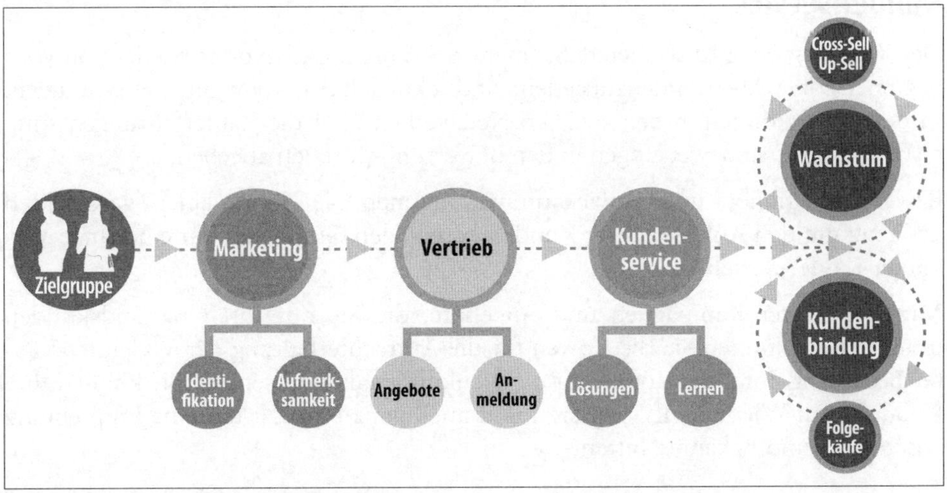

Abbildung 15-1: Customer-Lifecycle-Management

Marketing

Ziel des klassischen Marketings ist die Gewinnung von Besuchern in Ihrem Onlineshop. Da nicht jeder Besucher in Ihrem Shop auch zum Käufer wird, ist es wichtig, die Qualität der Besucher zu steigern und möglichst nur die Surfer in den Shop zu locken, die später auch zu Kunden werden.

In Kapitel 18, *Google AdWords und Google Products*, auf Seite 491 zeigen wir anhand von Beispielen, wie Sie dabei die Kosten für die Akquisition von Kunden senken können, indem Sie den Zustrom in den Onlineshop qualifizieren. AdWords ist dabei ein Werkzeug von vielen, die wir vorstellen. In der Regel ist es aber für jeden Shop passend.

Im Customer-Lifecycle-Management gilt die Kundenakquisition als die teuerste Phase. Es ist deutlich günstiger, einen vorhandenen Kunden als Kunden zu behalten und zu einem weiteren Kauf zu bewegen, als einen Nicht-Kunden von einem Erstkauf zu überzeugen.

Daher kommt dem großen Feld des Marketings nicht nur bei der Akquise von Neukunden, sondern auch bei der Kundenpflege eine große Rolle zu. Mit den Mitteln des Marketings müssen aus Einmalkäufern Dauerkunden, im besten Fall sogar Botschafter für Ihren Onlineshop gemacht werden.

Vertrieb

Der Vertrieb umfasst den eigentlichen Verkaufsvorgang in Ihrem Onlineshop; er macht gerade einmal ein Drittel des Lebenszyklus Ihrer Kundenbeziehung aus.

Für Sie als Shopbetreiber heißt es, die Konversionsrate zu steigern und den durchschnittlichen Warenkorbwert z. B. durch Cross-Sellings zu erhöhen.

Kundenservice

Der Kundenservice ist das letzte Segment des Vorgangs, bevor er wieder von vorn beginnen sollte. Die Kundenzufriedenheit direkt nach dem Kauf gilt es auszunutzen. Ihre Kunden können in den sozialen Netzwerken über die Kauferfahrungen sprechen und positive Bewertungen in den Bewertungsportalen abgeben.

Bei Reklamationen und Serviceanfragen können Sie durch einen geschickten Umgang mit den Anliegen Ihrer Kunden bereits den Grundstein für eine lange Verkäufer-Käufer-Beziehung legen.

Mittels gezielter Kampagnen und Angebote, die Sie nur Ihren Bestandskunden unterbreiten, können Sie die Kosten für die Aufrechterhaltung der Verkäufer-Käufer-Beziehung unter die Kosten für die Neukundenakquise senken. Sie können Ihre Kunden zum Wiederkauf animieren und auch ganz bewusst um eine Empfehlung an Freunde und Bekannte bitten.

Customer Journey

Es gibt nicht »die eine« Marketingmaßnahme, die Ihren Shop erfolgreich macht. Werkzeuge wie Google AdWords spielen zwar in nahezu jeder Marketingstrategie eine Rolle, sind dort aber auch keine Solisten, sondern spielen ihre Stärken im Konzert mit anderen Werkzeugen aus.

Die Customer Journey, also die Reise des Kunden von den ersten Berührungspunkten bis zum abschließenden Kauf (und darüber hinaus) spielt erst in den letzten Jahren eine Rolle bei den Überlegungen und ist bei vielen Shopbetreibern noch gar nicht angekommen.

»90 % meiner Verkäufe kommen über Google AdWords. Wollen wir die ganzen anderen Maßnahmen nicht abschalten? Die kosten nur Geld und bringen nichts«, so ein Shopbetreiber vor noch nicht allzu langer Zeit. Tatsächlich legte ein Blick auf die Auswertung in Google Analytics genau diesen Schluss nahe. E-Mail-Marketing, Facebook-Anzeigen, YouTube-Videos – alle brachten Sie Besucher auf die Seite. Die Verkäufe wurden aber nahezu ausschließlich über die AdWords-Anzeigen erzielt. Und selbst diese verblassten vor den Verkäufen, bei denen der Kunde direkt die Webadresse des Shops eingegeben hat und unter (scheinbarer) Umgehung aller Marketingmaßnahmen gekauft hat. Ist Onlinemarketing also Geldverschwendung?

Wohl kaum. Um die Situation aber bewerten zu können, muss man die Perspektive wechseln und sozusagen aus der Luft heraus alle Marketingmaßnahmen im Zusammenhang sehen.

Keine Marketingmaßnahme steht isoliert im Raum und nur in den seltensten Fällen führt eine einzelne Maßnahme direkt zu einem Kauf. Viel häufiger hat man Ketten von Marketingmaßnahmen, die ineinander greifen. Eine solche Kette könnte so aussehen:

- Interessent klickt auf Google-AdWords-Anzeige.
- Interessent besucht über den Anzeigenklick die Webseite und wird für Facebook Custom Audiences markiert.
- Interessent bekommt auf Facebook entsprechende Produktwerbung präsentiert und klickt sich auf eine Landingpage weiter.
- Interessent meldet sich auf Landingpage zum Newsletter an.
- Interessent erhält drei aufeinander aufbauende Newsletter zum Produkt und klickt sich erneut zu einer Landingpage durch.
- Interessent wird auf der Landingpage für Google AdWords Remarketing markiert.
- Interessent bekommt ein Google-AdWords-Banner mit einem Produktvorteil angezeigt.
- Interessent überlegt sich den Einkauf noch mal und gibt am nächsten Tag den Namen des Shops auf Google ein, klickt sich durch und kauft das Produkt.

Bei herkömmlicher Betrachtung wird dieser Kauf dem Kanal »Organic« zugeschrieben, der tatsächlich in vielen Fällen einer der stärksten Kanäle im Shop ist. Wenn der Shopbetreiber eine SEO-Agentur beschäftigt, wird diese unter Umständen noch den Verkauf als Erfolg verbuchen, da er ja über den vermeintlich »organischen« Kanal gekommen ist.

Das Beispiel zeigt aber, dass der organische Kanal hier eher als »Abstauber« tätig war und die ganze Vorarbeit von insgesamt vier weiteren Marketingmaßnahmen geleistet wurde. Welchen Anteil die einzelnen Maßnahmen am tatsächlichen Ergebnis haben, darüber streiten sich die Geister. Die Proponenten der einzelnen Kanäle halten natürlich immer ihren Kanal für den entscheidenden. Tatsächlich ist die Zuordnung (auch »Attribuierung« oder im Englischen »Attribution« genannt) der einzelnen Kanäle zum Verkaufserfolg eine noch sehr junge Disziplin. Ganz bewusst spricht man hier von »Attribution Modelling«, denn man kann verschiedene Ansätze verfolgen.

Der klassische Ansatz ist »Last Interaction«. Dies entspricht am ehesten dem herkömmlichen Gedanken, dass die letzte Interaktion »gewinnt«, ihr also der gesamte Erfolg zugeschrieben wird.

Anhänger der »First Interaction« verfolgen den radikalen Ansatz, dass ausschließlich die erste Interaktion – im obigen Beispiel die erste Google-AdWords-Anzeige – ursächlich für den Verkauf verantwortlich zu machen ist. Alle folgenden Aktionen wären letztendlich nur unterstützendes Beiwerk.

Google Analytics ermöglicht seit einiger Zeit, verschiedene Attribution-Modelle zu vergleichen. In Abbildung 15-2 haben wir die Standardansicht »Letzte Interaktion« mit den Modellen »Erste Interaktion« und »Linear« verglichen. Beim linearen Modell wird jeder Kanalinteraktion der gleiche Anteil am Verkauf zugewiesen.

Abbildung 15-2: Google Analytics kann verschiedene Attributionmodelle gleichzeitig anzeigen.

Bei diesem Onlineshop gibt es durchaus Kunden, die bereits beim ersten Kontakt konvertieren. Für diese Kunden spielt das Attribuierungsmodell keine Rolle. Dass diese Kunden die Minderheit sind und bei nahezu jedem Kauf mehrere Kanäle beteiligt sind, zeigt die Abbildung sehr eindrucksvoll.

Betrachten Sie beispielsweise den Kanal »E-Mail«, also die Newsletter, die der Kunde versendet hat. Betrachtet man nur die letzte Interaktion, dann hat der Newsletter für magere 238 Konversionen mit immerhin einem Wert von knapp 48.000 Euro geführt. Ganz anders das Bild, wenn man die erste Interaktion betrachtet. Hier müssen dem Newsletter deutlich mehr als doppelt so viele Konversionen zugeschrieben werden. Und auch im linearen Verlauf steht der Newsletter mit 412 Konversionen und einem Umsatz von gut 72.000 Euro deutlich besser dar.

Auch für andere Kanäle zeigt sich ein ähnliches Bild. Der ungeliebte – weil teure – AdWords-Kanal steht sowohl bei der ersten Interaktion als auch beim linearen Verlauf deutlich besser da als bei der letzten Interaktion. Die Erfahrung zeigt, dass tatsächlich ein AdWords-Klick oft am Anfang der Neukundengewinnung steht.

Verlierer bei den verschiedenen Attribuierungsmodellen ist in der Regel der Kanal »Direct« und – oft – der organische Kanal. Allein schon durch das enge Erfassungsfenster von 30 bis – in seltenen Fällen – 90 Tagen für Kanäle wie AdWords oder Facebook können viele Verkäufe nicht mehr zugeordnet werden und werden dann »Direct« zugeschrieben. Gerade wenn einer Kaufentscheidung eine ausgiebige Recherche vorausgeht, führt die finale Kaufentscheidung oft über die direkte Eingabe der Adresse des Shops oder über ein Googeln des Shopnamens. Genau genommen haben aber die Vorarbeit andere Maßnahmen geleistet.

Wichtig bei allen diesen Modellvergleichen ist jedoch, dass Sie Ihre Analysesoftware vernünftig konfiguriert haben. Die Erfahrung zeigt, dass dies leider in den wenigsten Fällen so ist.

Praxisbeispiel: Floorshop24

Im sehr umkämpften Markt der Laminat-Bodenbeläge bewarb Floorshop24 (*www.floorshop24.de*) mittels Google AdWords seinen kostenfreien Musterservice. Interessenten konnten sich von den Bodenbelägen Musterstücke bestellen, um vor Ort zu Hause zu prüfen, ob das jeweilige Dekor zur Wohnung passt. Diese Google-AdWords-Kampagne hatte hohe Kosten, brachte aber kaum Konversionen.

Parallel dazu lief eine Branding-Kampagne, die den Namen Floorshop24 inklusive ähnlicher Varianten und Schreibfehler wie »Florshop« zum Inhalt hatte. Die Kampagne hat sehr geringe Kosten erzeugt, erzielte dafür aber im Gegenzug extrem gute Konversionsraten und zahlreiche Verkäufe.

Ein naheliegender Schluss wäre nun, die teuren und scheinbar ineffektiven Musterkampagnen zu stoppen und ausschließlich auf die Branding-Kampagne zu setzen. Dies würde die AdWords-Kosten auf einen Schlag um 95 % senken.

So vorzugehen wäre jedoch wirtschaftlich verheerend gewesen. Schaut man sich die Situation genauer an, dann fand der Erstkontakt zu Floorshop24 über diese teuren Kampagnen statt, die sich im harten Konkurrenzumfeld behaupten mussten. Nachdem der Kunde sich dann für ein Dekor entschieden hat, führte der Weg in vielen Fällen über eine erneute Suchmaschinenanfrage nach »Floorshop24« in den diversen Schreibweisen. Bei teilweise sehr ähnlichen Firmennamen in diesem Marktsegment konnte sich der Shopbetreiber nicht darauf verlassen, über organische Suchmaschinenplatzierungen zuverlässig gefunden zu werden. Die Branding-Anzeige hatte an dieser Stelle also ihre Berechtigung und schöpfte die Käufer ab, die vorher Muster bestellt hatten. Zwar zahlte der Shopbetreiber so zweimal für Google-AdWords-Klicks, konnte aber weitestgehend sicher sein, alle Kaufwilligen zu erreichen.

Praxisbeispiel: Customer-Lifecycle in der ESD

Unser Kunde ESET Deutschland verkauft Sicherheitsprodukte (im deutschen Sprachgebrauch immer noch gern »Virenscanner« genannt) für Heim- und Geschäftsanwender. Es handelt sich um ein Softwareprodukt, das nahezu ausschließlich digital vertrieben wird – man spricht hierbei von Electronic Software Distribution (ESD). In diesem Markt gibt es wenige, aber sehr starke Mitbewerber. Kunden, die sich einmal für ein Produkt entschieden haben, wechseln nur sehr zögerlich. Deswegen liegt das Augenmerk des Onlinemarketings einerseits darauf, Erstkunden zu gewinnen und andererseits Bestandskunden möglichst lange zu halten. Man geht branchenintern davon aus, dass man mit der Erstlizenz kein Geld verdient, sondern erst über die Verlängerungen der Lizenz nach dem ersten Jahr.

Die Neukundengewinnung geschieht in diesem Segment primär über Pay-per-Click-Werbung mit Google AdWords und Bing sowie durch Displaywerbung auf großen Portalen und Marktplätzen (für diese Betrachtung lassen wir Vertriebsmaßnahmen wie das Bundeln von Sicherheitsprodukten mit neuen Computern oder Laptops unbeachtet). Die teilweise erheblichen Kosten dieser Maßnahmen müssen nicht durch den Verkauf von Erstlizenzen refinanziert werden. Vielmehr legt man hier den Customer Lifetime Value zugrunde, bei der neben dem Erwerb der Erstlizenz noch eine aus Erfahrungswerten ermittelte Zahl von typischen Linzenzverlängerungen hinzugerechnet wird.

Sobald der Kunde die Erstlizenz erworben hat, wird das Augenmerk auf die Zukunft gerichtet. In abgestuften Zeitabschnitten wird zunächst versucht, den Kunden auf eine höherwertige Lizenz zu konvertieren. Hat der Kunde eine Einzelplatzlizenz erworben, so werden ihm in der Folgezeit Lizenzupdates angeboten, über die eine ganze Familie oder eine kleine Firma abgesichert werden können. Hat der Kunde eine Einjahreslizenz erworben, so erhält er Anreize, auf eine Dreijahreslizenz zu wechseln. Gleichzeitig wird versucht, den Kunden als Markenbotschafter zu motivieren, indem er Gutscheincodes erhält, über die Freunde oder Verwandte die Produkte vergünstigt bekommen können.

Die kritische Phase fängt an, wenn das Lizenzende in Sicht ist, denn nun gilt es, den Kunden für eine weitere Lizenzlaufzeit weiter an das Produkt zu binden. Typischerweise drei Monate im Voraus erhält der Kunde dann erneute Upgradeangebote. Wechselt er beispielsweise von einer Einzellizenz zu einer Mehrplatzlizenz, dann fängt automatisch ein neuer Lizenzzeitraum an, und der Kunde ist wieder für mindestens ein Jahr im Bestand.

Ab 30 Tagen vor dem Ablauf der Lizenz wird der Kunde zunehmend eindringlicher auf den Umstand hingewiesen, dass sein Computersystem in wenigen Tagen ohne Schutz ist. Je näher der Zeitpunkt des Lizenzendes kommt, desto attraktiver werden die Konditionen für eine Verlängerung des Abos gemacht (Abbildung 15-3).

Abbildung 15-3: Entwurf einer Lizenzerinnerungsmail mit Upgrade und Cross-Selling-Elementen.

Hat der Kunde sein Abonnement verlängert, setzt der Zyklus wieder neu auf mit Angeboten zum Upgrade, Freundeswerbungsgutscheinen und letztendlich wieder Lizenzerinnerungen. Ein Großteil dieser Maßnahmen läuft über individualisierte E-Mails und ist hochgradig effektiv.

See, think and do

Aus dem klassischen Marketing ist vielen vermutlich das AIDA-Modell bekannt. Hier teilt sich die Kaufvorbereitung in die Phasen Attention, Interest, Desire und Action auf. In der Attention-Phase wird ein potenzieller Kunde auf Ihr Produkt erstmalig aufmerksam. Dem folgt die Interest-Phase, in der der Interessent zusätzliche Informationen benötigt und recherchiert, bis er schließlich in der Desire-Phase seinen Kaufentschluss bildet, den er dann letztlich in der Action-Phase umsetzt.

»Braucht die Welt ein weiteres Business-Framework?«, fragte der bekannte indische Onlinemarketingspezialist Avinash Kaushik im Juli 2013 und beantwortete die Frage natürlich in seinem Text unter *http://aix.li/thinkdo* selbst positiv. Sein neues Modell ist speziell auf die Bedürfnisse des Onlinemarketings ausgerichtet und erfreut sich zunehmender Beliebtheit, da es auch die Kanal-übergreifende Natur der digitalen Kampagnen berücksichtigt.

Der wesentliche Unterschied zwischen Kaushiks Modell und bisherigen Modellen ist, dass er nicht den einzelnen Interessenten und dessen Motivation in den Mittelpunkt stellt, sondern stattdessen Kundengruppen aus Sicht des Marketings als Fokus wählt. Wo das AIDA-Modell sinngemäß sagt »Der Kunde in der Desire-Phase braucht ...« stellt Kaushik das Modell auf den Kopf und fragt »Wie spreche ich das Kundensegment in der See-Phase an?«. Statt »einen unentschlossenen Kunden versorge ich mit Gutscheinen« geht das See-think-do-Modell hin und schlägt aus der Perspektive des Onlinemarketers die Kanäle vor, die Interessenten in der Think-Phase erreichen.

Dieser radikale Ansatz wird bei Kaushiks eigenem Beispiel, einem Onlineshop für Kleidung, gut sichtbar. In der See-Phase wird die Zielgruppe definiert als »Personen, die Kleidung tragen«. Das ist eine ziemlich große Zielgruppe, zeigt aber so auch sehr gut eines der Grundprobleme des Onlinemarketing – die Zielgruppendefinition – auf.

Keiner unserer Kunden hatte bisher ein unbegrenztes Budget, von daher muss die Zielgruppe verfeinert werden. In der Think-Phase geht es jetzt um die konkrete Untermenge »Personen, die Kleidung tragen und denken, dass sie neue Kleidung gebrauchen können«. Das ist schon viel konkreter, denn hier lässt sich möglicherweise eine Kaufabsicht herleiten.

Noch konkreter wird es dann in der Do-Phase, die Kaushik als »Personen, die Kleidung tragen und denken, dass sie neue brauchen und aktiv danach suchen« definiert. Dies ist natürlich die interessanteste Zielgruppe, da man hier vermutlich schnell einen Abschluss erreichen kann.

Interessant wird es, wenn man die verfügbaren Onlinemarketingkanäle mit ihren Stärken und Schwächen auf diese einzelnen Phasen und Zielgruppen abbildet. In der See-Phase, bei der noch keine konkrete Absicht zugrunde liegt, verortet er z. B. Display-Advertising als besonders erfolgversprechend. Jemand, der nicht konkret sucht, wird nicht über Pay-per-Click-Kampagnen erreichbar sein. Wohl können aber gezielt platzierte Banner eine gedankliche Beschäftigung im Stile von »Ich könnte mal wieder eine neue Hose gebrauchen« auslösen (Abbildung 15-4).

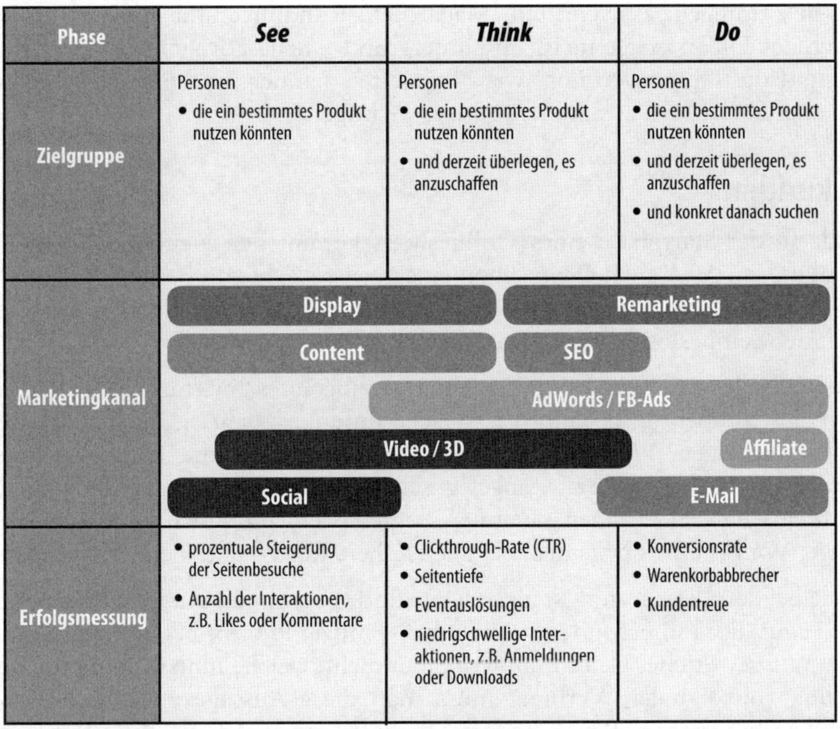

Abbildung 15-4: Das Modell ordnet verschiedene Kanäle verschiedenen Zielgruppen zu.

Arbeitet man das Modell jeweils für die eigene Branche und das eigene Produkt aus, kann man in einer Matrix eintragen, welches Werkzeug im Onlinemarketingmix in welcher Phase der Kaufentscheidung effektiv eingesetzt werden kann. Hier ist besonders wichtig, sich in jeder Phase darüber im Klaren zu sein, wie die Effektivität der einzelnen Maßnahmen gemessen werden kann. In der See-Phase ist es Unsinn, die Effektivität einer Contentstrategie (siehe Abschnitt »Blog zum Onlineshop« auf Seite 459) anhand der generierten Verkäufe zu messen. Während der Think-Phase misst man die Effektivität von AdWords-Kampagnen besser anhand der Newsletteranmeldungen als anhand der Verkäufe. Im Gegensatz dazu eignet sich die Do-Phase nicht wirklich, um die Effektivität der Social-Media-Strategie zu messen.

Das See-think-do-Modell ist ein interessanter, neuer Ansatz, um das Onlinemarketing zu planen, umzusetzen und zu bewerten. Ob es für Sie und Ihr Marktsegment geeignet ist oder ob Sie doch besser mit etablierten Modellen wie AIDA arbeiten, müssen Sie selbst entscheiden.

Kunden

Außer Ihrem unmittelbaren Umfeld weiß niemand, dass es Ihren Onlineshop gibt. Selbst die aussagekräftigste Webadresse wird nicht mehr als ein paar Zufallsbesucher bringen, wenn Sie nicht entsprechend Werbung für Ihren Shop machen. Die Definition von Werbung fassen wir dabei recht weit. Die Formen klassischer Werbung in Zeitungen, Zeitschriften, Magazinen, Rundfunk und Fernsehen sind im Bereich des E-Commerce meist im Hintergrund – neue Formen des Onlinemarketings und der Onlinewerbung, wie Newsletter, Banner- und Suchmaschinenwerbung oder Social Media, sind dafür umso wichtiger.

Neukunden

Gerade in der Startphase eines Onlineshops kommt den Neukunden die größte Bedeutung zu. Aber auch wenn schon eine gewisse Zahl von Bestandskunden existiert, ist jedes Unternehmen auf einen stetigen Strom von Neukunden angewiesen, da mit der Zeit Bestandskunden wegfallen.

Der potenzielle Neukunde ist für den Shopbetreiber am schwierigsten zu erfassen, da am wenigsten über ihn bekannt ist. Welche Produkte sucht er? Welche Qualitäten und Ausstattungen? Welches Preisniveau? Wie schnell entscheidet er? Neukundenwerbung muss daher viel breiter angelegt sein als Bestandskundenwerbung, um möglichst viele Chancen zu haben, den Interessenten in einen Kunden zu verwandeln. Ein breiterer Werbeauftritt bedeutet aber auch höhere Kosten und mehr Streuverluste.

Gerade bei der Akquise von Neukunden trifft das berühmte Zitat von Automobilpionier Henry Ford in besonderer Weise zu: »Fünfzig Prozent bei der Werbung sind immer rausgeworfenes Geld. Man weiß aber nicht, welche fünfzig Prozent«. Bei der Nutzung von digitaler Werbung muss man diese Aussage etwas relativieren – zumindest hat man größere Chancen, effektive von nicht effektiver Werbung zu unterscheiden.

Bestandskunden

Eine alte Vertriebsweisheit besagt, dass es sieben Mal schwieriger (und damit teurer) ist, Umsatz mit Neukunden zu generieren als mit Bestandskunden. Die Logik dahinter ist klar: Ein Bestandskunde hat bereits mindestens einmal Geld ausgegeben und Ihnen damit das Vertrauen ausgesprochen. Die Schwelle für einen erneuten Einkauf ist niedriger, da die prinzipielle Kaufbereitschaft vorhanden ist. Weiterhin ist bekannt, welches Produkt erworben wurde. Dadurch sind Rückschlüsse auf die Interessen/Bedürfnisse des Käufers möglich, und es können gezielt Produkte aus dem gleichen Segment, verwandten oder ergänzenden Segmenten angeboten werden. Letztendlich ist über den Warenwert und die Produktauswahl der vorherigen Bestellung auch ein Rückschluss auf das Budget des Kunden möglich. Wurde das billigste Produkt einer Kategorie gekauft oder die Nobelmarke? Wurde ein Einzelstück erworben oder war der Warenkorb gut gefüllt?

Wichtig ist, die Art des Warensortiments zu beachten: Dem Käufer eines Kühlschranks einen weiteren Kühlschrank anzubieten, dürfte sich als nicht zielführend erweisen. Ihm aber eine Mikrowelle des gleichen Herstellers anzubieten, könnte eher zu einem Nachfolgekauf führen. Anders bei Genussmitteln: Der Käufer eines edlen Single Malt Whisky wird sicherlich auch an Abfüllungen anderer Destillerien interessiert sein, kann sich dafür aber vielleicht nicht unbedingt für Apfelsaft erwärmen.

Cross-Media-Strategie

Für den Betreiber eines Onlineshops ergeben sich in diesem Bereich vielfältige Möglichkeiten, denn Bestandskunden können sowohl auf digitalem Weg als auch mit analoger Werbung angesprochen werden. Man spricht bei der Mischung von Online- und Offlinewerbung von Cross Media, also der Kombination verschiedener Medien. Bereits das Zusammenstellen der ersten Bestellung ermöglicht Ihnen, über Paketbeileger Anreize für den Wiederholungskauf zu schaffen. Über die übermittelte E-Mail-Adresse stehen Ihnen sämtliche Möglichkeiten des digitalen Nachfassens zur Verfügung. Eine Mischung beider Kanäle ist eine effiziente Methode, Bestandskunden interessiert und engagiert zu halten.

Kundenservice im Onlineshop

Der Kunde im Onlineshop »tickt« ein wenig anders als der Kunde im lokalen Geschäft. Durch großzügig gehandhabte Regelungen (100 Tage Rückgaberecht, keine Versandkosten, Geld-zurück-Garantie und Ähnliches) hat der deutsche Onlinehandel sich eine Kundschaft herangezogen, die durchweg verhätschelt wird und inzwischen auf ihre »Rechte« besteht.

Die Konkurrenz ist oft nur einen Mausklick weit entfernt, und Anfragen nach großzügigen Rabatten werden Ihnen immer wieder begegnen.

Kunden fragen schon nach Rabatt, wenn sie zwei Stück eines Artikels kaufen möchten (Mengenrabatt) oder bereits zum zweiten Mal in Ihrem Shop einkaufen.

Diese und vergleichbare Anfragen bringen Sie in eine Zwickmühle: Auf der einen Seite möchte man dem Kunden nicht unbedingt nachgeben, weil jeder Rabatt den Ertrag schmälert. Zudem sollten Sie das Feilschen auch nicht unbedingt fördern, indem Sie dem Kunden das Erfolgserlebnis geben.

Auf der anderen Seite möchten Sie den Kunden auch nicht unbedingt wegen des Verkaufspreises an den Wettbewerber verlieren.

Rabattanfragen

Rabattanfragen Ihrer Onlineshopbesucher können Sie, wenn Sie keinen Rabatt in Form eines Abschlags auf den Verkaufspreis gewähren wollen, auch mit den bestehenden Möglichkeiten des Onlinemarketings kombinieren.

Wenn Sie allen Ihren Kunden z. B. einen Gutschein für die Anmeldung zu Ihrem Newsletter anbieten, können Sie dies auch dem Kunden anbieten, der Sie gezielt nach einem Rabatt fragt. Gleiches gilt für den Rabatt, den Sie für Rückholmailings anbieten. Beide Gutscheinarten werden wir in Kapitel 21, *Gutscheine und Aktionen*, auf Seite 593 noch besprechen.

Wenn Sie Ihren Kunden eine Best-Price-Garantie anbieten (siehe Abschnitt »Bester Preis« auf Seite 189), sollten Sie natürlich reagieren und einen entsprechenden Preisnachlass offerieren, wenn Ihr Kunde in einem anderen Onlineshop das gleiche Produkt zu einem besseren Preis gefunden hat.

Grundsätzlich gilt: Egal, ob Sie für den Verkauf über externe Marktplätze wie Amazon oder eBay einen prozentualen Anteil des Verkaufspreises an den Betreiber der Plattform abführen müssen, Kosten für die Bewerbung Ihres Onlineshops bei Google entstehen oder Sie einen Rabatt in Form von Gutscheinen oder Prozenten anbieten: Sie sollten immer einen entsprechenden Betrag in den Verkaufspreis Ihrer Produkte mit einberechnen. So lassen sich auch die Rabattanfragen eher positiv beantworten.

Umgang mit Beschwerden und Retouren

Regel Nummer 1: Ihr Kunde hat immer recht. Regel Nummer 2: Hat Ihr Kunde einmal nicht recht, tritt Regel Nummer 1 in Kraft.

Die Anzahl der Beschwerden wird mit dem zunehmenden Erfolg Ihres Onlineshops steigen, und die Art der Beschwerden wird mitunter immer absurder. Wahrscheinlich wird es Ihnen bei den ersten Malen schwerfallen, Ihren Kunden nicht zu widersprechen.

Am häufigsten wird man sich bei Ihnen darüber beschweren, dass bei Bestellungen, die mehrere Artikel umfassen, einzelne Artikel fehlen. Das wird selbst dann vorkommen, wenn Sie sich absolut sicher sind, keine Fehlmengen eingepackt zu haben oder dies sogar belegen könnten. Auch gern genommen: Die Lieferung ist – soweit sie nicht über einen Paketdienst nachverfolgbar ist – überhaupt nicht angekommen.

Verstehen Sie uns nicht falsch: Natürlich sind nicht alle Käufer in Onlineshops so. Aber die Anonymität des Onlinehandels, also der fehlende direkte Kontakt zwischen Käufer und Verkäufer, verführt zu den seltsamsten Ideen. Die Erfahrung zeigt, dass die Dreistigkeit mitunter keine Grenzen kennt. Selbst wenn der Käufer mit der offensichtlichen Lüge konfrontiert wird, wird gelogen, dass sich die Balken biegen.

Artikel, die im Rahmen des Widerrufsrechts retourniert werden, weisen deutliche Gebrauchsspuren auf, und der Käufer wird behaupten, dass das Hochzeitskleid bereits verschmutzt oder die Schuhsohle bereits abgelaufen war, als er die Lieferung bekommen hat.

Sie werden diese und ähnlich schlechte Erfahrungen sicherlich machen, und wir können Ihnen nur den Rat geben: Akzeptieren Sie die Lüge Ihres Kunden, soweit Ihre Kalkulation dies zulässt. Sie sollten unberechtigte Retouren und Lagerverluste einfach einkalkulieren.

Der Ärger über den Verlust des Artikels wird noch gesteigert, wenn Sie anfangen, sich mit dem Kunden über die Wahrheit seiner Aussage zu streiten und er als Konsequenz eine schlechte Bewertung in einem Bewertungsportal über Sie abgibt. Verärgerte Kunden neigen dazu, schlechte Bewertungen abzugeben und dabei zu übertreiben, auch wenn hierzu (wie in Abbildung 15-5) überhaupt kein Anlass besteht.

2/5: "Die Wolle wurde pünktlich geliefert, entsprach aber gar nicht den Farben, die angezeigt wurden. Der Verkäufer akzeptierte sofort die Rücksendung, was hier nicht nötig war, denn jemand anderes zeigte Interesse für diese Farben, so dass ich etwas anderes daraus stricke. "

Lieselotte, 19. Januar 2014

Abbildung 15-5: Shopbewertung bei Amazon.de

Im Gegensatz zum lokalen Einzelhandel spielen Bewertungen für Sie als Händler im Internet eine enorme Rolle. Und es wird dem Endkunden schwerlich nachzuweisen sein, dass seine abgegebene Bewertung inhaltlich falsch ist.

Erst im April 2014 hat ein Händler seinen Kunden für eine schlechte Bewertung bei Amazon vor dem Landgericht Augsburg auf 70.000 Euro Schadenersatz verklagt. Der Kunde hatte seinen Fliegengitterkauf (Kaufpreis: 22,51 Euro) wie folgt bewertet:

»Die Lieferung erfolgte schnell. Das war das Positive. In der Anleitung steht ganz klar, man muss den Innenrahmen messen. Das ist falsch. Damit wird das Ganze zu kurz! Die Ware selbst macht guten, stabilen Eindruck. Der Verkäufer nie wieder!«

Der (in Teilen) negativen Bewertung ist ein längerer E-Mail- und Telefonkontakt zwischen Käufer und Verkäufer vorausgegangen. Hätte der Verkäufer dem Kunden einen Umtausch oder einen großzügigen Rabatt gewährt, auch wenn der Kunde vielleicht im Unrecht war, hätten sich beide Seiten unnötigen Aufwand und Ärger erspart. Von negativen Schlagzeilen, die der Onlineshop durch Berichterstattung in Presse und Fernsehen macht, einmal ganz abgesehen.

Mitunter können sich drei Überlegungen für Sie rentieren:

1. Stundenlohn versus Ertrag

   Wie hoch ist Ihr Stundenlohn und wie viel verdienen Sie mit dem Kauf, über den sich Ihr Kunde beschwert hat? Stellen Sie die beiden Zahlen gegenüber und vergleichen Sie, wie viel Zeit Sie zur Lösung des Problems in den Reklamationsfall investieren können.

2. Nehmen Sie es nicht persönlich

   Die Erfahrung zeigt, dass Onlinehändler die Rücksendung von Artikeln oder den offensichtlichen Betrug des Endkunden persönlich nehmen. Die Kritik an der eigenen Ware und Dienstleistung, in die man so viel Zeit und Engagement investiert hat, kann an die Nieren gehen.

   Distanzieren Sie sich von diesen Gedanken, denn Ihr Kunde meint es nicht persönlich. Egal, ob zu Recht oder Unrecht, versucht der Käufer nur das für ihn Beste herauszuschlagen. Es geht dabei nicht um Sie persönlich. Sie werden nicht herausfinden, was den Käufer zu seinem Verhalten bewegt. Investieren Sie Ihre Energie daher lieber in die positiven Seiten des Onlinehandels.

3. Machen Sie den Nörgler zum Fan

   Womit der Kunde, gerade wenn er sich im Unrecht befindet, nicht rechnet, ist Ihre Freundlichkeit und Ihr Entgegenkommen. Zäumen Sie das Pferd vom Schwanz her auf und begegnen Sie dem Kunden mit purer Freundlichkeit. Als »Dankeschön« für seine Kritik oder seine Reklamation schenken Sie ihm einen Gutschein.

Sie denken, dass das keine gute Idee ist? Nun, der Kunde fühlt sich in der – aus seiner Sicht – berechtigen Kritik ernstgenommen. Die »Leiterin Kundenservice« (siehe untenstehende Muster-E-Mail) hat sich des Vorgangs angenommen und sich entschuldigt. Jegliche weitere Kritik seitens des Kunden läuft nun (in der Regel) ins Leere. Zusätzlich erhält er als »Wiedergutmachung« einen Einkaufsgutschein.

Was auf den ersten Blick absurd klingt, ist ein einfaches Rechenbeispiel. Verkaufsprovisionen auf Plattformen oder Anzeigenschaltungen bei Google AdWords können leicht einen ähnlich hohen Anteil am Verkaufspreis ausmachen wie der angebotene 20-%-Gutschein.

Warum also nicht aus dem unzufriedenen Kunden einen zufriedenen Kunden machen, indem man ihn mit einem Köder lockt? Vielleicht wird aus dem Einmalkäufer ein Dauerkunde. Sie werden es nicht herausfinden, wenn Sie es ihm nicht anbieten. Vermutlich werden Sie zumindest keine negative Bewertung erhalten, wenn der Kunde neben der Entschuldigung einen Gutschein für den nächsten Einkauf erhält.

Beispiel Entschuldigungsmail

»Sehr geehrter Max Mustermann,

es tut uns sehr leid, dass Sie mit dem Kauf in unserem Onlineshop nicht zufrieden sind.

Selbstverständlich nehmen wir den Artikel zurück und erstatten Ihnen den vollen Kaufpreis. Anliegend finden Sie ein Rücksendelabel, mit dem Sie den Artikel einfach in jeder DHL-Filiale abgeben und an uns zurücksenden können. Wir werden Ihnen den Kaufpreis innerhalb von drei Werktagen nach Eingang der Rücksendung erstatten.

Als kleine Entschuldigung für unser Missgeschick schenken wir Ihnen einen Einkaufsgutschein in Höhe von 20 % des Einkaufswerts. Sie können den Gutscheincode bei Ihrer nächsten Bestellung in unserem Onlineshop im Warenkorb eintragen. Der Betrag wird dann automatisch von der Gesamtsumme abgezogen.

Wir möchten uns gern für Ihren Hinweis bedanken. Nur durch Ihre berechtigte Kritik können wir jeden Tag ein bisschen besser werden.

Herzliche Grüße, auf bald!

Maximiliane Mustermann

Leiterin Kundenservice

www.mustershop.de«

Praxisbeispiel: Wie schlechte Lagerplanung zu gesperrten Amazon-Konten führt

Im Oktober 2014 hat Google angekündigt, im Zuge seiner Aktivitäten zur Passwortsicherheit nun auch Hardware-Sicherheitsschlüssel nach dem »FIDO Universal 2nd Factor«-Standard – kurz FIDO-Key – zu unterstützen. Der darauf folgende Ansturm auf diese Schlüssel brachte einen der beiden Anbieter – ein kleines, französisches Unternehmen – derart in Bedrängnis, dass es schlechte Amazon-Bewertungen hagelte und in Konsequenz die Firma kurzzeitig bei Amazon gesperrt wurde. Ein Lehrstück in drei Akten zum Thema Bewertungen und Amazon.

Schon lange forciert Google die sichere Anmeldung mittels Zwei-Faktor-Authentifizierung. So war die Freude beim französischen Anbieter Plug-Up International zunächst groß, als Google am 21.10.2014 die Unterstützung für die Schlüssel des Unternehmens verkündete: Mit einem Sicherheitsschlüssel ist kein Abtippen von Codes notwendig. Sie müssen lediglich Ihren Sicherheitsschlüssel in den USB-Anschluss Ihres Computers stecken, wenn Sie dazu aufgefordert werden.

Im Artikel verlinkte Google bei den Bezugsquellen auf Amazon. Von den zwei Anbietern sind die Schlüssel aus Frankreich die deutlich günstigeren. Googles Ankündigung sorgte in Fachkreisen für einige Beachtung und in meinen Social-Media-Kanälen häuften sich die Nachrichten und Kommentare, dass man sich jetzt auch einen oder mehrere solcher Schlüssel bestellt habe.

Akt 1: Überforderung des Versands

Auch wir bestellten am gleichen Tag Schlüssel. Bereits einen Tag später erhielten wir die Versandbestätigung aus Frankreich. Nur wenige Tage später traf die Sendung ein, und der Schlüssel ist seitdem im Einsatz. Hier könnte die Geschichte zu Ende sein, doch gut zwei Wochen später erreichte uns über das Amazon-System eine Nachricht aus Frankreich:

»Right after Google announced the support of U2F tokens for Gmail accounts, we had a peak in orders. We had some problems processing these first orders: some were shipped multiple time, but some were shipped very late. Most of those late dispatch problems are fixed today.«

Nach der Google-Veröffentlichung gab es einen deutlichen Anstieg der Bestellungen. Offensichtlich war der Händler nicht darauf vorbereitet, denn zwischen den Zeilen liest man ziemliches Chaos im Versand heraus. Dass bei einem unerwarteten Anstieg der Bestellungen der Versand nicht hinterherkommt, mag man noch verstehen. Dass aber, wie Plug-Up International offen zugibt, Bestellungen doppelt versendet zu haben, deutet auf vollkommen überforderte Mitarbeiter oder schlechte Prozesse in Lager und Versand hin. Den wirtschaftlichen Schaden durch solche Doppellieferungen außen vor lassend, sind die dadurch verursachten Minderbestände im Lager mit ein Grund, dass manche Bestellungen sehr spät ausgeliefert wurden.

Akt 2: Schlechte Amazon-Bewertungen

Dass dieses Chaos die Kunden nicht glücklich macht, versteht sich von selbst. Die Strafe folgte auf dem Fuß – die enttäuschten Kunden begannen, sich zu beschweren, und es hagelte schlechte Amazon-Bewertungen:

»Today, negative comments coming from a few customers delivered late has lead to the suspension of our selling rights on amazon.de.«

Innerhalb von nur drei Wochen wurden so viele schlechte Amazon-Bewertungen abgegeben, dass Amazon den Händler nicht nur abgewertet hatte, sondern die französische Firma komplett für den Verkauf auf Amazon gesperrt wurde! Dies hatte nicht nur für die Firma erhebliche Nachteile. Auch die Kunden waren betroffen, denn das einzige alternative Produkt war dreimal so teuer.

Akt 3: Bitte um gute Amazon-Bewertungen

Im Zuge der Schadensbegrenzung (und den vermutlich stattfindenden Verhandlungen mit Amazon) bat das Unternehmen um das Hinterlassen einer positiven Amazon-Bewertung:

»In order to sell our product again on amazon.de, we need positive feedbacks from happy customers. Could you leave us a feedback on your order?«

Die überraschend offene Art des Anschreibens und unsere Zufriedenheit mit dem Produkt ließen uns natürlich nicht zögern, und wir hinterließen eine positive Amazon-Bewertung. Tatsächlich hatte die Kampagne von Plug-Up International Erfolg. Eine gute Woche später war der Account wieder freigeschaltet, und es konnten wieder FIDO-Keys bestellt werden.

Analyse

Schaut man sich die Bewertungshistorie des Händlers an, so merkt man, dass lediglich 3 % schlechte Amazon-Bewertungen von Endkunden gekommen sind.

Es ist jedoch davon auszugehen, dass das Unternehmen neben diesen offen sichtbaren Bewertungen sicherlich noch zahllose Anfragen per E-Mail erhielt. Diese Anfragen landen im Händler-Backend von Amazon und müssen dort binnen 24 Stunden bearbeitet werden, ansonsten schlägt sich dies auch in einer negativen Amazon-internen Händlerbewertung nieder. Vermutlich wurde auch die zügige Reaktion auf diese Mails während der »französischen Chaostage« vernachlässigt. Dies sowie die schlechten Amazon-Bewertungen der Käufer dürften zusammen zur Suspendierung geführt haben.

Vorbereitet sein!

Uns ist nicht bekannt, ob das Unternehmen von der Ankündigung durch Google wusste. Wir vermuten, dass es grundsätzlich informiert war, über den genauen Zeitpunkt aber keine Kenntnis hatte. Jeder Onlineshopbetreiber, insbesondere als

Hersteller eines Produkts, ist aber gut beraten, die Nachrichtenlage zu seinem Produktportfolio genau zu studieren. Weiß man vorab von einem Medienbericht, einem TV-Beitrag oder der Rezension in einem Leit-Blog, so ist man gut beraten den Onlineshop zunächst technisch fit zu machen.

So wird z. B. die »Aktuelle Stunde« des WDR-Fernsehens von rund 770.000 Menschen gesehen. Wird in dieser Sendung über Ihr Produkt berichtet und nehmen das lediglich 2 % der Zuschauer direkt zum Anlass, Ihre Website zu besuchen, dann haben Sie aus dem Stand auf einmal gut 15.000 Besucher mehr im Shop, die Ihr Server verarbeiten muss.

Auch Ihre Lagerlogistik und der Versand müssen über abzusehende Bestellungsspitzen informiert werden. Neben – natürlich – genügend Ware muss auch Verpackungsmaterial in ausreichender Menge vorhanden sein. Auch sollten Sie darauf vorbereitet sein, unter Umständen kurzfristig zusätzliche Lager- und Versandmitarbeiter einzubestellen.

Als Letztes sollten Sie eine Kommunikationsstrategie überlegen, falls es doch zu Verzögerungen und Engpässen kommt. Die Erfahrung zeigt, dass die meisten Kunden eine offene Kommunikation zu schätzen wissen. Wichtig ist, dass Sie die Besteller frühzeitig informieren und eine möglichst genaue Aussage über den Liefertermin treffen.

Produktsupport anbieten

Was den Kauf im Onlineshop vom Kauf im Ladenlokal unterscheidet, ist der Produktsupport. Oft ist der Lebenszyklus eines Kunden für den Shopbetreiber mit dem Kauf abgeschlossen; im lokalen Handel werden vor und auch nach dem Kauf Hilfestellung und Produktsupport angeboten. Der Kunde kann bei Fragen wieder in das Fachgeschäft gehen und den Händler um Rat bitten.

Im Onlineshop (wie natürlich auch im lokalen Handel) beginnt nach dem Kauf eine wichtige Phase im Customer-Lifecycle-Management. Der freundliche Umgang mit Unterstützungsanfragen ist der erste Schritt zum Wiederkauf in Ihrem Onlineshop.

Wenn der Kunde Unterstützung bei der Benutzung oder Anwendung eines Produkts benötigt, sollten Sie ihn hierbei unterstützen. Sie haben so die Chance, den Kauf in Ihrem Onlineshop weiterhin positiv zu beeinflussen und von der Empfehlung Ihres Kunden zu profitieren.

Geschlossene Supportkanäle

Der Weg der Anfrage ist davon abhängig, welche Kommunikationskanäle Sie dem Käufer anbieten. Die Unterstützung per Telefon oder im Chat ist für Sie am aufwendigsten, da beide Wege sehr personalintensiv sind und Sie umgehend auf das klingelnde Telefon oder den eingehenden Chat reagieren müssen.

Alternativ bietet sich der Support per E-Mail an. Hier bestimmen Sie die Reaktionszeit. Sie sollte natürlich relativ kurz sein. Sie können die eingehende elektronische Post aber auch erledigen, wenn einmal weniger zu tun ist.

Nachteilig sind alle drei Wege, da die Kommunikation immer nur zwischen Ihnen und dem einzelnen Kunden stattfindet. Wiederkehrende Anfragen müssen Sie immer wieder neu beantworten und gegebenenfalls auch neu formulieren.

Offene Supportkanäle

Der Produktsupport in einem von jedermann einsehbaren Kanal spart Ihnen im Vergleich zu den geschlossenen Kanälen auf Dauer jede Menge Arbeit. Dabei ist es zunächst egal, ob Sie extra ein Kundenforum anbieten, in dem Sie Fragen beantworten, oder ob Sie den Support auf Ihrem Facebook-Profil leisten.

Die Fragen und Antworten können von jedem Interessenten und Käufer eingesehen werden, und Sie können z. B. schon auf der Produktdetailseite des Onlineshops auf die produktspezifischen Fragen in Ihrem Forum hinweisen.

Kundenforum

Die Firma Junghans Wollversand aus Aachen betreibt mit dem »Junghans-Wolle-Forum« ein eigenes Forum basierend auf der frei zugänglichen Forensoftware phpBB (*www.phpbb.de*). In über 350.000 Einzelbeiträgen wird dabei nicht nur über die Junghans-Produkte diskutiert, sondern händlerübergreifend über viele Produkte und Shops aus dem Handarbeitsbereich.

Neben dem Produktsupport entlasten Sie mit einem Forum den Kundenservice am Telefon und bei der Beantwortung von E-Mail-Anfragen, da Ihre Kunden das Forum als erste Anlaufstelle nutzen können und entweder in schon einmal beantworteten Fragen nachlesen oder andere Kunden befragen können. Sie machen Ihre Kunden damit gleichzeitig zu Markenbotschaftern Ihres Onlineshops (Abbildung 15-6).

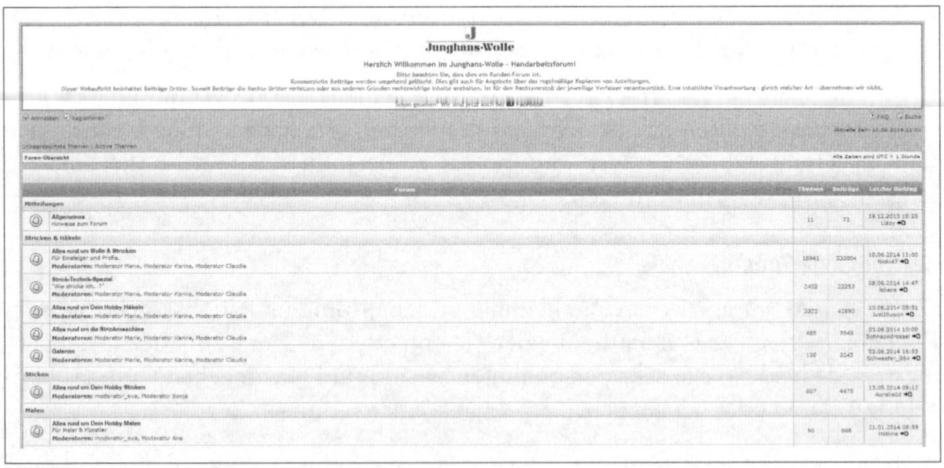

Abbildung 15-6: Kundenforum, forum.junghanswolle.de

FAQ-Liste/Knowledge-Base

Gerade im technischen Bereich bietet es sich an, eine sogenannte Knowledge-Base oder eine FAQ-Liste (FAQ: Frequently Asked Questions = häufig gestellte Fragen) anzulegen.

Innerhalb der Wissensdatenbank werde häufig vorkommende Fragen aufgenommen und beantwortet. Unterstützt durch Grafiken und Anleitungen können Kunden die Fragen durchstöbern und nach den Antworten suchen. Der Support über Telefon, Chat und EMail kann gleichzeitig auf die jeweiligen Artikel in der Knowledge-Base verweisen.

Der Softwarehersteller ESET hat weite Teile seines Produktsupports in einer Knowledge-Base (*http://kb.eset.com/esetkb*, siehe Abbildung 15-7) abgebildet.

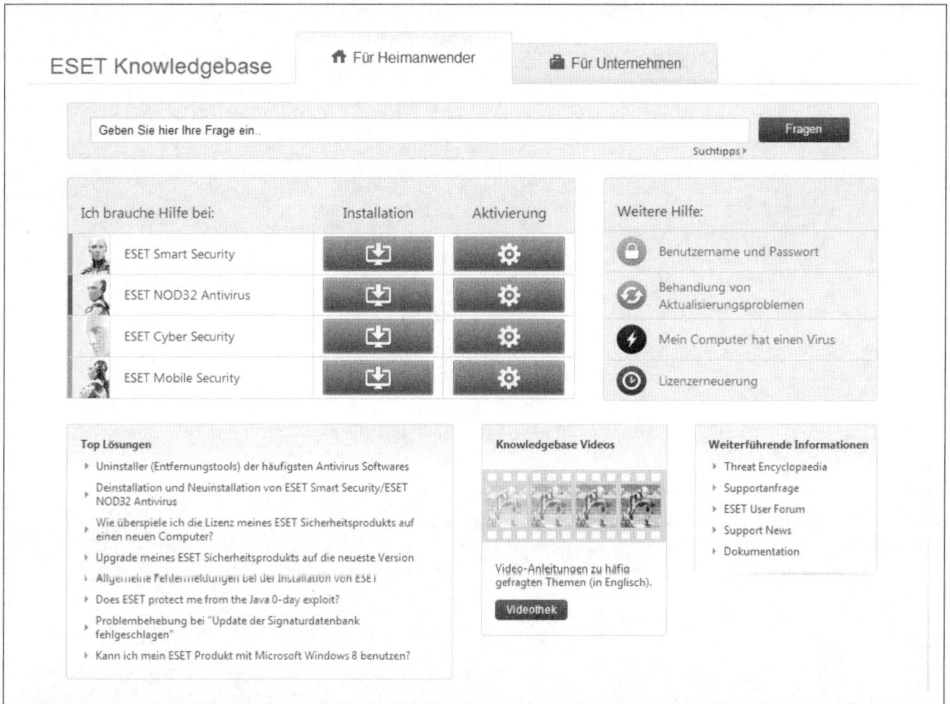

Abbildung 15-7: Knowledge-Base, http://support.eset.com

Neben der schnellen Beantwortung der Fragen ergibt sich durch den zusätzlichen Content ein positiver Effekt auf die Inhalte in Suchmaschinen. Und auch aus den Produktdetailseiten heraus kann direkt auf die produktspezifischen Artikel in der Knowledge-Base verwiesen werden, oder einzelne Artikel aus der Wissensdatenbank können automatisch auf der Produktdetailseite eingeblendet werden.

Innerhalb der Knowledge-Base bietet es sich gerade bei technischen Produkten an, die Hilfetexte durch Produktvideos zu ergänzen. Schwierige Vorgänge, wie z. B. der Aufbau von Möbeln oder die richtige Verkabelung von Satellitenschüsseln, lassen sich mittels Video einfacher erläutern und veranschaulichen als durch lange Texte.

In diesem Kapitel:

- Paketdesign
- Paketbeileger
- Flyer für das Ladenlokal
- Mailings
- Plakate
- Zeitung und Zeitschriften
- Mediadaten

KAPITEL 16

Printwerbung – alles, was gedruckt wird

Klassische Werbeformen sind Broschüren, Flyer, Mailings, Anzeigenwerbung. Ist das für einen Onlineshop überhaupt sinnvoll? Die Antwort ist ein ganz klares »Kommt darauf an ...« und hängt auch hier wieder von der Zielgruppe und dem Produktprogramm ab.

Differenziert werden muss nach der Art des Werbeträgers und des Verteilungswegs. Ein Beileger in jedes ausgelieferte Paket ist quasi ein Muss. Anzeigenwerbung in Publikums- oder Fachzeitschriften können den Bekanntheitsgrad von Onlineshops enorm steigern, wenn Sie gut gestaltet und richtig platziert werden. Plakatwände können sich für einen überwiegend regional ausgerichteten Onlineshop lohnen, bundesweite Schaltung können sich aber nur die ganz Großen der Branche leisten.

Die Herausforderung besteht darin, den richtigen Mix aus den zur Verfügung stehenden Werbemöglichkeiten zu finden und ihn passgenau auf die Zielgruppe und das zur Verfügung stehende Budget abzubilden.

Paketdesign

Bei uns in der Agentur bringen die Paketboten nahezu täglich Pakete von Amazon oder Zalando, die unsere Kollegen sich haben ins Büro liefern lassen. Haben Sie diese Sendungen einmal genauer angeschaut? In Abbildung 16-1 sehen Sie einige dieser Kartons. Unübersehbar prangt der jeweilige Firmenschriftzug auf dem Karton und signalisiert den Kollegen, dass ein Mitarbeiter neue Kleidung oder Gadgets bestellt hat. Oft ist es dann sogar so, dass direkt gefragt wird, was er denn bestellt hat. Auch Nachbarn, Mitbewohner oder gar der Paketbote werden mit der Werbebotschaft konfrontiert.

Die Herstellung von bedruckten Kartons ist sicherlich ein Kostenfaktor, aber gerade im Hinblick auf die Markenbildung des Onlineshops eine interessante Möglichkeit, zusätzliche Reichweite zu bekommen. Eine Alternative zu bedruckten Kartons ist das erheblich günstigere bedruckte Paketband.

Abbildung 16-1: Auffällig bedruckte Versandkartonagen

Da Ihr Shop vermutlich noch nicht die Bekanntheit von Amazon oder Zalando erreicht hat, müssen Sie einige Angaben mehr auf Karton oder Paketband drucken:

- Kurzname des Shops
- Webadresse des Shops
- Slogan oder optischer Hinweis auf das Warenspektrum

Tipp Eine Ausnahme bilden potenziell peinliche Waren. Neben dem gesamten Bereich der Erotika gehören dazu beispielsweise auch bestimmte Hygiene- und Gesundheitsartikel, Vaterschaftstests, Überwachungsartikel, Diätprodukte und Ähnliches. Hier ist auf neutrale Verpackung Wert zu legen.

Paketbeileger

Die Bestellung ist fertig verpackt, das Päckchen enthält die Ware des Kunden und die Rechnung. Sie wissen genau, was bestellt wurde und wie teuer es war. Kurzum, Sie sind gerade mit der perfekten, zielgenauen Werbechance konfrontiert! Nutzen Sie diese Chance, indem Sie einen Werbeflyer in das Paket einlegen, um auf weitere Produkte und Angebote hinzuweisen.

Design und Ansprache

Der Beileger muss zum Shop passen! Wenn hochwertige und entsprechend teure Ware angeboten wird, muss auch das Erscheinungsbild des Flyers hochwertig sein. Dickes, haptisch ansprechendes Papier und ein elegantes Layout, angelehnt an die Shopoptik, sind ein Muss. Bilder müssen die gleichen hochwertigen Ansprüche erfüllen wie die Bilder im Shop. Die inhaltliche Ansprache des Flyers zielt dann nicht auf den unmittelbaren Abverkauf, sondern unterstützt mehr das Lebensgefühl und den Qualitätsanspruch. Vermitteln Sie eine Wohlfühlatmosphäre und beschwören Sie das »Ich hab' es mir verdient«-Gefühl.

Checkliste exklusive Paketbeileger:

- ☐ Edles großflächiges Design
- ☐ Große hochwertige Bilder
- ☐ Längere Texte mit Hintergrundinfos
- ☐ Kommunikation auf Augenhöhe unter »Kennern« bzw. »Freunden«
- ☐ Zurückhaltender Angebotscharakter, keine schreienden Preise, kein ausschließliches Abheben auf den Schnäppchencharakter
- ☐ Exklusivität des Angebots
- ☐ Hochwertige Papier- und Druckqualität

Im Gegensatz dazu ist die Erwartungshaltung im Billig- und Schnäppchensegment eine völlig andere. Ein Paketbeileger wird hier zum reinen Angebotsflyer: je mehr Angebote und je größere Schnäppchen, desto besser. Streichpreise und große rote plakative Schrift gepaart mit dünnem Papier untermauern den empfundenen Spareffekt.

Checkliste Paketbeileger für Schnäppchenjäger:

- ☐ Effiziente Ausnutzung des Platzes
- ☐ Kleine Bilder nur, wo wirklich nötig
- ☐ Nur der essenzielle Text, dafür viele technische Daten
- ☐ Plakative, »schreiende« Auszeichnung der Ersparnis
- ☐ Dringlichkeit erzeugen durch Hinweise auf knappes Angebot oder begrenzten Zeitraum
- ☐ Billiges Papier

In Abbildung 16-2 ist die Vielfalt von Paketbeilegern zu sehen. Diese beeindruckende Sammlung entstand in nur wenigen Wochen. Hier wird gut das Dilemma deutlich, dass man mit den Paketbeilegern Aufsehen erregen muss, da die Empfänger oft schon bis zu einem gewissen Grad abgestumpft sind.

Abbildung 16-2: Zahlreiche Paketbeileger werben um die Gunst des Empfängers

Druckkosten

In Zeiten von Internetdruckereien (siehe Abbildung 16-3) befinden sich die Druckkosten im freien Fall. Bereits ab wenigen Hundert Exemplaren lohnt sich der Weg zur Druckerei finanziell, und auch die Qualität der Druckerzeugnisse kann sich mittlerweile sehen lassen. Je weiter im Voraus man ein Druckerzeugnis bestellt, desto günstiger wird es.

Abbildung 16-3: Internetdruckerei Laser-Line.de

Tabelle 16-1 und Tabelle 16-2 zeigen Beispielrechnungen.

Tabelle 16-1: DIN-A5-Flyer, beidseitig 4-farbig bedruckt, 170 g/qm Bilderdruckpapier, matt

Auflage	Nettopreis ohne Versand	Einzelpreis
250	37,25 €	0,149 €
500	41,49 €	0,083 €
2500	65,65 €	0,026 €
5000	78,77 €	0,016 €

(Preise: *www.laser-line.de*, Stand April 2016)

Tabelle 16-2: DIN-A5-Broschüre, 4 Seiten, beidseitig schwarz bedruckt, 80 g/qm Recycling-Offsetpapier, weiß

Auflage	Nettopreis ohne Versand	Einzelpreis
250	28,69 €	0,115 €
500	30,74 €	0,079 €
2500	44,61 €	0,018 €
5000	65,33 €	0,013 €

(Preise: *www.laser-line.de*, Stand April 2016)

Individualisierung

Die Erstellungskosten eines Paketbeilegers schnellen in die Höhe, sobald Individualisierung ins Spiel kommt. Denkbar ist ein Eindruck des Empfängernamens. Während dies einerseits die Exklusivität erhöht, stellt sich andererseits aber die Frage nach dem Sinn, denn der Paketbeileger befindet sich ja bereits in einem persönlich adressierten Paket. Wenn die Exklusivität im Vordergrund steht, ist durchaus eine handschriftliche Namensindividualisierung in Erwägung zu ziehen. Beachten Sie aber bitte, dass dies unter Vermeidung von peinlichen Verwechslungen in den Versandablauf integriert werden muss.

Auf den ersten Blick sinnvoller erscheint die Individualisierung bei Gutscheincodes für Aktionen oder Rabatte. Ein individueller Aktionscode stellt sicher, dass der Gutschein tatsächlich nur ein einziges Mal eingelöst wird. Der Aufwand, der dafür im Shopsystem und beim Gutscheindruck zu leisten ist, ist aber beträchtlich: Gutscheinserien müssen angelegt, Gutscheincodes müssen generiert und die Codes müssen auf die Paketbeileger individuell eingedruckt werden. Das Shopsystem unterbindet die Mehrfachbenutzung eines Gutscheins durch den gleichen Käufer aber ohnehin.

Mit einem individualisierten Gutschein stellen Sie also letztlich sicher, dass ein Aktions-Gutscheincode sich nur innerhalb des ursprünglich erwünschten Empfängerkreises verbreitet. Sie sollten aber darüber nachdenken, ob das wirklich in Ihrem Sinne ist. Der Gutschein sollte so kalkuliert sein, dass der Deckungsbeitrag nach wie vor erreicht wird. Daher bringt eine weitere Verbreitung des Aktionscodes schlicht weiteren Umsatz und eine weitere Reichweite für den Shop und somit neue Kunden.

Nicht zufrieden? Wie wäre es dann mit Pseudo-Individualisierung von Gutscheincodes? Dabei handelt es sich faktisch bei allen Empfängern um den gleichen Code, durch die Art der Gestaltung (z. B. Laserdruckereindruck) wird aber suggeriert, es handele sich um einen individuellen Code. Dies ist kein sicheres Mittel, um die Verbreitung von Gutscheincodes zu verhindern, stellt aber eine gewisse psychologische Hürde dar. Mehr zu Gutscheincodes im Abschnitt »Adressgenerierung« auf Seite 532.

Tipp Wenn Sie viele verschiedene und/oder häufig wechselnde Beileger benutzen, empfiehlt sich eine eindeutige Versionsnummer auf jedem Druckerzeugnis. In der Versionsnummer sollten Sie das Jahr, ggf. den Monat, die Kampagne und ggf. eine laufende Nummer integrieren. Die Versionsnummer kann klein und dezent am Rand erscheinen, sollte aber auch vom Kunden auffindbar sein. Sammeln Sie alle Druckerzeugnisse in einem Ordner – so können Sie bei Kundenanfragen schnell erkennen, auf welche Beilage sie sich bezieht.

Beileger von anderen Shops

Die Verlockung ist groß: Spezielle Partnerprogramme vermitteln Paketeinleger von anderen Onlineshops, die man entweder auf Gegenseitigkeit oder gegen Bezahlung in fremde Pakete legt. So kann man die eigene Reichweite erhöhen oder bekommt einen Obolus für etwas, was man sowieso tut und das keine Kosten verursacht. Aber führt es auch zum Ziel?

Ja, wenn die Ausrichtung stimmt! Wenn Sie Wein verkaufen, können Sie bedenkenlos Angebote eines befreundeten Shops einlegen, der Kekse verkauft. Werbung für Bekleidung passt da schon weniger, für Autozubehör gar nicht mehr. Genau diese Gefahr besteht aber, wenn Sie einem Vermittlungsprogramm beitreten. Sie verpflichten sich dann, die Werbungen beizulegen, ob sie passen oder nicht.

Ein weiteres Problem bildet die Menge. In Amazon-Paketen sind teilweise drei bis vier Angebotsflyer verschiedener Anbieter enthalten. In aller Regel fliegen sie unbeachtet in den Papierkorb. Wenn überhaupt, akzeptieren Sie nur eine einzelne zusätzliche Beilage eines einzelnen Anbieters – und bestehen Sie darauf, dass er es mit Ihren Einlegern genauso macht.

Dienstleister wie AffiliPRINT oder DiMaBay haben sich auf die Vermarktung von Paketbeilegern spezialisiert (Abbildung 16-4). Eigene Beilagen für Ihren Shop werden über das Shopnetzwerk der Anbieter verteilt. Dabei können Sie Vorgaben machen, in welchen Branchen und Shops Ihre Werbung platziert wird. DiMaBay beispielsweise verfügt über zehn Hauptkategorien mit teilweise mehreren Millionen versandter Pakete monatlich. Aber auch Spezialwünsche wie »nur Handyshops« lassen sich realisieren. Abgerechnet wird nach dem Tausendkontaktpreis (TKP) – je mehr Beileger Sie beauftragen, desto günstiger wird es. Eine Übersicht haben wir für Sie in Tabelle 16-3 zusammengestellt.

Tabelle 16-3: Anbieterübersicht Paketbeileger

Anbieter	Minimaler/typischer Tausendkontaktpreis
AffiliPRINT.de	99 Euro als Testpreis bei 100.000 Beilegern, inklusive Druck
Amazon.de	Auf Anfrage
DiMaBay.de	Individuell verhandelt, typischerweise um die 100 Euro bei Beauftragung von 100.000 Beilegern, inklusive Druck
Meinepaketbeilagen.de	60 Euro bei 100.000 Stück, ohne Druck
Paketbeilagenclub.de	Auktionssystem, typischerweise 50 Euro, ohne Druck
Paketplus.de	100 Euro (Mindestmenge 10.000 Stück), ohne Druck

Umgekehrt können Sie über diese Dienstleister auch Beilagen fremder Shops beziehen, die Sie selbst Ihren Paketen beilegen. Die Beispielrechnungen auf der DiMaBay-Website gehen von 5.000 versandten Paketen im Monat aus und können mit entsprechend verlockenden Vergütungen aufwarten. Die meisten Shops werden gerade in der Startphase deutlich weniger Pakete haben. Lassen Sie sich von einem der Anbieter ein individuelles Angebot unterbreiten und rechnen Sie dann genau, ob sich der Aufwand für Sie lohnt.

Der Gedanke, beide Modelle zu verrechnen, liegt nahe. In diesem Fall müssen Sie aber auch ein attraktives Volumen bieten können. DiMaBay beispielsweise bietet die Verrechnung regulär erst ab 20.000 Paketen pro Monat an.

Auch Amazon bietet Paketbeileger als Werbemodell an – auch für Shops, die Ihre Waren nicht über Amazon verkaufen. Die Preise werden individuell verhandelt, und es kommen nur Shops mit einem hohen Sendevolumen infrage.

Abbildung 16-4: Einige Agenturen wie z. B. DiMaBay haben sich auf die Vermittlung von Paketbeilagen spezialisiert.

Praxisbeispiel: Wie Hirmer und Outfittery grüßen

Der Modehändler Hirmer (»Hirmer Große Größen«) hat die einfache Variante. Dem Paket liegt eine kleine Karte in Visitenkartengröße bei. Kein kurzer Gruß, sondern nur ein Hinweis auf den Packer der Sendung. Hirmer schlägt damit zwei Fliegen mit einem Paketbeileger. Auf der einen Seite schafft der Name (hier: »Cătălin«) einen persönlichen Bezug zwischen Versender und Kunde. Hirmer rückt damit zumindest ein kleines bisschen näher an den Kunden ran. Auf der anderen Seite – wir hatten es in einem anderen Beitrag zum Thema Paketbeileger schon erwähnt – ist es eine gute Qualitätssicherungsmaßnahme. Beschwert sich der Kunde über schlecht gepackte Pakete oder falsche/fehlende Ware, dann kann der Shopbetreiber direkte Rückschlüsse ziehen. Das ist die vereinfachte Variante des Verpackungs-QM, soweit diese nicht softwaregestützt ist.

Ungleich aufwendiger ist der Paketbeileger, den wir neulich bei Outfittery entdeckt haben. Outfittery bringt mit dem Curated Shopping den Herrenausstatter zeitgemäß ins Internet bzw. nach Hause. Als Kunde melde ich mich an, gebe mit ein paar Klicks meinen Kleidungsstil und mein Budget vor und erhalte dann ein von meiner »persönlichen Beraterin« zusammengestelltes Outfit nach Hause geliefert; ggf. ergänzt ein kurzes Telefonat noch den persönlichen Bezug.

Eben dieser persönliche Bezug soll aus dem Einmalkäufer einen dauerhaften Kunden machen. Ergänzt wird dieser Gefühlsbezug im Onlinehandel abschließend durch einen (zumindest sieht es auf dem Beileger so aus) handgeschriebenen Kurzbrief mit Foto der Kundenbetreuerin.

Im Detail (inkl. Fehler):

> Lieber Jari,
>
> schon gespannt?
>
> Hier kommt Deine persönliche Outfittery Box, die frischen Wind in Deinen Kleiderschrank bringen werden.
>
> Ich wünsche Dir viel Spaß beim Auspacken und Anprobieren!
>
> Viele Grüße,
>
> Mandy

Es ist kaum davon auszugehen, dass Mandy jedem Paket einen individuellen Beileger/Text hinzufügt; vorgegebene Textbausteine wird es in jedem Fall geben, um zu vermeiden, dass ein Kunde die gleiche »persönliche« Notiz mehr als einmal erhält.

Aber dass die Personalisierung und handgeschriebene Briefe gerade im Onlinehandel verkaufsfördernd sind, ist alt bekannt. Samy Liechti, Gründer und CEO der Black Socks SA aus der Schweiz, ließ einen Verkaufsbrief von zwei Mitarbeiterinnen in seinem Namen unterschreiben. Dass eine von beiden dabei seinen Namen nicht richtig schrieb, spielte keine Rolle, gestand er einst in einer Doku über seinen Socken-Versandhandel. Hauptsache: persönlich unterschrieben!

Praxisbeispiel: Wie C&A Onlineshopkunden in den Laden lockt

Dass Onlineshopkunden im stationären Einzelhandel oft noch mehr Geld ausgeben als im Shop selbst, ist seit der Ernsting's-Family-Studie (*www.regital.de/ernstings-bestatigt-hohen-ropo-effekt*) von 2013 bekannt. Der Modehändler C&A zeigt, wie man mittels Paketbeilegern die Kundschaft dazu verlocken kann, gegen die eigene Bequemlichkeit den Weg in die Innenstadt anzutreten. Ein Musterbeispiel, das sicherlich auch für kleinere Händler nützlich sein kann.

Vor Kurzem lag jeder Bestellung im C&A-Onlineshop ein Gutschein bei (Abbildung 16-5). 10 Euro erhält der Empfänger als Dankeschön für den Onlineeinkauf. Allerdings ist der Gutschein ausschließlich in den C&A-Filialen einlösbar. Der (im vorliegenden Beispiel) knapp bemessene Einlösezeitraum von rund drei Wochen und der für Textilien recht hohe Gutscheinbetrag (kein Mindestkaufwert) wird doch den einen oder anderen Kunden in die Fußgängerzone locken und für mehr Umsatz in der Fläche sorgen.

Abbildung 16-5: Der C&A-Paketbeileger ist nur im Ladengeschäft einlösbar.

Praxisbeispiel: Amazon-Kunden in den eigenen Onlineshop locken

Amazon hat sich längst als eine der wichtigsten Produktsuchmaschinen etabliert. Kunden suchen Produkte heute nicht mehr gezielt in Onlineshop, sondern via Suchmaschine. Oder eben gleich bei Amazon. Daher kommen Händler um Amazon schon allein aus diesem Grund nicht mehr herum. Da Amazon aber in der Regel 15 % Verkaufsprovision verlangt, ist es sinnvoll, Kunden, die einmal via Amazon gekauft haben, in den eigenen Shop zu locken.

Der Onlineshop *www.autooptimierer.de* zeigt, wie es funktionieren kann. Der Lieferung wird einfach ein entsprechender Gutschein beigelegt, der zeitlich begrenzt nur für die nächste Bestellung in ebendiesem Onlineshop gültig ist. Natürlich werden sich Einmalbesteller damit nicht zu einem Spontankauf anregen lassen. Aber immerhin hat der Gutschein das Potenzial, überhaupt auf den eigenen Onlineshop hinzuweisen (Abbildung 16-6).

Kunden, die im Segment Auto öfter kaufen, dürften mit einer gewissen Quote den Gutschein an die Pinnwand heften und beim nächsten Einkauf verwenden. Zudem zeigt die Rückseite des Gutscheins einen Auszug aus dem Gesamtsortiment des Onlineshops (Abbildung 16-7). Dabei zeigen die Kategorien »Hits für Kids« und »Tier on Tour«, dass der Shop nicht ausschließlich das Sortiment führt, das der Name »Autooptimierer« verspricht.

Mancher Shopbetreiber wird sich denken: »Was, schon wieder ein Gutschein?«. Ja, schon wieder ein Gutschein. Die 10 % rechnen sich schnell, wenn man dem gegenüber 15 % Amazon-Verkaufsprovision stellt. Der Kunde wurde bereits via Amazon akquiriert, nun muss er gehalten oder reaktiviert werden, damit sich die Investition in die Kundenakquise auch tatsächlich gelohnt hat.

Abbildung 16-6: Vorderseite des Paketbeilegers mit Gutscheincode für den Onlineshop

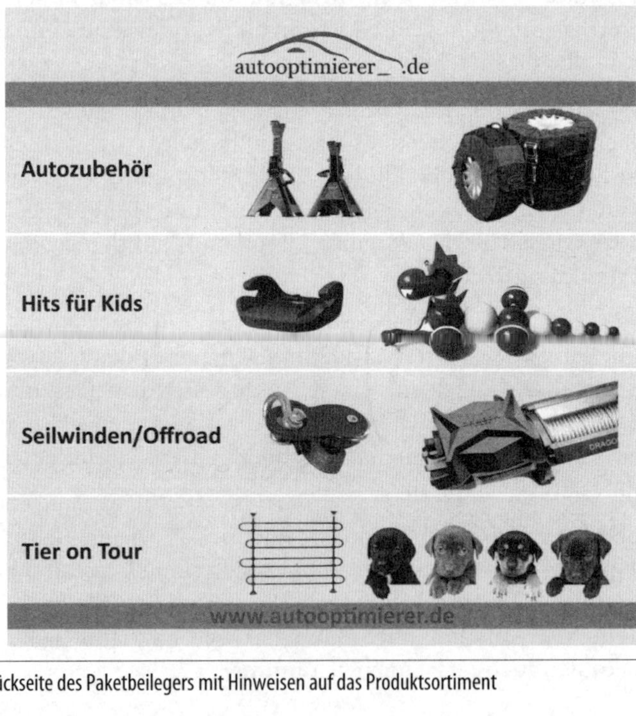

Abbildung 16-7: Rückseite des Paketbeilegers mit Hinweisen auf das Produktsortiment

Flyer für das Ladenlokal

Auch wenn Sie ein Ladenlokal haben, ist Ihr Onlineshop vielleicht dennoch für Ihre Kunden interessant. Denn über den Shop können diese auch nachts oder am Wochenende Bestellungen aufgeben oder in Ruhe in Ihrem Produktangebot stöbern. Vielleicht ist sogar mittelfristig die Aufgabe des stationären Handels zugunsten des Onlineshops angedacht. In diesen Fällen ist es sinnvoll, die Kunden auf den neuen Onlineshop hinzuweisen.

Legen Sie dazu an den Kassen kleine gestaltete Flyer aus, die auf den Shop hinweisen. In Abbildung 16-8) ist ein Beispiel der Bekleidungskette SinnLeffers aus Hagen abgebildet. Der Onlineshop ist vergleichsweise neu – die kleinen Karten liegen an allen Kassen der 22 Filialen aus und weisen auf die Marken im Shop hin. Als kleiner Bonus lockt ein 10-%-Rabattgutschein.

Abbildung 16-8: Auch am Point-of-Sale können Gutscheinkarten genutzt werden.

Mailings

Kaum ein Werbemittel, das in der Vergangenheit so oft totgesagt wurde wie das Mailing – egal, ob als postalisch beförderter Brief oder als Werbe-E-Mail. Und kaum ein Werbemittel, das sich so standhaft weigert, wirklich zu sterben, da es – richtig eingesetzt – sehr effektiv ist.

Tatsächlich kann man vom derzeitigen Abschwung bei den Werbebriefen profitieren, denn es kommen weniger davon bei den potenziellen Kunden an – was das eigene Mailing wieder attraktiver macht.

Offene Mailings

Grundsätzlich unterscheidet man offene und geschlossene Mailings. Das bekannteste offene Mailing dürfte die Postkarte (siehe Beispiel-Abbildung 16-9) sein, die heutzutage meist im sogenannten DIN-Lang-Format versandt wird. Beim offenen Mailing sieht der Empfänger auf den ersten Blick, dass es sich um eine Werbebotschaft handelt. Leider sehen auch der Partner des Empfängers bzw. die Mitarbeiter im Sekretariat, dass Werbung eingegangen ist. Es besteht daher eine gewisse Wahrscheinlichkeit, dass die Postkarten den Empfänger gar nicht erreichen. Hier kommt es wieder auf die Zielgruppe an: Privatpersonen dürften einfacher mit einer Werbepostkarte zu erreichen sein als Vorstandsvorsitzende von DAX-notierten Unternehmen.

Beim Empfänger muss die Werbepostkarte die Hürde des genaueren Hinschauens nehmen. Dies erreicht man bevorzugt mit einer auffälligen Gestaltung wie z. B. einer ungewöhnlichen Form. Bei einem hochwertigen Produkt kann auch die Ausführung hochwertig sein, z. B. durch Glanzlack oder Metalleffekte.

Beide Seiten der Karte müssen auf den ersten Blick klar zeigen, um welches Produkt es geht. Dabei kann die Vorderseite plakativer sein, mit mehr Bild und weniger Text auskommen und den ästhetischen Aspekt des Produkts herausstellen. Die Rückseite muss aber ebenso eindeutig erkennbar machen, worum es geht. Ein entsprechender Vorteil – z. B. eine Sonderaktion oder ein Rabatt – sollte ebenfalls auf beiden Seiten Erwähnung finden. Sie wissen nie, welche Seite der Empfänger zuerst liest – verschenken Sie keine Chance, die Aufmerksamkeit zu erreichen. Dies wird beispielsweise bei der Postkarte von Hess-Natur in Abbildung 16-9 gut gelöst. Als Aktion wurde Versand ohne Berechnung ausgelobt – dies wird groß und prägnant angezeigt. Gleichzeitig wird neben dem Aktionscode angegeben, dass man den Code auch telefonisch oder bei Bestellungen per Post nutzen kann.

Abbildung 16-9: Offene Mailings müssen die Kernaussage offensiv anzeigen.

Tabelle 16-4: Preisbeispiel Postkartenversand 5.000 Stück hochwertig (Stand April 2016)

Artikel	Preis	Einzelpreis
Postkarte PMAX 235x125 mm, 4/1-farbig bedruckt, 280 q/qm Chromokarton, einseitiger Glanzlack	87,64 €	0,02 €
Dialogpost Standard	1.400,00 €	0,28 €
Gesamt	1.487,64€	0,30 €

Geschlossene Mailings

Bei dieser Form handelt es sich um den klassischen Werbebrief, der erst beim Öffnen seine Werbenatur enthüllt. Besonders im Fall persönlich adressierter Briefe – unter Umständen mit dem Zusatz »persönlich« – schaltet man mögliche Zustellungsverluste aus. Jedoch gibt es auch beim Werbebrief Hinweise, die vor dem Öffnen vermuten lassen, dass es sich um Werbung handelt.

Ein typischer Vertreter des geschlossenen Mailings ist der Gutscheinbrief, wie in Abbildung 16-10 zu sehen. Bestandskunden werden hierüber in Briefform über Neuigkeiten und Änderungen der Produktpalette informiert. Gleichzeitig sorgt ein großes Gutscheinelement für entsprechende Aufmerksamkeit.

Aachen, August 2014

Mit Handstrick
zum individuellen Look

Sehr geehrter Herr Kollewe,

der „Gigatrend" im ELLE Runwayspecial als Vorschau für die Herbst/Winter Saison 2014/15:
Strick natürlich – und zwar in allen Varianten. Kuschelkurs ist angesagt!
Gern von Kopf bis Fuß in Strick, mindestens aber im Volumenpullover. Oversize-Mäntel, weite Zopfkleider und Longpants machen den Cocooning-Trend perfekt.
Ein besonderer Fokus liegt auf allen Accessoires, die schnell und einfach gemacht sind und jedem Outfit einen individuellen Touch verleihen.

Neben dem „WHATS UP – Mützen & Accessoires", dieses Mal präsentiert von der deutschen Snowboard-Nationalmannschaft, gibt es jede Menge Neues für Ihr Lieblingshobby.

Das beiliegende Booklet zeigt Ihnen Ausschnitte der wichtigsten Trends und Publikationen, so zum Beispiel ein neues Accessoires Spezial „Designed by Maju" – einer jungen Nachwuchsschauspielerin aus der Berliner Szene.

Einkuscheln in den neuen Trends... das kann man im kommenden Herbst/Winter wortwörtlich nehmen. Die besten Anregungen dazu gibt es im FILATI Magazin Ausgabe 48. Bequeme Volumenjacken oder -mäntel, flauschige Wohlfühlpullis und 1001 Mützenideen – jede Menge Impulse, die alle nur darauf abzielen, Sie so richtig wohlfühlen zu lassen.

Kein Wunder, dass sich die neuen LANA GROSSA Trendgarne auf leichte, weiche Volumengarne, auf pelzige, flauschige, schimmernde, zarte Materialien konzentrieren, die diesen Trend perfekt umsetzen.

Lassen Sie sich überraschen!
Wir freuen uns auf Ihren Besuch und beraten Sie immer gerne!

Tobias Kollewe AIXhibit AG

PS: Vergessen Sie Ihren persönlichen Gutschein nicht! Einfach abtrennen und bei Ihrem nächsten Einkauf einlösen.

Gutschein
für **Frau Mustermann**
Einzulösen bei Ihrem Fachhändler:
AIXhibit AG - Krantzstraße 7 - 52070 Aachen - Tel. 0241-5380710

5€

Beim Kauf von Lana Grossa Artikeln ab einem Wert von 30 €.

Gültig bis 31.10.2014
(Reduzierte Ware, Magazine, sowie Sonderposten sind von der Aktion ausgeschlossen)

Abbildung 16-10: Der Gutscheinbrief ist ein typisches Beispiel für ein geschlossenes Mailing.

Tipp Keine Werbung ohne Handlungsaufforderung bzw. »Call-to-Action«! In der Regel möchten Sie ein Produkt verkaufen, also fordern Sie den Empfänger der Werbung genau dazu auf. So platt es klingt, der bloße Zusatz »Jetzt kaufen« steigert die Effektivität eines Mailings messbar – auch bei ansonsten gleichem Inhalt.

Freimachung (Porto)

Aufgedrucktes Porto, der Vermerk »Infopost« oder »Gebühr bezahlt beim Postamt XYZ« sind eindeutige Kennzeichen, dass es sich um ein Massenmailing handelt. Weniger auffällig ist die Freimachung durch eine Frankiermaschine. Vollkommen unauffällig sind aufgeklebte Briefmarken.

Adressierung

Auf den Umschlag aufgedruckte Adressen – möglicherweise noch mit kryptischen Kennziffern – verraten das maschinell adressierte Mailing. Im Geschäftsbereich unauffällig ist der Fensterumschlag, bei Privatkunden verräterisch ein gedrucktes Adressetikett. Nicht nur unauffällig, sondern im Gegenteil ein Anreiz, den Brief zu öffnen, ist eine handgeschriebene Adresse.

Umschlag

Den Umschlag als Werbeträger zu nutzen, ist unter bestimmten Umständen durchaus sinnvoll. Der Elektronikversender Conrad Elektronic beispielsweise bedruckt nicht nur die Außenseite des Fensterumschlags komplett mit Angeboten, sondern auch die Innenseite. Bei der schnäppchenbewussten Zielgruppe ist das ein zusätzliches Signal, dass hier gespart wird, wo es nur geht, und der Kunde davon profitiert. Im Gegensatz dazu verraten ein dezenter Claim und das Logo auf dem Umschlag, dass es sich um Firmenpost handelt. Je hochwertiger das beworbene Produkt, desto hochwertiger kann der Umschlag sein.

Beispiele

Ein Onlineshop für Golfzubehör bietet eine exklusive, limitierte Serie hochwertiger Golfhandschuhe an. Er verfasst einen Werbebrief auf aufwendigem Briefpapier. Es werden 100 handschriftlich adressierte Briefe im wattierten Umschlag, freigemacht mit einer Sondermarke, versandt. Bei den Empfängern handelt es sich um die umsatzstärksten Kunden des Shops. Die Briefe beinhalten einen Hinweis auf das limitierte Angebot und dass der Empfänger exklusiv vorab informiert wird. Die Briefe sind handschriftlich unterschrieben.

Ein Onlineshop für Schuhe hat eine neue Kollektion Wildlederstiefel im Angebot. Für eine limitierte Zeit gibt es einen attraktiven Rabatt auf die Schuhe. Aus dem Kundenstamm werden die Kundinnen selektiert, die in der Vergangenheit bereits Stiefel oder Wildlederschuhe gekauft haben. Diese Kundinnen erhalten eine Postkarte, auf der auf der Vorderseite ein Model vor Herbstkulisse die Stiefel trägt, versehen mit Hinweisen auf das neue Produkt und die zeitlich begrenzte Rabattaktion. Auf der Rückseite gibt es weitere Daten zu den Schuhen, zu einem weiteren Artikel aus dieser Kollektion und die Wiederholung von Rabatt und Aktionszeitraum.

Tipp Unter *http://www.myscriptfont.com* können Sie eine Handschriftenprobe hochladen und erhalten dann eine Computerschriftart mit Ihrer eigenen Handschrift. Richtig genutzt, kann dies auch einen Moment des Innehaltens beim Empfänger hervorrufen, der über Öffnen/Nichtöffnen bzw. Wegwerfen/Weiterlesen entscheiden kann.

Adressherkunft

Die Gesetzgebung zum Thema Adresshandel war noch 2012/2013 in der öffentlichen Wahrnehmung als eine sehr Adresshändler-freundliche Regelung bezüglich des Datenbestands der Einwohnermeldeämter in letzter Minute gestoppt wurde. Eine gute Zusammenfassung der derzeit aktuellen gesetzlichen Regelungen kann auf der Website des Bundesbeauftragten für den Datenschutz und die Informationsfreiheit der folgenden Adresse eingesehen werden: *http://aix.li/bfdiadress*.

Grundsätzlich unproblematisch sind Adressen, die Ihnen selbst zur Verfügung gestellt wurden, beispielsweise im Rahmen einer Bestellung.

Bei der Verwendung fremder Adressbestände ist jedoch größte Vorsicht geboten. Nicht nur ist die Einwilligung der Empfänger hier mehr als zweifelhaft, auch der Besitzer der Adressliste dürfte nicht zwingend begeistert sein, wenn Sie die Liste unerlaubt für Werbung benutzen.

Sicherer ist hier der Weg über die offizielle Anmietung von Adressen. Umfangreiche Datenbanken, sortiert nach zahlreichen Kriterien, bietet etwa die Deutsche Post AG (*www.deutschepost.de/de/a/adressleistungen.html*, Abbildung 16-11) oder die Schober Information Group Deutschland GmbH (*www.schober.de*) an.

Abbildung 16-11: Mailing-Adressen können über Dienstleister, z. B. über die Deutsche Post AG, gemietet oder gekauft werden.

Die Adresshändler bieten komfortable Möglichkeiten zur Adressauswahl an, unterschieden zwischen Privatadressen und Firmenadressen. Abbildung 16-12 zeigt die Auswahlmaske von Schober. Neben einer geografischen Einschränkung nach Postleitzahl kann man umfangreiche Interessenprofile und demografische Merkmale abfragen.

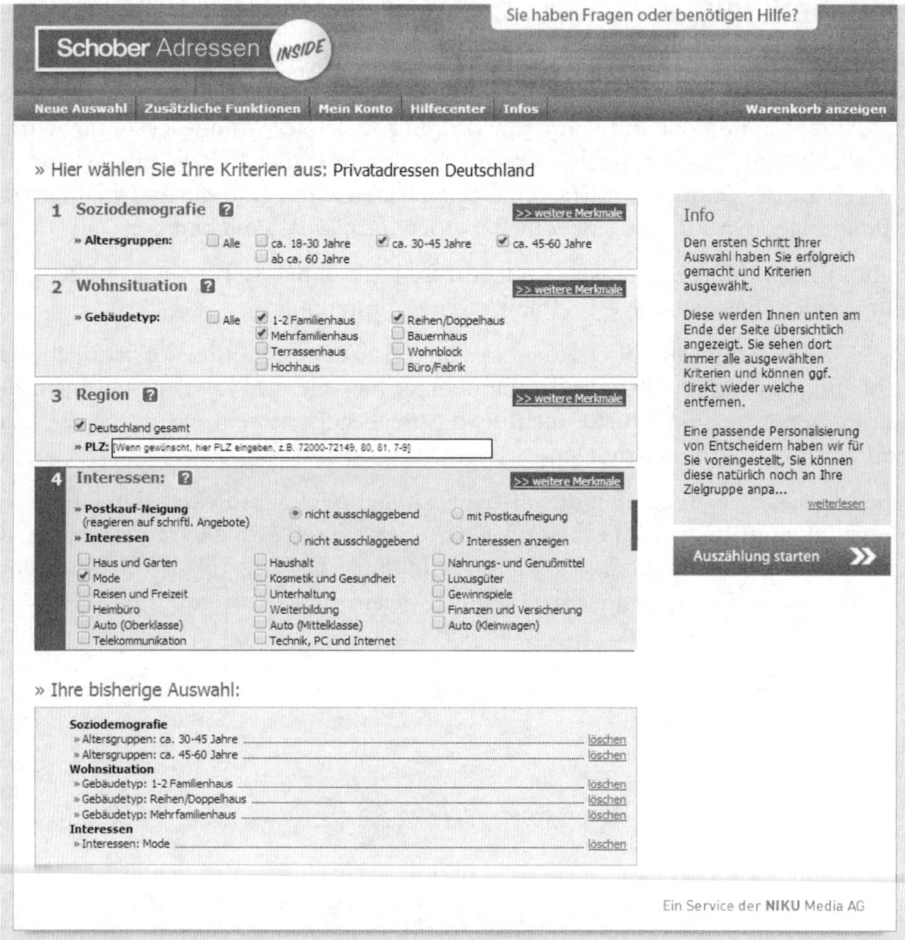

Abbildung 16-12: Adressen können nach verschiedenen Kriterien selektiert werden.

Ist die Selektion fertig, berechnet Schober direkt die Anzahl der infrage kommenden Adressen. In Abbildung 16-13 sieht man, dass zwar die einzelne Adresse nicht viel kostet, bei entsprechend breiter Selektion aber beachtliche Preise zustande kommen.

Beachten Sie unbedingt die Nutzungsbedingungen! In der Regel mieten Sie die Adressen nur, sie erwerben daher nur begrenzte Nutzungsrechte. Im Beispiel dürfen Sie diese Adressen lediglich zwölf Monate lang unbegrenzt benutzen. Danach erlischt Ihre Lizenz. Widerstehen Sie der Versuchung, die Adressen über den Zeitraum hinaus zu nutzen. Die Adresshändler fügen Testadressen in die Datensätze ein – jede Werbung, die an solche Testadressen versandt wird, wird auf eine gültige Lizenz hin überprüft. Halten Sie sich nicht daran, drohen unter Umständen empfindliche Nachzahlungen.

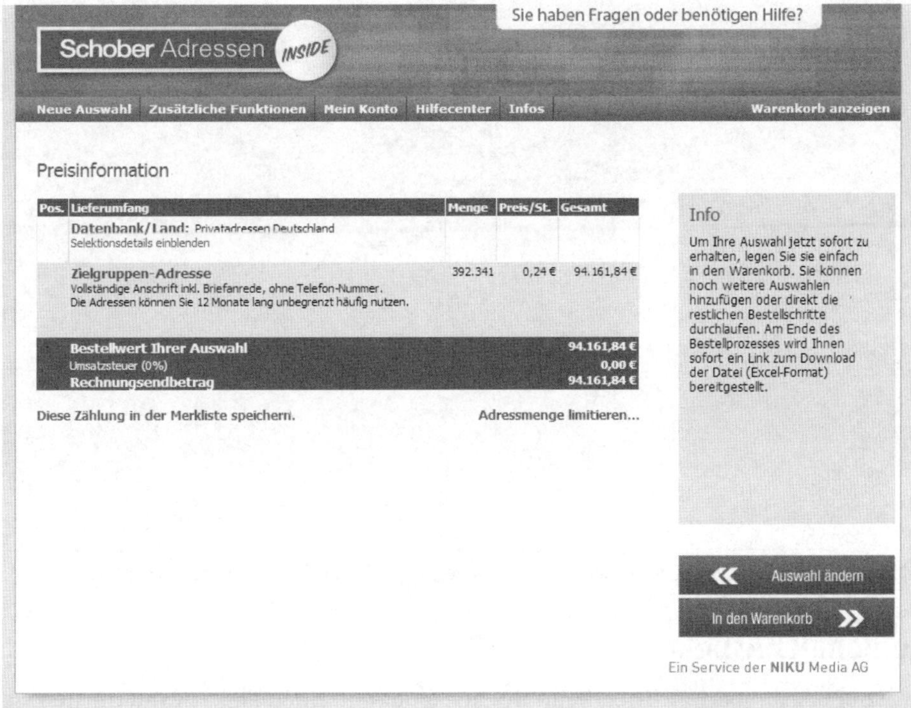

Abbildung 16-13: Die ausgewählten Adressen stehen unmittelbar nach Zahlung zum Download bereit.

Es steht Ihnen aber natürlich frei, die Adressaten beispielsweise zum Abonnement eines digitalen Newsletters zu überreden. Gewinnen Sie Kunden über ein Mailing mit gemieteten Adressen, dann stehen Ihnen auch diese Adressen für weitere Briefmailings zur Verfügung.

Plakate

Wir fahren täglich an Plakatwänden und Litfaß-Säulen vorbei. So abwegig es zunächst klingt: Warum diese Flächen nicht auch zur Bewerbung des Onlineshops nutzen? Über Plattformen wie *123plakat.de* oder *plakat-verkauft.de* (Abbildung 16-14) können Sie bequem online Plakatwände aussuchen und eine Plakatierung buchen – bis hin zur Erstellung des Plakats.

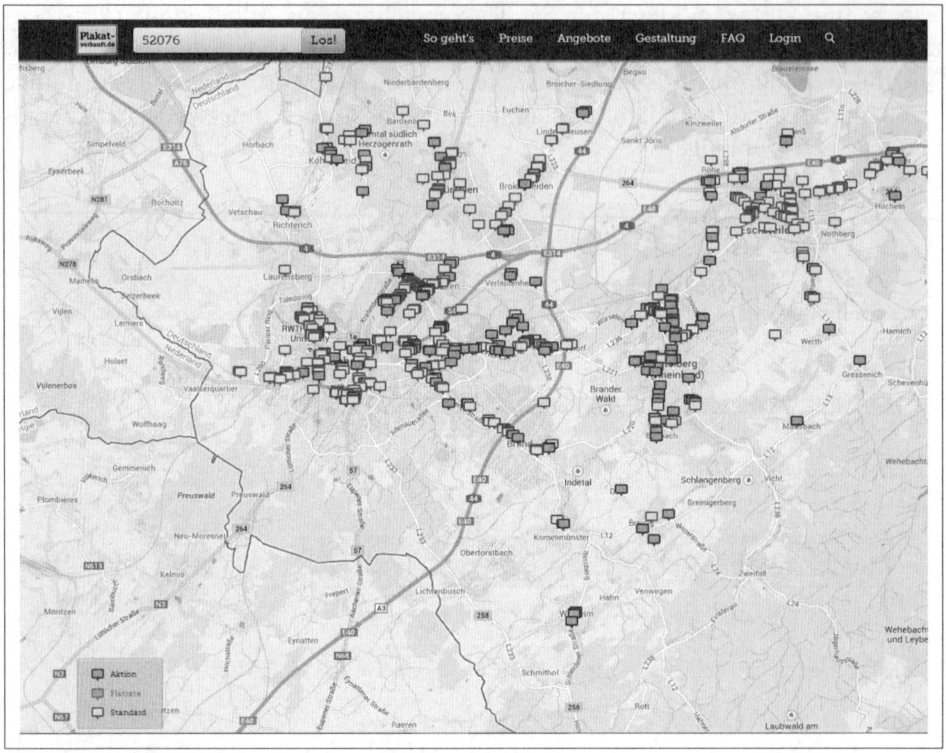

Abbildung 16-14: Plakatstandorte können auf interaktiven Karten ausgewählt werden, www.plakat-verkauft.de.

Regionaler Aspekt

Trotz überschaubarer Kosten beim Buchen einer einzelnen Plakatwand dürften sich bundesweite Aktionen, selbst für ausgewählte Schaltungen, für die meisten Shops verbieten. Daher ist die Plakatwerbung primär für regional ausgerichtete Onlineshops sinnvoll. Mit ein bisschen Kreativität lassen sich diverse Einsatzszenarien denken.

So kann ein stationärer Handel z. B. auf seinen (neuen) Onlineshop hinweisen, der den Kunden auch am Wochenende die Möglichkeit zum Bestellen gibt. Oder ein lokaler Veranstaltungsort weist auf die Buchungsmöglichkeit im Internet hin.

Tabelle 16-5: Preisbeispiel Plakatwand

Artikel	Kosten
Plakatdruck	86 €
Anbringung	86 €
Plakatwand Miete 10 Tage	138 €
Gesamt	310 €

Plakatwerbung als Onlinebusiness

Auch wenn Plakatwerbung nur für die wenigsten Onlineshops in Betracht kommt, ist das Plakatwerbungsbusiness insgesamt ein hervorragendes Beispiel für die Erschließung neuer Märkte durch das Aufbrechen einer Locked-in-Strategie.

Bis vor wenigen Jahren war Plakatwerbung ein exklusives Geschäft, bei dem oft zwei bis drei Unternehmen an der Wertschöpfungskette beteiligt waren. Plakatwerbung war in den Köpfen fest als »überregional« oder maximal für die »großen Firmen« vor Ort, also für Auto- und Einrichtungshäuser, als erschwinglich verankert.

Erst als findige Unternehmer diese Exklusivität infrage stellten und zunächst freie Kapazitäten und schließlich die gesamte Vermarktung über einfache Webseiten beliebigen Personen zur Verfügung stellten, bröckelte diese Ansicht. Selbst Laien können heute eine Plakatwand buchen, über ein einfaches Web-Interface die Gestaltung des Plakats selbst machen und dann über Kreditkarte zahlen.

Diese disruptive Entwicklung hat eigentlich nur Gewinner: Plakatwände wurden demokratisiert und Vermarkter haben weniger mit freien Kapazitäten zu kämpfen. Lediglich die spezialisierten Werbeagenturen, die vorher die Einstiegshürden künstlich hoch hielten, haben das Nachsehen.

Zeitung und Zeitschriften

Allen Unkenrufen der digitalen Fraktion zum Trotz ist Werbung in Magazinen und Zeitungen immer noch eine effektive Methode, um große Reichweiten zu erzielen. Die Krise der Branche und wegbrechende Anzeigenbudgets kann man sich dabei zunutze machen, um eine bessere Verhandlungsbasis zu bekommen.

Während die Tagespresse meist nur für regionale Aktionen infrage kommt, sind Magazine – hier besonders der Special-Interest-Bereich – für Shopbetreiber am interessantesten.

Presseberichte

Sie haben einen Existenzgründerpreis gewonnen und verkaufen Ihre Produkte jetzt online? Sie haben ein traditionelles Familienunternehmen fit für den Handel im Web gemacht? Beides Anlässe, die die Lokalpresse sicherlich gern zum Anlass nimmt, um über Sie zu berichten. Presseberichte, d. h. redaktionell erarbeitete Artikel in der Tageszeitung, in der IHK-Zeitschrift oder im Stadtteilmagazin haben ihre Berechtigung und bringen möglicherweise den einen oder anderen Neukunden – für die Masse taugen sie nicht.

Anders Artikel in Fachmagazinen. Sind Sie Hersteller oder Exklusivdistributor eines Produkts – z. B. eines audiophil hochwertigen Referenzkopfhörers –, dann hilft jeder Fachbericht in einem Hi-Fi-Magazin Ihrem Shopumsatz.

Der Weg in den redaktionellen Teil einer Zeitung oder Zeitschrift ist schwierig. Je überregionaler die Publikation ist, desto größer ist ihre Reichweite, umso schwieriger wird es. Die IHK Aachen hat unter *http://aix.li/IHKACpresse* einige Tipps zusammengestellt, wie man Unternehmensinformationen so aufbereitet, dass Journalisten sie als Basis heranziehen können.

Pressemeldungsportale

Gerade im Umfeld der Suchmaschinenoptimierung (Search Engine Optimization – SEO) werden oft Presseportale als Geheimtipp gehandelt. Der Gedanke ist verlockend: Statt eine teure PR-Agentur mit dem Verfassen und Verbreiten einer Pressemeldung zu beauftragen, schreibt man sie selbst und stellt sie in die – oftmals kostenlosen – Portale wie *www.openpr.de* oder *www.presseanzeiger.de* ein, von wo aus sie Tausende Leser findet und qualifizierte Besucher auf die Shopwebsite bringt. Soweit die Theorie.

In der Praxis erfordert das Verfassen einer schlagkräftigen Pressemeldung viel Fachkenntnis und Erfahrung – nicht umsonst ist eine gute PR-Agentur teuer. Selbst wenn die von Ihnen verfasste Meldung handwerklich top ist, bedeutet das noch lange nicht, dass auf dem Presseportal tatsächlich eine signifikante Zahl von Personen – geschweige denn Journalisten – auf Ihre Meldung aufmerksam wird. Auch Google weiß das und misst mittlerweile Links von solchen Portalen nur noch eine geringe Bedeutung bei.

Wenn überhaupt Presseportale, dann sollten eher kleine, themenspezifische und moderierte Portale in Betracht gezogen werden. Auch wenn sie Geld für das Einstellen von Meldungen verlangen, ist dies oft besser investiert als die kostenlosen Massenportale.

Advertorial

Die Grenzen zwischen der presserechtlich vorgeschriebenen Trennung von Redaktion und Anzeigenabteilung verwischt das Advertorial. Hier wird ein werblicher Inhalt so aufbereitet, als wäre es ein Erzeugnis der Redaktion. Auch in Layout und Erscheinungsform gleichen sich diese Werbetexte den redaktionellen Inhalten an.

Presserechtlich ist der Herausgeber verpflichtet, die Advertorials deutlich zu kennzeichnen, z. B. als »Anzeige«, um den redaktionellen Teil von gekauften Inhalten klar abzutrennen. Gerade bei Nischen-Fachmagazinen entsteht aber oft der Eindruck, dass diese Abgrenzung bewusst unauffällig gemacht wird.

Der Hintergrund ist einfach: Redaktionelle Inhalte werden von Lesern ganz anders aufgenommen als Werbeanzeigen. Vielmehr entsprechen die redaktionellen Inhalte ja – zumindest in der Wahrnehmung – einer Empfehlung eines unabhängigen Dritten.

Sollten Sie mit der Veröffentlichung Ihrer Pressemeldungen keinen Erfolg haben, kann ein (bezahltes) Advertorial vielleicht der richtige Weg sein, da es die Grenzen zwischen redaktionellem Teil und Anzeigenwerbung verschwimmen lässt.

Anzeigenwerbung

Die klassische Form der Werbung in einer Zeitschrift ist die Anzeige. Der Grundpreis richtet sich nach einer vollen Seite und bricht dann auf halbe, viertel, achtel und sechzehntel Seiten herunter. Ebenso wird heute noch oft zwischen einfarbigen und vollfarbigen Anzeigen unterschieden. Der Grundpreis hängt von der Auflage des Druckerzeugnisses ab. Je größer die Auflage, desto größer die Reichweite des Mediums und umso teurer die Anzeigen. Unterschieden wird hierbei übrigens nach Druckauflage und verteilter Auflage. Ein wichtiges Kriterium ist auch die Zahl der Abonnenten.

Ein Beispiel: Ein Magazin hat eine Auflage von 80.000 Exemplaren. Davon gehen lediglich 8.000 Exemplare an Abonnenten – dies ist die Gruppe mit der stärksten Bindung an die Zeitschrift, schließlich zahlen sie jährlich im Voraus für alle Hefte.

Eine in der Regel nicht näher bezifferte Auflage wird vom Verlag kostenlos verteilt. Potenzielle und tatsächliche Anzeigenkunden erhalten je ein bis zwei Exemplare, Verbände, Interessengruppen, Redaktionsbüros und Agenturen werden bedacht. Hefte gehen in Verlosungen oder werden als Ansichtsexemplare auf Veranstaltungen verteilt. Wenn Sie bei einem Verlag als potenzieller Anzeigenkunde vorsprechen, erhalten Sie problemlos ein bis zwei aktuelle Hefte.

Der Rest der Auflage geht in den freien Verkauf an Kiosken, Bahnhöfen und Buchhandlungen. Ob diese Hefte tatsächlich verkauft werden, ist nicht so einfach herauszubekommen. Die Kiosk- und Buchhändler können nämlich nicht verkaufte Hefte an Großhändler und Verlage zurückgeben.

So kann aus der vermeintlich beeindruckenden Auflage von 80.000 Heften unter Umständen eine deutlich geringere Zahl tatsächlich von der Zielgruppe gelesener Hefte werden.

Positiv wirkt sich jedoch aus, dass eine Zeitschrift meist nicht nur einen einzigen Leser hat. Die Hefte werden im Familien- und Freundeskreis – oder je nach Zielgruppe im Büro bzw. in der Abteilung – weitergereicht und von mehreren Personen gelesen.

Bei populären Themen hilft oft der Besuch einer gut sortierten Bahnhofsbuchhandlung in einer größeren Stadt. Die Zeitschriften sind dort meist thematisch geordnet, und Sie werden vermutlich verblüfft sein, wie viele Titel es für die einzelnen Bereiche gibt. In Abbildung 16-15 ist eine Übersicht über Magazine zum Thema Stricken und Häkeln zu sehen. Die dort abgebildeten Zeitschriften stellen nur einen Teil der frei im Handel erhältlichen Magazine dar.

Abbildung 16-15: Dies ist nur eine kleine Auswahl der Zeitschriften eines Segments.

Zielgruppendefinition

Finden Sie heraus, was Ihre Zielgruppe liest! Dazu müssen Sie sich zunächst einen Überblick über den Markt verschaffen. Das geht am einfachsten, wenn Sie selbst in diesem Markt heimisch sind. In diesem Fall dürften Ihnen die meisten Zeitschriften bekannt sein. Aber auch wenn die Marktnische neu für Sie ist, können Sie mit einiger Recherche die wesentlichen Veröffentlichungen herausfinden.

Kundenbefragung

In einem zweiten Schritt fragen Sie Ihre Kunden, welche Magazine sie lesen. Dies kann über das Beilegen eines Fragebogens in die Pakete passieren oder über eine elektronische Befragung, wenn Sie die Mailadressen der Kunden nutzen. Listen Sie auf dem Fragebogen die Ihnen bekannten Magazine und Zeitschriften auf und fordern Sie die Empfänger auf, eigene Zeitschriften zu benennen. Wie bei allen Fragebögen sollten Sie die Anzahl der Fragen gering halten. Der Bogen sollte eine DIN-A4-Seite nicht überschreiten. Ein kleiner Anreiz für die Beantwortung – z. B. ein Gutschein – wird Ihnen mehr Antworten verschaffen.

Umfragen mit Survey Monkey

Eine einfache Möglichkeit, digitale Befragungen vorzunehmen, bietet die Website *www.surveymonkey.com*. Mit wenigen Klicks stellen Sie sich eine Umfrage zusammen, die Sie dann entweder direkt aus Survey Monkey an definierte Adressen versenden können oder per Link weiterverteilen.

In der Grundversion ist Survey Monkey kostenlos, die Haupteinschränkung liegt im begrenzten Empfängerkreis von 100 Personen. Für größere Personenkreise und erweiterte Funktionen werden Monats- bzw. Jahresgebühren fällig.

Mediadaten

Beschaffen Sie sich von jeder genannten Zeitschrift ein Probeexemplar und die sogenannten Mediadaten. Die Mediadaten umfassen die wichtigsten Daten der Zeitschrift, die Sie für die Anzeigenschaltung benötigen (Auflage, Verbreitungsgebiet, Kosten für unterschiedliche Anzeigenformate). Beides senden Ihnen die Anzeigenabteilungen der Verlage gern kostenlos zu.

In Abbildung 16-16 sehen Sie beispielhaft die Mediadaten für das Strickmagazin Sabrina. Für das laufende Jahr sind alle Erscheinungstermine aufgelistet. Der Erstverkaufstag bezeichnet dabei den Tag, an dem das Heft in den freien Handel kommt. Abonnenten haben es oft schon einige Tage früher. Diese Information ist wichtig, wenn Sie z. B. den Gültigkeitszeitraum für einen Gutschein planen möchten.

Sabrina **Stricken**

Sabrina Europas größtes Strickjournal

Druckauflage:	70.634
Verbreitete Auflage:	25.259
Verkaufte Auflage:	25.055
Copypreis:	3,60 €
Heftformat:	210 x 280 mm
Grundpreis 1/1 S. 4c:	3.050,– €
PZ-Nummer:	504 448
Basis:	IVW III/15

Profil:
Noch mehr Muster, noch mehr raffinierte Ideen: **Sabrina** überzeugt durch den Mix aus klassischen Basics und extravagantem Design. Neue Materialien, angesagte Schnitte und die aktuellsten Trendfarben – hier findet man alles, was Lust auf Nadel und Garn macht.

Erscheint zeitgleich in der Landessprache z.B. in Frankreich, Italien, den Niederlanden, Portugal, Spanien, Tschechien und Ungarn. Konditionen auf Anfrage.

Ausgabe	Thema	Erstverkaufstag	Anzeigenschluss/ Rücktrittstermin	Druckunterlagen-schluss
SAB 02/16	Strickjournal	07.01.2016	19.10.2015	23.11.2015
SAB 03/16	Strickjournal	03.02.2016	19.11.2015	17.12.2015
SAB 04/16	Strickjournal	02.03.2016	21.12.2015	19.01.2016
SAB 05/16	Strickjournal	06.04.2016	28.01.2016	23.02.2016
SAB 06/16	Strickjournal	04.05.2016	25.02.2016	18.03.2016
SAB 07/16	Strickjournal	01.06.2016	21.03.2016	18.04.2016
SAB 08/16	Strickjournal	06.07.2016	21.04.2016	23.05.2016
SAB 09/16	Strickjournal	03.08.2016	25.05.2016	21.06.2016
SAB 10/16	Strickjournal	07.09.2016	27.06.2016	26.07.2016
SAB 11/16	Strickjournal	05.10.2016	28.07.2016	23.08.2016
SAB 12/16	Strickjournal	02.11.2016	25.08.2016	20.09.2016
SAB 01/17	Strickjournal	07.12.2016	22.09.2016	24.10.2016

OZ VERLAG Women Classics 2016 3

Abbildung 16-16. Die Mediadaten geben auch Auskunft über die Termine der Publikationen.

Der Anzeigenschluss ist der Termin, zu dem Sie spätestens die Anzeige verbindlich buchen müssen. Der Druckunterlagenschluss besagt, dass zu diesem Zeitpunkt die Anzeigenvorlage beim Verlag oder der Druckerei vorliegen muss. Sie sehen, dass beide Termine deutlich vor dem Erscheinungstermin des jeweiligen Hefts liegen. Kurzfristige Aktionen sind bei Zeitschriftenwerbung nicht möglich. Rechnen Sie also immer mit einer Vorlaufzeit von mehreren Monaten.

Wichtig ist auch, dass die Mediadaten einen Themenplan enthalten. Verlage legen in aller Regel für ein Jahr im Voraus Themenschwerpunkte fest, an denen sich Werbekunden orientieren können. Wenn Sie Schokolade verkaufen, sollten sie nicht unbedingt eine Werbung in einer Ausgabe schalten, die Abnehmen und Diät zum

Thema hat, wohl aber in den Heften, die vor Ostern oder Weihnachten herauskommen.

Anhand der Mediadaten, des Themenplans und der Probeexemplare können Sie dann eine Auswahl an Titeln und Ausgaben treffen, für die eine Anzeigenschaltung infrage kommt.

Tipp Kommt eine Anzeigenschaltung über eine Agentur zustande, so gewährt der Verlag üblicherweise eine Agenturprovision (auch AE-Provision genannt) von 15 %.

Verlage profitieren von der Zusammenarbeit mit den Agenturen, da sie sich nicht direkt mit dem Werbekunden auseinandersetzen müssen und die Anlieferung der Anzeigen durch die Agentur potenziell weniger Probleme verursacht. Je nach Verhandlungsgeschick und Verhältnis zur Agentur gibt sie die Agenturprovision teilweise an Kunden weiter. So können unter Umständen auch größere/häufigere Anzeigenschaltungen wirtschaftlicher werden.

Mehrfachbelegungen, sprich die gleichzeitige Schaltung von Anzeigen in unterschiedlichen Ausgaben, werden zudem oft genauso mit einem Rabatt belohnt wie die Bezahlung der Rechnung vor dem Erstverkaufstag der Zeitschrift.

In der Summe können Sie die Kosten für die Anzeigenschaltung oder Beileger durch Mehrfachbuchung und ein wenig Verhandlungsgeschick um bis zu 30 % reduzieren.

Anzeigenplanung

Idealerweise haben Sie jetzt zwei bis drei Magazine mit jeweils ein bis zwei Themenschwerpunkten identifiziert, die für eine Anzeigenschaltung infrage kommen. Nun gilt es, sorgfältig zu planen, wie Sie Ihr Werbebudget einteilen. Die Anzeigenabteilungen der Verlage versuchen natürlich, einen möglichst großen Anteil Ihrer Anzeigenausgaben zu bekommen. Gelockt wird mit Rabatten für Mehrfachbuchungen (zwei und mehr Anzeigen in aufeinanderfolgenden Ausgaben des gleichen Magazins), Kombirabatten (Anzeigen in verschiedenen Magazinen des gleichen Verlags) und Rabatten für die Durchbuchung (Anzeigenschaltungen in allen Ausgaben eines Magazins innerhalb eines Jahrs). Lassen Sie sich nicht von diesen Rabatten unter Druck setzen. Wenn Sie sich zunächst nur für eine einmalige Anzeigenschaltung entscheiden und dann in den nachfolgenden Ausgaben weitere Anzeigen buchen, werden Ihnen in aller Regel Rabatte auch rückwirkend gewährt.

Behalten Sie an dieser Stelle also die Ruhe und überlegen Sie genau, was Sie eigentlich erreichen wollen. Im sogenannten Streuplan, wie in Tabelle 16-6 abgebildet, erfassen Sie ganz genau, welcher Verlag, welches Magazin und welche Ausgabe von Ihnen bedacht werden. Dabei müssen Sie zwei grundsätzliche Strategien berücksichtigen: Reichweite und Abverkauf.

Tabelle 16-6: Beispiel Streuplan

Heft	Ausgabe	Schwerpunkt	Auflage	Abo	Streu	Strategie	Anzeige	USP	Gutschein
Vinum	01/2016	Grüne Woche	41.500	4.324	37.176	Reichweite	Komplettangebot	Versandkostenfrei	5 % auf Einkauf VINGW14

Tabelle 16-6: Beispiel Streuplan *(Fortsetzung)*

Heft	Ausgabe	Schwerpunkt	Auflage	Abo	Streu	Strategie	Anzeige	USP	Gutschein
Vinum	03/2016	Australien	41.500	4.324	37.176	Verkauf	Cape Grace Shiraz	Kiste 20 % Rabatt	20 % auf Verpackungseinheit/Produkt VINCG20
Schöner Wohnen	04/2016	Feste feiern/ Frühling	353.467	unbekannt	241.246	Reichweite	Karaffen, Gläser, Riesling, Silvaner, Sauvignon	Große Auswahl, keine Versandkosten	5 % auf Einkauf SWFF05

Reichweite erzielen

Eine Motivation beim Schalten von Anzeigen ist es, Aufmerksamkeit für den Onlineshop zu erzielen und möglichst vielen Menschen vom neuen Shop zu erzählen. Das kostet zunächst einmal Geld, ohne dass zwingend ein unmittelbarer Umsatz dagegensteht. Kalkulieren Sie daher bewusst ein Budget ein, das Sie entbehren können, auch wenn es (zunächst) zu 100 % in Reichweitengenerierung fließt.

Eine Möglichkeit ist, in so vielen Magazinen wie möglich präsent zu sein. Achten Sie aber auf das Anzeigenumfeld. Wenn Ihre Mitbewerber mit ½-Seiten werben, wird sich für Sie die Schaltung einer einzelnen 1/16-Anzeige kaum lohnen. Streichen Sie in dem Fall lieber die Liste der Magazine zusammen und wählen Sie eine größere Anzeige in den ein bis zwei Heften, auf die es ankommt.

Inhaltlich zielt eine Reichweitenanzeige weniger auf den Verkaufsaspekt, sondern mehr auf die weichen Komponenten. Was zeichnet Ihren Shop aus? Was hebt Sie von Mitbewerbern ab? Was ist Ihre Unique Selling Proposition (USP), also Ihr Alleinstellungsmerkmal? Das kann z. B. der versandkostenfreie Versand sein oder auch das Führen eines Vollsortiments. Haben Sie besonders kundenfreundliche Retourenkonditionen im Stile von Zalandos »Schrei' vor Glück oder schick's zurück«? All das könnte Ihr USP und damit die Kernaussage der Werbung sein.

Verkäufe generieren

Die andere Strategie ist, Anzeigen gezielt zum Verkauf von Ware zu nutzen. Auch wenn dies nach der wünschenswerten Option klingt, sollten Sie bedenken, dass es deutlich schwieriger ist, als Reichweite zu erzielen.

Bei der Auswahl der Hefte müssen Sie hierbei viel, viel strengere Kriterien anlegen. Das Heft, seine Leser, Ihre Anzeige und Ihr Warenangebot müssen *exakt* zueinander passen! Verkaufen Sie beispielsweise Wein, dann kann zur Reichweitengenerierung durchaus eine Anzeige in einem Reise- oder Einrichtungsmagazin geschaltet werden. Ist das einzige Ziel aber, einen bestimmten Wein abzuverkaufen, dann sollten Sie lediglich *eine* Anzeige in einem thematisch passenden Magazin mit der entsprechenden Leserschaft schalten.

In diesem Fall muss die Anzeige eine ganz klare Verkaufsaussage enthalten, am besten noch versehen mit einem entsprechenden Incentive wie ein Rabatt oder versandkostenfreie Lieferung.

Anzeigentracking

Als Betreiber eines Onlineshops haben Sie – im Gegensatz zu Ihren Kollegen des stationären Handels – eine sehr einfache Möglichkeit, die Effektivität einer Werbung im Printbereich zu messen: Gutscheincodes!

Legen Sie für jede Anzeige einen eigenen Gutscheincode an – auch für verschiedene Ausgaben des gleichen Magazins. Über die eingelösten Codes sehen Sie dann genau, welches Heft welches Ergebnis für den Shopumsatz gebracht hat. Beachten Sie aber, dass reine Reichweiteneffekte so nicht messbar sind.

In Abbildung 16-17 sehen Sie eine Werbung, die in dieser Form nur im Heft 04/2013 erschienen ist. Der Gutscheincode VERENA0413 ist eindeutig. In der nächsten Ausgabe der Zeitschrift würde der Gutscheincode dann VERENA0513 sein.

Wenn Sie mehrere Anzeigen in aufeinanderfolgenden Ausgaben eines Magazins schalten, terminieren Sie den Gutscheincode so, dass er eine Woche nach Erscheinen des neuen Hefts ausläuft.

Beachten Sie bitte unbedingt, dass Gutscheineinschränkungen, wie das Ende eines Aktions-/Gutscheinzeitraums, klar mitgeteilt werden müssen.

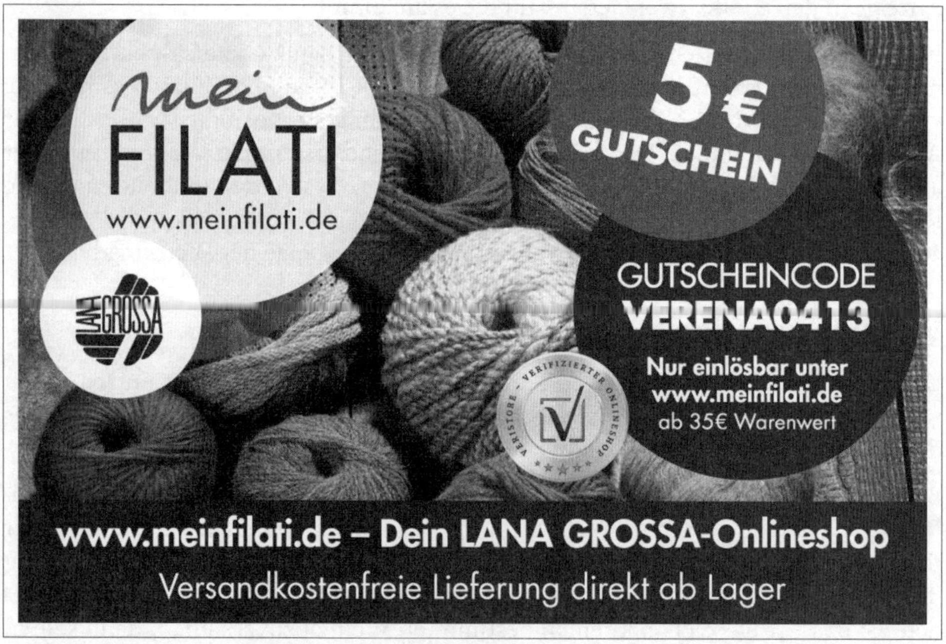

Abbildung 16-17: Anzeige mit Zeitschriften-spezifischem Gutscheincode

Beileger

Neben Anzeigen in Zeitschriften und Magazinen bieten die meisten Verlage auch an, Flyer, Karten oder gar kleine Broschüren in die Zeitschrift einzulegen. Diese Werbeform ist deutlich teurer als die Anzeige: Die Einleger müssen in der passenden Auflage produziert werden – entweder durch Sie oder die Druckerei des Verlags. Darüber hinaus müssen die Einleger physikalisch in das Heft eingelegt werden. Ein Arbeitsschritt, der zusätzlichen Aufwand und damit Kosten verursacht.

Positiv hingegen ist, dass die Zahl der Einleger pro Heft üblicherweise auf maximal zwei bis drei begrenzt ist und Ihre Werbung dadurch eine Sonderstellung bekommt. Zudem ist Ihr Einleger mobil, kann also seinen Weg an die Pinnwand oder Kühlschranktür finden, ohne dass eine Seite aus dem Heft herausgerissen werden muss.

Dies bedeutet aber auch, dass der Beileger vielleicht über Wochen und Monate hinweg im täglichen Blickfeld ist. Wie bei allen Drucksachen rund um Ihren Shop sollten Sie also auch hier besonders auf ein einheitliches Erscheinungsbild achten. Der Beileger sollte im »Look & Feel«, d. h. der wiedererkennbaren Optik des Shops gehalten sein.

Abbildung 16-18 zeigt die Vorderseite eines Beilegers in der Strickzeitschrift Sabrina. Das Motiv greift das Kernprodukt des Shops – Wolle – in visuell ansprechender Art auf. Alle Designelemente des Shops sind vorhanden und aufeinander abgestimmt. Der Gutscheincode befindet sich gut sichtbar zusammen mit dem Wert des Gutscheins auf der Vorderseite.

Abbildung 16-18: meinFILATI-Einleger Sabrina, Vorderseite

Abbildung 16-19 zeigt die Rückseite des Einlegers. Neben dem Wiederholen des Gutscheincodes werden hier vor allem noch einmal die Vorteile bzw. Alleinstellungsmerkmale des Shops aufgezählt. Insbesondere der Versand ohne Versandkosten und die schnelle Lieferung werden hervorgehoben.

Abbildung 16-19: meinFILATI-Einleger Sabrina, Rückseite

Fazit

Auch wenn Offlinewerbung auf den ersten Blick teuer und aufwendig erscheint, so hat sie doch einen festen Platz in der Mediaplanung. Die Nutzung von Paketbeilegern ist die einfachste und effektivste Nutzung von Ressourcen für den Shopbetreiber, richtet sie sich doch an Bestandskunden, die offensichtlich kaufbereit sind. Aber auch Mailings und Anzeigenwerbung sollten nicht von vornherein ausgeschlossen werden. Wie bei allen Überlegungen kommt es auch hier wieder auf die richtige Kombination von Zielgruppe, Produktangebot und Werbebotschaft an.

Grundsätzlich sollten Sie aber keine Werbemaßnahme als »in Stein gemeißelt« ansehen. Stellen Sie regelmäßig alles auf den Prüfstand und beleuchten Sie den Effekt und die Ergebnisse.

Dass dies bei reinen Reichweitenmaßnahmen, die der Bekanntheit, dem Branding und dem Markenaufbau dienen, schwierig ist, ist unbenommen. Regelmäßige Kundenbefragungen, zusammen mit den Auswertemechanismen des Shopsystems, geben hier wertvolle Hinweise.

Zu guter Letzt nochmal Henry Ford: »Wer aufhört zu werben, um Geld zu sparen, kann ebenso seine Uhr anhalten, um Zeit zu sparen.«

In diesem Kapitel:

- Suchmaschinen (Einführung)
- Landingpages
- Blog zum Onlineshop
- Microsites, Produkttestwebseiten/-blogs
- Affiliate-Marketing
- Experten-Interview mit Stephan Pire
- Checkout-Marketing
- Preisvergleichsportale

KAPITEL 17

Onlinewerbung im Shopumfeld

Als Google am 23. Oktober 2000 das Google-AdWords-Programm startete, änderte sich die Onlinemarketinglandschaft grundlegend.

Musste man bis dato Banner- und Linktausch mühsam selbst aushandeln, so war es jetzt möglich, im unmittelbaren Umfeld von Suchanfragen seine Werbung zu platzieren. Mit einem Schlag wurde das größte Manko von Werbung – der Streuverlust – beseitigt. Statt mit der sprichwörtlichen Schrotflinte Werbebotschaften auf potenzielle Interessenten zu schießen, konnte nun erstmals hochgradig gezielt (»targeted« im Fachjargon) geworben werden.

Klassische Vermarkter, Agenturen und Verlage belächelten diese Form der Werbung anfangs und verkannten dabei vollkommen das Potenzial, das in Onlinewerbung steckt. Die enormen Zuwächse Jahr für Jahr haben mittlerweile auch den letzten Kritiker verstummen lassen.

Die Dimensionen dieser Entwicklung erkennt man, wenn man sie in Relation zu den Werbebudgets im Printbereich, also zu Anzeigen in Magazinen und Zeitungen, setzt. Geben sich deutsche Verlage noch bedeckt, lohnt sich der Blick über den großen Teich. In den USA markierte das Jahr 2010 den Paradigmenwechsel. Erstmals lagen die Ausgaben für Onlinewerbung über denen für Printwerbung, wie die Abbildung 17-1 eindrucksvoll zeigt. Ein Trend, der sich seitdem jedes Jahr weiter verstärkt hat.

Nimmt Google AdWords auch eine zentrale Position beim Onlinemarketing ein, so würde man einen Fehler machen, es als einzige Säule im Marketingmix zu sehen. Zwar können hierzulande andere Suchmaschinen wie Bing, Yahoo! oder DuckDuckGo nach aktuellem Stand unter »ferner liefen« abgehakt werden. Dafür sollte man die Aspekte von Affiliate-Marketing, Newsletter, Onlinebewertungen und auch dem althergebrachten Bannertausch nicht außer Acht lassen und in die Überlegungen zum Onlinemarketingmix einfließen lassen.

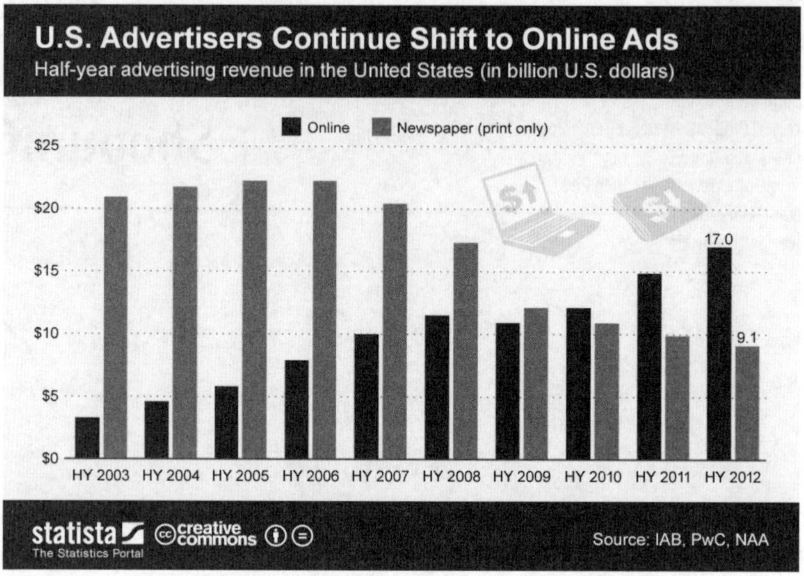

Abbildung 17-1: In den USA hatte Onlinewerbung die Zeitschriftenwerbung bereits im Jahr 2012 überholt.

Suchmaschinen (Einführung)

Snake Oil – Schlangenöl, so werden in den USA jene völlig überteuerten, nutzlosen Tinkturen genannt, die auf Jahrmärkten an naive Besucher verkauft werden mit dem Versprechen, Haare wieder wachsen zu lassen oder Gehör bei der Angebeteten zu finden. Allheilmittel, Wirkung garantiert!

Manchmal hat man den Eindruck, die Suchmaschinenoptimierung (SEO) sei das Schlangenöl des digitalen Zeitalters. Über spezielle Optimierungen, so die Versprechungen manch halbseidener »SEO-Experten«, lande man garantiert auf den vorderen Plätzen bei der Google-Suche.

Die Maßnahmen, die dann durchgeführt werden, haben oft einen kurzfristigen Erfolg. Das böse Erwachen kommt einige Zeit später, wenn Google die Manipulationen bemerkt und die Website gnadenlos abstraft. Dass Google damit keine Probleme hat, zeigte sich 2006, als unter großem öffentlichen Aufsehen der Autohersteller BMW komplett aus der Google-Suche gelöscht wurde, weil er mit fragwürdigen Mitteln seine Platzierung verbessern wollte.

Sprechen Sie mit Dienstleistern im Internetbereich, dann finden Sie nicht selten neben SEO-Befürworten auch viele SEO-Hasser. Die Optimiererbranche hat einen schlechten Ruf, nicht zuletzt wegen vieler zweifelhafter Geschäftemacher, die eher das eigene Konto als die Website des Kunden optimieren.

Dabei hat die Suchmaschinenoptimierung – wenn man sie seriös und nachhaltig angeht – durchaus ihre Berechtigung!

Tipp Die Google Webmaster Tools bieten einen guten Einstieg in die Analyse Ihres Google-Rankings. Sie erfahren z. B., wie viele Seiten Ihres Onlineshops im Google-Index indiziert sind und über welche Suchanfragen Besucher auf Ihre Webseite kommen.

www.google.com/intl/de_de/webmasters

Google, Bing, Amazon, YouTube & Co.

Wenn Sie an Suchmaschinenmarketing und SEO denken, sollten Sie zunächst einmal überlegen, was Sie eigentlich als Suchmaschine betrachten. Suchmaschine = Google. Das dürfte die landläufige Antwort sein. Von Bing sprechen die wenigsten, zumal Bings Marktanteil im klassischen Suchmaschinenmarkt gerade einmal bei 2,59 % (Deutschland, 2015) liegt. Je nachdem, welcher Statistik man Glauben schenkt, dürften das aber immer noch fünf Millionen Suchanfragen pro Tag sein. Bing dürfte damit durchaus für den einen oder anderen Werbetreibenden nach wie vor interessant sein. Den Suchmaschinenmarkt nun aber auf diese beiden zu beschränken, ist ein Fehler. Der Anteil der direkten Produktsuchen verschiebt sich langsam aber sicher von Google in Richtung Amazon (vgl. »An Amazon Marketplace führt kein Weg vorbei!«). Amazon bietet Händlern dabei nicht nur die Möglichkeit, eigene Produkte über die Plattform zu vertreiben. Mit Amazon Advertising (*http://advertising.amazon.de*) bietet Amazon ein Displaynetzwerk im Stil von Google AdWords, das die Schaltung kontextsensitiver Werbung auf Amazon selbst zulässt. Und zu guter Letzt – obwohl sich die Reihe der Suchmaschinen noch sehr lange fortsetzen ließe – wäre auch noch YouTube zu erwähnen. YouTube als Suchmaschine? Ja, sicher! Was tun Sie auch auf YouTube? In der Regel *suchen* Sie Videos. Und dabei nehmen Produktvideos und auch Googles Werbenetzwerk AdWords eine immer größere Rolle ein.

Allen Suchmaschinen, egal ob im klassischen Sinn oder Spezialanbietern, gemein ist, dass Sie als Shopbetreiber einen bedingten Einfluss auf die Suchergebnisse haben. Entweder durch Suchmaschinenwerbung oder durch Content.

Der Inhalt zählt! (Contentmarketing)

»Unser Shop funktioniert erst richtig, seit wir kein SEO mehr machen!«, sagte ein Neukunde kürzlich in einem Erstgespräch. Damit hat er ein wesentliches Element des guten Suchmaschinenmarketings auf den Punkt gebracht. Denn gute Inhalte sorgen auch für gutes Suchmaschinenranking – mehr oder minder automatisch. Seit Anbeginn des Internets heißt es »Inhalte, Inhalte, Inhalte!«. Heute wird die Sau immer noch durchs Dorf getrieben. Allerdings heißt sie jetzt »Contentmarketing«.

Schaut man sich die ersten Internetseiten und deren grundlegende Technik an, dann war die Verbindung von Inhalten über (Hyper-)Links die Grundlage für die Suchmaschinen und deren Crawler. An der grundlegenden Technik hat sich eigentlich nicht viel geändert. Abgesehen davon, dass sich Suchmaschinen und SEO-Dienstleister im Katz-und-Maus-Spiel hinterherjagen. Suchmaschinenalgorithmen, oder besser: Googles Algorithmus wird immer intelligenter, Suchergebnisse in Suchmaschinen orientieren sich an den persönlichen Vorlieben des Surfers und nicht an den Inhalten der Webseiten, Google weiß, was wir wissen wollen, noch bevor die Frage in unserem Kopf formuliert, geschweige denn, eingetippt ist. Und tatsächlich: Google ändert die Kurzfassung von Webseiten in den eigenen Suchergebnissen, ohne dass Seitenbetreiber hierauf Einfluss hätten. Wenn man dies weiß, dann ist es schwer nachzuvollziehen, warum SEO-Unternehmen immer noch Kunden finden.

Denn letztlich kommt es nur auf eines an: dem Kunden relevante Inhalte zu liefern. Relevanz heißt in diesem Zusammenhang, dass man alle Informationen zusammenstellt, die ein Benutzer suchen könnte. Auch hier ist Amazon wieder ein perfektes Beispiel für perfektes Contentmarketing. Stellen Sie sich vor, Sie möchten eine neue Digitalkamera kaufen. Sie haben sich grundlegende Informationen im Internet selbst zusammengestellt, die eine oder andere Frage ist aber noch offen. Die könnte man nun z. B. dem Fachhändler vor Ort stellen und dann dort oder eben im Internet die Kamera kaufen.

Amazon geht einen anderen Weg und lässt zufriedene Kunden den Part des Fachhändlers übernehmen. Werfen Sie bitte einmal einen Blick auf die folgende Seite: *http://aix.li/amz-sony*. Auf der Amazon-Produktdetailseite zu der Digitalkamera Sony DSC-HX400V werden von Kunden 217 beantwortete Fragen zum Produkt gelistet (Stand: Februar 2016). Keine, aber auch wirklich keine Fragen zu besagter Beispielkamera bleibt hier unbeantwortet. Natürlich kann das den Effekt haben, dass der kaufwillige Kunde tatsächlich nicht mehr den Fachhändler vor Ort aufsuchen muss. Betrachten wir das Beispiel aber aus Sicht des Contentmarketings bzw. Suchmaschinenmarketings. Alle Fragen und Antworten fließen in Googles Bewertung der Produktdetailseite mit ein. Und selbstverständlich tragen die Fragen und Antworten der Kunden zu einem besseren organischen Suchmaschinenranking bei.

Gutes Suchmaschinenranking lässt sich mit solidem Handwerk ganz einfach bewerkstelligen. Und dabei spielen die Inhalte von Webseiten, Blogs, Onlineshops & Co. eine wesentliche, wenn nicht die entscheidende Rolle.

Suchmaschinenranking

Im Gegensatz zu einem Webkatalog, wie das betagte *www.dmoz.org*, werden die Ergebnisse in einer Suchmaschine nicht von einer Redaktion ausgewählt und nach Relevanz sortiert. Vielmehr ermittelt ein Computeralgorithmus die Auswahl und Reihenfolge der Suchergebnisse. Diese Algorithmen sind das zentrale Geschäftsgeheimnis der jeweiligen Suchmaschinen, und ihre Funktionsweise wird streng gehütet.

In der Anfangszeit der Suchmaschinen waren die Algorithmen noch recht einfach zu erahnen. Für Google beispielsweise war lange Zeit die absolute Zahl der auf eine

Website verlinkenden anderen Websites das Maß für die Relevanz. Seitdem die Position in der Suchmaschine zunehmend über wirtschaftlichen Erfolg oder Misserfolg entscheidet, die Manipulation der Ergebnisse also konkrete wirtschaftliche Anreize bietet, werden die Algorithmen zunehmend verfeinert, und die Konzerne halten sich noch bedeckter, was die Funktionsweise angeht. Ein Beispiel: Im Jahr 2004 gab es zwei bekannt gewordene Änderungen des Google-Suchalgorithmus, im Jahr 2013 gab es derer 17.

Experten vermuten, dass der aktuelle Google-Algorithmus über 200 verschiedene Parameter zur Berechnung des Rankings einer Website heranzieht. Eine ganze Branche hat sich um das Entschlüsseln (Reverse Engineering) der Algorithmen gebildet.

Zahllose Testwebsites werden nur zu dem Zweck aufrechterhalten, um unter Laborbedingungen die Änderungen des Rankings nach einem Google-Update zu analysieren und Rückschlüsse auf die Parameter zu ziehen. Alle Resultate sind jedoch weitestgehend spekulativ.

Eine Theorie besagt beispielsweise, dass Google die Lesbarkeit eines Texts in die Bewertung mit einbezieht, unter der Annahme, dass gut verständliche Texte besser sind als schlecht lesbare. Ob diese Beobachtung aber eine Kausalität ist (gut lesbare Texte sorgen für bessere Platzierung) oder eine Korrelation (Seiten, die gut platziert sind, haben in der Regel gut lesbare Texte), sei dahingestellt.

Noch auffälliger wird dies bei der vielfach aufgestellten Behauptung, Seiten mit vielen Facebook-Fans erzielten bessere Suchergebnisse. Hier drängt sich die Korrelation geradezu auf: Viel logischer ist doch, anzunehmen, dass eine Seite, die gut in der Suche abschneidet, auch sonst so einiges richtig macht und deswegen mehr Facebook-Freunde hat.

Tipp Eine ständig aktualisierte Quelle aller Gerüchte und vermuteten Rankingfaktoren finden Sie unter *http://backlinko.com/google-ranking-factors* – seien Sie aber skeptisch, was die Ratschläge angeht.

Google selbst veröffentlicht unter *https://support.google.com/webmasters/answer/35769* lediglich zehn Richtlinien für die Gestaltung und den Inhalt von Websites. Welchen Anteil diese Punkte auf das tatsächliche Ranking haben, wird nicht erwähnt.

Andere Suchmaschinen sind nicht besser. Microsofts Bing listet unter *http://www.bing.com/webmaster/help/webmaster-guidelines-30fba23a* ebenfalls einige allgemeine Hinweise auf, die jeder gute Webdesigner sowieso berücksichtigen würde.

Google wird nicht müde, zu betonen, dass man die Seite oder den Shop nicht für die Suchmaschine, sondern für den menschlichen Besucher erstellen soll. Ist der Inhalt für einen Menschen relevant und gut strukturiert, dann wird er auch in der Google-Suche bei einer passenden Suchanfrage gut gefunden werden, so das Versprechen.

Tatsächlich ist es so, dass die Tipps, die Google oder Bing geben, solides, vernünftiges Handwerkszeug im Webdesign sind. Eine Website oder ein Shop, der unter Berücksichtigung dieser Punkte entwickelt wurde, wird für einen Menschen gut bedienbar und sinnvoll aufbereitet sein. Setzt man die Webmaster-Guidelines um, hat man schon den Großteil aller SEO-Bemühungen von vornherein erledigt.

Wo versteckt man am besten eine Leiche?

Antwort: Auf Seite 3 der Google-Ergebnisse, da findet sie keiner.

Dieser Witz kursiert unter Onlinewerbeprofis, und er hat natürlich einen wahren Kern. Das erste Suchergebnis auf der ersten Seite bekommt im Schnitt 33 % aller Besucher ab. Die gesamte erste Seite der Suchergebnisse teilt sich 94 % aller Besucher. Die gesamte zweite Seite bekommt gute 5 % der Besucher, alle restlichen Suchergebnisseiten balgen sich um das verbliebene 1 % der Besucher. Ziel sämtlicher Optimierungen ist daher die erste Seite und dort eine möglichst hohe Position.

Keyword-Optimierung

Suchmaschinen versuchen, dem Benutzer die relevantesten Seiten für die jeweils aktuelle Suchanfrage zu zeigen. Die Herausforderung für die Optimierung liegt darin, die wahrscheinlichsten Suchanfragen vorherzusehen, sie sinnvoll zu gruppieren und zu kürzen und auf die verbleibenden Rumpf-Schlüsselwörter zu optimieren.

Dabei kommt einem der Umstand zugute, dass eine Suchmaschine in der Lage ist, ähnliche Begriffe, Synonyme und verwandte Wörter zu sogenannten Clustern zusammenzufassen. Nehmen Sie beispielsweise diese Suchanfragen:

- Dacia Duster Anhängerkupplung
- Dacia Duster Anhängekupplung kaufen
- Duster Anhängerkupplung nachrüsten
- AHK für Duster nachträglich einbauen
- Wo kann ich eine AHK für den Dacia Duster kaufen
- Günstige Anhängerkupplung Duster kaufen

Hier greift gleich eine mehrfache Clusterung. Für die Suchmaschine werden die Begriffe »Dacia Duster« und »Duster« gleichwertig sein, wenn sie im generellen Kontext von Automobilthemen vorkommen. Ebenso behandelt zumindest Google die Begriffe »Anhängerkupplung«, »Anhängekupplung« und »AHK« synonym.

Als Schlüsselwortpaar für die Optimierung müsste »Dacia Duster« und »Anhängerkupplung« beachtet werden, da dies die beiden Begriffe mit der höchsten Relevanz für die Suchanfragen sind. Das Schlüsselwort »kaufen« hat ebenfalls Relevanz, man kann sich aber darauf verlassen, dass die Suchmaschine den Shop als solchen erkennt und mit dem Schlüsselwort »kaufen« assoziiert.

Der Begriff »Dacia Duster Anhängerkupplung« muss also klar aus der Seite hervorgehen. Dies erreicht man über mehrere Maßnahmen, die alle in den Webmaster-Richtlinien aufgeführt sind. Hier sollen drei exemplarisch vorgestellt werden:

URL
: Das Keyword sollte in der URL der Seite vorkommen – in diesem Fall *https://www.mvg-ahk.de/Anhaengerkupplungen-mvg/DACIA/Duster/*

: Schlecht hingegen wäre eine Adresse, in der das Keyword nicht vorkommt, wie *www.mvg-ahk.de/produkte/39/47284/ (Beispiel)*

Seitentitel
: Auch im Titel der Seite, der oben im Webbrowser angezeigt wird, sollte der Text »Anhängerkupplung Dacia Duster« vorkommen. Schlecht wäre der Text »MVG Online Shop«.

Begriff im Fließtext
: Im Text der Seite sollte mehrfach sowohl der Begriff »Anhängerkupplung« als auch der Begriff »Dacia Duster« auftauchen. Hier kommt es auf ein ausgewogenes Verhältnis an. Keyword-Spamming, also das übermäßig häufige Auftauchen eines Begriffs, ist schädlich.

: Darüber hinaus sollte der Text natürlich für den Benutzer nützliche Informationen zum Thema enthalten. Unterschätzen Sie die Suchmaschinen und insbesondere Google nicht. Der Algorithmus ist durchaus in der Lage, Zusammenhänge der Begrifflichkeiten zu analysieren. Relevante Informationen für Benutzer, bei denen das Keyword an sinnvollen Stellen vorkommt, sind auch für Google relevant.

SEO-Checkliste

Alle wichtigen SEO-Parameter permanent im Blick zu haben, ist schwierig. Dennoch sollte man bei jedem Text, den man schreibt, und bei jeder Kategorie, die man anlegt, die Auffindbarkeit bei Google & Co. im Hinterkopf behalten.

Es hat sich bewährt, immer eine kleine Checkliste zur Hand zu haben, mit deren Hilfe man neue Inhalte schnell auf die wesentlichen Punkte kontrollieren kann.

In die oberste Zeile der Tabelle 17-1 tragen Sie das Haupt-Keyword für die jeweilige Seite ein. Danach können Sie die einzelnen Punkte überprüfen. Ist die Antwort nicht »Ja«, müssen Sie nachbessern.

Ein Sonderfall ist die Anzahl der Wörter im Artikeltext in Kombination mit der Anzahl der Keywords. Das Verhältnis darf nicht zu hoch sein. Eine Keyword-Dichte von um die 3 % hat sich als gut herausgestellt. In einem Text von 300 Wörtern kann das Keyword also 9-mal vorkommen, wobei 300 Wörter der Mindestlänge des Produktbeschreibungstexts entsprechen. Zum Vergleich: Dieser Abschnitt umfasst 156 Wörter.

Tabelle 17-1: SEO-Checkliste

Checkpoint	Überprüfung
Haupt-Keyword?	
Keyword in Seiten-URL?	[ ] Ja [ ] Nein
Keyword in Seitentitel?	[ ] Ja [ ] Nein
Keyword in Artikelname?	[ ] Ja [ ] Nein
Keyword-Vorkommen in Artikeltext	Anzahl:
Anzahl Wörter im Artikeltext	Anzahl:
Keyword kommt im ersten Absatz des Artikeltexts vor?	[ ] Ja [ ] Nein
Keyword in Bildbeschreibung?	[ ] Ja [ ] Nein
Seite über Navigation erreichbar?	[ ] Ja [ ] Nein
Seite hat Verlinkungen (im Produkttext) zu anderen Seiten?	[ ] Ja [ ] Nein

Tipp Achten Sie insbesondere auf den Seitentitel der Produktdetailseiten. In vielen Shopsystemen setzt er sich (automatisch) wie folgt zusammen:

Shopname – Artikelname

Besser ist es, die Reihenfolge zu ändern in

Artikelname – Kategoriename – Shopname

Suchmaschinen gewichten die Wörter auch der Reihenfolge nach. Der Produktname sollte daher an erster Stelle stehen. Der Produktname kann in den organischen Suchergebnissen zudem schneller vom Benutzer erfasst werden.

Offpage-Optimierung

Ein Großteil der für erfolgreiches SEO notwendigen Maßnahmen können Sie oder Ihre E-Commerce-Agentur in voller Kontrolle selbst durchführen.

Es handelt sich um alle Optimierungen, die technisch auf der Website bzw. dem Shop selbst umgesetzt werden können. Man spricht hier von Onpage-Optimierung, also der Optimierung der Website selbst.

Traditionell wichtig für den Bereich der Suchmaschinenoptimierung sind Links von anderen Websites auf Ihren Shop. Da Sie diese Links (meist) nicht selbst in der Hand haben, spricht man hier von Offpage-Optimierung, also Optimierungsmaßnahmen außerhalb der Website.

War noch vor zehn Jahren das Linkbuilding, das heißt das Anhäufen von möglichst vielen externen Links auf die eigene Website, das A und O der Suchmaschinenoptimierung, so ist diese Technik mittlerweile bedeutend schwieriger geworden. Klassisches Linkbuilding wurde in großem Umfang missbraucht. Sogenannte Linkfarmen verlinkten Hunderte bis Tausende von Websites, und Links von gut platzierten Seiten wurden gegen teures Geld gehandelt.

Um die Relevanz der Suchergebnisse zu gewährleisten, hat Google seit 2009 die Gewichtung von Links sukzessive abgewertet. Der Algorithmus versucht nun,

»unnatural linking schemes« – unnatürlich erscheinende Verlinkungen – zu erkennen, und wertet sie als Negativkriterium.

Bezahlte Links oder Linktauschprogramme sind nahezu komplett verboten. Die Seite *https://support.google.com/webmasters/answer/66356* bietet eine genaue Übersicht über die Arten von Verlinkungen, die Google ein Dorn im Auge sind.

Dass es Google ernst damit meint, zeigte eine aufsehenerregende Aktion im Februar 2014, bei der Google zahlreiche deutsche Websites abstrafte, die sich exzessiv in Linktauschprogrammen engagiert hatten.

Viele SEO-Anbieter alter Schule sehen das Linkbuilding immer noch als erstes Mittel der Wahl zur Verbesserung der Platzierung in den Suchergebnissen. Sollten solche Dienstleistungen an Sie herangetragen werden, seien Sie bitte extrem vorsichtig. Ist Ihr Shop erst einmal aus den Suchergebnissen verschwunden, weil er von Google abgestraft wurde, ist ein sehr großer Aufwand nötig, um den Schaden zu reparieren.

Eine natürlich gewachsene Linkstruktur, bei der Kunden, Blogger oder Journalisten auf Sie verlinken, ist jedoch nach wie vor wünschenswert. Vertrauen Sie auch hier auf die Intelligenz der Suchmaschinenalgorithmen: Was natürlich gewachsen ist, wird auch die Suchmaschine als solches erkennen. Was Ihnen selbst nicht ganz geheuer ist oder zu gut klingt, um wahr zu sein, ist es meist auch.

Black-Hat-SEO und White-Hat-SEO

Kennen Sie die archaischen Comicstrips »Spion vs Spion« aus den M.A.D.-Heften? Zwei grob skizzierte Klischee-Spione bekämpfen sich mit kruden und brutalen Methoden gegenseitig. Einer ist komplett in Schwarz gehalten, der andere komplett in Weiß, beide tragen grotesk überzeichnete Schlapphüte. Seit 1961 erscheinen die Zeichnungen, und die Hüte der Spione standen Pate für die Begriffe »White Hat« und »Black Hat«.

Derjenige, der -at-Taktiken anwendet, bewegt sich außerhalb der Legalität und verletzt bewusst etablierte Spielregeln zum eigenen Vorteil.

Im Bereich der Suchmaschinenoptimierung bedeutet dies z. B., ganz bewusst gegen von den Suchmaschinen aufgestellte Regeln zu verstoßen, diesen Verstoß aber so zu tarnen und zu verdecken, dass er nicht entdeckt werden kann. Während SEO-Maßnahmen in der Regel angewandt werden, um die eigene Website zu begünstigen, eignen sich Black-Hat-Taktiken auch dazu, durch »negative SEO« fremde Seiten – z. B. von Mitbewerbern – zu schädigen.

Demgegenüber stehen die White-Hat-Maßnahmen, die derjenige anwendet, der sich brav an alle Regeln hält und innerhalb allgemein akzeptierter Grenzen arbeitet. Die Konstellation wird gelegentlich um den Gray Hat ergänzt, der im Großen und Ganzen zu den »Guten« gehört, jedoch die ein- oder andere Technik aus dem Black-Hat-Repertoire anwendet.

Landingpages

Im Onlinemarketing dreht sich alles um Relevanz. Die Aufmerksamkeitsspanne des typischen Internetnutzers liegt zwischen drei und fünf Sekunden. Schaffen Sie es in dieser Zeit nicht, Ihre Botschaft zu übermitteln, ist der Besucher wieder weg und damit nicht nur ein potenzieller Kauf verloren, sondern häufig auch ein Werbeklick umsonst bezahlt.

»Say it quick, say it well« – »Sag' es schnell und sag' es gut«, titelte der britische Guardian schon 2012 und thematisierte damit die Kultur der »schnellen Befriedigung« im Internet.

Als Onlinemarketeers müssen wir mit diesen kurzen Aufmerksamkeitsspannen leben – und das Beste daraus machen. Es gilt, die Relevanzkette von der ersten Suchanfrage und dem ersten Klick an aufrechtzuerhalten und dem potenziellen Kunden jederzeit das Gefühl zu geben, »Hier bist du richtig« und »Hier findest du, was du suchst«.

Im Idealfall würde Ihr Shop für jede einzelne mögliche Suchanfrage – unabhängig von der Produktdetailseite – eine speziell aufbereitete Seite, die sogenannte Landingpage, parat halten, auf der nur relevante Inhalte passend zum Suchbegriff auftauchen. Dies stößt aber schnell an praktische Grenzen. Drei Fälle illustrieren es recht gut:

Sehr eng verwandte Suchbegriffe
: Die Ergebnisseite für »Samsung Galaxy S4 schwarz« und »Samsung Galaxy S4 weiß« wären extrem ähnlich, lediglich die Angaben zur Farbe wären unterschiedlich. Die Zahl nötiger Seiten würde schnell jeglichen Rahmen sprengen, weswegen die Farbauswahl in aller Regel auf der Produktseite als Variante auswählbar ist.

Sehr unpräzise Suchbegriffe
: Sucht der Interessent hingegen nach »Smartphone Samsung« würden nach aktuellem Stand über 70 einzelne Geräte als Ergebnis infrage kommen. Als einzige Lösung käme im Shop hier die Kategorieübersichtsseite infrage, wenn denn alle Samsung Smartphones in einer einzigen Kategorie wären – was vermutlich nicht der Fall ist.

Falsche Suchbegriffe
: Interessenten am Anfang der Recherchephase haben oft noch keinen richtigen Überblick. Eine Suche nach »Samsung iPhone« würde in einem Onlineshop kein Ergebnis zutage fördern, da das iPhone vom Samsung-Konkurrenten Apple verkauft wird.

Als Lösung bieten sich hier spezielle Landingpages an. Dabei handelt es sich um Seiten, die parallel zum Shop existieren und nur auf bestimmte Suchanfragen hin optimiert sind. In unseren drei Beispielen sind folgende Landingpages denkbar:

- Die Frage nach den verschiedenfarbigen Smartphones könnte von einer Landingpage beantwortet werden, auf der alle Modelle in allen Farben abgebildet sind. Design und Wortwahl wären auf die bunte Vielfalt ausgerichtet. Die Auswahl zwischen verschiedenen Farben würde als Produktvorteil angepriesen, mit dem der Anwender seine Individualität zeigen kann. Klickt der Besucher auf ein Modell einer bestimmten Farbe, wird er auf die Produktdetailseite geleitet, und die gewählte Farbe wird direkt als Auswahl für das Produkt übernommen. Hier könnte man noch Accessoires wie Handschalen oder Hüllen in verschiedenen Farben als Cross-Selling-Artikel anbieten.
- In ähnlicher Form würde der unpräzisen Suche begegnet. Die Landingpage würde in optisch auffälliger Form alle aktuellen Produktlinien aufgreifen. Nicht sämtliche lieferbaren Modell, nur die Hauptkategorien mit ihrem jeweiligen Flaggschiffmodell. Die wichtigsten Alleinstellungsmerkmale erlauben eine schnelle Orientierung. Beim Klick auf eine Produktlinie würde auf die jeweilige Kategorie im Shop verlinkt.
- Den Kunden, der seine Anfrage falsche formuliert hat (»Samsung iPhone«) kann man über eine Landingpage abfangen, in dem exemplarisch ein Samsung-Smartphone mit einem Apple-iPhone verglichen wird. Alternativ könnte man die Verwechslung mit einem humoristischen Bild aufgreifen, bei dem z. B. ein aktuelles Samsung-Gerät an einem angebissenen Apfel lehnt. Auch hier würden wieder die wichtigsten Aussagen plakativ kombiniert und mit entsprechenden Links in den Shop versehen.

Blog zum Onlineshop

Um Besucher in den eigenen Onlineshop zu locken, können Sie natürlich auch ein eigenes Blog aufsetzen. Blogs – entstanden als digitale Tagbücher – werden heute gern genutzt, um aus Firmen oder Onlineshops über Neuigkeiten und neue Produkte zu informieren.

Die Blogs dienen als zusätzliches Futter für Suchmaschinen und versuchen, Kunden über aktuelle Inhalte, Tipps und Tricks an den eigenen Onlineshop zu binden.

Dabei steht nicht zwangsläufig die Präsentation der eigenen Produkte im Vordergrund. Oft geht es nur um Themen mit Bezug zum Themenbereich des Shops.

Besondere Aufmerksamkeit erhalten Blogs durch Gastautoren. Oft werden Blogger aus dem gleichen thematischen Umfeld eingeladen, einen Beitrag zu schreiben. Als Entlohnung erhält der Blogger z. B. ein Produkt aus dem Warensortiment oder eine geringe Vergütung.

Abbildung 17-2 zeigt das Blog des Aachener Mode-Versandhändlers navabi. Im navabi-Fashion-Blog (*blog.navabi.de*) erschien in der Rubrik »Gäste« ein Artikel der Fashion-Bloggerin Luciana Schmidt (*www.luziehtan.de*).

Abbildung 17-2: navabi-Fashion-Blog, blog.navabi.de

Ganz offen wird dort berichtet, dass die Bloggerin das Outfit vom Shopbetreiber für die Nutzung bei einem Fashion-Event erhalten hat. Da sie selbst aber inzwischen über eine eigene Fangemeinde verfügt, wird der Artikel im Blog des Shops als externe Stimme wahrgenommen und nicht als Werbeposting. Zusätzlich erschien in ihrem Blog ein Artikel, der freundlich über navabi berichtete (*http://luziehtan.de/2012/09/outfit-04-09-12/*).

Sie müssen nun natürlich nicht gleich externe Blogger für Ihren eigenen Blog suchen und engagieren. Sie sollten aber darüber nachdenken, inwieweit Sie Ihren Kunden (genauso wie Interessenten und Suchmaschinen) durch Storys und Geschichten einen Mehrwert bieten können, der sie an den Onlineshop bindet, auch wenn sie gerade einmal nichts kaufen möchten.

Abbildung 17-3 zeigt das Selbstgemacht-Blog der Baumarktkette Obi (*http://specials.obi.de/obi_selbstgemacht*). Obi verknüpft dabei die Tipps und Tricks zu den eigenen Produkten mit Elementen aus sozialen Netzen.

So können Benutzer nicht nur die Do-it-yourself-Vorschläge des Unternehmens lesen und kommentieren, sondern auch eigene Ideen und Bastelanleitungen hochladen.

Andere Kunden wiederum können die eingereichten Vorschläge kommentieren und mittels des bekannten Sternesystems bewerten und die Beiträge via Twitter, Facebook, Google+ und Pinterest weiterverbreiten.

Abbildung 17-3: Obi-Selbstgemacht-Blog, specials.obi.de/obi_selbstgemacht (Juni 2014)

Obi forciert die Beteiligung der Kunden mit eigenen Ideen, indem unter allen Teilnehmern jeden Monat Einkaufsgutscheine im Gesamtwert von 450 Euro verlost werden.

Der Blog zu Ihrem Onlineshop sollte dabei möglichst das Design des Onlineshops aufnehmen und Links zu den wichtigsten Kategorien des Shops beinhalten.

Zudem ist es sinnvoll, auch hier die Informationen zu Zahlungsarten, Versandkosten und Siegel mit Shopbewertungen zu integrieren, um den Verkaufscharakter des Angebots zumindest im Umfeld des redaktionellen Teils darzustellen.

Hier bietet es sich geradezu an, Inhalte, die Sie z. B. für Ihren Newsletter oder in Ihrem Auftritt in sozialen Netzwerken verwenden, einer Zweit- oder Drittverwertung zuzuführen. Es spricht absolut nichts dagegen, den Artikel, den Sie für den Blog geschrieben haben, in Auszügen auch als Facebook-Posting zu verwenden und in Ihrem regelmäßig erscheinenden Newsletter auf das Blogposting hinzuweisen.

Inhalte, die einmal erstellt sind, sollten Sie auf möglichst vielen eigenen Kanälen nutzen. Gehen Sie davon aus, dass nicht jeder Kunde und Interessent die Inhalte aller Social-Media-Plattformen kennt, die sie bespielen. Die Gefahr, dass sich Nutzer wegen der Wiederholung von Meldungen langweilen, ist sehr gering.

Praxisbeispiel: blog.mvg-ahk.de

Der Anhängerkupplungshersteller MVG setzt in seiner Contentstrategie ebenfalls – neben vielen anderen Kanälen – auf ein eigenes Blog. Die Umsetzung ist dabei denkbar einfach und dank einer ausgeklügelten Strategie über mehrere Kanäle auch mit einem verhältnismäßig geringen Aufwand umsetzbar.

Kernstück des Blogs sind seine Beiträge zu neuen Produkten. Nun gehören Anhängerkupplungen und Fahrradträger sicherlich nicht zu den Produkten mit dem größten Sexappeal. Und mit einer Optimierung auf die Suchbegriffe »Anhängerkupplung« und »Anhängekupplung« wird sich nicht zwangsläufig mehr Traffic erzielen lassen als bisher schon durch den Onlineshop. Im Blog trägt aber insbesondere die Kombination von nicht auf den Kauf ausgerichteten Texten mit »Anhängerkupplung« und den jeweiligen Fahrzeugtypen zu deutlich mehr Zugriffen auf den Shop bei. Die erläuternden Texte und Produktvideos werden gerade in »Autoschrauber-Foren« häufig diskutiert und verlinkt. Überraschenderweise werden in Foren öfter die Blogartikel verlinkt als die Produktdetailseiten im Shop.

Die für das Blog geschriebenen Artikel und Texte werden regelmäßig auf den anderen Kanälen (Twitter, Google+ und Facebook) zweitverwertet. Da die Halbwertzeit von Beiträgen in den Social Networks relativ gering ist, können einzelne Beiträge dort auch regelmäßig wiederholt werden, um den Aufwand zumindest ein bisschen zu minimieren und den Effekt einzelner Blogbeiträge, auf die von dort verlinkt wird, zu erhöhen. Zur Auflockerung werden zudem die Produktvideos von YouTube eingebettet, die auch auf den Produktdetailseiten des Shops zu finden sind.

Abbildung 17-4: Das Blog ist ein wichtiger Baustein in der Contentstrategie des Anhängerkupplungsherstellers MVG.

Microsites, Produkttestwebseiten/-blogs

Neben dem eigenen offiziellen Blog zum Onlineshop steht es Ihnen natürlich frei, ein weiteres Blog mit Anwendertests zu Ihren Produkten aufzusetzen.

Aufbauend auf Empfehlungsmarketing und der Google-Suche nach »Garagentorantrieb Test« findet sich sehr weit oben die Internetseite *www.garagentorantrieb-test.com* (siehe Abbildung 17-5).

Abbildung 17-5: Produkttestblog, www.garagentorantrieb-test.com

Vorrangiges Ziel der Webseite ist es, Inbound-Traffic zu erzeugen und Benutzer zum Kauf der Produkte bei Amazon zu bewegen. Zwar gibt es auch Links zu anderen thematisch passenden Internetseiten (Hersteller, Wikipedia u. a.) und Werbeeinblendungen aus dem Google-AdWords-Display-Network (mehr dazu in Kapitel 18, *Google AdWords und Google Products*, auf Seite 491). Doch schon im Header der Webseite ist die Partnerschaft mit Amazon.de klar gekennzeichnet.

Inhaltlich ist die Webseite in die Rubriken »Testsieger«, »Bestseller«, »Hersteller« und »Ratgeber« aufgeteilt. Letztlich sind die einzelnen Seiten überwiegend mit den Markennamen und Produktbezeichnungen einzelner Hersteller gespickt.

Um aktuelle Inhalte z. B. auch mittels strukturierter Daten (siehe Abschnitt »Adressgenerierung« auf Seite 532) an Google zu übermitteln, könnte die Webseite noch um eine Blogfunktion erweitert werden und mehrmals pro Monat über neue Produkte und Entwicklungen auf dem Garagentorantriebs-Markt berichten.

Wenn Sie mit dem Gedanken spielen, eine eigene Seite für derartige Tests aufzusetzen, sollten Sie nur eigene Produkte aufführen und diese nicht in den Vergleich zu Konkurrenzprodukten setzen, um etwaigen wettbewerbsrechtlichen Problemen aus dem Weg zu gehen.

Vielleicht finden Sie einen motivierten Studenten, der im Rahmen Ihres Affiliate-Programms (siehe Abschnitt »Affiliate-Marketing« auf Seite 464) eine eigene Seite entwickeln und mit Inhalten füllen möchte, um neben seinem Studium durch vermittelte Verkäufe etwas dazuzuverdienen. Soweit die Nähe zu Ihrem Unternehmen dabei nicht nachvollziehbar ist, dürften sich wettbewerbsrechtliche Fragen nicht stellen.

Einmal erstellt, muss eine solche Seite nicht unbedingt aufwendig gepflegt werden. Die Internetseite *www.grossemoden.com* führt ausschließlich Links zum und Grafiken von der Internetseite des auf große Größen spezialisierten Onlineshops *www.navabi.de*. Das Impressum der Seite *www.grossemoden.com* lässt dabei keinen Rückschluss auf die Beteiligung des Onlineshops an dieser Internetseite zu.

Im August 2011 erstellt, muss die Seite nicht zwangsläufig ständig aktualisiert werden; sie verrichtet als Doorway-Page (Türöffner-Seite) zum Onlineshop über viele Jahre hinweg ihren Zweck.

Affiliate-Marketing

Man mag den Eindruck gewinnen, dass im Onlinemarketing nur Google zählt. Tatsächlich würde es schwer fallen, vernünftige Strategien komplett ohne Google zu entwickeln. Im Umkehrschluss heißt das aber nicht, dass man ausschließlich auf Google setzen muss. Ein Bereich, in dem sich Google gar nicht betätigt, ist der Bereich des Affiliate-Marketings bzw. der Affiliate-Netzwerke.

Bei dieser Werbeform finden sich Werbetreibende (Advertiser) und Werbepartner (Publisher) als Partner (Affiliates) zusammen. Die Werbetreibenden stellen Anzeigen, meist in Form grafischer Banner oder interaktiver Elemente, den sogenannten Widgets, zur Verfügung. Die Werbepartner betten diese Elemente dann in ihre eigenen Websites ein. Ein Klick auf das Werbebanner führt in den Onlineshop des Werbetreibenden. Kommt es über diese Klicks zu Verkäufen, dann wird der Werbepartner in der Regel prozentual an den Umsätzen beteiligt.

Die Abbildung 17-6 illustriert die Zusammenhänge. Der Werbetreibende (Advertiser) stellt seine Werbemittel auf der Affiliate-Plattform ein. Von dort bedient sich der Publisher und bindet die Werbemittel auf seiner eigenen Website ein. Klickt dann ein Kunde auf die Werbung auf der Publisherwebsite, wird jeder Verkauf innerhalb einer definierten Zeitspanne im Shop des Advertisers nachgehalten, und eine Provision wird gezahlt.

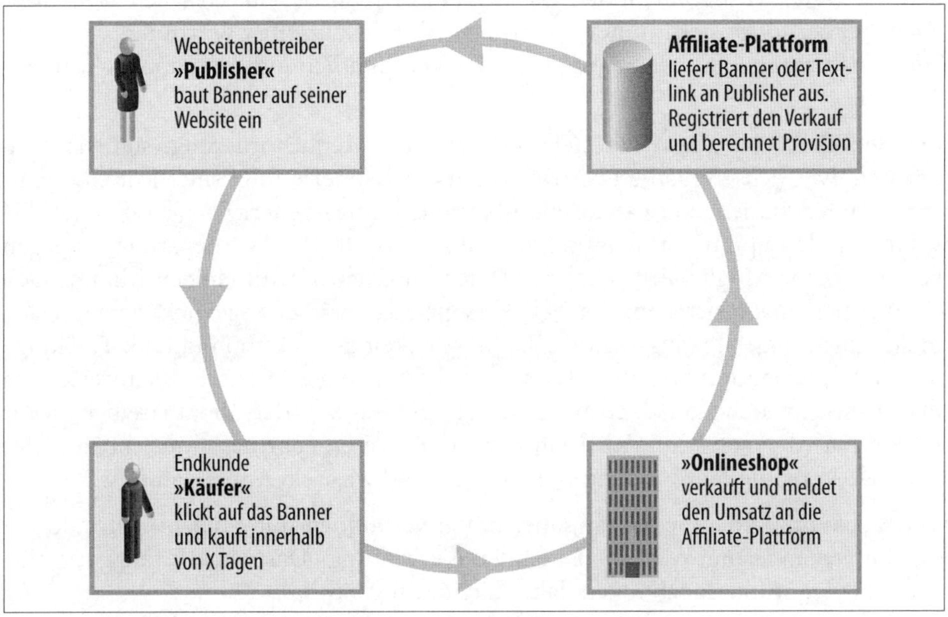

Abbildung 17-6: Beim Kauf über einen Affiliate-Link sind insgesamt vier Parteien beteiligt.

Die Vorteile für den Werbetreibenden liegen auf der Hand. Statt über ein Pay-per-Click-Netzwerk wie Google AdWords für jeden einzelnen Klick zu bezahlen, wird bei Affiliate-Werbung nur für die Klicks bezahlt, die nachweislich zu einem Verkauf geführt haben. Zudem kann man sich die Websites besser aussuchen, auf denen die eigene Werbung geschaltet wird.

Auch die Werbepartner profitieren von diesem Modell. Statt geringer Ausschüttungen beim Schalten von Google-Werbung sind die zu erzielenden Gewinne bei Affiliate-Bannern oft höher. Findet man thematisch gut passende Affiliate-Partner, lässt sich so ein interessantes Einkommen erzielen. Oft schneiden Werbepartner ihre Websites gezielt auf die Affiliate-Banner zu – mitunter so gut, dass ihre eigenen Websites in der Google-Suche höher platziert werden als die Seite des Onlineshops.

Bannerschaltung und Bannertausch

Die einfachste Form des Affiliate-Marketings ist das reine Schalten von Werbebannern auf fremden Websites. Gibt es zu Ihrem Warensortiment beispielsweise eine Spezialwebsite eines Dritten, so können Sie den Betreiber der Website gezielt ansprechen und fragen, ob er eine Werbung für Sie veröffentlicht. Durch diese gezielte Werbung »affiliert« (vom englischen Wort für »zuordnen«) sich der Seiteninhaber mit Ihrem Shop und erhält im Gegenzug einen monatlichen Fixbetrag oder eine Umsatzbeteiligung.

Was einfach klingt, hat für beide Seiten aber schwer nachvollziehbare Aspekte, zumindest wenn es um mehr als Gefälligkeitsdienste zwischen befreundeten Seitenbetreibern geht. In diesem Modell möchten zwei Personen Geld verdienen: Der Shopbetreiber erhofft sich höhere Umsätze durch gezielte Werbung, und der Werbepartner möchte angemessen für die Veröffentlichung des Banners entlohnt werden.

Für den Onlineshopbetreiber stellt sich also die Herausforderung, statistisch zu erfassen, wie viele Verkäufe über Klicks auf das Banner erfolgt sind. Mit einer entsprechenden Statistiksoftware (siehe Abschnitt »Adressgenerierung« auf Seite 532) sollte sich das zumindest quantitativ ermitteln lassen. Der Werbepartner hingegen hat kaum eine Möglichkeit, ähnliche Daten zu erheben. Mit einigen Klimmzügen kann er maximal feststellen, wie viele Personen das Banner angeklickt haben. Dazu muss seine eigene Statistiksoftware die Möglichkeit des »Outbound Link Tracking« haben. Implementiert man diese Link-Klick-Verfolgung aber falsch, zerstört sie gern die entsprechenden Statistiken auf Onlineshopseiten, was den Shopbetreiber wieder verstimmt. Aber selbst mit Klickzahlen weiß der Werbepartner immer noch nicht, wie viele Verkäufe die Werbung generiert hat und was sein Anteil daran ist.

Vertrauen auf beiden Seiten ist daher nötig, verbunden mit einigem Aufwand bei der Implementierung und der laufenden Verwaltung. Das Modell taugt für eine Vielzahl von Marketingaktionen daher nicht zwingend.

Affiliate-Netzwerke

In diese Bresche springen Affiliate-Netzwerke wie affilinet aus Deutschland (siehe Abbildung 17-7), TradeDoubler aus Schweden oder das mehrheitlich zum Springer-Konzern gehörige Zanox.

Ähnlich wie Google beim AdWords-System positioniert sich das Affiliate-Netzwerk als Vermittler zwischen Werbetreibenden und Affiliate-Partnern. Das Netzwerk stellt dafür ein technisches Gerüst zur Verfügung, über das die Werbetreibenden ihre jeweiligen Anzeigen einspielen. Als Onlineshopbetreiber kann man so z. B. gezielt einzelne Produkte, Kategorien oder den Shop als Ganzes bewerben. Vom Affiliate-Netzwerk bekommt man dann noch einen Code, den man im eigenen Shop einbindet, wenn ein Verkauf stattgefunden hat.

Der potenzielle Werbepartner kann sich dann im Affiliate-Netzwerk entweder gezielt Produkte bzw. Produktkategorien heraussuchen oder die Steuerung der Anzeigen dem Netzwerk überlassen. Er muss nur noch einen bestimmten Code einbinden – der Rest wird vom Affiliate-Netzwerk erledigt.

Haben Werbepartner und Werbetreibender im Affiliate-Netzwerk zueinander gefunden, passiert der Rest automatisch. Das Netzwerk registriert alle Klicks auf die Werbungen und bekommt im Gegenzug von den Shops die Verkäufe gemeldet. Beide Seiten haben jeweils Einblick in die Statistiken, die erhoben werden, und können genau den Erfolg der Werbung nachvollziehen.

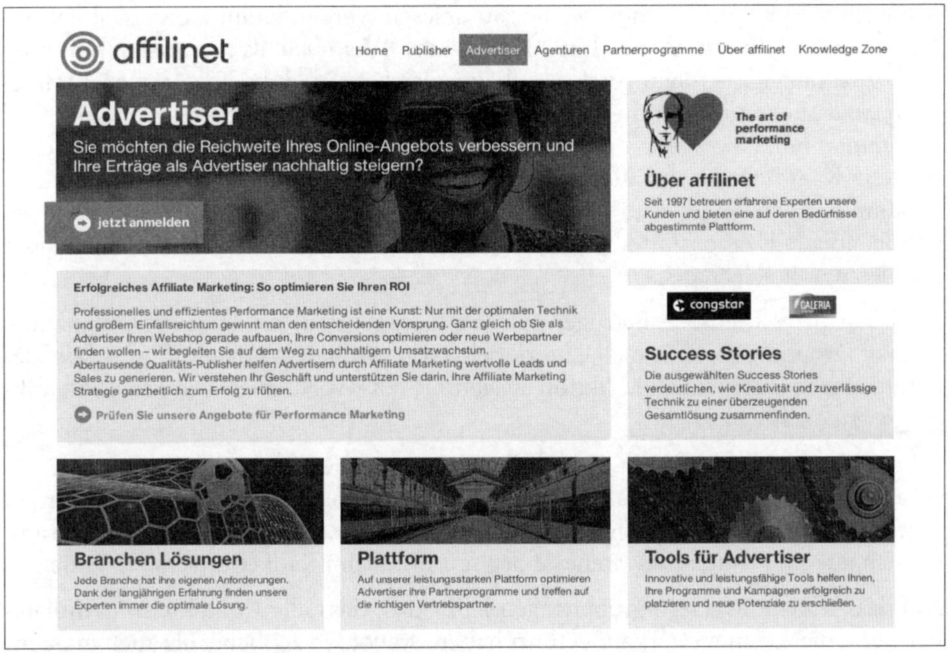

Abbildung 17-7: affili.net ist ein großes Affiliate-Netzwerk.

Diesen Service lässt sich das Affiliate-Netzwerk natürlich bezahlen. Es gibt eine ganze Reihe – teilweise recht exotischer – Berechnungsmodelle für die Vergütung. Die bekanntesten sind:

Pay-per-Click
: Ähnlich wie bei Google AdWords wird hier pro Klick auf den Affiliate-Link bezahlt. Da dies aber nicht zwingend zu direkten Verkäufen führt, sind die Beträge eher niedrig.

Pay-per-Lead
: Dieses Verfahren eignet sich eher für Produkte, die üblicherweise eine längere Recherchezeit benötigen. Bezahlt wird hier für eine konkrete Aktion des Interessenten, beispielsweise den Download einer Broschüre.

Pay-per-Sale
: Dieses Verfahren ist das am weitesten verbreitete, da es einen Verkauf voraussetzt. Die prozentuale Vergütung kann manchmal auch auf alle zukünftigen Verkäufe an den gleichen Kunden ausgeweitet werden, um den Affiliate stärker an den Shop zu binden.

Von Cookie-Droppern zur Customer Journey

Affiliate-Marketing, wie auch die meisten anderen Formen des Onlinemarketings, nutzen Cookies, um Informationen über die Herkunft eines Klicks zu speichern. Das Cookie ist eine kleine Informationsmenge, die im Webbrowser des Benutzers gespeichert wird und von dort wieder ausgelesen werden kann. Lange Zeit galt im Affiliate-Marketing die Regel »last cookie wins«. Wenn ich als Interessent also über zwei unabhängige Affiliate-Websites beim gleichen Produkt im gleichen Onlineshop lande, bekommt nur die Seite, über die ich als letzte unmittelbar vor dem Kauf gekommen bin, eine Provision. Gerade bei Produkten, die eine lange Recherchezeit vor dem Kauf haben, wird dieses Verfahren zunehmend als ungerecht empfunden. So kann z. B. die Seite, über die ich zum ersten Mal auf das Produkt aufmerksam wurde, ebenfalls einen Anteil am Erfolg – also dem Kauf – für sich verbuchen, geht aber letztendlich leer aus.

Auch hat diese Methode Betrüger auf den Plan gerufen, die über das sogenannte Cookie-Dropping – also das Unterjubeln von Affiliate-Cookies, ohne dass der Benutzer eine entsprechende Aktion ausgeführt hat – versuchen, sich Provisionszahlungen zu ergattern.

Allmählich etabliert sich in der Affiliate-Szene daher auch die Erkenntnis, die gesamten Vorgänge, die zum Kaufabschluss führen, mit einzubeziehen. Im Marketing spricht man von der »Customer Journey« – der »Reise«, die beim Aufmerksamwerden auf ein Produkt (Awareness) beginnt und beim Kauf (Conversion) endet.

Auf das Affiliate-Marketing übertragen heißt das, dass alle Kontakte mit Affiliate-Partnern, die zu einem Verkauf geführt haben, sowohl in zeitlicher als auch in quantitativer Folge betrachtet werden. Die Provisionen beim Verkauf werden danach unter den beteiligten Affiliates verteilt: Die Seite, die den ersten Klick generiert hat, erhält ebenso einen Anteil wie die Seite, auf der sich der Kunde mehrfach informiert hat, bevor er schließlich auf einer dritten Seite den vormals allein entscheidenden Kaufklick tätigt. Dies setzt allerdings voraus, dass alle Affiliates im gleichen Netzwerk organisiert sind.

Chancen und Risiken

Affiliate Marketing klingt zunächst einmal verlockend: Marketingleistung wird an externe Partner ausgelagert, die streng auf Basis Ihres Erfolgs bezahlt werden. Als Shopbetreiber kann man sich bequem zurücklehnen und dem Eintrudeln der Bestellungen zusehen, denn die Arbeit machen andere. Klingt zu gut, um wahr zu sein? Ist es teilweise auch.

Shopbetreiber und Affiliate-Partner sind zwei ungleiche Partner. Zwar wollen beide Geld verdienen, darüber, wie das geschieht gibt es aber unterschiedliche Ansichten. Der Shopbetreiber wünscht sich zusätzliche Reichweite für die Produkte des Shops und somit zusätzliche Bestellungen. Jeder Euro, den er an den Affiliate-Partner zahlen muss, schmälert dabei den Gewinn. Die Versuchung liegt daher nahe, die Provisionen für Affiliates gering zu halten und stattdessen auf eine große Zahl an Affiliates zu setzen.

Der Affiliate-Partner auf der anderen Seite möchte möglichst viel Geld über die Partnerlinks einnehmen. Dazu ist ein guter Affiliate bereit, einiges an Marketingarbeit zu investieren. Eine echte Loyalität zum Shop wird es dabei nur in den seltensten

Fällen geben. Sind die Provisionen zu gering oder stellt sich keine zufriedenstellende Zahl an Verkäufen ein, sucht sich der Affiliate halt einen anderen Shop, für den er Werbung betreibt. Idealerweise muss der Shopbetreiber also die Provisionen attraktiv genug gestalten und den Affiliate entsprechend unterstützen, damit es für den interessant bleibt.

Mitunter kommt es vor, dass Affiliate-Partner so gut in ihrer Arbeit sind, dass entsprechende Affiliate-Websites deutlich besser und erfolgreicher sind als der eigentliche Shop. Dies kann sich in besserem Google-Ranking oder mehr Verkäufen als im Shop äußern. Das bringt den Shopbetreiber gleich zweifach in eine Zwickmühle: Einerseits muss er bei einem Großteil der Produktverkäufe immer die Provisionszahlung mit einberechnen. Zum anderen liefert er sich dem Affiliate-Partner zu beträchtlichen Teilen aus und macht sich auch erpressbar. Die Drohung, zu einem anderen Shop zu wechseln oder die Affiliate-Leistungen ganz einzustellen, hätte dann schwerwiegende wirtschaftliche Konsequenzen.

Als Shopbetreiber muss man sich im Klaren darüber sein, dass man über Affiliate-Partner zwar zusätzliche Einnahmen generieren kann, gleichzeitig aber auch Kontrolle und Einfluss abgibt. Spätestens beim Beitritt zu einem Affiliate-Netzwerk erkennt man dessen Regeln als verbindlich an. Solange sich Affiliate-Partner an die Regeln des Netzwerks halten, kann man sie nur noch vom Bewerben der eigenen Produkte ausschließen.

Der Einstieg in Affiliate-Netzwerke

Wer jetzt meint, er könne einfach mit dem Nutzen eines Affiliate-Netzwerks anfangen, der irrt. Zunächst einmal muss man sich beim Affiliate-Netzwerk bewerben. Dort werden der eigene Shop geprüft und das Potenzial eingeschätzt. Die Auswahlkriterien sind mittlerweile sehr streng. Wir kennen einige Shops, die eine sehr gute Verkaufsleistung haben und trotzdem von Affiliate-Netzwerken abgelehnt wurden.

Die nächste Hürde sind die teilweise erheblichen Set-up-Gebühren. Für die Einrichtung des Trackings und das Bereitstellen der Werbemittel erheben die meisten Affiliate-Netzwerke Gebühren. Bedenken Sie bitte auch, dass aufseiten des Shops ebenfalls Programmierarbeiten vorgenommen werden müssen. Dazu gehört auch der Test aller Komponenten auf beiden Seiten.

Zum Schluss müssen Sie mitunter eine Sicherheitsleistung hinterlegen, also für die Auszahlungen an die Affiliate-Partner in Vorleistung treten. Dies machen die Netzwerke, um Betrug zu vermeiden, denn leider ist es in der Vergangenheit vorgekommen, dass Shopbetreiber die Provisionen nicht bezahlt haben.

Das eigene Affiliate-Netzwerk

Bei all diesen Schwierigkeiten ist das Aufsetzen eines eigenen Affiliate-Netzwerks durchaus eine Option. Das ist zwar zunächst mit einigem Aufwand verbunden – schlüsselfertige Lösungen gibt es nicht –, hat aber langfristig beste Aussichten. Mit

Ihrem eigenen Affiliate-Netzwerk haben Sie völlige Kontrolle über Ihre Affiliate-Partner.

Und mit Ihrem eigenen Affiliate-Netzwerk haben Sie völlige Kontrolle über Ihr Affiliate-Engagement. Dabei sind Sie nicht an die Regeln eines Netzwerkbetreibers gebunden, sondern treffen alle Entscheidungen autonom. Natürlich müssen Sie Ihre Entscheidungen vor Ihren Affiliates vertreten, aber zumindest sind es dann Ihre eigenen Regeln. Provisionszahlungen an den Netzwerkbetreiber entfallen ebenfalls. Durch das Ausschalten des Mittelsmanns können Sie entweder mehr Gewinne realisieren oder Ihren Affiliate-Partnern großzügigere Konditionen gewähren und sie so stärker an Ihren Shop binden.

Apropos Shop – auch in dieser Beziehung sind Sie mit Ihrem eigenen Affiliate-Netzwerk deutlich freier, denn Sie können jederzeit weitere eigene Shops hinzunehmen, ohne sie erst freischalten zu lassen. Letztlich können Sie auch beliebige Werbemittel anbieten, ohne auf die Vorgaben des Netzwerkbetreibers angewiesen zu sein.

Natürlich kostet das eigene Affiliate-Netzwerk auch Geld. Eine Individualprogrammierung mit einem halbwegs komfortablen Funktionsumfang wird dabei voraussichtlich mit einem niedrigen 5-stelligen Euro-Betrag zu Buche schlagen. Setzen Sie diese Kosten aber in Relation zu den Gebühren für die Nutzung eines oder mehrerer Affiliate-Netzwerk, rechnet es sich möglicherweise schneller, als Sie vermuten.

In Abbildung 17-8 sieht man das deutsche Affiliate-Programm von ESET, einem weltweit agierenden Hersteller von Sicherheitslösungen. Es ist individuell auf die Anforderungen des Herstellers zugeschnitten. Affiliates können sich anmelden und erhalten Zugriff auf die Werbemittel, müssen aber noch gesondert freigeschaltet werden.

Abbildung 17-8: Individuelles Affiliate-Netzwerk, www.mvg-partnerprogramm.de

Die Plattform des eigenen Netzwerks muss so ausgelegt sein, dass alle wichtigen Daten erhoben werden und im Idealfall dem Affiliate-Partner auch Einblick in die Umsätze geben. Das eigene Affiliate-Netzwerk muss von der technischen Seite her folgende Funktionen abbilden.

Affiliate-Registrierung

Zwar sollen sich potenzielle Affiliate-Partner möglichst einfach registrieren können, erheben Sie aber dennoch vollständig alle Angaben, die Sie für die weitere Arbeit mit dem Partner brauchen. Insbesondere die Websites, auf denen der Affiliate die Werbungen schalten möchte, sind wichtig. Der Grund für ein eigenes Affiliate-Netzwerk ist bessere Kontrolle. Stellen Sie daher sicher, dass Ihre Werbung nur dort gezeigt wird, wo das Umfeld stimmt und nicht etwa negativ auf Ihre Marke oder Ihren Shop abfärbt. Angaben zu den Besucherzahlen auf diesen Webseiten sind hingegen verzichtbar. Entweder die Werbeschaltungen funktionieren – oder eben nicht. Funktionieren können sie aber auch bei geringen Besucherzahlen. Letztendlich zahlen Sie sowieso nur für vermittelte Verkäufe – die Beliebtheit der Seiten kann Ihnen also egal sein, solange das Umfeld stimmt.

Selbst auf eine explizite Freischaltung des Affiliates können Sie verzichten, denn wenn das Affiliate-Netzwerk einmal Fahrt aufgenommen hat, werden Sie in der Praxis wohl kaum jeden einzelnen Affiliate auf Herz und Nieren prüfen. Eine Funktion zum Sperren/Löschen von Affiliates sollte hingegen zum Standard gehören. In den Nutzungsbedingungen sollten Sie verankern, dass eine Auszahlung nur an überprüfte Affiliates erfolgt: Somit müssen Sie nur noch diejenigen prüfen, die einen Auszahlungsbetrag angesammelt haben. Die Einführung einer Mindestsumme zur Auszahlung vereinfacht den Vorgang weiter.

Werbemittelauswahl

Stellen Sie eine möglichst umfangreiche Auswahl an Werbemitteln zur Verfügung. In der Regel sind dies grafische Banner, die sich an den etablierten Standardgrößen orientieren (Abbildung 17-9). Die wichtigsten Größen sind:

- 336 x 280 Pixel (Large-Rectangle)
- 300 x 250 Pixel (Medium-Rectangle)
- 728 x 90 Pixel (Leaderboard)
- 160 x 600 Pixel (Wide Skyscraper)

Diese Größen sollten mindestens mit einem statischen Banner abgedeckt werden. Darüber hinaus können Sie noch verschiedene Farbvariationen, z. B. für eher helle oder eher dunkle Websites oder animierte Banner, zur Verfügung stellen.

Vergessen Sie auch nicht, einen reinen Textlink anzubieten. Dieser Textlink kann z.B. in Mailsignaturen verwendet werden.

Ziel-Links

Jedes Werbemittel ist mit einem Link auf Ihren Onlineshop versehen. Wohin dieser Link verweist, hängt wieder von der individuellen Ausgangssituation ab.

Link zur Hauptseite des Shops
Dieser sehr unspezifische Link empfiehlt sich nur bei einem sehr übersichtlichen Warenprogramm oder bei einem thematisch sehr eng gefassten Shop. Auch bei Kampagnen zur Markenbildung sollte dieser Linktyp genutzt werden. Bietet der Shop nur australischen Rotwein an, kann ein allgemeiner Link in den Shop funktionieren. Bei einem allgemeinen Weinshop würden wir eher auf spezifischere Links setzen.

Link zu Shopkategorien
In diesem Fall bieten Sie für jede zu bewerbende Shopkategorie eigene Werbemittel an. Bei einem Bekleidungsshop könnten dies z. B. Schuhe, Hosen und Hemden jeweils für Damen und Herren sein. Das ist zwar ein Mehraufwand beim Erstellen der Werbemittel, die Affiliate-Partner können aber so sehr viel gezielter in einzelne Bereiche verlinken. Die Autorin einer Website zu Damenschuhen würde dann eher die gezielten Banner für die Damenschuhkategorie nehmen, statt auf die Hauptseite des Shops zu verweisen.

Link zu individuellen Artikeln
Hier ist die gezielteste Ansprache durch Werbung möglich, aber der Aufwand dafür ist natürlich immens, denn im Prinzip müssen für jeden Artikel individuelle Banner in verschiedenen Größen erstellt werden. Meist greift man daher zu einer Mischform: Ein allgemeines Banner wird mit einem artikelspezifischen Link versehen. Diese Links sollte das Affiliate-Programm selbst erzeugen können. Lassen Sie sich nicht durch den hohen Aufwand abschrecken: Diese Art der Affiliate-Links hat die größten Erfolgschancen.

Abbildung 17-9: Wichtige Bannerformate sind Leaderboard, Large- und Medium-Rectangle sowie Wide Skyscraper.

Je mehr Werbemittel und je mehr individuelle Links erzeugt werden müssen, desto eher bietet es sich an, die Linkerzeugung automatisch erfolgen zu lassen. Auch muss die Kennung jedes Affiliate-Partners in den Link übernommen werden, um eine Zuordnung zu ermöglichen. Von daher muss ein gewisser Automatismus sowieso vorhanden sein, wenn Sie nicht den Affiliates das (möglicherweise fehlerhafte) Erzeugen der Links selbst überlassen wollen.

Auswertungen

Ein weiterer wichtiger Baustein im eigenen Affiliate-Programm sind die Auswertungen. Sie dienen nicht nur Ihnen, sondern sind auch für die Affiliate-Partner von großer Bedeutung. Gute Affiliate-Partner geben sich nicht mit dem Einbau eines einzelnen Banners zufrieden, sondern versuchen durch aktive Optimierung möglichst viele Umsätze über die Werbemittel zu generieren. Die Angabe, wie oft ein Banner gesehen wurde (Impressions), wie oft es angeklickt wurde und wie viele Verkäufe (Conversions) es erzielte, sind bei der Optimierung wesentliche Werte (Abbildung 17-10).

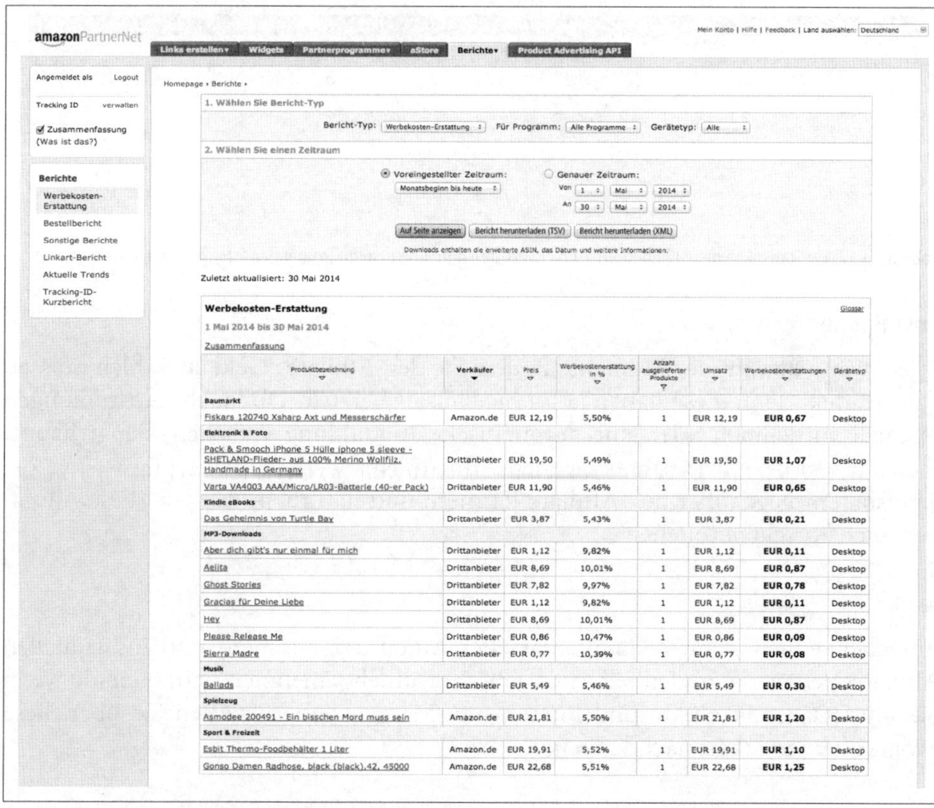

Produktbezeichnung	Verkäufer	Preis	Werbekostenerstattung in %	Anzahl ausgelieferter Produkte	Umsatz	Werbekostenerstattungen	Gerätetyp
Baumarkt							
Fiskars 120740 Xsharp Axt und Messerschärfer	Amazon.de	EUR 12,19	5,50%	1	EUR 12,19	**EUR 0,67**	Desktop
Elektronik & Foto							
Pack & Smooch iPhone 5 Hülle iphone 5 sleeve - SHETLAND-Flieder- aus 100% Merino Wollfilz, Handmade in Germany	Drittanbieter	EUR 19,50	5,49%	1	EUR 19,50	**EUR 1,07**	Desktop
Varta VA4003 AAA/Micro/LR03-Batterie (40-er Pack)	Drittanbieter	EUR 11,90	5,46%	1	EUR 11,90	**EUR 0,65**	Desktop
Kindle eBooks							
Das Geheimnis von Turtle Bay	Drittanbieter	EUR 3,87	5,43%	1	EUR 3,87	**EUR 0,21**	Desktop
MP3-Downloads							
Aber dich gibt's nur einmal für mich	Drittanbieter	EUR 1,12	9,82%	1	EUR 1,12	**EUR 0,11**	Desktop
Aelita	Drittanbieter	EUR 8,69	10,01%	1	EUR 8,69	**EUR 0,87**	Desktop
Ghost Stories	Drittanbieter	EUR 7,82	9,97%	1	EUR 7,82	**EUR 0,78**	Desktop
Gracias für Deine Liebe	Drittanbieter	EUR 1,12	9,82%	1	EUR 1,12	**EUR 0,11**	Desktop
Hey	Drittanbieter	EUR 8,69	10,01%	1	EUR 8,69	**EUR 0,87**	Desktop
Please Release Me	Drittanbieter	EUR 0,86	10,47%	1	EUR 0,86	**EUR 0,09**	Desktop
Sierra Madre	Drittanbieter	EUR 0,77	10,39%	1	EUR 0,77	**EUR 0,08**	Desktop
Musik							
Ballads	Drittanbieter	EUR 5,49	5,46%	1	EUR 5,49	**EUR 0,30**	Desktop
Spielzeug							
Asmodee 200491 - Ein bisschen Mord muss sein	Amazon.de	EUR 21,81	5,50%	1	EUR 21,81	**EUR 1,20**	Desktop
Sport & Freizeit							
Esbit Thermo-Foodbehälter 1 Liter	Amazon.de	EUR 19,91	5,52%	1	EUR 19,91	**EUR 1,10**	Desktop
Gonso Damen Radhose, black (black),42, 45000	Amazon.de	EUR 22,68	5,51%	1	EUR 22,68	**EUR 1,25**	Desktop

Abbildung 17-10: Produktleistungsbericht im Amazon-PartnerNet

Man muss nicht gleich so groß wie Amazon sein, um sein eigenes Affiliate-Netzwerk aufzubauen. In Abbildung 17-11 sieht man sehr gut, wie eine Auswertung nach Produkten aussehen kann. Auch dies ist natürlich ein wesentlicher Punkt für die Affiliate-Partner, denn auch über einen Link zu einem bestimmten Produkt kann ein Käufer im Onlineshop ein ganz anderes Produkt kaufen. Auch diese Umsätze geben dem Partner wichtige Hinweise zur Optimierung.

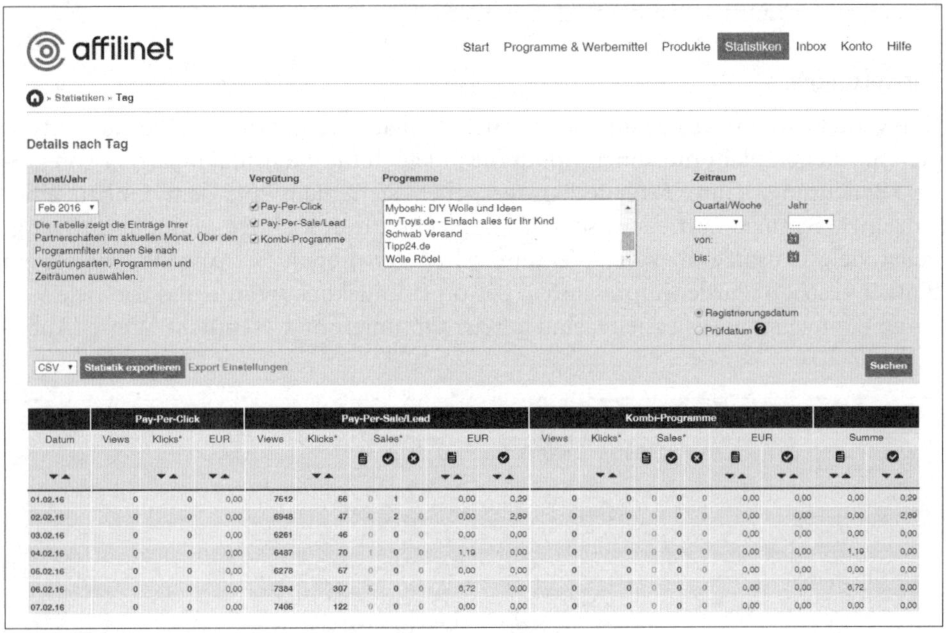

Abbildung 17-11: Statistiken geben Publishern und Advertisern gute Anhaltspunkte über den Erfolg einzelner Werbemittel.

Auszahlung

Irgendwann kommt der Moment, an dem Sie den Affiliates Geld auszahlen müssen bzw. dürfen, denn diese haben ja für Sie Umsätze erzielt. Ob Sie die Auszahlungen manuell vornehmen oder eine automatische Auszahlung vorsehen, hängt hauptsächlich von der Größe Ihres eigenen Affiliate-Netzwerks ab. Wichtig ist nur die Transparenz gegenüber den Affiliate-Partnern und natürlich, dass Sie diese Ausgaben auch korrekt verbuchen.

Fazit

Branchenkenner rechnen damit, dass der Anteil der Nischen- und individuellen Affiliate-Netzwerke in den nächsten Jahren deutlich zunehmen wird. Gerade wenn Sie interessante Produkte und interessante Margen haben, sollten Sie über diese Möglichkeit ernsthaft nachdenken.

Empfehlungen

Affiliate-Marketing kann einen wichtigen Stellenwert einnehmen, wenn man es zielgerichtet und vorsichtig einsetzt. Statt auf mehreren Plattformen aktiv zu sein und so Affiliate-Hopping zu befördern, sollte man sich bei der Auswahl der Netzwerke Zeit lassen. Gezieltes Ansprechen von potenziellen Affiliate-Partnern kann, gerade in Nischenmärkten, erfolgversprechender sein, als einem Netzwerk beizutreten. Wer sich für das Thema Affiliate-Marketing interessiert, findet auf der Website *www.affiliateblog.de* aktuelle und interessante Informationen.

Gehört man nicht gerade zu den »Top-Performern« also den Leistungsträgern in einem Affiliate-Netzwerk, dann wird man oft schlecht betreut. Gerade große Netzwerke neigen dazu, kleinere Werbepartner nicht in dem Maße wahrzunehmen, wie sie es eigentlich verdient hätten. Hier haben Sie die Chance, mit Ihrem eigenen Affiliate-Netzwerk einen echten Unterschied zu machen. Kümmern Sie sich um Ihre Werbepartner! Versorgen Sie sie frühzeitig mit Informationen. Geben Sie Feedback und praktische Hilfen. Halten Sie beständigen Kontakt. Eine handgeschriebene Weihnachtskarte oder ab und zu ein Tütchen Gummibärchen per Post, gepaart mit regelmäßiger Kommunikation und schneller Reaktion, trägt gewaltig zum guten Verhältnis bei. So sichern Sie sich im Gegenzug die Aufmerksamkeit, die Sie sich von Ihrem Werbepartner für Ihren Shop wünschen.

Das Gegenteil passiert, wenn Sie sich nicht um Ihre Werbepartner bemühen oder sogar Käufe und Auszahlungen nicht zeitnah bestätigen. Im vorliegenden Fall hat einer unserer Kunden auf die automatische Bestätigung von Käufen und Auszahlungen verzichtet und alle manuell bestätigt. Im Rahmen eines Mitarbeiterwechsels wurde diese Aufgabe nicht korrekt an den neuen Mitarbeiter kommuniziert, der letztlich überhaupt nicht wusste, dass er die Affiliate-Umsätze manuell bestätigen musste. Zu allem Übel war die E-Mail-Adresse des neuen Mitarbeiters auch nicht bei den Affiliate-Programmen hinterlegt. Die von den Plattformen verschickten Mails landeten im digitalen Nirwana. Unser Kunde wurde nun von seinen Affiliate-Partnern und den Plattformen angeschrieben, weil viele Käufe nicht bestätigt wurden. Die Beschwerden häuften sich, ohne dass aufseiten des Advertisers davon jemand Kenntnis nehmen konnte. In der Konsequenz waren viele Affiliate-Partner derart über die fehlenden Umsätze und die nicht vorhandene Kommunikation frustriert, dass sie sich innerhalb der Affiliate-Plattformen der direkten Konkurrenz zuwendeten und fortan deren Produkte aktiv beworben. Unser Kunde flog teilweise auch von einzelnen Publisherseiten, teilweise sperrten die Plattformen sogar den Account. Es bedürfte sehr viel Überzeugungskraft und noch viel höherer Affiliate-Provisionen, um die Top-Publisher wieder zur Zusammenarbeit zu bewegen.

Praxisbeispiel: Dynamische Preisanpassungen bei Affiliate-Links

Gutscheinportale und Affiliate-Links sind für Onlineshopbetreiber ein sehr gutes, wenn auch recht teures Marketinginstrument. Das aktuelle Beispiel von obi.de zeigt, wie Händler erfolgreich mit Gutscheinen und Affiliate-Partnern arbeiten können und dennoch nicht unnötig draufzahlen.

Auf Gutscheinseiten wie mydealz oder *www.melsungen-online.de* (der Klassiker unter den Affiliate-Portalen) gelistet zu werden, ist für Onlineshops grundlegend wichtig. Viele potenzielle Käufer suchen, nachdem sie das Produkt im Onlineshop gefunden haben, gezielt nach Gutscheinen. Der Screenshot der Autofill-Funktion der Google-Suche (Abbildung 17-12) zeigt zudem, dass Kunden ganz bewusst nach Gutscheinen und Monatsangaben suchen. Auf dem Gutscheinportal angekommen, klickt der Interessent auf den Gutscheinlink und landet wieder im Shop. Dort befindet er sich entweder auf einer speziellen Unterseite mit Informationen zum Gutschein (z. B. bei der Newsletteranmeldung), oder die Rabatte werden automatisch im Warenkorb angezeigt bzw. abgezogen. Häufig funktioniert dies aufseiten des Onlineshops über Sessions oder Cookies. Die Informationen zum Rabatt werden dabei im Browser des Surfers gespeichert.

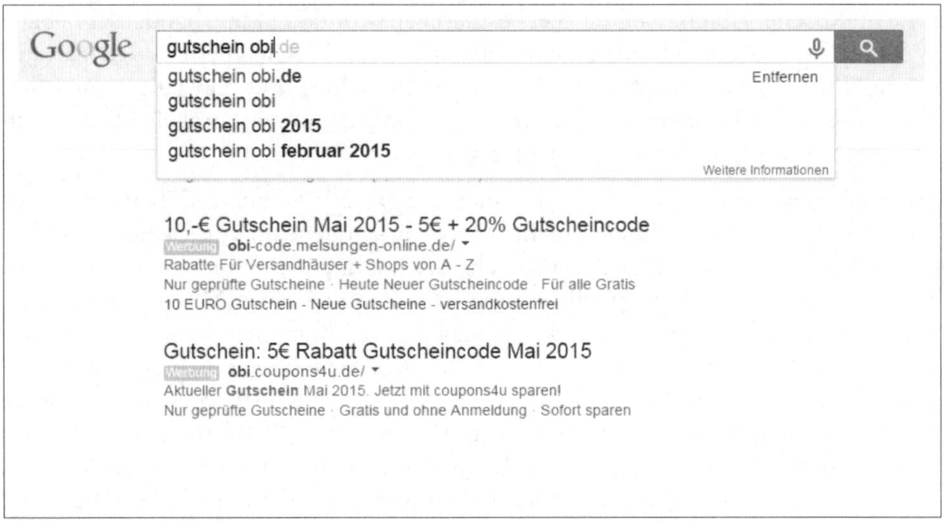

Abbildung 17-12: Vor dem Kauf im Onlineshop werden oft Gutscheine im Internet gesucht.

Für die Betreiber der Gutscheinportale ist dieser »Deal« durchaus interessant. Oft werden sie mittels Affiliate-Programmen am Umsatz im Onlineshop beteiligt. Und das nicht zu knapp. Das Screenshotbeispiel zeigt: Selbst die Bewerbung der Gutscheincodes seitens der Gutscheinportale rechnet sich. Die AdWords-Kosten trägt hier ja nicht Obi, sondern melsungen-online.de bzw. coupons4u.de.

Für den Shopbetreiber bedeutet das eigentlich, dass er zweimal bezahlt: Einmal in Form des Rabattabzugs, ein zweites Mal in Form der Affiliate-Provision. Eigentlich. Die Alternative dazu heißt: dynamische Preisanpassung im Onlineshop. Verkürzt ausgedrückt heißt das, dass nicht jeder Shopbesucher den gleichen Preis für das gleiche Produkt bezahlt.

Die oben erwähnte Umsetzung des Rabattabzugs mittels Cookie oder Session lässt sich natürlich nicht nur dafür nutzen, einen Rabatt im Warenkorb abzuziehen, sondern auch, um unterschiedliche Preise anzuzeigen. Abbildung 17-13 (11.05.2015, 10:44 Uhr) zeigt zwei identische Produkte im gleichen Onlineshop zur gleichen Zeit. Das einzige, was sich unterscheidet, ist der Preis. Die Produkte im linken Fenster (höhere Preise) wurden über einen Gutscheinlink aufgerufen, der 5 Euro Rabatt zusichert. Die Produkte im rechten Fenster (niedrigere Preise) wurden über einen »unbelasteten« Browser ohne Affiliate-/Gutscheinlink aufgerufen. (Die Gegenprobe wurde natürlich auch gemacht: Wird das Cookie im linken Browser gelöscht, werden wieder die niedrigeren Originalpreise angezeigt.)

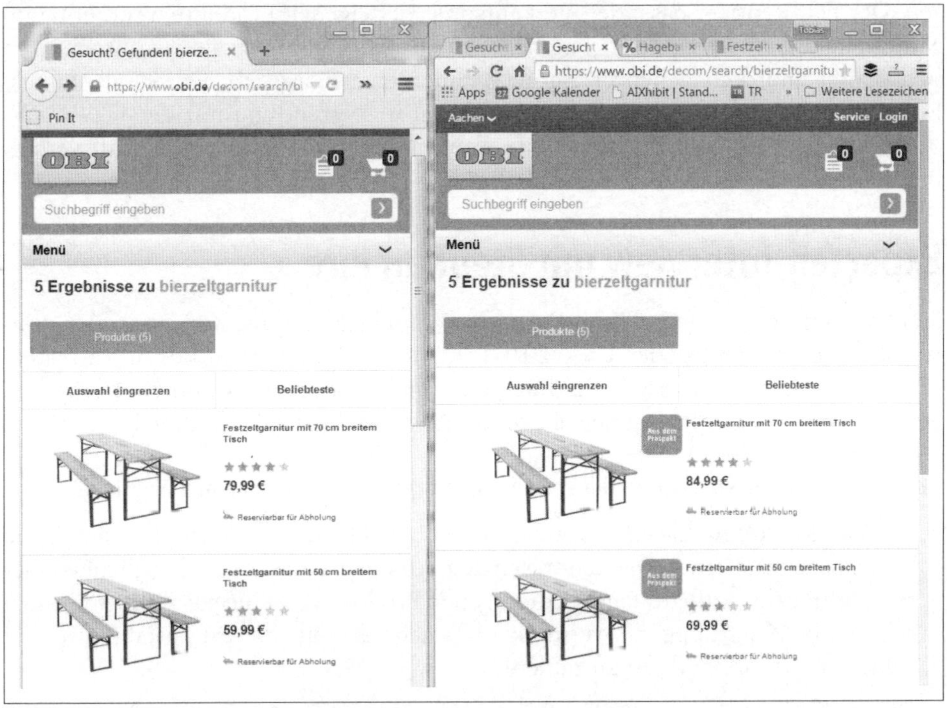

Abbildung 17-13: Gleicher Artikel, unterschiedlicher Preis. Links: direkte URL-Eingabe; rechts: Shopaufruf über einen Affiliate-Link

Für obi.de ergibt sich ein Unterschied von 5 bzw. 10 Euro. Das entspricht einem Aufschlag von immerhin 6,25 % bzw. 16,67 %. Durch den Aufschlag wird mindestens ein Teil des Rabatts bzw. der Affiliate-Provision wieder reingeholt. Je nach Aufwand mag es sogar möglich sein, durch die dynamische Preisanpassung ein zusätzliches Plus zu erwirtschaften.

Ein solches Szenario im eigenen Onlineshop umzusetzen, ist nicht ganz trivial. Natürlich sollte in erster Linie darauf geachtet werden, dass den Endkunden nicht auffällt, dass sie trotz Gutschein eigentlich genauso viel (oder sogar mehr) bezahlen wie vorher.

Voraussetzung für die technische Umsetzung sind verschiedene Preis- bzw. Kundengruppen, die für die jeweiligen Anwendungsfälle definiert und programmier-technisch eingebunden werden müssen. Dass solche Preisanpassungen gang und gäbe sind, zeigt dabei unter anderem der Artikel »Höhere Preise beim Einkauf mit dem Smartphone als vom Desktop« der im vergangenen Jahr bei heise.de erschien. Wie das in der (professionellen) Praxis funktioniert, macht wieder einmal Amazon vor. Die Preise beim größten Onlinehändler schwanken jeden Tag bis zu drei Millionen Mal.

Wenn Händler selbst über Amazon verkaufen, können sie (genügend Vertrauen vorausgesetzt) die dynamischen Anpassungen auch einer externen Software überlassen. Der JTL-Repricer passt den Verkaufspreis der eigenen Produkte wenn nötig im Minutentakt bei Amazon an. Hierbei werden die Konkurrenzpreise automatisch beobachtet und die eigenen Preise im Rahmen einer vorgegebenen Schwankungsbreite angepasst. Der JTL-Repricer ist sowohl in Verbindung mit der JTL-WaWi oder auch als JTL-Web-Repricer ohne Anbindung an die Warenwirtschaft verfügbar.

Experten-Interview mit Stephan Pire

Stephan Pire ist ein »Digital Sales Wanderer« und begann seine Karriere in der »Spirits & Wine«-Branche in den USA. 2010 kehrte er nach Europa zurück und arbeitete dort im Onlinemarketing von Starbucks, Columbia Sportswear und Gore Apparel. Seit 2012 investiert er in Onlinewebsites und verhilft Ihnen zum Onlinedurchbruch.

Kurz zusammengefasst: Was ist der Vorteil von Affiliate-Marketing für einen Webshop?

Affiliate-Marketing ist eine wunderbare Möglichkeit, um Traffic für die eigene Website zu generieren. Das Schöne an dem Modell ist, dass es die Möglichkeit bietet, mithilfe der Affiliate-Partner die eigenen Produkte für eine passende und zugeschnittene Zielgruppe zu vermarkten – jedoch nur im Erfolgsfall, also bei Verkäufen im Shop, dafür zu zahlen!

Dieser Einkommensweg basiert ausschließlich auf selbst festgelegten Provisionen, die man in weiten Bereichen variieren kann. Es gibt keine »typische Provision«, denn diese hängt von der Affiliate-Plattform, den Affiliate-Partnern und dem Produkt ab. Da die Provision aber nur im Fall eines Verkaufs gezahlt wird, ergibt sich für alle Beteiligten also eine Win-Win-Situation.

Durch die Zusammenarbeit und die Vermarktung der eigenen Produkte durch die Affiliate-Partner gibt man die Kontrolle über die Marketingmessage und das Erscheinungsbild der Onlineanzeigen in einem gewissen Maße ab. Führt dies Ihren Erfahrungen nach zu Problemen oder überwiegen die Vorteile diese Bedenken?

Affiliate-Partner müssen an der kurzen Leine gehalten werden! Stellen Sie sich folgendes Szenario vor: Sie selbst schalten Google-AdWords-Anzeigen für den Shop, die aber nicht optimal aufgesetzt sind. Dies könnte einen Ihrer Affiliate-Partner dazu verleiten, selbst Google-AdWords-Anzeigen für Ihre Produkte zu schalten, die besser funktionieren. Es findet dadurch eine Verlagerung von Verkäufen weg von Ihnen hin zum Affiliate-Partner statt – Sie verlieren also Marge – und möglicherweise steigen dadurch noch Ihre AdWords-Kosten, da Sie nun auch noch mit Ihrem Affiliate-Partner konkurrieren.

Aus diesem Grund erlauben manche Affiliate-Plattformen den Affiliate-Partnern, die Nutzung von AdWords-Kampagnen mit Marken-Keywords zu verbieten. Trotzdem müssen Sie nach wie vor sehr genau alle Kanäle beobachten, auf denen Käufer in Ihren Shop kommen, um solche Machenschaften frühzeitig zu entdecken und einzuschreiten. Auch zweifelhafte SEO-Aktivitäten von Affiliate-Partnern können Ihrem Shop mehr Schaden zufügen, als Sie über die Affiliate-Umsätze gewinnen.

Welche Form der Kommunikation mit Affiliate-Partnern empfehlen Sie?

Um Erfolg zu haben, muss man gute Affiliate-Partner so behandeln, wie man auch selbst behandelt werden möchte. Affiliates, die einen guten Draht zu Ihnen und Ihrem Shop haben, werden Ihnen und Ihrem Shop einen Vorsprung verschaffen und Ihnen eine gute Position sichern.

Ihre Kunden informieren Sie über Newsletter – das Gleiche sollten Sie auch mit Ihren Affiliate-Partnern machen. Informieren Sie Ihre Affiliates über alle neuen Produkte, Promotions und sonstigen Aktionen. Halten Sie sie zeitnah und jederzeit informiert. Suchen Sie den regelmäßigen persönlichen Kontakt zu Ihren Affiliate-Partnern, zumindest zu den besten. Wo möglich, sollten Sie über E-Mail hinausgehen und auch den Kontakt per Telefon oder in Person suchen. Hören Sie auf die Wünsche der Top-Affiliates und versuchen Sie, diese zu erfüllen. Je besser der Kontakt ist, desto besser werden Ihre Umsätze über die Affiliate-Partner werden.

Wie real ist die Gefahr eines Betrugs beim Affiliate-Marketing?

Es ist wichtig, dass man eine seriöse Affiliate-Plattform benutzt. Der Anmeldeprozess und die Anforderungen einer seriösen Plattform können nervig sein, wenn man sich von billigen und einfachen Affiliate-Plattformen verlocken lässt, dann wird man den eigenen Webshop für unschöne Methoden durch unseriöse Affiliate-Partner zugänglich machen. Wenn man mit schlechten Affiliate-Partnern zu tun hat, wird man vermutlich mit den folgenden Gefahren in Kontakt kommen:

- Black-Hat-SEO-Maßnahmen, die das Google-Ranking der eigenen Website negativ beeinflussen. Im schlimmsten Fall endet dies damit, dass man nicht mehr auf den Google- oder Bing-Suchergebnisseiten geführt wird.
- Gefälschte Provisionen, die entweder Ihr Geld oder Ihre Zeit auffressen.
- Ein schlechter Ruf, falls Ihre Anzeigen auf Drogen- oder Pornowebseiten wiedergefunden werden.

Zanox, Affili.net und Tradedoubler – es gibt eine ganze Industrie, die verschiedenste Affiliate-Plattformen anbietet. Muss ich in allen mitspielen oder reicht es, mich für eine zu entscheiden und damit zu arbeiten?

Wenn Ihr Webshop noch jung ist, haben Sie nicht den Luxus, eine Plattform auswählen zu können. Sie werden qualitativ hochwertige Affiliate-Partner bei Zanox und Tradedoubler finden, allerdings mit einer hohen Provision an die Plattform selbst, verbunden mit einer hohen Eintrittsschwelle aus Prüfungen, Freischaltungen und Vorabzahlungen. Affili.net und TradeTracker hingegen sind deutlich zugänglicher und Newcomern gegenüber deutlich hilfsbereiter. Aber auch hier müssen Sie sich um die Aufnahme bewerben und meist ein Guthaben hinterlegen, von dem die Affiliate-Provisionen und die Provisionen der Plattform abgezogen werden.

Checkout-Marketing

Sicherlich haben Sie schon einmal etwas online eingekauft. Vermutlich waren alle Shops mehr oder weniger vorbildlich aufgebaut, haben gute Produktübersichtsseiten gehabt und den Checkout-Prozess ablenkungsarm gestaltet. Dann ist der Kauf getätigt und die Sache eigentlich vorbei. Wirklich?

Überraschend viele Shops lassen Ihre Kunden nach einer erfolgten Bestellung im übertragenen Sinne gegen eine Wand laufen. Oft ringt man sich gerade noch ein »Danke für Ihren Einkauf« ab und lässt den Benutzer dann lieblos im Weißraum der Seite stehen.

Von psychologischer Seite aus ist das grundfalsch, denn gerade jetzt möchte der Kunde an die Hand genommen werden. Wenn es sich nicht gerade um Windeln oder Kopfschmerztabletten handelt, ist der Kunde einerseits in einem euphorischen Zustand durch das Belohnungsgefühl, das der Kauf ausgelöst hat. Andererseits hat er aber vielleicht auch Zweifel, ob das wirklich die richtige Wahl war. In beiden Fällen kann man dem Kunden Halt und Orientierung geben.

Eine der wichtigsten Aufgaben der Thank-You-Seite ist daher, dem Kunden Sicherheit zu vermitteln. Ein einzelnes »Danke« reicht da nicht.

Marketingpotenzial der Thank-You-Seite

Oftmals unterschätzt wird auch das Marketingpotenzial der letzten Seite. Der Kunde hat Ihrem Shop gerade das größte Vertrauen ausgesprochen und eine Bestellung getätigt. Diese Chance sollten Sie nutzen. Dazu gibt es einige bewährte Möglichkeiten, die wir im Folgenden aufzählen.

Weder müssen Sie alle diese Maßnahmen umsetzen, noch sollten Sie es tun! Eine überfrachtete letzte Seite hat nämlich den gegenteiligen Effekt und kann zu Verunsicherung und Irritation führen. Auch eine letzte Seite sollte klar und übersichtlich sein und zum gesamten gestalterischen Konzept des Shops passen!

Produkt vergessen?

Gar nicht mal so selten ist das Szenario, dass eine Bestellung abgeschlossen wurde und der Kunde dann feststellt, dass er ein Produkt vergessen hat. Oder er war sich bei einem Produkt unschlüssig und hat es nicht in den Warenkorb gelegt, nur um am Ende des Einkaufs zu denken, dass er es doch gern hätte.

Hier können Sie über eine schön gestaltete Box ansetzen und beinah provokant fragen »Noch etwas vergessen?« Geben Sie einen Anreiz und vermitteln Sie gleichzeitig ein Gefühl von Dringlichkeit, indem Sie z. B. anbieten, dass eine Nachzüglerbestellung noch ohne erneute Versandkosten zur ursprünglichen Bestellung hinzugefügt werden kann.

Social Sharing

Gerade bei luxuriöseren oder weltanschaulich aufgeladenen Produkten (was durchaus auch angesagte Elektronik sein kann) hat der Käufer ein nicht zu unterschätzendes Mitteilungsbedürfnis. Hier setzt eine sinnvoll vorausgefüllte Mitteilungsbox für soziale Netze wie Facebook, Google+ oder Twitter an. »Ich habe gerade mein neues iPhone 6 bei *www.iphone-shop.de* gekauft.« – wie schnell hat der stolze, neue Besitzer da auf »Tweet« oder »Share« geklickt und allen seinen Freunden die frohe Kunde übermittelt. Mittels direkter Verlinkung auf die Produktseite haben Sie zusätzliche, kostenlose Werbung in einem zielgenauen Empfängerkreis.

Falls Ihre Marge den Spielraum einräumt, können Sie hier auch mit einem Gutschein für die Freundeswerbung arbeiten: »Ich spare Strom mit den neuen LED-Birnen. Meine Freunde sparen 5 Euro beim nächsten Einkauf mit dem Gutscheincode LEDSPAREN2016.« Die 127 Zeichen dieser Nachricht passen in jeden Tweet, und der Kunde hat das schöne Gefühl, seinen Freunden etwas Gutes getan zu haben.

Newsletteranmeldung

Einen bestehenden Kunden zu halten, ist einfacher, als neue Kunden zu gewinnen. Der Newsletter (siehe Kapitel 19, *E-Mail-Marketing*, auf Seite 527) ist das effizienteste Werkzeug zur Kundenbindung. Nichts liegt also näher, als nach dem frischen Einkauf um die Erlaubnis zum Newsletterempfang zu bitten. Fragen Sie hier nur die E-Mail-Adresse ab – sie kann sogar schon vorausgefüllt im Eingabefeld stehen, da sie ja aus dem Einkaufsvorgang bekannt ist. Lassen Sie das Feld dennoch zum Bearbeiten freigeschaltet, da man unter Umständen den Newsletter an eine andere Adresse bekommen möchte.

Oftmals wird die Newsletteranmeldung mit einem kleinen Gutschein versüßt. Während dies im Vorfeld des Einkaufs sinnvoll ist, wäre es nach erfolgtem Einkauf nicht mehr zwingend nötig. Die beiden Fälle separat abzufangen, ist aber technisch aufwendig, zudem kann sich ein Käufer ungerecht behandelt fühlen, wenn er keinen Gutschein erhält. Behandeln Sie daher beide Fälle gleich.

Produktwerbung

»Kunden, die X kauften, kauften auch Y« – Amazon macht es seit Langem vor, andere Shops greifen diese Methode auf. Auch nach einem erfolgten Einkauf ist es durchaus möglich, auf weitere Produkte hinzuweisen. Hierbei kann man drei Fälle unterscheiden:

Verwandte Produkte
: Ähnlich wie beim bekannten Cross-Selling (siehe Abschnitt »Andere Produkte auf der Detailseite (Cross-Selling)« auf Seite 184) können Sie auch auf der Thank-You-Seite auf thematisch passende Artikel verweisen. Die Pflegesets zu den Schuhen, die Gläser zum Wein, die HDMI-Kabel zum Fernseher.

Vormals angeschaute Produkte
: Einem Einkauf im Shop geht oft ein langes Stöbern im Produktangebot voran. Mit entsprechender Erfassung können Sie also Produkte anzeigen, die der Kunde vorher angesehen hat. Dabei ist aber ein gewisses Fingerspitzengefühl nötig, das sich schlecht digital abbilden lässt. Hat der Kunde eine bestimmte Hose gekauft, dann ist es vermutlich nicht hilfreich, ihm eine andere Hose anzuzeigen, die er im Vorfeld betrachtet hat. Die Wahrscheinlichkeit ist groß, dass er gerade diese Hose NICHT haben wollte. Greifen Sie also stattdessen auf Produkte aus unterschiedlichen Kategorien zurück, im Beispiel also Hemden oder Schuhe.

Margenbringer/Ausverkauf
: Sehr effektiv ist es an dieser Stelle, Produkte anzuzeigen, die interessante Margen haben. Aber auch Ausverkaufs- oder Lagerräumungsware kann auf der letzten Seite des Shops erneut beworben werden.

Neben den direkten Links zu diesen Produkten sollte ein unübersehbarer »Zurück zum Shop«-Knopf an dieser Stelle nicht fehlen.

Partnershops / Schwestershops

Letztendlich ist die letzte Seite natürlich prädestiniert dafür, den Kunden in thematisch passende andere Shops einzuladen. Dies können andere Shops des gleichen Shopbetreibers sein, aber auch Shops von Kooperationspartnern. Wichtig ist immer die thematische Nähe. In einem Shop für Automobilzubehör ist es vermutlich weniger sinnvoll, auf einen Onlineshop für Parfüm oder Abendkleider hinzuweisen als auf einen Onlineshop für Mountainbikes. Der Shop für Wein kann aber durchaus auf einen Süßwarenshop oder einen Shop für Glas und Porzellan verweisen.

Tipp Das Checkout-Marketing muss nicht auf der letzten Seite des Shops aufhören. Gerade wenn Sie ein Artikelsortiment haben, aus dem sich der gleiche Kunde regelmäßig bedienen könnte, wenn Sie also Verbrauchs und Konsumgüter anbieten, dann lohnt es sich, über Maßnahmen nachzudenken, wie man den Kunden nach einiger Zeit wieder in den Shop zurückholt.

Wenn Sie sowieso Google AdWords (siehe Kapitel 18, *Google AdWords und Google Products*, auf Seite 491) einsetzen, kann der erfolgreiche Verkauf als Auslöser für das Remarketing (siehe Abschnitt »Remarketing« auf Seite 507) genutzt werden. Einem bestehenden Kunden würde dann 2–3 Monate nach dem Kauf wieder Werbung für den eigenen Shop eingeblendet, ggf. mit einem speziellen Rückholangebot.

Preisvergleichsportale

Wie einfach war es doch früher für den Einzelhändler, als der Vergleich von Preisen und Leistungen den Gang von Geschäft zu Geschäft oder zeitaufwendiges Telefonieren erfordert hat. Mit der rasanten Verbreitung von Onlineshops wurde der Rechercheaufwand für den Verbraucher deutlich geringer. Spezielle Portale wie Idealo.de oder Billiger.de setzen an, auch den letzten Aufwand zu beseitigen und für alle möglichen Artikel die jeweils besten Preise ausfindig zu machen. Das ist ein riesiges Geschäft. Das zum Axel-Springer-Konzern gehörende Preisvergleichsportal Idealo.de beispielsweise operiert seit dem Jahr 2000 und hat am Firmensitz Berlin über 400 Mitarbeiter beschäftigt. Es gilt als eines der größten Portale Europas und erzielte im Jahr 2010 über 30 Millionen Euro Umsatz durch Gebühren, die Onlineshopbetreiber zahlen müssen, um auf dem Preisvergleichsportal aufgeführt zu sein.

Hier liegt auch der Knackpunkt: Die Daten für die Suchmaschine werden nicht etwa unabhängig erhoben und recherchiert, sondern stammen von den Shopbetreibern selbst. Sie liefern die Daten über eine automatisierte Schnittstelle an das Portal – dort werden sie dann, wie in Abbildung 17-14 zu sehen, in Relation zu den anderen Anbietern gesetzt und nach Preisen sortiert dargestellt.

Abbildung 17-14: Preissuchmaschinen erfassen Daten über fast alle Produkte.

Angaben wie die Aktualität der Daten und die Versandkosten fallen bei der Ermittlung der Rangfolge oft unter den Tisch. Zwar sind die Preisvergleichsportale seit 2009 höchstrichterlich dazu verpflichtet, diese Angabe zugänglich zu machen – so recht im Fokus stehen sie aber immer noch nicht.

Anhand des folgenden Beispiels (Abbildung 17-15) kann man die Auswirkungen dieser Praxis leicht erkennen: Der Anbieter Mindfactory hat für das gesuchte Produkt mit 44,30 Euro scheinbar den günstigsten Preis. Amazon bildet in der Übersicht mit 44,95 Euro das Schlusslicht. Schaut man sich aber im Kleingedruckten die Versandkosten an, so stellt man fest, dass tatsächlich Amazon der günstigste Anbieter ist, da er versandkostenfrei versendet. Der Anbieter Mindfactory rutscht auf Platz Nummer 4 – neben Amazon sind noch zwei weitere Anbieter unter dem Strich günstiger.

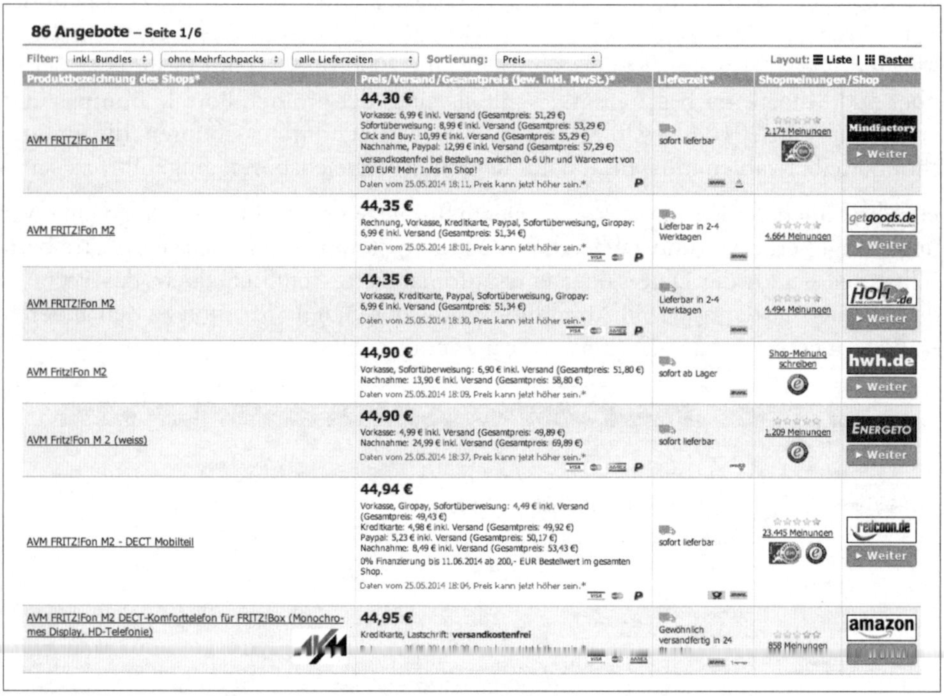

Abbildung 17-15: Die Versandkosten sind in der Reihenfolge nicht berücksichtigt.

Kostenmodell

Preissuchmaschinen werden in der Regel über das Pay-per-Click-Modell bezahlt: Jeder Klick auf ein Produktangebot wird mit einem festen oder prozentualen Betrag in Rechnung gestellt. Eines der transparentesten Modelle hat das Portal Billiger.de, wie in Abbildung 17-16 zu sehen ist.

Jeder Klick kostet hier pauschal 0,38 Euro und kann um 10 Cent gesenkt werden, wenn man auf der eigenen Website einen Werbelink zu Billiger.de platziert.

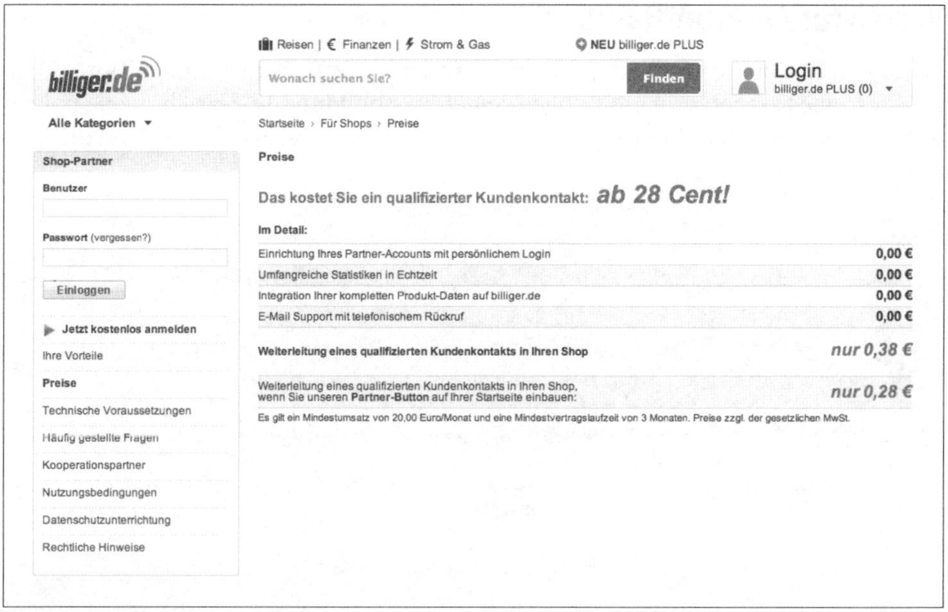

Abbildung 17-16: Preismodell billiger.de

Wenn man mehr als ein Preisvergleichsportal nutzt, sollte man neben der Auswertung im Portal seine eigene Auswertung, z. B. mit Google Analytics (siehe Abschnitt »Adressgenerierung« auf Seite 532), durchführen.

Mit geeigneten Trackingmethoden kann man dann die quantitative Anzahl der Besucher in Relation zu den erzielten Erlösen setzen. Im Beispiel in Abbildung 17-17 sind gut 2.000 Besucher von Idealo.de gekommen und haben einen Umsatz von fast 19.000 Euro erzielt. Bei einem Klickpreis von um die 20 Cent fallen dafür ca. 400 Euro an Werbeausgaben für die hierüber erzielten Umsätze an. Angenommen, die Marge für die Artikel liegt bei 5 %, dann würden die Kosten für das Preisvergleichsportal fast die Hälfte des Erlöses wieder wegnehmen

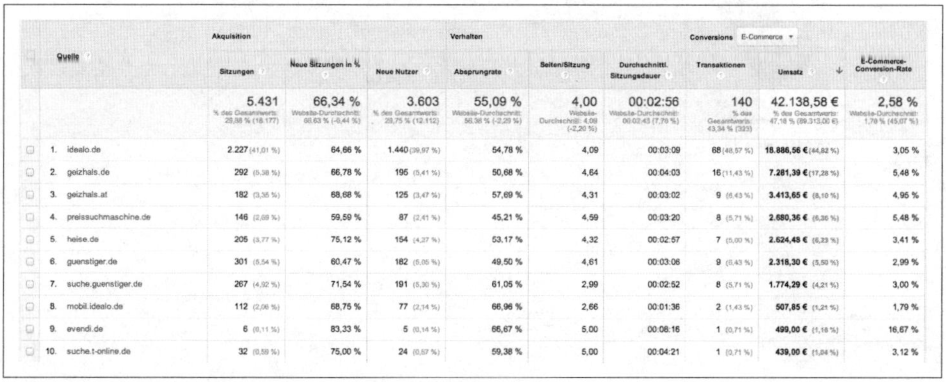

Quelle	Akquisition: Sitzungen	Neue Sitzungen in %	Neue Nutzer	Verhalten: Absprungrate	Seiten/Sitzung	Durchschnittl. Sitzungsdauer	Conversions (E-Commerce): Transaktionen	Umsatz	E-Commerce-Conversion-Rate
	5.431 % des Gesamtwerts: 29,88 % (18.177)	66,34 % Website-Durchschnitt: 66,63 % (-0,44 %)	3.603 % des Gesamtwerts: 29,75 % (12.112)	55,09 % Website-Durchschnitt: 56,38 % (-2,29 %)	4,00 Website-Durchschnitt: 4,09 (-2,20 %)	00:02:56 Website-Durchschnitt: 00:02:43 (7,79 %)	140 % des Gesamtwerts: 43,34 % (323)	42.138,58 € % des Gesamtwerts: 47,18 % (89.313,00 €)	2,58 % Website-Durchschnitt: 1,78 % (45,07 %)
1. idealo.de	2.227 (41,01 %)	64,66 %	1.440 (39,97 %)	54,78 %	4,09	00:03:09	68 (48,57 %)	18.886,56 € (44,82 %)	3,05 %
2. geizhals.de	292 (5,38 %)	66,78 %	195 (5,41 %)	50,68 %	4,64	00:04:03	16 (11,43 %)	7.281,39 € (17,28 %)	5,48 %
3. geizhals.at	182 (3,35 %)	68,68 %	125 (3,47 %)	57,69 %	4,31	00:03:02	9 (6,43 %)	3.413,65 € (8,10 %)	4,95 %
4. preissuchmaschine.de	146 (2,69 %)	59,59 %	87 (2,41 %)	45,21 %	4,59	00:03:20	8 (5,71 %)	2.680,36 € (6,36 %)	5,48 %
5. heise.de	205 (3,77 %)	75,12 %	154 (4,27 %)	53,17 %	4,32	00:02:57	7 (5,00 %)	2.624,48 € (6,23 %)	3,41 %
6. guenstiger.de	301 (5,54 %)	60,47 %	182 (5,05 %)	49,50 %	4,61	00:03:06	9 (6,43 %)	2.318,30 € (5,50 %)	2,99 %
7. suche.guenstiger.de	267 (4,92 %)	71,54 %	191 (5,30 %)	61,05 %	2,99	00:02:52	8 (5,71 %)	1.774,29 € (4,21 %)	3,00 %
8. mobil.idealo.de	112 (2,06 %)	68,75 %	77 (2,14 %)	66,96 %	2,66	00:01:36	2 (1,43 %)	507,85 € (1,21 %)	1,79 %
9. evendi.de	6 (0,11 %)	83,33 %	5 (0,14 %)	66,67 %	5,00	00:08:16	1 (0,71 %)	499,00 € (1,18 %)	16,67 %
10. suche.t-online.de	32 (0,59 %)	75,00 %	24 (0,67 %)	59,38 %	5,00	00:04:21	1 (0,71 %)	439,00 € (1,04 %)	3,12 %

Abbildung 17-17: Umsätze über Preissuchmaschinen können einen erheblichen Anteil ausmachen.

Vorteil für Amazon-Händler

Wer seine Produkte auch über Amazon verkauft, hat einen leichten Vorteil, da Amazon eine Kooperation mit Billiger.de hat. In Abbildung 17-18 sieht man ein Produkt im Amazon Marketplace. Achten Sie auf den Preis von 28,99 Euro und die Versandkosten von 2,50 Euro.

Abbildung 17-18: Angebot eines Amazon-Marketplace-Händlers

Das gleiche Produkt taucht in der Auflistung von Billiger.de auf, wie in Abbildung 17-19 zu sehen ist. Auch hier sind wieder der gleiche Preis und die gleichen Versandkosten aufgelistet.

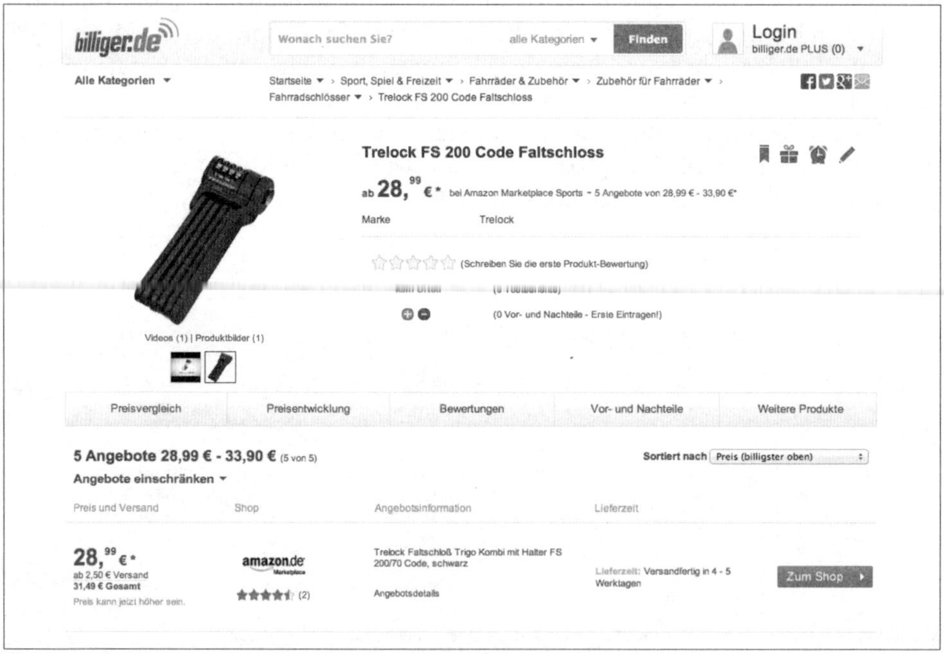

Abbildung 17-19: Billiger.de übernimmt das Angebot von Amazon.

Auf Billiger.de wird Amazon als Lieferant gelistet, bei Amazon.de hingegen eine Firma mit dem Namen »Fahrrad Gigant«. Amazon-Marketplace-Händler können sich also die Kosten für die Teilnahme an Billiger.de sparen. Wägen Sie aber die Verkaufsprovisionen bei Amazon gegen die Provisionen bei Billiger.de ab. Möglicherweise ist es sinnvoll, zweigleisig zu fahren.

Technische Umsetzung

Das Preisvergleichsportal muss über das Produktsortiment und die Preise des Shops informiert werden. In der Regel stellen die Betreiber des Preisvergleichsportals entsprechende Module und Schnittstellen für die gängigsten Shopsysteme bereit. Idealo.de verfügt beispielsweise über Module für Magento, OXID eShop, PrestaShop und xtcommerce und deckt so schon eine große Bandbreite ab. Sollte es für Ihr Shopsystem kein Modul geben, kann der Datenaustausch oftmals über eine XML-Schnittstelle und im Extremfall manuell über einen CSV-Dateiimport erfolgen.

Rechnen Sie in Ihre Überlegungen auf jeden Fall den Integrationsaufwand ein! Selbst wenn es ein fertiges Modul gibt, werden Sie (bzw. Ihre E-Commerce-Agentur) einige Stunden Arbeit in die Integration und den Test des Moduls investieren müssen. Sobald Sonderwünsche hinzukommen, wie z. B. die Einschränkung des zu meldenden Produktsortiments, vergrößert sich der Aufwand.

Verlassen Sie sich im Übrigen nicht blind darauf, dass die Schnittstelle auch tatsächlich funktioniert. Abbildung 17-20 zeigt ein Ergebnis aus dem Preisvergleichsportal Idealo. Während der linke Artikel korrekt übertragen wurde, gab es beim rechten ganz offensichtlich einen Fehler. Statt der korrekten Produktbezeichnung »Cinque alto von Lana Grossa Orange« wurde ein Mischmasch von Farben angegeben. Kontrollieren Sie daher – zumindest mit zahlreichen Stichproben –, ob alles korrekt übertragen wurde.

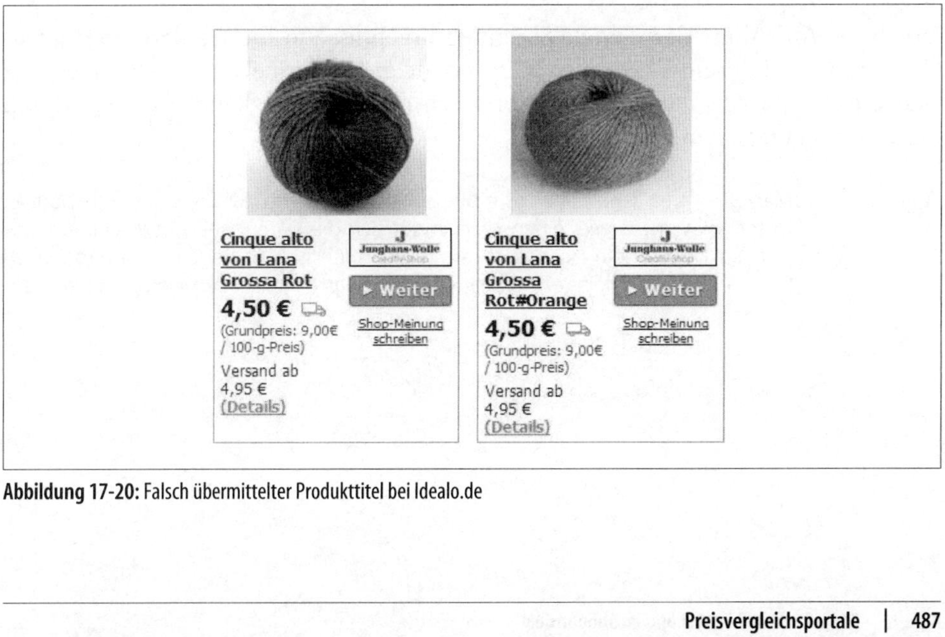

Abbildung 17-20: Falsch übermittelter Produkttitel bei Idealo.de

Google als Preisvergleichsportal

Eher unbemerkt von der Masse hat sich Google auch zu einer Preissuchmaschine gemausert. Über das Angebot Google Shopping (siehe Kapitel 18, *Google AdWords und Google Products*, auf Seite 491) werden Daten aus Onlineshops angezeigt, die gleichfalls von den Shops selbst stammen. Auch hier muss der Shopbetreiber für Anzeigenklicks zahlen – die Abwicklung erfolgt über das Google-AdWords-Programm.

Google geht sehr offen mit der Tatsache um, dass die Ergebnisse bezahlte Werbung sind, wie in Abbildung 17-21 zu sehen ist. Neben dem reinen Preis spielen bei der Rangfolge der Anzeige noch andere Faktoren eine Rolle, wie sie in Kapitel 18, *Google AdWords und Google Products*, auf Seite 491 bereits angesprochen wurden.

Abbildung 17-21: Produktdarstellung auf Google Shopping

Durch die Aufnahme der Google-Shopping-Ergebnisse in die reguläre Produktsuche, wie in Abbildung 17-22 zu sehen, erhält die Nutzung der Daten eine ganz eigene Relevanz. Gerade wenn man preislich attraktiv sein kann, hat man durch diese Darstellung einen großen Vorteil.

Tipp Man glaubt es kaum, aber es gibt ein Vergleichsportal für Preisvergleichsportale. Unter *www.preisvergleichsservice.de* findet sich die Datenbank, die aus einem Projekt der Hochschule Heilbronn hervorgegangen ist. Die Portale sind dabei nach Schulnoten geordnet – ein Klick auf das jeweilige Portal fördert Detailinfos zutage.

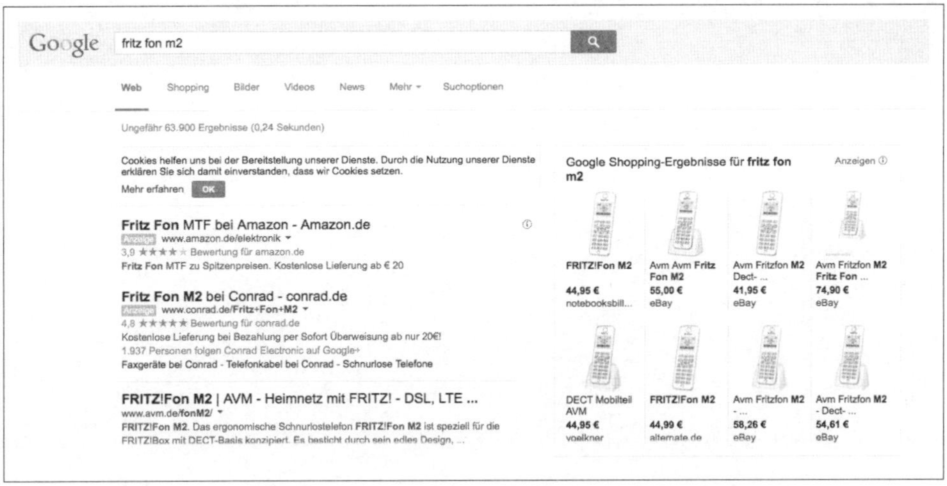

Abbildung 17-22: Google-Shopping-Ergebnisse erscheinen zunehmend in der regulären Google-Suche.

Überlegungen für Shopbetreiber

Preisvergleichsportale bedienen eine Zielgruppe, die Kaufentscheidungen nahezu ausschließlich über den Preis trifft. Aus dem eigenen Produktsortiment kommt also nur solche Ware infrage, bei der Sie preislich durch günstige Einkaufskonditionen oder großzügige Margen in der Lage sind, mit den Mitbewerbern gleichzuziehen oder sie gar zu unterbieten.

Der Nutzung von Preissuchmaschinen liegt oft eine Mischkalkulation zugrunde. Einige ausgewählte Artikel werden zu sehr günstigen Preisen angeboten in der Hoffnung, durch geschicktes Cross-Selling (siehe Abschnitt »Andere Produkte auf der Detailseite (Cross-Selling)« auf Seite 184) die Warenkorbgröße zu steigern. Eine weitere Motivation besteht darin, Kunden, die beim ersten Besuch über das Preisvergleichsportal kommen, für weitere Besuche zu Direktkäufern zu machen. Dies kann durch Paketbeilagen und andere Marketingmaßnahmen versucht werden.

Es liegt jedoch in der Natur der Schnäppchenjäger, bei jedem Einkauf das günstigste Angebot zu suchen. Diese Kundengruppe zu Stammkunden zu machen, ist daher eher schwierig, aber nicht unmöglich. Tipps, wie Sie aus Einmalkäufern Dauerkunden machen, finden Sie in den Marketingkapiteln in diesem Buch.

In diesem Kapitel:

- Das Google-Suchnetzwerk
- AdWords-Konto anlegen
- AdWords-Struktur
- Klick-Gebote
- Fortgeschrittene Budgetüberlegungen
- Conversion-Tracking
- View-Through-Konversionen
- Einschränkungen des Conversion-Trackings
- Telefon-Konversionen
- Remarketing, Conversion-Tracking und Datenschutz
- Das Google Display-Netzwerk
- Platzierung über Keywords
- Google Products
- Anwender-Interview mit Ulrich Pesch
- Facebook-Advertising

KAPITEL 18

Google AdWords und Google Products

Um Besucher in den Onlineshop zu bekommen, ist eine gute Auffindbarkeit über die Suchmaschine Google unabdingbar. Die Suchergebnisse lassen sich jedoch nicht unmittelbar beeinflussen und hängen von vielen Faktoren ab, auf die wir an anderer Stelle noch eingehen. Google bietet aber auch die Möglichkeit, über bezahlte Werbeschaltungen im oberen Bereich der Suchergebnisse zu erscheinen. Seit Ende Februar 2016 werden statt bisher drei Anzeigen nunmehr vier Anzeigen oberhalb der Suchergebnisse angezeigt. Die Anzeigen in der rechten Spalte sind – mit Ausnahme der Produktanzeigen – gleichzeitig weggefallen. Wie in Abbildung 18-1 zu sehen, sind sie leicht farblich hinterlegt bzw. mitunter mit einem kleinen Vorsatz »Anzeige« versehen. Diese Werbeschaltungen werden über das Google AdWords-System verwaltet und gebucht.

Gerade im Hinblick auf einen Onlineshop können Sie über die Report- und Statistikfunktionen von Google AdWords jeden ausgegebenen Euro für Onlinewerbung exakt den darüber generierten Verkäufen zuordnen. Zwar gibt es auch hier Grauzonen und Interpretationsspielraum, insbesondere wenn man in den Markenaufbau (Branding) investiert, aber selbst da können Ergebnistrends klar zugeordnet werden.

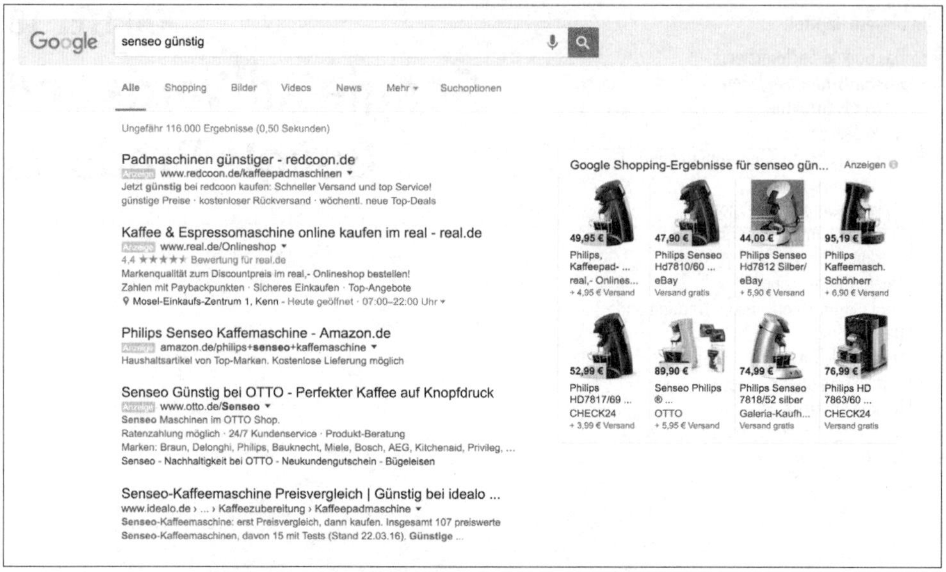

Abbildung 18-1: Bezahlte Werbung nimmt mittlerweile mehr als die Hälfte der Google-Suchergebnisseite ein.

Werbung auf Google selbst: Das Google-Suchnetzwerk

Anders als bei angemieteten Bannern auf einer Website, die einer primär quantitativ erfassbaren Personengruppe mit vager Interessenausrichtung angezeigt werden, findet die Werbung bei Google AdWords im unmittelbaren Umfeld einer Suchanfrage statt. Der Werbetreibende hinterlegt Suchbegriffe, zu denen er gefunden werden möchte. Lediglich für diese Suchbegriffe wird die Werbung geschaltet. Im Idealfall – also wenn der Suchbegriff eindeutig ist – ist die Werbung extrem zielgerichtet. Wer nach »Sony Blue Ray Player kaufen« sucht, möchte vermutlich genau das: einen Blue-Ray-Player der Marke Sony kaufen.

Werbetreibende haben die Möglichkeit, für solche Suchanfragen eine Werbeanzeige zu hinterlegen. Gleichzeitig geben sie ein Gebot für den Klick auf die Anzeige ab. Die Gebote liegen in aller Regel im Cent-Bereich, je nach Marktnische und Konkurrenzdruck auch schon mal im zweistelligen Euro-Bereich. Bei einer Suchanfrage vergleicht Google die Gebote der Mitbewerber miteinander, zieht weitere Faktoren wie die Relevanz der Zielseite hinzu und erstellt so eine Rangfolge der Anzeigen, die dann zusammen mit dem Suchergebnis angezeigt werden.

Pay-per-Click

Die Besonderheit des AdWords-Systems besteht darin, dass das reine Anzeigen der Werbung – die Ad-Impression oder kurz Impression – noch keine Kosten verursacht. Erst wenn ein Interessent einen Klick auf Ihre Anzeige ausführt und damit auf Ihren Onlineshop weitergeleitet wird, entstehen Ihnen Kosten.

Über das eingebaute Reporting listet das System für jede Anzeige und für jeden Suchbegriff detailliert auf, wie viele Impressions und wie viele Klicks erzielt wurden. Als AdWords-Nutzer versuchen Sie natürlich, möglichst viele Klicks zu generieren, denn sie sind die Voraussetzung für einen erfolgreichen Kaufabschluss. Allerdings haben auch die reinen Impressions ihren Wert, denn sie tragen zur Reichweite Ihrer Markenbotschaft bei und bringen potenziellen Käufern Ihren Shop ins Bewusstsein. Überschätzen Sie diesen Effekt jedoch nicht.

Click-Through-Rate

Das Verhältnis von Klicks zu Impressions wird Klickrate (Click-Through-Rate) genannt. Wenn eine Werbung beispielsweise 1.000 Impressions erzielt und 100 Personen auf die Anzeige klicken, haben Sie eine Click-Through-Rate (CTR) von 10 % erzielt. Die Klickrate ist also einer der ersten Indikatoren, wie gut Ihre Anzeige zum Suchbegriff passt.

Tipp Leider sind Sie nicht der einzige Werbetreibende im Google-AdWords-System. Im Wettbewerb um die besten Anzeigenpositionen und die niedrigsten Klickpreise belohnt Google daher im gesamten AdWords-System die Relevanz: Eine Kombination aus relevantestem Suchbegriff, relevantestem Anzeigentext und relevantester Zielseite wird mit einem hohen Qualitätsfaktor ausgezeichnet und schneidet dadurch insgesamt besser ab.

AdWords-Konto anlegen

Um mit AdWords zu starten, müssen Sie zunächst ein AdWords-Konto für Ihren Shop einrichten. Gehen Sie dazu auf *http://adwords.google.com*. Wenn Sie bereits einmal einen Google-Dienst wie Google Mail oder Google Drive genutzt haben, verfügen Sie vermutlich bereits über einen Google-Account (erkennbar u. a. an einer Mailadresse nach dem Muster vorname.nachname@googlemail.com oder vorname.nachname@gmail.com), und Google AdWords bietet Ihnen direkt einen Log-in an. Wenn nicht, leitet Sie das System durch den Anmeldevorgang und legt dann für Sie einen Google-Account an. Dieser Vorgang ist für Sie komplett kostenlos.

Tipp Der Google-Account ist ihre »Eintrittskarte« zu vielen Google-Diensten, darunter das beliebte Google Mail, aber beispielsweise auch das soziale Netzwerk Google+. Auch wenn Sie den Namen des Google-Accounts frei wählen können und er derzeit noch nirgendwo öffentlich angezeigt wird, sollten Sie einen möglichst naheliegenden Namen wählen. In aller Regel fahren Sie gut damit, Ihren tatsächlichen vollen Namen zu nutzen. Mitunter müssen Sie Dritten – einem Google-Berater, einer Agentur oder einem Werbepartner – die Adresse Ihres Google-Accounts sagen. In diesen Fällen ist es dann eher peinlich, eine Adresse im Stile von »CoolDude69@gmail.com« angeben zu müssen.

Ebenso ist es möglich, eine bereits existierende E-Mail-Adresse in einen Google-Account umzuwandeln. Diese Lösung ist eindeutig zu bevorzugen. So kann beispielsweise auch eine web.de-E-Mail-Adresse zum Log-in ins AdWords-System genutzt werden. Keine Sorge – das greift nicht in Ihr web.de-Konto ein. Die Mailadresse dient lediglich als Log-in-Authentifizierung für Google.

Nachdem diese Hürde genommen ist, können Sie Ihr AdWords-Konto einrichten. Sie müssen zunächst festlegen, in welchem Land, in welcher Zeitzone und mit welcher Währung Sie AdWords nutzen möchten (siehe Abbildung 18-2) Diese Angaben können Sie später nicht mehr verändern – achten Sie daher besonders genau auf mögliche Fehleingaben. Zur Sicherheit sendet Ihnen AdWords eine Mail mit einem Bestätigungslink, den Sie anklicken müssen. Danach ist Ihr AdWords-Konto freigeschaltet.

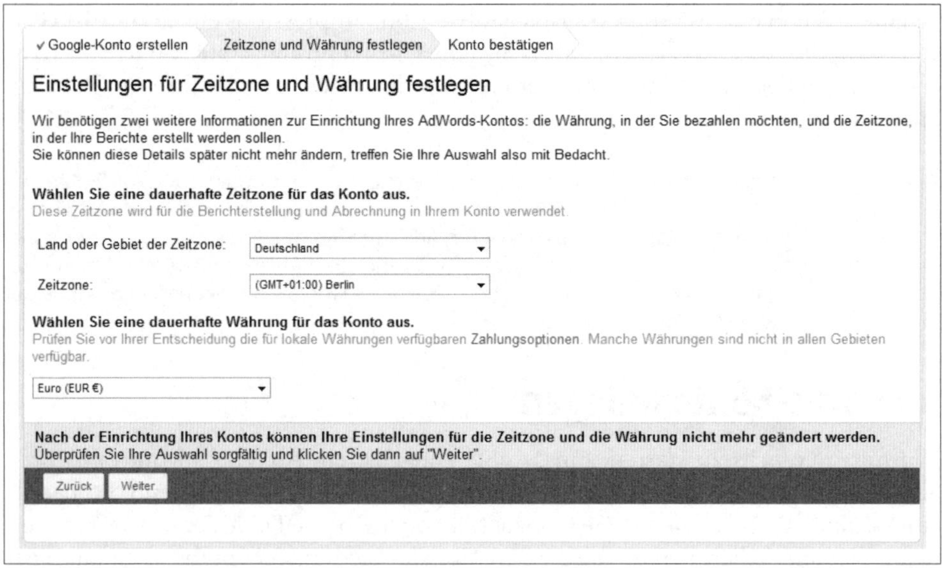

Abbildung 18-2: AdWords-Kontoeinrichtung

AdWords-Struktur

Bevor Sie sich nun direkt in die Arbeit mit Google AdWords stürzen, empfiehlt es sich, zunächst vernünftig zu planen, damit man hinterher, wenn das Konto durch weitere Werbekampagnen wächst, nicht den Überblick verliert. Dazu müssen wir zunächst über den Aufbau des Systems sprechen.

Das zentrale Element im AdWords-System ist die Kampagne (Campaign). Die Kampagne ist die oberste Organisationsebene im Konto. Wie eine Hauptkapitelüberschrift in diesem Buch fasst die Kampagne weitere Untereinheiten zusammen. Bestimmte Einstellungen können nur auf Kampagnenebene vorgenommen werden und wirken sich auf alle Elemente in dieser Kampagne aus.

Sie benötigen mindestens eine Kampagne, werden aber in der Praxis sicherlich deutlich mehr anlegen. Das derzeitige Limit liegt bei 10.000 Kampagnen (einschließlich pausierter und gelöschter Kampagnen) und sollte bei guter Organisation für die meisten Fälle ausreichen.

Unterhalb jeder Kampagne gibt es mindestens eine Anzeigengruppe (Ad Group) als zweite Organisationsebene. Anzeigengruppen dienen primär der Strukturierung des Kontos. Mit sinnvollen Anzeigengruppenaufteilungen finden Sie sich in größeren Konten besser zurecht.

Innerhalb der Anzeigengruppe befinden sich mindestens eine Werbeanzeige und mindestens ein Suchbegriff (Keyword).

Es empfiehlt sich, von vornherein strukturiert die Kampagnen und den Anzeigengruppenbaum zu planen. Bei Onlineshops hat sich die Orientierung an den Kategorien im Shop bewährt. Für jede Ihrer Hauptkategorien legen Sie eine Kampagne in AdWords an, also z. B. Herrenmode, Damenmode und Kindermode. Innerhalb jeder Kampagne wiederum Anzeigengruppen für einzelne Produktgruppen wie Jacken, Hosen, Blusen.

Kampagnen

Auf Kampagnenebene stellen Sie alle grundlegenden Parameter in Bezug auf Ausrichtung und Anzeige Ihrer Werbung ein. Das AdWords-System schlägt bei der Kampagneneinrichtung einige Grundeinstellungen vor (später können Sie sie über den Tab »Einstellungen« für jede Kampagne nachträglich bearbeiten), sie sind eher auf breite Anzeigenschaltung ausgerichtet und sollten daher unbedingt angepasst werden. Die Voreinstellung führt zwar zu schnellen Schaltungen und zahlreichen Impressions Ihrer Anzeigen, verbraucht aber auch das Budget schnell und wenig zielführend (Abbildung 18-3).

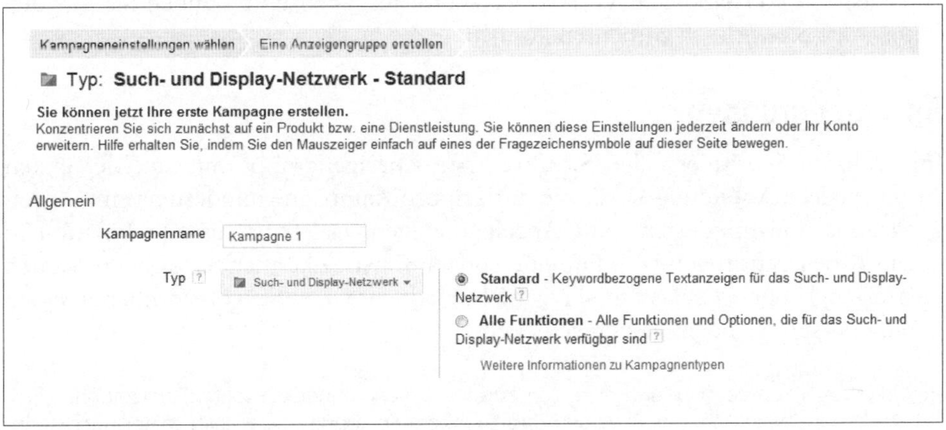

Abbildung 18-3: Grundlegende Einstellung einer AdWords-Kampagne

Wählen Sie daher zunächst statt der Einstellung »Such- und Displaynetzwerk« lediglich das Suchnetzwerk aus und klicken Sie die Einstellung »Alle Funktionen« an. Informationen zum Displaynetzwerk finden Sie im Abschnitt »Werbung auf fremden Websites: Das Google Display-Netzwerk« auf Seite 508.

Budget

Neben der Auswahl »Deutschland« ist das Kampagnenbudget die wichtigste Einstellung für die Kampagne. Über das Budget legen Sie fest, wie viel Sie maximal pro Tag auszugeben bereit sind. Darüber haben Sie eine effektive Kostenkontrolle – und Kostenbremse – für Ihre Onlinewerbung mit AdWords. Ist das Tagesbudget aufgebraucht, stoppt AdWords automatisch die weitere Anzeigenschaltung bis zum nächsten Tag. Explodierende Werbekosten durch unvorhergesehen hohe Klickzahlen gibt es so nicht. Beachten Sie aber, dass diese Bremse auch bei kommerziell erfolgreichen Kampagnen zum Tragen kommt!

Warnung Leider sind Sie nicht der einzige Werbetreibende im Google-AdWords-System. Im Google räumt ein, dass das Tagesbudget unter Umständen nicht immer zu 100 % exakt eingehalten werden kann. So kann es mitunter zu leichten Überziehungen kommen. Google versichert aber, das Tagesbudget im Monatsmittel einzuhalten und stellt dies notfalls durch Korrekturbuchungen in Form von Gutschriften am Monatsende sicher.

Die Budgetplanung ist mit einer der wichtigsten Punkte bei der Kampagnenplanung. Überlegen Sie daher genau, wie viel Budget Sie tatsächlich auszugeben bereit sind, und hüten Sie sich vor zu optimistischen Erwartungen. Gerade in der Anfangszeit, wenn noch keine Erfahrungswerte vorliegen, ist es hilfreich, sich zu überlegen, wie viel Budget Sie bereitstellen können, wenn sich erweisen sollte, dass kein einziger zusätzlicher Verkauf über die Werbung generiert werden kann. Rechnen Sie also zunächst mit vollständigem Verlust der Werbeausgaben und nehmen Sie nur den Betrag, den Sie wirklich entbehren können.

Anzeigengruppen

Im nächsten Schritt erstellen Sie Ihre erste Anzeigengruppe mitsamt der ersten Anzeige (siehe Abbildung 18-4). Sie müssen pro Kampagne mindestens eine Anzeigengruppe und mindestens eine Anzeige anlegen. Daher ist die Kombination in einem Arbeitsschritt sinnvoll. Für einen ersten Einstieg können Sie es beim Namen »Anzeigengruppe 1« belassen – besser ist es jedoch, wenn Sie von vornherein einen guten und sprechenden Namen vergeben.

Hinweis Kampagnen- und Anzeigengruppennamen können Sie später jederzeit ohne Probleme ändern. Anzeigen und Suchbegriffe können zwar auch später noch geändert werden, allerdings gehen dabei statistische Leistungsdaten des Systems verloren, was unter Umständen zu ungünstigeren Anzeigenschaltungen und ineffizienten Ausgaben führt.

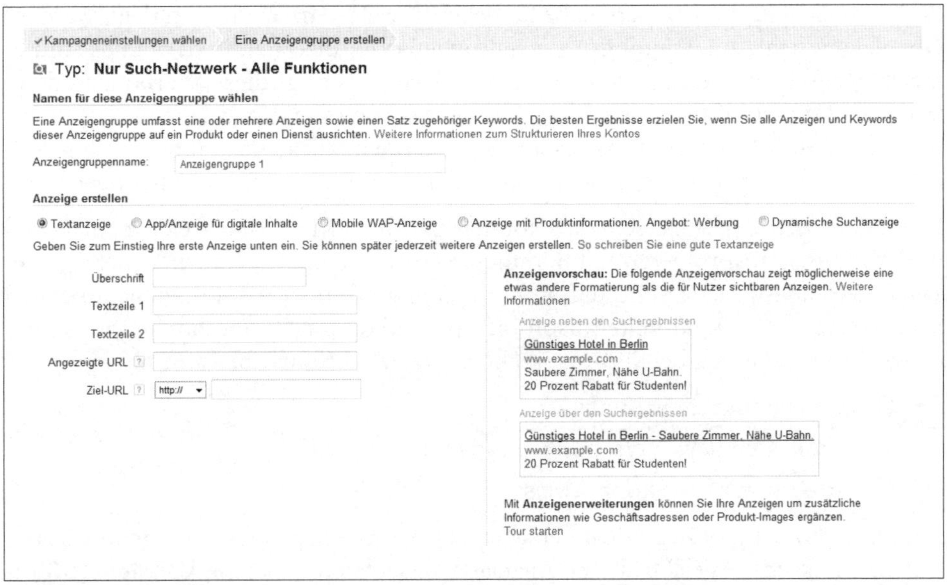

Abbildung 18-4: Anzeigengruppen und Anzeigen werden zunächst in einem Arbeitsschritt eingerichtet.

Anzeigen

Für die Anzeige selbst steht Ihnen nur sehr wenig Platz zur Verfügung. Die Überschrift darf lediglich 25 Zeichen lang sein, die beiden Textzeilen jeweils 35 Zeichen. Die Kunst liegt also darin, möglichst prägnante Texte zu verfassen, die gleichzeitig interessant genug sind, um den potenziellen Kunden zu einem Klick zu bewegen.

Jeder Klick auf die Anzeige kostet! Es sind also nur solche Klicks erwünscht, die mit einer bestimmten Wahrscheinlichkeit zu einem Verkauf führen. Missverständnisse sind möglichst auszuschließen, denn sie führen zu kostenpflichtigen Klicks ohne Einkaufswahrscheinlichkeit.

Anzeigentexte

Relevanz ist das Maß der Dinge im AdWords-System. Nur wenn die Anzeige exakt zum Suchbegriff passt, wird sie eine gute Click-Through-Rate (CTR) erzielen. Sie schreiben den Anzeigentext daher nicht für sich, sondern Sie müssen sich in die Lage desjenigen hineinversetzen, der Ihre Anzeige anklicken soll. Welche Informationen werden erwartet, damit ein Klick ausgelöst wird?

Hinweis Eine hohe Click-Through-Rate ist zwar schon ein Teilerfolg, besagt aber lediglich, dass der Suchbegriff und Ihr Anzeigentext gut zusammenpassen und beim Google-Nutzer Neugier ausgelöst haben. Deswegen muss die über die Anzeige aufgerufene Website ebenso relevant sein und zu Suchbegriff und Anzeige passen – sonst sind die Besucher, für die Sie bezahlt haben, schnell wieder weg.

Pro Anzeigengruppe können nahezu beliebig viele Anzeigen hinterlegt werden. Google empfiehlt auf Trainingsveranstaltungen drei Anzeigen, in der Praxis sind es meist zwei bis fünf verschiedene Anzeigen. AdWords zeigt diese Werbungen dann zyklisch wechselnd an, und meist stellt sich schnell heraus, dass eine oder zwei Anzeigen deutlich besser »funktionieren«, also mehr Klicks bekommen als die restlichen. Das System schaltet dann automatisch die besseren Anzeigen häufiger.

Beim Verfassen der Anzeigentexte können Sie Ihrer Kreativität freien Lauf lassen und Varianten ausprobieren (Abbildung 18-5). Oft kann man vorher nicht genau sagen, welche Anzeige am besten funktionieren wird. Insofern sollten Sie im ersten Schritt eine große Bandbreite ausprobieren. Gerade für Onlineshops gibt es aber einige Signale, die sich bei der Ansprache potenzieller Käufer bewährt haben:

- Genaue Produktbezeichnung
- Versandkosten bzw. Versandkostenfreiheit
- Call-to-Action bzw. Shophinweis

Im folgenden Beispiel zeigen wir verschiedene Variationen eines Anzeigentexts zum Thema »Lakritz«. Welche dieser Anzeigen tatsächlich zu mehr Verkäufen führt, kann man nicht vorhersagen. Alle Texte beinhalten Handlungsaufforderungen und stellen die Besonderheit des Shops – alle Waren direkt am Lager – heraus.

Lakritz – große Auswahl (23/25 Zeichen)
500 Sorten Lakritz sofort ab Lager. (35/35 Zeichen)
Jetzt versandkostenfrei bestellen. (34/35 Zeichen)
www.laktritzversand24.de
Über 500 Sorten Lakritz (23)
Versand kostenlos direkt ab Lager. (34)
Genießerpaket jetzt kaufen. (28)
lakritzversand24.de/shop
Edle Lakritzspezialitäten (25)
Raritäten von Alaska bis Zypern. (32)
Sofort lieferbar versandkostenfrei. (35)
lakritzversand24.de
Alle Sorten Lakritz (19)
Von Haribo bis Exot alles vorrätig. (35)
Heute bestellt, morgen geliefert. (34)
www.lakritzversand24.de

Tipp Die drei oberen Anzeigenplätze auf einer Google-Suchergebnisseite werden bevorzugt behandelt. Bei diesen Plätzen können die Überschrift und die erste Zeile des Anzeigentexts zusammenstehen. Voraussetzung dafür ist aber, dass die erste Zeile des Anzeigentexts mit einem Satzzeichen (Punkt, Frage- oder Ausrufezeichen) abschließt. Wenn es der Platz erlaubt, sollte man daher generell zumindest die erste Zeile – aus ästhetischen Gründen am besten beide Zeilen – mit Satzzeichen beenden. In der Überschrift ist das nicht nötig.

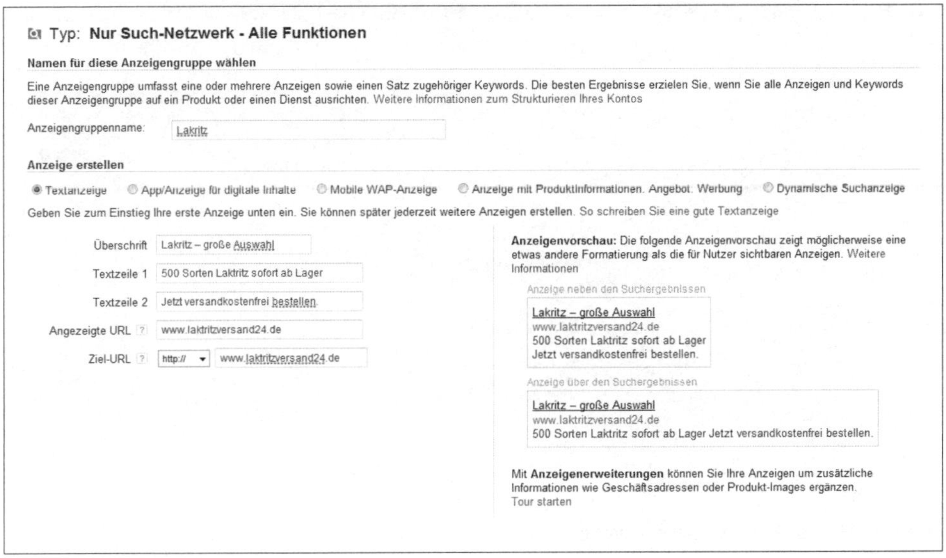

Abbildung 18-5: Bei den Anzeigen muss auf wenig Platz getextet werden.

Suchbegriffe/Keywords

Der Weg der Erstellung einer Kampagne im AdWords-System ist eigentlich falsch aufgebaut, denn noch bevor die Anzeigentexte geschrieben werden, sollten Sie sich Gedanken über die Suchbegriffe zur jeweiligen Werbung machen. Die Suchbegriffe, im Englischen »Keywords« genannt, legen nämlich fest, bei welcher Google-Suchanfrage Ihre Werbung gezeigt wird. Auch hier nochmals der dringende Hinweis auf die Relevanz: Nur wenn Suchbegriff und Anzeige exakt zusammenpassen, ist die Werbung für den Besucher relevant, und es besteht die Chance eines Klicks!

Ein Keyword bildet dabei eine Google-Suche ab, so wie Sie auch suchen würden. Wenn Sie also nach australischem Rotwein suchen, dann wäre die naheliegende Suchanfrage »australischer Rotwein«. Nah verwandt sind Suchanfragen wie »Rotwein Australien« oder »Rotwein aus Australien«. Wenn wir das Begriffsumfeld dann etwas weiter fassen, kommen Suchanfragen wie »guter Rotwein Australien und Rotwein Australien kaufen« hinzu.

Gerade als AdWords-Einsteiger empfiehlt es sich, diese Keyword-Überlegungen in Form einer Mindmap auf Papier aufzuzeichnen (Abbildung 18-6). So kommen nach kurzer Überlegung zahlreiche Ideen rund um einen Suchbegriff zusammen, die alle in die AdWords-Kampagne einfließen können. Alternativ können Sie einen Dienst wie *www.mindmeister.com* nutzen, bei der Sie die Mindmap bequem im Browser anlegen. Das hat den Vorteil, dass Sie sie später noch mal verändern oder als Grafik herunterladen können. Mindmeister ist in der Grundversion kostenlos, allerdings dann auf insgesamt drei Mindmaps limitiert.

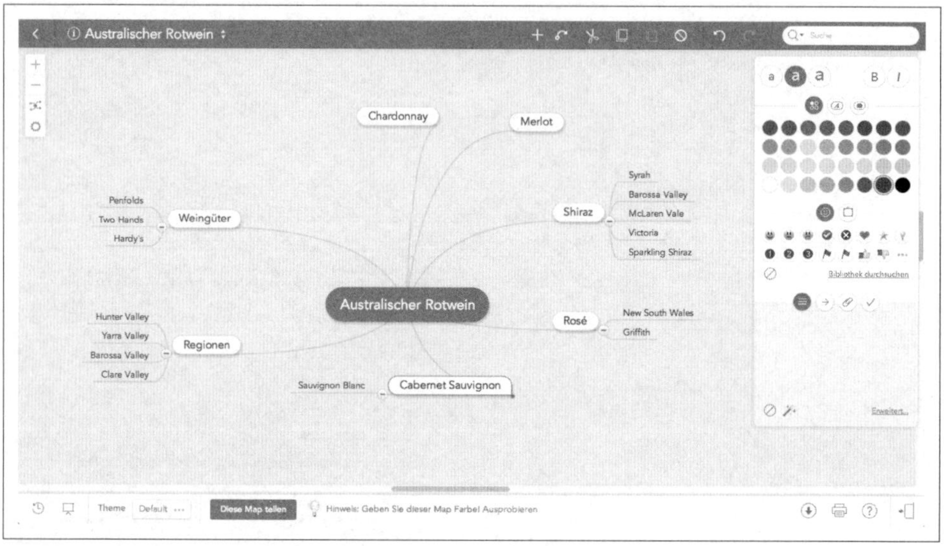

Abbildung 18-6: Mindmap zur Keyword-Findung

Hinweis Je kürzer das Keyword ist, desto allgemeiner ist es und umso mehr Impressions und Klicks wird es erzielen. Diese Klicks sind aber vermutlich nicht alle zielführend – wir sprechen hier vom sogenannten Streuverlust.

Sehr lange Keywords wiederum sind sehr spezifisch und werden folglich wenige Impressions erzielen. Es lohnt sich aber, diese »Long Tail Keywords« zu nutzen. Je spezifischer die Suchbegriffe sind, gegen desto weniger Anzeigen von Mitbewerbern konkurrieren Sie erfahrungsgemäß. In unserem Beispiel wäre also »guten australischen Rotwein online kaufen« durchaus ein Keyword, das in die Liste gehört.

Keyword-Optionen

Die von Ihnen hinterlegten Keywords werden gegen die Suchanfragen der Google-Benutzer abgeglichen. Sie können aber nicht jede mögliche Suchanfrage vorausahnen, denn es gibt auch sehr komplexe Anfragen wie »australischer Rotwein Blackwood Valley Shiraz wenig Tannin«. Deswegen ermöglicht es das AdWords-System, in vier verschiedenen Abstufungen auf eine Suchanfrage zu reagieren. Die folgenden Optionen stehen Ihnen zur Verfügung.

Weitgehend passende Keywords
: Bei dieser Keyword-Option handelt es sich um die weitreichendste Vergleichsmöglichkeit zwischen Suchbegriff und hinterlegten Anzeigen-Keywords. Eine

Anzeigenschaltung wird ausgelöst, wenn nur ein einziges Keyword übereinstimmt – Deklinationen und Synonyme eingeschlossen. Das Keyword »Rotwein Australien« würde also für *alle* der folgenden Suchanfragen eine Anzeigenschaltung bewirken:

Rotwein aus Australien

Australischen Rotwein kaufen

Rotwein aus Frankreich

Rotwein oder Weißwein zu Fisch?

Urlaub in Australien

An diesem Beispiel sieht man bereits, dass es in aller Regel nicht sinnvoll ist, für alle diese Suchanfragen eine Anzeige für australischen Rotwein zu schalten. Um die Vorteile der weitgehend passenden Keywords zu nutzen, ohne diese Nachteile in Kauf zu nehmen, gibt es den sogenannten Modifizierer für weitegehend passende Keywords. Ein Pluszeichen unmittelbar vor einem Keyword legt fest, dass dieser Begriff definitiv in der Anfrage vorhanden sein muss. Würden wir als Keyword »+Rotwein +Australien« hinterlegen, dann ist die Suchanfrage immer noch weitgehend passend, die beiden Begriffe sind aber zwingend enthalten. Die Anfrage »Rotwein aus Frankreich« würde dann beispielsweise keine Anzeigenschaltung mehr auslösen.

Passende Wortgruppe

In den seltensten Fällen ist eine so breite Aufstellung der Keywords wünschenswert oder ökonomisch. Über die Keyword-Option der passenden Wortgruppe können Sie die Suchbegriffe so einengen, dass Keyword-Teile nicht mehr aus dem Zusammenhang gerissen werden, aber um zusätzliche Suchbegriffe ergänzt werden können. Die passende Wortgruppe umschließt man bei der Eingabe der Keywords mit Anführungszeichen. Über die passende Wortgruppe würde unser Keyword »Rotwein Australien« unter anderem für folgende Suchanfragen passen:

Australischer Rotwein

Australischen Rotwein kaufen

Guter Rotwein Australien

Australien Rotwein Onlineshop

Welcher australische Rotwein passt zu Rind?

Genau passende Keywords

Diese Keyword-Option ist die richtige Wahl, wenn Sie nur exakte Übereinstimmungen berücksichtigen wollen. Damit haben Sie die volle Kontrolle über die Schaltungen, müssen aber auch bei den Keywords sehr viel sorgfältiger planen und alle Eventualitäten vorausahnen. Google nimmt Ihnen ein wenig Arbeit ab – bei sehr eng verwandten Keywords, typischen Rechtschreibfehlern und Singular-/Pluralformen wird eine Anzeige trotzdem geschaltet. Genau passende Keywords werden bei der Eingabe mit eckigen Klammern [ ] umschlossen. Unser »Rotwein

Australien« würde bei genau passenden Keywords die Anzeige *ausschließlich* bei den folgenden Suchanfragen schalten:

Rotwein Australien

Rotwein Australia

Rotwein australisch

Rotweine Australien

Bei den folgenden Suchanfragen würden die Anzeigen jedoch *nicht* geschaltet:

Australien Rotwein

australischer Rotwein

Rotwein aus Australien

Rotwein Australien kaufen

Ausschließende Keywords

Zu nahezu jedem Keyword-Thema gibt es Suchanfragen, in deren Umfeld man eher nicht auftauchen möchte. Im Beispiel unserer australischen Weine sind das beispielsweise Suchanfragen, die sich kritisch mit dem langen Transportweg oder der Qualität beschäftigen. Während die Suchanfrage »australischer rotwein überteuert?« sogar beinahe noch eine Werbechance darstellt und eine eigene Anzeigengruppe verdient, wird man sich spätestens bei »australischer Rotwein schlecht oder australischer Rotwein Ökobilanz« eher nicht mit einer Anzeige präsentieren wollen.

Abhilfe schaffen hier ausschließende Keywords, die man zusätzlich zu den eigentlichen Suchbegriffen pflegt. Beim Auftreten eines ausschließenden Keywords im Suchbegriff wird die jeweilige Anzeige nicht geschaltet. Wenn Sie beispielsweise »Ökobilanz« als ausschließendes Keyword hinterlegen, ist es unerheblich, ob die Suchbegriffe »Ökobilanz australischer Rotwein, Rotwein Australien Ökobilanz« oder »wie schlecht ist die Ökobilanz von australischem Rotwein wirklich?« lauten – eine Werbung würde nicht geschaltet.

Klick-Gebote

Sie haben eine Kampagne, eine Anzeigengruppe, mindestens eine Werbeanzeige und einige Keywords hinterlegt. Um die Anzeigen zu schalten, müssen nun noch die Gebote für die Anzeigenklicks hinterlegt werden.

Gebote? Tatsächlich handelt es sich bei Google AdWords um eine automatisch ablaufende Auktion unter den Werbetreibenden. In den seltensten Fällen werden Sie der Einzige sein, der auf einen bestimmten Suchbegriff Werbung schalten möchte. Über ihr Klickgebot legen Sie fest, wie viel Sie *maximal* bereit sind, für einen Klick auf Ihre Anzeige zu zahlen. AdWords vergleicht Ihr Gebot dann mit den Geboten Ihrer Wettbewerber. Die Anzeige mit dem höchsten Gebot wird auf Platz 1 geschaltet, die mit dem zweithöchsten Gebot auf Platz 2.

Hinweis Wer sich mit dem AdWords-System schon auskennt, wird wissen, dass diese Darstellung stark vereinfacht ist. In der Realität ist das System der Gebotsauktion viel komplexer und beinhaltet weitere Parameter. Dies würde aber den Rahmen dieses Buchs sprengen.

Diese Gebotsauktion findet bei jeder einzelnen Suchanfrage automatisch im Hintergrund statt und ist so angelegt, dass die Werbetreibenden möglichst wenig zahlen müssen. Das Resultat ist, dass Sie in vielen Fällen nicht den maximalen Klickpreis zahlen.

Die Klickpreise schwanken mitunter extrem, je nach Wettbewerb in den einzelnen Kategorien. Der minimale Klickpreis liegt bei 0,01 Euro, kann aber durchaus auch in zweistellige Euro-Bereiche klettern. Die höchsten Klickpreise zahlt man in den Branchen Versicherung und Kredite – dort sind auch schon mal 50 Euro pro Klick möglich.

Fortgeschrittene Budgetüberlegungen

Wenn Sie bereits etwas Erfahrung mit der Kampagnenplanung haben, können Sie eine Besonderheit des Budgetsystems nutzen. In der Praxis zeigt sich oft, dass das bereitgestellte Budget durch die Kampagnen nicht voll aufgebraucht wird und das *abgerufene* Budget mitunter deutlich niedriger ausfällt. Mit ein wenig Risikobereitschaft können Sie diesen Umstand für sich ausnutzen.

Kern dieser fortgeschrittenen Strategie ist, dass Sie nominell mehr Budget bereitstellen, als Sie eigentlich auszugeben bereit sind, und sich darauf verlassen, dass es nicht komplett abgerufen wird. Dieses zusätzliche Budget können Sie entweder in zusätzliche Kampagnen investieren, oder Sie können strategisch mehr pro Suchbegriff bieten, um eine bessere Positionierung Ihrer Anzeigen zu erreichen. Denn oft muss man dem System bestimmte Klickpreise anbieten, um vernünftig positioniert zu werden, ohne dass sie tatsächlich auch abgerufen werden.

Diese Strategie funktioniert meist sehr gut. Setzen Sie sie aber nur ein, wenn Sie über einen aussagekräftigen Zeitraum von ca. 2–3 Monaten feststellen, dass Ihre Budgets nicht voll ausgeschöpft werden. Auch bei bewusstem Überziehen des Budgets müssen Sie sich im Klaren sein, dass dieses Budget im schlimmsten Fall komplett ausgeschöpft werden *kann*! Eine genaue tägliche Beobachtung der Budgetentwicklung ist daher unerlässlich!

Conversion-Tracking

Wie eingangs erwähnt, kann gerade im Bereich des E-Commerce jede Werbeausgabe genau auf potenzielle Verkäufe abgebildet werden. Man spricht von einer Konversion (Conversion), wenn ein Kunde vor einem Einkauf nachweislich eine Werbung angeklickt hat. Das AdWords-System hält in anonymisierter Form fest, welche Nutzer Werbungen angeklickt haben. Stellt der Onlineshop im Anschluss an einen Verkauf die Informationen wiederum AdWords zur Verfügung, kann eine exakte Verrechnung der Ausgaben und Einnahmen stattfinden.

Dieser Vorgang ist weniger kompliziert, als es sich anhört. Im Onlineshop muss dafür nur auf der Thank-You-Page – also auf der Seite nach dem erfolgreichen Kauf – ein kleines Stück Programmcode eingebunden werden. Dieser Programmcode wird vom AdWords-System generiert. Er zählt zunächst die reine Anzahl erfolgreicher Verkäufe. In der Regel kann das Shopsystem aber auch den Wert des jeweiligen Einkaufs in diesen Programmcode einfügen, sodass man auch den monetären Erfolg der Kampagnen und Anzeigen sieht.

Google selbst sieht dabei im Übrigen nicht, wer genau für wie viel was eingekauft hat. Die Klickdaten liegen im AdWords-System anonymisiert vor – und die Conversion wird ebenso anonym an Google zurückgemeldet.

Das Angenehme an diesem System ist, dass der Conversion-Tracking-Code nur ein einziges Mal eingebunden werden muss. Egal, wie viele Kampagnen, Anzeigengruppen, Keywords und Anzeigen Sie einsetzen – der Erfolg jedes einzelnen Elements lässt sich über diesen Codeschnipsel kontrollieren.

Weitere Konversionsziele

Spricht man von Werbekonversionen im Onlineshop, dann ist der Produktverkauf natürlich das naheliegende Ziel. Sie können aber auch andere Konversionsziele definieren, z. B. das Abonnieren des Shopnewsletters oder das Ausfüllen und Absenden eines Kontaktformulars. Für jedes dieser Ziele können Sie einen eigenen Conversion-Tracking-Code erstellen und auf den jeweiligen Bestätigungsseiten – also z. B. der Willkommenseite des Newsletters – platzieren. Dadurch können Sie ermitteln, wie viele Interessenten auf eine Ihrer bezahlten Anzeigen klicken, zunächst nichts kaufen, jedoch über das Newsletterabonnement oder ein Kontaktformular ein Interesse an Ihrem Shop signalisieren. Auf diese Weise können Sie sogar Schwachstellen im Shop erkennen: Wenn zahlreiche bezahlte Werbeklicks nicht zu Verkäufen, stattdessen aber zu Informationsanforderungen führen, muss ggf. etwas an der Produktdarstellung und beschreibung geändert werden.

Hinweis Das Conversion-Tracking ermöglicht Ihnen, für diese Arten von Konversionen einen monetären Gewinn festzulegen. Im Gegensatz zu den tatsächlich messbaren Verkäufen im Shop ist dies ein hypothetischer Wert. So könnten Sie z. B. annehmen, dass ein Newsletterabonnent im Durchschnitt in den darauffolgenden Monaten Einkäufe für 200 Euro tätigt. Diese Zahl kann dann als Wert für die Newsletteranmeldungs-Konversion hinterlegt werden.

Diese Vorgehensweise ist aber kritisch zu sehen, da die erfreulich anwachsenden Zahlen Sie leicht über die tatsächlichen Verhältnisse hinwegtäuschen. Wir empfehlen unseren Kunden daher, diese Art von Konversionen immer nur rein quantitativ zu erfassen und ihnen keinen Geldwert zuzuweisen.

Vorbereitende Konversionen und View-Through-Konversionen

Onlinemarketingstudien zeigen, dass das bloße Sehen einer Werbeanzeige spätere Kaufentscheidungen positiv beeinflusst. Bis zu 38 % der Nutzer, die eine Werbeanzeige sehen, führen zu einem späteren Zeitpunkt eine Suche nach dem beworbenen Produkt oder der werbenden Firma durch, ohne auf die Anzeige zu klicken. Bei einprägsamen und/oder kurzen Shopnamen und großer Anzeigenpräsenz unterbleibt oft neben dem Anzeigenklick auch die nachfolgende Suche – stattdessen wird zu einem späteren Zeitpunkt die Adresse des Shops direkt eingegeben.

Google AdWords kann sehr genau feststellen, wer eine Werbeanzeige bereits gesehen hat. Finden in diesem Falle Käufe im Shop statt, ohne dass ein Anzeigenklick vorliegt, erfasst AdWords diese Werte dennoch, stellt sie jedoch in einer getrennten Statistik dar, da sie nicht eindeutig dem AdWords-System zuzuordnen sind. Man spricht hierbei von View-Through-Konversionen, also Konversionen, die *wahrscheinlich* mit dem vorherigen Betrachten einer Anzeige in Verbindung stehen.

Dieser Effekt kann in gewissen Grenzen zum Ausbau der Markenbekanntheit – dem Branding – benutzt werden. Hier werden die Texte ganz bewusst so formuliert, dass sie keine konkrete Kaufentscheidung herbeiführen sollen, sondern stattdessen die Vorteile des Shops herausstellen. Statt »Restposten – jetzt kaufen« also eher »ständig umfassendes Sortiment auf Lager«. Da Google die Anzeigenposition an der Effektivität der Anzeige – und letztlich am Gewinn für Google – festmacht, funktioniert diese Taktik nur in Nischenmärkten mit geringer Konkurrenz besonders gut.

Von vorbereitenden Konversionen spricht man, wenn dem tatsächlichen Kauf mehrfache Anzeigenklicks vorausgehen. Gerade bei teureren oder gut vergleichbaren Waren geht oft eine intensive Webrecherche dem eigentlichen Kauf voraus. Auch diese Konversionen zeigt das AdWords-System gesondert an.

Einschränkungen des Conversion-Trackings

Eine wesentliche Einschränkung dieser Methode liegt in der Tatsache, dass Konversionen nur in einem Zeitraum von maximal 90 Tagen erfasst werden (die Voreinstellung liegt sogar nur bei 30 Tagen). Langfristige Entscheidungsfindung oder verschobene Kaufentscheidungen, die erst Monate später erfolgen, werden nicht erfasst. Dies ist insbesondere bei teuren Produkten zu beobachten.

Bei Produkten, bei denen mehrere Personen an der Entscheidung beteiligt sind, treten ähnliche Probleme auf. Hier wird meist von verschiedenen Computern aus recherchiert und gekauft. So recherchiert beispielsweise die Sekretärin oder Abteilungsleiterin ein Produkt und nutzt dafür AdWords-Anzeigen, der Onlinekauf wird aber am PC des Einkäufers oder Geschäftsführers getätigt. Diese Konversionen sind prinzipiell nicht zu erfassen.

Hinweis Zunehmend unproblematischer ist aber die Erfassung von Konversionen, wenn der Kunde selbst mehrere Computer oder Mobilgeräte nutzt. Eine Recherche auf dem Smartphone und der anschließende Kauf über den Computer des gleichen Benutzers kann in aller Regel als erfolgreiche Konversion gezählt werden.

Manche Sicherheitslösungen für den PC, wie das beliebte Ghostery (*www.ghostery.com*), blockieren den Conversion-Tracking-Code. In aller Regel blockieren diese Lösungen zwar auch die Werbung an sich, sodass es gar nicht erst zu Werbeklicks kommt, es gibt aber auch Fälle, in denen selektiv nur das Tracking abgeschaltet wird. Die Nutzung dieser Techniken ist meist auf computeraffine Zielgruppen beschränkt. Wenn Sie in diesem Segment tätig sind und z. B. Systemadministratoren Ihre Zielgruppe sind, sollten Sie dies bei der Auswertung des Conversion-Trackings in Betracht ziehen.

Telefon-Konversionen

Seit einiger Zeit bietet Google das Einblenden einer Telefonnummer neben den Werbeanzeigen über die sogenannte Anruferweiterung an. Gleichzeitig ist die Möglichkeit weggefallen, Telefonnummern im Anzeigentext unterzubringen. Bei der Anruferweiterung kann man wahlweise die eigene Telefonnummer oder eine Google-Weiterleitungsrufnummer nutzen. Dem Interessenten wird in dieser Variante eine individuelle 0800-Nummer von Google eingeblendet. Ruft er diese Nummer an, schaltet Google das Gespräch auf die vom Werbekunden hinterlegte Rufnummer. So ist Google in der Lage, Anzahl und Dauer der Gespräche zu messen und als Telefon-Konversionen auszuweisen. Hierfür muss lediglich eine minimale Gesprächsdauer hinterlegt werden, ab wann ein Gespräch als Konversion zählt. Voreingestellt sind 60 Sekunden – kürzere Telefonate zählen nicht als Konversion.

Für Sie als Shopbetreiber hat dies nicht nur den Vorteil, dass Werbeausgaben auch telefonischen Bestellungen gegenübergestellt werden können. Über diese Methode können Sie Ihren Kunden auch eine bundesweit (bzw. sogar landesspezifische) kostenfreie Rufnummer anbieten.

Warnung Widerstehen Sie der Versuchung, diese von Google vergebene Rufnummer als generelle kostenfreie Kontaktnummer zu nutzen. Einerseits machen Sie sich damit das Conversion-Tracking kaputt, andererseits ändert Google diese Nummern gelegentlich – was besonders ärgerlich ist, wenn Sie gerade 10.000 Blatt Briefpapier mit der Nummer gedruckt haben.

Ganz davon zu schweigen, wie teuer diese Anrufe werden. Jeder Anruf entspricht ja einer Konversion und muss den Klick-Geboten entsprechend bei Google bezahlt werden.

Auch ohne Google-Weiterleitungsnummer können Sie telefonische Konversionen erfassen. Eine einfache Strichliste neben dem Telefon und die regelmäßige Nachfrage, woher ein Neukunde die Information hat, genügen vollends. Halten Sie sich aber vor Augen, dass vielen Nutzern die Existenz bezahlter Suchmaschinenwerbung gar nicht bewusst ist. Die Aussage »über Google« oder »im Internet« wird die Standardantwort sein.

Remarketing

Einer unserer Kunden nannte es treffend »Verfolgerwerbung«. Sie haben den Effekt vermutlich selbst schon beobachtet: Sie informieren sich im Internet über eine Reise oder Schuhe, und in den darauffolgenden Tagen wird Ihnen verdächtig oft Werbung für Reisen oder Schuhe angezeigt. Tatsächlich sind Sie durch Ihre ursprüngliche Recherche in den Erfassungsbereich einer Remarketing-Kampagne geraten.

Bei dieser Werbeform ist das auslösende Element keine Suchanfrage bei Google. Vielmehr wird der Besucher einer Website digital »markiert«. Das Stöbern im Angebot beispielsweise eines Onlinereiseveranstalters wird vom AdWords-System als Interessensbekundung gewertet. Bewegt sich der so Markierte in der Folgezeit auf Websites, die vom AdWords-System Werbeeinblendungen beziehen, wird bevorzugt Werbung desjenigen Anbieters eingeblendet, der die Markierung ursprünglich vorgenommen hat – selbstverständlich auch in anonymisierter Form.

Um als Werbetreibender diese Möglichkeiten zu nutzen, müssen Sie im ersten Schritt einen Remarketing-Codeschnipsel auf *allen* Seiten des Shops einbinden. Dieses sogenannte Snippet stellt Ihnen, wie üblich, das AdWords-System zur Verfügung. Sobald dieser Codeschnipsel aktiv ist, werden Besucher Ihres Shops vollautomatisch markiert (getaggt). Anschließend können Sie gezielt AdWords-Kampagnen auf die so markierten Personen maßschneidern. Ohne Änderungen am Code können Sie dabei auch auf bestimmte Kategorien des Shops eingehen und so getrennte Kampagnen z. B. für Urlaub am Mittelmeer oder in Skandinavien schalten. Im Extremfall könnten Sie für jedes einzelne Produkt im Shop eigene Remarketing-Kampagnen einrichten. Das System setzt jedoch Listengrößen von einigen Hundert Besuchern voraus – gerade kleineren Shops fällt das auf Produktebene schwer.

Neben der Auswertung, welche Produkte und Kategorien sich die Besucher im Shop angesehen haben, kann die Steuerung von Remarketing-Anzeigen auch über zeitliche Kriterien gesteuert werden. Besucher, die sich in den letzten Tagen ein Produkt angesehen haben, können (und sollten) andere Werbungen zu sehen bekommen als diejenigen, deren Besuch mehrere Wochen zurückliegt. Bei kurz zurückliegenden Besuchen würde man bei Remarketing-Werbung die Vorzüge des Produkts und beispielsweise schnelle Lieferung ab Lager bewerben. Länger zurückliegende Besuche könnten über ein Rabattangebot oder einen sonstigen Anreiz zur Rückkehr in den Shop bewegt werden.

Remarketing eignet sich besonders gut, um »schwebende Kaufentscheidungen« zu beeinflussen. Wer länger recherchiert und sich nicht sicher ist, ob er ein bestimmtes Produkt kaufen soll, den kann die wiederholte Werbung letztendlich positiv beeinflussen.

Übertreiben Sie es aber nicht! Zu aggressives Remarketing – und die Voreinstellungen von Google gehen leider in diese Richtung – erzeugt ein unterschwellig negatives Gefühl bei den Interessenten. Wird die Anzeige zu häufig oder penetrant angezeigt, fühlt man sich regelrecht verfolgt, was sich negativ auf die Kaufentscheidung auswirkt. Wenn die durchschnittliche Zeit für eine Kaufentscheidung eine Woche beträgt, ist es wenig sinnvoll, Remarketing-Werbung über vier Wochen laufen zu lassen. Auch zeigt die Erfahrung, dass es wenig erfolgreich ist, Interessenten »weichzuklopfen«, indem die Werbung so oft wie möglich gezeigt wird. Gute Erfahrungen liegen bei einer Obergrenze von maximal dreimal am Tag vor.

Remarketing, Conversion-Tracking und Datenschutz

Der Gesetzgeber hängt den schnellen Entwicklungen im Internet in der Regel lange hinterher. Das Vakuum füllen von den Gerichten mitunter extrem weit ausgelegte bestehende Gesetze und Verordnungen. Dem Thema Tracking kommt dabei eine besondere Aufmerksamkeit zu. Auf der einen Seite stehen die Wünsche der Werbetreibenden, möglichst zielgenaue und somit kostenschonende Werbemethoden zu nutzen. Auf der anderen Seite steht das Bestreben der Datenschützer und Interessenten, nicht vollends gläsern zu werden. Vor dem Hintergrund der Enthüllungen über die digitale Überwachung vom Sommer 2013 hat diese Diskussion erneut Fahrt aufgenommen.

Vor abmahnenden Mitbewerbern, klagenden Kunden und auskunftsersuchenden Behörden können Sie sich nicht schützen. Einen Hinweis auf die Nutzung von Remarketing und Conversion-Tracking in der Datenschutzerklärung des Webshops nimmt vielen Beschwerden aber von vorneherein den Wind aus den Segeln (siehe Abschnitt »Datenschutzerklärung« auf Seite 336). Neben den Lösungen von Drittanbietern (Ghostery, AdBlock Edge und andere) bietet Google selbst die Möglichkeit eines generellen Opt-Out, also das Untersagen jeglichen Trackings, an. Verlinken Sie in der Datenschutzerklärung auf diese Möglichkeit, und Sie machen sich weniger angreifbar. Letztendlich sind wir als Gesellschaft in Zusammenarbeit mit dem Gesetzgeber gefordert, mittelfristig einen Kompromiss zwischen den jeweils berechtigten Interessen von Shopbetreibern auf der einen und Datenschützern und Verbrauchern auf der anderen Seite zu finden.

Werbung auf fremden Websites: Das Google Display-Netzwerk

Neben Werbeanzeigen im Umfeld der Google-Suche steht im AdWords-System mit dem Displaynetzwerk ein riesiges Verzeichnis von Websites zu allen möglichen Themen zur Verfügung, auf denen Werbung geschaltet werden kann.

Über das Google-AdSense-Programm wird den Betreibern von Websites die Möglichkeit gegeben, die Vermarktung von Werbeflächen an Google zu übertragen. Statt selbst aufwendig Werbepartner zu akquirieren, platzieren interessierte Seiteninhaber lediglich kleine Programmcodeschnipsel von Google auf ihren Websites. Das AdWords-System analysiert daraufhin den Inhalt der einzelnen Seiten und blendet vollautomatisch thematisch passende Werbung ein, ohne dass der Seiteninhaber weiter etwas tun muss. Klickt ein Besucher auf eine solche Werbeanzeige, dann kassiert Google über das AdWords-System vom jeweiligen Werbetreibenden eine Klickgebühr für den Anzeigenklick und gibt dem Seiteninhaber, auf dessen Website die Werbung platziert war, einen Anteil ab.

Hinweis Ein weitverbreiteter Irrtum ist, dass auf dem Displaynetzwerk lediglich grafische Bannerwerbung geschaltet werden kann. Tatsächlich können grafische Anzeigen und Textanzeigen platziert werden – in vielen Fällen funktionieren die Textanzeigen sogar besser als die Banner. Einfacher zu erstellen, sind sie allemal.

Platzierung über Keywords

Die Bequemlichkeit der Anzeigenschaltung über exakt passende Suchbegriffe bietet das Displaynetzwerk leider nicht. Zwar kann man weiterhin Keywords hinterlegen, sie entsprechen aber nicht einer Suchanfrage, sondern dienen dem AdWords-System dazu, thematisch passende Seiten ausfindig zu machen. Die Keywords sind daher nicht als exakte Suche zu verstehen, sondern haben mehr den Charakter einer Beschreibung.

Das Long Tail Keyword »australischen Rotwein online kaufen« wird in der Google-Suche sicherlich gut funktionieren – für das Displaynetzwerk ist es denkbar ungeeignet. Hier würde man für die Platzierung Seiten suchen, die sich wahlweise mit Australien oder Wein generell beschäftigten. Als Keywords könnte man beispielsweise »australischer Wein«, »Weinanbau Australien«, aber auch »Rotwein« oder »Australische Küche« versuchen. AdWords nimmt diese Keywords als Anhaltspunkt und beleuchtet die Seiten im Displaynetzwerk auf Relevanz bezüglich der Keywords. Insgesamt wird die Platzierung dadurch etwas unschärfer, der Werbetreibende hat aber die Chance, z. B. Australien-Urlaubern das Angebot australischen Rotweins zu unterbreiten.

Es ist empfehlenswert, auch hier mit Anzeigengruppen zu arbeiten, um eine bessere Kontrolle zu haben. Eine Anzeigengruppe würde sich dann dem australischen Rotwein widmen, eine andere dem Rotwein allgemein, eine weitere der australischen Küche und eine vierte dem Urlaub in Australien. So kann man feiner steuern und eingreifen, wenn Anzeigen und Anzeigengruppen nicht gut konvertieren. Eine Übersicht über die Funktionen der einzelnen Netzwerke finden Sie in Tabelle 18-1.

Tabelle 18-1: AdWords-Funktionsumfang im Such- und Displaynetzwerk

Feature	Suchnetzwerk	Displaynetzwerk
Anzeigenschaltung durch:	Suche nach Keyword	Besuchen von spezifischen Websites
Textanzeigen	Ja	Ja
Banneranzeigen	Nein	Ja

Tabelle 18-1: AdWords-Funktionsumfang im Such- und Displaynetzwerk *(Fortsetzung)*

Feature	Suchnetzwerk	Displaynetzwerk
Keywords	Ja	Ja
Placements	Nein	Ja
Interessen	Nein	Ja
Anruferweiterungen	Ja	Nein
Sitelinks	Ja	Nein
Remarketing	Ja	Ja
Conversion-Tracking	Ja	Ja

Google Products

An kaum einem Bereich von Google, der den Onlinehandel betrifft, wurde in den letzten zwei Jahren so viel verändert wie im Bereich der direkten Produktsuche. Selbst der Name wurde vielfach verändert und lautet erst seit Anfang 2014 »Google Shopping«.

Ursprünglich war der Service unter dem Namen »Froogle« als universelle Produktsuchmaschine geplant, aus der man mit wenigen Mausklicks ein Produkt direkt kaufen kann. Die Auflistung der Produkte auf der Google-Checkout-Website erfolgt dabei aufsteigend nach Preis sortiert. Google tritt damit ganz gezielt in Konkurrenz zu Preissuchmaschinen wie Idealo oder Guenstiger.de, die wir im Abschnitt »Preisvergleichsportale« auf Seite 483 in der Funktionsweise und den Konditionen als Alternative zu Google Shopping genauer beleuchten werden.

Google Checkout ist nach wie vor über den Reiter »Shopping« bei den Google-Suchergebnissen zu finden. In der Praxis kennen aber selbst intensive Google-Nutzer diese Funktion meist nicht. Eine nicht repräsentative Umfrage im Freundes-, Verwandten- und Bekanntenkreis zeigte, dass kaum jemand dort absichtlich Produkte sucht.

Das ist aber auch nicht mehr wirklich nötig, da seit einiger Zeit zu fast allen Suchanfragen nach Produkten direkt auf der Google-Suchergebnisseite kleine Produktabbildungen mit direkter Verlinkung zu den jeweiligen Shops zu finden sind. Gerade der Wiedererkennungseffekt der Abbildung beim Interessenten macht sie zum bevorzugten Klickziel. Für den Betreiber eines Onlineshops ist die Nutzung von Google Shopping, das hinter dieser Produktdarstellung innerhalb der Suchergebnisse steht, quasi verpflichtend, da ansonsten auf eine Quelle von Shopbesuchern verzichtet würde.

Google Merchant Center

Die Teilnahme an Google Shopping ist grundsätzlich kostenlos, auch wenn seit 2013 einige Einschränkungen gelten. Den vollen Umfang kann man seitdem nur in Verbindung mit einer Google-AdWords-Kampagne nutzen. Die Verbindung mit

Google AdWords wurde im Herbst 2014 nochmals intensiviert als, von den sogenannten Google Product Listings Ads (PLA) auf die Google-AdWords-Shopping-Kampagnen umgestellt wurde.

Um an Google Shopping teilzunehmen, müssen Sie einen Google-Merchant-Center-Account anlegen. Hierfür wird wiederum ein genereller Google-Account benötigt, wie bereits in Kapitel 18, *Google AdWords und Google Products*, auf Seite 491 besprochen wurde. Es kann – und sollte – sich dabei übrigens um den gleichen Google-Account handeln.

In Abbildung 18-7 sieht man die spartanisch gehaltene Oberfläche des Google Merchant Centers. Tatsächlich handelt es sich hier ausschließlich um eine Verwaltungsoberfläche, auf der man einen oder mehrere Product Feeds hinterlegt. Hierbei handelt es sich um eine Datei im XML-Format, die tagesaktuell aus dem Datenbestand des Onlineshops exportiert werden muss. Meist ist dafür ein zusätzliches Modul oder eine spezifische Programmierung nötig. Es besteht aber auch die Möglichkeit, diese Datei manuell zu erstellen.

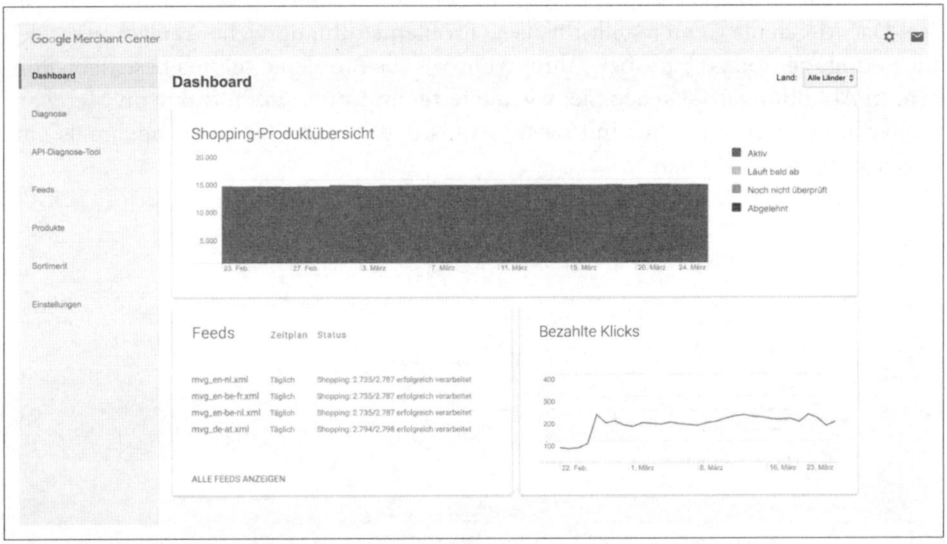

Abbildung 18-7: Die Übersichtsseite des Google Merchant Centers

Viele Onlineshopsysteme haben eine Schnittstelle zum Google Merchant Center oder können sie als Modul hinzufügen. Es gibt aber einige Funktionen, die das Entwickeln einer individuellen Schnittstelle durch die betreuende Agentur nahelegen. Dazu gehört z. B. das automatische Generieren aussagekräftiger Produktkurzbeschreibungen, die gegebenenfalls von den Produktbeschreibungen im Shop abweichen, oder das Nutzen von individuellen Feldern für das Zusammenspiel mit Google AdWords.

Die Product-Feed-Datei hat ein festgelegtes Format, mit der die Produktdaten des Onlineshops an das Merchant Center übermittelt werden. Zentrale Angaben sind der Produktpreis, die Versandkosten und die Lieferbarkeit sowie eine Produktabbildung. Damit Google die Produkte verschiedener Anbieter vergleichen kann, ist die Angabe einer einheitlichen Identifikation wichtig. Google möchte hier bevorzugt die Global Trade Identification Number (GTIN) sehen. Eine GTIN kann auch die European Article Number (EAN) sein, die europaweit eindeutige Produkt-Identifikationsnummer, die im Barcode abgebildet ist. Ebenfalls möglich ist die Internationale Standardbuchnummer (ISBN). Sollten Ihre Produkte über keine GTIN verfügen, müssen Sie stattdessen zwei Werte übermitteln: den Hersteller des Produkts sowie die Herstellerartikelnummer.

Widerstehen Sie der Versuchung, sich der Vergleichbarkeit der Produkte durch Umgehung der Produktidentifikation zu entziehen, indem Sie keine offiziellen Produktnummern, sondern eigene Nummern angeben. Gerade wenn die Produkte Ihres Shops auch in vielen anderen Shops angeboten werden, wird Google die Shops bevorzugt anzeigen, die korrekte Produktinformationen liefern.

Im Google Merchant Center haben Sie die Möglichkeit, Produkt-Feeds zu Testzwecken hochzuladen. Google analysiert den Produk-Feed und meldet etwaige Fehler zurück. Typische Fehler sind z. B. fehlende Produktnummern oder nicht lesbare Bilder. Das Merchant Center stellt für diese Probleme umfangreiche Analysemethoden zur Verfügung, sodass Sie – bzw. Ihre Agentur – die Probleme schnell beseitigen können. In Abbildung 18-8 sehen Sie, wie die fertig importierten Produkte im Merchant Center aufgeführt sind. Anhand dieser Auflistung können Sie dann nochmals eine Fehlerprüfung vornehmen.

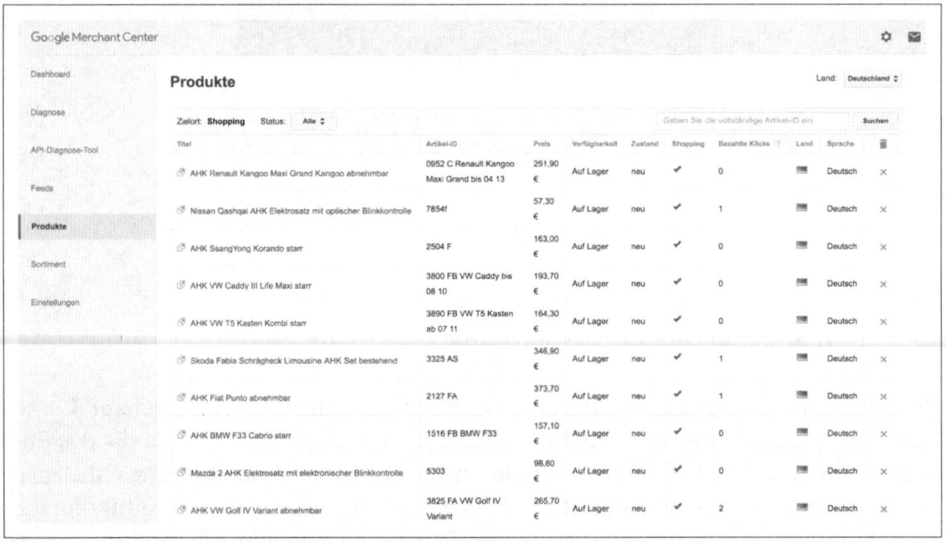

Abbildung 18-8: Überblick über die Produkte im Google Merchant Center

Um zu prüfen, ob auch die Produktbilder richtig übermittelt wurden, können Sie die Detailansicht wie in Abbildung 18-9. nutzen. Dort sehen Sie ebenfalls, wann das Produkt zuletzt im Merchant Center aktualisiert wurde. Im Produktivbetrieb, also außerhalb der Tests, sehen Sie auch, wie oft ein bestimmtes Produkt gesucht wurde.

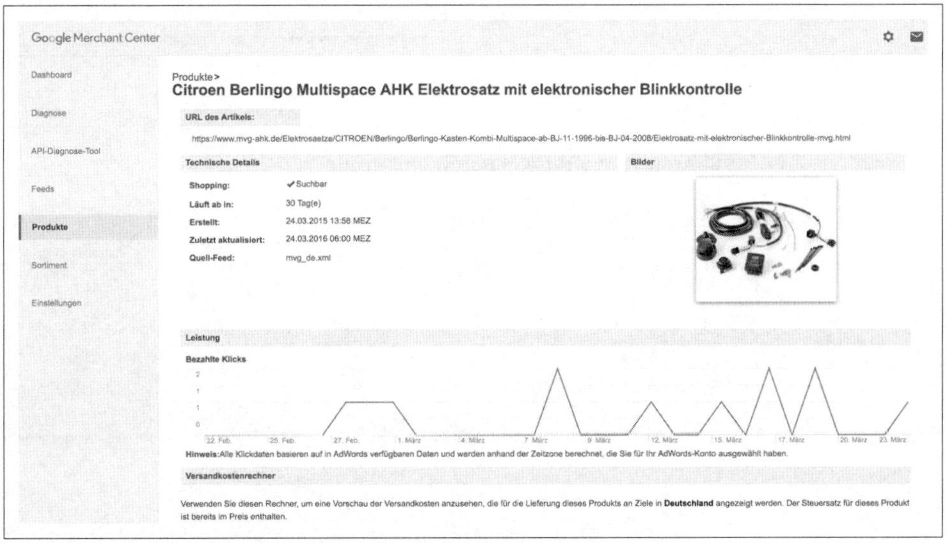

Abbildung 18-9: Produktdetails und Produktleistung im Google Merchant Center

Nach Abschluss dieser Tests können Sie eine permanente Feed-Adresse hinterlegen und ein Intervall festlegen, in dem das Merchant Center den Feed neu abrufen soll. Das Intervall hängt primär davon ab, wie häufig sich Produktinformationen oder Preise ändern. Nichts ist für den potenziellen Kunden ärgerlicher, als wenn er bei Google einen niedrigeren Preis sieht, als er tatsächlich im Shop angegeben wird. Als Minimum muss der Feed alle vier Wochen neu abgerufen werden.

Merchant Center für mehrere Shops

Ein Google-Merchant-Center-Account kann immer nur die Feeds eines einzigen Onlineshops verwalten. Sobald man Produkte in mehr als einem Shop anbietet und versucht, sie ans Merchant Center zu übermitteln, werden die zusätzlichen Shopadressen als Fehler abgewiesen.

Natürlich könnte man jetzt mehrere verschiedene Merchant-Center-Accounts anlegen. Das ist aber recht aufwendig und birgt Fehlerquellen durch Verwechslungen. Es gibt jedoch die Möglichkeit, eine Art Master-Account für das Merchant Center zu nutzen. Dieser Mehrfachkunden-Account kann nicht selbst angelegt werden, sondern muss bei Google beantragt werden. Das Formular dafür ist gut versteckt und findet sich zurzeit unter *https://support.google.com/merchants/contact/account2* (Stand April 2016).

Der Master-Account wird von einem Google-Mitarbeiter manuell freigeschaltet – dieser Vorgang kann durchaus einige Tage dauern. Danach können Sie, wie in Abbildung 18-10 zu sehen, beliebig viele Unter-Accounts anlegen, die jeweils die Feeds für einen einzelnen Shop beinhalten.

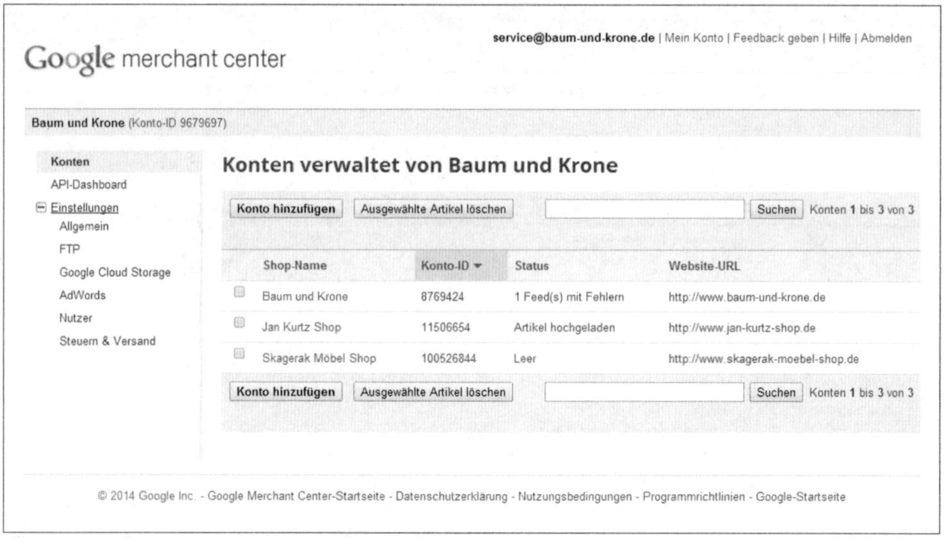

Abbildung 18-10: Google-Merchant-Center-Master-Account

Tipp

Nicht allen Google-Mitarbeitern der AdWords-Kundenbetreuung ist die Existenz dieser Master-Accounts bekannt. Gerade wenn es um die Analyse von Problemen in Verbindung mit Product Feeds geht, kann es mitunter zu Verwirrung führen, wenn die Supportmitarbeiter den Feed nicht finden. Weisen Sie den Mitarbeiter dann auf den entsprechenden Artikel unter *https://support.google.com/merchants/answer/188487* hin – das löst das Verständnisproblem schnell.

Google-AdWords-Shopping-Kampagne

Sobald die Feeds im Merchant Center korrekt eingerichtet sind und regelmäßig abgerufen werden, werden Ihre Produkte im »Shopping«-Bereich der Google-Suche angezeigt.

Um auch auf den eigentlich wichtigen Plätzen in der Google-Suche präsent zu sein, müssen Sie für Ihren Product Feed im Google-AdWords-System korrespondierende Kampagnen anlegen und folgerichtig auch Klicks auf Ihre Produkte über die normalen Klickkosten bezahlen.

In Abbildung 18-11 sehen Sie nun das Ergebnis der Mühen – die Produktinfos werden in der Google-Suche angezeigt. Ob sie tatsächlich dort erscheinen, hängt von diversen Faktoren ab, die denen ähneln, die wir weiter oben für die regulären Google-AdWords-Kampagnen ausgeführt haben. Das Maximalgebot für den Anzeigenklick ist dabei ein wichtiger, aber nicht der allein entscheidende Faktor. Leider lässt sich Google auch hier nicht in die Karten schauen – relativ sicher dürfte aber die Klickrate (Click-Through-Rate CTR) Ihrer Anzeigen sowie der Produktpreis eine Rolle spielen. Andere Faktoren könnten die Relevanz der Zielseite, die Relevanz der Kurzbeschreibung und möglicherweise auch die Bewertungen Ihres Shops sein. Letztendlich müssen Sie bzw. Ihre AdWords-Agentur mit der Segmentierung, den Klickgeboten und weiteren Faktoren experimentieren und beständig optimieren, um die besten Ergebnisse zu erzielen – und diese dann auch zu halten!

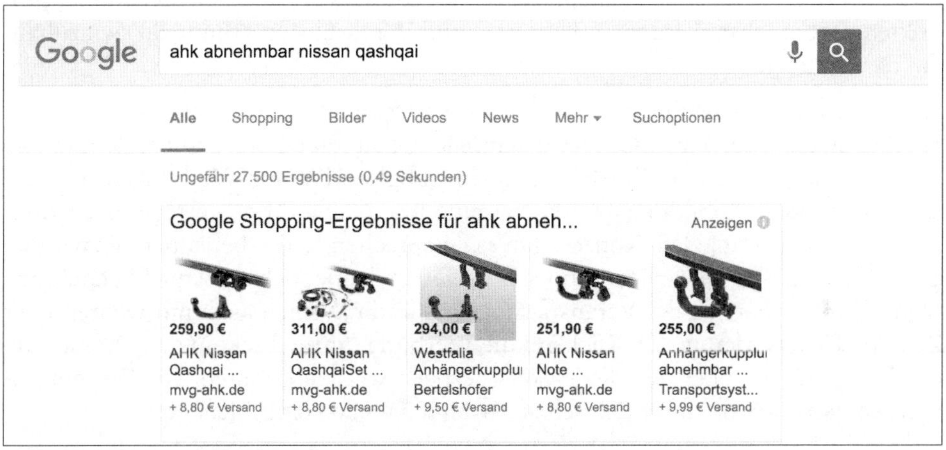

Abbildung 18-11: Produktboxen in der Google-Suche

Die Shoppingkampagnen sind der Bereich von Google AdWords, in dem derzeit die meisten Änderungen passieren. Shoppinganzeigen sind ganz klar ein Fokus von Google, das sich von Amazon als Produktsuchmaschine bedroht fühlt. Das Problem hierbei ist, dass man wirklich tiefgreifende Kenntnisse von Google AdWords braucht und sich beständig im Bereich der Shoppingkampagnen fortbilden muss. In unserer Agentur haben wir eine Mitarbeiterin, deren Daueraufgabe es ist, permanent alle Foren und Blogs zum Thema Google Shopping zu lesen und sich regelmäßig in Schulungen und Webinaren zu dem Thema fit zu halten.

Bereiche wie Shoppingkampagnen-Set-up, Priorisierungen und Gebotsstrategien für Shopping haben wir an dieser Stelle gar nicht erst erwähnt, da sich die Randumstände so schnell ändern und beinahe im Wochenrhythmus neue »Best Practices« und Erfahrungswerte dazu kommen. Alles, was wir dazu schreiben, wäre bei Drucklegung schon wieder Makulatur.

Shoppingkampagnen werden immer wichtiger. Auch wenn Sie die zusätzlichen Ausgaben scheuen, sollten Sie spätestens bei diesem Thema die Hilfe eines externen Spezialisten in Anspruch nehmen. Die Thematik ist zu komplex, um sie mit Basiswissen und nebenher richtig zu bedienen. Google bietet seit einiger Zeit eine spezielle Agenturzertifizierung für Shoppingkampagnen an. Diese Zertifizierung muss einmal im Jahr wiederholt werden, damit die Account-Betreuer auf dem neuesten Stand bleiben (und einmal im Jahr ist eigentlich noch zu wenig). Achten Sie bei der Auswahl Ihrer AdWords-Agentur auf diese Zertifizierung.

Google AdWords in YouTube

Als zweitgrößte Suchmaschine der Welt ist YouTube gerade für Produktwerbung ein sehr interessantes Umfeld. Zwar steht bei der überwiegenden Zahl der Videos der Unterhaltungsaspekt im Vordergrund, Interessenten suchen aber auch gezielt nach Videos zu Produkten, vor allem wenn die Kaufentscheidung nicht gefestigt und man noch in der Recherchephase ist. Videos zu Vor- und Nachteilen von Produkten, Gebrauchsanleitungen (How-tos) und Vergleichstests tummeln sich zuhauf auf der Plattform.

Sie müssen nicht gleich komplette Videos professionell produzieren lassen, um das Werbepotenzial auf YouTube zu nutzen. Die Arbeit haben oft schon andere für Sie gemacht. Sie können aber Ihre bestehenden Google-AdWords-Werbungen auf YouTube ausweiten. Abbildung 18-12 zeigt eine Kampagne für einen regionalen Konzertveranstalter. Zu jedem Konzert gab es entsprechende Werbebanner. Sie wurden gezielt in Videos der jeweiligen Künstler eingeblendet, jedoch ausschließlich im regionalen Einzugsbereich des Veranstaltungsorts und natürlich auch nur während der Zeit des Ticketverkaufs. Ein Klick auf die Werbung führte direkt in den Onlineshop des Veranstalters, über den die Tickets bezogen werden konnten. Die Werbungen wurden dabei sowohl im Video selbst als auch daneben eingeblendet.

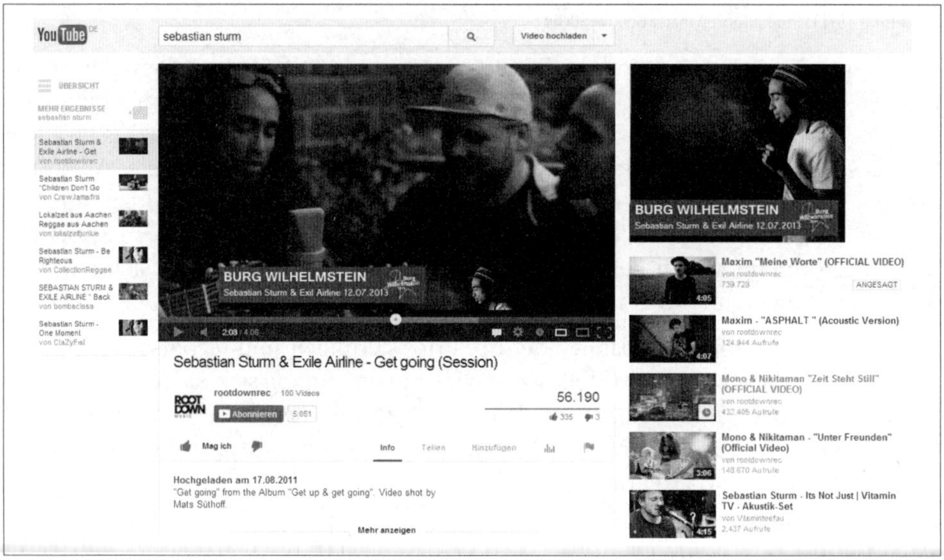

Abbildung 18-12: Werbebanner auf YouTube können auch in fremde Videos eingeblendet werden.

Es empfiehlt sich, für die YouTube-Werbung eine eigene Kampagne in Google AdWords anzulegen. So haben Sie die beste Kontrolle über die Platzierung und die jeweiligen Preise für die Anzeigenklicks.

Anwender-Interview mit Ulrich Pesch

Ulrich Pesch ist der Programmchef der Burg Wilhelmstein (*www.burg-wilhelmstein.com*), eines bekannten Open-Air-Veranstaltungsorts im westlichen Nordrhein-Westfalen. Seit zwei Jahren wird der Ticketverkauf gezielt mit Google AdWords unterstützt. Hier kamen auch gezielte Werbekampagnen auf YouTube zum Einsatz.

Warum haben Sie Anzeigenschaltungen speziell auf YouTube vorgenommen?

Wer heutzutage gezielt nach Künstlern oder Musik sucht, benutzt meistens YouTube, wodurch sich YouTube inzwischen zur zweitgrößten Suchmaschine der Welt entwickelt hat – und das nicht nur bei Jüngeren. Das bedeutet, dass unsere Zielgruppe natürlicherweise auf YouTube anzutreffen ist, denn von den meisten Künstlern, die bei uns auftreten, gibt es entweder eigene Videos oder von Fans erstellte Liveaufnahmen, die zum Teil sogar bei uns auf der Burg aufgenommen wurden. In dem Moment, wo der Besucher das Video sieht und sich überlegen könnte, selbst einen Liveauftritt des Künstlers zu besuchen, ist unsere Anzeige schon da und nimmt ihm weitere Überlegungen und eine Suche nach der passenden Veranstaltung ab. Besser kann das Werbeumfeld doch fast gar nicht sein.

Werbung auf YouTube klingt nach einem sehr teuren Unterfangen. Mussten dafür Videos der Künstler angefertigt werden?

Nein, die Videos kommen nicht von uns, sondern sind schon vorhanden. Wir haben uns also nur drangehängt. Außerdem haben wir unsere Kampagnen regional ausgerichtet. Das heißt, die Anzeigen werden nur Besuchern angezeigt, die sich im Umfeld von maximal 100 Kilometern um die Burg befinden. Das verursacht keine Kosten für Leute, für die unsere Veranstaltungen schon alleine wegen der Entfernung nicht infrage kämen, sondern hält die Kosten so gering, dass wir sie bisher durch den Ticketverkauf mehrfach wieder reingeholt haben.

Wie haben sich die AdWords-Kampagnen insgesamt bemerkbar gemacht?

Besonders haben wir das am Publikum gemerkt, denn mithilfe von AdWords haben wir außerhalb unserer Stammgäste auch eine neue, internetaffine Zielgruppe angesprochen. Dabei haben die über AdWords generierten Ticketverkäufe die Kosten für die Kampagnen um ein Vielfaches übertroffen, weswegen wir nun unsere aufwendigen Werbeklassiker, wie beispielsweise die Werbung in Bussen, deren Effekt sich nicht messen ließ, abgeschafft haben.

Dynamic Remarketing

Im Sommer 2014 begann der Übergang der bisherigen Google Product Listing Ads (PLA) zu den neuen Google-AdWords-Shopping-Kampagnen. Die neuen Shoppingkampagnen bieten zahlreiche fortgeschrittene Funktionen, die mit dem alten System nicht möglich waren. Dazu gehört die Verknüpfung mit den Funktionen des Google-AdWords-Remarketing zum neuen Dynamic Remarketing, bei dem einem Interessenten anhand seines Besuchs im Shop nur diejenigen Produkte über Werbung angeboten werden, die er vorher betrachtet hat. Dies setzt aber umfangreiche zusätzliche Arbeiten im Onlineshop voraus.

Tagging

Das dynamische Remarketing analysiert, welche Produkte ein Besucher Ihres Shops angeschaut hat. Für diese Produkte werden dann dynamisch erstellte Werbungen auf den Seiten des Google-Displaynetzwerks angezeigt. Um diese Zuordnung machen zu können, müssen im Onlineshop sämtliche Produktseiten – und nach Möglichkeit auch die Seiten des Checkout-Prozesses – mit für den Besucher unsichtbaren Tags markiert sein.

```
<script type="text/javascript">
var google_tag_params = {
ecomm_prodid: '123',
ecomm_pagetype: 'product',
ecomm_totalvalue: '99.00'
};
</script>
```

Im Beispiel ist der Code für ein einzelnes Produkt zu sehen. Wichtig ist hier der Identifikationscode, der exakt dem Code entspricht, den dieses Produkt in Ihrem Merchant-Center-Product-Feed hat. Diese Codeschnipsel müssen auf allen Produktseiten hinterlegt sein. So kann Google das Besuchsverhalten auf den einzelnen Seiten analysieren und sehen, welche Produkte sich ein einzelner Besucher angeschaut hat.

Diese Informationen fließen in eine Remarketing-Kampagne in Google AdWords und werden dort wiederum mit den Daten aus dem Product Feed kombiniert und zu zielgerichteten Produktanzeigen wie in Abbildung 18-13 zusammengesetzt. Die Anzeigen sind grafisch animiert: Verschiedene Produkte wechseln sich zeitlich ab – neben dem Bild werden der Preis und der Produktname ebenfalls animiert angezeigt.

Abbildung 18-13: Dynamisch erstellte animierte Produktanzeige

Der Vorteil im Vergleich zu regulären Google-AdWords-Anzeigen besteht darin, dass der potenzielle Kunde gezielt noch einmal exakt diejenigen Produkte angezeigt bekommt, die er sich vorher im Shop angeschaut hat. Erste Erfahrungen mit den vergleichsweise neuen Dynamic-Remarketing-Anzeigen sind vielversprechen.

Google-Produkte – Zusammenfassung

Der gesamte Bereich der Produktdarstellung in den verschiedenen Google-Diensten scheint noch nicht in eine stabile Phase übergegangen zu sein. In Abbildung 18-14 sind die Vernetzungen der Dienste und die Datenflüsse nach jetzigem Stand zusammengefasst. Diese Übersicht ist allerdings mit Vorsicht zu genießen, denn schon innerhalb weniger Monate könnten die Dienste und Daten komplett anders aussehen bzw. vernetzt sein.

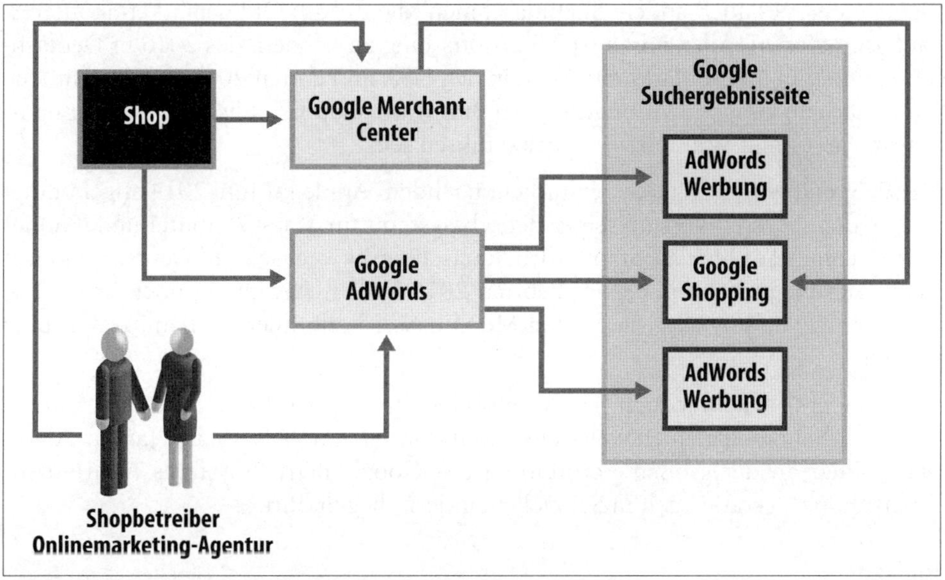

Abbildung 18-14: Vernetzung der Datenquellen untereinander

Zunehmend mehr erscheint das Google Merchant Center als Anhängsel, dessen Funktionalität eigentlich besser in Google AdWords aufgehoben wäre. Die neuen Google-AdWords-Shopping-Kampagnen legen nahe, dass mehr und mehr Funktionalität rund um die Produktsuche ins AdWords-System wandert. Experten gehen davon aus, dass das oben beschriebene Taggen der Produkte im Onlineshop mittelfristig das Merchant Center mit seinen Feeds ablösen wird. Faktisch hält man dieselbe Information ja zweimal vor: einmal im Feed und einmal in Form der Tags auf jeder Produktseite. Das Merchant Center wird so redundant – sein einziger Daseinsgrund ist derzeit das zeitgesteuerte Abrufen der Feeds, was durch entsprechend häufigen Abruf der Shopproduktseiten durch Google obsolet würde.

Shopbetreiber sind jedenfalls gut beraten, diese Entwicklungen genau zu beobachten und sich auf mögliche Änderungen schnell einzustellen. Die Produktsuche innerhalb von Google wird dabei zunehmend wichtiger für den erfolgreichen Betrieb eines Onlineshops.

Suchmaschinenmarketing jenseits von Google

Aktuelle Statistiken bescheinigen Google 2016 einen Marktanteil von 94,5 % in Deutschland. Trotz aller Google-Skepsis ist Deutschland damit weltweit eines der Länder mit der stärksten Google-Nutzung. Im weltweiten Schnitt liegt Google lediglich bei knapp 70 %, was durch die 8,53 % Marktanteil der chinesischen Suchmaschine Baidu (weltweit im Mai 2016) und der nach wie vor großen Beliebtheit von Yahoo! in den USA zu erklären ist.

Dennoch gibt es auch andere Suchmaschinen, die für das Onlinemarketing interessant sein können. Allen voran ist Microsofts Bing zu nennen, das 2016 in Deutschland immerhin 4,1 % Marktanteil hat, in den USA im Februar 2016 aber beachtliche 21 %. Die zunehmende Verbreitung von Bing dürfte hauptsächlich auf die sehr nahtlose Integration in Windows 8 zurückzuführen sein.

Dieser Trend wird sich noch verstärken, nachdem Apple im Juni 2014 angekündigt hat, ab der nächsten Version seines Betriebssystems für Mac-Computer und iPhone/iPad ebenfalls auf Bing als Standardsuchmaschine zu wechseln. In Deutschland fast nicht relevant ist Yahoo!, das im Februar 2016 in den USA immer noch über 12 % Marktanteil verfügt, über die letzten Monate aber kontinuierlich Benutzer an Bing verliert.

Ganz anders sieht es jedoch bei der mobilen Suche über Tablet und Smartphone aus. Hier hat Google einen weltweiten Marktanteil von 94 % (Stand Januar 2016), was primär an der großen Verbreitung des Google-Betriebssystems Android für Smartphones, gerade auch in Schwellenländern, liegen dürfte.

Bing Ads

Bereits 1998 bot die Firma GoTo bezahlte Werbung im Internet an. 2001 benannte man sich in Overture um, 2003 erfolgte die Übernahme durch Yahoo!, einige Zeit später die Umbenennung in Yahoo! Search Marketing.

Bereits 2010 schlossen Microsoft und Yahoo! einen Vertrag, nach dem die Suchergebnisse auf Yahoo! durch Microsoft-Suchtechnologie bereitgestellt werden. Ebenso vermarktete man bezahlte Werbung fortan gemeinsam, zunächst unter dem Namen Microsoft adCenter, seit September 2012 unter dem Namen Bing Ads, das nunmehr sämtliche Anzeigen im Yahoo! Bing Network verwaltet.

Die Funktionsweise von Bing Ads ist nahezu identisch mit der Funktionsweise von Google AdWords. Selbst die Benutzeroberfläche ist im Wesentlichen ein direktes Abbild des Konkurrenten von Google. Die Anlehnung an AdWords geht sogar so weit, dass beim Einrichten eines Accounts als Standardvorgehensweise angeboten wird, die Kampagnen und Keywords von Google AdWords zu übernehmen (siehe Abbildung 18-15).

Diese Datenübernahme erspart viel Zeit, erfordert aber in jedem Fall nochmalige Nachkontrolle. Beide Systeme sind nicht zu 100 % identisch, sodass man einige Optionen, wie z. B. die Ausrichtung auf Such- und Displaynetzwerke, nachträglich anpassen muss.

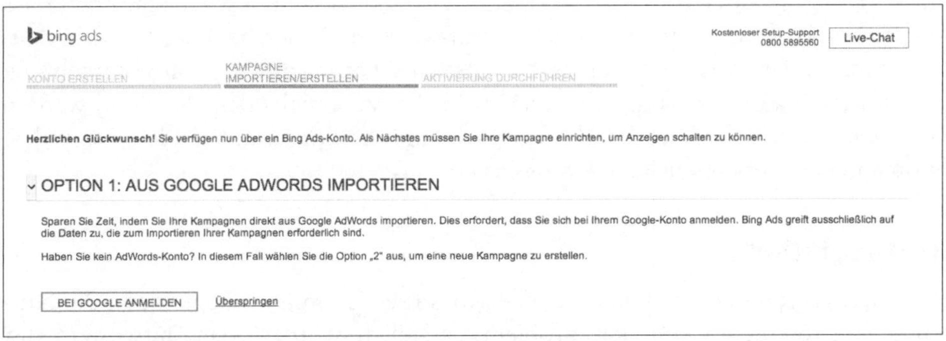

Abbildung 18-15: Bing Ads bieten den Import von AdWords-Kampagnen als Standard an.

Ein großes Problem ergibt sich bei der Erfolgskontrolle. Wer für die Webanalyse Google Analytics einsetzt, wird Schwierigkeiten bekommen, die bezahlten und die nicht bezahlten Ergebnisse von Bing zu unterschieden. Leider hat Microsoft dieses Thema bislang noch nicht zufriedenstellend gelöst – hier ist ein großes Maß an Handarbeit angesagt, da sämtliche Links um individuelle Parameter ergänzt werden müssen.

Interessant für den Shopbetreiber ist Bing Ads aus drei Gründen:

- Kosten
- Konkurrenz
- Bestandswahrung

Mit noch nicht einmal 5 % Marktanteil ist das Yahoo!-Bing-Network in Deutschland ein Nischenprodukt. Das hat zur Folge, dass man sich gegen deutlich weniger Mitbewerber behaupten muss. Eine Suche nach »australischer Rotwein« (vergleiche Beispiele in Kapitel 18, *Google AdWords und Google Products*, auf Seite 491) fördert auf Google elf bezahlte Suchergebnisse zutage, in Bing derer nur sieben. Während die elf Ergebnisse auf Google alle relevant erscheinen, fallen für den typischen Endkunden von den sieben Bing Ads ganze vier Anzeigen heraus, da sie wenig relevant für die eigentliche Suchanfrage sind. Interessant in diesem Zusammenhang ist ebenfalls, dass sich bei diesen beiden Suchanfragen jeweils völlig verschiedene Anbieter auf den Werbeplätzen finden. Es gibt nicht eine einzige Überschneidung!

Die geringere Konkurrenz führt natürlich zu geringeren Anzeigenpreisen. Im Schnitt zahlt ein Werbekunde über Bing Ads ein Drittel weniger pro Klick als bei Google

AdWords. Dafür ist die Klickrate im Schnitt geringfügig höher, was wiederum am begrenzten Angebot an Werbung liegt: Wenn sich weniger Anzeigekunden für einen Suchbegriff finden, erhalten die einzelnen Anzeigen natürlich mehr Klicks.

Die geringeren Kosten und die geringere Konkurrenz, verbunden mit einem langsamen, aber stetigen Anwachsen des Marktanteils von Bing in Deutschland, machen die Bing Ads zu einer interessanten Option. Falsch kann man wenig machen, wohl aber Erfahrungen sammeln und einen entscheidenden Vorteil haben, sobald Bing auch in den Blick der anderen Marktbegleiter rückt. Beachten sollten Sie aber, dass der Aufwand für das Einrichten und Pflegen von Kampagnen bei Bing Ads dem Aufwand für Google AdWords in nichts nachsteht. Dies macht eine klare Empfehlung für das zweigleisige Fahren schwierig, denn die zu erzielenden Resultate werden angesichts der nach wie vor marktbeherrschenden Stellung von Google – zumindest momentan – geringer ausfallen.

Werbeblocker

Vor zwei Jahren fragte ich einen Google-Mitarbeiter, ob für Google denn die Nutzung von Werbeblockern ein Problem darstellen würde? Man antwortete mir damals, dass die Nutzung derzeit so gering sei, dass es aus der Sicht von Google kein Problem sei.

Seitdem ist viel passiert, und AdBlocker sind auf dem Weg in den Mainstream. Darunter zu leiden haben derzeit in der Hauptsache Verlage, die einen unausgesprochenen Nutzervertrag – Zugang zu den Nachrichten im Gegenzug zur Einblendung von Werbung – verletzt sehen. Verfechter der Werbeblocker hingegen führen an, dass zunehmend Schad- und Spionagesoftware über Onlinewerbung auf den Computern nichtsahnender Nutzer eingebracht wird und AdBlocking daher Selbstschutz sei.

Für Werbetreibende ist diese Entwicklung durchaus von Bedeutung, da man zunehmend davon ausgehen muss, dass die eigene Werbung nicht mehr gesehen wird. Der derzeit populärste AdBlocker, AdBlock Plus, hat über sein Acceptable Ads Program, bei dem sich Werbenetzwerke freikaufen können, immerhin Google AdWords freigeschaltet. Wer auf andere Plattformen Werbung treibt, muss den Effekt von AdBlocking in Kauf nehmen.

Bei der Beurteilung der Konsequenzen muss man zwei verschiedene Arten von AdBlockern betrachten. Bei der einfacheren Variante wird die Werbung zwar geladen, für den Benutzer aber ausgeblendet. Als Folge davon sinken die Click-Through-Raten, denn für das Werbenetzwerk ist nicht zu erkennen, dass die Impressions – also die Fälle, in denen die Werbung angezeigt wird – effektiv gesunken sind. Für das Netzwerk ist die Anzahl der Werbeeinblendungen gleich. Die Anzahl der Klicks sinkt hingegen – und damit die Click-Through-Rate auch. Das kann ein Netzwerk wie Google AdWords zum Anlass nehmen, die Qualität der Anzeige in Zweifel zu ziehen.

Bessere Werbeblocker unterbinden das Laden der Werbung vollständig. Auch hier sinkt die effektive Zahl der Impressions, aber eben auch die Zahl der Impressions, die das Werbenetzwerk misst. Die Click-Through-Rate wird nicht negativ beeinflusst.

Die Entwicklung nimmt gerade erst Fahrt auf, und generelle Aussagen sind schwierig. Als Werbetreibender sollten Sie über die Problematik informiert sein und die Entwicklungen der nächsten ein bis zwei Jahre kritisch im Auge behalten. Für die Nutzer von Google AdWords ergeben sich derzeit nach unseren Erkenntnissen noch keine Einschränkungen. Als Konzern, dessen primäre Einnahmequelle Werbung ist, wird Google sicherlich auch alles daran setzen, dass die Werbungen nach wie vor ausgespielt werden können.

Anwender-Interview mit Hubert Mirgartz

Hubert Mirgartz ist Verkaufsleiter der Metallverarbeitungsgesellschaft mbH aus Eschweiler. Ein Großteil des Umsatzes mit Anhängerkupplungen und Fahrradträgern erfolgt über den Onlineshop *www.mvg-ahk.de*.

Google AdWords spielt im Onlinemarketing eine große Rolle. Worauf muss ich als Werbetreibender besonders achten?

Google macht es einem leicht, unnötigerweise viel Geld auszugeben. Es ist aber genauso einfach, dieses Geld zu sparen. Damit man nicht zu viel ausgibt, ist es wichtig, die Kampagnen regelmäßig zu kontrollieren und wenn nötig anzupassen. Dabei muss man neben den eigenen Anzeigen auch die Maßnahmen der Mitbewerber im Auge behalten, um flexibel darauf reagieren zu können.

Welche Erfahrungen haben Sie mit Remarketing-Kampagnen gemacht?

Besucher unseres Shops, die zunächst nichts gekauft haben, haben wir mit Remarketing-Bannern »verfolgt«. Sie bekamen also immer wieder Werbebanner von uns eingeblendet, auch wenn sie auf völlig anderen Seiten unterwegs waren und andere Produkte gesucht haben. So war unser Shop dem potenziellen Kunden immer präsent und der mögliche Einkauf nur wenige Klicks entfernt. Das hat sehr gut funktioniert.

Ihre Produkte sind auch bei den Google-Shopping-Ergebnissen gelistet. Wie wirken sich die Shoppingergebnisse auf den Umsatz aus?

Die Leute klicken schlichtweg öfter, wenn bei den Suchergebnissen das Produkt direkt abgebildet ist. Gerade seit der Umstellung von Google Shopping im Frühjahr 2014 konnten wir mehr spezifische Klicks und vor allem mehr Konversionen messen. Daher sollte meiner Meinung nach kein Shopbetreiber auf Google Shopping verzichten.

Anwender-Interview mit Cornel Simons

Cornel Simons ist seit Ende 2011 Gründer und Geschäftsführer der Baum & Krone GmbH. Mit den drei Onlineshops *www.jan-kurtz-shop.de*, *www.skagerak-moebel-shop.de* und *www.baum-und-krone.de* ist es ihm gelungen, in den letzten Jahren erfolgreich ein Nischengeschäft für den Vertrieb hochwertiger Möbel aufzubauen.

Nach dem Studium der Wirtschaftswissenschaften in Aachen und Betriebswirtschaftslehre in Köln hat Cornel Simons seine ersten Sporen beim Versandhändler Neckermann in Frankfurt verdient. Anschließend war er in der Geschäftsleitung verschiedener mittelständischer und Konzern-Unternehmen in den Bereichen public transport und medical engineering in Berlin, Sydney und Aachen tätig.

Warum nutzen Sie Google AdWords?

Google beherrscht in Deutschland 95 % des Suchmaschinenmarkts. Wer also im Internet bemerkt werden will, um etwas zu verkaufen, kommt um die Nutzung von Google Adwords nicht herum.

Im Gegensatz zum lokalen Handel, wo die Kaufhandlung in folgender Reihenfolge erfolgt: »Händlerwahl → Produktwahl → Kaufentscheid«, gilt im E-Commerce »Produktwahl → Händlerwahl → Kaufentscheid«. Das bedeutet, dass der Nutzer aktiv nach einem Produkt sucht – und dann müssen wir als Anbieter dieses Produkts auch gefunden werden.

Darüber hinaus bietet Google durch die jederzeit anpassbaren Tagesbudgets eine Kontrolle des Kostenbudgets. Die Erfolgskontrollen erfolgen mühelos über die verschiedenen aufrufbaren Statistiken.

Welche Marketingstrategie verfolgen Sie mit Google AdWords?

Als kleiner Nischenanbieter müssen wir im Haifischbecken der großen internationalen Möbel-Onlineshops auf uns aufmerksam machen. Erst dann können wir unsere USPs auf die Waagschale werfen, wie telefonische Erreichbarkeit, gute Beratung, schnelle Abwicklung, sichere Lieferung mit Möbelspedition (ggf. Aufbau) und eine möglichst perfekte Handhabung, falls einmal etwas nicht so funktioniert, wie der Kunde es sich wünscht. Unterm Schritt: nicht der schnelle Profit – sondern der nachhaltige Aufbau eines guten Namens.

Woran messen Sie den Erfolg Ihrer AdWords-Kampagnen?

Google stellt mit Adwords und Analytics zwei ausgezeichnete Instrumente zur Verfügung, die das Ergebnis der Kampagnen unverhüllt aufzeigen. Hier kann man ins Detail gehen und an den verschiedenen Stellschrauben nachjustieren. Letztendlich zählt natürlich die Conversion-Rate, die für das Ergebnis entscheidend ist.

Warum lassen Sie Ihr AdWords-Konto von einer Agentur betreuen? Was empfehlen Sie Unternehmen: AdWords selber pflegen oder lieber eine Agentur damit beauftragen?

Marketing ist wie Fußball: Da ist jeder der große Zampano. In früheren Arbeitsbereichen und in meiner Ausbildung habe ich viel über Marketing gelernt. Da ich jedoch kein Spezialist im Marketingbereich bin, habe ich mich auch damals schon beraten lassen. Das Medium Internet stellt nun eine ganz neue Herausforderung dar. Alte Instrumente greifen hier nicht. Nachdem ich das erste Lehrgeld – in nicht unerheblichem Maße – gezahlt habe, habe ich mich mit den Kollegen aus der Agentur (AIXhibit) zusammengesetzt, und wir haben ein Paket geschnürt, das sowohl von der finanziellen Belastung als auch vom Wachstumspotenzial passt.

Mein Tipp: eine Agentur finden, die dieses sehr schwierige Geschäft wirklich und nachweislich versteht und der man vertraut. Und: Auch die Agentur muss leben und Spaß an der Zusammenarbeit haben.

Facebook-Advertising

2016 wird das Jahr der Facebook-Werbung. Seit einiger Zeit zeichnet sich ab, dass die Werbung auf Facebook – damit ist nicht das Betreiben einer Fanpage gemeint – langsam erwachsen wird. Was früher nur aus Sponsored Posts und Fanwerbung bestand, wird mit Facebook Custom Audiences und Lead Ads ein ernst zu nehmender Rivale von Google AdWords. Die Einordnung dieser Werkzeuge in die starre Struktur eines Buchs fällt eher schwer; wir haben uns dazu entschieden, diese Themen umfangreich in Kapitel 22, *Social Media*, auf Seite 615 und im Abschnitt »Adressgenerierung über Facebook« auf Seite 534 zu behandeln.

In diesem Kapitel:

- E-Mail-Formen
- Zielgruppe
- Newsletterinhalte
- Redaktionsplan
- Technische Umsetzung
- Darstellung
- Newsletteranmeldung
- Auswertung
- Abmeldungen vom Newsletter

KAPITEL 19

E-Mail-Marketing

Kaum ein Medium wurde in den letzten Jahren so oft totgesagt wie der Newsletter beziehungsweise das E-Mail-Marketing allgemein. Kaum ein Medium, das gerade im Bereich des E-Commerce so gut funktioniert wie der Newsletter. Tatsächlich gibt es unglaublich viel schlechtes E-Mail-Marketing. Vermutlich füllt sich auch Ihr Spam-Postfach beständig mit fehlgeleiteten Versuchen, Ihnen bestimmte Dienstleistungen oder Produkte nahezulegen. Einiges davon sicherlich in betrügerischer Absicht, aber auch einiges Wohlgemeinte, das aber im Tonfall und in der Relevanz bei Ihnen einfach falsch ist.

Warum ist E-Mail-Marketing so wichtig für den Onlineshop? Die Zahlen sprechen für sich. Je nachdem, welche Statistik man zu Rate zieht, ist E-Mail-Marketing bis zu 20-mal kostengünstiger als andere Methoden und bis zu 40-mal konversionsstärker als beispielsweise Social Media.

Interessenten, die Newsletter bekommen, kaufen bis zu 28 % öfter ein, haben bis zu 44 % größere Warenkörbe und geben bis zu 83 % mehr aus als Interessenten, die keine Newsletter beziehen. Die Direct Marketing Association hat 2013 ermittelt, dass 66 % aller Onlinekäufe auf ein vorher erfolgtes E-Mail-Marketing zurückzuführen sind. Besonders aktiv ist dabei die Gruppe der 45–54-Jährigen mit 71 % Conversion-Rate.

Besonders effektiv ist E-Mail-Marketing an Bestandskunden, da in diesem Fall schon bekannt ist, für welche Produkte und Produktkategorien sich der Kunde interessiert. Aber auch für Neukunden ist ein Newsletter ein gutes Werkzeug, das Kaufentscheidungen positiv beeinflussen kann. Betrachtet man den Aspekt der Customer Journey (siehe Abschnitt »Customer Journey« auf Seite 403), dann spielt hier nachhaltiges E-Mail-Marketing eine ganz zentrale Rolle. Oft ist es sinnvoll, Interessenten von einem teuren Kanal wie Google AdWords auf einen billigen Kanal wie das E-Mail-Marketing zu verlagern und gezielt anzusprechen.

E-Mail-Formen

Grundsätzlich gilt es, drei Arten des E-Mail-Versands zu betrachten: klassische Newsletter, transaktionsbasierte Mails und ereignisgesteuerte beziehungsweise zeitgesteuerte Mails. Würde man strikt trennen wollen, dann wäre für den Newsletter ein E-Mail-Marketingprogramm zuständig, während sich um die transaktionsbasierten Mails die Shopsoftware kümmern würde und das Customer-Relationship-Management-Programm (CRM) die ereignisgesteuerten Mails übernimmt. Die Grenzen sind hier jedoch fließend, und ein Datenaustausch über die APIs der verschiedenen Systeme ermöglicht es, dass das auf den Mailversand spezialisierte E-Mail-Marketingprogramm auch die anderen beiden Kategorien von Mails versendet.

Transaktionsbasierte E-Mails

Die transaktionsbasierten E-Mails (transactional email) hängen mit einer Aktivität im Onlineshop – in der Regel mit einer Bestellung – zusammen. Diese Mails unterrichten beispielsweise über den Versand der Ware oder darüber, dass eine Vorkassenzahlung eingegangen ist. Ihre Verbindung zum konkreten Anlass macht sie eher ungeeignet für Marketingzwecke, auch weil der Empfänger keine Marketingbotschaft erwartet. Zudem bedarf es bei solchen Mails keiner konkreten Zustimmung des Empfängers, was bei Werbe-E-Mails sehr wohl der Fall ist.

Das heißt jedoch nicht, dass diese E-Mails stiefmütterlich behandelt werden dürften! Ihr Kunde erhält diese Mails unmittelbar nach dem Kauf – verunsichern Sie ihn nicht mit einer schmucklosen Textwüste, sondern betrachten Sie diese Mails als Aushängeschild des Shops. Sie sollten genauso attraktiv gestaltet sein wie der Shop selbst und dabei übersichtlich bleiben. Auch müssen Betreff und Absender aussagekräftig sein. Transaktionsmails werden in der Regel recht lange im Posteingang aufbewahrt und sind während dieser ganzen Zeit eine permanente Erinnerung an Ihren Shop, ein kontinuierlicher Markenkontakt.

Kontrovers diskutiert wird die seit einiger Zeit aufkommende Praxis, Transaktionsmails zu Werbezwecken zu nutzen. Opponenten argumentieren, dass kein Einverständnis des Empfängers zum Erhalt von Werbebotschaften vorliegt. Solange Sie Produkte bewerben, die sowohl aus dem eigenen Shop stammen als auch mit den gekauften Produkten in Zusammenhang stehen, dürfte diese Praxis jedoch akzeptabel sein. Auf der anderen Seite stehen mögliche positive Effekte wie das Cross-Selling von Produkten basierend auf dem aktuellen Einkauf. Letztendlich wird vermutlich kein Kunde eine Bestellung stornieren, nur weil in der Bestellbestätigung weitere Produkte angeboten wurden. Ob möglicherweise wegfallende Folgekäufe durch zusätzliche Bestellungen aufgrund dieser Produktwerbung kompensiert oder übertroffen werden, ist leider noch nicht erforscht.

Newsletter

Den Gegenpol bildet der klassische Newsletter. Er zeichnet sich primär durch einen mehr oder minder regelmäßigen Versand aus, also z. B. monatlich oder vierteljährlich, unter Umständen sogar täglich. Interessenten müssen sich zum Newsletter anmelden. Der Gesetzgeber sieht hier das sogenannte Double-Opt-In-Verfahren vor, durch das eine Anmeldung zum Newsletter durch einen speziellen Link ein zweites Mal bestätigt werden muss. Ebenso muss ein Abmelden jederzeit einfach wieder möglich sein. Thematisch gibt es viele Möglichkeiten: Neben reinen Angebotsnewslettern sind auch Newsletter mit reinem Informationscharakter sowie sämtliche Mischformen im E-Commerce nutzbar.

Double-Opt-In

Um sicherzustellen, dass Werbe-E-Mails nur an diejenigen Empfänger versandt werden, die dem Empfang ausdrücklich zugestimmt haben, wird das Double-Opt-In--Verfahren eingesetzt.

Es handelt sich dabei um ein zweistufiges Bestätigungsverfahren. Im ersten Schritt wird über ein Eingabeformular die E-Mail-Adresse des potenziellen Newsletterabonnenten abgefragt. Im nächsten Schritt wird an diese Adresse automatisch eine Bestätigungsmail versandt. Diese Mail informiert den Adressinhaber darüber, dass ein Newsletter bestellt wurde. Zusätzlich enthält die Mail einen individuellen Bestätigungslink.

Erst wenn dieser Link geklickt wird, ist die Eintragung für den Newsletterbezug komplett. So verhindert man, das Dritte jemanden »zum Spaß« für einen Newsletter anmelden. Zudem verschafft es dem Newsletteranbieter die Sicherheit, dass der Abonnent auch wirklich den Newsletter beziehen möchte.

Ereignis- oder zeitgesteuerte Mails

Oft übersehen wird die dritte Ausprägung: Autoresponder. Technisch basieren sie auf dem regulären Newsletter, versandt werden sie aber anlassbezogen, ähnlich wie die transaktionellen E-Mails. Dies bedeutet auch, dass sie pro Versand meist nur an einige wenige Empfänger – mitunter sogar nur an eine einzige Person – aus dem Adresspool zugestellt werden. Die Anlässe sind dabei nur mittelbar mit einem konkreten Shopvorgang verbunden. Der klassische Autoresponder ist der Geburtstagsgruß, den der Shop automatisch versendet. In manchen Fällen löst ein Anlass nicht nur einen einzigen Autoresponder, sondern mehrere zeitlich abfolgende Autoresponder aus. In diesem Fall spricht man von einer Autoresponder-Kaskade.

Zielgruppe

Hinter jeder erfolgreichen Marketingmaßnahme steht zunächst ein Konzept. Was möchten Sie mit Ihren E-Mail-Marketingmaßnahmen eigentlich erreichen? Was müssen Sie tun, um das Ziel zu erreichen? Wie kontrollieren Sie, ob der gewünschte Effekt tatsächlich eintritt? Am Anfang eines jeden Konzepts steht daher zunächst die Überlegung, für wen man die Maßnahmen eigentlich plant.

Der Grund, warum ein Großteil der kommerziellen E-Mail-Kommunikation als Spam angesehen wird, liegt daran, dass es die Versender nicht schaffen, für die Empfänger relevante Inhalte zu bieten. Eine Werbebotschaft kann durchaus als Werbung erkennbar sein – solange sie für den Empfänger eine gewisse Relevanz besitzt, ist das nicht schlimm. Zu Spam wird es dann, wenn die gleiche Botschaft unreflektiert an eine große Zahl von Empfängern gesendet wird und man auf den Schrotflinten-Effekt hofft: Irgendeine Bleikugel wird schon treffen.

Die Kenntnis der Zielgruppe und ihrer Wünsche ist daher zentral für erfolgreiches EMail-Marketing. Hat man zunächst die Frage des »Wer?« beantwortet, können die Fragen nach dem »Was?« und dem »Wie?« (beziehungsweise dem verwandten »Wie oft?«) erheblich einfacher beantwortet werden.

Wenn Sie anfangen, über Ihre Zielgruppe nachzudenken, erkennen Sie schnell, dass es mehr als eine Zielgruppe gibt. In der Regel kann man einmal identifizierte Zielgruppen nahezu beliebig weiter unterteilen. Hier muss man pragmatisch an die Sache herangehen. Eine Zielgruppe wie »konsumfreudige, sportliche Männer über 50 mit gehobenem Einkommen und einer Vorliebe für Sardinien« kann natürlich sehr konkret umworben werden. Wenn diese Zielgruppe aber nur 1 % Ihres Kundenstamms ausmacht, stellt sich schnell die Frage nach der Wirtschaftlichkeit einer gezielten Ansprache. Es empfiehlt sich daher, zunächst in sehr groben Kategorien zu denken und diese dann bei Bedarf zu verfeinern. Im Bereich des E-Commerce sind im ersten Schritt drei Gruppen zu beachten: Nicht-Kunden, Neukunden und Bestandskunden.

Nicht-Kunden

Ein Nicht-Kunde ist jemand, der zwar Ihren Onlineshop gefunden hat, dort aber noch nichts bestellt hat. Selbstverständlich würden Sie dem Nicht-Kunden gern etwas verkaufen. Das wichtigste Argument sind das Produktangebot und die Präsentation der Ware. Doch wie überzeugt man zögerliche Interessenten, die sich vielleicht noch in einer Recherchephase befinden? Hier kann mit den Mitteln des E-Mail-Marketings einiges an Überzeugungsarbeit geleistet werden.

Dazu muss man den Interessenten erst überzeugen, seine E-Mail-Adresse herauszugeben. Am einfachsten gelingt dies mit einer Vergünstigung. Ein Neukunden-Rabattgutschein in attraktiver Höhe ist ein bewährtes Mittel, um sich die Einwilligung zum Empfang von Werbe-E-Mails im wahrsten Sinne des Wortes zu erkaufen.

Die strategischen Überlegungen setzen nach dem erfolgreichen Erlangen der Mailadresse an. Bekommt der Nicht-Kunde die gleichen Informationen wie bestehende Kunden oder soll er spezifische Informationen bekommen? Wie so oft, hängt es hier auch wieder vom Produkt ab. Wo bei reinen Konsumgütern der umstandslose Einstieg in den wöchentlichen oder monatlichen Newsletterturnus passend sein kann, kann bei komplexeren Waren und Produkten das Auslösen einer Autoresponder-Kaskade sinnvoll sein, die über mehrere Wochen hinweg einzelne Produktvorteile herausstellt. Gerade bei erklärungsbedürftigen Produkten oder sehr hochpreisigen Waren mit langen Entscheidungszyklen ist dies eine probate Methode.

Neukunden

Bei den Neukunden handelt es sich um die zartesten Pflänzchen in Ihrem Onlineshop. Ein Neukunde hat gerade erst eine Bestellung getätigt, die möglicherweise noch gar nicht ausgeliefert wurde. Der Neukunde kennt Ihren Shop daher nur zur Hälfte und kann Sie als Onlinehändler noch nicht komplett einschätzen. Machen Sie alles richtig, dann wird der Neukunde unter Umständen zum Bestandskunden und kauft häufiger bei Ihnen ein. Machen Sie es – aus Sicht des Neukunden – falsch, wird der erste Kauf vermutlich der letzte Kauf bleiben.

Das Ziel bei Neukunden ist, sie zu einem erneuten Einkauf zu bewegen und sie letztendlich zu Dauerkunden zu machen (wenn es das Produktprogramm hergibt). Neben regelmäßigen Informationen über neue Produkte, Aktionen und Promotions ist das Rückholermailing ein interessanter Baustein. Nach einer bestimmte Zeit, die sich aus dem typischen Kaufverhalten von Bestandskunden ableitet, wird ein spezielles Mailing versandt, das darauf abzielt, den Kunden erneut in den Shop zu bekommen.

Bestandskunden

Auch Dauerkunden sollten umworben werden, denn die Konkurrenz ist nur einen Mausklick entfernt. Der große Vorteil ist, dass Sie das bisherige Kaufverhalten als Grundlage für die Ansprache nehmen können. Jemand, der bisher nur Herrenmode gekauft hat, dürfte vermutlich nicht sehr interessiert an Damenschuhen sein. Daraus zu schließen, dass man nur Werbung für Herrenmode machen sollte, ist aber auch falsch. Mit einer gewissen Wahrscheinlichkeit hat der Kunde eine Partnerin, sodass gelegentliche Hinweise auf das Damensortiment nicht fehlen sollten.

Der große Fehler beim Bestandskunden ist, irrelevant zu werden oder durch zu häufige Sendefrequenz eine Nervschwelle zu überschreiten. Zumindest beim Thema Relevanz kann man den Abonnenten selbst zur Mithilfe bewegen. Bieten Sie verschiedene Themenbereiche im Newsletter an und erinnern Sie den Kunden regelmäßig daran, sie zu nutzen. So kann er sich seinen eigenen Informationsmix zusammenstellen.

Weitere Segmentierung

Konsequente Nutzung dieser drei Zielgruppen kann schon in einer recht komplexen E-Mail-Marketingstrategie münden. Ob weitere Zielgruppen nötig sind oder diese drei bereits zu viel sind, hängt hauptsächlich von Ihrem Marktsegement und Ihren

Produkten ab. Beachten Sie, dass jede weitere Zielgruppe und jedes weitere Segment den Aufwand für Ihr E-Mail-Marketing erhöhen, wenn Sie es richtig machen wollen. Das sollte Sie nicht von Experimenten abhalten. Sollte sich dabei herausstellen, dass eine vernünftige Betreuung eines weiteren Segments nicht zu leisten ist, integrieren Sie es besser wieder in eines der ursprünglichen Segmente.

Adressgenerierung

»Wo bekomme ich denn die E-Mail-Adressen her?«, klagen Shopbetreiber häufig in Workshops und Beratungsterminen. Dabei ist die Beschaffung von Mailadressen gar nicht so kompliziert, wenn man sie denn nachhaltig und konsequent verfolgt. Wir werden im Folgenden einige Strategien vorstellen. Im Beratungsgespräch werden einige der Maßnahmen sehr kontrovers diskutiert. Tatsächlich basiert die Liste aber auf bewährten Vorschlägen.

Fly-in & Co.

Erinnern Sie sich an die Diskussion über McDonalds in den 1980er-Jahren? Jeder schimpfte über die Burger-Restaurants, und es galt als gesellschaftlich inakzeptabel, den Big Mac oder den Cheeseburger zu essen. Und dennoch eröffnete McDonalds ein Restaurant nach dem anderen. Keiner ging hin, aber die Kette expandierte jedes Jahr mehr. Da stimmt doch was nicht?

Der digitale Verwandte des massenhaften, heimlichen Besuchs bei »Mäcces oder BeeKay« ist das Fly-in: ein kleines Fenster, das beim Besuch einer Website von unten einschwebt oder als Pop-up nach wenigen Sekunden bildfüllend in den Fokus springt beziehungsweise in der Variante des Exit-Pop-up beim Verlassen der Seite aufklappt (Abbildung 19-1).

Abbildung 19-1: Schwebt das Fenster von der Seite oder von unten ein, wird es Fly-in genannt.

Wann immer in Schulungen, Workshops oder Beratung die Rede auf diese Art von Werkzeugen kommt, wird die Diskussion schnell sehr emotional. Jeder hasst diese kleinen Helfer, auf einer Konferenz meinte neulich ein Diskussionsteilnehmer sogar, er würde Seitenbetreiber, die diese Techniken einsetzen, konsequent abstrafen und die Seiten nie mehr besuchen – aus seiner Sicht die Höchststrafe.

Aber wie bei McDonalds: Fly-ins und Pop-ups funktionieren! Sie funktionieren sogar sehr gut! Es ist keine Seltenheit, dass ein solches Pop-up 20–30 Newsletteranmeldungen pro Tag generiert. Bei den Shops, bei denen wir die Banner einsetzen, konnten auch keine dramatischen Rückgänge der Besucher bemerkt werden.

Wie kommt das? Ganz einfach: Wir sind nicht die Zielgruppe! Sie sind nicht die Zielgruppe. Der E-Commerce-Konferenzteilnehmer ist nicht die Zielgruppe. Die Zielgruppe ist Ihre Mutter, Ihr Nachbar, die Angestellte beim Bäcker – jeder, der nicht beruflich mit E-Commerce oder Onlinemarketing zu tun hat.

Besonders gut funktionieren die Pop-ups, wenn man Sie mit einem Anreiz (Incentive) verbindet. Hier bieten sich Gutscheine für die erste Bestellung an, es sind aber auch andere Anreize wie exklusive Inhalte, Geschenke oder Downloads denkbar. Mehr zum Thema Gutscheine finden Sie in Kapitel 21, *Gutscheine und Aktionen*, auf Seite 593).

Checkout-Marketing

Ihr Kunde hat gerade gekauft und landet auf der Thank-You-Page, der Seite nach dem Einkauf (siehe Abschnitt »Danke-Seite/Kaufabschluss« auf Seite 224). Lassen Sie ihn dort nicht allein, sondern bieten Sie ihm weitere Möglichkeiten – unter anderem auch eine Newsletteranmeldung, vorausgefüllt mit der E-Mail-Adresse, die bei der Bestellung angegeben wurde.

Moment mal, wenn die E-Mail-Adresse schon da ist, reicht da nicht ein Knopf »Newsletter bestellen«, werden Sie jetzt fragen? Getreu Radio Eriwan ist die Antwort »Im Prinzip, ja«. Stellen Sie sich aber folgenden Fall vor: Die Sekretärin bestellt bei Otto Office neues Büromaterial für die Firma. Auf der Checkout-Seite wird für den Fall der Newsletteranmeldung ein Einkaufsgutschein angeboten. Jetzt könnte die Sekretärin im Sinne der Firma handeln und sich mit ihrer Firmenadresse anmelden, um den Gutschein zu erhalten (wenn sie sich überhaupt mit dieser Adresse auf Newslettern anmelden darf beziehungsweise wenn sie überhaupt eine eigene Adresse hat). Oder Sie meldet sich mit ihrer privaten Adresse auf dem Newsletter an und nutzt den Gutschein für die nächste private Bestellung.

Das Anmeldefeld mit der benutzten E-Mail-Adresse auszufüllen, dem Käufer aber prinzipiell die Wahl zu lassen, eine alternative Adresse einzugeben, ist ein Akt der Höflichkeit, der die Zahl der Anmeldungen steigern wird. Wer die vorhandene Adresse nutzen möchte, muss dennoch nur auf den Anmeldebutton klicken. Wer die Adresse ändern will, hat das schnell gemacht.

Automatische Eintragung ohne Opt-In

Ihr Kunde hat gerade in Ihrem Shop gekauft. Nach aktueller Rechtslage benötigen Sie dann kein explizites Einverständnis, um ihm E-Mails mit Bezug zu seinem Einkauf zu senden. Das ist gerade für den Versand von Bewertungsaufforderungen (siehe Kapitel 20, *Bewertungen*, auf Seite 567) sehr wichtig, gilt aber auch für Produktstrecken, Angebote von Verbrauchs- und Verschleißmaterial, Upgrade-Angebote oder Informationen über neue Modelle.

Die meisten Newslettersysteme verfügen über eine Programmierschnittstelle (API), über die externe Daten in das System geschleust werden können. Über diese API können Sie also unmittelbar nach dem Kauf die E-Mail-Adresse des Kunden und – mindestens – das Verkaufsdatum an ein Newslettersystem wie z. B. MailChimp übermitteln. Die API erlaubt dabei das Eintragen auf einer Liste, ohne dass der Empfänger den Double-Opt-In durchlaufen muss.

Als Resultat erhalten Sie eine Liste, in der jeder einzelne Käufer im Shop mitsamt dem Datum seiner letzten(!) Bestellung aufgeführt ist. Allein mit dem Datum sind jetzt schon zahlreiche Autoresponder-Mails denkbar:

- Bewertungsaufforderung nach 7 Tagen
- »Ist alles in Ordnung?«-Mail nach 30 Tagen
- Hinweis auf Zubehör und Verbrauchsmaterial nach 2 Monaten
- Gutschein für Freundeswerbung nach 3 Monaten
- Mail zum »Einkaufsjubiläum« nach 1 Jahr

Wenn Sie neben dem Datum des letzten Einkaufs noch weitere Daten, wie Produktname oder Produktkategorie übertragen, können Sie noch zielgerichtetere Mails versenden.

Adressgenerierung über Facebook

Seit Oktober 2015 hat Facebook sein (im Übrigen auch von Profis oft stark unterschätztes) Werbe-Portfolio um die Lead Ads ergänzt. Diese Werbeform ist darauf ausgerichtet, Interessenten (englisch: Leads) zu generieren. Musste man vorher eine Newsletteranmeldung kompliziert über eine Facebook-App in seine Facebook-Seite einbauen, so ist der Vorgang mithilfe der Lead Ads deutlich einfacher geworden, und man kann reguläre Anzeigen zur Generierung von Sign-ups gewinnen (Abbildung 19-2). Charmant dabei ist, dass Facebook es für den Endbenutzer sehr einfach macht, da auf die bei Facebook bereits hinterlegten Daten zurückgegriffen wird. Man muss also beispielsweise die E-Mail-Adresse nicht noch mal eingeben, sondern klickt einfach auf »Abonnieren«, und die bei Facebook benutzte Mailadresse wird übertragen.

Interessant wird diese Form der Werbung dadurch, dass man sie anhand von demografischen Daten und Interessenkategorien ausspielen kann. Ich kann also eine Lead

Ad beispielsweise an die Zielgruppe »Männlich, zwischen 30 und 60, Interesse an Toyota Automobilen« richten. Facebook stellt anhand der gesammelten Nutzerdaten sicher, dass nur interessierte Personen die Werbung sehen.

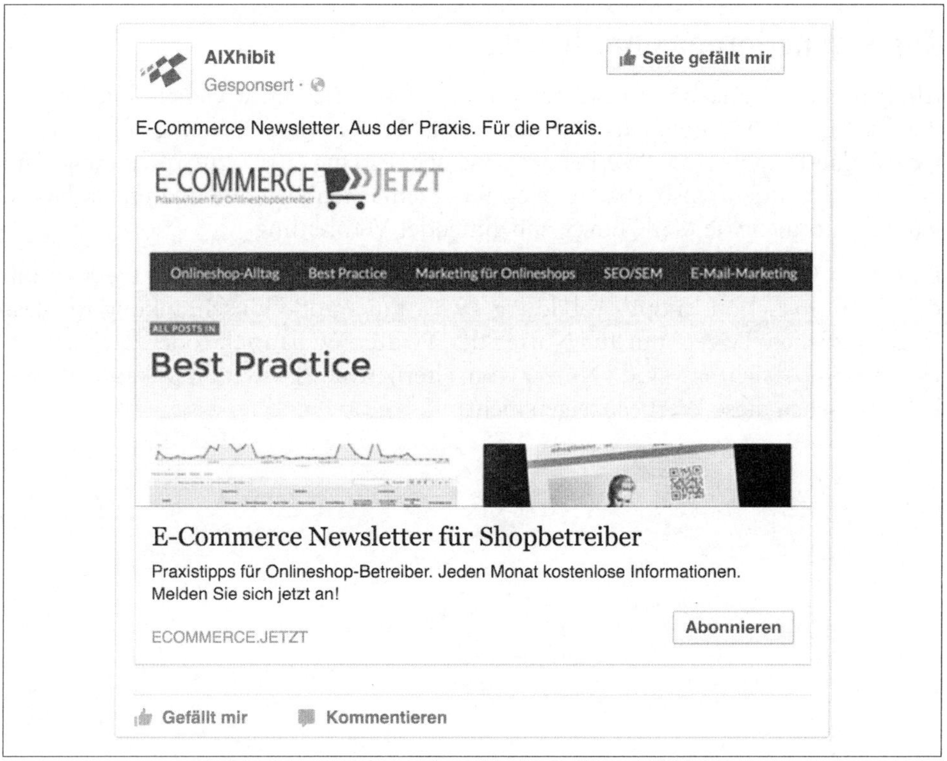

Abbildung 19-2: Eine Facebook Lead Ad erscheint als normale Facebook-Werbeanzeige.

Leider gibt es um Zeitpunkt der Drucklegung nur sehr wenige Systeme, an die eine automatische Datenübergabe der gesammelten Leads möglich ist (und darunter kein einziges E-Mail-Marketingprogramm). Derzeit bleibt daher nur der Weg, die gesammelten Leads regelmäßig als CSV-Liste von Facebook herunterzuladen und manuell ins Newslettersystem zu integrieren. Über diesen Weg ist jedoch kein Double-Opt-In möglich. Im Gegensatz zu einem regulären Anmeldeformular, auf dem ich beliebige E-Mail-Adressen angeben kann, wird bei Facebook jedoch die hinterlegte Adresse genommen. Ob vor diesem Hintergrund der Klick auf »Abonnieren« als Einwilligung zum Newsletterbezug vor einem Gericht Bestand hat, bleibt abzuwarten.

Anbieter wie LeadsBridge (*www.leadsbridge.com*) füllen diese Lücke und bieten das Verbinden der Lead Ads sowohl mit einer großen Auswahl an Newslettertools als auch mit CRM-Lösungen an. Für einen einzelnen Onlineshop ist das »Personal«-Angebot für 120 US$ im Jahr sicherlich ausreichend und vermutlich auf Dauer die günstigere Lösung im Vergleich zum manuellen Import.

Es ist aber zu vermuten, dass es für ein System wie MailChimp in absehbarer Zeit auch kostenlose Werkzeuge gibt, die Lead-Daten automatisch aus Facebook abrufen und auf Wunsch über einen Double-Opt-In zusätzlich qualifizieren.

Adressgenerierung über Twitter

Ähnlich wie die Facebook Lead-Ads funktionieren die »Lead Generation Cards«, die der Kurznachrichtendienst Twitter bereits 2013 in den USA eingeführt hat. In Deutschland steht diese Werbeform erst seit Anfang 2015 zur Verfügung und erfreut sich seitdem, insbesondere wegen der einfachen Datenübernahme in Newsletterplattformen wie MailChimp, zunehmender Verbreitung.

Eine Lead Generation Card sieht aus wie ein normaler Tweet, ergänzt jedoch um einen Call-to-Action-Knopf (Abbildung 19-3). Eine große Einschränkung ist, dass diese speziellen Tweets nur für Nutzer der Twitter-Webansicht oder der Twitter-eigenen Apps sichtbar sind. Nutzer von alternativen Twitter-Applikationen wie Echofon sehen diese Werbeanzeigen nicht!

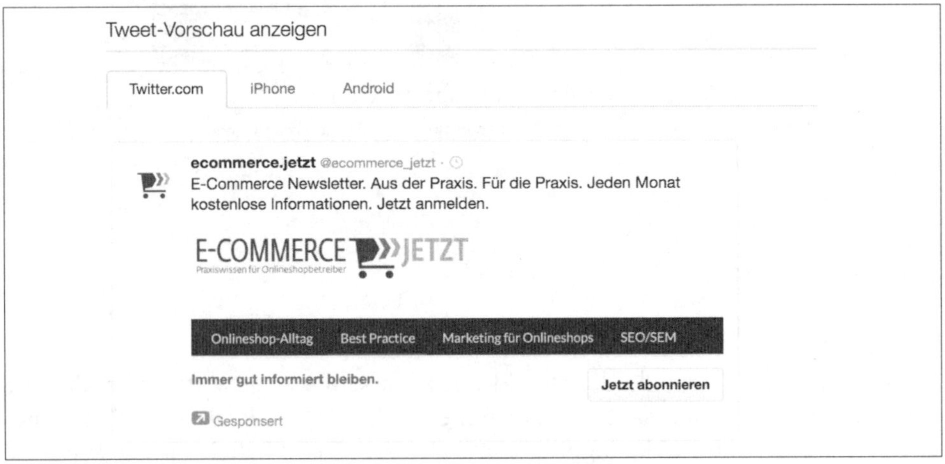

Abbildung 19-3: Twitter Lead Generation Cards sehen aus wie normale Tweets mit zusätzlichem Call-to-Action.

Neben demografischen Angaben können auch Suchbegriffe als Selektionskriterien für die Anzeigenausspielung hinterlegt werden. Diese Suchkriterien greifen auf die Tweets der jeweiligen Nutzer zurück. Wer also über seinen Dacia Sandero Stepway twittert, könnte über Lead Generation Cards gezielt Werbe-Tweets zu diesem Thema bekommen. Besonders spannend ist die Möglichkeit, die Werbeanzeigen gezielt an Personen zu richten, die einem bestimmten Twitter-Nutzer, z. B. einem Mitbewerber oder einem Hersteller, folgen. Wenn Sie Smartphones von HTC verkaufen, könnten Sie beispielsweise Werbung an die »Follower« – also diejenigen Personen, die einem Twitter-Account folgen – von z. B. Samsung ausspielen. Achten Sie hierbei aber auf das Wettbewerbsrecht und insbesondere auf die Vorgaben zur vergleichenden Werbung.

Gerade die einfache Integration in MailChimp und die derzeit noch sehr günstigen Preise machen diese Werbeform interessant. Twitter sucht im Jahre 10 seines Bestehens immer noch nach Möglichkeiten, ein tragfähiges Geschäftsmodell zu etablieren. Ein Einstieg in die Twitter-Werbeformen ist daher zu niedrigen Preisen zu haben – zudem haben Sie es noch mit geringer Konkurrenz zu tun. Versuchen Sie es einfach.

Adressgenerierung über AdWords

Die Schaltung von Anzeigen über Google AdWords gehört in den meisten Fällen zum Grundrepertoire des Onlinemarketings für Shops. Warum also nicht auch AdWords zur Bewerbung des Newsletters nutzen?

Das AdWords-System erlaubt neben dem eigentlichen Anzeigentext, noch bis zu vier Sitelinks zu definieren, die die Anzeige mit zusätzlichen Verweisen auf die Website unterstützen. Nutzen Sie einen dieser Sitelinks für einen Link auf Ihr Newsletterformular (Abbildung 19-4). So stellen Sie ein niedrigschwelliges Angebot bereit und ermöglichen eine sogenannte Kanal-Conversion, bei der ein Nutzer von einem teuren Kanal (AdWords) auf einen billigen Kanal (Newsletter) wechselt.

Abbildung 19-4: Newsletterhinweis per Google-AdWords-Sitelink

Adresskauf oder Miete

Tun Sie es nicht. Tun Sie sich und uns den Gefallen, und lassen Sie es. In 18 Jahren Praxis ist niemals etwas Gutes aus einem Projekt geworden, bei dem gekaufte oder gemietete Adressen benutzt wurden. Die Nutzung dieser Adressen funktioniert gerade noch so im Printbereich, aus dem dieses Geschäftsmodell stammt (siehe Abschnitt »Adressherkunft « auf Seite 435). Im digitalen Bereich klappt es nicht.

Adressen, die Sie kaufen oder mieten können, werden in aller Regel aus Gewinnspielen generiert (Abbildung 19-5). In den Teilnahmebedingungen dieser Verlosungen steht, dass die E-Mail-Adresse mit Partnerunternehmen zu Werbezwecken ausgetauscht werden darf. Diese Partnerunternehmen verkaufen und vermieten die Adressen dann an jeden, der dafür zahlt. Machen die Veranstalter keine groben Fehler bei der Formulierung von AGB und Datenschutzerklärung, dann hat zumindest rechtlich alles seine Ordnung.

Nutzen die so erhaltenen Adressen Ihrem Shop? Wohl kaum. Wer einen BMW X3, ein iPad oder eine Reise gewinnen möchte, der möchte nicht Werbung eines Onlineshops für Kaffee erhalten. In aller Regel hat der Adressinhaber noch nicht einmal die

Teilnahmebedingungen genau gelesen. Sollte er es doch getan haben, dann wird er eine Wegwerf-Mailadresse nutzen oder direkt alles löschen, was an sonstiger Werbung reinkommt.

Abbildung 19-5: Attraktiver Gewinn, lange Laufzeit des Gewinnspiels: So werden Adressen gesammelt.

Wenn Sie diese Adressen nutzen, ist das Resultat eine große Menge von Abmeldungen und Beschwerden auf Ihren Newsletter. Das ist dann ein Alarmzeichen für die Newsletterplattform, die dann kritische Rückfragen an Sie hat. Um dies zu vermeiden verbietet das von uns präferierte Newslettersystem MailChimp die Nutzung gekaufter und gemieteter Adressen komplett in seinen Nutzungsbedingungen.

Offlineadressgenerierung

In Beratungsgesprächen zeigen sich Interessenten und Kunden immer wieder irritiert, dass wir in der Agentur eine starke Offlineaffinität haben. Mailings, Broschüren, Postkarten und Flyer haben alle einen festen Platz in unserem Beratungsportfolio. Warum dann nicht auch offline für die Newsletteranmeldung werben?

Ein besonders charmantes Beispiel haben wir letztes Jahr auf einer Messe gesehen, bei dem ein begehrtes Werbegeschenk gegen eine Newsletteranmeldung getauscht wurde (Abbildung 19-6). Die Zielgenauigkeit wurde durch die Messe selbst sichergestellt – als Fachmesse für Onlinemarketing war jeder Besucher per se der richtigen Zielgruppe zugeordnet. Diese Zielgenauigkeit wäre auch bei branchenspezifischen Verbrauchermessen wie beispielsweise dem »Caravan Salon« in Düsseldorf oder der Möbelmesse »IMM Cologne« gegeben.

Abbildung 19-6: Auch so kann man Adressen für den Newsletter bekommen.

Die gute Idee im Beispiel bekommt aber Abzüge in der B-Note, da die Ausführung deutlich besser sein könnte. Die »Registrierung« passierte hier vermittels Einwurf einer Visitenkarte. Das hat verschiedene Nachteile, denn zum einen muss die Visitenkarte von Hand bearbeitet werden, um die Mailadresse einzutragen, und zum anderen fehlt der elektronische Nachweis über die Eintragung.

Hätte man stattdessen eine iPad-App wie MailChimp Subscribe genommen, dann wären die Abonnenten sofort und ohne manuelle Interaktion auf der Liste gelandet, und es hätte einen Nachweis über die Anmeldung gegeben.

Neben Ausstellungen und Messen gibt es zahlreiche weitere Möglichkeiten, wo man offline Newsletteranmeldungen platzieren kann:

- Kasse oder Infopunkt im Ladenlokal
- Anmeldelink auf Lieferscheinen und Rechnungen
- Anmeldelink in Katalogen, Mailings und auf Briefumschlägen
- Anmeldung über Promotionmitarbeiter mit iPad bei Events oder gesponserten Veranstaltungen
- Anmeldelink auf Lieferfahrzeugen oder LKW-Planen

Newsletterinhalte

Der Wurm muss dem Fisch schmecken und nicht dem Angler, so lautet eine Anglerweisheit, die in besonderer Form auch für Newsletter und E-Mail-Marketing gilt. Nur wenn die Inhalte für den Empfänger interessant sind, wird die Mail auch gelesen. Doch welche Inhalte sind interessant? Eine pauschale Antwort fällt schwer, jedoch gibt es gerade im E-Commerce einige Dauerbrenner, mit denen man selten falsch liegt.

Angebote

Der Wunsch nach Schnäppchen ist in Konsumenten tief verwurzelt. Selbst bei hochpreisigen Waren ist das Gefühl, ein gutes Geschäft zu machen, mitunter kaufentscheidend. Geben Sie den Empfängern Ihres Newsletters daher regelmäßig besondere Angebote. Es ist durchaus legitim, hier eine Atmosphäre der Dringlichkeit zu schaffen. Begrenzte Angebotszeiträume oder limitierter Aktionswarenbestand sind Werkzeuge, mit denen Sie arbeiten können. Beachten Sie dabei aber die gesetzlichen Regelungen zum Wettbewerbsrecht.

In Abbildung 19-7 ist ein anlassbezogener Angebotsnewsletter abgebildet. Zielgruppe sind junge und junggebliebene Männer, die gern lässige Herrenbekleidung tragen. Als Anlass wurde der »Vatertag« gewählt.

Abbildung 19-7: Vatertagsnewsletter für Herrenmode

Der kirchliche Feiertag Christi Himmelfahrt, auf den der Vatertag fällt, ist immer ein Donnerstag – den anschließenden Freitag als Brückentag nehmen viele Arbeitnehmer gern frei. Der Newsletter nimmt nun den Vatertag und das lange Wochenende als Anlass, um betont lässige Bekleidung an eine männliche Interessengruppe zu vermarkten. Über den zum Anlass passenden Gutscheincode »PAPATAG« konnte aus dem gesamten Herren-Sortiment mit 20 % Rabatt bestellt werden. Die Aktion war auf eine Woche limitiert, wohl wissend, dass die Partnerinnen oft ein Wort mitzureden haben.

Ein Angebotsnewsletter muss übrigens nicht komplett aus Sonderangeboten bestehen! Abbildung 19-8 zeigt einen Ausschnitt aus einem Newsletter, bei dem verschiedene Angebotsartikel am Ende durch einen Zubehörartikel aus dem regulären Sortiment ergänzt wurden. Der Artikel war eine Zeitlang vergriffen. Die erneute Lieferbarkeit wurde zum Anlass genommen, ihn in den Newsletter mit aufzunehmen. Sie können auch ganz reguläre Produkte zu regulären Preisen mit Aktionsartikeln mischen oder auch Newsletter komplett nur mit dem Standardsortiment füllen.

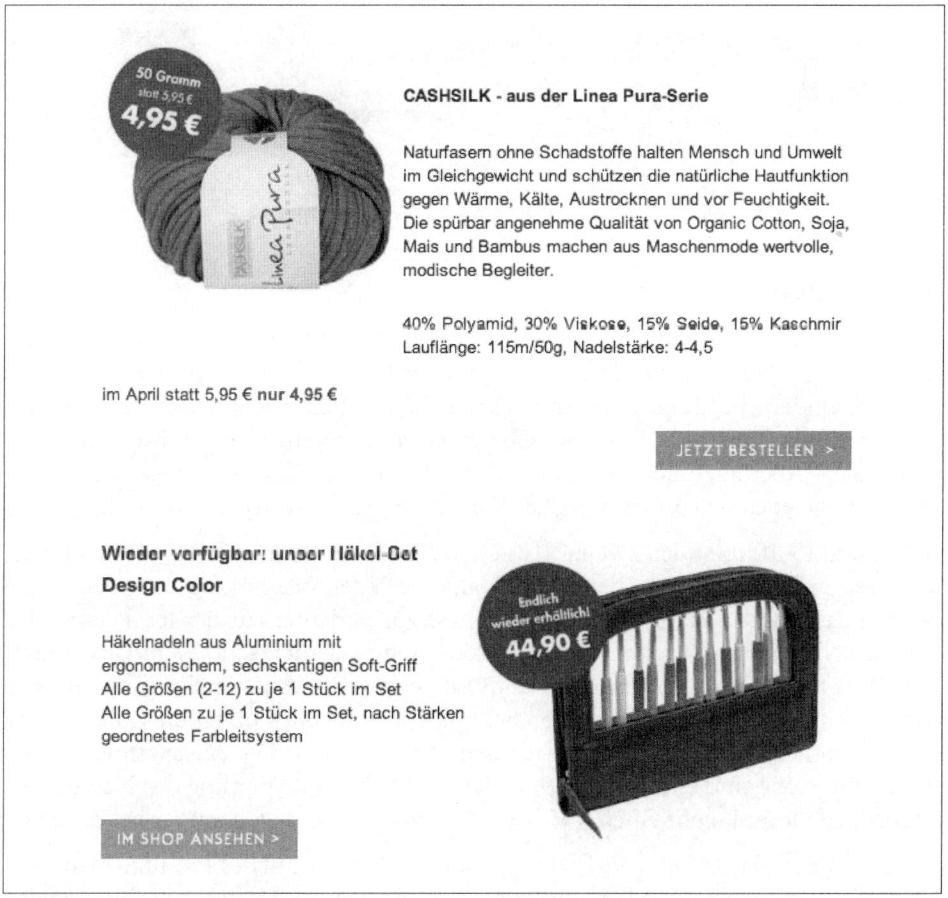

Abbildung 19-8: Die Anmeldung zum Newsletter kommt mit einem Vorteil daher.

Vorteile

Neben speziellen Angeboten können Sie natürlich auch Mehrwert durch Vorteile bieten, die ausschließlich Ihre Newsletterabonnenten erhalten. Sehr beliebt ist der Vorabzugriff auf Produkte, die erst einige Tage nach dem Newsletterversand in den allgemeinen Verkauf gelangen. So erhalten die Newsletterempfänger einen zeitlichen Vorsprung, was besonders bei Artikeln mit geringem Bestand, langen Lieferzeiten oder hohem Status als Vorteil angesehen werden kann.

Der folgende Webseitenausschnitt in Abbildung 19-9 ist ein gutes Beispiel für diese Art der Vorteilsgewährung. Unter *www.classiqs.de* sind exklusive Einzelstücke zu finden. Zwei Tage, bevor neue Objekte auf der Website veröffentlicht werden, bekommen die Newsletterabonnenten die Gelegenheit, die neuen Stücke in Augenschein zu nehmen – bei begehrten Einzelobjekten ein nicht zu unterschätzender Vorteil.

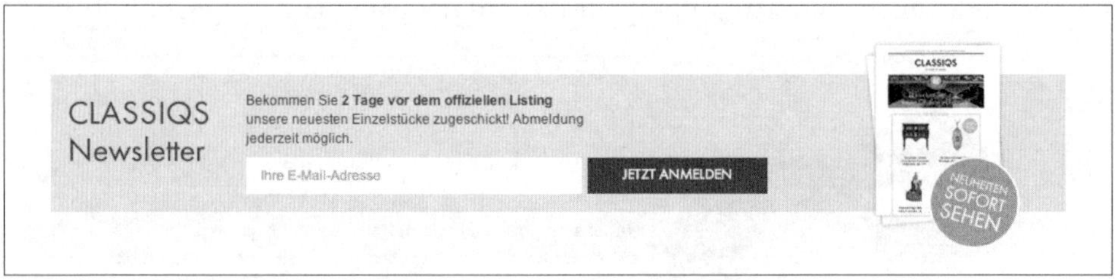

Abbildung 19-9: Vorabinformationen können auch ein guter Lockvogel für den Newsletter sein.

Informationen

Ein Newsletter muss nicht nur Angebote oder (vermeintliche) Schnäppchen enthalten. Oftmals möchten die Empfänger auch mit Informationen versorgt werden. Dies ist insbesondere bei Produkten mit hohem Identifikationscharakter der Fall, bei denen sich die Käufer als Teil einer Gemeinschaft oder eines eingeschworenen Zirkels fühlen. Aber auch bei Produkten, deren Kauf lange Entscheidungsphasen vorangehen, bietet es sich an, Hintergrundinformationen und Argumente zu liefern.

Abbildung 19-10 zeigt den zweimonatlichen Newsletter von *www.baum-und-krone.de*. Hier wurde ganz bewusst der Weg gewählt, bei jeder Aussendung eine persönliche Note einzubringen. Der Inhaber des Onlineshops berichtet aus der Ich-Perspektive von aktuellen Veranstaltungen, neuen Produkten und auch schon einmal von persönlichen Erlebnissen. So bekommt der Onlineshop im wahrsten Sinne des Wortes ein persönliches Gesicht. Die Kunden bekommen einen Blick hinter die Kulissen und entwickeln bestenfalls Sympathien für den Shopbetreiber. Die Anschaffungszyklen für die Produkte sind eher lang, sodass der werbliche Teil am Ende des Newsletters knapp ausfällt und mehr einen »Was es sonst noch so gibt«-Charakter bekommt.

Schaffen Sie es, diese Einblicke in den Shop und die Auswahl des Produktsortiments authentisch und spannend zu gestalten, wird dies voraussichtlich in geringen Abmeldungen vom Newsletter resultieren.

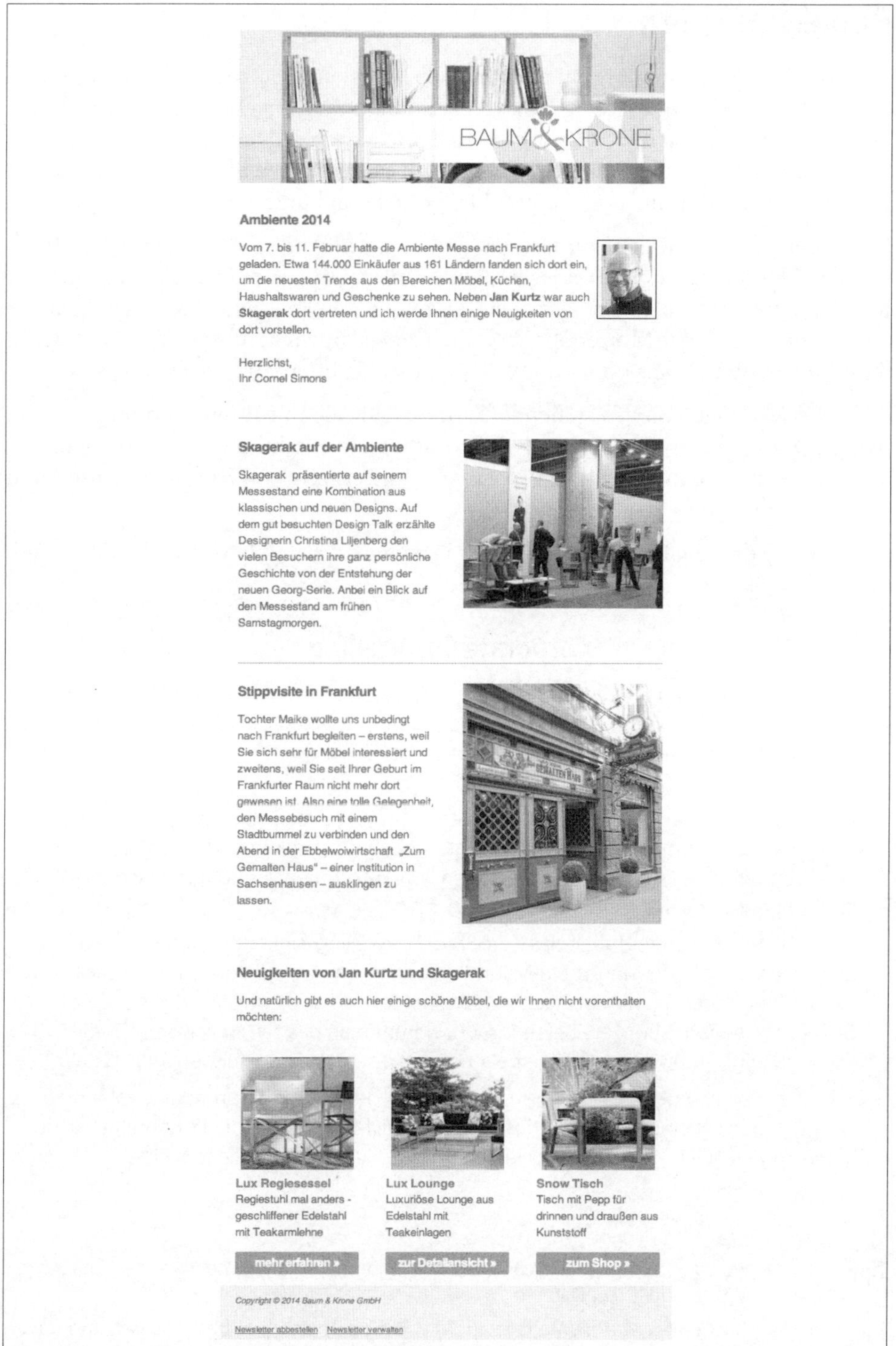

BAUM & KRONE

Ambiente 2014

Vom 7. bis 11. Februar hatte die Ambiente Messe nach Frankfurt geladen. Etwa 144.000 Einkäufer aus 161 Ländern fanden sich dort ein, um die neuesten Trends aus den Bereichen Möbel, Küchen, Haushaltswaren und Geschenke zu sehen. Neben **Jan Kurtz** war auch **Skagerak** dort vertreten und ich werde Ihnen einige Neuigkeiten von dort vorstellen.

Herzlichst,
Ihr Cornel Simons

Skagerak auf der Ambiente

Skagerak präsentierte auf seinem Messestand eine Kombination aus klassischen und neuen Designs. Auf dem gut besuchten Design Talk erzählte Designerin Christina Liljenberg den vielen Besuchern ihre ganz persönliche Geschichte von der Entstehung der neuen Georg-Serie. Anbei ein Blick auf den Messestand am frühen Samstagmorgen.

Stippvisite in Frankfurt

Tochter Maike wollte uns unbedingt nach Frankfurt begleiten – erstens, weil Sie sich sehr für Möbel interessiert und zweitens, weil Sie seit Ihrer Geburt im Frankfurter Raum nicht mehr dort gewesen ist. Also eine tolle Gelegenheit, den Messebesuch mit einem Stadtbummel zu verbinden und den Abend in der Ebbelwoiwirtschaft „Zum Gemalten Haus" – einer Institution in Sachsenhausen – ausklingen zu lassen.

Neuigkeiten von Jan Kurtz und Skagerak

Und natürlich gibt es auch hier einige schöne Möbel, die wir Ihnen nicht vorenthalten möchten:

Lux Regiesessel
Regiestuhl mal anders - geschliffener Edelstahl mit Teakarmlehne
mehr erfahren »

Lux Lounge
Luxuriöse Lounge aus Edelstahl mit Teakeinlagen
zur Detailansicht »

Snow Tisch
Tisch mit Pepp für drinnen und draußen aus Kunststoff
zum Shop »

Copyright © 2014 Baum & Krone GmbH

Newsletter abbestellen Newsletter verwalten

Abbildung 19-10: Persönliche Eindrücke gemischt mit Produktwerbung

Redaktionsplan

Die beiden schlechtesten Argumente für einen Newsletterversand sind – in dieser Reihenfolge – »Es ist gerade wenig Umsatz, lasst uns einen Angebotsnewsletter versenden«, gefolgt von »Ach ja, wir sollten mal wieder einen Newsletter verschicken«. Beides ist Ausdruck einer schlechten oder nicht existierenden Planung, und beides ist geeignet, einen mühsam aufgebauten Mailverteiler in kürzester Zeit zu dezimieren.

Damit der Newsletter nicht zur lästigen und vernachlässigten Pflicht wird, empfiehlt sich das Anlegen und Führen eines Redaktionsplans. In diesen Plan werden zunächst feste Termine und Anlässe eingetragen. Dazu gehören Feiertage, besondere Anlässe wie Valentinstag oder Muttertag, aber auch zielgruppenspezifische Tage wie der 4. Mai für Star-Wars-Fans oder der 28. September als Internationaler Kaffeetag.

Als Nächstes tragen Sie feststehende Termine ein, die mit Ihren Produkten zu tun haben. Dazu gehören Messen und Veranstaltungen, Produktneueinführungen, Saisonwechsel (im Textilbereich) und Erscheinungstermine von Fachzeitschriften und Veröffentlichungen.

Nicht fehlen darf die Urlaubsplanung der Personen, die am Newsletter beteiligt sind.

Corporate Storytelling

Dieser Begriff beschreibt eine der aktuellen Säue, die durchs Marketingdorf getrieben werden. Jedes Unternehmen müsse seine eigene Geschichte finden, in der sich die Werte und Traditionen widerspiegeln, um so neue Kunden von sich überzeugen zu können.

Während dies für langjährig etablierte Unternehmen einfach sein kann, ist es für den Onlinehandel mitunter eher schwierig. Unternehmen existieren noch nicht lange und bestehen oft nur aus ein bis zwei Personen. Warensortimente sind austauschbar, und für die Kunden scheint nur der Preis zu zählen.

Gerade in diesem Umfeld stellt das Corporate Storytelling für Shopbetreiber eine große Chance dar. Auch ein junges Ein-Mann-Unternehmen hat viel zu erzählen und kann dies authentischer tun als ein 2.000-Personen-Konzern. Authentizität wird belohnt. Ein Gesicht hinter dem Shop, ein Beweggrund, warum man das alles macht, ein Einblick in die Schwierigkeiten wie die Erfolge helfen, eine Beziehung zum Kunden aufzubauen.

Selbstverständlich gehört zu dieser Offenheit ein gewisser Mut, und das Erzählen aus dem Alltag muss einem Shopbetreiber liegen. Wichtig ist auch die Kontinuität: Wenn Sie anfangen, Ihre Geschichte zu erzählen, sollte es keine Eintagsfliege bleiben.

Tipp Auf der Seite *www.kalenderpedia.de* finden Sie zahlreiche Kalendervorlagen als Word- oder Excel-Dateien.

Suchen Sie sich die Vorlage aus, die für Ihre Zwecke am besten passt, und tragen Sie alle unveränderlichen und feststehenden Termine ein. Im Copyshop können

Sie diesen vorbereiteten Kalender dann auf DIN A3 – besser noch auf DIN A2 oder A1 – ausdrucken.

Die veränderlichen und noch nicht terminierten Einträge können Sie dann auf diesem Ausdruck mit Bleistift oder kleinen Post-its vermerken. So lassen sie sich leicht verschieben.

Der fertige Redaktionskalender sieht dann ähnlich aus wie in Abbildung 19-11. Mit einem Blick erfassen Sie die wichtigsten Eckdaten für den Newsletterinhalt. Für den Newsletter am 14. April wäre beispielsweise eine Nachlese der CeBIT-Messe vor vier Wochen nur noch ein kleineres Thema, die Produktvorstellung der Vorwoche aber vermutlich der Hauptinhalt.

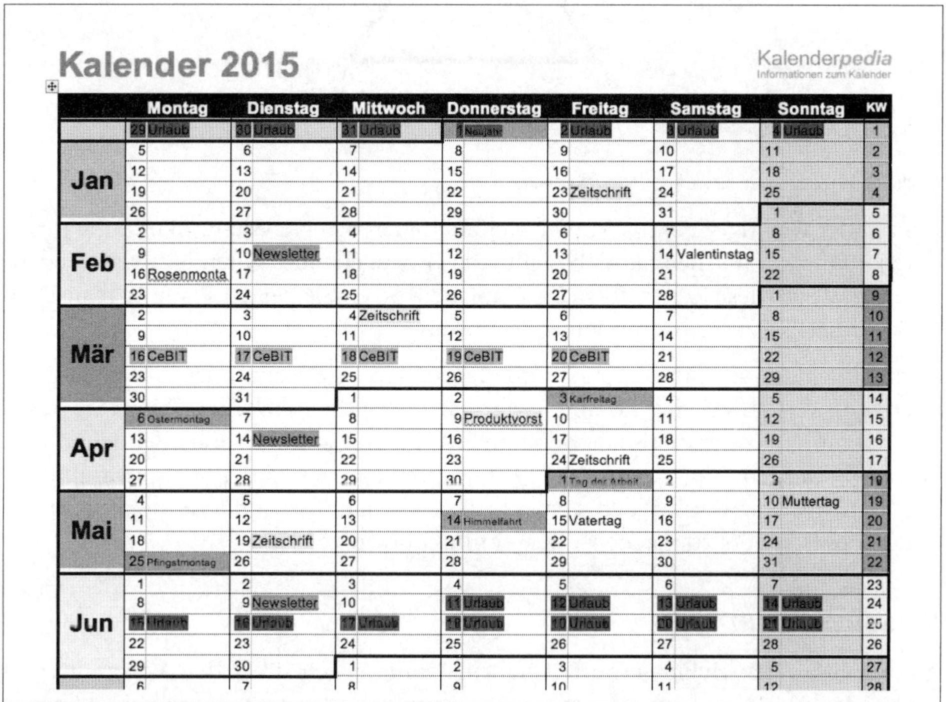

Kalender 2015

Kalenderpedia
Informationen zum Kalender

	Montag	Dienstag	Mittwoch	Donnerstag	Freitag	Samstag	Sonntag	KW
	29 Urlaub	30 Urlaub	31 Urlaub	1 Neujahr	2 Urlaub	3 Urlaub	4 Urlaub	1
Jan	5	6	7	8	9	10	11	2
	12	13	14	15	16	17	18	3
	19	20	21	22	23 Zeitschrift	24	25	4
	26	27	28	29	30	31	1	5
Feb	2	3	4	5	6	7	8	6
	9	10 Newsletter	11	12	13	14 Valentinstag	15	7
	16 Rosenmonta	17	18	19	20	21	22	8
	23	24	25	26	27	28	1	9
Mär	2	3	4 Zeitschrift	5	6	7	8	10
	9	10	11	12	13	14	15	11
	16 CeBIT	17 CeBIT	18 CeBIT	19 CeBIT	20 CeBIT	21	22	12
	23	24	25	26	27	28	29	13
	30	31	1	2	3 Karfreitag	4	5	14
Apr	6 Ostermontag	7	8	9 Produktvorst	10	11	12	15
	13	14 Newsletter	15	16	17	18	19	16
	20	21	22	23	24 Zeitschrift	25	26	17
	27	28	29	30	1 Tag der Arbeit	2	3	18
Mai	4	5	6	7	8	9	10 Muttertag	19
	11	12	13	14 Himmelfahrt	15 Vatertag	16	17	20
	18	19 Zeitschrift	20	21	22	23	24	21
	25 Pfingstmontag	26	27	28	29	30	31	22
Jun	1	2	3	4	5	6	7	23
	8	9 Newsletter	10	11 Urlaub	12 Urlaub	13 Urlaub	14 Urlaub	24
	15 Urlaub	16 Urlaub	17 Urlaub	18 Urlaub	19 Urlaub	20 Urlaub	21 Urlaub	25
	22	23	24	25	26	27	28	26
	29	30	1	2	3	4	5	27
	6	7	8	9	10	11	12	28

Abbildung 19-11: Redaktionskalender mit festen Terminen

Versandzyklus

Die Erfahrung zeigt, dass regelmäßig versandte Newsletter bessere Resultate erzielen als Newsletter, die »nach Lust und Laune« verschickt werden. Überlegen Sie daher vorab, was ein guter Versandrhythmus sein könnte.

Der optimale Zyklus wird, wie in Abbildung 19-12 dargestellt, von drei Eckpunkten beeinflusst. Dazu gehört an erster Stelle, wie oft es eigentlich etwas Neues zu berichten gibt. Die Anzahl der Neuigkeiten hängt mit dem inhaltlichen Konzept zusammen, das wir weiter oben angesprochen haben. Während Sie im Extremfall täglich ein Produkt anpreisen könnten, sind Ereignisse wie Messen oder Neuerscheinungen seltener. Saisonale Neuigkeiten gibt es vielleicht nur ein- bis zweimal im Jahr. Überlegen Sie sich also, welche Inhalte in welchen Zyklen zur Verfügung stehen.

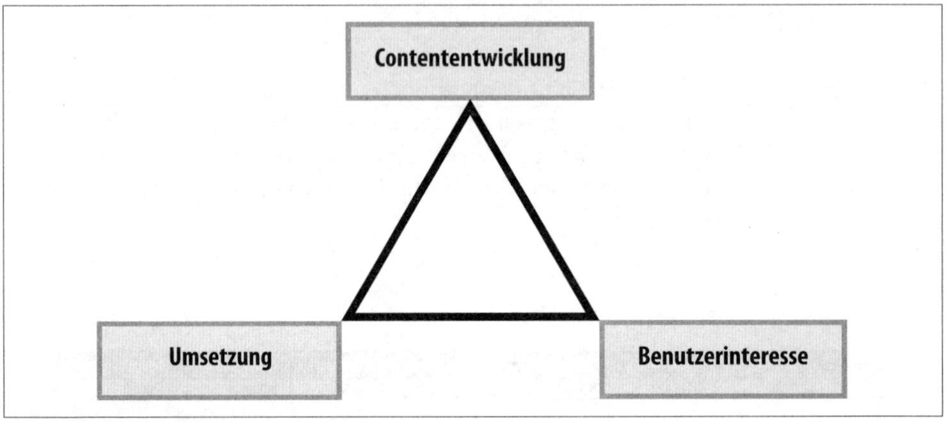

Abbildung 19-12: Faktoren für die Newsletterzeitplanung

Ein zweiter wichtiger Faktor ist, wie viel Zeit Sie in das Newslettermarketing investieren können. Täuschen Sie sich nicht – das Erstellen eines guten Newsletters dauert einige Zeit. Diese Zeit müssen Sie einplanen. Seien Sie bei der Planung realistisch und rechnen Sie zunächst mit längeren Abständen.

Letztendlich müssen Sie dann noch überlegen, wie viele Newsletter Ihre Zielgruppe überhaupt verkraftet. Hier kommt es ganz stark auf die Inhalte an. Wenn Sie jederzeit relevante, gute Inhalte liefern (können), kann auch eine hohe Sendefrequenz akzeptiert werden. Ein Blick auf die Mitbewerber kann an dieser Stelle zwar interessant sein, aber nicht unter dem Aspekt, sie nachzuahmen, sondern mehr unter der Maßgabe, es anders zu machen – besser und innovativer.

Versandtermin

Nachdem Sie den Zyklus ermittelt haben, lohnt es sich, über den Versandtermin nachzudenken. Den einen idealen Sendezeitpunkt gibt es nicht – auch hier hängt es wieder stark von der Zielgruppe ab. Unserer Erfahrung nach empfiehlt sich ein fester Versandzeitpunkt, besonders bei Newslettern, die einmal im Monat oder häufiger versandt werden.

Zahlreiche statistische Erhebungen beschäftigen sich mit dem Wochentag des Newsletterversands. Für jeden einzelnen Tag gibt es sowohl Pro- als auch Contra-Argumente. Samstags sind beispielsweise die Öffnungsraten vergleichsweise niedrig, dafür muss sich der Newsletter gegen weniger Konkurrenz in der Mailbox des Empfängers durchsetzen. Montage sind mal schlecht, mal gut – ebenso wie Freitage. An Dienstagen haben B2B-Newsletter die besten Öffnungsraten, die besten Klickraten hingegen freitags. Hier hilft nur das Testen verschiedener Wochentage und eine gehörige Portion Bauchgefühl.

Ein anderer Ansatz ist das Wählen eines fixen Datums, unabhängig vom Wochentag. Sehr beliebt sind der Monatserste sowie der 15. eines jeden Monats. Aber warum nicht mal jeden 2. Samstag im Monat? Oder jeden 3. Dienstag? Ein ungewöhnliches Datum können Sie sogar zur Aufmerksamkeitsgenerierung nutzen: »Aktuelle Tipps rund um Gartenmöbel an jedem zweiten Dienstag«.

Technische Umsetzung

Newsletterfunktionalität gehört mittlerweile zu jeder größeren Onlineshopsoftware. Die Vorteile scheinen auf der Hand zu liegen: Durch den direkten Zugriff sowohl auf Kundendaten als auch auf Artikel müsste das E-Mail-Marketing doch wie geschmiert laufen. Was zunächst logisch klingt, offenbart bei näherem Hinsehen seine Schwächen. Der direkte Zugriff auf Kundendaten ist zwar praktisch, aber was, wenn man auch an reine Interessenten und Nicht-Kunden versenden möchte?

Die Newsletterfunktionalität gehört nicht zu den Kernkompetenzen einer Shopsoftware. Sie liegt nicht im Fokus der Entwickler, die sich eher um die zentralen Funktionen eines Onlineshops kümmern. Somit verkommt das Newslettermodul des Onlineshops zu einem Feigenblatt, einem Häkchen auf der Funktionsliste, damit die Marketingabteilung des Herstellers sagen kann »Ja, wir können auch Newsletter«.

Vernünftig geplantes, strategisch eingesetztes E-Mail-Marketing benötigt daher eine Lösung, für die der perfekte Mailversand genauso zentrale Aufgabe ist, wie der perfekte Shop die zentrale Aufgabe der E-Commerce-Software ist.

Newslettersoftware

Am Markt gibt es eine ganze Reihe von Lösungen, die sich dem E-Mail-Marketing widmen. Die grundlegenden Funktionen finden sich in jedem Paket. Empfänger werden in Listen organisiert, die wiederum Felder für die Mailadresse, den Namen und weitere Angaben haben. Diese Felder kann man in der Regel selbst anpassen und erweitern – lediglich das Feld für die E-Mail-Adresse ist zwingend vorgeschrieben.

Die einzelnen Newsletter werden auf Basis von Vorlagen erstellt, den Templates. Meist bringen die Lösungen eine Galerie vorgefertigter Templates mit, die man mehr oder weniger stark an die eigenen Bedürfnisse anpassen kann. Wir empfehlen Ihnen, sich von Ihrer Agentur eine eigene Vorlage erstellen zu lassen, die auf das Erscheinungsbild des Shops angepasst ist und auch auf Mobilgeräten optimal gelesen werden kann.

Hinter den Kulissen werkelt der Versandmechanismus. Größere Lösungen setzen auf eine eigene Versand-Infrastruktur, die meist auf weltweit verteilt aufgestellten Servern basiert. Es gibt aber auch Lösungen, die den Mailversand über Ihren eigenen Internetanschluss und Mailprovider abwickeln. Davon ist allerdings stark abzuraten. Nicht nur, weil der Mailversand darüber Stunden dauern kann, sondern auch, weil man Gefahr läuft, dass der eigene Mailserver wegen vermeintlichen Spam-Versands geblockt wird.

Ein Statistikmodul rundet das E-Mail-Marketingpaket ab. Dort findet man die Auswertungen der einzelnen Versandaktionen und kann die Zahl der Öffnungen und Klicks einsehen.

MailChimp (*www.mailchimp.com*) ist eine der ältesten Lösungen, die sich speziell auf EMail-Marketing konzentriert. Mit 70 Milliarden versandten E-Mails im Jahr 2013 handelt es sich um eine der größten spezialisierten Plattformen dieser Art. In Abbildung 19-13 ist das »Dashboard«, die Übersichtsseite von MailChimp, zu sehen. Dort sind die wichtigsten Kennzahlen zum aktuellen Versand und zu den Empfängerlisten aufgeführt. Auf der linken Seite befindet sich die Navigation. Hier erkennt man die klassische Einteilung der einzelnen Funktionsbereiche. Unter »Campaigns« werden die einzelnen Ausgaben des Newsletters verwaltet. Im Bereich »Templates« liegen die verschiedenen Newslettervorlagen. Dies können Vorlagen für verschiedene Anlässe sein; MailChimp erlaubt auch das Verwalten von Vorlagen für verschiedene Shops. Im Bereich »Lists« finden sich die Empfängerlisten – auch hier können mehrere Listen verwaltet werden. Die Auswertungen der versandten Kampagnen finden sich unter »Reports«.

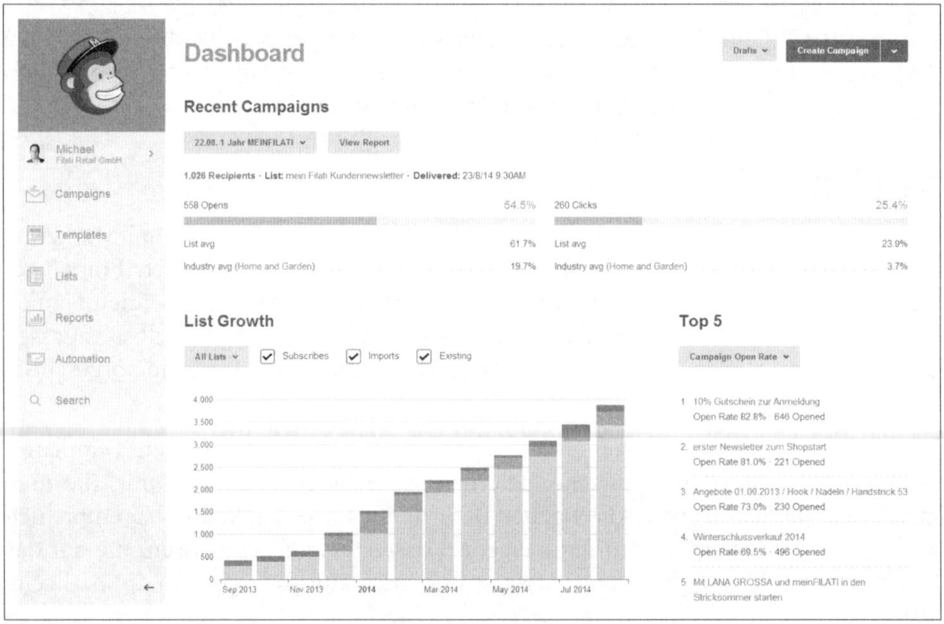

Abbildung 19-13: Die Übersichtsseite von MailChimp informiert über die wichtigsten Kennzahlen.

Den Inhalt des Newsletters erstellt man in einem speziellen Editor, wie in Abbildung 19-14 zu sehen. Mittels Drag-and-drop zieht man Inhaltselemente auf die linke Arbeitsfläche und ergänzt die Texte wahlweise in einem an Word angelehnten Textverarbeitungsteil oder per HTML-Code.

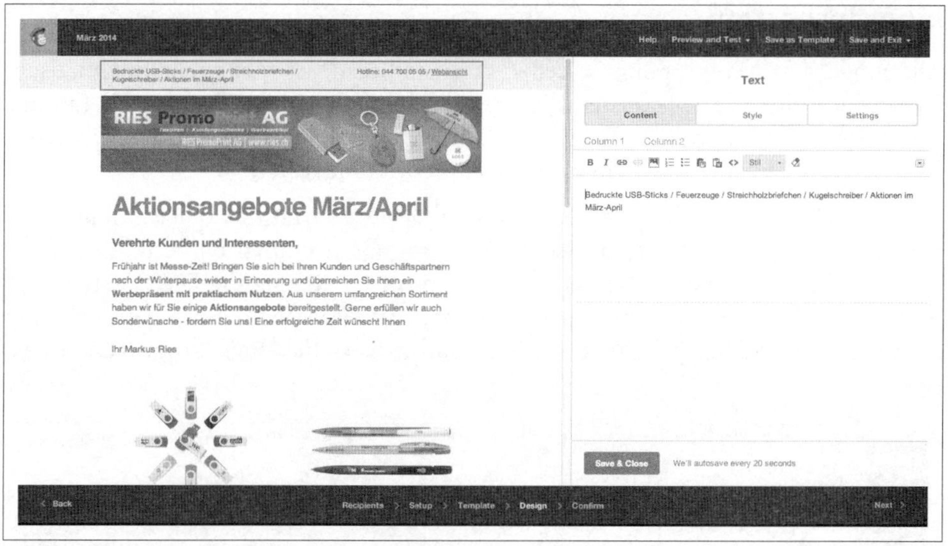

Abbildung 19-14: Der Editor von MailChimp ist intuitiv zu bedienen.

Darstellung

Die Zeiten von reinen Textnewslettern (Plain-text) sind größtenteils vorbei: Moderne Newsletter kommen in einem schicken Layout, das sich an die Optik des Shops anlehnt, um so einen Wiedererkennungseffekt zu erzielen. Der Empfänger weiß auf den ersten Blick, wo der Newsletter einzusortieren ist.

Bei der grafischen Gestaltung ist allerdings weniger tatsächlich mehr. Nicht alles, was modernes Webdesign ermöglicht, ist mit einem EMail-Newsletter technisch überhaupt machbar. Von den zur Verfügung stehenden Gestaltungselementen hinkt der Bereich E-Mail dem Bereich Webdesign ca. zehn Jahre hinterher – ein halbe Ewigkeit.

Schuld an dieser Misere trägt hauptsächlich das Mailprogramm Microsoft Outlook. Gestaltete E-Mails beinhalten wie eine Website die Gestaltung in Form von HTML-Code. Um sie anzuzeigen, hat das Mailprogramm einen eigenen kleinen Webbrowser eingebaut. Diese Mini-Webbrowser lehnen sich in ihrer Funktionalität meist an den Stand der Technik zum Zeitpunkt der Veröffentlichung an. In Outlook wurde dieser Mini-Webbrowser mehrmals geändert. Seit der Version 2007 nutzt Outlook als Mini-Webbrowser gar Elemente der Textverarbeitung Microsoft Word – was zu erheblichen Darstellungsproblemen führt, die andere Mailprogramme nicht haben.

Auch bei anderen Mailprogrammen gibt es leichte Abweichungen, keine jedoch so gravierend wie bei Outlook. Bei mobilen Mailprogrammen für Android- oder Apple-Smartphones könnte man rein theoretisch sogar noch viel modernere Gestaltungsmittel nutzen – leider weiß man im Voraus nicht, ob der Empfänger die Mail auf seinem iPhone oder doch am Büro-PC mit Outlook 2007 oder höher öffnet.

Inbox Inspection

Alle möglichen Mailprogramme selbst zu installieren, ist nicht sehr pragmatisch. Zum Glück gibt es Dienstleister, die das für Sie erledigen. Bei Firmen wie Litmus.com können Sie eine vollautomatisierte Testumgebung nutzen, die Ihren Newsletter auf einer großen Palette verschiedener Mailprogramme testet.

In Abbildung 19-15 sieht man einen Beispielreport von Litmus (*www.litmus.com*). Die zu testende Mail wird von jedem Mailprogramm einmal dargestellt. Auf der kleinen Übersicht erkennt man auf den ersten Blick bereits auffällige Darstellungsprobleme. Klickt man auf die Vorschaubilder, öffnet sich eine Detailansicht, und man kann individuell prüfen, wie die E-Mail in verschiedenen Programmen aussieht.

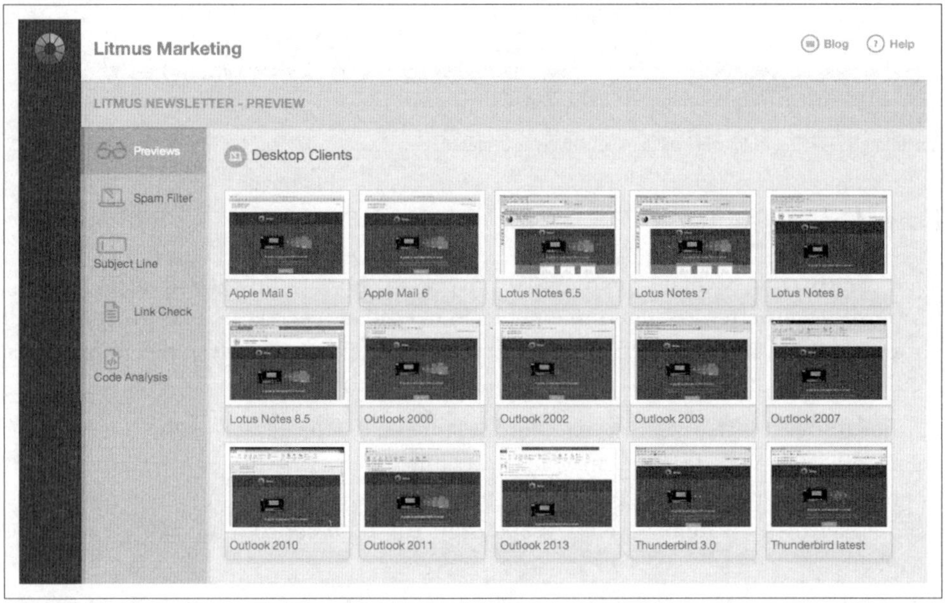

Abbildung 19-15: Die Inbox Inspection entlarvt Probleme bei verschiedenen Mail-Clients.

Mobiler Mailabruf

Unter den Top Ten der benutzten E-Mail-Programme belegen mobile Mailprogramme Ende 2015 54 %. Allein auf das iPhone von Apple entfallen insgesamt 32 %. Bei den populären Webmailprogrammen Google Mail und Outlook.com (ehemals Hotmail) gab es seit der letzten Auflage dieses Buchs eine beachtliche Verschiebung. Lagen beide 2013 noch bei rund 6 %, kann Google Mail im November 2015 stolze 15,2 % verbuchen, während Outlook.com mit 2,6 % zunehmend bedeutungslos wird – insbesondere wenn man bedenkt, dass der Anteil im Januar 2015 noch bei 4,3 % lag. Unter den Top Ten befinden sich nur zwei stationäre Mailprogramme: die Outlook-Familie mit 6,8 % und Apple Mail mit 8 %.

Tipp Eine gute Übersicht über die beliebtesten Mailprogramme weltweit gibt die Seite *www.emailclientmarketshare.com,* auf der jeden Monat aktuell die Top Ten der benutzten E-Mail-Clients aufgeführt sind. Wenn Sie mit der Maus über die kleinen Grafiken fahren, sehen Sie auch die Werte für die Vormonate.

Diese Werte schwanken natürlich je nach Zielgruppe und Warenangebot erheblich. Im B2B-Bereich ist der Anteil an Outlook deutlich größer und der Mobilanteil geringer. Selbst Dinosaurier wie Lotus Notes oder Blackberry finden sich dort noch häufig. Bei designorientierten Zielgruppen liegt der Anteil an Apple-Geräten und Apple-Mail-Clients deutlich höher.

Unter dem Strich ist der Trend eindeutig: Mobiler Abruf von E-Mails legt von Quartal zu Quartal immer mehr zu, und jede E-Mail-Strategie muss dies berücksichtigen. Die gute Nachricht ist, dass es auf mobilen Geräten – Smartphones und Tablets – so gut wie keine Darstellungsprobleme gibt.

Abbildung 19-16 zeigt einen aktuellen Newsletter des Elektronik-Versandhändlers conrad.de auf dem iPhone. Texte und Abbildungen sind in der nicht gezoomten Ansicht kaum lesbar, Links sind de facto nicht anklickbar. Die Klick- und Conversion-Rate des Newsletters dürfte weit hinter vergleichbaren Mails der Wettbewerber liegen.

Abbildung 19-16: Nicht für mobile Endgeräte optimierter Newsletter (Juni 2014)

Betreff und Pre-Header

Auf dem Weg zum Empfänger gibt es noch zwei wichtige Hürden zu meistern: den Betreff und den Pre-Header. Gerade durch die zunehmende Verbreitung von Smartphones kommt diesen beiden Elementen besondere Aufmerksamkeit zu. Auf den eher kleinen Bildschirmen entscheidet die Kombination der beiden Texte über Lesen oder Löschen.

In Abbildung 19-17 ist der Posteingang eines iPhones mitsamt vier Newslettern zu sehen. Die jeweils fett gedruckte Zeile ist der Absendername. Machen Sie den Absendernamen so aussagekräftig wie möglich. Niemand möchte Post von »Newsletter« erhalten – bei unserem Beispiel ist »Ann at Argus Labs« die persönlichste Absenderadresse.

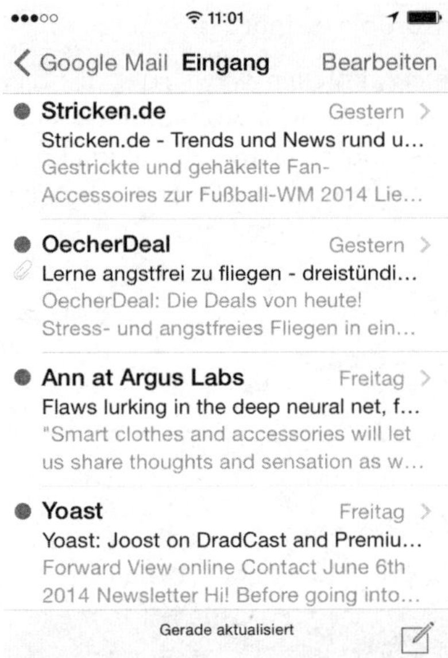

Abbildung 19-17: Der Pre-Header ist bei mobilem Mailabruf sehr wichtig.

Die Zeile unmittelbar darunter ist die Betreffzeile des Newsletters. Sie sollte ebenfalls so aussagekräftig wie möglich sein. Beachten Sie jedoch, dass der Betreff auf der kleinen Ansicht gekürzt wird – packen Sie also die Hauptaussage nach vorn. Im Beispiel gelingt dies dem OecherDeal (*www.oecherdeal.de*) am besten.

Bei den nächsten zwei Zeilen handelt es sich um den Pre-Header. Der Pre-Header besteht aus den ersten Sätzen des puren Texts im Newsletter. Nutzen Sie die Chance, diesen Text gezielt einzusetzen und speziell für die Mobilansicht zu optimieren. Im Beispiel gelingt dies dem Stricken.de-Newsletter am besten, gefolgt von Argus Labs, bei denen das angefangene Zitat neugierig auf mehr macht.

Ganz anders sieht es aus, wenn man sich die gleichen Newsletter im Webmailer anschaut. Abbildung 19-18 zeigt den Posteingang von Google Mail. Dort wurden die Newsletter schon automatisch in den Bereich »Werbung« verschoben. Hier kommt dem Mailbetreff viel größere Bedeutung zu, da er weniger gekürzt wird. Dies geht zulasten des Pre-Headers, der je nach Länge des Betreffs kaum noch sichtbar ist.

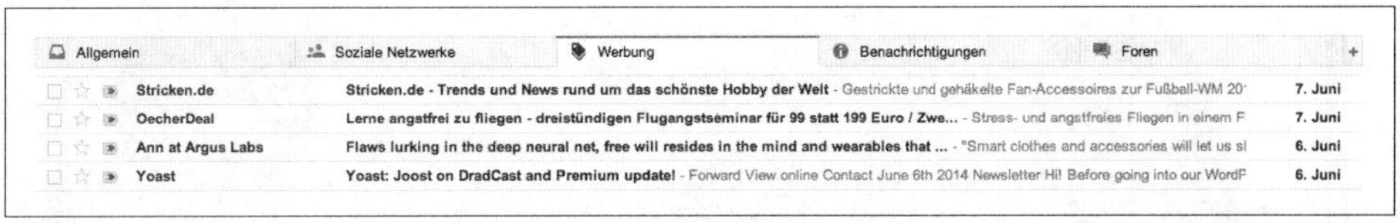

Abbildung 19-18: Im Webclient ist der Betreff nach wie vor relevant.

Tipp Sammeln Sie Newsletter! Melden Sie sich für möglichst viele Newslettern an, egal, ob Shops oder nicht. Am besten erstellen Sie sich dazu eine kostenlose Mailadresse bei einem Webdienst wie Google Mail oder Outlook.com, damit Ihre Haupt-Mailadresse nicht mit Newslettern überschwemmt wird. Durch das Abonnieren der Newsletter erhalten Sie Anregungen und Ideen für Ihre eigenen E-Mails.

Call-to-Action

Kein Onlineshopnewsletter ohne Call-to-Action! Die konkrete Handlungsaufforderung ist das wichtigste Element, denn schließlich sollen die Empfänger ja einen Kauf im Shop tätigen. Die Tonlage der Handlungsaufforderung hängt wieder von der Zielgruppe ab. Der Klassiker »Jetzt kaufen« ist in manchen Fällen zu plakativ und kann durch »Zum Shop« etwas weniger aggressiv gehalten werden.

Überschwemmen Sie den Shopnewsletter nicht mit Call-to-Action-Elementen. Im Idealfall haben Sie eine einzige Handlungsaufforderung, die genau auf Ihre Zielgruppe passt. In der Praxis lässt sich dies leider nicht immer realisieren. Hier haben sich maximal drei bis vier Call-to-Action-Elemente bewährt.

Newsletteranmeldung

Ihr potenzieller Kunde ist nicht dumm. Er weiß, dass das Hinterlassen der Mailadresse den Versand von Werbebotschaften nach sich ziehen wird. Erklären Sie dem Interessenten daher so genau wie möglich, was er zu erwarten hat, und versüßen Sie ihm die Anmeldung mit einem kleinen Bonus.

In Abbildung 19-19 ist die Anmeldemaske von Tchibo abgebildet, die ein nahezu perfektes Beispiel ist, wie man um die Adresse des Interessenten wirbt. Neben einer optisch attraktiven Gestaltung – das Model im Bild lächelt den Besucher direkt an – ist das zentrale Element der Bonus (meist »Incentive«, also »Ansporn« genannt), den der Interessent für die Anmeldung erhält.

Abbildung 19-19: Tchibo lockt mit einem Gutschein und erklärt, was den Abonnenten erwartet.

Im Text wird erklärt, worum es eigentlich geht. Tchibo macht keinen Hehl daraus, dem Interessenten Angebote unterbreiten zu wollen. Wer den Einführungstext überliest, wird spätestens bei der Punkteliste noch einmal ausführlicher sehen, was ihn erwartet. Der Hinweis auf Gewinnspiele und Gutscheine in der letzten Zeile der Ausführungen und direkt neben dem Abonnement-Knopf ist ausgesprochen schlau.

Als Vertrauenssignale dienen der Hinweis samt Verlinkung auf die Datenschutzbestimmungen und der bewusst abgesetzte Text, dass sich der Interessent jederzeit wieder vom Newsletter abmelden kann. Dies ist zwar gesetzlich geregelt, und man sollte mit Recht erwarten können, dass dies für alle Newsletter gilt. Es nochmals zu erwähnen, schafft für den Interessenten aber zusätzliche Sicherheit.

Bemerkenswert ist, dass Tchibo den potenziellen Newsletterabonnenten sogar ein Beispiel zeigt, wie der Newsletter aussieht. Wie in Abbildung 19-20 zu sehen, belässt man es nicht bei der Darstellung des aktuellsten Newsletters, sondern hat ein kommentiertes Musterbeispiel erstellt, bei dem die einzelnen Sektionen kurz erläutert werden.

Es gibt lediglich zwei Dinge, die das Tchibo-Beispiel noch besser machen könnten. Eine wichtige Angabe ist die Frequenz der Newsletter. Es ist für den Empfänger ein großer Unterschied, ob der Newsletter einmal im Monat oder einmal in der Woche – wie bei Tchibo – zugestellt wird. Wenn Sie hier eine klare, verlässliche Aussage treffen können, wäre das für potenzielle Abonnenten eine wichtige Angabe.

Abbildung 19-20: Der Beispielnewsletter erklärt dem potenziellen Abonnenten genau, worüber er informiert wird.

Die Frage, ob jemand Besitzer der Tchibo-PrivateCard ist, ist für die Marketingredaktion von Tchibo sicherlich wichtig. Für den potenziellen Newsletterabonnenten ist sie das nicht. Vielleicht weiß der potenzielle Abonnent gar nicht, ob der Lebenspartner eventuell eine solche Karte hat, vielleicht hat er auch vergessen, dass er diese Karte hat. Er mag sich aber auch fragen, wofür diese Angabe wichtig ist, und vielleicht vom Bezug des Newsletters absehen. Hier wäre es sinnvoll gewesen, den Hintergrund der Frage zu erläutern, die Frage nach dem Bestellen des Newsletters unterzubringen oder vielleicht sogar ganz darauf zu verzichten.

Auswertung

Zur Beurteilung der Effektivität einer E-Mail-Kampagne gibt es zahlreiche Kenngrößen. Die einzelnen Werte isoliert zu betrachten, bringt wenig. Nur im Zusammenspiel mit den anderen Werten ergibt sich ein Gesamtbild.

Beachten Sie, dass die Statistiken des Newsletterprogramms nur einen Teil der zu betrachtenden Daten darstellen. Sie müssen um die Auswertungen des Shopsystems ergänzt werden, die wiederum noch die Kennzahlen aus der Webanalyse (siehe Abschnitt »Adressgenerierung« auf Seite 532) benötigen.

Eine spezialisierte Lösung wie MailChimp stellt umfangreiche Statistiken zur Verfügung, wie in Abbildung 19-21 zu sehen. Jedoch verliert man sich bei der Vielzahl der Daten schnell in der Interpretation. Im Folgenden fassen wir die wichtigsten Messgrößen zusammen.

Öffnungsrate

Die bekannteste Zahl im Newslettermarketing ist die Öffnungsrate, also der prozentuale Anteil der Empfänger, die die E-Mail auch tatsächlich geöffnet haben. Es ist zugleich die Messgröße, die am ungenauesten und am wenigsten aussagekräftig ist. Die gute Nachricht: Die tatsächliche Zahl der Öffnungen ist in aller Regel größer als der angegebene Wert.

Die Standards zur E-Mail-Übertragung sehen keinen Mechanismus vor, der das Öffnen einer Mail an den Absender zurückliefert. Die Gründe liegen teils im Schutz der Privatsphäre des Empfängers und teils an technischen Schwierigkeiten.

Um die Öffnung eines Newsletters zu messen, bedienen sich die Programme eines Tricks: Im Newsletter wird eine Grafik hinterlegt, die beim Öffnen der Mail vom Server des Newsletteranbieters geladen wird. Die Grafik kann dabei aus einem einzelnen Pixel bestehen. Die Grafik ist mit einem Parameter versehen, der eine eindeutige Zuordnung der geladenen Grafik zu einem einzelnen Newsletterempfänger ermöglicht. So lässt sich technisch erfassen, welcher Empfänger eine Mail geöffnet hat.

Im Umkehrschluss heißt das aber nicht, dass die Mail nicht geöffnet wurde, wenn die Grafik nicht vom Server des Mailversenders geladen wurde. So könnte z. B. ein Mailprogramm benutzt worden sein, dass keine externen Grafiken nachlädt oder die

Funktion zum Schutz der Privatsphäre unterdrückt ist. Ebenso wenig ist das Laden der Grafik ein sicheres Indiz dafür, dass die Mai tatsächlich gelesen (und nicht nur geöffnet) wurde. Unter Umständen hat das Mailprogramm alle Grafiken geladen, der Empfänger löscht die Mail aber, ohne den Inhalt wahrgenommen zu haben.

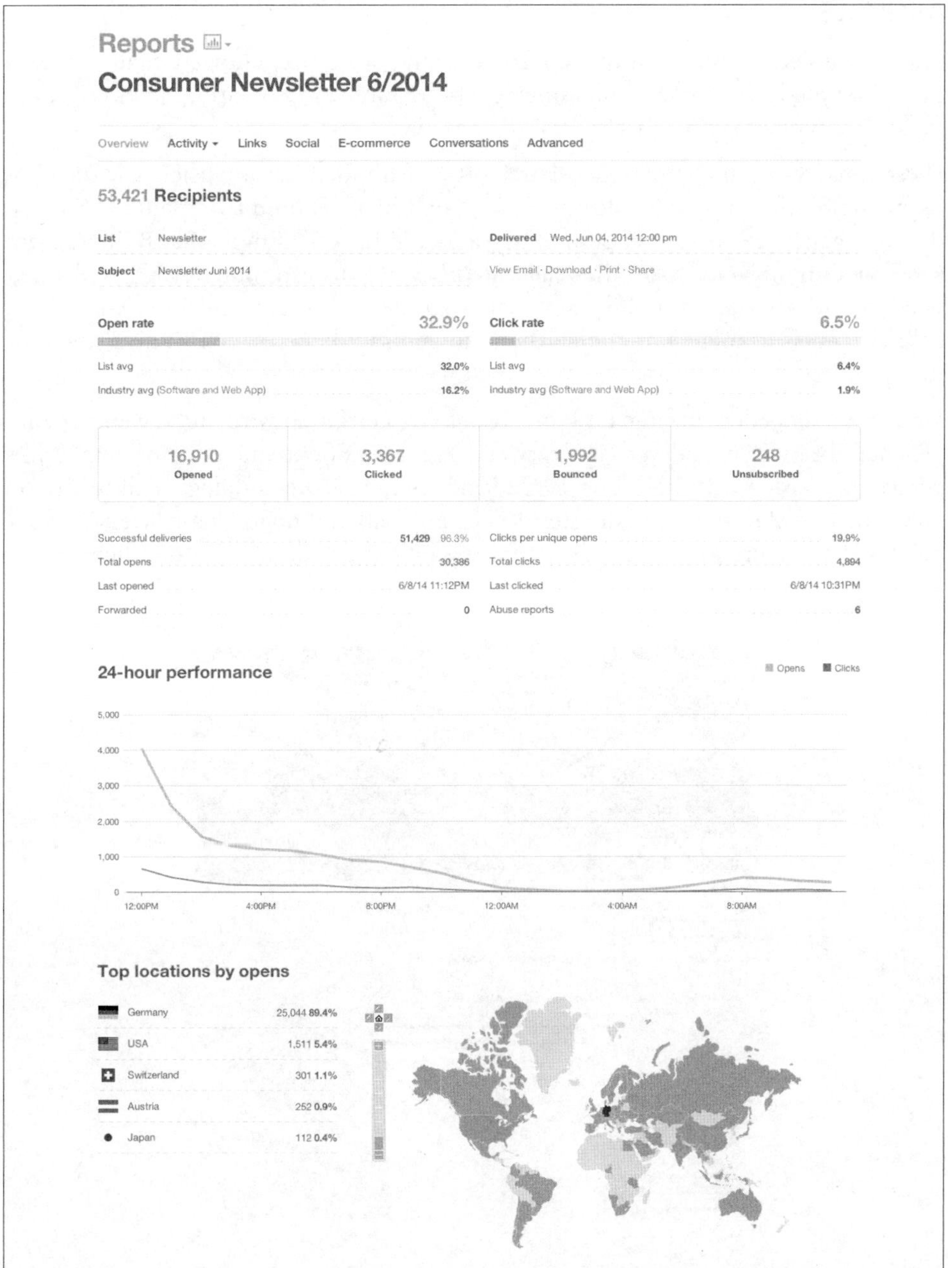

Abbildung 19-21: MailChimp stellt umfangreiche Auswertungen zur Verfügung.

Diese Einschränkungen heißen nicht, dass die Öffnungsrate komplett belanglos ist. Eine hohe Öffnungsrate erlaubt durchaus Rückschlüsse darauf, wie der Newsletter bei den Empfängern angenommen wird. Die Zahl ist aber mit Vorsicht zu genießen.

Klickrate

»Kein Newsletter ohne Call-to-Action« war eine der Empfehlungen weiter vorn in diesem Kapitel. Gerade im E-Commerce gibt es kaum ein Szenario, in dem ein Link in den Shop nicht sinnvoll ist.

Diese Links werden von der Newslettersoftware ähnlich personalisiert wie die Grafiken zur Bestimmung der Öffnungsrate. Auch hier bekommt Empfänger A einen durch angehängte Parameter geringfügig anderen Link als Empfänger B. Im Gegensatz zur Öffnungsrate kann die Klickrate aber exakt bestimmt werden und dient wiederum dazu, die Öffnungsrate genauer zu messen. Hat Benutzer A einen Link geklickt, muss er folgerichtig auch die Mail geöffnet haben, auch wenn keine Öffnung gemessen werden konnte.

Dadurch, dass jeder einzelne Link im Newsletter gemessen wird, auch wenn er zum gleichen Ziel wie ein anderer Link verweist, kann die Effektivität der einzelnen Links gemessen werden. In Abbildung 19-22 sehen Sie, dass die auffällige Call-to-Action am Ende der Mail nicht die meisten Klicks auf sich verbuchen kann. Der Textlink beim Wort »Wintergarne« hat die Aufmerksamkeit der Empfänger deutlich stärker auf sich gezogen.

Abbildung 19-22: Auswertung, wie oft welche Links geklickt wurden

Bounce-Rate

Fast 30 % aller privaten E-Mail-Nutzer ändern ihre Mailadresse einmal im Jahr, 17 % gar halbjährlich. Im geschäftlichen Umfeld sind die Werte deutlich niedriger, doch kommt es hier auch gern einmal vor, dass ganze Abteilungen oder Business-Units im Zuge von Umstrukturierungen neue Adressen bekommen. Ist eine dieser Adressen in Ihrem Mailverteiler, wird der nächste Newsletterversand an diese Adresse einen Fehler produzieren. Die Mail wird als unzustellbar zurückkommen – sie »bounced«.

Zu unterscheiden ist hier zwischen den Hard Bounces und den Soft Bounces. Eine unzustellbare Mailadresse zählt als harter Fehler: Weitere Zustellungen an diese Adresse haben keine Aussicht auf Erfolg. Hard Bounces werden daher von allen Newslettersystemen direkt für weitere Aussendungen gesperrt.

Anders die Soft Bounces, bei denen ein temporärer Fehler vorliegt. Der Klassiker in diesem Fall ist »Mailbox full«, also zu viele Mails im Postfach des Benutzers. Im Umfeld von Privatkunden deutet das oft auf eine geänderte Mailadresse hin. Bei Geschäftskunden können es profanere Gründe wie Urlaub oder Erkrankung bei generell zu geringem Mailspeicherplatz sein. Die meisten Newsletterlösungen nehmen daher erst mehrfache Soft Bounces zum Anlass, den Versand an diese Adresse einzustellen.

Unsubscribes

Abmeldungen vom Newsletter gehören zum Alltag des E-Mail-Marketers. Sie müssen nicht zwingend ein Indiz für irrelevante Inhalte sein. Es gibt Personen, die statt des Änderns ihrer Mailadresse das Abmelden mit der alten Adresse und Anmelden mit einer neuen Adresse vorziehen.

Wechselnde Interessen oder der Wechsel des Aufgabengebiets oder Arbeitgebers können ebenso Gründe für ein Abmelden sein. Messen Sie diesem Wert also nicht zu viel Bedeutung bei, behalten sie ihn aber im Auge. Insbesondere wenn bei einem einzelnen Newsletter die Abmeldequote überdurchschnittlich hoch ist, lohnen sich der kritische Blick und eine genauere Analyse.

Beschwerden

In der Regel enthalten die Systeme der Newsletterdienstleister eine Funktion, in der man die Gründe für eine Abmeldung mitteilen kann. Gibt der Empfänger hier an, dass es sich beim Newsletter um Spam handelt bzw. er sich nie angemeldet hat, wird dies als Beschwerde verbucht.

Nehmen Sie diese Aussagen nicht persönlich, erst recht nicht, wenn Sie eine »weiße Weste« haben. Die Erfahrung zeigt, dass Menschen durchaus vergessen, dass sie sich für einen Newsletter angemeldet haben.

Spamfilterquote

Ach, wie schön wäre es doch, wenn das Newslettersystem diese Kenngröße auch ermitteln könnte. Leider geht das technisch nicht und zeigt daher recht deutlich, wieso Sie die Statistiken jederzeit mit wachen Augen lesen sollten.

Eine gewisse Anzahl Ihrer Newsletter wird in Spamfiltern hängen bleiben. Wie viele, hängt nur zum Teil von Ihnen ab. Mit einem guten Betreff, sorgfältig formuliertem Pre-Header und relevantem Inhalt können Sie die Zahl der Spamausfilterungen niedrig halten. Es wird aber immer Empfänger geben, die statt dem schnellen Löschen oder dem etwas umständlicheren Abmelden kurzerhand auf »Spam« klicken und Ihre zukünftigen Aussendungen ins digitale Nirwana schicken.

Konversionen

Die wichtigste Zahl wird Ihnen Ihr Newslettersystem vermutlich nicht oder nur nach spezieller Anpassung liefern: die Konversionsrate.

In der Regel werden Sie sich hier einer externen Statistiklösung wie Google Analytics (siehe Abschnitt »Adressgenerierung« auf Seite 532) bedienen, die die Zahl der Shopbesuche über den Newsletter anhand der Klickrate zu den Verkäufen im Webshop setzt.

Abbildung 19-23 zeigt die Verknüpfung des Mailversands über MailChimp mit den Verkäufen im Onlineshop über Google Analytics. Sie untermauert eindrucksvoll, wie effektiv E-Mail-Marketing im E-Commerce-Umfeld sein kann.

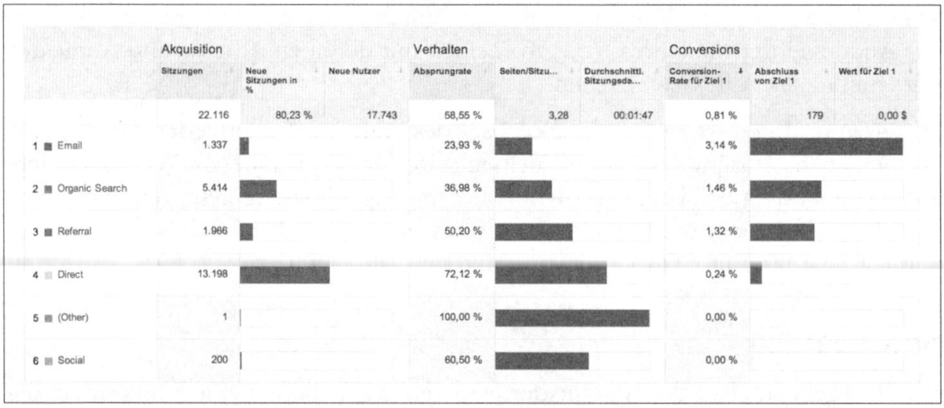

	Akquisition			Verhalten			Conversions		
	Sitzungen	Neue Sitzungen in %	Neue Nutzer	Absprungrate	Seiten/Sitzu...	Durchschnittl. Sitzungsda...	Conversion-Rate für Ziel 1	Abschluss von Ziel 1	Wert für Ziel 1
	22.116	80,23 %	17.743	58,55 %	3,28	00:01:47	0,81 %	179	0,00 $
1 Email	1.337			23,93 %			3,14 %		
2 Organic Search	5.414			36,98 %			1,46 %		
3 Referral	1.966			50,20 %			1,32 %		
4 Direct	13.198			72,12 %			0,24 %		
5 (Other)	1			100,00 %			0,00 %		
6 Social	200			60,50 %			0,00 %		

Abbildung 19-23: In Google Analytics sieht man den Erfolg der Newsletterkampagne.

Autoresponder

Der Autoresponder, bei MailChimp »Automation« genannt, ist kein Newsletter im klassischen Sinn, sondern eine Mischung aus vorgefertigtem Newsletter und individuell adressierter Mail. Die Inhalte beziehen sich auf einen Anlass und werden vorab fertiggestellt.

In regelmäßigen Abständen prüft die E-Mail-Marketingsoftware, welche Empfänger auf der Empfängerliste für den Versand eines Autoresponders infrage kommen. Das können durchaus nur ein oder zwei Personen sein, mitunter auch gar keine. Jede dieser Personen erhält dann die Mail, wenn die zuvor definierte Bedingung eingetreten ist.

Autoresponder können sowohl von der regulären Newsletterliste aus versandt werden wie auch von einer speziell eingerichteten Liste, über die beispielsweise Daten aus dem Shop synchronisiert werden. Im ersten Fall hätte ein Abmelden als Reaktion auf einen Autoresponder auch ein Abmelden vom regulären Newsletter zur Folge. Dies vermeidet man mit einer seperaten Liste.

Willkommens-Autoresponder

Haben Sie Ihren Newsletterabonnenten einen Einkaufsgutschein zur Anmeldung versprochen? Den können Sie natürlich unmittelbar nach erfolgter Anmeldung auf der Webseite einblenden.

Effektiver ist es jedoch, den Gutschein zusammen mit einer Willkommensmail über einen Autoresponder, der durch das Neu-Abonnement ausgelöst wird, zu versenden.

Dies hat vorweg zunächst einmal einen sehr praktischen Nutzen: Der Interessent bekommt den Gutschein erst, nachdem er die Anmeldung für den Newsletter über Double-Opt-In komplett abgeschlossen hat.

Nutzen Sie die Willkommensmail, um nochmals die Vorteile des Onlineshops heraus- und einzelne Produkte vorzustellen. Das kann z. B. die generell kostenlose Lieferung sein oder ein großer permanent verfügbarer Lagerbestand. Auch außergewöhnlicher Kundendienst, wie z. B. eine 24-Stunden-Hotline können kurz und prägnant nochmals herausgestellt werden.

Gibt es in Ihrem Shop Besonderheiten, die potenzielle Käufer sonst eher selten antreffen, dann sollten sie auch kurz Erwähnung finden. Das kann z. B. eine Musterbestellung vor dem eigentlichen Kauf von Laminatpaneelen sein. Hier muss dem Kunden auf möglichst einprägsame Art erklärt werden, wie er zuerst das Muster anfordert und danach die entsprechende Menge der benötigten Paneele.

Und natürlich sollten Sie den Gutschein nicht vergessen.

Datenvervollständigung

Je mehr Daten Sie bei der Anmeldung zum Newsletter erheben, desto weniger Anmeldungen werden Sie erhalten. Die einzig unverzichtbare Angabe zum Newsletterbezug ist die Mailadresse. Für alle anderen Datenwünsche sollte der Shopbetreiber eine gute Begründung parat haben. Die Newsletteranmeldung ist da keine Ausnahme, wie wir in Kapitel 11, *Checkout-Prozess*, auf Seite 201 gesehen haben.

Dabei gibt es für die Abfrage weiterer Angaben gute Gründe. Weiß man den Namen des Abonnenten, kann man ihn gezielt ansprechen. Ist das Geschlecht bekannt, können passende Angebote unterbreitet werden. Das Geburtsdatum erlaubt es, sich mit einer kleinen Aufmerksamkeit positiv in Erinnerung zu rufen.

Diese Daten müssen Sie aber nicht alle direkt bei der Anmeldung zum Newsletter abfragen – Sie verschrecken potenzielle Abonnenten eher, die sich fragen, was Sie mit diesem Datenwust wollen. Fragen Sie die Daten stattdessen beispielsweise nach dem ersten versandten Newsletter über einen speziellen Autoresponder ab.

Wichtig ist, dass Sie dem Empfänger erklären, weswegen Sie diese Daten erheben möchten. Versetzen Sie sich dabei in die Lage des Empfängers: Wenn die Erklärung Sie selbst nicht überzeugt, lassen Sie es vielleicht besser.

Möchten Sie das Geschlecht oder spezifische Interessen wissen, um gezieltere Angebote zu unterbreiten? Sagen Sie es dem Abonnenten und stellen Sie heraus, dass das ja auch ein Vorteil für ihn ist, denn es kommen weniger irrelevante E-Mails auf ihn zu.

Geburtstagsgrüße

Der Klassiker unter den Autorespondern! Und genau deswegen mit allerhöchster Vorsicht zu genießen. »Herzlichen Glückwunsch zum Geburtstag – Sie erhalten 5 Euro Nachlass auf Ihren nächsten Einkauf mit einem Mindestbestellwert von 150 Euro.« Wer sich da nicht für dumm verkauft fühlt, muss ein sehr dickes Fell haben oder Kummer gewöhnt sein.

Der Geburtstagsgruß ist die Gelegenheit schlechthin, sich und Ihren Shop in ein gutes Licht zu rücken, indem Sie die Erwartungshaltung gezielt nicht erfüllen!

Wenn Sie Gutscheine versenden – wogegen zunächst einmal nichts spricht –, sollten sie für den Empfänger auch einen echten Mehrwert bieten. Wenn Ihre Marge es erlaubt, seien Sie großzügig. Eine kurze Gültigkeit des Gutscheins von wenigen Tagen ist dabei legitim, solange der Gutschein als wertvoll erachtet wird. Vermeiden Sie daher, soweit möglich, weitere Bedingungen oder Einschränkungen.

Wenn Ihre Marge keine wirklich großzügigen Rabatte erlaubt, können Sie auf andere Weise kreativ sein. Der Geburtstags-Autoresponder muss ja nicht zwingend zum Geburtstag versandt werden. Senden Sie ihn doch einfach eine Woche später mit einer Aussage im Stile von »Na, alles gut überstanden?«. Oder senden Sie ihn eine Woche früher und erwähnen Sie augenzwinkernd »Die schönsten Geschenke macht man sich selbst«.

Kreativität und Humor sind probate Mittel, sich von den vielen anderen, langweiligen Geburtstagsnewslettern zu unterscheiden.

Produktbezogene Autoresponder (Pflegetipps)

Vielleicht verkaufen Sie Produkte, die eine bestimmte Art Pflege benötigen. Gartenmöbel möchten nach einer gewissen Zeit geölt werden, Pedelec-Batterien sollen ca. alle sechs Monate komplett entleert werden – Beispiele gibt es genug. Auch in diesem Fall kann ein Autoresponder eingesetzt werden, der den Kunden automatisch und ohne Ihr Zutun an eine turnusgemäße Wartung oder Pflege erinnert. Falls Sie das passende Pflegemittel ebenfalls verkaufen, kann der Autoresponder direkt den Link zum Shop enthalten.

Dies setzt natürlich voraus, dass das Newslettersystem überhaupt die Information hat, wann ein Kunde für eine solche Erinnerung fällig ist. Dies geht nicht ohne spezifische Programmierung und einiges an guter Planung. Der Effekt beim Kunden dürfte aber sehr positiv sein.

Entschuldigungsmailing

Abbildung 19-24 zeigt ein Entschuldigungsmailing des Onlinehändlers *www.mirapodo.de*. Als Entschuldigung für Wartungsarbeiten am Onlineshop verschenkt der Modehändler Einkaufsgutscheine im Wert von 6 Euro und 12 Euro, die jeweils an einen Mindestbestellwert gekoppelt sind.

Ob und inwieweit die Kunden, die diese »Wiedergutmachung« erhalten haben, überhaupt von den Wartungsarbeiten betroffen waren, sei dahingestellt.

Geschickt verleitet der Newsletter mit zwei Gutscheinen direkt zu zwei Einkäufen und lässt dabei dem Kunden die Wahl, in welcher Reihenfolge er die Gutscheine im Shop einlösen will.

Abbildung 19-24: Entschuldigungsmailing, www.mirapodo.de (Juni 2014)

Rückholmailings

Auch dieser Autoresponder setzt wieder eine Verknüpfung mit dem Shopsystem voraus, das das Datum des letzten Einkaufs übermitteln muss. Wenn der Kunde eine gewisse Zeit keinen Einkauf mehr getätigt hat – die Zeitspanne variiert je nach Produkt, sollte aber einige Wochen oder Monate lang sein –, sendet der Shop eine freundliche Mail.

Mit der Tür ins Haus zu fallen und wie eine Anschuldigung gleich zu bemerken, dass der Kunde lange Zeit nichts mehr gekauft hat, empfiehlt sich natürlich nicht. Vielmehr sollte man den Onlineshop freundlich und sympathisch wieder in Erinnerung rufen und z. B. auf Neuigkeiten im Produktsortiment verweisen. Ein Gutschein für den nächsten Einkauf kann bei diesem Mailing auch nicht schaden.

Bewertungen

Shopbewertungen sind im Wettbewerb sehr wichtig, um Kunden von der Qualität des eigenen Shops zu überzeugen (siehe Abschnitt »Shopbewertungen« auf Seite 573). Leider sind Kunden nicht immer geneigt, Bewertungen zu vergeben, oder wissen schlicht nicht um die Möglichkeit. Hier kann ein Autoresponder auch die Anzahl der Bewertungen sehr deutlich steigern. Senden Sie den Autoresponder 7–10 Tage nach dem Kauf zu einem Zeitpunkt, an dem die Ware beim Kunden eingetroffen sein sollte. Bedanken Sie sich nochmals höflich für den Einkauf, erkundigen Sie sich, ob alles zur Zufriedenheit ist, und weisen Sie bei der Gelegenheit nochmals auf den Kundenservice hin.

Im Anschluss bitten Sie den Kunden um seine Bewertung, indem Sie ihm direkt den individuellen Bewertungslink zum Bewertungsportal, z. B. Trusted Shops oder Veristore, zusenden. So machen Sie es dem Kunden sehr einfach, und die Zahl der Bewertungen wird steigen.

Abmeldungen vom Newsletter

Das Ende der Beziehung zwischen Newsletterempfänger und Newsletterversender hat meist ganz spezifische Gründe. Entweder ist der Abonnent nicht mehr an den Produkten oder Dienstleistungen des Versenders interessiert, oder der Leidensdruck war so groß, dass der Empfänger statt auf »löschen« zu klicken, lieber den (für ihn) umständlicheren Weg der Abmeldung vom Newsletter wählt.

Bei der Erhebung von Daten über den Grund für die Abmeldung von Newslettern spielt der Nerv-Faktor eine große Rolle. Viele Abonnenten möchten entsprechende Mails einfach nicht mehr erhalten.

Moderne Newslettersysteme wie MailChimp bieten die Möglichkeit, bei der Abmeldung nach den Gründen zu fragen. Nutzen Sie diese Chance, um gegebenenfalls die Inhalte oder die Versandfrequenz Ihres Newsletter anzupassen, wenn die Abmeldezahlen steigen und sich einzelne Abmeldebegründungen häufen. Zusätzlich können Sie den Grund für die Abmeldung auch technisch für die Umsetzung Ihrer Rückholaktion nutzen. Ein Beispiel zeigt Abbildung 19-25.

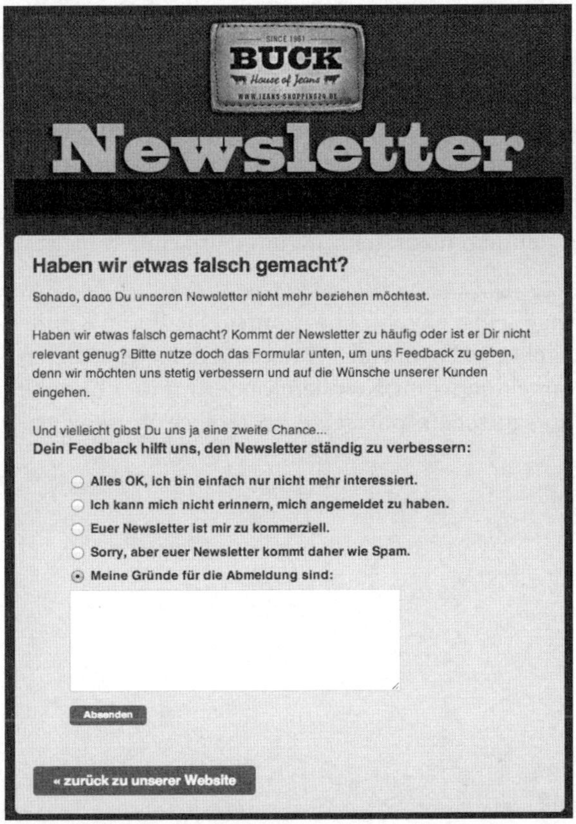

Abbildung 19-25: Umfrage bei der Abmeldung von Newslettern

Remarketing für Newsletterabmelder

Blickt man zurück, sollte man sich vergegenwärtigen, dass der Abonnent bei seiner Anmeldung zum Newsletter – vorausgesetzt er hat sich selbst angemeldet – Interesse an Ihren Produkten und Dienstleistungen gehabt haben muss. Dieses Wissen lässt sich nutzen, um einen letzten Versuch zu starten, den Ex-Abonnenten wieder zurück zur Webseite, zum Onlineshop oder zum Newsletter zu holen.

Mittels AdWords-Remarketing wird der Abmelder auf der Abmeldeseite getaggt. Über das AdWords-System wird er für einen festgelegten Zeitraum innerhalb des Google Display-Netzwerks (GDN) mit Anzeigen konfrontiert, die exakt auf ihn zugeschnitten sind. Hinsichtlich des Wordings kann hier auch mit der Newsletterabmeldung experimentiert werden.

Entscheidend für den Erfolg der Remarketing-Kampagnen ist hier noch mehr als in anderen Bereichen des Suchmaschinenmarketings die richtige Konzeption. Sowohl die Frequenz und Dauer der Anzeigenschaltung als auch der richtige Inhalte der Anzeigen sollten wohl überlegt sein.

Davon ausgehend, dass der Ex-Abonnent von Ihrem Newsletter genervt ist, weil die Frequenz zu hoch oder die Inhalte entgegen seiner ursprünglichen Annahme unpassend sind, ist eine Rückholung via Remarketing nur dann erfolgversprechend, wenn die Inhalte der Anzeige einen Mehrwert versprechen und die Frequenz der Kampagnen nicht aufdringlich ist.

Im Vergleich zu »normalen« Remarketing-Kampagnen sollten die Schaltungsfrequenz und -dauer deutlich niedriger sein, um den Kunden nicht vollends zu vertreiben.

Und was die Anzeige selbst angeht: Hier können Sie Ihrem Kunden z. B. ganz offensiv ein Rückholangebot in Form eines Gutscheins machen. Bieten Sie ihm entweder für die erneute Anmeldung zum Newsletter oder für den Einkauf in Ihrem Onlineshop einen Einkaufsgutschein oder eine kostenlose Warenzugabe für die nächste Bestellung an.

In diesem Kapitel:

- Produktbewertungen
- Shopbewertungen

KAPITEL 20
Bewertungen

Ein grundsätzliches Problem beim Onlinekauf ist, dass man weder die Ware anfassen kann noch einen Eindruck vom Personal des Geschäfts bekommt. Beim stationären Handel hilft oft der erste Eindruck, um die Qualität der Produkte und die Seriosität des Verkäufers einzuschätzen. In diese Bresche springen Produkt- und Shopbewertungen. Laut einer Studie des Branchenverbands BITKOM liest jeder zweite Onlineshopper Bewertungen, die andere Kunden geschrieben haben.

Zur schnellen Orientierung dienen dabei die Sternebewertungen. Eine Skala von 5 Sternen hat sich als Standard etabliert, Produkte und Shops, die weniger als 4 Sterne haben, werden es meist schwer haben, Kunden zu finden. In Abbildung 20-1 sieht man, wie die Sternbewertungen z. B. in Google-AdWords-Anzeigen einfließen. Potenzielle Käufer werden sicherlich zu den beiden Angeboten mit den hohen Bewertungen tendieren. Amazon.de mit lediglich 3,9 Sternen nimmt eine Sonderstellung ein – durch den bloßen Namen Amazon.

Abbildung 20-1: Bewertungssterne bei Google-AdWords-Anzeigen

Kurzum: Sterne gehören zum Geschäft! Gerade wenn Sie einigen Wettbewerb in Ihrem Marktsegment haben, können Bewertungen den Ausschlag geben. Zu unterscheiden ist hier zwischen Produktbewertungen und Shopbewertungen.

Produktbewertungen

Als Teil der Produktdetailseite haben wir im Abschnitt »Produktbewertungen mit Sternen« auf Seite 179 schon mehrfach über Produktbewertungen gesprochen. Wenn Sie Ihren Kunden die Bewertung von Produkten ermöglichen, geben Sie nicht nur anderen Kunden eine Entscheidungshilfe an die Hand, sondern erhalten auch ein sehr effektives Frühwarnsystem, sollte etwas mit der Produktqualität nicht stimmen.

Sehr vorbildlich hat dies *www.jako-o.de*, ein Versandhändler für Kindermode, gelöst. Im Onlineshop wurde konsequent für jedes Produkt eine Bewertungsmöglichkeit eingeführt. Abbildung 20-2 zeigt, wie diese Bewertungen nicht nur auf den Produktdetailseiten, sondern bereits auf der Produktübersichtsseite eingeblendet werden. In Klammern hinter den Bewertungspunkten wird die Anzahl der Bewertungen angezeigt. Hat ein Produkt mit 4 Sternen lediglich 3 Bewertungen, hat das für den potenziellen Käufer weniger Relevanz, als wenn das Produkt 40 Bewertungen hätte.

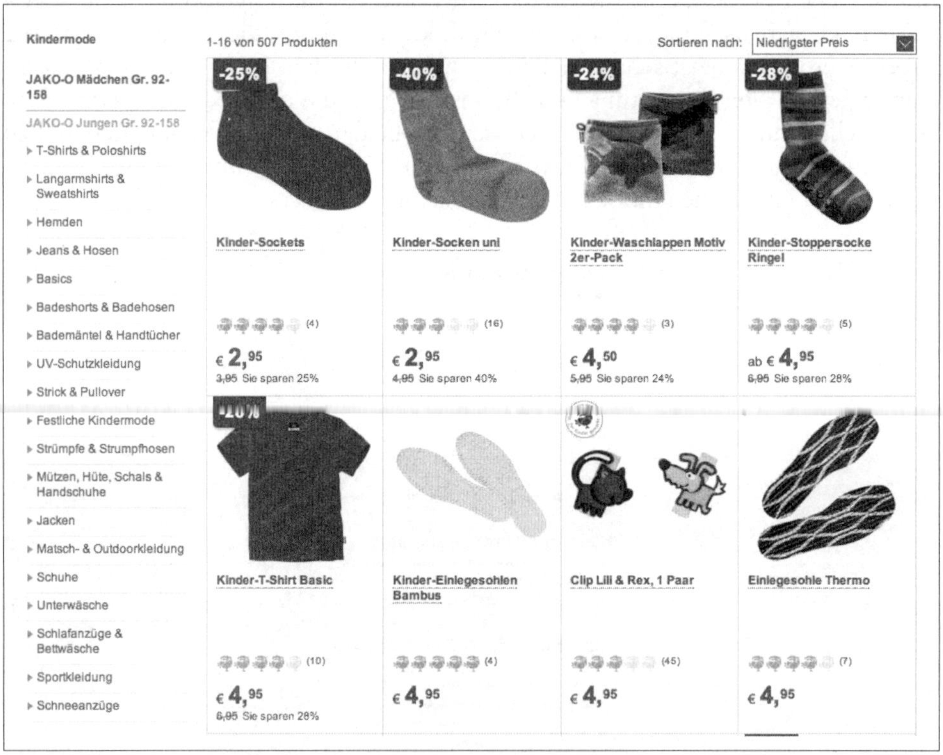

Abbildung 20-2: Produktbewertungen in der Übersichtsseite des Shops

Nachdem die Übersicht der groben Orientierung diente, können potenzielle Kunden auf der Produktdetailseite die einzelnen Bewertungen einsehen wie in Abbildung 20-3. Zur Glaubwürdigkeit trägt bei, dass JAKO-O schlechte Bewertungen nicht löscht. So bekommen potenzielle Kunden einen ausgewogenen Überblick über die Erfahrungen anderer Eltern mit den jeweiligen Produkten.

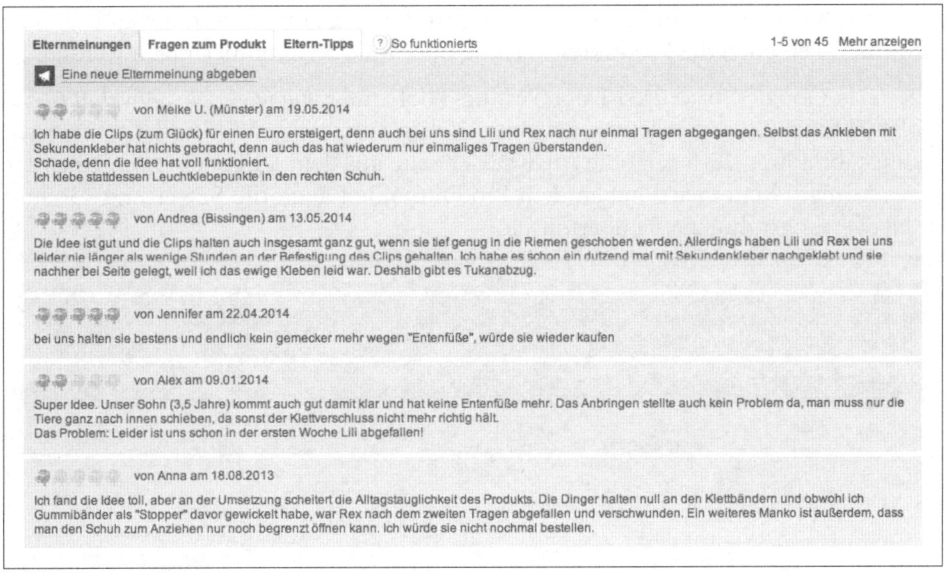

Abbildung 20-3: Detailansicht der Bewertungen bei JAKO-O

Es ist anzunehmen, dass bei JAKO-O Mitarbeiter damit betraut sind, neue Bewertungen zumindest grob zu sichten. Zumindest schlechte Bewertungen sollten quantitativ erfasst werden. Eine Häufung von schlechten Bewertungen bei einem Produkt kann in dem Fall Überprüfungen der Qualität nach sich ziehen – im Extremfall kann das Produkt aus dem Programm genommen oder der Lieferant gewechselt werden.

Neben der Information der Kunden hat das Sammeln von Bewertungen auf Produktebene in letzter Zeit zusätzliche Relevanz. In Abbildung 20-4 ist ein Auszug aus den Google-Suchergebnissen zu sehen. Es handelt sich dabei um ein organisches, also nicht über AdWords-Werbung bezahltes Ergebnis. Zunehmend erscheinen Produktbewertungen auch in den Suchergebnissen und vermitteln so bereits während der Recherchephase einen direkten Eindruck.

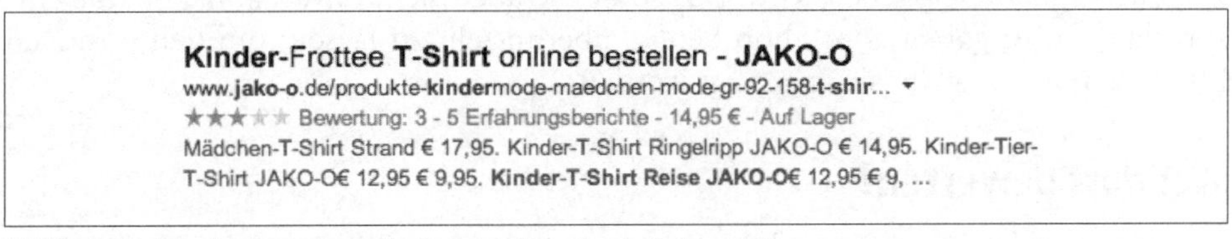

Abbildung 20-4: Produktbewertungen in einem regulären Google-Suchergebnis

Strukturierte Daten

Damit sich diese Ergebnisse in der Google-Suche niederschlagen, muss der Shop mitwirken. Über sogenannte Mikrodatenformate bzw. »Structured Data« kann man zahlreiche Angaben in maschinenlesbarer Form auf einer Website einbauen. Diese Daten sind für den normalen Besucher der Seite nicht zu sehen, können aber von Suchmaschinen ausgewertet werden. In einem Onlineshop können neben Produktinformationen auch die Produktbewertung über Mikrodaten übertragen werden.

Über das Google-Structured-Data-Testing-Tool unter *www.google.de/webmasters/tools/richsnippets* kann jeder die auf einer Website versteckten Mikrodaten anzeigen lassen. Abbildung 20-5 zeigt die Analyse der Seite aus dem JAKO-O-Shop. Über das Datenformat »Item« wird neben dem Produktnamen auch die Bewertung »3« und der Bewertungsrahmen »5« übermittelt.

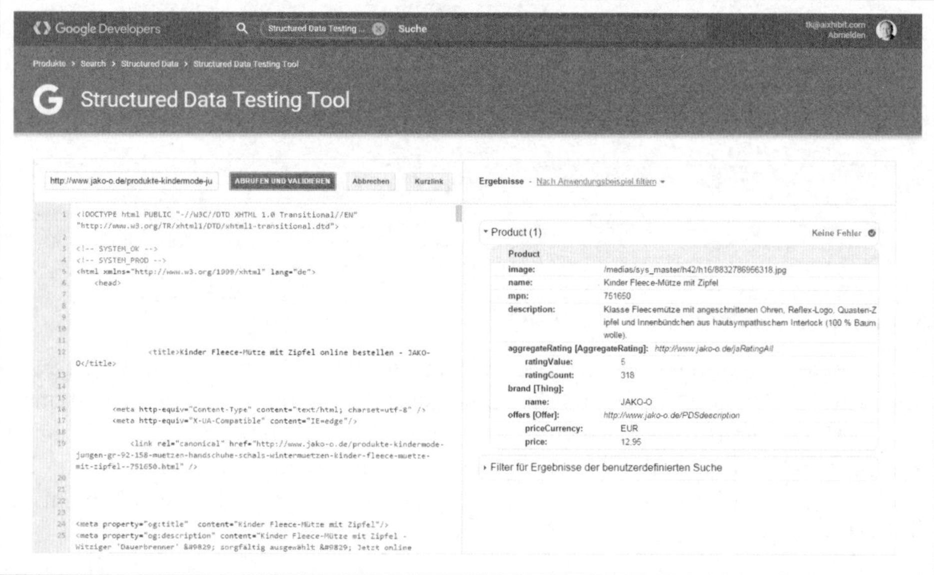

Abbildung 20-5: Bei der Implementierung von strukturierten Daten ist das Google-Test-Tool eine unverzichtbare Hilfe.

Diese Daten übermittelt der Shop übrigens selbst. Das Missbrauchspotenzial liegt auf der Hand, und deswegen setzen sich diese Angaben erst allmählich in den Suchergebnissen durch, da Google scheinbar noch zögert, sie großflächig anzubieten. Experten erwarten, dass es in absehbarer Zeit zunehmend Produktbewertungen in den Suchergebnissen geben wird. Das sollte Sie aber nicht davon abhalten, die entsprechenden Angaben vom Shop bereits übermitteln zu lassen, um den positiven Effekt zu nutzen, wenn sie angezeigt werden.

Wer darf bewerten?

Natürlich möchten Sie nur Produktbewertungen erhalten, die sich tatsächlich auf das bei Ihnen gekaufte Produkt beziehen. Bewertungen nach »Hörensagen«, die vielleicht gar nicht das konkrete, sondern nur ein ähnliches Produkt betreffen, können verwirren oder gar schaden. Der Gedanke liegt also nahe, nur den Käufern eines Produkts die Bewertung zu erlauben. In der Praxis wirft das aber einige Probleme auf.

Zum einen setzt es ein Kundenkonto in Ihrem Shop voraus. Im Abschnitt »Registrierung/Anmeldung« auf Seite 208 haben wir aber gelesen, dass Ihr Shop auch das Bestellen ohne Kundenkonto ermöglichen sollte. Hat jemand die Möglichkeit wahrgenommen, als Gast zu bestellen, kann er bei restriktiver Handhabung des Bewertungssystems danach keine Bewertungen abgeben.

Zum anderen gibt es oft den Fall, dass ein gekauftes Produkt anschließend verschenkt wird. Der ursprüngliche Käufer kann wenig über das Produkt sagen – der Beschenkte schon. Auch ihm wird eine – vielleicht positive – Bewertung vorenthalten, außer, er bemüht den Käufer (wenn er denn ein Kundenkonto hat).

Es spricht daher einiges dafür, die Bewertungsmöglichkeit nicht an ein Kundenkonto zu knüpfen, sondern allgemein freizugeben. Ein so offener Umgang mit Kundenbewertungen benötigt natürlich klare Spielregeln. Auch hier zeichnet sich JAKO-O durch eine sehr offene Kommunikation aus, wie in Abbildung 20-6 zu sehen ist. So behält man sich das Recht der Löschung vor, gibt aber gleichzeitig an, in welchen Fällen dies erfolgt, z. B., wenn es sich gar nicht um ein Produkt des Shops handelt.

Das Bewertungssystem

Unser „Maskottchen", der Tukan, steht Pate für die Vergabe von Produkt-Bewertungen – angefangen bei einem bis hin zu fünf Tukanen, die natürlich für „sehr zufrieden" bzw. „Klasse Produkt!" stehen. So machen Sie Ihre Gesamt-Einschätzung auf einen Blick deutlich, haben aber zusätzlich die Gelegenheit, Ihre Wertung ausführlich zu begründen.

Das ist uns wichtig und sollten Sie wissen ...

- Bewerten Sie bitte nur Produkte, die Sie bei uns bestellt und selbst ausprobiert haben – keine vergleichbaren Produkte anderer Firmen bzw. wenn Sie unser Produkt nur vom „Hörensagen" oder von Abbildungen kennen.
- Beziehen Sie sich bei Ihrer Bewertung bitte nur auf Vor- und Nachteile bzgl. der Eigenschaften des Produktes, nicht auf damit verbundene Service-Leistungen wie z. B. die Lieferfähigkeit. Denn Anregungen und Kritik hierzu nimmt unser Kunden-Service-Center gerne entgegen. Auch Fragen zum Material oder Beschaffenheit, wie z. B. „Welche Wassersäule hat dieses Produkt?" stellen Sie bitte direkt an unseren Kundenservice. Denn hier können wir Ihnen unmittelbar antworten und individuell weiterhelfen.
- Bitte bewerten Sie die von Ihnen genutzten Produkte sachlich und begründen Sie Ihre Meinung, egal ob sie positiv oder negativ ausfällt.
- Bitte wiederholen Sie nicht nur bereits vorhandene Aussagen, sondern bringen Sie auch weitere Gesichtspunkte mit „ins Spiel". Vor allem hilfreich für uns und andere Kunden ist die erste Bewertung eines Produkts - also trauen sie sich!
- Die Länge Ihrer Elternmeinung ist auf 400 Zeichen begrenzt.
- Die Abgabe einer Produktbewertung ist nicht an ein Mein JAKO-O-Konto gebunden. Sie müssen sich also vorher nicht einloggen oder anmelden.
- Ihre Elternmeinung ist nach einem Klick auf „Absenden" sofort online. Hiermit erkennen Sie auch unsere unten stehenden Nutzungsbedingungen an.

Rechtliche Hinweise:

Schreiben Sie präzise und sachlich. Nutzen Sie diese Plattform nicht zur Veröffentlichung von kommerziellen, politisch radikalen, rassistischen, pornographischen, obszönen, strafbaren, verleumderischen oder sonstigen rechtswidrigen Inhalten. Auch persönliche Informationen wie Ihre E-Mail-Adresse, Telefonnummer oder eine URL haben in einer Elternmeinung nichts zu suchen. Die Bezugnahme auf externe Quellen oder die Verwendung für komerzielle Zwecke ist ebenfalls nicht gestattet. Mit dem Absenden eines Eintrages erklären Sie sich damit einverstanden, dass der Beitrag Eigentum von JAKO-O wird und veröffentlicht sowie weiterverwendet werden kann. Ein Anspruch auf Veröffentlichung besteht jedoch nicht. Ihr Name wird nur angezeigt, wenn Sie diesen angeben. Bitte bedenken Sie, dass auch nach der Löschung des Beitrages Ihr Name in den Suchmaschinen gespeichert sein kann. Auf diese Einträge haben wir keinen Einfluss.

JAKO-O behält sich vor, Einträge zu kürzen, sinngemäß zu verändern oder ggf. auch zu entfernen, sollte sich der Eintrag nicht auf die Eigenschaften oder Funktionalitäten des Produkts beziehen oder gegen diese Nutzungsbedingungen verstoßen. Die Einträge und Informationen geben nicht die Meinung von JAKO-O wieder, es sei denn, es handelt sich ausdrücklich um einen Beitrag von uns. Ein Anspruch auf Entlohnung oder bevorzugte Behandlung bei Gewinnspielen für abgegebene Elternmeinungen besteht nicht.

Abbildung 20-6: Die Bewertungsrichtlinien von JAKO-O regeln auch, wann eine Bewertung gelöscht wird.

Bewertungen erhalten

Ein neuer Shop startet naturgemäß ohne jegliche Produktbewertungen. Das ist wenig hilfreich für potenzielle Kunden, die Orientierung suchen. Wir werden immer wieder von Shopbetreibern gefragt, ob man nicht einen Grundstock an Bewertungen selbst schreiben kann?

Die Versuchung, dies zu tun, ist gerade am Anfang groß. Versuchen Sie stattdessen eher, die ersten Kunden zur Abgabe einer Bewertung zu bewegen. Eine persönliche E-Mail, in der Sie sich für den Einkauf bedanken und darauf hinweisen, dass eine Produktbewertung hilfreich wäre, kann oft den gewünschten Effekt erzielen. Machen Sie es dem Kunden einfach und hinterlegen Sie direkt den Bewertungslink in dieser E-Mail.

Wenn Sie dennoch eigene Bewertungen hinterlassen möchten, versuchen Sie es mit völliger Offenheit. Sie haben sich natürlich etwas dabei gedacht, als Sie ein bestimmtes Produkt in Ihr Warenangebot aufgenommen haben. Neben der nüchternen Produktbeschreibung können Sie natürlich Ihre ganz persönlichen Beweggründe in eine Nutzerbewertung eintragen.

Stellen Sie sich einen Fahrradladen vor, bei dem der Inhaber die meisten verkauften Modelle nicht nur persönlich ausgewählt, sondern auch getestet hat. Aufgrund seines Fachwissens kann er für jedes Fahrrad Empfehlungen aussprechen und es bestimmten Nutzertypen empfehlen. Diese Empfehlungen können natürlich in die Produkttexte einfließen – sie als Bewertung zu hinterlassen, ist aber auch ein interessanter Ansatz.

Wenn Sie dieser Bewertung den Zusatz »Bewertung erfolgte durch den Shopinhaber« hinzufügen, kann niemand Ihnen Manipulation vorwerfen, und die potenziellen Kunden erhalten einen interessanten zusätzlichen Eindruck.

Gefälschte Produktbewertungen

Das ZDF-Wirtschaftsmagazin WISO schätzt, dass bis zu 30 % aller Bewertungen gefälscht sind, und hat in der Sendung vom 24.02.2014 einen Unternehmer interviewt, der das Verfassen von Bewertungen als kommerzielle Dienstleistung anbietet (*http://aix.li/wisobewertung*). Gefälschte Bewertungen sind seit Jahren ein Thema. Zunächst hauptsächlich im Reise- und Gastronomiebereich, mittlerweile ist zunehmend auch der E-Commerce-Bereich davon betroffen.

Dabei sind es nicht nur gefälschte Positivbewertungen für Produkte und Shops, sondern auch gefälschte Negativbewertungen durch Mitbewerber oder Neider, die das Bild verzerren. Widerstehen Sie der Versuchung, sowohl den eigenen Produkten durch anonyme, falsche Positiv-Kommentare »nachzuhelfen« als auch dem Konkurrenten Negativ-Reviews zu hinterlassen. Sie können leicht das Vertrauen Ihrer Kunden verlieren, wenn solche Praktiken ruchbar werden. Im Endeffekt nutzen sie niemandem.

Zusätzliche Informationen zu Produktbewertungen finden Sie in Kapitel 10, *Produktpräsentation: Die Produktdetailseite*, auf Seite 157.

Shopbewertungen

Stehen bei Produktbewertungen die Eigenschaften und die Qualität eines einzelnen Artikels im Vordergrund, geht es bei den Shopbewertungen primär um die Faktoren Kundenservice, Geschwindigkeit und Zuverlässigkeit, aber auch um die versandten Waren insgesamt. Positive Shopbewertungen gehören zu den Trust Signals, den Merkmalen eines Onlineshops, die potenziellen Kunden zeigen, dass dem Shop vertraut werden kann.

Im Gegensatz zu Produktbewertungen, die intern im Onlineshop erstellt und gesammelt werden, hat sich für den Bereich der Shopbewertungen eine eigene Branche etabliert, in der externe Prüfstellen wie Trustpilot, Veristore, Shopauskunft oder EHI die Bewertungen der Kunden sammeln und den Shops Prüfsiegel vergeben. Selbst der TÜV ist in diesem Bereich aktiv und bietet unter dem Begriff »s@fershopping« seit dem Jahr 2001 ein eigenes Gütesiegel an. Lediglich Trusted Shops, EHI und der TÜV-Süd bieten eine Prüfung des Shops durch eigene Experten an (bzw. setzen sie sogar voraus). Die anderen Anbieter begnügen sich damit, Kundenbewertungen zu sammeln.

Trusted Shops

Der älteste und bekannteste Vertreter der Prüfinstitute ist die 1999 in Köln gegründete Trusted Shops GmbH, die mit knapp 25.000 zertifizierten Onlineshops europäischer Marktführer im Bereich der Zertifizierungen ist. Trusted Shops prüft anhand von über 100 Kriterien jeden einzelnen Shop. Basis ist ein detailliertes Prüfprotokoll, das zahlreiche Aspekte abdeckt. Allgemeine Geschäftsbedingungen und Widerrufsbelehrung gehören ebenso zu den zu prüfenden Bereichen wie die korrekte Angabe der Versandkosten oder der Lieferzeit. Die Prüfer legen durchaus strenge Maßstäbe an: Sie werden eine Prüfung kaum beim ersten Mal bestehen.

Auch wenn der Prüfvorgang Shopbetreiber und E-Commerce-Agentur mitunter ziemlich nervt – besonders wenn zwei- oder dreimal nachgebessert werden muss –, bedeutet die erfolgreiche Prüfung für den Shopbetreiber eine ziemliche Sicherheit, denn der Shop ist von dritter Stelle nun gründlich auf Herz und Nieren getestet worden. Diese Prüfung, wenngleich sehr gründlich, ersetzt jedoch nicht die rechtliche Prüfung durch einen auf E-Commerce spezialisierten Anwalt.

Sobald die Prüfung abgeschlossen ist, kann das Trusted-Shops-Prüfsiegel auf der Website eingebunden werden. Klickt ein Besucher des Shops auf das Siegel, wird er auf die Zertifikatseite von Trusted Shops weitergeleitet, wo er das Zertifikat des Shops, wie in Abbildung 20-7 zu sehen, einsehen kann.

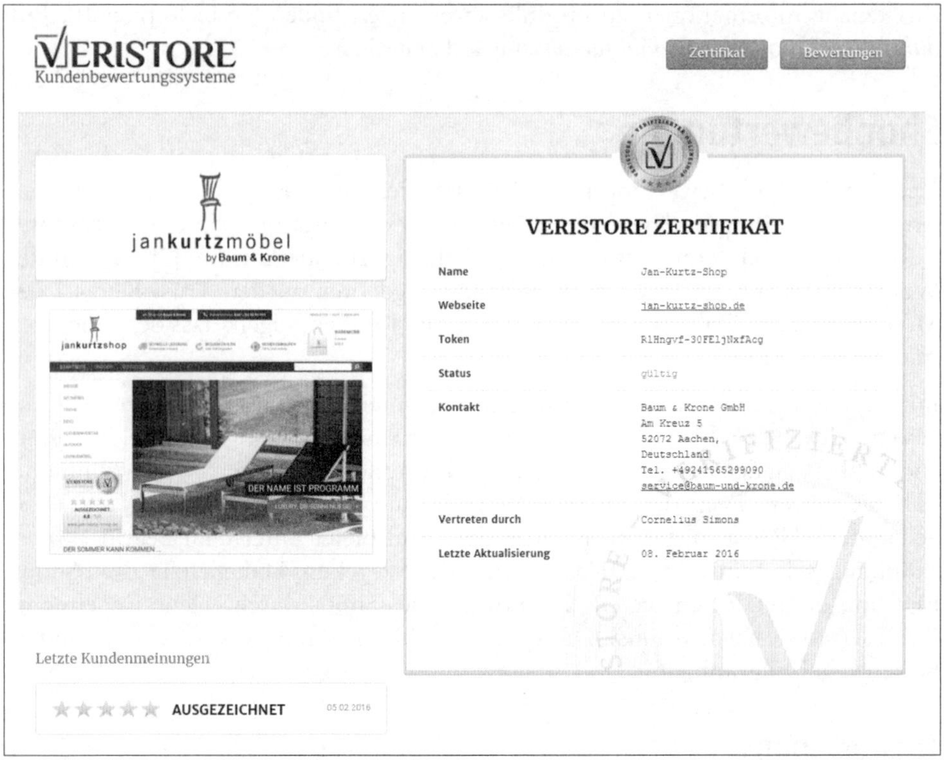

Abbildung 20-7: Veristore-Zertifikat von jan-kurtz-shop.de

Kunden des Shops haben die Möglichkeit, Ihre Bewertung in den Kategorien »Lieferung«, »Ware« und »Kundenservice« abzugeben. Dabei muss der Kunde mindestens eine der Kategorien auswählen, kann aber auch zwei oder alle drei bewerten. Jede Bewertung muss zudem einen kurzen Kommentar enthalten.

Trusted Shops erlaubt nur tatsächlichen Käufern die Bewertung. Die Authentifizierung geschieht dabei über die Nummer der Bestellung und die E-Mail-Adresse des Käufers – beide Daten werden vom Shop an Trusted Shops übermittelt, wenn der Kunde auf den Bewertungslink klickt. Abbildung 20-8 zeigt das Beispiel einer ausgefüllten Bewertung. Über die Mailadresse und die Bestellnummer kann der Shopbetreiber die Bewertungen den tatsächlichen Bestellungen zuordnen und eventuelle Probleme klären.

Mit etwas Aufwand können Trusted-Shops-Bewertungen auch manuell, ohne Übermittlung der Eckdaten durch den Shop, hinterlassen werden. Hierfür müssen die Bestellnummer und die E-Mail-Adresse von Hand eingegeben werden. Die Erfahrung zeigt, dass Kunden diesen komplizierten Weg meist nur gehen, wenn sie sich beschweren möchten. Wir hatten in unserer Praxis schon häufiger den Fall, dass diese Beschwerde den falschen Shop getroffen hat. Kommt das vor, muss gegenüber Trusted Shops der Nachweis erbracht werden, dass es sich tatsächlich um eine falsche Bewertung handelt, die nichts mit einem tatsächlichen Einkauf zu tun hat.

Abbildung 20-8: Trusted-Shops-Bewertungen können von jedermann eingesehen werden.

Neben der Möglichkeit, den Einkauf sofort zu bewerten (also bevor die Ware eingetroffen ist), ermöglicht Trusted Shops auch eine »Später Bewerten«-Funktion, bei der der Kunde nach sieben Tagen eine Aufforderungsmail von Trusted Shops erhält, seinen Einkauf zu bewerten. Obwohl dies die eigentlich logischere Variante ist – schließlich sollte die Ware in der Zwischenzeit angekommen sein –, ist in der Praxis das Verhältnis von sofort und später bewerten in etwa ausgeglichen.

Tipp

Die »Später bewerten«-Funktion können Sie auch selbst als eine der Maßnahmen des EMail-Marketings mittels Autoresponder umsetzen. Das hat den Vorteil, dass die Bitte um Bewertung nicht von einer dritten Seite, sondern von Ihnen selbst kommt und z. B. durch die freundliche Frage, ob man insgesamt zufrieden ist, ergänzt werden kann. Mehr zu diesem Thema im Abschnitt »Adressgenerierung« auf Seite 532.

Der Mittelwert der Bewertungen kann in einem kleinen grafischen Element, dem Widget, tagesaktuell im Onlineshop angezeigt werden. Ein Klick auf das Widget führt den Besucher auf die Detailseite der Shopprüfung, wo die Einzelbewertungen eingesehen werden können (Abbildung 20-9).

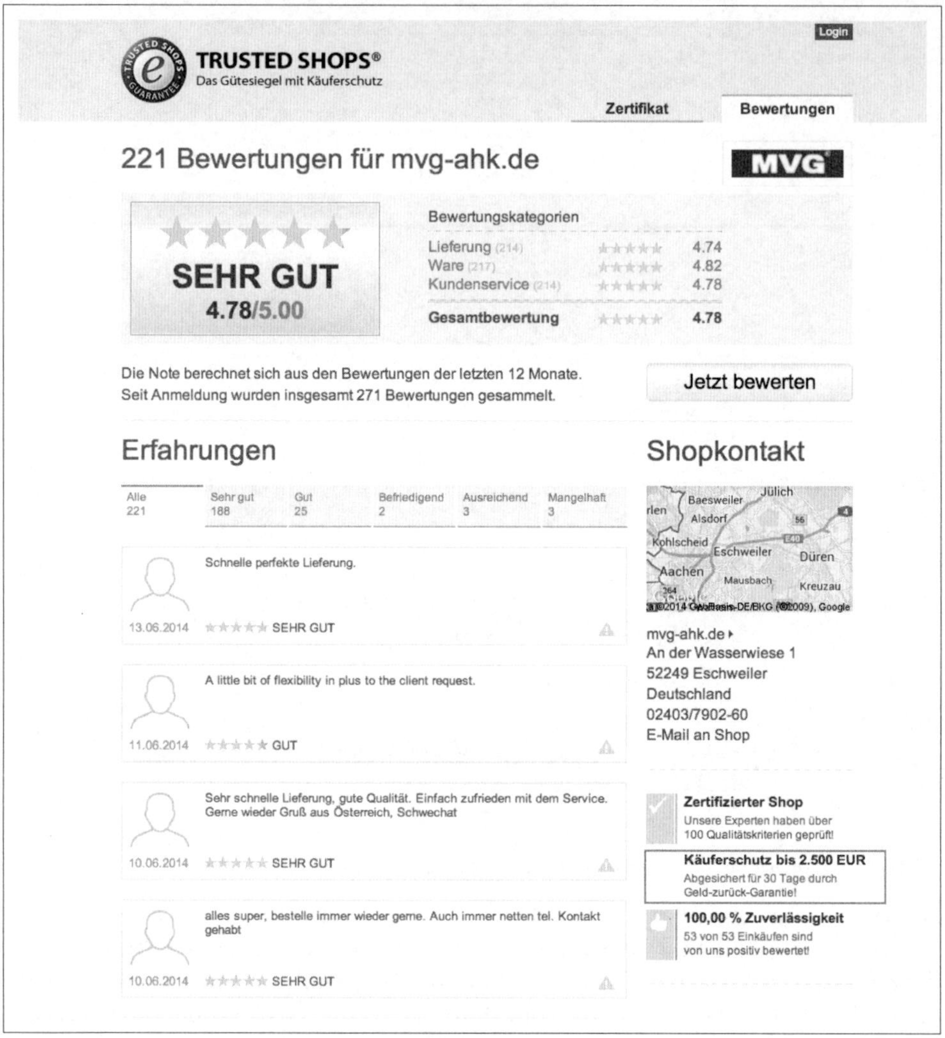

Abbildung 20-9: Übersicht über die Bewertungen für einen Onlineshop

Als besondere Leistung bietet Trusted Shops den »Käuferschutz« an. Er kann nach dem Kauf zwischen dem Kunden und Trusted Shops kostenfrei abgeschlossen werden und stellt eine Versicherung für den Einkauf dar. Liefert der Händler nicht, ist die Ware beschädigt oder gibt es sonstige Probleme zwischen Händler und Kunde wegen des Einkaufs, springt Trusted Shops ein und erstattet dem Käufer den Kaufpreis bis zu einer Obergrenze von 2.500 Euro. Unserer Erfahrung nach wird der Käuferschutz in der Praxis so gut wie nie in Anspruch genommen. Dennoch hat er einen positiven Effekt auf potenzielle Kunden.

Der Händler muss für die Nutzung von Trusted Shops einige Kosten in den Businessplan (siehe Kapitel 6, *Warenwirtschaft und Versandhandelssoftware*, auf Seite 85) einkalkulieren. Die Grundeinrichtung mitsamt der Shopprüfung kostet einmalig

99 Euro. Hinzu kommt eine monatliche Grundgebühr von mindestens 10 Euro, gestaffelt nach Jahresumsatz, für die Nutzung des Käuferschutzes und eine monatliche Grundgebühr pro angeschlossenen Shop. Zusätzlich kann man weitere Module und Dienstleistungen buchen. Sinnvoll ist beispielsweise das Modul »Google Integration«, über das die Bewertungen der Kunden an Google weitergemeldet werden. Dieses Modul schlägt mit 19 Euro im Monat zu Buche, sodass typischerweise monatliche Kosten von über 100 Euro anfallen.

Veristore

Veristore ist die jüngste Plattform in dieser Übersicht (Abbildung 20-10). Sie wurde im Sommer 2014 gegründet und zielt auf Kunden ab, die hohe monatliche Kosten und größeren Integrationsaufwand in den Onlineshop scheuen. Das Preismodell beginnt bei 9 Euro im Monat, die teuerste Variante mit automatischer Bewertungsaufforderung, Teilnahme am Veristore-Gutscheinnetzwerk und 20.000 im Shoplayout gestalteten Flyern, die zur Bewertungsaufforderung in Pakete gelegt werden können, bietet Veristore für 39 Euro im Monat an.

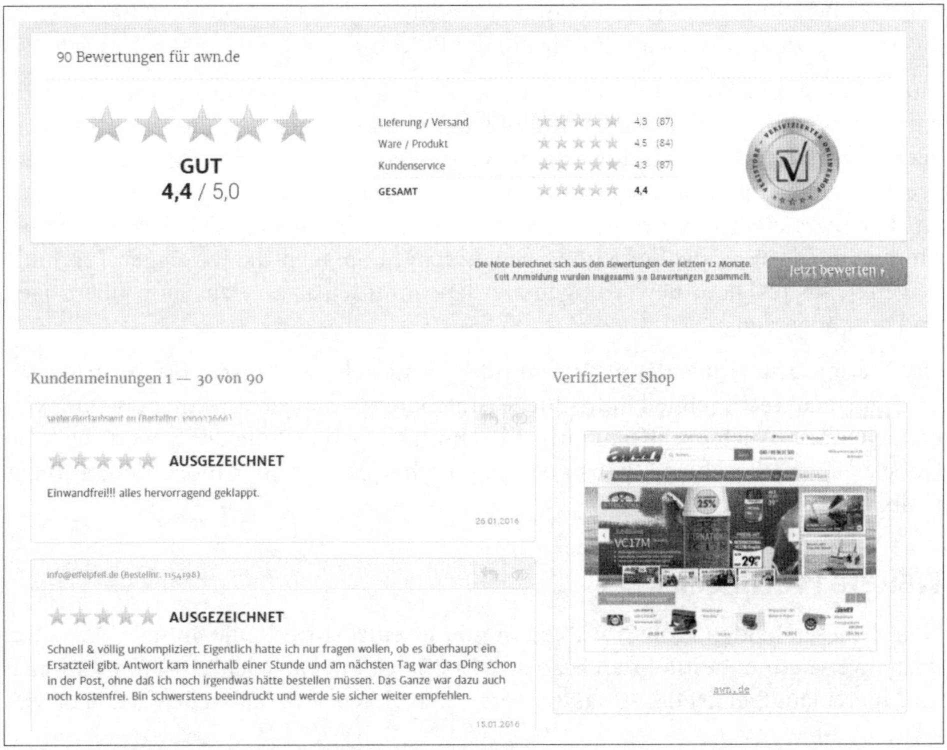

Abbildung 20-10: Übersicht über aktuelle Shopbewertungen bei Veristore

Interessant ist Veristore vor allem für Shopbetreiber, die auch über ein Ladenlokal verfügen. Mit dem Angebot »Veristore POS« können Bewertungen nicht nur nach der Bestellung im Onlineshop, sondern auch am Point-of-Sale, also z. B. im Einzelhandel, aufgenommen werden. Die Bewertungen werden aggregiert und können auf der Internetseite, im Onlineshop oder auch auf einem großen Monitor hinter der Verkaufstheke angezeigt werden.

Für die gängigen Shopsysteme, unter anderem für OXID eSales, wird die Integration der »Bewerten Sie uns jetzt«-Mails angeboten. Zehn Tage nach dem Kauf erhält der Käufer eine automatische Mail, die ihn um eine Bewertung bittet.

eKomi

Erst 2008 gegründet hat sich eKomi mittlerweile in der Wahrnehmung zur Nummer 2 der Shopbewerter gemausert. Das Unternehmen hat seinen Hauptsitz in Berlin, ist aber von der Rechtsform her eine britische Limited mit Sitz in einem kleinen Gewerbepark in Berkshire. Der Fokus von eKomi ist deutlich weiter gefasst. Man versteht sich als »Feedback Company«, die Kundenmeinungen und Kundenbewertungen aller Art sammelt. Somit stellen Onlineshops nur einen Teil der Kunden dar. Man findet ebenso Unternehmen als auch Ärzte, Berater und Rechtsanwälte unter den Kunden. eKomi erlaubt neben Onlinekäufen auch die Bewertung anderer Vorgänge wie z. B. Beratungsgespräche, Schulungen oder Downloads. Konsequenterweise ist das kommerzielle Modell an die Anzahl der Bewertungen pro Monat gekoppelt.

Eine Prüfung des Shops findet nicht statt – das Bewertungssystem kann sofort eingebaut werden. Ein Klick auf das Symbol leitet den Besucher auf eine Zertifikatsseite (siehe Abbildung 20-11), auf der die Bewertungen übersichtlich dargestellt werden. Seit Kurzem bietet eKomi neben den Shopbewertungen auch Produktbewertungen an. Für die gängigen Shopsysteme wie Magento, Shopware, OXID eShop stehen Module bereit, über die der Kunde neben dem Shop auch die jeweiligen Produkte bewerten kann. Diese Bewertungen werden unmittelbar an den Shop übertragen und dort angezeigt.

Das Preismodell wird leider nicht sehr offen vermittelt, und unsere Erfahrungen zeigen, dass man recht schnell individuelle Angebote telefonisch mit einem Berater verhandeln muss. Auch bei eKomi muss man für die Übermittlung der Bewertungen an Google separat bezahlen, ebenso wie beim Überschreiten der monatlichen Maximalbewertungen.

Weitere Prüfsiegel

Neben diesen beiden großen Anbietern gibt es eine ganze Reihe anderer Anbieter, die teilweise nur in bestimmten Branchen operieren oder aus dem Ausland stammen und hierzulande erst Fuß zu fassen versuchen. Exemplarisch stellen wir hier vier weitere Anbieter vor.

Abbildung 20-11: eKomi-Shopbewertungen

EHI

Ebenfalls 1999 in Köln gegründet, vergibt das EHI Retail Institute e. V. (vormals EuroHandelsinstitut e. V.) das Prüfsiegel »EHI-geprüfter Onlineshop« (Abbildung 20-12). Der Shop wird einer ausführlichen Prüfung unterzogen. Als Alleinstellungsmerkmal muss sie jährlich kostenpflichtig wiederholt werden. Preislich schlägt sie mit mindestens 750 Euro/Jahr zu Buche, dafür fallen aber keine weiteren Kosten an.

Abbildung 20-12: EHI-Prüfsiegel

Das EHI-Siegel beinhaltet keine Kundenbewertungen, sondern bezieht sich ausschließlich auf die Prüfungen. Mit Klick auf das Siegel gelangt der Kunde auf eine Seite, über die das Zertifikat wie auf dem Bild zu sehen eingesehen werden kann. Um Kundenbewertungen zu sammeln, kooperiert EHI mit eKomi.

Shopauskunft

Das Unternehmen wurde 2006 in Hamburg gegründet und ist einer der preisgünstigsten Anbieter. Auch hier konzentriert man sich ausschließlich auf Bewertungen, eine Prüfung des Shops ist nicht vorgesehen. Dafür können Bewertungen in insgesamt 6 Kategorien abgegeben werden. Neben den üblichen Kategorien anderer Bewertungsplattformen kommen bei Shopauskunft noch die Punkte Bedienerfreundlichkeit, Produktauswahl und Preisgestaltung hinzu.

Gerade für kleine Shops gibt es ein Lockangebot, das komplett kostenlos ist, dafür aber insgesamt maximal 30 Bewertungen erlaubt. Das ist wenig zielführend, da eigentlich eine viel größere Zahl an Bewertungen angestrebt werden sollte. Insgesamt ist das Preismodell überschaubar – Google bekommt die Bewertungen ohne Zusatzkosten gemeldet.

Auch hier führt ein Klick auf das Bewertungslogo zu einer Übersichtsseite, wie auf dem Bild zu sehen ist. Neben den Angaben zur Bewertung findet sich eine Zusammenstellung, wie sich die Bewertungen im Laufe der Zeit entwickelt haben. »Schwächelt« ein ansonsten gut bewerteter Shop in jüngster Zeit, kann man dies klar erkennen.

Abbildung 20-13: Shopauskunft zieht sechs Kriterien zur Bewertung heran.

Trustpilot

Trustpilot wurde 2007 in Dänemark gegründet und ist in ganz Europa aktiv. Laut eigener Aussage ist Trustpilot das größte Bewertungsportal Europas, lässt aber belastbare Zahlen hierzu vermissen. Die Firma zählt einige sehr bekannte Marken zu ihren Kunden, darunter das Reiseportal *Booking.com*. Beim Preismodell hält man sich auch hier bedeckt, lediglich das Einstiegsangebot für 79 Euro im Monat wird angegeben. Dafür ist die Übermittlung der Ergebnisse an Google explizit eingeschlossen.

TÜV-Süd

Mit der s@afer-shopping-Kampagne bietet der TÜV-Süd mit Sitz in München ebenfalls ein Prüfsiegel an. Kernstück ist eine jährliche Überprüfung der Shops, die auch ein Vorort-Audit beinhaltet und besonders auf die Aspekte Datensicherheit, Datenschutz und Zahlungsabwicklung abzielt. Die Kostenstruktur wird nicht vermittelt, da individuelle Angebote erstellt werden. Zur Zielgruppe gehören eher die größeren Shops, aber beispielsweise auch Reiseveranstalter oder Versicherungen mit ihren jeweiligen Webportalen.

Kundenbewertungen gibt es in dieser Form nicht, jedoch wird als Zusatzleistung die Kundenbefragung durch den TÜV angeboten. Es handelt sich dabei um punktuelle Befragungen und nicht um die fortlaufende Bewertungsmöglichkeit.

Der Mehrwert für den Händler liegt ganz klar in der Bekanntheit der Marke TÜV, was die Website auch klar herausstellt: »*TÜV ist eine der stärksten Marken überhaupt. Mit einem Bekanntheitsgrad von 99% im deutschsprachigen Raum können Sie nahezu jeden erreichen. Die Menschen verbinden mit dem Namen TÜV Unabhängigkeit, Vertrauen, Neutralität, Kompetenz und Unbestechlichkeit.*« Damit ist das TÜV-s@fer-shopping-Siegel auch ein Element, das andere Bewertungssysteme gut ergänzt und einen positiven Effekt auf Besucher hat.

Übersicht Shopgütesiegel

Manche Shops schmücken sich mit einer ganzen Galerie von Bewertungssiegeln unter dem Motto »Viel hilft viel«. Der positive Effekt dieser Maßnahme darf bezweifelt werden, insbesondere wenn der Nutzer sich zwischen verschiedenen Wegen, eine Bewertung abzugeben, entscheiden muss.

Die Tabelle gibt einen Überblick über die hier besprochenen Plattformen. Unsere Empfehlung geht ganz klar zu Veristore, die das beste Preis-Leistungs-Verhältnis mit allen wesentlichen Funktionen (Bewertungsfunktion, Google-Integration, einfache Integration in Onlineshops) bietet.

Tabelle 20-1: Shopbewertungsplattformen im Überblick

	Einrichtungsgebühr/ Prüfungsgebühr	Grundgebühr	Anzahl Bewertungen beim günstigsten Tarif	Shopprüfung	Bewertungen
EHI www.ehi-siegel.de	ab 750 €/Jahr	keine	keine	ja	nein
eKomi www.ekomi.de	99 € einmalig (Circa-Angabe, Angebote müssen individuell abgefragt werden)	ab 99 €/Monat	999/Monat	nein	ja
Shopauskunft www.shopauskunft.de	ab 0 €	ab 99 €/Jahr	50/Monat	nein	ja
Trusted Shops www.trustedshops.de	99 € einmalig	ab 49 €/Monat	unbegrenzt	ja	ja
Trustpilot www.trustpilot.de	keine	Ab 79 €/Monat	300/Monat	nein	ja
TÜV-Süd www.safer-shopping.de	auf Anfrage	auf Anfrage	keine	ja	nein
Veristore www.veristore.de	keine	ab 9,90 €/ Monat	unbegrenzt	nein	ja

Google und die Bewertungen

Google spielt im Bereich der Bewertungen eine doppelte Rolle. Für die meisten Onlinehändler ist relevant, dass Google die positiven Bewertungen bei der bezahlten AdWords-Werbung (siehe Kapitel 18, *Google AdWords und Google Products*, auf Seite 491) einblendet.

Hierfür muss der Shop in den letzten 365 Tagen mindestens 100 Bewertungen mit 4 oder 5 Sternen erreicht haben. Beachten Sie, dass Google derzeit ca. 14 Tage »hinterherhinkt« – die Bewertungen also nicht tagesaktuell ermittelt werden. Schlechtere Bewertungen als 4 Sterne ignoriert Google.

Um diese Bewertungen zu erhalten, hat Google mit den maßgeblichen Anbietern von Bewertungsportalen Verträge abgeschlossen, die den Datenaustausch zum Inhalt haben. Einige Bewertungsportale lassen sich diesen Service vom Shopbetreiber bezahlen, bei den kleineren Bewertungsportalen ist die Übermittlung an Google meist im Preis inbegriffen.

Tipp Wenn Sie wissen möchten, welche Bewertung Ihres Shops (bzw. eines beliebigen Shops) Google überhaupt kennt, können Sie die Suchmaschine selbst fragen. Über die Adresse *http://www.google.de/shopping/seller?q=amazon.de* können Sie für beliebige Shops die Zusammensetzung und Herkunft der Shopbewertungen einsehen. Ersetzen Sie einfach »amazon.de« aus dem Beispiel durch die Adresse des Shops ohne den »www« Teil. So können Sie auch erkennen, wie aktuell die Ergebnisse sind, die Google über Ihren Shop gespeichert hat.

Google Zertifizierte Händler

Unter dem Namen Google Trusted Stores bietet Google seit einiger Zeit ein eigenes Gütesiegel an, das seit 2015 in Deutschland verfügbar ist. Die Zahl der Google-zertifizierten Händler ist daher noch recht gering (Abbildung 20-14).

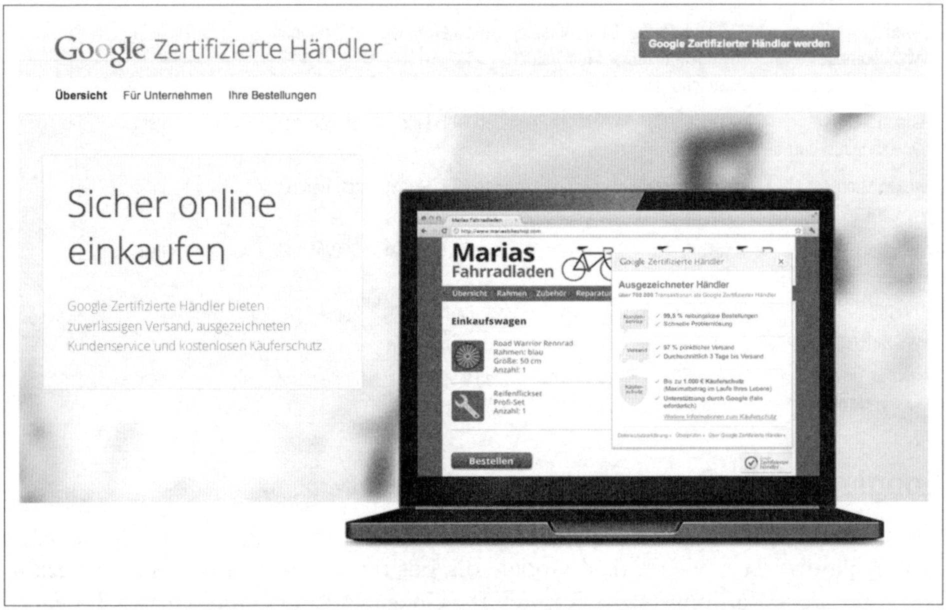

Abbildung 20-14: Das Zertifizierungsprogramm von Google ist seit 2015 in Deutschland verfügbar.

Im Gegensatz zu den bisher vorgestellten Bewertungsplattformen verfolgt Google einen etwas anderen Ansatz. Wie in Abbildung 20-15 zu sehen ist, werden der Kundenservice und die Geschwindigkeit der Bestellung als Bewertungskriterium herangezogen. Das Google-Programm fokussiert diese vier Bereiche:

- Pünktlich versandte Bestellungen
- Schnelle Lieferzeit
- Schneller Kundenservice bei Problemen
- Geringer Prozentsatz von Problemfällen

Damit positioniert sich das Prüfsiegel in einer bisher nicht besetzten Nische und eignet sich gut als Ergänzung zu einem Bewertungssystem, das auf Kundenbewertungen setzt.

Der Kriterienkatalog zeigt aber auch deutlich, dass das Programm nicht ohne Weiteres zu implementieren ist, da zur Bewertung der einzelnen Punkte Informationen vonseiten des Shopsystems nötig sind. Tatsächlich müssen auf jeder Seite des Shops sowie im Checkout-Prozess zusätzliche Codeschnipsel implementiert werden.

Als weiteren Punkt bietet das Programm Google Zertifizierte Händler einen Käuferschutz nach dem Modell Trusted Shops an. Der Käuferschutz ist aber auf

1.000 Euro begrenzt. Etwas irritierend ist die holperig übersetzte Aussage, es handle sich hierbei um einen »Maximalbetrag im Laufe des Lebens«.

Abbildung 20-15: Google-Siegel bei www.fahrrad.de (Juni 2014)

Gerade im Hinblick auf die derzeit geführte Datenschutzdebatte sollte ein Onlinehändler kritisch überlegen, ob er Google zu allem, was Google sowieso schon weiß, auch noch die E-Mail-Adresse des Kunden sowie die Daten über den jeweiligen Einkauf zur Verfügung stellen soll. Somit wird der Onlineshopkunde vollkommen gläsern, aber auch der Shop selbst offenbart seine letzten Geheimnisse gegenüber Google.

pixi* Ausgezeichneter Versand

Eine interessantes Siegel im Bereich der Shopbewertungen hat der Hersteller der Versandhandelssoftware pixi* (siehe Abschnitt »Shopbewertungen« auf Seite 573) schon vor einigen Jahren eingeführt.

Aufgrund ihrer Konstruktion weiß die Versandhandelssoftware, wann eine Bestellung eingegangen ist, wann sie bearbeitet und verpackt wurde und wann sie in den Versand gegangen ist. So kann die Software genau ermitteln, wie schnell die Bestellungen dem Versanddienstleister übergeben werden.

pixi* hat diese einfache Berechnung in ein schickes Siegel gepackt, das tagesaktuell die aktuelle Versandgeschwindigkeit des Shops anzeigt (Abbildung 20-16). Wie üblich führt ein Klick auf das Logo zu einer Übersichtsseite, die noch mal alle wichtigen Parameter auflistet.

Abbildung 20-16: pixi* informiert per Siegel über die Versandgeschwindigkeit im Shop.

Mit diesem Siegel erhält ein potenzieller Kunde einen unmittelbaren Einblick in die Abläufe des Shops. pixi* nimmt damit eine der Funktionalitäten des oben besprochenen Siegels Google Zertifizierte Händler vorweg. Derzeit ist diese Lösung nur für Kunden der pixi*-Versandhandelssoftware nutzbar – es steht zu erwarten, dass andere Softwarehersteller ähnliche Lösungen entwickeln werden.

Eigenes Siegel

Wenn Trust Signals und Bewertungssiegel so hilfreich im Kampf um die Kundengunst sind, andererseits aber einen nicht unerheblichen Kostenfaktor darstellen – warum dann nicht ein eigenes Siegel machen?

So seltsam das klingt – es funktioniert! Eine Google-Bildersuche nach »geprüfter Shop« bringt zahlreiche Siegel hervor, die teilweise von kleinen und kleinsten Prüfgesellschaften stammen oder direkt Bilddatenbanken wie Fotolia entnommen sind, wie in Abbildung 20-17 zu sehen ist.

Zwar haben Siegel wie Trusted Shops, eKomi und EHI – ganz zu schweigen vom TÜV-Siegel – eine ganz andere Relevanz bei den Kunden. Unterschwellig funktionieren aber auch die Fantasiesiegel, die sich bewusst optisch an die Siegel der etablierten Hersteller anlehnen.

Abbildung 20-17: Bilddatenbanken bieten eine große Auswahl an Fantasiesiegeln.

Unsere Empfehlung geht eindeutig hin zu einem der etablierten Anbieter. Wenn es aber darum geht, einen Prüfzeitraum zu überbrücken oder derzeit noch kein Budget für ein richtiges Siegel im Businessplan vorhanden ist, ist ein Fantasiesiegel besser als nichts.

Bewertungen aktiv einfordern

Bewertungen kommen nicht von selbst. Kaum ein Kunde, der auf das Bewertungssiegel Ihres Shops klickt und dann auf der Seite des Bewertungsdienstleisters eine Meinung hinterlässt. Wenn überhaupt, dann wird dieser Weg eher von unzufriedenen Nicht-Kunden genutzt, die mangels eines Bewertungslink nach dem nicht stattgefundenen Kauf nach einem Weg suchen, sich Gehör und Öffentlichkeit zu verschaffen.

Um Bewertungen zu erhalten, müssen Sie selbst aktiv werden. Das heißt natürlich nicht, dass Sie Ihre Bewertungen selbst schreiben. Vielmehr müssen Sie Ihre Kunden auf die Bewertungsmöglichkeit aufmerksam machen.

Die weit verbreitete Plattform Trusted Shops bietet primär zwei Möglichkeiten, wie Kunden zu Bewertungen aufgefordert werden. Unmittelbar nach dem Checkout wird der Kunde mit den Optionen »Sofort bewerten« und »Später bewerten« konfrontiert. Im Falle von »Sofort bewerten« kann der Kunde unmittelbar nach der Bestellung eine Bewertung hinterlassen. Die Liefergeschwindigkeit und die Produktqualität kann der Kunde zu diesem Zeitpunkt aber noch gar nicht beurteilen. Die Bewertungen an dieser Stelle sind also eher wertlos.

Wählt der Kunde »Später bewerten« aus, dann wird seine E-Mail-Adresse an den Server von Trusted Shops übermittelt. Nach einer vom Shopbetreiber global einstellbaren Anzahl von Tagen versendet Trusted Shops dann eine E-Mail an den Shopkunden und fordert zur Bewertung auf. Insgesamt ist das die sinnvollere Variante, da die Mail dann ankommt, wenn die Ware geliefert sein sollte. Dennoch gibt es zwei große Schwachpunkte. Einerseits muss der Käufer zunächst selbst aktiv werden und »Später bewerten« anklicken, zum anderen kommt die Bewertungsaufforderung nicht vom Shop selbst, sondern eben von einem externen Dienstleister.

In der Praxis bewährt hat sich ein anderer Ansatz, der diese beiden Nachteile ausräumt. Wir zeigen diesen Vorgang am Beispiel der Bewertungsplattform Veristore, die sich durch einen besonders einfachen Aufbau der individuellen Bewertungslinks auszeichnet.

Nach dem Checkout

Für jede einzelne Bestellung in Ihrem Shop kann mithilfe von nur drei Variablen ein persönlicher Bewertungslink für die Veristore-Plattform erzeugt werden. Hierzu benötigen Sie die Veristore-ID Ihres Shops (das »Token«), die E-Mail-Adresse des Kunden sowie die Nummer der aktuellen Bestellung. Daraus wird dann dieser Link generiert:

http://www.veristore.de/app/bewerten/[Veristore-Token]?email=[Email-Adresse]& bestellnr=[Bestellnummer]

Diese Links können problemlos in Bewertungsmails integriert und an Ihre Kunden versendet werden, sei es manuell, halb-automatisch via Helpdesk oder vollautomatisch mittels Transaktionsmails.

Zunächst muss der Shop mit einem Newslettersystem, z. B. MailChimp, verbunden werden. MailChimp verfügt zu diesem Zweck über eine umfangreiche Programmierschnittstelle (API), über die die Daten zur Bestellung übergeben werden können. Diese werden auf einer gesonderten Empfängerliste eingetragen. Die Verbindung von Shopsoftware, Bestellvorgang und MailChimp erfordert in der Regel eine kleine Programmierung seitens Ihrer E-Commerce-Agentur.

Da Sie die Bewertungsmails nicht alle von Hand versenden wollen, erstellen Sie eine optisch ansprechende E-Mail-Vorlage, die Ihre Kunden zur Bewertung motivieren soll. In MailChimp können Sie ganz leicht die Bewertungslinks nach dem obigen Muster zusammensetzen – die nötigen Informationen (E-Mail-Adresse, die Bestellnummer und das Datum des Einkaufs) entnimmt MailChimp obiger Empfängerliste. Über eine Automation wird ein Zyklus eingestellt, nach dem diese Bewertungsmails x Tage nach dem Einkauf versendet werden. Das Besondere an dieser Vorgehensweise ist, dass die Mails unter der eigenen E-Mail-Absenderadresse des Shops versendet werden können!

Zugegeben, dieses Set-up klingt ein bisschen komplex. Der Vorteil ist aber ein massiver Zuwachs an Flexibilität, Individualität und liegt – aus unserer Erfahrung – auch in der Anzahl der eingehenden Bewertungen. Im Gegensatz zu den statischen Mails, die eine externe Bewertungsplattform versendet, können Sie in unserem Set-up die Empfehlungsmail individuell anpassen und jederzeit aktualisieren.

Schlechte Bewertungen proaktiv vermeiden

Einen weiteren Vorteil bietet dieses Set-up, wenn es darum geht, absehbar schlechte Bewertungen zu vermeiden. Es geht immer mal was schief. Lieferungen gehen verloren oder kaputt. Kunden bestellen das falsche Produkt oder sind aus anderen Gründen unzufrieden. Das gehört zum Alltag eines Shopbetreibers. Wenn aber von vornherein klar ist, dass eine Bewertung negativ ausfallen würde, warum dann dem Kunden eine Bewertungsaufforderung senden? Niemand kann Sie zwingen, allen Ihren Kunden die Bitte um Bewertung zu senden. Von daher können Sie dies in absehbaren Problemfällen auch unterlassen.

Wenn Sie den Versand der Bewertungsaufforderungen Ihrer Bewertungsplattform überlassen, haben Sie auf solche Fälle keinen Einfluss, und die Aufforderung wird in jedem Fall versendet. Über das Veristore-MailChimp-Szenario oben haben Sie aber selbst im Griff, ob eine Aufforderung versandt wird oder nicht. Im einfachsten Fall entfernen Sie die Daten der Problembestellung manuell aus der MailChimp-Liste.

Bequemer geht es, wenn Sie direkt aus dem Shop-Backend heraus das Versenden der Bewertungsaufforderungen steuern können. Auch hier kommt wieder eine spezifische Programmierung unter Zuhilfenahme der API des Newslettersystems zum Einsatz. In Abbildung 20-18 ist zu sehen, wie das OXID-Backend um eine Schnittstelle zu einer MailChimp-Liste erweitert wurde. Über einen einfachen Mausklick können nun Kunden aus der MailChimp-Liste entfernt werden und erhalten keine Bewertungsmail.

Abbildung 20-18: Hier wurden Bewertungsaufforderungen in das OXID-Backend integriert.

Manuell nach Kundenkontakt

Wenn Sie Bestellungen telefonisch aufnehmen (siehe Abschnitt »Telefonische Bestellannahme« auf Seite 234) oder wenn Problemfälle und Reklamationen zu lösen sind, haben Sie oder Ihre Servicemitarbeiter direkten Kontakt zum Kunden. Wenn diese Fälle zur Zufriedenheit des Kunden gelöst wurden – warum dann nicht ebenfalls eine Bewertungsaufforderung versenden?

Ein individueller Bewertungslink wie weiter oben gezeigt kann sehr einfach manuell generiert werden. Senden Sie Ihrem Kunden nach dem direkten Kontakt eine freundliche Mail und bitten Sie ihn, eine Bewertung über den Kundenservice zu hinterlassen. Eine solche Mail kann sehr kurz sein:

»Sehr geehrte Frau Mustermann,

herzlichen Dank für Ihre Supportanfrage. Gern haben wir Ihr Anliegen wie telefonisch besprochen gelöst. Ich würde mich freuen, wenn Sie die Leistung unseres Kundendienstes über die Bewertungsplattform Veristore bewerten würden. Ihr individueller Bewertungslink ist *http://www.veristore.de/app/bewerten12345ab-cde?email=mustermann@example.com&bestellnr=0815*.

Herzlichen Dank, Ihr
Klaus Mustermann
Kundenbetreuer«

Die Erfahrungen mit solchen Mails sind sehr gut, insbesondere, wenn Sie unmittelbar nach dem Kontakt mit dem Kundenservice versendet werden.

Wenn Sie ein Customer Relationship Management (CRM) oder Helpdesk-System verwenden, können Sie natürlich auch hier über eine individuelle API-Programmierung eine Bewertungsaufforderung direkt ins System integrieren (lassen).

Umgang mit schlechten Bewertungen

Eine schlechte Bewertung zu erhalten, treibt vielen Shopbetreibern die Schweißperlen auf die Stirn. Das muss aber gar nicht sein! Wer mit negativer Kritik richtig umgeht, kann ihr sogar noch etwas Positives abgewinnen: Ein gutes Kritikmanagement zeigt den Kunden, wie wichtig dem Shop die Meinung seiner Kunden ist, und steigert dadurch ihr Vertrauen.

Auch kann konstruktive Kritik dazu beitragen, den Service und das Angebot des Shops zu verbessern. Daher sollten Shopbetreiber Kritik niemals persönlich nehmen und zunächst Ruhe bewahren. Sie sollten stattdessen prüfen, ob die Kritik berechtigt ist. Selbst, wenn die Bewertung zunächst ausfallend erscheinen mag, kann sich doch ein wahrer Kern dahinter verbergen.

Nehmen Sie die Beschwerde also auf jeden Fall ernst und versuchen Sie, den Vorgang zu klären. Kritik zu ignorieren, kann im schlimmsten Fall in sozialen Netzen wie Facebook hohe Wellen schlagen. Reagieren Sie von daher zeitnah und vermeiden Sie Eskalation bereits im Vorfeld. Die Kommunikation sollte dabei stets sachlich, höflich und selbstkritisch verlaufen und ohne Schuldzuweisungen des Kunden auskommen.

Gerade bei männlichen Kunden zeigt sich erfahrungsgemäß sehr oft, dass diese einfach gern eine Erklärung für das vorliegende Problem wünschen und einen – für sie günstigen –Lösungsweg angeboten bekommen möchten. Frauen dagegen sind meistens schon mit einer ehrlichen Entschuldigung zufrieden. Sollte ein besonders schwerwiegender Härtefall eintreten, empfiehlt sich der Griff zum Telefonhörer, anstatt eine Mail zu schreiben. Dies wirkt viel persönlicher und kann eher zu einer Schlichtung führen.

Eine negative Kritik ist allerdings auch kein Beinbruch, daher raten wir ab, den Kunden dazu zu drängen, seine negative Bewertung zu ändern. Eine geringe Zahl von negativen Bewertungen lassen die Gesamtnote Ihres Shops sogar vertrauensvoller erscheinen. Eine reine 5-Sterne Bewertung wird kritischer begutachtet als beispielsweise 4,6-Sterne.

In diesem Kapitel:

- Generelle Preisnachlässe
- Gutscheine
- Gutscheinportale
- Gutschein-Landingpages
- Die Gutscheinfalle
- Facebook-Gutscheine

KAPITEL 21

Gutscheine und Aktionen

Wenn Sie nicht gerade das Glück haben, ein einzigartiges Produkt ohne nennenswerte Konkurrenz anzubieten, stellt sich schnell die Frage, wie man potenzielle Kunden und die ersten Neukunden zu wiederholten Einkäufen im Onlineshop motiviert.

Viele frischgebackene Shopbetreiber lassen sich – bewusst oder unbewusst – auf einen Preiskampf ein. Nach dem Motto »Hauptsache überhaupt Bestellungen« wird an der Preisschraube gedreht, Artikel werden zu minimalen Margen angeboten, oder man wirft mit Rabatten um sich.

Ist dieser Trend einmal gestartet, lässt er sich kaum wieder umkehren. Kunden sind dann an niedrige Preise gewöhnt, und im ungünstigsten Fall haben die Mitbewerber nachgezogen. Auf Dauer kann dieser Preiskampf für den schwächeren Marktteilnehmer – meist der neue Shopbetreiber – ruinös enden.

Besonnene Preisplanung und ein dickes Fell ohne Panikreaktionen sind gefragt. Auch wenn es gerade in der Anfangsphase schwierig ist, behalten Sie immer die Profitabilität Ihres Shops im Auge und vermeiden Sie Aktionen, bei denen Sie »draufzahlen«, auch wenn das nicht immer möglich ist.

Jenseits dieser Überlegungen gibt es aber natürlich auch gute Gründe für Aktionen, Promotionen und besondere Angebote. Zu den Klassikern zählt die Lagerräumung, wenn z. B. eine neue Saison oder eine neue Produktgeneration vor der Tür steht. Jubiläen oder Ereignisse wie Messen oder Events können auch Anlässe für besondere Aktionen sein.

Generelle Preisnachlässe

Die einfachste Möglichkeit, einen Aktionspreis zu realisieren, ist ein genereller Preisnachlass auf ein einzelnes Produkt oder eine Produktgruppe. Damit die Kunden auch sehen, dass es sich um einen Sonderpreis handelt, arbeitet man meist mit sogenannten Streichpreisen. Neben dem reduzierten Preis des Produkts steht – etwas kleiner – der ursprüngliche Preis, der durchgestrichen ist. Sie kennen diese Art der Preisauszeichnung aus dem Supermarkt oder dem Kaufhausprospekt.

Abbildung 21-1 zeigt einen typischen Streichpreis in einem Onlineshop. Der neue Preis wird hervorgehoben und der ursprüngliche Preis durchgestrichen daneben dargestellt.

Abbildung 21-1: Streichpreis mit UVP, www.jehlebikes.de

Sie können mit weiteren grafischen Elementen arbeiten, die auf den niedrigeren Preis hinweisen, z. B. mit einer »Reduziert«-Banderole am Produktbild. Diese Zusatzfunktionalität ist sinnvoll, um deutlich auf den Rabatt hinzuweisen, sollte jedoch auch in das Gesamtbild Ihres Onlineshops passen. Nur einen Rabatt, den der Shopbesucher kennt, kann er auch in Anspruch nehmen. Beraten Sie sich mit Ihrer Agentur, wie dies am besten umgesetzt werden kann.

In jedem Fall müssen Sie – z. B. mittels Sternchentext – auf den Ursprungspreis hinweisen. Bei dem höheren Altpreis darf es sich keinesfalls um einen Fantasiepreis handeln. Das ist wettbewerbsrechtlich nicht erlaubt. Sie können also nicht einfach den Normalpreis zum Streichpreis machen und einen um x Prozent höheren Altpreis angeben. Bei dem Altpreis kann es sich z. B. um die unverbindliche Preisempfehlung des Herstellers (UVP) oder um Ihren ehemaligen Verkaufspreis handeln.

Ein produktbasierter Aktionspreis funktioniert gut für einzelne Produkte. Wollen Sie Streichpreise mit dem gleichen Rabatt (fester Betrag oder prozentualer Abschlag) für mehrere Produkte anlegen, können Sie die Rabatte in Ihrem Shopsystem auch für ganze Produktkategorien oder Produktgruppen definieren.

Beispiel: Vom 01.08. bis 31.08. reduzieren Sie die Preise für alle Sockengarne in Ihrem Onlineshop um 30 %. Es wäre mühsam, diese Preisreduktion für jeden Artikel einzeln einzustellen.

Im Gegensatz zum obigen Beispiel, bei dem Sie für das einzelne Produkt neben dem Verkaufspreis auch den ehemaligen Preis (Streichpreis) in den Produktstammdaten definieren, lassen Sie die Preisangaben dort unberührt.

Bei den Rabatteinstellungen erstellen Sie einen neuen generellen Rabatt in gewünschter Höhe. Die Produkte, die rabattiert werden sollen, können Sie dann der Rabattregel zuordnen.

Zusätzlich können Sie die Aktionspreise zeitlich gesteuert einrichten. So können Sie Rabattaktionen weit im Voraus planen und den Aktionszeitraum bezogen auf Datum und Uhrzeit festlegen. Pünktlich zum angegebenen Datum wird der Aktionspreis aktiv und der Altpreis als Streichpreis daneben angezeigt. Zum Ende des Aktionszeitraums wird der ursprüngliche Preis (automatisch durch die Shopsoftware) reaktiviert.

Einschränkung der Kundengruppe

Ohne weitere Einschränkung steht dieser Aktionspreis allen Kunden Ihres Onlineshops zur Verfügung. Um die Aktion auf bestimmte Kundengruppen einzuschränken, müssen Sie Ihre Kunden im Shop segmentieren.

In der Regel pflegt ein Onlineshop von sich aus schon bestimmte Kundengruppen wie z. B. »Kunden mit hohem Umsatz«, »Kunden mit niedrigem Umsatz« oder »Auslandskunden«. Sie können weitere Segmentierungen anlegen und Kunden entweder nach automatischen Regeln oder manuell den Gruppen zuordnen. Ein Aktionspreis kann dann einer oder mehreren Kundengruppen zugeordnet werden.

Diese Vorgehensweise kommt mit einigen Einschränkungen daher. Am schwersten wiegt, dass die Preisregel nur für Personen angewandt werden kann, die der Shop bereits kennt, also für bestehende Kunden oder Personen, die sich bereits einmal für den Shop registriert haben. Für Neukunden ist sie nur dann einsetzbar, wenn der Kundengruppenrabatt für alle Neukunden gleichzeitig gilt.

Zudem muss der Kunde im Onlineshop eingeloggt sein, damit das System den bekannten Kunden erkennen und ihm »seinen« Rabatt anzeigen kann.

Die gesonderten grafischen Unterstützungselemente wie die in Abbildung 21-2 gezeigte »%«-Banderole sind bei einer Knüpfung der Rabatte an Kundengruppen meist nicht ohne zusätzlichen Programmieraufwand im Onlineshop umsetzbar.

Abbildung 21-2: Artikelbilder mit %-Banderole, www.gartenxxl.de

Gutscheine

Neben den oben genannten Preisnachlässen und Rabatten können Sie auch Gutscheine einsetzen, um den Abverkauf in Ihrem Onlineshop anzukurbeln.

Ein Gutschein kann in weiten Bereichen dem Charakter der jeweiligen Aktion angepasst werden und ist so flexibel für viele Anwendungszwecke nutzbar.

Man unterscheidet zwischen den folgenden Gutschein-Attributpaaren. Innerhalb des Paars schließen sich die Kriterien aus, man kann aber mehrere Paare miteinander kombinieren:

- Prozentgutschein oder Wertgutschein
- Individueller oder generischer Gutscheincode
- Gutschein für einen beschränkten oder unbegrenzten Zeitraum
- Gutschein für bestimmte Kundengruppe(n) oder für alle Kunden
- Gutschein für alle Waren oder bestimmte Produkte und Gruppen
- Gutschein mit oder ohne Mindestbestellwert
- Gutschein mit anderen Gutscheinen kombinierbar oder nicht

Darüber hinaus können Sie die Gutscheine für Produkte, Produktgruppen oder das gesamte Sortiment Ihres Onlineshops freigeben.

Tipp Achten Sie bei der Rabattierung und bei Gutscheinen darauf, ob einzelne Produkte einer Preisbindung unterliegen.

Bücher, Tabakwaren und viele andere Produkte dürfen nicht rabattiert werden! Denken Sie unbedingt daran, diese Artikel für alle Rabatte und Gutscheine auszuschließen, um nicht gegen Preisbindungen und Steuergesetze zu verstoßen.

Dies gilt übrigens auch für kostenlose Zugaben. Sie sind bei preisgebundenen Produkten in der Regel verboten.

Prozent- und Wertgutscheine

Zweck des Gutscheins ist es, dem Einlösenden einen Nachlass auf bestimmte Produkte oder Produktgruppen zu gewähren. Dieser Nachlass kann entweder in Form eines absoluten Betrags oder eines prozentualen Anteils des Bestellwerts gewährt werden.

Alternativ kann er auch eine zusätzliche Dreingabe beinhalten. Kauft der Kunde z. B. fünf Stück eines Artikels, kann er über einen Gutscheincode einen vorher definierten zusätzlichen Gratisartikel in seinen Warenkorb legen.

Für den Shopbetreiber berechenbarer ist der absolute Wert. Gibt man 200 Gutscheine mit einem absoluten Wert von 5 Euro aus, hat man maximal 1000 Euro in diese Aktion investiert (also weniger eingenommen), wenn alle Gutscheine eingelöst werden. In der Praxis läge der Wert noch deutlich darunter, da typischerweise nur ein Bruchteil der ausgegebenen Gutscheine auch tatsächlich eingelöst wird.

Bei einem Gutschein mit prozentualem Wert fällt diese Berechnung schwerer. Hier müssen Sie die durchschnittliche Warenkorbgröße als Grundlage nehmen und können nur schätzen, wie viel die Gutscheinaktion Sie kosten wird.

Egal, für welche Art Sie sich entscheiden, Sie sollten Ihre Margen und Deckungsbeiträge möglichst gut kennen und in die Überlegungen zum Gutscheinwert mit einfließen lassen. Hierzu gehört auch die Überlegung, ob die Gutscheinaktion wirtschaftlich sein muss oder ganz bzw. teilweise als Marketingausgabe verbucht wird.

Eine ganz andere Frage ist, welcher Gutscheintyp bei Ihrer Zielgruppe besser ankommt. Hier gibt es (mal wieder) keine allgemeingültige Antwort. Während bei Schreibwarenartikeln ein 5-Euro- Gutschein schon einen beachtlichen Wert darstellen kann, wird man in einem Onlineshop für Antiquitäten damit eher Irritation unter den Kunden hervorrufen.

Im Gegenzug wäre ein 5-%-Gutschein im Antiquitätenshop möglicherweise sehr attraktiv – im Schreibwarenshop, wo 5 % im Extremfall nur wenige Cent ausmachen, eher fehl am Platze.

Das sollte aber nicht zu der Verallgemeinerung verleiten, dass günstige Produkte eher mit absoluten Gutscheinwerten promotet werden sollten. Vielmehr muss der Gutschein zum Produkt und zum Image des Shops passen.

Es gibt allerdings zwei Verallgemeinerungen, die man treffen kann. Spricht man mit dem Shop nicht gerade das unterste Bildungsniveau an, dann wird Prozentgutscheinen der höhere Wert beigemessen. Den potenziellen Kunden ist bewusst, dass bei höherem Einkaufswert auch der absolut zu erzielende Nachlass größer ist. Auch wenn am Ende nur kleinere Beträge herauskommen, besteht der psychologische Effekt im Eindruck, dass man hätte mehr sparen können, wenn man mehr bestellt hätte. Das lässt den Shopbetreiber großzügiger erscheinen.

Gewähren Sie einen absoluten Rabatt, wird der Gutschein für umso wertvoller angesehen, je höher der Gutscheinbetrag ist. Auch hier kommt wieder der Eindruck der Großzügigkeit zum Tragen.

Achten Sie in jedem Fall auf die Relation! Ein sehr hoher Wert, egal ob absolut oder prozentual, hat wieder den gegenteiligen Effekt. Wer 50-%-Gutscheine verschenkt, hat – in der Wahrnehmung der Kunden – generell viel zu hohe Preise. In diesem Fall sollten Sie den hohen Rabatt Ihrem Kunden gegenüber begründen. Grund für den Nachlass können z. B. die Lagerräumung wegen Kollektionsumstellung oder der Sommerschlussverkauf sein.

Der Umfang der Rabattaktion sollte immer in Relation zu Ihrem Warenangebot stehen. Er soll dem Käufer das Gefühl geben, ein gutes Geschäft gemacht zu haben, soll ihn aber nicht irritieren.

Gutscheincode

Um den Gutschein einzulösen, muss der Kunde den auf dem Gutschein aufgedruckten Gutscheincode während des Checkouts im Onlineshop eingeben. Falls der Gutscheincode für diesen Kunden und für die Artikel im Warenkorb gültig ist, wird der entsprechende Betrag noch vor dem Bezahlvorgang abgezogen.

Beim Gutscheincode haben Sie die Wahl zwischen zwei verschiedenen Arten. Am einfachsten ist ein generischer Gutscheincode wie in Abbildung 21-3 zu sehen. Dieser Code ist für alle Empfänger der Gutscheinaktion gleich und kann daher sehr einfach per E-Mail-Newsletter als Brief/Postkarte oder direkt im Onlineshop an die Empfänger übermittelt werden.

Ein solcher Gutscheincode ist im Shopsystem einfach einzurichten, da lediglich die Eckdaten der Gutscheingültigkeit hinterlegt werden müssen. Ob Sie den Code gut merkbar machen wie z. B. »MUSTER2016« oder eine – scheinbar – kryptische Zahlen- und Buchstabenkombination wie »H6TZ2D« wählen, ist Ihrem Geschmack überlassen. Abbildung 21-3 zeigt einen einprägsamen Gutscheincode.

Den zweiten Anwendungsfall bilden individuelle Gutscheincodes. Hierbei erhält jeder Gutscheinempfänger einen eigenen Code. Damit lässt sich sehr genau eingrenzen, wer den Gutschein einlöst, bzw. sogar ganz verhindern, dass Dritte den Gutschein einlösen, wenn zusätzlich zum individuellen Code jeweils eine einzige Person als einlöseberechtigt ausgewählt wurde.

Abbildung 21-3: Gutscheincode, www.gartenxxl.de

Diese Art Gutschein ist in der Verwaltung deutlich komplexer, da statt eines einzelnen Gutscheins eine komplette Gutscheinserie generiert werden muss. Das heißt, jeder einzelne der individualisierten Gutscheine – im Extremfall einige Zehntausend Stück – muss vorab im Onlineshop hinterlegt sein. Zusätzlich muss der individuelle Gutscheincode auf dem Träger (Postkarte, Brief etc.) abgedruckt werden.

In der Praxis lohnt es sich meist nicht, individualisierte Gutscheinserien zu erstellen. Es ist praktikabler, generische Gutscheine zu erstellen und sie bestimmten Kundengruppen zuzuordnen. Sie haben so nahezu die gleiche Funktionalität wie bei den individuellen Gutscheinen mit deutlich weniger Aufwand.

Zeitraum

Jedem Gutschein können Sie einen Gültigkeitszeitraum in Form eines Enddatums mitgeben. Ist das Enddatum auch nur um eine Sekunde überschritten, weist der Shop den Gutschein als ungültig ab. Weisen Sie deshalb deutlich auf das Enddatum hin! Das vermeidet enttäuschte oder verärgerte Kunden.

Das bekannt gegebene Enddatum muss aber nicht zwangsläufig das tatsächliche Enddatum sein. In der Praxis hat es sich bewährt, den Gutschein einige Tage länger als das offizielle Enddatum gültig bleiben zu lassen. Statt verärgerter Kunden, die

die Ablauffrist verpasst haben, bekommen Sie so positiv gestimmte Kunden, die »Glück gehabt« denken, weil der Gutschein noch gültig war.

Zur Länge der Gültigkeit gibt es keine allgemeinen Empfehlungen. Der weiter oben gezeigte Gutschein ist zeitlich stark eingeschränkt (»nur bis Sonntag«). Auf Postkarten verschickte Gutscheine werden teilweise noch Jahre nach dem Verteilen eingesetzt (soweit es keine Beschränkung im Onlineshop gibt, die das verhindert).

Gedruckte Gutscheine werden oft an Kühlschränke und Pinnwände geheftet und bleiben dort als dauerhafte Erinnerung hängen, bis sie tatsächlich gebraucht und eingelöst werden.

Je attraktiver die Konditionen sind, desto kürzer können Sie die Gültigkeitsdauer fassen und so ein Klima der Dringlichkeit beim potenziellen Kunden schaffen. Wenn ein verlockender Gutschein nur wenige Tage gilt, kann das die Kaufentscheidung forcieren und so zum erwünschten Mehrumsatz führen.

Kundengruppengutscheine

Ein Gutschein, den Sie z. B. in einer Zeitschrift veröffentlichen wollen oder der per Onlinemarketing beworben wird, muss natürlich für alle Kunden gültig sein. Damit sind auch Neukunden erfasst, die bisher noch gar nicht im Shop bestellt haben. Gutscheine können zunächst von jedem eingelöst werden.

Sie können jedoch auch nur bestimmte Kundengruppen ansprechen, z. B. Fachhändler oder Kunden, die noch keine Bestellung getätigt haben.

Nutzt jemand, auf den die Kriterien nicht zutreffen, den Gutschein, lehnt der Shop dies mit einer (hoffentlich aussagekräftigen) Fehlermeldung ab. Sie brauchen also keine Angst zu haben, dass der Gutscheincode in falsche Hände gerät. Personen, für die er nicht gedacht ist, können ihn gar nicht einlösen.

Auch hier sollten Sie die Einschränkung wieder klar mitteilen. Ein unübersehbarer Hinweis »Nur für Fachhändler« oder »Nur für Ihre erste Bestellung« hilft, Missstimmung zu vermeiden.

Mindestbestellwert

Sowohl prozentuale als auch absolute Gutscheinwerte können an einen Mindestbestellwert gekoppelt werden. Legt man den Mindestbestellwert auf den Deckungsbeitrag fest, verhindert man, mit der Aktion Verlust zu machen, weil die erzielten Erlöse unter dem Einkaufspreis der Produkte liegen. Ein 5-Euro-Gutschein für eine Bestellung im Wert von 6,50 Euro, im schlimmsten Fall noch gekoppelt mit kostenlosem Versand, ist wohl in den seltensten Fällen kostendeckend.

Aber nicht nur, wenn Sie darauf angewiesen sind, die Gutscheinaktion kostendeckend zu halten, ist ein Mindestbestellwert unter Umständen sinnvoll. Mit einer geschickten Auswahl des Mindestbestellwerts können Sie sogar – trotz Gutschein – noch mehr Umsatz generieren als ohne.

Ein Rechenbeispiel: Die typische Warenkorbgröße in Ihrem Onlineshop liegt bei 21 Euro. Der durchschnittliche Produktpreis liegt bei 7 Euro, was typischerweise drei Artikeln im Warenkorb entspricht. Sie verteilen nun einen Gutschein über 5 Euro, was in der Wahrnehmung der Kunden nahezu einem Gratisartikel entspricht. Ohne die Nutzung eines Mindestbestellwerts sinkt jetzt der Wert des Warenkorbs auf 16 Euro bei gleichbleibender Anzahl der Produkte – also im Schnitt 5,33 Euro pro Produkt.

Wenn Sie jetzt die Einlösung des Gutscheins an einen Mindestbestellwert von 30 Euro koppeln, hat der 5-Euro-Gutschein in der Wahrnehmung des Kunden immer noch das Äquivalent eines »Nahezu-Gratis-Artikels«.

Es reicht aber nicht, lediglich ein zusätzliches Produkt in den Warenkorb zu legen, weil mit 28 Euro noch 2 Euro zum Mindestbestellwert fehlen. Die Attraktivität des Gutscheins wird einige Kunden dazu bewegen, gleich zwei zusätzliche Produkte in den Warenkorb zu legen.

Mit 35 Euro Warenkorbwert ist das Kriterium erfüllt, der Abzug von 5 Euro senkt den zu zahlenden Gesamtpreis auf 30 Euro. Im Endeffekt hat der Kunde fünf Produkte gekauft und Sie haben im Durchschnitt 6 Euro pro Produkt erzielt.

Tipp

Achten Sie auf ein realistisches Verhältnis des Mindestbestellwerts zum Gutscheinwert.

Ein Gutschein über 2 Euro ab einem Mindestbestellwert von 150 Euro dürfte bei den Kunden eher für Irritationen und Missstimmung sorgen. Kunden, die sich »für dumm verkauft« fühlen, werden so schnell nicht wiederkommen.

In der Praxis bewährt hat sich der Faktor 4: Der Mindestbestellwert sollte maximal das Vierfache des Gutscheinwerts betragen.

Kombination von Gutscheinen

Fußball-WM 2014: Der Onlineshop von Adidas warb mit dem Wegfall der Versandkosten während der WM. Gleichzeitig wurde eine Werbekampagne mit der Fast-Food-Kette McDonalds durchgeführt, über die zahlreiche 10-Euro-Einkaufsgutscheine für den Adidas-Shop im Umlauf waren.

Eine unserer Kolleginnen in der Agentur wollte einen dieser 10-Euro- Gutscheine für ein Fantrikot nutzen. Zusammen mit dem Wegfall der Versandkosten schien dies ein attraktives Angebot zu sein.

Nur leider konnte sie es nicht wie gewünscht in Anspruch nehmen. Im Adidas-Shop wurden nicht etwa die Versandkosten während des Aktionszeitraums generell auf 0 Euro gesetzt, vielmehr musste man einen bestimmten Gutscheincode dafür eingeben. Der Shop war aber so konfiguriert, dass das Einlösen von zwei Gutscheinen – dem Versandkostengutschein und dem 10-Euro-McDonalds-Gutschein – nicht möglich war. Letztendlich musste sich die Kollegin entscheiden, welchen der beiden Gutscheine sie nutzen wollte. Fast wäre es wegen Verärgerung über diese nachträglich eingeschränkte Rabattaktion gar nicht zum Kauf gekommen.

Ihre Shopsoftware wird Ihnen für jeden Gutschein die Möglichkeit einräumen, ihn mit anderen Gutscheinen zu kombinieren oder nicht. Auf Kundenseite ist zwar meist bekannt, dass Gutscheine nicht kombiniert werden können – Situationen wie im Beispiel oben zeigen jedoch, dass die Erwartungshaltung unter Umständen eine andere sein kann. Überlegen Sie daher genau, in welchen Szenarien Ihre Kunden möglicherweise davon ausgehen, dass bestimmte Gutscheine kombinierbar sind. Vermitteln Sie die Nicht-Kombinierbarkeit deutlich, um Missstimmung zu vermeiden.

Geschenkgutscheine

Bei den Geschenkgutscheinen handelt es sich um einen Spezialfall, da nicht der Marketingzweck im Vordergrund steht, sondern es sich eher um eine Art Vorkassezahlung handelt. Technisch gesehen handelt es sich beim Geschenkgutschein um einen Gutschein mit festem Betrag und individuellem, nur einmal einlösbarem Code. Einen Geschenkgutschein nur auf bestimmte Produkte oder Produktgruppen zu limitieren, ist zwar möglich, erscheint aber wenig sinnvoll, da er ja lediglich ein Zahlungsmittel darstellt und Sie das Geld bereits erhalten haben.

Es empfiehlt sich, Gutscheine mit verschiedenen festen Werten im Shop anzulegen. Dies könnten z. B. 50 Euro, 100 Euro und 200 Euro sein. Durch die festen Werte kann der Gutschein ganz normal durch die Zahlungsabwicklung laufen, ohne dass Gutscheine über krumme Summen erst umständlich angelegt werden müssen.

Apropos krumme Summen: Wird ein Gutschein nur teilweise eingelöst, sollte der Restbetrag weiterhin als Guthaben für den nächsten Einkauf zur Verfügung stehen. Es ist nicht erlaubt, den Restbetrag verfallen zu lassen.

Es spricht vieles dafür, den Geschenkgutschein mit anderen Gutscheinen kombinierbar zu machen, denn es handelt sich ja um eine Art zusätzliches Zahlungsmittel.

Bei Geschenkgutscheinen müssen Sie die Rechtsprechung zum Thema Gültigkeitsdauer beachten. Während Sie bei einer reinen Marketingaktion, bei der Sie ja im Endeffekt etwas verschenken, keinerlei Auflagen bezüglich der Laufzeit beachten müssen, sieht die Lage beim Geschenkgutschein anders aus. Hier handelt es sich um ein Geschäft, bei der der Kunde seinen Teil schon erbracht hat, Sie Ihren aber noch schuldig sind.

Nach der gesetzlichen Verjährungsfrist sind Wertgutscheine drei Jahre nach Ablauf des Ausstellungsjahrs gültig. Sie können mit Ihren Kunden aber natürlich auch andere Fristen vereinbaren, die laut Rechtsprechung jedoch »nicht zu kurz« bemessen sein dürfen.

Als Faustregel haben sich 12 bis 24 Monate Gültigkeitsdauer bewährt. Kürzere Einlösefristen sollten Sie auf jeden Fall vermeiden. Denken Sie unbedingt daran, das Ausstellungsdatum auf dem Gutschein zu vermerken und den Kunden deutlich auf die Einlösefrist hinzuweisen.

Tipp Ein Geschenkgutschein stellt im Endeffekt einen zinslosen Kredit für Ihren Onlineshop dar. Sie erhalten die Zahlung frühzeitig, Ihre Gegenleistung, die Lieferung der Ware, erfolgt jedoch später. Hinzu kommt die überraschende Tatsache, dass noch lange nicht jeder Gutschein tatsächlich eingelöst wird. Beide Umstände kann man sich strategisch zunutze machen, indem Sie Gutscheine anbieten, die einen gewissen Rabatt bereits eingebaut haben. Beispielsweise können Sie einen 50-Euro-Einkaufsgutschein für 45 Euro anbieten. Diese 45 Euro bekommen Sie unmittelbar, und zudem mit einer gewissen Wahrscheinlichkeit, dass Sie die Gegenleistung dafür nie werden erbringen müssen.

Gutscheinpostkarte nach dem Kauf

Der Shopbesucher hat zum ersten Mal in Ihrem Onlineshop gekauft. Wichtig ist es nun, den (Einmal-)Käufer zum (Dauer-)Kunden zu machen. Vorausgesetzt, dass mit der ersten Bestellung alles geklappt hat und der Kunde keinen Grund hatte, sich zu beschweren, können Sie sich nun noch mal beim Kunden für den Einkauf bedanken und das Dankesschreiben direkt mit einem Kaufanreiz verbinden.

Das geht per E-Mail (Newsletter), aber natürlich auch als klassische Postkarte oder mit Remarketing mittels Google AdWords.

Tipp Geschenkgutscheine unterliegen zunächst keinem Mehrwertsteuersatz, da sie ein Zahlungsmittel darstellen und nur gegen Geld getauscht werden. Der Mehrwertsteuersatz wird erst beim Einkauf der Waren festgelegt. Achten Sie also unbedingt darauf, dass Geschenkgutscheine im Onlineshop und in der Warenwirtschaft mit 0 % Mehrwertsteuer angelegt und auch auf der Rechnung so ausgewiesen werden.

Legen Sie den Gutschein mit 19 % Mehrwertsteuersatz im Onlineshop an, müssen Sie die Mehrwertsteuer auch zweimal an das Finanzamt abführen: beim Kauf des Gutscheins und bei seiner Einlösung.

Ein Beispiel: Senden Sie Erstkäufern rund zwei Wochen nach dem einwandfrei abgelaufenen Kauf, also ohne Beschwerden des Kunden oder lange Lieferzeiten, eine Postkarte mit einem freundlichen Dankestext und einer nur zwei Wochen gültigen kostenlosen Dreingabe für die nächste Bestellung. Das kostenlose Add-on sollte dabei nicht allzu günstig (kein Ramsch!) und für jeden potenziellen Kunden nutzbar sein. Ähnlich wie Cross-Selling-Artikel kann es auch ein ergänzendes Produkt aus Ihrem Warenangebot sein. Wichtig ist, dass der Gutschein zeitlich stark begrenzt ist, um den Kunden zu einem Spontankauf zu verführen.

Der Postkartentext könnte z. B. wie folgt lauten:

> *Lieber Herr Mustermann,*
>
> *über Ihren ersten Einkauf bei Skagerak Möbel haben wir uns sehr gefreut.*
>
> *Besuchen Sie uns auf www.skagerak-moebel.de und entdecken Sie viele neue Trends und Ihre neuen*
>
> *Lieblingsstücke für die schönste Zeit des Jahres.*
>
> *Außerdem schenken wir Ihnen exklusiv unser Holzpflegeset mit Holzöl und Reinigungstuch zum Schutz und zur Pflege von Holzmöbeln.*
>
> *Geben Sie einfach die Gutscheinnummer PFLEGE14 bei Ihrer nächsten Bestellung im Warenkorb ein – wir schenken Ihnen den Artikel im Wert von 14,95* Euro*!*
>
> *Viel Spaß beim Shoppen!*
>
> *Ihr Skagerak-Team*

Abhängig vom Automatisierungsgrad können Sie hier natürlich auch individuelle Postkartentexte einsetzen, die z. B. einen direkten Bezug auf das bereits gekaufte Produkt nehmen oder einen Gratisartikel verschenken, der genau zu diesem Produkt passt. Je genauer Ihre Werbemaßnahme sich dabei am Kunden orientiert, desto erfolgversprechender ist sie.

Sollte Ihr Kunde ein nicht ganz einwandfreies Shoppingerlebnis gehabt haben, ist es nur eine Frage der richtigen Ansprache, um einen ähnlichen Effekt zu bewirken. Entschuldigen Sie sich mit der Postkarte für das Missgeschick (die lange Lieferzeit oder die Lieferung des falschen Artikels – was auch immer vorgefallen ist) und bieten Sie dem Kunden die gleiche Dreingabe als Wiedergutmachung an.

Was Sie mit der Postkarte umsetzen können, können Sie alternativ natürlich auch durch eine Remarketing-Anzeigenkampagne im Internet umsetzen. Die im Shop erhobenen Kaufdaten können Sie nutzen, um Remarketing-Kampagnen passend zu den gekauften Produkten anzubieten. Hat der Kunde Gartenmöbel aus Holz gekauft, schenken Sie ihm in der Anzeige das passende Holzöl für seinen nächsten Einkauf.

Hier empfiehlt es sich jedoch, nicht zu offensichtlich auf die Verknüpfung der im Onlineshop erhobenen Daten hinzuweisen. Den meisten Kunden ist die Remarketing-Technik noch nicht bekannt, und so wird ein Kunde sich vielleicht wundern, warum Webseiten wie spiegel.de oder kicker. de wissen, in welchem Shop er welche

Produkte bereits eingekauft hat, wenn ebendort eine große »Dankeschön für Ihren Einkauf bei XYZ«-Anzeige prangt.

Weitere Einsatz-Szenarien für Gutscheine

Gutscheine sind unbestritten gute Marketingwerkzeuge. Der Neukundengutschein als Dankeschön für die Newsletteranmeldung ist ein typisches Beispiel. Es gibt weitere Situationen, in denen der Gutschein eingesetzt werden kann.

Feilschen

Sie können einen Gutschein auch für eine einzige Person freischalten. Dies ist ein einfacher Weg, um »frei verhandelte« Preise und Nachlässe im Shop zu realisieren. Wer mit Ihnen z. B. telefonisch einen Sonderpreis aushandelt, bekommt einfach einen individuellen Gutschein, nur für ihn und nur für ein bestimmtes Produkt, der den Nachlass als absoluten Wert von der Bestellung abzieht.

Beschwerdemanagement

Früher oder später werden Sie den ersten Fall haben, bei dem wirklich alles schiefgelaufen und der Kunde – ob berechtigt oder nicht – vollkommen unglücklich ist. Ein (möglicherweise großzügiger) Gutschein hilft oft als Trostpflaster. Der Kunde erhält von Ihnen einen Rabatt als Entschuldigung und fühlt sich in seinem Ärger ernstgenommen.

Der Gutschein ist für Sie die Chance, den Kunden weiter an Ihren Shop zu binden, denn er kann ja nur bei Ihnen eingelöst werden. Will der Kunde den Vorteil annehmen, muss er wieder bei Ihnen bestellen. Tut er es nicht, verfällt der Vorteil. Wenn bei der nächsten Bestellung alles glatt läuft, haben Sie den Kunden vermutlich als Stammkunden zurückgewonnen.

Knüpfen Sie diesen Gutschein nicht an zu viele Auflagen. Seien Sie großzügig, denn schließlich handelt es sich ja um eine Entschuldigung. Wichtig ist aber, den Gutschein an das spezielle Kundenkonto zu knüpfen, sodass nur der Betroffene ihn einlösen kann.

Produkttests

Stellen Sie sich vor, Sie verkaufen Ihre eigene Bekleidungskollektion online und ein Fachjournalist oder Blogger fragt nach Mustern, die er gern besprechen und testen möchte.

Wenn nicht nach einem bestimmten Modell gefragt wird, können Sie der Person auch einen individuellen Gutschein geben, über den sie aus dem kompletten Sortiment auswählen kann. Dieser Gutschein sollte einen hohen absoluten Wert haben. Falls ein Deckungsbeitrag für Sie zwingend erforderlich ist, besprechen Sie dies mit dem Blogger oder Journalisten und stellen dann einen Gutschein mit einem hohen prozentualen Wert aus.

Gutscheintracking

Im Gegensatz zu Onlinemarketingmaßnahmen sind Investitionen in Anzeigenwerbung nicht gut messbar. Nahezu die einzige Möglichkeit besteht darin, für jede Anzeige in einer Zeitschrift oder Zeitung einen individuellen Gutscheincode zu verwenden. Das gilt nicht nur für Anzeigen in verschiedenen Zeitschriften, sondern auch für Anzeigen in verschiedenen Ausgaben der gleichen Zeitschrift.

In Abbildung 21-4 sehen Sie zwei Anzeigen, die in verschiedenen Strickzeitschriften abgedruckt wurden. Beide Anzeigen – obwohl ansonsten identisch – weisen einen unterschiedlichen Gutscheincode auf. So kann über die eingelösten Gutscheine ermittelt werden, welche der beiden Anzeigen mehr Effekt hatte.

Abbildung 21-4: Identische Werbung in zwei Zeitschriften unterscheidet sich nur durch den Gutscheincode.

Gutscheinportale

Jeder macht gern ein Schnäppchen und ein gutes Geschäft. Manche Personen nehmen dafür mehr Aufwand in Kauf als andere. Die Verbreitung von Gutscheinen im Onlinehandel hat eine ganz eigene Gattung von Websites hervorgebracht, die sich gezielt an diese Schnäppchenjäger richten: die Gutscheinportale.

Abbildung 21-5 zeigt ein typisches Portal, auf dem zahlreiche Gutscheine für Onlineshops gelistet sind. Ein Interessent sucht nach dem Namen des Shops, in dem er einkaufen möchte, und wählt unter den angegebenen Gutscheincodes denjenigen aus, der für den geplanten Einkauf die besten Konditionen einräumt.

Abbildung 21-5: Gutscheinportale, www.gutscheine.de

Die einzelnen Gutscheincodes stammen teilweise von Mitgliedern der jeweiligen Portale, in den meisten Fällen aber von den Onlineshops selbst, die sie im Portal gegen Gebühr einstellen.

Was zunächst bizarr klingt, hat einen handfesten wirtschaftlichen Grund: Wer z. B. für den Elektronikhändler Conrad einen Gutschein sucht, der hat auch zunächst vor, bei Conrad zu bestellen.

Der Schnäppchenjäger ist aber kein treuer Kunde – findet er bei der Konkurrenz den gleichen Artikel billiger, dann kauft er dort. Die Gutscheinportale geben dem Kunden also einen zusätzlichen Anreiz, seinen ursprünglichen Einkauf zu tätigen. Neben dem Nachlass durch den Gutschein ist die Provision für das Gutscheinportal daher als reine Marketingausgabe zu sehen.

Gutscheinnetzwerke

Spezielle Dienstleister wie Sovendus (*www.sovendus.de*) oder Ovisto (*www.ovisto.de*) haben sich auf die Vermarktung von Gutscheinen spezialisiert. Das Verfahren ist bei beiden Anbietern gleich. Auf der Thank-You-Page, der Seite nach erfolgreichem Kauf, wird ein Inhaltselement des jeweiligen Netzwerks eingebaut. Über dieses Element blendet das Netzwerk Gutscheine von Partnerunternehmen ein, von denen sich Ihr Kunde nach dem Kauf einen Gutschein aussuchen kann. Als Shopbetreiber können Sie einen gewissen Einfluss auf die angezeigten Gutscheine ausüben und so beispielweise Konkurrenzunternehmen ausschließen.

Ebenso wie Ihr Kunde auf Ihrer Checkout-Seite Gutscheine von anderen Unternehmen angeboten bekommt, bekommen die Kunden dieser anderen Onlineshops auch Gutscheine von Ihrem Shop angeboten. Bei der Teilnahme am Gutscheinnetzwerk hinterlegen Sie nämlich einen eigenen Gutschein.

Die Idee dahinter beruht also auf Gegenseitigkeit: Zeigst du meinen Gutschein an, zeige ich deinen Gutschein an. Die Leistung des Netzwerks besteht darin, die Partner zueinanderfinden zu lassen, Gutscheine auf bestimmte Shopkategorien abzustimmen und gewisse Zusatzleistungen wie beispielsweise Newsletteranmeldungen zu offerieren (Abbildung 21-6).

Abbildung 21-6: Das Funktionsprinzip des Gutscheinnetzwerks beruht auf Gegenseitigkeit.

Für den Shopbetreiber gibt es einige Aspekte zu betrachten. Die Integration des Netzwerks erfordert eine – je nach Shopsystem durchaus aufwendige – Programmierung am Shop. Wenn Sie dafür Ihre Agentur bemühen müssen, können inklusive Tests durchaus 4–5 Stunden auf Ihrer Monatsrechnung landen. Dafür funktioniert aber alles, und es fügt sich harmonisch in den Shop ein.

Auch wenn Sie Mitbewerber und gewisse Kategorien ausschließen können, so geben Sie doch Kontrolle über das, was auf Ihrem Shop passiert, ab. Sie benötigen also Vertrauen zum jeweiligen Netzwerk, denn Sie können auch nicht wirklich kontrollieren, was angezeigt und wie es genutzt wird.

Den Effekt des Gutscheinnetzwerks können Sie nur anhand der eingelösten Gutscheine erkennen. Hier sind Sie aber zu 2/3 blind: Sie wissen weder, welche der Kunden nicht sowieso in Ihren Shop gekommen wären. Noch wissen Sie, wie gut die Gutscheine der anderen Shops, die bei Ihnen eingeblendet werden, funktionieren.

Zudem sollten Sie beachten, dass das Angebot des Gutscheinnetzwerks möglicherweise mit anderen Angeboten auf Ihrer Thank-You-Page konkurriert. Wenn Sie nach dem Checkout eine Newsletteranmeldung anbieten, dann ist diese für Sie wertvoller, als Ihrem Kunden Gutscheine eines anderen Shops anzubieten. Klickt er nämlich zuerst auf diese, dann ist er erst mal weg – ohne Newsletteranmeldung.

Wenn man es nicht versucht, weiß man es nicht. Diese Binsenweisheit gilt auch hier. Nehmen Sie Kontakt zum Vertrieb eines der Netzwerke auf und handeln Sie einen Testzeitraum heraus. Danach haben Sie dann anhand der Gutscheineinlösungen einen guten Eindruck davon, ob sich das System für Sie lohnt.

Gutschein-Landingpages

Neben den Gutscheinportalen können Sie natürlich auch eigene Landingpages (siehe Abschnitt »Landingpages« auf Seite 458), vergleichbar mit den Landingpages für Newsletter- und Google-AdWords-Kampagnen, aufsetzen.

Inhaltlich sind die Landingpages ausschließlich auf die Kombination Produktname/Markenname/Shopname + Gutschein ausgelegt und optimiert.

Im Gegensatz zu den gängigen Gutscheinportalen müssen Sie für die Verbreitung keine Provision oder Gebühr abführen. Kosten entstehen Ihnen durch die Entwicklung der Seite und gegebenenfalls durch AdWords-Kampagnen, die auf die Suche nach den Gutscheinen ausgerichtet sind.

Inhaltlich lassen sich die Gutscheinseiten sehr gut mit Blogs oder Produkttestseiten kombinieren. Mehr dazu finden Sie im Abschnitt »Blog zum Onlineshop« auf Seite 459. Ein einfaches Beispiel für eine Gutscheinseite finden Sie unter *http://office-gutscheine.blogspot.de* (siehe Abbildung 21-7).

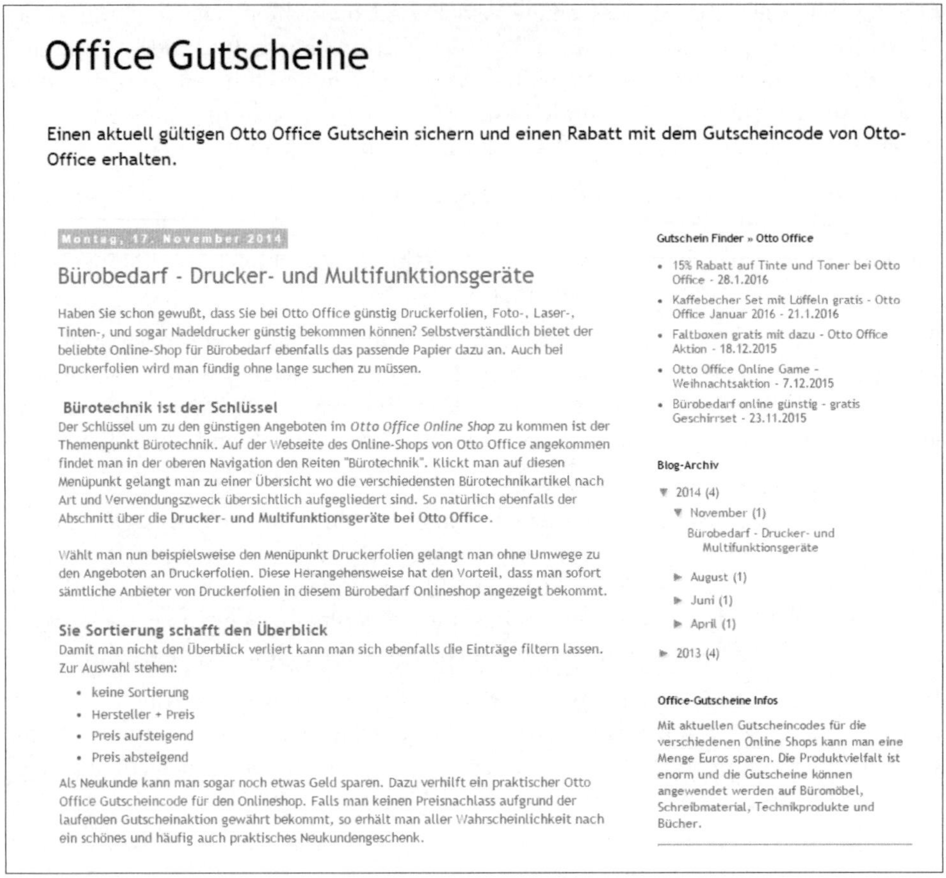

Abbildung 21-7: Gutschein-Landingpage, office-gutscheine.blogspot.de

Hier werden seit September 2013 vereinzelt Gutscheine für den Einkauf bei *www.otto-office.de* vorgestellt/angeboten. Natürlich ist ein Zusammenhang mit dem Onlineshop selbst nicht nachweisbar, jedoch auch nicht von der Hand zu weisen.

Dem Shopkunden selbst wird der Zusammenhang egal sein, da er beim Einkauf entsprechend sparen kann. Für den Shopbetreiber gilt das Gleiche. Für ihn steht allein der Mehrumsatz im Vordergrund.

Die Gutscheinfalle

»50 % auf alles, außer Tiernahrung« – kaum ein Werbespruch, der mehr mit dem Sterben in der Baumarktbranche 2013 verbunden wird. Die großen Baumarktketten haben sich jahrelang eine erbitterte Preis- und Marketingschlacht geliefert, die letztendlich ein prominentes Opfer gefordert hat.

Der Effekt der Marketingkampagnen war aber auch, dass Kunden auf Rabattaktionen konditioniert wurden und Anschaffungen, so sie nicht unmittelbar notwendig waren, so lange hinausgezögert haben, bis eine Baumarktkette wieder eine Rabattaktion propagiert hat. Ein Kreislauf wurde in Gang gesetzt, bei dem irgendwann die Rabattaktion nicht mehr die Ausnahme, sondern der Normalfall war.

Sofern das Geschäftsmodell Ihres Onlineshops nicht auf den günstigsten Preisen der Branche beruht, sollten Sie mit Gutscheinen und Rabatten eher geizen.

Setzen Sie sie gezielt dort ein, wo sie hilfreich sind, aber erziehen Sie Ihre Kunden nicht dazu, auf den nächsten Gutschein zu warten.

Facebook-Gutscheine

Die Werbeanzeigen bei Facebook sind normalerweise auf die Aktivitäten innerhalb des sozialen Netzwerks ausgelegt. Es geht fast immer darum, eigene Postings zu promoten oder mehr Likes für die eigene Facebook-Seite zu erhalten.

Die Funktion »In Anspruch genommene Angebote« lässt sich auch nutzen, um Gutscheine für den Onlineshop an die eigenen Fans oder an eine beliebige Interessensgruppe innerhalb von Facebook zu verteilen und damit zusätzlichen Umsatz im Shop zu generieren. Voraussetzung für die Erstellung eines Angebots ist eine eigene Facebook-Fanseite (keine Facebook-Personenseite).

Die Kosten für die Anzeigen richten sich – ähnlich wie das AdWords-System – nach dem Angebot an Anzeigen auf der Facebook-Werbeplattform.

Angebot erstellen

Um ein Angebot bei Facebook zu erstellen, müssen Sie zunächst in Ihrem Shopsystem einen Gutscheincode in beliebiger Höhe anlegen. Wie hoch der Gutscheinwert ist, ist zunächst egal. Aber natürlich gilt der Grundsatz: Je höher der Gutscheinwert, desto eher wird er auch bei Ihnen eingelöst. Rabatte zwischen 10 % und 30 % oder mit einem festen Wert in Höhe von 5 bis 10 Euro gelten als die Regel.

In Facebook legen Sie nun im Menüpunkt »Werbeanzeige erstellen« eine neue Werbekampagne des Typs »In Anspruch genommene Angebote« an und wählen die Fanseite, für die Sie das Angebot erstellen möchten. Wenn Sie – was die Regel sein dürfte – nur über eine Seite verfügen, ist die Auswahlmöglichkeit entsprechend eingeschränkt.

Um den Charakter der Exklusivität zu wahren, wird das Angebot später übrigens nicht auf der Fanseite selbst eingeblendet, sondern es wird nur im Stream des Facebook-Nutzers angezeigt. Es ist dennoch wichtig, hier die richtige Seite auszuwählen, um das Angebot thematisch richtig zuzuordnen.

Mittels eines interaktiven Anzeigengestalters (siehe Abbildung 21-8) wählen Sie in drei Schritten Fotos und Texte sowie die Laufzeit des Angebots und die Zielgruppe aus. Bei der Bildauswahl und textlichen Ausgestaltung des Angebots gelten nahezu die gleichen Regeln wie bei der Erstellung von Anzeigen im Google-AdWords-System.

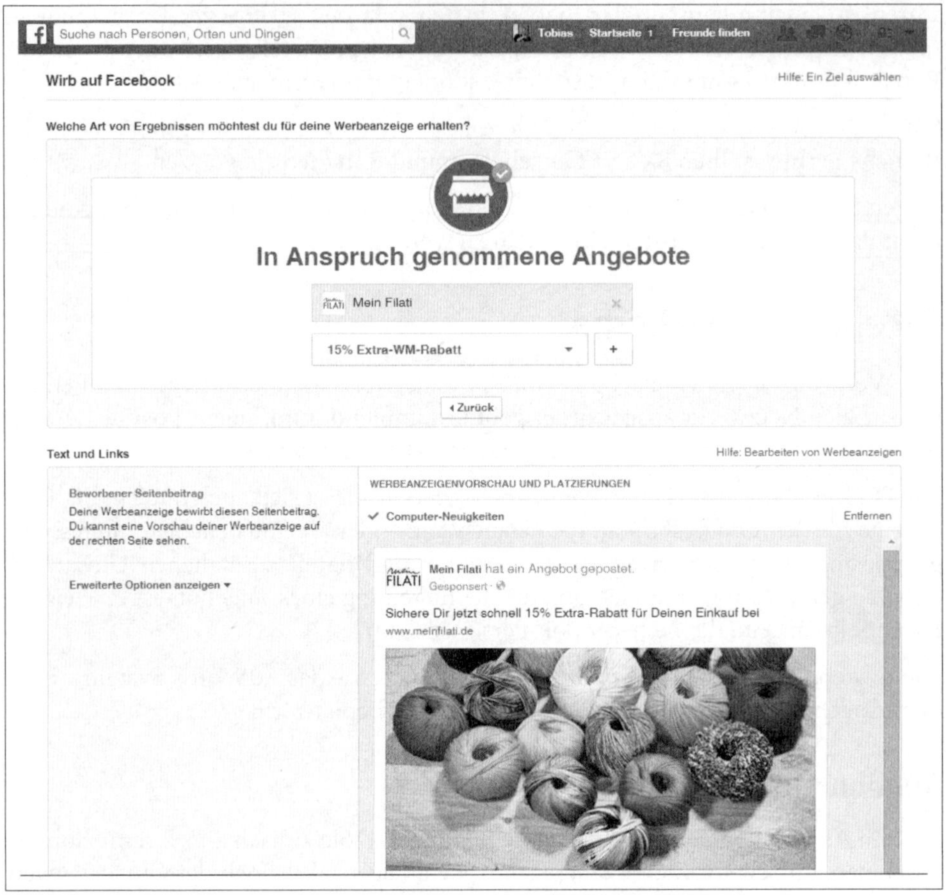

Abbildung 21-8: Facebook-Angebot erstellen

Eine Ausnahme bilden die Bedingungen, die Sie dem Angebot hinzufügen sollten. Sie können das Angebot zeitlich beschränken und sollten gegebenenfalls auf weitere Einlösebedingungn wie im folgenden Beispiel hinweisen:

»Die Einlösung des Gutscheins ist nur bis zum 30.06.2016 im Onlineshop www.meinfilati.de möglich. Eine Einlösung im Ladengeschäft oder in anderen Onlineshops sowie eine Barauszahlung und die Kombination mit anderen Rabatten ist leider nicht möglich.«

Nach der Fertigstellung der Texte und der Eingabe des Erscheinungszeitraums des Angebots sowie der weiteren Eckdaten erhalten Sie eine Mail zur Überprüfung des Angebots, wie es den Benutzern per Mail zugeschickt wird, an die von Ihnen bei Facebook hinterlegte E-Mail-Adresse.

Sobald Sie das Angebot fertigstellen, wird es der von Ihnen angegeben Zielgruppe im Facebook-Stream anzeigt.

Angebot als Facebook-Benutzer in Anspruch nehmen

Um das Angebot in Anspruch nehmen zu können, muss der Facebook-Nutzer in seiner Facebook-Timeline auf die Schaltfläche »Angebot beanspruchen« Ihres Angebots klicken.

Abbildung 21-9 zeigt, wie die oben erstelle Anzeige im Stream des Nutzers aussieht. Wie gewohnt, können die Nutzer das Angebot nicht nur »in Anspruch nehmen«, sondern auch liken, kommentieren und teilen.

Abbildung 21-9: Facebook-Angebot beanspruchen

Mit einem Klick auf die Call-to-Action-Schaltfläche erhält der Nutzer das Angebot mit allen zuvor von Ihnen eingegebenen Eckdaten an seine hinterlegte E-Mail-Adresse geschickt. Die Beschriftung der Schaltfläche »In Anspruch nehmen« ändert sich mit dem Klick hierauf in »Angebot erneut senden«. Der Benutzer kann daran erkennen, dass er dieses Angebot bereits einmal angeklickt hat.

In der Angebotsmail (siehe Abbildung 21-10) wird das Angebot ähnlich wie die Anzeige in der Timeline grafisch aufbereitet. Zusätzlich enthält die Mail den im Onlineshop angelegten Rabattcode und einen Link zum Shop.

Leider hapert es hier im Facebook-System (noch) an einer guten Übersetzung ins Deutsche *(»um das Angebot zu verwenden im Laden …«)*, und auch die Aufforderung, den Gutschein im Laden einzulösen, ist irreführend. Dieser Hinweis lässt sich aktuell leider nicht ausblenden.

Abbildung 21-10: Facebook-Angebotsmail

In diesem Kapitel:

- Social-Media-Kampagnen
- Kampagnenziel
- Kanalauswahl
- Kampagnenplanung
- Anwender-Interview Contentmarketing
- Social Media und Recht

KAPITEL 22
Social Media

Die Versprechungen von Social Media, geschürt durch eine Flut von Social-Media-Beratern und selbsternannten Social-Media-Gurus, sind immens. Von traumhaften Möglichkeiten der Kundenbindung ist die Rede, von Brand Engagement, von Kunden, die zu Markenbotschaftern werden. Strahlende Beispiele werden bemüht, wie gerade kleine Unternehmen dank Social Media auf einmal zu landesweiten, wenn nicht gar weltweiten Stars werden.

Sicher, diese Geschichten gibt es. Sie lassen sich aber nicht beliebig wiederholen. Spätestens der dritte Bestatter auf Facebook, der dritte Metzger im Social Web, der dritte Zahnarzt wird nicht mehr die Aufmerksamkeit erfahren, die seine Vorgänger genießen konnten.

Der Hype um Social Media hat vor allem einer Branche genutzt: den Social-Media-Beratern. Es gibt zwei Wahrheiten, die Sie in diesem Bereich eher selten hören werden (und wenn doch, spricht es sehr für Ihren Berater). Erstens: Mit Social Media verdienen Sie kein Geld, zumindest nicht direkt und nicht kurz- bis mittelfristig. Diejenigen, die mit Social Media Geld verdienen, sind die Berater und Agenturen. Das ist erst mal nicht verwerflich, wenn der Berater in dieser Beziehung aufrichtig ist und mit Ihnen vernünftig und gut plant. Denn die zweite Wahrheit ist: Social Media ist verdammt viel Arbeit! Möchten Sie Social Media vernünftig nutzen, dann bedeutet es einen nicht zu unterschätzenden Aufwand an Zeit, Engagement und letztlich auch Geld.

Sie werden jetzt fragen, warum Sie Zeit und Geld in etwas investieren sollten, mit dem Sie auch mittelfristig kein Geld verdienen werden. Genau hier muss ein Perspektivwechsel stattfinden.

Betrachten Sie Social Media zunächst einmal als Vertriebskanal! Der Hintergrund Ihrer möglichen Aktivitäten in den sozialen Netzen ist ja nicht der Kundenservice oder die Veröffentlichung von lustigen Katzenbildern, sondern der Mehrumsatz in Ihrem Onlineshop. Zwar steht nicht die Produktwerbung im Vordergrund, doch sollten Sie das eigentliche Ziel nicht aus den Augen verlieren.

Erst in zweiter Linie sind soziale Medien für Sie als Shopbetreiber auch ein Kommunikationskanal, über den Sie mit Ihren Kunden und Interessenten sprechen.

Die Königsdisziplin ist die Verbindung von mehr oder minder subtiler Werbung und Kommunikation mit dem Kunden. Gelingt es Ihnen, beide Aufgabenstellungen authentisch, sympathisch und offen zu kombinieren, kann Social Media tatsächlich eines der Versprechen einlösen und nicht nur zur Kundenbindung beitragen, sondern auch zu zusätzlichen Verkäufen und zur Neukundengewinnung dienen.

Wichtig ist, dass Sie Ihre Social-Media-Strategie auf Ihre Zielgruppe auslegen. Beispiel LIDL (siehe Abbildung 22-1): Die Supermarktkette fährt eine auf den ersten Blick sehr eindeutige Facebook-Strategie, die allein auf den Abverkauf ausgerichtet ist. Postings umfassen selten mehr als drei oder vier Zeilen, die Fotos entstammen dem aktuellen Verkaufsprospekt, der Link führt direkt in den Onlineshop.

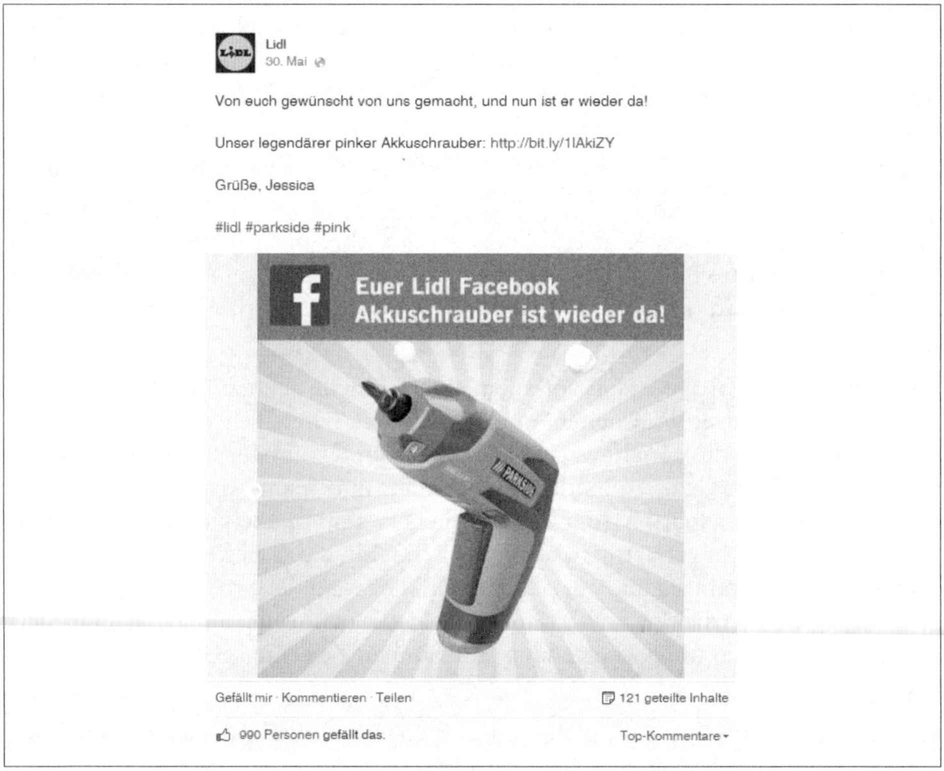

Abbildung 22-1: Beispielposting facebook.com/Lidl (30.05.2014)

Für LIDL geht diese Strategie auf: Der Beitrag in Abbildung 22-1 wurde allein am ersten Tag 990 Mal geliked und 121 Mal geteilt. Zudem wurde der Link in den Onlineshop über 1.800 Mal angeklickt.

Die einfache LIDL-Strategie würde für andere Unternehmen wahrscheinlich nicht funktionieren. Aber sie entspricht dem LIDL-Image und spricht die Zielgruppe mit über 1,7 Millionen Facebook-Fans offensichtlich genau richtig an.

Andere Marken (und Fans) erfordern andere Ansprachen und andere Postings. Um dies herauszufinden, ist es in erster Linie wichtig, die richtige Social-Media-Strategie für Ihren Onlineshop zu finden. In zweiter Linie spielt natürlich auch der genutzte Kanal (oder die genutzten Kanäle) eine Rolle.

Social-Media-Kampagnen

In den bisherigen Kapiteln zum Marketing haben wir meist von sogenannten Direct-Response-Maßnahmen gesprochen. Hierbei handelt es sich um Aktionen, die (primär) darauf ausgelegt sind, eine unmittelbare Aktion auszuführen: ein Klick auf eine Anzeige, das Abonnieren eines Newsletters, der Einkauf eines Aktionsprodukts.

Social-Media-Aktivitäten sind eher nicht für Direct Response geeignet (wobei auch das möglich ist), sondern legen langfristig wirkende Ansätze zugrunde.

Die Social-Media-Kampagne dient zunächst dem Branding, der Markenbildung, zur Erzielung von Reichweite. Die Reichweite, also die Zahl der Personen, die die eigenen Botschaften sehen, ist dabei nicht begrenzt. Vielmehr sollte das Augenmerk darauf liegen, die Reichweite beständig auszubauen. Natürlich erlaubt Social Media auch Direct-Response-Aktionen – die aber zur effektiven Gestaltung eine gewisse Reichweite voraussetzen. Bei zu geringer Reichweite verpufft die Wirkung von Direct-Response-Elementen oder ist schlicht unwirtschaftlich.

Ihr Shop als Marke

Wir stellen immer wieder fest, dass neue Shopbetreiber Schwierigkeiten haben, ihren Onlineshop als Marke zu definieren oder wahrzunehmen.

Sie sehen sich lediglich als Verkaufsstelle für Artikel anderer Hersteller. Dabei funktionieren gerade die Shops besonders gut, denen es gelingt, ein Markenimage aufzubauen. Das ist auch möglich, wenn Sie nur Produkte anderer Hersteller verkaufen.

Stellen Sie Ihr Licht nicht unter den Scheffel: Sie übernehmen aus Kundensicht eine wichtige Aufgabe, indem Sie die Produkte im Shop nach Ihren Kriterien und Schwerpunkten auswählen und sich beständig um neue Produkte bemühen.

Ein Shop wie Zalando verkauft auch »nur« Bekleidung, ist damit aber zu einer starken Marke geworden.

Das Engagement in Social Media will gut geplant sein. Bei großen Kampagnen sind Vorlauf- und Planungszeiten von einem halben Jahr und mehr keine Seltenheit. Auch wenn es für Ihren Shop nicht zwingend so lange dauern muss: Von heute auf morgen lässt sich eine sinnvolle Kampagne nicht aufsetzen. Bei der Planung stehen verschiedene Elemente im Fokus. Neben der Definition des Kampagnenziels ist es die Auswahl der Social-Media-Kanäle und die Definition der Ansprache und der Tonlage.

Kampagnenziel

Die wichtigste Überlegung ist, welchen Effekt Sie mit Ihrer Kampagne erreichen wollen. Ihre Ziele müssen spezifisch zum Werkzeug Social Media passen. Ein Ziel wie »mehr Umsatz« ist aus Sicht des Shopbetreibers zwar verständlich, als Kampagnenzielsetzung aber zu unspezifisch. Besser wäre eine Zieldefinition wie z. B. »5 % Mehrumsatz pro Monat, der nachweislich mit Unterstützung von Social-Media-Aktivitäten zustande gekommen ist«.

Diese lange Zieldefinition zeigt ein grundlegendes Problem auf. Während man bei Direct-Response-Kampagnen in aller Regel einen unmittelbaren Zusammenhang zwischen Maßnahme und Resultaten herstellen kann, ist dies bei Branding-Aktivitäten generell schwieriger. Hier hilft das Gedankenmodell der Customer Journey: Der Interessent befindet sich auf einer Reise, an deren Anfang er das Produkt oder die Marke noch gar nicht kennt und während der er über verschiedene Kontakte zur Marke schließlich zum Kunden wird.

Ein Kaufwunsch oder eine Kaufentscheidung reift oft über einen längeren Zeitpunkt. Gerade in diesem Fall versagt das Messen der Kundenherkunft oft oder liefert irreführende Ergebnisse. Der Kunde, der über die Google-Suche den Weg in den Shop findet und dort kauft, kann durchaus mehrfach vorher über Facebook mit der Marke in Kontakt gekommen sein.

Berücksichtig man diese Customer Journey nicht, bleibt Google als Kundenlieferant übrig – nicht ganz falsch, aber auch nicht ganz richtig. Ein Ziel der Social-Media-Aktivitäten sollte daher sein, möglichst viele Kontakte zur Marke herzustellen und möglichst viele Customer Journeys zu starten bzw. zu begleiten.

Wir verfeinern also das Kampagnenziel und streben nun stattdessen »5 % Kontaktzuwachs im Onlineshop pro Monat über Social Media« an. Aus dem unspezifischen Ziel nach mehr Umsatz und dem vermeintlich spezifischeren, aber in der Praxis schwer messbaren verfeinerten Ziel ist in der dritten Version ein konkretes, messbares Ziel geworden, das die Stärken von Social Media berücksichtigt und sich als ein Baustein im Marketingmix der Customer Journey etabliert.

Fans, Follower und Interaktionen

Lange Zeit war die Zahl der Fans oder Follower, die Ihre Beiträge auf den Social-Media-Plattformen aktiv verfolgen, das Maß der Dinge. Hat man viele Follower, so muss man relevant sein, ist die Begründung dafür, dass die Zahl der Fans groß und deutlich auf den verschiedenen Social-Media-Profilen abgebildet wird.

Zwar ist es richtig, dass zum Verbreiten der eigenen Kampagneninhalte Fans und Follower nötig sind. Eine große Zahl von Lesern hat demnach eine gewisse Relevanz, sollte aber auch nicht überbewertet werden.

Die Zahl der Fans ist anfällig für Manipulationen, und noch lange nicht jeder echte Follower liest auch alle Ihre Beiträge. Auf keinen Fall sollte daher die Anzahl der Fans als Maßstab für die Effektivität der Social-Media-Kampagne oder der betreuenden Agentur herangezogen werden. Eine Kampagne mit wenigen Fans kann, wenn sie richtig durchgeführt wird, erheblich effektiver sein als eine schlecht realisierte Kampagne mit vielen Fans.

Auch wenn absolute Fanzahlen nach wie vor so manchen Chef beeindrucken, die eigentliche Währung des Social Media sind die Interaktionen, also die Zahl der aktiven Kontakte zwischen dem Follower und der Marke. Immer wenn einer der Fans und Follower bei einer Ihrer Nachrichten »liked« (»gefällt mir«), »+1« oder Sternchen klickt, immer wenn einer Ihrer Beiträge geteilt bzw. »retweetet« (an die eigenen Freunde weitergegeben) wird, immer wenn ein Kommentar geschrieben wird, wird eine Interaktion gemessen. Je mehr Interaktionen Ihre Beiträge bekommen, desto mehr werden sie aktiv von den Lesern wahrgenommen und weiterverbreitet, denn die Interaktionen sind auch für die Freunde der jeweiligen Fans sichtbar.

Kanalauswahl

Für viele Menschen ist heute Social Media gleichbedeutend mit Facebook. Tatsächlich hat dieses soziale Netzwerk weltweit – und auch in Deutschland – beachtliche Nutzerzahlen.

Neben Facebook gibt es aber noch eine ganze Reihe anderer Social-Media-Plattformen. Wenn Sie nicht gerade in der Internetbranche aktiv sind, werden Sie vermutlich noch nie von Orkut, Plurk oder App.net gehört haben. Dennoch können dies wichtige Dienste sein, wenn Sie z. B. in Südamerika (Orkut) oder Asien (Plurk) aktiv werden oder speziell Programmierer (App.net) ansprechen wollen.

Neben geografischen »Local Heroes« oder branchen- und interessenspezifischen Kanälen gibt es zahllose Nachahmerprodukte von bekannten Plattformen. In Deutschland wurden erst vor Kurzem mit Wer-kennt-wen und Schüler-VZ zwei bekannte Nachahmerplattformen zu Grabe getragen.

Sie können allein aus Zeitgründen nicht alle Social-Media-Kanäle mit Ihren Inhalten füllen (im Fachjargon »bespielen« genannt). Aber Sie sollten zumindest darüber nachdenken, welche Kanäle (Mehrzahl) Ihre Zielgruppe ansprechen.

Angepasst an die technischen und inhaltliche Voraussetzungen (Textlänge, Verlinkungen, Grafikgrößen etc.) macht es (langfristig) Sinn, einmal erstellte Inhalte auf mehreren Kanälen gleichzeitig zu verbreiten oder versetzt zu wiederholen und jede genutzte Plattform auch auf Reaktionen und Antworten der Fans und Follower hin zu überprüfen.

Denn im Gegensatz zum Onlineshop oder zu Blogs haben die Nachrichten in den sozialen Netzen eine sehr geringe Halbwertzeit. Tweets sind im Schnitt nach rund 20 Minuten aus der Timeline eines Benutzers verschwunden, Facebook-Postings innerhalb von zwei Stunden. Es ist also selbst bei Wiederholungen auf dem gleichen Kanal nicht sichergestellt, dass Ihr Posting die Benutzer tatsächlich erreicht.

Social Media ist, im Gegensatz zu mancher Beraterphrase, zudem auch kein »Dialog auf Augenhöhe« – es steckt aber zumindest ein bisschen Wahrheit darin: der »Dialog«. In sozialen Netzen ist die Kommunikation immer bidirektional. Wenn Sie sich engagieren, erwarten die Leser, also Ihre Fans, dass Sie auch auf Fragen und Kommentare antworten.

Letztendlich werden Sie Ihre Social-Media-Aktivitäten gezielt auf einzelne Plattformen konzentrieren müssen. Die Auswahl hängt davon ab, wo Ihre Zielgruppe sich engagiert – und zwar sowohl die existierenden Kunden als auch die potenziellen Kunden. Befindet sich Ihre Zielgruppe primär auf Facebook, hat es wenig Sinn, ausschließlich auf Twitter zu setzen. Recherchieren Sie daher zunächst, in welchen sozialen Netzen sich Ihre potenziellen Kunden befinden.

Tipp

Um eine Social-Media-Plattform wie Twitter oder Pinterest zu verstehen, sollten Sie selbst dort aktiv sein. Die Teilnahme ist kostenlos, und mit wenigen Mausklicks ist Ihr Account erstellt.

Nach anfänglich passivem Mitlesen können Sie erste eigene Beiträge schreiben. Beachten Sie aber Ihre Rolle als Privatperson – und nicht als Shopbetreiber. Nach einiger Zeit bekommen Sie ein Gespür dafür, wie der Dienst funktioniert und wie die Teilnehmer »ticken«.

Das erleichtert Ihnen später die kommerzielle Kommunikation auf dem jeweiligen Kanal. Wer weiß, vielleicht finden Sie sogar Gefallen an einem bestimmten Netzwerk, sodass Sie es weiterhin als Privatperson nutzen.

Mit einer großen Wahrscheinlichkeit wird mindestens eines der großen Netzwerke am Ende Ihrer Recherche stehen. Im Folgenden geben wir Ihnen aus E-Commerce-Sicht einen Überblick über die maßgeblichen Breitennetzwerke in Deutschland.

Facebook

Facebook ist für seine Nutzer vor allem eins: Freizeit! Facebook ist die digitale Ergänzung zu Klatsch und Tratsch, zu Unterhaltung und Humor, zu Ausgehtipps, Filmempfehlungen und Verabredungen.

Mit Facebook und einem Smartphone hat man seine Freunde immer dabei und kann unmittelbar mit ihnen kommunizieren. Belanglos oder tiefgründig, fröhlich oder bedrückt – das Gros der Facebook-Nutzer ist erstaunlich offen, was ihre Äußerungen angeht.

Als Shopbetreiber ist das Chance und Herausforderung zugleich. Ein euphorischer Kunde kann leicht dazu motiviert werden, seinen Einkauf in Ihrem Shop stolz den Facebook-Freunden zu präsentieren. Der gleiche Kunde wird wenig Scheu haben, mit deutlichen Worten zu erzählen, wenn etwas schiefgelaufen ist.

Für kommerzielle Teilnehmer sieht Facebook die sogenannten Seiten (Fanpages) vor. Diese Seiten sind einer Firma oder Marke vorbehalten und unterliegen im Vergleich zu den persönlichen Benutzerseiten einigen Einschränkungen. Die größte Einschränkung ist, dass eine Fanpage keinen direkten Kontakt zu einzelnen Nutzern aufnehmen kann, die nicht Fan der eigenen Seite sind. Dies ist zum Schutz der Nutzer vor unverlangter Werbung gedacht.

Eine Fanpage kann zwar nach wie vor ohne eigenen Facebook-Account eingerichtet werden, davon ist aber abzuraten. Der Funktionsumfang ist in diesem Fall sehr eingeschränkt. Sinnvoller ist es, zunächst einen persönlichen Account anzulegen und dann die Firmenseite einzurichten. Dies erlaubt den vollen Zugriff auf alle Funktionen der Fanpage und ermöglicht Ihnen auch, die Seiten von jemand anderem verwalten zu lassen. Dies ist z. B. im Falle Ihres Urlaubs sinnvoll oder wenn Ihre E-Commerce-Agentur Zugriff auf die Fanpage benötigt. Für einen Facebook-Nutzer ist übrigens nicht ersichtlich, welcher Personen-Account hinter einer Fanpage steht, es sei denn, Sie gewähren diesen Einblick.

Facebook erlaubt das Veröffentlichen (Posten) von Textbeiträgen und die Anlage von Fotoalben. Links werden automatisch klickbar gestaltet, und Vorschaubild und Vorschautext des Links werden eingeblendet. Beiträge können von allen Facebook-Nutzern kommentiert werden. Ebenso verfügt die Fanpage über eine Pinnwand, auf der Benutzer Beiträge auf Ihre Fanpage stellen können (soweit Sie als Seitenbetreiber die Pinnwand aktivieren). Zusätzlich können Ihnen Facebook-Nutzer auch direkte Nachrichten zukommen lassen.

Die Nutzer erwarten, dass Sie auf Kommentare unter Beiträgen, Pinnwandposts und Direktnachrichten antworten. Die Antwort sollte dabei auf dem gleichen Weg erfolgen, wie die Anfrage gestellt wurde, ein Pinnwandpost wird also auf der Pinnwand beantwortet. Oft nutzen Ihre Fans die Pinnwand, um Erfahrungen mit dem Produkt mitzuteilen. Diese Beiträge können durchaus Kritik enthalten – Ihre Antwort darauf ist ebenfalls öffentlich lesbar, und die Art der Antwort ist anderen Nutzern ein Gradmesser dafür, wie gut oder schlecht Sie sich »schlagen«.

Neben Kommentaren können Facebook-User Beiträge liken – also den Gefällt-mir-Daumen betätigen. Wird ein Beitrag geteilt (share), macht ihn der Nutzer allen seinen Freunden auf dem eigenen Profil (der Timeline) sichtbar.

Nicht alle Ihre Beiträge werden allen Ihren Fans angezeigt. Ein geheimer Algorithmus mit dem inoffiziellen Namen Edge Rank versucht, jedem einzelnen Facebook-Nutzer einen für ihn möglichst relevanten Mix aus den Nachrichten der eigenen Freunde und der von ihm gefolgten Fanpages zu präsentieren. Als Faustregel gilt: Je mehr der Nutzer bisher mit Ihrer Seite und Ihren Beiträgen interagiert hat (Kommentare, Likes, Shares), desto eher wird er neue Beiträge von Ihnen zu sehen bekommen. Unmittelbar erreichen Sie mit einem Facebook-Beitrag aktuell nur rund ein Sechstel Ihrer Fans.

Als einen Ausweg bietet Facebook die Möglichkeit, Beiträge zu bewerben, d. h., über Bezahlung den einzelnen Beitrag einer größeren Personengruppe anzuzeigen.

Ähnlich wie bei den Facebook-Angeboten (siehe Abschnitt »Adressgenerierung« auf Seite 532) können Sie die Zielgruppe für das einzelne Posting, auch über den eigenen Fan-Kreis hinaus, sehr genau definieren.

Abbildung 22-2 zeigt die Werbeschaltung für ein Posting, das eine Anhängerkupplung für einen speziellen Autotyp bewirbt. Die Zielgruppe der Anzeige wird dabei auf die folgenden (naheliegenden) Personen festgelegt:

- Männlich (Autobastler)
- Älter als 18 Jahre (Führerscheininhaber)
- Interessen an »Anhängerkupplung« (beworbenes Produkt)
- Interesse an »Renault Clio« (Variante des beworbenen Produkts)

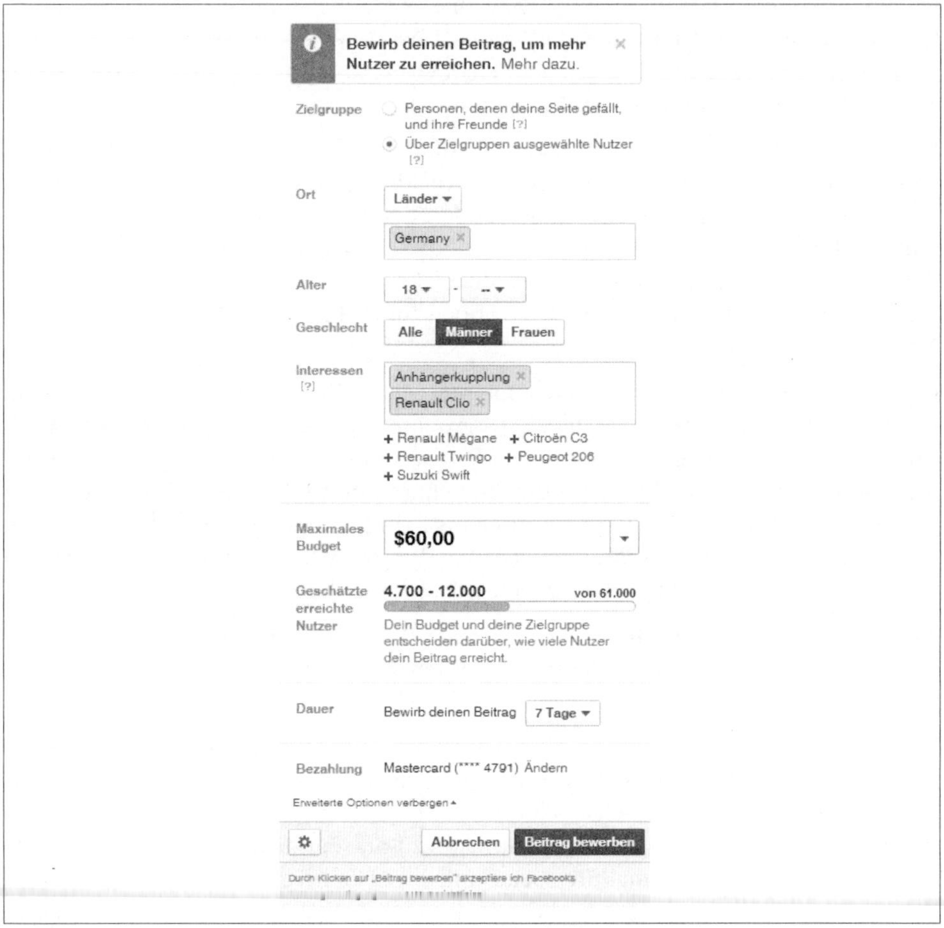

Abbildung 22-2: Zielgruppenfestlegung für die Bewerbung eines Facebook-Beitrags

Gerade dieses Feature bietet die Möglichkeit, die eigene Zielgruppe weiter auszubauen und auch Nicht-Fans gezielt in den eigenen Onlineshop zu lotsen.

Facebook-Werbung für den Onlineshop

In den vergangenen Jahren hat Facebook seine Werbefunktionen wesentlich ausgebaut. Insbesondere für Onlineshopbetreiber sind Funktionen wie das Hervorheben von Webseiten und Facebook-Remarketing (Custom Audience) hinzugekommen.

Die Funktion für die Bewerbung der eigenen Internetseite, also des Shops außerhalb von Facebook, funktioniert grundsätzlich wie das Bewerben einzelner Posts (siehe oben). Durch die Auswahl demografischer Faktoren lässt sich die Zielgruppe sehr genau einschränken, und Streuverluste lassen sich eingrenzen. Vermeiden lassen sich diese freilich nicht, denn im Gegensatz zu Google AdWords werden die Kampagnen nicht nur dann ausgespielt, wenn der Benutzer gezielt nach einer bestimmten Ware oder Dienstleistung sucht. Die Ausspielung der Facebook-Anzeigen erfolgt ausschließlich auf Basis der gefilterten Nutzerangaben (Interessen, Sprache, Standort des Nutzers, demografische Faktoren). Hier geht Facebook sogar noch einen Schritt weiter und bietet bei der Auswahl der Endgeräte sogar die Option an, Anzeigen auf Smartphones nur dann auszuspielen, wenn diese über WLAN mit dem Internet verbunden sind. So lassen sich ladezeitintensive Onlineshops gezielter bewerben. Nichtsdestotrotz werden die Anzeigen unabhängig von der Stimmung oder Intention des Nutzers ausgespielt. Ob der Facebook-Nutzer tatsächlich gerade für einen Kauf in Ihrem Onlineshop gestimmt ist, kann Facebook (noch) nicht vorhersagen.

Tipp Werbung für Webseiten bei Facebook ist unabhängig von der Größe der Fangemeinde Ihrer eigenen Facebook-Unternehmensseite. Mittels Zielgruppenauswahl lassen sich Hunderttausende Interessenten erreichen, selbst wenn Ihre Facebook-Seite nur über wenige Fans verfügt.

Im (pauschalen) Vergleich zu Google AdWords lässt sich festhalten, dass Sie über Facebook-Werbung für den eigenen Onlineshop deutlich mehr Nutzer zu günstigeren Kosten erreichen als mittels Google-Werbenetzwerk (Abbildung 22-3). Dafür liegt die Konversionsrate deutlich niedriger, da die Anzeigen nicht im unmittelbaren Zusammenhang mit dem Informationsbedürfnis oder Kaufinteresse des Kunden einhergehen.

Abbildung 22-3: Facebook berechnet die potenzielle Reichweite einer Kampagne auf Basis der demografischen Angaben und Interessen.

Facebook-Remarketing

Facebook-Remarketing funktioniert ähnlich wie die Remarketing-Funktion von Google AdWords. Die sogenannte Custom Audience wird dabei unter anderem durch die Einbindung eines Custom-Audience-Pixels (*www.facebook.com/business/a/online-sales/custom-audiences-website*) in den eigenen Onlineshop aufgebaut. Besucht ein Surfer Ihren Onlineshop oder schaut sich ein bestimmtes Produkt darin an, dann kann er bei Aufruf der Facebook-Webseite eindeutig identifiziert werden. Vereinfacht gesagt ist für Facebook in diesem Moment klar, dass er Ihren Shop oder ein bestimmtes Produkt angesehen hat. Auf Basis dieses Wissen kann ihm dann Werbung für Shop oder Produkt gezielt ausgespielt werden (Abbildung 22-4). Durch das genaue Targeting wird die Konversionsrate deutlich erhöht.

Im Gegensatz zu Google AdWords lässt sich die Zielgruppe Ihrer Werbekampagne bei Facebook aber nicht nur durch die Einbindung von Remarketing-Code auf die eigene Webseite aufbauen. Die Custom Audience lässt sich wie folgt definieren:

- Über das Remarketing-Pixel im eigenen Onlineshop
- Über den Upload einer Datendatei mit Telefonnummern oder E-Mail-Adressen
- Über eine App
- Über MailChimp (Identifier ist die E-Mail-Adresse)

Während die Verbindung zwischen Nutzer und Onlineshop mit dem Remarketing-Code erfolgt, können die potenziellen Kunden auch über ihre E-Mail-Adresse oder Telefonnummer, die sie bei Facebook hinterlegt haben, identifiziert werden.

Wenn Sie sich schon einmal gewundert haben, woher Facebook Ihre Interessen kennt, obwohl Sie sich absolut sicher sind, diese niemals bei Facebook angegeben zu haben: Der Schlüssel liegt in der E-Mail-Adresse. Machen Sie die Gegenprobe und ändern Sie Ihre bei Facebook hinterlegte E-Mail-Adresse. Die zielgerichtete Werbung wird peu à peu zurückgehen.

Was für manchen auf den ersten Blick vielleicht erschreckend aussehen mag, birgt unglaublich hohes Potenzial für Shopbetreiber. Im Laufe der Zeit sammeln Sie eine Unzahl von E-Mail-Adresse, die Kunden bei jedem Kauf hinterlassen. Mittels der Custom Audience und der Verknüpfung der Daten E-Mail-Adresse und Webseite-Pixel können Sie nun z. B. gezielt ehemalige Kunden ansprechen, die Ihren Shop in den vergangenen drei Monaten nicht besucht haben. Diese Kunden könnten Sie nun direkt mittels Gutscheinen zu einem weiteren Einkauf animieren.

Den Kombinationsmöglichkeiten der einzelnen Werbeformen sind im Grunde keinerlei Grenzen gesetzt. Allein Facebook-Werbung würde ein komplettes Buch füllen. Leider gibt es aktuell kein Buch, das wir zu diesem Thema empfehlen könnten. Im Vergleich zu Google AdWords ist Facebook-Marketing noch relativ jung. Bestehende Literatur ist entweder veraltet oder geht nicht tief genug. Einen guten Anhaltspunkt bieten der Facebook-Hilfebereich (u. a. *www.facebook.com/business/a/*

custom-audiences) und diverse Internetquellen (u. a. *www.allfacebook.de/fbmarketing/whitepaper-wca*).

Abbildung 22-4: Für die Zielgruppe der Remarketing-Kampagne können verschiedene Optionen ausgewählt werden.

Google+

Wohl kaum ein soziales Netzwerk, das so unterschätzt wird, wie Google+. In regelmäßigen Abständen liest man von der »Geisterstadt«, die die Plattform angeblich sein soll. Dies will so gar nicht zur Zahl der 300 Millionen aktiven Benutzer passen, die Google im Oktober 2013 veröffentlichte. Mit im Schnitt 22 Millionen neuen Nutzern im Monat wächst Google deutlich schneller als Facebook, das es »nur« auf 15 Millionen neue Nutzer im Monat bringt.

Woher also diese Unterschätzung? Sie liegt im besonderen Bedienkonzept von Google+ begründet, das es gerade neuen Benutzern eher schwer macht. In einem frisch eingerichteten Google+-Account sieht man erst einmal – nichts! Vielmehr muss man interessante Benutzer und Gruppen zunächst finden und einem »Kreis« zufügen. Erst dann bekommt man regelmäßig deren Nachrichten. Schreibt man selbst Beiträge, sieht die zunächst auch niemand, es sei denn, man ist in den Kreisen anderer Personen. Die zwangsläufige Bidirektionalität von Beziehungen wie bei Facebook gibt es bei Google+ absichtlich nicht. Hat man das Konzept der Kreise erst einmal verstanden, erweitert sich schnell die Menge der Nachrichten, die man sieht, und das Gerücht der Geisterstadt löst sich in Luft auf.

Wo bei Facebook die Unterhaltung primär im Vordergrund steht, ist es bei Google+ die Information. Beiträge sind im Schnitt deutlich länger als auf Facebook und behandeln Themen ausführlicher. Google+ macht es einfach, Texte durch Absätze zu strukturieren. Schriftformatierungen wie kursiv oder fett stehen ebenfalls zur Verfügung. Dank dieser Hilfen entwickeln sich auf Google+ sehr häufig gut aufbereitete, fundierte und lange Diskussionen unter Nutzern.

Das Publikum auf Google+ ist derzeit noch eher im technisch-professionellen Bereich zu Hause. Eine Unterscheidung zwischen privat und beruflich machen die Nutzer jedoch kaum. Fachlich hochwertige Artikel aus dem eigenen Job stehen direkt neben Essensfotos oder einem Bericht des letzten Kinobesuchs. Google+-Nutzer scheuen sich nicht, sowohl über berufliche als auch private Neuerwerbungen zu berichten. Auch hier findet man häufig längere, ausgewogene Texte zu den Vor- und Nachteilen eines frisch gekauften Produkts.

Firmenseiten sind auf Google+ noch vergleichsweise neu. Sie setzen zwingend einen persönlichen Google+-Account voraus, können aber von mehreren Administratoren verwaltet werden. Eine Google+-Seite kann auch andere Benutzer (und Seiten) zu Kreisen hinzufügen. Man sieht dann ihre neuen Beiträge und kann mit ihnen interagieren – also kommentieren und +1 (das Google+-Äquivalent zu Likes bei Facebook) vergeben. Dies ist zwar prinzipiell auch ohne »einkreisen« möglich, hilft aber, besonders interessante Nutzer besser zu beobachten.

Als besonders wichtig erweist sich die Verknüpfung zwischen Google+ und der Google-Suche. Beiträge, die man auf Google+ schreibt, werden in der Google-Suche mit dem eigenen Profilbild angezeigt. Interaktionen von Google+-Nutzern in den eigenen Kreisen werden in der Google-Suche oft ebenfalls angezeigt. Allein diese offensichtliche Verknüpfung von Google+ und Google-Suche sollte Grund genug sein, Google+ in die Überlegungen zum Social-Media-Mix aufzunehmen. Analysten sind sich einig, dass die Bedeutung von Google+ in den nächsten Jahren deutlich steigen wird, insbesondere weil Google seine Dienste untereinander immer weiter verzahnt. Sich früh mit der Plattform zu befassen, ist daher empfehlenswert.

Leider beißt sich hier die Katze ein bisschen in den Schwanz. Der Charakter von Google+ verlangt eigentlich, ganz eigene, individuelle Beiträge für Google+ zu schreiben, sich intensiv mit der Plattform zu beschäftigen und selbst aktiv an Diskussionen teilzunehmen. Macht man dies richtig – und einige Marken wie BMW (siehe Abbildung 22-5) oder H+M tun dies –, kann man auf Google+ eine treuere und engagiertere Fanbasis aufbauen als auf Facebook.

Dies bedeutet aber einen erheblichen Aufwand, den gerade frischgebackene Shopbetreiber oft nicht leisten können. So begnügt man sich meist mit der simplen Zweitverwertung von Facebook-Posts und erzielt deswegen einen geringeren Effekt auf Google+, als möglich wäre.

Hier ist die Empfehlung ganz klar, sich so intensiv wie möglich mit der Plattform zu befassen und möglichst selbst aktiver Google+-Nutzer zu werden. Gerade die erweiterten Features wie Hangout-Videokonferenzen samt Verknüpfung zu YouTube und Google+-Events sind für Shops und Marken ideal, um Aufmerksamkeit und Reichweite zu erzielen. Früh mit ihnen umgehen zu lernen, ist mittelfristig hilfreich.

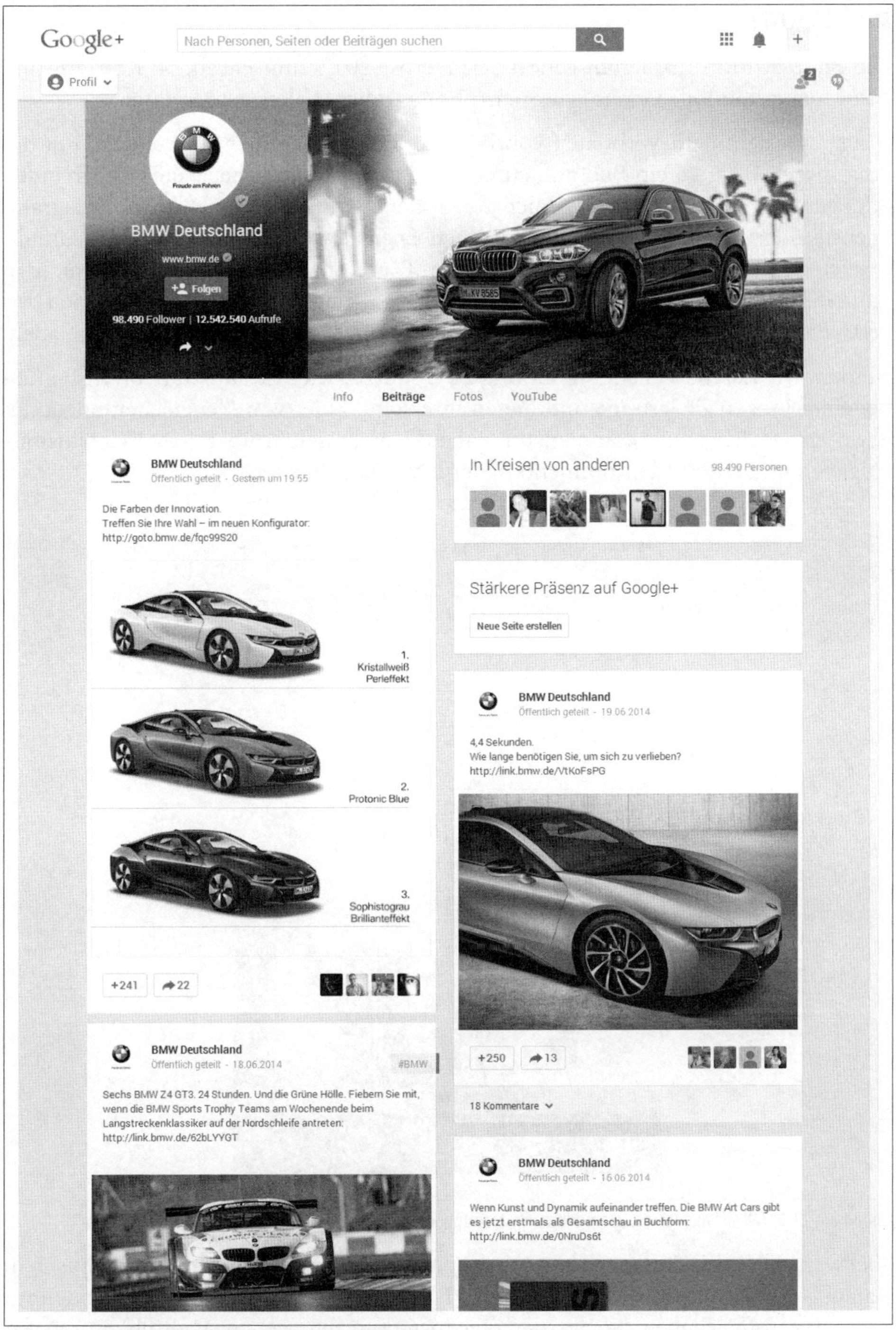

Abbildung 22-5: BMW Deutschland bei Google+ (Juni 2014)

Instagram

Die Bildplattform Instagram gehört seit Herbst 2012 zum Facebook-Konzern und ist primär auf mobile Geräte wie Smartphones oder Tablets ausgerichtet.

Instagram dient dem Verbreiten von Bildern. Benutzer können sehr einfach mit der Smartphone-Kamera ein Bild aufnehmen und es mit zahlreichen Filtern verfremden oder verbessern. Diese Bilder können von anderen Nutzern innerhalb des Instagram-Diensts oder auf anderen angeschlossenen Diensten (Facebook, Twitter, Tumblr, Flickr) kommentiert und favorisiert werden. Das Konzept kommt an: Im Juni 2016 hatte Instagram über 500 Millionen registrierte Nutzer, von denen 300 Millionen den Service täglich nutzen. Jeden Tag werden im Schnitt 95 Millionen Bilder hochgeladen.

Marken wie Zalando (siehe Abbildung 22-6) nutzen die Attraktivität von Instagram bei einer jungen Zielgruppe und bieten ihrerseits Bilder von Neuerscheinungen im Shop an. Als Ergebnis kommen für Zalando nicht selten über 1.000 Gefällt-mir-Angaben und Dutzende Kommentare der Instagram-Nutzer.

Abbildung 22-6: Zalando auf der Instagram-Plattform, Smartphone-Ansicht (Juni 2014)

Viel wertvoller dürften aber die weitergeleiteten Bilder sein, die die Nutzer aus dem Zalando-Instagram-Account ihrerseits z. B. auf ihrer Facebook-Pinnwand oder auf Twitter veröffentlichen. So werden die Instagram-Nutzer zu Multiplikatoren für Zalando.

Man muss nicht so groß wie Zalando sein, um Instagram in dieser Art nutzen zu können. Wenn Sie Produkte haben, die sich interessant und schön in Szene setzen lassen, können diese Bilder auch auf Instagram verbreitet werden. Auch für Bilder aus dem Shopalltag eignet sich die Plattform. Versprechen Sie sich aber nicht zu viel davon, denn der Aufbau einer Fangemeinde dauert seine Zeit und erfordert die aktive Nutzung der Plattform, um mit anderen Benutzern zu interagieren.

Interessant wird Instagram insbesondere dadurch, dass man über die Facebook-Werbeplattform direkt Werbung auf Instagram schalten kann. Hier stehen sämtliche demografischen Daten, Custom- und Lookalike-Audiences und Remarketing-Möglichkeiten von Facebook zur Verfügung, sodass man gezielt seine Zielgruppe über Instagram ansprechen kann. Mehr zu dieser Möglichkeit finden Sie im Abschnitt »Adressgenerierung über Facebook« auf Seite 534.

Pinterest

Ähnlich wie Instagram fokussiert auch Pinterest auf Bilder, behandelt aber die Computer- und Mobilnutzer gleichberechtigt. Pinterest sieht sich als digitales Äquivalent der Korkpinnwände oder Kühlschrankfrontseiten, an die gern Postkarten, Kinotickets, Fotos und andere Fund- und Erinnerungsstücke geheftet werden.

Pinterest macht es deutlich einfacher als Instagram, Bilder zu finden. Zwar steht auch hier als Erstes die kostenlose Anmeldung, danach kann man aber in thematischen Rubriken wie »Haare & Beauty« oder »Garten« blättern. Die Bilder werden von den Benutzern eingestellt, stammen aber meist nicht von ihnen selbst, sondern werden über eine Webadresse von anderen Websites nachgeladen (gepinnt). Dadurch ist jedes Bild mit einer Webadresse versehen, die für jeden Pinterest-Nutzer einsehbar ist. Mit einem einzigen Klick kann die Herkunftswebseite – also z. B. Ihr Shop – besucht werden.

Dies können sich Onlineshops zunutze machen und ihre eigenen Bilder direkt auf Pinterest einstellen. Wenn die Bilder entsprechend attraktiv sind, werden sie möglicherweise von anderen Pinterest-Nutzern wiederum geteilt (repinned), was Reichweite für die Angebote des Shops erzeugt. Abbildung 22-7 zeigt eine von derzeit zwölf Pinnwänden des schon mehrfach erwähnten Shops *www.mokaconsorten.com*.

Neben Bildern, die direkt in den Onlineshop verlinken, finden sich auch Bilder von anderen Nutzern, die der Shopbetreiber seinerseits auf die eigene Pinnwand übernommen hat. Diese Art der Interaktion mit anderen Pinterest-Nutzern macht den Auftritt der Moka Consorten zusätzlich authentischer.

Das Stöbern auf Pinterest nach »schönen Dingen« und das Sammeln von Bildern auf eigenen Pinnwänden ist besonders bei jungen Frauen beliebt, die knapp 70 % der Nutzer stellen. Wenn Sie visuell ansprechende Produkte haben, empfiehlt sich Pinterest für zusätzliche Reichweite, insbesondere, da durch die guten Suchfunktionen nicht viel Energie in den Aufbau von Followern gesteckt werden muss.

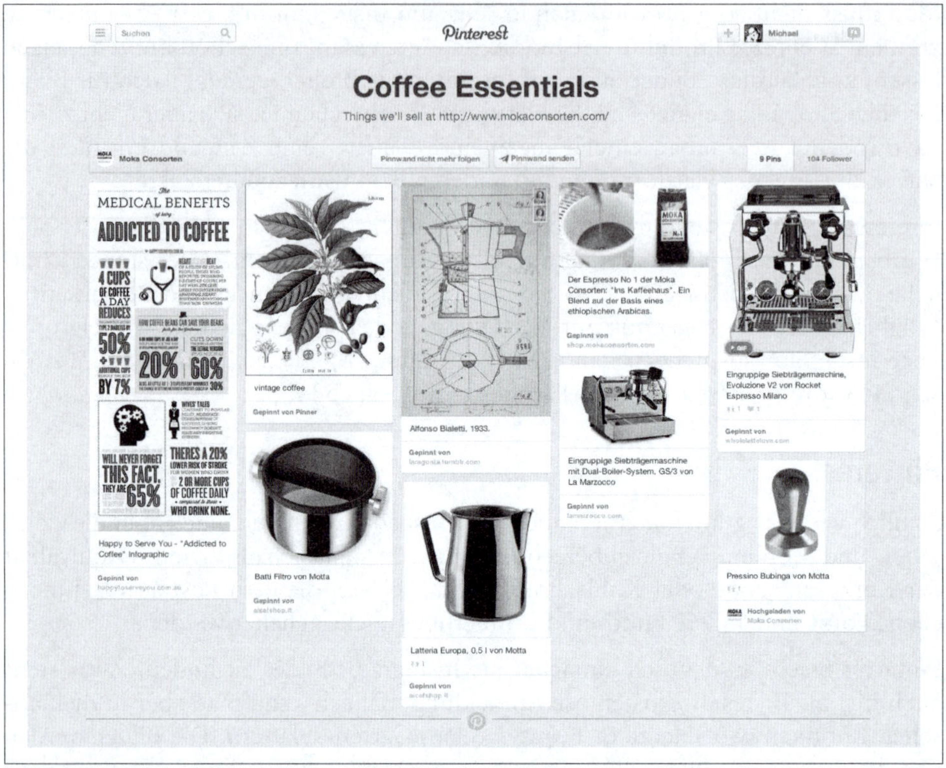

Abbildung 22-7: Moka Consorten auf der Pinterest-Plattform (Juni 2014)

Twitter

»We can neither confirm nor deny that this is our first tweet« (Wir können weder bestätigen noch dementieren, dass dies unser erster Tweet ist) – mit einer gehörigen Portion Selbstironie hat der amerikanische Auslandsgeheimdienst CIA Anfang Juni 2006 seinen offiziellen Twitter-Account gestartet.

Spätestens jetzt musste der Kurznachrichtendienst dem Mainstream zugerechnet werden. Über 250 Millionen Nutzer senden über 500 Millionen Nachrichten – im Fachjargon Tweets genannt – pro Tag. Die Beschränkung auf 140 Zeichen Nachrichtenlänge schadet dem Dienst nicht. Als eine Art öffentliche SMS wird die Einschränkung eher als Ansporn gesehen, Texte prägnant und kurz zu fassen.

Dass dies für Shops kein Hindernis sein muss, zeigt das Beispiel des Müsli-Onlineshops *www.mymuesli.de* in Abbildung 22-8. Dort nutzt man Twitter, um auf Produkte, Veranstaltungen und Aktionen hinzuweisen. Nahezu jede einzelne Nachricht beinhaltet entweder einen Link in den Onlineshop, auf die Firmenwebsite oder auf ein Instagram-Bild. Seit Anfang 2015 besteht in Deutschland auch die Möglichkeit bezahlter Werbung auf Twitter. Ein Beispiel ist die Adressgenerierung für Newsletter, die wir im Abschnitt »Adressgenerierung über Twitter« auf Seite 536 besprochen haben.

Wie bei den anderen Social-Media-Plattformen muss zunächst eine Follower-Basis aufgebaut werden. Dies funktioniert am besten, indem man auf andere Tweets antwortet und selbst Beiträge anderer Twitter-Nutzer weiterverbreitet (retweetet).

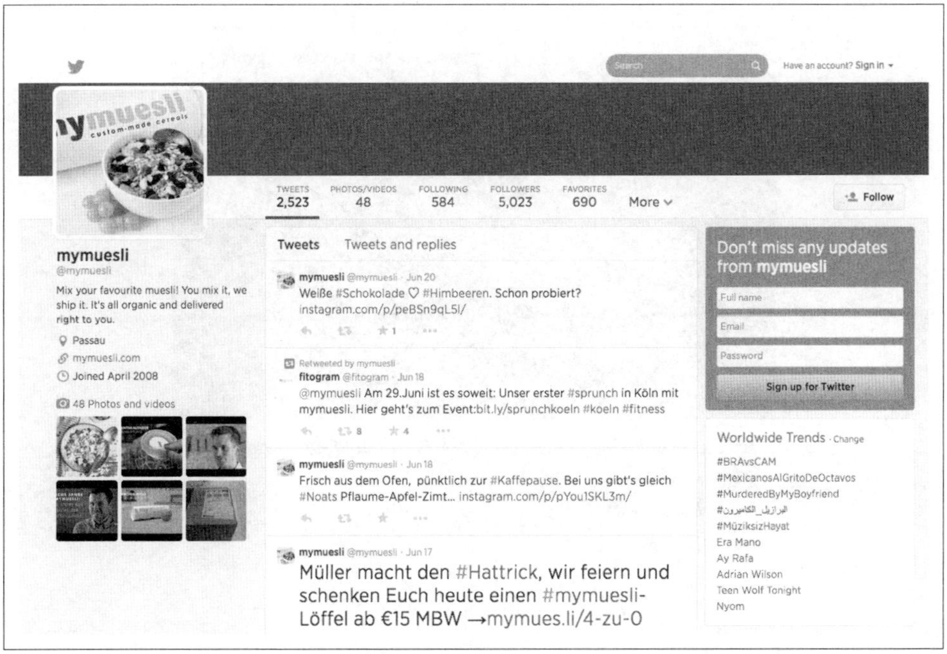

Abbildung 22-8: MyMuesli auf Twitter, Desktop-Ansicht (Juni 2014)

Extrem hilfreich dabei ist die sehr gute Suchfunktion von Twitter, die unter *www.twitter.com/search-advanced* zu finden ist. So können Sie z. B. nach Tweets suchen, die die Begriffe Garten, Tisch, Stuhl oder Bank enthalten, oder nach Tweets, die einen Mitbewerber erwähnen. Diese Suchen können Sie speichern und jederzeit mit einem einzigen Klick ausführen. Auf die in den Suchergebnissen aufgelisteten Tweets können Sie dann antworten.

Twitter ist ein schneller Dienst und damit sehr gut für kurzfristige Aktionen und Direct-Response-Kampagnen geeignet. Sonderangebote, Gutscheincodes und Aktionsware verbreitet sich – je nach Attraktivität des Angebots – binnen Minuten unter Ihren Followern und wiederum deren Followern durch Retweets.

Die Reduktion auf 140 Zeichen macht Twitter auch zu einem unkompliziert zu bedienenden Dienst. Das sollte Sie aber nicht dazu verleiten, wahllos und in hoher Frequenz Angebote einzustellen. Nutzen Sie Twitter lieber für gezielte, punktuelle Aktionen und ergreifen Sie die Chance zur Interaktion mit den Benutzern.

YouTube

Die Videoplattform YouTube ist ein soziales Netzwerk? Ja, denn Videos können bewertet und kommentiert werden – und die Nutzer tun dies eifrig.

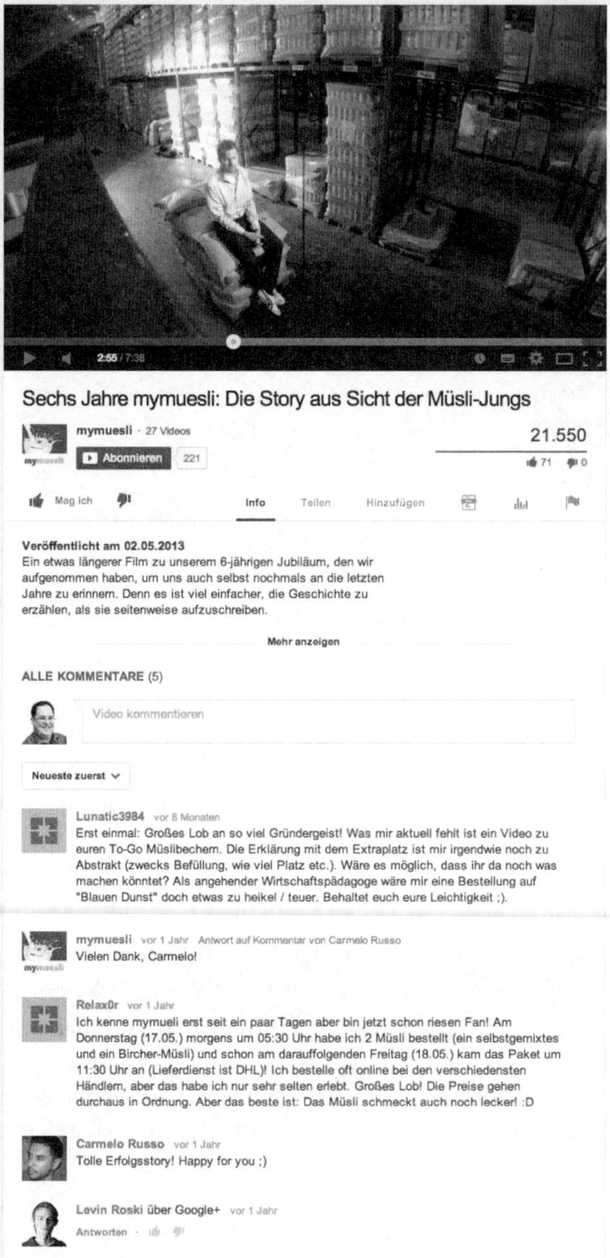

Abbildung 22-9: MyMuesli-YouTube-Channel

YouTube ist in mehrfacher Hinsicht für Ihren Shop relevant: als Speicherort für Ihre Produktvideos, als Suchmaschine für Videos über Produkte und als Werbeplattform für Google-AdWords-Anzeigen.

Zudem ist YouTube (zum Google-Konzern gehörend) inzwischen – nach Google – die zweitgrößte Suchmaschine weltweit und sehr stark mit den weiteren Google-Diensten verknüpft.

Auf YouTube gespeicherte Videos stehen nicht isoliert im Raum. Andere Nutzer können diese Videos kommentieren, Anmerkungen machen und Fragen stellen. Diese Fragen sollten natürlich von Ihnen beantwortet werden, es ergibt sich die Chance zur Interaktion – und zum Verweis auf andere Produkte oder Bereiche Ihres Shops.

In Abbildung 22-9 ist wieder ein Beispiel von *MyMuesli.de* zu sehen. Das Video zum sechsjährigen Bestehen hat es auf stolze 21.550 Abrufe geschafft und zahlreiche »Daumen hoch« sowie einige Kommentare bekommen. Blickt man in die Statistik, dann sieht man, dass dieses Video zu 21 Abonnements des MyMuesli-YouTube-Kanals geführt hat. Alle diese Personen bekommen nun automatisch alle neuen Videos von MyMuesli angeboten.

Videos gehören derzeit zu den beliebtesten Inhalten im Social-Media-Bereich. Wenn Sie die Möglichkeit haben, eigene Videos von Ihren Produkten zu erstellen, die sowohl informativ als auch kurzweilig sind, bietet YouTube deutlichen Mehrwert für Ihren Shop.

Wie in Kapitel 10, *Produktpräsentation: Die Produktdetailseite*, auf Seite 157 beschrieben, lassen sich YouTube-Videos auch gut als ergänzende Produktinformation in den Onlineshop oder in die FAQ/Knowledge-Base einfügen.

Xing

Das »Netzwerk für berufliche Kontakte« vermeidet die Nähe zum Begriff des sozialen Netzwerks. Man versteht sich als berufliches Netzwerk, und zu direkte Werbung ist verpönt. Dennoch ist jeder Teilnehmer per definitionem Werbeträger für sich selbst und das Unternehmen, für das er derzeit arbeitet.

Mit Aktionsangeboten, Gutschein-Promotions und Direct-Response-Aktivitäten werden Sie auf Xing keinen Erfolg haben und schnell zum (ständig werbenden) Außenseiter. Ähnlich wie auf Google+ sind auf Xing eher sachliche Informationen gefragt.

Dazu steht Ihnen das Werkzeug der Beiträge zu Verfügung. Mit der Aufforderung »Was gibt's Neues?« können Sie allen Personen, mit denen Sie vernetzt sind, Links und kurze Texte übermitteln. Diese Nachrichten werden aber nicht aktiv übertragen, sondern erscheinen für eingeloggte Mitglieder in einer fortlaufenden Ansicht auf der Startseite oder in der Rubrik »Neuigkeiten« auf dem Smartphone.

Xing ist sehr gut, wenn es darum geht, das Unternehmen zu präsentieren. Abbildung 22-10 zeigt die Unternehmensseite des Elektronikversenders Conrad. Die Bilder geben einen guten Einblick in das Unternehmen – dies ist für Ihren Shop auch denkbar. Über Kategorieschlagwörter wie »Elektronik« oder »Einzelhandel« können Sie sich in Branchen einsortieren und werden so leichter gefunden.

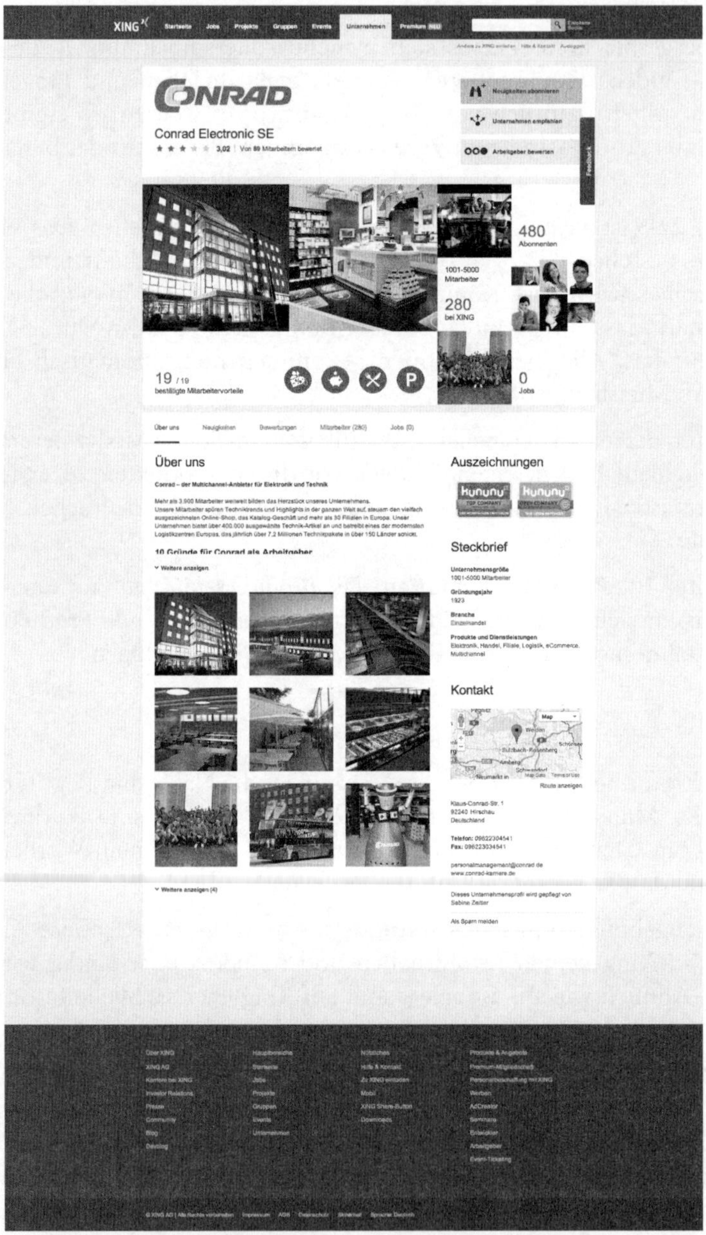

Abbildung 22-10: Conrad Electronic auf Xing (Juni 2014)

Gerade wenn Sie im B2B-Bereich anbieten, sollten Sie eine Xing-Präsenz in Erwägung ziehen und aktiv Ihr Profil und Ihre Kontakte pflegen. Dies dient weniger dem direkten Abverkauf von Produkten als vielmehr der Imagepflege und dem Aufbau persönlicher Beziehungen.

Kampagnenplanung

Mit dem Ziel, über Social-Media-Aktivitäten mehr Bekanntheit für den Onlineshop zu erzielen und mit den Interessenten in Dialog zu treten, ist es nun Zeit, zu überlegen, wie dies erreicht werden kann.

Naheliegend ist die Idee, Informationen zu Produkten und Waren über Social-Media-Plattformen zu verbreiten. Verwechseln Sie dabei den Social-Media-Kanal nicht mit einer reinen Werbeplattform.

Zwar steht für Sie der Absatz Ihrer Produkte und damit der Weg des Nutzers von der Social-Media-Plattform in Ihren Onlineshop im Vordergrund, Nutzer von Facebook, Google+ und Twitter wollen aber primär unterhalten werden – das Einstreuen von reinen Werbebotschaften sollte wohlüberlegt sein.

Zum Unterhaltungs-, aber auch zum Informationscharakter der Social-Media-Kanäle passt es, wenn Sie etwas zu erzählen haben. Themen gibt es reichlich, auch wenn Sie das zunächst nicht glauben: Plaudern Sie doch einfach mal aus dem Nähkästchen.

Der laufende Betrieb eines Onlineshops hat spannende Einblicke zu bieten, über die man mittels Social Media berichten kann. Neue Ware kommt an, wird ausgepackt und eingelagert. Begehrte Ware ist wieder lieferbar. Neue Regale werden aufgebaut. Fehllieferungen sorgen für Verwirrung. Die neuen Paketbeileger sind angekommen. Ein Mitarbeiter feiert seinen Geburtstag zwischen den gepackten Päckchen.

All das sind Themen, die wenig bis gar nichts mit konkreten Produkten zu tun haben, die dennoch einen Blick hinter die Kulissen erlauben und Sie, Ihre Mitarbeiter und Ihren Shop als authentisch und positiv dastehen lassen – Sie können so Einblicke gewähren, die Kunden in den Onlineshops Ihrer Wettbewerber vielleicht nicht bekommen.

Redaktionsplan Social Media

Für die Kampagnenplanung empfehlen wir Ihnen wieder einen Redaktionsplan wie im Abschnitt »Redaktionsplan« auf Seite 544 besprochen. Sie können, bei entsprechender Größe des Kalenders, sogar den gleichen verwenden und dann Ihre Social-Media-Inhalte mit den Newsletteraussendungen koordinieren. Wenn Sie einen separaten Kalender führen, sollten Sie auch hier wieder alle festen Termine wie Messen oder Produktneueinführungen eintragen.

Fangen Sie dann an, Themen zu sammeln, die Sie über die sozialen Netzwerke transportieren möchten. Sammeln Sie zunächst ungeordnet alles, was Ihnen einfällt, und schreiben Sie es in Stichworten auf. Dies ist auch eine gute Übung, um Ihnen die Themenvielfalt aufzuzeigen, über die Ihr Shop verfügt!

Aus dieser Themensammlung können Sie einzelne Themen für Social-Media-Posts aufgreifen. Werden Sie bei den Themen nicht zu weitschweifig: Ein typischer Facebook-Post beispielsweise ist eher kurz, mehr eine Momentaufnahme. Umfangreiche Themen sind im Shopblog besser aufgehoben. Picken Sie für die Social-Media-Kanäle die interessanten, kurzweiligen und verblüffenden Themen heraus.

Jedes Thema wird jetzt mit einem Stichwort auf einem Post-it vermerkt und im Redaktionskalender eingeklebt. Post-its haben den Vorteil, dass sie problemlos wieder abgelöst und woanders erneut aufgeklebt werden können. Versuchen Sie zunächst, zwei bis drei Themen pro Woche zu finden. Das ist in der Anfangszeit ein realistisches Pensum.

Verteilen Sie die Themen halbwegs passend auf die einzelnen Wochen. Achten Sie hierbei auf Themenvielfalt und Abwechslung. Zwei Posts zu Themen aus dem Lager sollten nicht unbedingt in zwei aufeinanderfolgenden Wochen eingeplant werden. Produktneuheiten sollten natürlich nah am Erscheinungstermin veröffentlicht werden – andere Themen sind zeitlich variabel.

Es ist hilfreich, einige Themen als Lückenbüßer in der Hinterhand zu haben. Sollte sich ein Thema zerschlagen oder verschieben, z. B. weil sich ein Produktstart verzögert, haben Sie ohne großen Aufwand ein Ersatzthema parat.

Achten Sie auf den richtigen Mix von Produktthemen und weichen Themen über den Shop, Sie und Ihre Mitarbeiter oder anderen Ereignisse. Auch ein Produktthema kann zu einem persönlichen Thema werden, wenn Sie schildern, warum sie ausgerechnet dieses Produkt ins Programm aufgenommen haben.

Gute Beiträge erstellen

Beiträge im Redaktionskalender müssen nicht immer aktuell zum Erscheinungstermin geschrieben werden. Im Gegenteil. Es empfiehlt sich, die Artikel möglichst deutlich früher fertig zu haben und sie dann über die »Scheduling«-Funktion der Social-Media-Plattform für die Veröffentlichung zu einem bestimmten Zeitpunkt einzuplanen. Neben den vorgeplanten Artikeln sollten Sie zwei oder drei fertig formulierte Posts in der Hinterhand haben, um sie bei Bedarf schnell und unkompliziert einsetzen zu können.

Ein guter Beitrag ist informativ, kurzweilig zu lesen und sympathisch. Das Wichtigste ist aber, die Sprache und Erwartungshaltung der Zielgruppe zu treffen. Hier macht es ganz klar einen Unterschied, ob Sie z. B. für Privatkunden im Hobby-Segment oder für Abnehmer im geschäftlichen Bereich schreiben.

Abbildung 22-11 zeigt ein Beispiel für die Ansprache der Zielgruppe. Die Tatsache, dass sich auch Kunden von B2B-Onlineshops in der Regel als Privatnutzer auf Facebook bewegen, erlaubt eine junge und saloppe Ansprache.

Abbildung 22-11: Facebook-Posting mit Zielgruppe B2C

Wie Newsletter enthalten auch Facebook-Postings oft mehr oder minder offensive Call-to-Action-Elemente, die den Leser zu einer bestimmten Aktion auffordern.

Beitragsfotos

Social-Media-Beiträge ohne Foto sollten die absolute Ausnahme sein! Bedenken Sie, dass Benutzer Bilder deutlich schneller erfassen können als Texte.

Das Beitragsbild ist somit das erste Element, an dem sich die Aufmerksamkeit des Lesers festmacht. Es muss für die Zielgruppe relevant sein, aber auch spannend und ungewöhnlich genug, um den Blick festzuhalten.

Bewährt haben sich authentische Bilder aus dem Betrieb des Shops. Moderne Smartphones machen bereits sehr gute Bilder. Ein bisschen Übung und gutes Licht erlauben Fotos von gehobener Schnappschuss-Qualität. Was für Produktabbildungen keinesfalls reicht, ist für Social-Media-Posts gerade richtig. Hier möchten die Leser in aller Regel nicht die Hochglanzbilder sehen, sondern glaubwürdige und sympathische Bilder aus dem Betrieb des Shops.

Tipp

Sollten Sie fremde Bilder benutzen, beachten Sie unbedingt die Bildrechte. Selbst bei kostenlos nutzbaren Bildern müssen Sie in der Regel die Bildquelle angeben. Manche Bilder sind nur für die nichtkommerzielle Nutzung kostenlos.

Die widerrechtliche Nutzung von Bildern sowie falsche oder fehlende Quellenangaben sind von den Urhebern über beispielsweise die Google-Bildersuche recht leicht herauszufinden. Teure und unnötige Auseinandersetzungen sind die Folge. Dies können Sie über gute Quellenrecherche oder die Verwendung eigenen Bildmaterials leicht vermeiden.

Anwender-Interview Contentmarketing

Dr. Christian Ankowitsch ist Journalist, Autor und Mitbetreiber eines Onlineshops für Kaffee und Espressomaschinen. Auf der Seite *www.mokaconsorten.com* vereint er literarische Texte und klassisches Geschäft und ist damit ein Paradebeispiel für Contentmarketing.

Ein Onlineshop soll primär verkaufen. Inwiefern helfen hochgradig individuelle Produktbeschreibungen und zunächst beinah irrelevant erscheinende Texte in Ihrem Kaffee-Magazin?

Unsere aktuellen Erfahrungen zeigen, dass eine kleine Gruppe von Interessenten diese genauen und literarischen Beschreibungen von Produkten und abseitige Betrachtungen sehr schätzen. Sie stellen nicht das Verkaufen in den Vordergrund, sondern zeigen, dass unsere Produkte eine persönliche Geschichte haben, hohen ästhetischen Anforderungen genügen und von Menschen hergestellt werden, die mit Leidenschaft bei der Sache sind. Die abseits liegenden Texte über Musik, die das Thema »Kaffee« behandeln, und meine kleinen Gespräche mit bekannten Zeitgenossen schaffen eine feuilletonistische Grundstimmung, die auf die Marke »Moka Consorten« einzahlt. Verkaufen tun all diese Texte nicht unmittelbar. Ich hoffe aber, dass sie die Gesamtstimmung der Site nachhaltig prägen. Ob diese Art der Texte freilich ein durchschlagendes Erfolgsrezept ist, muss sich noch zeigen, keine Ahnung. Ich halte Sie auf dem Laufenden.

Was heute unter dem Begriff Contentmarketing läuft, hieß früher einfach »gute Inhalte verfassen«. Wie gehen Sie dabei vor?

Indem ich versuche, einfach gute Inhalte zu verfassen.

Ich komme aus dem klassischen Qualitäts-Printjournalismus und bin daher einschlägig vorbelastet (andere würden sagen: betriebsblind, was sicher auch stimmt). Ich denke aber, dass wir uns darauf einigen können, dass die Basis aller Shops ein möglichst hohes Maß an Qualität sein sollte (es gibt zweifellos andere Möglichkeiten, aber die interessieren mich nicht).

Diese hohe Qualität an die Menschen zu bringen, ist der zweite, ungleich schwerere Schritt, weil gute Texte zu schreiben, für mich ein durchaus lösbares Problem darstellt. Ob ich dafür nun unbedingt die beste Auskunftsperson bin, wage ich zu bezweifeln. Ich kann Ihnen da nur sagen, dass wir am meisten Aufmerksamkeit für unsere Inhalte bekommen, wenn sie auch unabhängig vom Shop interessant sind. Am deutlichsten zeigt sich das in den kleinen Gesprächen »Auf einen Kaffee mit ...«, die ich hin und wieder führe. Wenn eine Persönlichkeit wie Roger Willemsen mit mir über Gott und die Welt und Kaffee spricht, dann findet das einige Aufmerksamkeit. Die unmittelbare Conversion-Rate freilich ist nicht messbar. Es gibt auch durchaus den berechtigten Einwand, dass solche Gespräche zu weit weg sind vom eigentlichen Kerngeschäft und daher nichts bringen.

Sie sehen, wir probieren herum. Das ist eigentlich der beste Ratschlag, den man allen geben kann. Ich gebe ihn mir jedenfalls ständig selbst: »Mach mal, Anko, probiere es aus!«

Mal sehen, wo wir in einem Jahr stehen.

Ein anderer Modebegriff ist das Corporate Storytelling. Interessieren Kunden wirklich Hintergrundinformationen zum Shopbetreiber?

Bei wirklichen Persönlichkeiten zweifellos. Ich leite diese Behauptung aus der Erfolgsgeschichte der Andraschko Kaffeemanufaktur ab, mit der wir bei unserem Shop zusammenarbeiten. Deren Erfolgsgeschichte hängt eng mit den beiden Betreibern der Rösterei zusammen, Willy und Elisabeth Andraschko. Ein Wiener Ehepaar, das jahrzehntelang ein wichtiges Berliner Kaffeehaus betrieben hat, das »Einstein«. Die wissen, wie es geht und was die Leute wollen. Vor allem im B2B-Bereich.

Sollten freilich Shopbetreiber versuchen, das nachzuahmen, kann ich sie nur warnen: Sie müssen schon wirklich eine valide, glaubwürdige Lebensgeschichte zu erzählen haben, um sich in den Vordergrund zu schieben. Wenn sie die nicht haben, dann sollten sie lieber die Produkte in den Vordergrund stellen und ihre Inhalte – und sich in die Rolle des kundigen und freundlichen Vermittlers und Fans der eigenen Produkte einüben. Diese Rolle ist ebenfalls sehr honorig – nur nicht so glamourös. Als so jemanden sehe ich mich jedenfalls.

Social Media und Recht

Wie in allen Bereichen rund um den Onlineshop kommt man auch bei den sozialen Netzwerken nicht umhin, einen Blick auf die rechtliche Seite zu werfen. Rechtsanwalt Christoph Schmitz-Schunken (*https://www.xing.com/profile/Christoph_SchmitzSchunken)* haben wir dazu in einem Interview befragt.

Hinlänglich bekannt ist, dass auch Social-Media-Profile, z. B. bei Facebook oder Twitter, mit einem Impressum versehen werden müssen, wenn sie einen geschäftlichen Zweck verfolgen. Worauf müssen insbesondere Onlineshopbetreiber achten?

Es verhält sich an dieser Stelle nicht sonderlich anders als mit den rechtlichen Anforderungen an den Onlineshop selbst.

Zunächst einmal wird sich der Onlineshopbetreiber darüber zu informieren haben, ob das verwendete soziale Netzwerk die angestrebte gewerbliche Nutzung in dem vorgesehenen Umfang überhaupt erlaubt. Dies wird durch das Studium der Nutzungsbedingungen des Netzwerks zu erfahren sein. Facebook und Co. setzen eigene Werberichtlinien ein, denen man Beachtung schenken muss, wenn man verhindern möchte, dass die eigene kostenintensive Netzstrategie durch ein Abschalten der Seite durch das Netzwerk einfach verpufft, weil die spezifischen Regeln missachtet worden sind.

Interessant wird auch sein, ob die Nutzungsbedingungen vorsehen, dass das soziale Netzwerk bestimmte Rechte an den eigenen Inhalten des Shopbetreibers durch Verwendung des sozialen Netzwerks erhält. Hier sollte sich der Shopbetreiber vorab genau vergewissern.

Die Prüfung des Account-Namens im Netzwerk daraufhin, ob fremde Marken- oder Namensrechte verletzt werden, setze ich als Selbstverständlichkeit voraus.

Neben der Verwendung eines ordnungsgemäßen Impressums auch im sozialen Netzwerk ist insbesondere die Nutzung fremder Inhalte häufig problematisch (Nutzung urheberrechtlich geschützter Bilder, Grafiken, Texte oder Videos). Hier ist darauf zu achten, dass auch entsprechende Lizenzen für die geplante Nutzung vorhanden sind. Das gilt nicht zuletzt bei der Verwendung von Bildern, Grafiken, Logos des Herstellers. Sie einfach von der Homepage des Herstellers zu downloaden und zu verwenden, ist ohne Lizenz des Herstellers nicht erlaubt, kann und wird dann auch leider häufig abgemahnt. Es gilt auch in diesem Bereich der Grundsatz, dass das Schmücken mit fremden Federn nur mit Genehmigung zulässig ist.

Bei der Verwendung von nicht selbst erstellten Videos sollte darüber hinaus beachtet werden, dass sie nur von sicheren Anbietern wie beispielsweise YouTube oder MyVideo verwendet werden und ihre Inhalte nicht offensichtlich rechtswidrig sind.

Sofern über das Netzwerk Meinungsbildung betrieben werden soll, muss sichergestellt werden, dass veröffentlichte Tatsachen nachweisbar wahr sind und nicht schmähend wirken. Darüber hinaus sollte bei Meinungsäußerungen über Wettbewerber und ihre Produkte sowie bei Vergleichen mit Wettbewerbsprodukten eine Veröffentlichung nur erfolgen, wenn sie wettbewerbsrechtlich geprüft worden ist.

Werden soziale Netzwerke konkret zur Veröffentlichung von Angeboten inklusive Preisen genutzt, gelten auch hier die zu beachtenden Pflichten aus der Preisangabenverordnung (PAngV).

Wie sieht es mit den weiteren Informationspflichten aus? Muss ich, beispielsweise im Textilbereich, alle Pflichtangaben auch im Facebook-Posting übernehmen, wenn ich ein konkretes Angebot poste?

Es muss zumindest sichergestellt werden, dass der Kunde bei der Einleitung des Bestellvorgangs umfassend über die nach Maßgabe der europäischen Textilkennzeichnungsverordnung aus dem Jahr 2011 erforderlichen Pflichtangaben informiert wird.

Ob dies im Einzelfall bereits durch das Facebook-Posting geschieht, ist eine Frage der Gestaltung des Posting. Es ist aber in jedem Fall anzuraten, dass das Facebook-Posting, wenn die Angaben dort nicht enthalten sind, mindestens einen entsprechend gekennzeichneten sogenannten sprechenden Link auf diese Pflichtangaben besitzt, sodass der Verbraucher die Angaben ohne Probleme erreichen kann. Er muss sie zwingend passiert haben, bevor er die Ware in den Warenkorb legt. Alles andere ist eine Frage des Einzelfalls und der Darstellung des Postings.

Onlinemarketing für Onlineshops – ein visueller Vergleich

Wenn Sie die letzten Kapitel aufmerksam durchgelesen haben, werden Sie nun auch wissen, dass es nicht das eine Marketingwerkzeug gibt, das für Ihren Shop alle Probleme löst. Sie werden sich wohl oder übel Ihren eigenen Werkzeugkasten zusammenstellen müssen und aus dem reichhaltigen Angebot die Marketingkanäle auswählen, die für Ihren Shop relevant sind. Und Sie werden für Marketing auf diesen Kanälen zahlen müssen – einmal an den Kanal selbst und einmal an einen Spezialisten, der sich mit dem Kanal wirklich auskennt.

Kaum einer dieser Kanäle steht dabei isoliert – alle hängen auf die eine oder andere Art miteinander zusammen. Jemand, der Ihr Video auf YouTube betrachtet hat, kann per Google-AdWords-Remarketing gezielt angesprochen werden, landet dann auf einer Landingpage, die Facebook-Tracking benutzt, um dann auf Facebook selbst wieder ein Banner mit Gutscheincode zu sehen.

Wir haben diese Zusammenhänge im Abschnitt »Customer Journey« auf Seite 103 bereits kurz angerissen. Da diese Zusammenhänge und der Mix der Kanäle aber so wichtig für den Erfolg Ihres Shops sind, schließen wir an dieser Stelle sozusagen die Klammer und greifen das See-Think-Do-Modell aus dem Abschnitt »See, think and do« auf Seite 408 nochmals für einen visuellen Vergleich auf.

In der Grafik in Abbildung 22-12 sind die zentralen Marketingkanäle aufgegriffen, die wohl in den meisten Strategien für Onlineshops vorkommen dürften. In der »See«-Phase kommt es zunächst darauf an, dass potenzielle Kunden Ihren Shop wahrnehmen, ohne dass bereits eine konkrete Kaufabsicht da ist. Dies geht sehr gut über das gezielte Ansprechen von Interessen, wie es beispielsweise über Facebook-Werbung – im Bild symbolisiert durch das Megafon – möglich ist. Auch Facebook-Rivale Google ermöglicht die gezielte Ansprache von Interessen und Demografien über das Werbenetzwerk Google AdSense. Als Werbetreibender können Sie mithilfe von Google-AdWords-Werbung gezielt die Werbeplätze des AdSense-Programms ansprechen und Ihre Werbung auf Seiten zu bestimmten Themen einblenden. Ähnlich funktioniert die Werbung auf der Videoplattform YouTube.

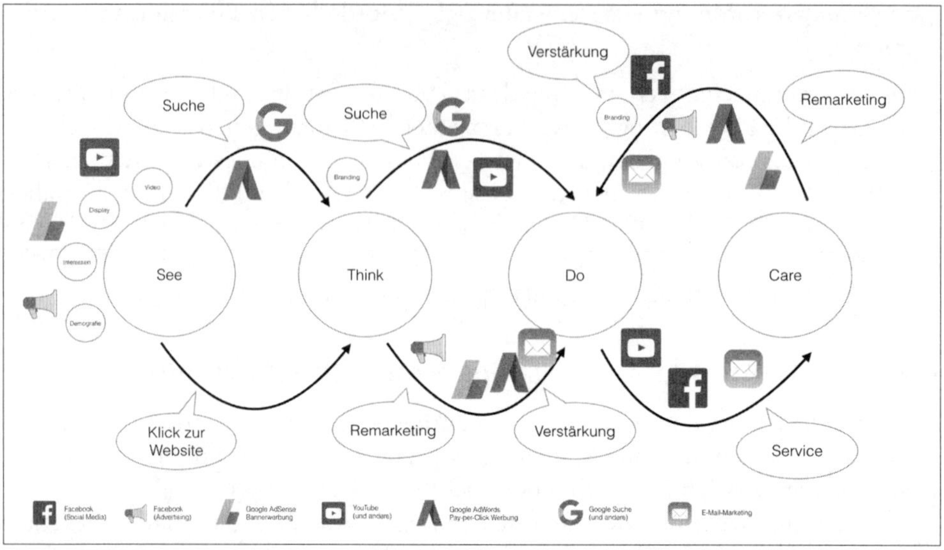

Abbildung 22-12: Stark vereinfachte Darstellung der Marketingkanäle in jeder Phase der Kundenbeziehung

Aus der »See«-Phase sollte der potenzielle Kunde jetzt nach Möglichkeit in die »Think«-Phase übergehen. Das kann zunächst durch einen Klick auf die jeweilige Werbung passieren. Es kann aber auch sein, dass die Werbung einen Rechercheprozess in Gang setzt und die Person beginnt, sich generell mit Ihrer angebotenen Leistung zu beschäftigen. Der potenzielle Kunde wird dann beginnen, durch verschiedene Suchanfragen das Thema weiter zu recherchieren, sodass Sie hier sowohl über Pay-per-Click Werbung (im Beispiel Google AdWords) aber auch durch die Werkzeuge der Suchmaschinenoptimierung möglichst häufig und prägnant platziert sein müssen.

In der »Think«-Phase überlegt der potenzielle Kunde nun verstärkt, ob er Ihr Produkt kaufen soll. Dazu gehören dann Besuche (plural!) auf Ihrer Website, die Sie mit den Werkzeugen des Remarketings weiter verstärken sollten, indem im Anschluss nach einem Besuch weitere Botschaften ausgespielt werden. Ein niedrigschwelliges Angebot wie ein Newsletter helfen, weitere Kontaktmöglichkeiten zum Kunden herzustellen. Idealerweise nimmt der potenzielle Kunde Sie jetzt bereits als eigene Marke wahr, sodass Sie von Branding-Effekten profitieren können.

Idealerweise wird der Interessent dann in der »Do«-Phase zum Kunden und kauft Ihr Produkt. Hier dürfen Sie aber nicht aufhören mit dem Marketing, denn einerseits kann aus einem Einmalkunden ein Stammkunde werden, zum anderen möchte man natürlich, dass der Kunde im Freundes-, Bekannten-, Familien- und Kollegenkreis für Sie Werbung macht. Hier schlägt jetzt die große Stunde des Social Media und des Newsletters, um den Kunden dauerhaft zu informieren und eventuelle Supportfragen zu klären. Letztendlich greifen dann in dieser »Care«-Phase wieder die gleichen Werkzeuge der Verstärkung mittels Remarketing, Social Media und E-Mail, um den Kunden weiter zu binden.

Die richtige Auswahl der Kanäle und Werkzeuge und ihre geschickte Vernetzung ineinander stellen nicht nur einen beständigen Strom von neuen Interessenten sicher, sondern sorgen auch dafür, dass Kunden, die einmal bei Ihnen gekauft haben, gern wiederkommen und Sie weiterempfehlen. Das Set-up selbst muss kontinuierlich angepasst und verfeinert werden. Dazu gehört auch, immer mal wieder mit neuen Werkzeugen zu experimentieren und an vorhandenen Werkzeugen neue Hypothesen zu testen. Ihr Marketing wird vermutlich nie ein Gleichgewicht erreicht haben, an dem es »einfach läuft«, sondern wird eine Daueraufgabe werden. Nur so kann es auf wechselnde Herausforderungen und Situationen angemessen reagieren.

In diesem Kapitel:

- Möglichkeiten der Datenerfassung
- Arten der Auswertung
- Analysewerkzeuge
- Praxisbeispiel: Wie erfolgreich ist mein Onlinemarketing?
- Die richtigen Schlüsse ziehen
- Daten, die Sie nicht erheben können
- Experten-Interview mit Olga Walter

KAPITEL 23

Shop-Controlling

Endlich ist es geschafft: Der Shop ist online, die ersten Bestellungen kommen herein, das Onlinemarketing läuft, life is good!

Doch bald schon stellen sich Zweifel ein. Woher wissen Sie, ob die Marketingaktionen vernünftig laufen? Wie viele Besucher schauen sich ein Produkt eigentlich nur an, kaufen es aber nicht? Wie viele Warenkorbabbrüche gibt es? Die Stunde des Controllings ist gekommen!

An Messwerten mangelt es nicht. Ihr Shopsystem hält bereits einige parat wie die Anzahl und Summe der Bestellungen des aktuellen Tags oder eines einzelnen Artikels. Externe Lösungen messen die Anzahl der Besucher auf der Website oder welche Produktseiten besonders häufig abgerufen wurden. Die Onlinemarketing-Werkzeuge steuern ihre eigenen Statistiken bei, Pay-per-Click-Werbung listet ebenfalls penibel jede Werbeeinblendung und jeden Klick auf.

Diese Werte zu korrelieren und die aussagekräftigen Eckdaten zu extrahieren erfordert zunächst einmal einen Überblick darüber, was alles gemessen wird, und dann einiges an Erfahrung, um die richtigen Schlüsse zu ziehen.

Möglichkeiten der Datenerfassung

In einem Ladenlokal fällt es schwer, neben den reinen Verkäufen andere relevante Kennzahlen zu messen.

Das Zählen von Besuchern des Geschäfts ist aufwendig, das Identifizieren von einmaligen und wiederkehrenden Besuchern – abgesehen von personalisierten Kundenkarten – nahezu unmöglich. Wie oft ein bestimmtes Kleid anprobiert, wie oft ein bestimmtes Buch aus dem Regal genommen wurde – ohne Totalüberwachung nicht machbar.

Ganz anders im digitalen Bereich, wo diese Totalüberwachung (im neutralen Sinne des Worts) gängige Praxis ist. Das Ansehen eines Artikels ist eine digitale Transaktion, die ebenso wie die Eingabe eines Suchbegriffs oder ein verwaister Warenkorb gemessen werden kann. Zwar gibt es auch im digitalen Bereich Unschärfen, sie betreffen aber eher die Zuordnung und Korrelation von Messwerten, nicht die Messung an sich.

Im technischen Verbund von Onlineshop und externen Diensten gibt es verschiedene Ansatzpunkte, an denen sinnvoll Daten erhoben werden können.

Shopsystem, Warenwirtschaft und Versandhandelssoftware

Ihre Shopsoftware bzw. die Warenwirtschaft oder Versandhandelssoftware weiß natürlich am genauesten über die Transaktionen im Onlineshop Bescheid. In einer Übersicht sehen Sie auf einen Blick die tagesaktuelle Zahl der Bestellungen und ihren Wert, meist auch kumuliert über einen längeren Zeitraum.

Jeder einzelne Artikel kann auf Knopfdruck eine Statistik produzieren, wie oft er verkauft wurde, ob er zu den »Lager-Rennern« gehört oder zu den »Lager-Pennern«. Zu jedem Kunden gibt es detaillierte Angaben über die bisherigen Bestellungen, das Shopsystem klassifiziert die Kunden auf Wunsch auch automatisch.

Allen statistischen Daten gemeinsam ist, dass Sie nur innerhalb des jeweiligen Systems zur Verfügung stehen. Eine vernünftige Auswertung gehört nicht zu den Kernkompetenzen eines Shopsystems, sodass Sie dort meist die Daten über viele Rubriken verteilt suchen müssen. Besser sieht es mit Warenwirtschaft oder Versandhandelssoftware aus, die deutlich mehr Wert auf Auswertungen oder Statistiken legen. Diese Daten befinden sich aber lediglich im geschlossenen System selbst – die Verknüpfung der Daten mit den Daten anderer Systeme (z. B. mit Suchmaschinen oder Google AdWords) ist nicht vorgesehen.

Webserver

Ihr Onlineshop befindet sich auf einem Webserver, der die vom Shopsystem generierten Webseiten an die Webbrowser der Besucher des Shops ausliefert. Die Chancen stehen gut, dass Ihr Shop einen Webserver von Apache oder Microsoft verwendet, denn beide Hersteller haben einen gemeinsamen Marktanteil von 70 %. Beide Serversysteme, wie auch die meisten weniger relevanten Webserver, können umfangreiche Protokolle führen. In diesen Webserver- Logs sind alle Abrufe jedes einzelnen Elements einer Website verzeichnet. Bei einer Website mit drei Bildern sind das schon vier Einträge: der HTML-Code der Seite selbst sowie die individuellen Abrufe der drei Bilder.

Diese Logfiles waren früher der einzige Weg, herauszufinden, wie viele Abrufe einer Website getätigt wurden und welche Seiten besonders beliebt waren. Ein ganzer Markt von Zusatzprogrammen entstand, der die Logfiles analysiert und in Grafiken und Diagrammen aufbereitet hat. Mit der zunehmenden Dynamisierung von Websites, die zum Zeitpunkt des Abrufs durch den Benutzer erst aus einer Datenbank zusammengesetzt wurden, verbunden mit immer größeren Abrufzahlen durch die weitere Verbreitung des Internets, ist diese Art der Analyse faktisch ausgestorben.

Der Webserver ist zwar immer noch die maßgebliche Instanz, dem die Auslieferung der Seiten obliegt. Zum Protokollieren von statistisch relevanten Daten wird er jedoch kaum noch herangezogen.

Externe Analysesysteme

Als Google im Jahr 2005 die Analysesoftware Urchin aufkaufte, war dies der Wendepunkt weg von der Logfile-Analyse hin zur Tag-basierten Analyse. Als eines der ersten Systeme ermöglichte Urchin neben der reinen Auswertung der Logfiles auch das Einbetten der für den Webnutzer unsichtbaren Tags auf der Website, deren Abruf dann ausgewertet werden konnte.

Google benannte das Produkt in Google Analytics um und gab es ein Jahr später zur allgemeinen kostenlosen Benutzung frei, was den bislang von sehr komplexen und teuren Lösungen beherrschten Markt komplett umkrempelte. Folgerichtig ist Google Analytics das beliebteste und am weitesten verbreitete Analysewerkzeug.

Warum Google aus dem ehemals kostenpflichtigen Programm Urchin eine kostenlose Variante machte, liegt auf der Hand: Google kann die erhobenen Daten von Milliarden Websites in die eigenen Auswertung einfließen lassen.

Sämtliche externen Systeme benötigen ein Tag bzw. einen Tracking-Code, also ein kleines Script, das auf jeder einzelnen Seite eingebunden wird. Der Tracking-Code übermittelt den Abruf der Seite an das Analysesystem. Daher ist eine Seite ohne Tracking-Code für das Analysesystem unsichtbar. Da bei Shopsystemen die Seiten dynamisch aus einer Datenbank erstellt werden, muss der Tracking-Code nur einmal zentral hinterlegt werden und wird dann automatisch in jede generierte Seite eingebaut.

Die Statistiken werden üblicherweise ebenfalls über eine spezielle Website abgerufen. Das kann eine Seite auf dem eigenen Webserver sein, falls es sich um ein selbst gehostetes System wie Piwik handelt.

Meist ist es aber eine Seite des Herstellers der Analysesoftware, auf der man sich mit individuellen Zugangsdaten einloggen muss. Dies bedingt, dass man die Analysedaten an diesen Anbieter übertragen muss, wovon datenschutzrechtliche Überlegungen betroffen sind. Es bedeutet ebenfalls, dass man – anders als bei Server-Logfiles – kein Backup der Rohdaten hat. Löscht man versehentlich seinen Account beim Anbieter der Analysesoftware oder beschließt man, ein kostenpflichtiges Analyse-Abonnement zu beenden, verliert man die bisherigen Auswertungen, sofern man nicht regelmäßig Berichte exportiert hat.

Onlinemarketinglösungen

Egal, ob Newslettersoftware oder Suchmaschinenwerbung – alle Werkzeuge zum Onlinemarketing bringen ihre eigenen Auswertungen und Statistiken mit. Sie lassen in aller Regel kaum Wünsche offen und vereinen Übersichten wie detaillierte Berichte in übersichtlichen Grafiken und Tabellen.

Meist gibt es auch Schnittstellen zu externen Systemen oder zumindest zu Google Analytics, über die die Auswertungen dann mit anderen Daten korreliert werden können. So kann z. B. der Versand eines Newsletters mit dem Besucherverhalten im Shop abgeglichen werden, sodass man direkt sieht, wie viele Besuche im Onlineshop auf einen spezifischen Newsletter zurückzuführen sind.

In der erweiterten Auswertung ist es natürlich auch möglich, nicht nur die Besuche im Onlineshop, sondern auch die Käufe auf Basis des Newsletterversands zu erheben.

Arten der Auswertung

Üblicherweise setzen Shopbetreiber ein externes Analysewerkzeug ein und verbinden es mit den maßgeblichen Services wie Google AdWords oder MailChimp. Die einzelnen Abrufe können beliebig kombiniert werden. Ob eine Statistik über den Abruf von Produktseiten von Benutzern aus Dortmund mittwochs um 3 Uhr nachts für den Shopbetrieb relevant ist, sei dahingestellt. In Google Analytics oder anderen Werkzeugen wäre sie aber nur wenige Mausklicks entfernt.

Neben dem Befriedigen eines Bedürfnisses nach exotischen Auswertungen gibt es im E-Commerce eine ganze Reihe sinnvoller Auswertungen, die für Sie als Shopbetreiber relevant sind.

Besucheranalyse

Wie viele Besucher schauen sich meinen Shop eigentlich an? Die klassische Frage der Besucheranalyse wird meist auf der ersten Ansicht der Analysesoftware angezeigt. Aktuelle Software ist recht gut in der Lage, individuelle Besucher quantitativ zu identifizieren. Rufen Sie heute eine Website ab und morgen erneut, erkennt das Analysewerkzeug dies und zählt einen Besucher und zwei Sitzungen. Ältere System würden stattdessen zwei Besucher mit jeweils einer Sitzung erkennen – ein deutlicher Unterschied.

Einer der wichtigen Werte ist die absolute Zahl der Besucher über einen längeren Zeitraum. Hier wäre eine kontinuierliche Steigerung wünschenswert, denn dies bedeutet einen stetigen Zufluss an potenziellen neuen Kunden. In diesem Zusammenhang relevant ist die Anzahl der wiederkehrenden Besucher im Vergleich zu den neuen Besuchern.

Wiederkehrende Besucher kennen den Shop schon und haben vielleicht bereits einmal gekauft. Ein erneuter Verkauf an diese Gruppe kann einfacher sein, als Neukunden zu gewinnen.

Die geografische Herkunft Ihrer Besucher ist wichtig für die weitere Ausrichtung des Shops. Eine hohe Zahl von Besuchen aus dem Ausland könnte z. B. eine weitere Sprache im Shop rechtfertigen. Das Identifizieren von Städten mit besonders hohen Abrufzahlen kann die Steuerung von Suchmaschinenwerbung beeinflussen.

Ebenfalls für die weitere Entwicklung des Shops relevant ist die Anzahl der Besucher, die mit einem Mobilgerät – Smartphone oder Tablet – den Shop besuchen. Wir beobachten hier seit Jahren steigende Zahlen im mobilen Bereich. Eine hohe Zahl von Mobilzugriffen sollten Sie dabei mit der Absprungrate korrelieren. Dabei zeigt sich schnell, ob die mobile Version des Onlineshops eine Optimierung benötigt.

Zunehmend halten demografische Merkmale Einzug in die Besucheranalyse. Durch (anonymisierten) Abgleich mit Daten aus Google+ oder Google Mail kann beispielsweise Google Analytics die Besucher nach Geschlecht oder Altersgruppe sortieren. Diese Analysen können unmittelbaren Einfluss auf das Produktprogramm, die Navigation oder Dinge wie die Schriftgröße haben. Zeigt sich, dass der überwiegende Teil der Besucher 50+ ist, wären ein stärkerer Kontrast und größere Schrift im Shop eine Überlegung wert.

Seitenanalyse

Nachdem wir jetzt wissen, wer die Besucher des Shops sind, ist die nächste wichtige Frage, was die Besucher eigentlich im Shop machen.

Der erste wichtige Wert ist die Zielseite, also die erste Seite Ihres Shops, die ein Besucher angeschaut hat. Bei Weitem nicht jeder Besucher steigt über die Startseite in den Onlineshop ein. Jede einzelne Seite des Shops kann eine Einstiegsseite sein, da ja auch jede einzelne Seite über Suchmaschinen zu finden ist oder dort sogar gezielt beworben wird.

Insbesondere in Kombination mit den Ausstiegsseiten – also jenen Seiten des Shops, die Ihre Besucher als letzte anschauen – ergibt sich das komplette Bild. Ein gewisses Maß an Ausstiegen auf der Startseite findet man bei jedem Shop. Es handelt sich um die Besucher, die auf den ersten Blick sehen, dass sie bei Ihnen falsch sind.

Ob hier Handlungsbedarf gegeben ist, lässt sich nicht exakt sagen. Eine sehr hohe Zahl von Ausstiegen auf der Startseite könnte darauf hindeuten, dass Ihre Zielgruppenansprache falsch ist.

Das Statistikpaket Google Analytics bietet eine grafische Aufbereitung des Besucherflusses auf der Website an, wie in Abbildung 23-1 zu sehen. Hier können Sie auf einen Blick Bereiche erkennen, bei denen die Absprungrate überproportional hoch ist, was eine Optimierung der Seite notwendig machen könnte.

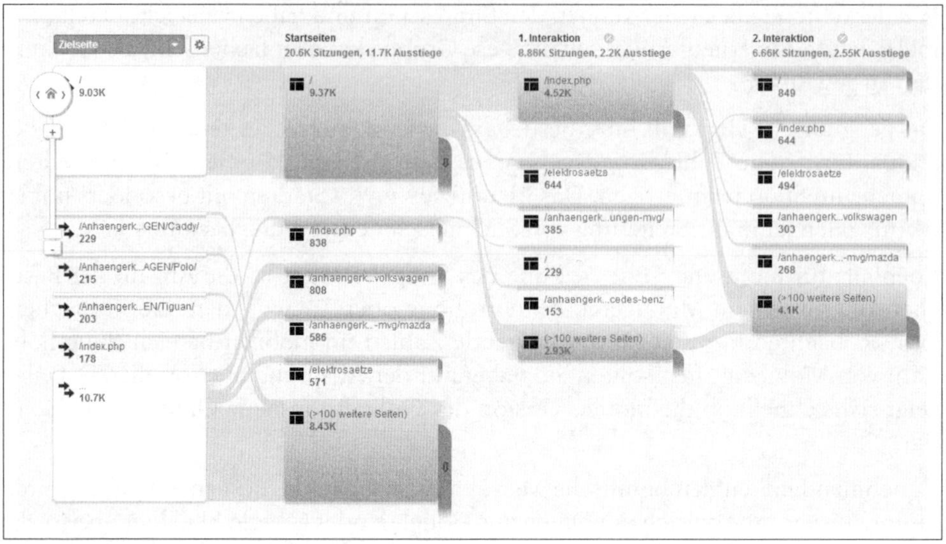

Abbildung 23-1: Google Analytics, Darstellung des Benutzerflusses

Auch erkennen Sie auf einer solchen Übersicht, wenn Besucher sich verirren, also zwischen den gleichen Seiten immer wieder hin- und herspringen. Handelt es sich um Produktseiten, kann es sich um den Vergleich von Produkten handeln. Springt aber eine signifikante Zahl von Besuchern immer wieder zwischen einem Produkt und der Startseite hin und her, deutet dies auf ein Problem der Navigation hin.

Ein sehr wichtiger Datenbestand ist die Liste der Referrer – derjenigen Seiten, über die ein Besucher in Ihren Shop gekommen ist. Ein nicht unbeträchtlicher Teil davon wird von Suchmaschinen stammen, den Löwenanteil davon wird Google für sich beanspruchen. Es empfiehlt sich aber, auch nach den Anteilen der kleineren Suchmaschinen zu schauen. Dies kann die Grundlage für Suchmaschinenwerbung auf diesen Plattformen bilden, wenn die Zahl der Besucher interessant genug erscheint.

Kommt ein Besucher über eine Suchmaschine, sehen Sie auch die Suchbegriffe, die zum Finden Ihres Shops eingegeben wurden. Leider erscheint in diesen Berichten ein zunehmend größer werdender Anteil an Keywords nicht, da Google bei eingeloggten Benutzern – also Benutzern, die an irgendeinem Google-Dienst wie Google+, Google Mail, YouTube, Google AdWords oder Google Analytics zum Zeitpunkt der Suche aktiv angemeldet waren – Suchbegriffe nicht mehr übermittelt.

In den Statistiken wird dies lapidar als »not provided« angezeigt. Es gibt keine offizielle Erklärung, welche Überlegungen hinter diesem Vorgehen stecken. Der Verdacht liegt nahe, dass es sich um die Förderung des Anzeigenverkaufs via Google AdWords handelt, da die gleichen Daten dort wiederum erhoben werden können.

Andere Suchmaschinen und nicht eingeloggte Google-Benutzer liefern aber nach wie vor die Suchbegriffe bei ihren Besuchen mit, die als Grundlage für eine Analyse genutzt werden können. Bitte beachten Sie, dass sie hier nur diejenigen Suchbegriffe sehen, über die Ihr Shop gefunden UND besucht wurde! Den Anteil der Personen, die den Shop zwar gefunden, aber nicht besucht haben, sehen Sie nicht. Und schon gar nicht den Anteil der Personen, die Suchbegriffe eingegeben haben, die zwar für Sie relevant wären, über die Ihr Shop aber bei Google & Co. gar nicht auftaucht. Beäugen Sie diese Auswertung also äußerst kritisch und unter dem Aspekt »Was fehlt?«.

Unter den Verweisseiten finden sich vermutlich auch Seiten, die keine Suchmaschinen sind. Sie sollten genau hinschauen, um welche Seiten es sich handelt. Taucht Facebook unter den Referrern auf, obwohl Sie (noch) nicht dort aktiv sind, zeigt dies, dass in dem sozialen Netz über Ihren Onlineshop gesprochen wird.

Links von Branchenverbänden und IHK-Verzeichnissen finden Sie dort ebenso wie Verweise aus Fachforen oder von privaten Websites. Alle diese Verweise sollten Sie sich anschauen, um zu sehen, in welchem Umfeld dort ein Link auf Sie gesetzt wurde. Unter Umständen kann dies der Anlass sein, mit einem Websitebetreiber eine Marketingaktion zu planen, es kann aber auch Einschreiten im Sinne der Schadensbegrenzung bedeuten, falls negative Äußerungen getätigt wurden.

E-Commerce-Analyse

Wichtige Einblicke erhält man, wenn man das Analysesystem mit Daten der Transaktionen im Shop verknüpft. Denn nur so lassen sich z. B. Verweiswebseiten oder Werbemaßnahmen nach ihrer kommerziellen Relevanz beurteilen. Diese Datenverknüpfung können die Analysewerkzeuge jedoch nicht allein herstellen – hier ist spezifische Arbeit von Seiten des Shops nötig.

Google Analytics bietet umfangreiches E-Commerce-Tracking an. Im Shop muss dafür nach erfolgter Transaktion ein Datensatz an Google übermittelt werden, der die gekauften Produkte und deren Preise beinhaltet. Mit diesen Werten kann Google Analytics nun Relationen zu den anderen erhobenen Daten herstellen.

In Abbildung 23-2 sieht man die Google-Analytics-Übersicht für eine Produktfamilie. Allein diese aufbereitete, sortierbare Übersicht ist mehr als manches Shopsystem bietet. Die Leistung jedes einzelnen Produkts kann auch auf einer Zeitachse dargestellt werden, sodass man gut saisonale Aspekte erkennen kann.

Produkt	↑ Menge	Eindeutige Käufe	Produktumsatz	Durchschnittlicher Preis	Durchschnittsmenge
	69 % des Gesamtwerts: 2,89 % (2.387)	22 % des Gesamtwerts: 3,15 % (698)	442,20 € % des Gesamtwerts: 3,33 % (13.292,60 €)	6,41 € Website-Durchschnitt: 5,57 € (15,08 %)	3,14 Website-Durchschnitt: 3,42 (-8,29 %)
1. ALTA MODA Alpaca	16 (23,19 %)	6 (27,27 %)	104,00 € (23,52 %)	6,50 €	2,67
2. ALTA MODA Cashmere	41 (59,42 %)	13 (59,09 %)	266,50 € (60,27 %)	6,50 €	3,15
3. ALTA MODA Color	3 (4,35 %)	1 (4,55 %)	20,85 € (4,72 %)	6,95 €	3,00
4. ALTA MODA Fine	3 (4,35 %)	1 (4,55 %)	11,85 € (2,68 %)	3,95 €	3,00
5. ALTA MODA Super Baby	6 (8,70 %)	1 (4,55 %)	39,00 € (8,82 %)	6,50 €	6,00

Abbildung 23-2: Google Analytics E-Commerce-Tracking

Die wahren Stärken spielt das E-Commerce-Tracking aus, wenn andere Daten hinzugezogen werden. Entscheiden sich Ihre Kunden eher schnell, oder wird der Kauf reiflich überlegt? Die Antwort findet sich im Bericht »Zeit bis zum Kauf«. Das Beispiel in Abbildung 23-3 zeigt, dass der überwiegende Teil der Kunden unmittelbar am ersten Tag (nicht zwingend beim ersten Besuch) kauft, über 10 % der Käufer sich aber zwei Wochen und mehr Zeit lassen, bis sie einen Einlauf tätigen.

Tage bis zur Transaktion	Transaktionen	Prozentsatz
0	261	82,33 %
1	5	1,58 %
2	3	0,95 %
3	4	1,26 %
7-13	7	2,21 %
14-20	5	1,58 %
21-27	8	2,52 %
28+	24	7,57 %

Abbildung 23-3: Tage bis zur Transaktion

Für Ihre Marketingaktivitäten wesentlich ist der Bericht, der die verschiedenen Besucherquellen mit den E-Commerce-Transaktionen zusammenfasst, wie in Abbildung 23-4 beispielhaft dargestellt. Diese Ansicht zeigt für jede Art von Besucherquelle die Ergebnisse an.

Default Channel Grouping	Akquisition			Verhalten			Conversions E-Commerce		
	Sitzungen	Neue Sitzungen in %	Neue Nutzer	Absprungrate	Seiten/Sitzung	Durchschnittl. Sitzungsdauer	Transaktionen	Umsatz	E-Commerce-Conversion-Rate
	9.101 % des Gesamtwerts: 100,00 % (9.101)	58,56 % Website-Durchschnitt: 58,52 % (0,08 %)	5.330 % des Gesamtwerts: 100,08 % (5.326)	31,39 % Website-Durchschnitt: 31,39 % (0,00 %)	6,82 Website-Durchschnitt: 6,82 (0,00 %)	00:04:01 Website-Durchschnitt: 00:04:01 (0,00 %)	317 % des Gesamtwerts: 100,00 % (317)	13.394,35 € % des Gesamtwerts: 100,00 % (13.394,35 €)	3,48 % Website-Durchschnitt: 3,48 % (0,00 %)
1. Organic Search	5.321 (58,47 %)	63,47 %	3.377 (63,36 %)	22,80 %	7,62	00:04:25	199 (62,78 %)	8.515,92 € (63,58 %)	3,74 %
2. Direct	1.709 (18,78 %)	54,42 %	930 (17,45 %)	37,74 %	6,53	00:04:06	64 (20,19 %)	2.514,01 € (18,77 %)	3,74 %
3. Referral	911 (10,01 %)	54,77 %	499 (9,36 %)	37,32 %	5,86	00:03:34	24 (7,57 %)	1.132,94 € (8,46 %)	2,63 %
4. Paid Search	612 (6,72 %)	62,42 %	382 (7,17 %)	63,40 %	3,71	00:01:53	20 (6,31 %)	723,55 € (5,40 %)	3,27 %
5. Social	423 (4,65 %)	24,11 %	102 (1,91 %)	58,16 %	3,50	00:02:03	3 (0,95 %)	77,20 € (0,58 %)	0,71 %
6. Email	90 (0,99 %)	23,33 %	21 (0,39 %)	23,33 %	9,49	00:05:54	6 (1,89 %)	368,18 € (2,75 %)	6,67 %
7. (Other)	31 (0,34 %)	61,29 %	19 (0,36 %)	9,68 %	12,52	00:05:37	1 (0,32 %)	62,55 € (0,47 %)	3,23 %
8. Display	4 (0,04 %)	0,00 %	0 (0,00 %)	25,00 %	4,50	00:02:08	0 (0,00 %)	0,00 € (0,00 %)	0,00 %

Abbildung 23-4: Google-Analytics-Channels

Auf dem Bild sieht man 90 Sitzungen, die durch E-Mail-Marketing zustande gekommen sind und 368,18 Euro Umsatz generiert haben. Die Beträge und absoluten Besuche sind zwar gering, die Konversionsrate von 6,67 % aber die höchste aller Kanäle. Ein klares Zeichen, dem Bereich E-Mail-Marketing noch mehr Aufmerksamkeit zu widmen.

Eventuellen Problemen mit dem Checkout-Prozess geht man mit der Trichteranalyse (im Englischen »Funnel« genannt) nach. Abbildung 23-5 zeigt exemplarisch den Checkout des Onlineshops.

Abbildung 23-5: Google-Analytics-Funnel-Analyse

Jede Stufe der Kette ist eindeutig identifizierbar: Vom Warenkorb geht es zur Registrierung, von dort zur Versandart etc. Je nachdem, wie der Checkout aufgebaut ist, sind in der Übersicht mehr oder weniger Schritte aufgezählt (siehe dazu auch Kapitel 11, *Checkout-Prozess*, auf Seite 201).

Bei jedem einzelnen Schritt geht eine gewisse Menge Besucher weiter zum nächsten Schritt und eine gewisse Menge Besucher verlässt den Checkout. Man spricht dann von Absprüngen und verwaisten Warenkörben. Im Idealfall würden natürlich 100 % der Kunden, die den Checkout-Prozess beginnen, am Ende den Kauf tätigen. In der Praxis ist das leider nie der Fall. Die Gründe für Kaufabbrüche sind vielfältig, oft ist es eine fehlende Zahlungs- oder Versandart, die zum Abbruch führt.

Über die Funnel-Analyse kann man diese Schwachstellen entlarven. Denn neben den absoluten Zahlen der Personen, die an einer Stelle des Warenkorbs abspringen, sind die einzelnen Seiten, zu denen die Personen wechseln, sichtbar. So kann man beispielsweise erkennen, ob wichtige Angaben im Checkout-Prozess fehlen oder ob die Interessenten abgelenkt oder verunsichert werden. Im abgebildeten Beispiel ist Schritt 2 »Melden Sie sich an« ein Schritt, den man definitiv nochmals untersuchen sollte.

Im Beispiel sieht man auch, dass Kunden teilweise in der Mitte des Checkouts einsteigen. Hierbei handelt es sich meist um Warenkörbe, die nach einer gewissen Zeit wieder aufgegriffen und zum Abschluss gebracht werden, oder um Kunden, die im Checkout-Prozess einzelne Punkte mehrfach anspringen – auch dies deutet auf einen nicht ideal designten Prozess hin.

Analysewerkzeuge

Es gibt zahlreiche externe Analysewerkzeuge. Eine gute Übersicht, die jedoch auf die reine Webanalyse beschränkt ist, findet sich auf *http://de.wikipedia.org/wiki/liste_von_web-analyse-software*.

Daneben gibt es zahlreiche Anbieter, die spezielle Lösungen für E-Commerce und Onlineshops anbieten. Die Nutzungslizenzen kosten allerdings nicht selten mehrere Hundert Euro im Monat und kommen daher nur für Shops einer gewissen Größe infrage.

Mit Google Analytics und Piwik stehen zwei kostenlose, flexible und in Deutschland sehr beliebte Lösungen bereit, die als Quasi-Standard im E-Commerce gelten können.

Google Analytics

Wer mit Google AdWords Onlinewerbung schalten möchte, kommt an Google Analytics nicht vorbei. Die beiden Dienste sind mittlerweile sehr eng verzahnt und beziehen Daten voneinander.

Google Analytics ist eine extrem umfangreiche, flexible und erweiterbare Lösung. Bereits die Standardberichte geben dem Shopbetreiber wertvolle Hilfestellungen bei der Analyse des Nutzerverhaltens im Shop. Nutzt man außerdem das oben bereits geschilderte E-Commerce-Tracking und konfiguriert die Funnel-Analyse, bekommt man einen detaillierten Einblick in den Shop, der Grundlage für zahlreiche strategische Entscheidungen sein kann.

Google Analytics ist nahezu beliebig erweiterbar. Es gibt klar definierte Schnittstellen, über die weitere Daten eingespeist werden können. Durch minimale Erweiterungen auf der Website können zusätzliche Ereignisse erfasst werden. Wollen Sie wissen, wie viele Käufer anschließend den Newsletter abonniert haben? Eine kleine Erweiterung im Programmcode des Shops und die Zahlen stehen in Google Analytics zur Verfügung. Genauso ist es beispielsweise möglich, aktuelle Wetterdaten in die Auswertungen einfließen zu lassen, um einen Zusammenhang zwischen schlechtem oder gutem Wetter und dem Kaufverhalten im Shop herzustellen.

In Deutschland steht Google Analytics in der Kritik der Datenschützer. Bewegungsdaten im Netz, also welche Website man aufgerufen hat, zählen zu den personenbezogenen Daten. Die Befürchtung bei der Nutzung von Google Analytics ist, dass die erhobenen Daten so weit destilliert werden können, das man Profile einzelner Personen erstellen kann. Dass Google genau das selbst verhindert und zu genaue Auswertungen unterbindet, scheint in der emotional geführten Diskussion nicht zur Kenntnis genommen zu werden. Hinzu kommt, dass die Daten auf Google-Servern in den USA gespeichert werden, auch das ist spätestens seit den Überwachungsenthüllungen des Sommers 2013 ein rotes Tuch für viele.

Die Kompromisslösung für den datenschutzkonformen Einsatz von Google Analytics in Deutschland sieht drei Schritte vor:

- Abschluss eines »Vertrags zur Auftragsdatenverarbeitung nach den Vorschriften des Bundesdatenschutzgesetzes« mit Google. Ein entsprechendes Vertragsformular kann von Google Analytics heruntergeladen werden. Der Shopbetreiber muss es unterschreiben und zur Europäischen Google-Zentrale in Dublin senden. Dort wird es ebenfalls unterschrieben und zurückgesendet. Dieser Vorgang dauert mehrere Wochen.
- Aufklärung der Besucher über die Nutzung von Google Analytics mitsamt konkreten Anleitungen, wie die Besucher aktiv der Erfassung entgegenwirken können. Die Aufklärung darüber findet in der Datenschutzerklärung statt. Google stellt keine Formtexte dafür zur Verfügung, es gibt aber zahlreiche Seiten im Web, die entsprechende Texte nach Anklicken der Ausgangsparameter für Sie generieren. Letzte Sicherheit kann Ihnen nur ein auf E-Commerce spezialisierter Anwalt bieten, siehe dazu auch das Kapitel 14, *Rechtliche Aspekte*, auf Seite 329.
- Als Letztes müssen die erhobenen Daten anonymisiert werden. Google Analytics erfasst die individuelle IP-Adresse des Computers oder Mobilgeräts, mit dem Besucher im Shop unterwegs sind. Die Anonymisierung fasst nun jeweils 255 dieser IP-Adressen (für Fachleute: das letzte Oktett der IP-Adresse) zusam-

men. Die Identifizierung einer einzelnen Person ist damit nicht mehr möglich. Diese Anonymisierung muss manuell in den Google-Analytics-Code integriert werden. Die entsprechende Zeile, die hinzugefügt werden muss, lautet: ga('set', 'anonymizeIp', true);

Unsere Empfehlung ist ganz eindeutig: Google Analytics benutzen und durch die weiter oben beschriebenen Funktionen erweitern. Der Funktionsumfang sucht seinesgleichen, die Verzahnung mit anderen wichtigen Google-Diensten ist vorbildlich, die kostenlose Nutzung schont das Budget für laufende Kosten.

Google Analytics Premium

Neben der kostenlosen Variante bietet Google mit Analytics Premium eine kostenpflichtige Version mit erweitertem Funktionsumfang an. Im Wesentlichen unterscheiden sich die Versionen anhand der Menge der verarbeiteten Daten und durch die Genauigkeit der Auswertungen. Die freie Version hat mit 10 Millionen Seitenaufrufen pro Monat eine Obergrenze, die in großen Onlineshops schnell erreicht werden kann. Aber auch für Shops, die weit unterhalb der Auswertungsgrenze liegen, kann sich die Premium-Version lohnen, denn die Auswertungen sind auf der einen Seite deutlich genauer. Zudem lassen sich mehr erhobene Daten exportieren (in der Grundversion max. 50.000) und in andere Analysewerkzeuge importieren. Nur bei AnalyticsPremium ist z. B. eine genaue Verknüpfung von Daten in Customer-Relationship-Managementsystemen (CRM) möglich.

In der Grundversion verarbeitet Analytics ab 500.000 Sitzungen nicht mehr die komplette Datenmenge, sondern berechnet auf Basis von Stichproben. Das muss natürlich nicht falsch sein, korrekt ist die Auswertung aber auch nicht. Bei Google Analytics Premium hingegen werden bis zu 50 Millionen Sitzungen tatsächlich ausgewertet.

Von den oben beschriebenen Metriken und Dimensionen lassen sich in der kostenfreien Version 20 anlegen, bei der Premiumversion ist es das Zehnfache. Neben einer Reihe anderer Feinheiten, die Sie auf *www.google.de/analytics/premium/features.html* vergleichen können, bietet Analytics Premium ein Service-Level-Agreement (SLA) über die Aktualität der Daten (maximal 4 Stunden gegenüber 24 Stunden und länger) und den Umfang der erfassten Daten. Während Analytics Premium Genauigkeit und Vollständigkeit der Datenerfassung mit 99,9 % garantiert, ist die Spalte für die Standardversion leer. Google gibt keinerlei Auskunft darüber, wie genau die Daten wirklich sind und ob alle Daten erfasst und verarbeitet wurden.

Die Kosten für Google Analytics Premium sind nicht transparent. Sie erfragen diese bei Google direkt. Abhängig sind sie letztlich vom Zielland und von der Menge der erhobenen Daten. Für bis zu einer Milliarde Seitenabrufe pro Monat zahlen Shopbetreiber eine jährliche Pauschalgebühr; ab einer Milliarde gelten Staffelpreise. Für fortgeschrittene Anwender, beim Einsatz von CRM-Systemen und wenn Daten professionell erhoben und verarbeitet werden sollen, kommen Sie um den Einsatz von Google Analytics Premium nicht herum.

Wenn Sie sich für die Funktionsweise von Google Analytics Premium in der Praxis interessieren, sollten Sie einen Blick auf die Fallstudie des Onlineshop GILT (*www.gilt.com*) werfen: *http://aix.li/GAP-fallstudie*.

Piwik

Wegen der Datenschutzbedenken gegenüber Google Analytics in Deutschland erfreut sich hierzulande die Lösung Piwik einer gewissen Beliebtheit. Piwik ist eine Open-Source-Software, deren Quellcode allgemein zugänglich ist. Dadurch ist sichergestellt, dass die Funktionsweise bis ins letzte Detail geklärt ist und man nachvollziehen kann, was mit den Daten tatsächlich passiert.

Piwik wird auf dem Webserver installiert, auf dem auch der Shop läuft. Sie haben also die komplette Kontrolle über die Software, und die erhobenen Daten gelangen auch nicht an Dritte. Dadurch enthebt man sich der Pflicht zum Abschluss einer Auftragsdatenverarbeitungsvereinbarung mit einem externen Anbieter (z. B. Google). Auf den Einsatz der Analysesoftware muss man in der Datenschutzerklärung dennoch hinweisen und Wege aufzeigen, wie man die Erfassung unterbinden kann.

Vom Funktionsumfang her gleicht Piwik Google Analytics, was die Basisausstattung angeht. Piwik ist etwas nüchterner in der Gestaltung gehalten, wobei man sich aber auch dort schnell zurechtfindet. Über spezielle Widgets kann man den Funktionsumfang erweitern und so beispielsweise auch E-Commerce-Tracking einrichten.

Die große Stärke von Google Analytics ist die intuitive Bedienung. Vieles von dem, was Analytics kann, lässt sich auch mit Piwik realisieren. Der Aufwand ist jedoch ungleich größer. Beachten Sie bitte auch, dass die sinnvolle Einrichtung und Implementierung von Piwik einige Erfahrung benötigt. Für Agenturen und Webentwickler ist Piwik in der Regel eine Spezialanforderung, die vom Standardfall Google Analytics abweicht. Sie müssen hier also mit höherem Aufwand bei der Implementierung rechnen.

Praxisbeispiel: Wie erfolgreich ist mein Onlinemarketing?

Google AdWords, E-Mail-Marketing, Bannerwerbung, Linktausch – Shopbetreiber stehen bei der Auswahl der richtigen Werbemaßnahmen vor einer Fülle von Möglichkeiten. Oft wird der Erfolg einzelner Kampagnen nur mit dem Bauchgefühl gemessen. Dabei zeigen Statistiken ganz genau, ob sich die Investition in einzelne Maßnahmen lohnt oder nicht.

Die Devise heißt nicht Big Data, sondern Smart Data. Es kommt nicht nur darauf an, möglichst viele Daten zu sammeln, sondern diese auch richtig zu interpretieren. Macht man das mit den Daten aus E-Commerce-Tracking und Besucherzahlen im Onlineshop, dann lässt sich schnell herausfinden, ob man mehr in E-Mail-Marketing oder lieber doch in den Bannertausch investieren sollte. Wichtige Voraussetzung ist dabei natürlich ein korrekt implementiertes E-Commerce-Tracking. Hierbei werden an den jeweiligen Statistikanbieter (in unserem Beispiel Google Analytics) neben den Besucherdaten wie z. B. die Herkunft, die Verweildauer oder der Klickwege auch Informationen zum jeweiligen Kauf übermittelt. Zu den Daten gehören z. B. der Warenkorbwert, die Anzahl der Artikel, Informationen über einzelne Artikel im Warenkorb, Versandkosten etc.

Die Kombination der beiden Datengruppen – Besucherdaten und Kaufdaten – bildet die Grundlage einer der wichtigsten Datenanalysen im E-Commerce. Das folgende, aktuelle Beispiel wurde uns freundlicherweise von einem Shopbetreiber zur Verfügung gestellt (Abbildung 23-6). Aus den einzelnen Zahlen lassen sich natürlich keine Empfehlungen für andere Branchen oder direkte Wettbewerber ableiten. Aber sie zeigen gut, welche Werbemaßnahme im Auswertungszeitraum für die nominal meisten Verkäufe sorgte (»Transkationen«) und wie hoch der tatsächliche Umsatz ist, der auf die jeweilige Werbemaßnahme zurückzuführen ist (»Umsatz«).

	Sitzungen ↓	Neue Sitzungen in %	Neue Nutzer	Absprungrate	Seiten/Sitzung	Durchschnittl. Sitzungsdauer	E-Commerce-Conversion-Rate	Transaktionen	Umsatz
	23.002 % des Gesamtwerts: 100,00 % (23.002)	55,59 % Durchn. für Datenansicht: 55,50 % (0,16 %)	12.786 % des Gesamtwerts: 100,15 % (12.767)	31,05 % Durchn. für Datenansicht: 31,05 % (0,00 %)	8,50 Durchn. für Datenansicht: 8,50 (0,00 %)	00:04:53 Durchn. für Datenansicht: 00:04:53 (0,00 %)	3,90 % Durchn. für Datenansicht: 3,90 % (0,00 %)	898 % des Gesamtwerts: 100,00 % (898)	34.725,05 € % des Gesamtwerts: 100,00 % (34.725,05 €)
1. Organic Search	14.013 (60,92 %)	56,43 %	7.907 (61,84 %)	28,72 %	8,90	00:04:55	4,16 %	583 (64,92 %)	21.798,14 € (62,77 %)
2. Direct	3.405 (14,80 %)	56,12 %	1.911 (14,95 %)	32,07 %	8,83	00:05:27	3,79 %	129 (14,37 %)	5.613,11 € (16,16 %)
3. Referral	2.397 (10,42 %)	55,86 %	1.339 (10,47 %)	35,79 %	6,53	00:04:19	2,34 %	56 (6,24 %)	2.191,70 € (6,31 %)
4. Paid Search	1.476 (6,42 %)	67,55 %	997 (7,80 %)	47,43 %	5,79	00:02:54	3,18 %	47 (5,23 %)	1.455,27 € (4,19 %)
5. Email	881 (3,83 %)	12,03 %	106 (0,83 %)	19,64 %	11,80	00:06:56	7,60 %	67 (7,46 %)	3.031,56 € (8,73 %)
6. Social	830 (3,61 %)	63,37 %	526 (4,11 %)	35,54 %	7,46	00:05:01	1,93 %	16 (1,78 %)	635,27 € (1,83 %)

Abbildung 23-6: Kampagnen und Konversionen: Suche, Links, E-Mail-Marketing, Social Media

Beispiel: Durchschnittliche Warenkorbgröße

Nicht direkt zu erkennen, aber leicht abzuleiten, ist die durchschnittliche Warenkorbgröße als ebenfalls wichtige Kenngröße im E-Commerce. Auf den ersten Blick scheint sich Social Media nicht zu lohnen: gerade einmal 635 Euro Umsatz. Im Vergleich zu der organischen Suche (21.798 Euro) auffallend wenig Umsatz. Die Warenkorbgröße zeigt ein etwas anderes Bild. Teilt man den Umsatz durch die Anzahl der Transaktionen, erhält man den Wert pro Verkauf (hier gerundet):

- Organische Suche: 37 Euro
- E-Mail-Marketing: 45 Euro
- Bezahlte Suche: 30 Euro
- Social Media: 39 Euro

Social Media liegt also in der Spitzengruppe der Warenkorbgröße. Stellt man nun den tatsächlichen entstandenen Aufwand (z. B. Personal oder Arbeitszeit) gegenüber, muss man selbst entscheiden, ob sich eine stärkere Investition in diesem Bereich lohnen könnte. Auffällig (aber nicht überraschend) ist, dass E-Mail-Marketing der Ausreißer im Marketingmix ist. Im Vergleich zur bezahlten Suche via AdWords liegt die Warenkorbgröße um 50 % höher. Nicht nur das: Auch die Konversionsrate liegt mit 7,6 % mehr als doppelt so hoch wie der Konversionsratenschnitt aus den anderen Kampagnen (3,08 %). Schauen wir uns diese Zahlen beispielhaft genauer an.

Neben der unbestritten notwendigen Werbung in Suchmaschinen (CPC) ist das E-Mail-Marketing das erfolgreichste Marketinginstrument für Onlineshops. Die

Beispielzahlen zeigen deutlich, welchen Stellenwert Mailkampagnen haben können. Was die Zahlen nicht unmittelbar zeigen, sind die mit den Maßnahmen verbundenen direkten und indirekten Kosten. Ein Klassiker im Vertrieb: Kalt-Akquise ist die teuerste Form der Kundengewinnung und -bindung. Bestehende Kontakte zu nutzen, ist weit weniger kostenintensiv. Und das gilt natürlich vor allem für den Versand von E-Mails an Bestandkunden.

In der Tabelle in Abbildung 23-7 sind die Werte der Mailkampagnen dunkler markiert, die AdWords-Kampagnen heller. Die absoluten Zahlen sprechen auf den ersten Blick natürlich für Suchmaschinenmarketing. Die Reichweite ist deutlich größer als die Reichweite bei E-Mails an Bestandkunden. Dem gegenüber stehen aber die Konversionsrate und der Umsatz pro Transaktion.

Kampagne	Medium	Sitzungen	Neue Sitzungen in %	Neue Nutzer	Absprungrate	Seiten/Sitzung	Durchschnittl. Sitzungsdauer	E-Commerce-Conversion-Rate	Transaktionen	Umsatz
		33.286	57,15 %	19.022	44,54 %	6,67	00:03:38	4,24 %	1.410	46.944,92 €
1. Google Shopping	cpc	8.596 (25,83 %)	67,82 %	5.830	58,06 %	4,63	00:02:19	3,46 %	297 (21,06 %)	8.252,65 €
2. Mercant Center Product Listing	cpc	7.961 (23,92 %)	65,85 %	5.242	61,70 %	5,06	00:02:57	5,93 %	472	10.863,78 €
3. Remarketing allgemein GDN	cpc	4.899 (14,72 %)	62,89 %	3.081	27,78 %	7,48	00:03:29	1,06 %	52	1.997,92 €
4. Werbung	Banner	2.143 (6,44 %)	72,52 %	1.564	25,24 %	7,28	00:03:41	1,40 %	30 (2,13 %)	857,70 €
5. [illegible]	cpc	1.332	83,33 %	1.110	79,13 %	1,36	00:00:38	0,00 %	0	0,00 €
6. 9ee871863f-Rueckholmail	email	1.075 (3,23 %)	21,02 %	226	16,47 %	14,47	00:08:41	11,35 %	122	6.159,96 €
7. 5951a9a06c-Gutschein_zur_Anmeldung	email	987 (2,97 %)	9,22 %	91	17,12 %	12,93	00:08:24	13,27 %	131	6.109,76 € (13,01 %)
8. [illegible] Marke	cpc	968 (2,91 %)	57,02 %	552 (2,90 %)	25,31 %	6,61	00:03:10	0,83 %	8	236,70 €
9. dd811e0437-18_12_2014	email	773 (2,32 %)	16,56 %	128	25,36 %	9,55	00:05:54	2,33 %	18	760,93 €
10. d0ff74a466-22_08_1_Jahr_[illegible]	email	755 (2,27 %)	15,76 %	119	20,93 %	12,57	00:07:50	8,08 %	61 (4,33 %)	3.186,59 €

Abbildung 23-7: Einzelne Kampagnen sollten einzeln betrachtet und miteinander verglichen werden.

Wichtige Vergleichskennziffer für die folgende Aufschlüsselung: Die durchschnittliche Warenkorbgröße für die AdWords-Kampagnen unseres Beispiels liegt bei 25,76 Euro.

- Rückholmails werden an Kunden verschickt, die mehr als einen definierten Zeitraum (Wochen oder Monate; abhängig vom Produkt) nicht mehr im Onlineshop gekauft haben. Diese erhalten eine Mail (»Wir vermissen Sie!«) und einen Gutschein für den nächsten Einkauf. 11 % aller Empfänger reagieren auf diese Mail und kaufen wieder im Onlineshop (statt zum Wettbewerber zu gehen). Trotz Gutschein (15 %) liegt der Einkaufswert allein dieser Mail mit rund 50 Euro weit über dem Durchschnitt (rabattbereinigt: 59,40 Euro).
- Zur Anmeldung zum Newsletter erhalten Kunden einen einmaligen Gutschein in Höhe von 10 %. Die Konversionsrate liegt bei 13 %, der Warenkorbwert mit 46,64 Euro immer noch deutlich über den Werten anderer Kampagnen (rabattbereinigt: 51,82 Euro).
- Kampagne 9, dd811e0437-18_12_2014: Ein herkömmlicher Newsletter kurz vor Weihnachten erzielt eine verhältnismäßig geringe Konversionsrate (2,33 %), aber eine immer noch beachtliche Warenkorbgröße von rund 42 Euro
- Kampagne 10, d0ff74a466-22_08_1_Jahr: Ein Jubiläumsnewsletter (ähnlich dem mirapodo-Jubiläumsnewsletter) bringt 8 % Konversionsrate und einen Durchschnittseinkauf von 52,24 Euro.

Zusammenfassung der obigen Zahlen: Die Mailkampagnen erzielen rund doppelt so große Warenkörbe und mitunter enorm hohe Konversionsraten. Der finanzielle Aufwand liegt pro Sitzung/Nutzer jedoch weit hinter dem durchschnittlichen Cost-per-Click der AdWords-Kampagnen.

Egal, welche Marketingkampagnen Sie für Ihren Onlineshop ins Auge fassen: Wichtig ist das korrekte Tracking aller Maßnahmen. Erst nach der Kampagne lässt sich feststellen, ob eine Kampagne tatsächlich erfolgreich war und weitergeführt werden sollte. Zudem muss natürlich deutlich unterschieden werden, welchen Zweck eine Kampagne verfolgt. Dient sie der Neukundengewinnung oder dient sie der Steigerung des Customer Lifetime Value (wie viel Umsatz bringt ein einzelner Kunde im Laufe der gesamten Kundenbeziehung?).

Wenn das Tracking implementiert und getestet ist, folgt eine angemessene Wartezeit. Um Zahlen richtig interpretieren zu können, benötigen Sie immer eine kritische Masse an Daten (Big Data), die sich interpretieren lassen. Haben Sie zu wenige Daten gesammelt, kommt es sehr leicht zu verfälschten Zahlen. Und wenn Sie über genügend Daten verfügen, die Sie auswerten können, liegt es an Ihnen, die richtigen Schlüsse daraus zu ziehen (Smart Data).

Unser Praxisbeispiel lässt folgende Empfehlungen zu:

- Verbesserung der Konversionsraten der AdWords-Kampagnen. Insbesondere die Remarketing-Kampagnen bieten noch Spielraum für Verbesserungen.
- Der Erfolg der E-Mail-Kampagnen sollte konsequent genutzt und weiter ausgebaut werden. Es gibt noch viele weitere Gründe, E-Mails zu verschicken!
- Social Media (ohne Advertising im Social-Media-Umfeld) spielt aktuell keine Rolle. Hier muss die Frage gestellt werden, ob der Aufwand den geringen Umsatz rechtfertigt oder ob hier noch andere Aspekte (Kundenservice, Empfehlungsmarketing, Konversionsvorbereitung) eine Rolle spielen, die mit den im Onlineshop eingesetzten Tracking- und Analyseverfahren nicht darstellbar sind.

Tipp Nicht ohne Grund gelten wir als Verfechter des E-Mail-Marketings im E-Commerce. Die obigen Zahlen sind nur ein Beispiel von vielen. Grundsätzlich lassen sich diese tendenziell aber auf viele Branchen übertragen. Autor Tobias Kollewe sprach über Newslettermarketing im E-Commerce mit Content-Experte Frank Bärmann, nachzulesen unter *www.kollewe.com/newsletter-im-content-marketing*

Die richtigen Schlüsse ziehen

Die beste statistische Auswertung hilft Ihnen nichts, wenn Sie nicht die richtigen Schlüsse daraus ziehen.

Ein Beispiel: Es ist Frühling/Sommer, und Sie betrachten die Auswertungen der vergangenen zwei Wochen zu den Besucher- oder Umsatzzahlen in Ihrem Onlineshop und stellen fest, dass am Wochenende beide Werte regelrecht einbrechen. Beginnend mit Freitagabend bis in die frühen montäglichen Morgenstunden tut sich in Ihrem Onlineshop fast nichts. Auf die Schnelle könnte man daraus ableiten, dass am Wochenende nicht gekauft wird. Infolgedessen verlagern Sie Ihre Marketingaktivitäten komplett auf die Tage von Montag bis Freitag.

Ohne weitere Einflussfaktoren zu betrachten, könnte sich diese Entscheidung als Fehleinschätzung erweisen. Vielleicht haben Sie nicht bedacht, dass gerade Osterferien sind, dass das Wetter viel zu schön zum Onlineshopping ist, dass ein Großereignis (wie die Fußballweltmeisterschaft) im Fernsehen übertragen wird oder dass Ihre AdWords-Kampagnen am Wochenende automatisch abgeschaltet werden.

Wenn Sie auf Basis dieser Fehleinschätzung Ihre Aktivitäten am Wochenende einschränken, kann dies an den sehr umsatzstarken Wochenenden im Weihnachtsgeschäft fatale Folgen für Ihren Shopumsatz haben.

Jedes Mal, wenn Sie Zahlen und Statistiken beurteilen, sollten Sie daher alle möglichen Umgebungsvariablen und Störfaktoren in Ihre Überlegungen mit einbeziehen und sich nicht von einer Fehlinterpretation leiten lassen.

Drei Faktoren sind bei der Auswertung von Zahlen immer wichtig:

- Der Zeitraum der Auswertung
- Die Menge der erhobenen Daten
- Der Vergleichszeitraum

Sie wollen wissen, ob Sie im Weihnachtsgeschäft viel Umsatz gemacht haben? Wenn Sie nur Verkäufe im Zeitraum vom 12. bis 15. Dezember betrachten, werden Sie ebenso ein falsches Ergebnis erhalten, als wenn Sie die Dezember-Umsätze mit denen vom Juni vergleichen.

Richtig wäre es, alle Verkäufe vom Black Friday bis zum 20.12. abzüglich der bis Mitte Januar zurückgeschickten Bestellungen zu erheben und mit dem gleichen Zeitraum und der gleichen Datenbasis im Vorjahr zu vergleichen.

Apropos Vergleich: Gerade bei hübsch aufbereiteten Graphen ist es leicht, eine Ähnlichkeit (Korrelation) zu entdecken. Daraus die richtigen Schlüsse zu Ursache und Wirkung (Kausalität) zu ziehen, ist die Aufgabe.

Wenn bei schönem Wetter nachweislich weniger im Onlineshop gekauft wird, heißt das nicht, dass Sie bei einem bevorstehenden Unwetter das Lager auffüllen sollten, weil deutlich mehr gekauft wird.

Tipp Wenn Sie mehr über den Einfluss von Wetterdaten auf die Umsätze in Onlineshops erfahren möchten, sollten Sie einen Blick auf *www.kokra.de/blog/der-einfluss-von-wetter-daten-auf-die-shop-conversion-rate.html* werfen.

Nils Kramer erklärt in seinem Blog, wie Sie Wetterdaten in Google Analytics einfließen lassen können.

Daten, die Sie nicht erheben können

Neben den Daten, die Sie mithilfe der Analysetools erheben und auswerten können, gibt es eine Reihe von Daten, die Sie nicht auswerten können, die aber mitunter viel interessanter sein können als die Daten, über die Sie bereits verfügen.

Diese Daten spielen gerade bei den Keywords in Suchmaschinen und Anzeigenwerbung (Google AdWords) und bei der Herkunft von Besuchern eine große Rolle.

In Ihren Statistiken können Sie sehen, über welche Links auf externen Seiten Besucher in Ihren Onlineshop gelangen oder welche Suchbegriffe sie bei Google oder Bing eingeben und hernach zu Ihnen weitergeleitet werden.

Was Sie in den statischen Auswertungen nicht sehen, sind die Suchbegriffe, die *nicht* zu Ihnen führen, und die Seiten, die *nicht* zu Ihnen verlinkt haben.

Sie sollten daher auch überlegen, welche Suchbegriffe in der Statistik eben nicht auftauchen, aber für Sie relevant sein könnten. Und Sie sollten überlegen, welche Seiten gute »Einfalltore« in Ihren Onlineshop sein könnten, und dort eventuell Werbung schalten oder eine provisionsabhängige Bannerschaltung (siehe Abschnitt »Affiliate-Marketing« auf Seite 464) anbieten.

Experten-Interview mit Olga Walter

Olga Walter ist seit ihrem dualen Studium im Versand- bzw. Onlinehandel tätig. Zuletzt hat sie bis Mai 2015 das CRM der windeln.de AG erfolgreich mit aufgebaut. Seitdem ist Olga Walter als CRM Specialist für verschiedene Unternehmen freiberuflich bzw. beratend tätig und hilft ihnen beim erfolgreichen Einstieg in das Thema CRM. Anfang des Jahrs ist ihr Buch »CRM für Onlineshops« erschienen, in dem sie praxisnah und anschaulich beschreibt, wie CRM für Onlineshops funktioniert. Daneben lehrt sie an der Dualen Hochschule Baden-Württemberg die Schwerpunkte E-Commerce, CRM und E-Mail-Marketing.

Immer wieder tauchen (auch hier im Buch) die Stichwörter »Zahlen, Analytics und Statistiken« auf. Warum sind Zahlen für den Onlinehandel so wichtig?

Das ist eine interessante Frage, vor allem weil man Onlinehandel meist ganz automatisch mit Zahlen in Verbindung bringt, ohne zu hinterfragen »Warum eigentlich«. Ich denke, Zahlen sind aus dem einen Grund untrennbar mit dem Onlinehandel verwoben, weil sie das einzige sind, was der Onlinehändler von seinem Kunden zurückbekommt. Der Onlinehändler kann nicht mit seinem Kunden sprechen, er sieht ihn nicht, kann ihn aufgrund seiner Erscheinung, seiner Körpersprache, die Art, wie er mit ihm spricht, nicht einschätzen. Das einzige, was der E-Commercer von seinem Kunden zu Gesicht bekommt, sind Zahlen. Nun war das im klassischen Versandhandel der 1930er- bis 1990er-Jahre auch schon so, allerdings bei Weitem nicht in dem Umfang. Damals wusste man nur, was und wie häufig ein Kunde bestellt. Heute, im Onlinehandel wissen wir nahezu alles über jegliche Interaktion, die ein Kunde oder ein Interessent mit uns als Händler hat und hatte. Wir wissen, wer wann welches Werbemedium gesehen hat, worauf er geklickt hat, wie er sich verhält, bis er einen Artikel in den Warenkorb legt. Wie oft er unseren Shop besucht, bis er tatsächlich kauft, wie viele Artikel er sich ansieht, bevor er sich für einen entscheidet. Und: Wir wissen all diese Dinge sofort! Dies gibt uns im E-Commerce einen ungleich großen Handlungs- und vor allem Optimierungsspielraum. Wir erhalten anhand der Zahlen ein direktes Feedback auf sämtliche durchgeführte Geschäftsaktivitäten, Marketingkampagnen, lancierte Neuheiten etc. und wissen demnach sofort, was dem Kunden gefällt, worauf er reagiert und was er wegen Nichtgefallens mit Ignoranz straft. Wir bekommen die direkte Rückmeldung, was wir richtig und was wir falsch gemacht haben.

Um diese Masse an Zahlen vernünftig auswerten zu können, bedarf es außerdem entsprechender Tools und Software, weswegen Analytics und Statistiken untrennbar mit den Zahlen verbunden sind. Sie versetzen uns erst in die Lage, die generierten Zahlen mit moderatem Aufwand so aufzubereiten, dass wir diese korrekt und schnell interpretieren und so damit arbeiten können.

Wissen ist Macht, das ist nichts Neues. Das durch Zahlen generierte und durch Analytics und Statistiken aufbereitete Wissen gibt uns die Macht, und damit eine einmalige Chance, im E-Commerce unser Geschäft so zu steuern, dass es dem Kunden mehr und mehr das gibt, was er von uns benötigt. Wir sind im Onlinehandel wie in keiner anderen Branche in der Lage, unser Geschäft unter direktem und kontinuierlichem Feedback am Kunden zu optimieren und damit langfristig und nachhaltig den Unternehmenserfolg zu steigern.

Die Studie »Newslettermarketing im E-Commerce« sieht einen Zusammenhang zwischen erfolgreichen Onlineshops (Umsatz) und der fortlaufenden Erfolgsmessung von Newsletterkampagnen. Können Sie das bestätigen?

Die E-Mail ist eines der wohl am häufigsten totgesagten Marketingkanäle der gesamten Onlinewelt, und doch ist sie so lebendig wie nie. Ihr Umsatzanteil ist im Vergleich zu anderen Onlinemarketingkanälen meist nicht exorbitant, trägt aber in sehr solider und konstanter Weise zum Umsatzziel bei. Richtig spannend wird es, wenn man zum Umsatz die Kostenseite betrachtet. Wohingegen Google AdWords & Co. riesige Monatsbudgets verschlingen, lassen sich die Kosten des E-Mail Marketings oft kaum beziffern, weil sie zu gering sind.

Nachdem das E-Mail-Marketing seinen ersten Hype hinter sich hatte, lautete das Motto oft: Es ist kein Vorteil, E-Mail Marketing zu betreiben, jedoch ein Nachteil, es nicht zu tun. Im Zuge der steigenden Daten und Zahlen aber, die der Onlinehandel generiert hat, gepaart mit immer besseren Möglichkeiten, diese Daten zu speichern, zu analysieren, auszuwerten und weiterzuverwenden, hat die E-Mail jedoch beinahe eine Art Renaissance erlebt.

Denn sie hat ein ganz entscheidendes Alleinstellungsmerkmal: Mit der E-Mail lassen sich Beziehungen zum Kunden entwickeln. Durch die Personalisierung des Mediums (man schreibt an die persönliche E-Mail-Adresse des Kunden) lassen sich nicht nur unbekannte User oder Kunden ansprechen, die ein bestimmtes Verhaltensmuster aufweisen, sondern tatsächlich Personen, mit einem bestimmten Bedarf, Kaufverhalten und Co. Damit trägt jede einzelne E-Mail – vorausgesetzt, man versendet nicht denselben öden Newsletter wie vor zehn Jahren sondern, nutzt die durch Zahlen und Daten gewonnenen Erkenntnisse über den Kunden – zur Entwicklung der Kundenbeziehung bei. Jede E-Mail ist ein Invest in eine möglichst lange Kundenbeziehung, und jede E-Mail trägt zur Wertsteigerung eines jeden einzelnen Kunden bei, weil man den einen Kunden, z. B. Herrn Müller, wieder und wieder gezielt ansprechen kann. Kaum ein anderer Onlinemarketingkanal kann dies leisten.

Sofern dies das Verständnis von E-Mail-Marketing ist, mit dem selbstverständlich eine fortlaufende Erfolgskontrolle sowie eine stetige Optimierung verbunden ist, kann ich die gestellte Frage ohne zu zögern mit »Ja« beantworten. Cleveres E-Mail-Marketing trägt zweifellos und in erheblichem Maße zum Erfolg eines Onlineshops bei.

Wann ist der richtige Einstieg in CRM? Lohnt sich das auch, wenn ich meinen Onlineshop gerade erst eröffne?

Der richtige Einstieg in CRM hängt immer ein wenig vom Geschäftsmodell ab und die Frage nach dem richtigen Zeitpunkt lässt sich so pauschal nicht beantworten. Grundsätzlich gilt: Je mehr Kunden ich als Onlineshop habe und je heterogener diese Kunden sind, umso sinnvoller ist es, segmentiertes Marketing und damit CRM zu betreiben.

Wurde der Onlineshop gerade erst eröffnet, so ist es sicherlich zu früh, um aktiv mit CRM-Kampagnen zu starten. Dennoch gilt: ohne Daten – kein CRM. Was zu dem Zeitpunkt also wichtig ist und auf jeden Fall getan werden sollte, ist das Set-up einer auf CRM ausgelegten Dateninfrastruktur. Das heißt, entscheidend für den späteren CRM-Erfolg ist das Sammeln relevanter Daten. Gelingt es, diese direkt konsolidiert an einer Stelle in der Datenbank abzuspeichern, ist man für den Anfang schon bestens gerüstet. Beginnt man im späteren Geschäftsverlauf damit, das Thema CRM umzusetzen, lassen sich die Daten sofort entsprechend analysieren und für Kampagnen nutzen. Das spart viel Zeit, Ärger und Enttäuschung bei den ersten Gehversuchen im CRM.

Bei der Überlegung, wann mit den CRM-Kampagnen tatsächlich begonnen werden sollte, ist die entscheidende Abwägung: Segmentierung vs. Effizienz. Ob CRM-Kampagnen sinnvoll sind, hängt im ersten Schritt davon ab, wie viel mehr Umsatz mit segmentierten Kampagnen im Vergleich zur Gießkannen-Variante generiert werden kann. Entscheidend ist also der Uplift entsprechender KPIs (Key Performance Indicators bzw. Leistungskennzahlen), die segmentierte Kampagnen mit sich bringen. Solange das Ergebnis von One-to-all-Kampagnen größer ist als das kumulierte Ergebnis von segmentierten Kampagnen, scheint das Gießkannen-Prinzip (noch) rentabler zu sein. »Noch« deswegen, weil sich dieses Ergebnis bei steigender Kundenzahl verändern kann und in den meisten Fällen auch wird. Dies muss demnach kontinuierlich in einem Abstand von ca. sechs Monaten neu getestet werden.

Sobald Erfolge in segmentierten Kampagnen sichtbar sind, ist der Startschuss gefallen, und man sollte mit CRM durchstarten! In der Regel ist dies nach zwei aktiven Geschäftsjahren der Fall.

Achtung: Ich spreche hier nur vom CRM im Sinne von individualisierten Kampagnen und fortgeschrittener Kundensegmentierung. Der Kern des CRM, nämlich den Kunden und seine Bedürfnisse in den Mittelpunkt sämtlicher Entscheidungen zu stellen, soll und muss selbstverständlich ab Tag eins der Firmengeschichte an oberster Stelle stehen.

Wie kann ich herausfinden, welche Zahlen für mich wichtig sind?

Das ist eine sehr gute Frage und ihre Antwort erfordert ein gewisses Maß an Disziplin. Viel zu häufig verfällt man bei dieser Überlegung in eine Art Zahlenrausch und findet plötzlich alle Informationen spannend. Am Ende sieht man sich vor einem Berg an Zahlen, der einen nicht mehr erkennen lässt, welche Informationen er in sich verbirgt. Daher empfehle ich stets Folgendes:

Im ersten Schritt darf und sollte ein Brainstorming erfolgen, in dem alle potenziell wichtigen oder interessanten Zahlen niedergeschrieben und gesammelt werden, die in irgendeiner Form relevante und wertvolle Aussagen über meine Kunden treffen. Im zweiten Schritt ist dann die Disziplin gefragt: Die gesammelten Zahlen müssen in die folgenden drei Kategorien eingeordnet werden:

- Essenzielle Informationen
- Nice-to-have-Informationen
- Unwichtige Informationen

Die Einordnung erfolgt vor dem Hintergrund, wie und wofür die entsprechenden Zahlen später genutzt werden (können). Ohne die essenziellen Informationen ließe sich kein CRM betreiben. Dazu gehört auf jeden Fall – klar – die E-Mail-Adresse eines Kunden, um ihn überhaupt kontaktieren zu können. Dazu gehören aber auch Dinge wie Geschlecht, wenn es sich beispielsweise um einen Modehändler für Damen- und Herrenmode handelt, oder aber das Geschlecht eines (erwarteten) Babys bzw. Kinds, wenn es um einen Onlineshop für Babyzubehör geht. In die Kategorie Nice-to-have-Informationen gehören all diejenigen Daten, die sich grundsätzlich für Segmentierungen oder andere gezielte CRM-Kampagnen eigenen, von denen man aber noch nicht weiß, welchen tatsächlichen Mehrwert sie bringen werden. Es wäre also schön, sie zu haben, es hat aber auch keinen großartig negativen Einfluss auf das Geschäft, wenn man sie nicht hat. Die dritte Kategorie sind die unwichtigen Informationen. Wie erkennt man diese? Es handelt sich dabei um all diejenigen Zahlen, die »lediglich« interessant sind, die sich aber nicht weiter für irgendeine CRM-Maßnahme nutzen lassen. Sie werden feststellen, davon gibt es so einige. Daher ist eine entscheidende und äußerst hilfreiche Fragestellung, bei der Auswahl der relevanter Daten: »Was mache ich mit dieser Information? Welchen Mehrwert bringt sie mir?«

Beurteilen Sie Mehrwert und Anwendungsfälle als sehr groß, gehört die Zahl in Gruppe 1 – essenzielle Informationen. Denken Sie von einer Zahl, sie könnte ggf. interessant sein und Potenzial haben, so ordnen Sie diese der Gruppe 2 zu – den Nice-to-have Informationen. Und fällt Ihnen keinerlei Anwendung zu einer Zahl ein bzw. bedarf es langer Diskussionen, um herauszufinden, ob es ggf. Anwendungen geben könnte, so ist Gruppe 3 die richtige – unwichtige Informationen.

Bei der Einordnung ist auch zu bedenken, dass sie jährlich neu erfolgen kann und sollte. Werden bereits alle essenziellen Informationen erfolgreich für CRM-Kampagnen genutzt, ist es an der Zeit, einen Schritt weiterzugehen und in der Segmentierung granularer zu werden. Dann sind die Nice-to-have Informationen an der Reihe.

Eine Zahl ist im Übrigen für nahezu alle Onlinehändler entscheidend: die absolute Lifetime-Marge pro Kunde. Sie ist im Wesentlichen die Kennzahl, die wir versuchen, im CRM zu steigern.

Gibt es einen Marktüberblick über CRM-Software, die ich zusammen mit meinem Shopsystem einsetzen kann?

In meinem Buch »CRM für Onlineshops« schreibe ich an keiner Stelle über CRM-Tools, bzw. darüber, welche eingesetzt werden sollten. Ich widme den CRM-Tools lediglich einen Teil des Buchs, um zu erklären, was ich (nicht) von CRM-Tools halte. Das sollte bereits einiges über meine Einstellung zu CRM-Tools deutlich machen. Ich will versuchen, es hier kurz zu erläutern:

Im ersten Jahr, in dem CRM betrieben wird, erachte ich den Einsatz einer CRM-Software für grob fahrlässig. Warum? Anstatt sich darauf zu fokussieren, seine eigenen Kunden kennenzulernen, zu lernen, was diese benötigen, worauf sie reagieren, worauf sie nicht reagieren, welche Kampagnen funktionieren, welche gnadenlos scheitern etc., verwendet man all seine Energie darauf, eine CRM-Software auszuwählen und zu implementieren. Ist dies getan, passiert im Wesentlichen nichts anderes, als dass man seine Rohkundendaten in die Software einspielt, die Software damit wundersame Dinge anstellt und uns am Ende Ergebnisse ausspuckt, die z. B. sagen, dass Kunde x eine Affinität für Produkt y hat und Kunde z dabei ist, abzuwandern, also dringend reaktiviert werden muss. Der CRM-Verantwortliche folgt diesen Anweisungen und versendet entsprechende Kampagnen. Solange diese Kampagnen die gewünschten Erfolge bringen, ist alles wunderbar und nichts dagegen einzuwenden. Was aber passiert, wenn dem nicht (mehr) so ist? Was passiert, wenn die Performance der CRM-Kampagnen einbricht? Welchen Handlungsspielraum hat der CRM-Manager dann?

Richtig. Keinen. Warum? Weil er weder seine Kunden kennt noch weiß, auf Basis welcher Algorithmen die Software bestimmte Informationen ausgibt. Wo liegt der Fehler? Warum ist die Performance eingebrochen?

Was passiert demnach, wenn man direkt mit einer CRM-Software startet? Man vergibt die Chance darauf, selbst Know-how über seine Kunden aufzubauen und als CRM-Manager zu lernen, was die eigentlichen Stellschrauben im CRM sind, zu verstehen, wie der eigene Kunde tickt. Man gibt das Ruder aus der Hand und legt es in die Hände einer Software, die nichts weiter als eine Blackbox ist. Eine, die im Falle funktionierender Kampagnen ein hilfreicher Begleiter ist, die einen aber im Falle schlechter Performance erbarmungslos im Stich lässt.

Was muss ich konkret tun? Was empfehlen Sie zum Einstieg?

Im ersten Schritt geht es daher einmal darum, sich den Status quo des Unternehmens hinsichtlich der Kundenbindung anzusehen. Dafür eignet sich die Betrachtung einer Hand voll KPIs, die bereits einen sehr guten Einblick darüber geben, an welcher Stelle zunächst die Priorität im CRM liegen sollte, z. B. in der Reaktivierung inaktiver Kunden oder aber in der Erhöhung der Kauffrequenz.

Danach ist der erste große Schritt zu analysieren, wer meine Kunden sind, und festzustellen, ob es Kundengruppen von relevanter Größe gibt, die bestimmte Gemeinsamkeiten haben. Deren Kaufverhalten sich von der Masse unterscheidet und ein erkennbares Muster aufweist, z. B. hinsichtlich bevorzugter Produktkategorien oder Marken oder bezüglich ihrer Kauffrequenz. Wurden solche Gruppen identifiziert, so kann man bereits mit den ersten Tests beginnen, indem man einem Teil der Gruppe gezielt zugeschnittene Kampagnen zusendet und dem anderen Teil die übliche, generische Kampagne zustellt. So lässt sich binnen kürzester Zeit erkennen, ob es diese Gruppe tatsächlich gibt und ob bzw. wie sie auf personalisierte Angebote reagiert.

Danach geht es mit dem Ausbau der KPI-Sets weiter. Es geht darum, Kunden-Wert-Modelle wie z. B. den RFM Score (Recency-Frequency-Monetary) einzuführen, um Kunden nicht nur kurzfristig auf Umsatz zu optimieren, sondern auf ihren mittel- bis langfristigen Wert für das Unternehmen. Es folgt die Berechnung von Churn-Wahrscheinlichkeiten, um herauszufinden, ab wann Kunden drohen abzuwandern oder aber auch, um zu sehen, wann ein Kunde eigentlich als inaktiv einzustufen ist, und zu welchem Zeitpunkt es sich noch mal lohnt, in eine Reaktivierung zu investieren. Und es geht mit Kohortenanalysen darum, tiefer in die Kundensegmentanalyse einzusteigen und die Gesamtentwicklung der Kundenqualität betrachten zu können.

Ist man an einem Punkt angelangt, an dem man verschiedene Kundengruppen identifiziert und ihre Stellschrauben kennengelernt hat, die zu einer Performance-Steigerung führen, und ist man in der Lage, in Zahlen auszudrücken, welchen Wert ein Kunde für ein Unternehmen hat, welche Kundengruppen dem Unternehmen wichtig sind, auf welche man lieber verzichten würde, dann hat man zunächst einmal den ersten großen Meilenstein im CRM erreicht und den erfolgreichen Einstieg in das Thema geschafft. Man ist dann auch – und zwar erst dann – in der Lage, zu beurteilen, ob sich Skalierungseffekte durch den Einsatz einer CRM-Software erreichen lassen können. Und man kann auch erst dann konkrete Anforderungen an ein CRM-Tool bzw. eine CRM-Software formulieren. Beide Punkte können zu keinem früheren Zeitpunkt vernünftig gemacht werden. Es ist daher essenziell, sich vor Einführung einer CRM-Software selbst eingängig mit dem Kunden beschäftigt zu haben. Daher rate ich von der Implementierung eines Tools oder einer Software direkt zu Beginn der CRM-Tätigkeiten ab und empfehle gute, alte »Handarbeit«. ☺

In diesem Kapitel:

- Shoptrends
- Schwachstellenanalyse und Audit
- Relaunch des bestehenden Shops
- Shop-Internationalisierung
- Verkauf auf anderen Plattformen und Marktplätzen
- Die Zukunft des Online- und Einzelhandels – Interview mit Dr. Jens Rothenstein
- Last, but not least
- Epilog: 10 Tipps, um mit dem Onlineshop zu scheitern

KAPITEL 24

Nach dem Shop ist vor dem Shop

Die Welt des E-Commerce ist ständig in Bewegung. Neue Technologien verändern das Benutzerverhalten, geänderte gesetzliche Bestimmungen erfordern ihre Umsetzung. Das »next big thing«, das nächste »wichtige Ding«, kann schon hinter der nächsten Ecke warten so wie Facebook oder das Smartphone zuvor.

In absehbarer Zeit kommt der Punkt, an dem Ihr Shop technisch überholt ist, nicht mehr den Nutzungsgewohnheiten Ihrer Kundschaft entspricht oder mit der Konkurrenz nicht mehr mithalten kann.

Shoptrends

In Teil II, *Rund um den Kaufprozess,* haben wir schon kurz über Designtrends auf der Produktdetailseite im Speziellen und Webdesign im Allgemeinen gesprochen. Egal in welche Richtung es geht, irgendeine neue Richtung wird es sein. Denn einerseits erfindet sich das Internet mit großer Begeisterung und in immer kürzer werdenden Zyklen neu. Und andererseits ändert sich mit anderen Technologien auch das Benutzerverhalten; mitunter radikal. Und das nichts so beständig ist wie der Wandel, davon kann man sich durch einen Blick auf die Way Bay Machine (*www.waybackmachine.org*) sehr gut selbst überzeugen.

Aktuell scheint sich z. B. ein neuer Trend anzuschleichen. Einige Onlineshops, allen voran Apple, gehen einen neuen Weg: die Trennung von Präsentation und Kaufprozess. In den gängigen Onlineshopsystemen gehen Produktpräsentation Hand in Hand mit dem Checkout. Je enger die Verschmelzung der einzelnen Schritte ist, je kürzer der Weg zum Kaufabschluss und je deutlicher die Signale sind, dass es sich um einen Onlineshop handelt, desto höher ist die Konversionsrate.

Apple geht seit Jahren in die entgegengesetzte Richtung und degradiert den Kaufvorgang zu einem notwendigen Übel im gesamten Apple-Kosmos (Abbildung 24-2). Im Vordergrund steht die aufwendig inszenierte Produktpräsentation mit Videos und hochauflösenden Produktbildern aus den unterschiedlichsten, detaillierten Perspektiven. Content-Marketing at it's best. Was man aber natürlich bei aller Lobhudelei nicht vergessen darf: Apple.de ist kein gewöhnlicher Onlineshop. Die Webseite ist der hauseigene Flagship-Store einer Weltmarke. Bis Ihr Produkt oder Ihr Onlineshop diesen Ruf und Status erreicht hat, sollten Sie lieber einen Blick auf Amazon.de werfen als auf Apple.de.

Es schadet nicht, die aktuellen Entwicklungen bei den großen Shops in Ihrer und in anderen Branchen zu verfolgen. Auch sollten Sie immer up to date sein, was Usability, Recht und neue Trends und Techniken anbelangt. Denn so richtig fertig wird Ihr Shop nie sein. Wie schon einer der großen Baumärkte in seinem Leitspruch formulierte: Es gibt immer was zu tun.

Abbildung 24-1: Der Onlineshop von Apple läuft außer Konkurrenz.

Schwachstellenanalyse und Audit

So gesehen ist Ihr Onlineshop nie fertig – kleinere Änderungen müssen häufiger vorgenommen werden –, aber ab einem gewissen Punkt stellt sich die Frage, ob man den Shop nicht von Grund auf neu aufbauen sollte. Spätestens, wenn neue Designtrends schon wieder überholt sind oder neue Endgerätetechnik neue Funktionen im Shop ermöglichen oder, noch schlimmer, erforderlich machen.

Oft hilft hier ein externer, objektiver Blick von dritter Seite. In unserer Praxis als Berater erstellen wir regelmäßig Audits für Onlineshops, die »nicht so richtig« funktionieren. Eine Schwachstellenanalyse entlarvt oft Problembereiche in der Produktdarstellung oder im Checkout. Oft können Funnel (Flaschenhälse) durch kleine Änderungen aufgelöst und Umsätze wieder angekurbelt werden.

Häufig sieht man alles nur durch die Brille des Shopbetreibers und übersieht dabei Kleinigkeiten, deren Änderung große Auswirkungen haben können. Auch kleine Anpassungen bei Arbeitsabläufen oder im Marketing können positive Änderungen im Umsatz nach sich ziehen.

Relaunch des bestehenden Shops

Bereiten Sie sich von vornherein auf den Zeitpunkt vor, an dem der Shop komplett neu aufgebaut werden muss. Genau wie ein Mobiltelefon oder ein Auto meist nur für einige Jahre genutzt wird, so ist die Lebenszeit Ihres Shops begrenzt. Es gibt natürlich keinen schwachen Akku oder eine undichte Zylinderkopfdichtung, aber auch die Technik oder das Design des Onlineshops kann veraltet sein.

Anders als bei der Ersterstellung verfügen Sie nun über jede Menge Erfahrung und wissen, welche Änderungen dringender sind als andere und wo die Schwerpunkte Ihrer Konzeption liegen sollten. Die Erneuerung des Shops steht seiner Ersterstellung hinsichtlich des Aufwands in nichts nach.

Wichtig ist, dass Sie den richtigen Zeitpunkt für die Neuerstellung finden. Sie wissen jetzt, wie umfangreich und komplex der Aufbau eines E-Commerce-Systems ist – und wie viel Zeit dies in Anspruch nehmen kann.

Shop-Internationalisierung

Es liegt nahe, das funktionierende E-Business möglichst schnell auch ins benachbarte Ausland auszuweiten. Gerade in Österreich, der Schweiz und in Teilen von Belgien und Dänemark, wo es keine sprachlichen Barrieren gibt, ist schnell der erste Grundstein gelegt.

Mit Ergänzung der Länder bei der Auswahl der Lieferadresse und neuer Versandtarife im Onlineshop könnte der erste Schritt eigentlich schon gemacht sein.

Leider ist es nicht so einfach, wie es aussieht. Wie in Kapitel 14, *Rechtliche Aspekte*, auf Seite 329 beschrieben, gibt es auch bei der Lieferung ins Ausland wichtige Regelungen, die Sie beachten müssen. Denn grundsätzlich gilt immer das Recht des Lands, in das geliefert werden soll.

Neben der rechtlichen Seite gibt es viele andere Aspekte aus den Bereichen Marketing, Lokalisierung und Preisgestaltung, die wir in diesem Kapitel aufnehmen. Letztlich birgt der Handel über die Grenze sehr viel Umsatzpotenzial. Gerade die Produkte deutscher Hersteller sind im Ausland sehr begehrt, aber für Endkunden nicht immer leicht zu bekommen. Bevor man jedoch ein anderes Land der Auswahlmöglichkeit bei der Lieferadresse hinzufügt, sollte man nicht nur die Chancen, sondern auch die Risiken bedenken, die mit der Internationalisierung einhergehen. Nach wenigen Monaten den geordneten Rückzug antreten zu müssen, ist im besten Fall verkraftbar – schade ist es jedoch um die vertane Zeit.

Gesetzliche Regelungen im EU-Zielland

Mit Einführung der Europäischen Verbraucherrechterichtlinie (mehr dazu in Kapitel 14, *Rechtliche Aspekte*, auf Seite 329) am 13. Juni 2014 wurden rechtliche Regelungen geschaffen, die die Ausweitung des Onlinehandels in die europäischen Nachbarstaaten vereinfachen sollen.

Natürlich war es auch schon vor dem Stichtag möglich, nach Belgien, Österreich oder Finnland zu liefern. Aber allein das im jeweiligen Zielland geltende Verbraucherschutzrecht, z. B. das Widerrufsrecht, zu berücksichtigen, erforderte umfangreiche Anpassungen im Onlineshop.

So konnten Verbraucher in Belgien die gelieferte Ware z. B. ohne Bezahlung behalten, wenn der (belgische oder deutsche) Shopbetreiber in seinem Onlineshop nicht explizit auf das in Belgien geltende Widerrufsrecht hingewiesen hat. Bei falschen Angaben im Rahmen der Informationspflichten verlängerte sich die Rückgabefrist immerhin auch auf drei Monate.

Die Unterschiede im Verbrauchergeschäft sind nun innerhalb der Europäischen Union aufgehoben, weil sie in nationales Recht umgesetzt und vereinheitlicht wurden. In allen Ländern, in die Sie verkaufen wollen, müssen zumindest hinsichtlich des Widerrufsrechts nur noch die einheitlich geltenden Angaben gemacht werden.

Neben dem Widerrufsrecht müssen Sie – wie beim Handel innerhalb Deutschlands – auch andere gesetzliche Regelungen des Ziellands beachten.

Grundsätzlich – so besagt die E-Commerce-Richtlinie der EU – gilt das Recht des Lands, in dem das betreibende Unternehmen seinen Sitz hat. Es ist also nicht möglich, dass ein italienischer Unternehmer einen deutschen Shopbetreiber verklagt, nur weil er dessen Onlineshop von Italien aus aufrufen kann und dort Fehler (nach italienischem Recht) findet. Dies gilt jedoch nicht mehr, sobald der deutsche Händler seinen Onlineshop auf den Verkauf ins Ausland (hier: Italien) ausrichtet.

Es liegt auf der Hand, dass Sie die gesetzlichen Regelungen in Italien beachten müssen, wenn Sie Werbung mittels Google AdWords gezielt innerhalb des italienischen Staatsgebiets einsetzen.

Voraussetzung ist jedoch nicht allein die aktive Werbung für einen Onlineshop. Es reicht schon die »Ausrichtung« des Onlineshops.

Hierbei können verschiedene Kriterien herangezogen werden, wie z. B. der Ausweis der Versandkosten nach Italien, die Angabe einer internationalen (nicht italienischen) Vorwahl (+49) oder die Verwendung einer anderen Sprache.

Sobald diese Kriterien auch nur teilweise zutreffen, kann davon ausgegangen werden, dass sich der Onlineshop auch an den Kunden im Ausland richtet. Mit der nicht vorhandenen Sprachbarriere in Österreich sind die Hürden natürlich geringer.

Der Aachener Rechtsanwalt Guido Imfeld hat die aktuelle Entscheidung des OLG Köln (6 U 163/13) hierzu kommentiert: *http://dhk.li/online-shop-auslandswerbung*.

Soweit Sie also Ihren Onlineshop fit für den Versand ins EU-Ausland machen wollen, müssen Sie die dort national geltenden Rechte beachten. Vom Umfang her ist mit ähnlichen Regelungen wie beim Handel in Deutschland auszugehen (siehe Kapitel 14, *Rechtliche Aspekte*, auf Seite 329).

Gesetzliche Regelungen im europäischen Ausland

Deutschland ist in vielen Sparten Exportweltmeister. Dies gilt nicht nur für die Großindustrie, sondern auch für den E-Commerce-Bereich. In Europa nicht mehr vorhandene Wechselkursvorteile lassen manche E-Commerce-Marktsegmente geradezu explodieren.

Auch hier gilt wieder, dass die nationalen Gesetze des Ziellands zu berücksichtigen sind. Darüber hinaus gibt es Umstände zu beachten, die für Sie als Onlineshopbetreiber relevant sind. So müssen Sie z. B. je nach Zielland bestimmte Ein- und Ausfuhrbestimmungen beachten.

Das EU-Ausland ist dabei gar nicht so weit weg. Die Regelungen zu Zoll, Einfuhr und Steuern sind auch schon bei der Lieferung in die Schweiz zu beachten!

Hier gelten beispielsweise vom Warenwert (gesetzliche Grenze: 43 Euro und 330 Euro) abhängige Deklarationspflichten.

Sie müssen Zollinhaltserklärungen erstellen oder eine Proforma-Rechnung beilegen, wenn das Paket als Geschenk, Warenprobe oder kostenlose Nachlieferung verschickt werden soll.

Zudem muss die Ware in den international unterschiedlichen Warengruppen klassifiziert und die richtige Warentarifnummer (vergleiche *www.zolltarifnummern.de*) angegeben werden. Allein für »Wolle« gibt es 513 unterschiedliche Warentarifnummern in 81 verschiedenen Warengruppen.

Nicht zu vergessen: die Steuer. Wenn Sie den Export in ein Drittland (also außerhalb der EU) über die »Ausfuhrbescheinigung für Umsatzsteuerzwecke« nachweisen können, müssen Sie für diese Lieferung keine Umsatzsteuer ans Finanzamt abführen. Der Verkaufspreis wird für Ihren Kunden – zumindest auf den ersten Blick – entsprechend günstiger. Der Einlieferungsbeleg von DHL oder UPS reicht als Beleg für das Finanzamt aber nicht aus.

Der Empfänger Ihrer Lieferung muss die Ware in seinem Heimatland wiederum verzollen und gegebenenfalls Einfuhrumsatzsteuer bei der Entgegennahme bezahlen. Weisen Sie Ihren Kunden im Onlineshop hierauf nicht hin, verletzen Sie Ihre Informationspflichten.

Der Onlinehandel ins Ausland ist gar nicht so einfach, wie er auf den ersten Blick aussieht. Die vielfältigen rechtlichen Regelungen können sicherlich abschrecken.

Eine Versandhandelssoftware (siehe Kapitel 6, *Warenwirtschaft und Versandhandelssoftware*, auf Seite 85) kann den ganzen Papierkram für Sie erledigen. Hier müssen nur einmal die jeweiligen Eckdaten hinterlegt werden. Die richtig ausgefüllten Dokumente werden dann beim Versand automatisch mit der Rechnung ausgedruckt.

Hilfreich ist es in jedem Fall, eine rechtliche und auch steuerrechtliche Beratung in Anspruch zu nehmen. Sie sind als Unternehmer selbst dafür verantwortlich, dass die geltenden Gesetze und Steuerregelungen von Ihnen eingehalten werden. Und die initial mit Kosten verbundene Beratung ist in jedem Fall günstiger als eine nicht erwartete Steuernachzahlung, nachdem sich der Prüfer des Finanzamts durch Ihre Belege gewühlt hat.

Lokalisierung ist mehr als Übersetzung!

Den Onlineshop (neben den gesetzlichen Regelungen) an unterschiedliche Zielmärkte anzupassen, erfordert nicht nur eine Übersetzung der Shopinhalte in die Sprache der Kunden. Vielmehr sind damit vielfältige Aufgaben verbunden, die sowohl im Vorfeld des Markteintritts als auch währenddessen viel Aufwand generieren.

Am offensichtlichsten sind die sprachliche Umsetzung und die rechtlich notwendigen Anpassungen. Dazu kommen aber sowohl Aufgaben im Bereich des Kundenservices als auch im Zielmarkt selbst. Bevor Sie im Ausland starten, sollten Sie sich Ihr neues Liefergebiet genau ansehen, um dort erfolgreich starten zu können.

Shoptechnik

Mit der Internationalisierung werden Sie eine Reihe von Änderungen am Shopsystem vornehmen, die von Land zu Land unterschiedlich sind. Einige davon sprechen wir in diesem Kapitel an.

Zwangsläufig stellt sich die Frage, ob Sie die notwendigen Änderungen alle an der gleichen Shopinstallation vornehmen wollen.

Natürlich können Sie auf Basis einer Geo-Lokalisierung den Standort des Shopbesuchers ermitteln und ihm den Shop in einer anderen Sprache anzeigen. Sie können auch die erforderlichen Rechtstexte automatisch »auswechseln« und andere Telefonnummern für den Kundenservice einblenden.

Sobald es aber an die Darstellung der Produkte geht und Produktstammdaten betroffen sind, ist die Umsetzung in einem einzigen Shopsystem nicht einfach.

Auch die Umsetzung von Werbeaktionen, die sich nur auf ein Zielland beziehen, ist nicht ohne Weiteres in einem gemeinsamen Shopsystem umsetzbar.

Wir empfehlen daher, bei der Ausweitung Ihres Onlineshops von Beginn an konsequent auf eine Shopinstallation pro Zielland/-region zu setzen.

Die folgenden Abschnitte beschreiben kurz, welche Aufgaben auf Sie zukommen werden. Die Trennung der Shops pro Liefergebiet wird Ihnen die spätere Pflege der Artikeldaten und die Reaktion auf sich ändernde Märkte deutlich erleichtern.

Geo-Lokalisierung

Geo-Lokalisierung, auch Geo-Targeting genannt, dient der Ermittlung des Standorts eines an das Internet angeschlossenen PC.

Bei der Einwahl ins Internet wird pro Rechner bzw. pro Internetanschluss eine dynamische IP-Adresse vergeben. Diese IP-Adresse kann sich zwar bei jedem Einwahlvorgang ändern, die IP-Adresse selbst ist aber einem Provider fest zugeordnet.

In der Regel werden die genutzten Adressräume bei (fast) jedem Provider einer Region fest zugeordnet, sodass sich aus der IP-Adresse zumindest die Region des Nutzers herleiten lässt.

Je nach Qualität und Aktualität der Datenbasis ist eine Zuordnung auf einzelne Städte oder Stadtteile (in Großstädten) möglich. In jedem Fall ist eine Zuordnung pro Land möglich.

Genutzt wird Geo-Lokalisierung z. B. zur Ermittlung des Standorts bei YouTube *(»Dieses Video ist in Ihrem Land leider nicht verfügbar«)* oder natürlich auch bei Onlineshops.

Rufen Sie z. B. die Seite *www.zalando.de* auf, während Sie sich im Urlaub in Dänemark befinden, wird Ihnen der Layer aus der Abbildung 24-2 angezeigt. Die Webseite erkennt, dass Sie die »falsche« Sprachversion von einem dänischen Internetanschluss aufrufen und bietet Ihnen die dänische Shopversion als Alternative an.

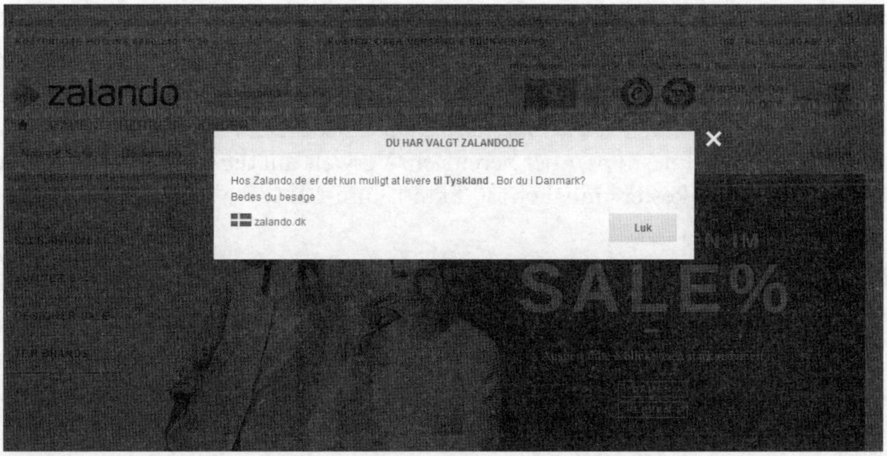

Abbildung 24-2: Aufruf www.zalando.de aus Dänemark

Domainwahl

Die Frage der Domainwahl stellt sich nicht nur für den deutschen Onlineshop, sondern auch für den Shop mit Ausrichtung auf den ausländischen Markt.

Hier sind zwei Strategien möglich. Sie können Ihre Kunstmarke (zalando, amazon, unter anderem) relativ problemlos auch mit anderen Top-Level-Domains (Endungen) registrieren, soweit sie nicht belegt sind und im Zielland keine Rechte anderer verletzen.

Alternativ können Sie sich für andere Länder auch andere, z. B. generische Domain-Namen suchen.

Der Betreiber des deutschen Fahrrad-Onlineshops *www.fahrrad.de* geht z. B. diesen Weg. Da »Fahrrad« in anderen Sprachen keine Bedeutung hat, wurde eine neue Marke »Bikester« geschaffen. Die internationalen Dependancen sind nun unter den folgenden Domains zu finden:

- *www.bikester.at*
- *www.bikester.ch*
- *www.bikester.fr*
- *www.bikester.nl*
- *www.bikester.be*
- *www.bikester.es*
- *www.bikester.dk*
- *www.bikester.se*
- *www.bikester.fi*

Für bisher noch nicht aktive Ländershops wurden vorsorglich bereits die jeweiligen Domains registriert (und damit vor der Registrierung durch Nachahmer oder Wettbewerber gesichert).

So finden sich z. B. unter *www.bikester.pl*, *www.bikester.co.uk* oder *www.bikester.com* noch keine Onlineshops, aber bereits ein Verweis auf die Länder, in denen eine Lieferung durch »Bikester« möglich ist (Stand: Juni 2014).

Preisgestaltung

Gehen Sie bei der Preisgestaltung nie von dem Preis aus, den Sie in Deutschland verlangen. Auch innerhalb der EU weichen Verkaufspreise für ein und dasselbe Produkt mitunter sehr stark voneinander ab. Im außereuropäischen Ausland gilt dies auf Grund der Wechselkursschwankungen umso mehr.

Was in Deutschland an jeder Ecke zu bekommen ist, kann in Dänemark oder in den USA zu den exklusiveren Waren gehören und damit deutlich teurer sein. Umgekehrt können Artikel im Ausland auch deutlich günstiger sein, als es der deutsche oder der europäische Markt hergibt.

Informieren Sie sich – z. B. über Google – über die Preisgestaltung in anderen Ländern und positionieren Sie sich entsprechend.

Weichen Sie zu sehr von den marktüblichen Preisen ab, kann dies dazu führen, dass Sie nichts verkaufen, weil Ihr Onlineshop nicht konkurrenzfähig ist – egal, in welche Richtung Ihr Preis abweicht.

Gleiches gilt natürlich auch, wenn Sie Preisangaben nicht entsprechend der ortsüblichen Verwendung machen (siehe Tipp).

Die unterschiedlichen Auswirkungen der Preisgestaltung und Präsenz vor Ort sind in der Tabelle 24-1 zusammengefasst:

Tabelle 24-1: Überlegungen zur Preisgestaltung

Preisgestaltung	Händler	Kunde
Gleicher Preis, gleiche Währung (Euro), auch im »Währungsausland«	• Einfache Umsetzung • Wenig Anpassungsbedarf	• Fremde Währung schafft Barrieren • Die fehlende Preisanpassung kann negative Auswirkungen auf den Umsatz haben
Gleicher Preis, angepasste Währung	• Währungsschwankungen müssen aufgefangen werden • Technische und personelle Voraussetzungen müssen geschaffen werden	• Lokale Währung schafft Vertrauen und kann die Konversionsrate erhöhen • Währungsanforderungen (z. B. Rundung auf volle Beträge) können umgesetzt werden
Lokale Preise (unabhängig von der Währung)	• Aufbau lokaler Dependance sinnvoll • Lokale Preise steigern die Wettbewerbsfähigkeit	• Lokal ansässiges Unternehmen stärkt Vertrauen • Kunde kauft u. U. auf anderen Länderseiten (bei besserem Preis)

Tipp

Unterschiedliche Shopinstallationen erlauben es Ihnen, die Preise – soweit erforderlich – nicht nur einfach in andere Währungen umzurechnen, sondern sie auch schön zu runden und den landestypischen Verwendungen anzupassen, also z. B. gänzlich ohne Nachkommastellen.

Ein deutscher Verkaufspreis von 17,95 Euro ergibt umgerechnet z. B. 134,02 dänische Kronen. Schöner liest sich der Preis natürlich, wenn Sie das Produkt für 135 Kronen anbieten. Nachkommastellen sind im dänischen Onlinehandel – neben der optisch schöneren Darstellung – nahezu nicht mehr vorhanden, da seit 2008 nur noch 50-Öre-Münzen als kleinste Einheit unterhalb der Krone verwendet werden.

Sprachbarrieren

Die reine Übersetzung reicht nicht aus. 1:1-Übersetzungen aus dem Wörterbuch können leicht lustig oder dämlich klingen. »Now binding order« (als Übersetzung von »Jetzt verbindlich bestellen«) klingt selbst für den ungeübten Leser ungleich schlechter als »Order now«.

Sie sollten die Übersetzungen für Ihren Onlineshop unbedingt Muttersprachlern überlassen. Die Grundfunktionen des Shopsystems sind meist schon in viele Sprachen übersetzt worden. Hier schadet es trotzdem nicht, einen »Native Speaker« die Überprüfung aller Shopfunktionalitäten vornehmen zu lassen. Die Fluggesellschaft Ryan Air führte jahrelang die folgende Beschreibung in ihrem Checkout-Prozess, die zur Angabe der Adressinformationen des Kreditkarteninhabers aufforderte: »*Karte Behälter Adresse Informationen*«.

Gleiches gilt natürlich unbedingt (!) für die Übersetzung der Produkttexte. Ihre Kunden möchten sich über Ihre Produkte informieren und erwarten eine seriöse Übersetzung. Unweigerlich werden sie Rückschlüsse von schlechten Übersetzungen auf die Qualität von Produkten und Service ziehen. Eine gute Übersetzung ist daher unabdingbar.

Für eine gute Übersetzung müssen Sie aber nicht unbedingt ein (teures) Übersetzungsbüro engagieren. Gerade in der Nähe von Universitätsstädten finden Sie schnell einen muttersprachlichen Studenten, der neben dem Studium einen Job sucht. Neben der Übersetzung kann er Ihnen leicht Tipps zu den großen Konkurrenten und länderspezifischen Besonderheiten geben und Sie bei der Pflege des Onlineshops unterstützen.

Gleiches gilt natürlich auch für den Kundenservice, sei es per E-Mail oder am Telefon. Ihre ausländischen Kunden werden genauso viele Fragen stellen wie Ihre deutschen Kunden. Können Sie die Fragen am Telefon oder per E-Mail in der jeweiligen Landessprache (fließend) beantworten?

Der Kundenservice spielt im E-Commerce eine wichtige Rolle. Sie sollten daher sicherstellen, dass die Fragen eines dänischen Kunden in einem dänischen Onlineshop auch auf Dänisch beantwortet werden.

Akzeptanz und Verbreitung von Zahlungsarten

In jedem Land gelten im Onlinehandel andere Spielregeln. Dies gilt nicht nur für die Sprache oder die Preisgestaltung, sondern auch für alle anderen Punkte, die wir in diesem Buch angesprochen haben. So haben in anderen Ländern auch die verschiedenen Zahlungsarten eine andere Relevanz als in Deutschland.

Für die Niederlande gilt z. B.: Wenn Sie auf »iDeal« als Zahlungsart verzichten, verzichten Sie auf einen großen Teil Ihres Absatzes, da iDeal (das niederländische Pendant zu Giropay/Sofortüberweisung) mit 85 % Akzeptanz noch viel weiter verbreitet ist als z. B. der Kauf auf Rechnung in Deutschland (ca. 45 %).

In Dänemark hingegen spielt die Kreditkarte (> 90 %) die erste Geige, andere Zahlungsarten werden laut einer aktuellen OC&C-Research-Studie kaum genutzt.

Bei allen Zahlungsarten gilt: Informieren Sie sich, welche Zahlungsmittel in Ihrem Zielmarkt beliebt und gebräuchlich sind. Ein international gut aufgestellter Payment-Service-Provider (siehe Abschnitt »Zahlungen annehmen« auf Seite 303) kann

Sie hier beraten und Ihnen die wichtigsten Zahlungsarten für Ihren Onlineshop anbieten.

Lokale Präsenz als vertrauensbildende Maßnahme

Würden Sie in einem Onlineshop bestellen, der nur über eine französische Telefonnummer und eine französische Kontaktadresse verfügt?

Lokale Büros können einen starken Einfluss auf die Kaufentscheidung haben, weil sie als vertrauensbildende Maßnahme die (gefühlte) Hürde des Kaufs im Ausland nehmen.

Durch einen Büroservice vor Ort und Voice-over-IP-Telefonie lassen sich schnell »Büros« in anderen Ländern eröffnen.

Hier helfen oft schon die sogenannten Co-Working-Spaces. Spezielle Dienstleister vermieten Postadressen, Telefonnummern und tage- oder stundenweise auch Schreibtische und Konferenzräume in vielen Städten weltweit.

Tipp

Voice-over-IP-Anbieter, wie z. B. sipgate (*www.sipgate.de*), ermöglichen auch die Registrierung und Nutzung von internationalen Telefonnummern.

Die Ortsrufnummern aus anderen Ländern können gegen geringe Gebühren auf deutsche Rufnummern weitergeleitet werden.

Ihre Telefonanlage kann dann die Anrufe aus anderen Ländern an Mitarbeiter weiterleiten, die die jeweilige Landessprache sprechen.

Was (außerdem) noch zu beachten wäre

Ein Gütesiegel aus Deutschland (mit deutschen Texten) muss nicht zwangsläufig einen guten Einfluss auf den Umsatz in Onlineshops haben, die einen anderen Markt bedienen sollen.

Wie gut sind Logistikdienstleister in Ihrem Zielland aufgestellt? Erfolgt die Lieferung genauso pünktlich und zuverlässig wie in Deutschland?

Müssen die Lieferkosten überall gleich hoch sein, oder akzeptiert der ausländische Verbraucher eher Versandkosten als der deutsche?

Lohnen sich die Bemühungen überhaupt? Wird Ihr Produkt im Zielland nachgefragt und überhaupt benötigt?

Bei der Expansion des Onlineshops ins Ausland stellen sich eigentlich genau die gleichen Fragen wie beim Aufbau des Onlineshops für den deutschen Markt

Viel hängt davon ab, wie stark Sie Ihren auf das Zielland ausgerichteten Onlineshop an die dortigen Marktgegebenheiten anpassen. Auch hier gilt: Schauen Sie sich Ihre Wettbewerber genau an. Was machen die Marktführer besonders gut? Wo sind die Unterschiede zu Ihrem deutschen Onlineshop?

Sie sollten sich die gleichen Fragen stellen wie beim Aufbau des Onlineshops für Deutschland und nach den passenden Antworten suchen, damit der Onlineshop im Ausland genauso erfolgreich wird wie Ihr erster Onlineshop.

Umsetzungsbeispiele

Die folgenden Beispiele zeigen, wie unterschiedlich die Internationalisierung von Onlineshops und Webseiten angegangen wird.

Zalando setzt bei der Internationalisierung teilweise auf eine komplett andere Marke. Unter *www.dafiti.com.br* findet sich der brasilianische Onlineshop, der im Design nicht weit von der Schwester-Seite *www.zalando.de* abweicht. Das Produktprogramm und die komplette Preisgestaltung (bis hin zu den Lieferkosten) sind jedoch an den brasilianischen Markt angepasst (Abbildung 24-3 und Abbildung 24-4).

Der deutsche Fahrradhändler fahrrad.de nutzt für seine internationalen Seiten (*www.bikester.se* u. a.) einen komplett anderen Aufbau und ein anderes Look-and-Feel als für den deutschen Onlineshop. Aktionen und Inhalte sind auf den lokalen Markt abgestimmt (Abbildung 24-5 und Abbildung 24-6).

Adidas (ohne Abbildung) wirbt mit lokalen Sportgrößen und stellt so einen direkten (emotionalen) Bezug zum jeweiligen Zielland dar; Benutzerführung und Navigation der verschiedenen Länderseiten weichen inhaltlich aber nur wenig voneinander ab.

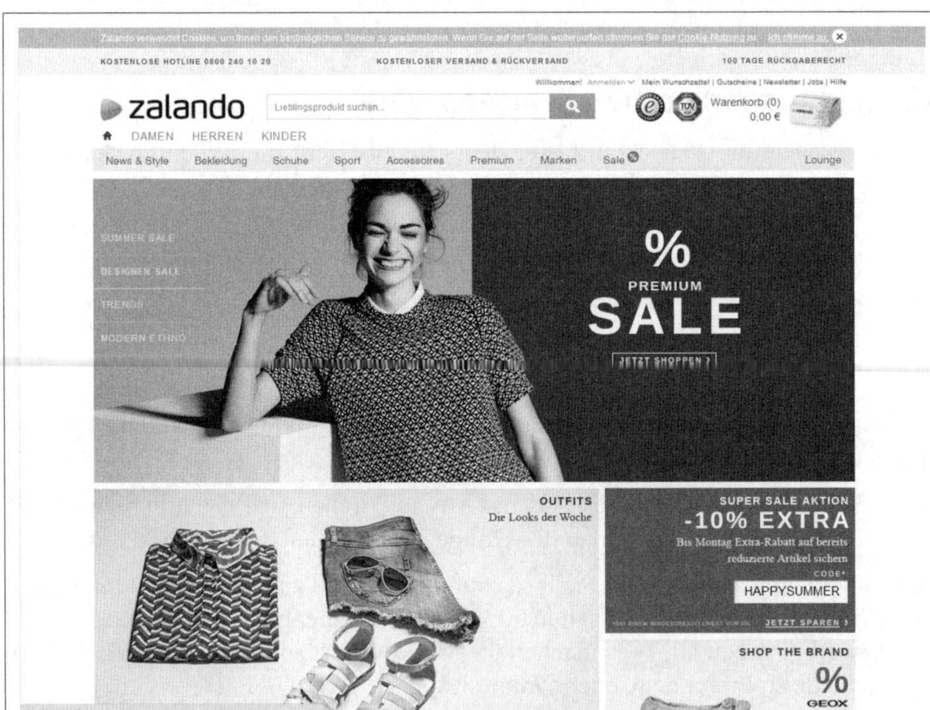

Abbildung 24-3: www.zalando.de (Juni 2014)

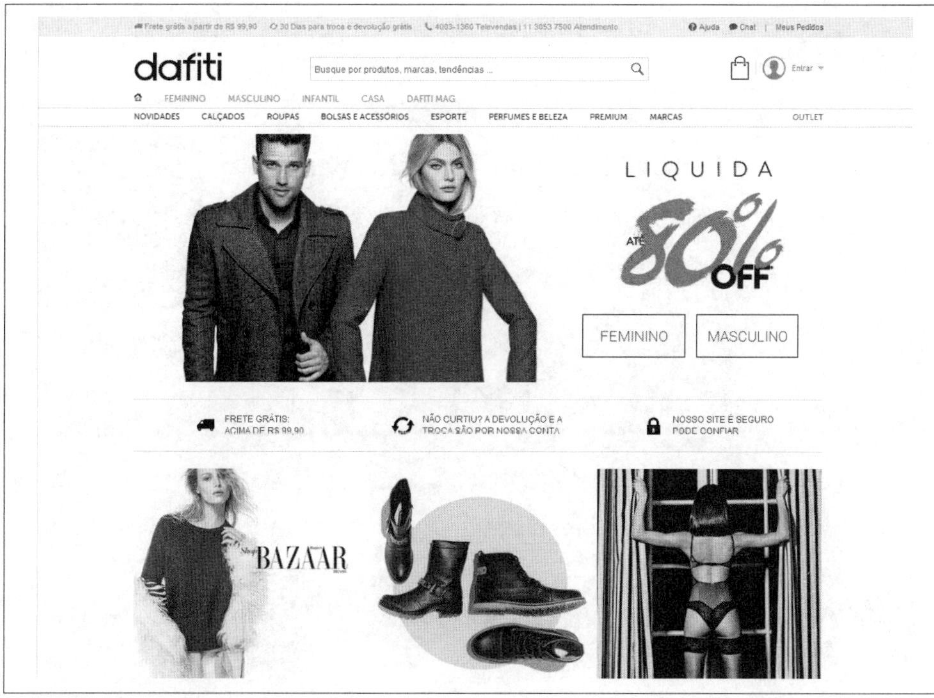

Abbildung 24-4: www.dafiti.com.br (Juni 2014)

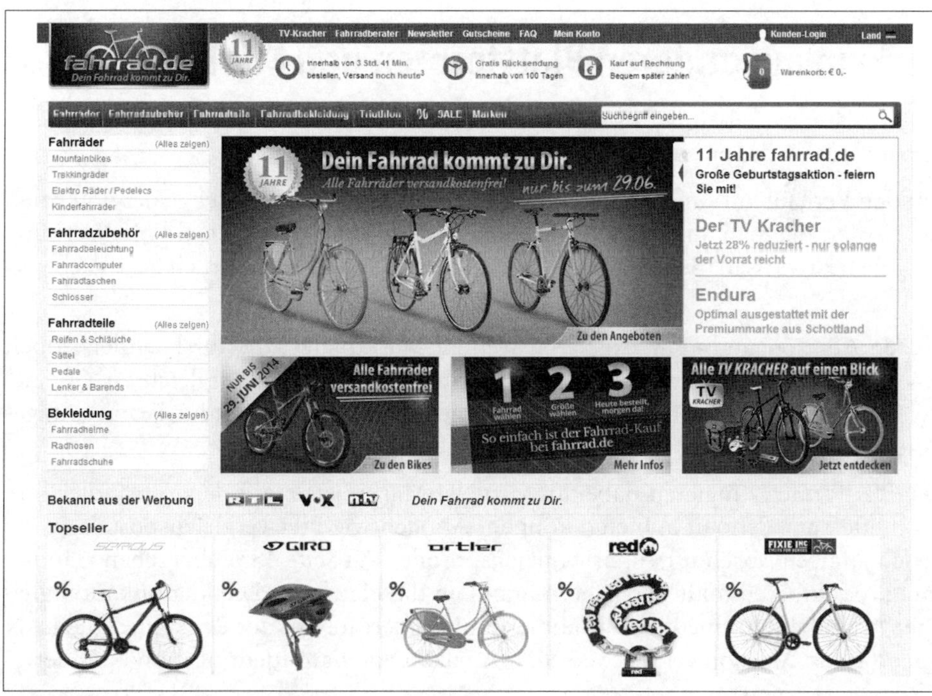

Abbildung 24-5: www.fahrrad.de (Juni 2014)

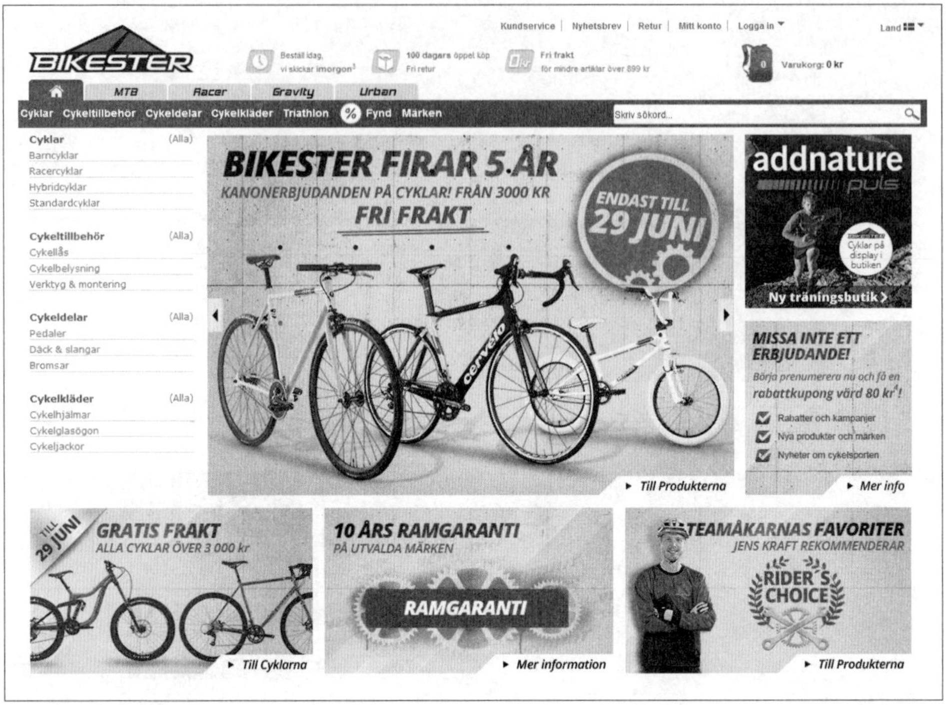

Abbildung 24-6: www.bikester.se (Juni 2014)

Verkauf auf anderen Plattformen und Marktplätzen

Bereits häufiger haben wir in diesem Buch den Verkauf auf anderen Plattformen – also außerhalb des eigenen Onlineshops – angesprochen.

Für den Verkauf auf Amazon und eBay spricht schon allein die Menge der potenziellen Käufer, die man auf den Plattformen erreicht, ohne (direkt) Geld für Werbung ausgeben zu müssen. Besser gesagt: An Amazon Marketplace führt eh kein Weg vorbei!

Neben Amazon und eBay existieren weitere Marktplätze, die für Händler jedoch eine ähnliche Rolle spielen wie Bing als Suchmaschine im Vergleich zu Google. Beide haben eine nahezu marktbeherrschende Stellung: Amazon für Festpreisangebote, eBay als Plattform für Schnäppchenjäger.

Die Plattformen fungieren dabei als virtuelle Marktplätze, auf denen Händler Ihre Produkte zum Verkauf anbieten können. Ähnlich wie Preisvergleichsportale (siehe gleichnamigen Abschnitt »Preisvergleichsportale« auf Seite 483) übergeben Händler ihre Produktdaten inklusive Lagerbestand an die Plattform. Die Identifikation gleicher Artikel unterschiedlicher Händler funktioniert hier in der Regel über die EAN oder die von Amazon vergebene ASIN (Amazon Standard Identification Number).

Anders als auf den Preisvergleichsportalen werden die Besucher jedoch nicht in den Shop des Händlers weitergeleitet. Der eigentliche Verkauf findet auf der Plattform selbst statt.

Zur Verwaltung der Verkäufe steht den Händlern eine eigene Plattform zur Verfügung (Abbildung 24-7). Hier können Lagerbestände verwaltet, Bestellungen bearbeitet und Rücksendungen abgewickelt werden.

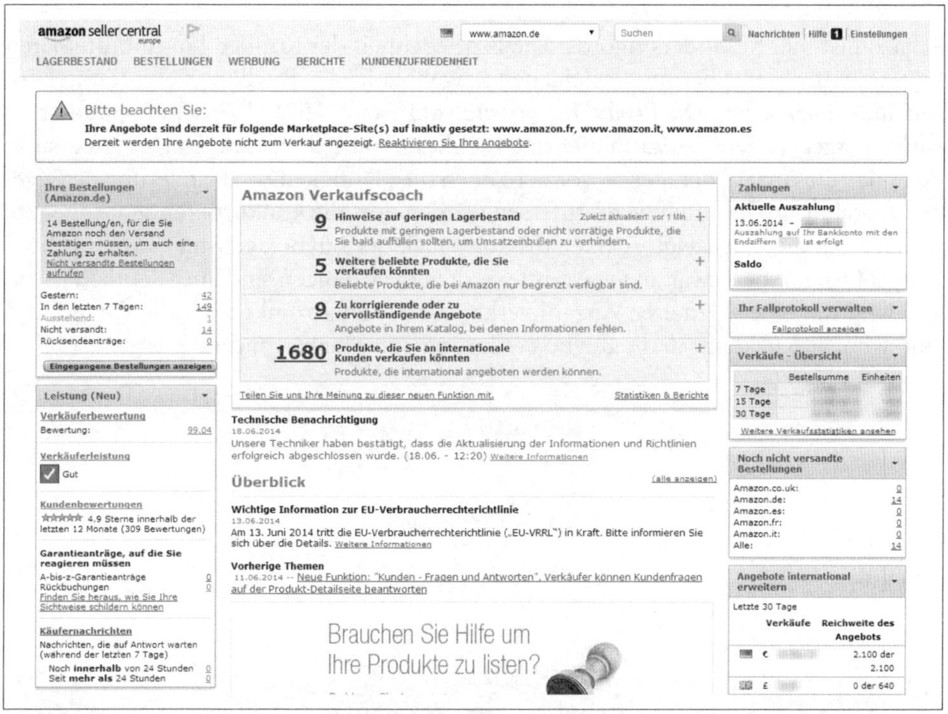

Abbildung 24-7: Amazon Sellercentral, Verwaltungsportal für Händler

Die Reichweite, insbesondere von Amazon, ist so enorm, dass Sie gut abwägen sollten, ob Sie Ihre Produkte dort anbieten möchten. Amazon hat sich schon längst vom Buchhändler zum universellen Kaufhaus entwickelt, wie es früher Karstadt und Kaufhof in den Innenstädten waren. Sie erreichen auf einen Schlag deutlich mehr potenzielle Interessenten und Kunden als mit jeglicher Onlinewerbung.

Natürlich ist die Nutzung der Plattformen nicht kostenfrei, aber soweit die Verkaufsgebühren die Kosten für die Kundenakquise im eigenen Onlineshop nicht übersteigen, könnte sich der Verkauf dort durchaus lohnen. Bei Amazon liegen die Verkaufsprovisionen, abhängig von der Produktkategorie, zwischen 7 % (Elektronik) und 35 % (Kindle-Zubehör) zzgl. einer monatlichen Pauschale. Grundsätzlich müssen Sie mit durchschnittlich 15 % Gebühr pro Verkauf rechnen. Die Gebühren für eBay-Angebote sind variabler, bewegen sich aber im Schnitt im gleichen Rahmen.

Im Vergleich zum eigenen Shop steht der Wettbewerb deutlicher im Vordergrund. Der Konkurrent ist nicht mehr nur einen Mausklick entfernt. Kunden können auf der Produktdetailseite die Preise aller Anbieter einsehen und sich unmittelbar für den günstigsten Anbieter entscheiden.

Der Preis spielt hier eine gewichtigere Rolle, aber auch die Lieferfähigkeit und die Bewertung des eigenen Shops durch Amazon- und eBay-Kunden fließen in die Kaufentscheidung mit ein.

Amazon ist hier besonders rigoros: Die Zufriedenheit der Kunden hat unmittelbaren Einfluss auf die Platzierung des eigenen Angebots in der Buybox (siehe Kapitel 10, *Produktpräsentation: Die Produktdetailseite*, auf Seite 157). Wird der Händler in einem vorgegebenen Zeitraum mehrfach schlecht von seinen Kunden bewertet, sinkt nicht nur die Anzahl der Sterne, sondern auch die Häufigkeit der Platzierung des eigenen Angebots in der Buybox. Stattdessen werden dort die konkurrierenden Angebote anderer Händler angezeigt. Artikel, die außerhalb der Buybox gelistet werden (Abbildung 24-8), können zwar auch gekauft werden, die Chancen sind aber deutlich geringer. Und mit einer kleineren Anzahl verkaufter Produkte sinkt auch die Chance auf eine schnelle Rückkehr in die Buybox aufgrund guter Bewertungen.

Abbildung 24-8: Mehrere Artikel in der Amazon-Buybox

Wichtige Voraussetzung für die Nutzung der Absatzplattformen ist die Einbindung in die bestehende EDV-Landschaft. Alle Marktplätze sowie auch der (oder die) Onlineshop(s) müssen zwar nicht über die gleichen Produktbeschreibungen oder Verkaufspreise verfügen. In jedem Fall muss aber der Lagerbestand überall – möglichst in Echtzeit – dem tatsächlichen Stand entsprechen. Ist ein Artikel z. B. in Ihrem Onlineshop ausverkauft, so darf er auf Amazon & Co. natürlich nicht mehr zum Verkauf stehen. Sie laufen sonst Gefahr, wegen zu vieler Nicht-Lieferungen und damit einhergehender schlechter Kundenbewertungen abgestraft zu werden. Das würde sich unmittelbar auf die Verkaufszahlen auswirken.

Technische Umsetzung

Es gibt zwei Wege, wie Sie Ihren Onlineshop an die externen Plattformen anbinden können:

- Modul für den Onlineshop
- Modul für die Warenwirtschafts-/Versandhandelssoftware oder Middleware

In beiden Varianten wird die jeweilige Software um ein weiteres Softwaremodule ergänzt, das die Verbindung zum jeweiligen Marktplatz herstellt und Ihre Daten für den Shop passend aufbereitet.

Sie sollten sich bei der Auswahl des richtigen Moduls und bei der technischen Umsetzung der Anbindung von Ihrer E-Commerce-Agentur beraten und begleiten lassen. Beide oben genannten Varianten haben ihre Vor- und Nachteile (siehe Kapitel 6, *Warenwirtschaft und Versandhandelssoftware*, auf Seite 85).

Die Anbindung selbst ist zudem mit einigen technischen Raffinessen verbunden. Auch wenn es sich eigentlich um Standardmodule für Shopsoftware oder Warenwirtschaft handelt, müssen oft individuelle Anpassungen an der Schnittstelle (API) zwischen Ihrer Software und dem jeweiligen Marktplatz gemacht werden.

Die einstellbaren Möglichkeiten pro Produktgruppe und Verkaufsplattform sind sehr vielfältig, und die Anforderungen der Marktplätze müssen genau umgesetzt werden, um eine fehlerhafte Listung der Produkte zu vermeiden.

Vertriebsbeschränkungen auf Marktplätzen

Einige Markenhersteller versuchen, den Verkauf auf virtuellen Marktplätzen, insbesondere auf eBay, zu verhindern.

Hintergrund ist oft der sich dort entwickelnde Preiskampf unter den Händlern. Da der Preis als Verkaufsargument ausschlaggebend sein kann, unterbieten sich einzelne Händler, um überhaupt einen Verkauf zu erzielen.

Aus Sicht der Hersteller ist der Wunsch nach einer Preisbindung an den empfohlenen Verkaufspreis oder ein generelles Verkaufsverbot auf Marktplätzen durchaus nachvollziehbar. Zum einen möchten Hersteller verhindern, dass der immer niedrigere Verkaufspreis den Wert der Marke schmälert. Wenn einzelne Verkäufer die Produkte mitunter zum Einstandspreis weiterverkaufen, kann dies unmittelbare Auswirkungen auf das Image der Marke haben.

Auf der anderen Seite bricht unter den Händlern oft Streit aus, in den der Hersteller schlichtend und vermittelnd eingreifen muss. Reine Onlinehändler arbeiten mit anderen Kostenstrukturen als Einzelhändler, die neben dem Onlinehandel auch noch ein Ladengeschäft betreiben. Für den Hersteller sind diese Händler mitunter sogar wichtiger als der »Online Pure Player«, weil sie in vielen Innenstädten das Gesicht der Marke prägen. Gerade diese Händler sind jedoch auf die vollen Verkaufsmargen angewiesen und können sich auf Marktplätzen nur schlecht dem Preiskampf stellen.

Für den gut aufgestellten Onlinehändler kann sich der Preiskampf mit Wettbewerbern gerade im Umfeld großer Marken lohnen, wenn er Marktteilnehmer durch Kampfpreise verdrängt. Auf lange Sicht dürfte die Preistreiberei aber auch für ihn nicht erfolgreich sein, wenn sich der wirtschaftliche Erfolg nur noch durch immense Abverkaufszahlen einstellt.

Die Rechtslage ist (noch) nicht eindeutig, jedoch tendierten Gerichte immer wieder dazu, Herstellern die Preisbindung und Vertriebsbeschränkungen auf Marktplätzen zu untersagen, sofern Händler hiergegen gerichtlich vorgehen.

Neben der rechtlichen Auseinandersetzung haben Hersteller natürlich noch andere Möglichkeiten, ihren Händlern den Verkauf auf Plattformen »zu untersagen«. Auch zwischen Herstellern, Großhändlern und Einzelhändlern herrscht Vertragsfreiheit. Ein Hersteller kann demnach frei bestimmen, wen er mit seiner Ware beliefern möchte (Ausnahmen sieht das Kartellrecht nur bei markenstarken Unternehmen vor).

Spielt ein Händler also nicht nach den Regeln des Herstellers, kann er Gefahr laufen, dass der Hersteller ihn nicht mehr beliefert und sein Onlineshop die Produkte nicht mehr anbieten kann. Uns sind einige Fälle bekannt, bei denen die Hersteller reine Onlinehändler überhaupt nicht beliefern, sondern explizit ein Ladenlokal zur Voraussetzung für den Vertrieb eigener Produkte machen. Bei anderen Händlern wurde die Belieferung gänzlich eingestellt, weil sie sich einen endlosen Preiskampf mit anderen Onlinehändlern geliefert haben.

Wirtschaftlich betrachtet, kann man von dauerhaften Niedrigpreisen für Markenware nur abraten. Auf der einen Seite sinkt die Marge, auf der anderen Seite beschädigt der Outlet-Charakter nicht nur die Marke des Herstellers, sondern auch die Reputation des Händlers.

Das Deuter-Urteil

Markenhersteller dürfen den Verkauf von Waren via Amazon untersagen! Das aktuelle Urteil des OLG Frankfurt (11 U 84/14, 22.12.2015) birgt jede Menge Zündstoff für Händler und natürlich auch für die Hersteller.

Der Rucksackhersteller Deuter klagt sich durch die Instanzen. Das LG Frankfurt hatte Deuter vor über einem Jahr noch ein »selektives Vertriebssystem« untersagt und auch das den Händlern auferlegte Listungsverbot in Preissuchmaschinen gekippt. Die nächste Instanz hat diese Entscheidung zumindest in Teilen kassiert und zugunsten Deuters entschieden. Deuter – und natürlich auch jeder andere Hersteller – darf seinen Händlern den Verkauf über Amazon untersagen. Der Argumentation folgend werden Marketplace-Angebote »als Angebote des Herstellers« dargestellt und damit quasi dem Hersteller mit allen Details, samt Fotos, Preis und Produktdetails untergejubelt. Dies könne letztlich der Marke schaden. Hinsichtlich des Kartellrechts heißt es bei Beck: »Der Hersteller könne nicht zu einer aktiven Förderung des Wettbewerbs kleiner und mittlerer Unternehmen im Internethandel durch die Zulassung eines Verkaufs u?ber Amazon verpflichtet werden.«

Für Händler kann dieses Urteil enorme Folgen haben. Nicht wenige Onlineshopbetreiber nutzen Amazon als Verkaufskanal und -suchmaschine. Uns sind einige Shops bekannt, die mehr als 85 % ihres Gesamtumsatzes mit Markenartikeln allein auf Amazon generieren. Sollte einer der Hersteller den Vertrieb der eigenen Produkte dort nun untersagen, hätte dies fatale Folgen für das Geschäftsmodell des Händlers. Zudem lässt sich das Verkaufsverbot auch auf andere Marktplätze, wie z.B. eBay anwenden. Das dürfte mittelfristig die Menge der Onlineshops deutlich dezimieren.

Bestand hat die Entscheidung, dass das Anbieten von Produkten in Preissuchmaschinen für jeden Händler möglich sein muss. Ein Hersteller kann dies nicht untersagen. Ein solches Verbot sei zur Aufrechterhaltung des Markenimages eines Herstellers nicht notwendig, da diese Portale in den Augen der Konsumenten nicht direkt dem Verkauf dienen.

Aus Sicht der Markenhersteller ist das Vertriebsverbot ein logischer Schluss. Es ist bekannt, dass Amazon auf Hersteller zugeht und ihnen den Direktvertrieb anbietet. »Versand durch Amazon« ist für beide Seiten lukrativ: Amazon spart sich den Marketplace-Händler als »Klotz am Bein« ein und kann seine Stärken als Logistiker voll ausspielen, wenn die Waren direkt vom Hersteller in das eigene Lager geliefert werden. Und auch die Hersteller haben einen entscheidenden Vorteil: Sie können Amazon als Vertriebskanal weiterhin nutzen, sparen jedoch die Handelsmarge ein, wenn der Zwischenhändler wegfällt. Die individuell mit Amazon verhandelten Verkaufsprovisionen sind dann nur noch als (deutlich geringere) Vertriebskosten zu betrachten.

Anwender-Interview mit Rudolf Weyergans

Rudolf Weyergans ist Medizinsoziologe, Buchautor, Gründer und Vorstandsvorsitzender der Weyergans High Care AG. Seit mehr als 30 Jahren steht er als Cellulite-Papst für schöne, straffe Haut, gesunde Gefäße und ein positives Body Image. Er ist Mitgründer vom »Verband Medizinische Kosmetik e.V.« und bekannt aus zahlreichen Veröffentlichungen und internationalen Vorträgen.

Warum betreiben Sie als Hersteller einen eigenen Onlineshop, obwohl ein Vertriebsnetzwerk besteht?

Ja, es gibt zwar ein Vertriebsnetzwerk. Alleine in Deutschland erhält man unsere Produkte, hochwertige kosmetische Präparate, in über 900 Kosmetikinstituten. Jedoch kann auch das beste Vertriebsnetzwerk niemals alle potenziellen Endkunden erreichen, weder räumlich noch zeitlich. Demgegenüber ermöglich es der Onlineshop, direkt bei uns zu bestellen, egal von wo, egal um welche Uhrzeit. Das geht jedoch nicht zulasten des bestehenden Vertriebsnetzwerks. Im Gegenteil. Wir möchten unsere B2B-Kunden, die Kosmetikinstitute, an der Markenverbreitung beteiligen. Hierfür machen wir die Onlinekäufer auf die nächstgelegenen Institute bei ihnen vor Ort aufmerksam und empfehlen, diese zu besuchen, um auch die schöne kosmetische Dienstleistung zu bekommen. Der Onlineshop soll sich so als nützliche Ergänzung zu den wichtigen Institutsbesuchen und -käufen etablieren und Endkunden das Gefühl geben, jederzeit wichtig genommen und gut betreut zu werden.

Gibt es da keine Konflikte mit den Vertriebspartnern?

Natürlich fühlen sich einige unserer Profikunden durch den Onlineshop übergangen. Sie fürchten, den Umsatz, den wir online machen, in ihrem eigenen Institut zu verlieren. Jedoch muss auch hier ein Umdenken stattfinden: vom Konkurrenzdenken zur Zusammenarbeit. Denn unsere Kunden müssen sehen, dass der Onlineshop eine große Hilfe für ihren Erfolg sein kann! Interessierte Käufer, die unsere Produkte online kaufen, jedoch noch nie in einem Institut waren, werden aktiv von uns in die passenden Einrichtungen geschickt. Das bringt unseren Vertriebspartnern neue und vor allem offene Kunden, die nicht erst mühevoll von den Vorteilen unserer Produkte überzeugt werden müssen. Denn unsere Marke ist durch den Onlineshop bereits im Kopf und hat sich im Bestfall bereits ein positives Image verschafft. So können durch Onlinekäufer im »echten Leben« reale und vor allem langfristige Kunden für unsere Vertriebspartner entstehen. Es liegt nur an uns, diese Vorteile unseren Profi-Kunden zu kommunizieren.

Das »Deuter-Urteil«, bei dem ein Hersteller den Vertriebspartnern den Verkauf auf Amazon untersagt hat, hat viel Aufmerksamkeit erregt? Was halten Sie davon?

Ein Argument der Firma Deuter war, dass sie als Mutterfirma eine qualitativ hochwertige Beratung sicherstellen möchten, die nicht bei allen Amazon-Händlern garantiert werden kann. Diesen Punkt kann ich nur unterstreichen! Denn eine gute Beratung ist vor allem bei nicht ganz alltäglichen Produkten unabdingbar. Wenn ich unsere Produkte anschaue, wäre es auch bei uns ein Fehler, Fragen der Endverbraucher von unqualifiziertem Personal beantworten zu lassen. Das würde unseren Markenzielen widersprechen. Deshalb halte ich es für eine wichtige Aufgabe einer Qualitätsmarke, mit wirklich allen Vertriebspartnern in engem Kontakt zu stehen. Das beinhaltet auch die Partner, die die eigenen Produkte auf Amazon vertreiben. Wenn diese ausreichend geschult oder informiert werden bzw. durch eine entsprechende Vereinbarung dazu angehalten werden, die Produkte korrekt und auch im Sinne des Herstellers zu bewerben, zu vertreiben und zu kommunizieren, sollten grobe Fehler verhindert werden können. Denn Amazon sollte als wichtiger Vertriebskanal nicht unterschätzt werden. Denn schon alleine durch die einfache Kaufabwicklung und das enorm große Angebot bestellen viele Endverbraucher gerne auf dieser Plattform. Amazon steht in meinen Augen für eine sichere und verlässliche Onlinebörse, die in vielen Köpfen – trotz einiger Skandale – positiv besetzt ist. Das hat sich Amazon durch besten Kundenservice verdient und tut es weiterhin. Wenn sich dieses positive Image also nutzen lässt, um die eigene Marke bekannter zu machen und Produkte auf eine weitere Art und Weise online zu vertreiben, sollte man dies nutzen.

Wo geht der Trend hin? Mehr Herstellershops oder Verkauf über möglichst viele Partner?

Der Trend geht in Richtung Herstellershops! Auch wenn das Deuter-Urteil kritisch zu sehen ist, zeigt es, dass sich Kunden nach ehrlichen Informationen, transparenten Vorgängen und einfachen Abwicklungen sehnen. Denn Deuter muss Gründe für diesen rabiaten Weg gehabt haben – und meist sind die Rückmeldungen der Kunden der Beweggrund. Auch in unserem Kundenkreis hört man immer wieder heraus, dass die Nähe zu uns, dem Hersteller, gut ankommt. Zudem bin ich sicher, dass Onlinekäufer, die sich einmal für einen Shop entschieden haben, langfristig bei einer Vertriebsplattform »hängen bleiben«. Klartext: Man sollte die Marke online nicht durch zu viele Vertriebspartner verwässern und es den Kunden so erschweren, sich für eine vertrauensvolle Quelle der Produkte zu entscheiden. Man kennt es doch selber: Wenn die Auswahl zu groß ist, dauert die Recherche bzw. der Vergleich zu lange, und man wird oft entmutigt, überhaupt etwas zu bestellen. Das sollte vermieden werden.

Verkauf in weiteren eigenen Onlineshops

Eine weitere Möglichkeit zum Verkauf auf anderen Plattformen ist der Verkauf in einem weiteren eigenen Onlineshop. Dies kann z. B. interessant sein, wenn Sie einzelne Marken gezielt hervorheben oder Ihren Kunden ein (vermeintliches) Alternativangebot machen möchten.

Mit einem zweiten oder dritten Onlineshop können Sie beispielsweise auch in einem anderen preislichen Segment arbeiten oder Rückläuferware (B-Ware) gezielt zu günstigeren Preisen anbieten.

Die Onlineshops dienen dabei ähnlich wie ein Schaufenster in der Fußgängerzone auch »nur« der unterschiedlichen Darstellung der angebotenen Waren. Herzstück ist wieder die zentrale Warenwirtschafts- oder Versandhandelssoftware.

Der Möbelhändler Baum und Krone (*www.baum-und-krone.de*) bietet Artikel beispielsweise nicht nur im Onlineshop unter dieser Marke/Adresse an, sondern auch in speziellen Markenshops wie z. B. *www.jan-kurtz-shop.de* und *www.skagerak-moebel.de*, die im Sortiment auf jeweils eine Marke beschränkt sind. Der Hauptshop hingegen führt die Produkte vieler verschiedener Marken, teilweise auch mit anderen Verkaufspreisen.

Der mehrfach genannte Shop fahrrad.de bietet sein Produktsortiment nicht nur im Ausland unter den oben genannten *www.bikester.xyz*-Domains an, sondern beispielsweise auch unter *www.bruegelmann.de* und *www.bikeunit.de*. Abbildung 24-9 und Abbildung 24-10 zeigen gut, dass sich die Shops oberflächlich nur grob durch die andere Farbgebung und das Logo unterscheiden.

Abbildung 24-9: www.bruegelmann.de (Juni 2014)

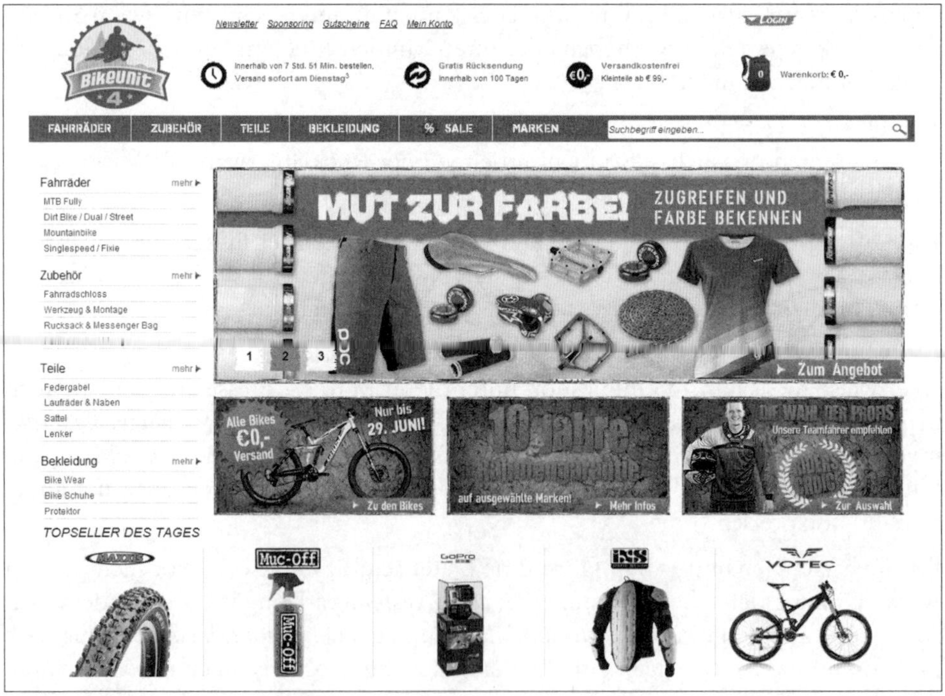

Abbildung 24-10: www.bikeunit.de (Juni 2014)

Ein Extrembeispiel für den Verkauf in verschiedenen Onlineshops ist der niederländische Multichannel-Händler Coolblue (*www.coolblue.nl*). In Belgien und den Niederlanden betreibt der ehemalige Online-Pure-Händler mehr als 300 Onlineshops. Basierend auf diesem Erfolg und der Markenbekanntheit wurde inzwischen mit sieben Einzelhandelsgeschäften, die auf den Prozessen des Onlinehandels aufsetzen, auch der Weg in den klassischen Handel gewagt.

Jeder Onlineshop findet seine Zielgruppe und seine Kunden. Wichtig ist nur, dass die Marketingaktionen shopübergreifend aufeinander abgestimmt sind und sich nicht gegenseitig in die Quere kommen. Zudem ist es fast schon zwingend erforderlich, dass die unterschiedlichen Shops an ein Warenwirtschaftssystem oder eine Versandhandelssoftware angebunden sind, um Fehlinformationen zum Lagerbestand zu vermeiden.

Vergleichen Sie es mit Tankstellen in Ihrem Wohnort: Nur weil es bereits eine Tankstelle gibt, heißt das nicht, dass eine zweite oder dritte nicht genügend Kundschaft finden würde. Die eine Tankstelle spricht die Autofahrer an, die auf der Suche nach dem günstigsten Preis sind. Die andere Tankstelle bedient Kunden, die sich einer bestimmten Tankstellenmarke verbunden fühlen. Es spricht wirtschaftlich viel dafür, dass beide Tankstellen vom gleichen Tankstellenpächter betrieben werden. Gleiches gilt für Ihre(n) Onlineshop(s): Sie sollten sich lieber mit einem weiteren Onlineshop selbst Konkurrenz machen, als in den echten Wettbewerb mit anderen Marktteilnehmern zu treten.

Die Zukunft des Online- und Einzelhandels – Interview mit Dr. Jens Rothenstein

Dr. Jens Rothenstein ist Senior-Projektmanager an der IFH Institut für Handelsforschung GmbH und beschäftigt sich seit 2013 im Rahmen seiner Tätigkeit für die Digital-Brand ECC Köln mit dem Konsumenten- und Geschäftskundenverhalten sowie den Erfolgsfaktoren im E-Commerce. Aus vorhergehenden beruflichen Stationen sowie seiner Promotion bringt er Erfahrungen in den Bereichen Onlinemarketing, Konsumentenverhalten und Marktforschung mit.

Die fortschreitende Digitalisierung hat erheblichen Einfluss auf den (Einzel-)Handel. Welchen Einfluss hat der E-Commerce in den vergangenen zehn Jahren gehabt?

Der E-Commerce hat ganz erheblichen Einfluss auf die gesamte Handelslandschaft. Das verdeutlicht unter anderem der Anteil des Onlinehandels am gesamten Einzelhandelsumsatz: 2015 lag dieser bei fast zehn Prozent. Dies entspricht ca. 46 Milliarden Euro Umsatzvolumen. Die weiterhin zweistelligen jährlichen Wachstumsraten des Onlinehandels zeigen deutlich, dass ein Ende dieser Entwicklung noch lange nicht absehbar ist.

Hiervon losgelöst hat sich durch das Internet auch das Informations- und Einkaufsverhalten der Konsumenten insgesamt verändert. Beispielsweise informieren sich in vielen Fällen die Kunden heutzutage zuerst online, bevor sie ein Beratungsgespräch im stationären Geschäft in Anspruch nehmen. Verkäufer haben es also oftmals mit sehr gut informierten Kunden zu tun. Gleichzeitig kann das Ladenpersonal in zunehmendem Maße auch auf technische, d.h. digitale Hilfsmittel zurückgreifen. Beispielsweise können an interaktiven Touchscreens zusammen mit Kunden weiterführende Informationen recherchiert oder auch Produktvideos angeschaut werden. Eventuell sind Verkäufer auch mit einem Tablet ausgestattet und können sich im Beisein und mit Einwilligung der Kunden in ein Onlinekundenkonto einwählen, um sie hierdurch noch besser und individueller zu beraten.

Diese Beispiele der Digitalisierung des Point of Sale zeigen, dass die Entwicklungen der letzten Jahre nicht nur den Onlinebereich betreffen, sondern auch tief in den stationären Bereich hineinreichen. Der gesamte Handel ist einer tiefgreifenden Transformation unterworfen.

Und wie geht es weiter? Wie sieht aus Ihrer Sicht der Onlinehandel in zehn Jahren aus?

Die konkreten Entwicklungen, insbesondere auch im technischen Bereich, lassen sich natürlich nur sehr schwer vorhersagen. Aber eines ist sicher: Aus Konsumentensicht wird der Onlinehandel, wie auch der Handel insgesamt, noch bequemer, komfortabler und schlichtweg besser werden. Nicht zuletzt aufgrund der zunehmenden Verknüpfung der Kanäle »Online« und »Offline« werden Konsumenten zu jeder Zeit und an jedem Ort Zugriff auf alle relevanten Informationen und Produkte haben. Beispiel »Dash-Button«, den Amazon zurzeit in den Markt einführt: Durch einen simplen Knopfdruck kann beispielsweise Waschmittel bestellt werden – und zwar direkt an der Waschmaschine und ohne, dass zuvor ein Laptop hochgefahren oder sonst ein Endgerät benutzt werden muss. Das ist noch einmal eine ganz neue Art des Einkaufens, die sich gerade entwickelt. Und von solchen Ansätzen werden wir in den kommenden zehn Jahren sicherlich noch einige sehen.

Lohnt es sich aus Ihrer Sicht eigentlich noch, jetzt mit einem Onlineshop zu starten?

Wenn ein durchdachtes Konzept dahinter steht und dieses konsequent, d. h. auch unter Einsatz der entsprechenden zeitlichen und finanziellen Ressourcen, umgesetzt wird, dann auf jeden Fall. Unternehmen sollten sich jedoch bewusst sein, dass das Anspruchsniveau der Konsumenten beim Onlineshopping stetig steigt. Das zeigen unter anderem die Ergebnisse der ECC-Erfolgsfaktorenstudie auch 2016 wieder eindrücklich. Der Schritt in den Onlinehandel sollte also nicht halbherzig sein, sondern konsequent und von der Planung bis zur Umsetzung exzellent ausgeführt sein.

Und welche Schritte muss ich gehen, um mit meinem Onlineshop erfolgreich zu werden?

Ein Patentrezept gibt es hier nicht, aber dass jeder Onlineshop zumindest die Basisanforderungen der Konsumenten erfüllen muss, sollte jedem klar sein. Hierzu zählt ein überzeugendes Preis-Leistungs-Verhältnis ebenso wie beispielsweise ein ansprechendes und zeitgemäßes Websitedesign, eine hohe Benutzerfreundlichkeit und die mobile Optimierung.

Zusätzlich zu diesen absoluten »Hygienefaktoren« macht es für einige Unternehmen zudem Sinn, den Onlineshop um einen stationären Vertriebskanal zu ergänzen und diese eng miteinander zu verzahnen. Das kanalübergreifende Informations- und Kaufverhalten, sogenanntes Cross-Channel-Verhalten, ist unter Konsumenten heutzutage weit verbreitet. Als Konsequenz hieraus sehen wir gerade in der jüngeren Vergangenheit mehr und mehr ehemalige Online-Pure-Player, die das Stationäre für sich entdecken. Das gilt z. B. für cyberport und notebooksbilliger.de im Bereich der Konsumelektronik, Fashion for Home mit seinem Showroom-Konzept im Möbel-Segment oder auch Mymuesli, die mittlerweile eigene Läden betreiben und Kooperationen mit Lebensmittelhändlern eingegangen sind. Und spätestens seitdem im vergangenen Jahr Amazon seinen ersten eigenen Buchladen eröffnet hat und diesem – vertraut man den einschlägigen Branchengerüchten – weitere Läden folgen lassen will, sollte klar sein, wie viel Potenzial in Cross-Channel steckt.

»90 % der derzeitigen reinen Onlinehändler werden nicht überleben«, ist eine Ihrer Thesen. Was steckt hinter dieser Einschätzung?

Kurzum: Die Austauschbarkeit der Geschäftsmodelle. Wenn Händler ausschließlich den Onlinekanal bedienen und dies mit standardisierten, austauschbaren Produkten, dann ist ein Alleinstellungsmerkmal gegenüber Platzhirschen wie Amazon, Zalando oder notebooksbilliger.de schlichtweg nicht gegeben. Hier stellen sich Konsumenten dann zu Recht die Frage, warum sie nicht bei einem der großen Anbieter kaufen sollen, von denen sie wissen, dass sie ihre Leistungsversprechen einhalten. Um als kleinerer Händler zu bestehen, reicht es heutzutage einfach nicht mehr aus, einen – wenn überhaupt – minimal günstigeren Preis zu bieten. Wenn kein klares Abgrenzungsmerkmal vorhanden ist, werden sich die Kunden im Zweifelsfall oft den bekannten Anbietern zuwenden. Von daher wird die Luft für viele Onlinehändler, die es nicht schaffen, eine kritische Größe zu erreichen oder sich beispielsweise als Marktführer in einer Nische

Last, but not least

Erlauben Sie uns einen letzten Rat: Wenn Sie sich einmal nicht sicher sind, ob es sich lohnt, eine Idee oder eine neue Funktion in Ihrem Onlineshop umzusetzen, probieren Sie es einfach aus, denn ohne Testlauf werden Sie nie wissen, ob es funktioniert oder nicht. Geben Sie sich und Ihren Kunden nur genügend Zeit, die Funktion zu entdecken und sich daran zu gewöhnen.

Wir hoffen, dass Sie viele Anregungen und Ideen für Ihr E-Commerce-Projekt aus diesem Buch mitnehmen können und dass wir Ihnen einen Eindruck vermitteln konnten, wie umfangreich die Möglichkeiten sind, aber auch, wie viel Arbeit in einem erfolgreichen Onlineshop steckt.

Viel Erfolg wünschen Ihnen Tobias Kollewe und Michael Keukert.

Epilog: 10 Tipps, um mit dem Onlineshop zu scheitern

Tipp 1: Bleiben Sie anonym

Das Impressum und die Kontaktseite eines Onlineshops sind vollkommen überbewertet. Verzichten Sie dabei bitte auf die Angabe eines Namens, einer Kontaktperson und unbedingt auch auf die Telefonnummer. Wer bei Ihnen online einkaufen will, muss nicht wissen, wer Sie sind, und soll erst recht nicht mit Ihnen reden. Sonst hätten Sie ja auch ein Geschäft in der Fußgängerzone aufmachen können.

Tipp 2: Suchen Sie sich eine schlechte Domain

Der einfachste Weg, Kunden vom Kauf in Ihrem Onlineshop abzuhalten, sind schlechte Domains. Schlecht, weil sie nicht auszusprechen oder zu merken ist, weil sie viel zu lang ist, um sie zu tippen, oder weil sie Verwechslungsgefahr birgt. Von einem negativen positiven Effekt auf Suchmaschinenrankings und Keyword-Relevanz bei Adwords einmal ganz abgesehen.

Tipp 3: Machen Sie schlechte Produktfotos

Mit nichts kann man Kunden einfacher zurück in den stationären Handel oder zum Onlinemitbewerber vertreiben als mit schlechten Produktfotos. Zu dunkel, zu unscharf, zu detailarm. Im Idealfall ist das Produkt selbst mit mehreren anderen Produkten dargestellt und gar nicht klar zu identifizieren. Pro-Tipp: Verwenden Sie auf keinen Fall freigestellte Fotos und Rundumansichten. Wir wollen den Besucher ja nicht zum Verweilen oder gar zum Kauf anregen.

Tipp 4: Schreiben Sie Produkttexte beim Hersteller oder Wettbewerber ab

Da Sie sich nicht von Wettbewerbern unterscheiden möchten, sollten Sie – wie alle anderen – unbedingt die Produkttexte vom Hersteller kopieren. Toll, wenn diese vor Marketing-Sprech strotzen und ja keine weiterführenden Informationen bieten. Google und Co. freuen sich übrigens sehr über Duplicate-Content und belohnen im Ernstfall mit einem Downranking.

Tipp 5: Setzen Sie auf komplizierte Kategoriebäume

Lassen Sie den Besucher bitte möglichst lange nach dem gewünschten Produkt suchen. Perfekt geeignet sind hierfür komplizierte und undurchsichtige Kategoriebäume (in Onlineshops fälschlicherweise oft Navigation genannt). Sie sollten insbesondere Kategorien möglichst mehrfach verwenden und unsinnig zusammenstellen. Pro-Tipp: Verzichten Sie auf eine Suchfunktion.

Tipp 6: Verlangen Sie Versandkosten

Wer hat nur dieses Gerücht in die Welt gesetzt, Versandkosten könnten ausschlaggebend für die Kaufentscheidung sein? Verlangen Sie möglichst Versandkosten, die Ihre Kosten komplett decken. Also Porto, Karton, Paketband, Füllmaterial, Paketaufkleber und die anteiligen Kosten für Personal und Strom. E-Commerce-Profis verlangen übrigens Versandkosten, die über dem Warenwert liegen!

Tipp 7: Bieten Sie nur eine Zahlungsart an – oder zehn verschiedene

Studien sagen, über 40 % der Besucher eines Onlineshops gehen wieder, wenn sie die von ihnen bevorzugte Zahlungsart nicht finden. Wer will sich schon mit 40 % Kaufabbrüchen abfinden? Setzen Sie nur »Vorkasseüberweisung« ein, und Sie brauchen sich keine Gedanken über zu viele Bestellungen zu machen.

Das ist Ihnen zu einfach? Kein Problem! Sie können den (ehemals potenziellen) Käufer auch einfach mit schierer Vielfalt abschrecken. Bieten Sie jedwede Zahlungsmöglichkeit an, die Ihnen in den Sinn kommt – inklusive Wechsel, versteht sich!

Tipp 8: Verzichten Sie auf Bewertungen

Kundenbewertungen sind nur etwas für schwächliche Onlineshopbetreiber. Da nur rund drei Viertel aller Onlineshopper Wert auf die Meinung anderer legen (man schaue sich einfach mal die Bewertungen bei Amazon an), können Sie darauf getrost verzichten. Das versteht sich natürlich nicht nur für die Bewertung von Produkten, sondern auch von Dienstleistungen oder dem Gesamteindruck mittels Veristore, TrustedShops & Co.

Tipp 9: Nutzen Sie auf keinen Fall Google Adwords & Co.

Möglichst wenig Besucher werden Sie in Ihren Shop locken, wenn Sie ihn erst gar nicht bewerben. Bei Google Adwords kann man eh nur Geld zum Fenster rauswerfen, und jeder Wettbewerber, der (vermeintlich) erfolgreich seine Produkte bewirbt, hat entweder einen Goldesel im Lager oder eine sehr, sehr persönliche Beziehung zu Google.

Tipp 10: Verzichten Sie auf Checkout- und Newslettermarketing

Es hat sich doch mal jemand in Ihren Shop verirrt und versehentlich bestellt? Bitte vermeiden Sie jede Form der Kundenbindung. Sie sollten dabei unbedingt darauf verzichten, die letzte Seite des Kaufs (»Vielen Dank für Ihre Bestellung«) für Kundenbindung oder Hinweise auf Angebote oder Bewertungen (siehe oben) zu nutzen. Tipp: Nutzen Sie auf keinen Fall Newsletter als Marketinginstrument und vertrauen Sie Ihrem Social-Media-Berater: SIE BRAUCHEN EINE FACEBOOK-SEITE!

Anhang

Linktipps und Buchempfehlungen

Unser Buch bietet einen guten Einstieg in vielfältige Themen. Die Themen sind dabei so umfangreich, dass sich die vertiefende Lektüre von Fachblogs und Fachbüchern anbietet. Ein paar davon möchten wir Ihnen als fortsetzende Lektüre gern empfehlen. Bei allen Empfehlungen steht die praktische Anwendbarkeit für Onlineshopbetreiber im Vordergrund und nicht die Theorie.

www.ecommerce.jetzt
: Das Blog zum Buch. Aktuelle Themen rund um E-Commerce, Newslettermarketing und Suchmaschinenmarketing für Onlineshops.

excitingcommerce.de
: Blog rund um aktuelle Themen in E-Commerce und Onlinehandel.

it-recht-kanzlei.de
: E-Commerce-Recht, aktuelle Gesetzgebung, Abmahnungen und Tipps für Onlineshopbetreiber.

konversionskraft.de
: Blog zum Thema Konversionsoptimierung für Onlineshops, mit vielen Anregungen zum Ausprobieren.

neuhandeln.de
: Trends und Analysen für Shopbetreiber.

shopbetreiberblog.de
: Aktuelle Informationen für Shopbetreiber. Häufig geht es um E-Commerce-Recht, manchmal auch um Marketing.

t3n.de
: Onlinemagazin. Themen: E-Commerce, Entwicklung & Design, Marketing u.a.

E-Commerce-Leitfaden, Noch erfolgreicher im elektronischen Handel
: Georg Wittmann, Ernst Stahl, Universitätsverlag Regensburg, 2012.

URLs in diesem Buch

Die meistens URLs – abgesehen von den Onlineshops – sind relativ flüchtig. Auch haben wir keine Chance, diese Liste auf einem aktuellen Stand zu halten. Wir haben daher unter *www.ecommerce.ac/links* eine ständig aktualisierte Linkliste aufgebaut, die auch die Links aus diesem Buch enthält. Die folgende Liste umfasst daher nur die wichtigsten Links aus den Bereichen Google Webmaster Tools, Preisvergleichsportale und Bewertungsplattformen.

Google-Dienste und Hilfen

Google-Abfrage über erfasste Bewertungen:
www.google.de/shopping/seller?q=amazon.de

Google AdWords:
adwords.google.com

Google AdWords Robot:
www.google.com/adsbot.html

Google Docs:
docs.google.com

Google Merchant Center, Master Account-Anmeldung:
support.google.com/merchants/answer/188487

Google-Ranking-Faktoren, spekulative Liste:
backlinko.com/google-ranking-factors

Google Structured Data Testing Tool:
www.google.de/webmasters/tools/richsnippets

Google Trends:
google.de/trends

Google Video über den Checkout:
aix.li/checkout-video

Google Webmaster Guidelines:
support.google.com/webmasters/answer/35769

Google Webmaster Support über Verlinkungen:
support.google.com/webmasters/answer/66356

Google Webmaster Tools:
www.google.com/intl/de_de/webmasters/

Google Zertifizierter Händler, Voranmeldung:
services.google.com/fb/forms/zertifiziertehaendlerinterestde/

Paketbeileger

affiliprint.de

dimabay.de

meinepaketbeilagen.de

paketbeilagenclub.de

paketplus.de

Preisvergleichsportale

idealo.de

billiger.de

www.preisvergleichsservice.de

Shopbewertungen und Gütesiegel

www.ehi-siegel.de

www.ekomi.de

www.safer-shopping.de

www.shopauskunft.de

www.trustedshops.de

www.trustpilot.de

www.veristore.de

Index

B

C

Q

R

S

T

X

Y

Z